Educational Producer For Your Success

알기쉽게 풀어쓴!

에듀피디
산업위생관리
기사·산업기사 필기

| 전나훈 편저 |

3판

- 기출문제 및 관련 이론을 집중적으로 학습할 수 있도록 구성
- 과년도 기출문제를 통한 실력 향상
- 필수적으로 암기해야 하는 부분의 암기 방법을 두문자를 통해 제시

Engineer
Industrial
Hygiene
Management

에듀피디 동영상강의 www.edupd.com

알기 쉽게 풀어쓴 3판
산업위생관리(산업)기사 필기

1판 1쇄 인쇄　　2021년 1월 15일
3판 1쇄 발행　　2025년 1월 17일

편저자　　전나훈
발행처　　에듀피디
등　록　　제300-2005-146
주　소　　서울 종로구 대학로 45 임호빌딩 2층 (연건동)

전　화　　1600-6690
팩　스　　02)747-3113

※ 이 책은 저작권법에 따라 보호받는 저작물이므로 무단전재와 무단복제를 금지하며 책 내용의 전부 또는 일부를 이용하려면 반드시 저작권자와 에듀피디의 서면 동의를 받아야 합니다.

CONTENTS 책의 목차

제1과목 산업위생학개론
- CHAPTER 01 산업위생 — 018
- CHAPTER 02 인간과 작업환경 — 029
- CHAPTER 03 실내환경 — 079
- CHAPTER 04 관련 법규 — 093
- CHAPTER 05 산업재해 — 130

제2과목 작업위생측정 및 평가
- CHAPTER 01 측정 및 분석 — 144
- CHAPTER 02 유해 인자 측정 — 190
- CHAPTER 03 평가 및 통계 — 210

제3과목 작업환경관리대책
- CHAPTER 01 산업 환기 — 222
- CHAPTER 02 작업 공정 관리 — 280
- CHAPTER 03 개인보호구 — 286

제4과목 물리적 유해 인자 관리
- CHAPTER 01 온열조건 — 306
- CHAPTER 02 이상기압 — 321
- CHAPTER 03 소음진동 — 334
- CHAPTER 04 방사선 — 353

제5과목 산업독성학(기사)
- CHAPTER 01 입자상 물질(산업기사/기사) — 376
- CHAPTER 02 유해화학물질 — 387
- CHAPTER 03 중금속 — 413
- CHAPTER 04 인체구조 및 대사 — 435

과년도 기출문제 문제편

[산업기사 기출문제]
- 2018 산업위생관리산업기사 기출문제 1회 — 460
- 2018 산업위생관리산업기사 기출문제 2회 — 470
- 2018 산업위생관리산업기사 기출문제 3회 — 480
- 2020 산업위생관리산업기사 기출문제 1,2회 통합시행 — 490
- 2020 산업위생관리산업기사 기출문제 3회 — 499

[기사 기출문제]
- 2019 산업위생관리기사 기출문제 1회 — 509
- 2019 산업위생관리기사 기출문제 2회 — 521
- 2019 산업위생관리기사 기출문제 3회 — 533
- 2020 산업위생관리기사 기출문제 1,2회 통합시행 — 545
- 2020 산업위생관리기사 기출문제 3회 — 558
- 2021 산업위생관리기사 기출문제 1회 — 570
- 2021 산업위생관리기사 기출문제 2회 — 583
- 2022 산업위생관리기사 기출문제 1회 — 596
- 2022 산업위생관리기사 기출문제 2회 — 609

과년도 기출문제 정답 및 해설편

[산업기사 기출문제]
- 2018 산업위생관리산업기사 기출문제 1회 — 622
- 2018 산업위생관리산업기사 기출문제 2회 — 627
- 2018 산업위생관리산업기사 기출문제 3회 — 631
- 2020 산업위생관리산업기사 기출문제 1,2회 통합시행 — 636
- 2020 산업위생관리산업기사 기출문제 3회 — 641

[기사 기출문제]
- 2019 산업위생관리기사 기출문제 1회 — 646
- 2019 산업위생관리기사 기출문제 2회 — 651
- 2019 산업위생관리기사 기출문제 3회 — 656
- 2020 산업위생관리기사 기출문제 1,2회 통합시행 — 661
- 2020 산업위생관리기사 기출문제 3회 — 667
- 2021 산업위생관리기사 기출문제 1회 — 674
- 2021 산업위생관리기사 기출문제 2회 — 680
- 2022 산업위생관리기사 기출문제 1회 — 686
- 2022 산업위생관리기사 기출문제 2회 — 692

부록 산업위생 공식정리
- CHAPTER 01 산업위생 공식정리 — 702

GUIDE 출제기준(필기) 산업위생관리기사

직무 분야	안전관리	중직무 분야	안전관리	자격 종목	산업위생관리기사	적용 기간	2025. 1. 1. ~ 2029. 12. 31.

○ 직무내용 : 작업장 및 실내 환경의 쾌적한 환경 조성과 근로자의 건강 보호와 증진을 위하여 작업장 및 실내 환경 내에서 발생되는 화학적, 물리적, 생물학적, 그리고 기타 유해요인에 관한 환경 측정, 시료분석 및 평가(작업환경 및 실내 환경)를 통하여 유해 요인의 노출 정도를 분석·평가하고, 그에 따른 대책을 제시하며, 산업 환기 점검, 보호구 관리, 공정별 유해 인자 파악 및 유해 물질 관리 등을 실시하며, 보건 교육 훈련, 근로자의 보건 관리 업무를 통하여 환경 시설에 대한 보건 진단 및 개인에 대한 건강 진단 관리, 건강증진, 개인위생 관리 업무를 수행하는 직무이다.

필기검정방법	객관식	문제수	100	시험시간	2시간 30분

필기 과목명	문제수	주요항목	세부항목	세세항목
산업위생학 개론	20	❶ 산업위생	❶ 정의의 목적	1. 산업위생의 정의 2. 산업위생의 목적 3. 산업위생의 범위
			❷ 역사	1. 외국의 산업위생 역사 2. 한국의 산업위생 역사
			❸ 산업위생 윤리강령	1. 윤리강령의 목적 2. 책임과 의무
		❷ 인간과 작업환경	❶ 인간공학	1. 들기작업 2. 단순 및 반복작업 3. VDT 증후군 4. 노동 생리 5. 근골격계 질환 6. 작업부하 평가방법 7. 작업 환경의 개선
			❷ 산업피로	1. 피로의 정의 및 종류 2. 피로의 원인 및 증상 3. 에너지 소비량 4. 작업강도 5. 작업시간과 휴식 6. 교대 작업 7. 산업피로의 예방과 대책
			❸ 산업심리	1. 산업심리의 정의 2. 산업심리의 영역 3. 직무 스트레스 원인 4. 직무 스트레스 평가 5. 직무 스트레스 관리 6. 조직과 집단 7. 직업과 적성
			❹ 직업성 질환	1. 직업성 질환의 정의와 분류 2. 직업성 질환의 원인과 평가 3. 직업성 질환의 예방대책

		❸ 실내 환경	❶ 실내오염의 원인	1. 물리적 요인 2. 화학적 요인 3. 생물학적 요인
			❷ 실내오염의 건강장해	1. 빌딩 증후군 2. 복합 화학물질 민감 증후군 3. 실내오염 관련 질환
			❸ 실내오염 평가 및 관리	1. 유해인자 조사 및 평가 2. 실내오염 관리기준 3. 관리적 대책
		❹ 관련법규	❶ 산업안전보건법	1. 법에 관한 사항 2. 시행령에 관한 사항 3. 시행규칙에 관한 사항 4. 산업보건기준에 관한 사항
			❷ 산업위생 관련 고시에 관한 사항	1. 노출기준 고시 2. 작업환경 측정 등 관련 고시 3. 물질안전보건자료(MSDS) 관련 고시 4. 기타 관련 고시
		❺ 산업재해	❶ 산업재해 발생원인 및 분석	1. 산업재해의 개념 2. 산업재해의 분류 3. 산업재해의 원인 4. 산업재해의 분석 5. 산업재해의 통계
			❷ 산업재해 대책	1. 산업재해의 보상 2. 산업재해의 대책
작업위생 측정 및 평가	20	❶ 측정 및 분석	❶ 시료채취 계획	1. 측정의 정의 2. 작업환경 측정의 목적 3. 작업환경 측정의 종류 4. 작업환경 측정의 흐름도 5. 작업환경 측정 순서와 방법 6. 준비작업 7. 유사 노출군의 결정 8. 표준액 제조, 검량선, 탈착효율 작성 9. 단위작업장소의 측정설계
			❷ 시료분석 기술	1. 보정의 원리 및 종류 2. 정도 관리 3. 측정치의 오차 4. 화학 및 기기 분석법의 종류 5. 유해물질 분석절차 6. 포집시료의 처리방법 7. 기기분석의 감도와 검출한계 8. 표준액 제조검량선, 탈착효율 작성

GUIDE 출제기준(필기) 산업위생관리기사

필기 과목명	문제수	주요항목	세부항목	세세항목
		❷ 유해 인자 측정	❶ 물리적 유해 인자 측정	1. 노출기준의 종류 및 적용 2. 고온과 한랭 3. 이상기압 4. 소음 5. 진동 6. 방사선
			❷ 화학적 유해 인자 측정	1. 노출기준의 종류 및 적용 2. 화학적 유해인자의 측정원리 3. 입자상 물질의 측정 4. 가스 및 증기상 물질의 측정
			❸ 생물학적 유해 인자 측정	1. 생물학적 유해 인자의 종류 2. 생물학적 유해 인자의 측정 원리 3. 생물학적 유해 인자의 분석 및 평가
		❸ 평가 및 통계	❶ 통계학 기본 지식	1. 통계의 필요성 2. 용어의 이해 3. 자료의 분포 4. 평균 및 표준편차의 계산
			❷ 측정자료 평가 및 해석	1. 자료 분포의 이해 2. 측정 결과에 대한 평가 3. 노출기준의 보정 4. 작업환경 유해도 평가
작업환경 관리대책	20	❶ 산업 환기	❶ 환기 원리	1. 산업 환기의 의미와 목적 2. 환기의 기본 원리 3. 유체흐름의 기본개념 4. 유체의 역학적 원리 5. 공기의 성질과 오염물질 6. 공기압력 7. 압력손실 8. 흡기와 배기
			❷ 전체 환기	1. 전체 환기의 개념 2. 전체 환기의 종류 3. 건강보호를 위한 전체 환기 4. 화재 및 폭발방지를 위한 전체 환기 5. 혼합물질 발생시의 전체 환기 6. 온열관리와 환기
			❸ 국소 배기	1. 국소배기 시설의 개요 2. 국소배기 시설의 구성 3. 국소배기 시설의 역할 4. 후드 5. 닥트 6. 송풍기 7. 공기정화장치 8. 배기구

			❹ 환기시스템 설계	1. 설계 개요 및 과정 2. 단순 국소배기시설의 설계 3. 다중 국소배기시설의 설계 4. 특수 국소배기시설의 설계 5. 필요 환기량의 설계 및 계산 6. 공기공급 시스템
			❺ 성능검사 및 유지관리	1. 점검의 목적과 형태 2. 점검 사항과 방법 3. 검사 장비 4. 필요 환기량 측정 5. 압력 측정 6. 자체점검
		❷ 작업 공정 관리	❶ 작업공정관리	1. 분진 공정 관리 2. 유해물질 취급 공정 관리 3. 기타 공정 관리
		❸ 개인보호구	❶ 호흡용 보호구	1. 개념의 이해 2. 호흡기의 구조와 호흡 3. 호흡용 보호구의 종류 4. 호흡용 보호구의 선정방법 5. 호흡용 보호구의 검정규격
			❷ 기타 보호구	1. 눈 보호구 2. 피부 보호구 3. 기타 보호구
물리적유해 인자관리	20	❶ 온열조건	❶ 고온	1. 온열요소와 지적온도 2. 고열 장해와 생체 영향 3. 고열 측정 및 평가 4. 고열에 대한 대책
			❷ 저온	1. 한랭의 생체 영향 2. 한랭에 대한 대책
		❷ 이상기압	❶ 이상기압	1. 이상기압의 정의 2. 고압환경에서의 생체 영향 3. 감압환경에서의 생체 영향 4. 기압의 측정 5. 이상기압에 대한 대책
			❷ 산소결핍	1. 산소결핍의 정의 2. 산소결핍의 인체장해 3. 산소결핍 위험 작업장의 　작업 환경 측정 및 관리 대책

GUIDE 출제기준(필기) 산업위생관리기사

필기 과목명	문제수	주요항목	세부항목	세세항목
물리적유해 인자관리	20	❸ 소음진동	❶ 소음	1. 소음의 정의와 단위 2. 소음의 물리적 특성 3. 소음의 생체 작용 4. 소음에 대한 노출기준 5. 소음의 측정 및 평가 6. 청력보호구 7. 소음 관리 및 예방 대책
			❷ 진동	1. 진동의 정의 및 구분 2. 진동의 물리적 성질 3. 진동의 생체 작용 4. 진동의 평가 및 노출기준 5. 방진보호구
		❹ 방사선	❶ 전리방사선	1. 전리방사선의 개요 2. 전리방사선의 종류 3. 전리방사선의 물리적 특성 4. 전리방사선의 생물학적 작용 5. 관리대책
			❷ 비전리방사선	1. 비전리방사선의 개요 2. 비전리방사선의 종류 3. 비전리방사선의 물리적 특성 4. 비전리방사선의 생물학적 작용 5. 관리대책
			❸ 조명	1. 조명의 필요성 2. 빛과 밝기의 단위 3. 채광 및 조명방법 4. 적정조명수준 5. 조명의 생물학적 작용 6. 조명의 측정방법 및 평가
산업독성학	20	❶ 입자상 물질	❶ 종류, 발생, 성질	1. 입자상 물질의 정의 2. 입자상 물질의 종류 3. 입자상 물질의 모양 및 크기 4. 입자상 물질별 특성
			❷ 인체 영향	1. 인체 내 축적 및 제거 2. 입자상 물질의 노출기준 3. 입자상 물질에 의한 건강 장해 4. 진폐증 5. 석면에 의한 건강장해 6. 인체 방어기전

❷ 유해 화학 물질	❶ 종류, 발생, 성질	1. 유해물질의 정의 2. 유해물질의 종류 및 발생원 3. 유해물질의 물리적 특성 4. 유해물질의 화학적 특성
	❷ 인체 영향	1. 인체 내 축적 및 제거 2. 유해화학물질에 의한 건강 장해 3. 감작물질과 질환 4. 유해화학물질의 노출기준 5. 독성물질의 생체 작용 6. 표적장기 독성 7. 인체의 방어기전
❸ 중금속	❶ 종류, 발생, 성질	1. 중금속의 종류 2. 중금속의 발생원 3. 중금속의 성상 4. 중금속별 특성
	❷ 인체 영향	1. 인체 내 축적 및 제거 2. 중금속에 의한 건강 장해 3. 중금속의 노출기준 4. 중금속의 표적장기 5. 인체의 방어기전
❹ 인체 구조 및 대사	❶ 인체구조	1. 인체의 구성 2. 근골격계 해부학적 구조 3. 순환기계 및 호흡기계 4. 청각기관의 구조
	❷ 유해물질 대사 및 축적	1. 생체 내 이동경로 2 유해물질의 용량-반응 3. 생체막 투과 4. 흡수경로 5. 분포작용 6. 대사기전
	❸ 유해물질 방어기전	1. 유해물질의 해독작용 2. 유해물질의 배출
	❹ 생물학적 모니터링	1. 정의와 목적 2. 검사 방법의 분류 3. 체내 노출량 4. 노출과 모니터링의 비교 5. 생물학적 지표 6. 생체 시료 채취 및 분석방법 7. 생물학적 모니터링의 평가 기준

GUIDE 출제기준(필기) 산업위생관리산업기사

| 직무분야 | 안전관리 | 중직무분야 | 안전관리 | 자격종목 | 산업위생관리산업기사 | 적용기간 | 2025. 1. 1. ~ 2029. 12. 31. |

○ **직무내용** : 작업장 및 실내 환경의 쾌적한 환경 조성과 근로자의 건강 보호와 증진을 위하여 작업장 및 실내 환경 내에서 발생되는 화학적, 물리적, 생물학적, 그리고 기타 유해요인에 관한 환경 측정, 시료분석 및 평가(작업환경 및 실내 환경)를 통하여 유해 요인의 노출 정도를 분석·평가하고, 그에 따른 대책을 제시하며, 산업 환기 점검, 보호구 관리, 공정별 유해 인자 파악 및 유해 물질 관리 등을 실시하며, 보건 교육 훈련, 근로자의 보건 관리 업무를 통하여 환경 시설에 대한 보건 진단 및 개인에 대한 건강 진단 관리, 건강 증진, 개인위생 관리 업무를 수행하는 직무이다.

| 필기검정방법 | 객관식 | 문제수 | 80 | 시험시간 | 2시간 |

필기 과목명	문제수	주요항목	세부항목	세세항목
산업위생학 개론	20	❶ 산업위생	❶ 역사	1. 외국의 산업위생 역사 2. 한국의 산업위생 역사
			❷ 정의 및 범위	1. 산업위생의 정의 2. 산업위생의 범위
			❸ 산업위생관리의 목적	1. 산업위생의 목적 2. 산업위생의 윤리강령
		❷ 산업피로	❶ 산업피로	1. 산업피로의 정의 및 종류 2. 피로의 원인 및 증상
			❷ 작업조건	1. 에너지소비량 2. 작업강도 3. 작업시간과 휴식 4. 교대 작업 5. 작업 환경
			❸ 개선대책	1. 산업피로의 측정과 평가 2. 산업피로의 예방 3. 산업피로의 관리 및 대책
		❸ 인간과 작업환경	❶ 노동생리	1. 근육의 대사과정 2. 산소 소비량 3. 작업자세
			❷ 인간공학	1. 들기작업 2. 단순 및 반복작업 3. VDT 증후군 4. 노동 생리 5. 근골격계 질환 6. 작업부하 평가방법 7. 작업 환경의 개선
			❸ 산업심리	1. 산업심리의 정의 2. 산업심리의 영역 3. 직무 스트레스 원인 4. 직무 스트레스 평가 5. 직무 스트레스 관리 6. 조직과 집단 7. 직업과 적성
			❹ 직업성 질환	1. 직업성 질환의 정의와 분류 2. 직업성 질환의 원인과 평가 3. 직업성 질환의 예방대책

		❹ 실내 환경	❶ 실내오염의 원인	1. 물리적 요인 2. 화학적 요인 3. 생물학적 요인
			❷ 실내오염의 건강 장해	1. 빌딩 증후군 2. 복합 화학물질 민감 증후군 3. 실내오염 관련 질환
			❸ 실내오염 평가 및 관리	1. 유해인자 조사 및 평가 2. 실내오염 관리기준 3. 관리적 대책
		❺ 산업재해	❶ 산업재해 발생원인 및 분석	1. 산업재해의 개념 2. 산업재해의 분류 3. 산업재해의 원인 4. 산업재해의 분석 5. 산업재해의 통계
			❷ 산업재해 대책	1. 산업재해의 보상 2. 산업재해의 대책
		❻ 관련법규	❶ 산업안전보건법	1. 법에 관한 사항 2. 시행법령에 관한 사항 3. 시행규칙에 관한 사항 4. 산업보건기준에 관한 사항
			❷ 산업위생 관련 고시에 관한 사항	1. 노출기준 고시 2. 작업환경 측정 등 관련 고시 3. 물질안전보건자료(MSDS) 관련 고시
작업환경 측정 및 평가	20	❶ 측정원리	❶ 시료 채취	1. 측정의 정의 2. 작업환경 측정의 목적 3. 작업환경 측정의 종류 4. 작업환경 측정의 흐름도 5. 작업환경 측정 순서와 방법 6. 준비작업 7. 유사 노출군의 결정 8. 유사 노출군의 설정방법 9. 단위작업장소의 측정설계
			❷ 시료 분석	1. 보정의 원리 및 종류 2. 정도 관리 3. 측정치의 오차 4. 화학 및 기기분석법의 종류 5. 유해물질 분석절차 6. 포집시료의 처리방법 7. 기기분석의 감도와 검출한계 8. 표준액 제조, 검량선, 탈착효율 작성

GUIDE 출제기준(필기) 산업위생관리산업기사

필기 과목명	문제수	주요항목	세부항목	세세항목
		❷ 분진 측정	❶ 분진농도	1. 분진의 발생 및 채취 2. 분진의 포집기기 3. 분진의 농도계산
			❷ 입자크기	1. 입자별 기준, 국제통합기준 3. 크기표시 및 침강속도 3. 입경 분포 분석
		❸ 유해 인자 측정	❶ 화학적 유해 인자	1. 노출기준의 종류 및 적용 2. 화학적 유해인자의 측정원리 3. 입자상 물질의 측정 4. 가스 및 증기상 물질의 측정
			❷ 물리적 유해 인자	1. 노출기준의 종류 및 적용 2. 소음 진동 3. 고온과 한랭 4. 습도 5. 이상기압 6. 조도 7. 방사선
			❸ 측정기기 및 기구	1. 측정 목적에 따른 분류 2. 측정기기의 종류 3. 흡광광도법 4. 원자흡광광도법, 유도결합플라즈마(ICP) 5. 크로마토그래피
			❹ 산업위생 통계처리 및 해석	1. 통계의 필요성 2. 용어의 이해 3. 자료의 분포 4. 평균 및 표준편차의 계산 5. 자료 분포의 이해 6. 측정 결과에 대한 평가 7. 노출기준의 보정 8. 작업환경 유해도 평가
작업환경 관리	20	❶ 입자상 물질	❶ 종류, 발생, 성질	1. 입자상 물질의 정의 2. 입자상 물질의 종류 3. 입자상 물질의 모양 및 크기 4. 입자상 물질별 특성
			❷ 인체에 미치는 영향	1. 인체 내 축적 및 제거 2. 입자상 물질의 노출기준 3. 입자상 물질에 의한 건강 장해 4. 진폐증 5. 석면에 의한 건강장해 6. 인체 방어기전
			❸ 처리 및 대책	1. 입자상 물질의 발생 예방 2. 입자상 물질의 관리 및 대책

❷ 물리적 유해인자 관리	❶ 소음	1. 소음의 생체 작용 2. 소음에 대한 노출기준 3. 소음 관리 및 예방 대책 4. 청력보호구
	❷ 진동	1. 진동의 생체 작용 2. 진동의 노출기준 3. 진동 관리 및 예방 대책 4. 방진보호구
	❸ 기압	1. 이상기압의 정의 2. 고압환경에서의 생체 영향 3. 감압환경에서의 생체 영향 4. 이상기압에 대한 대책
	❹ 산소결핍	1. 산소결핍의 정의 2. 산소결핍의 인체장해 3. 산소결핍 위험작업장의 작업환경 측정 및 관리 대책
	❺ 극한온도	1. 온열요소와 지적온도 2. 고열 장해와 인체 영향 3. 고열 측정 및 평가 4. 고열에 대한 대책 5. 한랭의 생체 영향 6. 한랭에 대한 대책
	❻ 방사선	1. 전리방사선의 개요 및 종류 2. 전리방사선의 물리적 특성 3. 전리방사선의 생물학적 작용 4. 비전리방사선의 개요 및 종류 5. 비전리방사선의 물리적 특성 6. 비전리방사선의 생물학적 작용 7. 방사선의 관리대책 8. 방사선의 노출기준
	❼ 채광 및 조명	1. 조명의 필요성 2. 빛과 밝기의 단위 3. 채광 및 조명방법 4. 적정조명수준 5. 조명의 생물학적 작용 6. 조명의 측정방법 및 평가
❸ 보호구	❶ 각종 보호구	1. 개념의 이해 2. 호흡기의 구조와 호흡 3. 호흡용 보호구의 종류 및 선정방법 4. 호흡용 보호구의 검정규격 5. 눈 보호구 6. 피부 보호구 7. 기타 보호구

GUIDE 출제기준(필기) 산업위생관리산업기사

필기 과목명	문제수	주요항목	세부항목	세세항목
		❹ 작업공정 관리	❶ 작업공정개선대책 및 방법	1. 작업공정분석 2. 분진 공정 관리 3. 유해물질 취급 공정 관리 4. 기타 공정 관리
산업환기	20	❶ 환기 원리	❶ 유체흐름의 기초	1. 산업 환기의 의미와 목적 2. 환기의 기본 원리 3. 유체의 역학적 원리 4. 공기의 성질과 오염물질 5. 공기압력 6. 압력손실 7. 흡기와 배기
			❷ 기류, 유속, 유량, 기습, 압력, 기온 등 환기인자	1. 기류의 종류, 원인, 대책 2. 기습의 원인 및 대책 3. 유속의 계산 4. 유량의 산출 5. 압력의 영향 6. 기온의 영향
		❷ 전체 환기	❶ 희석, 혼합, 공기 순환	1. 희석의 개요 2. 희석의 방법 및 효과 3. 혼합의 개요 4. 혼합방법 및 효과 5. 공기순환 시스템
			❷ 환기량과 환기방법	1. 유해물질에 대한 전체 환기량 2. 환기량 산정방법 3. 환기량 평가 4. 공기 교환횟수 5. 환기방법의 종류
			❸ 흡, 배기시스템	1. 환기시스템 2. 공기공급 시스템 3. 공기공급 방법 4. 공기혼합 및 분배 5. 배출물의 재유입 6. 설치, 검사 및 관리
		❸ 국소 배기	❶ 후드	1. 후드의 종류 2. 후드의 선정방법 3. 후드 제어속도 4. 후드의 필요 환기량 5. 후드의 정압 6. 후드의 압력손실 7. 후드의 유입손실

		❷ 닥트	1. 닥트의 직경과 원주
			2. 닥트의 길이 및 곡률반경
			3. 닥트의 반송속도
			4. 닥트의 압력손실
			5. 설치 및 관리
		❸ 송풍기	1. 송풍기의 기초이론
			2. 송풍기의 종류
			3. 송풍기의 선정방법
			4. 송풍기의 동력
			5. 송풍량 조절방법
			6. 작동점과 성능곡선
			7. 송풍기 상사법칙
			8. 송풍기 시스템의 압력손실
			9. 연합운전과 소음대책
			10. 설치 및 관리
		❹ 공기정화장치	1. 선정 시 고려사항
			2. 공기정화기의 종류
			3. 입자상 물질의 처리
			4. 가스상 물질의 처리
			5. 압력손실
			6. 집진장치의 종류
			7. 흡수법
			8. 흡착법
			9. 연소법
	❹ 환기시스템	❶ 성능검사	1. 국소배기 시설의 구성
			2. 국소배기 시설의 역할
			3. 점검의 목적과 형태
			4. 점검 사항과 방법
			5. 검사 장비
			6. 필요 환기량 측정
			7. 압력측정
		❷ 유지관리	1. 국소배기장치의 검사 주기
			2. 자체검사
			3. 유지보수
			4. 공기공급 시스템

1 PART

제 1 과 목
산업위생학개론

01 산업위생

02 인간과 작업환경

03 실내환경

04 관련 법규

05 산업재해

01 산업위생
CHAPTER

UNIT 01 정의 및 목적

1 산업위생의 정의

건강문제를 주요 목적으로 하는 작업환경개선의 공학 기술면의 문제를 다루는 학문 분야, 위생이라는 용어는 예방과 관리의 뜻을 포함하므로, 산업위생이란, 작업환경을 공학적인 측면으로 접근하여 개선하므로 질병을 예방하고 유해인자를 관리하는 것을 말한다.

> **산업보건의 정의**
>
> - **미국산업위생학회(AIHA)의 정의**
>   질병, 건강장애, 안녕방해, 심각한 불쾌감, 능률저하를 초래하는 **작업환경요인**과 **스트레스를 예측, 인지, 측정, 평가, 관리**하는 기술이다.
>
> - **산업위생 활동** 암기TIP 예 인 측 평 관 (4단계로는 예 측 평 관)
>   ㉠ **예측** : 산업위생활동에서 가장 먼저 요구되는 활동으로 기존의 작업환경 및 작업환경에 변화가 있을 경우 발생할 수 있는 건강장애 및 영향을 예측해야 한다.
>   ㉡ **인지** : 현재 상황에서 존재 혹은 잠재하고 있는 유해인자를 구체적으로 파악하는 것으로 위해도 평가가 이루어져야 한다.
>   ㉢ **측정** : 작업환경이나 유해정도를 정성적 또는 정량적으로 측정/분석하는 것을 말한다.
>   ㉣ **평가** : 유해인자에 대한 양과 노출정도가 근로자들의 건강에 어떤 영향을 미칠 것인지 판단하는 의사결정 단계로서 넓은 의미에서는 측정까지도 포함시킨다. (전문기관의 노출기준과 비교하는 단계)
>   ㉤ **관리** : 유해인자로부터 근로자를 보호하는 모든 수단을 말한다.
>   공학적 관리 : 격리, 대체, 환기 등으로 가장 먼저 시행해야 한다.
>   행정적 관리 : 작업시간, 작업배치의 조정, 근로자에 대한 교육 등
>   개인보호구에 의한 관리 : 보호구, 보호의, 장갑, 안전화 등
>   (공학적, 행정적 관리와 병행해야 함)
>
> - **세계보건기구(WHO)와 세계노동기구(ILO)의 정의**
>   모든 직업에서 일하는 근로자의 **정신적, 육체적, 사회적 건강을 유지·증진**시키고, 작업조건으로 인한 질병예방 및 건강에 유해한 취업방지

2 산업위생의 목적

산업위생의 목적은 작업환경을 개선해서 질병을 예방하고 최적의 작업환경과 조건을 유지함으로써 근로자의 건강을 유지하고 작업능률을 향상시키는 데 있다.
① 작업환경과 근로조건의 개선 및 직업병의 근원적 예방
② 작업환경 및 작업조건의 인간공학적 개선
③ 직업성 질환 유소견자의 작업전환
④ 산업재해의 예방과 작업능률의 향상
⑤ 작업자의 건강보호 및 생산성의 향상

3 산업위생의 범위

1) 산업위생의 영역
① 작업장 내부의 작업환경관리를 위주로 한다.
② 심리학, 공학, 이학, 통계학, 사회학, 경제학, 법학 등과 협력한다.
③ 노동생리학의 기초를 둔다.
④ 산업사회의 질병을 퇴치하고 예방한다.

2) 산업위생의 기본과제
① 작업능력의 신장과 저하에 따른 작업조건 및 정신적 조건의 연구
② 최적/유해 작업환경에 따른 신체적 영향과 최적 환경을 조성하기 위한 연구
③ 노동력의 재생산과 사회·경제적 조건에 관한 연구

3) 대상
① 사업장에서 일하는 모든 근로자
② 생산활동에 참여하여 유행환경에 노출되는 모든 사람
③ 지역사회 주민

UNIT 02 역사

1 외국의 산업위생 역사

① **기원 전 4세기** : 최초로 기록된 직업병, 광산에서 납(Pb)중독 보고 – 히포크라테스(Hippocrates)
② **기원 후 1세기** : 아연, 황의 유해성을 주장하며, 동물의 방광으로 방진마스크를 사용하도록 함 – 플리니(Pliny)
③ **기원 후 2세기** : 구리광산에서 산증기의 유해성 보고 – 갈레노스(갈렌, Galen)
④ **1473년** : 직업병과 위생에 관한 교육용 팜플릿 발간, 납·수은 중독증상 기술 및 예방조치 제시 – 울루뤼시 엘렌보그(Ulrich Ellenbog)
⑤ **1493~1541년** : 폐질환 원인물질은 수은, 황, 염이고 모든 화학물질은 독물이며, 독물이 아닌 화학물질은 없다. 중독을 유발하는 것은 용량(dose)에 의존한다고 주장 – 필리푸스 파라셀수스(Philippus Paracelsus)
⑥ **1494~1555년** : 먼지에 의한 규폐증을 기록하고, 광산에서의 환기와 마스크 착용을 권장했으며, 저서로는 "광물에 대하여"를 저술 – 게오르기우스 아그리콜라(Georgius Agricola)
⑦ **1633~1714년** : 산업보건의 시조, 산업의학의 아버지로 불리며, "직업인의 질병"을 저술하고, 직업병의 원인을 작업장 사용 유해물질과 근로자의 불완전한 작업이나 과격한 동작으로 구분 – 베나르디노 라마치니(Benardino Ramazzini)
⑧ **18세기**
  • 사이다공장에서 납(Pb)에 의한 복통 발표 – 조지 베이커(Sir George Baker)
  • 직업성 암을 최초로 보고, 검댕과 음낭암의 인과관계를 어린이 굴뚝청소부에게 많이 발생하는 것을 통해 발견, 굴뚝청소부법을 제정 – 퍼시벌 포트(Percivall Pott)
⑨ **19세기**
  • 독일에서 근로자질병보험법과 공장재해보험법 제정 – 비스마르크(Bismark)
  • 공장법 : 산업보건에 관한 최초의 법률로서 실제로 효과를 거둔 최초의 법(1833년)으로 영국의 산업보건 발전의 계기가 됨
⑩ **20세기**
  • 유해물질 노출과 질병과의 관계규명하여 미국의 산업보건 분야에 크게 공헌, 미국의 산업재해보상법을 제정하는데 기여함 – 엘리스 해밀턴(Alice Hamilton)
  • 광산에서 규폐증을 조사하고 관리하기 시작함 – 미국
  • 진동공구에 의한 수지의 레이노(Raynaud)씨 병 보고(1911년) – 로리가(Loriga)
  • 국제노동기구(ILO) 창립(1919년)
  • 산업안전보건법 제정(1970년) – 미국
  • 산업보건안전법 제정(1974년) – 영국

2 한국의 산업위생 역사

① 1926년 : 공장보건위생법 제정
② 1953년 : 산업위생 최초의 법령인 근로기준법 제정
③ 1954년 : 광산에서 진폐증
④ 1963년 : 대한산업보건협회 창립
⑤ 1977년 : 근로복지공사법 제정 및 근로복지공사 설립(부속병원 개설)
⑥ 1981년 : 산업안전보건법 공포, 노동청에서 고용노동부로 승격
⑦ 1982년 : 산업안전보건법 시행
⑧ 1986년 : 유해물질 허용농도 제정(화학물질 및 물리적 인자의 노출기준 시행)
⑨ 1987년 : 한국산업안전공단 설립
⑩ 1988년 : 수은중독 사망 사건(문송면 군)
⑪ 1990년 : 한국산업위생학회 창립
⑫ 1991년 : 원진레이온 이황화탄소(CS_2) 문제, 국제노동기구(ILO) 가입
⑬ 1992년 : 산업보건연구원 개원, 작업환경측정 정도관리 규정 제정

UNIT 03 산업위생 윤리강령

1 윤리강령의 목적

산업위생전문가는 사업장 내에 존재하는 물리적, 화학적, 생물학적, 인간공학적 및 사회, 심리적 유해요인의 정성적 유무를 판단할 학문적 배경과 경험은 물론 이를 정량적으로 예측할 수 있는 능력이 있어야 한다. 또한 기업주와 근로자 사이에서 엄격한 중립을 지켜야 한다.

1) 산업위생단체 및 기구

① 한국산업위생학회(since 1990)

국내 작업환경 측정기관의 분석능력 향상에 크게 기여함

② 미국산업위생학회(since 1939)

AIHA(American Industrial Hygiene Association), 산업조건과 관련된 표준이나 기준의 제정을 위한 기초연구와 공식의견 제시

③ 미국정부산업위생전문가협의회(since 1938)

ACGIH(American Conference of Governmental Industrial Hygienists), 화학물질 및 물리적 화학물질, 생물학적 노출지수에 대한 한계값을 설정하고, 출판물을 통해 과학적 정보 제공에 기여한다.

- 노출기준 : TLV

④ 미국 산업안전위생관리국(OSHA)

OSHA에서는 TLV를 개선하기 위해 PEL을 제정하였다. ACGIH에서 정한 TLV와의 차이점은 TLV는 대부분의 모든 근로자들이 매일 폭로되어도 괜찮은 농도인 반면, PEL은 모든 근로자들이 건강장해를 가져오지 않는 농도로 제정하였다.

- 노출기준 : PEL

⑤ 미국 국립직업안전건강연구소(NIOSH)

- 노출기준 : REL

⑥ 일본산업위생학회

- 노출기준 : TLV

⑦ 독일 DFG

- 노출기준 : MAK

⑧ 스웨덴

- 노출기준 : OEL

⑨ 영국 EH40
- 노출기준 : WEL(과거에 MEL에서 변경)

⑩ 프랑스 MdT
- 노출기준 : VLME(=VLE, 1999)

⑪ 러시아
- 노출기준 : MAC

2 책임과 의무

1) 전문가로서의 책임
- 성실성과 학문적 실력 면에서 최고 수준을 유지한다.
- 과학적 방법의 적용과 자료의 해석에서 객관성을 유지한다.
- 전문 분야로서의 산업위생을 학문적으로 발전시킨다.
- 근로자, 사회 및 전문 직종의 이익을 위해 과학적 지식을 공개하고 발표한다.
- 기업체 기밀을 누설하지 않는다.
- 전문적 판단이 타협에 의하여 좌우될 수 있거나 이해관계가 있는 상황에는 개입하지 않는다.

2) 근로자에 대한 책임
- 근로자와 기타 여러 사람의 건강과 안녕이 산업위생 전문가의 판단에 의하여 좌우되는 것을 깨닫고, 위험요인의 측정, 평가 및 관리에 있어서 외부의 압력에 굴하지 않고 중립적 태도를 취한다.
- 근로자의 건강보호가 산업위생 전문가의 1차적인 책임이라는 것을 인식한다.
- 위험요소와 예방조치에 관하여 근로자와 상담한다.

3) 기업주와 고객에 대한 책임
- 쾌적한 작업환경을 만들기 위하여 산업위생의 이론을 적용하고 책임있게 행동한다.
- 신뢰를 존중하여 정직하게 권고하고 결과와 개선점은 정확히 보고한다.
- 결과와 결론을 뒷받침할 수 있도록 기록을 유지하고 산업위생사업을 전문가답게 운영·관리한다.
- 궁극적 책임은 기업주와 고객보다 근로자의 건강보호에 있다.

4) 일반 대중에 대한 책임
- 일반 대중에 관한 사항은 정직하게 발표한다.
- 적절하고도 확실한 사실을 근거로 전문적인 견해를 발표한다.

기출문제로 다지기 — CHAPTER 01 산업위생

01. 1800년대 산업보건에 관한 법률로서 실제로 효과를 거둔 영국의 공장법의 내용과 거리가 먼 것은?

① 감독관을 임명하여 공장을 감독한다.
② 근로자에게 교육을 시키도록 의무화한다.
③ 18세 미만 근로자의 야간작업을 금지한다.
④ 작업할 수 있는 연령을 8세 이상으로 제한한다.

해설 작업할 수 있는 연령을 13세 이상으로 제한한다.

02. 다음 중 산업위생의 정의와 거리가 먼 것은?

① 사회적 건강 유지 및 증진
② 근로자의 체력 증진 및 진료
③ 육체적·정신적 건강 유지 및 증진
④ 생리적·심리적으로 적합한 작업환경에 배치

해설 산업위생은 근로자의 작업환경개선을 통한 질병의 예방, 작업 능률 향상과 이를 통한 육체적/정신적/사회적 건강의 유지 증진에 그 목적이 있다.
※ 진단과 치료는 의학/보건분야에 해당한다.

03. 미국 산업위생학술원(AAIH)에서 채택한 산업위생전문가의 윤리강령 중 근로자에 대한 책임과 거리가 먼 것은?

① 근로자의 건강보호가 산업위생전문가의 1차적인 책임이라는 것을 인식해야 한다.
② 근로자와 기타 여러 사람의 건강과 안녕이 산업위생전문가의 판단에 좌우된다는 것을 깨달아야 한다.
③ 위험요인의 측정, 평가 및 관리에 있어서 외부의 압력에 굴하지 않고 근로자 중심으로 태도를 취한다.
④ 위험요소와 예방조치에 대하여 근로자와 상담해야 한다.

해설 위험요인의 측정, 평가 및 관리에 있어서 외부의 압력에 굴하지 않고 중립적 태도를 취하여야 한다.

04. 미국산업위생학술원(AAIH)이 채택한 윤리강령 중 산업위생전문가로서 지켜야 할 책임과 가장 거리가 먼 것은?

① 기업체의 기밀은 외부에 누설하지 않는다.
② 과학적 방법의 적용과 자료의 해석에서 객관성을 유지한다.
③ 근로자, 사회 및 전문 직종의 이익을 위해 과학적 지식을 공개하고 발표한다.
④ 전문적 판단이 타협에 의하여 좌우될 수 있는 상황에 개입하여 객관적 자료에 의해 판단한다.

해설 전문적 판단이 타협에 의하여 좌우될 수 있거나 이해관계가 있는 상황에는 개입하지 않는다.

05. 다음 중 산업위생의 4가지 주요 활동에 해당하지 않는 것은?

① 예측   ② 평가
③ 제거   ④ 관리

해설 암기TIP 예 인 측 평 관 : 예측, 인지, 측정, 평가, 관리

06. 다음 중 역사상 최초로 기록된 직업병은?

① 납중독   ② 방광염
③ 음낭암   ④ 수은중독

해설 납중독은 기원전 4세기 최초로 기록된 직업병으로, 히포크라테스가 발견하였다.

정답 01. ④ 02. ② 03. ③ 04. ④ 05. ③ 06. ①

07. 미국산업위생학술원(AAIH)에서 정하고 있는 산업위생 전문가로서 지켜야 할 윤리강령으로 틀린 것은?

① 기업체의 기밀은 누설하지 않는다.
② 성실성과 학문적 실력 면에서 최고 수준을 유지한다.
③ 쾌적한 작업환경을 만들기 위한 시설투자 유치에 기여한다.
④ 과학적 방법의 적용과 자료의 해석에 객관성을 유지한다.

해설 ③항에 해당하는 윤리강령은 없다.

08. 다음 중 18세기 영국에서 최초로 보고하였으며 어린이 굴뚝청소부에게 많이 발생하였고, 원인물질이 검댕(soot)이라고 규명된 직업성 암은?

① 폐암　　　　② 음낭암
③ 후두암　　　④ 피부암

해설 18세기 영국에서는 포트가 굴뚝의 검댕과 음낭암의 관계를 밝혔다.

09. 미국산업위생학술원(AAIH)에서 제시한 산업위생전문가의 윤리강령 중 일반 대중에 대한 책임은?

① 기업체의 기밀은 누설하지 않는다.
② 정확하고도 확실한 사실을 근거로 전문적인 견해를 발표한다.
③ 쾌적한 작업환경을 만들기 위하여 산업위생의 이론을 적용하고 책임 있게 행동한다.
④ 신뢰를 존중하여 정직하게 권고하고, 결과와 개선점을 정확히 보고한다.

10. 다음 중 산업위생학의 정의로 가장 적절한 것은?

① 근로자의 건강증진, 질병의 예방과 진료, 재활을 연구하는 학문
② 근로자의 건강과 쾌적한 작업환경을 위해 공학적으로 연구하는 학문
③ 인간과 직업, 기계, 환경, 노동 등의 관계를 과학적으로 연구하는 학문
④ 근로자의 건강과 간호를 연구하는 학문

11. 다음 중 산업위생의 역사에 있어 주요 인물과 업적의 연결이 올바른 것은?

① Percivall Pott : 구리광산의 산 증기 위험성 보고
② Hippocrates : 역사상 최초의 직업병(납중독) 보고
③ G. Agricola : 검댕에 의한 직업성 암의 최초 보고
④ Bernardino Rammzzini : 금속 중독과 수은의 위험성 규명

오답해설
① Percivall Pott : 굴뚝 검댕과 음낭암의 관계를 밝힘
③ G. Agricola : "광물에 대하여" 저술, 먼지에 의한 규폐증 기록
④ Bernardino Rammzzini : "직업인의 질병" 발간, 최초로 직업병 언급(산업보건이 시초)

12. 1994년 ABIH(American Board of Industrial Hygiene)에서 채택된 산업위생전문가의 윤리강령 내용으로 적절하지 않은 것은?

① 산업위생 활동을 통해 얻은 개인 및 기업의 정보는 누설하지 않는다.
② 전문적 판단이 타협에 의하여 좌우될 수 있거나 이해관계가 있는 상황에는 개입하지 않는다.
③ 쾌적한 작업환경을 만들기 위해 산업위생이론을 적용하고 책임있게 행동한다.
④ 과학적 방법의 적용과 자료의 해석에서 경험을 통한 전문가의 주관성을 유지한다.

 정답　07. ③　08. ②　09. ②　10. ②　11. ②　12. ④

해설 과학적 방법의 적용과 자료의 해석에서 객관성을 유지하여야 한다.

13. 다음 중 산업위생의 목적과 가장 거리가 먼 것은?

① 근로자의 건강을 유지·증진시키고 작업능률을 향상
② 근로자들의 육체적, 정신적, 사회적 건강 유지 및 증진
③ 유해한 작업환경 및 조건으로 발생한 질병의 진단과 치료
④ 최적의 작업환경 및 작업조건으로 개선하여 질병을 예방

해설 산업위생은 진단과 치료의 목적은 없고, 작업환경 및 조건을 개선하고, 유해인자를 관리함으로써 근로자의 건강을 유지하고 작업능률을 향상시키는데 목적이 있다.

14. 1800년대 산업보건에 관한 법률로서 실제로 효과를 거둔 영국의 공장법의 내용과 거리가 먼 것은?

① 감독관을 임명하여 공장을 감독한다.
② 근로자에게 교육을 시키도록 의무화한다.
③ 18세 미만 근로자의 야간작업을 금지한다.
④ 작업할 수 있는 연령을 8세 이상으로 제한한다.

해설 공장법의 세부내용은 다음과 같다.
- 9세 이하 아동 노동 전면 금지
- 9~13세 아동 노동 하루 9시간 이내 제한
- 공장법 준수여부 감독관을 4명 임명
- 아동에 대한 1일 2시간 이상 의무교육
- 18세 미만 근로자 야간작업 금지

정답 13. ③ 14. ④

기출문제로 굳히기   CHAPTER 01 산업위생

01. 산업위생 역사에서 영국의 외과의사 Percivall Pott에 대한 내용 중 틀린 것은?

① 직업성 암을 최초로 보고하였다.
② 산업혁명 이전의 산업위생 역사이다.
③ 어린이 굴뚝 청소부에게 많이 발생하던 음낭암(scrotal cancer)의 원인물질을 검댕(soot)이라고 규명하였다.
④ Pott의 노력으로 1788년 영국에서는 "도제 건강 및 도덕법(Health and Morals or Apprentices Act)"이 통과되었다.

해설 영국에서 "도제 건강 및 도덕법(Health and Morals or Apprentices Act)"이 통과되는데 기여한 사람은 Robert Peel 이다.

02. 산업위생의 정의에 나타난 산업위생의 활동단계 4가지 중 평가(Evaluation)에 포함되지 않는 것은?

① 시료의 채취와 분석
② 예비조사의 목적과 범위 결정
③ 노출정도를 노출기준과 통계적인 근거로 비교하여 판정
④ 물리적, 화학적, 생물학적, 인간공학적 유해인자 목록 작성

해설 물리적, 화학적, 생물학적, 인간공학적 유해인자 목록 작성은 활동단계 4가지 중 관리에 해당한다.
※ 산업위생의 활동단계 : 예측, 측정, 평가, 관리

03. 산업위생전문가들이 지켜야 할 윤리강령에 있어 전문가로서의 책임에 해당하는 것은?

① 일반 대중에 관한 사항은 정직하게 발표한다.
② 위험요소와 예방조치에 관하여 근로자와 상담한다.
③ 과학적 방법의 적용과 자료의 해석에서 객관성을 유지한다.
④ 위험요인의 측정, 평가 및 관리에 있어서 외부의 압력에 굴하지 않고 중립적 태도를 취한다.

해설 ③항만 올바르다.
오답해설
① 일반 대중에 관한 사항은 정직하게 발표한다.
 – 일반 대중에 대한 책임
② 위험요소와 예방조치에 관하여 근로자와 상담한다.
 – 근로자에 대한 책임
④ 위험요인의 측정, 평가 및 관리에 있어서 외부의 압력에 굴하지 않고 중립적 태도를 취한다. – 근로자에 대한 책임

04. 산업위생 전문가의 과제가 아닌 것은?

① 작업환경의 조사
② 작업환경조사 결과의 해석
③ 유해물질과 대기오염 상관성 조사
④ 유해인자가 있는 곳의 경고 주의판 부착

해설 대기오염은 작업장 외부에 관한 오염이고, 산업위생 전문가는 작업장 내부에 관한 오염의 관리를 담당한다.

 01. ④   02. ④   03. ③   04. ③

05. 미국산업위생학술원(AAIH)에서 채택한 산업위생전문가로서의 책임에 해당되지 않는 것은?

① 직업병을 평가하고 관리한다.
② 성실성과 학문적 실력에서 최고 수준을 유지한다.
③ 과학적 방법의 적용과 자료 해석의 객관성을 유지한다.
④ 전문분야로서의 산업위생을 학문적으로 발전시킨다.

해설 [전문가로서의 책임]
- 성실성과 학문적 실력 면에서 최고 수준을 유지한다.
- 과학적 방법의 적용과 자료의 해석에서 객관성을 유지한다.
- 전문 분야로서의 산업위생을 학문적으로 발전시킨다.
- 근로자, 사회 및 전문 직종의 이익을 위해 과학적 지식을 공개하고 발표한다.
- 기업체 기밀을 누설하지 않는다.
- 전문적 판단이 타협에 의하여 좌우될 수 있거나 이해관계가 있는 상황에는 개입하지 않는다.

06. 산업위생의 정의에 포함되지 않는 것은?

① 예측   ② 평가
③ 관리   ④ 보상

해설 산업위생의 정의 5가지 : 예측, 인지, 측정, 평가, 관리

07. 국가 및 기관별 허용기준에 대한 사용 명칭을 잘못 연결한 것은?

① 영국 HSE – OEL
② 미국 OSHA – PEL
③ 미국 ACGIH – TLV
④ 한국 – 화학물질 및 물리적 인자의 노출기준

해설 영국 – WEL(2000)

정답 05. ①   06. ④   07. ①

CHAPTER 02 인간과 작업환경

UNIT 01 인간공학

1 개요

1) 인간공학의 정의
인간의 신체적·인지적 특성을 고려하여 인간을 위해 사용되는 물체, 시스템, 환경의 디자인을 과학적인 방법으로 기존보다 사용하기 편하게 만드는 응용학문이다. 인간공학은 산업공학에 그 뿌리를 둔다.

2) 인간공학의 목적
인간공학의 목적은 인간의 복지 향상과 전체적 시스템 효율을 최적화시키는 것이다. 그러기 위해서는 적절한 설계가 안전성 개선, 피로와 스트레스 감소, 쾌적감 증가 등의 효과를 얻는데 있다.

3) 인간공학의 활용단계
① **준비단계** : 인간과 기계의 구성인자 간의 특성, 인간과 기계가 맡은 일과 인간과 기계관계가 어떠한 상태에서 조작될 것인지에 대한 이해
② **선택단계** : 직종 간의 연결성, 기능적 특성, 경제적 효율, 제한점을 고려하여 세부 설계
③ **검토 및 평가단계** : 인간과 기계관계의 비합리적인 면을 수정 및 보완

4) 인간공학에 적용되는 치수
① **정적치수** 암기TIP 정 많고
- 구조적 인체치수
- 골격 치수(관절 중심거리)와 외곽 치수(머리둘레, 허리둘레 등)로 구성되며, 신체측정치는 나이, 성, 종족에 따라 다르게 나타난다.
- 동적치수에 비해 데이터가 많다.
- 보통 표의 형태로 제시

② **동적치수** 암기TIP 동(돈) 적어
- 기능적 치수
- 육체적인 활동을 하는 상황에서 측정한 치수
- 다양한 움직임을 표로 제시하기 어려움
- 정적인 데이터로부터 기능적 인체 치수로 환산하는 일반적인 원칙은 없음
- 정적인 치수에 비하여 상대적으로 데이터가 적음

5) 작업영역
① **정상 작업영역** : 앉은 자세에서 상박(팔꿈치부터 어깨, 상완)은 몸에 붙이고, 하박(팔꿈치부터 손끝, 전완)을 곧게 뻗어 닿는 영역, 정상작업영역 내에서 작업시 가장 편안한 자세로 작업이 가능하다. (약 34~45cm 범위)
② **최대 작업영역** : 팔(상지)을 뻗었을 때 도달하는 최대범위, 최대 작업 영역을 벗어나게 되면 몸의 자세가 상당히 흐트러지게 되어, 피로를 심하게 느낀다. (약 55~65cm의 범위)

2 들기작업

들기작업은 요통과 밀접한 관련이 있다.

1) 요통의 종류
① **재해성 요통** : 무거운 물질을 취급할 때 급격한 힘에 의해 근육, 인대 등 연조직의 손상 등이 나타나는 현상
② **직업성 요통** : 중량물 취급, 작업자세, 전신 진동, 기타 허리에 과도한 부담을 주는 작업에 의해 급성 혹은 만성적인 요통으로 나타나는 현상으로 일반적으로 장기간 반복하여 무리한 동작을 할 때 발생하는 경우가 많다.

2) 요통 발생에 관여하는 주된 요인
일반적으로 요통은 장기간 반복하여 무리한 동작을 할 때보다 한 번의 과격한 충격에 의하여 발생하는 경우가 많고, 허리를 과도하게 숙일 때 유발된다.
① 올바르지 못한 작업방법 및 자세
② 근로자의 육체적 조건
③ 작업습관과 개인적인 생활태도
④ 작업빈도, 물체의 위치와 무게 및 크기 등과 같은 물리적 환경요인
⑤ 요통 및 기타 장애의 경력

3) 중량물의 표시(산업안전보건기준 제667조)
사업주는 5kg 이상의 중량물을 들어올리는 작업에 근로자를 종사하도록 하는 때에는 다음의 조치를 하여야 한다.

① **안내표시** : 주로 취급하는 물품에 대하여 근로자가 쉽게 알 수 있도록 물품의 중량과 무게중심에 대하여 작업장 주변에 안내표시를 할 것
② **보조도구** : 취급하기 곤란한 물품에 대하여 손잡이를 붙이거나 갈고리, 진공빨판 등 적절한 보조도구를 활용할 것

4) 작업자세(산업안전보건기준 제666조) 공지 권고

사업주는 중량물을 들어올리는 작업에 근로자를 종사하도록 하는 때에는 무게중심을 낮추거나 대상물에 몸을 밀착하도록 하는 등 신체에 부담을 감소시킬 수 있는 자세에 대하여 널리 알려야 한다.

5) 중량물 취급에 대한 기준(NIOSH) 적용 범위

① 박스(Box)인 경우는 손잡이가 있어야 하고 신발이 미끄럽지 않아야 한다.
② 작업장 내의 온도가 적절해야 한다.
③ 물체의 폭이 75cm 이하로서 두 손을 적당히 벌리고 작업할 수 있는 공간이 있어야 한다.
④ 보통 속도로 두 손으로 들어올리는 작업을 기준으로 한다.

6) 중량물 취급에 대한 기준에 영향을 미치는 요인

① 물체 무게
② 물체 위치
③ 물체 높이
④ 물체를 들어올리는 거리
⑤ 작업횟수(빈도)
⑥ 작업시간

※ 영향정도 : 작업횟수 > 수평거리 > 수직거리 > 이동거리

7) 권장무게한계(RWL = AL)

건강한 작업자가 특정한 들기작업에서 실제 작업시간 동안 허리에 무리를 주지 않고 요통의 위험없이 들 수 있는 무게

① 허리의 L_5/S_1 디스크가 압축력이 3,400N에도 무리없이 견뎌내는 무게
② AL 조건 이상 → 근골격계통의 질환 발생률이 증가한다.
③ AL 조건 이하 → 에너지 소비량 3.5kcal/min을 넘지 않는다.
④ 정신물리학적 연구결과에 따르면 남자 중 99%, 여자 중 75% 이상에서 AL에 해당하는 작업을 할 수 있는 것으로 나타났다.

※ L_5/S_1 디스크(disc) : 척추의 디스크 중 앉을 때, 서 있을 때, 물체를 들어 올릴 때 및 쥘 때 발생하는 압력이 가장 많이 흡수되는 디스크이다.

$$AL(kg) = 40\left(\frac{15}{H}\right)(1-0.004|V-75|)\left(0.7+\frac{7.5}{D}\right)\left(1-\frac{F}{F_{max}}\right)$$

- H : 대상물체의 수평거리, 물체를 움직이기 전 물체의 위치
- V : 대상물체의 수직거리, 물체를 움직이기 전 물체의 위치
- D : 대상물체의 이동거리, 수직 및 수평의 이동을 모두 포함
- F : 중량물 취급작업의 빈도

$$RWL(kg) = 23 \times HM \times VM \times DM \times AM \times FM \times CM$$

- HM : 수평계수
- DM : 거리계수
- FM : 빈도계수
- VM : 수직계수
- AM : 비대칭계수
- CM : 커플링계수

8) 최대허용기준(MPL)

① L_5/S_1 디스크에 6,400N 압력 부하 시 대부분의 근로자가 견딜 수 없음
② MPL = 3AL
③ MPL 이상에 노출된 작업상황에서는 근골격계통 부상률이 급격히 상승한다.
④ MPL 기준을 넘는 작업환경에서는 분당 에너지소비가 5kcal를 초과한다.
⑤ 남자 중 25%, 여자 중 1%만이 MPL 수준의 작업가능

9) 들기지수(LI)

① 실제 작업물의 무게/권장한계무게(RWL)
② 특정 작업에서의 스트레스의 정도를 나타냄

$$LI = \frac{물체\ 무게(kg)}{RWL(kg)}$$

③ 단순 및 반복작업

오랜 시간 동안 반복되거나 지속되는 동작 또는 작업자세로 수행되는 모든 작업요소를 말한다. 이러한 작업형태는 근골격계 질환과 밀접한 관련이 있다.

1) 근골격계 부담작업

① 하루에 4시간 이상 키보드 또는 마우스를 조작하는 작업 → 4시간 이상 컴퓨터
② 하루에 총 2시간 이상 목, 어깨, 팔꿈치, 손목 또는 손을 사용하여 같은 동작을 반복하는 작업 → 2시간 이상 같은 동작 반복
③ 하루에 총 2시간 이상 머리 위에 손이 있거나, 팔꿈치가 어깨 위에 있거나, 팔꿈치를 몸통으로부터 들거나,

팔꿈치를 몸통 뒤쪽에 위치하도록 하는 상태에서 이루어지는 작업 → 2시간 이상 팔을 들고 하는 작업

④ 지지되지 않은 상태이거나 임의로 자세를 바꿀 수 없는 조건에서, 하루에 총 2시간 이상 목이나 허리를 구부리거나 펴는 상태에서 이루어지는 작업 → 2시간 이상 목이나 허리를 구부리거나 펴는 상태에서 작업
⑤ 하루에 총 2시간 이상 쪼그리고 앉거나 무릎을 굽힌 자세에서 이루어지는 작업
⑥ 하루에 총 2시간 이상 지지되지 않은 상태에서 1kg 이상의 물건을 한 손의 손가락으로 물건을 쥐는 작업
⑦ 하루에 10회 이상 25kg 이상의 물체를 드는 작업
⑧ 하루에 25회 이상 10kg 이상의 물체를 무릎 아래에서 들거나, 어깨 위에서 들거나, 팔을 뻗은 상태에서 드는 작업
⑨ 하루에 25회 이상, 분당 2회 이상 4.5kg 이상의 물체를 드는 작업
⑩ 하루에 총 2시간 이상, 시간당 10회 이상 손 또는 무릎을 사용하여 반복적으로 충격을 가하는 작업
⑪ 최초 가한 힘보다 9kg 이상의 힘으로 2시간 이상 밀고 당기는 작업
⑫ 2시간 이상 같은 힘으로 0.9kg 이상의 이동물체를 손가락만을 사용하여 집거나, 4.5kg 이상의 이동물체를 잡는 작업

4 VDT 증후군

영상단말기 증후군이란 컴퓨터 단말기를 오랜 시간 사용함으로써 발생하는 여러 가지 증상과 징후들을 통칭하는 것으로 컴퓨터에서 나오는 유해 전자파로 인한 각종 질환들이 이에 해당된다.

1) 피해
① 근골격계 증상 : 통증과 저림, 쑤심, 경련
② 눈의 장해 : 눈의 건조, 눈의 피로, 안압 변화
③ 피부 증상 : 정전기로 인한 민감한 피부반응, 안면발진, 가려움증
④ 정신적 스트레스 : 초조, 근심, 긴장, 혈압상승, 소화불량, 심박수 증가, 아드레날린 분비
⑤ 전자파 장애 : 여성의 출산 장애
※ 거북목 증후군 : 과다한 VDT 작업으로 목이 거북이 목처럼 앞으로 구부러진 자세로 변형되는 증상을 말한다.

2) 영상단말기 취급 작업기준
① 작업시간 : 1일 4시간 이내, 1시간 작업 10분 휴식, 작업량을 적절히 분배
② 키보드 높이 : 조절범위 60~70cm
③ 키보드 조건 : 두께 3cm 이내, 각도 5~15°
④ 의자 높이 : 조절범위 35~45cm
⑤ 의자 깊이 : 38~42cm
⑥ 의자 폭 : 40~45cm
⑦ 등받이 각도 : 90~120°

⑧ **등받이 형태** : 넓고 요추지지대 필요
⑨ **책상 및 다리 공간** : 60~80cm
⑩ **손목지지 공간** : 15cm 정도
⑪ **화면 높이** : 화면 상단과 작업자 눈높이가 일치
⑫ **화면과의 거리** : 50~70cm 사이
⑬ **눈높이** : 모니터와 눈높이는 수평선상으로부터 아래로 10~15° 이내로 한다.
⑭ **허리 자세** : 90~100°
⑮ **팔꿈치 자세** : 90~100°
⑯ **조명** : 500~700lux, 주변조도 300~500lux, 휘도비 1:10
⑰ **반사광** : 최소화
⑱ **팔의 각도** : 위쪽 팔과 아래쪽 팔이 이루는 각도는 90° 이상이 적당하고 위 팔은 자연스럽게 늘어뜨리고 아래팔은 손등과 일직선을 유지하여 손목이 꺾이지 않도록 할 것
⑲ **화면의 배경색** : 문자는 어둡고, 배경색은 밝게 하고, 배경휘도를 문자의 3배 이상으로 조절

5 노동 생리

노동생리는 여러 가지 활동에 필요한 에너지 소비량과 그에 따른 인체의 작업능력 한계를 연구하는 학문이다.

1) 노동에 필요한 에너지원

① **혐기성 대사** : 분자상 산소의 소비를 동반하지 않는 에너지 대사
  ㉠ 근육에 저장된 화학적 에너지 사용
  ㉡ 혐기성 대사 순서
     ATP(아데노신삼인산) → CP(크레아틴인산) → 글리코겐 또는 글루코스
  ㉢ 기타 혐기성 대사
     • ATP + H_2O ⇌ ADP + P + free energy
     • 크레아틴인산 + ADP ⇌ 크레아틴 + ATP
     • 글루코스 + P + ADP → lactate + ATP

② **호기성 대사**
  ㉠ 근육에 저장된 에너지 + 신체 타 부위 저장 글리코겐 사용(지방, 간)
  ㉡ 호기성 대사과정
     포도당, 단백질, 지방 + 산소 → 에너지원

2) 식품과 영양소

① 3대 영양소

탄수화물	포도당형태로 에너지 이용, 발생열량 4.1kcal/g
단백질	몸의 구성 성분, 발생열량 4.1kcal
지방	열량공급의 측면에서 가장 유리, 발생열량 9.3kcal/g

② 5대 영양소

탄수화물	포도당형태로 에너지 이용, 발생열량 4.1kcal/g
단백질	몸의 구성 성분, 발생열량 4.1kcal
지방	열량공급의 측면에서 가장 유리, 발생열량 9.3kcal/g
무기질	신체의 생활기능을 조절하는 영양소
비타민	신체의 생활기능을 조절하는 영양소, 체내에서 합성되지 않아서 식물에서 섭취필요

※ 커피, 홍차, 엽차 등 차 종류는 피로회복에 도움이 되므로 공급하도록 하고, 과다복용하지 않도록 주의한다.

③ 체성분을 구성 : 단백질, 무기질, 물

④ 비타민 결핍증

　㉠ 비타민 A : 야맹증, 성장장애
　㉡ 비타민 B_1 : 각기병, 신경염 – 근육에 호기적 산화를 촉진시켜 근육의 열량공급을 원활히 해 줌(섭취 시)
　㉢ 비타민 B_2 : 구강염 – 열량공급에 크게 기여
　㉣ 비타민 C : 괴혈병
　㉤ 비타민 D : 구루병
　㉥ 비타민 E : 생식기능저하, 노화촉진
　㉦ 비타민 F : 피부병
　㉧ 비타민 K : 혈액응고 지연작용

⑤ 체내 열 생산이 주로 많은 기관 : 골격근(체열 생산 가장 많음), 간장

⑥ 국민영양권장량을 결정하는 영양기준 : 이상량, 지적량, 충분량, 소요량

> 💡 **참고**
>
> - 국민영양권장량 : 국내에서 식생활을 하는 일반 성인을 대상으로 건강한 식습관을 유지하기 위해 권장되는 영양소 섭취량
>   - 이상량 : 일반적인 섭취량보다 높은양을 권장, 질병이나 건강상태 개선을 위해 권장, 이상량은 일반섭취량보다 훨씬 많은 양
>   (예 철분이 부족한 빈혈 환자, 체중 증량 시)
>   - 지적량 : 대부분의 일반 성인이 일일 권장량을 섭취할 수 있도록 권장되는 양
>   - 충분량 : 일반적인 섭취량보다 조금 더 많은양을 권장하는 것, 충분량은 일반섭취량보다 조금 많은 양
>   (고강도 운동, 만성질환 등 일부 영양소에 대해 많은 양이 필요한 경우)
>   - 소요량 : 최소한으로 필요한 섭취량

⑦ 에너지 소요량에 미치는 영향인자 : 연령, 성별, 체격, 운동량, 건강상태

⑧ 작업 시 소비열량에 따른 작업강도 분류

　㉠ 경작업 : 200kcal/hr
　㉡ 중등도작업 : 200~350kcal/hr
　㉢ 중작업 : 350~500kcal/hr

⑨ 작업특성에 따른 영양관리

　㉠ 근육작업자 : 당질 위주
　㉡ 고온작업자 : 식수와 식염을 우선 공급
　㉢ 중작업자 : 단백질
　㉣ 저온작업자 : 지방질

6 근골격계 질환

1) 근골격계 질환의 명명

① 누적외상성 질환(CTDs)
② 근골격계 질환(MSDs)
③ 반복성 긴장장애(RSI)
④ 경견완 증후군

2) 관련질환의 종류와 원인

질환부위	종류	원인	증상	작업
힘줄(건)/관절 질환	건염	• 지속적인 팔의 들어올림 자세 • 손목의 반복동작	건(힘줄)에 염증 및 자극	프레스작업, 용접작업
	건초염	• 중량물 인양 및 옮기는 자세 • 손목의 반복동작	주로 손의 건에 많고 건을 신장하면 통증유발	연마작업, 타이핑작업
	결절종	• 확실하지 않음 • 외상	• 통증을 동반하지 않는 단단한 혹 • 근력 약화	
	상과염	• 지속적인 손목과 팔꿈치의 압박 • 손목과 팔꿈치의 반복동작	팔꿈치 안쪽에서 아래팔로 통증이 뻗쳐감	손목관절의 과도한 작업
	요추 염좌	• 무거운 물건을 들어 올림 • 비정상적 자세를 장시간 유지 • 외부에서 비교적 가벼운 충격	• 허리근육 부위에 통증 • 근경련	들기 작업, 사무 작업
신경 질환	손목뼈터널증후군 (수근터널증후군)	• 지속적인 손목의 압박 • 무리한 힘	손가락이 저리고 감각이 저하	연마작업, 재봉작업, 육류가공 작업
신경혈관 질환	흉곽출구 증후군	지속적인 어깨 들어 올림	어깨와 팔의 통증	창고작업

3) 근골격계 질환의 특징

① 노동력 손실에 따른 경제적 피해가 큼
② 근골격계 질환의 최우선 관리목표는 발생의 최소화임
③ 단편적인 작업환경 개선으로 좋아질 수 없음
④ 한 번 악화되어도 회복은 가능함
⑤ 자각증상으로 시작되며 환자발생이 집단적임
⑥ 손상의 정도 측정이 용이하지 않음

4) 근골격계 질환 예방 작업관리방법

① 수공구의 무게는 가능한 줄이고 손잡이는 접촉면적을 크게 한다.
② 손목, 팔꿈치, 허리가 뒤틀리지 않도록 한다. 즉, 부자연스러운 자세를 피한다.
③ 작업시간을 조절하고 과도한 힘을 주지 않는다.
④ 동일한 자세로 장시간 하는 작업을 피하고 작업대사량을 줄인다.
⑤ 근골격계 질환을 예방하기 위한 작업환경 개선의 방법으로 인체 측정치를 이용 시, 조절가능여부를 우선적으로 고려한다.

5) 근골격계 질환 예방관리 프로그램

작업으로 인한 근골격계 질환의 예방관리 프로그램으로 유해요인 조사, 작업환경 개선, 의학적 관리, 교육 훈련 평가 등에 관한 종합적인 계획을 말한다.

① 프로그램을 수립·시행하는 경우
  ㉠ 근골격계 질환으로 인정받은 근로자가 연간 10명 이상 발생한 사업장 또는 5명 이상 발생한 사업장으로서 발생 비율이 그 사업장 근로자 수의 10% 이상인 경우
  ㉡ 근골격계 질환 예방과 관련하여 노사 간 이견이 지속되는 사업장으로서 고용노동부장관이 필요하다고 인정하여 근골격계 질환 예방관리 프로그램을 수립하여 시행할 것으로 명령한 경우

7 작업부하 평가방법

1) 평가방법 분류

체크리스트 평가방법, 작업자세 위주 평가방법, 중량물 취급작업 평가방법, 진동작업 평가방법, 주관적 설문지 평가방법

2) 평가방법 특징

① OWAS : 특별한 기구없이 현장 관찰에 의해서만 작업자세를 평가하는 도구
  ㉠ 평가과정이 쉽고 간단함
  ㉡ 작업 자세 특성이 정적인 자세에 초점이 맞춰져 있음

② RULA : 상지의 분석에 초점을 두고 있어 작업의 자세에 대한 근육부하를 평가하는 도구
　㉠ 사후관리 기준 제시
　㉡ 과정이 난해함
　㉢ 진동작업시 과소평가의 우려가 있음
③ JSI : 주로 상지 말단의 근골격계 유해요인을 평가하기 위한 도구(손목, 손가락 위주)
④ REBA : 신체 전체의 자세를 평가, 하지분석으로 자세히 평가가능
⑤ NLE : 인간공학적인 작업방법의 개선을 통해 직업성 요통을 사전에 예방하는 것이 목적
⑥ WSA-B : 신체 부위별로 자세, 힘, 반복성 등을 평가하고 주의가 필요한 작업과 위험한 작업으로 평가 거의 모든 작업에 대해 범용적으로 평가할 수 있음
⑦ PATH : 건설업 작업자 대상으로 근골격계 질환 유해요인 노출평가를 위해 개발된 직접관찰법(부위별 자세에 대한 노출평가)

8 작업환경의 개선

1) 작업장 개선지점의 선정
① 현재 환자가 존재하는 작업공정
② 현재 환자는 없지만 과거에 있었고 작업변화가 없는 공정
③ 과거 및 현재에도 환자는 없지만 작업자가 증상을 호소하는 공정
④ 현재 및 과거에도 환자가 없고 증상 호소자도 없지만 작업분석에서 잠재적 고위험 요인이 발견된 공정

2) 근골격계 질환을 예방하기 위한 개선사항
① 반복적인 작업을 연속적으로 수행하는 근로자에게는 해당 작업 이외의 작업을 중간에 넣어 동일한 작업자세를 피한다.
② 반복의 정도가 심한 경우에는 공정을 자동화하거나 다수의 근로자들이 교대하도록 하여 한 근로자의 반복 작업시간을 가능한 한 줄이도록 한다.
③ 작업대의 높이는 작업정면을 보면서 팔꿈치 각도가 90°를 이루는 자세로 작업할 수 있도록 조절하고, 근로자와 작업면의 각도 등을 적절히 조절할 수 있도록 한다.
④ 작업영역은 정상작업영역 이내에서 이루어지도록 하고 부득이한 경우에 한해 최대작업영역에서 수행하되 그 작업이 최소화되도록 한다.
⑤ 근골격계 질환을 예방하기 위한 작업환경 개선의 방법은 인체측정치를 이용한 작업환경의 설계가 이루어질 때 가장 먼저 고려해야 하는 사항은 '조절가능 여부'이다.

3) 중량물 들기작업의 동작순서

① 중량물의 몸의 중심을 가능한 가깝게 한다.
② 발을 어깨 너비 정도로 벌리고, 몸은 정확하게 균형을 유지한다.
③ 무릎을 굽힌다.
④ 가능하면 양손으로 잡는다.
⑤ 목과 등이 거의 일직선이 되도록 한다.
⑥ 등을 반듯이 유지하면서 무릎의 힘으로 일어난다.

4) 지적속도와 노이로제

① **지적속도** : 피로를 가장 적게 하고 생산량을 최고로 올릴 수 있는 가장 경제적인 작업속도를 의미한다.
② **노이로제** : 어떤 원인으로 인해 과민해져서 과잉 주의집중을 일으키는 상태이다.

기출문제로 다지기 — UNIT 01 인간공학

01. 우리나라의 규정상 하루에 25kg 이상의 물체를 몇 회 이상 드는 작업일 경우 근골격계 부담작업으로 분류되는가?

① 2회　　② 5회
③ 10회　　④ 25회

02. 다음 중 물체의 무게가 8kg이고, 권장무게한계가 10kg일 때 중량물 취급지수는 얼마인가?

① 0.4　　② 0.8
③ 1.25　　④ 1.5

해설　식　$LI = \dfrac{물체\ 무게(kg)}{RWL(kg)} = \dfrac{8}{10} = 0.8$

03. 미국산업안전보건연구원(NIOSH)의 중량물 취급작업 기준에서 적용하고 있는 들어 올리는 물체의 폭은 얼마인가?

① 55cm 이하　　② 65cm 이하
③ 75cm 이하　　④ 85cm 이하

04. 다음 중 육체적 작업 시 혐기성 대사에 의해 생성되는 에너지의 근원에 해당하지 않는 것은?

① 아데노신 삼인산(ATP)
② 크레아틴 인산(CP)
③ 산소(Oxygen)
④ 포도당(Glucose)

05. 다음 중 영상단말기(Visual Display Terminal) 증후군을 예방하기 위한 방안으로 적절하지 않은 것은?

① 팔꿈치의 내각은 90° 이상이 되도록 한다.
② 무릎의 내각(knee angle)은 12° 전후가 되도록 한다.
③ 화면상의 문자와 배경과의 휘도비(contrast)를 낮춘다.
④ 디스플레이의 화면 상단이 눈높이 보다 약간 낮은 상태(약 10° 이하)가 되도록 한다.

해설　무릎의 내각은 90° 전후가 되도록 한다.

06. 다음 중 작업환경 개선을 위한 인체측정에 있어 구조적 인체 치수에 해당하지 않는 것은?

① 팔길이　　② 앉은키
③ 눈높이　　④ 악력

해설　악력은 육체적인 활동을 하는 상황에서 측정한 기능적 인체치수(동적 치수)이다.
구조적 인체치수는 골격치수(키, 눈높이, 관절의 길이 등)와 외곽치수(머리둘레 등)이 있다.

07. NIOSH의 권고중량한계(RWL : Recommended Weight Limit)에 사용되는 승수(Multiplier)가 아닌 것은?

① 들기거리(Lift Multiplier)
② 이동거리(Disatance Multiplier)
③ 수평거리(Horiaontal Multiplier)
④ 비대칭각도(Asymmetry Muliplier)

해설　$RWL(kg) = 23 \times HM \times VM \times DM \times AM \times FM \times CM$

정답　01. ③　02. ②　03. ③　04. ③　05. ②　06. ④　07. ①

- HM : 수평계수
- VM : 수직계수
- DM : 거리계수
- AM : 비대칭계수
- FM : 빈도계수
- CM : 커플링계수

08. 다음 중 중량물 취급으로 인한 요통발생에 관여하는 요인으로 볼 수 없는 것은?

① 근로자의 육체적 조건
② 작업빈도와 대상의 무게
③ 습관성 약물의 사용 유무
④ 작업습관과 개인적인 생활태도

09. 근육운동에 동원되는 주요 에너지의 생산방법 중 혐기성 대사에 사용되는 에너지원이 아닌 것은?

① 아데노신 삼인산
② 크레아틴 인산
③ 지방
④ 글리코겐

[해설] 혐기성 운동(무산소 운동)시에 사용되는 에너지원은 아데노신 삼인산(ATP), 크레아틴 인산, 글리코겐을 사용하고, 유산소 운동 시에 사용되는 에너지원은 글리코겐, 당질, 아미노산 지방산, 포도당, 단백질, 지방을 사용한다.

10. 다음 중 수근터널증후군(CTS : Carpal Tunnel Syndrome)이 가장 발생하기 쉬운 작업은?

① 대형 버스 운전
② 조선소의 용접작업
③ 항만, 공항의 물건 하역작업
④ 드라이버(driver)를 이용한 기계조립

11. 다음 중 호기성 산화를 촉진시켜 근육의 열량 공급을 원활히 해주는 비타민 군은?

① A
② B
③ C
④ D

12. 다음 중 근육과 뼈를 연결하는 섬유조직을 무엇이라 하는가?

① 뉴런(neuron)
② 건(tendon)
③ 인대(ligament)
④ 관절(joint)

13. 다음 중 정상 작업역에 대한 설명으로 옳은 것은?

① 두 다리를 뻗어 닿는 범위이다.
② 손목이 닿을 수 있는 범위이다.
③ 전박(前膊)과 손으로 조작할 수 있는 범위이다.
④ 상지(上肢)와 하지(下肢)를 곧게 뻗어 닿는 범위이다.

[해설] 정신적 요소 – 동기

14. 다음 중 근골격계 질환의 위험요인에 대한 설명으로 적절하지 않은 것은?

① 큰 변화가 없는 반복동작일수록 근골격계 질환의 발생 위험이 증가한다.
② 정적작업보다 동적작업에서 근골격계 질환의 발생 위험이 더 크다.
③ 작업공정에 장애물이 있으면 근골격계 질환의 발생 위험이 더 커진다.
④ 21℃ 이하의 저온작업장에서 근골격계 질환의 발생 위험이 더 커진다.

[해설] 동적작업보다 정적작업에서 근골격계 질환의 발생 위험이 더 크다.

정답 08. ③ 09. ③ 10. ④ 11. ② 12. ② 13. ③ 14. ②

15. 다음 중 육체적 작업능력에 영향을 미치는 요소와 내용을 잘못 연결한 것은?

① 작업 특징 – 동기
② 육체적 조건 – 연령
③ 환경 요소 – 온도
④ 정신적 요소 – 태도

해설
- 정신적 요소 : 태도, 동기
- 작업 특징 요소 : 강도, 시간, 기술, 위치, 계획

16. 다음 중 어깨, 팔목, 목 등 상지(upper limb)의 분석에 초점을 두고 있기 때문에 하체보다는 상체의 작업 부하가 많이 부과되는 작업 자세에 대한 근육부하를 평가하는 도구로 가장 적절한 것은?

① OWAS   ② RULA
③ REBA   ④ 3DSSPP

17. 다음 중 작업의 종류에 따른 영양관리 방안으로 가장 적절하지 않은 것은?

① 근육작업자의 에너지 공급은 당질을 위주로 한다.
② 저온작업자에게는 식수와 식염을 우선 공급한다.
③ 중작업자에게는 단백질을 공급한다.
④ 저온작업자에게는 지방질을 공급한다.

해설 저온작업자에게는 지방질을 공급하고, 고온작업자에게는 식수와 식염을 우선 공급한다.

18. 젊은 근로자의 약한 손 힘의 평균은 45kp이고 작업강도(%MS)가 11.1%일 때 적정 작업시간은? (단, 적정 작업시간(초) = $671,120 \times \%MS^{-2.222}$식을 적용한다.)

① 33분   ② 43분
③ 53분   ④ 63분

해설 식 적정작업시간(초) = $671,120 \times \%MS^{-2.222}$
= $671,120 \times 11.1^{-2.222}$
= 3192.21sec = 53.20min

19. 다음 중 중량물 들기 작업의 구분 동작을 순서대로 올바르게 나열한 것은?

① 발을 어깨너비 정도로 벌리고 몸은 정확하게 균형을 유지한다.
② 무릎을 굽힌다.
③ 중량물에 몸의 중심을 가깝게 한다.
④ 목과 등이 거의 일직선이 되도록 한다.
⑤ 가능하면 중량물을 양손으로 잡는다.
⑥ 등을 반듯이 유지하면서 무릎의 힘으로 일어난다.

① ① → ② → ③ → ④ → ⑤ → ⑥
② ① → ③ → ② → ④ → ⑤ → ⑥
③ ③ → ① → ② → ④ → ⑤ → ⑥
④ ③ → ① → ② → ⑤ → ④ → ⑥

정답 15. ① 16. ② 17. ② 18. ③ 19. ④

UNIT 01 인간공학

01. 다음 중 근골격계 질환의 특징으로 볼 수 없는 것은 무엇인가?

① 자각증상으로 시작된다.
② 손상의 정도를 측정하기 어렵다.
③ 관리의 목표는 질환의 최소화에 있다.
④ 환자의 발생이 집단적으로 발생하지 않는다.

02. 사업장에서 근로자가 하루에 25kg 이상의 중량물을 몇 회 이상 들면 근골격계 부담작업에 해당되는가?

① 5회   ② 10회
③ 15회 ④ 20회

03. 주로 정적인 자세에서 인체의 특정부위를 지속적, 반복적으로 사용하거나 부적합한 자세로 장기간 작업할 때 나타나는 질환을 의미하는 것이 아닌 것은?

① 반복성긴장장애
② 누직외싱싱질환
③ 작업관련성 근골격계질환
④ 작업관련성 신경계질환

04. 우리나라 고시에 따르면 하루에 몇 시간 이상 집중적으로 자료입력을 위해 키보드 또는 마우스를 조작하는 작업을 근골격계 부담작업으로 분류하는가?

① 2시간   ② 4시간
③ 6시간   ④ 8시간

05. 근로자로부터 40cm 떨어진 물체(9kg)를 바닥으로부터 150cm 들어 올리는 작업을 1분에 5회씩 1일 8시간 실시하였을 때 감시기준(AL, Action Limit)은 얼마인가?

$$AL(kg) = 40\left(\frac{15}{H}\right)(1-0.004|V-75|)\left(0.7+\frac{7.5}{D}\right)\left(1-\frac{F}{12}\right)$$

(단, H는 수평거리, V는 수직거리, D는 이동거리, F는 작업빈도 계수이다.)

① 2.6kg   ② 3.6kg
③ 4.6kg   ④ 5.6kg

해설

$$AL(kg) = 40\left(\frac{15}{H}\right)(1-0.004|V-75|)\left(0.7+\frac{7.5}{D}\right)\left(1-\frac{F}{12}\right)$$

$$AL(kg) = 40\left(\frac{15}{40}\right)(1-0.004|0-75|)\left(0.7+\frac{7.5}{150}\right)\left(1-\frac{5}{12}\right)$$

$$= 4.6 kg$$

※ 계산 산출 요령
| | : 은 절대값 표시 → |0 - 75| = 75 (음수/양수 이든 무조건 양수로)
+, × : 혼합계산에서 계산은 곱하기(또는 나누기) 먼저, 그 다음 더하기(또는 빼기)
1 - 0.004 × 75 = 0.7

06. NIOSH에서 제시한 권장무게한계가 6kg이고, 근로자가 실제 작업하는 중량물의 무게가 12kg이라면 중량물 취급지수는 얼마인가?

① 0.5   ② 1.0
③ 2.0   ④ 6.30

해설 중량물취급지수 = 물체무게/RWL(권장무게한계)
= 12/6 = 2

정답 01. ④ 02. ② 03. ④ 04. ② 05. ③ 06. ③

07. 다음 중 인간공학에서 고려해야 할 인간의 특성과 가장 거리가 먼 것은?

① 감각과 지각
② 운동력과 근력
③ 감정과 생산능력
④ 기술, 집단에 대한 적응 능력

해설 [인간공학에서 고려해야 할 인간의 특성]
ⓐ 감각과 지각
ⓑ 운동력과 근력
ⓒ 기술, 집단에 대한 적응 능력
ⓓ 신체의 크기와 작업환경
ⓔ 민족
ⓕ 인간의 습성

08. 미국산업안전보건연구원(NIOSH)에서 제시한 중량물의 들기작업에 관한 감시기준(Action Limit)과 최대허용기준(Maximum Permissible Limit)의 관계를 바르게 나타낸 것은?

① MPL = 3AL
② MPL = 5AL
③ MPL = 10AL
④ MPL = $\sqrt{2}$ AL

09. 영상표시단말기(VDT)의 작업자료로 틀린 것은?

① 발의 위치는 앞꿈치만 닿을 수 있도록 한다.
② 눈과 화면의 중심 사이의 거리는 40cm 이상이 되도록 한다.
③ 윗 팔과 아랫 팔이 이루는 각도는 90도 이상이 되도록 한다.
④ 아래팔은 손등과 일직선을 유지하여 손목이 꺾이지 않도록 한다.

해설 발의 위치는 발바닥 전면이 바닥면에 닿을 수 있도록 한다.

정답 07. ③　08. ①　09. ①

UNIT 02 산업피로

1 피로의 정의 및 종류

1) 피로의 정의
① **일반견해** : 피로란 정신과 몸이 지나치게 활동한 결과 신경이나 근육이 쇠약하여 일을 견뎌내기 어려운 상황
② **산업위생학적 견해** : 피로란 정신과 육체적으로 고단하다는 것을 주관적으로 느끼며, 작업능률이 떨어지는 생체기능의 변화를 가져오는 현상으로 즉, 활동하는 과정에서 영양소를 분해하여 에너지를 공급하는 과정이 원활하게 평형을 이루지 못하는 경우라 할 수 있다.

2) 피로의 종류
① **정신피로** : 중추신경계의 피로를 말하는 것으로 아주 정밀한 작업을 하거나 어려운 계산을 하는 등 정신적 긴장을 할 때 일어난다.
② **신체피로** : 주로 육체적 노동에 의한 근육의 피로로서 관련되는 부위의 동통이 특징이며 근육운동의 능력이 떨어지고 약해진다.
③ **국소피로** : 지속적이고, 반복적인 일부 근육의 운동으로 인하여 근육에 주관적 및 객관적 변화가 초래된 상태를 말한다.

> 💡 **국소피로 원인**
> 생리학적 요소, 인간공학적 요소, 심리학적 요소
> • 생리학적 요소 : 근육내 대사산물 축적·에너지원의 고갈
> • 인간공학적 요소 : 건, 인대 등 결합조직의 신장·압박, 기타 신경, 피부 등 다른 조직의 압박
> • 심리학적 요소 : 동기
> → 증상 : 근육의 무력화, 불쾌감, 피로감, 작업수행불능, 통증, 경련, 근전도상의 변화

④ **전신피로** : 작업종료 후 회복기의 심박수가 이상인 상태를 말한다.

> 💡 **전신피로 원인**
> • 장기간 과도한 작업으로 인한 산소 공급부족
> • 혈중 포도당 농도의 저하
> • 근육 내 글리코겐 양의 감소
> → 증상 : 속도, 리듬감 상실, 전신적 노곤함, 심박수의 변화

⑤ **보통피로** : 하룻밤을 잘 자고 나면 완전히 회복될 정도의 상태
⑥ **과로** : 다음날까지도 피로상태가 계속되는 상태, 단기간 휴식으로 회복가능
⑦ **곤비** : 과로 상태가 축적되어 단시간에 회복될 수 없는 상태

2 피로의 원인 및 증상

1) 피로의 원인

Viteles의 산업피로의 본질 : 생체의 생리적 변화(의학적), 피로감각(심리적), 작업량의 감소(생산적)

> 💡 **요인**
> - 신체적 요인 : 연소자, 고령자, 수면부족, 음주, 임신, 생리현상, 신체적 결함, 건강상태, 영양 등
> - 심리적 요인 : 작업의욕의 저하, 흥미상실, 불안감, 구속감, 과중한 책임감, 처우의 불만, 인간관계, 성격부적응 등
> - 작업적 요인 : 작업일정, 불충분한 휴식, 작업강도 과대, 작업조건불량, 작업환경불량 등

2) 피로의 발생과정

① 물질대사에 의한 중간대사물질의 축적
　※ 중간대사물질 : 젖산, 초성포도당, 암모니아, 크레아틴, 시스틴, 잔여질소
② 활동자원의 소모에 기인 : 산소, 영양소 소모
③ 체내의 물리화학적 변조에 기인
④ 신체조절 기능의 저하에 기인

3) 피로의 증상

① **순환기능의 변화** : 맥박이 빨라지고 회복되기까지 시간이 걸린다. 초기는 혈압은 높으나 피로가 진행되면 도리어 낮아진다.
② **호흡기능의 변화** : 호흡이 얕고 빠르며 심할 때는 호흡곤란이 발생할 수 있다.
③ **신경기능의 변화** : 맛, 냄새, 시각, 촉각 등의 지각기능이 둔화되고, 슬관절의 반사기능이 저하된다.
④ **혈액 및 소변의 소견** : 혈당치가 저하, 젖산이나 탄산이 증가, 소변량이 줌, 산혈증, 소변색이 악화
⑤ **체온변화** : 처음에는 체온이 높아지나 피로도가 커지면 오히려 낮아진다.

4) 피로의 측정

① **주관적 측정**
　자각증상항목을 분석하여 평가(졸음과 권태, 주의집중 곤란, 적재된 신체의 이화감)
② **객관적 측정** : 생리적 기능검사, 생화학적 검사, 생리심리적 3검사
　㉠ 전신피로 측정
　　작업종료 후 회복기의 심박수가 HR 30~60 110 초과, HR 150~180과 HR 60~90의 차이가 10 미만이면 심한 전신피로상태로 판단한다.
　㉡ 국소피로 측정
　　A. **평가지표** : 근전도(EMG)

B. 평가
- 저주파수 힘의 증가
- 총전압의 증가
- 고주파수 힘의 감소
- 평균주파수의 감소

> 💡 **점멸 – 융합 테스트(Flicker test)**
> 중추신경계의 정신피로의 척도로 사용되는 검사로 피검자가 점멸한다고 느낄 때까지 점멸률을 점차 증가(상향식) 또는 감소(하향식) 시켜 점멸률 변화 속도에 따라 피로도를 측정한다.

③ 에너지 소비량

1) 산소소비량
① 휴식 중 소비량 : 0.25L/min
② 운동 중 소비량 : 5L/min
③ 산소소비량 : 5kcal/L [암기TIP] 산 소 오

2) 육체적 작업능력(PWC)
① 피로를 느끼지 않고 하루에 4분간 계속할 수 있는 작업강도를 말하며, 젊은 남성은 일반적으로 평균 16kcal/min, 여성은 12kcal/min 정도이다.
② 하루 8시간 작업시에는 PWC의 1/3에 해당된다. (남성: 5.33kcal/min, 여성: 4kcal/min)
③ 개인의 심폐기능으로 PWC가 결정된다.
④ 육체적 작업능력 영향요소
  ㉠ 정신적 요소 : 태도, 동기
  ㉡ 육체적 요소 : 성별, 연령, 체격
  ㉢ 환경 요소 : 고온, 한랭, 소음, 고도, 고기압
  ㉣ 작업 특징 요소 : 강도, 시간, 기술, 위치, 계획

④ 작업강도

1) 작업강도 개요
① 국소피로 초래까지의 작업시간은 작업강도에 의해 결정된다.
② 적정 작업시간은 작업강도와 대수적으로 반비례한다.

③ 작업강도가 10% 미만인 경우 국소피로는 발생하지 않는다.
④ 1kP는 질량 1kg을 중력의 크기로 당기는 힘을 의미한다.
⑤ 근로자가 가지고 있는 최대 힘 = 약한 손의 힘×2

$$\text{작업강도(\%MS)} = \frac{\text{작업 시 요구되는 힘}}{\text{근로자가 가지고 있는 최대 힘}} \times 100$$

$$\text{적정 작업시간(sec)} = 671{,}120 \times \%MS^{-2.222}$$

2) 일반적 작업강도

① **일반적 사항**
  ㉠ 작업강도는 하루의 총 작업시간을 통한 평균작업대사량으로 표현되며 일반적으로 열량소비량을 평가기준으로 한다. 즉 작업을 할 때 소비되는 열량으로 작업의 강도를 측정한다.
  ㉡ 작업할 때 소비되는 열량을 나타내기 위하여 성별, 연령별 및 체격의 크기를 고려한 작업대사율(RMR)이라는 지수를 사용한다.
  ㉢ 작업대사량은 작업강도를 작업에 소요되는 열량의 측면에서 보는 한 지표에 지나지 않는다.
  ㉣ 작업강도는 생리적으로 가능한 작업시간의 한계를 지배하는 가장 중요한 인자이다.
  ㉤ 작업대사량은 정신작업에는 적용이 불가하다.
  ㉥ 작업강도를 분류할 경우에는 실동률을 이용하기도 하며 작업강도가 클수록 실동률이 떨어지므로 휴식시간이 길어진다. 즉 작업강도가 클수록 작업시간이 짧아진다.

② **작업대사율(RMR)** : 산소의 소모량으로 에너지의 소모량을 결정

$$RMR = \frac{\text{작업대사량}}{\text{기초대사량}}$$

• 작업대사량 = 작업 시 소비에너지 − 안정 시 소비에너지

구분	경노동	중등노동	강노동	중노동	격노동
RMR	1 이하	1~2	2~4	4~7	7 이상

※ 여성근로자의 주 작업 근로강도는 RMR 2.0 이하일 것

③ **산소부채** : 운동과정에서 젖산을 산화하는 데 산소량이 부족할 때, 부족한 만큼의 산소량
  운동이 끝난 후에도 일정시간동안 거친 호흡을 지속하는 것은 체내 축적된 젖산을 산화처리하기 위해서이다.
  최대산소부채 : 축적된 젖산에 견뎌내는 한도(일반인 8~9L, 운동선수 15L)

④ **안정시의 소비에너지** : 안정 시의 소비에너지는 **의자에 앉아서 호흡**하는 동안에 소비한 산소의 소모량을 열량으로 환산하여 나타낸 값이다.

3) 작업강도의 분류

구분	경작업	중등작업	강작업	중작업
작업대사량(kcal/hr)	200 이하	200~350	–	350~500
심박동률(회/min)	90 이하	100	–	120
실동률(%)	80 이상	76~80	67~76	50~67

- 최대심박동률 = 214−0.71×연령
- 실동률(%) = 85−(5×RMR) ← 사이토, 오시마의 경험식

① **경작업** : 200kcal/hr까지 열량이 소요되는 작업 (예 사무, 간단한 기계조작 등)
② **중등작업** : 200~350kcal/hr까지 열량이 소요되는 작업 (예 물체를 이동)
③ **중작업** : 350~500kcal/hr까지 열량이 소요되는 작업 (예 곡괭이질, 삽질 등)

5 작업시간과 휴식

1) 피로예방 허용작업시간

식 $\log T_{end} = 3.720 - (0.1949 \times 작업대사량)$
식 $\log T_{end} = 3.724 - (3.25\log(RMR))$ ← 사이토, 오시마 식

- T_{end} : 허용작업시간

2) 피로예방 휴식시간(Hertig식)

식 휴식시간(%) = $\left[\dfrac{PWC \times \dfrac{1}{3} - 작업대사량}{휴식대사량 - 작업대사량} \right] \times 100$, (휴식시간 : 60분 기준)

- PWC : 육체적 작업능력(kcal/min)

6 교대 작업

1) 교대근무란?

각각 다른 근무시간대에 서로 다른 사람들이 일을 할 수 있도록 작업조를 2개 조 이상으로 나누어 근무하는 것 (일시적 혹은 임의적으로 시행되는 것을 제외한다.)
→ 산업위생학적으로 볼 때 불가피한 상황을 제외하고는 교대근무(또는 야간근무)는 피하는 것이 옳다.

> 💡 **기업체에서 교대근무가 불가피한 상황**
> - 의료, 방송 등 공공사업에서 국민생활과 이용자의 편의를 위하여 기계공업, 방직공업 등 시설투자의 상각을 조속히 달성하기 위해 생산설비를 완전 가동하고자 하는 경우
> - 화학공업, 석유정제 등 생산과정이 주야로 연속되지 않으면 안 되는 경우

※ 야간작업자란 야간작업시간마다 적어도 3시간 이상 정상적 업무를 하는 근로자를 말한다.

2) 교대근무의 문제점

① 건강에 대한 악영향
② 재해발생률의 증가
③ 인적·물적 손실 증가

3) 교대근무제 고려사항

① 근무일수 선정
② 작업시간 선정
③ 교대순서 선정
④ 휴일 수 선정

※ 일주기성 리듬(circadian rhythm)이 최대한 작업특성에 맞도록 조건을 갖추어 나가고 작업피로를 최대한 줄일 수 있도록 해야 한다.

4) 교대근무제 관리원칙

① 각 반의 근무시간 : 8시간 교대, 야근은 최소화
② 2교대 3조 이상, 3교대 4조 이상
③ 채용 후 정기적 건강관리(체중, 위장증상 체크), 근로자의 체중이 3kg 이상 감소하면 정밀검사를 받아야 한다.
④ 평균 주 작업시간 : 40시간 기준 (a조 - b조 - c조 순환식)
⑤ 근무시간 간격 : 15~16시간 이상
⑥ 야근의 주기 : 4~5일
⑦ 야근의 연속일수 : 2~3일(3일 이상 연속으로 하지 않는다.)
⑧ 야근 후 다음 반으로 가기 전 최저 48시간 이상의 휴식시간을 갖도록 하여야 한다.
⑨ 야근 교대시간은 상오 0시 이전에 하는 것이 좋다.
⑩ 야근 시 가면은 반드시 필요하다.
   ※ 가면 : 쪽잠을 말하며 최소 1시간 반 이상으로 하여 보통 2~4시간이 적합하다. → long nap 기준
⑪ 야근 시 가면은 작업강도에 따라 30분에서 1시간 범위로 하는 것이 좋다. → power nap 기준
⑫ 야간작업자의 휴무일은 주간작업자보다 많아야 한다.
⑬ 근로자가 교대일정을 미리 알 수 있도록 해야 한다.
⑭ 일반적으로 오전근무의 개시시간은 오전 9시로 한다.
⑮ 교대방식은 낮근무, 저녁근무, 밤근무 순으로 한다. (정교대 방식)

5) 야간근무의 생체부담

① 야간작업 시 새로 만들어지는 바이오리듬의 형성기간은 수개월 걸린다.
② 야근은 오래 계속하더라도 완전히 습관화되지 않는다.
③ 낮은 체온상승
④ 체중의 감소
⑤ 쉽게 피로해짐
⑥ 활동력의 감소
⑦ 주간수면 시 혈액수분의 증가가 충분하지 않고, 에너지대사량이 저하되지 않음에 따른 수면장애
⑧ 자율신경계의 조절기능저하(교감신경 약화, 부교감신경 강화로 인한 수면장애)

> 💡 **Flex-Time제**
> 작업상 전 근로자들이 일하지 않으면 안되는 중추시간을 제외한 전수시간을 주 40시간의 작업조건 하에 자유스럽게 근무하는 제도. 이 제도는 개인생활의 편의와 피로의 경감, 출퇴근 시 교통량의 완화 등 정신적인 면에서 좋은 효과를 보이고 있다.

7 산업피로의 예방과 대책

1) 작업시 예방대책

① 적절한 간격으로 휴식시간을 둔다. (단시간으로 여러 번 나누어 휴식하는 것을 권장)
② 작업환경을 정비·정돈한다.
③ 불필요한 동작을 줄이고, 에너지 소모를 적게 한다.
④ 개인의 숙련도에 따라 작업속도와 작업량을 조절한다.
⑤ 과중한 육체적 노동은 기계화(기계사용)하여 육체적 부담을 줄인다.
⑥ 작업자세를 적정하게 유지한다.

2) 작업 전후 예방대책

① 커피, 홍차, 엽차 및 비타민 공급
② 간단한 체조나 오락시간을 가진다.
③ 충분한 수면을 취한다.
④ 원만한 인간관계

기출문제로 다지기 — UNIT 02 산업피로

01. 다음 중 산업피로에 관한 설명으로 틀린 것은?

① 피로는 비가역적 생체의 변화로 건강장해의 일종이다.
② 정신적 피로와 육체적 피로는 보통 구별하기 어렵다.
③ 국소피로와 전신피로는 피로현상이 나타난 부위가 어느 정도인가를 상대적으로 표현한 것이다.
④ 곤비는 피로의 축적상태로 단기간에 회복될 수 없다.

해설 피로는 가역적 생체의 변화로 건강장해의 일종이다.

02. 다음 중 RMR이 10인 격심한 작업을 하는 실동률과 계속작업의 한계시간으로 옳은 것은?

① 실동률 : 55%, 계속작업의 한계시간 : 약 5분
② 실동률 : 45%, 계속작업의 한계시간 : 약 4분
③ 실동률 : 35%, 계속작업의 한계시간 : 약 3분
④ 실동률 : 25%, 계속작업의 한계시간 : 약 2분

해설 실동률과 계속작업의 한계시간은 다음 식으로 산출된다.
- 실동률 $= 85 - (5 \times R) = 85 - (5 \times 10) = 35\%$
- $\log$(계속작업 한계시간)
  $= 3.724 - 3.25\log(R) = 3.724 - 3.25\log(10)$
  $= 0.474$
  계속작업 한계시간 $= 10^{0.474} = 2.98\,\min$

03. 다음 중 직장에서의 피로 방지대책이 아닌 것은?

① 적절한 시기에 작업을 전환하고 교대시킨다.
② 부적합한 환경을 개선하고 쾌적한 환경을 조성한다.
③ 적절한 근육을 사용하고 특정 부위에 부하가 걸리도록 한다.
④ 적절한 근로시간과 연속작업시간을 배분하여 작업을 수행한다.

04. 다음 중 피로에 관한 설명으로 틀린 것은?

① 자율신경계의 조절기능이 주간은 부교감신경, 야간은 교감신경의 긴장강화로 주간 수면은 야간 수면에 비해 효과가 떨어진다.
② 충분한 영양을 취하는 것은 휴식과 더불어 피로방지의 중요한 방법이다.
③ 피로의 주관적 측정방법으로는 CMI(Cornel Medical Index)를 이용한다.
④ 피로 현상은 개인차가 심하여 작업에 대한 개체의 반응을 어디서부터 피로 현상이라고 타각적 수치로 찾아내기는 어렵다.

해설 자율신경계의 조절기능이 주간은 교감신경의 긴장강화, 야간은 부교감신경의 긴장약화로 야간 수면은 주간 수면에 비해 효과가 떨어진다.

05. 다음 중 산업피로의 대책으로 적합하지 않은 것은?

① 작업과정에 따라 적절한 휴식시간을 삽입해야 한다.
② 불필요한 동작을 피하고 더하게 하므로 가능한 한 정적인 작업으로 전환한다.
③ 가능한 에너지소모를 많게 한다.
④ 각 개인마다 작업량을 조절한다.

정답 01. ① 02. ③ 03. ③ 04. ① 05. ③

06. 다음 중 피로의 예방대책으로 적절하지 않은 것은?

① 충분한 수면을 갖는다.
② 작업 환경을 정리, 정돈한다.
③ 정적인 자세를 유지하는 작업을 동적인 작업으로 전환하도록 한다.
④ 피로한 후 여러 번 나누어 휴식하는 것보다 장시간의 휴식을 취한다.

해설 한 번 장시간의 휴식을 취하는 것보다 여러 번 나누어 자주 휴식하는 것이 좋다.

07. 다음 중 객관적 피로의 측정방법과 가장 거리가 먼 것은?

① 피로 자각 증상 조사
② 생리적 기능검사
③ 생화학적 검사
④ 생리심리적 검사

해설 자각증상항목을 분석하여 평가하는 것은 주관적 피로 측정에 해당한다.
[객관적 피로 측정]
- 생리적 기능검사
- 생화학적 검사
- 생리심리적 검사

08. 육체적 작업능력(PWC)이 15kcal/min인 어느 근로자가 1일 8시간 동안 물체를 운반하고 있다. 작업대사량(Etask)이 6.5kcal/min, 휴식시의 대사량(Erest)이 1.5kcal·min일 때, 매 시간당 휴식시간과 작업시간의 배분으로 가장 적절한 것은? (단, Hertig의 공식을 이용한다.)

① 12분 휴식, 48분 작업 ② 18분 휴식, 42분 작업
③ 24분 휴식, 36분 작업 ④ 30분 휴식, 30분 작업

해설
식 $T_{rest}(\%) = \dfrac{PWC \times (1/3) - 작업대사량}{휴식대사량 - 작업대사량} \times 100$

$T_{rest}(\%) = \dfrac{15 \times (1/3) - 6.5}{1.5 - 6.5} \times 100 = 30\%$

∴ 휴식시간 = 60 × 0.3 = 18분
∴ 작업시간 = 60 - 18 = 42분

09. 작업을 마친 직후 회복기의 심박수(HR)를 다음과 같이 표현할 때 다음 중 심박수 측정 결과 심한 전신피로 상태로 볼 수 있는 것은?

- HR_{30-60} : 작업 종료 후 30~60초 사이의 평균 맥박수
- HR_{60-90} : 작업 종료 후 60~90초 사이의 평균 맥박수
- $HR_{150-180}$: 작업 종료 후 150~180초 사이의 평균 맥박수

① HR_{30-60}이 110을 초과하고, $HR_{150-180}$과 HR_{60-90}의 차이가 10 미만일 때
② HR_{30-60}이 100을 초과하고, $HR_{150-180}$과 HR_{60-90}의 차이가 20 미만일 때
③ HR_{30-60}이 80을 초과하고, $HR_{150-180}$과 HR_{60-90}의 차이가 30 미만일 때
④ HR_{30-60}이 70을 초과하고, $HR_{150-180}$과 HR_{60-90}의 차이가 40 미만일 때

10. MPWC가 17.5kcal/min인 사람이 1일 8시간 동안 물건 운반 작업을 하고 있다. 이때 작업대사량(에너지소비량)이 8.75kcal/min이고, 휴식할 때 평균대사량이 1.7kcal/min이라면, 지속작업의 허용시간은 약 몇 분인가? (단, 작업에 따른 두 가지 상수는 3.720, 0.1949를 적용한다.)

① 88분 ② 103분
③ 319분 ④ 383분

정답 06. ④ 07. ① 08. ② 09. ① 10. ②

해설 식 $\log_{허용시간} = 3.720 - 0.1949E$
$\log_{허용시간} = 3.720 - (0.1949 \times 8.75) = 2.0146$
∴ 허용시간 $= 10^{2.0146} = 103.42 \min$

11. 다음 중에서 피로물질이라 할 수 없는 것은?

① 크레아틴　　② 젖산
③ 글리코겐　　④ 초성포도당

12. 다음 중 피로에 관한 내용과 가장 거리가 먼 것은?

① 에너지원의 소모
② 신체 조절 기능의 저하
③ 체내에서의 물리·화학적 변조
④ 물질 대사에 의한 노폐물의 체내 소모

13. 다음 중 육체적 작업능력에 영향을 미치는 요소와 내용을 잘못 연결한 것은?

① 작업 특징 – 동기
② 육체적 조건 – 연령
③ 환경 요소 – 온도
④ 정신적 요소 – 태도

해설 • 정신적 요소 : 태도, 동기
• 작업 특징 요소 : 강도, 시간, 기술, 위치, 계획

14. 다음 중 피로에 관한 내용과 거리가 먼 것은?

① 에너지원 소모
② 신체조절기능의 저하
③ 체내에서 물리·화학적 변조
④ 물질 대사에 의한 노폐물의 체내 소모

해설 물질 대사에 의한 노폐물의 체내 축적으로 신체기능저하를 유발한다.

15. 다음 중 개정된 NIOSH의 권고중량한계(RWL)에서 모든 조건이 가장 좋지 않을 경우 허용되는 최대중량은?

① 15kg　　② 23kg
③ 32kg　　④ 40kg

16. 다음 중 일반적으로 근로자가 휴식 중일 때의 산소 소비량(oxygen uptake)으로 가장 적절한 것은?

① 0.01L/min　　② 0.25L/min
③ 1.5L/min　　④ 3.0L/min

해설 [산소소비량]
㉠ 휴식 중 소비량 : 0.25L/min
㉡ 운동 중 소비량 : 5L/min
㉢ 산소소비량 : 5kcal/L 암기TIP : 산 소 오

17. 다음 중 산업피로의 증상으로 볼 수 없는 것은?

① 혈당치가 높아지고 젖산이 감소한다.
② 호흡이 빨라지고 혈액 중 이산화탄소량이 증가한다.
③ 일반적으로 체온이 높아지나 피로정도가 심해지면 오히려 낮아진다.
④ 혈압은 초기에 높아지나 피로가 진행되면 오히려 낮아진다.

해설 혈당치가 낮아지고, 젖산이 증가한다.

정답　11. ③　12. ④　13. ①　14. ④　15. ②　16. ②　17. ①

18. 다음 중 작업에 소모된 열량이 4,500kcal, 안정시 열량이 1,000kcal, 기초대사량이 1,500kcal 일 때 실동률은 약 얼마인가? (단, 사이또와 오시마의 경험식을 적용한다.)

① 70.0% ② 73.4%
③ 84.4% ④ 85.0%

해설 식 실동률(%) = 85−(5×RMR)
- $RMR = \dfrac{4500-1000}{1500} = 2.33$

∴ 실동률(%) = 85−(5×2.33) = 73.35%

19. 다음 중 주관적 피로를 알아보기 위한 측정방법으로 가장 적절한 것은?

① CMI 검사 ② 생리심리적 검사
③ PPR 검사 ④ 생리적 기능 검사

20. 젊은 근로자의 약한 쪽 손의 힘은 평균 50kp이고, 이 근로자가 무게 10kg인 상자를 두 손으로 들어 올릴 경우에 한 손의 작업강도(%MS)는 얼마인가? (단, 1kp는 질량 1kg을 중력의 크기로 당기는 힘을 말한다.)

① 5   ② 10
③ 15 ④ 20

해설 식
$$작업강도(\%MS) = \dfrac{작업 시 요구되는 힘}{근로자가 가지고 있는 최대 힘} \times 100$$

∴ $작업강도(\%MS) = \dfrac{(10 \div 2)}{50} \times 100 = 10$

정답 18. ② 19. ① 20. ②

UNIT 02 산업피로

01. 다음 중 작업시작 및 종료시 호흡의 산소소비량에 대한 설명으로 바르지 않은 것은?

① 산소소비량은 작업부하가 계속 증가하면 일정한 비율로 같이 증가한다.
② 작업부하 수준이 최대 산소소비량 수준보다 높아지게 되며, 젖산의 제거속도가 생성속도에 못 미치게 된다.
③ 작업이 끝난 후에 남아있는 젖산을 제거하기 위해서는 산소가 더 필요하며, 이 때 동원되는 산소소비량을 산소부채(oxygen debt)라 한다.
④ 작업이 끝난 후에도 맥박과 호흡수가 작업개시 수준으로 즉시 돌아오지 않고 서서히 감소한다.

해설 작업대사량이 증가하면 산소소비량도 비례하여 계속 증가하나 작업대사량이 일정한계를 넘으면 산소소비량은 증가하지 않는다.

02. 다음 중 단기간 휴식을 통해서는 회복될 수 없는 발병단계의 피로를 무엇이라 하는가?

① 곤비   ② 정신피로
③ 과로   ④ 전신피로

03. 다음 중 바람직한 교대제에 대한 설명으로 틀린 것은?

① 2교대시 최저 3조로 편성한다.
② 각 반의 근무시간은 8시간으로 한다.
③ 야간근무의 연속일수는 2~3일로 한다.
④ 야근 후 다음 반으로 가는 간격은 24시간으로 한다.

해설 야근 후 다음 교대반으로 가는 간격은 최저 48시간을 가지도록 하여야 한다.

04. 작업대사율이 3인 중등작업을 하는 근로자의 실동률(%)을 계산하면?

① 50   ② 60
③ 70   ④ 80

해설 실동률 = 85(5×작업대사율) = 85−(5×3) = 70%

05. 다음 중 산업피로의 원인이 되고 있는 스트레스에 의한 신체반응 증상으로 옳은 것은?

① 혈압의 상승
② 근육의 긴장 완화
③ 소화기관에서의 위산 분비 억제
④ 뇌하수체에서 아드레날린의 분비 감소

해설 ①항만 올바르다.
오답해설 [스트레스 시 신체반응]
② 근육의 긴장
③ 소화기관에서의 위산 분비 촉진
④ 뇌하수체에서 아드레날린의 분비 증가

정답 01. ① 02. ① 03. ④ 04. ③ 05. ①

06. 다음 Flex-Time제를 가장 올바르게 설명한 것은?

① 주휴 2일제로 주당 40시간 이상의 근무를 원칙으로 하는 제도
② 하루 중 자기가 편한 시간을 정하여 자유 출·퇴근하는 제도
③ 작업상 전 근로자가 일하는 중추시간(Core Time)을 제외하고 주당 40시간 내외의 근로조건에서 자유롭게 출·퇴근하는 제도
④ 연중 4주간의 년차 휴가를 정하여 근로자가 원하는 시기에 휴가를 갖는 제도

07. 작업대사율(RMR) 계산시 직접적으로 필요한 항목과 가장 거리가 먼 것은?

① 작업시간   ② 안정시 열량
③ 기초대사량   ④ 작업에 소모된 열량

해설 작업시간은 계산시 필요한 항목과 거리가 멀다.
• 작업대사율(RMR) = 작업대사량/기초대사량
 – 작업대사량 = 작업에 소비된 대사량–같은 시간의 안정시 소비된 대사량

08. 다음 중 산업피로를 줄이기 위한 바람직한 교대근무에 관한 내용으로 틀린 것은?

① 근무시간의 간격은 15~16시간 이상으로 하여야 한다.
② 야간근무 교대시간은 상오 0시 이전에 하는 것이 좋다.
③ 야간근무는 4일 이상 연속해야 피로에 적응할 수 있다.
④ 야간근무 시 가면(假免)시간은 근무시간에 따라 2~4시간으로 하는 것이 좋다.

해설 야간근무의 연속은 최대 3일을 넘지 않도록 하여야 한다.(2~3일 권장)

09. 다음 중 근육 운동에 필요한 에너지를 생산하는 혐기성 대사의 반응이 아닌 것은?

① $ATP + H_2O \rightleftarrows ADP + Free\ Energy$
② $Glycogen + ADP \rightleftarrows Citratre + ATP$
③ $Glucose + P + ADP \rightleftarrows Lactate + ATP$
④ $Creatine\ Phosphate + ADP \rightleftarrows Creatine + ATP$

해설 ADP가 ATP로 될 때는 인산기가 합성되어야 한다.

10. 근전도(Electromyogram, EMG)를 이용하여 국소피로를 평가할 때 고려하는 사항으로 틀린 것은?

① 총 전압의 감소
② 평균 주파수의 감소
③ 저주파수(0~40Hz) 힘의 증가
④ 고주파수(40~200Hz) 힘의 감소

해설 피로한 근육은 정상 근육에 비해 총 전압이 증가한다.

정답 06. ③ 07. ① 08. ③ 09. ② 10. ①

UNIT 03 산업심리

1 산업심리의 정의

산업활동에서의 인간의 문제를 해결하기 위하여 심리학의 이론과 원리를 적용시키는 학문으로 산업 및 조직 심리학이라고 불리기도 한다. 산업심리학의 주된 목표는 선발과 훈련을 통해 조직의 생산성 및 효율성을 향상시키는 것이다. 산업심리학은 과학적 측면과 실무적 측면의 균형을 강조하며 일터에서 일어나는 현상을 과학적으로 분석한다. 특히 산업현장에서의 현장 종사자의 자질을 연구·고찰·해결하려는 응용심리학이라고 할 수 있다.

2 산업심리의 영역

산업심리학은 인간과 직업간의 모든 영역에서 관계되어 영향을 미친다. 생산, 유통, 소비, 서비스 등에서 관계되어 있다.

1) 산업심리학과 직접 관련이 있는 학문

인사심리학, 조직심리학, 인간공학, 사회심리학, 심리학, 응용심리학, 안전관리학, 신뢰성 공학, 노동과학, 행동과학

2) 산업심리학과 간접 관련이 있는 학문

철학, 윤리학, 교육학, 자연과학(물리학, 화학, 생물학), 사회병리학, 위생학

3 직무 스트레스 원인

1) 직무스트레스 정의

직무로 인해 체내의 호르몬계를 중심으로 한 특유의 반응이 일어나는 상태, 이로 인해 재해의 기본적 원인이 되는 것을 말한다.

2) 스트레스 현상의 특징

① 스트레스는 단순한 불안이 아니고, 생리적 영역에서 작용하면서 불안을 동반한다.
② 스트레스는 단순한 신경적 긴장이 아님, 신경적 긴장은 스트레스에서 발현된다.
③ 스트레스는 반드시 나쁜 것이 아니며, 그 자체로서 어떤 것을 손상시키지 않는다.
④ 스트레스는 피할 수 없다.

3) 직무스트레스 요인

> 💡 **NIOSH의 스트레스 요인의 구분**
> ① **작업요인** : 작업부하, 작업속도, 교대근무
> ② **환경요인** : 소음, 진동, 고온, 한랭, 환기불량, 부적절한 조명
> ③ **조직요인** : 관리유형, 역할요구, 역할모호성 및 갈등, 경력 및 직무안전성

4) 직무 스트레스의 원인

① **내적 자극요인** : 자존심의 손상, 공격방어심리, 남에게 의지하려는 심리, 가족간의 불화, 업무상의 죄책감 등
② **외적 자극요인** : 경제적인 어려움, 대인관계, 죽음, 질병, 상대적 박탈감

4 직무 스트레스 평가

1) 직무 스트레스 증상

① **직무 긴장** : 저조한 직무성, 직무 불만족, 직무회피
② **정신적(심리적) 증상** : 불안, 우울, 짜증, 탈진
③ **대인관계** : 가정문제, 조직구성원간의 문제, 지인간의 문제
④ **신체적 증상** : 근골격계, 심혈관, 위장관, 호흡기 질환 등

2) 산업 스트레스의 결과

① **행동적 결과** : 흡연, 음주, 돌발적 사고, 식욕저하, 폭력
② **심리적 결과** : 가정문제, 불면증, 성적 욕구 감퇴
③ **생리 · 의학적 결과** : 심혈관계 질환, 위장질환, 두통, 고혈압, 암, 우울증 등
④ **직무에 미치는 결과** : 결근 및 이직률 증가, 직무성과 저하

3) 직무스트레스요인 측정 지침

① **측정도구**
  ㉠ KOSS (기본형) : 43개 문항 및 26개 문항으로 측정하고자 하는 직무스트레스 요인은 물리적 환경, 직무 요구, 직무 자율, 관계 갈등, 직무 불안정, 조직체계, 보상 부적절, 직장문화 등 8개 영역이다.
  ㉡ KOSS (단축형) : 24개 문항으로 측정하고자 하는 직무스트레스 요인은 직무 요구, 직무 자율, 관계 갈등, 직무 불안정, 조직 체계, 보상 부적절, 직장문화 등 7개 영역이다.
  ㉢ KOSS (감정노동 연계형) : 19개 문항으로 측정하고자 하는 직무스트레스 요인은 물리환경, 직무요구, 직무자율성결여, 사회적 지지부족, 직업불안정성, 조직불공정성, 보상부적절, 일-삶의 균형 등 8개 영역이다.

② 측정 요인

    ㉠ 물리적 환경 : "물리적 환경" 영역은 직무스트레스를 유발할 수 있는 근로자가 처해 있는 일반적인 물리적인 환경요인을 측정하며, 작업방식의 위험성, 공기의 오염, 신체부담 등을 포함한다.

    ㉡ 직무 요구 : "직무 요구" 영역은 직무에 대한 부담 정도를 측정하며, 시간적 압박업무량 증가, 책임감, 과도한 직무부담, 업무 다기능 등이 이 영역을 포함한다.

    ㉢ 직무 자율(직무자율성 결여) : "직무 자율" 영역은 직무에 대한 의사결정의 권한과 자신의 직무에 대한 재량활용성의 수준을 측정하며, 기술적 재량, 업무예측 불가능성, 기술적 자율성, 직무수행권한을 포함한다.

    ㉣ 관계갈등(사회적지지부족) : "관계갈등" 영역은 회사 내에서의 상사 및 동료 간의 도움 또는 지지 부족 등의 대인관계를 측정하며, 동료의 지지, 상사의 지지 제공의 수준을 평가한다.

    ㉤ 직무 불안정(직업불안정성) : "직무 불안정" 영역은 자신의 직업 또는 직무에 대한 안정성의 정도로 구직 기회의 불안, 고용불안정성 등을 포함한다.

    ㉥ 조직체계(조직 불공정성) : "조직체계" 영역은 조직의 전략 및 운영체계, 인사 및 승진제도의 개방성 혹은 합리성, 조직의 자원, 조직 내 갈등, 비합리적 의사소통 등의 직무스트레스 요인을 평가한다.

    ㉦ 보상 부적절 : "보상 부적절" 영역은 업무에 대하여 기대하고 있는 보상의 정도가 적절한지를 평가하는 것으로 금전적 보상수준, 존중, 내적 동기, 기대 부적합 등을 포함한다.

    ㉧ 직장 문화 : "직장 문화" 영역은 서양의 형식적 합리주의 직장문화와는 다른 한국적 집단주의 문화(회식, 음주문화) · 직무갈등 · 합리적 의사소통체계 결여 · 성적 차별 등을 측정한다.

    ㉨ 일-삶의 균형 : "일-삶의 균형" 영역은 직장 영역과 생활 영역 간의 균형 정도, 일이 자신에게 제공하는 가치평가 등을 포함한다.

5 직무 스트레스 관리

1) 개인적 관리

  ① 정신적 관리

    ㉠ 긍정적 사고방식

    ㉡ 상황적 관리

    ㉢ 교육 및 명상

  ② 육체적 관리

    ㉠ 규칙적인 운동

    ㉡ 적절한 휴식

    ㉢ 체중조절

    ㉣ 전반적인 건강관리

③ 기타관리
　㉠ 기술개발
　㉡ 자기자신의 조절
　㉢ 적절한 시간 관리

2) 집단적 차원의 관리(조직적 차원의 관리)
① 개인별 특성 요인을 고려한 작업근로환경
② 작업계획 수립 시 적극적 참여 유도
③ 사회적 지위 및 일 재량권 부여
④ 근로자 수준별 작업 스케줄 운영
⑤ 적절한 작업과 휴식시간
⑥ 조직구조와 기능의 변화

> 💡 **집단 간의 갈등이 심한 경우 해결 방법**
> ① 상위의 공동목표 설정
> ② 문제의 공동 해결법 토의
> ③ 집단 구성원 간의 직무 순환
> ④ 상위층에서 전제적 명령 및 자원의 확대

> 💡 **집단 간의 갈등이 너무 낮은 경우 갈등을 촉진시키는 해결방법**
> ① 경쟁의 자극(성과에 대한 보상)
> ② 조직구조의 변경
> ③ 의사소통의 증대
> ④ 자원의 축소

6 조직과 집단

1) 조직

① **정의** : 각 구성원의 노력으로 목적이나 임무를 능률적이며 효과적으로 달성하기 위한 집합체로 공식적인 위계가 있으며 작업이 직무에 따라 분배되는 구조이다.

② **조직의 유형 및 특성**

　㉠ line형(직계형) : 사업주의 지휘와 명령으로 업무수행이 이루어지는 유형으로 위에서 아래로 하나의 계통이 잘 전달되며, 상하명령/복종 관계를 가진 계층적 계열을 형성하는 조직, 소규모 기업에 적합한 방식이다.

ⓒ staff형(참모형) : 수직조직이 원활하게 기능을 수행할 수 있도록 참모(staff)를 두어 지원하는 조직이다. 참모는 자문, 협의, 홍보, 법무, 연구, 회계 등의 기능을 수행한다. 중규모(100~1,000명)작업장에 적합하다.
ⓒ line-staff형(혼합형) : line형과 staff형의 절충식, 1,000명 이상의 작업장에 적합하다.

2) 집단

① 정의 : 2명 이상의 구성원이 서로를 잘 알면서 대면적 상호작용으로 공통의 목표를 달성하기 위한 집합체를 말한다.

② 집단의 유형 및 특성
  ㉠ 공식집단 : 구체적 목적을 달성하기 위해 조직에 의해 의도적으로 형성된 집단
  ㉡ 비공식집단 : 구성원들 간의 공동 관심사 또는 인간관계에 의해 자연발생적으로 형성된 집단
  ※ 조직과 집단의 차이점 : 조직은 집단보다 목표가 뚜렷하고 업무수행이 특화되어있다. 집단은 대면적 상호작용을 한다는 점에서 차이가 있다.

7 직업과 적성

1) 적성배치

사전에 검사하여 적성에 맞는 최적의 업무에 배치 즉, 근로자의 생리적, 심리적 특성에 적합한 작업에 배치하는 것을 말한다. 적성배치를 통해 인적능력을 최대한 발휘하게 함으로 기업은 작업능률을 효율적으로 높일 수 있다.

2) 적성배치 결정인자

① 체력검사
② 감각능력검사
③ 동작능력검사
④ 작업능력검사
⑤ 일반지능검사
⑥ 성격검사
⑦ 생활환경검사

3) 적성검사 분류 및 특성

① **신체적 적성검사** : 신체의 계측치로서 직업과의 적성여부를 판정하는 기초자료로 활용된다.

② **생리적 적성검사**

　㉠ 감각기능검사 : 시력, 색각, 청력 등을 검사한다.
　㉡ 심폐기능검사 : 호흡량, 맥박, 혈압 등을 검사한다.
　㉢ 체력검사 : 악력, 배근력 등을 측정한다.

③ **심리학적 적성검사**

　㉠ 지능검사 : 언어, 기능, 추리, 귀납 등에 대한 검사
　㉡ 지각동작검사 : 수족협조, 운동속도, 형태지각 등에 대한 검사
　㉢ 인성검사 : 성격, 태도, 정신상태에 대한 검사
　㉣ 기능검사 : 직무에 관련된 기본 지식과 숙련도, 사고력 등 직무평가에 관한 항목을 가지고 추리검사

4) 직업성 변이

직업에 따라서 신체 형태와 기능에 국소적 변화가 일어나는 것을 말한다.

5) 퇴행

근로 시 문제를 만났을 때 현재보다 낮은 단계의 정신상태로 되돌아가 미숙한 행동반응을 나타내는 부적응현상을 말한다.

6) 서한도

작업환경에 대한 인체의 적응한도, 즉 안전기준

7) 지적환경

① **정의** : 일하기 가장 적합한 환경

② **평가방법** : 생리적 방법, 정신적 방법, 생산적 방법

UNIT 03 산업심리

01. 다음 중 스트레스에 관한 설명으로 잘못된 것은?

① 스트레스를 지속적으로 받게 되면 인체는 자기조절 능력을 발휘하여 스트레스로부터 벗어난다.
② 환경의 요구가 개인의 능력 한계를 벗어날 때 발생하는 개인과 환경과의 불균형 상태이다.
③ 스트레스가 아주 없거나 너무 많을 때에는 역기능 스트레스로 작용한다.
④ 위협적인 환경 특성에 대한 개인의 반응이다.

해설 스트레스를 지속적으로 받게 되면 역기능 스트레스로 작용하여 불안, 우울 등의 증상으로 업무능력저하, 신체능력저하를 초래한다.

02. 다음 중 노동적응과 장애에 관한 설명으로 틀린 것은?

① 환경에 대한 인체의 적응한도를 지적한도라 한다.
② 일하는데 가장 적합한 환경을 지적환경이라 한다.
③ 일하는데 적합한 환경을 평가하는 데에는 생리적 방법 및 정신적 방법이 있다.
④ 일하는데 적합한 환경을 평가하는 데에는 작업에 있어서의 능률을 따지는 생산적 방법이 있다.

해설 환경에 대한 인체의 적응한도를 서한도라 한다.

03. 근로자의 작업에 대한 적성검사 방법 중 심리학적 적성검사에 해당하지 않는 것은?

① 감각기능검사 ② 지능검사
③ 지각동작검사 ④ 인성검사

해설 감각기능검사와 심폐기능검사, 체력검사는 생리적 적성검사에 해당한다.

[심리학적 적성검사]
• 지능검사
• 지각동작검사
• 기능검사
• 인성검사

04. 미국국립산업안전보건연구원(NIOSH)에서 제시한 직무 스트레스 모형에서 직무 스트레스 요인을 작업 요인, 환경 요인, 조직 요인으로 크게 구분할 때 다음 중 조직 요인에 해당하는 것은?

① 교대근무 ② 소음 및 진동
③ 관리유형 ④ 작업부하

해설 조직요인 : 관리유형, 역할요구, 역할모호성 및 갈등, 경력 및 직무안전성 등
① 교대근무 – 작업요인
② 소음 및 진동 – 환경요인
④ 작업부하 – 작업요인

05. 다음 중 직업성 변이(occupational stigmata)를 가장 잘 설명한 것은?

① 직업에 따라서 체온의 변화가 일어나는 것
② 직업에 따라서 신체의 운동량에 변화가 일어나는 것
③ 직업에 따라서 신체활동의 영역에 변화가 일어나는 것
④ 직업에 따라서 신체형태와 기능에 국소적 변화가 일어나는 것

정답 01. ① 02. ① 03. ① 04. ③ 05. ④

06. 작업적성검사 중 생리적 기능검사라고 볼 수 없는 것은?

① 감각기능검사 ② 체력검사
③ 심폐기능검사 ④ 지각동작검사

해설 지각동작검사는 심리학적 검사에 해당한다.

07. 다음 중 개인 차원의 스트레스 관리에 대한 내용으로 가장 거리가 먼 것은?

① 건강 검사 ② 운동과 취미생활
③ 긴장 이완훈련 ④ 직무의 순환

해설 직무의 순환은 집단적 차원의 스트레스 관리에 해당한다.

08. 작업장에서 누적된 스트레스를 개인차원에서 관리하는 방법에 대한 설명으로 잘못된 것은?

① 신체검사를 통하여 스트레스성 질환을 평가한다.
② 자신의 한계와 문제의 징후를 인식하여 해결방안을 도출한다.
③ 명상, 요가, 선(禪) 등의 긴장 이완훈련을 통하여 생리적 휴식상태를 경험한다.
④ 규칙적인 운동을 피하고, 직무외적인 취미, 휴식, 즐거운 활동 등에 참여하여 대처능력을 함양한다.

해설 규칙적인 운동은 개인차원에서 스트레스를 관리하는 좋은 방법이다.

09. 다음 중 인간의 행동에 영향을 미치는 산업안전심리의 5대 요소가 아닌 것은?

① 동기(Motive) ② 기질(Temper)
③ 경계(Caution) ④ 습성(Habits)

해설 산업안전심리 5대 요소는 동기, 기질, 감성, 습성, 습관이다.

10. 다음 중 산업정신건강에 대한 설명과 가장 거리가 먼 것은?

① 사업장에서 볼 수 있는 심인성 정신장해로는 성격이상, 노이로제, 히스테리 등이 있다.
② 직장에서 정신건강 관리상 특히 중요시되는 정신장해는 정신분열증, 울병, 알코올중독증이다.
③ 정신분열증이나 조울병은 자기에 내인성 정신병이라고 하였으나 최근에는 심인도 관련하여 발생하는 것으로 알려져 있다.
④ 정신건강은 단지 정신병, 신경증, 정신지체 등의 정신장해가 없는 것만을 의미한다.

해설 정신건강은 단지 정신병, 신경증, 정신지체 등의 정신장해가 없는 것만을 의미하는 것이 아니고 예방적인 차원에서의 능력을 말하므로, 외부의 스트레스에 대처할 능력이 있는 상태를 말한다.

11. 심리학적 적성검사 중 직무에 관한 기본지식과 숙련도, 사고력 등 직무평가에 관련된 항목을 가지고 추리검사의 형식으로 실시하는 것은?

① 지능검사
② 기능검사
③ 인성검사
④ 직무능검사

정답 06. ④ 07. ④ 08. ④ 09. ③ 10. ④ 11. ②

UNIT 04 직업성 질환

1 직업성 질환의 정의와 분류

1) 직업성 질환
어떤 직업에 종사함으로써 발생하는 업무상 질병을 말하며, 업무와의 명확한 인과관계가 있는 것을 말한다. 직무로 인한 유해성 인자가 몸에 장·단기간 침투, 축적되어 이로 인하여 발생하는 질환의 총칭이다. 그러나 주로 만성의 경과로 발생하기 때문에 직업과 질환과의 인과관계를 찾기는 쉽지 않다.

2) 직업성 질환의 분류와 특성

① 재해성 질환
　㉠ 산업재해에 의하여 발병한 질환을 말한다. 주로 짧은 시간에 발병
　㉡ 재해성 외상 – 부상에 기인하는 질환
　㉢ 재해성 중독 – 재해에 의하여 중독증을 일으킨 경우
　㉣ 재해성 질병의 인정 시 재해의 성질과 강도, 재해가 작용한 신체 부위, 재해가 발생할 때까지의 시간적 관계 등을 종합적으로 판단한다.

② 직업병
　㉠ 업무로 인하여 저농도로 장기간 노출로 인해 발생하는 것을 말한다. (만성 질환)
　㉡ 작업내용과 그 작업에 종사한 기간 또는 유해작업의 정도를 종합적으로 판단한다.
　㉢ 일반적으로 직업병은 젊은 연령층에서 발병률이 높다.
　㉣ 작업의 종류가 같더라도 작업방법에 따라서 해당 직장에서 발생하는 질병의 종류와 발생빈도는 달라질 수 있다.
　㉤ 업무와 관련성이 인정되거나 4일 이상의 요양을 필요로 하는 경우 보상의 대상이 된다.
　㉥ 열악한 작업환경 및 유해인자에 장기간 노출된 후에 발생한다.
　㉦ 폭로 시작과 첫 증상이 나타나기까지 장시간이 걸린다(질병증상이 발현되기까지 시간적 차이가 큼).
　㉧ 임상적 또는 병리적 소견이 일반 질병과 구별하기가 어렵다.
　㉨ 많은 직업성 요인이 비직업성 요인에 상승작용을 일으킨다.
　㉩ 임상의사가 관심이 적어 이를 간과하거나 직업력을 소홀히 한다.
　㉪ 보상과 관련이 있다.

3) 직업성 질환의 범위

① **원발성 질환** : 업무로 인해 1차적으로 발생하는 질환

② **속발성 질환**
  ㉠ 원발성 질환에 의해 속발하리라고 의학상 인정되는 경우의 질환
  ㉡ 질환이 업무와 연관이 없다는 유력한 원인이 없는 한 직업성 질환으로 분류

③ **합병증**
  ㉠ 원발성 질환과 합병하는 제2의 질환이 유발되는 경우
  ㉡ 합병증이 원발성 질환과 불가분의 관계가 있는 경우
  ㉢ 원발성 질환에 떨어진 다른 부위에 같은 원인에 의한 제2의 질환을 일으키는 경우를 포함

4) 업무상 질병 범위(근로기준법)

① 업무상 부상에 기인하는 질병
② 무겁고 힘든 업무로 인한 근육, 건, 관절의 질병과 내장 탈장
③ 고열·자극성의 가스나 증기·유해광선 또는 이물로 인한 결막염, 그 밖의 눈 질환
④ 라듐방사선, 자외선, 엑스선, 그 밖의 유해방사선으로 인한 질병
⑤ 덥고 뜨거운 장소에서의 업무로 인한 열사병 등 열중증
⑥ 덥고 뜨거운 장소에서의 업무 또는 고열물체를 취급하는 업무로 인한 제2도 이상의 화상 및 춥고 차가운 장소에서의 업무 또는 저온물체를 취급하는 업무로 인한 제2도 이상의 동상
⑦ 분진을 비산하는 장소에서의 업무로 인한 진폐증 및 이에 따르는 폐결핵 등 합병증(규폐증)
⑧ 지하작업으로 인한 안구진탕증
⑨ 이상기압하에서의 업무로 인한 감압병, 그 밖의 질병(잠함병)
⑩ 제사 또는 방적 등의 업무로 인한 수지봉와직염 및 피부염
⑪ 착암기 등 진동발생공구 취급작업으로 인하여 유발되는 신경염, 그 밖의 질병(레이노드씨병)
⑫ 강렬한 소음이 발생되는 장소에서의 업무로 인한 귀 질환
⑬ 영상표시 단말기(VDT) 등의 취급자에게 나타나는 경견완 증후군
⑭ 납이나 그 합금 또는 그 화합물로 인한 중독 및 그 속발증
⑮ 수은·아말감 또는 그 화합물로 인한 중독 및 그 속발증
⑯ 망간 또는 그 화합물로 인한 중독 및 그 속발증(신경염)
⑰ 크롬·니켈·알루미늄 또는 이상의 화합물로 인한 궤양, 그 밖의 질병(비중격천공)
⑱ 아연, 그 밖의 금속 증기로 인한 금속열
⑲ 비소 또는 그 화합물로 인한 중독 및 그 속발증
⑳ 인 또는 그 화합물로 인한 중독 및 그 속발증
㉑ 초산염가스나 아황산가스로 인한 중독 및 그 속발증
㉒ 황화수소로 인한 중독 및 그 속발증
㉓ 이황화탄소로 인한 중독 및 그 속발증

5) 직업병 및 직업성 질환

① 유해인자 별 발생 직업병

크롬: 폐암	망간: 신장염. CNS 장해(파킨슨씨 증후군 등)	고열: 열사병	한랭: 동상
이상기압: 폐수종	석면: 악성중피종	방사선: 피부염, 백혈병	조명 부족: 근시, 안구진탕증
소음: 소음성 난청	진동: Raynaud씨 현상	수은: 무뇨증	이황화탄소: 정신이상, 신경염
비소: 재생불량성 빈혈	벤젠: 백혈병, 재생불량성빈혈		

② 직업성 천식 발생작업
   ㉠ 밀가루 취급 근로자
   ㉡ 폴리비닐 필름으로 고기를 싸거나 포장하는 정육업자
   ㉢ 폴리우레탄 생산공정에서 첨가제로 사용되는 TDI를 취급하는 근로자
   ㉣ 목분진에 과도하게 노출되는 근로자

③ 작업공정에 따른 발생가능 직업성 질환

용광로 작업: 고온장애(열경련 등)	갱내 착암작업: 산소결핍	샌드블라스팅: 호흡기질환
도금, 제련: 비중격 천공	채석, 채광: 규폐증	제강, 요업: 열사병
축전지, 인쇄업: 납중독		

④ 화학적 원인에 의한 직업성 질환
   ㉠ 치아산식증
   ㉡ 시신경장애
   ㉢ 수전증

2 직업성 질환의 원인

1) 직접적 원인
   ① **환경요인** : 진동현상, 대기조건 변화, 방사선, 화학물질
   ② **작업요인** : 격렬한 근육운동, 고속도 작업, 부자연스러운 자세, 단순반복작업, 정신작업, 심야작업 등 질환과 직접관련이 있는 작업
   ③ **개체요인**
      ㉠ 물리적 요인 : 온도, 기계적 부상, 소음, 진동, 유해광선, 이상기압, 조명, 반복작업 등
      ㉡ 화학적 요인 : 중금속(납, 수은, 크롬, 니켈, 알루미늄 등), 금속증기, 유해가스
      ㉢ 생물학적 요인 : 각종 바이러스, 진균, 곰팡이, 리케차, 쥐 등
      ㉣ 인간공학적 요인 : 작업방법, 작업자세, 작업시간, 중량물 취급 등

2) 간접적 원인

① **환경요인** : 고온환경, 한랭환경 등 작업환경의 불량
② **작업요인** : 작업강도, 작업시간 등 직업성질환이 우려되는 작업이어도 작업강도와 시간조절에 따라 질환을 예방할 수 있다.

3 직업성 질환의 진단과 인정 방법

1) 직업성 질환 조기진단 목표

① 직업성 질환여부 확인
② 적절한 치료
③ 예방대책 수립

2) 재해성 질환 인정시 고려사항

① 부상의 성질로 보아서 의학적으로 타당하고, 부상이 질병발생의 원인이 될 수 있을 정도의 것이어야 한다.
② 부상 직후 신체 손상 또는 그 증상과 발생한 질병과의 사이에 부위적 또는 부상으로 입은 기전으로 보아서 의학적인 관련성이 인정되어야 한다.
③ 부상과 질병발생의 사이에 시간적으로 보아 의학적인 인과관계가 인정되어야 한다.
④ 업무상의 재해라고 할 수 있는 사건의 유무, 재해의 성질, 강도, 재해가 작용한 신체부위, 재해발생시간을 종합하여 판단한다.

3) 직업성 질환 인정시 고려사항

① 작업내용과 그 작업에 종사한 기간 또는 유해작업의 정도
② 작업환경, 취급원료, 중간체, 부산물 및 제품 자체 등의 유해성 유무 또는 공기 중 유해물질의 농도
③ 유해물질에 의한 중독증, 직업병에서 특유하게 볼 수 있는 증상
④ 의학상 특징적으로 발생 예상되는 임상검사 소견의 유무
⑤ 발병 전의 신체적 이상
⑥ 유해물질에 폭로된 때부터 발병까지의 시간적 간격 및 증상의 경로
⑦ 과거 질병의 유무
⑧ 비슷한 증상을 나타내면서 업무에 기인하지 않은 다른 질환과의 상관성
⑨ 같은 작업장에서 비슷한 증상을 나타내면서도 업무에 기인하지 않은 다른 질환과의 상관성
⑩ 같은 작업장에서 비슷한 증상을 나타내는 환자의 발생여부

4) 직업성 질환 진단 시 조사내용

① 유해물질에 노출된 것을 인지하여 인과관계를 밝혀낸 후 원인물질의 유해성을 파악하고, 그 질환이 의학적으로 발생할 수 있는지 판단하여야 한다.

② 그 질환이 근로기준법상 질병에 해당하는가를 밝혀낸다.
③ 개인의 유전적 사항, 생활습관 및 정신적·사회적 요인에 대한 조사
④ 직력조사 및 현장조사
⑤ 임상적 진찰 소견 및 임상검사 소견

4 직업성 질환의 예방대책

1) **작업환경의 관리(공학적인 관리)**

   ① 대치와 조업방법의 개선
      ㉠ 유독한 물질 → 덜 유독한 물질
      ㉡ 위험한 조업방법 → 안전한 조업방법

   ② 발생원의 격리와 환기
      ㉠ 치밀한 계획과 검토를 통한 발생원의 격리 또는 제거
      ㉡ 환기를 통한 유해물질 격리

   ③ 작업환경의 청결유지 및 정리정돈
      ㉠ 작업공간, 작업대, 작업기구를 인간공학적으로 배열
      ㉡ 작업환경의 청소와 정리정돈

2) **개인보호구에 의한 관리**

   작업환경의 관리로 충분한 성과를 기대하기 힘든 경우에 개인보호구를 지급하고 관리한다.

3) **보건교육 실시**

   ① 기업주와 근로자 모두를 대상으로 하는 보건교육
   ② 교육내용은 사례중심이 효과적
   ③ 반복적인 교육이 중요

4) **의학적인 관리**

   ① 작업환경측정
   ② 건강진단
   ③ 특수건강진단

5) **근로자의 건강진단**

   ① 건강진단(산업안전보건법 제43조)
      ㉠ 사업주는 근로자의 건강을 보호·유지하기 위하여 고용노동부장관이 지정하는 기관 또는 「국민건강보험법」에 따른 건강검진을 하는 기관(이하 "건강진단기관"이라 한다)에서 근로자에 대한 건강진단을 하여야

한다. 이 경우 근로자대표가 요구할 때에는 건강진단 시 근로자대표를 입회시켜야 한다.
ⓒ 고용노동부장관은 근로자의 건강을 보호하기 위하여 필요하다고 인정할 때에는 사업주에게 특정 근로자에 대한 임시건강진단의 실시나 그 밖에 필요한 조치를 명할 수 있다.
ⓒ 근로자는 사업주가 실시하는 건강진단을 받아야 한다. 다만, 사업주가 지정한 건강진단기관에서 진단 받기를 희망하지 아니하는 경우에는 다른 건강진단기관으로부터 이에 상응하는 건강진단을 받아 그 결과를 증명하는 서류를 사업주에게 제출할 수 있다.
ⓒ 건강진단기관은 건강진단을 실시한 때에는 고용노동부령으로 정하는 바에 따라 그 결과를 근로자 및 사업주에게 통보하고 고용노동부장관에게 보고하여야 한다.
ⓒ 사업주는 건강진단 결과 근로자의 건강을 유지하기 위하여 필요하다고 인정할 때에는 작업장소 변경, 작업 전환, 근로시간 단축, 야간근로(오후 10시부터 오전 6시까지 사이의 근로를 말한다)의 제한, 작업환경측정 또는 시설·설비의 설치·개선 등 적절한 조치를 하여야 한다.
ⓒ 사업주는 산업안전보건위원회 또는 근로자대표가 요구할 때에는 직접 또는 건강진단을 한 건강진단기관으로 하여금 건강진단 결과에 대한 설명을 하도록 하여야 한다. 다만, 본인의 동의 없이는 개별 근로자의 건강진단 결과를 공개하여서는 아니 된다.
ⓒ 사업주는 건강진단 결과를 근로자의 건강 보호·유지 외의 목적으로 사용하여서는 아니 된다.
ⓒ 건강진단의 종류·시기·주기·항목·비용 및 건강진단기관의 지정·관리, 임시건강진단, 적절한 조치, 그 밖에 건강진단에 필요한 사항은 고용노동부령으로 정한다.
ⓒ 고용노동부장관은 건강진단의 정확성과 신뢰성을 확보하기 위하여 건강진단기관의 건강진단·분석 능력을 평가하고, 평가 결과에 따른 지도·교육을 하여야 한다. 이 경우 평가 및 지도·교육의 방법·절차 등은 고용노동부장관이 정하여 고시한다.
ⓒ 고용노동부장관은 건강진단의 수준향상을 위하여 건강진단기관 중 고용노동부장관이 지정하는 기관을 평가한 후 그 결과를 공표할 수 있다. 이 경우 평가 기준, 평가 방법 및 공표 방법 등에 관하여 필요한 사항은 고용노동부령으로 정한다.

② 목적
　㉠ 근로자가 가진 질병의 조기발견
　㉡ 근로자가 일에 부적합한 인적 특성을 지니고 있는지 여부 확인
　㉢ 일이 근로자 자신과 직장동료의 건강에 불리한 영향을 미치고 있는지의 여부 발견
　㉣ 근로자의 질병을 예방하고 건강을 유지

③ 종류
　㉠ 일반건강진단
　　가. 상시근로자의 건강관리를 위하여 주기적으로 실시하는 검진
　　나. 실시 목적은 조기진단
　　다. 실시 시기는 사무직 근로자는 2년에 1회 이상, 기타 근로자는 1년에 1회 이상 실시
　㉡ 특수건강진단
　　가. 유해업무를 보유한 사업장이 해당 업무에 종사하고 있는 근로자의 건강관리를 위하여 실시하는 검진

나. 직업병 조기발견 및 업무기인성을 역학적으로 추적하여 질병발생을 예방
다. 실시시기는 유해인자의 유해성에 따라 6개월, 1년 또는 2년의 주기마다 정기적으로 실시
라. 특수건강진단을 실시하여야 하는 경우
- 소음진동 작업
- 분진작업
- 납작업
- 방사선 작용
- 이상기압 작용
- 특정 화학물질 취급작업
- 유기용제 작업
- 석면 및 미네랄 오일미스트 작업
- 오존 및 포스겐 작업
- 유해광선(자외선, 적외선, 마이크로파, 라디오파) 작업

ⓒ 배치 전 건강진단

특수건강진단 대상업무에 배치 전 업무적합성 평가를 위하여 사업주가 실시하는 건강진단

ⓔ 수시건강진단

특수건강진단 대상업무로 해당 유해인자에 의한 건강장애를 의심하게 하는 증상이나 의학적 소견이 있는 근로자에 대하여 실시하는 건강진단

ⓜ 임시건강진단

특수건강진단 대상 유해인자 또는 그 밖의 유해인자에 의한 중독여부, 질병에 걸렸는지 여부, 질병의 발생원인 등을 확인하기 위하여 실시하는 검진

④ 건강관리 구분

A	건강관리상 사후관리가 필요없는 자
C_1	직업성 질병으로 진전될 우려가 있어 추적검사 등 관찰이 필요한 자
C_2	일반 질병으로 진전될 우려가 있어 추적관찰이 필요한 자
D_1	직업성 질병의 소견을 보여 사후관리가 필요한 자
D_2	일반 질병의 소견을 보여 사후관리가 필요한 자
R	일반 건강진단에서의 질환 의심자(재검진 대상자)
U	2차 건강진단 미실시로 건강관리구분을 판정할 수 없음

⑤ 업무수행 적합여부 판정

㉠ 건강관리상 현재의 조건하에서 작업이 가능한 경우
㉡ 일정한 조건(환경개선, 보호구 착용, 건강진단 주기의 단축 등)하에서 현재의 작업이 가능한 경우
㉢ 건강장애가 우려되어 한시적으로 현재의 작업을 할 수 없는 경우(건강상 또는 근로조건상의 문제가 해결된 후 작업복귀 가능)
㉣ 건강장애의 악화 또는 영구적인 장애의 발생이 우려되어 현재의 작업을 해서는 안 되는 경우

⑥ 신체적 결함과 부적합한 작업
   ㉠ 간기능장애 : 화학공업
   ㉡ 편평족(평발) : 서서 하는 작업
   ㉢ 심계항진 : 격심작업, 고소작업
   ㉣ 고혈압 : 이상기온, 이상기압에서의 작업
   ㉤ 경견완 증후군 : 타이핑 작업

UNIT 04 직업성 질환

01. 다음 중 직업성 질환의 발생 요인과 관련직종이 잘못 연결된 것은?

① 한냉 – 제빙
② 크롬 – 도금
③ 조명부족 – 의사
④ 유기용제 – 인쇄

해설 조명부족 – 광부, 정밀기계공

02. 다음 중 직업성 질환에 관한 설명으로 틀린 것은?

① 직업성 질환과 일반 질환은 그 한계가 뚜렷하다.
② 직업성 질환이란 어떤 직업에 종사함으로써 발생하는 업무상 질병을 말한다.
③ 직업성 질환은 재해성 질환과 직업병으로 나눌 수 있다.
④ 직업병은 저농도 또는 저수준의 상태로 장시간 걸쳐 반복노출로 생긴 질병을 말한다.

해설 직업성 질환과 일반 질환은 발병원인이 대부분 한가지로 나타나지 않기 때문에 그 한계가 모호하다.

03. 직업병의 발생요인 중 직접요인은 크게 환경요인과 작업요인으로 구분되는데 다음 중 환경요인으로 볼 수 없는 것은?

① 진동현상
② 대기조건의 변화
③ 격렬한 근육운동
④ 화학물질의 취급 또는 발생

해설 작업강도나 작업시간, 작업방법에 의해서 생기는 요인을 작업요인으로 분류한다. 격렬한 근육운동은 작업요인에 해당한다.

04. 직업병의 예방대책 중 발생원에 대한 대책으로 볼 수 없는 것은?

① 대치
② 격리 또는 밀폐
③ 공정의 재설계
④ 정리정돈 및 청결유지

해설 정리정돈 및 청결유지는 작업환경의 개선대책이다.

05. 다음 중 직업성 질환의 예방에 관한 설명으로 틀린 것은?

① 직업성 질환은 전체적인 질병 이환율에 비해서는 비교적 높지만, 직업성 질환은 원인인자가 알려져 있고 유해인자에 대한 노출을 조절할 수 없으므로 안전 농도로 유지할 수 있기 때문에 예방 대책을 마련할 수 있다.
② 직업성 질환의 1차 예방은 원인인자의 제거나 원인이 되는 손상을 막는 것으로, 새로운 유해인자의 통제, 알려진 유해인자의 통제, 노출관리를 통해 할 수 있다.
③ 직업성 질환의 2차 예방은 근로자가 진료를 받기 전 단계에서 초기에 질병을 발견하는 것으로, 질병의 선별검사, 감시, 주기적 의학적 검사, 법적인 의학적 검사를 통해 할 수 있다.
④ 직업성 질환의 3차 예방은 대개 치료와 재활 과정으로, 근로자들이 더 이상 노출되지 않도록 해야 하며 필요시 적절한 의학적 치료를 받아야 한다.

해설 직업성 질환은 전체적인 질병 이환율에 비해서는 비교적 높지만, 직업성 질환은 원인인자가 알려져 있고 유해인자에 대한 노출을 조절할 수 있으므로 안전 농도로 유지할 수 있기 때문에 예방 대책을 마련할 수 있다.

정답 01. ③ 02. ① 03. ③ 04. ④ 05. ①

06. 다음 중 직업병 및 작업관련성 질환에 관한 설명으로 틀린 것은?

① 작업관련성 질환은 작업에 의하여 악화되거나 작업과 관련하여 높은 발병률을 보이는 질병이다.
② 직업병은 직업에 의해 발생된 질병으로서 직업적 노출과 특정 질병 간에 인과관계는 참고적으로 반영된다.
③ 직업병은 일반적으로 단일요인에 의해, 작업관련성 질환은 다수의 원인요인에 의해서 발병된다.
④ 작업관련성 질환은 작업환경과 업무수행상의 요인들이 다른 위험요인과 함께 질병발생의 복합적 병인 중 한 요인으로서 기여한다.

[해설] 직업병(직업성 질환)은 직업에 의해 발생된 질병으로서 직업적 노출과 질병 간에 인과관계가 명확하나, 직업병(직업성 질환)과 일반질병의 한계를 구분하기는 어렵다.

07. 다음 중 근로자 건강진단실시 결과 건강관리구분에 따른 내용의 연결이 틀린 것은?

① R : 건강관리상 사후관리가 필요 없는 근로자
② C_1 : 직업성 질병으로 진전될 우려가 있어 추적검사 등 관찰이 필요한 근로자
③ D_1 : 직업성 질병의 소견을 보여 사후관리가 필요한 근로자
④ D_2 : 일반 질병의 소견을 보여 사후관리가 필요한 근로자

[해설] R: 건강진단 1차 검사결과 건강수준의 평가가 곤란하거나 질병이 의심되어 재검진이 필요한 근로자

08. 다음 중 직업병 예방을 위한 대책으로 가장 나중에 적용하여야 하는 방법은?

① 격리 및 밀폐
② 개인보호구의 지급
③ 환기시설 등의 설치
④ 공정 또는 물질의 변경, 대치

09. 다음 중 직업성 피부질환에 대한 설명으로 틀린 것은?

① 대부분은 화학물질에 의한 접촉피부염이다.
② 정확한 발생빈도와 원인물질의 추정은 거의 불가능하다.
③ 접촉피부염의 대부분은 알레르기에 의한 것이다.
④ 직업성 피부질환의 간접요인으로는 인종, 연령, 계절 등이 있다.

[해설] 접촉피부염은 대부분 알레르기 반응이 없는 사람에게도 일어나는 접촉물질로 인한 원발성 피부염이다.

10. 다음 중 재해성 질병의 인정시 종합적으로 판단하는 사항으로 틀린 것은?

① 재해의 성질과 강도
② 재해가 작용한 신체부위
③ 재해가 발생할 때까지의 시간적 관계
④ 작업내용과 그 작업에 종사한 기간 또는 유해작업의 정도

[해설] 작업내용과 그 작업에 종사한 기간 또는 유해작업의 정도는 직업성 질환(직업병) 인정시 고려사항에 해당한다.

 정답 06. ② 07. ① 08. ② 09. ③ 10. ④

11. 다음 중 작업공정에 따라 발생 가능성이 가장 높은 직업성 질환을 올바르게 연결한 것은?

① 용광로 작업 – 치통, 부비강통, 이(耳)통
② 갱내 착암작업 – 전광성 안염
③ 샌드 블래스팅(sand blasting) – 백내장
④ 축전지 제조 – 납중독

해설 ④항만 올바르다.
오답해설
① 용광로 작업 – 열사병, 화상, 심장질환, 질식 등
② 갱내 착암작업 – 레이노드씨병, 관절염, 규폐증 등
③ 샌드 블래스팅(sand blasting) – 규폐증 등

12. 다음 중 건강진단 결과 건강관리부분 "D_1"의 내용으로 옳은 것은?

① 건강진단 결과 질병이 의심되는 자
② 건강관리상 사후관리가 필요 없는 자
③ 직업성 질병의 소견을 보여 사후관리가 필요한 자
④ 일반 질병으로 진전될 우려가 있어 추적 관찰이 필요한 자

13. 다음 중 직업성 질환의 발생 원인으로 볼 수 없는 것은?

① 국소적 난방
② 단순 반복작업
③ 격렬한 근육운동
④ 화학물질의 사용

14. 다음 중 직업성 질환을 판단할 때 참고하는 자료로 가장 거리가 먼 것은 무엇인가?

① 업무내용과 종사기간
② 기업의 산업재해 통계와 산재보험료
③ 작업환경과 취급하는 재료들의 유해성
④ 중독 등 해당 직업병의 특유한 증상과 임상소견의 유무

해설 직업성 질환 판단시 고려사항(참고자료)는 다음과 같다.
㉠ 작업내용과 그 작업에 종사한 기간 또는 유해작업의 정도
㉡ 작업환경, 취급원료, 중간체, 부산물 및 제품 자체 등의 유해성 유무 또는 공기 중 유해물질의 농도
㉢ 유해물질에 의한 중독증, 직업병에서 특유하게 볼 수 있는 증상
㉣ 의학상 특징적으로 발생 예상되는 임상검사 소견의 유무
㉤ 발병 전의 신체적 이상
㉥ 유해물질에 폭로된 때부터 발병까지의 시간적 간격 및 증상의 경로
㉦ 과거 질병의 유무
㉧ 비슷한 증상을 나타내면서 업무에 기인하지 않은 다른 질환의 상관성
㉨ 같은 작업장에서 비슷한 증상을 나타내면서도 업무에 기인하지 않은 다른 질환과의 상관성
㉩ 같은 작업장에서 비슷한 증상을 나타내는 환자의 발생 여부

15. 다음 중 직업병의 원인이 되는 유해요인, 대상 직종과 직업병 종류의 연결이 잘못된 것은 무엇인가?

① 면분진 – 방직공 – 면폐증
② 이상기압 – 항공기조종 – 잠함병
③ 크롬 – 도금 – 피부점막 궤양 폐암
④ 납 – 축전지제조 – 빈혈, 소화기 장애

해설 이상기압 – 항공기조종 – 고산병

16. 작업장에 존재하는 유해인자와 직업성 질환의 연결이 올바르지 않은 것은?

① 망간 – 신경염
② 무기분진 – 규폐증
③ 6가크롬 – 비중격천공
④ 이상기압 – 레이노씨 병

해설 이상기압 – 잠함병

17. 다음 중 직업성 질환으로 가장 거리가 먼 것은?

① 분진에 의하여 발생되는 진폐증
② 화학물질의 반응으로 인한 폭발 후유증
③ 화학적 유해인자에 의한 중독
④ 유해광선, 방사선 등의 물리적 인자에 의하여 발생되는 질환

해설 폭발은 일시적으로 일어나는 현상으로 사고 또는 재해성 질환에 해당한다.
(이해를 위한 덧글 : 재해성 질환도 큰 범주에서는 직업성 질환에 해당하나 직업성 질환은 과거부터 만성적 질환에 초점이 맞추어져 있다. 따라서 가장 거리가 먼 것은 가장 급성적인 보기인 ②항이 된다.)

18. 직업성 질환의 예방대책 중에서 근로자 대책에 속하지 않은 것은?

① 적절한 보호의의 착용
② 정기적인 근로자 건강진단의 실시
③ 생산라인의 개조 또는 국소배기시설의 설치
④ 보안경, 진동 장갑, 귀마개 등의 보호구 착용

해설 생산라인이 개조 또는 국소배기시설의 설치는 사업주가 예방하는 작업환경의 관리대책이다.

19. 다음 중 유해인자와 그로 인하여 발생되는 직업병이 올바르게 연결된 것은?

① 크롬 – 간암   ② 이상기압 – 침수족
③ 석면 – 악성중피종 ④ 망간 – 비중격천공

해설 ③항만 올바르다.
오답해설
① 크롬 – 폐암, 비중격 천공
② 이상기압 – 감압병, 폐수종
④ 망간 – 신장염

20. 국내 직업병 발생에 대한 설명 중 틀린 것은?

① 1994년까지는 직업병 유소견자 현황에 진폐증이 차지하는 비율이 66~80% 정도로 가장 높았고, 여기에 소음성 난청을 합치면 대략 90%가 넘어 직업병 유소견자의 대부분은 진폐와 소음성난청이었다.
② 1988년 15살의 "문송면" 군은 온도계 제조회사에 입사한 지 3개월 만에 수은에 중독되어 사망에 이르렀다.
③ 경기도 화성시 모 디지털 회사에서 근무하는 외국인(태국) 근로자 8명에게서 노말헥산의 과다노출에 따른 다발성 말초신경염이 발생되었다.
④ 모 전자부품 업체에서 크실렌이라는 유기용제에 노출되어 생리중단과 재생불량성빈혈이라는 건강상 장해가 일어나 사회문제가 되었다.

해설 재생불량성빈혈은 비소로 인해 발생한다.

21. 우리나라 직업병에 관한 역사에 있어 원진레이온(주)에서 발생한 사건의 주요 원인물질은?

① 이황화탄소(CS_2)   ② 수은(Hg)
③ 벤젠(C_6H_5)   ④ 납(Pb)

해설 원진레이온사건은 이황화탄소가 오염물질로 작용하였고, 중추신경장애, 아급성 뇌병증 등을 유발하였다.

 17. ② 18. ③ 19. ③ 20. ④ 21. ①

UNIT 04 직업성 질환

01. 다음 중 직업성 질환의 범위에 대한 설명으로 틀린 것은?

① 직업상 업무에 기인하여 1차적으로 발생하는 원발성 질환은 제외한다.
② 원발성 질환과 합병·작용하여 제2의 질환을 유발하는 경우를 포함한다.
③ 합병증이 원발성 질환과 불가분의 관계를 가지는 경우를 포함한다.
④ 원발성 질환에 떨어진 다른 부위에 같은 원인에 의한 제2의 질환을 일으키는 경우를 포함한다.

[해설] 직업상 업무에 기인하여 1차적으로 발생하는 원발성 질환을 포함한다.

02. 다음 중 직업성 질환 발생의 직접적인 원인이라고 할 수 없는 것은?

① 물리적 환경요인
② 화학적 환경요인
③ 작업강도와 작업시간적 요인
④ 부자연스런 자세와 단순 반복 작업 등의 작업요인

[해설] 작업강도와 작업시간적 요인은 간접적 원인에 해당한다.

03. 유리제조, 용광로 작업, 세라믹 제조과정에서 발생 가능성이 가장 높은 직업성 질환은?

① 요통　　　　② 근육경련
③ 백내장　　　④ 레이노현상

04. 다음 중 신체적 결함과 그 원인이 되는 작업이 가장 적합하게 연결된 것은?

① 평발 – VDT작업
② 진폐증 – 고압, 저압작업
③ 중추신경 장해 – 광산작업
④ 경견완 증후군 – 타이핑작업

[해설] ④항만 올바르다.
[오답해설]
① 평발 – 서서 하는 작업
② 진폐증 – 분진이 많이 발생하는 작업
③ 중추신경 장해 – 유기용제 또는 이황화탄소 작업

05. 직업성 질환의 범위에 해당되지 않는 것은?

① 합병증　　　② 속발성 질환
③ 선천적 질환　④ 원발성 질환

정답 01. ①　02. ③　03. ③　04. ④　05. ③

03 CHAPTER 실내환경

UNIT 01 실내오염의 원인

1 물리적 요인

① 소음
② 진동
③ 방사선
④ 온도
⑤ 빛
⑥ 습도
⑦ 이상기압

2 화학적 요인

① **일산화탄소** : 불완전연소에 의해 발생하고, 인체의 헤모글로빈과 결합력이 산소보다 210배 강하여 흡입 시 질식을 유발한다.
② **이산화탄소** : 실내공기오염 지표물질, 10% 이상부터 현기증, 무기력증 등을 유발하여 인체에 유해하다.
③ **악취**
④ **이산화질소** : 자극성을 가진 적갈색 기체로 연소과정에서 발생한다. 흡입시 산소운반능력을 저해한다.
⑤ **흡연** : 폐암, 위암, 후두암, 방광암 및 심혈관계 질환을 유발한다.
⑥ **라돈** : 자연 방사성 물질로 공기보다 7배 정도 무거워 지하공간에서 많이 발생한다. 라돈은 알파선을 방출하는데 이 알파선은 폐 속에서 폐조직을 파괴하므로 폐암을 유발한다.
⑦ **분진** : 크기에 따라 PM-10, PM-2.5로 분류한다. 폐의 기능을 떨어뜨리고, 각종 암을 유발한다.
⑧ **석면** : 섬유물질로 화학적으로 안정적이어서 단열재, 절연재 등 건축자재로 널리 활용된다. 호흡기로 유입시 폐암, 악성중피종, 석면폐증을 유발한다.

> 💡 **석면의 독성 크기** : 청석면 > 갈석면 > 백석면(온석면)

⑨ **폼알데하이드** : 무색이며, 자극성, 발암성을 가진 유해물질로 단열재와 접착재, 섬유에서 발생한다.
⑩ **오존** : 비릿한 냄새를 가진 물질로 금속정련이나 복사기, 살균작용에서 배출된다.

3 생물학적 요인

① 바이러스
② 부유세균
③ 진균
④ 해충
⑤ 애완동물의 털
⑥ 곰팡이

4 실내공기 오염의 주요 원인

① 건축자재(접착제, 페인트, 장식재, 단열재, 오래된 배관 및 벽지)
② 밀폐된 공간에서의 환기 부족
③ 가스레인지를 이용한 조리 및 음식물
④ 보일러, 난방
⑤ 애완동물의 털이나 분뇨, 침
⑥ 스프레이, 방향제, 세정제
⑦ 외부 대기오염물질의 유입

5 실내공기를 지배하는 요인 암기TIP 기 열 습~감 기

① 기온   ② 열복사
③ 습도   ④ 감각온도
⑤ 기류

UNIT 02 | 실내오염의 건강장해

1 빌딩 증후군(SBS, Sick Building Syndrome)

1) 정의
빌딩으로 둘러싸인 밀폐된 공간에서 오염된 공기로 인해 짜증스럽고 피곤해지는 현상이다. 산소부족·공기오염 등으로 두통, 현기증, 집중력 감퇴 등의 증세와 기관지염·천식 같은 질환이 일어난다.

2) 원인
① 건축자재에서 발생하는 오염물질
② 담배연기 및 곰팡이
③ 냉방 및 난방사용으로 인한 환기의 감소
④ 군집독

3) 증상
① 현기증, 두통, 메스꺼움, 졸음, 무기력, 불쾌감, 눈 및 인후의 자극, 집중력 감소, 피로, 피부발작 등 증상이 다양하게 나타난다.
② 작업능률 저하를 가져온다.
③ 정신저 피로를 야기시킨다.

4) 예방
① 공기청정기 사용
② 잦은 실내 환기 및 청소
③ 적정 실내 습도 유지
④ 실내에 공기정화식물 식재

5) 특징
① 실내의 환경이 인체의 생리기능에 부적합함으로써 생기는 일종의 환경유인성 신체 증후군이라 할 수 있다.
② 빌딩 증후군 증상은 비교적 감염성 질환에 걸리기 쉬운 사람들에게서 많이 나타나는 경향이 있다.

2 복합 화학물질 민감 증후군(MCS, Multiple Chemical Sensitivity)

1) 정의
화학물질들이 지속적으로 노출된 사람은 유사한 물질에 소량의 접촉으로도 심각한 반응이 일어나는 증상으로 샴푸, 세제, 향수, 책, 신문 등의 냄새만 맡아도 증상이 나타나는 질병이다.

2) 원인
① 실내공기오염
② 화학물질의 지속적 접촉

3) 증상
두통, 피로, 근육통, 관절통, 습진, 발진, 천식, 우울증, 불안감, 기억력 감퇴, 집중력 장애, 불면증, 부종, 구토, 경련, 설사, 피부염 등

4) 예방
① 실내 환기
② 특수 공기청정기 등으로 공기정화
③ 실내 온도·습도 조절
④ 체내 흡수 화학물질의 총량을 줄임
⑤ 체내 축적 화학물질을 체외로 배출시킴
⑥ 신체 면역기능 향상

3 새집 증후군(SHS, Sick House Syndrome)

1) 정의
신축건물에서는 건축물에 사용하는 단열재나 절연재의 접착제에서 유해물질이 발생한다. 이 유해물질들로 인해 거주자들이 느끼는 건강상 문제 및 불쾌감을 이르는 용어이다.

2) 원인
단열재나 접착재에서 배출되는 폼알데하이드와 벤젠, 톨루엔, 클로로폼, 아세톤, 스티렌 등이다.

4 헌집 증후군(병든집 증후군)

1) 정의
습한 환경으로 인한 곰팡이, 배수관에서 새어 나오는 각종 유해가스 등으로 인하여 거주하는 사람들이 여러 가지 피해를 입게 되는 경우가 발생한다.

2) 예방
습기제거, 주기적인 환기, 배수관의 교체, 벽지 및 장판 교체

5 빌딩 관련 질병(BRI, Building Related Illness)

1) 정의
건물공기에 대한 노출로 인해 야기된 질병

2) 증상
① 결핵
② 호흡기질환 : 주로 레지오넬라균에 의해서 발생하고 심하면 폐렴, 고열, 두통 등의 증세를 보이게 한다.
※ 레지오넬라균 : 습한 환경을 좋아하는 균으로 주로 에어컨이나 가습기 등 인공적인 급수시설에서 발견된다.

6 실내오염 인자 및 물질

1) 산소결핍
공기 중 산소농도가 18% 미만인 상태, 10% 이하가 되면 질식을 초래할 수 있다.

2) 고온
높은 온도에 의한 열중증의 문제

3) 알레르기
꽃가루, 동물의 털, 음식 등의 반응으로 발생하며 증상으로는 천식, 알레르기성 비염, 아토피성 피부염 등이 있다.

UNIT 03 실내오염 평가 및 관리

1 유해인자 조사 및 평가

1) 유해요인

화학적 유해인자(유해가스, 중금속, 분진 등), 물리적 유해인자(기온, 습도, 소음, 조명, 유해광선 등)

2) 유해요인의 측정

① 이산화탄소
　㉠ 실내오염의 지표 = 환기의 척도
　㉡ 직독식 또는 검지관 kit로 측정

② 온도와 상대습도
　㉠ 실내가 안정된 상태에 있을 때 측정
　㉡ 측정방법으로는 온도계, 건습구온도계, 전자온도계로 측정

3) 작업환경의 측정목표

① 근로자의 유해인자 노출파악
② 환기시설 성능평가
③ 역학조사 시 근로자의 노출량 파악
④ 허용농도와의 비교

4) 유해환경 평가 시 고려하여야 할 인자

① 작업환경 측정값
② 생물학적 모니터링
③ 물리적 환경조건
④ 공존하는 물질
⑤ 개인별 작업강도
⑥ 개인의 감수성과 기왕증
⑦ 노출기준의 의미
⑧ 생물학적 노출지수의 의미

2 실내오염 관리기준

1) 사무실 공기관리 지침

① 제1조(목적)

이 고시는 「산업안전보건법」 제27조제1항에 따라 사무실 공기의 오염물질별 관리기준, 공기질 측정·분석방법 등 사무실 공기를 쾌적하게 유지·관리하기 위하여 사업주에게 지도·권고할 기술상의 지침 또는 작업환경의 표준을 정함을 목적으로 한다.

② 제2조(오염물질 관리기준)

사업주는 쾌적한 사무실 공기를 유지하기 위해 사무실 오염물질을 다음 기준에 따라 관리한다.

오염물질	관리기준
미세먼지(PM 10)	100㎍/㎥
초미세먼지(PM 2.5)	50㎍/㎥
이산화탄소(CO_2)	1,000ppm
일산화탄소(CO)	10ppm
이산화질소(NO_2)	0.1ppm
포름알데히드(HCHO)	100㎍/㎥
총휘발성유기화합물(TVOC)	500㎍/㎥
라돈(radon)	148Bq/㎥
총부유세균	800CFU/㎥
곰팡이	500CFU/㎥

- 관리기준 : 8시간 시간가중평균농도 기준
- CFU/㎥ : Colony Forming Unit. 1㎥ 중에 존재하고 있는 집락형성 세균 개체 수

③ 제3조(사무실의 환기기준)

공기정화시설을 갖춘 사무실에서 근로자 1인당 필요한 최소 외기량은 분당 0.57세제곱미터 이상이며, 환기횟수는 시간당 4회 이상으로 한다.

④ 제4조(사무실 공기관리 상태평가)

사업주는 근로자가 건강장해를 호소하는 경우에는 다음 각 호의 방법에 따라 해당 사무실의 공기관리상태를 평가하고, 그 결과에 따라 건강장해 예방을 위한 조치를 취한다.
- 근로자가 호소하는 증상(호흡기, 눈·피부 자극 등) 조사
- 공기정화설비의 환기량이 적정한지 여부조사
- 외부의 오염물질 유입경로 조사
- 사무실내 오염원 조사 등

⑤ 제5조(사무실 공기질의 측정 등)

오염물질	측정횟수(측정시기)	시료채취시간
미세먼지(PM 10)	연 1회 이상	업무시간 동안(6시간 이상 연속 측정)
초미세먼지(PM 2.5)	연 1회 이상	업무시간 동안(6시간 이상 연속 측정)
이산화탄소(CO_2)	연 1회 이상	업무시작 후 2시간 전후 및 종료 전 2시간 전후 (각각 10분간 측정)
일산화탄소(CO)	연 1회 이상	업무시작 후 1시간 전후 및 종료 전 1시간 전후 (각각 10분간 측정)
이산화질소(NO_2)	연 1회 이상	업무시작 후 1시간 ~ 종료 1시간 전 (1시간 측정)
포름알데히드(HCHO)	연 1회 이상 및 신축(대수선 포함)건물 입주 전	업무시작 후 1시간 ~ 종료 1시간 전 (30분간 2회 측정)
총휘발성유기화합물(TVOC)	연 1회 이상 및 신축(대수선 포함)건물 입주 전	업무시작 후 1시간 ~ 종료 1시간 전 (30분간 2회 측정)
라돈	연 1회 이상	3개월 이상 ~ 3개월 이내 연속 측정
총부유세균	연 1회 이상	업무시작 후 1시간 ~ 종료 1시간 전 (최고 실내온도에서 1회 측정)
곰팡이	연 1회 이상	업무시작 후 1시간 ~ 종료 1시간 전 (최고 실내온도에서 1회 측정)

사무실 공기의 측정시기·횟수 및 시료채취시간은 다음 기준에 따른다.

⑥ 제6조(시료채취 및 분석방법)

㉠ 사무실 공기의 시료채취 및 분석은 다음의 방법으로 한다.

오염물질	시료채취방법	분석방법
미세먼지(PM 10)	PM 10 샘플러(sampler)를 장착한 고용량 시료채취기에 의한 채취	중량분석(천칭의 해독도: 10㎍ 이상)
초미세먼지(PM 2.5)	PM 2.5 샘플러(sampler)를 장착한 고용량 시료채취기에 의한 채취	중량분석(천칭의 해독도: 10㎍ 이상)
이산화탄소(CO_2)	비분산적외선검출기에 의한 채취	검출기의 연속 측정에 의한 직독식 분석
일산화탄소(CO)	비분산적외선검출기 또는 전기화학검출기에 의한 채취	검출기의 연속 측정에 의한 직독식 분석
이산화질소(NO_2)	고체흡착관에 의한 시료채취	분광광도계로 분석

포름알데히드 (HCHO)	2,4-DNPH(2,4-Dinitrophenylhydrazine)가 코팅된 실리카겔관(stilicageltube)이 장착된 시료채취기에 의한 채취	2,4-DNPH 포름알데히드 유도체를 HPLC UVD(High Performance Liquid Chromatography-Ultraviolet Detector) 또는 GC-NPD(Gas Chromatography-Nitrogen-Phosphorous Detector)로 분석
총휘발성 유기화합물 (TVOC)	고체흡착관 또는 캐니스터(canister)로 채취	• 고체흡착열탈착법 또는 고체흡착용매추출법을 이용한 GC로 분석 • 캐니스터를 이용한 GC 분석
라돈	라돈연속검출기(자동형), 알파트랙(수동형), 충전막전리함(수동형)측정 등	3일 이상 3개월 이내 연속 측정 후 방사능감지를 통한 분석
총부유세균	맴브레인 필터(membrane filter)에 의한 채취	채취·배양된 균주를 세어 공기 체적당 균주 수로 산출
곰팡이	충돌법을 이용한 부유진균채취기(bioair sampler)로 채취	채취·배양된 균주를 세어 공기 체적당 균주 수로 산출

ⓛ 사무실 공기의 시료채취 및 분석은 제1항의 기기와 같은 수준 이상의 성능을 가진 기기를 이용하여 실시할 수 있다.

⑦ **제7조(시료채취 및 측정지점)**

공기의 측정시료는 사무실 안에서 공기질이 가장 나쁠 것으로 예상되는 2곳 이상에서 채취하고, 측정은 사무실 바닥면으로부터 0.9미터 이상 1.5미터 이하의 높이에서 한다. 다만, 사무실 면적이 500제곱미터를 초과하는 경우에는 500제곱미터마다 1곳씩 추가하여 채취한다.

⑧ **제8조(측정결과의 평가)**

사무실 공기질의 측정결과는 측정치 전체에 대한 평균값을 제2조의 오염물질별 관리기준과 비교하여 평가한다. 다만, 이산화탄소는 각 지점에서 측정한 측정치 중 최고값을 기준으로 비교·평가한다.

⑨ **제9조(사무실 건축자재의 오염물질 방출기준)**

사무실을 신축(기존 시설의 개수 및 보수를 포함한다)할 때에는 「실내공기질 관리법」에 따른 오염물질 방출기준에 적합한 건축자재를 사용한다.

⑩ **제10조(재검토기한)**

고용노동부장관은 이 고시에 대하여 2020년 1월 1일을 기준으로 매 3년이 되는 시점(매 3년째의 12월 31일까지를 말한다)마다 그 타당성을 검토하여 개선 등의 조치를 하여야 한다.

3 관리적 대책

① 실내공기질 공조설비(HVAC)의 관리
② 적절한 환기
③ 최적 실내온도 및 습도 유지

계절	온도	습도
봄, 가을	19~23℃	50%
여름	24~27℃	60%
겨울	18~21℃	40%

④ 친환경적인 건축자재 사용
⑤ 자연정화이용
⑥ 유해물질사용자제
⑦ 주기적 청소

기출문제로 다지기 — CHAPTER 03 실내환경

01. 다음 중 실내공기 오염과 가장 관계가 적은 인체 내의 증상은?

① 광과민증
② 빌딩증후군
③ 건물관련 질병
④ 복합화합물민감증

해설 광과민증은 피부가 자외선 등 햇빛에 노출되었을 때 민감하게 반응하는 질병으로 주로 실외에서 발생하는 증상이다.

02. 실내공기 오염물질 중 석면에 대한 일반적인 설명으로 거리가 먼 것은?

① 석면의 여러 종류 중 건강에 가장 치명적인 영향을 미치는 것은 사문석계열의 청석면이다.
② 과거 내열성, 단열성, 절연성 및 견인력 등의 뛰어난 특성 때문에 여러 분야에서 사용되었다.
③ 석면의 발암성 정보물질 표기는 1A에 해당한다.
④ 작업환경측정에서 석면은 길이가 $5\mu m$보다 크고, 길이 대 넓이의 비가 3:1 이상인 섬유만 개수한다.

해설 석면의 여러 종류 중 건강에 가장 치명적인 영향을 미치는 것은 각섬석계열의 청석면이다.

03. 다음 중 사무실 공기관리에 있어 오염물질에 대한 관리 기준이 잘못 연결된 것은?

① 일산화탄소 – 10ppm 이하
② 이산화탄소 – 1000ppm 이하
③ 폼알데하이드(HCHO) – $100\mu g/m^3$ 이하
④ 라돈 – $74Bq/m^3$ 이하

해설 라돈 – $148Bq/m^3$ 이하

04. 다음 중 토양이나 암석 등에 존재하는 우라늄의 자연적 붕괴로 생성되어 건물의 균열을 통해 실내공기로 유입되는 발암성 오염물질은?

① 라돈
② 석면
③ 포름알데히드
④ 다환성방향족탄화수소(PAHs)

05. 다음 중 실내 공기 오염의 주요원인으로 볼 수 없는 것은?

① 오염원
② 공조시스템
③ 이동경로
④ 체온

06. 다음 중 사무실의 공기관리 지침의 관리대상 오염물질이 아닌 것은?

① 질소(N_2)
② 미세먼지(PM-10)
③ 총부유세균
④ 총휘발성유기화합물(TVOC)

07. 다음 설명에 해당하는 가스는?

"이 가스는 실내의 공기질을 관리하는 근거로서 사용되고, 그 자체는 건강에 큰 영향을 주는 물질이 아니며 측정하기 어려운 다른 실내 오염 물질에 대한 지표물질로 사용된다."

① 일산화탄소
② 황산화물
③ 이산화탄소
④ 질소산화물

 정답 01. ① 02. ① 03. ④ 04. ① 05. ④ 06. ① 07. ③

해설 이산화탄소의 농도를 지표로 환기정도를 알 수 있으므로 실내공기오염물질의 전체적인 오염도를 짐작할 수 있다.

08. 다음 중 주로 여름과 초가을에 흔히 발생되고 강제기류 난방장치, 가습장치, 저수조 온수장치 등 공기를 순환시키는 장치들과 냉각탑 등에 기생하며 실내·외로 확산되어 호흡기 질환을 유발시키는 세균은?

① 푸른곰팡이 ② 나이세리아균
③ 바실러스균 ④ 레지오넬라균

해설 레지오넬라균은 흙에서 서식하는 세균으로 주로 습한 자연지역이나 인공적인 급수시설에서 흔히 발견된다. 사람의 몸에 호흡기를 통해 흡입되어 호흡기질환을 유발하고, 심하면 폐렴을 일으킨다. 25% 정도의 치사율을 보이고 있다.

09. 새로운 건물이나 새로 지은 집에 입주하기 전 실내를 모두 닫고 30℃ 이상으로 5~6시간 유지시킨 후 1시간 정도 환기를 하는 방식을 여러 번 반복하여 실내의 휘발성유기화합물이나 포름알데히드의 저감 효과를 얻는 방법을 무엇이라 하는가?

① Heating up ② Bake out
③ Room Heating ④ Burning up

10. 근로자가 건강장해를 호소하는 경우 사무실 공기관리 상태를 평가할 때 조사항목에 해당되지 않는 것은 무엇인가?

① 사무실 외 오염원 조사 등
② 근로자가 호소하는 증상 조사
③ 외부의 오염물질 유입경로 조사
④ 공기정화설비의 환기량 적정여부 조사

11. 사무실 공기관리 지침에서 관리하고 있는 오염물질 중 포름알데히드(HCHO)에 대한 설명으로 틀린 것은?

① 자극적인 냄새를 가지며, 메틸알데히드라고도 한다.
② 일반주택 및 공공건물에 많이 사용하는 건축자재와 섬유옷감이 그 발생원이 되고 있다.
③ 시료채취는 고체흡착관 또는 캐니스터로 수행한다.
④ 산업안전보건법상 사람에게 충분한 발암성 증거가 있는 물질(1A)로 분류되어 있다.

해설 시료채취는 2,4-DNPH가 코팅된 실리카겔관이 장착된 시료채취기에 의해 채취한다.

12. 다음 중 산업안전보건법에 따른 사무실 공기질 측정대상오염물질에 해당하지 않는 것은?

① 석면 ② 미세먼지
③ 일산화탄소 ④ 총부유세균

해설 사무실 공기질 측정대상오염물질로는 미세먼지, 일산화탄소, 이산화탄소, 폼알데하이드, 휘발성유기화합물, 총부유세균, 이산화질소, 곰팡이, 라돈이 있다.

13. 다음 중 사무실 공기관리 지침상 관리대상 오염물질의 종류에 해당하지 않는 것은?

① 이산화질소 ② 호흡성분진(RSP)
③ 총부유세균 ④ 일산화탄소(CO)

해설 사무실 공기관리 지침상 관리대상 오염물질의 종류에 해당하는 분진은 미세먼지(PM-10), 초미세먼지(PM-2.5)가 해당된다.

정답 08. ④ 09. ② 10. ① 11. ③ 12. ① 13. ②

14. 다음 중 "사무실 공기관리"에 대한 설명으로 틀린 것은?

① 관리기준은 8시간 시간가중평균농도 기준이다.
② 이산화탄소와 일산화탄소는 비분산적외선 검출기의 연속 측정에 의한 직독식 분석방법에 의한다.
③ 이산화탄소의 측정결과 평가는 각 지점에서 측정한 측정치 중 평균값을 기준으로 비교·평가한다.
④ 공기의 측정시료는 사무실 내에서 공기의 질이 나쁜 것으로 예상되는 2곳 이상에서 사무실 바닥면으로부터 0.9~1.5m의 높이에서 채취한다.

해설 이산화탄소의 측정결과 평가는 각 지점에서 측정한 측정치 중 최고값을 기준으로 비교·평가한다.

15. 다음 중 일반적인 실내공기질 오염과 가장 관계가 적은 질환은?

① 규폐증(Silicosis)
② 가습기 열(Humidifer Fever)
③ 레지오넬라병(Legionnaires Disease)
④ 과민성 폐렴(Hypersensitivity Pneumonitis)

해설 규폐증은 규산 또는 규산이 들어있는 먼지가 폐에 쌓여 생기는 질환으로, 규산을 취급하는 산업현장에서 생기는 질환이다. (예 채광업, 채석업, 요법, 연마업 등)

16. 다음 중 실내공기의 오염에 따른 영향을 나타내는 용어와 가장 거리가 먼 것은?

① 새차증후군
② 화학물질과민증
③ 헌집증후군
④ 스티븐스존슨 증후군

해설 스티븐스존슨 증후군은 약물에 의해 발생하는 급성 피부 질환이다.

정답 14. ③ 15. ① 16. ④

기출문제로 굳히기 — CHAPTER 03 실내환경

01. 다음 중 사무직 근로자가 건강장해를 호소하는 경우 사무실 공기관리 상태를 평가하기 위해 사업주가 실시해야 하는 조사방법과 가장 거리가 먼 것은?

① 사무실 조명의 조도 조사
② 외부의 오염물질 유입경로 조사
③ 공기정화시설의 환기량이 적정한가에 대한 조사
④ 근로자가 호소하는 증상(호흡기, 눈, 피부자극 등)에 대한 조사

해설 [사무실 공기관리 상태 평가방법]
- 외부의 오염물질 유입경로 조사
- 공기정화시설의 환기량이 적정한가에 대한 조사
- 근로자가 호소하는 증상(호흡기, 눈, 피부자극 등)에 대한 조사
- 사무실 내 오염원 조사 등

02. 최근 실내공기질에서 문제가 되고 있는 방사성 물질인 라돈에 관한 설명으로 옳지 않은 것은?

① 무색, 무취, 무미한 가스로 인간의 감각에 의해 감지할 수 없다.
② 인광석이나 산업폐기물을 포함하는 토양, 석재, 각종 콘크리트 등에서 발생할 수 있다.
③ 라돈의 감마(γ)-붕괴에 의하여 라돈의 딸핵종이 생성되며 이것이 기관지에 부착되어 감마선을 방출하여 폐암을 유발한다.
④ 우라늄 계열의 붕괴과정 일부에서 생성될 수 있다.

해설 라돈은 알파(α)-붕괴에 의해 폐질환 및 폐암을 유발한다.

03. 다음 중 실내환경 공기를 오염시키는 요소로 볼 수 없는 것은?

① 라돈　　② 포름알데히드
③ 연소가스　④ 체온

정답 01. ① 02. ③ 03. ④

04 CHAPTER 관련 법규

| UNIT | 01 | 산업안전보건법 |

① **제1조(목적)**
　이 법은 산업안전·보건에 관한 기준을 확립하고 그 책임의 소재를 명확하게 하여 산업재해를 예방하고 쾌적한 작업환경을 조성함으로써 근로자의 안전과 보건을 유지·증진함을 목적으로 한다.

② **제2조(정의)** 이 법에서 사용하는 용어의 뜻은 다음과 같다.
　㉠ "산업재해"란 근로자가 업무에 관계되는 건설물·설비·원재료·가스·증기·분진 등에 의하거나 작업 또는 그 밖의 업무로 인하여 사망 또는 부상하거나 질병에 걸리는 것을 말한다.
　㉡ "근로자"란 「근로기준법」 제2조제1항제1호에 따른 근로자를 말한다.
　㉢ "사업주"란 근로자를 사용하여 사업을 하는 자를 말한다.
　㉣ "근로자대표"란 근로자의 과반수로 조직된 노동조합이 있는 경우에는 그 노동조합을, 근로자의 과반수로 조직된 노동조합이 없는 경우에는 근로자의 과반수를 대표하는 자를 말한다.
　㉤ "작업환경측정"이란 작업환경 실태를 파악하기 위하여 해당 근로자 또는 작업장에 대하여 사업주가 유해인자에 대한 측정계획을 수립한 후 시료(試料)를 채취하고 분석·평가하는 것을 말한다.
　㉥ "안전·보건진단"이란 산업재해를 예방하기 위하여 잠재적 위험성을 발견하고 그 개선대책을 수립할 목적으로 고용노동부장관이 지정하는 자가 하는 조사·평가를 말한다.
　㉦ "중대재해"란 산업재해 중 사망 등 재해 정도가 심한 것으로서 고용노동부령으로 정하는 재해를 말한다.

③ **제15조(안전보건관리책임자)** 사업주는 사업장에 안전보건관리책임자(이하 "관리책임자"라 한다)를 두어 다음 각호의 업무를 총괄관리하도록 하여야 한다.
　㉠ 산업재해 예방계획의 수립에 관한 사항
　㉡ 안전보건관리규정의 작성 및 변경에 관한 사항
　㉢ 안전보건교육에 관한 사항
　㉣ 작업환경측정 등 작업환경의 점검 및 개선에 관한 사항
　㉤ 근로자의 건강진단 등 건강관리에 관한 사항
　㉥ 산업재해의 원인 조사 및 재발 방지대책 수립에 관한 사항

ⓢ 산업재해에 관한 통계의 기록 및 유지에 관한 사항

ⓞ 안전·보건과 관련된 안전장치 및 보호구 구입 시의 적격품 여부 확인에 관한 사항

ⓩ 그 밖에 근로자의 유해·위험 예방조치에 관한 사항으로서 고용노동부령으로 정하는 사항

④ **제39조(보건조치)** 사업주는 사업을 할 때 다음 각 호의 건강장해를 예방하기 위하여 필요한 조치를 하여야 한다.

  ㉠ 원재료·가스·증기·분진·흄(fume)·미스트(mist)·산소결핍·병원체 등에 의한 건강장해
  ㉡ 방사선·유해광선·고온·저온·초음파·소음·진동·이상기압 등에 의한 건강장해
  ㉢ 사업장에서 배출되는 기체·액체 또는 찌꺼기 등에 의한 건강장해
  ㉣ 계측감시(計測監視), 컴퓨터 단말기 조작, 정밀공작 등의 작업에 의한 건강장해
  ㉤ 단순반복작업 또는 인체에 과도한 부담을 주는 작업에 의한 건강장해
  ㉥ 환기·채광·조명·보온·방습·청결 등의 적정기준을 유지하지 아니하여 발생하는 건강장해

⑤ **제125조(작업환경측정 등)**

  ㉠ 사업주는 유해인자로부터 근로자의 건강을 보호하고 쾌적한 작업환경을 조성하기 위하여 인체에 해로운 작업을 하는 작업장으로서 고용노동부령으로 정하는 작업장에 대하여 고용노동부령으로 정하는 자격을 가진 자로 하여금 작업환경측정을 하도록 하여야 한다.
  ㉡ ㉠항에도 불구하고 도급인의 사업장에서 관계수급인 또는 관계수급인의 근로자가 작업을 하는 경우에는 도급인이 제1항에 따른 자격을 가진 자로 하여금 작업환경측정을 하도록 하여야 한다.
  ㉢ 사업주(㉡항에 따른 도급인을 포함한다. 이하 이 조 및 제127조에서 같다)는 ㉠항에 따른 작업환경측정을 제126조에 따라 지정받은 기관(이하 "작업환경측정기관"이라 한다)에 위탁할 수 있다. 이 경우 필요한 때에는 작업환경측정 중 시료의 분석만을 위탁할 수 있다.
  ㉣ 사업주는 근로자대표(관계수급인의 근로자대표를 포함한다. 이하 이 조에서 같다)가 요구하면 작업환경측정 시 근로자대표를 참석시켜야 한다.
  ㉤ 사업주는 작업환경측정 결과를 기록하여 보존하고 고용노동부령으로 정하는 바에 따라 고용노동부장관에게 보고하여야 한다. 다만, 제3항에 따라 사업주로부터 작업환경측정을 위탁받은 작업환경측정기관이 작업환경측정을 한 후 그 결과를 고용노동부령으로 정하는 바에 따라 고용노동부장관에게 제출한 경우에는 작업환경측정 결과를 보고한 것으로 본다.
  ㉥ 사업주는 작업환경측정 결과를 해당 작업장의 근로자(관계수급인 및 관계수급인 근로자를 포함한다. 이하 이 항, 제127조 및 제175조제5항제15호에서 같다)에게 알려야 하며, 그 결과에 따라 근로자의 건강을 보호하기 위하여 해당 시설·설비의 설치·개선 또는 건강진단의 실시 등의 조치를 하여야 한다.
  ㉦ 사업주는 산업안전보건위원회 또는 근로자대표가 요구하면 작업환경측정 결과에 대한 설명회 등을 개최하여야 한다. 이 경우 제3항에 따라 작업환경측정을 위탁하여 실시한 경우에는 작업환경측정기관에 작업환경측정 결과에 대하여 설명하도록 할 수 있다.
  ㉧ ㉠항 및 ㉡항에 따른 작업환경측정의 방법·횟수, 그 밖에 필요한 사항은 고용노동부령으로 정한다.

⑥ 제132조(건강진단에 관한 사업주의 의무)

㉠ 사업주는 일반건강진단, 특수건강진단, 배치전건강진단, 임시건강진단 등 규정에 따른 건강진단을 실시하는 경우 근로자대표가 요구하면 근로자대표를 참석시켜야 한다.

㉡ 사업주는 산업안전보건위원회 또는 근로자대표가 요구할 때에는 직접 또는 건강진단을 한 건강진단기관에 건강진단 결과에 대하여 설명하도록 하여야 한다. 다만, 개별 근로자의 건강진단 결과는 본인의 동의 없이 공개해서는 아니 된다.

㉢ 사업주는 건강진단의 결과를 근로자의 건강 보호 및 유지 외의 목적으로 사용해서는 아니 된다.

㉣ 사업주는 건강진단의 결과 근로자의 건강을 유지하기 위하여 필요하다고 인정할 때에는 작업장소 변경, 작업 전환, 근로시간 단축, 야간근로(오후 10시부터 다음 날 오전 6시까지 사이의 근로를 말한다)의 제한, 작업환경측정 또는 시설·설비의 설치·개선 등 고용노동부령으로 정하는 바에 따라 적절한 조치를 하여야 한다.

㉤ ㉣항에 따라 적절한 조치를 하여야 하는 사업주로서 고용노동부령으로 정하는 사업주는 그 조치 결과를 고용노동부령으로 정하는 바에 따라 고용노동부장관에게 제출하여야 한다.

| UNIT | 02 | 산업안전보건법 시행령 |

① **제18조(안전관리자의 업무 등)** 안전관리자가 수행하여야 할 업무는 다음 각 호와 같다.

㉠ 산업안전보건위원회에서 심의·의결한 업무와 안전보건관리규정 및 취업규칙에서 정한 업무

㉡ 안전인증대상 기계·기구등과 자율안전확인대상 기계·기구 등 중 보건과 관련된 보호구(保護具) 구입 시 적격품 선정에 관한 보좌 및 조언·지도

㉢ 물질안전보건자료의 게시 또는 비치에 관한 보좌 및 조언·지도

㉣ 위험성평가에 관한 보좌 및 조언·지도

㉤ 산업보건의의 직무(보건관리자가 별표 6 제1호에 해당하는 사람인 경우로 한정한다)

㉥ 해당 사업장 보건교육계획의 수립 및 보건교육 실시에 관한 보좌 및 조언·지도

㉦ 해당 사업장의 근로자를 보호하기 위한 다음 각 목의 조치에 해당하는 의료행위(보건관리자가 별표 6 제1호 또는 제2호에 해당하는 경우로 한정한다)

　가. 외상 등 흔히 볼 수 있는 환자의 치료

　나. 응급처치가 필요한 사람에 대한 처치

　다. 부상·질병의 악화를 방지하기 위한 처치

　라. 건강진단 결과 발견된 질병자의 요양 지도 및 관리

　마. 가목부터 라목까지의 의료행위에 따르는 의약품의 투여

㉧ 작업장 내에서 사용되는 전체 환기장치 및 국소 배기장치 등에 관한 설비의 점검과 작업방법의 공학적 개선에 관한 보좌 및 조언·지도

㉨ 사업장 순회점검·지도 및 조치의 건의

㉩ 산업재해 발생의 원인 조사·분석 및 재발 방지를 위한 기술적 보좌 및 조언·지도

㉪ 산업재해에 관한 통계의 유지·관리·분석을 위한 보좌 및 조언·지도

㉫ 법 또는 법에 따른 명령으로 정한 보건에 관한 사항의 이행에 관한 보좌 및 조언·지도

㉬ 업무수행 내용의 기록·유지

㉭ 그 밖에 작업관리 및 작업환경관리에 관한 사항

② 별표 5(보건관리자를 두어야 할 사업의 종류·규모, 보건관리자의 수 및 선임방법(제16조제1항 관련))

사업의 종류	규모	보건관리자의 수	보건관리자의 선임방법
1. 광업(광업 지원 서비스업은 제외한다) 2. 섬유제품 염색, 정리 및 마무리 가공업 3. 모피제품 제조업 4. 그 외 기타 의복액세서리 제조업(모피 액세서리에 한정한다)	상시 근로자 2,000명 이상	2명 이상	별표 6 각 호의 어느 하나에 해당하는 사람을 선임하되, 별표 6 제1호 또는 제2호에 해당하는 사람 1명 이상이 포함되어야 한다.
5. 모피 및 가죽 제조업(원피가공 및 가죽 제조업은 제외한다) 6. 신발 및 신발부분품 제조업 7. 코크스, 연탄 및 석유정제품 제조업	상시 근로자 500명 이상 2,000명 미만	2명 이상	별표 6 각 호의 어느 하나에 해당하는 사람을 선임하여야 한다.
8. 화학물질 및 화학제품 제조업; 의약품 제외 9. 의료용 물질 및 의약품 제조업 10. 고무 및 플라스틱제품 제조업 11. 비금속 광물제품 제조업 12. 1차 금속 제조업 13. 금속가공제품 제조업; 기계 및 가구 제외 14. 기타 기계 및 장비 제조업 15. 전자부품, 컴퓨터, 영상, 음향 및 통신장비 제조업 16. 전기장비 제조업 17. 자동차 및 트레일러 제조업 18. 기타 운송장비 제조업 19. 가구 제조업 20. 해체, 선별 및 원료 재생업 21. 자동차 종합 수리업, 자동차 전문 수리업 22. 제88조 각 호의 어느 하나에 해당하는 유해물질을 제조하는 사업과 그 유해물질을 사용하는 사업 중 고용노동부장관이 특히 보건관리를 할 필요가 있다고 인정하여 고시하는 사업	상시 근로자 50명 이상 500명 미만	1명 이상	별표 6 각 호의 어느 하나에 해당하는 사람을 선임하여야 한다.
23. 제2호부터 22호까지의 사업을 제외한 제조업	상시 근로자 3,000명 이상	2명 이상	별표 6 각 호의 어느 하나에 해당하는 사람을 선임하되, 별표 6 제1호 또는 제2호에 해당하는 사람 1명 이상이 포함되어야 한다.
	상시 근로자 1,000명 이상 3,000명 미만	2명 이상	별표 6 각 호의 어느 하나에 해당하는 사람을 선임하여야 한다.
	상시 근로자 50명 이상 1,000명 미만	1명 이상	별표 6 각 호의 어느 하나에 해당하는 사람을 선임하여야 한다.

24. 농업, 임업 및 어업 25. 전기, 가스, 증기 및 공기조절공급업 26. 수도, 하수 및 폐기물 처리, 원료 재생업(제20호에 해당하는 사업은 제외한다) 27. 운수 및 창고업	상시 근로자 5,000명 이상	2명 이상	별표 6 각 호의 어느 하나에 해당하는 사람을 선임하되, 별표 6 제1호에 해당하는 사람 1명 이상이 포함되어야 한다.
28. 도매 및 소매업 29. 숙박 및 음식점업 30. 서적, 잡지 및 기타 인쇄물 출판업 31. 방송업 32. 우편 및 통신업 33. 부동산업 34. 연구개발업 35. 사진 처리업 36. 사업시설 관리 및 조경 서비스업 37. 공공행정(청소, 시설관리, 조리 등 현업업무에 종사하는 사람으로서 고용노동부장관이 정하여 고시하는 사람으로 한정한다) 38. 교육서비스업 중 초등·중등·고등 교육기관, 특수학교·외국인학교 및 대안학교(청소, 시설관리, 조리 등 현업업무에 종사하는 사람으로서 고용노동부장관이 정하여 고시하는 사람으로 한정한다) 39. 청소년 수련시설 운영업 40. 보건업 41. 골프장 운영업 42. 개인 및 소비용품수리업(제21호에 해당하는 사업은 제외한다) 43. 세탁업	상시 근로자 50명 이상 5,000명 미만. 다만, 제34호의 사진처리업의 경우에는 상시 근로자 100명 이상 5,000명 미만으로 한다.	1명 이상	별표 6 각 호의 어느 하나에 해당하는 사람을 선임하여야 한다.
44. 건설업	공사금액 800억원 이상 (「건설산업기본법 시행령」 별표 1에 따른 토목공사업에 속하는 공사의 경우에는 1천억 이상) 또는 상시 근로자 600명 이상	1명 이상 [공사금액 800억원 (토목공사업은 1,000억원)을 기준으로 1,400억원이 증가할 때마다 또는 상시 근로자 600명을 기준으로 600명이 추가될 때마다 1명씩 추가한다]	별표 6 각 호의 어느 하나에 해당하는 사람을 선임하여야 한다.

③ **별표 6 보건관리자의 자격(제18조 관련)** 보건관리자는 다음 각 호의 어느 하나에 해당하는 사람으로 한다.
  ㉠ 의사
  ㉡ 간호사
  ㉢ 산업보건지도사
  ㉣ 산업위생관리산업기사 또는 대기환경산업기사 이상의 자격을 취득한 사람
  ㉤ 인간공학기사 이상의 자격을 취득한 사람
  ㉥ 전문대학 이상의 학교에서 산업보건 또는 산업위생 분야의 학과를 졸업한 사람(법령에 따라 이와 같은 수준 이상의 학력이 있다고 인정되는 사람을 포함한다)

④ **제29조(산업보건의의 선임 등)**
  ㉠ 산업보건의를 두어야 하는 사업의 종류와 사업장은 제20조 및 별표 5에 따라 보건관리자를 두어야 하는 사업으로서 상시근로자 수가 50명 이상인 사업장으로 한다. 다만, 다음 각 호의 어느 하나에 해당하는 경우는 그렇지 않다.
    1. 의사를 보건관리자로 선임한 경우
    2. 보건관리전문기관에 보건관리자의 업무를 위탁한 경우
  ㉡ 산업보건의는 외부에서 위촉할 수 있다.
  ㉢ 사업주는 제1항 또는 제2항에 따라 산업보건의를 선임하거나 위촉했을 때에는 고용노동부령으로 정하는 바에 따라 선임하거나 위촉한 날부터 14일 이내에 고용노동부장관에게 그 사실을 증명할 수 있는 서류를 제출해야 한다.
  ㉣ 제2항에 따라 위촉된 산업보건의가 담당할 사업장 수 및 근로자 수, 그 밖에 필요한 사항은 고용노동부장관이 정한다.

> 💡 **제31조(산업보건의의 직무 등)**
> 산업보건의의 직무 내용은 다음 각 호와 같다.
> - 건강진단 결과의 검토 및 그 결과에 따른 작업 배치, 작업 전환 또는 근로시간의 단축 등 근로자의 건강보호 조치
> - 근로자의 건강장해의 원인 조사와 재발 방지를 위한 의학적 조치
> - 그 밖에 근로자의 건강 유지 및 증진을 위하여 필요한 의학적 조치에 관하여 고용노동부장관이 정하는 사항

⑤ **제87조(제조 등이 금지되는 유해물질)** 제조·수입·양도·제공 또는 사용이 금지되는 유해물질은 다음 각 호와 같다.
  ㉠ 황린(黃燐) 성냥
  ㉡ 백연을 함유한 페인트(함유된 용량의 비율이 2퍼센트 이하인 것은 제외한다)
  ㉢ 폴리클로리네이티드터페닐(PCT)
  ㉣ 4-니트로디페닐과 그 염
  ㉤ 악티노라이트석면, 안소필라이트석면 및 트레모라이트석면

ⓑ 베타-나프틸아민과 그 염
ⓢ 백석면, 청석면 및 갈석면
ⓞ 벤젠을 함유하는 고무풀(함유된 용량의 비율이 5퍼센트 이하인 것은 제외한다)
ⓩ ㉠부터 ⓢ까지의 어느 하나에 해당하는 물질을 함유한 제제(함유된 중량의 비율이 1퍼센트 이하인 것은 제외한다)
ⓔ 「화학물질관리법」 제2조제5호에 따른 금지물질
㉠ 그 밖에 보건상 해로운 물질로서 산업재해보상보험 및 예방심의위원회의 심의를 거쳐 고용노동부장관이 정하는 유해물질

⑥ **제86조(물질안전보건자료의 작성·제출 제외 대상 화학물질 등)** "대통령령으로 정하는 것"이란 다음 각 호의 어느 하나에 해당하는 것을 말한다.

1. 건강기능식품
2. 농약
3. 마약 및 향정신성의약품
4. 비료
5. 사료
6. 「생활주변방사선 안전관리법」에 따른 원료물질
7. 안전확인대상생활화학제품 및 살생물제품 중 일반소비자의 생활용으로 제공되는 제품
8. 식품 및 식품첨가물
9. 의약품 및 의약외품
10. 방사성물질
11. 위생용품
12. 의료기기
12의2. 첨단바이오의약품
13. 화약류
14. 폐기물
15. 화장품
16. 제1호부터 제15호까지의 규정 외의 화학물질 또는 혼합물로서 일반소비자의 생활용으로 제공되는 것(일반소비자의 생활용으로 제공되는 화학물질 또는 혼합물이 사업장 내에서 취급되는 경우를 포함한다)
17. 고용노동부장관이 정하여 고시하는 연구·개발용 화학물질 또는 화학제품. 이 경우 법 제110조제1항부터 제3항까지의 규정에 따른 자료의 제출만 제외된다.
18. 그 밖에 고용노동부장관이 독성·폭발성 등으로 인한 위해의 정도가 적다고 인정하여 고시하는 화학물질

⑦ **제98조(특수건강진단기관의 지정 취소 등의 사유)** "대통령령으로 정하는 사유에 해당하는 경우"란 다음 각 호의 어느 하나에 해당하는 경우를 말한다.

㉠ 건강진단 시 고용노동부령으로 정한 검사항목을 빠뜨리거나 검사방법 및 실시 절차를 준수하지 않은 경우

ⓛ 고용노동부령으로 정하는 건강진단의 검진비용을 줄이는 등의 방법으로 건강진단을 유인하거나 건강진단의 검진비용을 부당하게 징수한 경우
ⓒ 법 제43조제9항에 따라 고용노동부장관이 실시하는 건강진단기관의 건강진단·분석 능력 평가에서 부적합 판정을 받은 경우
ⓔ 건강진단 결과를 거짓으로 판정하거나 고용노동부령으로 정하는 건강진단 개인표를 거짓으로 작성한 경우
ⓜ 무자격자 또는 고용노동부령으로 정하는 건강진단기관의 지정기준을 충족하지 못하는 자가 건강진단을 한 경우
ⓑ 정당한 사유 없이 건강진단의 실시를 거부하거나 중단한 경우
ⓢ 정당한 사유 없이 특수건강진단기관의 평가를 거부한 경우
ⓞ 법에 따른 관계 공무원의 지도·감독을 거부·방해 또는 기피한 경우

⑧ **제99조(유해·위험작업에 대한 근로시간 제한 등)**
 ⓘ 근로시간이 제한되는 작업은 잠함(潛艦) 또는 잠수작업 등 높은 기압에서 하는 작업을 말한다.
 ⓛ 잠함·잠수 작업시간, 가압·감압방법 등 해당 근로자의 안전과 보건을 유지하기 위하여 필요한 사항은 고용노동부령으로 정한다.
 ⓒ 사업주는 다음 각 호의 어느 하나에 해당하는 유해·위험작업에서 유해·위험 예방조치 외에 작업과 휴식의 적정한 배분, 그 밖에 근로시간과 관련된 근로조건의 개선을 통하여 근로자의 건강 보호를 위한 조치를 하여야 한다.
  1. 갱(坑) 내에서 하는 작업
  2. 다량의 고열물체를 취급하는 작업과 현저히 덥고 뜨거운 장소에서 하는 작업
  3. 다량의 저온물체를 취급하는 작업과 현저히 춥고 차가운 장소에서 하는 작업
  4. 라듐방사선이나 엑스선, 그 밖의 유해 방사선을 취급하는 작업
  5. 유리·흙·돌·광물의 먼지가 심하게 날리는 장소에서 하는 작업
  6. 강렬한 소음이 발생하는 장소에서 하는 작업
  7. 착암기 등에 의하여 신체에 강렬한 진동을 주는 작업
  8. 인력으로 중량물을 취급하는 작업
  9. 납·수은·크롬·망간·카드뮴 등의 중금속 또는 이황화탄소·유기용제, 그 밖에 고용노동부령으로 정하는 특정 화학물질의 먼지·증기 또는 가스가 많이 발생하는 장소에서 하는 작업

⑨ **제42조(유해·위험방지계획서 제출 대상)** "대통령령으로 정하는 업종 및 규모에 해당하는 사업"이란 다음 각 호의 어느 하나에 해당하는 사업으로서 전기 계약용량이 300킬로와트 이상인 사업을 말한다.
 ⓘ 금속가공제품(기계 및 가구는 제외한다) 제조업
 ⓛ 비금속 광물제품 제조업
 ⓒ 기타 기계 및 장비 제조업
 ⓔ 자동차 및 트레일러 제조업
 ⓜ 식료품 제조업

ⓑ 고무제품 및 플라스틱제품 제조업
ⓢ 목재 및 나무제품 제조업
ⓞ 기타 제품 제조업
ⓩ 1차 금속 제조업
ⓒ 가구 제조업
ⓚ 화학물질 및 화학제품 제조업
ⓣ 반도체 제조업
ⓟ 전자부품 제조업

UNIT 03 산업안전보건법 시행규칙

① **제2조(정의)**

　㉠ "중대재해(고용노동부령으로 정하는 재해)"란 다음 각 호의 어느 하나에 해당하는 재해를 말한다.
　　• 사망자가 1명 이상 발생한 재해
　　• 3개월 이상의 요양이 필요한 부상자가 동시에 2명 이상 발생한 재해
　　• 부상자 또는 직업성질병자가 동시에 10명 이상 발생한 재해
　㉡ "안전·보건표지"란 근로자의 안전 및 보건을 확보하기 위하여 위험장소 또는 위험물질에 대한 경고, 비상시에 대처하기 위한 지시 또는 안내, 그 밖에 근로자의 안전·보건의식을 고취하기 위한 사항 등을 그림·기호 및 글자 등으로 표시하여 근로자의 판단이나 행동의 착오로 인하여 산업재해를 일으킬 우려가 있는 작업장의 특정 장소, 시설 또는 물체에 설치하거나 부착하는 표지를 말한다.

② **제37조(위험성평가 실시내용 및 결과의 기록·보존)**

　㉠ 사업주가 법 제36조제3항에 따라 위험성평가의 결과와 조치사항을 기록·보존할 때에는 다음 각 호의 사항이 포함되어야 한다.
　　1. 위험성평가 대상의 유해·위험요인
　　2. 위험성 결정의 내용
　　3. 위험성 결정에 따른 조치의 내용
　　4. 그 밖에 위험성평가의 실시내용을 확인하기 위하여 필요한 사항으로서 고용노동부장관이 정하여 고시하는 사항
　㉡ 사업주는 제1항에 따른 자료를 3년간 보존해야 한다.

③ **제169조(물질안전보건자료에 관한 교육의 시기·내용·방법 등)**

　㉠ 사업주는 다음 각 호의 어느 하나에 해당하는 경우에는 작업장에서 취급하는 대상화학물질의 물질안전보건

자료에서 별표 8의2에 해당되는 내용을 근로자에게 교육하여야 한다. 이 경우 교육받은 근로자에 대해서는 해당 교육 시간만큼 안전·보건교육을 실시한 것으로 본다.
- 대상화학물질을 제조·사용·운반 또는 저장하는 작업에 근로자를 배치하게 된 경우
- 새로운 대상화학물질이 도입된 경우
- 유해성·위험성 정보가 변경된 경우

ⓛ 사업주는 제1항에 따른 교육을 하는 경우에 유해성·위험성이 유사한 대상화학물질을 그룹별로 분류하여 교육할 수 있다.

ⓒ 사업주는 제1항에 따른 교육을 실시하였을 때에는 교육시간 및 내용 등을 기록하여 보존하여야 한다.

④ **제189조(작업환경측정방법)**

사업주는 작업환경측정을 할 때에는 다음 각 호의 사항을 지켜야 한다.

㉠ 작업환경측정을 하기 전에 예비조사를 할 것

㉡ 작업이 정상적으로 이루어져 작업시간과 유해인자에 대한 근로자의 노출 정도를 정확히 평가할 수 있을 때 실시할 것

㉢ 모든 측정은 개인시료채취방법으로 하되, 개인시료채취방법이 곤란한 경우에는 지역시료채취방법으로 실시(이 경우 그 사유를 별지 제21호서식의 작업환경측정 결과표에 분명하게 밝혀야 한다)할 것

㉣ 작업환경측정기관에 위탁하여 실시하는 경우에는 해당 작업환경측정기관에 공정별 작업내용, 화학물질의 사용실태 및 물질안전보건자료 등 작업환경측정에 필요한 정보를 제공할 것

⑤ **제98조(정의-건강진단)**

㉠ "일반건강진단"이란 상시 사용하는 근로자의 건강관리를 위하여 사업주가 주기적으로 실시하는 건강진단을 말한다.

㉡ "특수건강진단"이란 다음 각 목의 어느 하나에 해당하는 근로자의 건강관리를 위하여 사업주가 실시하는 건강진단을 말한다.
- 특수건강진단 대상 유해인자에 노출되는 업무(이하 "특수건강진단대상업무"라 한다)에 종사하는 근로자
- 근로자건강진단 실시 결과 직업병 유소견자로 판정받은 후 작업 전환을 하거나 작업장소를 변경하고, 직업병 유소견 판정의 원인이 된 유해인자에 대한 건강진단이 필요하다는 의사의 소견이 있는 근로자

㉢ "배치전건강진단"이란 특수건강진단대상업무에 종사할 근로자에 대하여 배치 예정업무에 대한 적합성 평가를 위하여 사업주가 실시하는 건강진단을 말한다.

㉣ "수시건강진단"이란 특수건강진단대상업무로 인하여 해당 유해인자에 의한 직업성 천식, 직업성 피부염, 그 밖에 건강장해를 의심하게 하는 증상을 보이거나 의학적 소견이 있는 근로자에 대하여 사업주가 실시하는 건강진단을 말한다.

㉤ "임시건강진단"이란 다음 각 목의 어느 하나에 해당하는 경우에 특수건강진단 대상 유해인자 또는 그 밖의 유해인자에 의한 중독 여부, 질병에 걸렸는지 여부 또는 질병의 발생 원인 등을 확인하기 위하여 법 제43조 제2항에 따른 지방고용노동관서의 장의 명령에 따라 사업주가 실시하는 건강진단을 말한다.
- 같은 부서에 근무하는 근로자 또는 같은 유해인자에 노출되는 근로자에게 유사한 질병의 자각·타각증상이 발생한 경우

- 직업병 유소견자가 발생하거나 여러 명이 발생할 우려가 있는 경우
- 그 밖에 지방고용노동관서의 장이 필요하다고 판단하는 경우

⑥ [별표 25] 건강관리카드의 발급 대상(제214조 관련)

구분	건강장해가 발생할 우려가 있는 업무	대상 요건
1	베타-나프틸아민 또는 그 염(같은 물질이 함유된 화합물의 중량 비율이 1퍼센트를 초과하는 제제를 포함한다)을 제조하거나 취급하는 업무	3개월 이상 종사한 사람
2	벤지딘 또는 그 염(같은 물질이 함유된 화합물의 중량 비율이 1퍼센트를 초과하는 제제를 포함한다)을 제조하거나 취급하는 업무	3개월 이상 종사한 사람
3	베릴륨 또는 그 화합물(같은 물질이 함유된 화합물의 중량 비율이 1퍼센트를 초과하는 제제를 포함한다) 또는 그 밖에 베릴륨 함유물질(베릴륨이 함유된 화합물의 중량 비율이 3퍼센트를 초과하는 물질만 해당한다)을 제조하거나 취급하는 업무	제조하거나 취급하는 업무에 종사한 사람 중 양쪽 폐 부분에 베릴륨에 의한 만성 결절성 음영이 있는 사람
4	비스-(클로로메틸)에테르(같은 물질이 함유된 화합물의 중량 비율이 1퍼센트를 초과하는 제제를 포함한다)를 제조하거나 취급하는 업무	3년 이상 종사한 사람
5	가. 석면 또는 석면방직제품을 제조하는 업무	3개월 이상 종사한 사람

	나. 다음의 어느 하나에 해당하는 업무
	  1) 석면함유제품(석면방직제품은 제외한다)을 제조하는 업무
	  2) 석면함유제품(석면이 1퍼센트를 초과하여 함유된 제품만 해당한다. 이하 다목에서 같다)을 절단하는 등 석면을 가공하는 업무
	  3) 설비 또는 건축물에 분무된 석면을 해체·제거 또는 보수하는 업무
	  4) 석면이 1퍼센트 초과하여 함유된 보온재 또는 내화피복제(耐火被覆劑)를 해체·제거 또는 보수하는 업무
		1년 이상 종사한 사람

	다. 설비 또는 건축물에 포함된 석면시멘트, 석면마찰제품 또는 석면개스킷제품 등 석면함유제품을 해체·제거 또는 보수하는 업무	10년 이상 종사한 사람
	라. 나목 또는 다목 중 하나 이상의 업무에 중복하여 종사한 경우	다음의 계산식으로 산출한 숫자가 120을 초과하는 사람: (나목의 업무에 종사한 개월 수)×10+(다목의 업무에 종사한 개월 수)
	마. 가목부터 다목까지의 업무로서 가목부터 다목까지에서 정한 종사기간에 해당하지 않는 경우	흉부방사선상 석면으로 인한 질병 징후(흉막반 등)가 있는 사람
6	벤조트리클로라이드를 제조(태양광선에 의한 염소화반응에 의하여 제조하는 경우만 해당한다)하거나 취급하는 업무	3년 이상 종사한 사람
7	가. 갱내에서 동력을 사용하여 토석(土石)·광물 또는 암석(습기가 있는 것은 제외한다. 이하 "암석 등"이라 한다)을 굴착하는 작업 나. 갱내에서 동력(동력 수공구(手工具)에 의한 것은 제외한다)을 사용하여 암석 등을 파쇄(破碎)·분쇄 또는 체질하는 장소에서의 작업	3년 이상 종사한 사람으로서 흉부방사선 사진 상 진폐증이 있다고 인정되는 사람(「진폐의 예방과 진폐

	다. 갱내에서 암석 등을 차량계 건설기계로 싣거나 내리거나 쌓아두는 장소에서의 작업
	라. 갱내에서 암석 등을 컨베이어(이동식 컨베이어는 제외한다)에 싣거나 내리는 장소에서의 작업
	마. 옥내에서 동력을 사용하여 암석 또는 광물을 조각하거나 마무리하는 장소에서의 작업
	바. 옥내에서 연마재를 분사하여 암석 또는 광물을 조각하는 장소에서의 작업
	사. 옥내에서 동력을 사용하여 암석·광물 또는 금속을 연마·주물 또는 추출하거나 금속을 재단하는 장소에서의 작업
	아. 옥내에서 동력을 사용하여 암석등·탄소원료 또는 알미늄박을 파쇄·분쇄 또는 체질하는 장소에서의 작업
	자. 옥내에서 시멘트, 티타늄, 분말상의 광석, 탄소원료, 탄소제품, 알미늄 또는 산화티타늄을 포장하는 장소에서의 작업
	차. 옥내에서 분말상의 광석, 탄소원료 또는 그 물질을 함유한 물질을 혼합·혼입 또는 살포하는 장소에서의 작업
	카. 옥내에서 원료를 혼합하는 장소에서의 작업 중 다음의 어느 하나에 해당하는 작업
	  1) 유리 또는 법랑을 제조하는 공정에서 원료를 혼합하는 작업이나 원료 또는 혼합물을 용해로에 투입하는 작업(수중에서 원료를 혼합하는 작업은 제외한다)
	  2) 도자기·내화물·형상토제품 또는 연마재를 제조하는 공정에서 원료를 혼합 또는 성형하거나, 원료 또는 반제품을 건조하거나, 반제품을 차에 싣거나 쌓아 두는 장소에서의 작업 또는 가마 내부에서의 작업(도자기를 제조하는 공정에서 원료를 투입 또는 성형하여 반제품을 완성하거나 제품을 내리고 쌓아 두는 장소에서의 작업과 수중에서 원료를 혼합하는 장소에서의 작업은 제외한다)
	  3) 탄소제품을 제조하는 공정에서 탄소원료를 혼합하거나 성형하여 반제품을 노(爐)에 넣거나 반제품 또는 제품을 노에서 꺼내거나 제작하는 장소에서의 작업
	타. 옥내에서 내화 벽돌 또는 타일을 제조하는 작업 중 동력을 사용하여 원료(습기가 있는 것은 제외한다)를 성형하는 장소에서의 작업
	파. 옥내에서 동력을 사용하여 반제품 또는 제품을 다듬질하는 장소에서의 작업 중 다음의 어느 하나에 해당하는 작업
	  1) 도자기·내화물·형상토제품 또는 연마재를 제조하는 공정에서 원료를 혼합 또는 성형하거나, 원료 또는 반제품을 건조하거나, 반제품을 차에 싣거나 쌓은 장소에서의 작업 또는 가마 내부에서의 작업(도자기를 제조하는 공정에서 원료를 투입 또는 성형하여 반제품을 완성하거나 제품을 내리고 쌓아 두는 장소에서의 작업과 수중에서 원료를 혼합하는 장소에서의 작업은 제외한다)
	  2) 탄소제품을 제조하는 공정에서 탄소원료를 혼합하거나 성형하여 반제품을 노에 넣거나 반제품 또는 제품을 노에서 꺼내거나 제작하는 장소에서의 작업
	하. 옥내에서 주형(鑄型)을 해체하거나, 분해장치를 이용하여 사형(似形)을 부수거나, 모래를 털어 내거나 동력을 사용하여 주물사를 재생하거나 혼련(混練)하거나 주물품을 절삭(切削)하는 장소에서의 작업
	거. 옥내에서 수지식(手指式) 용융분사기를 이용하지 않고 금속을 용융분사하는 장소에서의 작업
		근로자의 보호 등에 관한 법률」에 따라 건강관리수첩을 발급받은 사람은 제외한다)

8	가. 염화비닐을 중합(重合)하는 업무 또는 밀폐되어 있지 않은 원심분리기를 사용하여 폴리염화비닐(염화비닐의 중합체를 말한다)의 현탁액(懸濁液)에서 물을 분리시키는 업무 나. 염화비닐을 제조하거나 사용하는 석유화학설비를 유지·보수하는 업무	4년 이상 종사한 사람

9	크롬산·중크롬산 또는 이들 염(같은 물질이 함유된 화합물의 중량 비율이 1퍼센트를 초과하는 제제를 포함한다)을 광석으로부터 추출하여 제조하거나 취급하는 업무	4년 이상 종사한 사람
10	삼산화비소를 제조하는 공정에서 배소(焙燒) 또는 정제를 하는 업무나 비소가 함유된 화합물의 중량 비율이 3퍼센트를 초과하는 광석을 제련하는 업무	5년 이상 종사한 사람
11	니켈(니켈카르보닐을 포함한다) 또는 그 화합물을 광석으로부터 추출하여 제조하거나 취급하는 업무	5년 이상 종사한 사람
12	카드뮴 또는 그 화합물을 광석으로부터 추출하여 제조하거나 취급하는 업무	5년 이상 종사한 사람
13	가. 벤젠을 제조하거나 사용하는 업무(석유화학 업종만 해당한다) 나. 벤젠을 제조하거나 사용하는 석유화학설비를 유지·보수하는 업무	6년 이상 종사한 사람
14	제철용 코크스 또는 제철용 가스발생로를 제조하는 업무(코크스로 또는 가스발생로 상부에서의 업무 또는 코크스로에 접근하여 하는 업무만 해당한다)	6년 이상 종사한 사람
15	비파괴검사(X-선) 업무	1년 이상 종사한 사람 또는 연간 누적선량이 20mSv 이상이었던 사람

⑦ [별표 19] 유해인자별 노출농도의 허용기준(제145조의제1항 관련)

유해인자		허용기준			
		시간가중평균값(TWA)		단시간 노출값(STEL)	
		ppm	mg/m³	ppm	mg/m³
1. 6가크롬[18540-29-9] 화합물 (Chromium VI compounds)	불용성		0.01		
	수용성		0.05		
2. 납[7439-92-1] 및 그 무기화합물(Lead and its inorganic compounds)			0.05		
3. 니켈[7440-02-0] 화합물(불용성 무기화합물로 한정한다) (Nickel and its insoluble inorganic compounds)			0.2		
4. 니켈카르보닐(Nickel carbonyl; 13463-39-3)		0.001			
5. 디메틸포름아미드(Dimethylformamide; 68-12-2)		10			
6. 디클로로메탄(Dichloromethane; 75-09-2)		50			
7. 1,2-디클로로프로판(1,2-Dichloro propane; 78-87-5)		10		110	
8. 망간[7439-96-5] 및 그 무기화합물(Manganese and its inorganic compounds)			1		
9. 메탄올(Methanol; 67-56-1)		200		250	

번호 및 물질명			
10. 메틸렌 비스(페닐 이소시아네이트)[Methylene bis(phenyl isocya nate); 101-68-8 등]	0.005		
11. 베릴륨[7440-41-7] 및 그 화합물(Beryllium and its compounds)		0.002	0.01
12. 벤젠(Benzene; 71-43-2)	0.5	2.5	
13. 1,3-부타디엔(1,3-Butadiene; 106-99-0)	2	10	
14. 2-브로모프로판(2-Bromopropane; 75-26-3)	1		
15. 브롬화 메틸(Methyl bromide; 74-83-9)	1		
16. 산화에틸렌(Ethylene oxide; 75-21-8)	1		
17. 석면(제조·사용하는 경우만 해당한다)(Asbestos; 1332-21-4 등)		0.1개/㎤	
18. 수은[7439-97-6] 및 그 무기화합물(Mercury and its inorganic compounds)		0.025	
19. 스티렌(Styrene; 100-42-5)	20	40	
20. 시클로헥사논(Cyclohexanone; 108-94-1)	25	50	
21. 아닐린(Aniline; 62-53-3)	2		
22. 아크릴로니트릴(Acrylonitrile; 107-13-1)	2		
23. 암모니아(Ammonia; 7664-41-7 등)	25	35	
24. 염소(Chlorine; 7782-50-5)	0.5	1	
25. 염화비닐(Vinyl chloride; 75-01-4)	1		
26. 이황화탄소(Carbon disulfide; 75-15-0)	1		
27. 일산화탄소(Carbon monoxide; 630-08-0)	30	200	
28. 카드뮴[7440-43-9] 및 그 화합물(Cadmium and its compounds)		0.01 (호흡성 분진인 경우 0.002)	
29. 코발트[7440-48-4] 및 그 무기화합물(Cobalt and its inorganic compounds)		0.02	
30. 콜타르피치[65996-93-2] 휘발물(Coal tar pitch volatiles)		0.2	
31. 톨루엔(Toluene; 108-88-3)	50	150	

32. 톨루엔-2,4-디이소시아네이트 (Toluene-2,4-diisocyanate ; 584-84-9 등)	0.005	0.02	
33. 톨루엔-2,6-디이소시아네이트 (Toluene-2,6-diisocyanate ; 91-08-7 등)	0.005	0.02	
34. 트리클로로메탄(Trichloromethane ; 67-66-3)	10		
35. 트리클로로에틸렌(Trichloroethylene ; 79-01-6)	10	25	
36. 포름알데히드(Formaldehyde ; 50-00-0)	0.3		
37. n-헥산(n-Hexane ; 110-54-3)	50		
38. 황산(Sulfuric acid ; 7664-93-9)		0.2	0.6

⑧ **제107조(건강진단 결과의 보존)** 사업주는 송부 받은 건강진단 결과표 및 근로자가 제출한 건강진단 결과를 증명하는 서류(이들 자료가 전산입력된 경우에는 그 전산입력된 자료를 말한다)를 5년간 보존하여야 한다. 다만, 고용노동부장관이 정하여 고시하는 물질을 취급하는 근로자에 대한 건강진단 결과의 서류 또는 전산입력 자료는 30년간 보존하여야 한다.

⑨ **제241조(서류의 보존)** 작업환경측정 결과를 기록한 서류는 보존(전자적 방법으로 하는 보존을 포함한다)기간을 5년으로 한다. 다만, 고용노동부장관이 정하여 고시하는 물질에 대한 기록이 포함된 서류는 그 보존기간을 30년으로 한다.

UNIT 04 산업안전보건기준에 관한 규칙

① **제8조(조도)** 사업주는 근로자가 상시 작업하는 장소의 작업면 조도(照度)를 다음 각 호의 기준에 맞도록 하여야 한다. 다만, 갱내(坑內) 작업장과 감광재료(感光材料)를 취급하는 작업장은 그러하지 아니하다.

㉠ 초정밀작업 : 750럭스(lux) 이상
㉡ 정밀작업 : 300럭스 이상
㉢ 보통작업 : 150럭스 이상
㉣ 그 밖의 작업 : 75럭스 이상

암기TIP 초치러(초750) 왔니? 덜 정밀할수록 1/2로 감소

② **제32조(보호구의 지급 등)** 사업주는 다음 각 호의 어느 하나에 해당하는 작업을 하는 근로자에 대해서는 다음 각 호의 구분에 따라 그 작업조건에 맞는 보호구를 작업하는 근로자 수 이상으로 지급하고 착용하도록 하여야 한다.

㉠ 물체가 떨어지거나 날아올 위험 또는 근로자가 추락할 위험이 있는 작업 : 안전모
㉡ 높이 또는 깊이 2미터 이상의 추락할 위험이 있는 장소에서 하는 작업 : 안전대(安全帶)
㉢ 물체의 낙하·충격, 물체에의 끼임, 감전 또는 정전기의 대전(帶電)에 의한 위험이 있는 작업 : 안전화
㉣ 물체가 흩날릴 위험이 있는 작업 : 보안경
㉤ 용접 시 불꽃이나 물체가 흩날릴 위험이 있는 작업 : 보안면
㉥ 감전의 위험이 있는 작업 : 절연용 보호구
㉦ 고열에 의한 화상 등의 위험이 있는 작업 : 방열복
㉧ 선창 등에서 분진(粉塵)이 심하게 발생하는 하역작업 : 방진마스크
㉨ 섭씨 영하 18℃ 이하인 급냉동어창에서 하는 하역작업 : 방한모·방한복·방한화·방한장갑
㉩ 물건을 운반하거나 수거·배달하기 위하여 「자동차관리법」에 따른 이륜자동차(이하 "이륜자동차"라 한다)를 운행하는 작업 : 「도로교통법 시행규칙」의 기준에 적합한 승차용 안전모

③ **제72조(후드)** 사업주는 인체에 해로운 분진, 흄(fume), 미스트(mist), 증기 또는 가스 상태의 물질(이하 "분진 등"이라 한다)을 배출하기 위하여 설치하는 국소배기장치의 후드가 다음 각 호의 기준에 맞도록 하여야 한다.

㉠ 유해물질이 발생하는 곳마다 설치할 것
㉡ 유해인자의 발생형태와 비중, 작업방법 등을 고려하여 해당 분진 등의 발산원(發散源)을 제어할 수 있는 구조로 설치할 것
㉢ 후드(hood) 형식은 가능하면 포위식 또는 부스식 후드를 설치할 것
㉣ 외부식 또는 리시버식 후드는 해당 분진 등의 발산원에 가장 가까운 위치에 설치할 것

④ **제77조(전체환기장치)** 사업주는 분진 등을 배출하기 위하여 설치하는 전체환기장치가 다음 각 호의 기준에 맞도록 하여야 한다.

㉠ 송풍기 또는 배풍기(덕트를 사용하는 경우에는 그 덕트의 흡입구를 말한다)는 가능하면 해당 분진등의 발산원에 가장 가까운 위치에 설치할 것
㉡ 송풍기 또는 배풍기는 직접 외부로 향하도록 개방하여 실외에 설치하는 등 배출되는 분진등이 작업장으로 재유입되지 않는 구조로 할 것

⑤ **제421조(적용 제외)**

㉠ 사업주가 관리대상 유해물질의 취급업무에 근로자를 종사하도록 하는 경우로서 작업시간 1시간당 소비하는 관리대상 유해물질의 양(그램)이 작업장 공기의 부피(세제곱미터)를 15로 나눈 양(이하 "허용소비량"이라 한다) 이하인 경우에는 이 장의 규정을 적용하지 아니한다. 다만, 유기화합물 취급 특별장소, 특별관리물질 취급 장소, 지하실 내부, 그 밖에 환기가 불충분한 실내작업장인 경우에는 그러하지 아니하다.
㉡ 작업장 공기의 부피는 바닥에서 4미터가 넘는 높이에 있는 공간을 제외한 세제곱미터를 단위로 하는 실내작업장의 공간부피를 말한다. 다만, 공기의 부피가 150세제곱미터를 초과하는 경우에는 150세제곱미터를 그 공기의 부피로 한다.

⑥ **제459조(명칭 등의 게시)** 사업주는 허가대상 유해물질을 제조하거나 사용하는 작업장에 다음 각 호의 사항을 보기 쉬운 장소에 게시하여야 한다.
   ㉠ 허가대상 유해물질의 명칭
   ㉡ 인체에 미치는 영향
   ㉢ 취급상의 주의사항
   ㉣ 착용하여야 할 보호구
   ㉤ 응급처치와 긴급 방재 요령

⑦ **제460조(유해성 등의 주지)** 사업주는 근로자가 허가대상 유해물질을 제조하거나 사용하는 경우에 다음 각 호의 사항을 근로자에게 알려야 한다.
   ㉠ 물리적·화학적 특성
   ㉡ 발암성 등 인체에 미치는 영향과 증상
   ㉢ 취급상의 주의사항
   ㉣ 착용하여야 할 보호구와 착용방법
   ㉤ 위급상황 시의 대처방법과 응급조치 요령
   ㉥ 그 밖에 근로자의 건강장해 예방에 관한 사항

⑧ **제512조(정의 - 강렬한 소음작업)**
   ㉠ "소음작업"이란 1일 8시간 작업을 기준으로 85데시벨 이상의 소음이 발생하는 작업을 말한다.
   ㉡ "강렬한 소음작업"이란 다음 각목의 어느 하나에 해당하는 작업을 말한다.
      가. 90데시벨 이상의 소음이 1일 8시간 이상 발생하는 작업
      나. 95데시벨 이상의 소음이 1일 4시간 이상 발생하는 작업
      다. 100데시벨 이상의 소음이 1일 2시간 이상 발생하는 작업
      라. 105데시벨 이상의 소음이 1일 1시간 이상 발생하는 작업
      마. 110데시벨 이상의 소음이 1일 30분 이상 발생하는 작업
      바. 115데시벨 이상의 소음이 1일 15분 이상 발생하는 작업
   ㉢ "충격소음작업"이란 소음이 1초 이상의 간격으로 발생하는 작업으로서 다음 각 목의 어느 하나에 해당하는 작업을 말한다.
      가. 120데시벨을 초과하는 소음이 1일 1만회 이상 발생하는 작업
      나. 130데시벨을 초과하는 소음이 1일 1천회 이상 발생하는 작업
      다. 140데시벨을 초과하는 소음이 1일 1백회 이상 발생하는 작업
   ㉣ "진동작업"이란 다음 각 목의 어느 하나에 해당하는 기계·기구를 사용하는 작업을 말한다.
      가. 착암기(鑿巖機)
      나. 동력을 이용한 해머
      다. 체인톱
      라. 엔진 커터(engine cutter)

마. 동력을 이용한 연삭기
바. 임팩트 렌치(impact wrench)
사. 그 밖에 진동으로 인하여 건강장해를 유발할 수 있는 기계·기구

ⓓ "청력보존 프로그램"이란 소음노출 평가, 소음노출 기준 초과에 따른 공학적 대책, 청력보호구의 지급과 착용, 소음의 유해성과 예방에 관한 교육, 정기적 청력검사, 기록·관리 사항 등이 포함된 소음성 난청을 예방·관리하기 위한 종합적인 계획을 말한다.

> 💡 **청력보존 프로그램을 시행하는 경우**
> 1. 소음의 작업환경 측정 결과 소음수준이 90데시벨을 초과하는 사업장
> 2. 소음으로 인하여 근로자에게 건강장해가 발생한 사업장

⑨ 제522조(정의 – 이상기압)

㉠ "고압작업"이란 고기압(압력이 제곱센티미터당 1킬로그램 이상인 기압을 말한다. 이하 같다)에서 잠함공법(潛函工法)이나 그 외의 압기공법(壓氣工法)으로 하는 작업을 말한다.

㉡ "잠수작업"이란 물속에서 하는 다음 각 목의 작업을 말한다.
　가. 표면공급식 잠수작업 : 수면 위의 공기압축기 또는 호흡용 기체통에서 압축된 호흡용 기체를 공급받으면서 하는 작업
　나. 스쿠버 잠수작업 : 호흡용 기체통을 휴대하고 하는 작업

㉢ "기압조절실"이란 고압작업을 하는 근로자(이하 "고압작업자"라 한다) 또는 잠수작업을 하는 근로자(이하 "잠수작업자"라 한다)가 가압 또는 감압을 받는 장소를 말한다.

㉣ "압력"이란 게이지 압력을 말한다.

㉤ "비상기체통"이란 주된 기체공급 장치가 고장난 경우 잠수작업자가 안전한 지역으로 대피하기 위하여 필요한 충분한 양의 호흡용 기체를 저장하고 있는 압력용기와 부속장치를 말한다.

⑩ 제558조(정의 – 온도·습도에 의한 건강장해의 예방)

㉠ "고열"이란 열에 의하여 근로자에게 열경련·열탈진 또는 열사병 등의 건강장해를 유발할 수 있는 더운 온도를 말한다.

㉡ "한랭"이란 냉각원(冷却源)에 의하여 근로자에게 동상 등의 건강장해를 유발할 수 있는 차가운 온도를 말한다.

㉢ "다습"이란 습기로 인하여 근로자에게 피부질환 등의 건강장해를 유발할 수 있는 습한 상태를 말한다.

⑪ 제559조(고열작업 등)

㉠ "고열작업"이란 다음 각 호의 어느 하나에 해당하는 장소에서의 작업을 말한다.
　1. 용광로, 평로(平爐), 전로 또는 전기로에 의하여 광물이나 금속을 제련하거나 정련하는 장소
　2. 용선로(鎔船爐) 등으로 광물·금속 또는 유리를 용해하는 장소
　3. 가열로(加熱爐) 등으로 광물·금속 또는 유리를 가열하는 장소

4. 도자기나 기와 등을 소성(燒成)하는 장소
5. 광물을 배소(焙燒) 또는 소결(燒結)하는 장소
6. 가열된 금속을 운반·압연 또는 가공하는 장소
7. 녹인 금속을 운반하거나 주입하는 장소
8. 녹인 유리로 유리제품을 성형하는 장소
9. 고무에 황을 넣어 열처리하는 장소
10. 열원을 사용하여 물건 등을 건조시키는 장소
11. 갱내에서 고열이 발생하는 장소
12. 가열된 노(爐)를 수리하는 장소
13. 그 밖에 고용노동부장관이 인정하는 장소

ⓒ "한랭작업"이란 다음 각 호의 어느 하나에 해당하는 장소에서의 작업을 말한다.
1. 다량의 액체공기·드라이아이스 등을 취급하는 장소
2. 냉장고·제빙고·저빙고 또는 냉동고 등의 내부
3. 그 밖에 고용노동부장관이 인정하는 장소

ⓒ "다습작업"이란 다음 각 호의 어느 하나에 해당하는 장소에서의 작업을 말한다.
1. 다량의 증기를 사용하여 염색조로 염색하는 장소
2. 다량의 증기를 사용하여 금속·비금속을 세척하거나 도금하는 장소
3. 방적 또는 직포(織布) 공정에서 가습하는 장소
4. 다량의 증기를 사용하여 가죽을 탈지(脫脂)하는 장소
5. 그 밖에 고용노동부장관이 인정하는 장소

⑫ 제573조(정의 – 방사선에 의한 건강장해의 예방)

㉠ "방사선"이란 전자파나 입자선 중 직접 또는 간접적으로 공기를 전리(電離)하는 능력을 가진 것으로서 알파선, 중양자선, 양자선, 베타선, 그 밖의 중하전입자선, 중성자선, 감마선, 엑스선 및 5만 전자볼트 이상(엑스선 발생장치의 경우에는 5천 전자볼트 이상)의 에너지를 가진 전자선을 말한다.
㉡ "방사성물질"이란 핵연료물질, 사용 후의 핵연료, 방사성동위원소 및 원자핵분열 생성물을 말한다.
㉢ "방사선관리구역"이란 방사선에 노출될 우려가 있는 업무를 하는 장소를 말한다.

⑬ 제657조(유해요인 조사)

㉠ 사업주는 근로자가 근골격계부담작업을 하는 경우에 3년마다 다음 각 호의 사항에 대한 유해요인조사를 하여야 한다. 다만, 신설되는 사업장의 경우에는 신설일부터 1년 이내에 최초의 유해요인 조사를 하여야 한다.
- 설비·작업공정·작업량·작업속도 등 작업장 상황
- 작업시간·작업자세·작업방법 등 작업조건
- 작업과 관련된 근골격계 질환 징후와 증상 유무 등

㉡ 사업주는 다음 각 호의 어느 하나에 해당하는 사유가 발생하였을 경우에 제1항에도 불구하고 지체 없이 유해요인 조사를 하여야 한다. 다만, 제1호의 경우는 근골격계 부담작업이 아닌 작업에서 발생한 경우를 포함한다.

- 법에 따른 임시건강진단 등에서 근골격계질환자가 발생하였거나 근로자가 근골격계 질환으로 「산업재해보상보험법 시행령」 별표 3 제2호가목·마목 및 제12호라목에 따라 업무상 질병으로 인정받은 경우
- 근골격계부담작업에 해당하는 새로운 작업·설비를 도입한 경우
- 근골격계부담작업에 해당하는 업무의 양과 작업공정 등 작업환경을 변경한 경우

ⓒ 사업주는 유해요인 조사에 근로자 대표 또는 해당 작업 근로자를 참여시켜야 한다.

⑭ **제662조(근골격계 질환 예방관리 프로그램 시행)**

ⓐ 사업주는 다음 각 호의 어느 하나에 해당하는 경우에 근골격계 질환 예방관리 프로그램을 수립하여 시행하여야 한다.
- 근골격계 질환으로 업무상 질병으로 인정받은 근로자가 연간 10명 이상 발생한 사업장 또는 5명 이상 발생한 사업장으로서 발생 비율이 그 사업장 근로자 수의 10퍼센트 이상인 경우
- 근골격계 질환 예방과 관련하여 노사 간 이견(異見)이 지속되는 사업장으로서 고용노동부장관이 필요하다고 인정하여 근골격계 질환 예방관리 프로그램을 수립하여 시행할 것을 명령한 경우

ⓑ 사업주는 근골격계 질환 예방관리 프로그램을 작성·시행할 경우에 노사협의를 거쳐야 한다.

ⓒ 사업주는 근골격계 질환 예방관리 프로그램을 작성·시행할 경우에 인간공학·산업의학·산업위생·산업간호 등 분야별 전문가로부터 필요한 지도·조언을 받을 수 있다.

⑮ **제665조(중량의 표시 등)** 사업주는 근로자가 5킬로그램 이상의 중량물을 들어올리는 작업을 하는 경우에 다음 각 호의 조치를 하여야 한다.

ⓐ 주로 취급하는 물품에 대하여 근로자가 쉽게 알 수 있도록 물품의 중량과 무게중심에 대하여 작업장 주변에 안내표시를 할 것

ⓑ 취급하기 곤란한 물품은 손잡이를 붙이거나 갈고리, 진공빨판 등 적절한 보조도구를 활용할 것

⑯ **제667조(컴퓨터 단말기 조작업무에 대한 조치)** 사업주는 근로자가 컴퓨터 단말기의 조작업무를 하는 경우에 다음 각 호의 조치를 하여야 한다.

ⓐ 실내는 명암의 차이가 심하지 않도록 하고 직사광선이 들어오지 않는 구조로 할 것

ⓑ 저휘도형(低輝度型)의 조명기구를 사용하고 창·벽면 등은 반사되지 않는 재질을 사용할 것

ⓒ 컴퓨터 단말기와 키보드를 설치하는 책상과 의자는 작업에 종사하는 근로자에 따라 그 높낮이를 조절할 수 있는 구조로 할 것

ⓓ 연속적으로 컴퓨터 단말기 작업에 종사하는 근로자에 대하여 작업시간 중에 적절한 휴식시간을 부여할 것

UNIT 05 산업위생 관련 고시에 관한 사항(고용노동부 고시)

1 화학물질 및 물리적 인자의 노출기준

① 제2조(정의)

㉠ "노출기준"이란 근로자가 유해인자에 노출되는 경우 노출기준 이하 수준에서는 거의 모든 근로자에게 건강상 나쁜 영향을 미치지 아니하는 기준을 말하며, 1일 작업시간동안의 시간가중평균노출기준(Time Weighted Average, TWA), 단시간노출기준(Short Term Exposure Limit, STEL) 또는 최고노출기준(Ceiling, C)으로 표시한다.

㉡ "시간가중평균노출기준(TWA)"이란 1일 8시간 작업을 기준으로 하여 유해인자의 측정치에 발생시간을 곱하여 8시간으로 나눈 값을 말하며, 다음 식에 따라 산출한다.

$$\text{TWA 환산값} = \frac{C_1 \cdot T_1 + C_2 \cdot T_2 + \cdots + C_n \cdot T_n}{8}$$

주) C : 유해인자의 측정치(단위 : ppm, mg/m³ 또는 개/cm³)
　　T : 유해인자의 발생시간(단위 : 시간)

㉢ "단시간노출기준(STEL)"이란 15분간의 시간가중평균노출값으로서 노출농도가 시간가중평균노출기준(TWA)을 초과하고 단시간노출기준(STEL) 이하인 경우에는 1회 노출 지속시간이 15분 미만이어야 하고, 이러한 상태가 1일 4회 이하로 발생하여야 하며, 각 노출의 간격은 60분 이상이어야 한다.

㉣ "최고노출기준(C)"이란 근로자가 1일 작업시간동안 잠시라도 노출되어서는 아니 되는 기준을 말하며, 노출기준 앞에 "C"를 붙여 표시한다.

> 💡 **허용농도 상한치(Excursion Limits)**
> TLV-STEL이나 TLV-C가 설정되어 있지 않은 물질에 대해서만 적용한다.
> - 시간가중평균치(TLV-TWA)의 3배 이상의 농도에서 30분 이상동안 노출되어서는 안된다.
> - 시간가중평균치(TLV-TWA)의 5배 이상은 잠시라도 노출되어서는 안 된다.

② 제3조(노출기준 사용상의 유의사항)

㉠ 각 유해인자의 노출기준은 해당 유해인자가 단독으로 존재하는 경우의 노출기준을 말하며, 2종 또는 그 이상의 유해인자가 혼재하는 경우에는 각 유해인자의 상가작용으로 유해성이 증가할 수 있으므로 제6조에 따라 산출하는 노출기준을 사용하여야 한다.

㉡ 노출기준은 1일 8시간 작업을 기준으로 하여 제정된 것이므로 이를 이용할 경우에는 근로시간, 작업의 강도, 온열조건, 이상기압 등이 노출기준 적용에 영향을 미칠 수 있으므로 이와 같은 제반요인을 특별히 고려하여야 한다.

ⓒ 유해인자에 대한 감수성은 개인에 따라 차이가 있고, 노출기준 이하의 작업환경에서도 직업성 질병에 이환되는 경우가 있으므로 노출기준은 직업병진단에 사용하거나 노출기준 이하의 작업환경이라는 이유만으로 직업성질병의 이환을 부정하는 근거 또는 반증자료로 사용하여서는 아니 된다.

ⓓ 노출기준은 대기오염의 평가 또는 관리상의 지표로 사용하여서는 아니 된다.

③ **제4조(적용범위)**

㉠ 노출기준은 법 제24조에 따른 작업장의 유해인자에 대한 작업환경개선기준과 법 제42조에 따른 작업환경측정결과의 평가기준으로 사용할 수 있다.

㉡ 이 고시에 유해인자의 노출기준이 규정되지 아니하였다는 이유로 법, 영, 규칙 및 안전보건규칙의 적용이 배제되지 아니하며, 이와 같은 유해인자의 노출기준은 미국산업위생전문가협회(American Conference of Governmental Industrial Hygienists, ACGIH)에서 매년 채택하는 노출기준(TLVs)을 준용한다.

> 💡 **TLV 설정근거**
> - 화학물질 구조의 유사성
> - 동물실험자료
> - 인체실험자료
> - 사업장 역학조사

④ **제5조(화학물질)**

발암성, 생식세포 변이원성 및 생식독성 정보는 법상 규제 목적이 아닌 정보제공 목적으로 표시하는 것으로서 발암성은 국제암연구소(IARC), 미국산업위생전문가협회(ACGIH), 미국독성프로그램(NTP), 「유럽연합의 분류·표시에 관한 규칙(EU CLP)」 또는 미국산업안전보건청(OSHA)의 분류를 기준으로, 생식세포 변이원성 및 생식독성은 유럽연합의 분류·표시에 관한 규칙(EU CLP)을 기준으로 「화학물질의 분류·표시 및 물질안전보건자료에 관한 기준」에 따라 분류한다.

⑤ **제6조(혼합물)**

㉠ 화학물질이 2종 이상 혼재하는 경우에 혼재하는 물질간에 유해성이 인체의 서로 다른 부위에 작용한다는 증거가 없는 한 유해작용은 가중되므로 노출기준은 다음 식에 따라 산출하되, 산출되는 수치가 1을 초과하지 아니하는 것으로 한다.

$$\text{식} \quad \frac{C_1}{T_1} + \frac{C_2}{T_2} + \cdots + \frac{C_n}{T_n}$$

주) C : 화학물질 각각의 측정치
T : 화학물질 각각의 노출기준

㉡ 제1항의 경우와는 달리 혼재하는 물질간에 유해성이 인체의 서로 다른 부위에 유해작용을 하는 경우에 유해성이 각각 작용하므로 혼재하는 물질 중 어느 한 가지라도 노출기준을 넘는 경우 노출기준을 초과하는 것으로 한다.

⑥ **제11조(표시단위)**

㉠ 가스 및 증기의 노출기준 표시단위는 피피엠(ppm)을 사용한다.

㉡ 분진 및 미스트 등 에어로졸(Aerosol)의 노출기준 표시단위는 세제곱미터당 밀리그램(mg/㎥)을 사용한다. 다만, 석면 및 내화성세라믹섬유의 노출기준 표시단위는 세제곱센티미터당 개수(개/㎠)를 사용한다.

㉢ 고온의 노출기준 표시단위는 습구흑구온도지수(이하 "WBGT"라 한다)를 사용하며 다음 각 호의 식에 따라 산출한다.

> 식 태양광선이 내리쬐는 옥외 장소 : WBGT(℃) = 0.7 × 자연습구온도 + 0.2 × 흑구온도 + 0.1 × 건구온도
> 식 태양광선이 내리쬐지 않는 옥내 또는 옥외 장소 : WBGT(℃) = 0.7 × 자연습구온도 + 0.3 × 흑구온도

2 화학물질의 분류·표시 및 물질안전보건자료에 관한 기준

① **제2조(정의)** 이 고시에서 사용하는 용어의 뜻은 다음 각 호와 같다.

㉠ "화학물질"이란 원소 및 원소간의 화학반응에 의하여 생성된 물질을 말한다.

㉡ "화학물질을 함유한 제제"란 두 가지 이상의 화학물질로 구성된 혼합물 또는 용액을 말한다.

㉢ "제조자"란 자가 사용 또는 판매를 목적으로 화학물질 또는 화학물질을 함유한 제제를 생산, 가공, 배합 또는 재포장 등을 하는 자를 말한다.

㉣ "수입자"란 판매 또는 자가 사용을 목적으로 외국에서 국내로 화학물질 또는 화학물질을 함유한 제제를 들여오고자 하는 자를 말한다.

㉤ "용기"란 고체, 액체 또는 기체의 화학물질 또는 화학물질을 함유한 제제를 직접 담은 합성강제, 플라스틱, 저장탱크, 유리, 비닐포대, 종이포대 등으로 된 것을 말한다. 다만, 레미콘, 콘테이너는 용기로 보지 아니한다.

㉥ "포장"이란 화학물질 또는 화학물질을 함유한 제제가 담긴 용기를 담은 것을 말한다.

㉦ "반제품용기"란 같은 사업장 내에서 상시적이지 않은 경우로서 공정간 이동을 위하여 화학물질을 담은 용기를 말한다.

② **제5조(경고표지의 부착)**

㉠ 대상화학물질을 양도·제공하는 자는 해당 대상화학물질의 용기 및 포장에 한글경고표지(같은 경고표지 내에 한글과 외국어가 함께 기재된 경우를 포함한다)를 부착하거나 인쇄하는 등 유해·위험 정보가 명확히 나타나도록 하여야 한다. 다만, 실험실에서 시험·연구목적으로 사용하는 시약으로서 외국어로 작성된 경고표지가 부착되어 있거나 수출하기 위하여 저장 또는 운반 중에 있는 완제품은 한글 경고표지를 부착하지 아니할 수 있다.

㉡ ㉠항에도 불구하고 국제연합(UN)의 「위험물 운송에 관한 권고」에서 정하는 유해·위험성 물질을 포장에 표시하는 경우에는 「위험물 운송에 관한 권고」에 따라 표시할 수 있다.

㉢ 포장하지 않는 드럼 등의 용기에 국제연합(UN)의 「위험물 운송에 관한 권고」에 따라 표시를 한 경우에는 경고표지에 해당 그림문자를 표시하지 아니할 수 있다.

ㄹ. 용기 및 포장에 경고표지를 부착하거나 경고표지의 내용을 인쇄하는 방법으로 표시하는 것이 곤란한 경우에는 경고표지를 인쇄한 꼬리표를 달 수 있다.
ㅁ. 대상화학물질을 사용 · 운반 또는 저장하고자 하는 사업주는 경고표지의 유무를 확인하여야 하며, 경고표지가 없는 경우에는 경고표지를 부착하여야 한다.
ㅂ. 제5항에 따른 사업주는 대상화학물질의 양도 · 제공자에게 경고표지의 부착을 요청할 수 있다.

③ **제6조(경고표지의 작성방법)**
  ㄱ. 대상화학물질의 용량이 100그램(g) 이하 또는 100밀리리터(㎖) 이하인 경우에는 경고표지에 명칭, 그림문자, 신호어를 표시하고 그 외의 기재내용은 물질안전보건자료를 참고하도록 표시할 수 있다. 다만, 용기나 포장에 공급자 정보가 없는 경우에는 경고표지에 공급자 정보를 표시하여야 한다.
  ㄴ. 대상화학물질을 해당 사업장에서 자체적으로 사용하기 위하여 담은 반제품용기에 경고표시를 할 경우에는 유해 · 위험의 정도에 따른 "위험" 또는 "경고"의 문구만을 표시할 수 있다. 다만, 이 경우 보관 · 저장장소의 작업자가 쉽게 볼 수 있는 위치에 경고표지를 부착하거나 물질안전보건자료를 게시하여야 한다.

④ **제6조의2(경고표지 기재항목의 작성방법)**
  ㄱ. 명칭은 물질안전보건자료상의 제품명을 기재한다.
  ㄴ. 그림문자는 별표 2에 해당되는 것을 모두 표시한다. 다만 다음 각 호의 어느 하나에 해당되는 경우에는 이에 따른다.
    • "해골과 X자형 뼈"와 "감탄부호(!)"의 그림문자에 모두 해당되는 경우에는 "해골과 X자형 뼈"의 그림문자만을 표시한다.
    • 피부 부식성 또는 심한 눈 손상성 그림문자와 피부 자극성 또는 눈 자극성 그림문자에 모두 해당되는 경우에는 피부 부식성 또는 심한 눈 손상성 그림문자만을 표시한다.
    • 호흡기 과민성 그림문자와 피부 과민성, 피부 자극성 또는 눈 자극성 그림문자에 모두 해당되는 경우에는 호흡기 과민성 그림문자만을 표시한다.
    • 5개 이상의 그림문자에 해당되는 경우에는 4개의 그림문자만을 표시할 수 있다.
  ㄷ. 신호어는 별표 2에 따라 "위험" 또는 "경고"를 표시한다. 다만, 대상화학물질이 "위험"과 "경고"에 모두 해당되는 경우에는 "위험"만을 표시한다.
  ㄹ. 유해 · 위험 문구는 별표 2에 따라 해당되는 것을 모두 표시한다. 다만, 중복되는 유해 · 위험문구를 생략하거나 유사한 유해 · 위험 문구를 조합하여 표시할 수 있다.
  ㅁ. 예방조치 문구는 별표 2에 해당되는 것을 모두 표시한다. 다만 다음 각 호의 어느 하나에 해당되는 경우에는 이에 따른다.
    • 중복되는 예방조치 문구를 생략하거나 유사한 예방조치 문구를 조합하여 표시할 수 있다.
    • 예방조치 문구가 7개 이상인 경우에는 예방 · 대응 · 저장 · 폐기 각 1개 이상(해당문구가 없는 경우는 제외한다)을 포함하여 6개만 표시해도 된다. 이 때 표시하지 않은 예방조치 문구는 물질안전보건자료를 참고하도록 기재하여야 한다.

⑤ **제8조(경고표지의 색상 및 위치)**
  ㉠ 경고표지전체의 바탕은 흰색으로, 글씨와 테두리는 검정색으로 하여야 한다.
  ㉡ 제1항에도 불구하고 비닐포대 등 바탕색을 흰색으로 하기 어려운 경우에는 그 포장 또는 용기의 표면을 바탕색으로 사용할 수 있다. 다만, 바탕색이 검정색에 가까운 용기 또는 포장인 경우에는 글씨와 테두리를 바탕색과 대비색상으로 표시하여야 한다.
  ㉢ 그림문자는 유해성·위험성을 나타내는 그림과 테두리로 구성하며, 유해성·위험성을 나타내는 그림은 검은색으로 하고, 그림문자의 테두리는 빨간색으로 하는 것을 원칙으로 하되 바탕색과 테두리의 구분이 어려운 경우 바탕색의 대비 색상으로 할 수 있으며, 그림문자의 바탕은 흰색으로 한다. 다만, 1리터(ℓ) 미만의 소량용기 또는 포장으로서 경고표지를 용기 또는 포장에 직접 인쇄하고자 하는 경우에는 그 용기 또는 포장 표면의 색상이 두 가지 이하로 착색되어 있는 경우에 한하여 용기 또는 포장에 주로 사용된 색상(검정색계통은 제외한다)을 그림문자의 바탕색으로 할 수 있다.
  ㉣ 경고표지는 취급근로자가 사용 중에도 쉽게 볼 수 있는 위치에 견고하게 부착하여야 한다.

⑥ **제9조(경고표시 기재항목을 적은 자료의 제공)**
  ㉠ 단서에 따른 경고표시 기재 항목을 적은 자료는 대상화학물질을 양도하거나 제공하는 때에 함께 제공하여야 한다. 다만, 경고표시 기재항목이 물질안전보건자료에 포함되어 있는 경우에는 물질안전보건자료를 제공하는 방법으로 해당 자료를 제공할 수 있다.
  ㉡ 같은 상대방에게 같은 대상화학물질을 2회 이상 계속하여 양도 또는 제공하는 경우에는 최초로 제공한 제1항에 따른 경고표시 기재 항목을 적은 자료의 기재 내용의 변경이 없는 한 추가로 해당 자료를 제공하지 아니할 수 있다. 다만, 상대방이 해당 자료의 제공을 요청한 경우에는 그러하지 아니하다.

⑦ **제10조(작성항목)**
물질안전보건자료(MSDS) 작성 시 포함되어야 할 항목 및 그 순서는 다음 각 호에 따른다.
  1. 화학제품과 회사에 관한 정보
  2. 유해성·위험성
  3. 구성성분의 명칭 및 함유량
  4. 응급조치요령
  5. 폭발·화재시 대처방법
  6. 누출사고시 대처방법
  7. 취급 및 저장방법
  8. 노출방지 및 개인보호구
  9. 물리화학적 특성
  10. 안정성 및 반응성
  11. 독성에 관한 정보
  12. 환경에 미치는 영향
  13. 폐기 시 주의사항

14. 운송에 필요한 정보
15. 법적규제 현황
16. 그 밖의 참고사항

⑧ **제11조(작성원칙)**
   ㉠ 물질안전보건자료는 한글로 작성하는 것을 원칙으로 하되 화학물질명, 외국기관명 등의 고유명사는 영어로 표기할 수 있다.
   ㉡ ㉠항에도 불구하고 실험실에서 시험·연구목적으로 사용하는 시약으로서 물질안전보건자료가 외국어로 작성된 경우에는 한국어로 번역하지 아니할 수 있다.
   ㉢ 제10조제1항 각 호의 작성 시 시험결과를 반영하고자 하는 경우에는 해당국가의 우수실험실기준(GLP) 및 국제공인시험기관 인정(KOLAS)에 따라 수행한 시험결과를 우선적으로 고려하여야 한다.
   ㉣ 외국어로 되어 있는 물질안전보건자료를 번역하는 경우에는 자료의 신뢰성이 확보될 수 있도록 최초 작성기관명 및 시기를 함께 기재하여야 하며, 다른 형태의 관련 자료를 활용하여 물질안전보건자료를 작성하는 경우에는 참고문헌의 출처를 기재하여야 한다.
   ㉤ 물질안전보건자료 작성에 필요한 용어, 작성에 필요한 기술지침은 한국산업안전보건공단이 정할 수 있다.
   ㉥ 물질안전보건자료의 작성단위는 「계량에 관한 법률」이 정하는 바에 의한다.
   ㉦ 각 작성항목은 빠짐없이 작성하여야 한다. 다만, 부득이 어느 항목에 대해 관련 정보를 얻을 수 없는 경우에는 작성란에 "자료 없음"이라고 기재하고, 적용이 불가능하거나 대상이 되지 않는 경우에는 작성란에 "해당 없음"이라고 기재한다.
   ㉧ 제10조제1항제3호에 따른 구성 성분의 함유량을 기재하는 경우에는 함유량의 ±5퍼센트(%)의 범위에서 함유량의 범위(하한 값~상한 값)로 함유량을 대신하여 표시할 수 있다. 이 경우 함유량이 5퍼센트(%) 미만인 경우에는 그 하한 값을 1퍼센트(%)[발암성 물질, 생식세포 변이원성 물질은 0.1퍼센트(%), 호흡기과민성물질(가스인 경우에 한정한다) 0.2퍼센트(%), 생식독성 물질은 0.3퍼센트(%)] 이상으로 표시한다.
   ㉨ 물질안전보건자료를 작성할 때에는 취급근로자의 건강보호목적에 맞도록 성실하게 작성하여야 한다.

⑨ **제12조(혼합물의 유해성·위험성 결정)**
   ㉠ 물질안전보건자료를 작성할 때에는 혼합물의 유해성·위험성을 다음 각 호와 같이 결정한다.
      • 혼합물에 대한 유해·위험성의 결정을 위한 세부 판단기준은 별표 1에 따른다.
      • 혼합물에 대한 물리적 위험성 여부가 혼합물 전체로서 시험되지 않는 경우에는 혼합물을 구성하고 있는 단일화학물질에 관한 자료를 통해 혼합물의 물리적 잠재유해성을 평가할 수 있다.
   ㉡ 혼합물로 된 제품들이 다음 각 호의 요건을 충족하는 경우에는 각각의 제품을 대표하여 하나의 물질안전보건자료를 작성할 수 있다.
      • 혼합물로 된 제품의 구성성분이 같을 것
      • 각 구성성분의 함량변화가 10퍼센트(%) 이하일 것
      • 비슷한 유해성을 가질 것

⑩ **제13조(양도 및 제공)**

㉠ 대상화학물질을 양도하거나 제공하는 자는 다음 각 호의 어느 하나에 해당하는 방법으로 물질안전보건자료를 제공할 수 있다. 이 경우 대상화학물질을 양도하거나 제공하는 자는 상대방의 수신 여부를 확인하여야 한다.
- 모사전송(Fax), 전자우편(e-mail) 또는 등기우편을 이용한 송신
- 물질안전보건자료가 저장된 전자기록매체(CD, 메모리카드, USB메모리 등을 말한다)의 제공

㉡ 분류기준에 해당하지 아니하는 화학물질 또는 화학물질을 함유한 제제를 양도하거나 제공할 때에는 해당 화학물질 또는 화학물질을 함유한 제제가 규칙 분류기준에 해당하지 않음을 서면으로 통보하여야 한다. 이 경우 해당 내용을 포함한 물질안전보건자료를 제공한 경우에는 서면으로 통보한 것으로 본다.

㉢ 화학물질 또는 화학물질을 함유한 제제를 양도하거나 제공하는 자와 그 양도·제공자로부터 해당 화학물질 또는 화학물질을 함유한 제제가 분류기준에 해당되지 않음을 서면으로 통보받은 자는 해당 서류(물질안전보건자료를 제공한 경우에는 해당 물질안전보건자료를 말한다)를 사업장 내에 갖추어 두어야 한다.

⑪ **제14조(물질안전보건자료 변경 내용 및 제공 방법)**

㉠ 물질안전보건자료의 기재내용을 변경할 필요가 있는 사항 중 상대방에게 제공하여야 할 내용은 다음 각 호의 사항을 말한다.
1. 화학제품과 회사에 관한 정보
2. 유해성·위험성
3. 구성성분의 명칭 및 함유량
4. 응급조치 요령
5. 폭발·화재시 대처방법
6. 누출사고시 대처방법
7. 취급 및 저장방법
8. 노출방지 및 개인보호구
9. 법적 규제 현황

㉡ 물질안전보건자료의 기재내용을 변경하여 상대방에게 제공하는 경우에는 규칙 제92조의3제1항을 준용한다.

⑫ **제15조(게시 또는 비치)**

㉠ 사업주는 사업장에 쓰이는 모든 대상화학물질에 대한 물질안전보건자료를 취급근로자가 쉽게 볼 수 있는 다음 각 호의 장소 중 어느 하나 이상의 장소에 게시 또는 갖추어 두고 정기 또는 수시로 점검·관리하여야 한다.
- 대상화학물질 취급작업 공정 내
- 안전사고 또는 직업병 발생우려가 있는 장소
- 사업장 내 근로자가 가장 보기 쉬운 장소

㉡ 사업주는 물질안전보건자료를 확인할 수 있는 전산장비를 갖추어 둔 경우 다음 각 호의 조치를 모두 하여야 한다.
- 물질안전보건자료를 확인할 수 있는 전산장비를 취급근로자가 작업 중 쉽게 접근할 수 있는 장소에 설치하여 가동하고 있을 것
- 해당 화학물질 취급근로자(화학물질에 노출되는 근로자를 모두 포함한다, 이하 같다)에게 물질안전보건자

료의 프로그램 작동 방법, 제품명 입력 및 물질안전보건자료 확인 방법 등을 교육할 것
- 관리요령에 대상화학물질의 건강유해성, 물질안전보건자료 검색방법을 포함하여 게시하였을 것

⑬ 제16조(교육내용의 주지)

사업주는 물질안전보건자료를 확인할 수 있는 전산장비를 갖추어 둔 경우에는 취급근로자가 그 장비를 이용하여 물질안전보건자료를 확인할 수 있는지 여부를 확인하여야 한다.

⑭ 제17조(영업비밀 인정 제외)

"근로자에게 중대한 건강장해를 초래할 우려가 있는 대상화학물질로서 고용노동부장관이 정하는 것"이란 다음 각 호의 어느 하나에 해당하는 물질을 말한다.
- 법 제37조에 따른 제조 등 금지물질
- 법 제38조에 따른 허가대상물질
- 「산업안전보건기준에 관한 규칙」 제420조에 따른 관리대상유해물질
- 「화학물질관리법」에 따른 유독물질

⑮ 제18조(물질안전보건자료에 기재하지 아니한 정보의 제공)

㉠ 법 제41조제11항에 따라 정보 제공을 요구받은 사업주가 해당 정보를 갖고 있지 않은 경우에 사업주는 대상화학물질을 양도·제공하는 자에게 해당 정보를 제공할 것을 요구하여야 한다.

㉡ 대상화학물질을 양도·제공하는 자는 제1항에 따른 정보 제공을 요청받은 경우에 해당 정보를 사업주에게 제공하여야 한다. 이 경우에 해당 정보를 제공하는 방법은 규칙 제92조의3제1항을 준용한다.

⑯ 제19조(재검토기한)

고용노동부장관은 「행정규제기본법」 및 「훈령·예규 등의 발령 및 관리에 관한 규정」에 따라 이 고시에 대하여 2016년 7월 1일 기준으로 매 3년이 되는 시점(매 3년째의 6월 30일까지를 말한다)마다 그 타당성을 검토하여 개선 등의 조치를 하여야 한다.

CHAPTER 04 관련 법규

01. 다음 중 물질안전보건자료(MSDS)의 작성원칙에 관한 설명으로 틀린 것은?

① MSDS의 작성 단위는 [계량에 관한 법률]이 정하는 바에 의한다.
② MSDS는 한글로 작성하는 것을 원칙으로 하되 화학 물질명, 외국기관명 등의 고유명사는 영어로 표기 할 수 있다.
③ 각 작성항목은 빠짐없이 작성하여야 하며, 부득이 어느 항목에 대해 관련정보를 얻을 수 없는 경우에는 공란으로 둔다.
④ 외국어로 되어 있는 MSDS를 번역하는 경우에는 자료의 신뢰성이 확보될 수 있도록 최초 작성기관명 및 시기를 함께 기재하여야 한다.

[해설] 각 작성항목은 빠짐없이 작성하여야 한다. 다만, 부득이 어느 항목에 대해 관련 정보를 얻을 수 없는 경우에는 작성란에 "자료 없음"이라고 기재하고, 적용이 불가능하거나 대상이 되지 않는 경우에는 작성란에 "해당 없음"이라고 기재한다.

02. 신발 제조업에서 보건관리자를 1명 이상을 반드시 두어야 하는 사업장의 규모는 상시근로자가 몇 명 이상이어야 하는가?

① 30　　② 50
③ 100　　④ 300

[해설] [신발 및 신발부품 제조업의 경우]

규모	보건관리자의 수
상시 근로자 2,000명 이상	2명 이상
상시 근로자 500명 이상 2,000명 미만	2명 이상
상시 근로자 50명 이상 500명 미만	1명 이상

03. 다음 중 충격소음의 강도가 130dB(A)일 때 1일 노출 회수의 기준으로 옳은 것은?

① 50　　② 100
③ 500　　④ 1000

[해설] "충격소음작업"이란 소음이 1초 이상의 간격으로 발생하는 작업으로서 다음 각 목의 어느 하나에 해당하는 작업을 말한다.
가. 120데시벨을 초과하는 소음이 1일 1만회 이상 발생하는 작업
나. 130데시벨을 초과하는 소음이 1일 1천회 이상 발생하는 작업
다. 140데시벨을 초과하는 소음이 1일 1백회 이상 발생하는 작업

04. 다음 중 산업안전보건법상 "적정공기"의 정의로 옳은 것은?

① 산소농도의 범위가 18% 이상 23.5% 미만, 탄산가스의 농도가 1.5% 미만, 황화수소의 농도가 10ppm 미만인 수준의 공기를 말한다.
② 산소농도의 범위가 16% 이상 21.5% 미만, 탄산가스의 농도가 1.0% 미만, 황화수소의 농도가 15ppm 미만인 수준의 공기를 말한다.
③ 산소농도의 범위가 18% 이상 21.5% 미만, 탄산가스의 농도가 15% 미만, 황화수소의 농도가 1.0ppm 미만인 수준의 공기를 말한다.
④ 산소농도의 범위가 16% 이상 23.5% 미만, 탄산가스의 농도가 1.0% 미만, 황화수소의 농도가 1.5ppm 미만인 수준의 공기를 말한다.

정답 01. ③　02. ②　03. ④　04. ①

05. 한 근로자가 트리클로로에틸렌(TLV 50ppm)이 담긴 탈지 탱크에서 금속가공제품의 표면에 존재하는 절삭유 등의 기름 성분을 제거하기 위해 탈지 작업을 수행하였다. 또 이 과정을 마치고 포장단계에서 표면 세척을 위해 아세톤(TLV 500ppm)을 사용하였다. 이 근로자의 작업환경 측정 결과는 트리클로로에틸렌이 45ppm, 아세톤이 100ppm이었을 때 노출지수와 노출 기준에 관한 설명으로 옳은 것은? (단, 두 물질은 상가작용을 한다.)

① 노출지수는 1.1이며, 노출기준을 초과하고 있다.
② 노출지수는 6.1이며, 노출기준을 초과하고 있다.
③ 노출지수는 0.9이며, 노출기준 미만이다.
④ 노출지수는 0.9이며, 노출지수 아세톤은 0.2이며, 노출기준 미만이다.

해설 식 [혼합물질의 노출지수]
$$= \frac{C_1}{TLV_1} + \frac{C_2}{TLV_2} + \cdots + \frac{C_n}{TLV_n} = \frac{45}{50} + \frac{100}{500} = 1.1$$
노출지수가 1을 초과하므로 노출기준을 초과한다.

06. 산업안전보건법상 "충격소음작업"이라 함은 몇 dB 이상의 소음이 1일 100회 이상 발생되는 작업을 말하는가?

① 110 ② 120
③ 130 ④ 140

해설 "충격소음작업"이란 소음이 1초 이상의 간격으로 발생하는 작업으로서 다음 각 목의 어느 하나에 해당하는 작업을 말한다.
 가. 120데시벨을 초과하는 소음이 1일 1만회 이상 발생하는 작업
 나. 130데시벨을 초과하는 소음이 1일 1천회 이상 발생하는 작업
 다. 140데시벨을 초과하는 소음이 1일 1백회 이상 발생하는 작업

07. 방직공장의 면분진 발생공정에서 측정한 공기 중 면분진 농도가 2시간은 2.5mg/m³, 3시간은 1.8mg/m³, 3시간은 2.6mg/m³일 때 해당 공정의 시간가중 평균 노출기준 환산값은 약 얼마인가?

① 0.86mg/m³ ② 2.28mg/m³
③ 2.35mg/m³ ④ 2.60mg/m³

해설 식
$$TWA = \frac{C_1 \cdot T_1 + C_2 \cdot T_2 + \cdots + C_n \cdot T_n}{8}$$
$$\therefore TWA = \frac{2.5 \times 2 + 1.8 \times 3 + 2.6 \times 3}{8} = 2.28 mg/m^3$$

08. 산업안전보건법상 잠함(潛艦) 또는 잠수작업 등 높은 기압에서 하는 작업에 종사하는 근로자에게는 1일 몇 시간, 1주 몇 시간을 초과하여 근로하게 하여서는 아니되는가?

① 1일 6시간, 1주 34시간
② 1일 4시간, 1주 30시간
③ 1일 8시간, 1주 36시간
④ 1일 6시간, 1주 30시간

09. 다음 중 산업안전보건법상 작업환경측정에 관한 내용으로 틀린 것은?

① 모든 측정은 개인시료 채취방법으로만 실시하여야 한다.
② 작업환경측정을 실시하기 전에 예비조사를 실시하여야 한다.
③ 작업환경측정자는 그 사업장에 소속된 자로서 산업위생관리 산업기사 이상의 자격을 가진 자를 말한다.
④ 작업이 정상적으로 이루어져 작업시간과 유해인자에 대한 근로자의 노출정도를 정확히 평가할 수 있을 때 실시하여야 한다.

정답 05. ① 06. ④ 07. ② 08. ① 09. ①

해설 모든 측정은 개인시료채취방법으로 하되, 개인시료채취방법이 곤란한 경우에는 지역시료채취방법으로 실시(이 경우 그 사유를 작업환경측정 결과표에 분명하게 밝혀야 한다)한다.

10. TLV-TWA가 설정되어 있는 유해물질 중에는 독성자료가 부족하여 TLV-STEL이 설정되어 있지 않은 물질이 많다. 이러한 물질에 대해서는 적절한 단시간 상한치(excursion limits)를 설정하여야 하는데 다음 중 근로자 노출의 상한치와 노출시간의 연결이 옳은 것은? (단, ACGIH의 권고기준이다.)

① TLV-TWA의 3배 : 30분 이하
② TLV-TWA의 3배 : 60분 이하
③ TLV-TWA의 5배 : 5분 이하
④ TLV-TWA의 5배 : 15분 이하

11. 다음 중 턱뼈의 괴사를 유발하여 영국에서 사용 금지된 최초의 물질은 무엇인가?

① 황린(Yellow Phosphorus)
② 적린(Red Phosphorus)
③ 벤지딘(Benzidine)
④ 청석면(crocidolite)

12. 다음 중 산업안전보건법령상 보건관리자의 자격에 해당하지 않는 사람은?

① 「의료법」에 따른 의사
② 「의료법」에 따른 간호사
③ 「국가기술자격법」에 따른 산업안전기사
④ 「산업안전보건법」에 따른 산업보건지도사

13. 산업안전보건법에 따라 작업환경측정을 실시한 경우 작업 환경측정결과보고서는 시료채취를 마친 날부터 며칠 이내에 관할 지방고용노동관서의 장에게 제출하여야 하는가?

① 7일   ② 15일
③ 30일 ④ 60일

14. 산업안전보건법에 따라 사업주가 사업을 할 때 근로자의 건강장해를 예방하기 위하여 필요한 보건상의 조치를 하여야 할 항목과 가장 관련이 적은 것은?

① 폭발성, 발화성 및 인화성 물질 등에 의한 위험 작업의 건강장해
② 계측감시·컴퓨터 단말기 조작·정밀공작 등의 작업에 의한 건강장해
③ 단순한 반복작업 또는 인체에 과도한 부담을 주는 작업에 의한 건강장해
④ 사업장에서 배출되는 기계·액체 또는 찌꺼기 등에 의한 건강장해

해설 법 제24조(보건조치) 사업주는 사업을 할 때 다음 각 호의 건강장해를 예방하기 위하여 필요한 조치를 하여야 한다.
㉠ 원재료·가스·증기·분진·흄(fume)·미스트(mist)·산소결핍·병원체 등에 의한 건강장해
㉡ 방사선·유해광선·고온·저온·초음파·소음·진동·이상기압 등에 의한 건강장해
㉢ 사업장에서 배출되는 기체·액체 또는 찌꺼기 등에 의한 건강장해
㉣ 계측감시(計測監視), 컴퓨터 단말기 조작, 정밀공작 등의 작업에 의한 건강장해
㉤ 단순반복작업 또는 인체에 과도한 부담을 주는 작업에 의한 건강장해
㉥ 환기·채광·조명·보온·방습·청결 등의 적정기준을 유지하지 아니하여 발생하는 건강장해

정답 10. ① 11. ① 12. ③ 13. ③ 14. ①

15. 다음 중 "작업환경측정 및 지정측정기관 평가 등에 관한 고시"에서 농도를 mg/m³으로 표시할 수 없는 것은?

① 가스　　　② 분진
③ 흄(fume)　④ 석면

해설 석면은 개/cc 또는 개/cm³로 표시한다.

16. 다음 중 산업안전보건법령상 보건관리자의 직무와 가장 거리가 먼 것은?

① 건강장해를 예방하기 위한 작업관리
② 직업성 질환 발생의 원인 조사 및 대책 수립
③ 근로자의 건강관리, 보건교육 및 건강증진 지도
④ 전체 환기장치 및 국소 배기장치 등에 관한 설계 및 시공

해설 작업장 내에서 사용되는 전체 환기장치 및 국소 배기장치 등에 관한 설비의 점검과 작업방법의 공학적 개선에 관한 보좌 및 조언·지도의 직무를 수행한다.

17. 다음 중 밀폐공간과 관련된 설명으로 바르지 않은 것은?

① "산소결핍"이란 공기 중의 산소농도가 16% 미만인 상태를 말한다.
② "산소결핍증"이란 산소가 결핍된 공기를 들이마심으로써 생기는 증상을 말한다.
③ "유해가스"란 밀폐공간에서 탄산가스, 황화수소 등의 유해물질이 가스 상태로 공기 중에 발생하는 것을 말한다.
④ "적정공기"란 산소농도의 범위가 18% 이상 23.5% 미만, 탄산가스의 농도가 1.5% 미만, 황화수소의 농도가 10ppm 미만인 수준의 공기를 말한다.

해설 "산소결핍"이란 공기 중의 산소농도가 18% 미만인 상태를 말한다.

18. 다음 중 산업안전보건법상 대상화학물질에 대한 물질안전보건자료(MSDS)로부터 알 수 있는 정보가 아닌 것은?

① 응급조치요령
② 법적규제 현황
③ 주요성분 검사방법
④ 노출방지 및 개인보호구

해설 제14조(물질안전보건자료 변경 내용 및 제공 방법)
㉠ 물질안전보건자료의 기재내용을 변경할 필요가 있는 사항 중 상대방에게 제공하여야 할 내용은 다음 각 호의 사항을 말한다.
　1. 화학제품과 회사에 관한 정보
　2. 유해성·위험성
　3. 구성성분의 명칭 및 함유량
　4. 응급조치 요령
　5. 폭발·화재시 대처방법
　6. 누출사고시 대처방법
　7. 취급 및 저장방법
　8. 노출방지 및 개인보호구
　9. 법적 규제 현황

19. 다음 중 산업안전보건법상 "물질안전보건자료의 작성과 비치가 제외되는 대상물질"이 아닌 것은?

① "농약관리법"에 따른 농약
② "폐기물관리법"에 따른 폐기물
③ "대기관리법"에 따른 대기오염물질
④ "식품위생법"에 따른 식품 및 식품첨가물

정답　15. ④　16. ④　17. ①　18. ③　19. ③

20. 산업안전보건법령상 석면에 대한 작업환경측정 결과 측정치가 노출기준을 초과하는 경우 그 측정일로부터 몇 개월에 몇 회 이상의 작업환경측정을 하여야 하는가?

① 1개월에 1회 이상
② 3개월에 1회 이상
③ 6개월에 1회 이상
④ 12개월에 1회 이상

해설 [시행규칙 제93조의4(작업환경측정 횟수)]
① 사업주는 작업장 또는 작업공정이 신규로 가동되거나 변경되는 등으로 제93조제1항에 따른 작업환경측정 대상 작업장이 된 경우에는 그 날부터 30일 이내에 작업환경측정을 하고, 그 후 6개월에 1회 이상 정기적으로 작업환경을 측정하여야 한다. 다만, 작업환경측정 결과가 다음 각 호의 어느 하나에 해당하는 작업장 또는 작업공정은 해당 유해인자에 대하여 그 측정일부터 3개월에 1회 이상 작업환경측정을 하여야 한다.
  1. 별표 11의5 제1호에 해당하는 화학적 인자(고용노동부장관이 정하여 고시하는 물질만 해당한다)의 측정치가 노출기준을 초과하는 경우
  2. 별표 11의5 제1호에 해당하는 화학적 인자(고용노동부장관이 정하여 고시하는 물질은 제외한다)의 측정치가 노출기준을 2배 이상 초과하는 경우
② 제1항에도 불구하고 사업주는 최근 1년간 작업공정에서 공정 설비의 변경, 작업방법의 변경, 설비의 이전, 사용 화학물질의 변경 등으로 작업환경측정 결과에 영향을 주는 변화가 없는 경우로서 다음 각 호의 어느 하나에 해당하는 경우에는 해당 유해인자에 대한 작업환경측정을 1년에 1회 이상 할 수 있다. 다만, 고용노동부장관이 정하여 고시하는 물질을 취급하는 작업공정은 그러하지 아니하다.
  1. 작업공정 내 소음의 작업환경측정 결과가 최근 2회 연속 85데시벨(dB) 미만인 경우
  2. 작업공정 내 소음 외의 다른 모든 인자의 작업환경측정 결과가 최근 2회 연속 노출기준 미만인 경우

21. 산업안전보건법령에 따라 근로자가 근골격계 부담작업을 하는 경우 유해요인조사의 주기는?

① 6개월
② 2년
③ 3년
④ 5년

22. 다음 중 물질안전보건자료(MSDS)와 관련한 기준에 따라 MSDS를 작성할 경우 반드시 포함되어야 하는 항목이 아닌 것은?

① 유해·위험성
② 게시방법 및 위치
③ 노출방지 및 개인보호구
④ 화학제품과 회사에 관한 정보

해설 [물질안전보건자료 작성 시 포함되어야 할 항목]
㉠ 화학제품과 회사에 관한 정보
㉡ 유해성, 위험성
㉢ 구성성분의 명칭 및 함유량
㉣ 응급조치요령
㉤ 폭발, 화재 시 대처방법
㉥ 누출사고 시 대처방법
㉦ 취급 및 저장방법
㉧ 노출방지 및 개인보호구
㉨ 물리화학적 특성
㉩ 안정성 및 반응성
㉪ 독성에 관한 정보
㉫ 환경에 미치는 영향
㉬ 폐기 시 주의사항
㉭ 운송에 필요한 정보
㉮ 법적 규제 현황
㉯ 그 밖의 참고사항

정답 20. ② 21. ③ 22. ②

23. 다음 중 노출기준에 대한 설명으로 옳은 것은?

① 노출기준 이하의 노출에서는 모든 근로자에게 건강상에 영향을 나타내지 않는다.
② 노출기준은 질병이나 육체적 고전을 판단하기 위한 척도로 사용될 수 있다.
③ 작업장이 아닌 대기에서는 건강한 사람이 대상이 되기 때문에 동일한 노출기준을 사용할 수 있다.
④ 노출기준은 독성의 강도를 비교할 수 있는 지표가 아니다.

해설 ④항만 올바르다.

오답해설
① 유해인자에 대한 감수성은 개인에 따라 차이가 있고, 노출기준 이하의 작업환경에서도 직업성 질병에 이환되는 경우가 있으므로 노출기준은 직업병진단에 사용하거나 노출기준 이하의 작업환경이라는 이유만으로 직업성질병의 이환을 부정하는 근거 또는 반증자료로 사용하여서는 아니 된다.
② 노출기준은 질병이나 육체적 고전을 판단하기 위한 척도로 사용될 수 없다.
③ 노출기준은 대기오염의 평가 또는 관리상의 지표로 사용하여서는 아니 된다.

정답 23. ④

기출문제로 굳히기 — CHAPTER 04 관련법규

01. 미국산업위생전문가협의회(ACGIH)에서 1일 8시간 및 1주일 40시간의 평균농도로 거의 모든 근로자가 나쁜 영향을 받지 않고 노출될 수 있는 농도를 어떻게 표기하는가?

① MAC
② TLV-TWA
③ Ceiling
④ TLV-STEL

02. 산업안전보건법령에서 정하는 중대재해라고 볼 수 없는 것은?

① 사망자가 1명 이상 발생한 재해
② 3개월 이상의 요양을 요하는 부상자가 동시에 2명 이상 발생한 재해
③ 6개월 이상의 요양을 요하는 부상자가 동시에 1명 이상 발생한 재해
④ 부상자 또는 직업성 질병자가 동시에 10명 이상 발생한 재해

해설 3개월 이상의 요양을 요하는 부상자가 동시에 2명 이상 발생한 재해부터 중대재해로 분류되므로 ③항은 중대재해로 볼 수 없다.

03. 산업안전보건법상 용어의 정의에서 산업재해를 예방하기 위하여 잠재적 위험성을 발견하고 그 개선대책을 수립할 목적으로 고용노동부장관이 지정하는 자가 하는 조사·평가를 무엇이라 하는가?

① 위험성평가
② 안전·보건 진단
③ 작업환경측정·평가
④ 유해성·위험성 조사

04. 물질안전보건자료(MSDS)의 작성원칙에 관한 설명으로 틀린 것은?

① MSDS는 한글로 작성하는 것을 원칙으로 한다.
② 실험실에서 시험·연구목적으로 사용하는 시약으로서 MSDS가 외국어로 작성된 경우에는 한국어로 번역하지 아니할 수 있다.
③ 외국어로 되어 있는 MSDS를 번역하는 경우에는 자료의 신뢰성이 확보될 수 있도록 최초 작성기관명과 시기를 함께 기재하여야 한다.
④ 각 작성항목은 빠짐없이 작성하여야 하지만 부득이 어느 항목에 대해 관련 정보를 얻을 수 없는 경우에는 작성란에 "해당없음"이라고 기재한다.

해설 각 작성항목은 빠짐없이 작성하여야 하지만 부득이 어느 항목에 대해 관련 정보를 얻을 수 없는 경우에는 작성란에 "자료 없음"이라고 기재한다.

05. 어떤 물질에 대한 작업환경을 측정한 결과 다음과 같은 TWA 결과값을 얻었다. 환산된 TWA는 약 얼마인가?

농도(ppm)	100	150	250	300
발생시간(분)	120	240	60	60

① 169ppm
② 198ppm
③ 220ppm
④ 256ppm

해설 $TWA = \dfrac{\sum(C \times T)}{8}$
$= \dfrac{(100\times 2)+(150\times 4)+(250\times 1)\times(300\times 1)}{8}$
$= 168.75\text{ppm}$
- C : 농도(ppm), T : 시간(hr)

정답 01. ② 02. ③ 03. ② 04. ④ 05. ①

06. 다음 중 허용농도 상한치(Excursion Limits)에 대한 설명으로 가장 거리가 먼 것은?

① 단시간허용노출기준(TLV-STEL)이 설정되어 있지 않은 물질에 대하여 적용한다.
② 시간가중평균치(TLV-TWA)의 3배는 1시간 이상을 초과할 수 없다.
③ 시간가중평균치(TLV-TWA)의 5배는 잠시라도 노출되어서는 안 된다.
④ 시간가중평균치(TLV-TWA)가 초과되어서는 안 된다.

해설 [허용농도 상한치(Excursion Limits)]
TLV - STEL이나 TLV-C가 설정되어 있지 않은 물질에 대해서만 적용한다.
- 시간가중평균치(TLV-TWA)의 3배 이상의 농도에서 30분 이상동안 노출되어서는 안된다.
- 시간가중평균치(TLV-TWA)의 5배 이상은 잠시라도 노출되어서는 안 된다.

정답 06. ②

CHAPTER 05 산업재해

UNIT 01 산업재해 발생원인 및 분석

1 산업재해의 개념

1) 사고(재해)란?

① Heinrich(하인리히)의 사고의 정의

물체, 물질, 사람 또는 방사선의 작용 또는 반작용에 의하여 인간에게 상해를 가져오는 계획하지 않고 제어를 벗어난 사건

② Blake의 사고의 정의

산업활동의 정상적인 진행을 저지하고 또는 방해하는 사건이 일어나는 것

③ 국제노동기구(ILO)에서 사고의 정의

사람이 물체(물질) 혹은 타인과 접촉하였거나 각종의 물체 및 작업조건에 놓여짐으로써 또는 사람의 동작으로 인하여 사람의 상해를 동반하는 사건이 일어나는 것

2) 산업재해란?

인간이 생산활동을 진행할 때 그 활동과 더불어 각종의 사고가 발생하고 그 사고로 인하여 인적, 물적, 손해가 따르는 것을 산업재해라고 한다. 산업재해의 대부분이 인재로서 미연에 방지할 수 있는 특성을 가지고 있다.

2 산업재해의 분류

1) 인명손상 중심

① 사망(fatal injuries)

② 상해(non-fatal injuries)
- 중대사고 : 사망까지는 초래하지 않으나 입원할 정도의 상해가 일어나는 주요재해
- 경미사고 : 통원할 정도의 상해가 일어나는 경미한 재해
- 무상해사고 : 상해없이 재산피해만 일어나는 사고

② 경제손실 중심
㉠ 재산피해
㉡ 시간손실

③ 중대재해
㉠ 사망자가 1인 이상 발생한 재해
㉡ 3개월 이상의 요양이 필요한 부상자가 동시에 2명 이상 발생한 재해
㉢ 부상자 또는 직업성질병자가 동시에 10명 이상 발생한 재해

3 산업재해의 원인

1) **기본원인** : 4M[man(사람), machine(설비), media(작업), management(관리)]

① 사람(Man)
㉠ 심리적 원인
㉡ 생리적 원인
㉢ 직장적 원인

② 설비(Machine)
㉠ 기계, 설비의 설계상의 결함
㉡ 위험방호의 불량
㉢ 개인보호장구의 근원적인 결함
㉣ 점검, 정비 불량

③ 작업(Media)
㉠ 작업정보의 부적절
㉡ 작업자세, 작업동작의 결함
㉢ 작업공간의 불량
㉣ 작업환경조건의 불량

④ 관리(Management)
㉠ 안전관리조직의 결함
㉡ 안전관리규정의 불비

ⓒ 안전관리계획의 미수립
ⓔ 안전교육·훈련의 부족
ⓜ 적정배치의 부적절
ⓗ 건강관리의 불량
ⓢ 부하에 대한 지도·감독의 부족

2) **직접원인(1차 원인)**

① **불안전한 상태** : 사고를 일으키는 상태, 사고의 요인을 만들어내고 있는 물(物)과 관련된 상태

ⓐ **물적원인** : 기계, 기구, 물체, 물건 등은 물질적으로 불안전한 상태이므로, 불안전한 기계를 사용할 때는 근로자가 아무리 주의하여도 재해가 발생
- 물건 자체의 결함
- 방호조치의 결함
- 작업장소의 결함
- 보호장구의 결함
- 작업환경의 결함
- 공구의 부적당

② **불안전한 행위** : 사고의 요인을 만들어 내는 행동

ⓐ **인적원인** : 근로자의 방심, 태만, 무모한 행위
- 안전장치의 불이행
- 위험한 상태 조장
- 기계장치의 목적 외 사용
- 불안전한 방치
- 위험장소에 접근
- 부적절한 작업 속도

3) **간접원인(기초 및 2차 원인)**

① **기술적 원인** : 기계, 장치, 건물 등 기술상의 문제, 작업환경관리의 기술적인 제반 문제
② **교육적 원인** : 안전보건에 대한 지식과 경험의 부족, 훈련부족, 무지, 악습관 등
③ **학교 교육적 원인** : 교육기관에서 조직적인 안전교육이 철저하지 못한 경우
④ **정신적 원인** : 태만, 반항, 불만, 초조, 긴장, 공포, 성격적인 결함 등
⑤ **관리적 결함** : 안전관리의 책임감 부족, 작업기준의 불명확, 인사배치의 부적합, 점검보전제도 결함 등
⑥ **신체적 원인** : 신체적 결함으로 두통, 현기증, 만취상태, 수면부족, 난청, 피로 등

| 기초원인 | → | 2차 원인 | → | 1차 원인 | → | 사고 | → | 재해 |

4) 산업안전 심리 5대 요소

① 동기(Motive)
② 기질(Temper)
③ 감성(Feeling)
④ 습성(Habit)
⑤ 습관(Custom)

> 💡 **재해빈발자(재해경향자)** : 재해를 자주 일으키는 사람
> 💡 **재해빈발자 태도판정**
> ① 외형적 특징
> ② 재해빈발자의 유형
>   • 미숙성 빈발자
>   • 습관성 빈발자
>   • 상황성 빈발자
>   • 소질적 빈발자

4 산업재해의 분석

1) Heinrich(하인리히)의 사고분석

① **1:29:300의 법칙** : 경미사고가 있으나 무상해로 끝나는 것이 300건 있으면, 상해가 있는 경미사고가 29건이 있고, 1건의 휴업부상자(사망 또는 중대사고)가 있다는 이론

② **사고연쇄이론**

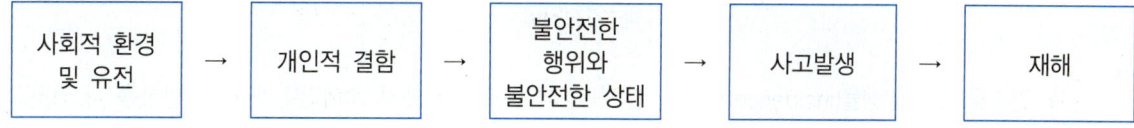

사회적 환경 및 유전 → 개인적 결함 → 불안전한 행위와 불안전한 상태 → 사고발생 → 재해

2) Bird(버드)의 사고분석

① **1:10:30:600의 법칙** = 중대/사망사고 : 경미한 부상사고 : 물적 손해만의 사고 : 상해도 손해도 없는 사고
② **도미노 이론** : Heinrich(하인리히)의 연쇄이론을 도미노 이론으로 개선

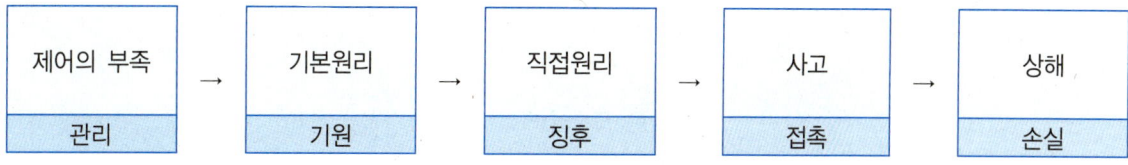

제어의 부족(관리) → 기본원리(기원) → 직접원리(징후) → 사고(접촉) → 상해(손실)

직접원인을 제거하는 것이 재해예방에서 중요하다고 강조(Bird)

5 산업재해의 통계

1) 산업재해통계 목적
재해정보로써 재해 및 유사 재해의 재발방지가 목적이다.

2) 산업재해통계의 국제적 권고
① 산업사상통계를 도수율이나 강도율의 양쪽의 율로 나타낸다.
  ㉠ 도수율 : 재해의 수량을 10^6배로 총 연인원의 근로시간수로 나누어 산정한다.
  ㉡ 강도율 : 손실근로일수를 1,000배로 총 인원의 연근로시간수로 나누어 산정한다.
② 산업재해의 정도를 부상의 결과 생긴 노동기능의 저하에 따라 다음과 같이 구분한다.
  ㉠ 사망
  ㉡ 영구 전노동불능재해 : 노동기능의 완전상실, 신체장애등급 제1급에서 제3급에 해당
  ㉢ 영구 일부노동불능재해 : 노동기능의 일부 상실, 신체장애등급 제4급에서 제14급에 해당
  ㉣ 일시 전노동불능재해 : 의사의 소견에 따라서 부상의 익일 또는 이후 어느 기간까지 근로에 종사할 수 없는 것으로 신체의 장애를 수반하지 않는 일반의 휴업재해
  ㉤ 일시 일부노동불능재해 : 의사의 소견에 따라서 부상의 익일 또는 이후 어느 기간까지 근로에 종사할 수 없는 것으로 취업시간에 일시적으로 작업을 떠나서 진료를 받는 것이 여기에 해당한다.
  ㉥ 구급처치재해 : 구급처치 또는 의료처치를 받아 부상의 익일까지 정규직에 복귀할 수 있는 정도

3) 재해율
① **연천인율** : 재적 근로자 1,000명당 발생하는 재해자수로서, 근로시간 수, 근로일 수의 변동이 많은 사업장에서는 적합하지 않다. 근무시간이 같은 동종업체끼리만 비교가 용이하다.

$$\text{식} \quad 연천인율 = \frac{연간재해자수}{평균근로자수} \times 10^3$$

② **건수율 또는 발생율(incidence rate)** : 1,000명의 근로자 중에서 재해건수가 몇 건인가를 나타낸다. 산업재해통계에서는 연간으로 계산하기 때문에 연천인율과 같은 개념으로 사용된다.

$$\text{식} \quad 건수율(발생율) = \frac{재해건수}{평균근로자수} \times 10^3$$

③ **도수율** : 현재 재해발생의 정도를 나타내는 표준의 척도이다. 1,000,000시간 중 발생한 재해건수를 의미한다.

$$\text{식} \quad 도수율(FR) = \frac{재해발생건수}{연근로시간수} \times 10^6$$

④ 강도율 : 재해의 경중을 나타내는 척도이다. 근로시간 1,000시간 중 재해로 인해 잃어버린 손실일수를 나타낸다.

$$\text{강도율}(SR) = \frac{\text{근로손실일수}}{\text{연근로시간수}} \times 1,000$$

㉠ 근로손실일수
- 사망 및 영구 전노동불능 : 7,500일
- 영구일부 노동불능은 다음 표와 같다.

신체장애등급	4	5	6	7	8	9	10	11	12	13	14
손실일수	5,500	4,000	3,000	2,200	1,500	1,000	600	400	200	100	50

- 일시 전노동불능은 역일에 의한 휴업일수에 300/365을 곱한다.
- 사망 및 영구 전노동불능과 영구일부 노동불능으로 휴업한 일수는 상기의 손실일수에 가산되지 않는다.

⑤ 환산도수율 : 100,000시간당 재해건수

$$\text{환산도수율}(F) = \text{도수율}(FR) \times \frac{100,000}{1,000,000} = \frac{FR}{10}$$

⑥ 환산강도율 : 100,000시간당 강도율

$$\text{환산강도율}(S) = \text{강도율}(SR) \times \frac{100,000}{1,000} = SR \times 100$$

UNIT 02 산업재해 대책

1 산업재해의 보상

1) **산업재해보상의 개념** : 산업재해나 직업병으로 인하여 발생할 수 있는 근로자의 경제적 곤란과 작업능력의 영구적 저하를 얼마만큼 회복시켜주는가에 그 목적이 있다.

2) **손실평가**

① Heinrich의 산업재해 손실평가

$$\text{총 재해코스트} = \text{직접비} + \text{간접비}(\text{직접비와 간접비의 비} = 1 : 4) = \text{직접비} \times 5$$

- 직접비 : 법령으로 정한 피해자에게 지급되는 산재보상비
- 간접비 : 재해로 인한 작업저해로 기업이 입은 손실

② 시몬즈(Simons)의 산업재해 손실평가

$$\boxed{식}\ 총\ 재해코스트 = 보험코스트 + 비보험코스트$$

- 보험코스트 = 산재보험료
- 비보험코스트 = (휴업상해건수×A)+(통원상해건수×B)+(응급조치건수×C)+(무상해사고건수×D)

※ A, B, C, D는 장애 정도별에 의한 비보험코스트의 평균

3) 유족보상

근로자가 업무상의 사유로 사망한 경우, 근로자가 사망할 당시 그 근로자와 생계를 같이 하고 있던 자를 말한다.

> 💡 **유족의 범위**
> - 배우자
> - 부모 또는 조부모로서 각각 60세 이상인 자
> - 자녀로서 25세 미만인 자
> - 손자녀로서 19세 미만인 자
> - 형제자매로서 19세 미만이거나 60세 이상인 자
> - 위 항목에 해당하지 않는 자녀, 부모, 손자, 조부, 형제자매로서 장애의 정도가 심한 장애인

2 산업재해의 대책

1) 산업재해 예방(방지) 4원칙

① **예방가능의 원칙** : 재해는 원칙적으로 모두 방지가 가능하다.

② **손실우연의 원칙** : 재해 발생과 손실 발생은 우연적이므로 사고 발생 자체의 방지가 이루어져야 한다.

③ **원인계기의 원칙** : 재해 발생에는 반드시 원인이 있으며, 사고와 원인의 관계는 필연적이다.

④ **대책선정의 원칙** : 재해 예방을 위한 가능한 안전대책은 반드시 존재한다.

2) 영역별 산업재해 대책

① **사용자 측**
  ㉠ 신체·심리검사(적성검사)에 따른 작업자의 선발과 적정배치
  ㉡ 안전보건관리조직의 체계화와 적절한 운용
  ㉢ 철저한 안전보건교육 및 훈련 실시
  ㉣ 기타(재해원인에 관련된 모든 것)

② 근로자 측
    ㉠ 사업장 내부의 청결유지와 정리정돈
    ㉡ 개인보호장구의 착용
    ㉢ 개인위생관리
③ 정부, 지자체 측
    ㉠ 규정, 표준화의 제정과 집행
    ㉡ 안전과 관련된 공학, 심리학, 의학, 통계학 분야의 연구추진
    ㉢ 안전보건에 관한 교육, 훈련, 계몽강화
    ㉣ 재해보험 활용

3) 한 근로자에 대한 산업재해발생 후 예방조치
    ① 최초 발생 후 : 설비공정과 작업조건에 대한 검토를 우선 실시
    ② 두번째 발생 후 : 피재 근로자에 대한 개인적인 개체요인을 점검
    ③ 세번째 발생 후 : 피재 근로자의 신체와 정신의학적인 문제를 검토한다.

4) Heinrich의 사고 예방(방지) 대책의 기본 원리 5단계
    ① 1단계 : 안전관리 조직구성(조직)
        → 조직원 및 관리자 구성, 방침 및 계획수립
    ② 2단계 : 사실의 발견
        → 사전조사, 안전진단, 기록검토
    ③ 3단계 : 분석평가
        → 사고, 환경조건, 작업조건 분석
    ④ 4단계 : 시정방법의 선정(대책의 선정)
        → 조직개편, 관리강화, 교육강화
    ⑤ 5단계 : 시정책의 적용(대책 실시)
        → 3E 적용(Education, Engineering, Enfocement), 기술적 대책, 실시 후 재평가

CHAPTER 05 산업재해

01. 다음 중 산업안전보건법상 산업재해의 정의로 가장 적절한 것은?

① 예기치 않은, 계획되지 않은 사고이며, 상해를 수반하는 경우를 말한다.
② 작업상의 재해 또는 작업환경으로부터의 무리한 근로의 결과로부터 발생되는 절상, 골절, 염좌 등의 상해를 말한다.
③ 근로자가 업무에 관계되는 건설물·설비·원재료·가스·증기·분진 등에 의하거나 작업 또는 그 밖의 업무로 인하여 사망 또는 부상하거나 질병에 걸리는 것을 말한다.
④ 불특정 다수에게 의도하지 않은 사고가 발생하여 신체적, 재산상의 손실이 발생하는 것을 말한다.

02. 다음 중 산업안전보건법상 중대재해에 해당하지 않는 것은?

① 사망자가 1인 이상 발생한 재해
② 부상자가 동시에 5명이 발생한 재해
③ 직업성 질병자가 동시에 12명이 발생한 재해
④ 3개월 이상의 요양을 요하는 부상자가 동시에 3명이 발생한 재해

[해설] 부상자가 동시에 10명 이상 발생한 재해이어야 중대재해로 분류된다.

03. 300명이 근무하는 A 작업장에서 연간 55건의 재해발생으로 60명의 사상자가 발생하였다. 이 사업장의 연간 총 근로시간수가 700,000시간이었다면, 도수율은 약 얼마인가?

① 32.5   ② 71.4
③ 78.6   ④ 85.7

[해설]
$$도수율 = \frac{연간 재해발생건수}{연간 총 근로시간} \times 10^6 = \frac{55}{700,000} \times 10^6 = 78.57$$

04. 다음 중 사고예방대책의 기본 원리 5단계를 올바르게 나열한 것은?

① 사실의 발견 → 분석·평가 → 조직 → 시정방법의 선정 → 시정책의 적용
② 사실의 발견 → 시정방법의 선정 → 분석·평가 → 조직 → 시정책의 적용
③ 조직 → 분석·평가 → 사실의 발견 → 시정방법의 선정 → 시정책의 적용
④ 조직 → 사실의 발견 → 분석·평가 → 시정방법의 선정 → 시정책의 적용

05. 다음 중 재해예방의 4원칙에 대한 설명으로 틀린 것은?

① 재해발생에는 반드시 그 원인이 있다.
② 재해가 발생하면 반드시 손실도 발생한다.
③ 재해는 원칙적으로 원인만 제거되면 예방이 가능하다.
④ 재해예방을 위한 가능한 안전대책은 반드시 존재한다.

정답 01. ③ 02. ② 03. ③ 04. ④ 05. ②

해설 "손실 우연의 원칙"에 의해서 재해가 발생하면 손실의 종류는 우연에 의하여 정해진다.

06. A공장의 2011년도 총재해건수는 6건, 의사진단에 의한 총 휴업일수는 900일이었다. 이 공장의 도수율과 강도율은 각각 약 얼마인가? (단, 평균근로자는 500명, 근로자 1인당 1일 8시간씩 연간 300일을 근무하였다.)

① 도수율 : 7, 강도율 : 0.31
② 도수율 : 5, 강도율 : 0.62
③ 도수율 : 7, 강도율 : 0.93
④ 도수율 : 5, 강도율 : 0.24

해설

- 도수율 = $\dfrac{\text{연간 재해발생건수}}{\text{연근로시간수}} \times 10^6 = \dfrac{6}{8 \times 300 \times 500} \times 10^6 = 5$

- 강도율(SR) = $\dfrac{\text{근로손실일수}}{\text{연근로시간수}} \times 1{,}000 = \dfrac{900 \times \dfrac{300}{365}}{8 \times 300 \times 500} \times 1{,}000$
 $= 0.62$

07. 산업재해를 분류할 때 "경미사고(minor accidents)" 혹은 "경미한 재해"란 어떤 상태를 말하는가?

① 통원 치료할 정도의 상해가 일어난 경우
② 사망하지는 않았으나 입원할 정도의 상해
③ 상해는 없고 재산상의 피해만 일어난 경우
④ 재산상의 피해는 없고 시간손실만 일어난 경우

08. 보건관리자가 보건관리업무에 지장이 없는 범위 내에서 다른 업무를 겸할 수 있는 사업장은 상시근로자 몇 명 미만에서 가능한가?

① 100명   ② 200명
③ 300명   ④ 500명

09. 산업재해가 발생할 급박한 위험이 있거나 중대재해가 발생하였을 경우 취하는 행동으로 다음 중 가장 적합하지 않은 것은 무엇인가?

① 사업주는 즉시 작업을 중지시키고 근로자를 작업장소로부터 대피시켜야 한다.
② 직상급자에게 보고한 후 근로자의 해당작업을 중지시킨다.
③ 사업주는 급박한 위험에 대한 합리적인 근거가 있을 경우에 작업을 중지하고 대피한 근로자에게 해고 등의 불리한 처우를 해서는 안된다.
④ 고용노동부장관은 근로감독관 등으로 하여금 안전보건진단이나 그 밖의 필요한 조치를 하도록 할 수 있다.

해설 보고 전 즉시 해당작업을 중지시켜야 한다.

10. 50명의 근로자가 사업장에서 1년 동안에 6명의 부상자가 발생하였고 총휴업일수가 219일이라면 근로손실일수와 강도율은 각각 얼마인가? (단, 연간근로시간수는 120,000시간이다.)

① 근로손실일수 : 180일, 강도율 : 1.5일
② 근로손실일수 : 190일, 강도율 : 1.5일
③ 근로손실일수 : 180일, 강도율 : 2.5일
④ 근로손실일수 : 190일, 강도율 : 2.5일

해설 식 강도율 = $\dfrac{\text{근로손실일수}}{\text{연근로시간수}} \times 1{,}000$

- 근로손실일수 = $219 \times \dfrac{300}{365} = 180$일

∴ 강도율 = $\dfrac{180}{120{,}000} \times 1{,}000 = 1.5$일

정답 06. ② 07. ① 08. ③ 09. ② 10. ①

11. 다음 중 재해예방의 4원칙에 해당하지 않은 것은?

① 손실 우연의 원칙
② 원인 조사의 원칙
③ 예방 가능의 원칙
④ 대책 선정의 원칙

해설 원인계기의 원칙이 4원칙에 해당한다.

12. 다음 중 사고예방대책의 기본원리가 다음과 같을 때 각 단계를 순서대로 올바르게 나열한 것은?

ⓐ 분석평가	ⓑ 시정책의 적용
ⓒ 안전관리 조직	ⓓ 시정책의 선정
ⓔ 사실의 발견	

① ⓒ → ⓔ → ⓐ → ⓓ → ⓑ
② ⓒ → ⓔ → ⓓ → ⓑ → ⓐ
③ ⓔ → ⓒ → ⓓ → ⓑ → ⓐ
④ ⓔ → ⓓ → ⓒ → ⓑ → ⓐ

13. 어떤 사업장에서 1000명의 근로자가 1년 동안 작업하던 중 재해가 40건 발생하였다면 도수율은 얼마인가? (단, 근로자가 1일 8시간씩 연간평균 300일을 근무하였다.)

① 12.3
② 16.7
③ 24.4
④ 33.4

해설 도수율 = (재해건수/연노동시간수)×10^6 또는
(재해건수/연노동일수)×10^6

- 재해건수 = $\frac{40}{1000} = 0.04$
- 연노동시간 = $\frac{8hr}{일} \times 300일 = 2,400hr$
- ∴ 도수율 = $\frac{0.04}{2,400} \times 10^6 = 16.67$

14. 다음 중 하인리히의 사고연쇄반응 이론(도미노이론)에서 사고가 발생하기 바로 직전의 단계에 해당하는 것은?

① 개인적 결함
② 사회적 환경
③ 선진 기술의 미적용
④ 불안전한 행동 및 상태

해설 [하인리히의 도미노 이론]
사회적 환경 및 유전적 요소(선천적 결함) ⇨ 개인적인 결함(인간의 결함) ⇨ 불안전한 행동 및 상태(인적 원인과 물적 원인) ⇨ 사고 ⇨ 재해

15. 어떤 사업장에서 500명의 근로자가 1년 동안 작업하던 중 재해가 50건 발생하였으며 이로 인해 총 근로시간 중 5%의 손실이 발생하였다면 이 사업장의 도수율은 약 얼마인가? (단, 근로자는 1일 8시간씩 연간 300일을 근무하였다.)

① 14
② 24
③ 34
④ 44

해설 도수율 = (재해건수/연노동시간수)×10^6 또는
(재해건수/연노동일수)×10^6

- 재해건수 = $\frac{50}{500} = 0.1$
- 연노동시간 = $300일 \times \frac{8hr}{1일} = 2,400hr$
- ∴ 도수율 = $\frac{0.1}{2,400} \times \frac{1}{(1-0.05)} \times 10^6 = 43.86$

정답 11. ② 12. ① 13. ② 14. ④ 15. ④

16. 사망에 관한 근로손실을 7,500일로 산출한 근거는 다음과 같다. ( )에 알맞은 내용으로만 나열한 것은?

> ① 재해로 인한 사망자의 평균 연령을 ( )세로 본다.
> ② 노동이 가능한 연령을 ( )세로 본다.
> ③ 1년 동안의 노동일수를 ( )일로 본다.

① 30, 55, 300
② 30, 60, 310
③ 35, 55, 300
④ 35, 60, 310

17. 산업재해를 대비하여 작업근로자가 취해야 할 내용과 거리가 먼 것은?

① 보호구 착용
② 작업방법의 숙지
③ 사업장 내부의 정리정돈
④ 공정과 설비에 대한 검토

해설 ④항은 사업주가 취해야 할 내용이다.

정답 16. ① 17. ④

CHAPTER 05 산업재해

01. 상시근로자수가 100명인 A 사업장의 연간 재해발생 건수가 15건이다. 이때의 사상자가 20명 발생하였다면 이 사업장의 도수율은 약 얼마인가? (단, 근로자는 1인당 연간 2200시간을 근무하였다.)

① 68.18　　② 90.91
③ 150.00　　④ 200.00

해설 도수율 계산시 사상자수는 고려하지 않는다.

식 도수율 = (재해건수/연노동시간수)×10^6 또는 (재해건수/연노동일수)×10^6

- 재해건수 = $\frac{15}{100}$ = 0.15
- 연노동시간 = 2,200hr

∴ 도수율 = $\frac{0.15}{2,200} \times 10^6$ = 68.18

02. 산업재해 보상에 관한 설명으로 틀린 것은?

① 업무상의 재해란 업무상의 사유에 따른 근로자의 부상·질병·장해 또는 사망을 의미한다.
② 유족이란 사망한 자의 손자녀·조부모 또는 형제자매를 제외한 가족의 기본구성인 배우자·자녀·부모를 의미한다.
③ 장해란 부상 또는 질병이 치유되었으나 정신적 또는 육체적 훼손으로 인하여 노동능력이 상실되거나 감소된 상태를 의미한다.
④ 치유란 부상 또는 질병이 완치되거나 치료의 효과를 더 이상 기대할 수 없고 그 증상이 고정된 상태에 이르게 된 것을 의미한다.

해설 [유족의 범위]
- 배우자
- 부모 또는 조부모로서 각각 60세 이상인 자
- 자녀로서 25세 미만인 자
- 손자녀로서 19세 미만인 자
- 형제자매로서 19세 미만이거나 60세 이상인 자
- 위 항목에 해당하지 않는 자녀, 부모, 손자, 조부, 형제자매로서 장애의 정도가 심한 장애인

03. 산업안전보건법에서 정하는 중대재해라고 볼 수 없는 것은?

① 사망자가 1명 이상 발생한 재해
② 부상자 또는 직업성질병자가 동시에 10명 이상 발생한 재해
③ 3개월 이상의 요양을 요하는 부상자가 동시에 2명 이상 발생한 재해
④ 재산피해액 5천만원 이상의 재해

해설 [중대재해]
㉠ 사망자가 1인 이상 발생한 재해
㉡ 3개월 이상의 요양이 필요한 부상자가 동시에 2명 이상 발생한 재해
㉢ 부상자 또는 직업성질병자가 동시에 10명 이상 발생한 재해

04. 어느 공장에서 경미한 사고가 3건이 발생하였다. 그렇다면 이 공장의 무상해 사고는 몇 건이 발생하는가? (단, 하인리히의 법칙을 활용한다.)

① 25　　② 31
③ 36　　④ 40

해설 하인리히의 법칙 – 1(중대사고) : 29(경미한 사고) : 300(무상해사고)
29 : 300 = 3 : X,　X = 31.03

정답 01. ①　02. ②　03. ④　04. ②

PART 2

제 2 과목
산업위생 측정 및 평가

01 측정 및 분석

02 유해 인자 측정

03 평가 및 통계

01 CHAPTER 측정 및 분석

UNIT 01 공학기초

1 원자와 분자

1) 원자

물질의 구성하는 기본 입자로, 전자와 양성자[1], 중성자[2]로 구성되어 있으며, 몇몇의 예외 원자를 제외하고 거의 모든 원자는 양성자와 중성자가 서로 같은 개수로 붙어 있다. 양성자의 수로 원자번호가 결정되고, 양성자+중성자수로 원자량이 결정된다.

[주기율표]

---

1) 전자와 등량의 양전기를 가지는 소립자
2) 전하가 없는 소립자

[공학에서 자주 쓰는 주기율표 20번까지의 원자량]

1. H(수소) : 1	8. O(산소) : 16	15. P(인) : 31
2. He(헬륨) : 4	9. F(플루오린, 불소) : 19	16. S(황) : 32
3. Li(리튬) : 7	10. Ne(네온) : 20	17. Cl(염소) : 35.5
4. Be(베릴륨) : 9	11. Na(나트륨) : 23	18. Ar(아르곤) : 40
5. B(붕소) : 10.8	12. Mg(마그네슘) : 24	19. K(칼륨) : 39
6. C(탄소) : 12	13. Al(알루미늄) : 27	20. Ca(칼슘) : 40
7. N(질소) : 14	14. Si(규소) : 28	

2) 분자

원자가 2개 이상으로 이루어져 있는 물질을 말한다. 분자량의 계산은 각 원자량을 모두 더하여 구한다.

예 $NaCl = 23+35.5 = 58.5$, $H_2SO_4 = (1\times 2)+32+(16\times 4) = 98$, $CO_2 = 12+(16\times 2) = 44$)

2 단위와 단위계

1) 단위

공학에서는 Si 단위(국제단위)를 채용하고, 이 Si 단위(국제단위)를 간단히 말하면, 단위들 간의 차이가 $10^3(1000)$배 차이가 나는 단위들의 모임이다.

① 길이

Si 단위계에서 길이단위의 기준은 m(미터)이고, 공학에서 주로 사용되는 길이 단위는 아래와 같다.

식 (Å) – nm – μm – mm – m – km
옹스트롬 – 나노미터 – 마이크로미터 – 밀리미터 – 미터 – 킬로미터

※ Å(옹스트롬) $= 10^{-10}m = 10^{-8}cm$

② 무게

Si 단위계에서 무게단위의 기준은 kg(킬로그램)이고, 공학에서 주로 사용되는 무게단위는 아래와 같다. 여기서, 의문이 들 수도 있는 것이 ton(톤) 단위를 괄호 안에 집어넣은 이유는 톤은 Si 단위는 아니지만, 통상적으로 1000kg = 1ton으로 사용하여 Si 단위처럼 사용되기에 수록하였다.

식 ng – μg – mg – g – kg – (ton)
나노그램 – 마이크로그램 – 밀리그램 – 그램 – 킬로그램 – 톤

③ 부피

Si 단위계에서 무게단위의 기준은 L(리터)이고, 공학에서 주로 사용되는 부피단위는 아래와 같다.

식 nL – μL – mL – L – KL

- mL = cm³ = cc
- KL = m³

길이와 무게 그리고 부피단위의 공통점은 m, g, L 앞에 붙는 접두사가 같은 규칙으로 붙어있다는 것을 확인할 수가 있다. 반복해서 접두사와 단위들간의 차이를 생각해보고 적용해본다면 금세 단위에 대해 익숙해질 수 있을 것이다.

④ 점도(μ)

유체의 흐름에서 어려움의 크기를 나타내는 양, 쉽게 말하면 끈끈함의 정도, 기호는 μ(뮤)라고 읽는다.

식 nL – μL – mL – L – KL

- mL = cm³ = cc
- KL = m³

㉠ 점도의 단위 : 1Poise(g/cm · sec = dyne · sec/cm²), Pa · s(N · sec/m²), 1cP(Ceti Poise = 0.01g/cm · sec)

㉡ 점도의 특성
- 액체 및 고체는 온도와 점도가 반비례한다. (온도가 커지면, 점도는 작아짐)
- 기체는 온도와 점도가 비례한다. (온도가 커지면, 점도도 커짐)

⑤ 압력 : 단위 면적당 작용하는 힘 또는 중량, 압력의 기본단위들을 아래에 나열하였다.

식 $P = \dfrac{F}{A} = \dfrac{W}{A}$

※ 1atm = 760mmHg = 760torr = 10,332mmH$_2$O = 1.0332kgf/cm² = 1013.25mbar = 14.7PSI = 101,325Pa

2) MKS와 CGS

① **MKS** : m, kg, sec를 사용하는 단위 (예 m/sec, kg/m³ 등)
② **CGS** : cm, g, sec를 사용하는 단위 (예 g/cm · sec, g/cm³ 등)

3) 차원

① **1차원** : L(길이)의 세계
② **2차원** : L²(면적)의 세계
③ **3차원** : L³(부피)의 세계
④ **속도(V)** : L(길이)/T(시간) (예 m/sec, km/hr)

⑤ 유량(Q) : L³(부피)/T(시간) (예 m³/sec, L/sec), 유량은 공학에서 매우 중요한 단위이다. 단위를 살펴보면, 시간 당 흘러가는 부피로 이해할 수 있다. 유체가 액체 또는 기체라고 생각하고, 1m³/sec라는 단위를 떠올려 보면, 1초에 1m³ 박스만큼의 유체가 흘러가는 단위라는 것을 느낄 수가 있다.

※ 유량과 면적, 속도의 관계 : 유량은 면적 곱하기 속도로 산출되고, 면적은 유량 나누기 속도로 산출되며, 속도는 유량 나누기 면적으로 산출된다.

식 유량$(Q) = A(면적) \times V(속도)$

식 $A = \dfrac{Q}{V}$

식 $V = \dfrac{Q}{A}$

3 비중과 농도

1) 비중

비중이란 대상물질의 밀도를 표준물질의 밀도로 나눈 것으로 표준물질에 비해 대상물질의 무거움 또는 가벼움 정도를 나타낸다. 액체 및 고체에서 표준물질은 물이고, 기체에서 표준물질은 공기이다.

식 비중$(S) = \dfrac{대상물질의 밀도}{표준물질의 밀도}$

(예) 황산의 비중은 1.840이다 $S_{황산} = \dfrac{1.84g/cm^3}{1g/cm^3}$)

(예) 아황산가스의 비중은 2.20이다. $S_{SO_2} = \dfrac{64g/22.4SL}{29g/22.4SL}$)

• 밀도 : 밀도는 질량 나누기 단위부피로, 여기서 단위라는 말은 하나(1)를 나타낸다. 예를 들면, 1L당 Xkg, 1mL당 Xmg 이런 식으로 부피 하나가 가지고 있는 질량을 나타낸다. 기체에서는 1mol당 모든 기체의 부피가 표준상태에서 22.4L로 일정하므로, 부피를 22.4L 기준으로 22.4L에 해당하는 질량인 분자량(g)으로 하여 밀도를 산출한다. (1mol 개념이 어려우셨다면, 다음 5)의 몰농도(M)을 먼저 공부하고 오시면 수월합니다.)

식 밀도$(\rho) = \dfrac{질량}{단위부피}$

※ 물의 밀도 $= 1g/cm^3 = 1kg/L = 1톤/m^3$

※ 공기의 밀도 $= 29g/22.4SL = 1.29g/SL = 1.29kg/Sm^3$

공기의 분자량 $= 28 \times 0.79 + 32 \times 0.21 = 28.84 ≒ 29$

(공기분자량은 공기 중 질소가 79%, 산소가 21%로 가정하여 산출한다.)

※ 동점성계수 $= \dfrac{점도}{밀도}$ (단위는 주로 st사용, st=cm^2/sec)

2) %(백분율)

물질을 100개로 쪼개어서 비율을 나타내는 단위, 3%는 100분의 3, 10%는 100분의 10이다. 그러므로 %로 나타내려면 분자와 분모의 단위가 같은 상태에서 100을 곱하여 산출한다. %는 중량 백분율과 부피 백분율로 구분된다. (예 $3\% = \frac{3}{100} \times 100$)

- w/w %(중량 백분율) : 중량 대 중량
- v/v %(부피 백분율) : 부피 대 부피

※ w/v %(중량 대 부피 백분율) : 중량 대 부피 백분율은 예외사항으로 부피가 물일 때 적용가능 하다. 백분율은 분자와 분모의 단위가 같아야 하는데 물의 경우 밀도가 1kg/L이므로 부피와 중량이 같아서 적용이 가능하다.
  (예 시약 황산 95% = 95g(황산)/100mL(물))

3) ppm(백만분율)

물질을 10^6(백만)개로 쪼개어서 비율을 나타내는 단위이다. 구하는 원리는 %와 같다. 다른 방법으로 백만분율은 분자와 분모의 단위차이가 백만 배 차이가 나게 하여 나타낼 수 있다. 중량 ppm과 부피 ppm으로 구분된다.

(예 $3\text{ppm} = \frac{3}{10^6} \times 10^6$, $3\text{ppm} = \frac{3mL}{m^3}$, $3\text{ppm} = \frac{3mg}{kg}$)

- w/w ppm(중량 ppm) : 중량 대 중량, 단위로 mg/kg으로 사용한다.
- v/v ppm(부피 ppm) : 부피 대 부피, mL/m^3으로 사용한다.
- 1% = 10^4ppm

※ w/v ppm(중량 대 부피 ppm) : 중량 대 부피 ppm도 역시나 예외사항으로 부피가 물일 때 적용가능하다.
  (예 w/v ppm = mg/L)

4) ppb(10억분율)

물질을 10^9(10억)개로 쪼개어서 비율을 나타내는 단위이다. 구하는 원리는 %와 같다. ppm과 ppb의 차이는 10^3배이다.

- 1ppm = 10^3ppb

5) 몰농도(M)

몰농도는 1L 물에 들어있는 mol의 양을 기호로 나타낸 것이다. 여기서 mol이란, 물질의 분자량을 1mol이라 한다. 모든 물질은 1mol에 분자량, 그리고 기체일 때 표준상태기준으로 22.4L의 부피, 6.02×10^{23}개의 분자갯수를 가지고 있다.

[식] $M = \frac{mol}{L}$

[식] mol(몰) = 분자량(g) = 22.4L(표준상태기준) = 6.02×10^{23}개

(예 H_2O 1mol = 18g)

(예 황산 2M = $\frac{2mol}{L} = \frac{2 \times 98g}{L}$)

6) 노르말농도(N)

노르말농도는 1L 물에 들어있는 eq(당량)의 양을 기호로 나타낸 것이다. 여기서 eq란, 물질의 분자량을 가수로 나누어 준 것이다. 가수라는 것은 산화수를 의미하고, 분자의 산화수를 구하는 방법은 아래의 방법으로 구한다.

$$N = \frac{eq}{L}$$

$$eq = \frac{분자량}{가수}$$

(예) $Ca(OH)_2$ $2N = \frac{2eq}{L} = \frac{2 \times (74/2)g}{L}$)

💡 산화수(가수)를 구하는 방법

1. H^+ 또는 OH^-를 찾기 : 물질은 대부분 안정된 상태로 존재하고, 여기서 안정된 상태란 +와 −의 숫자가 같은 상태를 말합니다. 예를 들어 NaOH라고 한다면, OH^- 하나가 있으므로, Na^+가 되었을 때 1가로 안정됩니다. H_2SO_4의 경우에는 H^+가 2개 있으므로 SO_4^{-2}가 되어 2가로 안정되게 됩니다. 안정되는 개수로 산화수를 구합니다.
2. 그 외의 분자 : $KMnO_4$(5가), K_2CrO_7(6가) 시험에 나오는 특이한 두 녀석은 외우겠습니다.

4 단위환산

먼저 이 교재를 접하기 전에 단위환산방법을 터득하는 분들은 이 과정은 생략하셔도 좋습니다. 그럼 시작하겠습니다. 단위환산하는 방법은 다음과 같습니다. 첫 번째, 목표단위를 좌항에 위치시킵니다. 그런 다음 문제에서 주어진 단위를 우항 첫 번째에 위치시킵니다. 그 다음 환산을 시작합니다. 환산은 같은 단위끼리 대각선에 위치시키고, 환산인자는 분자와 분모의 개념이 같아야 합니다. 아래의 문제들은 설명드린 환산방법을 이용하여 풀어보았습니다.

1. 기린 2마리는 다리가 몇 개인가?

    해설 $X개 = 기린 2마리 \times \frac{4개}{1마리} = 8개$

    ⇒ 기린 X마리 = 다리 4X개

2. 여친과 100일된 남자는, 현재 몇 초 째 연애중인가?

    해설 $X초 = 100day \times \frac{24hr}{day} \times \frac{60min}{hr} \times \frac{60sec}{min} = 8,640,000초$

3. 1g/cm·sec(CGS)를 MKS 단위로 환산하여라.

   해설 $X\text{kg/m·sec} = \dfrac{1g}{cm·sec} \times \dfrac{1kg}{10^3 g} \times \dfrac{100cm}{1m} = 0.1\text{kg/m·sec}$

4. 우사인볼트는 100m를 9초만에 주파한다고 한다. 볼트는 시속 40km로 달리는 버스보다 더 빠를지 느릴지 판단하시오.

   해설 볼트가 시속 몇 km인지 환산 후 비교!

   $X\text{km/hr} = \dfrac{100m}{9sec} \times \dfrac{1km}{1000m} \times \dfrac{60sec}{1\min} \times \dfrac{60\min}{hr} = 40\text{km/hr}$

   결론 비겼지만 볼트가 오래 못 달리므로 버스 승....!

5. 미국인 친구는 유로를 많이 가지고 있는 한국인 친구 돈을 바꾸려고 한다. 미국인 친구가 와플 2개를 사려면 몇 달러가 필요한가? (단, 1달러 = 1,200원, 1유로 = 1,278원, 1와플 = 5유로)

   해설 $X달러 = 2개 \times \dfrac{5유로}{1개} \times \dfrac{1,278원}{1유로} \times \dfrac{1달러}{1,200원} = 10.65달러$

6. 10ppm의 염화수소를 mg/m³ 단위로 환산하시오. (단, 표준상태 기준)

   해설 $Xmg/m^3 = \dfrac{10mL}{m^3} \times \dfrac{36.5mg}{22.4mL} = 16.29mg/m^3$

   • 염화수소(HCl) 분자량 = 1+35.5 = 36.5

5 pH

1) pH란?

수소이온농도의 상용대수의 역수로써 수소이온이 얼마나 많은지, 적은지를 통해 얼마나 산성인지 염기성인지를 나타내주는 지표이다. pH는 1~14까지의 숫자로 표현된다.

① pH는 1에 가까울수록 산성이다.
② pH는 14에 가까울수록 염기성이다.
③ pH 7은 중성이다.
④ 14 = pH + pOH

2) pH, pOH 계산

식 $pH = \log \dfrac{1}{[H^+]}$, $[H^+] = 10^{-pH}$

식 $pOH = \log \dfrac{1}{[OH^-]}$, $[OH^-] = 10^{-pOH}$

식 $NV = N'V'$ (중화적정식)

UNIT 02 공학관련법칙

1 기체관련법칙

1) 보일의 법칙 : 기체의 부피는 압력에 반비례

> 풍선 1L에 가해지는 압력은 1atm, 압력이 2atm으로 바뀐다면?
>
> 정답 $X L = 1L \times \dfrac{1atm}{2atm} = 0.5L$

2) 샤를의 법칙 : 기체의 부피는 온도에 비례

① 온도는 절대온도(K) 사용, 절대온도에 비례해서 부피가 변하기 때문
② $0K = -273℃$, $273K = 0℃$

> 현재온도는 10℃일 때, 풍선의 부피는 1L이다. 온도가 20℃로 상승한다면, 풍선의 부피는 얼마가 되겠는가?
>
> 정답 $X L = 1L \times \dfrac{273+20}{273+10} = 1.0353L$

> 현재온도는 10℃일 때, 풍선속의 먼지의 농도는 1g/L이다. 온도가 20℃로 상승한다면, 풍선 속의 먼지의 농도는 얼마가 되겠는가?
>
> 정답 $X g/L = \dfrac{1g}{L} \times \dfrac{273+10}{273+20} = 0.97g/L$
>
> 해설 샤를의 법칙은 기체에만 적용되므로 온도변화에 따른 부피변화는 분모인 1L에만 적용된다.

3) **아보가드로의 법칙** : 온도와 압력이 일정할 때 부피는 몰수에 비례

$$PV = nRT$$

- P : 압력 • V : 부피 • n : 몰수 • R : 이상기체상수 • T : 온도(K)

※ 1mol = 22.4L(표준상태) = 6.02×10^{23}개

4) **돌턴의 법칙** : 전체 압력은 각각의 기체의 부분압력을 모두 더한 값과 같다는 법칙(부분압은 부분부피와 비례)

(예) 공기 1L = 질소 0.79L + 산소 0.21L이라면, 공기 1atm = 질소 0.79atm + 산소 0.21atm)

$$P_i = P_t \times \left(\frac{V_i}{V_t}\right), \quad V_i = V_t \times \left(\frac{P_i}{P_t}\right)$$

- P_i : 부분압 • P_t : 전압(전체압력) • V_i : 부분부피 • V_t : 전체부피

5) **그레이엄의 법칙** : 기체분출속도는 그 기체 분자량의 제곱근에 반비례한다는 법칙

(예) 분자량이 작으면 분출속도는 커짐, 수소(H_2) 1mol = 2g = 22.4L, 이산화탄소(CO_2) 1mol = 44g = 22.4L)

6) **라울의 법칙**

비휘발성 용질을 포함하는 용액의 증기압은, 순용매의 증기압과 용액 속 용매의 몰분율의 곱과 같아진다는 법칙

(예) 증기압이 높은 에탄올, 증기압이 낮은 설탕 → 에탄올+물과 설탕+물의 증기압 비교시 에탄올+물의 증기압이 높아짐)

7) **게이뤼삭 법칙**

기체들이 반응해서 다른 기체를 형성할 때, 온도와 압력이 동일한 조건에서 부피를 측정하면, 반응물과 생성물의 부피간의 비율은 자연수(정수)라는 법칙(일정한 부피조건에서 압력과 온도는 비례)

(예) $CH_4 + 2O_2 \rightarrow CO_2 + 2H_2O$)

> 여기까지 산업위생에 꼭 필요한 공학기초를 배워보았습니다.
> 머리가 아주 뜨거워지셨을 걸로 예상됩니다. 맛있는 간식 드시면서
> 당을 보충하시는 것이 좋을 것 같습니다. 고생하셨습니다.

그럼 곧 **다음 챕터**에서 뵙겠습니다.

기출문제로 다지기 — UNIT 01~02 공학 기초, 관련 법칙

01. 어느 사업장에서 톨루엔($C_6H_5CH_3$)의 농도가 0℃일 때 100ppm이었다. 기압의 변화없이 기온이 25℃로 올라갈 때 농도는 약 몇 mg/m³로 예측되는가?

① 325mg/m³   ② 346mg/m³
③ 365mg/m³   ④ 376mg/m³

해설
$$X\text{mg/Am}^3 = \frac{100\,\text{SmL}}{\text{Sm}^3} \times \frac{273}{273+25}(\text{분모보정}) \times \frac{92\text{mg}}{22.4\,\text{SmL}}$$
$$= 376.28\,mg/Am^3$$

02. 작업환경공기 중의 벤젠농도를 측정한 결과 8mg/m³, 5mg/m³, 7mg/m³, 3ppm, 6mg/m³ 이었을 때, 기하평균은 약 몇 mg/m³인가? (단, 벤젠의 분자량은 78이고, 기온은 25℃이다.)

① 7.4   ② 6.9
③ 5.3   ④ 4.8

해설 기하평균 = $\sqrt[n]{a_1 \times a_2 \times a_3 \cdots a_n}$

• $X\text{mg/m}^3 = 3\text{ppm} = \frac{3\text{mL}}{\text{m}^3} \times \frac{78\text{mg}}{22.4\text{mL}} \times \frac{273}{273+25}$
$= 9.57\,mg/m^3$

∴ 기하평균 = $\sqrt[5]{8 \times 5 \times 7 \times 9.57 \times 6} = 6.94\,\text{mg/m}^3$

03. Hexane의 부분압이 120mmHg이라면 VHR은 약 얼마인가? (단, Hexane의 OEL = 500ppm이다.)

① 271   ② 284
③ 316   ④ 343

해설 식 VHR(증기위험도지수) = $\dfrac{\text{포화증기농도}}{\text{노출기준}}$

• 포화증기농도 = $\dfrac{120\,\text{mmHg}}{760\,\text{mmHg}} \times 10^6 = 157894.74\,\text{ppm}$

∴ VHR(증기위험도지수) = $\dfrac{157894.74}{500} = 315.79$

04. NaOH 10g을 10L의 용액에 녹였을 때, 이 용액의 몰농도(M)는? (단, 나트륨 원자량은 23이다.)

① 0.025   ② 0.25
③ 0.05   ④ 0.5

해설 $X(M, mol/L) = \dfrac{10g}{10L} \times \dfrac{1mol}{40g} = 0.025M$

05. 1N-HCl(F = 1.000) 500mL를 만들기 위해 필요한 진한 염산(비중: 1.18, 함량 35%)의 부피(mL)는?

① 약 18   ② 약 36
③ 약 44   ④ 약 66

해설 $NV = N'V'$

• $N'(eq/L) = \dfrac{1.18g}{mL} \times \dfrac{10^3 mL}{1L} \times \dfrac{1eq}{36.5g/1} \times 0.35$
$= 11.32N$

$1 \times 500 = 11.32 \times V'$
∴ $V' = 44.17\,mL$

정답 01. ④   02. ②   03. ③   04. ①   05. ③

06. 표준가스에 대한 법칙 중 [일정한 부피조건에서 압력과 온도는 비례한다.]는 내용은?

① 픽스의 법칙
② 보일의 법칙
③ 샤를의 법칙
④ 게이-루삭의 법칙

해설 게이-뤼삭(루삭)법칙은 기체는 같은 온도와 압력에서 기체의 부피 사이에 간단한 정수비가 성립된다는 법칙으로, 일정한 부피조건에서 압력과 온도는 비례한다는 의미를 가진다.

07. 일정한 온도조건에서 부피와 압력은 반비례한다는 표준 가스 법칙은?

① 보일의 법칙
② 샤를의 법칙
③ 게이-루삭의 법칙
④ 라울트의 법칙

해설
- 보일의 법칙 : 일정한 온도조건에서 부피와 압력은 반비례
- 샤를의 법칙 : 일정한 압력조건에서 부피와 온도는 비례

08. 작업장에서 오염물질 농도를 측정하였더니 그 중 일산화탄소(CO)가 0.01%이였다. 이 때 일산화탄소 농도(mg/m^3)는 약 얼마인가? (단, 25℃, 1기압 기준)

① 95 ② 105
③ 115 ④ 125

해설
$$X\,\mathrm{mg/m^3} = 0.01\% \times \frac{(10^4\mathrm{mL/m^3})}{1\%} \times \frac{28\mathrm{mg}}{24.45\mathrm{mL}}$$
$$= 114.52\,mg/m^3$$
※ $1\% = 10^4 ppm$

09. 온도가 15℃이고, 1기압인 작업장에 톨루엔이 $200mg/m^3$으로 존재할 경우 이를 ppm으로 환산하면 얼마인가? (단, 톨루엔의 분자량은 92.13이다.)

① 53.1 ② 51.2
③ 48.6 ④ 11.3

해설
$$X\,\mathrm{mL/m^3} = \frac{200\mathrm{mg}}{\mathrm{m^3}} \times \frac{22.4\mathrm{SmL}}{92.13\mathrm{mg}} \times \frac{273+15}{273}$$
$$= 51.3\,mL/m^3$$

10. 온도 25℃, 1기압하에서 분당 100mL씩 60분 동안 채취한 공기 중에서 벤젠이 3mg 검출되었다. 검출된 벤젠은 약 몇 ppm인가? (단, 벤젠의 분자량은 78이다.)

① 11 ② 15.7
③ 111 ④ 157

해설
$$X\,\mathrm{mL/m^3} = \frac{3mg}{(100\mathrm{mL/min}) \times 60\mathrm{min}} \times \frac{22.4\mathrm{SmL}}{78\mathrm{mg}} \times \frac{273+25}{273}$$
$$\times \frac{10^6 mL}{1m^3} = 156.74\,mL/m^3$$

11. Hexane의 부분압이 100mmHg(OEL 500ppm)이었을 때 VHR_{Hexane}은?

① 212.5 ② 226.3
③ 247.2 ④ 263.2

해설 식 $VHR = \dfrac{C}{TLV}$

- $C = \dfrac{100}{760} \times 10^6 = 131{,}578.95\,\mathrm{mL/m^3}$

∴ $VHR = \dfrac{C}{TLV} = \dfrac{131{,}578.95}{500} = 263.16$

정답 06. ④ 07. ① 08. ③ 09. ② 10. ④ 11. ④

12. 어느 작업장에서 Toluene의 농도를 측정한 결과 23.2ppm, 21.6ppm, 24.1ppm, 22.7ppm을 각각 얻었다. 기하평균 농도(ppm)는?

① 22.8 ② 23.8
③ 23.6 ④ 23.9

해설
식 $GM = \sqrt[n]{a_1 \times a_2 \times \cdots \times a_n} = \sqrt[4]{23.2 \times 21.6 \times 24.1 \times 22.7}$
    $= 22.88 \text{ppm}$

13. 3,000mL의 0.004M의 황산용액을 만들려고 한다. 5M 황산을 이용할 경우 몇 mL가 필요한가?

① 5.6mL ② 4.8mL
③ 3.1mL ④ 2.4mL

해설 $NV = N'V'$
- $N = \dfrac{0.004 \text{mol}}{L} \times \dfrac{2eq}{1 \text{mol}} = 0.008N$
- $V = 3{,}00 \text{mL}$
- $N' = \dfrac{5 \text{mol}}{L} \times \dfrac{2eq}{1 \text{mol}} = 10N$

$0.008 \times 3000 = 10 \times V'$ $\therefore V' = 2.4 \text{mL}$

14. 활성탄관을 연결한 저유량 공기 시료채취펌프를 이용하여 벤젠 증기(MW = 78g/mol)를 0.038m³ 채취하였다. GC를 이용하여 분석한 결과 478μg의 벤젠이 검출되었다면 벤젠 증기의 농도(ppm)는? (단, 온도 25℃, 1기압 기준, 기타 조건 고려 안함)

① 1.87 ② 2.34
③ 3.94 ④ 4.78

해설 $X \text{mL}/m^3 = \dfrac{478\mu g}{0.038 m^3} \times \dfrac{1 mg}{10^3 \mu g} \times \dfrac{24.45 mL}{78 mg} = 3.94 \text{mL}/m^3$
- 25℃, 1기압 기준 1mol의 부피 = 24.45L

15. 수동식 시료채취기(Passive sampler)로 8시간 동안 벤젠을 포집하였다. 포집된 시료를 GC를 이용하여 분석한 결과 20,000ng이었으며 공시료는 0ng이었다. 회사에서 제시한 벤젠의 시료채취량은 35.6mL/분이고 탈착효율은 0.96이라면 공기 중 농도는 몇 ppm인가? (단, 벤젠의 분자량은 78, 25℃, 1기압 기준)

① 0.38 ② 1.22
③ 5.87 ④ 10.57

해설 벤젠 농도 = $\dfrac{\text{벤젠포집량}}{\text{채취가스량}}$
- 벤젠포집량 = 20,000ng
- 채취가스량 = $\dfrac{35.6 \text{mL}}{\text{min}} \times 8 \text{hr} \times \dfrac{60 \text{min}}{1 \text{hr}} \times 0.96$
    = 16,404.48mL

∴ 벤젠농도 = $\dfrac{20{,}000 \text{ng}}{16{,}404.48 \text{mL}} \times \dfrac{1 \text{mg}}{10^6 \text{ng}} \times \dfrac{10^6 \text{mL}}{1 m^3} \times \dfrac{24.45 \text{mL}}{78 \text{mg}}$
    = $0.38 mL/m^3$

16. 어느 작업장의 온도가 18℃이고, 기압이 770mmHg, Methly Ethyl Ketone(분자량 = 72)의 농도가 26ppm일 때 mg/m³ 단위로 환산된 농도는?

① 64.5 ② 79.4
③ 87.3 ④ 93.2

해설 $X \text{mg}/A m^3 = \dfrac{26 A \text{mL}}{A m^3} \times \dfrac{273}{273+18} \times \dfrac{770}{760} \times \dfrac{72 \text{mg}}{22.4 \text{mL}}$
    = $79.43 mg/m^3$

17. 이산화탄소 가스의 비중은? (단, 0℃, 1기압 기준)

① 1.34 ② 1.41
③ 1.52 ④ 1.63

해설 $S(\text{비중}) = \dfrac{\text{대상물질의 밀도}}{\text{표준물질의 밀도}} = \dfrac{44/22.4}{29/22.4} = 1.52$

정답 12. ① 13. ④ 14. ③ 15. ① 16. ② 17. ③

18. 수은(알킬수은 제외)의 노출기준은 0.05mg/m³이고 증기압은 0.0029mmHg이라면 VHR(Vapor Hazard Ratio)은? (단, 25℃, 1기압 기준, 수은 원자량 200.6)

① 약 330 ② 약 430
③ 약 530 ④ 약 630

해설 식 $VHR = \dfrac{C}{TLV}$

- $C = \dfrac{0.0029}{760} \times 10^6 = 3.82 \text{mL/m}^3$
- $TLV = \dfrac{0.05mg}{m^3} \times \dfrac{24.45mL}{200.6mg} = 6.09 \times 10^{-3} mL/m^3$

∴ $VHR = \dfrac{C}{TLV} = \dfrac{3.82}{6.09 \times 10^{-3}} = 627.26$

19. 0℃, 1기압인 표준상태에서 공기의 밀도가 1.293kg/Sm³라고 할 때 25℃, 1기압에서의 공기밀도는 몇 kg/m³인가?

① 0.903kg/m³ ② 1.085kg/m³
③ 1.185kg/m³ ④ 1.411kg/m³

해설 온도압력보정은 기체에만 적용된다.

$X \text{kg/m}^3 = \dfrac{1.293\text{kg}}{\text{Sm}^3} \times \dfrac{273}{273+25} = 1.185\text{kg/m}^3$

20. 어느 작업장 내의 공기 중 톨루엔(Toluene)을 기체크로마토그래피법으로 농도를 구한 결과 65.0mg/m³이었다면 ppm 농도는? (단, 25℃, 1기압 기준, 톨루엔의 분자량 : 92.14)

① 17.3ppm ② 37.3ppm
③ 122.4ppm ④ 246.4ppm

해설 $X \text{mL/m}^3 = \dfrac{65\text{mg}}{m^3} \times \dfrac{24.45\text{mL}}{92.14\text{mg}} = 17.25 \text{mL/m}^3$

21. 일정한 압력조건에서 부피와 온도가 비례한다는 산업환기의 기본법칙은?

① 게이-루삭의 법칙 ② 라울트의 법칙
③ 샤를의 법칙 ④ 보일의 법칙

22. 어떤 유해 작업장에 일산화탄소(CO)가 표준상태(0℃, 1기압)에서 15ppm 포함되어 있다. 이 공기 1Sm³ 중에 CO는 몇 μg 포함되어 있는가?

① 약 9,000μg/Sm³
② 약 10,800μg/Sm³
③ 약 17,500μg/Sm³
④ 약 18,800μg/Sm³

해설 $X\mu g/m^3 = \dfrac{15mL}{m^3} \times \dfrac{28mg}{22.4mL} \times \dfrac{10^3 \mu g}{1mg} = 18,750 \mu g/m^3$

23. Hexane의 부분압은 120mmHg(OEL 500ppm)이라면 VHR은?

① 271 ② 284
③ 316 ④ 343

해설 식 $VHR = \dfrac{C}{TLV}$

- $C = \dfrac{120}{760} \times 10^6 = 157,891.7368 \text{mL/m}^3$
- $TLV = 500ppm$

∴ $VHR = \dfrac{C}{TLV} = \dfrac{157,891.7368}{500} = 315.79$

정답 18. ④ 19. ③ 20. ① 21. ③ 22. ④ 23. ③

24. 유기용제 작업장에서 측정한 톨루엔 농도는 65, 150, 175, 63, 83, 112, 58, 49, 205, 178ppm이다. 산술평균과 기하평균값은 각각 얼마인가?

① 산술평균 108.4, 기하평균 100.4
② 산술평균 108.4, 기하평균 117.6
③ 산술평균 113.8, 기하평균 100.4
④ 산술평균 113.8, 기하평균 117.6

해설

식 산술평균 $= \dfrac{a_1 + a_2 + \cdots + a_n}{n}$

∴ 산술평균
$= \dfrac{65+150+175+63+83+112+58+49+205+178}{10}$
$= 113.8\,ppm$

식 기하평균 $= \sqrt[n]{a_1 \times a_2 \times \cdots \times a_n}$

∴ 기하평균
$= \sqrt[10]{65 \times 150 \times 175 \times 63 \times 83 \times 112 \times 58 \times 49 \times 205 \times 178}$
$= 100.36\,ppm$

25. 순수한 물의 몰(M)농도는?

① 35.2 ② 45.3
③ 55.6 ④ 65.7

해설 물의 밀도(1g/cm³=1g/mL)를 몰농도로 환산하여 답을 산출한다.

$X(\text{mole/L}) = \dfrac{1g}{mL} \times \dfrac{10^3 mL}{L} \times \dfrac{1\,mole}{18g} = 55.56\,\text{mole/L(M)}$

26. 0.05M NaOH 용액 500mL를 준비하는데 NaOH는 몇 g이 필요한가? (단, Na의 원자량은 23)

① 1.0 ② 1.5
③ 2.0 ④ 2.5

해설 $Xg = \dfrac{0.05\,\text{mol}}{L} \times 500mL \times \dfrac{1L}{10^3 mL} \times \dfrac{40g}{1\,\text{mol}} = 1g$

27. NaOH 2g을 용해시켜 조제한 1,000mL의 용액을 0.1N–HCl 용액으로 중화적정 시 소요되는 HCl 용액의 용량은? (단, 나트륨 원자량 : 23)

① 1,000mL ② 800mL
③ 600mL ④ 500mL

해설 **식** $NV = N'V'$

• $N(eq/L) = \dfrac{2g}{1000mL} \times \dfrac{10^3 mL}{1L} \times \dfrac{1eq}{40g/1} = 0.05N$
• $V = 1000mL$
• $N' = 0.1N$

$0.05N \times 1000mL = 0.1N \times V'$, ∴ $N' = 500mL$

28. 0.01N–NaOH 수용액 중의 [H⁺]는 몇 mole/L인가?

① 1×10^{-2} ② 1×10^{-13}
③ 1×10^{-12} ④ 1×10^{-11}

해설 **식** $pH = 14 - pOH$
식 $[H^+] = 10^{-pH}$

• $pOH = \log\dfrac{1}{[OH^-]} = \log\dfrac{1}{[0.01]} = 2$
• NaOH ⇌ Na + OH
0.01mole : 0.01mole
$pH = 14 - 2 = 12$
∴ $[H^+] = 10^{-12}\,\text{mole/L}$

29. 0℃, 1atm에서 H₂ 1.0m³는 273℃, 700mmHg 상태에서 몇 m³인가?

① 약 2.2 ② 약 2.7
③ 약 3.2 ④ 약 3.7

해설 **식** $Xm^3 = 1m^3 \times \dfrac{273+273}{273} \times \dfrac{760}{700} = 2.17\,m^3$

정답 24. ③ 25. ③ 26. ① 27. ④ 28. ③ 29. ①

기출문제로 굳히기 — UNIT 01~02 공학 기초, 관련 법칙

01. 작업장에서 10,000ppm의 사염화에틸렌(분자량=166)이 공기 중에 함유되었다면 이 작업장 공기의 비중은? (단, 표준기압, 온도이며 공기의 분자량은 29)

① 1.028　　② 1.032
③ 1.047　　④ 1.054

해설 $S(비중) = \dfrac{S_1 \times C_1 + S_2 \times C_2}{C_1 + C_2}$

- $S(비중) = \dfrac{대상물질의 분자량}{공기의 분자량}$
- $S_1(사염화에틸렌) = \dfrac{166}{29} = 5.72$
- $S_2(공기) = \dfrac{29}{29} = 1$
- $C_1 = 10,000 ppm$
- $C_2 = 1,000,000 - 10,000 = 990,000 ppm$

$\therefore S(비중) = \dfrac{5.72 \times 10,000 + 1 \times 990,000}{1,000,000} = 1.047$

02. 20℃, 1기압에서 에틸렌글리콜의 증기압이 0.1mmHg이라면 공기 중 포화농도(ppm)는?

① 약 58　　② 약 112
③ 약 132　　④ 약 156

해설 $C(ppm) = \dfrac{P_i}{P_t} \times 10^6$

- P_t: 총 전압　· P_i: 부분압

$\therefore C(ppm) = \dfrac{0.1}{760} \times 10^6 = 131.58 ppm$

03. 3,000mL의 0.004M의 황산용액을 만들려고 한다. 5M 황산을 이용할 경우 몇 mL가 필요한가?

① 5.6mL　　② 4.8mL
③ 3.1mL　　④ 2.4mL

해설 식 $NV = N'V'$

- $N = \dfrac{0.004 mole}{L} \times \dfrac{98g}{1mole} \times \dfrac{1eq}{49g} = 0.008 eq/L$
- $V = 3,000 mL$
- $N' = \dfrac{5 mole}{L} \times \dfrac{98g}{1mole} \times \dfrac{1eq}{49g} = 10 eq/L$

$0.008 \times 3,000 = 10 \times V'$
$\therefore V' = 2.4 mL$

04. 고유량 공기 채취 펌프를 수동 무마찰 거품관으로 보정하였다. 비누방울이 300cm³의 부피까지 통과하는데 12.5초 걸렸다면 유량(L/min)은?

① 1.4　　② 2.4
③ 2.8　　④ 3.8

해설 $Q(L/min) = \dfrac{300 cm^3}{12.5 sec} \times \dfrac{60 sec}{1 min} \times \dfrac{1 mL}{1 cm^3} \times \dfrac{1 L}{10^3 mL}$
$= 1.44 L/min$

05. 20℃ 1기압에서 100L의 공기 중에 벤젠 1mg을 혼합시켰다. 이때의 벤젠농도(C_6H_6, V/V)는?

① 약 2.1ppm　　② 약 2.7ppm
③ 약 3.1ppm　　④ 약 3.7ppm

해설 $X mL/m^3 (V/V) = \dfrac{1mg}{100L} \times \dfrac{22.4 mL}{78 mg} \times \dfrac{273+20}{273} \times \dfrac{10^3}{m^3}$
$= 3.08 ppm$

정답 01. ③　02. ③　03. ④　04. ①　05. ③

06. 포름알데히드(CH_2O) 15g은 몇 mM인가?

① 0.5
② 15
③ 200
④ 500

해설 $X(mM) = 15g \times \dfrac{1mole}{30g} \times \dfrac{10^3 mM}{1mole} = 500 mM$

07. pH 2, pH 5인 두 수용액을 수산화나트륨으로 각각 중화시킬 때 중화제 NaOH의 투입량은 어떻게 되는가?

① pH 5인 경우 보다 pH 2가 3배 더 소모된다.
② pH 5인 경우 보다 pH 2가 9배 더 소모된다.
③ pH 5인 경우 보다 pH 2가 30배 더 소모된다.
④ pH 5인 경우 보다 pH 2가 1,000배 더 소모된다.

해설 pH 1의 크기는 log만큼 차이가 나기 때문에 1당 10배씩 차이가 난다. 따라서 5인 경우보다 더 산성인 pH 2일 때 10x10x10인 1000배 차이가 난다.

정답 06. ④   07. ④

UNIT 03 시료측정 계획

1 측정의 정의

1) 측정의 정의

측정이란 작업환경 중에 존재하는 유해인자를 여러 가지 방법으로 포집하여 정성적 또는 정량적으로 분석함으로써 폭로된 실제 값을 밝히는 일련의 조작과정을 말한다.

2) 측정과 관련된 용어의 정의

㉠ "액체채취방법"이라 함은 시료공기를 액체 중에 통과시키거나 액체의 표면과 접촉시켜 용해·반응·흡수·충돌 등을 일으키게 하여 당해 액체에 측정하고자 하는 물질을 채취하는 방법을 말한다.

㉡ "고체채취방법"이라 함은 시료공기를 고체의 입자층을 통해 흡입, 흡착하여 당해 고체입자에 측정하고자 하는 물질을 채취하는 방법을 말한다.

㉢ "직접채취방법"이라 함은 시료공기를 흡수, 흡착 등의 과정을 거치지 아니하고 직접채취대 또는 진공채취병 등의 채취용기에 물질을 채취하는 방법을 말한다.

㉣ "냉각응축채취방법"이라 함은 시료공기를 냉각된 관 등에 접촉 응축시켜 측정하고자 하는 물질을 채취하는 방법을 말한다.

㉤ "여과채취방법"이란 시료공기를 여과재를 통하여 흡인함으로써 해당 여과재에 측정하려는 물질을 채취하는 방법을 말한다.

㉥ "개인시료채취"란 개인시료채취기를 이용하여 가스·증기·분진·흄(fume)·미스트(mist) 등을 근로자의 호흡위치(호흡기를 중심으로 반경 30㎝인 반구)에서 채취하는 것을 말한다.

㉦ "지역시료채취"란 시료채취기를 이용하여 가스·증기·분진·흄(fume)·미스트(mist) 등을 근로자의 작업행동 범위에서 호흡기 높이에 고정하여 채취하는 것을 말한다.

㉧ "노출기준"이란 「산업안전보건법」(이하 "법"이라 한다) 제39조제2항에서 정한 작업환경평가기준을 말한다.

㉨ "최고노출근로자"란 「산업안전보건법 시행규칙」(이하 "규칙"이라 한다) 별표 11의5에 따른 작업환경측정대상 유해인자의 발생 및 취급원에서 가장 가까운 위치의 근로자이거나 작업환경측정대상 유해인자에 가장 많이 노출될 것으로 간주되는 근로자를 말한다.

㉩ "단위작업장소"란 규칙 제93조제1항에 따라 작업환경측정대상이 되는 작업장 또는 공정에서 정상적인 작업을 수행하는 동일 노출집단의 근로자가 작업을 하는 장소를 말한다.

㉪ "호흡성분진"이란 호흡기를 통하여 폐포에 축적될 수 있는 크기의 분진을 말한다.

㉫ "흡입성분진"이란 호흡기의 어느 부위에 침착하더라도 독성을 일으키는 분진을 말한다.

㉬ "입자상 물질"이란 화학적 인자가 공기중으로 분진·흄(fume)·미스트(mist) 등의 형태로 발생되는 물질을 말한다.

ⓗ "가스상 물질"이란 화학적 인자가 공기중으로 가스·증기의 형태로 발생되는 물질을 말한다.
㉮ "정도관리"란 작업환경측정·분석치에 대한 정확성과 정밀도를 확보하기 위하여 지정측정기관의 작업환경측정·분석능력을 평가하고, 그 결과에 따라 지도·교육 그 밖에 측정·분석능력 향상을 위하여 행하는 모든 관리적 수단을 말한다.
㉯ "정확도"란 분석치가 참값에 얼마나 접근하였는가 하는 수치상의 표현을 말한다.
㉰ "정밀도"란 일정한 물질에 대해 반복측정·분석을 했을 때 나타나는 자료 분석치의 변동크기가 얼마나 작은가 하는 수치상의 표현을 말한다.

3) 일반사항(총칙)

① 온도
  ㉠ 상온 15~25℃
  ㉡ 실온 1~35℃ [암기TIP] 실은 너 하나를 사모해
  ㉢ 미온 30~40℃
  ㉣ 찬곳 0~15℃ [암기TIP] 뺑찬공(0) 일오(15)버렸어요.
  ㉤ 냉수 15℃ 이하
  ㉥ 온수 60~70℃ [암기TIP] 온 육수(6)
  ㉦ 열수 약 100℃

② 용어모음
  ㉠ "항량이 될 때까지 건조한다 또는 강열한다"란 규정된 건조온도에서 1시간 더 건조 또는 강열할 때 전후 무게의 차가 매 g당 0.3mg 이하일 때를 말한다.
  ㉡ 시험조작 중 "즉시"란 30초 이내에 표시된 조작을 하는 것을 뜻한다.
  ㉢ "감압 또는 진공"이라 함은 따로 규정이 없는 한 15mmHg 이하를 뜻한다.
  ㉣ "이상" "초과" "이하" "미만"이라고 기재하였을 때 이자가 쓰인 쪽은 어느 것이나 기산점 또는 기준점인 숫자를 포함하며, "미만" 또는 "초과"는 기산점 또는 기준점의 숫자는 포함하지 않는다. 또 "a~b"라 표시한 것은 a 이상 b 이하임을 뜻한다.
  ㉤ "바탕시험을 하여 보정한다" 함은 시료에 대한 처리 및 측정을 할 때 시료를 사용하지 않고 같은 방법으로 조작한 측정치를 빼는 것을 뜻한다.
  ㉥ "정확하게 단다"라 지시된 수치의 중량을 2 자릿수까지 단다는 것을 말한다.
  ㉦ "약"이란 그 무게 또는 부피에 대하여 ±10% 이상의 차가 있어서는 안 된다.
  ㉧ "검출한계"란 분석기기가 검출할 수 있는 가장 작은 양을 말한다.
  ㉨ "정량한계"란 분석기기가 정량할 수 있는 가장 작은 양을 말한다.
  ㉩ "회수율"이란 여과지에 채취된 성분을 추출과정을 거쳐 분석 시 실제 검출되는 비율을 말한다.
  ㉪ "탈착효율"이란 흡착제에 흡착된 성분을 추출과정을 거쳐 분석 시 실제 검출되는 비율을 말한다.
  ㉫ "특이성"이란 다른 물질의 존재에 관계없이 분석하고자 하는 대상물질을 정확히 분석할 수 있는 능력을 말한다.

③ 용기
- ㉠ "용기"라 함은 시험용액 또는 시험에 관계된 물질을 보존, 운반 또는 조작하기 위하여 넣어두는 것으로 시험에 지장을 주지 않도록 깨끗한 것을 뜻한다.
- ㉡ "밀폐용기"라 함은 물질을 취급 또는 보관하는 동안에 이물이 들어가거나 내용물이 손실되지 않도록 보호하는 용기를 뜻한다.
- ㉢ "밀봉용기"라 함은 물질을 취급 또는 보관하는 동안에 기체 또는 미생물이 침입하지 않도록 내용물을 보호하는 용기를 뜻한다.
- ㉣ "기밀용기"라 함은 물질을 취급 또는 보관하는 동안에 외부로부터의 공기 또는 다른 가스가 침입하지 않도록 내용물을 보호하는 용기를 뜻한다.
- ㉤ "차광용기"라 함은 광선을 투과하지 않은 용기 또는 투과하지 않게 포장을 한 용기로서 취급 또는 보관하는 동안에 내용물의 광화학적 변화를 방지할 수 있는 용기를 뜻한다.

④ 시약
- ㉠ 시험에 사용하는 표준품은 원칙적으로 특급 시약을 사용하며 표준액을 조제하기 위한 표준용시약은 따로 규정이 없는 한 데시케이터에 보존된 것을 사용한다.
- ㉡ 시료에 시험, 바탕시험 및 표준액에 대한 시험을 일련의 동일시험으로 행할 때에 사용하는 시약 또는 시액은 동일 로트(Lot)로 조제된 것을 사용한다.

2 작업환경 측정의 목적

1) 측정자료 분석
① 근로자의 허용기준 초과여부 결정
② 환기시설의 성능평가
③ 과거의 노출농도가 타당한가 확인

2) 근로자의 건강장해 예방
① 최소의 오차범위, 최소의 시료수로 최대의 근로자 보호
② 근로자의 노출가능성 최소화
③ 노출기준 초과 시 더 이상 노출되지 않도록 보호

3) 안전하고 쾌적한 작업환경 조성
① 노출기준 초과시 작업공정 변경
② 노출기준 초과시 물질 변경
③ 노출기준 초과시 노출요인 변경

③ 작업환경 측정의 종류

1) 종류
① **일반측정** : 예비조사 또는 기초조사를 목적으로 하는 측정
② **산업안전보건법에 의한 측정** : 관리대상 작업의 환경파악과 지도관리를 목적으로 하는 측정
③ **근로자 피폭량을 결정하기 위한 측정** : 근로자의 피폭량을 알아서 근본적인 작업환경관리와 근로자 개개인의 건강관리에 필요한 자료를 얻고자 함을 목적으로 하는 측정

2) 일반적인 측정
① **환경위생과 관련된 사항** : 청소상태, 폐기물처리, 해충, 환기장치 및 급수, 화장실, 급식 등
② **업무와 관련된 사항**
　㉠ 원료와 생산품, 부산물의 유해정도
　㉡ 공정에서 발생하는 화학적 유해인자
　㉢ 물리적 유해인자 : 복사열, 기온, 기습, 소음, 진동, 조명, 복사선 등
　㉣ 사용하고 있는 방호장치 : 형식, 유효성, 보수정도, 사용상태

3) 산업안전보건법에 의한 측정
① **법 제125조(작업환경측정)**

　내용요약 : 사업주는 근로자의 건강을 보호하고 쾌적한 작업환경조성을 위해 작업환경측정 자격이 있는 자로 하여 작업환경측정을 하고 그 결과를 기록·보존·보고하여야 한다.

② **시행규칙 제186조(작업환경측정 대상작업장)** 작업환경측정 대상작업장은 아래의 유해인자에 노출되는 근로자가 있는 작업장을 말한다.
　㉠ 화학적 인자
　　• 유기화합물(114종)
　　• 금속류(24종)
　　• 산 및 알칼리류(17종)
　　• 가스상 물질류(15종)
　　• 작업환경측정시행령 제88조의 규정에 의한 허가대상유해물질(12종)
　　• 금속 가공유(1종)
　㉡ 물리적 인자
　　• 8시간 시간가중평균 80dB 이상의 소음(1종)
　　• 보건규칙 제7장의 규정에 의한 고열(1종)
　㉢ 분진(7종)
　　광물성분진, 곡물분진, 면분진, 목분진, 석면분진, 용접흄, 유리섬유
　㉣ 그 밖에 노동부장관이 정하여 고시하는 인체에 해로운 유해인자

③ 시행규칙 제93조의 4(작업환경측정 횟수)
  ㉠ 사업주는 작업장 또는 작업공정이 신규로 가동되거나 변경되는 등으로 작업환경측정 대상 작업장이 된 경우에는 그 날부터 30일 이내에 작업환경측정을 하고, 그 후 6개월에 1회 이상 정기적으로 작업환경을 측정하여야 한다. 다만, 작업환경측정 결과가 다음 아래의 어느 하나에 해당하는 작업장 또는 작업공정은 해당 유해인자에 대하여 그 측정일부터 3개월에 1회 이상 작업환경측정을 하여야 한다.
  ㉡ 화학적 인자(고용노동부장관이 정하여 고시하는 물질만 해당한다)의 측정치가 노출기준을 초과하는 경우
  ㉢ 화학적 인자(고용노동부장관이 정하여 고시하는 물질은 제외한다)의 측정치가 노출기준을 2배 이상 초과하는 경우

④ 최근 1년간 작업공정에서 공정 설비의 변경, 작업방법의 변경, 설비의 이전, 사용 화학물질의 변경 등으로 작업환경측정 결과에 영향을 주는 변화가 없는 경우로서 다음 아래의 어느 하나에 해당하는 경우에는 해당 유해인자에 대한 작업환경측정을 1년에 1회 이상 할 수 있다.
  ㉠ 작업공정 내 소음의 작업환경측정 결과가 최근 2회 연속 85데시벨(dB) 미만인 경우
  ㉡ 작업공정 내 소음 외의 다른 모든 인자의 작업환경측정 결과가 최근 2회 연속 노출기준 미만인 경우

4) 근로자 피폭량을 결정하기 위한 측정
  ① 시료채취 장소에 따른 분류
    ㉠ 지역시료채취 : 단위작업장소에서 호흡기 높이에 고정하여 시료채취
      • 작업환경 모니터링용(일시, 고정)
      • 개인시료채취가 어려울 때 사용
      • 개인시료채취를 대신할 수 없으며 근로자의 노출정도를 평가할 수 없음
    ㉡ 개인시료채취 : 근로자 호흡위치(호흡기를 중심으로 반경 30cm)에 포집기를 설치하여 시료채취
      • 근로자가 폭로되는 농도를 보다 정확히 측정할 수 있다.
      • 근로자가 장비를 지녀야 하므로 고의적 또는 우연한 행동으로 인한 오차발생우려
      • 노출기준 평가 시 이용된다.
      • 대상이 근로자일 경우 노출되는 유해인자의 양이나 강도를 간접적으로 측정하는 방법이다.
  ② 포집에 의한 시료채취 방법
    ㉠ 액체포집방법 (예 임핀저 등)
    ㉡ 고체포집방법 (예 실리카겔, 활성탄, molecular sheave 등)
    ㉢ 여과포집방법 (예 유리섬유, 멤브레인 등)
    ㉣ 냉각응축방법
    ㉤ 직접포집방법 (예 포집포대, 포집병, 주사통 등)
    ㉥ 확산포집방법
  ③ 지시계에 의한 측정방법
    ㉠ 상대농도 지시계   ㉡ 검지관
    ㉢ 가스(기체)크로마토그래피   ㉣ 적외선 흡광분광기

4 작업환경 측정의 흐름도

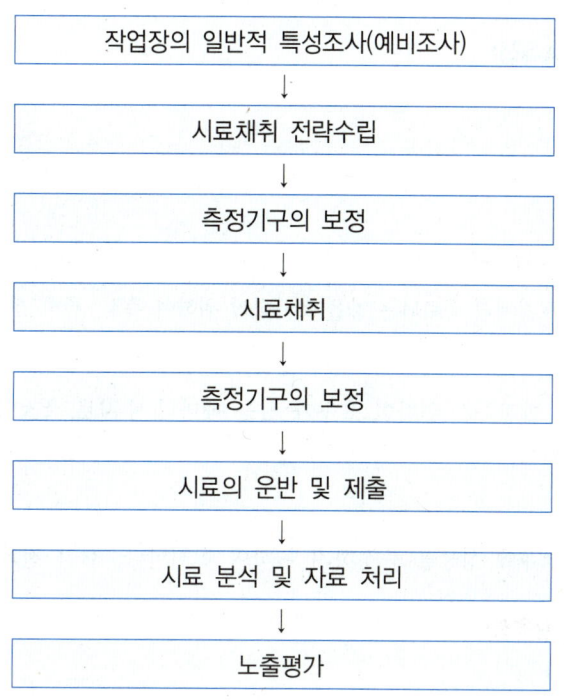

[측정과정]

작업장의 일반적 특성조사(예비조사)
↓
시료채취 전략수립
↓
측정기구의 보정
↓
시료채취
↓
측정기구의 보정
↓
시료의 운반 및 제출
↓
시료 분석 및 자료 처리
↓
노출평가

예비조사

① 목적
- 유해인자 발생특성 조사
- 노출평가전략의 성공적 수립
- 유사노출그룹(SEG)의 설정

② 내용
- 공정특성
- 작업특성
- 유해인자특성

5 작업환경 측정 순서와 방법

목적에 맞추어 시간가중 평균치, 단시간 폭로측정, 천정값 중에서 1개 이상의 측정방법을 선택한다.

1) 시간가중 평균치(TWA, A측정)

① 정기 측정
- ㉠ 1년에 2회
- ㉡ 6개월에 1번

② 작업자 개인의 영향조사를 측정

작업공정 위치에서 근로자에게 폭로되는 양을 조사하기 위하여 측정, 특히 개인 시료채취에 의하여 측정해야 한다.

③ 수시측정

진정발생시 문제점을 발견하기 위하여 요구가 있을 때마다 수시로 측정한다. 개인시료채취와 지역시료채취를 병행하면 효과적이다.

④ 성능측정

방지시설을 설치한 경우에 성능을 측정하기 위하여 실시한다. 설치 전과 후를 비교해야 한다.

2) 단시간 폭로측정(STEL, B측정)

① 이동작업

유해물의 발산을 수반하는 작업이나, 단위작업 장소에서 발생원과 더불어 이동하면서 작업을 수행하고 있을 때 실시한다.

② 간헐작업

유해물이 발산되는 작업, 즉 원재료를 투입하는 작업이나 공정을 점검하는 작업 등을 간헐적으로 수행하는 경우에 실시한다.

③ 고정작업

유해물질을 발산할 가능성이 있는 장치, 설비 등과 가까운 곳에서 고정 배치되어 작업을 수행하는 경우, 또는 유해물의 발산을 수반하는 작업을 작업자의 근처에서 수행해야 하는 경우에 실시한다.

6 준비작업

1) 측정대상물질의 결정

① 원료와 작업공정 조사
② 유해물질 발생장소와 생성기전 파악
③ 비슷한 공정의 다른 작업장의 조사자료 참조

2) 측정대상물질에 대한 문헌조사

① 유해정도
② 유해조건
③ 허용기준
④ 측정방법

3) 건강진단의 자료

① 근로자의 취업시 신체검사 자료
② 근로자의 근로후 신체검사 자료

4) 측정기기

① 측정기기 확보
② 원리, 특징, 장단점, 용도, 매뉴얼 확인
③ 오차 최소화 방법 모색

5) 참가인력준비

① 업무분담
② 사전교육

7 유사 노출군의 결정

1) 유사노출군

① 의미
  ㉠ 노출형태가 비슷한 작업자 군
  ㉡ 작업의 유사성, 빈도, 사용물질과 공정, 작업수행방식의 유사성이 있는 작업자 군

② 유사노출군 설정의 필요성
  ㉠ 노출의 크기는 매분, 매시간, 날짜마다 변한다.
  ㉡ 모든 근로자들을 대상으로 노출정도를 측정하는 것은 어렵다.
  ㉢ 모든 작업자들을 대상으로 측정하여도, 매일 측정하는 것은 불가능하다.

③ 유사노출군의 장점
  ㉠ 소수를 대상으로 정성적 혹은 정량적으로 노출의 특성을 측정하여 모든 작업자들의 노출을 대표하게 된다.
  ㉡ 제한된 자원을 잘 분할할 수 있다.
  ㉢ 특정 작업자의 모든 노출을 평가할 수 있다.
  ㉣ 시료채취 수를 경제적으로 한다.

ⓜ 작업장에서 모니터링하고 관리해야 할 우선적인 그룹을 결정하기 위함이다.
ⓑ 역학조사 수행 시 해당 근로자가 속한 동일노출그룹의 노출농도를 근거로 노출 원인 및 농도를 추정할 수 있다.

2) 단위작업장소

① 정의

대상 작업장의 구역 중에서 근로자의 작업 중 행동범위, 유해물질의 분포 등의 상황에 의거하여 정해진 작업환경 측정을 위해 필요한 구역이다.

② 단위작업장소 결정시 고려할 사항
㉠ 유해물질의 발생원이 있는 장소와 방향
㉡ 발생원에서 발산된 유해물질이 작업장에 미치는 영향과 범위, 농도 분포 파악
㉢ 작업장에서 일하고 있는 작업자의 행동범위

③ 단위작업장소 설정시 주의사항
㉠ 생산공정이나 설비가 다소 차이가 있어도 유해물질의 종류와 양에 차이가 없는 경우에 전체를 한 단위로 설정한다.
㉡ 다수의 똑같은 종류의 발생원이 있는 장소는 전체를 한 단위로 설정한다.
㉢ 다수의 똑같은 종류의 발생원이 있는 장소라도 근로자의 행동범위가 공정 또는 직제별로 구분되어 있는 경우는 각각의 단위작업장소로 선정한다.
㉣ 2교대, 3교대는 작업내용이 같아도 각각 다른 단위작업장소로 구분한다.
㉤ 이미 선정된 단위작업장소에서 측정한 측정치의 편차가 심하면 단위작업장소를 다시 선정한다.

④ 측정 설계
㉠ 작업환경을 측정할 때에는 단위작업장소에서 최고노출근로자가 2인 이상에 대하여 동시에 측정하되, 단위작업장소에 근로자가 1인인 경우에는 그러하지 아니하며 동일작업 근로자 수가 10인을 초과하는 경우에는 매 5인당 1인(1개 지점) 이상을 추가하여 측정한다.
㉡ 동일작업 근로자 수가 100인을 초과하는 경우에는 측정대상 인원을 최대 20인으로 조정할 수 있다.

8 유사 노출군의 설정방법

1) 관찰에 의한 방법
① 작업장, 작업자 및 환경인자의 기본특성을 파악하면서 수집된 자료를 기초로 관찰에 의하여 설정한다.
② 산업위생전문가는 이러한 자료를 검토하고, 훈련과 경험을 통하여 얻은 지식을 근거로 유사노출군을 결정한다.
③ 사용되는 결정요인은 공정 직종, 직무 및 환경요인이다.

2) 표본접근방법
① 필요한 자료 : 작업환경 측정자료를 확보하여 유사노출군을 설정
② 유용하게 사용하는 설정방법 : 한 그룹에서 근로자들의 장시간 폭로된 평균노출값의 2배수에 폭로된 사람들을 유사노출군으로 설정
③ 판정방법
  ㉠ 유사군의 평균노출범위가 허용기준의 1/2~1배 범위이면 건강위험은 크다고 판단
  ㉡ 유사군의 평균노출범위가 허용기준의 1/100배 정도이면 유사노출군의 범위를 평균노출의 10배로 설정

3) 관찰법과 표본법의 혼합방법
① 관찰접근법을 사용하여 유사노출군 설정
② 관찰에 의하여 정해진 유사노출군에 대한 노출평가를 실시
③ 작업자의 개별노출이 심각하여 오분류 문제가 있는 유사노출군을 파악
④ 노출평가와 통계적 분석 등 표본접근법에 의하여 문제가 있는 유사노출군을 다시 설정

기출문제로 다지기 — UNIT 03 시료측정 계획

01. 작업환경 측정의 목표를 설명한 것으로 틀린 것은?

① 근로자의 유해인자 노출 파악을 위한 직접방법이다.
② 역학조사 시 근로자의 노출량을 파악한다.
③ 환기시설을 가동하기 전과 후에 공기 중 유해물질 농도를 측정하여 성능을 평가한다.
④ 근로자의 노출이 법적 기준인 허용농도를 초과하는지의 여부를 판단한다.

해설 근로자의 유해인자 노출 파악을 위한 간접방법이다.

02. 작업 환경측정방법 중 측정시간에 관한 내용이다. ( ) 안에 옳은 내용은? (단, 고시기준)

> 측정은 1일 작업시간 동안 6시간 이상 연속 측정하거나 작업시간을 등간격으로 나누어 6시간 이상 연속분리 측정하되 다음 경우에는 예외로 할 수 있다.
> – 화학물질 및 물리적 인자의 노출기준에 단시간노출기준이 설정되어 있는 대상물질로서 단시간 고농도에 노출된 경우에는 ( ) 측정한 경우

① 1회에 15분간, 1시간 이상의 등간격으로 2회 이상
② 1회에 15분간, 1시간 이상의 등간격으로 4회 이상
③ 1회에 15분간, 1시간 이상의 등간격으로 6회 이상
④ 1회에 15분간, 1시간 이상의 등간격으로 8회 이상

03. 온도 표시에 관한 내용으로 옳지 않은 것은? (단, 고시 기준)

① 실온은 1~35℃
② 미온은 30~40℃
③ 온수는 60~70℃
④ 냉수는 4℃ 이하

04. 시료채취방법에서 지역시료채취의 장점과 거리가 먼 것은?

① 특정 공정의 농도분포의 변화 및 환기장치의 효율성 변화 등을 알 수 있다.
② 측정결과를 통해서 근로자에게 노출되는 유해인자의 배경농도와 시간별 변화 등을 평가할 수 있다.
③ 특정 공정의 계절별 농도변화 및 공정의 주기별 농도변화 등의 분석이 가능하다.
④ 근로자 개인시료의 채취를 대신할 수 있다.

해설 개인시료채취와 지역시료채취는 그 사용목적이 달라 대신할 수 없다.

05. 작업 측정방법 중 시료채취 근로자 수에 관한 기준으로 옳지 않은 것은? (단, 노동부 고시기준)

① 단위작업장소에서 최고 노출 근로자 2명 이상에 대하여 동시에 측정한다.
② 동일작업 근로자 수가 10명을 초과하는 경우에는 매 5명당 1인(1개 지점) 이상 추가하여 측정하여야 한다.
③ 동일작업 근로자 수가 100명을 초과하는 경우에는 최대 시료채취 근로자 수를 10명으로 조정할 수 있다.
④ 지역시료채취를 시행할 경우 단위작업장소의 넓이가 50제곱미터 이상인 경우에는 매 30제곱미터마다 1개 지점 이상을 추가로 측정하여야 한다.

해설 동일작업 근로자 수가 100명을 초과하는 경우에는 최대 시료채취 근로자 수를 20명으로 조정할 수 있다.

정답 01. ① 02. ② 03. ④ 04. ④ 05. ③

06. 작업장 기본특성 파악을 위한 예비조사 내용 중 유사노출그룹(HEG) 설정에 관한 설명으로 알맞지 않은 것은?

① 조직, 공정, 작업범주 그리고 공정과 작업내용별로 구분하여 설정한다.
② 역학조사를 수행할 때 사건이 발생된 근로자와 다른 노출그룹의 노출농도를 근거로 사건 발생된 노출농도를 추정할 수 있다.
③ 모든 근로자의 노출농도를 평가하고자 하는데 목적이 있다.
④ 모든 근로자를 유사한 노출그룹별로 구분하고 그룹별로 대표적인 근로자를 선택하여 측정하면 측정하지 않은 근로자의 노출농도까지도 추정할 수 있다.

[해설] 역학조사를 수행할 때 사건이 발생된 근로자에 속한 동일노출그룹의 노출농도를 근거로 사건 발생된 노출농도를 추정할 수 있다.

07. 유사노출그룹(HEG)에 관한 내용으로 틀린 것은?

① 시료 채취수를 경제적으로 하는데 목적이 있다.
② 유사노출그룹은 우선 유사한 유해인자별로 구분한 후 유해인자의 동질성을 보다 확보하기 위해 조직을 분석한다.
③ 역학조사를 수행할 때 사건이 발생된 근로자가 속한 유사노출그룹의 노출농도를 근거로 노출원인 및 농도를 추정할 수 있다.
④ 유사노출그룹은 노출되는 유해인자의 농도와 특성이 유사하거나 동일한 근로자 그룹을 말하며 유해인자의 특성이 동일하다는 것은 노출되는 유해인자가 동일하고 농도가 일정한 변이 내에서 통계적으로 유사하다는 의미이다.

[해설] 유사노출그룹은 우선 유사한 유해인자별로 구분한 후 각 인자의 유해정도를 분석하여 우선적으로 관리해야 할 그룹을 결정하기 위해서 조직을 분석한다.

08. 작업장 기본특성 파악을 위한 예비조사 내용 중 유사노출그룹(HEG)설정에 관한 설명으로 가장 거리가 먼 것은?

① 역학조사를 수행 시 사건이 발생된 근로자와 다른 노출그룹의 노출 정도를 근거로 사건이 발생된 노출농도의 추정에 유용하며, 지역시료 채취만 인정된다.
② 조직, 공정, 작업범주 그리고 공정과 작업내용별로 구분하여 설정한다.
③ 모든 근로자를 유사한 노출그룹별로 구분하고 그룹별로 대표적인 근로자를 선택하여 측정하면 측정하지 않은 근로자의 노출농도까지도 측정할 수 있다.
④ 유사노출그룹 설정을 위한 목적 중 시료채취 수를 경제적으로 하기 위함도 있다.

[해설] 역학조사를 수행할 때 사건이 발생된 근로자가 속한 유사노출그룹의 노출농도를 근거로 노출원인 및 농도를 추정할 수 있다. 개인시료 채취만 인정된다.

09. 물질을 취급 또는 보관하는 동안에 이물(異物)이 들어가거나 내용물이 손실되지 않도록 보호하는 용기는?

① 밀봉용기　　② 밀폐용기
③ 기밀용기　　④ 폐쇄용기

정답　06. ②　07. ②　08. ①　09. ②

10. 유사노출그룹(HEG)에 대한 설명 중 잘못된 것은?

① 시료채취 수를 경제적으로 하는데 활용한다.
② 역학조사를 수행할 때 사건이 발생된 근로자가 속한 HEG의 노출농도를 근거로 노출원인을 추정할 수 있다.
③ 모든 근로자의 노출정도를 추정하는데 활용하기는 어렵다.
④ HEG는 조직, 공정, 작업범주 그리고 작업(업무)내용별로 구분하여 설정할 수 있다.

해설 모든 근로자의 노출정도를 추정할 수 있다.

11. 유사노출그룹을 설정하는 목적과 가장 거리가 먼 것은?

① 시료채취수를 경제적으로 하는데 있다.
② 모든 근로자의 노출농도를 평가하고자 하는데 있다.
③ 역학조사 수행시 사건이 발생된 근로자가 속한 유사노출그룹의 노출농도를 근거로 노출원인 및 농도를 추정하는데 있다.
④ 법적 노출기준의 적합성 여부를 평가하고자 하는데 있다.

12. "물질을 취급 또는 보관하는 동안에 기체 또는 미생물이 침입하지 않도록 내용물을 보호하는 용기"는 다음 중 어느 것인가? (단, 고용노동부 고시 기준)

① 밀폐용기   ② 기밀용기
③ 밀봉용기   ④ 차광용기

13. 허용기준 대상 유해인자의 노출농도 측정 및 분석방법 중 온도표시에 관한 내용으로 틀린 것은?

① 냉수는 15℃ 이하를 말한다.
② 온수는 50~60℃를 말한다.
③ 찬 곳은 따로 규정이 없는 한 0~15℃의 곳을 말한다.
④ 미온은 30~40℃이다.

14. 개인시료채취라 함은 근로자의 호흡기 위치에서 채취하는 것을 말한다. 근로자의 호흡기 위치로 가장 적절한 것은?

① 근로자의 호흡기를 중심으로 반경 30cm인 반구
② 근로자의 호흡기를 중심으로 반경 50cm인 반구
③ 근로자의 호흡기를 중심으로 반경 60cm인 반구
④ 근로자의 호흡기를 중심으로 반경 90cm인 반구

정답 10. ③　11. ④　12. ③　13. ②　14. ①

UNIT 04 시료분석 기술

1 보정의 원리 및 종류

1) 보정의 개념
① **개념** : 측정도구의 표시눈금을 실제 값과 일치시키기 위하여 실시하는 일련의 실험설계 또는 측정오차를 최소화하기 위한 조작이라 할 수 있다.
② **목적** : 작업환경측정 측면에서의 보정의 목적은 근로자에게 폭로되는 정확한 유해물질의 정량적 파악을 위한 오차를 제거 또는 최소화하는 데 있다.

2) 보정의 종류
① **1차 표준 보정기구** : 기구자체가 정확한 값을 제시하는 기구로서 물리적 크기에 의해 공간의 부피를 직접 측정할 수 있는 기구를 말한다. (정확도 ±1% 이내)
  • 종류 : 비누거품미터(대표), 피스톤미터, 피토튜브, 폐활량계(스피로미터), 가스치환병, 유리피스톤미터

> 💡 **피토튜브(Pitot tube)**
> 기류를 측정하는 1차 표준기구로써 전압(총압)과 정압을 측정하여, 전압과 정압의 차이로 동압(속도압)을 산출한다. 여기서 산출된 동압을 속도로 환산한다.
>
> 식 $P_v = \dfrac{\gamma V^2}{2g}, \quad V = \sqrt{\dfrac{2gP_v}{\gamma}}$

② **2차 표준 보정기구** : 2차 표준 보정기구란 1차 보정기구로 보정 시 정확한 값을 제시할 수 있는 기구이다. (정확도 ±5% 이내)
  • 종류 : 로타미터(대표), 습식테스트미터, 건식가스미터, 헤드미터, 벤투리미터, 오리피스미터, 열선기류계 등

> 💡 **로타미터**
> 2차표준기구의 대표로써 펌프를 점검하는 용도로 사용한다.
> ① 바닥으로 갈수록 점점 가늘어지는 수직관과 그 안에서 자유롭게 상하로 움직이는 부자로 이루어져 있다.
> ② 관은 유리나 투명 플라스틱으로 되어 있으며 눈금이 새겨져 있다.
> ③ 최대 유량과 최소 유량의 비율이 10 : 1 범위이고 ±5% 이내의 정확성을 나타낸다.

③ **측정의 형태의 따른 분류**
  ㉠ 부피 측정 : 폐활량계(스피로미터), 습식테스트미터
  ㉡ 유량속도 측정 : 로타미터, 오리피스미터
  ㉢ 속도측정 : 피토튜브, 열선기류계

2 정도관리

1) 정의
정밀도와 정확도를 관리하는 것을 말한다.

2) 구분
① **작업환경측정기관 정도 관리** : 측정시료분석에 대한 정도를 평가하는 분석 정도 관리

② **특수건강진단기관 정도 관리**
  ㉠ 생체시료의 분석 정도를 평가하는 분석 정도 관리
  ㉡ 진폐증 판정 정도를 평가하는 진폐 정도 관리
  ㉢ 소음성 난청 판정 정도를 평가하는 청력 정도 관리

3) 목적
① 공인된 시험법에 따라 실험을 수행하였는지 그 부합성을 확인할 수 있다.
② 자료의 질 정도를 평가할 수 있다.
③ 작업환경평가 시 중요한 자료로 사용할 수 있다.
④ 분석자의 수행능력을 평가할 수 있다.
⑤ 자료의 신뢰성이 증가된다.
⑥ 내·외부 고객을 만족시킬 수 있다.

3 측정치의 오차

1) 개요
① **오차** : 측정값과 참값 사이를 말한다.
② 오차는 규칙성이 있는 계통오차와 불규칙한 우발오차(확률오차)로 구분한다.
③ **오차주요원인** : 시료채취, 분석과정
④ **유효숫자** : 측정 및 분석값의 정밀도를 표시하는 데 필요한 숫자

2) 계통오차
① 특징
  ㉠ 참값과 측정치 간에 일정한 차이가 있음을 나타낸다.
  ㉡ 대부분의 경우 변이의 원인을 찾아낼 수 있으며, 크기와 부호를 추정 및 보정할 수 있다.
  ㉢ 계통오차가 작을 때는 정확하다고 말한다.

② 원인
  ㉠ 부적절한 표준물질 제조 ㉡ 표준시료의 분해 ㉢ 잘못된 검량선
  ㉣ 부적절한 기구 보정 ㉤ 분석물질의 낮은 회수율 적용 ㉥ 부적절한 시료채취 여재의 사용

③ 종류
   ㉠ 외계오차(환경오차) : 측정 및 분석 시 온도나 습도와 같은 외계의 환경으로 생기는 오차
      [대책] 보정값을 구하여 수정함으로써 오차를 제거할 수 있다.
   ㉡ 기계오차(기기오차) : 사용하는 측정 및 분석 기기의 부정확성으로 인한 오차
      [대책] 기계의 교정에 의하여 오차를 제거할 수 있다.
   ㉢ 개인오차 : 측정자의 습관이나 선입관에 의한 오차
      [대책] 두 사람 이상 측정자의 측정을 비교하여 오차를 제거할 수 있다.

④ 계통오차 확인방법
   ㉠ 표준시료 분석 후 인증서값과 일치하는지 확인하는 방법
   ㉡ 기지(spliked)된 시료분석 후 이론값과 비교·확인하는 방법
   ㉢ 독립적 분석방법과 서로 비교·확인하는 방법

3) 우발오차(임의오차, 확률오차, 비계통오차)
   ① 특징
      ㉠ 어떤 값보다 큰 오차와 작은 오차가 일어나는 확률이 같을 때 이 값을 확률오차라 한다.
      ㉡ 참값의 변이가 기준값과 비교하여 불규칙하게 변하는 경우로, 정밀도로 정의되기도 한다.
      ㉢ 오차원인 규명 및 그에 따른 보정도 어렵다.
      ㉣ 한 가지 실험측정을 반복할 때 측정값의 변동으로 발생되는 오차이며 보정이 힘들다.
      ㉤ 측정횟수를 될 수 있는 대로 많이 하여 오차의 분포를 살펴 가장 확실한 값을 추정할 수 있다.
   ② 원인
      ㉠ 전력의 불안정으로 인한 기기반응이 불규칙하게 변하는 경우
      ㉡ 기기로 시료주입량의 불일정성이 있는 경우
      ㉢ 분석 시 부피 및 질량에 대한 측정의 변이가 발생한 경우

4) 상대오차
   ① 정의 : 측정오차를 참값으로 나눈 값을 의미한다.

   식 상대오차 = (근사값−참값)/참값

5) 누적오차
   ① 정의 : 여러 가지 요소에 의한 오차의 합을 의미
      (오차의 절대값이 큰 항부터 개선해야 오차를 최소로 줄일 수 있다.)

   식 $E_c = \sqrt{E_1^2 + E_2^2 + E_3^2 + \cdots + E_n^2}$

기출문제로 다지기 — UNIT 04 시료분석 기술 ①

01. 공기유량과 용량을 보정하는데 사용되는 표준기구 중 1차 표준기구가 아닌 것은?

① 폐활량계 ② 로터미터
③ 비누거품미터 ④ 가스미터

해설 로터미터는 2차 표준기구에 해당한다.

02. 유량, 측정시간, 회수율, 분석에 의한 오차가 각각 10, 5, 7, 5%였다. 만약 유량에 의한 오차(10%)를 5%로 개선시켰다면 개선 후의 누적 오차(%)는?

① 약 8.9 ② 약 11.1
③ 약 12.4 ④ 약 14.3

해설 식 누적오차(%) = $\sqrt{E_1^2 + E_2^2 + E_3^2 + \cdots E_n^2}$
= $\sqrt{5^2 + 5^2 + 7^2 + 5^2}$ = 11.14%

03. 유량, 측정시간, 회수율 및 분석에 의한 오차가 각각 18%, 3%, 9%, 5%일 때 누적오차는?

① 약 18% ② 약 21%
③ 약 24% ④ 약 29%

해설 식 누적오차(%) = $\sqrt{E_1^2 + E_2^2 + E_3^2 + \cdots E_n^2}$
= $\sqrt{18^2 + 3^2 + 9^2 + 5^2}$ = 20.95%

04. 1차, 2차 표준기구에 관한 내용으로 틀린 것은?

① 1차 표준기구란 물리적 차원인 공간의 부피를 직접 측정할 수 있는 기구를 말한다.
② 1차 표준기구로 폐활량계가 사용된다.
③ Wet-Test 미터, Rota 미터, Orifice 미터는 2차 표준기구이다.
④ 2차 표준기구는 1차 표준기구를 보정하는 기구를 말한다.

해설 2차 표준기구는 1차 표준기구로 보정한 후 사용하는 기구를 말한다.

05. 펌프유량 보정기구 중에서 1차 표준기구(Primary Standards)로 사용하는 Pitot Tube에 대한 설명으로 맞는 것은?

① Pitot Tube의 정확성에는 한계가 있으며 기류가 12.7m/s 이상일 때는 U자 튜브를 이용하고 그 이하에서는 기울어진 튜브(Inclined Tube)를 이용한다.
② Pitot Tube를 이용하여 곧바로 기류를 측정할 수 있다.
③ Pitot Tube를 이용하여 총압과 속도압을 구하여 정압을 계산한다.
④ 속도압이 15mmH$_2$O일 때 기류속도는 28.58m/s이다.

해설 ①항만 올바르다.
오답해설
② Pitot Tube를 이용하여 총 압력과, 정압을 측정하고 동압을 산출하여 기류를 측정한다.
③ Pitot Tube를 이용하여 총 압력과 정압을 구하여 동압을 계산한다.
④ 속도압이 15mmH$_2$O일 때 기류속도는 15.66m/s이다.

정답 01. ② 02. ② 03. ② 04. ④ 05. ①

식 $V = \sqrt{\dfrac{2gP_v}{\gamma}}$

06. 유량, 측정시간, 회수율, 분석에 의한 오차가 각각 10%, 5%, 10%, 5%일 때의 누적오차와 회수율에 의한 오차를 10%에서 7%로 감소(유량, 측정시간, 분석에 의한 오차율은 변화 없음)시켰을 때 누적오차의 차이는?

① 약 1.2%   ② 약 1.7%
③ 약 2.6%   ④ 약 3.45%

해설 식 누적오차의 차이 = 기존의 오차 − 수정후 오차

식 $E = \sqrt{E_1^2 + E_2^2 + E_3^2 + \cdots + E_n^2}$

- $E(\text{기존오차}) = \sqrt{10^2 + 5^2 + 10^2 + 5^2} = 15.81\%$
- $E(\text{수정오차}) = \sqrt{10^2 + 5^2 + 7^2 + 5^2} = 14.11\%$
∴ 누적오차의 차이 = 15.81 − 14.11 = 1.7%

07. 다음 중 1차 표준기구로만 짝지어진 것은?

① 로타미터, 피토튜브, 폐활량계
② 비누거품미터, 가스치환병, 폐활량계
③ 건식가스미터, 비누거품미터, 폐활량계
④ 비누거품미터, 폐활량계, 열선기류계

08. 처음 측정한 측정치는 유량, 측정시간, 회수율 및 분석 등에 의한 오차가 각각 15%, 3%, 9%, 5%였으나 유량에 의한 오차가 개선되어 10%로 감소되었다면 개선 전 측정치의 누적오차와 개선 후의 측정치의 누적오차의 차이(%)는?

① 6.6%   ② 5.6%
③ 4.6%   ④ 3.8%

해설 식 누적오차(%) = $\sqrt{E_1^2 + E_2^2 + E_3^2 + \cdots E_n^2}$

- 개선 전 누적오차(%) = $\sqrt{15^2 + 3^2 + 9^2 + 5^2} = 18.44\%$
- 개선 후 누적오차(%) = $\sqrt{10^2 + 3^2 + 9^2 + 5^2} = 14.66\%$
∴ 개선 전 − 개선 후 = 18.44 − 14.66 = 3.78%

09. 다음 중 계통 오차의 종류로 거리가 먼 것은?

① 한 가지 실험측정을 반복할 때 측정값들의 변동으로 발생되는 오차
② 측정 및 분석기기의 부정확성으로 발생된 오차
③ 측정하는 개인의 선입관으로 발생된 오차
④ 측정 및 분석 시 온도와 습도와 같이 알려진 외계의 영향으로 생기는 오차

해설 ①항은 우발오차(비계통오차)에 해당한다.
계통오차의 종류는 기계오차, 개인오차, 외계(환경)오차가 있다.
② 측정 및 분석기기의 부정확성으로 발생된 오차 − 기계오차
③ 측정하는 개인의 선입관으로 발생된 오차 − 개인오차
④ 측정 및 분석 시 온도와 습도와 같이 알려진 외계의 영향으로 생기는 오차 − 외계오차

10. 1차 표준 기구 중 일반적 사용범위가 10~500mL/분, 정확도는 ±0.05~0.25%인 것은?

① 폐활량계   ② 가스치환병
③ 건식 가스미터병   ④ 습식 테스트미터

11. 다음 중 1차 표준으로 사용되는 기구는?

① Wet-test meter   ② rota meter
③ orifice meter   ④ spiro meter

해설
- 1차 표준 보정기구 : 비누거품미터(대표), 피스톤미터, 피토튜브, 폐활량계(스피로미터), 가스치환병, 유리피스톤미터
- 2차 표준 보정기구 : 로터미터(대표), 습식테스트미터, 건식가스미터, 헤드미터, 벤투리미터, 오리피스미터, 열선기류계 등

정답 06. ② 07. ② 08. ④ 09. ① 10. ② 11. ④

12. 작업환경측정 분석시 발생하는 계통오차의 원인과 가장 거리가 먼 것은?

① 불안정한 기기반응
② 부적절한 표준액의 제조
③ 시약의 오염
④ 분석물질의 낮은 회수율

해설 불안정한 기기반응은 우발오차에 해당한다.
[계통오차의 원인]
- 부적절한 표준물질 제조
- 표준시료의 분해
- 잘못된 검량선
- 부적절한 기구 보정
- 분석물질의 낮은 회수율 적용
- 부적절한 시료채취 여재의 사용

13. 측정기구의 보정을 위한 2차 표준으로서 유량 측정 시 가장 흔히 사용되는 것은?

① 비누거품미터
② 폐활량계
③ 유리피스톤미터
④ 로타미터

14. "1차 표준"에 관한 설명으로 옳지 않은 것은?

① Wet-test meter(용량측정용)는 용량측정을 위한 1차 표준으로 2차 표준용량 보정에 사용된다.
② 폐활량계는 과거에 폐활량을 측정하는데 사용되었으나 오늘날 1차 표준용량으로 자주 사용된다.
③ 펌프의 유량을 보정하는데 1차 표준으로 비누거품 미터가 널리 사용된다.
④ 물리적 크기에 의해서 공간의 부피를 직접 측정할 수 있는 기구를 말한다.

15. 다음의 2차 표준기구 중 주로 실험실에서 사용하는 것은?

① 로타미터
② 습식테스트미터
③ 건식가스 미터
④ 열선기류계

16. 유체가 위쪽으로 흐름에 따라 Float도 위로 올라가며 Float와 관벽 사이의 접촉면에서 발생되는 압력강하가 Float를 충분히 지지해줄 때까지 올라간 Float의 눈금을 읽어 측정하는 장비는?

① 오리피스미터(Orifice Meter)
② 벤츄리미터(Venturi Meter)
③ 로타미터(Rota Meter)
④ 유출노즐(Flow Nozzles)

정답 12. ① 13. ④ 14. ① 15. ② 16. ③

4 화학 및 기기 분석법의 종류

1) 기체크로마토그래피(Gas chromatography)

① 원리

분석할 기체시료를 운반가스에 의해 분리관 내에서 휘발성을 이용하여 전개시켜 각 성분의 분리속도를 통해 정성 및 정량분석하는 방법

② 구분

㉠ 기체크로마토그래피(GC) : 이동상을 기체로 함, 분자량 500 이하인 시료에 적용
㉡ 가스-고체크로마토그래피(GSC) : 분리관의 충진물로 고체인 담체를 이용하여 흡착, 탈착기전을 이용하여 분리
㉢ 가스-액체크로마토그래피(GLC) : 분리관의 충진물로 고체지지체에 엷은 액상물질을 입혀 분배기전에 의해 분리
㉣ 액체크로마토그래피(HPLC, 고성능액체크로마토그래피) : 이동상을 액체로 함, 분자량 500 이상인 시료에 적용
㉤ 액체-고체크로마토그래피(LSC) : 분리관의 충진물로 고체인 담체를 이용하여 흡착, 탈착, 배제, 이온교환기전을 이용하여 분리
㉥ 액체-액체크로마토그래피(LLC) : 분리관의 충진물로 고체지지체에 엷은 액상물질을 입혀 분배기전에 의해 분리

③ 기체크로마토그래피의 기기적 구성

운반기체 - 유량조절계 - 시료주입부 분리관(칼럼) - 검출기 - 기록계

㉠ 운반기체
- 운반기체는 주로 질소, 헬륨, 수소가 사용
- 운반기체는 불활성, 순수, 건조해야 한다.
- 운반기체를 기기에 연결시킬 때 누출부위가 없어야 하고, 수분 및 불순물을 제거할 수 있는 트랩을 장치한다.

㉡ 시료주입부
- 시료를 기화시켜 분리관으로 보내는 역할을 한다.
- 주입량은 충진용 분리관은 $4 \sim 10 \mu L$, 모세분리관은 $2 \mu L$ 이하로 한다.
- 주입기의 형태는 충진분리관용 주입기, 모세분리관용 주입기(분할, 비분할방식), 분리관상 직접 주입기로 구분할 수 있다.

㉢ 분리관(칼럼)
- 직경에 따라 모세분리관과 충진분리관으로 구분된다.
- 분배계수값 차이가 클수록 분리관에 머무르는 시간이 길다.
- 도포물질이 많을수록 분해능이 증가한다.

- 분리관 충전물질은 증기압이 낮고, 점성이 작아야 하며 화학적으로 안정해야 한다.
- 분리관 내경이 커질수록 용량은 증가하나 분해능은 감소한다.

ⓛ 검출기 : 복잡한 시료로부터 분석하고자 하는 특정 화합물에게 선택적으로 반응하게 하여 크로마토그램을 간단히 한다.
- 불꽃이온화검출기(FID) : 대부분의 유기화합물 검출
- 불꽃광도검출기(FPD) : 황화합물, 인화합물, CS_2 검출
- 전자포획검출기(ECD) : 할로겐류, 유기금속류 검출
- 광이온화검출기(PID) : 탄화수소류, 알데하이드류, 케톤류, 아민류, 유기금속류 검출
- 질소인검출기(NPD) : 질소화합물, 인화합물 검출
- 열전도도검출기(TCD) : 운반기체와 열전도도 차이가 있는 화합물, 벤젠 검출

2) 기체크로마토그래피 - 질량분석기(GC/MS)

① 원리

질량분석기를 기체크로마토그래피와 연결시켜 정성·정량한다. 분자 및 분자조각들의 패턴으로부터 분자구조정보를 얻어 정성분석을 함으로써 분리정도나 시간이 거의 비슷한 물질도 구분할 수 있다.

② 적용범위

㉠ 시너
㉡ 다핵방향족탄화수소(BTEX 등)

3) 고성능액체크로마토그래피(HPLC)

① 원리

이동상으로 액체를 사용하여 고정상과 이동상 사이에서 분배과정에 의하여 분리된다. (크기배제, 이온교환, 분배)

② 적용범위
- 방향족 유기용제의 뇨 중 대사산물 측정
- 끓는점이 높아 기체크로마토그래피를 적용하기 곤란한 고분자(분자량 500 이상)화합물이나 열에 불안정한 물질
- 다핵방향족 탄화수소, PCB
- 폼알데하이드, 2,4-톨루엔 디이소시아네이트

③ 검출기
- 자외선검출기 : 분리관에서 나오는 성분이 자외선 영역의 특정한 파장을 흡수하는 정도를 측정
- 형광검출기 : 시료에서 발광하는 형광빛의 양으로 시료의 농도를 산출
- 전자화학검출기 : 기준전극과 작동전극 사이에 발생시키는 전위차를 이용하여 물질의 양을 산출

④ 특징
- 전단분석, 치환법, 용리법으로 구분된다.
- 시료의 전처리가 거의 필요 없다.
- 빠른 분석이 가능하다.
- 시료의 회수가 용이하다.
- 분해물질이 이동상에 녹아야 분석이 가능하다.
- 해상도 및 민감도가 높다.

4) 이온크로마토그래피

① 원리 : 시료를 이온교환수지가 충전된 분리관 내로 통과시켜 검출기로 검출하여 농도를 분석한다.

② 적용범위 : 이온성물질(산, 염소, 알칼리금속, 알칼리토금속, 아민염)

③ 검출기 : 검출기는 전기전도도검출기를 사용한다.

5) 검지관

① 원리 : 공기를 관 안에 통과시켜 특정 가스와의 반응으로 생긴 시약의 착색 층 길이로 농도를 구한다.

② 적용범위
  ㉠ 예비조사 목적
  ㉡ 검지관 방식 외에 다른 측정방법이 없는 경우
  ㉢ 발생하는 가스상 물질이 단일물질인 경우

③ 측정 위치

해당 작업근로자의 호흡기 및 가스상 물질 발생원에 근접한 위치 또는 근로자 작업행동 범위의 주 작업 위치에서의 근로자 호흡기 높이에서 측정하여야 한다.

④ 특징
  ㉠ 검지제의 변색이 입구에서 점점 안쪽으로 이동하고 이 부분의 길이로 농도를 측정한다.
  ㉡ 소형이고, 정밀도가 좋다.
  ㉢ 조작이 간단하고, 빠른 시간 내 분석이 가능하다.
  ㉣ 휴대 및 운반하기 간편하다.
  ㉤ 밀폐공간에서 가스에 의한 안전문제 우려 시 사용하기 용이하다.
  ㉥ 방해물질의 영향을 받기 쉬워 비교적 고농도에 적용된다.(민감도, 특이도 낮음)
  ㉦ 한 가지 물질에만 반응한다.
  ㉧ 근로자 호흡기 높이에서 측정하여야 한다.
  ㉨ 1일 1시간 간격으로 6회 이상 측정, 매 측정시간마다 2회 이상 반복 측정하여 평균값을 산출하여야 한다. 다만, 가스상 물질의 발생시간이 6시간 이내일 때에는 작업시간 동안 1시간 간격으로 나누어 측정하여야 한다.

6) 중량법에 의한 입자상물질의 분석

① **원리** : 시료가스를 여과지에 통과시켜 포집되는 입자상물질을 저울로 칭량하여 농도를 측정한다.

② **분석순서**

여과지 준비 – 시료채취 – 칭량 – 계산 및 평가

 ㉠ 여과지준비
- 항온항습실에서 여지를 2시간 이상 방치함
- 호흡성먼지 측정시 사이클론에 장착

 ㉡ 시료채취
- 근로자의 호흡 위치에서 시료채취
- 카세트는 위쪽을 향하지 않도록 함
- 사이클론은 도중에 거꾸로 하면 안됨
- 여과지에 먼지가 2mg 이상 채취되지 않도록 하여야 함(과량 채취시 손실 위험)
- 채취 전후 유량보정

 ㉢ 칭량
- 카세트 위아래 마개 제거
- 시료채취 전후 동일한 저울사용

 ㉣ 계산 및 평가

$$\boxed{식}\ C = \frac{(W_2 - W_1) - (B_2 - B_1)}{V}$$

노출기준, 과거측정농도, 관리기준 등과 비교하여 평가

③ **여과지 종류** : PVC 여과지, 유리섬유 여과지

7) 금속의 분석

① **원리** : 채취방법은 입자상물질의 채취와 같다.

② **전처리**

 ㉠ 습식회화방법 : 고온에서 산을 넣어 회화
 ㉡ 건식회화방법
 ㉢ 마이크로파방법
 ㉣ 가압분해방법

③ **여과지 종류**

 ㉠ PVC 여과지 : 먼지, 흄 측정
 ㉡ 셀룰로오스에스테르 여과지(MCE) : 금속성분
   산에 의해서 쉽게 용해되어 회화되기 쉽고, 방해물질이 거의 없음

④ 검량선 작성
  ㉠ 금속마다 분석에 적정한 농도범위가 정해져 있다.
  ㉡ 표준용액으로 검량선의 직선성을 확인한다.
  ㉢ 표준용액범위 밖의 농도를 추정하거나 외삽하면 안된다.
  ㉣ 유도결합플라스마-원자발광광도계는 더 넓은 농도범위에서 직선성을 나타낸다.

⑤ 회수율
  첨가량 중 검출된 양의 비, 오염여부 및 실험자의 능력을 평가할 수 있다.

$$\text{회수율(\%)} = \frac{\text{분석량}}{\text{첨가량}} \times 100$$

8) 흡광광도계(자외선/가시선 분광계)

① **원리** : 시료가 흡수하는 특정한 파장의 양으로 농도를 산출한다.

$$I_t = I_o \times 10^{-\epsilon CL} \quad (\text{※} \epsilon CL : \text{흡광도(A)})$$

$$\frac{I_t}{I_o} = 10^{-\epsilon CL} = 10^{-A} \quad (\text{※} t = \frac{I_t}{I_o} : \text{투과도})$$

$$A = \log \frac{1}{t}$$

- I_t : 투사광의 강도
- I_o : 입사광의 강도

② 장치 구성 [암기TIP] 광 파 시 고!

광원부 - 파장선택부 - 시료부 - 측광부

  ㉠ **광원부**
   - **가시부와 근적외부** : **텅스텐램프**
   - **자외부** : **중수소방전관**
   [암기TIP] 가시오가피 연근 탕수육 / 중자 흡입!

  ㉡ **파장선택부**
   - **단색화장치** : **프**리즘, **회**절격자 또는 이 두가지를 조합시킨 것을 사용하며, 단색광을 내기 위하여 **슬릿**을 부속시킨다.
   [암기TIP] 단거 ~ 프회슬(프레즐)

  ㉢ **시료부**
   - **흡수셀** : 석영셀(자외부), 유리셀(가시부, 근적외부), 플라스틱셀(근적외부)
   - **셀의 세척** : 일반세척(탄산나트륨+음이온계면활성제), 급히 사용(에틸알콜+에틸에테르), 자주 사용(증류수)
   [암기TIP] 일반적으로 탄산음료 먹는데, 급히 알콜 먹어야 한다면, 자주 물 먹자!

ㄹ 측광부
- 광전관, 광전자증배관 : 자외부, 가시부
- 광전지 : 가시부
- 광전도셀 : 근적외부

암기TIP 석자 광전관 자가 광전지가 유리가근 셀프근

9) 원자흡광광도계

① 원리

바닥상태의 전자가 에너지를 받아 들뜬상태가 되면 각 원자마다 흡수하는 특정한 파장의 양으로 농도를 산출한다.

식 $I_t = I_o \times 10^{-\epsilon CL}$ (※ ϵCL : 흡광도(A))

$$\frac{I_t}{I_o} = 10^{-\epsilon CL} = 10^{-A}$$ (※ $t = \frac{I_t}{I_o}$: 투과도)

$$A = \log \frac{1}{t}$$

- I_t : 투사광의 강도
- I_o : 입사광의 강도

② 장치 구성 암기TIP 광 원 단 검 기

광원부 – 원자화장치 – 단색화장치 – 검출기 – 기록계

㉠ 광원부
- 분석대상원소에 알맞은 파장의 빛을 방출함
- 속빈음극램프를 주로 사용함

암기TIP 원빈(**원**자흡광광도법 **속빈**음극램**프**)

㉡ 원자화장치
- 금속을 자유원자상태(바닥상태)로 전환
- 불꽃에 의한 원자화 : 가장 일반적인 방법

> 💡 **연료조합**
> - 수소-공기, 아세틸렌-공기 : 대부분의 시료에 적용
> - 아세틸렌-아산화질소 : 원자화가 어려운 내화물을 형성하는 시료에 적용
> - 프로판-공기 : 감도가 높은 시료에 적용

- 흑연로 장치 : 저농도시료 분석에 사용, 생물학적 모니터링에 이용
- 증기발생법 : 환원제를 이용하여 휘발성금속화합물을 형성할 수 있을 때 사용

㉢ 단색화장치 : 분석의 감도를 감소시키거나 방해하여 측정하려는 선을 선명하게 분리

㉣ 검출기와 기록계 : 광증배판검출기(일반적으로 이용), 검출기로 들어온 빛의 세기를 전기적 신호로 전환하여 기록

10) 유도결합플라스마-원자발광분석기

① 원리

원자가 10,000K의 플라스마에 도입되면 원자는 바닥상태에서 들뜬상태로 전환되고, 들뜬상태의 원자들이 바닥상태로 되돌아 올 때 에너지를 방출할 때 빛의 세기를 측정한다.

② 장치구성

시료주입장치 – 광원 – 분광장치 – 검출기

㉠ **시료주입장치** : 시료를 에어로졸 상태로 주입한다.(1~2mL/min)
㉡ **광원** : 6,000~10,000K의 고온으로 플라스마를 형성하고 방해물질을 제거한다.
㉢ **분광장치**
  • 연속분광장치 : 분석선을 하나씩 연속적으로 분석
  • 동시분광장치 : 동시에 여러 분석선을 측정

11) 현미경을 이용한 입자상물질의 분석

① 섬유

㉠ 포톤-레티쿨을 삽입한 현미경으로 측정
㉡ 먼지의 직경은 $d=\sqrt{2^n}$ 으로 계산된다.
㉢ 섬유는 흡입성, 흉곽성, 호흡성으로 구분하지 않는다.
㉣ 섬유는 위상차현미경을 통해 물리적 크기로 표시한다.
㉤ 호흡성섬유 : 길이가 $5\mu m$ 이상, 길이 : 폭 = 3 : 1 이상, 직경이 $3\mu m$ 이하인 섬유

② 석면

섬유상 광물성 규산염
㉠ 각섬석계(청석면, 갈석면)와 사문석계(백석면)로 분류
㉡ 절연성, 내열성, 내산성, 내알칼리성
㉢ 화학적으로 안정
㉣ 석면의 독성크기 : 청석면(크로시돌라이트) 〉 갈석면(아모사이트) 〉 백석면(크리소타일)
㉤ 석면관련질병 : 폐암, 악성중피종, 석면폐증
㉥ 석면측정방법
  • 위상차현미경 : 가장 많이 사용, 간편함, 감별이 어려움
  • 전자현미경 : 가장 정확함, 매우 가는 섬유 관찰 가능, 비싸고 시간이 많이 소요
  • 편광현미경 : 고형 시료 분석에 사용
  • X선 회절법 : 백석면 분석에 사용, 유리규산 함유율 분석, 비싸고 조작이 복잡

5 유해물질 분석절차

1) 미지시료의 분석단계
① 1단계 : 분석내용의 결정단계
② 2단계 : 시료채취
③ 3단계 : 시료처리(전처리)
④ 4단계 : 분석수행
⑤ 5단계 : 결과평가

2) 가스와 증기의 분석
① **직접분석법의 종류** : 시험지법, 접촉 연소법, 검지관법, 간섭계법, 반도체법
② **가스와 증기의 시료채취 및 분석과정**
㉠ 시료채취 : 매체선정, 유량보정, 시료채취, 공시료 준비
㉡ 탈착과정 : 흡착제 분리, 탈착용액 선택, 탈착
㉢ 분석과정 : 검량선 작성, 탈착효율 계산
㉣ 계산과정 : 농도계산, 탈착효율보정, 파과현상파악

6 포집시료의 처리방법

1) 전처리방법
분석에 영향을 미칠 수 있는 요인제거, 영향을 미치지 않도록 처리
① 건식 회화법
② 습식 처리방법
③ 용융법

2) 시료처리방법
① **용해** : 산, 유기용매
② **융해** : 융제(염기성, 산성)
③ **분리** : 용매추출, 이온교환, 증류, 기화, 침전, 전해, 크로마토그래피

3) 기기분석 : 앞에 "화학 및 기기분석 종류" 파트에서 설명

7 기기분석의 감도와 검출한계

1) 감도
① **정의** : 분석물질의 작은 농도차이를 구별하여 측정할 수 있는 능력의 정도
② **감도의 양**
- IUPAC : 검량감도로 양 산출, 정밀도 고려하지 않는다.
- Mandel과 Stiehler : 분석감도로 양 산출, 농도 의존적이다.

2) 정량한계와 검출한계
① **정량한계(LOQ)** : 어떤 성분의 정량분석이 가능한 최소한의 농도

$$\text{식} \quad LOQ = 표준편차 \times 10 \ \text{또는}\ LOQ = 검출한계(LOD) \times 3(또는\ 3.3)$$

② **검출한계(LOD)** : 어떤 성분의 검출할 수 있는 최소량(화학분석을 이용하여 검출할 수 있는 최소량)

$$\text{식} \quad 검출한계(LOD) = 표준편차 \times 3$$

UNIT 04 시료분석 기술 ②

01. 정량한계(LOQ)에 관한 내용으로 옳은 것은?

① 표준편차의 3배　② 표준편차의 10배
③ 검출한계의 5배　④ 검출한계의 10배

02. 검출한계와 정량한계에 관한 내용으로 옳지 않은 것은?

① 검출한계는 분석기기가 검출할 수 있는 가장 낮은 양
② 검출한계는 표준편차의 10배에 해당
③ 정량한계는 검출한계의 3 또는 3.3배로 정의
④ 정량한계는 분석기기가 검출할 수 있는 신뢰성을 가질 수 있는 양

해설 검출한계는 표준편차의 3배에 해당

03. 가스크로마토그래피로 이황화탄소, 메르캅탄류, 니트로메탄을 분석할 때 주로 사용하는 검출기는?

① 자외선검출기(FID)
② 열전도도검출기(TCD)
③ 전자화학검출기(ECD)
④ 불꽃광도검출기(FPD)

04. 다음 중 가스크로마토그래피의 충진분리관에 사용되는 액상의 성질과 가장 거리가 먼 것은?

① 휘발성이 커야 한다.
② 열에 대해 안정해야 한다.
③ 시료 성분을 잘 녹일 수 있어야 한다.
④ 분리관의 최대온도보다 100℃ 이상에서 끓는점을 가져야 한다.

해설 휘발성이 작아야 한다.

05. 가스크로마토그래피(CG) 분석에서 분해능(또는 분리도)을 높이기 위한 방법이 아닌 것은?

① 시료의 양을 적게 한다.
② 고정상의 양을 적게 한다.
③ 고체 지지체의 입자 크기를 작게 한다.
④ 분리관(Column)의 길이를 짧게 한다.

해설 분리관(Column)의 길이를 길게 하여 머무름시간을 길게 하여야 분해능이 높아진다.

06. 시료 측정 시 측정하고자 하는 시료의 피크와는 전혀 관계없는 피크가 크로마토그램에 때때로 나타나는 경우가 있는데 이것을 유령피크(Ghost Peak)라고 한다. 유령피크의 발생원인으로 가장 거리가 먼 것은?

① 칼럼이 충분하게 묶임(Aging)되지 않아서 칼럼에 남아 있던 성분들이 배출되는 경우
② 주입부에 있던 오염물질이 증발되어 배출되는 경우
③ 운반기체가 오염된 경우
④ 주입부에 사용하는 격막(Septum)에서 오염물질이 방출되는 경우

해설 운반기체가 오염되면 바탕선(베이스라인)이 달라진다.

07. 원자흡광분석기에 적용되어 사용되는 법칙은?

① 반데르발스(Van Der Waals) 법칙
② 비어-람버트(Beer-Lambert) 법칙
③ 보일-샤를(Boyle-Charles) 법칙
④ 에너지보존(Energy Conservation) 법칙

정답　01. ②　02. ②　03. ④　04. ①　05. ④　06. ③　07. ②

08. 원자가 가장 낮은 에너지 상태인 바닥에서 에너지를 흡수하면 들뜬 상태가 되고 들뜬 상태의 원자들이 낮은 에너지상태로 돌아올 때 에너지를 방출하게 된다. 금속마다 고유한 방출스펙트럼을 갖고 있으며 이를 측정하여 중금속을 분석하는 장비는?

① 불꽃 원자흡광광도계
② 비불꽃 원자흡광광도계
③ 이온크로마토그래피
④ 유도결합플라즈마분광광도계

해설 유도결합플라즈마분광광도계에 대한 설명이다. 유도결합플라즈마분광광도계(ICP)는 6,000~8,000K의 높은 온도를 이용하여 분석물질을 원자로 변환하고 낮은 에너지 상태로 돌아올 때의 방출스펙트럼을 이용하여 분석한다. 원자로 변환 후 파장을 이용하여 분석하면 불꽃 원자흡광광도계(AA)이고 방출스펙트럼을 이용하면 유도결합플라즈마분광광도계(ICP)이다.

09. 흡광광도계에서 빛의 강도가 i_0인 단색광이 어떤 시료용액을 통과할 때 그 빛의 30%가 흡수될 경우에 흡광도는?

① 약 0.30   ② 약 0.24
③ 약 0.16   ④ 약 0.12

해설 식 $A = \log\dfrac{1}{t} = \log\dfrac{1}{(1-0.3)} = 0.1549$

10. 흡광광도법에서 사용되는 흡수셀의 재질 가운데 자외선 영역의 파장범위에 사용되는 재질은?

① 유리   ② 석영
③ 플라스틱   ④ 유리와 플라스틱

해설
• 석영 – 자외부
• 유리 – 근적외부 및 가시부
• 플라스틱 – 근적외부

11. 검지관의 장단점으로 틀린 것은?

① 민감도가 낮으며 비교적 고농도에 적용이 가능하다.
② 측정대상물질의 동정이 미리 되어 있지 않아도 측정이 가능하다.
③ 색이 시간에 따라 변화하므로 제조자가 정한 시간에 읽어야 한다.
④ 특이도가 낮다. 즉, 다른 방해물질의 영향을 받기 쉬워 오차가 크다.

해설 측정대상물질의 동정이 미리 되어 있어야 측정이 가능하다.

12. 작업환경 측정의 단위 표시로 틀린 것은? (단, 고용노동부 고시를 기준으로 한다.)

① 석면 농도 : 개/kg
② 분진, 흄의 농도 : mg/m^3 또는 ppm
③ 가스, 증기의 농도 : mg/m^3 또는 ppm
④ 고열(복사열 포함) : 습구·흑구온도지수를 구하여 ℃로 표시

해설 석면 농도 : 개/cc (개/mL, 개/cm^3)

13. 공기 중 석면을 막여과지에 채취한 후 전처리하여 분석하는 방법으로 다른 방법에 비하여 간편하나 석면의 감별에 어려움이 있는 측정방법은?

① X선 회절법   ② 편광현미경법
③ 위상차현미경법   ④ 전자현미경법

정답 08. ④ 09. ③ 10. ② 11. ② 12. ① 13. ③

CHAPTER 02 유해 인자 측정

UNIT 01 물리적 유해인자 측정

1 고온

1) 기습 측정

> 💡 **측정기기**
> - 아우구스트 건습한랭계
> - 아스만 통풍온습도계
> - 자기습도계

2) 기류 측정

① **피토튜브** : 1차 표준기구
② **열선기류계** : 2차 표준기구
③ **풍차풍속계** : 풍차의 회전속도로 풍속을 측정, 1~150m/sec 범위의 풍속측정에 이용

> 💡 **카타 냉각력**
> - Kata 온도계를 이용하여 기온, 습도, 기류를 종합하여 인체에서 열을 빼앗는 힘을 측정함으로써 공기의 체감도를 파악. 눈금이 100℉에서 95℉까지 내려가는데 소요되는 시간을 초시계로 4~5회 측정하여 평균을 낸다.
> - 풍속이 낮을 때 적용(1m/sec 이하)
> - 실내측정시 이용

3) 측정 위치

단위작업장소에서 측정대상이 되는 근로자의 작업행동 범위에서 주 작업위치의 바닥 면으로부터 50cm 이상, 150cm 이하의 위치에서 하여야 한다.

4) 측정 방법

① 습구온도 : 0.5℃ 간격의 눈금이 있는 아스만통풍건습계, 자연습구온도를 측정할 수 있는 기기 또는 이와 동등 이상의 성능이 있는 측정기기
  ㉠ 아스만통풍건습계 : 25분 이상
  ㉡ 자연습구온도계 : 5분 이상

② 흑구 및 습구흑구온도 : 직경이 5cm 이상 되는 흑구온도계 또는 습구흑구온도(WBGT)를 동시에 측정할 수 있는 기기
  ㉠ 직경 15cm일 경우 25분 이상
  ㉡ 직경 7.5cm 또는 5cm일 경우 5분 이상

5) 습구흑구온도지수(WBGT)의 산출

① 옥외

$$WBGT = 0.7습구온도 + 0.2흑구온도 + 0.1건구온도$$

② 옥내(태양광선이 내리쬐지 않는 옥외 포함)

$$WBGT = 0.7습구온도 + 0.3흑구온도$$

2 소음

1) 측정기기 및 기기의 설정

① 측정기기
  ㉠ 누적소음 노출량측정기
  ㉡ 적분형소음계
  ㉢ 지시소음계 : 개인시료 채취방법이 불가능한 경우

> **💡 소음계 사용시 주의사항**
> - 청감보정회로는 A특성으로 할 것
> - 소음계 지시침의 동작은 느린(Slow) 상태로 할 것
> - 소음계의 지시치가 변동하지 않는 경우에는 해당 지시치를 그 측정점에서의 소음수준으로 할 것

② 기기의 설정(중요) 암기TIP 크9나, 엑5, 테8
  ㉠ Criteria 90dB
  ㉡ Exchange Rate 5dB
  ㉢ Threshold 80dB

2) 측정위치

단위작업장소에서 소음수준측정은 해당 규정에 따라 측정을 한다. 다만, 소음수준을 측정할 경우에는 측정대상이 되는 근로자의 근접된 위치의 **귀 높이**에서 실시하여야 한다.

3) 소음계산

① 합성소음과 평균소음

㉠ 합성소음(dB)

$$L_s(dB) = 10\log(10^{L_1/10} + 10^{L_2/10} + \cdots 10^{L_n/10})$$

㉡ 평균소음(dB)

$$L_m(dB) = 10\log\left[\frac{1}{n}(10^{L_1/10} + 10^{L_2/10} + \cdots 10^{L_n/10})\right]$$

- L_1 : 소음원(1)의 음압레벨
- L_2 : 소음원(2)의 음압레벨
- L_n : 소음원(n)의 음압레벨

② 파장 = 속도/주파수

③ 시간가중평균 소음수준

소음의 강도가 불규칙적으로 변동하는 소음 등을 측정 시 시간가중평균 소음수준으로 누적소음측정기를 환산한다.

$$TWA = 16.61\log\left(\frac{D}{100}\right) + 90 = 16.61\log\left(\frac{D}{100 \times \frac{T}{8}}\right) + 90$$

- T : 작업시간(별도 시간이 주어지지 않는 경우 8시간으로 가정)

4) 소음 노출지수

노출지수가 1 이상이면 초과, 노출지수가 1 미만이면 정상이다.

$$EI = \frac{C_1}{T_1} + \frac{C_2}{T_2} + \cdots + \frac{C_n}{T_n}$$

- 90dB 노출허용시간 8hr(T_1)
- 95dB 노출허용시간 4hr(T_2)
- 100dB 노출허용시간 2hr(T_3)
- 105dB 노출허용시간 1hr(T_4)
- 110dB 노출허용시간 0.5hr(T_5)
- 115dB 노출허용시간 0.25hr(T_6)

UNIT 02 화학적 유해 인자 측정

1 입자상 물질의 측정

1) 입자상 물질의 종류
① **먼지** : 크기에 따라 분류되는 공기에 떠있는 액체, 고체상 물질(PM-10, PM-2.5, 비산먼지, 호흡성 먼지, 흡입성 먼지, 흉곽성 먼지 등)
② **미스트** : 공기 중에 떠있는 액체상 물질(오일미스트, 황산미스트)
③ **흄** : 금속이 승화되어 생긴 기체가 냉각·응축되어 형성된 미립자
④ **생성기전**
  ㉠ 금속의 증기화
  ㉡ 증기물의 산화
  ㉢ 산화물의 응축
⑤ **섬유** : 길이가 $5\mu m$ 이상이고 길이와 폭의 비가 3 : 1 이상인 물질
⑥ **안개** : 공기 중에 떠있는 액체상 물질(주로 수증기를 의미), 미스트와 가시거리 차이로 구분한다.(가시거리 : 미스트 > 안개)
⑦ **스모그** : smoke(연기) + fog(안개)의 합성어로 오염물질이 안개처럼 발생한 상태를 말한다.

2) 입자상 물질 크기 측정
① **광학직경** : 현미경으로 측정한 직경
  ㉠ **마틴경** : 입자의 면적을 이등분하는 직경, 과소평가의 위험성
  ㉡ **헤이우드경(등면적 직경)** : 입자와 등면적을 가진 원의 직경(가장 정확)
  ㉢ **페레트경** : 입자의 가장자리를 수직으로 내려 이은 선을 직경으로 함, 과대평가의 위험성
② **역학적 직경**
  ㉠ **스토크스경** : 대상입자와 침강속도가 같고 밀도도 같은 구형입자의 직경
  ㉡ **공기역학적 직경** : 대상입자와 침강속도가 같고 단위밀도를 갖는 구형입자의 직경
    ※ 단위밀도 $= 1g/cm^3$(물의 밀도)

3) 침강속도

① stoke's 법칙에 따른 침강속도식

$$V_s = \frac{d_p^2(\rho_p - \rho_g)g}{18\mu}$$

- ρ_p : 입자 밀도
- ρ_g : 가스(공기) 밀도
- μ : 가스(공기) 점도
- d_p : 입자 직경

② 간편식

$$V_s = 0.003S \times d_p^2$$

- d_p : 입자 직경
- S : 입자 밀도

4) 입자크기에 따른 폐침착

① 흡입성 입자(IPM) : 호흡기계 어느 부위에 침착하더라도 유해한 입자상물질, $100\mu m$
② 흉곽성 입자(TPM) : 기관지계나 가스교환부위인 폐포 어느 곳에 침착하더라도 유해한 입자상물질, $10\mu m$
③ 호흡성 입자(RPM) : 가스교환부위인 폐포에 침착하여 유해성을 줄 수 있는 입자상물질, $4\mu m$

5) 여과이론

① 관성충돌 : 입자가 관성력에 의하여 여과됨, $0.5\mu m$ 이상 입자제거
② 접촉차단(간섭) : 입자가 공기의 흐름에 따라 이동하다가 여과지에 걸림, $0.1 \sim 1\mu m$ 입자제거
③ 확산 : 농도차, 브라운운동에 의해서 이동하다가 여과지에 걸림, $0.5\mu m$ 이하 입자제거
④ 중력침강 : 중력에 의해 입자제거, $5\mu m$ 이상 입자제거
  ㉠ $0.1 \sim 0.5\mu m$ 입자 포집기전 : 확산 + 간섭
  ㉡ $0.5 \sim 1\mu m$ 입자 포집기전 : 간섭 + 충돌

6) 여과지 종류

① 막 여과지(멤브레인)
  ㉠ 셀룰로오스에스테르 여과지(MCE)
    - 산에 쉽게 용해
    - 흡습성 있음, 중량분석에 부적당
    - 중금속 채취 용이
    - 현미경 분석에 용이
  ㉡ PVC 여과지
    - 흡습성 적음
    - 먼지 채취 · 규산 · 6가크롬 채취 용이
    - 가벼움

© 테플론 여과지(PTFE)
- 열, 화학물질, 압력에 강함
- 다핵방향족탄화수소, 농약류, 콜타르피치 채취 용이

② 은막여과지
- 금속을 소결하여 제조
- 열, 화학물질에 강함
- 코크스오븐 배출물질, 할로겐물질 채취 용이

③ nucleopore 여과지 : 석면 채취 용이

② 섬유상 여과지

㉠ 유리섬유 여과지
- 흡습성 적음
- 열에 강함
- 포집효율이 높음
- 비쌈

㉡ 셀룰로오스섬유 여과지
- 와트만(Whatman) 여과지가 대표적
- 값이 싸고 흡습성이 높음
- 실험실 분석에 많이 사용

[막 여과지와 섬유상 여과지의 비교]

막 여과지	섬유상여과지
① 기공 크기가 일정하고 두께가 얇다. ② 다양한 크기의 기공을 선택할 수 있다. ③ 무게가 가볍고, 태웠을 때 재가 거의 남지 않는다. ④ 화학적 성질이 다양하여 조건에 따라 선택하여 사용할 수 있다. ⑤ 포집된 입자의 형태를 변형시키지 않고 현미경으로 측정할 수 있다. ⑥ 여과지의 방해를 받지 않고 표면에 퇴적된 입자를 직접 측정할 수 있다. ⑦ 섬유상 여과지에 비하여 포집할 수 있는 입자상 물질의 양이 적다. ⑧ 섬유상 여과지에 비하여 공기저항이 심하다. ⑨ 표면에 채취된 입자들이 이탈되는 경향이 있다. ⑩ 견고하지 못하여 지지체를 사용하여야 한다.	① 다량의 공기시료채취에 적합하다. ② 카세트 또는 여과지 홀더의 가장자리에 의해 파손되어 중량손실을 초래할 가능성이 있다. ③ 막 여과지에 비하여 포집할 수 있는 입자상 물질의 양이 많다. ④ 여과지 표면에 채취된 입자의 이탈이 없다. ⑤ 섬유상 여과지는 막 여과지에 비해 비싸고, 물리적인 강도가 약한 결점이 있다.

2 가스 및 증기상 물질의 측정

1) 채취방법의 종류

① 연속시료채취

흡착 또는 흡수를 통해서 유해물질을 포집하는 방법

㉠ 능동식 시료채취

펌프를 이용 : 흡착관 이용 시 0.2L/min 이하, 흡수액 이용 시 1L/min로 한다.

㉡ 수동식 시료채취
- 펌프를 이용하지 않음
- 확산원리를 이용하여 포집
- 간편하고 편리함
- 일명 뱃지라고 불림

② 순간시료채취

순간적으로 짧은 시간 동안 시료를 채취하는 방법으로 용기에 시료를 채취한다.

㉠ 순간시료채취의 적용범위
- 긴급상황에서의 개인보호구의 선정
- 누출원의 결정
- 밀폐장소로의 입장허가

㉡ 순간시료채취를 사용할 수 없을 때
- 유해물질의 농도가 시간에 따라 변할 때
- 공기 중 유해물질의 농도가 낮을 때(검출한계 이하)
- 시간가중평균치를 산출할 때

③ 직독식 기기에 의한 측정(실시간 측정)

현장에서 곧바로 유해물질의 농도를 측정하는 방법

> 💡 **dynamic method – 예외적인 측정방법**
> 공기가 계속 흘러가고 있는 튜브에 오염물질을 연속적으로 흘려주어 일정한 농도를 유지하는 방법
> - 가스, 입자상 물질의 측정이 가능하다.
> - 온도 및 습도 조절이 가능하다.
> - 비용이 비싸다.
> - 다양한 농도범위에서 제조 가능하다.
> - 일정한 농도를 유지하기 어렵다.
> - 지속적인 모니터링이 필요하다.

2) 흡착제

① 흡착제의 종류

㉠ 활성탄 : 비극성, 비선택적 흡착제
㉡ 실리카겔 : 극성, 선택적 흡착제

구분	흡착 잘 되는 물질	흡착 안 되는 물질
활성탄	• 분자량이 높은 물질(45 이상) • 탄화수소류 • 할로겐화탄화수소류 • 방향족탄화수소류 • 케톤류(일회성으로만 사용) • 에스테르류 • 알코올류 • 글리콜에테르류	• 분자량이 낮은 물질(45 미만) • 아민류 • 페놀류 • 니트로계화합물(멜캅탄류) • 알데하이드류 • 무기화합물
실리카겔	• 아민류 • 페놀류 • 아마이드류 • 무기산 • 수분(수분채취용이 아닐 시 방해물질) • 니트로벤젠류	• 비극성

② 시료채취시 주의할 점

㉠ 파과 : 흡착제의 오염물질이 거의 흡착되어 유출농도가 급격히 증가하는 현상, 뒤층의 농도가 앞층의 농도의 10% 이상일 때 파과로 간주한다.
㉡ 파과용량 : 제거(흡착)된 오염물질량
㉢ 휘발성이 큰 물질 : 휘발성이 큰 물질 채취시 공기채취량을 줄여야 한다.
㉣ 수증기 : 수증기는 흡착제에 오염물질보다 우선적으로 흡착되므로 제거하여야 한다.

③ 흡착 영향인자

㉠ 온도 : 온도가 낮을수록 흡착량은 증가한다.
㉡ 습도 : 습도가 낮을수록 흡착량은 증가한다.
㉢ 시료채취속도 : 시료채취속도가 낮을수록 흡착량은 증가한다.
㉣ 코팅 : 코팅되어 있지 않아야 파과가 일어나기 어렵다.

④ 흡착관의 종류

㉠ 활성탄관
• 흡착과정 : 오염물질이 흡착제 외부표면으로 이동 – 흡착질이 확산에 의하여 거대공극에서 내부의 미세공극으로 이동 – 흡착질이 미세공극 내부표면과 반데르 발스 힘에 의해서 미세공극에 채워진다.
• 탈착 : 이황화탄소로 탈착한다.

⓵ 실리카겔관
- 흡착과정 : 활성탄관과 동일
- 탈착 : 물, 메탄올 등으로 탈착한다.
- 극성순서(친화력순서) : 물 > 알코올 > 알데하이드 > 케톤 > 에스테르 > 방향족탄화수소 > 올레핀 > 파라핀

ⓒ 다공성 중합체
- 특수한 물질 채취에 유용
- 선택성이 좋음
- 탈착이 용이
- 아민류 및 글리콜류는 탈착불가
- 종류 : Tenax관, XAD

㉣ 표면코팅흡착제 : 흡착제에 시약을 코팅하여 흡착능력을 좋게 하고, 선택성을 부여

㉤ 분자체 : 활성탄에 비해서 거대공극이 발달되어 있다. 휘발성이 큰 물질의 흡착에 사용된다.

㉥ 냉각트랩
- 물질이 반응성이 크거나 불안정할 때 적용한다.
- 실내오염이나 대기측정시 사용된다.
- 개인시료채취가 어렵다.

⑤ 탈착방법

㉠ 용매탈착
- 비극성물질의 탈착용매는 이황화탄소를 사용하고 극성물질에는 이황화탄소와 다른 용매를 혼합하여 사용한다.
- 활성탄에 흡착된 증기를 탈착시키는 데 일반적으로 사용되는 용매는 이황화탄소이다.
- 용매로 사용되는 이황화탄소의 단점으로는 독성 및 인화성이 크고 작업이 번잡하다는 것이며, 심혈관계와 신경계에 독성이 매우 크고 취급시 주의를 요하며, 전처리 및 분석하는 장소의 환기에 유의하여야 한다.
- 용매로 사용되는 이황화탄소의 장점으로는 탈착효율이 좋고, 가스크로마토그래피의 불꽃이온화검출기에서 반응성이 낮아 피크의 크기가 작게 나오므로 분석시 유리하다.

ⓛ 열탈착
- 흡착관에 열을 가하여 탈착하는 방법으로 탈착이 자동으로 수행되며, 탈착된 분석 물질이 가스크로마토그래피로 직접 주입되도록 되어 있다.
- 분자체 탄소, 다공중합체에서 주로 사용한다.
- 용매탈착보다 간편하나 활성탄을 이용하여 시료를 채취한 경우 열탈착에 필요한 300℃ 이상에서 많은 분석 물질이 분해되어 사용이 제한된다.
- 열탈착은 한 번에 모든 시료가 주입된다.

3) 흡수액

① **흡수액의 적용**
- 습도가 매우 높을 때
- 다른 방법이 가능하지 않을 때

② **흡수효율을 높이기 위한 방법**
- 용액의 온도를 낮추어 유해물질의 휘발성을 제한
- 두 개 이상의 버블러를 연속적으로 연결하여 채취효율을 높이는 방법
- 시료의 체류시간을 길게 하는 방법(채취속도를 줄임)
- 가는 구멍이 많은 프리티드버블러 등 채취효율이 좋은 기구 사용(접촉면적을 크게 함)

③ **채취기구**
- 간이가스세척병(미젯 임핀저)
- 흡수액 10~20mL, 채취유량 1L/min
- 용액이 많을시 펌프 쪽으로 넘어갈 수 있으므로 주의한다.

④ **프리티드버블러**
- 입구 밑부분에 미세구멍을 많이 만들어 놓은 기구
- 흡수액의 용량이 같을 때 임핀저보다 채취속도를 낮게 하여야 한다.
- 크기가 작을수록 채취효율은 증가, 펌프의 압력도 증가

기출문제로 다지기 — CHAPTER 02 유해 인자 측정

01. 다음 중 활성탄에 흡착된 유기화합물을 탈착하는데 가장 많이 사용하는 용매는?

① 톨루엔 ② 이황화탄소
③ 클로로포름 ④ 메틸클로로포름

02. 유리규산을 채취하여 X-선 회절법으로 분석하는데 적절하고 6가 크롬 그리고 아연산화물의 채취에 이용하며 수분에 영향이 크지 않아 공해성 먼지, 총 먼지 등의 중량분석을 위한 측정에 사용하는 막여과지로 가장 적합한 것은?

① MCE 막여과지 ② PVC 막여과지
③ PTFE 막여과지 ④ 은 막여과지

03. 먼지의 한쪽 끝 가장자리와 다른 쪽 끝 가장자리 사이의 거리로 과대평가될 가능성이 있는 입자성 물질의 직경은?

① 마틴 직경 ② 페렛 직경
③ 공기역학 직경 ④ 등면적 직경

04. 열, 화학물질, 압력 등에 강한 특성을 가지고 있어 석탄 건류나 증류 등의 고열공정에서 발생하는 다핵방향족탄화수소를 채취하는데 이용되는 여과지는?

① 은막 여과지 ② PVC 여과지
③ MCE 여과지 ④ PTFE 여과지

05. 직경분립충돌기에 관한 설명으로 틀린 것은?

① 흡입성, 흉곽성, 호흡성 입자의 크기별 분포와 농도를 계산할 수 있다.
② 호흡기의 부분별로 침착된 입자 크기를 추정할 수 있다.
③ 입자의 질량크기분포를 얻을 수 있다.
④ 되튐 또는 과부하로 인한 시료 손실이 없어 비교적 정확한 측정이 가능하다.

06. 작업환경내 105dB(A)의 소음이 30분, 110dB(A) 소음이 15분, 115dB(A) 소음이 5분 발생되었을 때, 작업환경의 소음 정도는? (단, 105dB(A), 110dB(A), 115dB(A)의 1일 노출허용 시간은 각각 1시간, 30분, 15분이고, 소음은 단속음이다.)

① 허용기준 초과
② 허용기준 미달
③ 허용기준과 일치
④ 평가할 수 없음(조건부족)

해설 식 $EI = \dfrac{C_1}{T_1} + \dfrac{C_2}{T_2} + \cdots + \dfrac{C_n}{T_n}$

∴ $EI = \dfrac{0.5}{1} + \dfrac{0.25}{0.5} + \dfrac{(5/60)}{0.25} = 1.33$

∴ 노출지수 1초과이므로 허용기준초과

07. 연속적으로 일정한 농도를 유지하면서 만드는 방법 중 Dynamic Method에 관한 설명으로 틀린 것은?

① 농도변화를 줄 수 있다.
② 대개 운반용으로 제작된다.
③ 만들기가 복잡하고, 가격이 고가이다.
④ 소량의 누출이나 벽면에 의한 손실은 무시할 수 있다.

정답 01. ② 02. ② 03. ② 04. ④ 05. ④ 06. ① 07. ②

해설 대개 실험용으로 제작된다.

08. 태양광선이 내리쬐지 않는 옥내에서 건구온도가 30℃, 자연습구온도가 32℃, 흑구온도가 35℃일 때, 습구흑구온도지수(WBGT)는? (단, 고용노동부고시를 기준으로 한다.)

① 32.9℃ ② 33.3℃
③ 37.2℃ ④ 38.3℃

해설 식 $WBGT = 0.7$습구 $+ 0.3$흑구(옥내)
∴ $WBGT = 0.7 \times 32 + 0.3 \times 35 = 32.9℃$

09. 작업장의 소음 측정 시 소음계의 청감보정회로는? (단, 고용노동부고시를 기준으로 한다.)

① A특성 ② B특성
③ C특성 ④ D특성

10. 작업장에 작동되는 기계 두 대의 소음레벨이 각각 98dB(A), 96dB(A)로 측정되었을 때, 두 대의 기계가 동시에 작동되었을 경우에 소음레벨은 약 몇 dB(A)인가?

① 98 ② 100
③ 102 ④ 104

해설 식 $L_s(dB) = 10\log(10^{L_1/10} + 10^{L_2/10} + \cdots 10^{L_n/10})$
∴ $L_s(dB) = 10\log(10^{98/10} + 10^{96/10}) = 100.12dB$

11. 용접작업장에서 개인시료 펌프를 이용하여 9시 5분부터 11시 55분까지, 13시 5분부터 16시 23분까지 시료를 채취한 결과 공기량이 787L일 경우 펌프의 유량은 약 몇 L/min인가?

① 1.14 ② 2.14
③ 3.14 ④ 4.14

해설 펌프유량$(L/\min) = \dfrac{채취유량}{채취시간} = \dfrac{787L}{170\min + 198\min}$
$= 2.14 L/\min$

12. 소음 측정에 관한 설명 중 ( )에 알맞은 것은? (단, 고용노동부 고시 기준)

> 누적소음노출량 측정기로 소음을 측정하는 경우에는 Criteria는 (㉠)dB, Exchange Rate는 5dB, threshold는 (㉡)dB로 기기를 설정할 것

① ㉠ 70, ㉡ 80 ② ㉠ 80, ㉡ 70
③ ㉠ 80, ㉡ 90 ④ ㉠ 90, ㉡ 80

13. 작업장에 소음 발생 기계 4대가 설치되어 있다. 1대 가동 시 소음 레벨을 측정한 결과 82dB을 얻었다면 4대 동시 작동 시 소음 레벨(dB)은?(단, 기타 조건은 고려하지 않음)

① 89 ② 88
③ 87 ④ 86

14. 옥내의 습구흑구온도지수(WBGT)를 산출하는 공식은?

① WBGT = 0.7NWB + 0.2GT + 0.1DT
② WBGT = 0.7NWB + 0.3GT
③ WBGT = 0.7NWB + 0.1GT + 0.2DT
④ WBGT = 0.7NWB + 0.1GT

정답 08. ① 09. ① 10. ② 11. ② 12. ④ 13. ② 14. ②

15. 실리카겔 흡착에 대한 설명으로 틀린 것은?

① 실리카겔은 규산나트륨과 황산의 반응에서 유도된 무정형의 물질이다.
② 극성을 띠고 흡습성이 강하므로 습도가 높을수록 파과 용량이 증가한다.
③ 추출액이 화학분석이나 기기분석에 방해물질로 작용하는 경우가 많지 않다.
④ 활성탄으로 채취가 어려운 아닐린, 오르쏘-톨루이딘 등의 아민류나 몇몇 무기물질의 채취도 가능하다.

해설 극성을 띠고 흡습성이 강하므로 습도가 높을수록 오염물질의 흡착보다 수분의 흡착이 많아져 파과 용량이 감소한다.

16. 고열 측정구분에 따른 측정기기와 측정시간의 연결로 틀린 것은? (단, 고용노동부 고시 기준)

① 습구온도 : 0.5도 간격의 눈금이 있는 아스만통풍건습계 – 25분 이상
② 습구온도 : 자연습구온도를 측정할 수 있는 기기 – 자연습구온도계 5분 이상
③ 흑구 및 습구흑구온도 : 직경이 5센티미터 이상인 흑구온도계 또는 습구흑구온도를 동시에 측정할 수 있는 기기 – 직경이 15센티미터일 경우 15분 이상
④ 흑구 및 습구흑구온도 : 직경이 5센티미터 이상인 흑구온도계 또는 습구흑구온도를 동시에 측정할 수 있는 기기 – 직경이 7.5센티미터 또는 5센티미터일 경우 5분 이상

해설 흑구 및 습구흑구온도 : 직경이 5센티미터 이상인 흑구온도계 또는 습구흑구온도를 동시에 측정할 수 있는 기기 – 직경이 15센티미터일 경우 25분 이상

17. 작업장 공기 중 벤젠증기를 활성탄관 흡착제로 채취할 때 작업장 공기 중 페놀이 함께 다량 존재하면 벤젠증기를 효율적으로 채취할 수 없게 되는 이유로 가장 적합한 것은?

① 벤젠과 흡착제와의 결합자리를 페놀이 우선적으로 차지하기 때문
② 실리카겔 흡착제가 벤젠과 페놀이 반응할 수 있는 장소로 이용되어 부산물을 생성하기 때문
③ 페놀이 실리카겔과 벤젠의 결합을 증가시키는 다리역할을 하여 분석시 벤젠의 탈착을 어렵게 하기 때문
④ 벤젠과 페놀이 공기내에서 서로 반응을 하여 벤젠의 일부가 손실되기 때문

18. 캐스케이드 임팩터(Cascade Impactor)에 의하여 에어로졸을 포집할 때 관여하는 충돌이론에 대한 설명이 잘못된 것은?

① 충돌이론에 의하여 차단점 직경(Cutpoint Diameter)을 예측할 수 있다.
② 충돌이론에 의하여 포집효율 곡선의 모양을 예측할 수 있다.
③ 충돌이론은 스토크스 수(Stokes Number)와 관계되어 있다.
④ 레이놀즈 수(Reynolds Number)가 200을 초과하게 되면 충돌이론에 미치는 영향은 매우 크게 된다.

정답 15. ②   16. ③   17. ①   18. ④

19. 레이저광의 폭로량을 평가하는 사항에 해당하지 않는 항목은?

① 각막 표면에서의 조사량(J/cm^2) 또는 폭로량을 측정한다.
② 조사량의 서한도는 1mm 구경에 대한 평균치이다.
③ 레이저광과 같은 직사광과 형광등 또는 백열등과 같은 확산광은 구별하여 사용해야한다.
④ 레이저광에 대한 눈의 허용량은 폭로 시간에 따라 수정되어야 한다.

해설 레이저광에 대한 눈의 허용량은 그 파장에 따라 수정되어야 한다.

20. 저온의 작업환경 공기온도를 측정하려고 한다. 영하 20℃까지 측정할 수 있는 온도계로 측정하려고 할 때 측정시간으로 가장 적합한 것은?

① 30초 이상 ② 1분 이상
③ 3분 이상 ④ 5분 이상

21. 고열 측정시간에 관한 기준으로 옳지 않은 것은? (단, 고시 기준)

① 흑구 및 습구흑구온도 측정시간 : 직경이 15센티미터일 경우 25분 이상
② 흑구 및 습구흑구온도 측정시간 : 직경이 7.55센티미터 또는 5센티미터일 경우 5분 이상
③ 습구온도 측정시간 : 아스만통풍건습계 25분 이상
④ 습구온도 측정시간 : 자연습구온도계 15분 이상

해설 습구온도 측정시간 : 자연습구온도계 5분 이상

22. 입경범위가 0.1~0.5μm인 입자성 물질이 여과지에 포집될 경우에 관여하는 주된 메커니즘은?

① 충돌과 간섭 ② 확산과 간섭
③ 확산과 충돌 ④ 충돌

23. 소음진동공정시험기준에 따른 환경기준 중 소음측정 방법으로 옳지 않은 것은?

① 소음계의 동특성은 원칙적으로 빠름(Fast)모드로 하여 측정하여야 한다.
② 소음계와 소음도기록기를 연결하여 측정·기록하는 것을 원칙으로 한다.
③ 소음계 및 소음도기록기의 전원과 기기의 동작을 점검하고 매회 교정을 실시하여야 한다.
④ 소음계의 청감보정회로는 C특성에 고정하여 측정하여야 한다.

해설 소음계의 청감보정회로는 A특성에 고정하여 측정하여야 한다.

24. 산업보건분야에서는 입자상 물질의 크기를 표시하는 데 주로 공기역학적(유체역학적) 직경을 사용한다. 공기역학적 직경에 관한 설명으로 옳은 것은?

① 대상먼지와 침강속도가 같고 밀도가 0.1이며 구형인 먼지의 직경으로 환산
② 대상먼지와 침강속도가 같고 밀도가 1이며 구형인 먼지의 직경으로 환산
③ 대상먼지와 침강속도가 다르고 밀도가 0.1이며 구형인 먼지의 직경으로 환산
④ 대상먼지와 침강속도가 다르고 밀도가 1이며 구형인 먼지의 직경으로 환산

정답 19. ④ 20. ④ 21. ④ 22. ② 23. ④ 24. ②

25. 산업보건분야에서 스토크스의 법칙에 따른 침강속도를 구하는 식을 대신하여 간편하게 계산하는 식으로 적절한 것은?(단, V : 종단속도(cm/sec), SG : 입자의 비중, d : 입자의 직경(μm), 입자의 크기는 1~50μm)

① $V = 0.001 \times SG \times d^2$
② $V = 0.003 \times SG \times d^2$
③ $V = 0.005 \times SG \times d^2$
④ $V = 0.009 \times SG \times d^2$

26. 어느 작업장의 소음 측정 결과가 다음과 같았다. 이때의 총음압레벨(음압레벨 합산)은? (단, 기계 음압레벨 측정 기준)

- A기계 : 95dB(A) • B기계 : 90dB(A)
- C기계 : 88dB(A)

① 약 92.3dB(A)   ② 약 94.6dB(A)
③ 약 96.8dB(A)   ④ 약 98.2dB(A)

해설 식 $L = 10\log(10^{L_1/10} + 10^{L_2/10} + \cdots + 10^{L_n/10})$
∴ $L = 10\log(10^{95/10} + 10^{90/10} + 10^{88/10}) = 96.81 dB$

27. ACGIH에서는 입자상물질을 크게 흡입성, 흉곽성, 호흡성으로 제시하고 있다. 다음 설명 중 옳은 것은?

① 흡입성 먼지는 기관지계나 폐포 어느 곳에 침착하더라도 유해한 입자상 물질로 보통 입자크기는 1~10μm 이내의 범위이다.
② 흉곽성 먼지는 가스교환부위인 폐기도에 침착하여 독성을 나타내며 평균 입자크기는 50μm이다.
③ 흉곽성 먼지는 호흡기계 어느 부위에 침착하더라도 유해한 입자상 물질이며 평균입자크기는 25μm이다.
④ 호흡성 먼지는 폐포에 침착하여 독성을 나타내며 평균입자 크기는 4μm이다.

해설 ④항만 올바르다.

오답해설
- 흡입성 먼지는 호흡기계 어느 부위에 침착하더라도 유해한 입자상 물질로 보통 입자크기는 100μm 이내의 범위이다.
- 흉곽성 먼지는 가스교환부위인 폐기도에 침착하여 독성을 나타내며 평균 입자크기는 10μm이다.
- 흉곽성 먼지는 폐포 어느 부위에 침착하더라도 유해한 입자상 물질이며 평균 입자크기는 10μm이다.

28. 고체 흡착제를 이용하여 시료채취를 할 때 영향을 주는 인자에 관한 설명으로 틀린 것은?

① 오염물질 농도 : 공기 중 오염물질의 농도가 높을수록 파과 용량은 증가한다.
② 습도 : 습도가 높으면 극성 흡착제를 사용할 때 파과공기량이 적어진다.
③ 온도 : 모든 흡착은 발열반응이므로 온도가 낮을수록 흡착에 좋은 조건인 것은 열역학적으로 분명하다.
④ 시료채취유량 : 시료채취유량이 높으면 쉽게 파과가 일어나나 코팅된 흡착제인 경우는 그 경향이 약하다.

해설 시료채취유량 : 시료채취유량이 높고 코팅된 흡착제인 경우는 그 경향이 강하다.

29. 다음은 고열 측정구분에 의한 측정기기와 측정시간에 관한 내용이다. ( )안에 옳은 내용은? (단, 고용노동부 고시 기준)

습구온도 : ( ) 간격의 눈금이 있는 아스만통풍 건습계, 자연습구온도를 측정할 수 있는 기기 또는 이와 동등 이상의 성능이 있는 측정기기

① 0.1도   ② 0.2도
③ 0.5도   ④ 1.0도

정답 25. ② 26. ③ 27. ④ 28. ④ 29. ③

30. 작업장에서 입자상 물질은 대개 여과원리에 따라 시료를 채취한다. 여과지의 공극보다 작은 입자가 여과지에 채취되는 기전은 여과이론으로 설명할 수 있는데 다음 중 여과이론에 관여하는 기전과 가장 거리가 먼 것은?

① 차단
② 확산
③ 흡착
④ 관성충돌

해설 여과이론(여과메커니즘) : 접촉차단, 확산, 관성충돌, 중력, 정전기

정답 30. ③

기출문제로 굳히기 — CHAPTER 02 유해 인자 측정

01. 흉곽성 먼지(TPM)의 50%가 침착되는 평균입자의 크기는? (단, ACGIH 기준)

① 0.5μm　② 2μm
③ 4μm　④ 10μm

02. 종단속도가 0.632m/hr인 입자가 있다. 이 입자의 직경이 3μm라면 비중은?

① 0.65　② 0.55
③ 0.86　④ 0.77

해설 식 $V_s = 0.003 \times S \times d_p^2$

$\dfrac{0.632\text{m}}{\text{hr}} \times \dfrac{100\text{cm}}{1\text{m}} \times \dfrac{1\text{hr}}{3,600\text{sec}} = 0.003 \times S \times 3^2$,

∴ $S = 0.65$

03. 시료 채취용 막여과지에 관한 설명으로 틀린 것은?

① MCE 막여과지 : 표면에 주로 침착되어 중량분석에 적당함
② PVC 막여과지 : 흡습성이 적음
③ PTEE 막여과지 : 열, 화학물질, 압력에 강한 특성이 있음
④ 은 막여과지 : 열적, 화학적 안정성이 있음

해설 MCE 막여과지 : 흡습성이 높아 중량분석시 오차를 유발할 우려가 있다.

04. 누적소음노출량(D : %)을 적용하여 시간가중평균소음수준(TWA : dB(A))을 산출하는 공식은?

① $16.61 \log(\dfrac{D}{100}) + 80$

② $19.81 \log(\dfrac{D}{100}) + 80$

③ $16.61 \log(\dfrac{D}{100}) + 90$

④ $19.81 \log(\dfrac{D}{100}) + 90$

05. 셀룰로오즈 에스테르 막여과지에 관한 설명으로 틀린 것은?

① 산에 쉽게 용해된다.
② 유해물질이 표면에 주로 침착되어 현미경분석에 유리하다.
③ 흡습성이 적어 중량분석에 주로 적용된다.
④ 중금속 시료채취에 유리하다.

해설 흡습성이 높아 중량분석 시 오차가 발생한다.

06. 자연습구온도 31.0℃, 흑구온도 24.0℃, 건구온도 34.0℃, 실내작업장에서 시간 당 400칼로리가 소모되며 계속작업을 실시하는 주조공장의 WBGT는?

① 28.9℃　② 29.9℃
③ 30.9℃　④ 31.9℃

해설 식 실내 $WBGT = (0.7 \times 습구온도) + (0.3 \times 흑구온도)$
$WBGT = (0.7 \times 31) + (0.3 \times 24) = 28.9℃$

정답　01. ④　02. ①　03. ①　04. ③　05. ③　06. ①

07. 활성탄관(Charcoal tube)을 사용하여 포집하기에 가장 부적합한 오염물질은?

① 할로겐화 탄화수소류 ② 에스테르류
③ 방향족 탄화수소류 ④ 니트로 벤젠류

08. 입자상 물질을 채취하는 방법 중 직경분립충돌기의 장점으로 틀린 것은?

① 호흡기에 부분별로 침착된 입자크기의 자료를 추정할 수 있다.
② 흡입성, 흉곽성, 호흡성 입자의 크기별 분포와 농도를 계산할 수 있다.
③ 시료 채취 준비에 시간이 적게 걸리며 비교적 채취가 용이하다.
④ 입자의 질량크기분포를 얻을 수 있다.

해설 시료 채취 준비에 시간이 많이 걸리며 비교적 채취에 난이도가 높다.

09. 입자상 물질의 채취를 위한 섬유상 여과지인 유리섬유 여과지에 관한 설명으로 틀린 것은?

① 흡습성이 적고 열에 강하다.
② 결합제 첨가형과 결합제 비첨가형이 있다.
③ 와트만(Whatman)여과지가 대표적이다.
④ 유해물질이 여과지의 안층에도 채취된다.

해설 와트만(Whatman)여과지는 셀룰로오스 여과지이다.

10. 소음의 변동이 심하지 않은 작업장에서 1시간 간격으로 8회 측정한 산술평균의 소음수준이 93.5dB(A)이었을 때 하루 소음노출량(Dose, %)은? (단, 근로자의 작업시간은 8시간)

① 104% ② 135%
③ 162% ④ 234%

해설 식 $TWA = 16.61 \log(\dfrac{D}{100})+90$

$93.5 = 16.61 \log \dfrac{D}{100} + 90$, ∴ $D = 1.6245 ≒ 162.45\%$

11. 다음의 유기용제 중 실리카겔에 대한 친화력이 가장 강한 것은?

① 알콜류 ② 알데하이드류
③ 케톤류 ④ 에스테르류

해설 [실리카겔의 친화력 순서]
물 〉 알콜 〉 알데하이드 〉 케톤 〉 에스테르 〉 방향족 탄화수소 〉 올레핀 탄화수소 〉 파라핀 탄화수소

12. 미국 ACGIH에서 정의한 (A) 흉곽성 먼지(Thoracic Particulate Mass, TPM)와 (B) 호흡성 먼지(Respirable Particulate Mass, RPM)의 평균입자크기로 옳은 것은?

① (A) 5μm, (B) 15μm ② (A) 15μm, (B) 5μm
③ (A) 4μm, (B) 10μm ④ (A) 10μm, (B) 4μm

13. 먼지 채취 시 사이클론이 충돌기에 비해 갖는 장점으로 볼 수 없는 것은?

① 사용이 간편하고 경제적이다.
② 호흡성 먼지에 대한 자료를 쉽게 얻을 수 있다.
③ 입자의 질량 크기 분포를 얻을 수 있다.
④ 매체의 코팅과 같은 별도의 특별한 처리가 필요 없다.

해설 입자의 질량 크기 분포를 얻을 수 있는 것은 입경분립충돌기의 장점이다.

정답 07. ④ 08. ③ 09. ③ 10. ④ 11. ① 12. ④ 13. ③

14. 입자상 물질인 흄(Fume)에 관한 설명으로 옳지 않은 것은?

① 용접공정에서 흄이 발생한다.
② 흄의 입자 크기는 먼지보다 매우 커 폐포에 쉽게 도달되지 않는다.
③ 흄은 상온에서 고체상태의 물질이 고온으로 액체화된 다음 증기화되고, 증기물의 응축 및 산화로 생기는 고체상의 미립자이다.
④ 용접 흄은 용접공폐의 원인이 된다.

해설 흄의 입자 크기는 먼지보다 매우 작아 브라운운동을 하고, 폐포에 도달한다.

15. 흡착제에 대한 설명으로 틀린 것은?

① 실리카 및 알루미나계 흡착제는 그 표면에서 물과 같은 극성 분자를 선택적으로 흡착한다.
② 흡착제의 선정은 대개 극성 오염물질이면 극성흡착제를, 비극성 오염물질이면 비극성흡착제를 사용하나 반드시 그러하지는 않는다.
③ 활성탄은 다른 흡착제에 비하여 큰 비표면적을 갖고 있다.
④ 활성탄은 탄소의 불포화 결합을 가진 분자를 선택적으로 흡착한다.

해설 실리카 및 알루미나계 흡착제가 탄소의 불포화 결합을 가진 분자를 선택적으로 흡착한다.

16. 파과현상(Breakthrough)에 영향을 미치는 요인이라고 볼 수 없는 것은?

① 포집대상인 작업장의 온도
② 탈착에 사용하는 용매의 종류
③ 포집을 끝마친 후부터 분석까지의 시간
④ 포집된 오염물질의 종류

17. 먼지의 한쪽 끝 가장자리와 다른 쪽 끝 가장자리 사이의 거리로 과대평가될 가능성이 있는 입자성 물질의 직경은?

① 마틴 직경
② 페렛 직경
③ 공기역학 직경
④ 등면적 직경

18. 가스상 물질의 연속시료 채취방법 중 흡수액을 사용한 능동식 시료채취방법(시료채취펌프를 이용하여 강제적으로 공기를 매체에 통과시키는 방법)의 일반적 시료 채취 유량 기준으로 가장 적절한 것은?

① 0.2L/분
② 1.0L/분
③ 5.0L/분
④ 20.0L/분

19. 옥내작업장에서 측정한 건구온도가 73℃이고, 자연습구온도 65℃, 흑구온도 81℃일 때, WBGT는?

① 64.4℃
② 67.4℃
③ 69.8℃
④ 71.0℃

해설 식 실내 $WBGT = (0.7 \times 습구온도) + (0.3 \times 흑구온도)$
∴ 실내 $WBGT = (0.7 \times 65) + (0.3 \times 81) = 69.8℃$

20. 근로자 개인의 청력 손실 여부를 알기 위하여 사용하는 청력 측정용 기기를 무엇이라고 하는가?

① Audiometer
② Sound Level Meter
③ Noise Dosimeter
④ Impact Sound Level Meter

21. 직독식 측정기구가 전형적 방법에 비해 가지는 장점과 가장 거리가 먼 것은?

① 측정과 작동이 간편하여 인력과 분석비를 절감할 수 있다.
② 현장에서 실제 작업시간이나 어떤 순간에서 유해인자의 수준과 변화를 손쉽게 알 수 있다.
③ 직독식 기구로 유해물질을 측정하는 방법의 민감도와 특이성 외의 모든 특성은 전형적 방법과 유사하다.
④ 현장에서 즉각적인 자료가 요구될 때 매우 유용하게 이용될 수 있다.

22. 다음 중 흑구 온도의 측정시간 기준으로 적절한 것은? (단, 직경이 5cm인 흑구 온도계 기준)

① 5분 이상 ② 10분 이상
③ 15분 이상 ④ 25분 이상

해설
- 직경이 7.5cm 또는 5cm일 경우 : 5분 이상
- 직경이 15cm일 경우 : 25분 이상

23. 고열 측정방법에 관한 내용이다. ( ) 안에 맞는 내용은? (단, 고용노동부 고시 기준)

> 측정은 단위작업장소에서 측정대상이 되는 근로자의 작업행동 범위 내에서 주 작업위치의 바닥면으로부터 ( )의 위치에서 행하여야 한다.

① 50cm 이상, 120cm 이하
② 50cm 이상, 150cm 이하
③ 80cm 이상, 120cm 이하
④ 80cm 이상, 150cm 이하

24. 다음 물질 중 실리카겔과 친화력이 가장 큰 것은?

① 알데하이드류 ② 올레핀류
③ 파라핀류   ④ 에스테르류

해설 [실리카겔의 친화력 순서]
물 > 알콜 > 알데하이드 > 케톤 > 에스테르 > 방향족 탄화수소 > 올레핀 탄화수소 > 파라핀 탄화수소

25. 실리카겔관이 활성탄관에 비하여 가지고 있는 장점과 가장 거리가 먼 것은?

① 극성물질을 채취한 경우 물, 메탄올 등 다양한 용매로 쉽게 탈착된다.
② 추출액이 화학분석이나 기기분석에 방해물질로 작용하는 경우가 많지 않다.
③ 매우 유독한 이황화탄소를 탈착용매로 사용하지 않는다.
④ 수분을 잘 흡수하여 습도에 대한 민감도가 높다.

26. 입자상 물질의 측정 매체인 MCE(Mixed Cellulose Ester Membrance) 여과지에 관한 설명으로 틀린 것은?

① 산에 쉽게 용해된다.
② MCE 여과지의 원료인 셀룰로오스는 수분을 흡수하는 특성을 가지고 있다.
③ 시료가 여과지의 표면 또는 가까운 데에 침착되므로 석면, 유리섬유 등 현미경 분석을 위한 시료채취에 이용된다.
④ 입자상 물질에 대한 중량분석에 주로 적용된다.

정답 21. ③ 22. ① 23. ② 24. ① 25. ④ 26. ④

CHAPTER 03 평가 및 통계

UNIT 01 통계학 기본 지식

1 통계의 필요성

① 활동방침 결정을 위한 자료
② 산업위생관리에 문제점 제시
③ 원인 규명의 자료
④ 효과 판정

2 용어의 이해

1) 평균

① **산술평균(M)** : 자료분석치의 합을 총 개수로 나누어 평균을 산출한 값

$$M = \frac{a_1 + a_2 + \cdots + a_n}{n}$$

② **가중평균($\overline{X}$)** : 자료분석치의 각각의 자료크기를 고려하여 평균을 산출한 값

$$\overline{X} = \frac{a_1 n_1 + a_2 n_2 + \cdots + a_n n_n}{n_1 + n_2 + \cdots + n_n}$$

③ **기하평균(GM)** : 모든 자료분석치를 곱한 것을 총 개수 제곱근하여 평균을 산출한 값

$$GM = \sqrt[n]{a_1 \times a_2 \times \cdots \times a_n}$$

④ **조화평균(HM)** : 모든 자료분석치의 역수들을 산술평균한 것의 역수로 평균을 산출한 값

$$HM = \dfrac{1}{\dfrac{\left(\dfrac{1}{a_1}+\dfrac{1}{a_2}+\cdots+\dfrac{1}{a_n}\right)}{n}}$$

⑤ **중앙값(median)** : 자료를 크기대로 위치했을 때 중앙에 위치하는 값
  (데이터 개수가 짝수일 경우 중앙의 두 값을 산술평균한 값이 중앙값)

2) **표준편차(SD)** : 자료분석치가 얼마나 평균 가까이에 분포하고 있는지의 여부를 나타낸다.

① **모표준편차** : 분석하려는 대상의 모든 데이터를 이용하여 산출한 표준편차

$$\sigma = \sqrt{\dfrac{(a_1-m)^2+(a_2-m)^2+\cdots+(a_n-m)^2}{N}}$$

- a : 데이터(자료값)
- m : 데이터(자료값) 평균
- N : 데이터(자료값) 개수

② **표본표준편차(시료표준편차)** : 분석하려는 대상의 표본(sample)을 선정하여 표본의 데이터를 이용하여 산출한 표준편차

$$s = \sqrt{\dfrac{(a_1-m)^2+(a_2-m)^2+\cdots+(a_n-m)^2}{n-1}}$$

- n : 데이터(자료값) 개수
※ 일반적으로 표본(sample)을 이용하는 경우가 많으므로 데이터의 일부를 보여주거나 별도의 조건이 없다면 표본표준편차로 계산한다.

3) **표준오차(SE)** : 자료분석치들의 평균이 표준평균과 얼마나 차이를 보이는지의 여부를 나타낸다.

$$SE = \dfrac{SD}{\sqrt{N}}$$

- N : 표본의 크기(데이터 총 개수)

4) **변이계수(CV)** : 측정방법의 정밀도를 평가하는 계수

$$CV = \dfrac{SD}{평균치} \times 100$$

3 자료의 분포

1) 정규분포할 경우

① 산술평균으로 대표치 계산
② 표준편차(변이)

2) 기하정규분포할 경우

① 기하평균으로 대표치 계산
- 기하평균 : 누적분포에서 50%에 해당하는 값

② 기하표준편차(변이)

$$GSD = \frac{50\%\text{에 해당하는 값}}{15.9\%\text{에 해당하는 값}} = \frac{84.13\%\text{에 해당하는 값}}{50\%\text{에 해당하는 값}}$$

$$GSD = 10^{\left[\frac{\sum(\log X - M)^2}{N-1}\right]^{1/2}}$$

- X : 데이터 값
- M : 평균치

UNIT 02 측정자료 평가 및 해석

1 측정 결과에 대한 평가

1) 시간가중평균값(TWA)

$$TWA = \frac{C_1 T_1 + C_2 T_2 + \cdots + C_n T_n}{8}$$

2) 단시간 노출값(STEL) : 15분간의 시간가중평균노출값

3) 표준화값 산출

$$Y = \frac{TWA(\text{또는}\, STEL)}{\text{허용기준}}$$

4) 하한치 계산

- $Y = \dfrac{측정농도}{허용기준}$

  식 하한치 = Y(표준화값) − 시료채취분석오차

※ 상한치 = Y + 시료채취분석오차

5) 허용기준 초과여부 판정

① 하한치 > 1이면 허용기준 초과
② STEL 산출시 분석치가 TWA의 기준치를 초과하고 STEL 기준치 이하일 때 다음 항목 하나 이상에 해당하면 허용기준 초과로 판정한다.
　㉠ 1일 4회를 초과하여 노출되는 경우
　㉡ 각 회의 간격이 60분 미만인 경우
　㉢ 1회 노출지속시간이 15분 이상인 경우

2 노출기준의 보정

1) 입자상 물질 및 가스상 물질 농도

① 8시간 작업시를 평균농도로 한다.
② 6시간 이상 연속 측정시 측정하지 않은 2시간의 농도가 측정기간 농도보다 현저하게 낮은 경우, 8시간 가중평균하여 8시간 작업시의 평균농도로 한다.
③ 8시간 초과시 아래 계산식에 따라 산출한다.

> 💡 **급성중독**
>
> 식 보정노출기준 = 8시간 노출기준 × $\dfrac{8hr/일}{t}$
>
> 💡 **만성중독**
>
> 식 보정노출기준 = 8시간 노출기준 × $\dfrac{44hr/주}{t}$

2) 보정된 노출기준농도(상가작용 고려)

① 혼합물질의 노출지수(EI)

$$EI = \frac{C_1}{TLV_1} + \frac{C_2}{TLV_2} + \cdots + \frac{C_n}{TLV_n}$$

② 보정된 노출기준 농도

$$\text{보정된 노출기준} = \frac{C_1 + C_2 + \cdots + C_n}{EI}$$

3) 증발기체의 허용농도(상가작용 고려)

$$TLV_m = \frac{1}{\dfrac{f_1}{TLV_1} + \dfrac{f_2}{TLV_2} + \cdots + \dfrac{f_n}{TLV_n}}$$

- f : 물질의 분율
- TLV : 허용농도

4) 비정상 작업시간에 대한 보정된 노출기준농도

① 보정계수(RF)

$$RF = \frac{8}{h} \quad \text{(미국산업안전보건청, OSHA)}$$

$$RF = \frac{8}{H} \times \frac{24 - H}{16} \quad \text{(Brief and Scala)}$$

② 보정된 노출기준농도

$$\text{보정된 노출기준} = \text{노출기준} \times \text{보정계수}(RF)$$

❸ 작업환경 유해위험성 평가

1) 위험성평가란?

유사노출그룹(SEG)이나 유해인자를 대상으로 위험의 정도를 평가하여 모니터링하고 관리해야 할 유해인자와 SEG의 우선순위를 정하는 것을 말한다. 정해진 우선순위에 따라 모니터링하고 관리를 시행한다.

2) 예비조사

① 작업공정 조사

② 작업장 특성 조사
③ 근로자 수 조사
④ 유해인자 특성 조사
⇨ 유사노출그룹설정

> 💡 **유사노출그룹(SEG) 설정의 목적**
> ㉠ 모든 노동자의 노출을 경제적으로 평가할 수 있다.
> ㉡ 직업역학조사를 수행할 때 유사노출그룹별 건강상의 위험발생률을 구할 수 있다. 이를 통해 특정 직무와 질병 발생위험과의 연관을 밝히는 데 활용할 수 있다.

3) 유해인자 우선순위 결정(위해도 평가)

범주	위해성지수	노출지수
0	가역적인 건강상의 영향이 알려지지 않았거나 조금 있는 경우, 건강상의 영향이 의심되는 경우	노출이 없음
1	가역적인 건강상의 영향이 있는 경우	낮은 농도나 강도에서 가끔 노출
2	심각한 가역적인 건강상의 영향이 있는 경우(자극물질 등)	낮은 농도나 강도에서 자주 노출 또는 높은 농도나 강도에서 가끔 노출
3	비가역적인 건강상의 영향이 있는 경우(부식성 물질 등)	높은 농도나 강도에서 자주 노출
4	생명을 위협하거나 치명적인 상해나 질병에 대한 영향이 있는 경우(발암물질 등)	매우 높은 농도나 강도에서 자주 노출

기출문제로 다지기   CHAPTER 03 평가 및 통계

01. 40% 벤젠, 30% 아세톤 그리고 30% 톨루엔의 중량비로 조정된 용제가 증발되어 작업환경을 오염시키고 있다. 이 때 각각의 TLV가 각각 30mg/m³, 1,780mg/m³ 및 375mg/m³이라면 이 작업장의 혼합물의 허용농도 (mg/m³)는? (단, 상가작용기준)

① 47.9   ② 59.9
③ 69.9   ④ 76.9

해설
$$TLV_m = \frac{1}{\frac{f_1}{TLV_1} + \frac{f_2}{TLV_2} + \cdots + \frac{f_n}{TLV_n}}$$
$$= \frac{1}{\frac{0.4}{30} + \frac{0.3}{1,780} + \frac{0.3}{375}} = 69.92\, mg/m^3$$

02. 산업위생통계에서 유해물질 농도를 표준화하려면 무엇을 알아야 하는가?

① 측정치와 노출기준
② 평균치와 표준편차
③ 측정치와 시료수
④ 기하 평균치와 기하 표준편차

03. 측정방법의 정밀도를 평가하는 변이계수(Coefficient Of Vanriation, CV)를 알맞게 나타낸 것은?

① 표준편차/산술평균
② 기하평균/표준편차
③ 표준오차/표준편차
④ 표준편차/표준오차

04. 어느 작업장 근로자가 400ppm의 acetone(TLV = 1000ppm)과 50ppm의 secbutyl acetate(TLV = 200ppm)와 2-butanone(TLV = 200ppm)에 폭로되었다. 이 근로자가 허용치 이하로 폭로되기 위해서는 2-butanone에 몇 ppm 이하에 폭로되어야 하는가? (단, 상가작용하는 것으로 가정함)

① 70ppm   ② 82ppm
③ 114ppm   ④ 122ppm

해설 허용치 이하가 되려면 EI(허용지수)가 1 이하이어야 하므로, EI를 1로 설정하여 농도를 산출한다.

식 $EI = \frac{C_1}{TLV_1} + \frac{C_2}{TLV_2} + \cdots + \frac{C_n}{TLV_n}$

$1 = \frac{400}{1000} + \frac{50}{200} + \frac{C_3}{200}$,   ∴ $C_3 = 70$ppm

05. 산업위생통계에서 적용하는 변이계수에 대한 설명으로 틀린 것은?

① 통계집단의 측정값들에 대한 균일성, 정밀성 정도를 표현하는 것이다.
② 표준오차에 대한 평균값의 크기를 나타낸 수치이다.
③ 단위가 서로 다른 집단이나 특성 값의 상호 산포도를 비교하는데 이용될 수 있다.
④ 평균값의 크기가 0에 가까울수록 변이계수의 의의가 작아지는 단점이 있다.

해설 변이계수는 표준편차에 대한 평균값의 크기를 나타낸 수치이다.

정답   01. ③   02. ①   03. ①   04. ①   05. ②

06. 다음 작업장의 유해인자에 대한 위해도 평가에 영향을 미치는 것 중 가장 거리가 먼 것은?

① 유해인자의 위해성
② 휴식시간의 배분 정도
③ 유해인자에 노출되는 근로자수
④ 노출되는 시간 및 공간적인 특성과 빈도

해설 위해도 평가 시 영향인자는 유해인자특성, 근로자수, 작업특성, 작업공정, 노출정도이다.

07. 공장에서 A용제 30%(TLV 1,200mg/m³), B용제 30%(TLV 1,400mg/m³) 및 C용제 40%(TLV 1,600mg/m³)의 중량비로 조성된 액체용제가 증발되어 작업 환경을 오염시킬 경우 이 혼합물의 허용농도(mg/m³)는? (단, 상가작용 기준)

① 약 1,400
② 약 1,450
③ 약 1,500
④ 약 1,550

해설 식 $TLV_m = \dfrac{1}{\dfrac{f_1}{TLV_1} + \dfrac{f_2}{TLV_2} + \cdots \dfrac{f_n}{TLV_n}}$

$= \dfrac{1}{\dfrac{0.3}{1200} + \dfrac{0.3}{1400} + \dfrac{0.4}{1600}} = 1400 mg/m^3$

08. 농약공장의 작업환경 내에는 TLV가 0.1mg/m³인 파라티온과 TLV가 0.5mg/m³인 EPN이 2 : 3의 비율로 혼합된 분진이 부유하고 있다. 이러한 혼합분진의 TLV(mg/m³)는?

① 0.15
② 0.17
③ 0.19
④ 0.21

해설 $TLV_m = \dfrac{1}{\dfrac{f_1}{TLV_1} + \dfrac{f_2}{TLV_2} + \cdots \dfrac{f_n}{TLV_n}}$

$= \dfrac{1}{\dfrac{(2/5)}{0.1} + \dfrac{(3/5)}{0.5}} = 0.19 mg/m^3$

09. 허용농도가 50ppm인 트리클로로에틸렌을 취급하는 작업장에 하루 10시간 근무한다면 그 조건에서의 허용농도치는? (단, Brief-Scala 보정방법 기준)

① 47ppm
② 42ppm
③ 39ppm
④ 35ppm

해설 [Brief and Scala 보정법]
보정된 허용기준 $= TLV \times RF$

$\cdot RF = \dfrac{8}{H} \times \dfrac{24-H}{16} = \dfrac{8}{10} \times \dfrac{24-10}{16} = 0.7$

보정된 허용기준 $= 50 \times 0.7 = 35 ppm$

10. 1회 분석의 우연오차의 표준편차를 σ라 하였을 때 n회의 평균치의 표준편차는?

① $\dfrac{\sigma}{n}$
② $\sqrt[n]{n}$
③ $\dfrac{\sqrt{n}}{\sigma}$
④ $\dfrac{\sigma}{\sqrt{n}}$

11. 유해인자에 대한 노출평가방법인 위해도평가(Risk Assessment)를 설명한 것으로 가장 거리가 먼 것은?

① 위험이 가장 큰 유해인자를 결정하는 것이다.
② 유해인자가 본래 가지고 있는 위해성과 노출요인에 의해 결정된다.
③ 모든 유해인자 및 작업자, 공정을 대상으로 동일한 비중을 두면서 관리하기 위한 방안이다.
④ 노출도가 많고 건강상의 영향이 큰 인자인 경우 위해도가 크고 관리해야 할 우선순위가 높게 된다.

정답 06. ② 07. ① 08. ③ 09. ④ 10. ④ 11. ③

[해설] 유해인자에 대한 위해도평가는 유해인자 및 작업자, 공정을 대상으로 우선순위를 결정하여 관리하기 위한 방법이다.

12. "변이계수"에 관한 설명으로 틀린 것은?

① 평균값의 크기가 0에 가까울수록 변이계수의 의의는 커진다.
② 측정단위와 무관하게 독립적으로 산출된다.
③ 변이계수는 %로 표현된다.
④ 통계집단의 측정값들에 대한 균일성, 정밀성 정도를 표현하는 것이다.

[해설] 변이계수의 크기가 1에 가까울수록 변이계수의 의의는 커진다.

정답 12. ①

기출문제로 굳히기 — CHAPTER 03 평가 및 통계

01. Perchloroethylene 40%(TLV:670mg/m³), Methylene chloride 40%(TLV:720mg/m³), Heptane 20%(TLV:1600mg/m³)의 중량비로 조성된 유기용매가 증발되어 작업장을 오염시키고 있다. 이들 혼합물의 허용농도는 약 몇 mg/m³인가?

① 910　　② 997
③ 876　　④ 780

해설 **식** $TLV_m = \dfrac{1}{\dfrac{f_1}{TLV_1} + \dfrac{f_2}{TLV_2} + \cdots + \dfrac{f_n}{TLV_n}}$

∴ $TLV_m = \dfrac{1}{\dfrac{0.4}{670} + \dfrac{0.4}{720} + \dfrac{0.2}{1600}}$
  $= 782.74 \, mg/m^3$

02. 작업장 공기 중 사염화탄소(TLV=10ppm)가 5ppm, 1,2-디클로로에탄(TLV=50ppm)이 12ppm, 1,2-디브로메탄(TLV=20ppm)이 8ppm일 때 노출지수는? (단, 상가작용 기준)

① 1.04　　② 1.14
③ 1.24　　④ 1.34

해설 **식** $EI = \dfrac{C_1}{TLV_1} + \dfrac{C_2}{TLV_2} + \cdots + \dfrac{C_n}{TLV_n}$

∴ $EI = \dfrac{5}{10} + \dfrac{12}{50} + \dfrac{8}{20} = 1.14$

03. 주물공장에서 근로자에게 노출되는 호흡성 먼지를 측정한 결과(mg/m³)가 다음과 같았다면 기하평균농도(mg/m³)는?

2.5, 2.1, 3.1, 5.2, 7.2

① 3.6　　② 3.8
③ 4.0　　④ 4.2

해설 **식** $GM = \sqrt[n]{a_1 \times a_2 \times \cdots \times a_n}$

∴ $GM = \sqrt[5]{2.5 \times 2.1 \times 3.1 \times 5.2 \times 7.2} = 3.61$

04. 작업 환경 측정 결과 측정치가 다음과 같을 때, 평균편차는 얼마인가?

7, 5, 15, 20, 8

① 2.8　　② 5.2
③ 11　　④ 17

해설 평균편차 $= \dfrac{\sum |a_i - m|}{n}$

• $m(산술평균) = \dfrac{7+5+15+20+8}{5} = 11$

∴ 평균편차 $= \dfrac{|7-11|+|5-11|+|15-11|+|20-11|+|8-11|}{5}$
　　　　　$= 5.2$

정답 01. ④　02. ②　03. ①　04. ②

05. 다음 중 표본에서 얻은 표준편차와 표본의 수만 가지고 얻을 수 있는 것은?

① 산술평균치 ② 분산
③ 변이계수 ④ 표준오차

[해설] 표준오차(SE)

[식] $SE = \dfrac{SD(표준편차)}{\sqrt{N}}$

[해설] 표준편차를 산술평균으로 나눈 값이다.

[식] 변이계수 = 표준편차/산술평균

06. 어느 작업장에서 A물질의 농도를 측정한 결과가 각각 23.9ppm, 21.6ppm, 22.4ppm, 24.1ppm, 22.7ppm, 25.4ppm을 얻었다. 측정 결과에서 중앙값(median)은 몇 ppm인가?

① 23.0 ② 23.1
③ 23.3 ④ 23.5

[해설] 중앙값은 순서로 배열 시 중앙에 위치하는 결과치의 값으로 짝수일 경우 중앙에 오는 두 결과값의 산출평균으로 산출한다.
순서별 값 : 21.6, 22.4, 22.7, 23.9, 24.1, 25.4

[식] 중앙값 = $\dfrac{22.7 + 23.9}{2} = 23.3 ppm$

07. 다음 중 작업환경측정치의 통계처리에 활용되는 변이계수에 관한 설명과 가장 거리가 먼 것은?

① 평균값의 크기가 0에 가까울수록 변이계수의 의의는 작아진다.
② 측정단위와 무관하게 독립적으로 산출되며 백분율로 나타낸다.
③ 단위가 서로 다른 집단이나 특성값의 상호 산포도를 비교하는데 이용될 수 있다.
④ 편차의 제곱 합들의 평균값으로 통계집단의 측정값들에 대한 균일성, 정밀성 정도를 표현한다.

정답 05. ④ 06. ③ 07. ④

PART 3

제 3 과목
작업환경 관리대책

01 산업 환기

02 작업 공정 관리

03 개인보호구

01 산업 환기

UNIT 01 환기 원리

1 산업 환기의 의미와 목적

오염공기를 실외로 보내고, 외부의 청정공기를 작업장 내로 유입시킴으로써 작업환경을 관리하는 공학적 노출방지 대책으로, 유해물질의 농도를 허용기준 이하로 낮추고, 작업장 내 온도·습도를 조절하여 작업환경을 쾌적하게 하고, 근로자의 능률향상 및 산업재해를 예방하는데 그 의의가 있다.

2 환기의 기본 원리

1) 비중과 밀도

① 비중(S) = $\dfrac{\text{대상물질의 밀도}}{\text{표준물질의 밀도}}$

② 밀도(ρ) = $\dfrac{\text{질량}}{\text{단위 부피}}$

2) 점도와 동점성계수

① 점도(μ) : 전단응력에 대한 저항의 크기를 나타냄(끈끈한 정도)
  ㉠ 점도의 단위 : Poise(포이즈, g/cm·sec)
  ㉡ 점도와 온도의 관계
    • 온도가 증가하면 점도는 낮아진다.(액체/고체)
    • 온도가 증가하면 점도는 높아진다.(기체)

② 동점성 계수(ν) : 점도를 밀도로 나눈 값
  • 동점성 계수의 단위 : St(스톡, cm^2/sec)

3) 표준공기

① **표준상태(STP)** : 0℃, 1기압 상태를 말한다.
- 표준상태에서 공기의 밀도 : $1.293 kg/m^3$
- 표준상태에서 기체 1mol 당 부피 : 22.4L

② **산업환기에서 표준상태** : 21℃, 1기압, 상대습도 50%인 상태를 말한다.
- 산업환기에서 표준상태 공기의 밀도 : $1.203 kg/m^3$
- 표준상태에서 기체 1mol 당 부피 : 24.01L

3 유체의 역학적 원리

1) 유체의 흐름

① **층류** : 유체의 흐름에서 유체 인접층이 서로 혼합되지 않고 흐르는 상태(잠잠한 흐름)
② **난류** : 유체 인접층이 파괴되어 유체분자가 격렬한 운동을 하면서 서로 혼합되어 흐르는 상태(산만한 흐름)
③ **흐름판별** : 레이놀드 수(N_{Re})

> **[식]** $N_{Re} = \dfrac{관성력}{점성력} = \dfrac{DV\rho}{\mu}$
>
> - D : 관 직경 　　　　・ V : 유속
> - ρ : 유체의 밀도　　　・ μ : 유체의 점도

- $2100 > N_{Re}$: 층류, $4000 < N_{Re}$: 난류(폐쇄된 상태)
- $1 > N_{Re}$: 층류, $1000 < N_{Re}$: 난류(자유대기)

> 💡 **입자레이놀드 수**
>
> **[식]** $N_{Re} = \dfrac{관성력}{점성력} = \dfrac{D_p V \rho}{\mu}$
>
> - D_p : 입자 직경

2) 유체역학 방정식

① **베르누이 방정식**

　유선에 따라 압력관 위치가 변할 때의 속도는 변한다.

> 💡 **베르누이 방정식의 제한조건**
> - 정상 유동　　　　　　　・ 비압축성 유동
> - 마찰이 없는 유동　　　　・ 유선에 따라 움직이는 유동

② 동압, 정압, 전압

　㉠ 정압(P_s) : 정지하고 있는 유체 중의 임의의 면에 작용하는 압력
　　• 흐름에 따라 양(+)압 또는 음(-)압으로 작용한다.
　　• 유체흐름에 직각방향으로 작용한다.
　　• 물체에 초기속도를 부여하는 힘이다.
　㉡ 동압(속도압, P_v) : 유속에 의하여 생기는 압력
　　• 항상 양(+)압으로 작용
　　• $P_v = \dfrac{\gamma V^2}{2g}$,　$V = \sqrt{\dfrac{2gP_v}{\gamma}}$,　$V = 4.043\sqrt{P_v}$
　㉢ 전압(P_t) : 정압과 동압의 합

③ **연속방정식** : 질량보존의 법칙으로 유체는 접촉하는 단면적이 달라져도 그 유량은 같다.

$$\boxed{식}\ A_1 V_1 = A_2 V_2$$

3) 침강속도

$$\boxed{식}\ V_s = \dfrac{d_p^{\,2}(\rho_p - \rho_g)g}{18\mu}$$

• d_p : 입자의 직경　　　　　　• ρ_p : 입자의 밀도
• ρ_g : 가스(공기)의 밀도　　　• μ : 가스(공기)의 점도

4 압력손실

1) 후드의 압력손실

$$\boxed{식}\ \Delta P_h = F_i \times P_v$$

• F_i : 유입손실계수 $= \dfrac{1 - C_e^{\,2}}{C_e^{\,2}}$　　• C_e : 유입계수

실제 후드 내로 유입되는 유량과 이론상 후드 내로 유입되는 유량의 비를 의미한다.
유입계수가 1에 가까울수록 압력손실이 작은 후드이다.

• P_v : 속도압 $= \dfrac{\gamma V^2}{2g}$

속도압 산출시, 대입하는 모든 인자는 MKS 단위로 대입하여야만 P_v(속도압)이 mmH$_2$O 단위로 산출된다. 또한 γ(공기의 비중량 또는 밀도)가 주어지지 않았을 경우 산업 내 공기(21℃, 1atm) 기준으로 가정하여 1.2kg/m^{3}로 대입한다.

2) 후드정압

$$P_s = P_v + \Delta P_h = P_v + (F_i \times P_v) \Rightarrow P_s = P_v(1+F_i)$$

3) 닥트의 압력손실

$$\text{장방형}(\Delta P) = f \times \frac{L}{D_o} \times \frac{\gamma V^2}{2g}$$

$$\text{원형}(\Delta P) = 4f \times \frac{L}{D} \times \frac{\gamma V^2}{2g} = \lambda \times \frac{L}{D} \times \frac{\gamma V^2}{2g}$$

※ $4f = \lambda$

※ $D_o = \dfrac{2ab}{a+b}$ (환산직경), 장방형관에서 직경에 상당하는 직경

- f : 관 마찰계수
- L : 길이
- D : 직경
- γ : 공기밀도

4) 곡관 압력손실

① 곡률반경비(R/D)를 크게 할수록 압력손실이 작아진다.

② 곡관의 구부러지는 경사는 가능한 완만하게 하고, 구부러지는 관의 중심선의 반지름(R)이 송풍관 직경의 2.5배 이상이 되도록 한다.

$$\text{곡관의 압력손실}(\Delta P) = \left(F \times \frac{\theta}{90}\right) \times P_v$$

- F : 압력손실계수

③ 새우등 곡관
  - 직경이 D ≤ 15cm인 경우에는 새우등 3개 이상, D > 15cm인 경우에는 새우등 5개 이상을 사용한다.
  - 덕트 내부 청소를 위하여 청소구를 설치하여야 한다.

5) 합류관 압력손실

① 합류관 연결방법

  ㉠ 주관과 분지관을 연결 시 확대관을 이용하여 엇갈리게 연결한다.
  ㉡ 분지관과 분지관 사이 거리는 덕트 지름의 6배 이상이 바람직하다.
  ㉢ 분지관이 연결되는 주관의 확대각은 15° 이내가 적합하다.
  ㉣ 주관측 확대관의 길이는 확대부 직경과 축소부 직경차의 5배 이상 되는 것이 바람직하다.
  ㉤ 합류관의 압력손실은 주관의 압력손실과 분지관의 압력손실을 합한 값으로 된다.
  ㉥ 분지관의 수를 가급적 적게 하여 압력손실을 줄인다.

ⓐ 합류각이 클수록 분지관의 압력손실은 증가한다.

식 합류관 압력손실 $= \Delta P_1 + \Delta P_2$

6) 확대관 압력손실

식 확대관 압력손실 $= F \times (P_{v1} - P_{v2})$
식 정압회복량 $(P_{s2} - P_{s1}) = (P_{v1} - P_{v2}) - \Delta P$
식 확대측 정압 $(P_{s2}) = P_{s1} + R(P_{v1} - P_{v2})$

- $R = 1 - F$

7) 축소관 압력손실

① 덕트의 단면 축소에 따라 정압이 속도압으로 변화되어 정압은 감소하고 속도압은 증가한다.
② 축소관은 확대관에 비해 압력손실이 작으며, 축소각이 45° 이하일 때는 무시한다.
③ 축소관에서는 축소각이 클수록 압력손실은 증가한다.
④ 관련식

식 $\Delta P = F \times (P_{v2} - P_{v1})$
식 정압감소량 $(P_{s2} - P_{s1}) = -(P_{v2} - P_{v1}) - \Delta P = -(1+F)(P_{v2} - P_{v1})$

- P_{v2} : 축소 후의 속도압
- P_{s2} : 축소 후의 정압
- P_{v1} : 축소 전의 속도압
- P_{s1} : 축소 전의 정압

5 흡기와 배기

① **흡기** : 기류를 흡인하는 것으로 흡입면의 직경 1배인 위치에서는 입구유속의 10%로 된다. 그러므로 흡인시 오염발생원으로부터 최대한 가까운 곳에 설치하여야 한다.
② **배기** : 기류를 배출하는 것으로 출구면의 직경 30배인 위치에서 출구유속의 10%로 된다.

기출문제로 다지기 | UNIT 01 환기 원리

01. 관을 흐르는 유체의 양이 220m³/min일 때 속도압은 약 몇 mmH₂O인가? (단, 유체의 밀도는 1.21kg/m³, 관의 단면적은 0.5m², 중력가속도는 9.8m/s²이다.)

① 2.1 ② 3.3
③ 4.6 ④ 5.9

해설 식 $P_v = \dfrac{\gamma V^2}{2g}$

- $V = \dfrac{Q}{A} = \dfrac{220 m^3/\min}{0.5 m^2} \times \dfrac{1\min}{60\sec} = 7.33 m/\sec$

∴ $P_v = \dfrac{1.21 \times 7.33^2}{2 \times 9.8} = 3.32 mmH_2O$

02. 재순환 공기의 CO_2 농도는 900ppm이고 급기의 CO_2가 700ppm일 때, 공기 중의 외부공기 포함량은 약 몇 %인가? (단, 외부공기의 CO_2 농도는 330ppm이다.)

① 30% ② 35%
③ 40% ④ 45%

해설 식 $X(\%) = \dfrac{배기}{전체공기} = \dfrac{전체공기 - 흡기}{전체공기}$
$= \left[1 - \left(\dfrac{700-330}{900-330}\right)\right] \times 100 = 35\%$

03. 층류영역에서 직경이 2μm이며 비중이 3인 입자상 물질의 침강속도는 약 몇 cm/sec인가?

① 0.032 ② 0.036
③ 0.042 ④ 0.046

해설 식 $V_s = 0.003 \times S \times d_p^2 = 0.003 \times 3 \times 2^2$
$= 0.036 cm/\sec$

04. 후드의 유입계수가 0.86, 속도압이 25mmH₂O일 때 후드의 압력손실(mmH₂O)은?

① 8.8 ② 12.2
③ 15.4 ④ 17.2

해설 식 $\Delta P_h = F_i \times P_v = \dfrac{1 - C_e^2}{C_e^2} \times P_v$

∴ $\Delta P_h = \dfrac{1 - 0.86^2}{0.86^2} \times 25 = 8.8 mmH_2O$

05. 덕트 주관에 45°로 분지관이 연결되어 있다. 주관과 분지관의 반송속도는 모두 18m/s이고, 주관의 압력손실계수는 0.2이며, 분지관의 압력손실계수는 0.28이다. 주관과 분지관의 합류에 의한 압력손실(mmH₂O)은? (단, 공기밀도 = 1.2kg/m³)

① 9.5 ② 8.5
③ 7.5 ④ 6.5

해설 식 합류에 의한 압력손실 = 주관ΔP + 분지관ΔP

- 주관 $\Delta P = F \times P_v = 0.2 \times \dfrac{1.2 \times 18^2}{2 \times 9.8} = 3.97 mmH_2O$

- 분지관
$\Delta P = F \times P_v = 0.28 \times \dfrac{1.2 \times 18^2}{2 \times 9.8} = 5.55 mmH_2O$

∴ 합류에 의한 압력손실 = 3.97 + 5.55 = $9.52 mmH_2O$

정답 01. ② 02. ② 03. ② 04. ① 05. ①

06. 자연환기와 강제환기에 관한 설명으로 옳지 않은 것은?

① 강제환기는 외부 조건에 관계없이 작업환경을 일정하게 유지시킬 수 있다.
② 자연환기는 환기량 예측 자료를 구하기가 용이하다.
③ 자연환기는 적당한 온도 차와 바람이 있다면 비용 면에서 상당히 효과적이다.
④ 자연환기는 외부 기상조건과 내부 작업조건에 따라 환기량 변화가 심하다.

해설 자연환기는 환기량 예측 자료를 구하기가 힘들다.

07. 환기시설 내 기류가 기본적인 유체역학적 원리에 따르기 위한 전제조건과 가장 거리가 먼 것은?

① 환기시설 내외의 열교환은 무시한다.
② 공기의 압축이나 팽창은 무시한다.
③ 공기는 절대습도를 기준으로 한다.
④ 공기 중에 포함된 유해물질의 무게와 용량을 무시한다.

해설 공기는 상대습도를 기준으로 한다.

08. 레이놀즈수(R_e)를 산출하는 공식은? (단, d: 덕트직경(m), v: 공기유속(m/s), μ: 공기의 점성계수(kg/sec·m), ρ: 공기밀도(kg/m³))

① $R_e = (\mu \times \rho \times d)/v$
② $R_e = (\rho \times v \times \mu)/d$
③ $R_e = (d \times v \times \mu)/\rho$
④ $R_e = (\rho \times d \times v)/\mu$

09. 1기압에서 혼합기체가 질소(N_2) 66%, 산소(O_2) 14%, 탄산가스 20%로 구성되어 있을 때 질소가스의 분압은? (단, 단위 : mmHg)

① 501.6
② 521.6
③ 541.6
④ 560.4

해설 $X mmHg = 760 \times 0.66 = 501.6 mmHg$

10. 다음의 ( )에 들어갈 내용이 알맞게 조합된 것은?

원형직관에서 압력손실은 (㉠)에 비례하고 (㉡)에 반비례하며 속도의 (㉢)에 비례한다.

① ㉠ 송풍관의 길이, ㉡ 송풍관의 직경, ㉢ 제곱
② ㉠ 송풍관의 직경, ㉡ 송풍관의 길이, ㉢ 제곱
③ ㉠ 송풍관의 길이, ㉡ 송풍관의 속도압, ㉢ 세제곱
④ ㉠ 속도압, ㉡ 송풍관의 길이, ㉢ 세제곱

11. 30,000ppm의 테트라 클로로에틸렌(Tetrachloro-Ethylene)이 작업 환경 중의 공기와 완전 혼합되어 있다. 이 혼합물의 유효비중은? (단, 테트라 클로로에틸렌은 공기보다 5.7배 무겁다.)

① 약 1.124
② 약 1.141
③ 약 1.164
④ 약 1.186

12. 유해성 유기용매 A가 $7m \times 14m \times 4m$의 체적을 가진 방에 저장되어 있다. 공기를 공급하기 전에 측정한 농도는 400ppm이었다. 이 방으로 $60m^3/min$의 공기를 공급한 수 노출기준인 100ppm으로 달성되는데 걸리는 시간은? (단, 유해성유기용매 증발 중단, 공급공기의 유해성 유기용매 농도는 0, 희석만 고려)

① 약 3분　　② 약 5분
③ 약 7분　　④ 약 9분

해설 $\ln\dfrac{C_t}{C_o} = -K \times t$

- $K = \dfrac{Q}{\forall} = \dfrac{60m^3/min}{(7 \times 14 \times 4)m^3} = 0.153/min$

$\ln\dfrac{100}{400} = -0.153 \times t, \therefore t = 9.06min$

13. 입자의 침강속도에 대한 설명으로 틀린 것은? (단, Stoke's 법칙 기준)

① 입자직경의 제곱에 비례한다.
② 입자의 밀도차에 반비례한다.
③ 중력가속도에 비례한다.
④ 공기의 점성계수에 반비례한다.

해설 입자의 밀도차에 비례한다.

14. 정상류가 흐르고 있는 유체 유동에 관한 연속방정식을 설명하는데 적용된 법칙은?

① 관성의 법칙　　② 운동량의 법칙
③ 질량보존의 법칙　　④ 점성의 법칙

15. 25℃에서 공기의 점성계수 $\mu = 1.607 \times 10^{-4}$Poise, 밀도 $\rho = 1.203kg/m^3$이다. 이 때 동점성계수(m^2/sec)는?

① 1.336×10^{-5}　　② 1.736×10^{-5}
③ 1.336×10^{-6}　　④ 1.736×10^{-6}

해설 동점성계수(ν) = $\dfrac{점도}{밀도} = \dfrac{1.607 \times 10^{-4}g}{cm \cdot sec} \times \dfrac{1kg}{10^3 g}$
$\times \dfrac{m^3}{1.203kg} \times \dfrac{100cm}{1m} = 1.3358 \times 10^{-5} m^2/sec$

16. 덕트직경이 30cm이고 공기유속이 10m/sec일 때 레이놀드 수는? (단, 공기의 점성계수는 1.85×10^{-5}kg/sec·m, 공기밀도 $1.2kg/m^3$)

① 195,000　　② 215,000
③ 23,500　　④ 255,000

해설 $R_e = \dfrac{D \cdot V \cdot \rho}{\mu} = \dfrac{0.3m \times 10m/sec \times 1.2kg/m^3}{1.85 \times 10^{-5} kg/sec \cdot m}$
$= 194,594.59$

17. 환기시설 내 기류가 기본적 유체역학적 원리에 의하여 지배되기 위한 전제 조건에 관한 내용으로 틀린 것은?

① 환기시설 내외의 열교환은 무시한다.
② 공기의 압축이나 팽창을 무시한다.
③ 공기는 포화 수증기 상태로 가정한다.
④ 대부분의 환기시설에서는 공기 중에 포함된 유해물질의 무게와 용량을 무시한다.

해설 공기는 건조공기로 가정한다.

정답 12. ④　13. ②　14. ③　15. ①　16. ①　17. ③

18. 주관에 45°로 분지관이 연결되어 있다. 주관입구와 분지관의 속도압은 20mmH₂O로 같고 압력손실계수는 각각 0.2 및 0.28이다. 주관과 분지관의 합류에 의한 압력손실(mmH₂O)은?

① 약 6   ② 약 8
③ 약 10   ④ 약 12

해설 $\Delta P_T = \Delta P_1 + \Delta P_2 = (20 \times 0.2) + (20 \times 0.28)$
$= 9.6 \, mmH_2O$

19. 1기압 온도 15℃ 조건에서 속도압이 37.2mmH₂O일 때 기류의 유속(m/sec)은? (단, 15℃, 1기압에서 공기의 밀도는 1.225kg/m³이다.)

① 24.4   ② 26.1
③ 28.3   ④ 29.6

해설 식 $V = \sqrt{\dfrac{2gP_v}{\gamma}} = \sqrt{\dfrac{2 \times 9.8 \times 37.2}{1.225}} = 24.4 \, m/sec$

20. 관(管)의 안지름이 200mm인 직관을 통하여 가스유량이 55m³/분의 표준공기를 송풍할 때 관내 평균유속(m/sec)은?

① 약 21.8   ② 약 24.5
③ 약 29.2   ④ 약 32.2

해설 $V = \dfrac{Q}{A}$

• $A = \dfrac{\pi D^2}{4} = \dfrac{\pi \times (0.2m)^2}{4} = 0.0314 \, m^2$

∴ $V = \dfrac{55 m^3/min}{0.0314 m^2} \times \dfrac{1 min}{60 sec} = 29.19 \, m/sec$

21. 관내유속 1.25m/sec, 관직경 0.05m일 때 Reynolds 수는? (단, 20℃, 1기압, 동점성계수 = $1.5 \times 10^{-5} m^2/sec$)

① 3,257   ② 4,167
③ 5,387   ④ 6,237

해설 $R_e = \dfrac{D \cdot V \cdot \rho}{\mu} = \dfrac{D \cdot V}{\nu} = \dfrac{0.05m \times 1.25 m/sec}{1.5 \times 10^{-5} m^2/sec}$
$= 4,166.67$

22. 정압회복계수가 0.72이고 정압회복량이 7.2mmH₂O인 원형확대관의 압력손실(mmH₂O)은?

① 4.2   ② 3.6
③ 2.8   ④ 1.3

해설 $\Delta P(P_{s2} - P_{s1}) = F \times (P_{v1} - P_{v2})$
• $F = 1 - R = 1 - 0.72 = 0.28$
• $P_{s2} - P_{s1} = R(P_{v1} - P_{v2})$
$7.2 = 0.72(P_{v1} - P_{v2})$, $(P_{v1} - P_{v2}) = 10 \, mmH_2O$
∴ $\Delta P = 0.28 \times 10 = 2.8 \, mmH_2O$

정답   18. ③   19. ①   20. ③   21. ②   22. ③

기출문제로 굳히기 — UNIT 01 환기 원리

01. 후드의 유입계수가 0.7이고 속도압이 20mmH₂O일 때 후드의 유입손실(mmH₂O)은?

① 약 10.5 ② 약 20.8
③ 약 32.5 ④ 약 40.8

해설 식 $\Delta P_h = F_i \times P_v$

- $F_i = \dfrac{1 - C_e^2}{C_e^2} = \dfrac{1 - 0.7^2}{0.7^2} = 1.04$

∴ $\Delta P_h = 1.04 \times 20 = 20.8 mmH_2O$

02. 다음은 직관의 압력손실에 관한 설명이다. 잘못된 것은?

① 직관의 마찰계수에 비례한다.
② 직관의 길이에 비례한다.
③ 직관의 직경에 비례한다.
④ 속도(관내유속)의 제곱에 비례한다.

해설 직관의 직경에 반비례한다.

03. 비중량이 1.225kg/m³인 공기가 20m/s의 속도로 덕트를 통과하고 있을 때의 동압은?

① 15mmH₂O ② 20mmH₂O
③ 25mmH₂O ④ 30mmH₂O

해설 $P_v = \dfrac{\gamma V^2}{2g} = \dfrac{1.225 \times 20^2}{2 \times 9.8} = 25 mmH_2O$

04. 90° 곡관의 반경비가 2.0일 때 압력손실계수는 0.27이다. 속도압이 14mmH₂O라면 곡관의 압력손실(mmH₂O)은?

① 7.6 ② 5.5
③ 3.8 ④ 2.7

해설 식 $\Delta P = f \times \dfrac{\theta}{90} \times P_v$

∴ $\Delta P = 0.27 \times \dfrac{90}{90} \times 14 = 3.78 mmH_2O$

05. 24시간 가동되는 작업장에서 환기하여야 할 작업장 실내 체적은 3,000m³이다. 환기시설에 의한 공급되는 공기의 유량이 4,000m³/hr일 때 이 작업장에서의 일일 환기횟수는 얼마인가?

① 25회 ② 32회
③ 37회 ④ 43회

해설 식 $ACH = \dfrac{Q}{\forall} = \dfrac{\dfrac{4000m^3}{hr} \times 24hr}{3,000m^3} = 32$

06. 덕트에서 공기 흐름의 평균속도압이 25mmH₂O였을 때 공기의 속도는 약 몇 m/s인가?

① 10.2 ② 20.2
③ 25.2 ④ 40.2

해설
식 $V = \sqrt{\dfrac{2gP_v}{\gamma}} = \sqrt{\dfrac{2 \times 9.8 \times 25}{1.2}} = 20.21 mmH_2O$

정답 01. ② 02. ③ 03. ③ 04. ③ 05. ② 06. ②

07. 유입계수가 0.6인 플랜지 부착 원형후드가 있다. 덕트의 직경은 10cm이고, 필요 환기량이 20m³/min라고 할 때 후드정압(SPh)은 약 몇 mmH₂O인가?

① -110.2　　② -236.4
③ -306.4　　④ -448.2

해설 식 $P_s = P_v(1+F_i)$

- $F_i = \dfrac{1-C_e^2}{C_e^2} = \dfrac{1-0.6^2}{0.6^2} = 1.7777$

- $V = \dfrac{Q}{A} = \dfrac{20m^3/min}{\pi \times (0.1m)^2/4} \times \dfrac{1min}{60sec} = 42.44 m/sec$

- $P_v = \dfrac{\gamma V^2}{2g} = \dfrac{1.2 \times (42.44^2)}{2 \times 9.8} = 110.27 mmH_2O$

∴ $P_s = 110.27 \times (1+1.7777) = 306.3 mmH_2O$

(정압은 작업 내에의 압력에 따라 + 또는 -로 판단되며, 후드정압은 흡인으로 인한 -로 판단하는 것이 일반적이다.)

08. 입자의 직경이 1㎛이고, 비중이 2.0인 입자의 침강속도는 얼마인가?

① 0.003cm/s　　② 0.006cm/s
③ 0.01cm/s　　④ 0.03cm/s

해설 식 $V_s = 0.003 \times S \times d_p^2$

∴ $V_s = 0.003 \times 2 \times 1^2 = 6 \times 10^{-3} cm/sec$

09. 슬롯후드란 개구변의 폭(W)이 좁고, 길이(L)가 긴 것을 말하며 일반적으로 W/L비가 몇 이하인 것을 말하는가?

① 0.1　　② 0.2
③ 0.3　　④ 0.4

10. 덕트 내 단위체적의 유체에 모든 방향으로 동일하게 영향을 주는 압력으로 공기흐름에 대한 저항을 나타내는 압력은?

① 전압　　② 속도압
③ 정압　　④ 분압

정답　07. ③　08. ②　09. ②　10. ③

UNIT 02 전체 환기

1 전체 환기의 개념

1) 전체 환기란?

① 외부에서 청정공기를 공급하여 유해물질의 농도를 희석시키는 방법으로 자연 환기와 인공 환기로 구분된다.
② **자연 환기** : 작업장 내외의 온도, 압력 차이에 의해 발생하는 기류의 흐름을 자연적으로 이용하는 방식
③ **강제 환기(인공 환기)** : 환기를 위한 기계적 시설을 이용하는 방식

2) 전체 환기의 목적

① 유해물질 농도를 희석, 감소시켜 근로자의 건강을 유지 및 증진한다.
② 화재나 폭발을 예방한다.
③ 실내의 온도 및 습도를 조절한다.

2 전체 환기의 종류

1) 자연 환기

① 특징
  ㉠ 바람이나 온도, 기압 차이에 의한 대류작용으로 행해지는 환기이다.
  ㉡ 실내와 실외의 온도차가 클수록, 건물이 높을수록 환기효율이 증가한다.
  ㉢ 급기는 자연상태, 배기는 벤틸레이터를 사용하는 경우에 실내압을 언제나 음압으로 유지가 가능하다.

② 장단점

장점	단점
• 설치비 및 유지보수비가 적게 든다. • 효율적인 자연환기는 에너지 비용을 최소화할 수 있어 냉방비 절감효과가 있다. • 소음발생이 적다.	• 외부 기상조건과 내부 조건에 따라 환기량이 일정하지 않아 작업환경 개선용으로 이용하는데 제한적이다. • 계절변화에 불안정하다.(겨울환기효율 〉 여름환기효율) • 정확한 환기량 산정이 어렵다.

2) 강제 환기(인공환기)

① 특징 : 공기정화 시 사용

② 장단점

장점	단점
• 외부조건에 관계없이 작업조건을 안정적으로 유지할 수 있다. • 환기량을 기계적으로 결정하므로 정확한 예측이 가능하다.	• 소음발생이 크다. • 운전비용이 증대하고, 설비비 및 유지보수가 많이 든다.

③ 종류

　　㉠ 급배기법
　　　　• 급·배기를 동력에 의해 운전한다.
　　　　• 가장 효과적인 인공 환기방법이다.
　　　　• 실내압을 양압이나 음압으로 조정 가능하다.
　　　　• 정확한 환기량이 예측 가능하며, 작업환경 관리에 적합하다.

　　㉡ 급기법
　　　　• 급기는 동력, 배기는 개구부로 자연 배출한다.
　　　　• 고온 작업장에 많이 사용한다.
　　　　• 실내압은 양압으로 유지되어 청정산업(전자산업, 식품산업, 의약산업)에 적용한다.
　　　　• 청정공기가 필요한 작업장은 실내압을 양압(+)으로 유지한다.

　　㉢ 배기법
　　　　• 급기는 개구부, 배기는 동력으로 한다.
　　　　• 실내압은 음압으로 유지되어 오염이 높은 작업장에 적용한다.
　　　　• 오염이 높은 작업장은 실내압을 음압(−)으로 유지해야 한다.

3 건강보호를 위한 전체 환기

1) 전체 환기 적용 시 조건
① 유해물질의 독성이 비교적 낮은 경우, 즉 TLV가 높은 경우(가장 중요한 제한조건)
② 동일한 작업장에 다수의 오염원이 분산되어 있는 경우
③ 소량의 유해물질이 시간에 따라 균일하게 발생될 경우
④ 유해물질의 발생량이 적은 경우 및 희석공기량이 많지 않아도 될 경우
⑤ 유해물질이 증기나 가스일 경우
⑥ 국소배기로 불가능한 경우
⑦ 배출원이 이동성인 경우
⑧ 가연성 가스의 농축으로 폭발의 위험이 있는 경우
⑨ 오염원이 근무자가 근무하는 장소로부터 멀리 떨어져 있는 경우

2) 전체 환기시설 설치 기본원칙
① 유해물질 사용량을 조사하여 필요환기량을 계산
② 배출공기를 보충하기 위하여 청정공기를 공급
③ 오염물질배출구는 가능한 한 오염원으로부터 가까운 곳에 설치하여 '점환기'의 효과를 얻는다.
④ 공기배출구와 근로자의 작업위치 사이에 오염원이 위치해야 한다.

⑤ 공기가 배출되면서 오염장소를 통과하도록 공기 배출구와 유입구의 위치를 선정한다.
⑥ 배출된 공기가 재유입되지 못하게 배출구 높이를 적절히 설계하고 창문이나 문 근처에 위치하지 않도록 한다.
⑦ 오염된 공기는 작업자가 호흡하기 전에 충분히 희석되어야 한다.
⑧ 오염물질 발생은 가능하면 비교적 일정한 속도로 유출되도록 조정해야 한다.
⑨ 오염원 주위에 근로자의 작업공간이 존재할 경우에는 배기를 급기(흡기)보다 약간 많이 하여 작업장 내에 음압을 형성하여 주위 근로자에게 오염물질이 확산되지 않도록 하여야 한다.

3) 전체 환기량 관련식

① 유효환기량

$$Q' = \frac{G}{C}$$

- G : 유해물질 발생률(L/hr)
- C : 유해물질 농도

② 실제환기량

$$Q = Q' \times K$$

- Q' : 유효환기량(m³/min)
- K : 안전계수

③ 안전계수(K)

㉠ $K = 1$: 전체 환기가 제대로 이루어진 경우
㉡ $K = 2$: 작업장 내의 혼합이 보통인 경우
㉢ $K = 3$: 작업장 내의 혼합이 불완전한 경우
㉣ $K = 10$: 사각지대가 생겨서 환기가 제대로 이루어지지 않기 때문에 실제환기량을 유효환기량의 10배만큼 늘려야 함

④ 필요환기량

$$Q = \frac{G}{TLV} \times K$$

⑤ 전체 환기량

$$\ln\left(\frac{C_t}{C_o}\right) = -k \cdot t$$

$$ACH = \frac{\text{필요환기량}}{\text{용적}}, \quad ACH = \frac{\ln(C_o - C_{out}) - \ln(C_t - C_{out})}{t}$$

4 화재 및 폭발방지를 위한 전체 환기

1) **필요환기량(Q)**

$$식\quad Q = \frac{G \times K}{LEL \times B}$$

- G : 인화물질 사용량(m³/min)
- K(C) : 안전계수
  LEL의 25%일 때 → $K = 4$
  공기의 재순환이 없거나 환기가 잘 되지 않는 곳은 K값을 10보다 크게 적용한다.
- LEL : 폭발 하한 농도
  일반적으로 환기가 계속적으로 가동되고 있는 곳에서는 LEL의 1/4를 유지하는 것이 안전하다.
- B : 온도에 따른 보정상수
  120℃ 까지 $B = 1.0$
  120℃ 이상 $B = 0.7$

5 혼합물질 발생 시의 전체 환기

1) **상가작용** : 각 유해물질당 환기량을 모두 합하여 필요환기량으로 산출한다.

$$식\quad Q = Q_1 + Q_2 + \cdots + Q_n$$

2) **독립작용** : 각 유해물질당 환기량을 계산하고, 그 중 가장 큰 값을 필요환기량으로 한다.

6 온열관리와 환기

1) **열평형 방정식** : 생체와 작업환경 사이의 열교환 관계를 나타내는 식이다.

$$식\quad \Delta S = M \pm C \pm R - E \quad (중요★★★)$$

- ΔS : 생체열용량의 변화(인체의 열축적 또는 열손실)
- M : 작업대사량(체내열생산량)
- C : 대류에 의한 열교환
- R : 복사에 의한 열교환
- E : 증발에 의한 열손실

① 인체와 작업환경 사이의 열교환은 주로 체내열생산량(작업대사량), 전도, 대류, 복사, 증발 등에 의해 이루어진다.

② 안정된 상태에서 열발산 순서 : 전도 및 대류 > 피부증발 > 호기증발 > 배뇨

③ 특징
- 작업대사량에 가장 큰 영향을 미치는 요소는 작업강도이다.
- ΔS의 값이 0보다 크면 생산된 열이 축적되어 신체에서는 체온방산작용이 시작되는데 이를 물리적 조절 작용이라 한다. ΔS의 값이 0이 되는 상태가 작업환경이 가장 쾌적한 상태이다.

2) 환경요소지수

① 작업강도에 따른 습구흑구온도지수

작업과 휴식시간비 \ 작업강도	경작업	중등작업	중작업
계속작업	30.0	26.7	25.0
매 시간 75% 작업, 25% 휴식	30.6	28.0	25.9
매 시간 50% 작업, 50% 휴식	31.4	29.4	27.9
매 시간 25% 작업, 75% 휴식	32.2	31.1	30.0

㉠ 경작업 : 시간당 200kcal 열량 소요 작업
㉡ 중등작업 : 시간당 200~350kcal 열량 소요 작업
㉢ 중작업 : 시간당 350~500kcal 열량 소요 작업

② 실효온도(ET)

상대습도가 100%일 때의 건구온도에서 느끼는 것과 동일한 온도감각을 의미하는 수치로 온도, 습도, 기류가 인체에 미치는 열적 효과를 나타낸다.

3) 발열 시 필요환기량(방열 목적의 필요환기량)

$$\boxed{식}\ Q = \frac{H_s}{0.3 \times \Delta t}$$

- H_s : 작업장 내 열부하량
- Δt : 급배기의 온도차

4) 수증기 발생 시 필요환기량

$$\boxed{식}\ Q = \frac{W}{1.2 \times \Delta G}$$

- W : 수증기 부하량
- ΔG : 급배기 절대습도 차이

5) 복사열 관리

① 복사열의 발생원 : 적외선, 전기로, 가열로, 용해로, 건조로 등
② 복사열 방지 : 차폐

기출문제로 다지기 — UNIT 02 전체 환기

01. 다음 중 전체 환기를 실시하고자 할 때, 고려해야하는 원칙과 가장 거리가 먼 것은?

① 필요 환기량은 오염물질이 충분히 희석될 수 있는 양으로 설계한다.
② 오염물질이 발생하는 가장 가까운 위치에 배기구를 설치해야 한다.
③ 오염원 주위에 근로자의 작업공간이 존재할 경우에는 급기를 배기보다 약간 많이 한다.
④ 희석을 위한 공기가 급기구를 통하여 들어와서 오염물질이 있는 영역을 통과하여 배기구로 빠져나가도록 설계해야 한다.

[해설] 오염원 주위에 근로자의 작업공간이 존재할 경우에는 배기를 급기(흡기)보다 약간 많이 하여 작업장 내에 음압을 형성하여 주위 근로자에게 오염물질이 확산되지 않도록 하여야 한다.

02. 전체 환기의 목적에 해당되지 않는 것은?

① 발생된 유해물질을 완전히 제거하여 건강을 유지 · 증진한다.
② 유해물질의 농도를 감소시켜 건강을 유지 · 증진한다.
③ 화재나 폭발을 예방한다.
④ 실내의 온도와 습도를 조절한다.

[해설] 발생된 유해물질의 농도를 저감하여 작업자의 위해도를 감소하는 것에 그 목적이 있다.

03. 강제 환기를 실시할 때 환기효과를 제고할 수 있는 필요 원칙을 모두 고른 것은?

㉠ 배출구가 창문이나 문 근처에 위치하지 않도록 한다.
㉡ 배출공기를 보충하기 위하여 청정공기를 공급한다.
㉢ 공기 배출구와 근로자의 작업위치 사이에 오염원이 위치하여야 한다.
㉣ 오염물질 배출구는 오염원으로부터 가까운 곳에 설치하여 점환기 현상을 방지한다.

① ㉠, ㉡
② ㉠, ㉡, ㉢
③ ㉠, ㉡, ㉣
④ ㉠, ㉡, ㉢, ㉣

04. 전체 환기를 적용하기 부적절한 경우는?

① 오염발생원이 근로자가 근무하는 장소와 근접되어 있는 경우
② 소량의 오염물질이 일정한 시간과 속도로 사업장으로 배출되는 경우
③ 오염물질의 독성이 낮은 경우
④ 동일사업장에 다수의 오염발생원이 분산되어 있는 경우

05. 작업장에서 Methyl Alcohol(비중 = 0.792, 분자량 = 32.04, 허용농도 = 200ppm)을 시간당 2리터 사용하고 안전계수가 6, 실내온도가 20℃일 때 필요환기량(m³/min)은 약 얼마인가?

① 400
② 600
③ 800
④ 1,000

정답 01. ③ 02. ① 03. ② 04. ① 05. ②

해설 식 $Q = \dfrac{G}{TLV} \times K$

- G(발생량)

$= \dfrac{2L}{hr} \times \dfrac{0.792kg}{1L} \times \dfrac{10^3 g}{1kg} \times \dfrac{22.4L}{32.04g} \times \dfrac{273+20}{273} \times \dfrac{10^3 mL}{1L}$

$= 1188545.09 mL/hr$

- $TLV = 200ppm$

$\therefore Q = \dfrac{1,188,545.09 mL/hr}{200 mL/m^3} \times 6 = 35656.35 m^3/hr$

$= 594.27 m^3/min$

06. 길이, 폭, 높이가 각각 30m, 10m, 4m인 실내공간을 1시간당 12회의 환기를 하고자 한다. 이 실내의 환기를 위한 유량(m^3/min)은?

① 240　　② 290
③ 320　　④ 360

해설 [환기량]

$= ACH \times \forall = \dfrac{12회}{hr} \times (30m \times 10m \times 4m) \times \dfrac{1hr}{60min}$

$= 240 m^3/min$

07. 작업장에서 Methyl Ethyl Ketone을 시간당 1.5리터 사용할 경우 작업정의 필요 환기량(m^3/min)은? (단, MEK의 비중은 0.805, TLV는 200ppm, 분자량은 72.1이고, 안전계수 K는 7로 하며 1기압 21℃ 기준임)

① 약 235　　② 약 465
③ 약 565　　④ 약 695

해설 식 $Q = \dfrac{S}{TLV} \times K$

- S(발생량)

$= \dfrac{1.5L}{hr} \times \dfrac{0.805kg}{1L} \times \dfrac{10^3 g}{1kg} \times \dfrac{22.4L}{72.1g} \times \dfrac{273+21}{273} \times \dfrac{10^3 mL}{1L}$

$= 404,002.99 mL/hr$

- $TLV = 200ppm$

$\therefore Q = \dfrac{404,002.99 mL/hr}{200 mL/m^3} \times 7 = 14,140.10 m^3/hr$

$= 235.67 m^3/min$

08. 작업환경개선을 위한 전체 환기를 적용할 수 있는 일반적 상황으로 틀린 것은?

① 오염발생원의 유해물질 발생량이 적은 경우
② 작업자가 근무하는 장소로부터 오염발생원이 멀리 떨어져 있는 경우
③ 소량의 오염물질이 일정속도로 작업장으로 배출되는 경우
④ 동일작업장에 오염발생원이 한군데로 집중되어 있는 경우

해설 동일작업장에 오염발생원이 여러 군데로 분산되어 있는 경우 적합하다.

09. 사무실 직원이 모두 퇴근한 6시 30분에 CO_2 농도는 1,700ppm이였다. 4시간이 지난 후 다시 CO_2 농도를 측정한 결과 CO_2 농도는 800ppm이였다면, 사무실의 시간당 공기 교환횟수는? (단, 외부공기 중 CO_2 농도는 330ppm)

① 0.11　　② 0.19
③ 0.23　　④ 0.35

해설 $ACH = \dfrac{\ln(C_o - C_{out}) - \ln(C_t - C_{out})}{t}$

$= \dfrac{\ln(1,700-330) - \ln(800-330)}{4} = 0.23회$

 정답　06. ①　07. ①　08. ④　09. ③

10. 사무실에서 일하는 근로자의 건강장해를 예방하기 위해 시간당 공기교환횟수는 6회 이상 되어야 한다. 사무실의 체적이 150m³일 때 최소 필요한 환기량(m³/min)은?

① 9
② 12
③ 15
④ 18

해설 환기량 = ACH × ∀ = $\frac{6회}{hr} \times 150m^3 \times \frac{1hr}{60min}$
= $15 m^3/min$

11. 강제 환기를 실시할 때 따라야 하는 원칙으로 옳지 않은 것은?

① 배출공기를 보충하기 위하여 청정공기를 공급한다.
② 공기배출구와 근로자의 작업위치 사이에 오염원이 위치하지 않도록 한다.
③ 오염물질 배출구는 가능한 한 오염원으로부터 가까운 곳에 설치하여 점 환기의 효과를 얻는다.
④ 공기가 배출되면서 오염장소를 통과하도록 공기배출구와 유입구의 위치를 선정한다.

해설 공기배출구와 근로자의 작업위치 사이에 오염원이 위치하도록 한다.

12. 강제 환기의 효과를 제고하기 위한 원칙으로 틀린 것은?

① 오염물질 배출구는 가능한 한 오염원으로부터 가까운 곳에 설치하여 점환기 현상을 방지한다.
② 공기배출구와 근로자의 작업위치 사이에 오염원이 위치하여야 한다.
③ 공기가 배출되면서 오염장소를 통과하도록 공기배출구와 유입구의 위치를 선정한다.
④ 오염원 주위에 다른 작업 동정이 있으면 공기배출량을 공급량보다 약간 크게 하여 음압을 형성하여 주위 근로자에게 오염물질이 확산되지 않도록 한다.

해설 오염물질 배출구는 가능한 한 오염원으로부터 가까운 곳에 설치하여 점환기 현상을 촉진한다.

13. 희석환기의 또 다른 목적은 화재나 폭발을 방지하기 위한 것이다. 폭발 하한치인 LEL(Lower Exposive Limit)에 대한 설명 중 틀린 것은?

① 폭발성, 인화성이 있는 가스 및 증기 혹은 입자상의 물질을 대상으로 한다.
② LEL은 근로자의 건강을 위해 만들어 놓은 TLV보다 낮은 값이다.
③ LEL의 단위는 %이다.
④ 오븐이나 덕트처럼 밀폐되고 환기가 계속적으로 가동되고 있는 곳에서는 LEL의 1/4을 유지하는 것이 안전하다.

해설 LEL은 근로자의 건강을 위해 만들어 놓은 TLV보다 높은 값이다.

정답 10. ③ 11. ② 12. ① 13. ②

UNIT 03 국소 배기

1 국소배기 시설의 개요

1) 국소배기시설은?
국소배기는 유해물질의 발생원에 되도록 가까운 장소에서 동력에 의하여 발생되는 유해물질을 흡인, 배출하는 장치이다.

2) 국소배기시설의 적용
① 고농도, 독성물질 배출시
② 유해물질이 근로자 작업위치에 근접시
③ 발생원이 고정되며, 연속적으로 배출시
④ 법적 의무 설치사항인 경우

2 국소배기 시설의 구성

1) 구성요소
후드 - 닥트 - 공기정화장치 - 송풍기 - 배기구

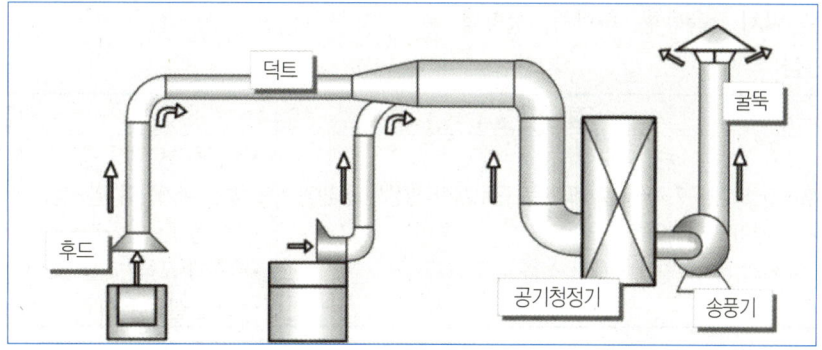

2) 흡인방법

① 직접흡인방법
- 발생시설 본체에서 직접 흡인하는 방법이다.
- 처리가스량이 적어 소요동력을 적게 할 수 있다.
- 처리가스량은 발생가스량의 2배 이하다.

② 간접흡인방법
- 발생원에서 발생된 오염물질을 후드로 포착하여 흡인하는 방법이다.
- 처리가스량이 많은 것이 문제점이므로 잉여공기의 흡인량을 삭감하여야 한다.
- 처리가스량은 발생가스량의 10배 이상이다.

3 후드

1) 후드란?
작업 중 발생되는 유해물질이 공간으로 비산되는 것을 방지하기 위해 비산범위 내의 오염공기를 발생원에서 직접 포집하기 위한 국소배기장치의 입구부

2) 후드의 형식과 종류

① **포위식** : 발생원을 거의 감싸는 형식으로 유해물질이 밖으로 나가지 않게 하는 형식
  ㉠ 종류 : 포위형, 부스형, 장갑부착상자형, 드래프트 챔버형, 커버형
  ㉡ 장단점

장점	단점
오염물질의 유출이 가장 적어 고농도, 독성물질의 처리에 적합	근로자의 작업영역을 방해

② **외부식** : 작업을 위해 발생원을 둘러쌓을 수 없을 때 발생원에 접근해서 놓여지는 후드
  ㉠ 종류
  - 후드모양 : 루버형, 슬로트형, 그리드형, 푸쉬-풀형
  - 흡인위치 : 측방형, 하방형, 상방형
  ㉡ 장단점

장점	단점
• 후드가 오염원 가까이 설치되므로 근로자가 발생원과 환기시설 사이에서 작업하지 않음 • 근로자의 작업영역의 방해가 적음	• 오염원으로부터 충분한 포착속도를 만들기 위해서는 많은 환기량이 필요함 • 작업장 내 기류로 인한 방해를 받음 • 후드의 포착거리를 60cm 이하로 유지해야 포집가능 • 오염물질의 유출우려

③ **리시버식** : 열 또는 관성기류를 예측하여 흐름을 막아 설치하는 형식
  ㉠ 종류 : 그라인더 커버형, 캐노피형
  ㉡ 장단점

장점	단점
• 외부식보다 흡인속도를 느리게 운전이 가능하다. • 근로자의 작업영역의 방해가 적음	• 잉여공기량이 다소 많음 • 유해성이 높은 오염물질의 처리에 부적당

3) 제어속도

① 제어속도

매연이나 오염물질을 후드내로 도입시키기 위해 필요한 공기의 최소 흡인속도를 말하며, 일명 통제속도, 포착속도라고도 한다.

② 제어속도 적용범위

㉠ 오염물질 방출조건에 따른 후드의 제어속도

오염물질의 방출조건	관련공정	제어속도(포착속도)
• 오염원 : 실질적으로 비산 속도가 없이 발생 • 주변 : 고요한 공기중으로 방출	• 개방조로부터의 증발 • 액면에서 발생하는 가스, 증기, 흄	0.25~0.5m/sec
• 오염원 : 약한 방출속도를 가지는 경우 • 주변 : 약간의 공기움직임이 있는 상태에서 방출	• 분무도장, 저속 컨베이어 이송 • 용접, 도금 공정	0.5~1m/sec
• 오염원 : 비교적 빠른 방출속도를 가지는 경우 • 주변 : 빠른 기류 속으로 방출	• 컨베이어 적재 • 분쇄기, 분무 도장	1~2.5m/sec
• 오염원 : 급속한 방출속도를 가지는 경우 • 주변 : 고속의 기류영역으로 방출	• 그라인딩 • 석재 연마, 회전연마	2.5~10m/sec

㉡ 분진작업장소에서 설치하는 국소배기장치의 제어풍속

분진작업장소	제어속도(포착속도)			
	포위식	외부식		
		측방 흡인형	하방 흡인형	상방 흡인형
암석 등 탄소원료 또는 알루미늄박을 체질하는 장소	0.7	–	–	
주물모래를 재생하는 장소	0.7	–		
주형을 부수고 모래를 터는 장소	0.7	1.3	1.3	–
그 밖의 분진작업장소	0.7	1.0	1.0	1.2

㉢ 연삭기, 드럼샌더 등의 회전체를 가지는 기계에 관련된 분진작업

후드 설치방법	제어풍속(m/sec)
회전체를 가지는 기계 전체를 포위하는 방법	0.5
회전체의 회전에 의하여 발생하는 분진의 흩날림 방향을 후드의 개구면으로 덮는 방법	5.0
회전체만을 포위하는 방법	5.0

ㄹ 관리대상 유해물질

물질의 상태	후드 형식	제어풍속(m/sec)
가스 상태 (기체)	포위식 포위형	0.4
	외부식 측방흡인형	0.5
	외부식 하방흡인형	0.5
	외부식 상방흡인형	1.0
입자 상태 (고체 또는 액체)	포위식 포위형	0.4
	외부식 측방흡인형	0.5
	외부식 하방흡인형	0.5
	외부식 상방흡인형	1.0

① 포위식 후드에서는 후드 개구면에서의 풍속
② 외부식 후드에서는 해당 후드에 의하여 관리대상 유해물질을 빨아들이려는 범위 내에서 해당 후드 개구면으로부터 가장 먼 거리의 작업위치에서의 풍속

4) 흡인유량

① 후드의 흡인유량

- 식 기본식(자유공간) : $Q_c = (10X^2 + A) \times V_c$
- 식 테이블(바닥) 위에 설치되어 있을 때 : $Q_c = 0.5(10X^2 + 2A) \times V_c$
- 식 플랜지를 부착한 경우 : $Q_c = 0.75(10X^2 + A) \times V_c$
- 식 테이블(바닥) 위에서 플랜지를 부착하여 설치된 경우 : $Q_c = 0.5(10X^2 + A) \times V_c$

- X(제어거리) : 후드의 개구면에서 후드의 흡인력이 미치는 발생원까지의 거리
- A : 흡인면적
- V_c : 제어속도

※ 무효점 : 발생원에서 방출된 오염물질이 운동에너지를 상실하여 비산속도가 0이 되는 평형점으로 일명 비산한계점, 정지점이라고 하며, 무효점 이상 속도부터 유해물질을 흡인할 수 있다.

※ 플랜지 : 후드의 흡인구테두리에 설치되어 후드 뒤 쪽의 공기흡입을 배제하여 흡인공기량을 약 25% 감축시키는 설비이다.(슬로트형의 경우 30% 감소)

② 슬로트 후드의 흡인유량

식 $Q_c = C \times L \times V_c \times X$

- C : 형상계수
  - 자유공간(전체원주) : 5.0(ACGIH 3.7)
  - 3/4원주 : 4.1
  - 1/2원주, 플랜지부착 : 2.6(ACGIH 2.8)
  - 1/4원주 : 1.6
- L : 슬로트 개구면의 길이(m)

5) 후드흡인요령

① 국소적 흡인을 취한다.
② 적절한 제어속도를 선정한다.
③ 작업이 방해되지 않도록 설치한다.
④ 가급적 공정을 많이 포위한다.
⑤ 후드 개구면에서 기류가 균일하게 분포되도록 설계한다.
⑥ 공정에서 발생 또는 배출되는 오염물질의 절대량을 감소시킨다.
⑦ 발생원을 후드에 접근시킨다.

6) 후드 입구의 공기흐름을 균일하게 하는 방법

① 차폐막 이용
② 테이퍼(경사접합부) 설치
③ 분리날개 설치
④ 슬롯 사용

7) 플래넘(plenum)

후드 뒷부분에 위치하며 각 후드의 흡입유속의 강약을 작게 하여 일정하게 만들어 압력과 공기흐름을 균일하게 형성하는 데 필요한 장치이다. 가능한 길게 설치한다. (플래넘의 단면이 유입구 면적의 5배 이상)

4 닥트

1) 닥트란?

후드에서 흡인한 유해물질 배기구까지 운반하는 관을 닥트라 한다.

2) 반송속도(이송속도)

반송속도는 먼지종류별로 속도를 다르게 하여 닥트 내에 퇴적되지 않고 방지시설까지 운반될 수 있도록 설계한다.

① 먼지종류별 반송속도

오염물	예	반송속도(m/sec)
가스, 증기, 흄 및 극히 가벼운 먼지	각종 가스, 증기, 산화아연, 산화알루미늄의 흄, 목분 및 솜	10
가벼운 건조먼지	원사, 삼베부스러기, 곡분, 베이클라이트(합성수지)분	15
일반공업먼지	털, 나무부스러기, 샌드블라스트발생먼지, 그라인더 작업발생먼지	20
무거운 먼지	납분, 주조탈사먼지, 선반작업발생먼지	25
무겁고 비교적 큰 젖은 먼지	젖은 납분, 젖은 주조작업발생먼지	25 이상

② 닥트 내부에서 유속이 가장 빠른 곳은 위에서 직경의 1/2 지점이다.

3) 닥트 직경 계산

$$\boxed{식}\ A = \frac{Q}{V}, \quad A = \frac{\pi D^2}{4}$$

4) 닥트 설치기준

① 가능한 한 길이는 짧게 하고 굴곡부의 수는 적게 할 것
② 접속부의 내면은 돌출된 부분이 없도록 할 것
③ 청소구를 설치하는 등 청소하기 쉬운 구조로 할 것
④ 닥트 내 오염물질이 쌓이지 아니하도록 이송속도를 유지할 것
⑤ 연결부위 등은 외부공기가 들어오지 아니하도록 할 것
⑥ 가능한 후드의 가까운 곳에 설치할 것
⑦ 송풍기를 연결할 때는 최소 닥트 직경의 6배 정도 직선구간을 확보할 것
⑧ 직관은 하향구배로 하고 직경이 다른 닥트를 연결할 때에는 경사 30° 이내의 테이퍼를 부착할 것
⑨ 원형 닥트가 사각형 닥트보다 닥트 내 유속분포가 균일하므로 가급적 원형닥트를 사용하며, 부득이 사각형 닥트를 사용할 경우에는 가능한 정방형을 사용하고 곡관의 수를 적게 할 것
⑩ 곡관의 곡률반경은 최소 닥트 직경의 1.5 이상, 주로 2.0을 사용할 것
⑪ 수분이 응축될 경우 닥트 내로 들어가지 않도록 경사나 배수구를 마련할 것
⑫ 닥트의 마찰계수는 작게 하고, 분지관을 가급적 적게 할 것

5) 닥트의 재질

① **아연도금강판** : 유기용제 취급 시
② **스테인리스스틸 강판** : 강산, 염소계 용제 취급 시
③ **강판** : 알칼리 용제 취급 시
④ **흑피 강판** : 주물사, 고온가스
⑤ **중질 콘크리트** : 전리방사선

6) 유량 및 압력조절

① **정압조절평형법(유속조절평형법, 정압균형유지법)**

　㉠ 정의
　　닥트 직경과 저항을 조절하여 합류점의 정압이 같아지도록 하는 방법이다. 정압이 조절되는 부분이 부드러운 곡선으로 분진의 퇴적은 잘 발생되지 않으나, 기술력이 필요하고 설계 전, 후 유량을 수정하기가 어려운 형식이다.

$$Q_2 = Q_1 \times \sqrt{\frac{P_{s2}}{P_{s1}}}$$

- Q_2 : 조절 후 유량
- Q_1 : 조절 전 유량
- P_{s2} : 압력손실이 큰 관의 정압
- P_{s1} : 압력손실이 작은 관의 정압

ⓒ 장단점

장점	단점
• 분진의 퇴적이 잘 일어나지 않는다. • 설계가 정확할 때 효율이 좋다. • 잘못 설계된 분지관, 최대저항경로 선정이 잘못되어도 설계시 쉽게 발견할 수 있다. • 방사성 및 폭발성 분진의 처리에 적합하다.	• 설계 전, 후 유량을 수정하기가 어렵다. • 설계가 복잡하다. • 전체 필요한 최소유량보다 더 초과될 우려가 있다. • 분지관수가 많을 때 적용이 어렵다. • 효율 개선 시 전체를 수정해야 한다.

② 저항조절평형법(Damper 조절평형법, 닥트균형유지법)

㉠ 정의

닥트에 Damper(막이판)를 부착하여 압력을 조정, 평형을 유지하는 방법으로 설계 전후에 압력조절이 용이하나, 막이판으로 인한 분진의 퇴적문제가 발생한다.

ⓒ 장단점

장점	단점
• 설계 전, 후 유량을 수정하기가 용이하다. • 분지관수가 많을 때 적용이 용이하다. • 압력손실이 클 때 적용이 용이하다. • 설계 계산이 간편하다. • 최소 설계 풍량으로 평형유지가 가능하다. • 덕트의 크기를 바꿀 필요가 없어 반송속도를 그대로 유지할 수 있다.	• 분진의 퇴적이 잘 일어난다. • 최대저항경로 선정이 잘못되어도 설계 시 쉽게 발견할 수 없다. • Damper 노출 시 관리자 외의 근로자가 조절할 우려가 있다. • 임의 조정 시 평형상태가 파괴된다. • 평형상태 시설에 Damper를 잘못 설치 시 평형상태가 파괴될 수 있다.

5 공기정화장치

1) 집진의 기초이론

① 큰 분진은 중력, 관성력, 원심력을 이용하여 제거되지만, 미세분진은 세정, 여과, 전기력을 이용하여 제거한다.
② 유속이 빠를수록 관성력, 원심력은 증가
③ 유속이 느릴수록 여과, 중력은 증가
④ 친수성이 높을수록 세정력은 증가
⑤ 전기저항이 낮을수록 전기력은 증가
⑥ 압력손실이 낮을수록 유지비는 낮음

2) 통과율 및 집진효율 계산 등

① 집진효율(η)

$$\eta = \frac{S_c}{S_i} = \frac{S_i - S_o}{S_i} = \frac{C_i - C_o}{C_i} = \left(1 - \frac{C_o}{C_i}\right)$$

② 통과율(P)

$$P = \frac{S_o}{S_i} = 1 - \eta$$

③ 부분집진율(η_f)

$$\eta_f = \left(1 - \frac{C_o \times f_o}{C_i \times f_i}\right)$$

④ 총집진율(η_T)

$$\eta_T = 1 - [(1-\eta_1)(1-\eta_2) \cdots (1-\eta_n)]$$

- S_c : 포집분진량
- S_i : 유입분진량
- S_o : 유출분진량
- C_i : 유입분진농도
- C_o : 유출분진농도
- f_o : 유출분진분율
- f_i : 유입분진분율

3) 집진방법

① 직렬 및 병렬연결

㉠ 직렬연결 : 집진기 후단에 집진기를 연결하는 방식, 입경분포폭이 넓고, 조대한 입자를 응집효과를 증대시킴으로 효율적으로 제거할 수 있다. 후단에 고효율집진장치를 두는 식으로 설치하고, 앞단의 집진기가 전처리역할을 하여 후단의 집진기의 효율향상과 고장 및 운전장해를 방지하여 준다.

㉡ 병렬연결 : 집진기를 병렬로 설치하여 유입가스를 분할하여 처리하는 방식, 입경분포폭이 좁고, 유량이 많으며, 미세한 분진을 압력손실을 일정하게 유지하며 고효율로 집진할 수 있는 방식

② 건식집진과 습식집진 등

㉠ 건식집진 : 대량가스처리시 사용된다. 유지관리가 간편하고, 유지비가 적게 들지만, 습식에 비해 대체로 효율이 떨어진다.

㉡ 습식집진 : 중·소량가스처리시 사용된다. 유지관리가 까다롭고, 유지비가 많이 든다. 효율이 좋고, 집진 및 유해가스처리가 동시에 가능하다.

4) 중력집진장치의 원리 및 특징

① 메커니즘

중력에 의한 침강을 극대화시켜 먼지를 제거한다. 장치의 유입구의 단면적을 크게 설계하여 유속을 줄이고, 높이를 최대한 낮추며, 길이를 길게 하여 최대한 먼지를 침강시킬 수 있는 구조로 설계한다.

② 효율향상조건

㉠ 장치 길이 길게 ㉡ 수평유속 느리게
㉢ 높이 짧게 ㉣ 교란 방지

③ 관련공식을 이용하여 답 산출

㉠ 부분집진율(η_f) : 유입되는 입자 중 대상입자의 집진율

$$\boxed{식}\ \eta_f = \frac{V_g}{V} \times \frac{L}{H}(층류),\ \eta_f = 1 - \exp\left[\frac{V_g}{V} \times \frac{L}{H}\right](난류)$$

㉡ 부분집진율 공식의 변형

$$\boxed{식}\ \eta_f = \frac{V_g}{V} \times \frac{L}{H} = \frac{d_p^2(\rho_p - \rho_g)gL}{18\mu VH} = \frac{d_p^2(\rho_p - \rho_g)gBL}{18\mu Q}$$

※ $A(단면적) = B(폭) \times H(높이)$

㉢ 최소제거입경

$$\boxed{식}\ d_{pmin}(\mu m) = \sqrt{\left[\frac{18\mu VH}{(\rho_p - \rho_g)gL}\right]}$$

④ 장단점

장점	단점
• 다른 집진장치에 비하여 압력손실이 적음 • 전처리장치로 이용하기 용이 • 구조 간단, 운전비·설치비 적음 • 고온가스 처리용이 • 조대한 입자 선별포집 가능	• 미세한 입자의 포집곤란, 효율 낮음 • 먼지부하 및 유량변동에 적응성이 낮음 • 처리가스량에 비해 설치면적을 많이 소요

5) 관성력집진장치의 원리 및 특징

① 메커니즘

관성력 + 중력을 이용하여 먼지를 제거, 충돌식은 방해판(Baffle)에 충돌하는 속도를 크게 하고, 반전식은 기류의 방향전환을 크게 하여 관성력을 이용하여 제거한 후, 잔여 먼지들은 중력에 의하여 제거한다.

② 효율향상조건

㉠ 충돌식은 일반적으로 충돌직전의 처리가스 속도가 크고, 처리후 출구 가스속도는 느릴수록 미립자의 제거가 쉽다.

ⓛ 반전식은 기류의 방향 전환시 곡률반경이 작을수록, 방향전환 횟수는 많을수록, 압력손실은 커지나 집진효율은 좋다.
　　ⓒ 호퍼(DUST BOX)는 적당한 모양과 크기가 필요하다.
　　ⓔ 출구의 가스속도가 작을수록 집진효율이 좋다.
　　ⓜ 충돌식의 경우 충돌직전의 각속도가 클수록 집진율이 높아진다.

③ **특징**
　　㉠ 충돌식과 반전식이 있으며, 방해판(Baffle)이 있으면 충돌식, 없으면 반전식이다.
　　ⓛ 일반적으로 고온가스의 처리가 가능하므로 굴뚝 또는 배관 내에 적용될 때가 있다.
　　ⓒ 액체입자의 포집에 사용되는 multibaffle형을 1μm 전후의 미립자 제거가 가능하나, 완전하게 처리하기 위해 가스출구에 충전층을 설치하는 것이 좋다.
　　ⓔ 집진가능한 입자는 주로 10μm 이상의 조대입자이며 일반적으로 집진율은 50~70% 정도이다.

6) 원심력집진장치의 원리 및 특징

① **메커니즘** : 원심력 + 관성력 + 중력을 이용하여 먼지를 제거한다. 유입되는 함진가스의 원심력을 조성하여 장치 내벽에 충돌할 때 생기는 관성력과 중력으로 먼지를 제거한다.

② **효율향상조건**
　　㉠ 장치 높이 높게
　　ⓛ 유속 빠르게(적정 범위 내에서) → 적정범위 : 접선유입식 7~15m/sec, 축류식 10m/sec 전후
　　ⓒ 장치 내경 짧게
　　ⓔ 교란 방지
　　ⓜ Dust Box와 분리하여 설계
　　ⓗ 멀티 싸이클론 채용
　　ⓢ 먼지폐색(dust plaque)효과를 방지하기 위해 축류집진장치를 사용
　　ⓞ 고농도 분진은 직렬로, 대량가스는 병렬로 처리

③ **관련공식을 이용하여 답 산출**
　　㉠ 100% 제거입경

$$\boxed{식}\ d_{pmin} = \sqrt{\frac{9\mu B}{\pi V(\rho_s - \rho)N}} \times 10^6 (\mu m)$$

　　ⓛ 50% 제거입경

$$\boxed{식}\ d_{pcut} = \sqrt{\frac{9\mu B}{2\pi V(\rho_s - \rho)N}} \times 10^6 (\mu m)$$

　　ⓒ 부분집진율

$$\boxed{식}\ \eta_f = \frac{d_p^2 \pi V(\rho_s - \rho)N}{9\mu B} \times 100(\%)$$

ㄹ 분리계수(S)

$$S = \frac{\text{원심력의 분리속도}}{\text{중력의 침강속도}} = \frac{V^2}{R \times g}$$

ㅁ 사이클론에서 외부선회류의 회전수

$$N = \frac{1}{H_A} \times (H_B + \frac{H_C}{2})$$

- N : 회전수
- H_A : 유입구 높이(m)
- H_B : 원통부 높이(m)
- H_C : 원추부 높이(m)

④ 장단점

장점	단점
• 구조가 간단하고 가동부가 없음 • 전처리장치로 이용하기 용이 • 고온가스 처리 가능 • 먼지입경에 대하여 사용범위 넓음(3~100μm)	• 미세한 입자의 포집곤란 • 압력손실이 비교적 높음 • 먼지부하, 유량변동에 민감 • 점착성, 조해성, 부식성 가스에 부적합

💡 **Blow Down(블로우 다운) 방식**

(1) Blow Down 효과의 정의

사이클론의 집진효율을 높이는 방법으로 하부의 더스트 박스(Dust Box)에서 처리가스량의 5~10%를 처리하여 사이클론내의 난류현상을 억제시킴으로 먼지의 재비산을 막아주며, 장치내벽 부착으로 일어나는 먼지의 축적도 방지하는 효과이다.

(2) Blow Down의 장점
- 원추하부에 가교현상을 억제시켜 재비산을 방지한다.
- 분진내통의 더스트 플러그 및 폐색을 방지한다.
- 유효원심력을 증가시킨다.
- 원추하부 또는 출구에 분진이 퇴적되는 것을 방지한다.

7) 세정집진기의 원리 및 특징

① 메커니즘

ㄱ 관성충돌(1μm 이상) : 먼지입자가 물 입자와 관성력에 의해 충돌되어 제거

ㄴ 접촉차단(0.1~1μm) : 먼지입자가 물 입자의 표면에 접촉되며 제거

ㄷ 확산(0.1μm 이하) : 미세먼지입자가 브라운운동에 의해 자유운동하면서 물 입자에 부착되어 제거

ㄹ 중력(5μm 이상) : 먼지입자가 중력에 의해 물 입자 위에 침전되어 제거

ㅁ 증습에 의한 응집효과(세정 특화 메커니즘)
- 물입자가 먼지입자를 응결핵으로 하여 먼지를 제거

- 액막 형성에 따른 먼지입자 접촉제거
- 기포 형성에 따른 먼지입자 접촉제거

② 효율향상조건

㉠ 관성충돌계수를 크게 하기 위한 특성 및 운전조건(효율 향상 조건)
- 분진입자 크기가 클수록
- 입자의 밀도가 클수록
- 유속이 빠를수록
- 가스의 점도가 작을수록
- 액적의 직경이 작을수록

㉡ 액가스비를 크게 하는 요인(효율 감소 조건)
- 처리입자가 난용성일 경우
- 처리입자가 미세입자일 경우
- 액적의 직경이 클 경우
- 가스와 세정액과의 접촉이 좋지 못할 경우

③ 장단점

장점	단점
• 가연성, 폭발성 먼지 처리 가능	• 폐수처리 필요
• 가스 및 분진 동시 처리 가능	• 압력손실이 크고, 동력소비량이 많음
• 소형으로 집진효율 우수	• 운전비가 많이 듦
• 고온가스 냉각기능	• 부식 잠재성이 있음
• 소요설치면적이 대체로 적게 듦	• 포집분진회수가 어려움
• 설치비용 저렴	• 소수성 입자 처리효율이 낮음
• 구조가 간단하고 가동부가 적음	• 한랭기간에 동결방지 필요

④ 관련 공식으로 답 산출

㉠ 노즐과 수압관계 : $n\left(\dfrac{d_n}{D_t}\right)^2 = \dfrac{V_t L}{100\sqrt{P}}$ (MKS)

㉡ 수적경 계산 : $D_w = \dfrac{4980}{V_t} + 29L^{1.5}$, $D_w = \dfrac{200}{N\sqrt{R}} \times 10^4$ (반경(cm), 회전수(rpm))

> 💡 **최적비**
> 분진 : 물방울 = 1 : 150

8) 여과집진기의 원리 및 특징

① 메커니즘(세정집진과 같음)

여과포입자와 먼지가 접촉하면서 제거된다. 제거원리를 구분하면 다음과 같다.

㉠ 관성충돌 : 먼지입자가 여과포입자와 관성력에 의해 충돌되어 제거
㉡ 접촉차단 : 먼지입자가 여과포입자의 표면에 접촉되며 제거
㉢ 확산 : 미세먼지입자가 브라운운동에 의해 자유운동하면서 여과포입자에 부착되어 제거
㉣ 중력 : 먼지입자가 중력에 의해 여과포 위에 침전되어 제거
㉤ 체거름(가교현상) : 여과포입자와 입자사이에 부착된 먼지에 의해 후속 유입되는 먼지가 제거 ← 여과집진
만 하는 메커니즘.

② 효율향상조건
㉠ 분진입자크기와 밀도가 클수록
㉡ 유속이 느릴수록
㉢ 적당한 여과포를 설치

③ 탈진방식
㉠ 간헐식 : 여과를 중지한 상태에서 탈진이 진행되는 방식(진동식, 역기류식, 역기류 진동식)
  • 재비산이 거의 없음
  • 여포 수명이 김
  • 여과 효율이 좋음
  • 대용량처리에 부적합
㉡ 연속식 : 여과와 탈진을 동시에 진행하는 방식(펄스제트, 리버스제트)
  • 재비산이 많음
  • 여포 수명이 짧음
  • 여과 효율이 낮음
  • 대용량처리에 적합

> 💡 **펄스제트(Pulse jet)**
> 외면(표면)여과방식에서 적용되는 방식으로, 여포 아래에서 제트기류를 분사하여 여과기류보다 강력한 기류를 반대방향으로 분사하여 탈진하는 방식, 대용량여과에 적용된다.

> 💡 **리버스제트(Reverse jet)**
> 내면여과방식에서 적용되는 방식으로, 여포에 부착된 탈진장치가 여포 위아래로 이동하여 탈진이 진행되는 방식, 소·중용량 여과에 적용된다.

④ 관련 공식으로 답 산출
㉠ 여과포 개수 계산 : $n = \dfrac{\text{총 여과면적}}{\text{단위 여과포 면적}} = \dfrac{A_f}{A_i} = \dfrac{Q_f/V_f}{\pi DL}$
㉡ 분진부하 계산 : $L_d = C_i \times V_f \times \eta \times t$
㉢ 탈진주기 계산 : $t = \dfrac{L_d}{C_i \times V_f \times \eta}$

② 압력손실 계산 : $\Delta P = K_1 V_f + K_2 L_d V_f$

※ 포집분진 $= C_i \times \eta = (C_i - C_o)$

⑩ 장단점

장점	단점
• 미세입자에 대한 집진효율이 높음 • 여러 가지 형태의 분진을 포집할 수 있음 • 다양한 용량의 가스를 처리할 수 있음 • 부하변동에 대한 대응성이 좋음 • 유용한 입자 회수가능	• 소요면적이 많이 듦 • 폭발성, 점착성 분진제거가 곤란함 • 유지비용 많이 듦 • 가스의 온도에 제한을 받음 • 수분, 여과속도에 적응성이 낮음

> 💡 **블라인딩 현상(눈막힘 현상)**
> 점착성 또는 부착성이 강한 분진을 처리할 때 함진배기가스 중에 함유된 수분의 응결로 인하여 여과포에 부착된 분진이 탈리되지 않고 그대로 부착되어 압력손실을 증가시키게 되는 현상을 말한다.

9) 전기 집진기(EP)

① 메커니즘

방전극에는 음(-)극으로 집진판을 양(+)극으로 하여 강전계를 형성하여 먼지를 음(-)으로 대전시켜 집진판에 부착 후 탈진하여 제거하는 방식이다.

㉠ 정전기적인 인력(쿨롱력)
㉡ 전계경도에 의한 힘(유전력)
㉢ 입자간의 흡입력
㉣ 전기풍에 의한 힘

② 효율향상조건

㉠ 유속을 적정하게 유지
㉡ 전기저항이 큰 먼지입자는 배제하거나, 저항을 낮춤
㉢ 균일한 전계형성
㉣ 수분과 온도를 알맞게 조절

※ 겉보기 전기저항에 따른 집진성능

㉤ 전기저항이 높을 때($10^{11} \Omega \cdot cm$ 이상) → 역전리 발생
[대책] SO_3 주입, 황함량이 높은 연료 혼소, 온도 및 습도 조절, 습식 집진, 2단식 채용

㉥ 전기저항이 낮을 때($10^4 \Omega \cdot cm$ 이하) → 재비산현상(점핑현상)
[대책] 암모니아 주입, 온도 및 습도 조절, 습식 집진, 1단식 채용

③ 장치 종류

㉠ 집진판 탈진방식에 따라

A. 습식 : 집진판에 계속적으로 물이 흐르는 형태, 먼지가 부착되는 즉시 탈진된다.

- 재비산 및 역전리가 발생하지 않음
- 강전계 형성가능, 효율이 높음
- 처리가스속도를 두배 정도 높게 할 수 있음
- 폐수처리 문제
- 대용량의 가스처리 부적합

　B. 건식 : 집진판에 진동을 주어 탈진하는 형태
- 재비산 및 역전리가 발생
- 대용량의 가스처리 적합
- 구조가 간단하여 유지관리 용이

　ⓒ 하전형식에 따라

　A. 1단식 : 집진판 사이에 방전극이 위치하는 형태, 음코로나 사용
- 재비산발생이 적음
- 역전리문제
- 다량의 오존 발생

　B. 2단식 : 방전극이 집진판 앞단에 위치하는 형태, 양코로나 사용
- 역전리발생이 적음
- 재비산문제
- 오존 발생이 적음

　ⓒ 집진판(극)의 모양에 따라

　A. **평판형** : 대용량, 건식집진에 주로 채용
　B. **원통형(관형)** : 습식집진에 많이 채용

④ 유지관리

　㉠ 시동시
- 고전압 회로의 절연저항이 100MΩ 이상 되어야 한다.
- 배출가스 도입 최소 6시간 전에 애관용 히터를 가열하여 애자관 표면에 수분이나 분진의 부착을 방지한다.
- 집진극과 방전극의 타봉장치는 통기와 동시에 자동운전이 되도록 한다.
- 집진실 내부가 충분히 건조된 후에 하전한다.

　㉡ 운전시
- 전극간 거리를 균일하게 유지한다.
- 2차 전류가 적을 때 조습용 스프레이의 수량을 늘리거나, 겉보기 저항을 낮추어야 한다.
- 조습용 스프레이 노즐이 막히지 않도록 잘 관리한다.

　㉢ 정지시
- 접지저항을 연 1회 이상 점검하고, 10Ω 이하로 유지한다.
- 고압 절연부를 깨끗하게 청소한다.
- 장치 각부의 부식 정도를 점검한다.

⑤ 각종 장애현상과 그 대책

㉠ 1차 전압이 낮고 과도한 전류가 흐를 때
- 원인 : 고압부의 절연상태가 좋지 않을 때
- 대책 : 고압부의 절연회로를 점검한다.

㉡ 2차 전류가 주기적으로 변하거나 불규칙적으로 흐를 때
- 원인 : 부착된 분진으로 스파크가 빈발할 때
- 대책 : 분진을 충분하게 탈진시킨다, 1차 전압을 낮춘다.
- 원인 : 방전극과 집진극의 간격이 이완됐을 때
- 대책 : 방전극과 집진극을 점검한다.

㉢ 2차 전류가 현저하게 떨어질 때
- 원인 : 분진의 농도가 너무 높을 때
- 대책 : 입구 분진농도를 적절히 조절한다.
- 원인 : 분진의 비저항이 비정상적으로 높을 때
- 대책 : 조습용 스프레이 수량을 늘린다, 스파크 횟수를 늘린다.

㉣ 2차 전류가 많이 흐를 때
- 원인 : 분진의 농도가 너무 낮을 때
- 대책 : 입구 분진농도를 적절히 조절한다.

⑥ 관련 공식으로 답 산출

㉠ 효율 계산 : $\eta = 1 - e^{\left(-\frac{A \times We}{Q}\right)}$

㉡ 길이 계산 : $\frac{A}{Q} = \frac{1}{We}$, $\frac{L}{R \times V} = \frac{1}{We}$, $L = \frac{R \times V}{We}$

㉢ 평판형 집진기 개수 산출 : $A_E = 2(n-1)A_i$

⑦ 장단점

장점	단점
• 미세입자 제거 및 집진효율이 높음	• 소요면적이 많이 듦
• 낮은 압력손실로 대량가스 처리가능	• 설치비가 많이 듦
• 광범위한 온도범위에서 설계가능	• 운전조건의 변화에 따른 대응성이 낮음
• 비교적 운영비가 적게 듦	• 비저항이 큰 분진 제거가 어려움

10) 유해가스 처리장치

① 흡수 처리설비

A. 헨리의 법칙 : 기체의 용해도는 그 기체에 미치는 압력에 비례한다. 난용성인 기체에 잘 적용된다.

$$P = H \times C$$

B. 액분산형 : 액을 분산시켜 가스와 접촉하여 흡수처리하는 방법
(충전탑, 분무탑, 벤투리스크러버, 제트스크러버, 사이클론스크러버)
- 용해도가 큰 가스에 적용
- 헨리상수가 작은 가스에 적용

C. 가스분산형 : 가스를 분산시켜 액과 접촉하여 처리하는 방법(다공판탑, 포종탑, 기포탑)
- 용해도가 작은 가스에 적용
- 헨리상수가 큰 가스에 적용

㉠ 충전탑 : 탑내에 충전제를 투입하여 흡수액을 충전제에 흘려보내고 가스를 향류접촉시켜 오염가스를 정화하는 공정

※ 충전제 : 탑 내에 충진되어 흡수액을 많은 양 머금음으로서 접촉을 용이하게 하는 물질, 금속 또는 플라스틱 재를 이용하여 제조된다.(Berl Sabble, Intalox Saddle, Rasching ring, Pall ring(가장 많이 사용))

A. 충전제의 구비조건
- 충분한 강도를 가질 것
- 화학적으로 불활성일 것
- 표면적이 클 것
- 압력손실이 작을 것
- 비싸지 않을 것

B. 흡수제의 구비조건
- 용해도가 클 것
- 휘발성이 적을 것
- 부식성이 적을 것
- 가격이 저렴하고 사용이 용이할 것
- 점도가 낮을 것
- 무독성이며, 화학적으로 안정일 것
- 빙점은 낮고, 비점은 높을 것

C. 충전탑의 용량
- 홀드업(Hold-up) : 탑 내의 액보유량
- 부하점(Loading Point) : 홀드업이 급격히 증가하기 시작하는 지점
- 범람점(Flooding Point) : 흡수액이 탑 밖으로 흘러 넘치는 지점
  → 운전유속은 범람점 유속에 40~70%로 유지하여야 한다.

D. 충전탑의 높이

$$h = H_{OG} \times N_{OG} = H_{OG} \times \ln\left(\frac{1}{1-E}\right)$$

- N_{OG} : 기상총괄이동단위수
- H_{OG} : 기상총괄이동단위높이
- E : 효율

ⓒ **분무탑** : 탑 내에 분무노즐을 이용하여 액을 분무하고, 분무액속을 유해가스가 통과하면서 오염물질이 제거되는 공정이다.
- 압력손실이 적음(50~100mmH$_2$O)
- 용해도가 큰 가스에 적합
- 효율이 낮음
- 비말동반의 우려가 있음
    ※ 비말동반 : 흡수액이 물방울이 되어 가스와 함께 날아가는 현상

ⓒ **벤투리스크러버, 사이클론스크러버, 제트스크러버** : 집진 + 유해가스처리 동시 가능 설비, 가압수를 이용하여 정화하는 공정

A. 벤투리스크러버
- 압력손실이 매우 큼(300~800mmH$_2$O)
- 처리유속이 매우 빠름
- 처리효율 우수(99% 이상)

B. 사이클론스크러버
- 스크러버와 사이클론이 결합된 공정
- 처리효율 우수(99% 이상)
- 가동부가 많아 유지보수 어려움

C. 제트스크러버
- 승압효과 있음(0~-50mmH$_2$O)
- 대용량 처리 부적합
- 많은 양의 세정수 사용(10~50L/m^3)

ⓔ **단탑(다공판탑, 포종탑)** : 유해가스와 흡수제가 충전상 전체를 통하여 접촉하는 형태의 처리공정
- 액분산형에 비해 압력손실이 크다.
- 고형물형성에 대한 대응성이 좋다.
- 직경이 2ft 이상인 경우 충전탑보다 비용이 더 든다.
- 홀드업이 크다.
- 편류현상이 적다.
- 온도변화에 대한 대응성이 좋다.

ⓜ **기포탑**
- 압력손실이 크다.
- 대량가스처리에 부적합하다.
- 고압, 고체의 석출 반응 조작에 대응성이 좋다.

② 흡착 처리설비
  ㉠ 흡착제의 종류
   • 활성탄 : 용제회수, 악취제거, 가스정화
   • 알루미나 : 가스, 공기 및 액체의 건조
   • 보크사이트 : 석유 중의 유분제거, 가스 및 용액의 건조
   • 마그네시아 : 휘발유 및 용제정제
   • 실리카겔 : NaOH 용액 중 불순물 제거, 수분 제거
  ㉡ 흡착제의 구비조건
   • 표면적이 클 것
   • 압력손실이 작을 것
   • 강도가 있을 것
   • 내식성, 내열성이 좋을 것
  ㉢ 물리적 흡착과 화학적 흡착

흡착형태	물리적 흡착	화학적 흡착
계	개방계	폐쇄계
흡착제의 재생여부	재생가능	재생불가
흡착형태	다분자층	단분자층
선택성	비선택적	선택적
흡착온도	낮을수록	높을수록

③ **연소처리** : 유해가스를 연소를 통해 산화분해하는 방식
  ㉠ **직접연소** : 600~800℃ 온도의 연소로에 유해가스를 직접 투입하여 연소하는 방법으로 고농도, 대량의 가스처리에 적합하다. 처리방식이 산화방식이어서 질소산화물, 황산화물 등 2차오염의 발생우려가 있다.
  ㉡ **가열연소** : 500~700℃ 온도의 가열로에 유해가스를 투입하여 가열로를 가열시켜 연소하는 방식으로 무산소상태로 열분해가 진행되어 유해가스 발생이 적고, 연료가 생산된다. 가열에 보조연료가 필요하므로 비용이 비싸다.
  ㉢ **촉매연소** : 250~400℃ 온도로 촉매존재하에 연소함으로 연소온도를 낮출 수 있다. 저농도, 소량가스처리에 적합하다. 촉매독 유발물질이 유입될 경우 촉매의 성능이 급격히 저하된다.
④ **생물학적 처리** : 유해가스를 미생물을 이용하여 처리하는 방식으로 2차오염이 없다. 처리효율에 비해 많은 처리면적을 요구하며, 기후의 영향을 많이 받고, 초기안정화시간이 많이 걸린다.

6 송풍기

1) **송풍기란?** : 오염공기를 후드에서부터 배기구까지 이동시키는 동력을 만들어내는 장치이다.

2) 분류

① 팬(Fan)
   ㉠ 토출압력과 흡입압력비가 1.1 미만인 것을 말한다.
   ㉡ 압력상승의 한계가 1,000mmH$_2$O 미만인 것을 말한다.

② 블로어(blower)
   ㉠ 토출압력과 흡입압력비가 1.1 이상 2 미만인 것을 말한다.
   ㉡ 압력상승의 한계가 1,000~10,000mmH$_2$O인 것을 말한다.

3) 종류

① 원심력 송풍기 : 흘러들어온 공기가 90° 방향으로 토출되는 형태

   ㉠ 다익형(전향 날개형) : 다람쥐 쳇바퀴 모양으로 저압, 대풍량 및 소동력의 환기장치 및 공기조화용, 소형 보일러의 국소통풍 등에 사용된다.
   • 특징 : 효율이 낮고, 청소가 곤란하고, 설계가 간단하며, 저가로 제작이 가능하다. 고속회전이 불가능하여 분지관의 송풍에 적합하다.

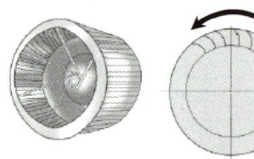

[다익형 송풍기]

   ㉡ 방사형(레이디얼팬, 평판형) : 습식 집진장치, 냉동기용 압축기, 가스터어빈용 과급기용, 마모성 분진이 송용으로 사용된다.
   • 특징 : 강도가 높고, 분진의 자체 정화가 가능하다. 가격이 비싸다.

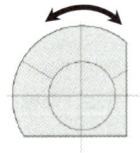

[평판형 송풍기]

   ㉢ 터보형(후향 날개형) : 환기장치용, 공기조화용 및 열관리용으로 많이 이용된다.
   • 특징 : 송풍량이 증가해도 동력이 증가하지 않고, 장소의 제약을 받지 않는다. 효율이 좋으나 날개가 구부러져 분진퇴적이 쉽다.

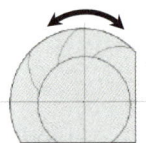

[터보형 송풍기]

㉣ 익형(비행기 날개형) : 중심축에서 날개가 두껍고, 가장자리에 얇은 형태로 되어 있다.
  • 특징 : 효율이 좋고, 소음이 적으며, 고속회전이 가능하나, 부식에 약하고 입자상 물질이 퇴적하기 쉽다.

> 💡 **원심력 송풍기의 효율순서**
> 비행기 날개형 > 터보형 > 방사형 > 다익형 [암기TIP] 비행기 터보 발사 다!

② **축류 송풍기** : 흘러들어온 공기가 직선방향으로 토출되는 형태
  ㉠ 프로펠러형 : 송풍관이 없는 가장 간단한 구조로써, 저풍압 및 대풍량의 전체환기용으로 사용된다.
  ㉡ 튜브형 : 프로펠러 송풍기를 닥트에 삽입할 수 있도록 개조한 것으로 회전날개와 케이싱의 간격을 좁게 하여 효율이 상승된다. 건조로, 공기조화용 열관리에 사용된다.
  ㉢ 특징
   • 풍압이 낮아서 압력손실이 높을 때 서징문제 발생
   • 소음이 큼
   • 가열공기 또는 오염공기의 취급에 부적합

③ **특수 송풍기**
  • 사류팬 : 원심력 송풍기와 축류 송풍기의 절충형으로 공기가 축방향으로 흘러들어와서 경사방향으로 흘러 나가는 형태로, 효율저하와 동력변화가 적다. 국소통풍용으로 이용된다.
  • 횡류팬 : 회전차 폭이 직경에 비해 너무 커 공기가 회전차의 반경방향으로 흡입되어 반경방향으로 배출되는 형태를 나타낸다. 실내공기 순환용, 에어커튼용, 공기조화용으로 사용된다.
  • 송풍관이 붙은 원심팬 : 풍압이 낮고 풍량이 낮으며 효율이 낮아 공기순환용 및 환기통풍용으로 사용된다.

4) 송풍기 관련 공식

① 송풍기 소요동력

$$P(kW) = \frac{\Delta P \times Q}{102 \times \eta} \times \alpha \ \text{(MKS 단위)}$$

  • ΔP : 압력손실(mmH$_2$O)
  • Q : 유량(m^3/sec)
  • η : 효율
  • α : 여유율

② 송풍기 압력

  ㉠ 송풍기 유효전압

$$P_{tf} = P_{to} - P_{ti} = (P_{so} + P_{vo}) - (P_{si} + P_{vi})$$

  • P_{tf} : 유효전압
  • P_{to} : 출구전압
  • P_{so} : 출구정압
  • P_{si} : 입구정압
  • P_{vo} : 출구동압
  • P_{vi} : 입구동압

ⓒ 송풍기 유효정압

$$P_{sf} = P_{tf} - P_{vo}$$
$$= (P_{so} - P_{si}) + (P_{vo} - P_{vi}) - P_{vo}$$
$$= (P_{so} - P_{si}) - P_{vi}$$
$$= P_{so} - P_{ti}$$

③ 송풍기 상사법칙

㉠ 송풍기 크기가 같고, 공기의 비중이 일정할 때
- 유량은 회전수에 비례한다.

$$Q_2 = Q_1 \times \left(\frac{N_2}{N_1}\right)$$

- 풍압은 회전수의 제곱에 비례한다.

$$P_{s2} = P_{s1} \times \left(\frac{N_2}{N_1}\right)^2$$

- 동력은 회전수의 세제곱에 비례한다.

$$P_2 = P_1 \times \left(\frac{N_2}{N_1}\right)^3$$

㉡ 송풍기 회전수, 공기의 비중이 일정할 때
- 유량은 송풍기의 직경의 세제곱에 비례한다.

$$Q_2 = Q_1 \times \left(\frac{D_2}{D_1}\right)^3$$

- 풍압은 송풍기의 직경의 제곱에 비례한다.

$$P_{s2} = P_{s1} \times \left(\frac{D_2}{D_1}\right)^2$$

- 동력은 송풍기의 직경의 오제곱에 비례한다.

$$P_2 = P_1 \times \left(\frac{D_2}{D_1}\right)^5$$

㉢ 송풍기 회전수와 송풍기 직경이 일정할 때
- 유량은 공기의 비중의 변화에 무관하다.

$$Q_2 = Q_1$$

- 풍압은 공기의 비중에 비례한다.

$$\text{식}\quad P_{s2} = P_{s1} \times \left(\frac{\rho_2}{\rho_1}\right)$$

- 동력은 공기의 비중에 비례한다.

$$\text{식}\quad P_2 = P_1 \times \left(\frac{\rho_2}{\rho_1}\right)$$

5) 송풍기 풍량 조절

① 회전수 조절법
② 안내익 조절법
③ 댐퍼 부착법

6) 송풍기 분진부착 및 날개 마모대책

① 날개를 라이닝한다.(코팅)
② 날개의 교환을 용이하게 한다.
③ 평판형 송풍기를 주로 사용한다.

7 배기구

1) 배기구란?

오염된 공기를 포집하여 외부로 배출되는 통로로, 가능한 높은 곳에서 배출시켜 대기확산효율을 높이고 재유입되지 않도록 하여야 한다.

2) 배기구의 압력손실

① **압력손실** : $\Delta P = F \times P_v$
② **정압** : $P_s = (F-1) \times P_v$

> 💡 **배기구의 설치규정**
> - 옥외의 설치하는 배기구의 높이는 지붕으로부터 1.5m 이상이거나 공장건물 높이의 0.3~1.0배 정도의 높이가 되도록 하여 배출된 유해 물질이 당해 작업장으로 재 유입되거나 인근의 다른 작업장으로 확산되어 영향을 미치지 않는 구조로 하여야 한다.
> - 배기구는 내부식성, 내마모성이 있는 재질로 하되, 빗물의 유입을 방지하기 위하여 덮개를 설치하고, 배기구의 하단에 배수밸브를 설치하여야 한다.

기출문제로 다지기 — UNIT 03 국소 배기

01. 다음 중 덕트 내 공기에 의한 마찰손실에 영향을 주는 요소와 가장 거리가 먼 것은?

① 덕트 직경 ② 공기 점도
③ 덕트의 재료 ④ 덕트 면의 조도

해설 식 $\Delta P = 4f \times \dfrac{L}{D} \times P_v$

02. 다음 중 덕트 설치 시 압력손실을 줄이기 위한 주요사항과 가장 거리가 먼 것은?

① 덕트는 가능한 한 상향구배를 만든다.
② 덕트는 가능한 한 짧게 배치하도록 한다.
③ 가능한 한 후드의 가까운 곳에 설치한다.
④ 밴드의 수는 가능한 한 적게 하도록 한다.

해설 덕트는 가능한 한 하향구배를 만든다.

03. 원심력 송풍기 중 다익형 송풍기에 관한 설명으로 가장 거리가 먼 것은?

① 송풍기의 임펠러가 다람쥐 쳇바퀴 모양으로 생겼다.
② 큰 압력손실에서 송풍량이 급격하게 떨어지는 단점이 있다.
③ 고강도가 요구되기 때문에 제작비용이 비싸다는 단점이 있다.
④ 다른 송풍기와 비교하여 동일 송풍량을 발생시키기 위한 임펠러 회전속도가 상대적으로 낮기 때문에 소음이 작다.

해설 다익형은 강도가 약하고 제작비용이 싸다.

04. 후드로부터 0.25m 떨어진 곳에 있는 공정에서 발생되는 먼지를, 제어속도가 5m/s, 후드직경이 0.4m인 원형후드를 이용하여 제거하고자 한다. 이 때 필요 환기량(m³/min)은? (단, 플랜지 등 기타 조건은 고려하지 않음)

① 약 205 ② 약 215
③ 약 225 ④ 약 235

해설 식 $Q_c = (10X^2 + A) \times V_c$

$\therefore Q_c = (10 \times 0.25^2 + \dfrac{\pi \times 0.4^2}{4}) \times 5 \times 60 = 225.20 \, m^3/sec$

05. 슬로트 후드에서 슬로트의 역할은?

① 제어속도를 감소시킴
② 후드 제작에 필요한 재료 절약
③ 공기가 균일하게 흡입되도록 함
④ 제어속도를 증가시킴

06. 배출원이 많아서 여러 개의 후드를 주관에 연결한 경우(분지관의 수가 많고 덕트의 압력손실이 클 때) 총 압력손실계산법으로 가장 적절한 방법은?

① 정압조절평형법
② 저항조절평형법
③ 등가조절평형법
④ 속도압평형법

해설 분지관의 수가 많고 덕트의 압력손실이 클 때는 저항조절평형법(Damper 부착 평형법)을 사용한다.

정답 01. ③ 02. ① 03. ③ 04. ③ 05. ③ 06. ②

07. 송풍기의 효율이 큰 순서대로 나열된 것은?

① 평판송풍기 〉 다익송풍기 〉 터보송풍기
② 다익송풍기 〉 평판송풍기 〉 터보송풍기
③ 터보송풍기 〉 다익송풍기 〉 평판송풍기
④ 터보송풍기 〉 평판송풍기 〉 다익송풍기

[해설] 비행기(비행기 날개형) 터보(터보형) 발사(방사 날개형) 다(다익형)!
※ 방사 날개형(평판형, 레디얼형)

08. 주물사, 고온가스를 취급하는 공정에 환기시설을 설치하고자 할 때, 덕트의 재료로 가장 적당한 것은?

① 아연도금 강판
② 중질 콘크리트
③ 스테인레스 강판
④ 흑피 강판

[해설] 송풍관의 재질은 취급공정에 따라 다르게 취급된다.
① 아연도금 강판 - 유기용제
② 중질 콘크리트 - 전리방사선
③ 스테인레스 강판 - 강산, 염소계 용제

09. 어떤 송풍기가 송풍기 유효전압 100mmH$_2$O이고 풍량은 16m^3/min의 성능을 발휘한다. 전압효율이 80%일 때 축동력(kW)은?

① 약 0.13   ② 약 0.26
③ 약 0.33   ④ 약 0.57

[해설] $P = \dfrac{\Delta P \times Q}{102 \times \eta} = \dfrac{100 \times 16/60}{102 \times 0.8} = 0.33 \text{kW}$

10. 송풍기에 관한 설명으로 옳은 것은?

① 풍량은 송풍기의 회전수에 비례한다.
② 동력은 송풍기의 회전수의 제곱에 비례한다.
③ 풍력은 송풍기의 회전수의 세제곱에 비례한다.
④ 풍압은 송풍기의 회전수의 세제곱에 비례한다.

[해설] 풍량(유량)과 유속은 송풍기의 회전수에 비례한다.

11. 용접흄을 포집 제거하기 위해 작업대에 측방 외부식 테이블상 장방형 후드를 설치하고자 한다. 개구면에서 포착점까지의 거리는 0.7m, 제어속도가 0.30m/s, 개구면적이 0.7m^{2}일 때 필요 송풍량(m^3/min)은? (단, 작업대에 붙여 설치하며 플랜지 미부착)

① 35.3   ② 47.8
③ 56.7   ④ 68.5

[해설] 작업대에 붙여 설치하므로 자유공간에 비해 송풍량은 1/2로 감소한다. 따라서 다음 식으로 산출된다.

[식] $Q = 0.5(10X^2 + 2A) \times V_c$
$= 0.5 \times [10 \times (0.7) + 2 \times 0.7] \times 0.3 \times 60$
$= 56.7 m^3/\text{min}$

12. 국소환기장치 설계에서 제어 풍속에 대한 설명으로 가장 알맞은 것은?

① 작업장내의 평균유속을 말한다.
② 발산되는 유해물질을 후드로 완전히 흡인하는데 필요한 기류속도이다.
③ 덕트 내의 기류속도를 말한다.
④ 일명 반송속도라고도 한다.

[해설] ②항이 올바르다. 제어풍속(제어속도) 또는 포착속도라고 한다.

13. 회전차 외경이 600mm인 원심 송풍기의 풍량은 200m³/min이다. 회전차 외경이 1,000mm인 동류(상사구조)의 송풍기가 동일한 회전수로 운전된다면 이 송풍기의 풍량(m³/min)은? (단, 두 경우 모두 표준공기를 취급한다.)

① 약 333   ② 약 556
③ 약 926   ④ 약 2,572

해설 식 $Q_2 = Q_1 \times \left(\dfrac{D_2}{D_1}\right)^3$

∴ $Q_2 = 200 \times \left(\dfrac{1,000}{600}\right)^3 = 925.93 \text{m}^3/\text{min}$

14. 송풍기 배출구의 총합정압은 20mmH₂O이고, 흡인구의 총압전압은 −90mmH₂O이며 송풍기 전후의 속도압은 20mmH₂O이다. 이 송풍기의 실효정압(mmH₂O)은?

① −130   ② −110
③ +130   ④ +110

해설 식 $P_{sf} = (P_{so} - P_{si}) = (20 - (-90))$
         $= 110 \text{mmH}_2\text{O}$

15. 덕트 내 공기의 압력을 측정하는데 사용하는 장비는?

① 피토관   ② 타코미터
③ 열선 유속계   ④ 회전날개형 유속계

16. 여과 집진 장치의 장·단점으로 가장 거리가 먼 것은?

① 다양한 용량을 처리할 수 있다.
② 탈진방법과 여과재의 사용에 따른 설계상의 융통성이 있다.
③ 섬유 여포상에서 응축이 일어날 때 습한 가스를 취급할 수 없다.
④ 집진효율이 처리가스의 양과 밀도 변화에 영향이 크다.

해설 여과집진장치는 여러 개의 여과포로 집진이 이루어지므로 고부하에도 적용이 가능하고, 유량의 변동이나 밀도의 변동에서 효율변동이 거의 없다.

17. 외부식 후드의 필요송풍량을 절약하는 방법에 대한 설명으로 틀린 것은?

① 가능한 발생원의 형태와 크기에 맞는 후드를 선택하고 그 후드의 개구면을 발생원에 접근시켜 설치한다.
② 발생원의 특성에 맞는 후드의 형식을 선정한다.
③ 후드의 크기는 유해물질이 밖으로 빠져나가지 않도록 가능한 크게 하는 편이 좋다.
④ 가능하면 발생원의 일부만이라도 후드 개구안에 들어가도록 설치한다.

해설 후드의 크기는 가능한 작게 하여 흡인유량을 줄이고, 충분한 포착속도를 유지하는 것이 좋다.

18. 축류송풍기에 관한 설명으로 가장 거리가 먼 것은?

① 전동기와 직결할 수 있고, 또 축방향 흐름이기 때문에 관로 도중에 설치할 수 있다.
② 가볍고 재료비 및 설치비용이 저렴하다.
③ 원통형으로 되어 있다.
④ 규정 풍량 범위가 넓어 가열공기 또는 오염공기의 취급에 유리하다.

해설 규정 풍량 범위가 작아 초과 시에 처리가 어려워 풍량의 변동이 심한 가열공기나 오염공기의 취급에 불리하다.

19. 국소환기시설 설계에 있어 정압조절평형법의 장점으로 틀린 것은?

① 예기치 않은 침식 및 부식이나 퇴적문제가 일어나지 않는다.
② 설계 설치된 시설의 개조가 용이하여 장치변경이나 확정에 대한 유연성이 크다.
③ 설계가 정확할 때에는 가장 효율적인 시설이 된다.
④ 설계시 잘못 설계된 분지관 또는 저항이 제일 큰 분지관을 쉽게 발견할 수 있다.

해설 정압조절평형법은 정밀하게 설계되므로 설치된 후에는 시설의 개조가 어려워 유연성이 작다.

20. 다음 보기에서 공기공급시스템(보충용 공기의 공급 장치)이 필요한 이유를 옳게 짝지은 것은?

a. 연료를 절약하기 위하여
b. 작업장 내 안전사고를 예방하기 위하여
c. 국소배기장치를 적정하게 가동시키기 위하여
d. 작업장의 교차기류를 유지하기 위하여

① a, b   ② a, b, c
③ b, c, d   ④ a, b, c, d

해설 작업장의 교차기류를 방지하기 위하여 공기공급시스템이 필요하다.

21. 회전차 외경이 600mm인 레이디얼(방사날개형)송풍기의 풍량은 300m³/min, 송풍기 전압은 60mmH₂O, 축동력이 0.70kW이다. 회전차 외경이 1,000mm로 상사인 레이디얼(방사날개형)송풍기가 같은 회전수로 운전될 때 전압(mmH₂O)은? (단, 공기 비중은 같음)

① 167   ② 182
③ 214   ④ 246

해설 $P_{s2} = P_{s1} \times \left(\dfrac{D_2}{D_1}\right)^2$

$\therefore P_{s2} = 60 \times \left(\dfrac{1,000}{600}\right)^2 = 166.67 \text{mmH}_2\text{O}$

22. 공기정화장치의 한 종류인 원심력집진기에서 절단입경(Cute-Size, Dc)은 무엇을 의미하는가?

① 100% 분리 포집되는 입자의 최소입경
② 100% 처리효율로 제거되는 입자크기
③ 90% 이상 처리효율로 제거되는 입자크기
④ 50% 처리효율로 제거되는 입자크기

23. 사이클론 집진장치에서 발생하는 블로우 다운(Blow Down) 효과에 관한 설명으로 옳은 것은?

① 유효 원심력을 감소시켜 선회기류의 흐트러짐을 방지한다.
② 관 내 분진 부착으로 인한 장치의 폐쇄현상을 방지한다.
③ 부분적 난류 증가로 집진된 입자가 재비산된다.
④ 처리배기량의 50% 정도가 재유입되는 현상이다.

정답 18. ④ 19. ② 20. ② 21. ① 22. ④ 23. ②

해설 ②항만 올바르다.

오답해설
① 유효 원심력을 증가시켜 선회기류의 흐트러짐을 방지한다.
③ 부분적 난류 감소로 집진된 입자가 재비산되지 않는다.
④ 처리배기량의 5~10% 정도를 재유입시키는 방법이다.

24. 풍량 2m³/sec, 송풍기 유효전압 100mmH₂O, 송풍기의 효율이 75%인 송풍기의 소요동력은?

① 2.6kW
② 3.8kW
③ 4.4kW
④ 5.3kW

해설 $P = \dfrac{\Delta P \times Q}{102 \times \eta} \times \alpha = \dfrac{100 \times 2}{102 \times 0.75} = 2.61\text{kW}$

25. 외부식 후드에서 플랜지가 붙고 공간에 설치된 후드와 플랜지가 붙고 면에 고정 설치된 후드의 필요 환기량을 비교할 때 플랜지가 붙고 면에 고정 설치된 후드는 플랜지가 붙고 공간에 설치된 후드에 비하여 필요환기량을 약 몇 % 절감할 수 있는가? (단, 후드는 장방형 기준)

① 12%
② 20%
③ 25%
④ 33%

해설 식 절감환기량(%) = $\dfrac{Q_{c1} - Q_{c2}}{Q_{c1}}$

- $Q_{c1} = 0.75(10X^2 + A) \times V_c$
- $Q_{c2} = 0.5(10X^2 + A) \times V_c$

→ $(10X^2 + A) \times V_c$을 K로 정리하여 계산하면,

∴ 절감환기량(%) = $\dfrac{[0.75K - 0.5K]}{0.75K} \times 100 = 33.33\%$

26. 다음 보기에서 여과집진장치의 장점만을 고른 것은?

> a. 다양한 용량(송풍량)을 처리할 수 있다.
> b. 습한 가스 처리에 효율적이다.
> c. 미세입자에 대한 집진 효율이 비교적 높은 편이다.
> d. 여과재는 고온 및 부식성 물질에 손상되지 않는다.

① a, b
② a, c
③ c, d
④ b, d

해설 여과집진장치는 수분 및 고온가스의 처리가 어렵다.

27. 국소배기장치에 관한 주의사항으로 가장 거리가 먼 것은?

① 배기관은 유해물질이 발산하는 부위의 공기를 모두 빨아낼 수 있는 성능을 갖출 것
② 흡입되는 공기가 근로자의 호흡기를 거치지 않도록 할 것
③ 먼지를 제거할 때에는 공기속도를 조절하여 배기관 안에서 먼지가 일어나도록 할 것
④ 유독물질의 경우에는 굴뚝에 흡인장치를 보강할 것

해설 먼지를 제거할 때에는 공기속도를 조절하여 배기관 안에서 먼지가 일어나지 않도록 할 것

28. 송풍관(Duct) 내부에서 유속이 가장 빠른 곳은? (단, d는 직경임)

① 위에서 $\dfrac{1}{10}d$ 지점
② 위에서 $\dfrac{1}{5}d$ 지점
③ 위에서 $\dfrac{1}{3}d$ 지점
④ 위에서 $\dfrac{1}{2}d$ 지점

정답 24. ① 25. ④ 26. ② 27. ③ 28. ④

29. 덕트 합류시 균형유지 방법 중 설계에 의한 정압균형 유지법의 장·단점이 아닌 것은?

① 설계시 잘못된 유량을 고치기가 용이함
② 설계가 복잡하고 시간이 걸림
③ 최대 저항 경로 선정이 잘못되어도 설계시 쉽게 발견할 수 있음
④ 때에 따라 전체 필요한 최소유량보다 더 초과될 수 있음

해설 설계전후로 유량변경이 어렵다.

30. 공기정화장치의 한 종류인 원심력 제진장치의 분리계수(Separation Factor)에 대한 설명으로 옳지 않은 것은?

① 분리계수는 중력가속도와 반비례한다.
② 사이클론에서 입자에 작용하는 원심력을 중력으로 나눈 값을 분리계수라 한다.
③ 분리계수는 입자의 접속방향속도에 반비례한다.
④ 분리계수는 사이클론의 원추하부 반경에 반비례한다.

해설 분리계수는 입자의 접속방향속도의 제곱에 비례한다.

31. 외부식 후드(포집형 후드)의 단점으로 틀린 것은?

① 포위식 후드보다 일반적으로 필요 송풍량이 많다.
② 외부 난기류의 영향을 받아서 흡인효과가 떨어진다.
③ 기류속도가 후드주변에서 매우 빠르므로 유기용제나 미세 원료분말 등과 같은 물질의 손실이 크다.
④ 근로자가 발생원과 환기시설 사이에서 작업할 수 없어 여유계수가 커진다.

해설 외부식 후드는 후드가 오염원 가까이 설치되어 근로자가 발생원과 환기시설 사이에서 작업하지 않는다. 또한 발생원에 가까이 위치시켜 발생원에 멀게 위치했을 때보다 여유계수를 작게 유지할 수 있다.

32. 원심력 제진장치인 사이클론에 관한 설명 중 옳지 않은 것은?

① 함진가스에 선회류를 일으키는 원심력을 이용한다.
② 비교적 적은 비용으로 제진이 가능하다.
③ 가동부분이 많은 것이 기계적인 특징이다.
④ 원심력과 중력을 동시에 이용하기 때문에 입경이 크면 효율적이다.

해설 가동부분이 적다.

33. 국소배기장치를 반드시 설치해야 하는 경우와 가장 거리가 먼 것은?

① 법적으로 국소배기장치를 설치해야 하는 경우
② 근로자의 작업위치가 유해물질 발생원에 근접해 있는 경우
③ 발생원이 주로 이동하는 경우
④ 유해물질의 발생량이 많은 경우

해설 국소배기장치는 고정된 위치에서 연속적으로 배출되는 발생원에 설치된다.

34. 덕트의 설치원칙으로 옳지 않은 것은?

① 덕트는 가능한 짧게 배치하도록 한다.
② 밴드의 수는 가능한 한 적게 하도록 한다.
③ 가능한 한 후드의 먼 곳에 설치한다.
④ 공기흐름이 원활하도록 하향 구배로 만든다.

해설 가능한 한 후드와 가까이 설치한다.

 정답   29. ①   30. ③   31. ④   32. ③   33. ③   34. ③

35. 주 덕트에 분지관을 연결할 때 손실계수가 가장 큰 각도는?

① 30°   ② 45°
③ 60°   ④ 90°

36. 후향 날개형 송풍기가 2,000rpm으로 운전될 때 송풍량이 20m³/min, 송풍기 정압이 50mmH₂O, 축동력이 0.5kW였다. 다른 조건은 동일하고 송풍기의 rpm을 조절하여 3,200rpm으로 운전한다면 송풍량, 송풍기 정압, 축동력은?

① 38m³/min, 80mmH₂O, 1.86kW
② 38m³/min, 128mmH₂O, 2.05kW
③ 32m³/min, 80mmH₂O, 1.86kW
④ 32m³/min, 128mmH₂O, 2.05kW

해설

식 $Q_2 = Q_1 \times \left(\dfrac{N_2}{N_1}\right)^1 = 20 \times \left(\dfrac{3200}{2000}\right)^1 = 32 m^3/\min$

식 $P_{s_2} = P_{s_1} \times \left(\dfrac{N_2}{N_1}\right)^2 = 50 \times \left(\dfrac{3200}{2000}\right)^2 = 80 mmH_2O$

식 $P_2 = P_1 \times \left(\dfrac{N_2}{N_1}\right)^3 = 0.5 \times \left(\dfrac{3200}{2000}\right)^3 = 2.05 kW$

37. 원심력 송풍기 중 전향날개형 송풍기에 관한 설명으로 옳지 않은 것은?

① 송풍기의 임펠러가 다람쥐 쳇바퀴 모양이다.
② 송풍기 깃이 회전방향과 반대 방향으로 설계되어 있다.
③ 큰 압력손실에서 송풍량이 급격하게 떨어지는 단점이 있다.
④ 다익형 송풍기라고도 한다.

해설 송풍기 깃이 회전방향과 같은 방향으로 설계되어 있다.

38. 어떤 송풍기의 전압이 300mmH₂O이고 풍량이 400m³/min, 효율이 0.6일 때 소요동력(kW)은?

① 약 33   ② 약 45
③ 약 53   ④ 약 65

해설 식 $P = \dfrac{\Delta P \times Q}{102 \times \eta} \times \alpha = \dfrac{300 \times (400/60)}{102 \times 0.6} \times 1 = 32.68 kW$

39. 밀어당김형 후드(Push-Pull Hood)에 의한 환기로서 가장 효과적인 경우는?

① 오염원의 발산농도가 낮은 경우
② 오염원의 발산농도가 높은 경우
③ 오염원의 발산량이 많은 경우
④ 오염원 발산면의 폭이 넓은 경우

40. A 유체관의 압력을 측정한 결과, 정압이 −18.56mmH₂O이고, 전압이 20mmH₂O였다. 이 유체관의 유속(m/s)은 약 얼마인가? (단, 공기비중량 1.21kg/m³ 기준)

① 약 10   ② 약 15
③ 약 20   ④ 약 25

해설

식 $P_v = P_t - P_s = 20 - (-18.56) = 38.56 mmH_2O$

식 $V = \sqrt{\dfrac{2gP_v}{\gamma}} = \sqrt{\dfrac{2 \times 9.8 \times 38.56}{1.21}} = 24.99 m/\sec$

정답 35. ④ 36. ④ 37. ② 38. ① 39. ④ 40. ④

41. 용접 흄이 발생하는 공정의 작업대 면에 개구면적이 0.6m²인 측방 외부식 테이블상 플랜지 부착 장방형 후드를 설치하고자 한다. 제어속도가 0.4m/s, 소요 송풍량이 63.6m³/min이라면, 제어거리는?

① 0.69m ② 0.86m
③ 1.23m ④ 1.52m

해설 식 $Q_c = 0.5(10X^2 + A) \times V_c$
$63.6 = 0.5 \times (10 \times X^2 + 0.6) \times 0.4 \times 60$
∴ $X = 0.69m$

42. 양쪽 덕트 내의 정압이 다를 경우, 합류점에서 정압을 조절하는 방법인 공기조절용 댐퍼에 의한 균형유지법에 관한 설명으로 틀린 것은?

① 임의로 댐퍼 조정 시 평형상태가 깨지는 단점이 있다.
② 시설 설치 후 변경하기 어려운 단점이 있다.
③ 최소 유량으로 균형유지가 가능한 장점이 있다.
④ 설계계산이 상대적으로 간단한 장점이 있다.

해설 시설 설치 후 변경하기 용이하다.

43. 원심력 송풍기 중 전향 날개형 송풍기에 관한 설명으로 옳지 않은 것은?

① 송풍기의 임펠러가 다람쥐 쳇바퀴 모양이며, 송풍기 깃이 회전방향과 동일한 방향으로 설계되어 있다.
② 동일 송풍량을 발생시키기 위한 임펠러 회전속도가 상대적으로 낮아 소음문제가 거의 발생하지 않는다.
③ 다익형 송풍기라고도 한다.
④ 큰 압력손실에도 송풍량의 변동이 적은 장점이 있다.

해설 다익형(전향 날개형)은 압력손실에 따른 송풍량의 변동이 크다. 큰 압력손실에도 송풍량의 변동이 적은 장점이 있는 것은 터보형이다.

44. 유해물질을 제어하기 위해 작업장에 설치된 후드가 300m³/min으로 환기되도록 송풍기를 설치하였다. 설치 초기 시 후드정압은 50mmH₂O였는데, 6개월 후에 후드 정압을 측정해 본 결과 절반으로 낮아졌다면 기타 조건에 변화가 없을 때 환기량은? (단, 상사법칙 적용)

① 환기량이 252m³/min으로 감소하였다.
② 환기량이 212m³/min으로 감소하였다.
③ 환기량이 150m³/min으로 감소하였다.
④ 환기량이 125m³/min으로 감소하였다.

해설 식 $P_{s2} = P_{s1} \times \left(\dfrac{N_2}{N_1}\right)^2$
$25 = 50 \times \left(\dfrac{N_2}{N_1}\right)^2$, $\dfrac{N_2}{N_1} = 0.7071$
식 $Q_2 = Q_1 \times \left(\dfrac{N_2}{N_1}\right)^1 = 300 \times (0.7071)^1$
$= 212.13 m^3/min$

45. 원심력송풍기 중 후향 날개형 송풍기에 관한 설명으로 옳지 않은 것은?

① 송풍기 깃이 회전방향으로 경사지게 설계되어 충분한 압력을 발생시킬 수 있다.
② 고농도 분진 함유 공기를 이송시킬 경우 긴 뒷면에 분진이 퇴적된다.
③ 고농도 분진 함유 공기를 이송시킬 경우 집진기 후단에 설치하여야 한다.
④ 깃의 모양은 두께가 균일한 것과 익형이 있다.

해설 송풍기 깃이 회전방향 반대편으로 경사지게 설계되어 충분한 압력을 발생시킬 수 있다.

정답 41. ① 42. ② 43. ④ 44. ② 45. ①

46. 회전차 외경이 600mm인 원심송풍기의 풍량은 200m³/min이다. 회전차 외경이 1,200mm인 동류(상사구조)의 송풍기가 동일한 회전수로 운전된다면 이 송풍기의 풍량은? (단, 두 경우 모두 표준공기를 취급한다.)

① 1,000m³/min ② 1,200m³/min
③ 1,400m³/min ④ 1,600m³/min

해설 식 $Q_2 = Q_1 \times \left(\dfrac{D_2}{D_1}\right)^5 = 200 \times \left(\dfrac{1200}{600}\right)^3$
$= 1,600 m^3/min$

47. 흡입관의 정압과 속도압이 각각 −30.5mmH₂O, 7.2mmH₂O이고, 배출관의 정압과 속도압이 각각 23.0mmH₂O, 15mmH₂O이면, 송풍기의 유효정압은?

① 26.1mmH₂O ② 32.2mmH₂O
③ 46.3mmH₂O ④ 58.4mmH₂O

해설 식 $P_{sf} = (P_{so} - P_{si}) - P_{vi} = (23 - (-30.5)) - 7.2$
$= 46.3 mmH_2O$

48. 방사날개형 송풍기에 관한 설명으로 틀린 것은?

① 고농도 분진함유 공기나 부식성이 강한 공기를 이송시키는데 많이 이용된다.
② 깃이 평판으로 되어 있다.
③ 가격이 저렴하고 효율이 높다.
④ 깃의 구조가 분진을 자체 정화할 수 있도록 되어 있다.

해설 날개가 단단하여 가격이 비싸고 효율은 낮은 편이다.

49. 원심력 집진장치(사이클론)에 대한 설명 중 옳지 않은 것은?

① 집진된 입자에 대한 블로 다운 영향을 최소화하여야 한다.
② 사이클론 원통의 길이가 길어지면 선회류 수가 증가하여 집진율이 증가한다.
③ 입자 입경과 밀도가 클수록 집진율이 증가한다.
④ 사이클론 원통의 직경이 클수록 집진율이 감소한다.

해설 집진된 입자에 대한 블로 다운 영향을 최대화하여야 한다.

50. 푸시풀 후드(Push-Pull Hood)에 대한 설명으로 적합하지 않은 것은?

① 도금조와 같이 폭이 넓은 경우에 사용하면 포집효율을 증가시키면서 필요유량을 감소시킬 수 있다.
② 공정에서 작업물체를 처리조에 넣거나 꺼내는 중에 발생되는 공기막 파괴현상을 사전에 방지할 수 있다.
③ 개방조 한 변에서 압축공기를 이용하여 오염물질이 발생하는 표면에 공기를 불어 반대쪽에 오염물질이 도달하게 한다.
④ 제어속도는 푸시 제트기류에 의해 발생한다.

해설 공정에서 작업물체를 처리조에 넣거나 꺼내는 중에 발생되는 공기막 파괴현상이 촉진되어 오염물질이 발생한다.

정답 46. ④ 47. ③ 48. ③ 49. ① 50. ②

51. 국소배기장치에서 공기공급시스템이 필요한 이유로 옳지 않은 것은?

① 국소배기장치의 효율 유지
② 안전사고 예방
③ 에너지 절감
④ 작업자의 교차기류 유지

해설 작업자의 교차기류를 억제

52. 전기집진기의 장점에 관한 설명으로 옳지 않은 것은?

① 낮은 압력손실로 대량의 가스를 처리할 수 있다.
② 가연성 입자의 처리가 용이하다.
③ 회수가치성이 있는 입자 포집이 가능하다.
④ 고온의 가스를 처리할 수 있어 보일러와 철강로 등에 설치할 수 있다.

해설 가연성 입자의 처리가 어렵다.

51. ④ 52. ②

UNIT 03 국소 배기

01. 플렌지 없는 상방 외부식 장방형 후드가 설치되어 있다. 성능을 높게 하기 위해 플렌지 있는 외부식 측방형 후드로 작업대에 부착했다. 배기량은 얼마나 줄었겠는가? (단, 포촉거리개구면적, 제어속도는 같다.)

① 30% ② 40%
③ 50% ④ 60%

해설 식 절감환기량(%) = $\dfrac{Q_{c1} - Q_{c2}}{Q_{c1}}$

- $Q_{c1} = (10X^2 + A) \times V_c$
- $Q_{c2} = 0.5(10X^2 + A) \times V_c$

→ $(10X^2 + A) \times V_c$을 K로 정리하여 계산하면,

∴ 절감환기량(%) = $\dfrac{[K - 0.5K]}{K} \times 100 = 50\%$

02. 흡입관의 정압과 속도압이 각각 −30.5mmH₂O, 7.2mmH₂O이고, 배출관의 정압과 속도압이 각각 20.0mmH₂O, 15mmH₂O이면, 송풍기의 유효전압은?

① 58.3mmH₂O ② 64.2mmH₂O
③ 72.3mmH₂O ④ 81.1mmH₂O

해설 식 $P_{tf} = P_{to} - P_{ti} = (P_{so} + P_{vo}) - (P_{si} + P_{vi})$

P_{tf} : 유효전압
P_{so} : 출구정압 = $20 mmH_2O$
P_{si} : 입구정압 = $-30.5 mmH_2O$
P_{vo} : 출구동압 = $15 mmH_2O$
P_{vi} : 입구동압 = $7.2 mmH_2O$

∴ $P_{tf} = (20 + 15) - ((-30.5) + 7.2) = 58.3 mmH_2O$

03. 여포제진장치에서 처리할 배기 가스량이 2m³/sec이고 여포의 총면적이 6m²일 때 여과속도는?

① 25cm/sec ② 29cm/sec
③ 33cm/sec ④ 39cm/sec

04. 터보(Tubo) 송풍기에 관한 설명으로 틀린 것은?

① 후향 날개형 송풍기라고도 한다.
② 송풍기의 깃이 회전방향 반대편으로 경사지게 설계되어 있다.
③ 고농도 분진함유 공기를 이송시킬 경우, 집진기 후단에 설치하여 사용해야 한다.
④ 방사 날개형이나 전향 날개형 송풍기에 비해 효율이 떨어진다.

정답 01. ③ 02. ① 03. ③ 04. ④

UNIT 04 환기시스템 설계 및 유지관리

1 설계개요 및 과정

1) 설계순서
① **후드의 선정** : 작업형태 및 공정에 적합한 후드를 선택
② **제어풍속 결정** : 발생원에서 오염물질 발생방향, 거리 및 후드형식을 고려하여 적정한 제어풍속 결정
③ **설계 환기량 계산** : 제어풍속과 후드의 개구면으로 설계환기량 계산
④ **반송속도 결정** : 오염물질의 종류에 따라 닥트 내 분진 등이 퇴적되지 않도록 닥트 내 반송속도를 산정 (관내의 청소 및 유지보수가 불가한 경우는 반송속도에 20% 여유를 준다)
⑤ **닥트 직경 산출** : 설계환기량을 이송속도로 나누어 덕트 직경 이론치를 산출, 덕트 직경은 이론치보다 작은 것 선택
⑥ **닥트의 배치와 설치장소 선정** : 덕트 배치도를 작성하고 그에 따른 설치장소를 현장여건을 감안하여 적정 선정
⑦ **공기정화장치의 선정** : 유해물질 제거효율이 양호한 공기정화장치를 선정한 후 압력손실을 계산
⑧ **총 압력손실 계산** : 후드 정압과 덕트 및 공기정화장치 등 총 압력손실의 합계를 산출
⑨ **송풍기 선정** : 총 압력손실과 총 배기량을 기초로 소요동력 산정 후 적정 송풍기 선정

2) 전체 환기시설 설계를 위한 계획의 목적에 따른 구분
① **환기장치법** : 공장입지의 기상조건과 환경장치의 조건에 따라 환기량을 산출하는 방법
② **필요환기량법** : 공장의 종류에 따라 그 목적에 따라 환기량을 결정한 후 필요한 환기량을 선정하는 방법
③ **원칙적인 환기설계 기획법**
　㉠ 제1종환기 : 가장 완전한 환기, 작업장 외 공간에서 기류의 출입이 없는 형태
　㉡ 제2종환기 : 실내를 깨끗이 유지하는 환기, 실내압력을 정압으로 유지한다.
　㉢ 제3종환기 : 실내공기가 외부로 누출되지 않는 환기, 실내압력을 부압으로 유지한다.
　㉣ 제4종환기 : 외풍과 건물 안 밖의 온도차에 의한 자연력을 이용한 자연환기법, 운영비가 적다.

2 국소배기시설의 설계

1) 후드 설계
① **배출원을 중심으로**
　㉠ 오염물질의 배출농도와 배출허용기준농도파악

　　　　　ⓛ 배출원의 온도와 작업장의 온도
　　　　　ⓒ 오염물질의 비산속도와 횡단기류속도
　　　　　ⓔ 작업방법과 공간활용범위 등 주위상태
　　　　　ⓜ 오염물질 mist, fume, vapor 상태로 배출되어 냉각·응축되는지 등의 특성
　　② 후드를 중심으로
　　　　　㉠ 최소의 배기량으로 최대의 흡인효과를 발휘할 것
　　　　　㉡ 발생원에 가깝게, 개구부위를 적게 할 것
　　　　　㉢ 후드 개구면에서의 면속도분포를 일정하게 할 것
　　　　　㉣ 외형을 보기 좋게, 압력손실을 적게 할 것
　　　　　㉤ 작업자의 호흡영역은 보호할 것

2) 닥트 설계

① 배기후드를 설계하고, 설계유량을 결정한다.
② 최소닥트속도 결정
③ 설계유량을 최소닥트속도로 나누어 분지닥트의 크기를 결정한다.
④ 계통도를 사용하여 필요한 닥트의 각 부분과 피팅류 및 엘보류에 대한 설계길이를 결정한다.
⑤ 배기시스템에 대한 압력손실을 계산한다.

> 💡 **닥트 합류시 설계요령**
> 두 닥트의 정압을 산출하여 정압이 높은 쪽을 정압이 낮은 쪽으로 나누어 비를 취한 뒤 아래의 결과 값에 따라 설계한다.
> - $\dfrac{P_s(high)}{P_s(low)} > 1.2$: 정압이 낮은 쪽을 재설계한다.
> - $\dfrac{P_s(high)}{P_s(low)} \leq 1.2$: 정압이 낮은 쪽의 유량을 증가시킨다.

3) 송풍기 설계

① 송풍량과 압력을 정확히 설정하여, 예상되는 풍량의 변동범위 내에서 운전하도록 한다.
② 송풍관의 중량을 송풍기에 가중시키지 않는다.
③ 송풍배기의 입자농도와 그 마모성을 참작하여 송풍기의 형식과 내마모구조를 고려한다.
④ 송풍기와 덕트 간에 Flexible bypass를 설치하여 진동을 감소시킨다.

3 점검의 목적과 형태

① 국소배기시설의 초기 성능과 설계의 비교 검토를 위함
② 국소배기시설의 일정기간 운영 후 자체검사(성능검사) 및 유지관리를 위한 자료의 확보를 위함

③ 불량 개소 및 고장 부분의 발견과 응급처리 및 보수 여부의 판단을 위함
④ 미래의 시설확충 가능성에 대비하기 위함(송풍량 점검)
⑤ 행정적 검토를 하기 위함
⑥ 미래의 동일 특성의 국소배기시설 설계 및 개선에 필요한 자료를 확보하기 위함
⑦ 국소배기시설 성능 및 운전상태에 대한 정상 여부를 판단하기 위함

4 점검 사항과 방법

1) 흡기 및 배기 능력검사

2) 후드의 흡입기류 방향검사

3) 송풍관 검사

4) 송풍기 및 모터의 검사
   송풍기 베어링 : 송풍기의 이상 소음발생 유무확인

5) 공기정화기의 점검
   정기점검 – 운전정지기간 – 내부점검 – 부품구입 / 재고부품이용 – 수리 – 가동

5 검사 장비

1) 필수장비
   ① 발연관(연기발생기)
   ② 청음기 또는 청음봉
   ③ 절연저항계
   ④ 표면온도계 및 초자온도계
   ⑤ 줄자

2) 후드의 흡입기류 방향검사
   ① 테스트 함마
   ② 나무봉 또는 대나무봉
   ③ 초음파 두께 측정기
   ④ (수주)마노미터

⑤ 열선풍속계
⑥ 정압 프로브 부착 열선풍속계
⑦ 스크레이퍼
⑧ 회전계
⑨ 피토관
⑩ 공기 중 유해물질 측정기
⑪ 스톱워치 또는 시계

3) 발연관(연기발생기)
① 오염물질의 확산이동을 관찰
② 후드로부터 오염물질의 이탈 요인 규명
③ 후드 성능에 미치는 난기류의 영향에 대한 평가
④ 공기의 누출입 및 기류의 유입유무를 판단

4) 송풍기 내의 풍속측정계기

5) 기류의 속도(공기유속) 측정기기

6) 압력측정기기

UNIT 04 환기시스템 설계 및 유지관리

01. 국소배기장치의 설계 순서로 가장 알맞은 것은?

① 소요풍량 계산 – 반송속도 결정 – 후드형식 선정 – 제어속도 결정
② 제어속도 결정 – 소요풍량 계산 – 반송속도 결정 – 후드형식 선정
③ 후드형식 선정 – 제어속도 결정 – 소요풍량 계산 – 반송속도 결정
④ 반송속도 결정 – 후드형식 선정 – 제어속도 결정 – 소요풍량 계산

해설 공기의 누출입 및 기류의 유입유무를 판단할 때 사용한다.

02. 연기발생기 이용에 관한 설명으로 가장 거리가 먼 것은?

① 오염물질의 확산이동 관찰
② 공기의 누출입에 의한 음과 축수상자의 이상음 점검
③ 후드로부터 오염물질의 이탈 요인 규명
④ 후드 성능에 미치는 난기류의 영향에 대한 평가

03. 국소배기장치 설계에 관한 설명으로 옳지 않은 것은?

① 송풍기에서 가장 먼 쪽의 후드부터 설계한다.
② 설계 시 먼저 후드의 형식과 송풍량을 결정한다.
③ 1차 계산된 덕트 직경의 이론치보다 더 큰 크기의 시판 덕트를 선정한다.
④ 합류관 연결부에서 정압은 가능한 같아지게 한다.

해설 덕트의 직경은 설계 환기량을 적정 이송속도(반송속도)로 나누어 이론치를 산출한다. 최종 덕트반송속도가 최소 덕트속도보다 크도록 하기 위해 덕트 직경은 이론치보다 작은 것을 선택한다.

04. 국소배기시스템 설계과정에서 두 덕트가 한 합류점에서 만났다. 정압(절대치)이 낮은 쪽 대 정압이 높은 쪽의 정압비가 1 : 1.1로 나타났을 때, 적절한 설계는?

① 정압이 낮은 쪽의 유량을 증가시킨다.
② 정압이 낮은 쪽의 덕트직경을 줄여 압력손실을 증가시킨다.
③ 정압이 높은 쪽의 덕트직경을 늘려 압력손실을 감소시킨다.
④ 정압의 차이를 무시하고 높은 정압을 지배정압으로 계속 계산해 나간다.

해설 두 정압의 비(1.1/1)가 1.10이므로 정압이 낮은 쪽의 유량을 증가시켜야 한다.

① $\dfrac{P_s(high)}{P_s(low)} > 1.2$: 정압이 낮은 쪽을 재설계한다.

② $\dfrac{P_s(high)}{P_s(low)} \leq 1.2$: 정압이 낮은 쪽의 유량을 증가시킨다.

 01. ② 02. ③ 03. ③ 04. ①

02 CHAPTER 작업 공정 관리

UNIT 01 작업공정관리

1 작업환경관리의 기본원칙

① 대치
② 격리
③ 환기
④ 교육

2 작업환경관리의 과정

유해요인 확인 → 유해요인 인식 → 작업환경 측정 → 작업환경 평가 → 개선대책 실시

3 작업환경 개선의 공학적 대책 : 대치(대체), 격리, 환기

1) 대치

유해성을 저감시키는 쪽으로 대체하는 것으로 공정의 변경, 유해성이 적은 물질로 변경, 시설의 변경 등으로 분류된다.

① **공정의 변경**
  ㉠ 분무도장을 담금도장으로 변경
  ㉡ 리벳팅 공정을 아크용접공정으로 변경
  ㉢ 아크용접공정을 볼트, 너트 작업공정으로 변경
  ㉣ 건식작업을 습식작업으로 변경

ⓜ 타격작업을 자르는 공정으로 변경
ⓗ 고속회전 그라인더를 저속 Oscillating-type sander로 변경
ⓢ 도자기공정에서 건조 후에 실시하던 점토배합을 건조 전에 실시로 변경

② 시설의 변경
㉠ 고소음 송풍기를 저소음 송풍기로 교체
㉡ 가연성 물질 저장 시 유리병을 안전한 철제통으로 교체
㉢ 흄 배출 후드의 창을 안전유리로 교체
㉣ 염화탄화수소 취급장에서 네오프렌 장갑 대신 폴리비닐알코올 장갑을 사용
㉤ 임팩트렌치를 유압식렌치로 교체

③ 유해물질의 변경
㉠ 샌드 블라스트를 쇼트 블라스트로
㉡ 메틸브로마이드를 프레온가스로, 프레온가스를 수소염화불화탄소(HCFC)로
㉢ 주물공정에서 실리카 모래를 그린모래로
㉣ 금속제품 도장용 유기용제를 수용성 도료로
㉤ 야광시계 자판의 라듐을 인으로
㉥ 분체의 원료의 작은 입자를 큰 입자로
㉦ 석유나프타를 4클로로에틸렌으로 대치
㉧ 성냥 제조시 황린, 백린을 적린으로
㉨ 유연휘발유를 무연휘발유로
㉩ 세척용 사염화탄소를 트리클로로에틸렌으로

2) 격리

작업자를 유해인자로부터 물리적, 거리적, 시간적으로 영향을 저감시킬 수 있는 방법이다. 쉽게 적용할 수 있고 효과도 비교적 좋다.
① 저장물질의 격리
② 시설의 격리
③ 공정의 격리 : 로봇화
④ 작업자의 격리 : 근로자용 부스, 차단벽 설치

3) 환기

① 가장 현실적인 관리대책
② 전체 환기
③ 국소배기

4 유해물질 취급 공정 관리

1) 관리 순서
유해인자의 인지 – 유해인자 평가 – 작업환경관리 대책

※ 작업환경관리 대책 : 공학적 대책 – 관리적 대책 – 교육 – 보호구

2) 작업 관리
① 작업시간, 작업부하, 작업절차, 작업부담 검토 : 대책 수립 및 관리
② 유해인자가 발생원에서 발생되지 않게 관리 : 제거, 대책, 격리, 국소배기 등
③ 유해인자가 근로자에게 미치지 않게 하는 실내공기관리 : 거리 증가, 전체 환기
④ 유해인자에 노출방지 및 차단, 유해인자에 노출되는 근로자의 관리 : 교육, 훈련, 보호구 착용

3) 분진 관리
① 건식작업은 습식작업으로 전환한다.
② 분진이 바닥이나 천장에 퇴적되었을 경우에는 전체 환기시설을 가동한다.

기출문제로 다지기   CHAPTER 02 작업 공정 관리

01. 다음 중 유해작업환경에 대한 개선 대책 중 대체(Substitution)에 대한 설명과 가장 거리가 먼 것은?

① 페인트 내에 들어 있는 아연을 납 성분으로 전환한다.
② 큰 압축공기식 임펙트렌치를 저소음 유압식 렌치로 교체한다.
③ 소음이 많이 발생하는 리벳팅 작업 대신 너트와 볼트작업으로 전환한다.
④ 유기용제 사용하는 세척공정을 스팀 세척이나, 비눗물을 이용하는 공정으로 전환한다.

해설 납성분이 더 유해한 성분이다.

02. 다음 중 작업환경개선에서 공학적인 대책과 가장 거리가 먼 것은?

① 환기
② 대체
③ 교육
④ 격리

해설 작업환경관리의 공학적인 대책은 환기, 대체(대치), 격리로 분류된다.

03. 작업환경개선 대책 중 대치의 방법을 열거한 것이다. 공정변경의 대책으로 가장 거리가 먼 것은?

① 금속을 두드려서 자르는 대신 톱으로 자름
② 흄 배출용 드래프트 창 대신에 안전유리로 교체함
③ 작은 날개로 고속 회전시키는 송풍기를 큰 날개로 저속 회전시킴
④ 자동차 산업에서 땜질한 납 연마시 고속회전 그라인더의 사용을 저속 Oscillating-Type Sander로 변경함

해설 ②항은 시설변경의 대책에 해당한다.

04. 작업환경관리 원칙 중 대치에 관한 설명으로 옳지 않은 것은?

① 야광시계 자판에 Radium을 인으로 대치한다.
② 건조 전에 실시하던 점토배합을 건조 후 실시한다.
③ 금속세척 작업 시 TCE를 대신하여 계면활성제를 사용한다.
④ 분체 입자를 큰 입자로 대치한다.

해설 건조 후 실시하던 점토배합을 건조 전에 실시한다.

05. 작업환경개선 대책 중 격리와 가장 거리가 먼 것은?

① 콘크리트 방호벽의 설치
② 원격조정
③ 자동화
④ 국소배기 장치의 설치

해설 국소배기 장치의 설치는 환기에 해당하는 대책이다.

06. 작업환경 관리에서 유해인자의 제거, 저감을 위한 공학적 대책으로 옳지 않은 것은?

① 보온재로 석면 대신 유리섬유나 암면 등의 사용
② 소음 저감을 위한 너트/볼트작업 대신 리베팅(Ribeting) 사용
③ 광물을 채취할 때 건식 공정 대신 습식 공정의 사용
④ 주물공정에서 실리카 모래 대신 그린(Green) 모래의 사용

해설 소음 저감을 위한 리베팅(Ribeting)사용 대신 너트/볼트작업으로 대체한다.

 정답   01. ①   02. ③   03. ②   04. ②   05. ④   06. ②

07. 작업환경의 관리원칙인 대치 개선방법으로 옳지 않은 것은?

① 성냥 제조 시 황린 대신 적린을 사용함
② 세탁 시 화재 예방을 위해 석유나프타 대신 퍼클로로에틸렌을 사용함
③ 땜질한 납을 Oscillating-Type Sander로 깎던 것을 고속회전 그라인더를 이용함
④ 분말로 출하되는 원료를 고형상태의 원료로 출하함

해설 땜질한 납을 고속회전 그라인더로 깎던 것을 Oscillating-Type Sander를 이용한다.

08. 고열 발생원에 대한 공학적 대책 중 대류에 의한 열흡수 경감법이 아닌 것은?

① 방열
② 일반환기
③ 국소환기
④ 차열판 설치

해설 차열판의 설치는 방사에 의한 열흡수 경감법에 해당한다.

09. 분진대책 중의 하나인 발진의 방지방법과 가장 거리가 먼 것은?

① 원재료 및 사용재료의 변경
② 생산기술의 변경 및 개량
③ 습식화에 의한 분진 발생 억제
④ 밀폐 또는 포위

10. 한랭작업에서 일하고 있는 근로자의 관리에 대한 내용으로 옳지 않은 것은?

① 한랭에 대한 순화는 고온순화보다 빠르다.
② 노출된 피부나 전신의 온도가 떨어지지 않도록 온도를 높이고 기류의 속도를 낮추어야 한다.
③ 필요하다면 작업을 자신이 조절하게 한다.
④ 외부 액체가 스며들지 않도록 방수 처리된 의복을 입는다.

해설 한랭에 대한 순화는 고온순화보다 느리다.

11. 대치(Substitution)방법으로 유해작업환경을 개선한 경우로 적절하지 않은 것은?

① 유연 휘발유를 무연 휘발유로 대치
② 블라스팅 재료로서 모래를 철구슬로 대치
③ 야광시계의 자판을 라듐에서 인으로 대치
④ 페인트 희석제를 사염화탄소에서 석유나프타로 대치

해설 페인트 희석제를 사염화탄소에서 TEC 또는 PCE로 대치

12. 작업환경관리의 공학적 대책에서 기본적 원리인 대체(Substitution)와 거리가 먼 것은?

① 자동차산업에서 납을 고속회전 그라인더로 깎아 내던 작업을 저속 오실레이팅(Osillating) Type Sander 작업으로 바꾼다.
② 가연성 물질 저장 시 사용하던 유리병을 안전한 철제 통으로 바꾼다.
③ 방사선 동위원소 취급장소를 밀폐하고, 원격장치를 설치한다.
④ 성냥제조시 황린 대신 적린을 사용하게 한다.

해설 ③항은 격리에 해당한다.

정답 07. ③ 08. ④ 09. ④ 10. ① 11. ④ 12. ③

13. 작업환경에서 발생하는 유해인자 제거나 저감을 위한 공학적 대책 중 물질의 대치로 옳지 않은 것은?

① 성냥 제조 시에 사용되는 적린을 백린으로 교체
② 금속표면을 블라스팅할 때 사용재료로 모래 대신 철구슬(Shot) 사용
③ 보온재로 석면 대신 유리섬유나 암면 사용
④ 주물공정에서 실리카 모래 대신 그린(Green) 모래로 주형을 채우도록 대치

해설 성냥 제조 시에 사용되는 황린이나 백린을 적린으로 교체

14. 분진발생 작업환경에 대한 대책들이다. 옳은 것을 모두 짝지은 것은?

> ㄱ. 연마작업에서는 국소배기장치가 필요하다.
> ㄴ. 암석 굴진작업, 분쇄작업에서는 연속적인 살수가 필요하다.
> ㄷ. 샌드 블라스팅에 사용되는 모래를 철사나 금강사로 대치한다.

① ㄱ, ㄴ ② ㄴ, ㄷ
③ ㄱ, ㄷ ④ ㄱ, ㄴ, ㄷ

15. 작업환경개선의 기본원칙으로 볼 수 없는 것은?

① 위치변경 ② 공정변경
③ 시설변경 ④ 물질변경

16. 유해성이 적은 물질로 대치한 예로 옳지 않은 것은?

① 아조염료의 합성에서 디클로로벤지딘 대신 벤지딘을 사용한다.
② 야광시계의 자판을 라듐 대신 인을 사용한다.
③ 분체의 원료는 입자가 큰 것으로 바꾼다.
④ 성냥 제조 시 황린 대신 적린을 사용한다.

해설 아조염료의 합성에서 벤지딘 대신 디클로로벤지딘을 사용한다.

정답 13. ① 14. ④ 15. ① 16. ①

03 CHAPTER 개인보호구

UNIT 01 보호구의 개념

1 보호구

1) **안전보호구** : 재해예방을 목적으로 사용하는 보호구
   (예 안전화, 안전모, 안전대, 안전장갑, 보안면, 방한복, 반사조끼, 내전복, 작업복 등)

2) **위생보호구** : 건강장애 방지를 목적으로 사용하는 보호구로 보호 부위에 따라 호흡기 보호구, 눈 보호구, 귀 보호구, 안면 보호구, 피부 보호구로 구분된다. (예 방진장갑, 차광안경(보안경), 방호면, 귀마개, 귀덮개, 방진마스크, 방열장갑, 방열복, 송기마스크, 위생장갑, 내산복, 방독마스크, 절연복, 고무장화, 우의, 토시 등)

2 산업안전보건법상 검정대상 보호구

① 안전모
② 안전대
③ 안전화
④ 보안경
⑤ 안전장갑
⑥ 보안면
⑦ 방진마스크
⑧ 방독마스크
⑨ 귀마개 또는 귀덮개
⑩ 송기마스크
⑪ 보호의(방열복)
⑫ 기타 근로자의 작업상 필요한 것으로 고용노동부장관이 정하는 보호구

3 위생보호구를 착용해야 하는 경우

① 작업환경을 개선하기 전 일정기간 동안 임시로 착용하는 경우
② 일상작업이 아닌 특수한 경우에만 간헐적으로 작업이 이루어지는 경우
③ 작업공정상 작업환경 개선을 통해 유해요인을 줄이거나 완전히 제거하지 못하는 경우

4 보호구 선택의 일반적 구비조건

① 가벼울 것
② 사용이 간편할 것
③ 착용감이 좋을 것
④ 흡기나 배기저항이 작아 호흡하기 편할 것
⑤ 시야가 우수할 것
⑥ 대화가 가능할 것
⑦ 안면부가 부드러울 것
⑧ 위생적일 것
⑨ 보관, 세척이 편리하고 보수가 간편할 것
⑩ 얼굴, 체형에 맞게 밀착이 잘 될 것
⑪ 공인기관으로부터 성능에 대한 검정을 받은 것

5 보호장구 재질에 따른 적용물질

① Neoprene 고무 : 비극성 용제, 극성 용제 중 일부(알코올, 물, 케톤류)
② 천연고무(latex) : 극성 용제 및 수용성 용액에 효과적
③ Vitron : 비극성 용제에 효과적
④ 면 : 고체상 물질(용제에는 사용 불가)
⑤ 가죽 : 용제에는 사용 못함
⑥ nitrile : 비극성 용제에 효과적
⑦ butyl 고무 : 극성 용제에 효과적
⑧ ethylene vinyl alcohol : 대부분의 화학물질을 취급할 경우 효과적

UNIT 02 호흡용 보호구

1 개념의 이해

1) 호흡용 보호구란?

유해물질을 강제로 차단하거나 공기를 정화 해주는 보호구를 호흡용 보호구라 한다.

2) 종류

① **방진마스크** : 입자상 물질 체내 침입 방지
② **방독마스크** : 가스상 물질 체내 침입 방지
③ **송기마스크** : 외부의 공급원으로부터 마스크에 공기를 공급
④ **자급식 호흡기** : 착용자의 호흡공기를 이용하여 산소를 발생시켜 착용자에게 공급하는 방식

2 호흡용 보호구의 종류

1) 공기정화식

① 방진마스크

㉠ 종류
- 분진포집능력에 따른 구분 : 특급(99.5% 이상), 1급(95% 이상), 2급(85% 이상)으로 분류
- 사용목적에 따른 구분 : 분진용, 미스트용, 흄용
- 안면부의 형상에 따른 구분 : 전면형(눈, 코, 입 등 얼굴 전체 보호), 반면형(입과 코 부위만 보호)
- 구조에 따른 구분 : 직결식, 격리식, 안면부 여과식
  ※ 안면부 여과식 마스크는 마스크 본체 자체가 필터 역할을 담당한다.

㉡ 방진마스크 선정조건
- 흡기저항 및 흡기저항 상승률이 낮을 것
- 배기저항이 낮을 것
- 여과재 포집효율이 높을 것
- 착용 시 시야 확보가 용이할 것 : 하방 시야가 60° 이상이 되어야 함
- 중량은 가벼울 것
- 안면에서의 밀착성이 클 것
- 침입률 1% 이하까지 정확히 평가 가능할 것
- 피부접촉 부위가 부드러울 것

- 사용 후 손질이 간단할 것
- 무게중심은 안면에 강한 압박감을 주지 않는 위치에 있을 것

ⓒ 방진마스크 사용상 주의사항
- 포집효율과 흡·배기 시 발생하는 저항은 상반된 조건으로 방진마스크의 정화효율을 높이기 위해서는 저항이 낮아야 한다.
- 여과효율이 좋으려면 여과재에 사용되는 섬유의 직경이 작아야 한다.
- 즉각적으로 생명과 건강에 위험을 줄 수 있는 농도(IDLH)에서 착용해서는 안 된다.
- 분진, 미스트, 흄 등이 문제되는 작업장에서만 착용하여야 하며, 증기 또는 가스상의 유해물질이 공존하는 곳에서는 방진마스크를 착용해서는 절대 안 되며, 방독마스크에 필터가 부착된 마스크를 착용해야 한다.
- 공기 중 산소농도가 18% 이하인 산소결핍 장소에서는 착용해서는 안 된다.
- 얼굴에 손수건 등을 대고서 마스크를 착용하면 방진효율이 떨어지기 때문에 주의해야 한다.
- 독성이 아주 높은 분진(허용농도 < 0.05mg/m^3) 또는 방사선 분진, 석면분진 등이 발산되는 작업장에서는 고효율 필터가 내장된 방진마스크를 착용해야 한다.
- 필터를 자주 갈아주어 일정한 포집효율을 유지해 주어야 한다.(필터의 수명은 환경상태나 보관정도에 따라 달라지나 일반적으로 1개월 이내에 바꾸어 착용)
- 마스크의 고무 면체에 의한 안면부에 알레르기성 습진 등이 생길 수 있으므로 얼굴을 청결히 하고 자주 땀을 닦아주어야 한다.
- 면체의 손질은 중성세제로 닦아 말리고 고무 부분은 자외선에 약하므로 그늘에서 말려야 하며 신나 등은 사용하지 말아야 한다.
- 필터에 부착된 분진은 세게 털지 말고 가볍게 털어준다.
- 보관은 전용 보관상자에 넣거나 깨끗한 비닐봉지 등을 이용하고 습기를 막아주어야 한다.

ⓔ 여과재의 재질
- 면
- 모
- 유리섬유
- 합성섬유
- 금속섬유

ⓜ 주요 방진마스크 적용 사업장
- 광산과 채석장
- 톱밥분진이 발생하는 사업장
- 금속산화물 흄이 생기는 작업장

2) 방독마스크

① 종류

㉠ 격리식 : 정화통, 연결관, 흡기밸브, 안면부, 배기밸브 및 머리끈으로 구성되어 있다. 가스 또는 증기의 농도가 2%(암모니아 3%) 이하의 대기 중에서 사용한다.

  ⓒ 직결식 : 정화통, 흡기밸브, 안면부, 배기밸브 및 머리끈으로 구성되어 있다. 가스 또는 증기의 농도가 1%(암모니아 1.5%) 이하의 대기 중에서 사용한다.
  ⓒ 직결식 소형 : 정화통, 흡기밸브, 안면부, 배기밸브 및 머리끈으로 구성되어 있다. 가스 또는 증기의 농도가 0.1% 이하의 대기 중에서 사용하지만, 긴급용으로는 사용할 수 없다.

② **안면부의 형상에 따른 구분**
  ㉠ 전면형 : 작업자의 눈이나 피부 흡수 가능성이 있는 유해물질의 발생 시 사용한다. 착용 시 대화가 불가능하여 작업 중 의사소통을 필요로 하는 작업장에서는 통신장비가 부착된 마스크를 착용한다.
  ⓒ 반면형 : 폭로되는 유해물질이 작업자의 눈이나 안면 노출 부위에 자극성이 없거나 피부 흡수 가능성이 없을 때 사용한다. 보호계수 10일 때 사용한다.

③ **흡수제의 재질**
  ㉠ 활성탄
  ⓒ 실리카겔
  ⓒ 염화칼슘
  ⓔ 제올라이트

④ **방독마스크 정화통 수명에 영향을 주는 인자**
  ㉠ 작업장 습도 및 온도
  ⓒ 착용자의 호흡률
  ⓒ 작업장 오염물질의 농도
  ⓔ 흡착제의 질과 양
  ⓜ 포장의 균일성과 밀도
  ⓑ 다른 가스, 증기와 혼합 유무

⑤ **방독마스크 사용상 주의점**
  ㉠ 고농도 작업장이나 산소결핍의 위험이 있는 작업장에서는 절대 사용해서는 안 되며 대상 가스에 맞는 정화통을 사용하여야 한다.
  ⓒ 정화통의 종류에 따라 더 이상 유해물질을 흡수할 수 없는 사용한도시간(파과시간)이 있으므로 마스크 사용시간을 기록하여 사용한도시간을 넘어서는 마스크를 사용해서는 안 된다.
  ⓒ 마스크 착용 중 가스 냄새가 나거나 숨쉬기가 답답하다고 느낄 때에는 즉시 작업을 중지하고 새로운 정화통을 교환해야 한다.
  ⓔ 정화통은 작업자가 필요에 따라 언제든지 교환할 수 있도록 작업자가 쉽게 찾을 수 있는 곳에 보관해야 한다.
  ⓜ 가스나 증기상의 물질과 분진이 동시에 발생하는 작업장에서는 1차적으로 분진을 걸러 줄 수 있는 필터가 장착된 마스크를 착용해야 한다.
  ⓑ 유해물질이 존재하는 곳에 마스크를 보관하게 되면 정화통의 사용한도시간이 단축되므로 반드시 신선하고 건조한 장소에서 비닐팩 속에 넣어 보관해야 한다.

ⓢ 마스크 본체를 세척할 필요가 있을 때는 적당한 세척제를 푼 따뜻한 물이나 위생액으로 닦아낸 후 파손 상태를 정기적으로 검사하고 정화통은 절대로 세척해서는 안 된다.
ⓞ 방독마스크는 일시적인 작업 또는 긴급용으로 사용하여야 한다.
ⓩ 산소결핍 위험이 있는 경우, 유효시간이 불분명한 경우는 송기마스크나 자급식 호흡기를 사용한다.
ⓒ 유효시간이 불분명한 경우에는 새로운 정화통으로 교체하여야 한다.

⑥ 흡수관 수명
  ㉠ 흡수관의 수명은 시험가스가 파괴되기 전까지의 시간을 의미한다.
  ㉡ 검정 시 사용하는 물질은 사염화탄소이다.
  ㉢ 방독마스크의 사용가능 여부를 가장 정확히 확인할 수 있는 것은 파괴곡선이다.
  ㉣ 파과시간(유효시간)

$$\text{유효시간} = \frac{\text{표준유효시간} \times \text{시험가스농도}}{\text{작업장의 공기중 유해가스농도}}$$

⑦ 정화통의 종류
  ㉠ 흑색 : 유기가스용
  ㉡ 회색 및 흑색 : 할로겐 가스용
  ㉢ 적색 : 일산화탄소용
  ㉣ 녹색 : 암모니아용
  ㉤ 황적색 : 아황산가스용
  ㉥ 백색 및 황적색 : 아황산 · 황용
  ㉦ 갈색 : 유기화합물용
  ㉧ 해당가스 모두 표시 : 복합용
  ㉨ 백색과 해당가스 모두 표시 : 겸용
  ※ 전동식 호흡보호구 : 방진 및 방독마스크 기능을 하는 보호구로 필터에서 오염가스를 정화한 후 깨끗한 공기를 마스크 내로 전달하는 고효율의 호흡기 보호구이다. (방진/방독마스크로 산소결핍장소에서는 사용이 불가하다.)

2) 공기공급식

① 에어라인 마스크
  ㉠ 에어라인은 송풍기에서 호흡할 수 있는 공기를 보호구 안면부에 연결된 관을 통하여 공급하는 호흡용 보호구이다.
  ㉡ 긴 공기호스를 이용해서 공기를 공급받기 때문에 작업반경이 큰 곳에서는 사용이 곤란하다.
  ㉢ 관의 길이 최대 300피트, 최대압력 125PSI로 정해져 있다.
  ㉣ 종류
    • 폐력식(디멘드식) : 착용자가 호흡 시 발생하는 압력에 따라 레귤레이터에 의해 공기 공급, 보호구 내부 음압이 생기므로 누설 가능성이 있어 주의를 요함

- 압력식 : 흡기 및 호기 시 일정량의 압력이 보호구 내부에 항상 걸리도록 레귤레이터에 의해 공기 공급, 항상 보호구 내부 양압이 걸리므로 누설현상 적음
- 연속흐름식 : 압축기에서 일정량의 공기가 항상 충분히 공급

② **호스마스크**

 ㉠ 종류 : 송풍마스크, 압축공기식 마스크, 통기마스크
 ㉡ 송풍량 : 경작업시 150L/min, 중작업시 200L/min

③ **자기공기공급장치(SCBA)**

 ㉠ 작업공간에 제한을 받지 않는다.
 ㉡ 배터리 수명, 공급되는 공기의 양에 한계가 있기 때문에 작업시간에 많은 제약이 있다.
 ㉢ 종류
   - 폐쇄식 : 호기 시 배출공기가 외부로 빠져나오지 않고 장치 내에서 순환, 개방식보다 가벼운 것이 장점, 사용시간은 30분에서 4시간 정도이고, 산소발생장치는 KO_2를 사용한다. 반응이 시작되면 멈출 수 없다.
   - 개방식 : 호기 시 배출공기가 장치 밖으로 배출, 사용시간은 30분에서 60분 정도로 호흡용 공기는 압축공기를 사용하고, 주로 소방관이 사용한다.

④ **사용상 주의점**

 ㉠ 전동식 공기정화형 호흡보호구는 생명과 건강에 즉각적으로 위험을 줄 수 있는 고농도의 작업장에서 사용할 수 없으며, 유해물질의 종류에 맞는 정화물질을 잘 선택하여 사용해야 한다.
 ㉡ 동력장치의 경우 작업 중 동력이 떨어지지 않도록 주기적으로 동력을 체크해야 한다.
 ㉢ 공기공급식 호흡보호구는 외부에서 신선한 공기를 공급해 주기 때문에 만약 공급되는 공기가 오염되어 있으면 오히려 건강을 해치거나 작업자가 두통을 호소하는 등 부작용이 있을 수 있으므로 주기적으로 공기의 신선도를 체크해 주고, 필터 등을 점검하여 자주 교체해 주어야 한다.
 ㉣ 고농도의 아주 위험한 작업을 수행할 때는 외부에서 공급되는 공기가 갑자기 차단되거나 전동장치에 문제가 있을 때 대처할 수 있도록 비상용 공기통을 준비하여 바로 사용할 수 있도록 한다.
 ㉤ 외부에서 공급되는 공기의 압력에 의해 소음이 발생될 수 있으므로 소음을 체크하여 작업에 방해가 될 때에는 소음기를 부착해야 한다.

⑤ **송기마스크를 착용하여야 할 작업**

 ㉠ 환기를 할 수 없는 밀폐공간에서의 작업
 ㉡ 밀폐공간에서 비상시에 근로자를 피난시키거나 구출작업
 ㉢ 탱크, 보일러 또는 반응탑의 내부 등 통풍이 불충분한 장소에서의 용접작업
 ㉣ 지하실 또는 맨홀의 내부 기타 통풍이 불충분한 장소에서 가스배관의 해체 또는 부착 작업을 할 때 환기가 불충분한 경우
 ㉤ 국소배기장치를 설치하지 아니한 유기화합물 취급 특별장소에서 관리대상 물질의 단시간 취급업무
 ㉥ 유기화학물을 넣었던 탱크 내부에서 세정 및 도장 업무

3 호흡용 보호구의 선정방법

1) 방진마스크, 방독마스크 선정
① 취급물질의 성상을 파악한다. (입자상물질(고체, 액체), 가스상물질(기체))
② 취급물질이 입자상물질로만 구성되어 있다면, 방진마스크를 착용, 입자상물질과 가스상물질이 혼재되어 있거나 가스상물질만 존재한다면 방독마스크를 착용한다.
③ 대체로 물질의 TLV가 mg/m^3로만 되어 있는 것은 입자상 물질이다.
④ 물질의 TLV가 ppm과 mg/m^3으로 되어 있는 것은 증기상 물질이다.
⑤ 포화증기농도(SVC) 대 총 공기 중 농도(TAC)의 비를 갖고 어떤 물질이 증기상인지, 입자상인지를 알 수 있다. 즉, 이 비의 값이 작을수록 입자상 물질이다.
⑥ 페인트 도장이나 농약살포와 같이 공기 중에 가스 및 증기상 물질과 분진이 동시에 존재하는 경우 호흡보호구에 이용되는 가장 적절한 공기정화기는 만능 캐니스터이다.

2) 보호정도와 한계
① **보호계수(PF)** : 보호구를 착용함으로써 유해물질로부터 보호구가 얼마만큼 보호해 주는가의 정도를 의미

$$\text{식} \quad PF = \frac{C_o}{C_i}$$

- C_o : 보호구 밖의 농도
- C_i : 보호구 안의 농도

② **할당보호계수(APF)** : 적절히 밀착이 이루어진 호흡기 보호구를 훈련된 일련의 착용자들이 작업장에서 보호구 착용 시 기대되는 최소보호성노치를 의미한다.
  ㉠ APF가 가장 큰 것은 양압 호흡기 보호구 중 공기공급식 전면형이다.
  ㉡ APF를 이용하여 보호구에 대한 최대사용농도를 구할 수 있다.

$$\text{식} \quad APF \geq HR$$

- HR : 위해비

③ **최대사용농도(MUC)**

$$\text{식} \quad MUC = \text{노출기준} \times APF$$

④ **위해비(HR)**

$$\text{식} \quad HR = \frac{C}{PEL}$$

- PEL : 노출기준
- C : 기대되는 공기 중 농도

4 호흡용 보호구의 검정규격 및 안전수칙

1) 안전작업 수칙

① 산소농도가 18% 이상인지 우선 확인한 후 여과식 또는 공기공급식 호흡용 보호구를 선택하여 착용한다.
② 분진, 미스트, 흄의 발생 작업장소에서는 사용장소에 따라 방진마스크의 등급(특급, 1급, 2급)을 확인한 후 착용한다.
③ 발생된 유해물질의 종류에 적합한 방독마스크의 정화통이 사용되었는지 여부를 확인한 후 착용한다.
④ 발생 유해물질의 농도가 2%(암모니아는 3%) 이상일 경우에는 공기공급식 호흡용 보호구를 착용한다.
⑤ 호흡용 보호구의 이상 여부를 점검한 후 착용한다.

> 💡 **대기에 대한 압력상태에 따라 음압식과 양압식 호흡보호구로 분류**
> - 음압 밀착도 자가점검은 흡입구를 막고 숨을 들이마신다.
> - 양압 밀착도 자가점검은 배출구를 막고 숨을 내쉰다.

2) 방진마스크의 재료

① 안면에 밀착하는 부분은 피부에 장해를 주지 않아야 한다.
② 여과재는 여과성능이 우수하고 인체에 장해를 주지 않아야 한다.
③ 방진마스크에 사용하는 금속부품은 부식되지 않아야 한다.
④ 전면형의 경우 사용할 때 충격을 받을 수 있는 부품은 충격 시에 마찰 스파크가 발생되어 가연성의 가스 혼합물을 점화시킬 수 있는 알루미늄, 마그네슘, 티타늄 또는 이의 합금으로 만들어서는 안 된다.
⑤ 반면형의 경우 사용할 때 충격을 받을 수 있는 부품은 충격 시에 마찰 스파크가 발생되어 가연성의 가스 혼합물을 점화시킬 수 있는 알루미늄, 마그네슘, 티타늄 또는 이의 합금을 최소한 사용하여 만들어야 한다.

3) 방독마스크의 재료

① 얼굴에 밀착되는 부분은 장해를 주지 않아야 한다.
② 정화통의 안쪽은 정화제에 의해서 부식되지 않는 것 또는 부식되지 않도록 충분한 방식처리가 되어 있어야 한다.
③ 정화통 내부의 분진 포집용 여과재는 인체에 장해를 주지 않아야 한다.
④ 일반적인 취급에 있어 균열, 변형, 기타 이상이 생기지 않아야 한다.

4) 송기마스크의 재료

① 강도, 탄력성 등이 각 부위별 용도에 따라 적합할 것
② 피부에 접촉하는 부분에 사용하는 재료는 자극 또는 변화를 주지 않아야 하며, 소독이 가능할 것
③ 금속재료는 내부식성이 있는 것이거나 내부식 처리를 할 것
④ 호스 및 중압호스는 안지름, 안두께가 균일하고 유연성이 있어야 하며, 흠, 기포, 균열 등의 결점이 없고 유해가스 등에 의하여 침식되지 않을 것

UNIT 03 기타 보호구

1 눈 보호구

1) 눈 보호구란?
먼지나 이물질 또는 광선으로부터 눈을 보호하기 위하여 착용하는 보호구

2) 종류
① **보안경** : 먼지나 화학물질로부터 눈 보호
② **차광안경** : 유해광선으로부터 눈 보호

3) 주의사항
① 안경의 유리는 외부의 강한 압력이나 충격에 견딜 수 있는 재질을 사용하여 절대 깨지는 일이 없어야 한다.
② 평소에 안경을 끼는 눈이 나쁜 사람은 도수렌즈 안경을 별도로 준비하여야 한다.
③ 차광안경의 경우 해당되는 유해광선을 차광할 수 있는 적당한 차광도를 가져야 한다.
④ 보안경의 경우 안면부에 밀착이 잘 되어 틈새 등으로 이물질이 들어오지 못하도록 해야 한다.
⑤ 투시력이 높아야 하고 굴절이 되지 않아야 한다.
⑥ 안경테의 재질이 화학물질 등에 견딜 수 있는 것이어야 한다.

2 피부 보호구

1) 피부 보호구란?
작업장에서 근로자가 피부 자극성 또는 과민성 유해물질을 취급하는 경우에 발생할 수 있는 직업성 피부질환을 예방하기 위한 피부 보호용 보호구이다.
(산업안전보건기준에 관한 규칙에 따른 피부 자극성 또는 과민성 유해물질 취급 근로자에 대한 보호용구)

2) 종류
① **장갑**
  ㉠ **면장갑**
    • 날카로운 물체를 다루거나 찰과상의 위험이 있는 경우 사용
    • 가죽이나 손가락 패드가 붙어 있는 면장갑 권장
    • 촉감, 구부러짐 등이 우수하나 마모가 잘됨
    • 선반 및 회전체를 취급 시 안전상 장갑을 사용하지 않음
  ㉡ **방열처리장갑** : 고열물체 취급 시 사용
  ㉢ **용접용 보호장갑** : 아크 및 가스용접 등 화상방지를 위한 보호구

ⓔ 위생보호장갑 : 산, 알칼리, 화학약품으로부터 손을 보호하기 위한 보호구
ⓜ 방진장갑 : 진동공구 취급 시 사용
ⓗ 라텍스 장갑 : 산, 알칼리, 강한 산화제에 사용
ⓢ 폴리비닐알콜 장갑 : 일부 용제에 효과적이나 물에 대해서 약한 성질이 있다.
ⓞ 전기용 장갑 : 전기작업 시 사용

② 보호의
  ㉠ 방열복 : 고온작업시 사용
  ㉡ 방한복 : 한랭작업시 사용
  ㉢ 위생복 : 산, 알칼리, 가스, 강한 산화제 등으로부터 피부를 보호

③ 산업용 피부보호제(피부보호용 도포제)
  ㉠ 피막형성형 피부보호제(피막형 크림)
    • 분진, 유리섬유 등에 대한 장해 예방
    • 적용 화학물질의 성분은 정제 벤드나이겔, 염화비닐수지
    • 피막형성 도포제를 바르고 장시간 작업 시 피부에 장해를 줄 수 있으므로 작업완료 후 즉시 닦아내야 함
    • 분진, 전해약품 제조, 원료 취급작업 시 사용
  ㉡ 소수성 물질 차단 피부보호제
    • 내수성 피막을 만들고 소수성으로 산을 중화함
    • 적용 화학물질은 밀랍, 탈수라노린, 파라핀, 유동파라핀, 탄산마그네슘이다.
    • 광산류, 유기산, 염류 취급작업 시 사용
  ㉢ 차광성 물질 차단 피부보호제
    • 적용 화학물질은 글리세린, 산화제이철
    • 타르, 피치, 용접작업 시 예방
    • 주 원료는 산화철, 아연화산화티탄
  ㉣ 광과민성 물질 차단 피부보호제 : 자외선 예방
  ㉤ 지용성 물질 차단 피부보호제
  ㉥ 수용성 물질 차단 피부보호제

④ 안전화
  ㉠ 가죽제 발 보호 안전화
    • 물체의 낙하, 충격 및 바닥의 날카로운 물체에 의해 찔릴 위험으로부터 발을 보호하기 위한 것
    • 종류는 중작업용, 보통작업용, 경작업용으로 분류
  ㉡ 고무제 발 보호 안전화
    • 물체의 낙하, 충격, 바닥의 날카로운 물체에 의해 찔릴 위험으로부터 발을 보호하고 아울러 방수 또는 내화학성을 겸한 것
    • 장화에 강철제 선심을 넣어 낙하 및 충격에 대한 발끝을 보호하고 물이나 기름, 화학약품으로부터 발과 다리를 보호

ⓒ 정전기 안전화 : 물체의 낙하, 충격, 찔림 방지 및 정전기의 대전을 방지
ⓓ 발등 보호 안전화
ⓔ 절연화 : 감전을 방지
ⓕ 절연장화 : 감전을 방지하는 동시에 방수를 겸한 것

❸ 청력 보호구

1) 청력 보호구란?
강렬한 소음 또는 충격소음 등으로 인한 인체의 청력손실을 막기 위해 귀에 착용하는 보호구이다.

2) 종류

① **귀마개(ear plug)**
  ㉠ 주로 고주파영역(4,000Hz)에서 크게 감음효과가 나타난다.
  ㉡ 약 30dB 정도의 차음효과가 있다.
  ㉢ 1,000Hz 이하의 주파수 영역에서는 25dB 이상의 차음효과만 있더라도 충분한 방음효과가 있는 것으로 인정한다.
  ㉣ 고음만 차단해 주는 EP-2와 저음과 고음을 차단해주는 EP-1으로 구분되고, 작업 중 대화가 필요하면 EP-2를 사용한다.

장점	단점
• 휴대가 간편함	• 귀에 질병이 있는 경우 착용불가
• 착용이 간편함	• 외이도에 염증유발 우려
• 안경과 안전모 등에 방해가 되지 않음	• 착용요령 습득 필요
• 가격이 비교적 저렴	• 차음효과가 비교적 낮음
• 덥고 습한 환경에서 비교적 착용하기 좋음	• 착용여부를 확인하기 어려움

② **귀덮개(ear muff)**
  ㉠ 저음영역에서 20dB 이상, 고음영역에서 45dB 이상 차음효과가 있다.
  ㉡ 귀마개와 같이 착용 시 훨씬 차음효과가 크고, 120dB 이상의 소음작업장에서는 동시 착용이 필요하다.
  ㉢ 간헐적 소음 노출 시 착용한다.

장점	단점
• 귀마개보다 일관성 있는 차음효과	• 부착된 밴드에 의해 차음효과가 감소될 수 있다.
• 차음효과가 비교적 높다.	• 고온, 다습환경에서 사용 시 불편하다.
• 차음효과의 개인차가 적다.	• 머리카락이 길 때와 안경테가 굵을 때 사용하기 불편하다.
• 쉽게 착용이 가능하다.	• 보안경과 함께 사용 시 차음효과가 감소한다.
• 착용여부의 확인이 용이하다.	• 귀걸이의 노후 정도에 따라 차음효과가 달라진다.
	• 가격이 비교적 비싸다.

③ 차음효과(OSHA)

$$\text{차음효과} = (NRR - 7) \times 0.5$$

- 차음효과를 높이려면 보호구의 기공이 적은 것을 선택한다.
- 머리의 모양과 귓구멍에 잘 맞는 것이어야 한다.

4 안전모

1) 안전모란?
물체의 낙하, 비래, 추락에 의한 위험으로부터 머리부분의 피해를 경감하기 위한 보호구이다. (산업위생보호구 X, 산업안전보호구 O)

2) 종류
① A : 물체의 낙하 + 비래 위험 경감
② AB : 물체의 낙하 + 비래 + 추락 위험 경감
③ AE : 물체의 낙하 + 비래 + 감전 위험 경감
④ ABE : 물체의 낙하 + 비래 + 추락 + 감전 위험 경감

3) 사용방법 및 보관방법
① 바르게 착용하고 턱끈은 확실하게 조일 것
② 1회라도 충격을 받은 것은 폐기할 것
③ 어떤 이유라도 모체에 흠집을 만들지 않을 것
④ 착장체는 수시 세척해 청결하게 유지하고, 정해진 시기에 교환할 것
⑤ 플라스틱 모체는 자외선 등에 열화되기 쉽기 때문에 정해진 시기에 교체할 것
⑥ 안전모를 차에 싣고 다닐 때에는 햇빛이 비치는 창 밑에 두어서는 안됨

CHAPTER 03 개인보호구

01. 다음 중 보호구를 착용하는데 있어서 착용자의 책임으로 가장 거리가 먼 것은?

① 지시대로 착용해야 한다.
② 보호구가 손상되지 않도록 잘 관리해야 한다.
③ 매번 착용할 때마다 밀착도 체크를 실시해야 한다.
④ 노출 위험성의 평가 및 보호구에 대한 검사를 해야 한다.

해설 ④항은 관리자의 책임이다.

02. 귀마개의 사용환경과 가장 거리가 먼 것은?

① 덥고 습한 환경에 좋음
② 장시간 사용할 때
③ 간헐적 소음에 노출될 때
④ 다른 보호구와 동시 사용할 때

해설 간헐적 소음에 노출될 때에는 귀덮개를 사용한다.

03. 차음보호구에 대한 다음의 설명 중에서 알맞지 않은 것은?

① Ear Plug 외청도가 이상이 없는 경우에만 사용이 가능하다.
② Ear Plug의 차음효과는 일반적으로 Ear Muff보다 좋고, 개인차가 적다.
③ Ear Muff는 일반적으로 저음의 차음효과는 20dB, 고음역의 차음효과는 45dB 이상을 갖는다.
④ Ear Muff는 Ear Plug에 비하여 고온 작업장에서 착용하기가 어렵다.

해설 Ear Plug(귀마개)의 차음효과는 일반적으로 Ear Muff(귀덮개)보다 낮고, 귀모양의 차이로 개인차가 크다.

04. 방진마스크에 대한 설명으로 틀린 것은?

① 여과효율이 우수하려면 필터에 사용되는 섬유의 직경이 작고 조밀하게 압축되어야 한다.
② 비휘발성 입자에 대한 보호가 가능하다.
③ 흡기저항 상승률이 높은 것이 좋다.
④ 흡기, 배기저항은 낮은 것이 좋다.

해설 흡기저항 상승률이 낮은 것이 좋다.

05. 귀덮개를 설명한 것 중 옳은 것은?

① 귀마개보다 차음효과의 개인차가 적다.
② 귀덮개의 크기를 여러 가지로 할 필요가 있다.
③ 근로자들이 보호구를 착용하고 있는지를 쉽게 알 수 없다.
④ 귀마개보다 차음효과가 적다.

해설 ①항만 올바르다.

오답해설
② 귀덮개는 다수가 사용하여도 착용에 따른 개인차가 적어 크기를 일정하게 하여도 된다.
③ 근로자들이 보호구를 착용하고 있는지를 쉽게 알 수 있다.
④ 귀마개보다 차음효과가 적다.

정답 01. ④ 02. ③ 03. ② 04. ③ 05. ①

06. 청력보호구의 차음효과를 높이기 위해 유의해야할 내용과 거리가 먼 것은?

① 청력보호구는 기공이 큰 재료로 만들어 흡음 효율을 높이도록 한다.
② 청력보호구는 머리모양이나 귓구멍에 잘 맞는 것을 사용하여 불쾌감을 주지 않도록 해야 한다.
③ 청력보호구를 잘 고정시켜 보호구 자체의 진동을 최소한도로 줄이도록 한다.
④ 귀덮개 형식의 보호구는 머리가 길 때와 안경테가 굵어 잘 부착되지 않을 때 사용하기 곤란하다.

[해설] 청력보호구는 기공이 작은 재료로 만들어 흡음 효율을 높이도록 한다.

07. 다음 보호장구의 재질 중 극성용제에 효과적인 것은? (단, 극성용제에는 알코올, 물, 케톤류 등을 포함한다.)

① Neoprene 고무   ② Butyl 고무
③ Vitron   ④ Nitrile 고무

08. 보호장구의 재질과 적용물질에 대한 내용으로 옳은 것은?

① Butyl 고무 – 비극성 용제에 효과적이다.
② 면 – 용제에는 사용하지 못한다.
③ 천연고무 – 극성 용제에 제한적이다.
④ 가죽 – 용제에 효과적이다.

[해설] [보호장구의 재질과 적용물질]
  ㉠ Neoprene 고무 : 비극성 용제, 극성 용제 중 알코올, 물, 케톤류 등에 효과적
  ㉡ 천연고무(latex) : 극성 용제 및 수용성 용액에 효과적
  ㉢ Vitron : 비극성 용제에 효과적
  ㉣ 면 : 고체상 물질(용제에는 사용 못함)
  ㉤ 가죽 : 용제에는 사용 못함
  ㉥ nitrile : 비극성 용제에 효과적
  ㉦ butyl 고무 : 극성 용제에 효과적
  ㉧ ethylene vinyl alcohol : 대부분의 화학물질을 취급할 경우 효과적

09. 일정장소에 설치되어 있는 컴프레서나 압축공기실린더에서 호흡할 수 있는 공기를 보호구 안면부에 연결된 관을 통하여 공급하는 호흡용 보호기 중 폐력식에 관한 내용으로 가장 거리가 먼 것은?

① 누설가능성이 없다.
② 보호구 안에 음압이 생긴다.
③ Demad식이라고도 한다.
④ 레귤레이터는 착용자가 호흡할 때 발생하는 압력에 따라 공기가 공급된다.

[해설] 내부음압 때문에 누설가능성이 있다.

10. 차광 보호크림의 적용화학물질로 가장 알맞게 짝지어진 것은?

① 글리세린, 산화제이철
② 벤토나이트, 탄산마그네슘
③ 밀랍, 이산화티탄, 염화비닐수지
④ 탈수라노린, 스테아린산

정답 06. ① 07. ② 08. ② 09. ① 10. ①

11. 방독마스크에 관한 설명으로 옳지 않은 것은?

① 흡착제가 들어 있는 카트리지나 캐니스터를 사용해야 한다.
② 산소결핍장소에서는 사용해서는 안 된다.
③ IDHL(Immediately Dangerous to Life and Health) 상황에서 사용한다.
④ 가스나 증기를 제거하기 위하여 사용한다.

해설 IDHL 상황이나 산소부족 상황에서 절대 사용해서는 안된다.

12. 방독마스크를 효과적으로 사용할 수 있는 작업으로 가장 적절한 것은?

① 오래 방치된 우물 속의 작업
② 맨홀 작업
③ 오래 방치된 정화조 내 작업
④ 지상의 유해물질 중독 위험작업

13. 개인보호구에서 귀덮개의 장점 중 틀린 것은?

① 귀마개보다 높은 차음효과를 얻을 수 있다.
② 동일한 크기의 귀덮개를 대부분의 근로자가 사용할 수 있다.
③ 귀에 염증이 있어도 사용할 수 있다.
④ 고온에서 사용해도 불편이 없다.

해설 고온다습한 환경에서 사용하기 불편하다.

14. 귀마개의 장단점과 가장 거리가 먼 것은?

① 제대로 착용하는데 시간이 걸린다.
② 착용여부 파악이 곤란하다.
③ 보안경 사용 시 차음효과가 감소한다.
④ 귀마개 오염 시 감염될 가능성이 있다.

해설 보안경 사용 시 차음효과가 감소하는 것은 귀덮개이다.

15. 방진 마스크의 적절한 구비조건만으로 짝지은 것은?

> ㉠ 하방 시야가 60° 이상 되어야 한다.
> ㉡ 여과 효율이 높고 흡배기 저항이 커야 한다.
> ㉢ 여과재로서 면, 모, 합성섬유, 유리섬유, 금속섬유 등이 있다.

① ㉠, ㉡　　② ㉡, ㉢
③ ㉠, ㉢　　④ ㉠, ㉡, ㉢

16. 보호구를 착용함으로써 유해물질로부터 얼마만큼 보호되는지를 나타내는 보호계수(PF) 산정식으로 옳은 것은? (단, 호흡기보호구 밖의 유해물질 농도 = C_o, 호흡기보호구 안의 유해물질 농도 = C_i)

① $PF = \dfrac{C_i}{C_o}$　　② $PF = \dfrac{C_o}{C_i}$

③ $PF = \dfrac{(C_o - C_i)}{100}$　　④ $PF = \dfrac{(C_i - C_o)}{100}$

17. 금속을 가공하는 음압수준이 98dB(A)인 공정에서 NRR이 17인 귀마개를 착용하고 있다면 차음효과는? (단, OSHA에서 차음효과를 예측하는 방법을 적용)

① 2dB(A)　　② 3dB(A)
③ 5dB(A)　　④ 7dB(A)

해설 식 차음효과 = $(NRR - 7) \times 0.5$
∴ 차음효과 = $(17 - 7) \times 0.5 = 5dB$

정답 11. ③　12. ④　13. ④　14. ③　15. ③　16. ②　17. ③

18. 마스크 성능 및 시험방법에 관한 설명으로 틀린 것은?

① 배기변의 작동 기밀시험 : 내부의 압력이 상압으로 돌아올 때까지 시간은 5초 이내여야 한다.
② 불연성 시험 : 불꽃의 끝부분에서 20mm 위치의 불꽃온도를 800±50℃로 하여 마스크를 초당 6±0.5cm의 속도로 통과시킨다.
③ 분진포집효율시험 : 마스크에 석영분진 함유공기를 매분 30L의 유량으로 통과시켜 통과 전후의 석영 농도를 측정한다.
④ 배기저항시험 : 마스크에 공기를 매분 30L의 유량으로 통과시켜 마스크의 내외의 압력차를 측정한다.

해설 배기변의 작동 기밀시험 : 내부의 압력이 상압으로 돌아올 때까지 시간은 30초 이내여야 한다.

19. 톨루엔을 취급하는 근로자의 보호구 밖에서 측정한 톨루엔 농도가 30ppm이었고 보호구 안의 농도가 2ppm으로 나왔다면 보호계수(Protection Factor, PF) 값은?

① 15 ② 30
③ 60 ④ 120

해설 식 $PF = \dfrac{C_o}{C_i} = \dfrac{30}{2} = 15$

20. A분진의 우리나라 노출기준은 10mg/m³이며 일반적으로 반면형 마스크의 할당보호계수(APF)는 10이라면 반면형 마스크를 착용할 수 있는 작업장 내 A분진의 최대농도는 얼마겠는가?

① 1mg/m³ ② 10mg/m³
③ 50mg/m³ ④ 100mg/m³

해설 식 $APF = \dfrac{C}{PEL}$

$10 = \dfrac{C}{10}$ ∴ $C = 100 mg/m^3$

21. 귀덮개의 장점을 모두 짝지은 것으로 가장 옳은 것은?

> ㄱ. 귀마개보다 쉽게 착용할 수 있다.
> ㄴ. 귀마개보다 일관성 있는 차음효과를 얻을 수 있다.
> ㄷ. 크기를 여러 가지로 할 필요가 없다.
> ㄹ. 착용 여부를 쉽게 확인할 수 있다.

① ㄱ, ㄴ, ㄹ ② ㄱ, ㄴ, ㄷ
③ ㄱ, ㄷ, ㄹ ④ ㄱ, ㄴ, ㄷ, ㄹ

22. 비극성용제에 효과적인 보호장구의 재질로 가장 옳은 것은?

① 면 ② 천연고무
③ Nitrile 고무 ④ Butyl 고무

23. 호흡용 보호구에 관한 설명으로 틀린 것은?

① 방독마스크는 주로 면, 모, 합성섬유 등을 필터로 사용한다.
② 방독마스크는 공기 중의 산소가 부족하면 사용할 수 없다.
③ 방독마스크는 일시적인 작업 또는 긴급용으로 사용하여야 한다.
④ 방진마스크는 비휘발성 입자에 대한 보호가 가능하다.

해설 방독마스크는 주로 활성탄, 실리카겔, 제올라이트 등을 필터로 사용한다.

정답 18. ① 19. ① 20. ④ 21. ④ 22. ③ 23. ①

24. 산소가 결핍된 밀폐공간에서 작업하려고 한다. 다음 중 가장 적합한 호흡용 보호구는?

① 방진마스크
② 방독마스크
③ 송기마스크
④ 면체 여과식 마스크

25. 귀덮개 착용시 일반적으로 요구되는 차음효과를 가장 알맞게 나타낸 것은?

① 저음역 20dB 이상, 고음역 45dB 이상
② 저음역 20dB 이상, 고음역 55dB 이상
③ 저음역 30dB 이상, 고음역 40dB 이상
④ 저음역 300dB 이상, 고음역 50dB 이상

26. 보호장구의 재질과 적용 물질에 대한 내용으로 틀린 것은?

① 면 : 극성 용제에 효과적이다.
② 가죽 : 용제에는 사용하지 못한다.
③ Nitrile 고무 : 비극성 용제에 효과적이다.
④ 천연고무(Latex) : 극성용제에 효과적이다.

해설 면 : 고체상물질에 적용가능하고, 용제에는 사용할 수 없다.

27. 방진마스크에 관한 설명으로 틀린 것은?

① 비휘발성 입자에 대한 보호가 가능하다.
② 형태별로 전면 마스크와 반면 마스크가 있다.
③ 필터의 재질은 면, 모, 합성섬유, 유리섬유, 금속섬유 등이다.
④ 반면마스크는 안경을 쓴 사람에게 유리하여 밀착성이 우수하다.

28. 산업위생보호구와 가장 거리가 먼 것은?

① 내열 방화복
② 안전모
③ 일반 장갑
④ 일반 보호면

해설 안전모는 산업안전보호구이다.

29. 귀덮개의 사용 환경으로 가장 옳은 것은?

① 장시간 사용 시
② 간헐적 소음 노출 시
③ 덥고 습한 환경에서 작업 시
④ 다른 보호구와 동시 사용 시

해설 ②항만 올바르다. 나머지 항목은 귀마개의 사용환경에 해당한다.

30. 적용화학물질이 밀랍, 탈수라노린, 파라핀, 유동파라핀, 탄산마그네슘이며 적용용도는 광산류, 유기산, 염류 및 무기염류 취급작업인 보호크림의 종류로 가장 알맞은 것은?

① 친수성크림
② 차광크림
③ 소수성크림
④ 피막형크림

31. 분진이나 섬유유리 등으로부터 피부를 직접 보호하기 위해 사용하는 산업용 피부보호제는?

① 수용성 물질차단 피부보호제
② 피막형성형 피부보호제
③ 지용성 물질차단 피부보호제
④ 광과민성 물질차단 피부보호제

정답 24. ③ 25. ① 26. ① 27. ④ 28. ② 29. ② 30. ③ 31. ②

32. 보호구에 대한 설명으로 틀린 것은?

① 신체 보호구에는 내열 방화복, 정전복, 위생 보호복, 앞치마 등이 있다.
② 방열의에는 석면제나 섬유에 알루미늄 등을 증착한 알루미나이즈 방열의가 사용된다.
③ 위생복(보호의)에서 방한복, 방한화, 방한모는 -18℃ 이하인 급냉동 창고 하역작업 등에 이용된다.
④ 안면 보호구에는 일반 보호면, 용접면, 안전모, 방진 마스크 등이 있다.

해설 안면 보호구에는 작업용 안경, 보안경, 보안면 등이 있다.

33. 보호장구의 재질과 적용화학물질에 관한 내용으로 틀린 것은?

① Butyl 고무는 극성용제에 효과적으로 적용할 수 있다.
② 가죽은 기본적인 찰과상 예방이 되며 용제에는 사용하지 못한다.
③ 천연고무(Latex)는 절단 및 찰과상 예방에 좋으며 수용성 용액, 극성 용제에 효과적으로 적용할 수 있다.
④ Vitron은 구조적으로 강하며 극성용제에 효과적으로 사용할 수 있다.

해설 Vitron은 구조적으로 강하며 비극성용제에 효과적으로 사용할 수 있다.

34. 보호구의 보호 정도를 나타내는 할당보호계수(APF)에 관한 설명으로 가장 거리가 먼 것은?

① 보호구 밖의 유량과 안의 유량 비(Q_o/Q_i)로 표현된다.
② APF를 이용하여 보호구에 대한 최대사용농도를 구할 수 있다.
③ APF가 100인 보호구를 착용하고 작업장에 들어가면 착용자는 외부 유해물질로부터 적어도 100만큼의 보호를 받을 수 있다는 의미이다.
④ 일반적인 PF 개념의 특별한 적용으로 적절히 밀착이 이루어진 호흡기보호구를 훈련된 일련의 착용자들이 작업장에서 착용하였을 때 기대되는 최소 보호정도치를 말한다.

해설 APF는 공기 중 농도(C)를 노출기준(PEL)으로 나눈 값으로 산출된다.

35. 방진마스크에 대한 설명으로 옳은 것은?

① 무게 중심은 안면에 강한 압박감을 주는 위치여야 한다.
② 흡기 저항 상승률이 높은 것이 좋다.
③ 필터의 여과효율이 높고 흡입저항이 클수록 좋다.
④ 비휘발성 입자에 대한 보호만 가능하고 가스 및 증기의 보호는 안 된다.

해설 ④항만 올바르다.
오답해설
① 무게 중심은 안면에 강한 압박감을 주지 않는 위치여야 한다.
② 흡기 저항 상승률이 낮은 것이 좋다.
③ 필터의 여과효율이 높고 흡입저항이 낮을수록 좋다.

36. 페인트 도장이나 농약 살포와 같이 공기 중에 가스 및 증기상 물질과 분진이 동시에 존재하는 경우 호흡 보호구에 이용되는 가장 적절한 공기정화기는?

① 필터
② 요오드를 입힌 활성탄
③ 금속산화물을 도포한 활성탄
④ 만능형 캐니스터

PART 4

제 4 과목
물리적 유해 인자 관리

01 온열조건

02 이상기압

03 소음진동

04 방사선

01 CHAPTER 온열조건

UNIT 01 고온

1 온열요소와 지적온도

1) 기온(온도)

① 지적온도

지적온도는 열소모와 생산량이 균형을 이뤄 체온이 적절하게 유지되어 몸의 신진대사가 가장 잘 이루어질 수 있는 온도이다. 주관적, 생리적, 생산적 지적온도의 3가지 관점에서 볼 수 있다.

㉠ 종류
- 주관적 지적온도(쾌적감각온도) : 감각적으로 쾌적하게 느끼는 온도
- 생리적 지적온도(기능지적온도) : 생리적으로 인체에 부담을 가장 적게 주는 온도
- 생산적 지적온도(최고생산온도) : 근로 능률이 가장 좋은 온도

㉡ 특징
- 작업량이 클수록 체열방산이 많아 지적온도는 낮아진다.
- 여름철이 겨울철보다 지적온도가 높다.
- 더운 음식물, 알코올, 기름진 음식 등을 섭취하면 지적온도는 낮아진다.
- 노인들보다 젊은 사람의 지적온도가 낮다.

② 감각온도(실효온도) : 기온, 습도, 기류의 조건이 종합적으로 인체에 작용하여 결정되는 인간의 감각에 적합한 온도, 체감온도

2) 기습(습도)

① 절대습도 : 단위부피의 공기 속에 함유된 수증기의 양, 온도/압력에 따라 수증기가 응축되므로 변동

식 절대습도$(g/m^3) = \dfrac{수증기(g)}{공기(m^3)}$

② **상대습도(비교습도)** : 단위부피의 공기 속에 현재 함유되어 있는 수증기의 양과 그 온도에서 단위부피의 공기 속에 함유할 수 있는 최대의 수증기량(포화수증기량)과의 비를 백분율로 나타낸 것

$$\boxed{식}\ 상대습도 = \frac{절대습도}{포화습도} \times 100$$

- 인체의 바람직한 상대습도는 30~70%이다.

③ **포화습도** : 공기 $1m^3$가 포화상태에서 함유할 수 있는 수증기량, 온도/압력에 따라 수증기를 함유할 수 있는 정도가 달라짐

※ 비교 : 포화습도는 대상 공기의 수증기 함유 최대 잠재력을 나타내고, 절대습도는 대상 공기의 현재 수증기 함유량을 나타냅니다.

④ **습도 측정기기 종류**
- 아스만 통풍온습도계
- 회전습도계
- 자기모발습도계
- 전기저항습도계

3) 기류(풍속)

① **불감기류**
- 0.5m/sec 미만의 기류
- 실내에 항상 존재
- 신진대사 촉진
- 한랭에 대한 저항을 강화시킴

② 인체에 적당한 기류속도의 범위는 6~7m/min이다.

③ 작업장 관리기준(산업보건기준에 관한 규칙)에는 기온 10℃ 이하일 때는 1m/sec 이상의 기류에 직접 접촉을 금지

4) 복사열

① 인간의 피부는 흑체에 가깝다.(흑체 : 복사열을 모두 흡수하는 물체)

② **복사열 측정기기 종류**
- 습구흑구온도지수 측정기
- 열전기쌍복사계
- 복사고온계
- 볼로미터

2 고열 장해와 생체 영향

1) 고열 장해란?

고열환경으로 인해 체온조절 기능에 생리적 변조 또는 장해를 초래하여 자각적으로나 임상적으로 증상을 나타내는 것을 말한다.

2) 고열 장해에 미치는 영향 요소

① 작업환경 조건
② 환경의 기후 조건
③ 고온순화의 정도
④ 건강상태
⑤ 작업량

※ 고온순화 : 고온환경으로 인한 변화나 신체활동이 반복되어 인체조절기능이 숙련되고 습득된 상태

> **고온순화 과정**
> - 1차적 생리적 반응 : 발한 및 호흡촉진, 교감신경에 의한 피부혈관 확장, 체표면 증가
> - 2차적 생리적 반응 : 심혈관, 위장, 신경계, 신장 장해
> - 체표면의 땀샘수 증가
> - 위액분비감소, 산도감소 → 식욕부진, 소화불량
> - 혈중 염분량 감소
> - 간 기능 저하

3) 고열 장해의 종류

① 열사병(heat stroke)

고온다습한 환경에 노출되거나 더운 환경에서 과도한 작업을 할 때 신체의 열 발산이 원활히 이루어지지 않아 뇌온도가 상승하고, 신체 내부의 체온조절 중추에 기능장애를 일으켜서 생기는 위급한 상태를 말한다.

　㉠ 원인
　　• 열축적으로 인한 체온조절 중추의 기능장애
　　• 작업부하로 인한 대사열의 증가
　　※ 체내의 염분량과는 관계없음

　㉡ 증상
　　• 정신착란 및 의식결여
　　• 경련
　　• 혼수상태
　　• 체온상승
　　• 중추신경계의 장애
　　• 직장온도 상승(40℃ 이상의 직장온도)
　　• 심화 시 사망

ⓒ 치료
- 얼음물 이용
- 찬물과 선풍기
- 산소공급
- 사지를 격렬하게 마찰

② **열탈진(열피로)** : 매우 더운 환경에서 땀을 흘리며 염분이나 수분을 보충하지 않은 채 장시간 운동이나 활동을 할 때에 발생하는 신체이상을 말한다.
ⓐ 원인
- 혈액량과 염분부족
- 탈수증으로 인한 체액 손실
- 대뇌피질의 혈류량이 부족할 때

ⓑ 증상
- 현기증, 두통, 구토, 허탈
- 맥박 상승과 혈압 저하
- 권태감, 졸도, 과다 발한, 냉습한 피부
- 혈당치 감소

ⓒ 치료
- 휴식 후 5% 포도당을 정맥주사
- 염분 보충 및 수분공급

③ **열경련(heat cramp)** : 고온환경에서 심한 육체적인 노동시 근육에 경련이 일어나는 현상
ⓐ 원인
- 수분 및 염분 손실
- 땀을 많이 흘리면서 염분이 없는 음료수 과다섭취 시

ⓑ 증상
- 혈중 염소이온 농도가 현저히 감소
- 팔과 다리의 근육경련
- 일시적 단백뇨
- 현기증, 이명, 두통, 구토
- 혈액의 현저한 농축

ⓒ 치료
- 수분 및 염분 보충
- 바람을 쐬며 휴식
- 생리식염수 정맥주사

④ 열실신

고열환경에서 노출로 인해 혈관운동장애가 일어나 정맥혈이 말초혈관에 저류되고 심박출량 부족으로 초래하는 순환부전 특히 대뇌피질의 혈류량 부족이 주원인으로 저혈압, 뇌의 산소부족으로 실신을 초래하는 현상

㉠ 원인
- 고열에 의한 순환부전
- 중근작업 2시간 이상
- 갑작스런 자세변화
- 장시간의 기립
- 고온순화되지 않은 상태에서 작업수행

㉡ 증상
- 말초혈관 확장 및 신체말단부 혈액 저류
- 피부가 차고, 얼굴이 창백해짐
- 열경련 증상 동반 할 수 있음
- 혈압 저하

⑤ 열 쇠약 : 고열에 의한 만성 체력소모를 말한다.

㉠ 원인
- 고온 작업
- 영양 부족
- 휴식 부족

㉡ 증상
- 전신 권태
- 식욕 부진
- 위장장애
- 불면
- 빈혈

㉢ 치료
- 영양공급과 비타민 B1 공급
- 충분한 휴식

3 고열 측정 및 평가

1) 고열 측정

① 온도, 습도 측정 : 일반적으로 온도는 아스만통풍건습계, 습도는 습도 환산표를 이용하여 구한다.

② 기류 측정
- ㉠ 풍차풍속계
  - 1~150m/sec 범위의 풍속 측정
  - 옥외용
- ㉡ 카타온도계
  - 작업환경 내에 기류의 방향이 일정치 않을 경우 기류속도 측정
  - 실내 0.2~0.5m/sec 정도의 불감기류 측정 시 기류속도 측정
- ㉢ 열선풍속계
  - 기류속도가 아주 낮을 때 사용하여 정확함
  - 0~50m/sec 범위의 풍속 측정
- ㉣ 가열온도풍속계 : 작업환경 측정의 표준방법으로 사용

③ 복사열 측정
- ㉠ 작업환경 측정의 표준방법 사용
- ㉡ 흑구온도계는 복사온도를 측정함

> **💡 WBGT 측정**
> - 아스만통풍건습계를 이용하여 건구 및 자연습구온도를 측정한다.
> - WBGT의 고려대상은 기온, 기류, 습도, 복사열이다.

> **💡 작업환경측정 및 정도관리 등에 관한 고시 – 고열**
> 1) **제30조(측정기기 등)** 고열은 습구흑구온도지수(WBGT)를 측정할 수 있는 기기 또는 이와 동등 이상의 성능을 가진 기기를 사용한다.
> 2) **제31조(측정방법 등)** 고열 측정은 다음 각호의 방법에 따른다.
>   1. 측정은 단위작업 장소에서 측정대상이 되는 근로자의 주 작업 위치에서 측정한다.
>   2. 측정기의 위치는 바닥 면으로부터 50센티미터 이상, 150센티미터 이하의 위치에서 측정한다.
>   3. 측정기를 설치한 후 충분히 안정화시킨 상태에서 1일 작업시간 중 가장 높은 고열에 노출되는 1시간을 10분 간격으로 연속하여 측정한다.

2) 평가

① 온열지수 종류
- ㉠ 습구흑구온도지수(WBGT) – 가장 보편적으로 사용
- ㉡ 감각온도
- ㉢ Kata 냉각력
- ㉣ TGE 지수
- ㉤ 4시간 발한량 예측치
- ㉥ 온열부하지수

ⓢ 습구건구지수
ⓞ 풍냉지수

② 고열작업장의 노출기준

[작업강도에 따른 습구흑구온도지수]

작업강도 작업과 휴식시간비	경작업	중등작업	중작업
계속작업	30.0	26.7	25.0
매 시간 75% 작업, 25% 휴식	30.6	28.0	25.9
매 시간 50% 작업, 50% 휴식	31.4	29.4	27.9
매 시간 25% 작업, 75% 휴식	32.2	31.1	30.0

㉠ 경작업 : 시간당 200kcal 열량 소요 작업
㉡ 중등작업 : 시간당 200~350kcal 열량 소요 작업
㉢ 중작업 : 시간당 350~500kcal 열량 소요 작업

4 고열에 대한 대책

1) 고열발생원 대책

① 방열재를 이용하여 표면을 덮음
② 전체 환기
③ 복사열 차단
④ 냉방장치 설치
⑤ 대류 증가
⑥ 냉방복 착용
⑦ 작업의 자동화와 기계화

2) 보건관리상 대책

① 적성배치
② 고온순화
③ 작업량의 조절
④ 작업의 기계화
⑤ 휴식시간 확보
⑥ 부적응자의 조기발견

3) 보호구에 의한 대책

① 방열복 착용
② 얼음조끼 및 냉풍조끼
③ 방열장갑, 방열화

UNIT 02 저온

1 한랭의 생체 영향

1) 생리적 기전

① 1차적 생리적 반응
  ㉠ 피부혈관 및 말초혈관 수축으로 인한 피하조직 감소와 체표면적 감소
    • 피부혈관 수축 및 혈장량 감소로 체내 열을 보호
    • 피부와 피하조직 온도저하로 인한 감염에 대한 저항력 저하로 회복과정에 장애가 온다.
  ㉡ 근육긴장 증가 및 떨림
  ㉢ 갑상선 자극으로 인한 화학적 대사(호르몬 분비) 증가

② 2차적 생리적 반응
  ㉠ 표면조직의 냉각 : 말초혈관 수축으로 표면조직이 냉각
  ㉡ 혈압 일시적 상승(혈류량 증가) : 표면조직의 냉각으로 순환능력이 감소되어 혈압은 일시적으로 상승
  ㉢ 식욕 항진(식욕 증가)

2) 한랭과 생체반응관계

① 생체열용량의 변화 : 대사에 의한 체열생산 − (증발+복사+대류)
  • 온도에 따른 대류가 가장 큰 영향
② 한랭에 대한 순화는 고온순화보다 느리다.
③ 한랭환경에서는 혈관이상이 유발 및 악화된다.
④ 저온작업에서 손가락, 발가락 등의 말초부위는 피부온도 저하가 가장 심한 부위이다.

3) 한랭환경에 의한 건강장애

① **저체온증(general hypothermia)** : 심부온도가 37℃에서 26.7℃ 이하로 떨어지는 증상

㉠ 원인
- 장시간의 한랭환경 노출
- 바람노출
- 의복불량(습한 옷, 얇은 옷)

㉡ 증상
- 떨림과 냉감각
- 불규칙한 심박동
- 맥박 약화 및 혈압 감소
- 전신의 냉각상태

㉢ 특징
- 32℃ 이상이면 경증, 32℃ 이하이면 중증, 21~24℃이면 사망에 이른다.
- 일시적 체온 상실에 따라 발생한다.
- 급성 중증 장애

㉣ 치료 : 신속히 몸을 데워준다.
  ※ 저체온증환자는 진정제 복용 및 음주가 금지된다.

② 동상(frostbite) : 한랭으로 인한 조직의 동결로 조직장애 및 심부혈관의 변화를 초래하는 증상

㉠ 원인
- 강렬한 한랭
- 한랭환경에서 물에 젖었을 때
- 바람노출

㉡ 증상
- 제1도 동상(발적) : 홍반성 동상이라고도 하며, 국소성 빈혈과 다소의 동통 또는 지각이상을 초래한다. 한랭에 대한 폭로가 이 시기에 중단되면 반사적으로 충혈이 일어나서 피부에 염증성 조홍과 남보라색 부종성 조홍을 일으킨다.
- 제2도 동상(수포형성과 염증) : 수포성 동상이라고도 하며, 물집이 생기거나 삼출성 염증이 생긴다. 피부는 청남색으로 변하고 큰 수포를 형성하여 궤양, 화농으로 진행된다.
- 제3도 동상(조직괴사와 괴저발생) : 괴사성 동상이라고도 하며, 혈행이 정지되고 동시에 조직성분도 붕괴되며, 조직괴사로 인한 괴상을 만든다.
- 제4도 동상(괴사 심화) : 근육 및 뼈까지 괴사가 진행된다. 피부가 검은색으로 변한다.
  발가락은 -12℃에서 시린 느낌, -6℃에서 아픔을 느낀다.
  피부는 감각이 둔해지며 점차 황백색이 된다.

㉢ 특징
- 손가락, 발가락, 코, 귀, 안면에 주로 발생한다.
- 한랭의 강도, 한랭 노출시간, 저항력에 따라 정도가 달라진다.
- 동상의 피해는 개인차에 따라 나타난다.

@ 치료
- 온실 또는 따뜻한 실내에서 손 또는 마른헝겊으로 장시간 가볍게 마찰한다.
- 가벼운 동상시 부신피질 호르몬제가 함유되어 있는 크림 또는 연고를 바른다.

③ 참호족(침수족)
㉠ 원인 : 발이 한랭에 노출됨과 동시에 물에 잠기게 되어 발생
㉡ 특징 : 동상보다 높은 온도에서 발생, 동상과 다른 증상
㉢ 증상 : 부종, 저림, 가려움, 심한 통증, 물집, 피부조직괴사
㉣ 치료 : 휴식과 발을 건조하게 한다.

④ 레이노드씨병(Raynaud)
㉠ 원인 : 국소진동으로 인해서 나타나는 현상이다.
㉡ 특징 : 한랭환경에서 심화되고, 동상과 증상이 유사하다.
㉢ 증상(스톡홀름 워크숍의 분류)

단계	증상
1단계(창백)	1개 이상의 손가락의 원위부 끝마디에만 창백
2단계(파랑)	1개 이상의 손가락의 원위부 및 중간마디의 창백함이 주 3회 이하로 간헐적 발생
3단계(붉음)	대부분 손가락의 모든 마디의 창백함이 주 4회 이상으로 빈번한 발생
4단계(정상)	3단계의 모든 징후가 확인되고, 피부의 위축 등 이양성변화가 확인, 손끝에서 땀의 분비가 일어나지 않음

⑤ 선단자람증(지단자람증) : 손가락이 차고 파래지는 증상

2 한랭에 대한 대책

1) 한랭장해 예방법
① 의복 등은 습기를 제거한다.
② 피로 방지
③ 영양 섭취
④ 혈액순환을 위한 주기적 운동을 한다.
⑤ 약간의 여유가 있는 신발, 장갑을 착용한다.
⑥ 과도한 음주와 흡연을 삼간다.
⑦ 작업장 내 온도를 높이고 기류속도를 낮춘다.
⑧ 방수처리된 작업복을 입는다.

기출문제로 다지기 — CHAPTER 01 온열조건

01. 저온의 이차적 생리적 영향과 거리가 먼 것은?

① 말초냉각 　　② 식욕변화
③ 혈압변화 　　④ 피부혈관의 수축

[해설] 피부혈관의 수축은 1차적 생리적 반응에 해당한다.

02. 습구흑구온도지수(WBGT)에 관한 설명으로 맞는 것은?

① WBGT가 높을수록 휴식시간이 증가되어야 한다.
② WBGT는 건구온도와 습구온도에 비례하고, 흑구온도에 반비례한다.
③ WBGT는 고온 환경을 나타내는 값이므로 실외작업에만 적용한다.
④ WBGT는 복사열을 제외한 고열의 측정단위로 사용되며, 화씨온도(°F)로 표현한다.

[해설] ①항만 올바르다.
[오답해설]
② WBGT는 건구온도, 습구온도, 흑구온도에 비례한다.
③ WBGT는 실외, 실내작업에 모두 적용가능하다.
④ WBGT는 기온, 기류, 습도, 복사열을 고려하여 고열의 측정단위로 사용되며, 섭씨온도(℃)로 표현된다.

03. 한랭 환경에서의 생리적 기전이 아닌 것은?

① 피부혈관의 팽창　② 체표면적의 감소
③ 체내 대사율 증가　④ 근육긴장의 증가와 떨림

[해설] 피부혈관의 수축으로 체내열을 보호한다.

04. 한랭장해에 대한 예방법으로 적절하지 않은 것은?

① 의복 등은 습기를 제거한다.
② 과도한 피로를 피하고, 충분한 식사를 한다.
③ 가능한 항상 발과 다리를 움직여 혈액순환을 돕는다.
④ 가능한 꼭 맞는 구두, 장갑을 착용하여 한기가 들어오지 않도록 한다.

[해설] 약간의 여유가 있는 구두, 장갑을 착용하는 것이 좋다.

05. 고온다습 환경에 노출될 때 발생하는 질병 중 뇌 온도의 상승으로 체온조절중추의 기능장해를 초래하는 질환은?

① 열사병　　② 열경련
③ 열피로　　④ 피부장해

06. 저온에 의한 1차적 생리적 영향에 해당하는 것은?

① 말초혈관의 수축
② 혈압의 일시적 상승
③ 근육긴장의 증가와 전율
④ 조직대사의 증진과 식욕항진

[해설] ③항만 올바르다. 나머지 항목은 2차적 생리적 영향에 해당한다.

07. 장시간 온열환경에 노출 후 대량의 염분상실을 동반한 땀의 과다로 인하여 발생하는 증상은?

① 열경련　　② 열피로
③ 열사병　　④ 열성발진

정답　01. ④　02. ①　03. ①　04. ④　05. ①　06. ③　07. ①

08. 인체에 적당한 기류(온열요소)속도 범위로 맞는 것은?

① 2~3m/min　② 6~7m/min
③ 12~13m/min　④ 16~17m/min

09. 한랭작업과 관련된 설명으로 틀린 것은?

① 저체온증은 몸의 심부온도가 35℃ 이하로 내려간 것을 말한다.
② 저온작업에서 손가락, 발가락 등의 말초부위는 피부온도 저하가 가장 심한 부위이다.
③ 혹심한 한랭에 노출됨으로써 피부 및 피하조직 자체가 동결하여 조직이 손상되는 것을 말한다.
④ 근로자의 발이 한랭에 장기간 노출되고 동시에 지속적으로 습기나 물에 잠기게 되면 '선단자람증'의 원인이 된다.

[해설] 근로자의 발이 한랭에 장기간 노출되고 동시에 지속적으로 습기나 물에 잠기게 되면 '침수족'의 원인이 된다.

10. 인체와 환경 사이의 열평형에 의하여 인체는 적절한 체온을 유지하려고 노력하는데 기본적인 열평형 방정식에 있어 신체 열용량의 변화가 0보다 크면 생산된 열이 축적되게 되고 체온조절중추인 시상하부에서 혈액온도를 감지하거나 신경망을 통하여 정보를 받아들여 체온 방산작용이 활발히 시작된다. 이러한 것을 무엇이라 하는가?

① 정신적 조절작용(Spiritual Thermo Regulation)
② 물리적 조절작용(Physical Thermo Regulation)
③ 화학적 조절작용(Chemical Thermo Regulation)
④ 생물학적 조절작용(Biological Thermo Regulation)

11. 열경련(Heat Cramp)을 일으키는 가장 큰 원인은?

① 체온상승
② 중추신경마비
③ 순환기계 부조화
④ 체내수분 및 염분손실

12. 환경온도를 감각온도로 표시한 것을 지적온도라 하는데 다음 중 3가지 관점에 따른 지적온도로 볼 수 없는 것은?

① 주관적 지적온도　② 생리적 지적온도
③ 생산적 지적온도　④ 개별적 지적온도

13. 다음 중 한랭환경으로 인하여 발생되거나 악화되는 질병과 가장 거리가 먼 것은?

① 동상(Frostbite)
② 지단자람증(Acrocyanosis)
③ 케이슨병(Caisson Disease)
④ 레이노드씨 병(Raynaud's Disease)

[해설] 케이슨병은 감압관련 질병이다.

14. 옥내의 작업장소에서 습구흑구온도를 측정한 결과 자연습구온도가 28℃, 흑구온도는 30℃, 건구온도는 25℃를 나타내었다. 이때 습구흑구온도지수(WBGT)는 약 얼마인가?

① 31.5℃　② 29.4℃
③ 28.6℃　④ 28.1℃

[해설] 식 실내 $WBGT = (0.7 \times 습구온도) + (0.3 \times 흑구온도)$
∴ $WBGT = (0.7 \times 28) + (0.3 \times 30) = 28.6℃$

15. 작업장의 습도를 측정한 결과 절대습도는 4.57mmHg, 포화습도는 18.25mmHg이었다. 이때 이 작업장의 습도 상태에 대하여 가장 올바르게 설명한 것은?

① 적당하다.
② 너무 건조하다.
③ 습도가 높은 편이다.
④ 습도가 포화상태이다.

> **해설** 현재 작업장의 상대습도를 산출하면,
> **식** 상대습도(%) = $\frac{4.57}{18.25} \times 100 = 25.04\%$
> 습도는 상대습도 30~70% 정도가 적절하므로, 현재 25.04%의 작업장은 건조하다.

16. 다음 중 동상의 종류와 증상이 잘못 연결된 것은?

① 1도 : 발적
② 2도 : 수포형성과 염증
③ 3도 : 조직괴사로 괴저발생
④ 4도 : 출혈

> **해설** 4도 : 근육과 뼈의 괴사

17. 다음 설명에 해당하는 온열요소는?

> 주어진 온도에서 공기 1m³ 중에 함유된 수증기의 양을 그램(g)으로 나타내며, 기온에 따라 수증기가 공기에 포함될 수 있는 최대값이 정해져 있어, 그 값은 기온에 따라 커지거나 작아진다.

① 비교습도   ② 비습도
③ 절대습도   ④ 상대습도

18. 작업장의 환경에서는 기류의 방향이 일정하지 않거나, 실내 0.2~0.5m/s 정도의 불감기류를 측정할 때 사용하는 측정기구로 가장 적절한 것은?

① 풍차풍속계
② 카타(Kata)온도계
③ 가열온도풍속계
④ 습구흑구온도계(WBGT)

19. 다음 중 한랭환경에 의한 건강장해에 대한 설명으로 틀린 것은?

① 전신저체온의 첫 증상은 억제하기 어려운 떨림과 냉(冷)감각이 생기고 심박동이 불규칙하고 느려지며, 맥박은 약해지고 혈압이 낮아진다.
② 제2도 동상은 수포와 함께 광범위한 삼출성 염증이 일어나는 경우를 말한다.
③ 참호족은 지속적인 국소의 영양결핍 때문이며 한랭에 의한 신경조직의 손상이 발생한다.
④ 레이노씨 병과 같은 혈관 이상이 있을 경우에는 증상이 약화된다.

> **해설** 레이노씨 병과 같은 혈관 이상이 있을 경우에는 증상이 심화된다.

정답 15. ② 16. ④ 17. ③ 18. ② 19. ④

20. 시간당 150kcal 열량이 소요되는 작업을 하는 실내 작업장이다. 다음 온도 조건에서 시간당 작업휴식 시간비로 가장 적절한 것은?

- 흑구온도 : 32℃
- 건구온도 : 27℃
- 자연습구온도 : 30℃

작업강도 작업휴식비율	경작업	중등작업	중작업
계속작업	30.0	26.7	25.0
매시간 75% 작업, 25% 휴식	30.6	28.0	25.9
매시간 50% 작업, 50% 휴식	31.4	29.4	27.9
매시간 25% 작업, 75% 휴식	32.2	31.1	30.0

① 계속작업
② 매시간 25% 작업, 75% 휴식
③ 매시간 50% 작업, 50% 휴식
④ 매시간 75% 작업, 25% 휴식

해설 아래의 조건을 표에서 찾아보면 매시간 75% 작업, 25% 휴식임을 알 수 있다.
- 열량소무가 시간당 200kcal 이하이므로 경작업
$WBGT = 0.7$습구 $+ 0.3$흑구
$= 0.7 \times 30 + 0.3 \times 32 = 30.6℃$
※ 작업 시 소비열량에 따른 작업강도 분류
 - 경작업 : 200kcal/hr
 - 중등도작업 : 200~350kcal/hr
 - 중작업 : 350~500kcal/hr

21. 다음 중 열사병(Heat Stroke)에 관한 설명으로 옳은 것은?

① 피부는 차갑고, 습한 상태로 된다.
② 지나친 발한에 의한 탈수와 염분소실이 원인이다.
③ 보온을 시키고, 더운 커피를 마시게 한다.
④ 뇌 온도의 상승으로 체온조절중추의 기능이 장해를 받게 된다.

22. 열중증 질환 중에서 체온이 현저히 상승하는 질환은?

① 열사병   ② 열피로
③ 열경련   ④ 열복통

23. 다음 중 저온에 의한 장해에 관한 내용으로 틀린 것은?

① 근육 긴장의 증가와 떨림이 발생한다.
② 혈압은 변화되지 않고 일정하게 유지된다.
③ 피부표면의 혈관들과 피하조직이 수축된다.
④ 부종, 저림, 가려움, 심한 통증 등이 생긴다.

해설 혈압은 상승한다.

24. 다음 중 습구흑구온도지수(WBGT)에 대한 설명으로 틀린 것은?

① 표시단위는 절대온도(K)로 표시한다.
② 습구흑구온도지수는 옥외 및 옥내로 구분되며, 고온에서의 작업휴식시간비를 결정하는 지표로 활용된다.
③ 미국국립산업안전보건연구원(NIOSH)뿐만 아니라 국내에서도 습구흑구온도를 측정하고 지수를 산출하여 평가에 사용한다.
④ 습구흑구온도는 과거에 쓰이던 감각온도와 근사한 값인데, 감각온도와 다른 점은 기류를 전혀 고려하지 않았다는 점이다.

해설 표시단위는 섭씨온도(℃)로 표시한다.

25. 다음 중 작업환경의 고열측정에 있어 '흑구온도'를 측정하는 기기와 측정시간이 올바르게 연결된 것은?

① 자연습구온도계 : 20분 이상
② 자연습구온도계 : 25분 이상
③ 아스만통풍건습계 : 20분 이상
④ 아스만통풍건습계 : 25분 이상

 20. ④ 21. ④ 22. ① 23. ② 24. ① 25. ④

26. 다음 중 안정된 상태에서 열 발산이 큰 것부터 작은 순으로 올바르게 나열된 것은?

① 피부증발 > 복사 > 배뇨 > 호기증발
② 대류 > 호기증발 > 배뇨 > 피부증발
③ 피부증발 > 호기증발 > 전도 및 대류 > 배뇨
④ 전도 및 대류 > 피부증발 > 호기증발 > 배뇨

27. 다음 중 한랭환경에서의 일반적인 열평형 방정식으로 옳은 것은? (단, △S는 생체열용량의 변화, E는 증발에 의한 열발산, M은 작업대사량, R은 복사에 의한 열의 득실, C는 대류에 의한 열의 득실을 나타낸다.)

① $\triangle S = M - E - R - C$
② $\triangle S = M - E + R - C$
③ $\triangle S = -M + E - R - C$
④ $\triangle S = -M + E + R + C$

28. 다음의 계측기기 중 기류 측정기기가 아닌 것은?

① 카타온도계 ② 풍차풍속계
③ 열선풍속계 ④ 흑구온도계

해설 흑구온도계는 온도 측정기기이다.

29. 다음은 어떤 고열장해에 대한 대책인가?

생리 식염수를 1~2리터를 정맥 주사하거나 0.1%의 식염수를 마시게 하여 수분과 염분을 보충한다.

① 열경련 ② 열사병
③ 열피로 ④ 열쇠약

30. 다음 중 한랭노출에 대한 신체적 장해의 설명으로 틀린 것은?

① 2도 동상은 물집이 생기거나 피부가 벗겨지는 경빙을 말한다.
② 전신 저체온증은 심부온도가 37℃에서 26.7℃ 이하로 떨어지는 것을 말한다.
③ 침수족은 동결온도 이상의 냉수에 오랫동안 노출되어 생긴다.
④ 침수족과 참호족의 발생조건은 유사하나 임상증상과 증후가 다르다.

해설 침수족과 참호족은 발생조건과 임상증상 모두 유사하다.

31. 다음 중 열피로에 관한 설명으로 거리가 먼 것은?

① 권태감, 졸도, 과다발한, 냉습한 피부 등의 증상을 보이며 직장온도가 경미하게 상승할 수도 있다.
② 말초혈관 확장에 따른 요구 증대만큼의 혈관운동 조절이나 심박 출력의 증대가 없을 때 발생한다.
③ 탈수로 인하여 혈장량이 감소할 때 발생한다.
④ 신체 내부에 체온조절계통이 기능을 잃어 발생하며, 수분 및 염분을 보충해주어야 한다.

32. 다음 중 한랭작업과 건강장해에 관한 설명으로 틀린 것은?

① 전신체온 강하는 단시간의 한랭폭로에 의한 일시적 체온상실에 따라 발생하는 중증장해에 속한다.
② 동상에 대한 저항은 개인에 따라 차이가 있으나 발가락은 -12℃ 정도에서 시린 느낌이 들고 -6℃ 정도에서는 아픔을 느낀다.
③ 참호족과 참수족은 지속적인 국소의 산소결핍 때문이며, 모세혈관 벽이 손상되는 것이다.
④ 혈관의 이상은 저온 노출로 유발되거나 악화된다.

정답 26. ④ 27. ① 28. ④ 29. ③ 30. ④ 31. ④ 32. ①

02 CHAPTER 이상기압

UNIT 01 이상기압

1 이상기압의 정의

1) **이상기압** : 기압이 매 제곱센티미터당 1킬로그램 보다 높거나 낮은 기압을 말한다.

2) **기압** : 단위면적당 작용하는 공기의 무게
   ① 단위 : mmHg, mmH$_2$O(1kg/m^2), atm, PSI, mbar, 1kg/cm^2, torr 등
   • 1atm = 10,332mmH$_2$O = 760mmHg = 760torr = 14.7PSI = 1.0332kg/cm^2 = 101,325Pa = 1013mbar
   ② 정상적인 대기 중 해면에서의 산소분압 : 160mmHg(산소 21% 기준)

2 고압환경에서의 생체 영향

1) **고압작업** : 대기압보다 높은 압력하에서 작업하는 것을 말한다.

2) **작업조건**
   ① 고압작업에서는 1일 6시간, 주 34시간을 초과하여 작업하면 안 된다.
   ② 작업실 공기의 체적이 근로자 1일당 4m^3 이상이 되도록 해야 한다.
   ③ 잠수작업자에게 고농도의 산소만을 들이마시도록 해서는 아니된다. 다만, 급부상 등으로 중대한 신체상의 장해가 발생한 경우에는 그러하지 아니하다.
   ④ 호흡용 보호구, 섬유 로프 기타 비상 시 고압작업자를 피난시키거나 구출하기 위하여 필요한 용구를 비치하여야 한다.

3) **고압작업 전에 고압환경의 적응(고압순화)**
   ① 기압조절실에서 가압을 하는 경우에는 1분에 0.8kg/cm^2 이하의 속도로 한다.
   ② 감압을 하는 때에는 고압작업시간과 압력에 따라 고용노동부장관이 고시하는 기준에 따르도록 하고 있다.

4) 특징

① 정상대기의 압력은 1기압이다.
② 절대압은 측정압에서 1기압을 더해서 산출된다.
③ 물속에서의 압력은 10m 깊어질 때 1기압씩 증가한다.

  (예) 수심 30m에서의 압력 $= 1\text{atm} + \left(\dfrac{1\text{atm}}{10\text{m}} \times 30\text{m}\right) = 4\text{atm}$

5) 고압환경의 인체작용 : 치통, 고막의 통증, 부비강 개구부 감염, 심한 구토, 두통 등의 증상을 일으킨다.

① **1차적 가압현상**
  ㉠ 기계적 장애라고도 하며 인체와 환경 사이의 기압차이로 인해 일어나는 현상이다.
  ㉡ 1차적으로 부종, 출혈, 조직의 통증 등을 동반한다.

② **2차적 가압현상** : 고압하의 대기가스의 독성 때문에 나타나는 현상으로 2차성 압력현상이다.
  ㉠ 질소가스의 마취작용
    • 4기압 이상에서 마취작용을 일으킨다. 이를 다행증이라 한다.
    • 알코올 중독 증상과 유사하다.
    • 수심 90~120m에서 환청, 환시, 조협증, 기억력 감퇴 등이 일어난다.
  ㉡ 산소중독
    • 산소의 분압이 2기압이 넘으면 산소중독 증상을 보인다.
    • 수압과 같은 압력의 압축기체를 호흡하여 산소분압 증가로 산소중독이 일어난다.
    • 수지나 족지의 작열통, 시력장애, 정신혼란, 근육경련 등의 증상을 보이며 나아가서는 간질 모양의 경련을 나타낸다.
    • 고압산소에 대한 폭로가 중지되면 증상은 즉시 멈춘다.
  ㉢ 이산화탄소의 작용
    • 이산화탄소 농도의 증가는 산소의 독성과 질소의 마취작용을 증가시키는 역할을 하고 감압증의 발생을 촉진시킨다.
    • 이산화탄소 농도가 고압환경에서 대기압으로 환산하여 0.2%를 초과해서는 안된다.
    • 동통성 관절장애(bends)도 이산화탄소의 분압 증가에 따라 보다 많이 발생한다.

3 감압환경에서의 생체 영향

1) 가스팽창효과 : 고압으로 신체에 유입되어있는 공기가 감압시에 가스팽창한다.

① 팽창된 공기가 폐혈관으로 유입되어 뇌공기전색증을 일으켜 즉시 재가압 조치를 하지 않으면 사망에 이르게 된다.
② 감압속도가 너무 빠르면 폐포가 파열되고 흉부조직 내로 유입된 질소가스 때문에 여러 증상(종격기종, 기흉, 공기전색)이 나타난다.

2) 용해질소의 기포형성효과

고압으로 신체에 유입되어있는 공기 중 질소는 고압상태에서 용해되었던 것이 감압시에 기포를 형성하여 인체의 악영향을 준다.
① 체액 및 지방조직의 질소기포 증가
② 질소의 지방용해도는 물에 대한 용해도보다 5배가 크다.
③ 감압 시 조직 내 질소 기포형성량에 영향을 주는 요인
  ㉠ 조직에 용해된 가스량(체내 지방량, 고기압 노출정도)
  ㉡ 혈류변화 정도
  ㉢ 감압속도

3) 감압환경의 인체 증상

① 용해성 기포형성 때문으로 동통성 관절장애
② 잠함병(케이슨병) : 감압시 질소의 기포형성으로 혈액순환과 주위 조직에 기계적 영향으로 발생한다.
  ㉠ 증상
    • 뇌속 기포 : 시력장애, 현기증, 의식불명, 경련
    • 관절, 근육, 뼈에 기포 : 부위별 통증
    • 척추에 기포 : 반신불수, 마비
    • 폐속에 기포 : 질식, 호흡곤란
    • 피부에 기포 : 부풀어 오름, 가려움
    • 혈액속 기포 : 혈액순환장애
  ㉡ 치료 및 예방
    • 재가압 챔버에서 재가압 후 다시 천천히 감압한다.
    • 헬륨을 혼합한 공기를 주입한다.
③ 비감염성 골괴사 : 혈액응고로 인한 뼈력의 괴사로, 고압환경에 반복 노출시 발생한다.
④ 마비

4 저압환경에서의 생체 영향

1) 저압환경 : 고도의 상승으로 기압이 저하되는 환경

2) 고공증상

① 산소부족(고도 5,000m 이상환경에서 주로 발생)
② 항공치통, 항공이염, 항공부비감염
③ 시력, 협조운동의 가벼운 장애 및 피로(고도 10,000ft = 3048m)
④ 21% 산소필요(고도 18,000ft = 5468m)

3) 고공성 폐수종

① 어른보다 순화적응속도가 느린 아이들에게 많이 일어난다.
② 고공에 순화된 사람이 해면에 돌아올 때 자주 발생한다.
③ 진해성 기침과 호흡곤란, 폐동맥의 혈압 상승현상
④ 21% 산소필요(고도 18,000ft = 5468m)

4) 저산소증

① 조직내의 산소가 고갈된 상태
② 뇌의 1일 산소소비량은 100L 정도이다.
③ 산소결핍에 가장 민감한 조직은 뇌
④ 저산소증은 잠수부가 급속하게 감압할 때와 같은 증상을 나타낸다.

5 이상기압에 대한 대책

1) 고기압에 대한 대책

① 가압과 감압을 신중하고 천천히 단계적으로 함
② 작업시간의 규정을 엄격히 지킴
③ 고압실내 작업에서 탄산가스의 분압이 증가하지 않도록 신선한 공기를 송입시킨다.
④ 감압이 끝날 무렵에 순수한 산소를 흡입시키면 예방적 효과가 있을 뿐 아니라 감압시간을 25% 가량 단축시킬 수 있다.
⑤ 고압환경에서 작업하는 근로자에게 질소를 헬륨으로 대치한 공기를 호흡시킨다.
⑥ 장비를 점검한다.
⑦ 헬륨-산소 혼합가스를 사용한다.(심해잠수 시 주로 사용)
⑧ 1분에 10m씩 잠수한다.
⑨ 정상기압보다 1.25기압을 넘지 않는 고압환경에는 아무리 오랫동안 폭로되거나 아무리 빨리 감압하더라도 기포를 형성하지 않는다.
⑩ 귀 등의 장애를 예방하기 위해서는 압력을 가하는 속도를 매 분당 $0.8kg/cm^2$ 이하가 되도록 한다.

2) 저기압에 대한 대책

① 허용기준을 준수한다.(산소농도 18%)
② 환기, 산소농도 측정, 보호구 등을 적용
③ 저기압 민감 근로자 저기압 작업배제
④ 사고발생시 신속한 대처를 위한 장비 및 훈련 필요

6 기압의 측정

① 아네로이드 기압계
② 포틴 수은 기압계
③ 피라니 기압계

UNIT 02 산소결핍

1 산소결핍의 개념

1) **산소결핍이란?** : 산소농도가 18% 미만인 상태(NIOSH 기준 19.5% 미만)
2) **산소농도 16% 이하** : 맥박과 호흡 증가, 구토, 두통
3) **산소농도 10% 이하** : 의식상실, 경련, 혈압증가, 맥박수 감소, 사망

2 산소결핍의 노출기준

산소농도(%)	산소분압 (mmHg)	동맥혈의 산소포화도(%)	증상
12~16	90~120	85~89	호흡 및 맥박수 증가, 정신집중 곤란, 두통, 이명
9~14	60~105	74~87	불완전한 정신상태, 기억상실, 전신탈력, 호흡장해, 청색증, 체온 상승, 판단력 저하
6~10	45~70	33~74	의식상실, 중추신경계장해, 안면창백, 전신근육경련
4~6 이하	45 이하	33 이하	수십 초 내에 혼수상태, 호흡정지, 사망

> 💡 **적정한 공기 상태**
> 산소 : 18% 이상 23.5% 미만
> 탄산가스 : 1.5% 미만
> 일산화탄소 : 30ppm 미만
> 황화수소 : 10ppm 미만

3 산소결핍의 원인

① **소모** : 연소, 화학반응, 호흡 등
② **치환** : 질소, 이산화탄소, 아르곤 등의 치환용 가스 사용

③ **흡수** : 지하수나 우물물의 공기 중 산소 용해, 수도나 우물의 미생물 호흡
④ **가스분출/누설** : 터널공사, 이산화탄소 소화설비 작동, 냉매 누설 등

4 산소결핍의 인체장해

1) 산소결핍증(저산소증)

① **정의** : 저산소 상태에서의 산소분압의 저하

② **특징**
- 가스 재해 중 큰 비중 차지
- 무경고성, 급성적, 치명적, 비가역적
- 산소결핍에 가장 민감한 조직은 대뇌피질
- 뇌의 산소소비량은 25%이다.
- 신경조직은 근육조직에 비해 20배의 산소를 소비한다.

③ **인체증상**
- 산소공급정지가 2분 이상일 경우 뇌의 활동성이 회복되지 않고 비가역적 파괴가 일어난다.
- 심계항진, 호흡과란, 권태감, 우울증, 현기증, 초조감 등
- 산소농도가 5~6%면 호흡감소 및 정지 후 약 7분 뒤부터 심장정지가 진행된다.

5 산소결핍 위험 작업장의 작업환경 측정 및 관리 대책

1) 작업환경 측정

① **산소농도 측정기** : 전기화학식과 검지관식으로 구분된다.
② 정확한 측정에는 전기화학식이 사용된다.
③ 감각에 의한 농도 감지가 불가능하므로 작업 전·후로 반드시 측정한다.
④ 산소결핍 위험장소에서는 산소농도 및 가연성 물질의 농도를 측정한다.

2) 관리대책

① 환기
② 보호구 착용
③ 안전대, 구명밧줄
④ 감시자 배치
⑤ 응급처치
⑥ 교육

기출문제로 다지기 — CHAPTER 02 이상기압

01. 공기의 구성 성분에서 조성비율이 표준공기와 같을 때, 압력이 낮아져 고용노동부에서 정한 산소결핍장소에 해당하게 되는데, 이 기준에 해당하는 대기압 조건은 약 얼마인가?

① 650mmHg   ② 670mmHg
③ 690mmHg   ④ 710mmHg

02. 질소 기포 형성 효과에 있어 감압에 따른 기포 형성량에 영향을 주는 주요인자와 가장 거리가 먼 것은?

① 감압속도
② 체내 수분량
③ 고기압의 노출정도
④ 연령 등 혈류를 변화시키는 상태

[해설] 감압에 따른 기포 형성량에 영향을 주는 인자는 조직에 용해된 가스량(체내 지방량, 고기압폭로 정도로 산출), 혈류 변화 정도, 감압속도이다.

03. 다음 중 압력이 가장 높은 것은?

① 2atm   ② 760mmHg
③ 14.7psi   ④ 101,325Pa

[해설] 같은 단위로 환산하여 비교한다.
① 2atm
② 760mmHg = 1atm
③ 14.7psi = 1atm
④ 101,325Pa = 101.325kPa = 1atm
※ 압력단위
1atm = 760mmHg = 760torr = 1.0332kg/cm² = 1013.25mb
= 1013.25hPa = 14.7PSI

04. 다음 중 고압환경의 영향에 있어 2차적인 가압 현상에 해당하지 않는 것은?

① 질소마취   ② 조직의 통증
③ 산소중독   ④ 이산화탄소중독

05. 다음 중 저기압이 인체에 미치는 영향으로 틀린 것은?

① 급성고산병 증상은 48시간 내에 최고도에 달하였다가 2~3일이면 소실된다.
② 고공성 폐수종은 어린아이보다 순화적응 속도가 느린 어른에게 많이 일어난다.
③ 고공성 폐수종은 진행성 기침과 호흡곤란이 나타나고, 폐동맥의 혈압이 상승한다.
④ 급성고산병은 극도의 우울증, 두통, 식욕상실을 보이는 임상증세군이며 가장 특징적인 것은 흥분성이다.

[해설] 고공성 폐수종은 어른보다 순화적응 속도가 느린 어린이에게 많이 일어난다.

06. 다음 중 산소결핍이 진행되면서 생체에 나타나는 영향을 순서대로 나열한 것은?

| ㉠ 가벼운 어지러움 | ㉡ 사망 |
| ㉢ 대뇌피질의 기능 저하 | ㉣ 중추성 기능장애 |

① ㉠ → ㉢ → ㉣ → ㉡
② ㉠ → ㉣ → ㉢ → ㉡
③ ㉢ → ㉠ → ㉣ → ㉡
④ ㉢ → ㉣ → ㉠ → ㉡

정답 01. ① 02. ② 03. ① 04. ② 05. ② 06. ①

07. 다음 중 저압 환경에 대한 직업성 질환의 내용으로 틀린 것은?

① 고산병을 일으킨다.
② 폐수종을 일으킨다.
③ 신경장해를 일으킨다.
④ 질소가스에 대한 마취작용이 원인이다.

해설 질소가스에 대한 마취작용은 고압환경에서 일어난다.

08. 다음 중 감압병의 예방 및 치료에 관한 설명으로 옳은 것은?

① 고압환경에서 작업할 때는 질소를 헬륨으로 대치한 공기를 호흡시키도록 한다.
② 잠수 및 감압방법에 익숙한 사람을 제외하고는 1분에 20cm씩 잠수하는 것이 안전하다.
③ 정상기압보다 1.25기압을 넘지 않는 고압환경에 장시간 노출되었을 때는 서서히 감압시키도록 한다.
④ 감압병의 증상이 발생하였을 때에는 인공적 산소 고압실에 넣어 산소를 공급시키도록 한다.

해설 ①항만 올바르다.
오답해설
② 잠수 및 감압방법에 익숙한 사람을 제외하고는 1분에 10m씩 잠수하는 것이 안전하다.
③ 정상기압보다 1.25기압을 넘지 않는 고압환경에서는 장시간 노출되거나 빨리 감압하여도 문제가 없다.
④ 감압병의 증상이 발생하였을 때에는 인공적 산소 고압실에 넣어 혈관 및 조직 속에 발생한 질소기포를 다시 용해시킨 다음 천천히 감압한다.

09. 다음 중 저기압의 작업환경에 대한 인체의 영향을 설명한 것으로 틀린 것은?

① 고도 10,000ft까지는 시력, 협조운동의 가벼운 장해 및 피로를 유발한다.
② 고도상승으로 기압이 저하되면 공기의 산소분압이 저하되고 동시에 폐포 내 산소분압도 저하한다.
③ 고도 18,000ft 이상이 되면 21% 이상의 산소를 필요로 하게 된다.
④ 인체 내 산소소모가 줄어들게 되어 호흡수, 맥박수가 감소한다.

해설 인체 내 산소가 부족하여 호흡수, 맥박수가 증가한다.

10. 5,000m 이상의 고공에서 비행업무에 종사하는 사람에게 가장 큰 문제가 되는 것은?

① 산소 부족
② 질소 부족
③ 탄산가스
④ 일산화탄소

11. 다음 중 이상기압의 인체작용으로 2차적인 가압현상과 거리가 먼 것은? (단, 화학적 장해를 말한다.)

① 질소마취
② 이산화탄소의 중독
③ 산소중독
④ 일산화탄소의 중독

12. 심해 잠수부가 해저 45m에서 작업을 할 때 인체가 받는 작용압과 절대압은 얼마인가?

① 작용압 : 5.5기압, 절대압 : 5.5기압
② 작용압 : 5.5기압, 절대압 : 4.5기압
③ 작용압 : 4.5기압, 절대압 : 5.5기압
④ 작용압 : 4.5기압, 절대압 : 4.5기압

정답 07. ④ 08. ① 09. ④ 10. ① 11. ④ 12. ③

해설 압력은 10m당 1기압씩 증가하고, 절대압력은 작용압력에 정상대기의 1기압을 더하여 산출된다.
- 작용압 = $45m \times \dfrac{1atm}{10m} = 4.5atm$
- 절대압 = 작용압 + 1 = 4.5 + 1 = 5.5atm

13. 다음 중 감압에 따른 인체의 기포 형성량을 좌우하는 요인과 가장 거리가 먼 것은?

① 감압속도
② 산소공급량
③ 혈류를 변화시키는 상태
④ 조직에 용해된 가스량

14. 고압환경의 영향 중 2차적인 가압현상에 관한 설명으로 틀린 것은?

① 4기압 이상에서 공기 중의 질소 가스는 마취작용을 나타낸다.
② 이산화탄소의 증가는 산소의 독성과 질소의 마취작용을 촉진시킨다.
③ 산소의 분압이 2기압을 넘으면 산소중독증세가 나타난다.
④ 산소중독은 고압산소에 대한 노출이 중지되어도 근육경련, 환청 등 후유증이 장기간 계속된다.

해설 산소중독은 고압산소에 대한 노출이 중지되면 즉시 멈춘다.

15. 고압작업에 관한 설명으로 맞는 것은?

① 산소분압이 2기압을 초과하면 산소중독이 나타나 건강장해를 초래한다.
② 일반적으로 고압 환경에서는 산소 분압이 낮기 때문에 저산소증을 유발한다.
③ SCUBA와 같이 호흡장치를 착용하고 잠수하는 것은 환경에 해당되지 않는다.
④ 사람이 절대압 1기압에 이르는 고압환경에 노출되면 개구부가 막혀 귀, 부비강, 치아 등에서 통증이나 압박감을 느끼게 된다.

해설 ①항만 올바르다.
오답해설
② 일반적으로 고압 환경에서는 산소 분압이 높기 때문에 산소중독을 유발한다.
③ SCUBA와 같이 호흡장치를 착용하고 잠수하는 것도 고압환경에 해당한다.
④ 사람이 절대압 1.25기압을 넘지 않는 고압환경에서는 오랜시간 노출되어도 인체의 피해가 없다.

16. 고압환경에서 일어날 수 있는 생체작용과 거리가 먼 것은?

① 폐수종   ② 압치통
③ 부종   ④ 폐압박

해설 폐수종은 저기압에서 일어난다.

17. 산업안전보건법에서 정하는 밀폐공간의 정의 중 "적정한 공기"에 해당하지 않는 것은? (단, 다른 성분의 조건은 적정한 것으로 가정한다.)

① 일산화탄소 100ppm 미만
② 황화수소농도 10ppm 미만
③ 탄산가스농도 1.5% 미만
④ 산소농도 18% 이상 23.5% 미만

해설 일산화탄소 30ppm 미만

정답 13. ② 14. ④ 15. ① 16. ① 17. ①

18. 다음 중 산소농도가 6% 이하인 공기 중의 산소분압으로 옳은 것은? (단, 표준상태이며, 부피기준이다.)

① 75mmHg 이하　② 65mmHg 이하
③ 55mmHg 이하　④ 45mmHg 이하

해설 $X \text{mmHg} = 760 \text{mmHg} \times 0.06 = 45.6 \text{mmHg}$

19. 다음 중 1기압(atm)에 관한 설명으로 틀린 것은?

① 약 1kgf/cm^2과 동일하다.
② Torr로는 0.76에 해당한다.
③ 수은주로 760mmHg과 동일하다.
④ 수주(水主)로 $10,332 \text{mmH}_2\text{O}$에 해당한다.

해설 Torr로는 760에 해당한다.

20. 다음 중 감압과정에서 감압속도가 너무 빨라서 나타나는 종격기종, 기흉의 원인이 되는 가스는?

① 산소　　　　② 이산화탄소
③ 질소　　　　④ 일산화탄소

21. 고도가 높은 곳에서 대기압을 측정하였더니 90,659Pa이었다. 이곳의 산소분압은 약 얼마가 되겠는가? (단, 공기 중의 산소는 21vol%이다.)

① 135mmHg　② 143mmHg
③ 159mmHg　④ 680mmHg

해설 $X mmHg = 90,659 Pa \times \dfrac{760 mmHg}{101,325 Pa} \times 0.21$
$= 142.80 mmHg$

22. 다음 중 잠함병의 주요 원인은?

① 온도　　② 광선
③ 소음　　④ 압력

23. 다음 중 감압환경의 설명 및 인체에 미치는 영향으로 옳은 것은?

① 인체와 환경 사이의 기압 차이 때문으로 부종, 출혈, 동통 등을 동반한다.
② 대기가스의 독성 때문으로 시력장애, 정신혼란, 간질모양의 경련을 나타낸다.
③ 용해질소의 기포형성 때문으로 동통성 관절장애, 호흡곤란, 무균성 골괴사 등을 일으킨다.
④ 화학적 장해로 작업력의 저하, 기분의 변화, 여러 종류의 다행증이 일어난다.

24. 다음 중 감압병의 예방 및 치료에 관한 설명으로 틀린 것은?

① 고압환경에서의 작업시간을 제한한다.
② 특별히 잠수에 익숙한 사람을 제외하고는 10m/min 속도 정도로 잠수하는 것이 안전하다.
③ 헬륨은 질소보다 확산속도가 작고 체내에서 불안정적이므로 질소를 헬륨으로 대치한 공기를 호흡시킨다.
④ 감압이 끝날 무렵에 순수한 산소를 흡입시키면 감압시간을 25% 가량 단축시킬 수 있다.

해설 헬륨은 질소보다 확산속도가 크고 체내에서 안정적이므로 질소를 헬륨으로 대치한 공기를 호흡시킨다.

정답 18. ④ 19. ② 20. ③ 21. ② 22. ④ 23. ③ 24. ③

25. 다음 설명 중 ( ) 안에 알맞은 내용으로 나열한 것은?

> 깊은 물에서 올라오거나 감압실 내에서 감압을 하는 도중에 폐압박의 경우와는 반대로 폐 속에 공기가 팽창한다. 이때는 감압에 의한 (㉠)과 (㉡)의 두 가지 건강상 문제가 발생한다.

① ㉠ 가스팽창 ㉡ 질소기포형성
② ㉠ 가스압축 ㉡ 이산화탄소 중독
③ ㉠ 질소기포 형성 ㉡ 산소중독
④ ㉠ 폐수종 ㉡ 저산소증

26. 다음 중 고압환경에서 발생할 수 있는 화학적인 인체 작용이 아닌 것은?

① 질소마취작용에 의한 작업력 저하
② 일산화탄소 중독에 의한 호흡곤란
③ 산소중독증상으로 간질 모양의 경련
④ 이산화탄소 분압증가에 의한 동통성 관절 장애

27. 산업안전보건법상의 이상기압에 대한 설명으로 틀린 것은?

① 이상기압이란 압력이 제곱센티미터당 1킬로그램 이상인 기압을 말한다.
② 사업주는 잠수작업을 하는 잠수작업자에게 고농도의 산소만을 마시도록 하여야 한다.
③ 사업주는 기압조절실에 고압작업자에게 가압을 하는 경우 1분에 제곱센티미터당 0.8킬로그램의 이하의 속도로 가압하여야 한다.
④ 사업주는 근로자가 고압작업에 종사하는 경우에 작업실 공기의 부피가 근로자 1인당 4세제곱미터 이상이 되도록 하여야 한다.

[해설] 사업주는 잠수작업을 하는 잠수작업자에게 고농도의 산소만을 들이마시도록 해서는 아니 된다. 다만, 급부상(急浮上) 등으로 중대한 신체상의 장해가 발생한 잠수작업자를 치유하기 위하여 다시 잠수하여 산소를 들이마시게 하는 경우에는 그러하지 아니하다.

28. 감압병의 예방 및 치료의 방법으로 적절하지 않은 것은?

① 잠수 및 감압방법은 특별히 잠수에 익숙한 사람을 제외하고는 1분에 10m 정도씩 잠수하는 것이 안전하다.
② 감압이 끝날 무렵에 순수한 산소를 흡입시키면 예방적 효과와 함께 감압시간을 25% 가량 단축시킬 수 있다.
③ 고압환경에서 작업 시 질소를 헬륨으로 대치할 경우 목소리를 변화시켜 성대에 손상을 입힐 수 있으므로 할로겐 가스로 대치한다.
④ 감압병의 증상을 보일 경우 환자를 원래의 고압환경에 복귀시키거나 인공적 고압실에 넣어 혈관 및 조직 속에 발생한 질소의 기포를 다시 용해시킨 후 천천히 감압한다.

[해설] 고압환경에서 작업 시 질소를 헬륨으로 대치하면 호흡저항이 적어 감압시 기포형성문제를 방지할 수 있다.

29. 저기압 상태의 작업환경에서 나타날 수 있는 증상이 아닌 것은?

① 저산소증(Hypoxia)
② 잠함병(Caisson Disease)
③ 폐수종(Pulmonary edema)
④ 고산병(Mountain Sickness)

[해설] 잠함(감압)병(Caisson Disease)은 고압상태의 작업환경에서 발생하는 증상이다.

정답 25. ① 26. ② 27. ② 28. ③ 29. ②

30. 이상기압과 건강장해에 대한 설명으로 맞는 것은?

① 고기압 조건은 주로 고공에서 비행업무에 종사하는 사람에 나타나며 이를 다루는 학문은 항공의학 분야이다.
② 고기압 조건에서의 건강장해는 주로 기후의 변화로 인한 대기압의 변화 때문에 발생하며 휴식이 가장 좋은 대책이다.
③ 고압 조건에서 급격한 압력저하(감압)과정은 혈액과 조직에 녹아있던 질소가 기포를 형성하여 조직과 순환기계 손상을 일으킨다.
④ 고기압 조건에서 주요 건강장해 기전은 산소부족이므로 고기압으로 인한 건강장해의 일차적인 응급치료는 고압산소실에서 치료하는 것이 바람직하다.

해설 ③항만 올바르다.
오답해설
① 저기압 조건은 주로 고공에서 비행업무에 종사하는 사람에 나타나며 이를 다루는 학문은 항공의학 분야이다.
② 저기압 조건에서의 건강장해는 주로 기후의 변화로 인한 대기압의 변화 때문에 발생하며 휴식이 가장 좋은 대책이다.
④ 저기압 조건에서 주요 건강장해 기전은 산소부족이므로 고기압으로 인한 건강장해의 일차적인 응급치료는 고압산소실에서 치료하는 것이 바람직하다.

31. 다음 중 이상기압의 영향으로 발생되는 고공성 폐수종에 관한 설명으로 틀린 것은?

① 어른보다 아이들에게서 많이 발생된다.
② 고공 순화된 사람이 해면에 돌아올 때에도 흔히 일어난다.
③ 산소 공급과 해면 귀환으로 급속히 소실되며, 증세는 반복해서 발병하는 경향이 있다.
④ 진해성 기침과 호흡곤란이 나타나고 폐동맥 혈압이 급격히 낮아져 구토, 실신 등이 발생한다.

해설 진해성 기침과 호흡곤란이 나타나고 폐동맥 혈압이 급격히 높아진다.

32. 다음 중 감압병 예방을 위한 이상기압 환경에 대한 대책으로 적절하지 않은 것은?

① 작업시간을 제한한다.
② 가급적 빨리 감압시킨다.
③ 순환기에 이상이 있는 사람은 취업 또는 작업을 제한한다.
④ 고압환경에서 작업 시 헬륨-산소혼합가스 등으로 대체하여 이용한다.

해설 천천히 단계적으로 감압하여야 한다.

33. 해면 기준에서 정상적인 대기 중의 산소분압은 약 얼마인가?

① 80mmHg ② 160mmHg
③ 300mmHg ④ 760mmHg

해설 전체공기 중 산소 21% 부피를 차지하고 부분부피는 부분압과 비례하므로 산소분압은 다음과 같이 계산된다.
$P_a \times f_{o_2} = 760 \times 0.21 = 159.6 mmHg$

34. 높은(고)기압에 의한 건강영향의 설명으로 틀린 것은?

① 청력의 저하, 귀의 압박감이 일어나며 고막파열이 일어날 수 있다.
② 부비강 개구부 감염 혹은 기형으로 폐쇄된 경우 심한 구토, 두통 등의 증상을 일으킨다.
③ 압력상승이 급속한 경우 폐 및 혈액으로 탄산가스의 일과성 배출이 일어나 호흡이 억제된다.
④ 3~4기압의 산소 혹은 이에 상당하는 공기 중 산소분압에 의하여 중추신경계의 장해에 기인하는 운동장해를 나타내는데 이것을 산소중독이라고 한다.

해설 압력상승이 급속한 경우 폐 및 혈액으로 탄산가스의 일과성 흡수가 일어나 산소의 독성과 질소의 마취작용을 증가시킨다.

정답 30. ③ 31. ④ 32. ② 33. ② 34. ③

35. 감압과정에서 발생한 감압병에 관한 설명으로 틀린 것은?

① 증상에 따른 진단은 매우 용이하다.
② 감압병의 치료는 재가압산소요법이 최상이다.
③ 중추신경계 감압병은 고공비행사는 뇌에, 잠수사는 척수에 더 잘 발생한다.
④ 감압병 환자는 수중재가압으로 시행하여 현장에서 즉시 치료하는 것이 바람직하다.

해설 감압병 환자는 고압실에 넣어 천천히 감압하거나 바로 원래의 고압장소로 복귀시켜야 한다.

36. 고압 및 고압산소요법의 질병 치료기전과 가장 거리가 먼 것은?

① 간장 및 신장 등 내분비계 감수성 증가효과
② 체내에 형성된 기포의 크기를 감소시키는 압력효과
③ 혈장 내 용존산소량을 증가시키는 산소분압 상승 효과
④ 모세혈관 신생촉진 및 백혈구의 살균능력 항진 등 창상 치료효과

해설 간장 및 신장 등 내분비계 감수성 감소효과가 있다.

37. 저압 환경상태에서 발생되는 질환이 아닌 것은?

① 폐수종 ② 급성 고산병
③ 저산소증 ④ 질소가스 마취장해

해설 질소가스 마취장해는 고압 환경에서 발생한다.

38. 다음 중 산소결핍의 위험이 가장 적은 작업 장소는?

① 실내에서 전기 용접을 실시하는 작업 장소
② 장기간 사용하지 않은 우물 내부의 작업 장소
③ 장기간 밀폐된 보일러 탱크 내부의 작업 장소
④ 물품 저장을 위한 지하실 내부의 청소 작업 장소

정답 35. ④ 36. ① 37. ④ 38. ①

03 CHAPTER 소음진동

UNIT 01 소음

1 소음의 정의와 단위

1) 소음의 정의 : 소음은 공기의 진동에 의한 음파 중 인간에게 감각적으로 바람직하지 못한 소리를 말한다.

2) 용어정리

① **소음레벨(SL)** : 소음계의 주파수 보정회로를 A에 놓고 측정하였을 때의 지시값을 뜻하며, "소음도"라고도 한다. 단위는 dB(A)로 나타낸다. 일반적으로 dB는 음압레벨을 나타내고, dB(A)는 소음레벨을 표시한다.

② **회화방해레벨(SIL)** : 중심주파수 500, 1000, 2000, 4000Hz의 4밴드를 분석한 산술평균을 사용하고 있다. 건강한 사람의 가청 주파수는 20~20,000Hz이고, 회화음역은 250~3,000Hz 정도이다.

③ **우선회화 방해레벨(PSIL)** : 소음을 1/1 옥타브밴드로 분석한 중심주파수 500, 1000, 2000Hz의 음압레벨의 산술평균치를 사용하고 있다.

④ **NC** : 각종 용도의 실내에서 각각 인간의 생활에 따라 허용할 수 있는 소음의 크기를 말한다. 중고음 성분의 암소음을 작게 해야 된다는 점을 착안하여, 소음을 1/1 옥타브밴드로 분석한 결과에 의해 소음 기준곡선 또는 실내의 암소음을 평가하는 방법이다.

⑤ **PNC** : NC곡선을 수정하여 저음역과 고음역을 보다 엄격하게 평가하기 위한 방법이다.

⑥ **실내소음평가지수(NRN)** : 청력장해, 회화장해, 소란스러움의 3가지 관점에서 평가한 소음의 평가 지표이다. 소음평가 곡선(NR 곡선)을 이용하여 측정 옥타브 별로 NR 곡선에 겹쳐서 가장 큰 값의 곡선과 접하는 값을 읽어서 구한다.

⑦ **등청감곡선** : 정상 청력을 가진 젊은 사람을 대상으로 한 주파수로 구성된 음에 대하여 느끼는 소리의 크기를 실험한 곡선이다.
㉠ 인간의 청감은 4,000Hz 주위의 음에서 가장 예민하며 저주파 영역에서는 둔하다.
(4,000Hz 수준에서 같은 에너지의 소리를 낮은 dB에서도 들을 수 있다.)
㉡ 같은 크기의 에너지를 가진 소리라도 주파수에 따라 크기를 다르게 느낀다.

ⓒ 가청주파수 : 20~20,000Hz
② 가청음압 : $0.00002N/m^2 \sim 20N/m^2$

⑧ 청감보정회로 : 40, 70, 100phon의 등청감곡선과 비슷하게 주파수에 따른 반응을 보정하여 측정한 음압수준으로 순차적으로 A, B, C 청감보정회로라 하며, 등청감곡선을 역으로 한 보정회로로 소음계에 내장되어 있다.

㉠ A특성 : 40phon 등청감곡선과 비슷하게 주파수에 따른 반응을 보정하여 측정한 음압수준으로, 회화레벨과 비슷하여 가장 많이 사용된다.
㉡ C특성 : 100phon 등청감곡선과 비슷하게 보정하여 측정한 값이다.
㉢ dB(A) << dB(C) : 저주파성분이 많다.
㉣ dB(A) ≈ dB(C) : 고주파성분이 많다.

3) 소음의 단위

① 데시벨(dB) : "벨" 단위를 보기 쉽게 대수를 사용하여 음의 크기를 나타내는 단위

음압레벨(dB)	인간의 감각	회화에의 영향
0	가청한계	
10		
20	무음감	
30	매우 조용한 느낌	5m 앞의 속삭임이 들린다.
40	특별히 거슬리지 않는다.	10m 떨어져서 회의가 가능
50	소음을 느낌	3m 이내에서 보통의 회화가 가능
60	소음을 무시할 수 없다.	3m 이내에서 큰 소리로 회화가 가능
70	소음에 적응하는데 시간이 걸린다.	1m 이내에서 큰 소리로 회화가 가능
80	협대역음, 8시간에 귀막기 권장	0.3m 이내에서 큰 소리로 회화가 가능
90	광대역음, 8시간에 귀막기 권장	
100	광대역음, 8시간에 청력저하	
110		귓속말로만 대화가능
120	청각의 한계	회화 불가

〈출처 : 알기쉬운 건축환경, 기문당, 2005〉

② 폰(phon) : 음의 크기 수준을 나타내는 단위로서, 순음 1,000Hz의 주파수를 가지는 음을 기준하여 나타낸 음의 크기(dB)를 의미한다.

변화량	인간의 감각
3phon	작지만 꽤 지각할 수 있다.
5phon	작지만 확실히 알 수 있다.
10phon	크기가 2배로 들린다.
15phon	매우 두드러진 변화로 느낀다.
20phon	처음부터 아주 큰 음으로 느낀다.

③ 손(sone) : 소음의 감각량을 나타내는 단위로서, 순음 1,000Hz의 40phon을 1sone으로 나타낸다.

$$\text{식}\quad S = 2^{\frac{(L_L - 40)}{10}}$$

- L_L : 음의 크기 레벨(phon)

④ 음장 : 음파가 존재하는 영역
⑤ 공명 : 2개의 진동체의 고유진동수가 같을 때 한쪽을 울리면 다른 쪽도 울리는 현상을 말한다.
⑥ 음압레벨(SPL) : 어떤 음의 음압이 기준음압의 몇 배인가를 대수로서 나타낸 것

$$\text{식}\quad SPL = 20\log\frac{P}{P_o} \ (P : \text{현재음압}, \ P_o : \text{기준음압}(2\times 10^{-5}\text{N/m}^2))$$

- $SPL = PWL - 10\log(4\pi r^2)$ (PWL : 음향파워레벨, 자유공간 기준)
- $SPL = PWL - 20\log r - 11$ (점음원, 자유공간 기준)
- $SPL = PWL - 10\log r - 8$ (선음원, 자유공간 기준)
- $SPL = PWL - 10\log(2\pi r^2)$ (PWL : 음향파워레벨, 반자유공간 기준)
- $SPL = PWL - 20\log r - 8$ (점음원, 반자유공간 기준)
- $SPL = PWL - 10\log r - 5$ (선음원, 반자유공간 기준)

⑦ 음향파워(W) : 1초간에 음원으로부터 방출되는 음에너지를 말한다.

$$\text{식}\quad W = I \times S \ (I : \text{음의 세기}, \ S : \text{표면적})$$

⑧ 파워레벨(PWL) : 기준 음향파워에 비하여 임의의 음향파워가 몇 배에 상당하는 가를 대수로 나타낸 것

$$\text{식}\quad PWL = 10 \times \log\left(\frac{W}{W_o}\right) \ (W : \text{음향파워}, \ W_o : \text{기준 음향파워} = 10^{-12}\,W)$$

⑨ 음의 세기레벨(SIL) : 최소가청음의 세기에 비하여 임의의 대상음의 세기가 몇 배에 상당하는 가를 대수로 나타낸 것

$$\text{식}\quad SIL = 10\log\left(\frac{I}{I_o}\right) \ (I : \text{음의세기(W/m}^2\text{)}, \ I_o : \text{최소가청음 세기}(10^{-12}\text{W/m}^2))$$

⑩ 음의 거리감쇠 : 음원에서 방사된 음파가 음원으로부터 거리가 멀어짐에 따라 음의 에너지가 확산하여 파면의 면적에 역비례하여 감소하는 것을 말한다.

$$\text{식}\quad L_l = 20\log\left(\frac{r_2}{r_1}\right) \ (r : \text{음원과의 거리, 점음원})$$

↳ 점음원에서 거리 2배 증가시 6dB 감소

$$L_l = 10\log\left(\frac{r_2}{r_1}\right) \ (r : \text{음원과의 거리, 선음원})$$

↳ 선음원에서 거리 2배 증가시 3dB 감소

4) 청각기의 구조 및 기능

① 외이
- 귓바퀴와 외이도로 구성된다.
- 공기진동에 의한 음을 모으는 역할을 한다.
- 외이도의 길이는 약 2.5cm 정도이다.

② 중이
- 고막과 공기로 차있는 공간을 말한다.
- 고막의 진동은 청소골(추골, 침골, 등골)의 운동을 일으키며, 특히 청소골 중 등골의 진동에 의해 내이로 전달된다.
- 청소골은 음에너지를 난원창에 전달하며 내이를 보호해 주는 방어기능이 있다.

③ 내이
- 내이 중 청각을 담당하는 곳은 달팽이관이며 전정계, 중간계, 고실계로 구성된다.
- 중간계의 기저막에는 청각기관인 코르티기관이 있으며 유모세포(Hair cell)가 있다.
- 코의 뒷부분부터 중이를 연결하는 유스타키오관이 있으며 중이의 환기와 분비물배출, 또한 압력평형을 유지해주는 기능을 한다.

2 소음의 물리적 특성

1) 파장 : 위상의 차이가 360°가 되는 거리, 즉 1주기의 거리를 파장이라 한다.

$$\boxed{식}\ \lambda = \frac{c}{f}$$

- λ: 음의 파장
- c: 음속
- f: 주파수

암기TIP 속주!

2) 주파수(f) : 한 고정점을 1초 동안에 통과하는 고압력부분과 저압력부분을 포함한 압력변화의 완전한 주기(cycle)수를 말하고 음의 높낮이를 나타낸다.
① 단위는 Hz(1/sec)를 사용한다.
② 정상청력을 가진 사람의 가청주파수 영역은 20~20,000Hz이다.

3) 주기 : 마루에서 마루나 골에서 골까지 이르는데 소요되는 시간
① 단위는 T(sec)를 사용한다.
② 주파수와 역수관계이다. $T = \frac{1}{f}$

4) **진폭** : 음원으로부터 주어진 거리만큼 떨어진 위치에서 발생되는 음의 최대변위치를 말한다.

5) **파동**

   매질 자체가 이동하는 것이 아니고 음이 전달되는 매질의 변화운동으로 이루어지는 에너지 전달이다.
   ① **종파(소밀파, P파)** : 파동의 진행 방향과 매질의 진동 방향이 평행한 파동 (예 음파, 지진파의 P파)
   ② **횡파(S파)** : 파동의 진행방향과 매질의 진동 방향이 수직한 파동파이다. (예 물결파, 전자기파, 지진파의 S파)

6) **파면** : 파동이 진행할 때 특정 시간에 같은 변위를 가지는 점들을 연결한 선이다.

7) **음선** : 음의 진행방향을 나타내는 선으로 파면에 수직한다.

8) **음파** : 공기 등의 매질을 통하여 전파하는 소밀파이며, 순음의 경우 정현파적으로 변화한다.

3 소음의 생체 작용

1) **소음공해의 특징**

   ① 축적성이 없다.
   ② 국소다발적이다.
   ③ 대책 후에 처리할 물질이 발생되지 않는다.
   ④ 감각적 공해이다.
   ⑤ 민원발생이 많다.

2) **소음에 대한 감수성**

   ① 임산부나 노약자가 더 큰 영향
   ② 남성보다 여성, 노인보다 젊은이가 소음에 대해 더 민감
   ③ 휴식이나 취침 중일 때 피해가 더 크다.

3) **신체적 영향**

   ① 혈압상승, 맥박증가, 말초혈관 수축, 심장과 간장의 흥분성 증가
   ② 호흡수 증가, 호흡깊이 감소
   ③ 타액분비량 증가, 위액의 산도저하, 위 수축운동 감소
   ④ 피로상승, 주의력 산만

4) **청력손실**

   ① **청력손실측정** : 어떤 주파수에 대해 정상 귀의 최소 가청치와 피검자와의 최소 가청치와의 비를 dB로 나타낸 것이다.

② 평균청력손실 평가 [암기TIP] a 2b c~4분법, a 2b 2c d 6분법~

$$\text{평균청력손실} = \frac{a+2b+c}{4} \text{ (4분법)}$$

$$\text{평균청력손실} = \frac{a+2b+2c+d}{6} \text{ (6분법)}$$

- a : 옥타브밴드 중심주파수 500Hz에서의 청력손실(dB)
- b : 옥타브밴드 중심주파수 1,000Hz에서의 청력손실(dB)
- c : 옥타브밴드 중심주파수 2,000Hz에서의 청력손실(dB)
- d : 옥타브밴드 중심주파수 4,000Hz에서의 청력손실(dB)

③ **난청** : 500~2,000Hz 범위에서 청력손실이 25dB 이상이 되면 난청이라 한다.
  ㉠ **소음성 난청(PTS)** : 오랫동안 소음환경하에 있는 사람에게서 발생하는 난청, 4,000Hz의 청력이 저하하고(C_5dip), 그 후 고음역, 중음역이 침범되는 현상
  ㉡ **노인성 난청** : 노화에 의해 자연적으로 발생, 고주파음인 6,000Hz에서부터 난청이 시작
  ㉢ **일시적 청력손실(TTS)** : 강력한 소음에 노출되어 생기는 난청으로 4,000~6,000Hz에서 가장 많이 발생한다.

> 💡 **소음성 난청에 영향을 미치는 요소**
> - 음압 수준(소음의 크기) : 높을수록 유해하다.
> - 소음의 특성(주파수 구성) : 고주파음이 저주파음보다 유해하다.
> - 노출시간 : 간헐적 노출이 계속적 노출보다 덜 유해하다.
> - 개인의 감수성 : 같은 소음에 노출되더라도 사람마다 반응은 달라진다.

4 소음에 대한 노출기준

1) 우리나라 소음 노출기준 [암기TIP] 소 팔(8) 구(90)

1일 노출시간(hr)	소음수준(dB)
8	90
4	95
2	100
1	105
0.5	110
0.25	115

2) 우리나라 충격소음 노출기준 [암기TIP] 23,400(2만 3천 4백)

소음수준(dB)	1일 작업시간 중 허용횟수
120	10,000
130	1,000
140	100

※ 1회라도 초과노출되어서는 안되는 충격소음의 음압기준 : 140dB

5 소음의 측정 및 평가

1) 소음계의 종류 : 정밀소음계, 지시소음계, 간이소음계

2) 등가소음레벨 : 변동이 심한 소음의 평가방법으로 소음을 일정시간 측정하여 그 평균 에너지 소음레벨로 나타낸 값이 등가소음도이다.

[식] 등가소음도(Leq) = $16.61 \log \dfrac{n_1 \times 10^{\frac{L_{A1}}{16.61}} + \cdots + n_n \times 10^{\frac{L_{An}}{16.61}}}{각 소음레벨 측정치의 발생시간 합}$

- L_A : 각 소음레벨의 측정치(dB)
- n : 각 소음레벨 측정치의 발생시간(min)

3) 옥타브밴드

① 1/1 옥타브밴드 분석기
  ㉠ 중심주파수(f_c) = $\sqrt{2}\, f_L$
  ㉡ 밴드폭 = $0.707 f_c$

② 1/3 옥타브밴드 분석기
  ㉠ 중심주파수(f_c) = $\sqrt{1.26}\, f_L$
  ㉡ 밴드폭 = $0.232 f_c$

6 소음 관리 및 예방 대책

1) 실내 평균흡음률 계산

① 평균흡음률($\bar{\alpha}$)

$$\boxed{식}\quad \bar{\alpha}=\frac{\sum S_i \alpha_i}{\sum S_i}=\frac{\text{바닥}\times\text{흡음률}+\text{벽}\times\text{흡음률}+\text{천장}\times\text{흡음률}}{\text{바닥}+\text{벽}+\text{천장}}$$

- S : 면적
- α : 흡음률

② 흡음력(A)

$$\boxed{식}\quad A=S_t\,\bar{\alpha}$$

- S_t : 실내 내부 전 표면적

③ 실정수(R)

$$\boxed{식}\quad R=\frac{S_t\,\bar{\alpha}}{1-\bar{\alpha}}$$

2) 실내소음의 저감량

① 흡음대책에 따른 실내소음 저감량

$$\boxed{식}\quad NR=SPL_1-SPL_2=10\log\left(\frac{R_2}{R_1}\right)=10\log\left(\frac{A_2}{A_1}\right)$$

- R_1 : 실내면에 대한 흡음대책 전의 실정수(m², sabin) · R_2 : 실내면에 대한 흡음대책 후의 실정수(m², sabin)
- A_1 : 실내면에 대한 흡음대책 전의 흡음력(m², sabin) · A_2 : 실내면에 대한 흡음대책 후의 흡음력(m², sabin)

3) 잔향시간(반향시간) : 밀폐된 공간(실내)에서 발생한 음 에너지가 백만분의 일(10^{-6})로 감쇠할 때까지의 시간으로 음압레벨이 60dB 감쇠하는데 필요한 시간(초)로 나타낸다.

$$\boxed{식}\quad T=\frac{0.161\,\forall}{A}=\frac{0.161\,\forall}{S_t\,\bar{\alpha}}$$

① 소음원에서 발생하는 소음과 배경소음 간의 차이가 40dB 이하인 경우에는 60dB만큼 소음이 감소하지 않기 때문에 잔향 시간이 길어지고, 정확한 측정이 어려워진다.
② 소음원에서 소음발생이 중지한 후 소음의 감소는 시간의 제곱에 비례하여 감소한다.
③ 잔향시간은 소음이 닿는 면적을 계산하기 용이한 실내에서의 흡음량을 추정하기 위하여 주로 사용한다.
④ 잔향시간과 작업장의 공간부피만 알면 흡음량을 추정할 수 있다.

4) 흡음 : 물체가 소리를 흡수하여 열에너지로 변환시키는 것을 말한다.

① **다공성 재료** : 내부 마찰, 점성저항, 소섬유의 진동으로 에너지를 상실시킴
② **판/천** : 막진동에 의해 에너지를 상실시킴
③ **좁은 항아리** : 공명에 의해 에너지를 상실시킴

5) 차음 : 외부와의 음의 교류를 차단하는 것을 말한다.

① 2중 창문
② 두꺼운 천, 철판

식 투과손실(T_L) = $10\log\dfrac{1}{\tau}$

- $\tau = \dfrac{I_t}{I_o}$

식 단일벽 투과손실(T_L) = $20\log(m \times f) - 43$

- m : 벽체의 면밀도
- f : 벽체에 수직입사되는 주파수

6) 소음대책

① **발생원 대책**
  ㉠ 원인제거, 운전스케줄의 변경
  ㉡ 강제력 저감
  ㉢ 파동차단
  ㉣ 방사율 저감, 방음박스 설치
  ㉤ 흡음덕트, 밀폐(소음원위치)

② **전파경로 대책**
  ㉠ 밀폐(전파경로위치)
  ㉡ 방음벽 흡음재 설치
  ㉢ 벽체의 차음 흡음성 강화
  ㉣ 거리감쇠
  ㉤ 지향성변환, 고주파음에 유효

③ **수음측(수진점) 대책**
  ㉠ 건물의 차음성 증대, 2중창 설치
  ㉡ 벽면의 투과손실과 실내 흡음력 증대
  ㉢ 마스킹, 귀마개

UNIT 02 진동

1 진동의 정의와 단위

1) 진동의 정의
어떤 물체가 외력에 의하여 평형상태에 있는 위치에서 좌우 또는 상하로 평형점을 중심으로 흔들리는 현상을 말한다.

2) 진동수에 따른 구분
① 전신진동 진동수 : 1~80Hz
② 국소진동 진동수 : 8~1,500Hz
③ 인간이 느끼는 최소진동역치 : 55±5dB

3) 진동의 크기를 나타내는 단위 : 변위, 속도, 가속도

4) 진동 시스템을 구성하는 3요소 : 질량, 탄성, 댐핑

2 진동의 물리적 성질

1) 진동레벨
진동레벨의 감각보정회로(수직)를 통하여 측정한 진동가속도레벨의 지시치를 말하며, 단위는 dB(V)로 표시한다. 진동가속도레벨의 정의는 $20\log(a/a_o)$의 수식에 따르고, 여기서 a는 측정하고자 하는 진동의 가속도실효치(단위 m/s²)이며, a_o는 기준진동의 가속도실효치로 10^{-5}m/s²으로 한다.

$$VAL = 20\log\left(\frac{a}{a_o}\right), \ (a: 진동가속도\ 실효치,\ a_o: 기준가속도 = 10^{-5}\text{m/s}^2)$$

- $a = \dfrac{a_s}{\sqrt{2}}$ (a_s : 진동가속도 진폭)

2) 등감각 곡선
인체의 진동에 대한 감각도 진동수에 따라 다르다는 것을 나타내는 실험곡선으로, 수직진동은 4~8Hz 범위, 수평진동은 1~2Hz 범위에서 가장 민감하다.

3 진동의 생체 작용

1) **전신진동**

   ① **영향인자**
   - ㉠ 진동의 강도
   - ㉡ 진동수
   - ㉢ 진동의 방향
   - ㉣ 진동 폭로시간(노출시간)

   ② **특징**
   - ㉠ 대개 30Hz에서 문제가 되고, 60~90Hz에서는 시력장애가 일어난다.
   - ㉡ 외부 진동의 진동수와 고유장기의 진동수가 일치하면 공명현상이 일어날 수 있다.
   - ㉢ 전신진동에 대해 인체는 대략 $0.01m/sec^2$에서 $10m/sec^2$까지 진동을 느낄 수 있다.

   ③ **인체영향**
   - ㉠ 말초혈관의 수축과 혈압 상승 및 맥박수 증가
   - ㉡ 발한, 피부 전기저항의 유발
   - ㉢ 산소소비량 증가와 폐환기 촉진 및 내분비계, 심장, 평형감각에 영향
   - ㉣ 위장장애, 내장하수증, 척추 이상, 내분비계 장애

   ④ **공명 진동수**
   - ㉠ 두부와 견부는 20~30Hz 진동에 공명하며, 안구는 60~90Hz 진동에 공명
   - ㉡ 3Hz 이하 : motion sickness, 호흡이 힘들고 산소소비가 증가한다.
   - ㉢ 6Hz : 가슴, 등에 심한 통증
   - ㉣ 13Hz : 머리, 안면, 볼, 눈꺼풀 진동
   - ㉤ 4~14Hz : 복통, 압박감 및 동통감
   - ㉥ 20~30Hz : 시력 및 청력장애

2) **국소진동**

   ① **특징**
   - ㉠ 심한 진동에 노출될 경우 조직에서 병변이 나타난다.
   - ㉡ 레이노드씨 현상 : 손가락이 희거나 검게 변하는 질환으로, 한랭환경에서 그 증상이 더 악화된다.

   ② **대책**
   - ㉠ 작업 시에는 따뜻하게 체온을 유지해 준다.
   - ㉡ 진동공구의 무게는 10kg 이상 초과하지 않도록 한다.
   - ㉢ 진동공구는 가능한 한 공구를 기계적으로 지지하여 준다.
   - ㉣ 작업자는 공구의 손잡이를 너무 세게 잡지 않는다.

ⓜ 진동공구의 사용 시에는 장갑을 착용한다.
ⓗ 발동기 부착 장비는 전동기로 바꾼다.

4 진동 관리 및 대책

1) 발생원 대책
① 중량의 경감
② 가진력 감쇠
③ 탄성지지
④ 불평형력의 균형
⑤ 동적 흡진 원인제거

2) 전파경로 대책
① 진동발생원의 이격
② 수진점 근방에 방진구 설치
③ 방진벽 설치

3) 수음측(수진점) 대책
① 수진측의 탄성지지
② 수진측의 강성 변경

4) 진동방지장비

① 공기스프링

고무로 된 용기(벨로스) 안에 압축공기를 넣어 공기의 탄성을 이용한 스프링이다. 외력의 변화에 따라 스프링상수도 변하고, 용기 안의 공기량이 일정하면 스프링의 길이는 외력과 관계없이 일정하게 유지할 수 있다. 벨로스형과 다이어프램형이다.

㉠ 적용 고유 진동수 : 1~10(Hz)
㉡ 장단점

장점	단점
• 하중의 변화에 따라 고유진동수를 일정하게 유지할 수 있다.	• 사용진폭이 적은 것이 많으므로, 별도의 damper를 필요로 하는 경우가 많다.
• 자동제어가 가능하다.	• 구조가 복잡하고 시설비가 많이 든다.
• 부하능력이 광범위하다.	• 압축기 등 부대시설이 필요하다.
• 설계수치를 광범위하게 설정할 수 있다.	• 공기누출 위험이 있다.
• 고주파진동에 대한 절연성이 좋다.	

〈출처 : 공기스프링 [air spring, 空氣—] (두산백과)〉

② 금속스프링

선형 또는 코일형, 나선형으로 된 금속 스프링으로 탄성을 이용하여 방진펌프나 모터, 팬의 방진에 주로 사용
㉠ 적용 고유 진동수 : 4(Hz) 이하
㉡ 장단점

장점	단점
• 금속패널의 종류가 많다. • 뒤틀리거나 오므라들지 않는다. • 부착이 용이하고, 내구성이 우수하다. • 용이하게 제조할 수 있으며, 가격도 저렴하다. • 저주파 차진에 좋다.(4Hz 이하) • 최대변위가 허용된다. • 환경요소에 대한 저항성이 크다.	• 감쇠가 거의 없다. • 공진시에 전달율이 매우 크다. • 고주파 진동시에 단락된다. • 서징, 락킹을 발생시킬 수 있다. • 극단적으로 낮은 스프링정수로 할 경우 소형, 경량으로 하기 어렵다. • 고주파 진동의 절연성이 고무에 비해 나쁘다. • 댐퍼를 병용할 필요가 있다.

③ 방진고무

고무를 압축 또는 전단방향으로 변형시켜 그 탄력을 스프링 작용으로 이용하여, 진동을 흡수시키는 작용을 말한다.
㉠ 적용 고유 진동수 : 1~10(Hz)
㉡ 장단점

장점	단점
• 내부감쇠저항이 크므로 damper가 불필요하다. • 압축, 전단, 비틀림 등을 조합 사용할 수 있다. • 진동수 비가 1 이상인 방진영역에서도 진동전달율이 거의 증대하지 않는다. • 고주파 차진에 좋으며, 고주파 영역에 있어서 고체음의 절연성능이 있다. • 스프링정수를 넓은 범위에 걸쳐 선정할 수 있다. • 서징이 거의 생기지 않는다.	• 스프링정수를 극히 작게 설계하기 어렵기 때문에 고유진동수의 하한을 4~5Hz으로 설계한다. • 내부마찰에 의한 발열 시 열화가 된다. • 대용량에 적용할 경우 비용이 많이 든다. • 금속스프링에 비하여 고온이나 저온에 대한 저항성이 낮다. • 환경변화에 대한 대응성이 금속 스프링에 비하여 떨어진다. • 기름이나 공기 중 오존에 취약하다.

〈출처. 기계공학용어사전, 한국사전연구사〉

④ 코르크

㉠ 재질의 균일성이 적어, 정확한 설계가 어렵다.
㉡ 처짐을 크게 할 수 없으며 고유진동수가 10Hz 전후밖에 되지 않아 진동방지라기보다는 강체 간 고체음의 전파방지에 유익한 방진재료이다.

기출문제로 다지기 — CHAPTER 03 소음진동

01. 레이노 현상(Raynaud Phenomenon)의 주된 원인이 되는 것은?

① 소음 ② 고온
③ 진동 ④ 기압

02. 소리의 크기가 $20N/m^2$이라면 음압레벨은 몇 dB(A)인가?

① 100 ② 110
③ 120 ④ 130

해설 음압레벨(SPL) $= 20\log\left(\dfrac{P}{P_o}\right)$

- $P = 20N/m^2$
- $P_o = 2 \times 10^{-5} N/m^2$

∴ 음압레벨(SPL) $= 20\log\left(\dfrac{20}{2 \times 10^{-5}}\right) = 120dB$

03. 진동 작업장의 환경관리 대책이나 근로자의 건강보호를 위한 조치로 틀린 것은?

① 발진원과 작업자의 거리를 가능한 멀리한다.
② 작업자의 체온을 낮게 유지시키는 것이 바람직하다.
③ 절연패드의 재질로는 코르크, 펠트(Felt), 유리섬유 등을 사용한다.
④ 진동공구의 무게는 10kg을 넘지 않게 하며 방진장갑 사용을 권장한다.

해설 작업자의 체온을 높게 유지시키는 것이 바람직하다.

04. 우리나라의 경우 누적소음노출량 측정기로 소음을 측정할 때 변환율(Exchange Rate)을 5dB로 설정하였다. 만약 소음에 노출되는 시간이 1일 2시간일 때 산업안전보건법에서 정하는 소음의 노출기준은 얼마인가?

① 80dB(A) ② 85dB(A)
③ 95dB(A) ④ 100dB(A)

05. 충격소음에 대한 정의로 맞는 것은?

① 최대음압수준에 100dB(A) 이상인 소음이 1초 이상의 간격으로 발생하는 것을 말한다.
② 최대음압수준에 100dB(A) 이상인 소음이 2초 이상의 간격으로 발생하는 것을 말한다.
③ 최대음압수준에 120dB(A) 이상인 소음이 1초 이상의 간격으로 발생하는 것을 말한다.
④ 최대음압수준에 130dB(A) 이상인 소음이 2초 이상의 간격으로 발생하는 것을 말한다.

06. 소음성 난청인 C_5-dip 현상은 어느 주파수에서 잘 일어나는가?

① 2000Hz ② 4000Hz
③ 6000Hz ④ 8000Hz

07. 소음발생의 대책으로 가장 먼저 고려해야 할 사항은?

① 소음원밀폐 ② 차음보호구착용
③ 소음전파차단 ④ 소음노출시간단축

해설 소음발생 대책의 순서는
소음원 대책 – 전파경로 대책 – 수진점 대책 순서이다.

 정답 01. ③ 02. ③ 03. ② 04. ④ 05. ③ 06. ② 07. ①

08. 다음 설명에 해당하는 진동방진재료는?

> 여러 가지 형태로 된 철물에 견고하게 부착할 수 있는 반면, 내구성, 내약품성이 약하고 공기 중의 오존에 의해 산화된다는 단점을 가지고 있다.

① 코르크 ② 금속스프링
③ 방진고무 ④ 공기스프링

09. 소음에 대한 대책으로 적절하지 않은 것은?

① 차음효과는 밀도가 큰 재질일수록 좋다.
② 흡음효과에 방해를 주지 않기 위해서, 다공질 재료 표면에 종이를 입혀서는 안 된다.
③ 흡음효과를 높이기 위해서는 흡음제를 실내의 틈이나 가장자리에 부착하는 것이 좋다.
④ 저주파성분이 큰 공장이나 기계실 내에서는 다공질 재료에 의한 흡음처리가 효과적이다.

[해설] 고주파성분이 큰 공장이나 기계실 내에서는 다공질 재료에 의한 흡음처리가 효과적이다. 저주파의 흡음은 어렵다.

10. 소음에 관한 설명으로 틀린 것은?

① 소음작업자의 영구성 청력손실은 4,000Hz에서 가장 심하다.
② 언어를 구성하는 주파수는 주로 250~300Hz의 범위이다.
③ 젊은 사람의 가청주파수 영역은 20~20,000Hz의 범위가 일반적이다.
④ 기준음압은 이상적인 청력 조건하에서 들을 수 있는 최소 가청음역으로, 0.02dyne/cm² 로 잡고 있다.

[해설] 기준음압은 이상적인 청력 조건하에서 들을 수 있는 최소 가청음역으로, 0.00002N/m² 로 잡고 있다.
※ $1N = 10^{-5} dyne/cm^2$

11. 전신진동에 의한 건강장해의 설명으로 틀린 것은?

① 진동수 4~12Hz에서 압박감과 동통감을 받게 된다.
② 진동수 60~90Hz에서는 두개골이 공명하기 시작하여 안구가 공명한다.
③ 진동수 20~30Hz에서는 시력 및 청력 장애가 나타나기 시작한다.
④ 진동수 3Hz 이하이면 신체가 함께 움직여 Motion Sickness와 같은 동요감을 느낀다.

[해설] 진동수 60~90Hz에서는 안구가 공명하고, 20~30Hz에서는 두부(두개골)이 공명한다.

12. 소음에 의한 청력장해가 가장 잘 일어나는 주파수는?

① 1,000Hz ② 2,000Hz
③ 4,000Hz ④ 8,000Hz

13. 25℃일 때, 공기 중에서 1000Hz인 음의 파장은 약 몇 m인가?(단, 0℃, 1기압에서의 음속은 331.5m/s이다.)

① 0.035 ② 0.35
③ 3.5   ④ 35

[해설] $\lambda = \dfrac{속도}{주파수} = \dfrac{347 m/sec}{1000회/sec} = 0.35$

14. 진동에 의한 생체영향과 가장 거리가 먼 것은?

① C_5 Dip 현상
② Raynaud 현상
③ 내분비계 장해
④ 뼈 및 관절의 장해

[해설] C_5 Dip 현상은 소음성난청의 초기단계를 나타내는 용어이다.

정답 08. ③ 09. ④ 10. ④ 11. ② 12. ③ 13. ② 14. ①

15. 등청감곡선에 의하면 인간의 청력은 저주파 대역에서 둔감한 반응을 보인다. 따라서 작업현장에서 근로자에게 노출되는 소음을 측정할 경우 저주파 대역을 보정한 청감보정회로를 사용해야 하는데 이 때 적합한 청감보정회로는?

① A특성 ② B특성
③ C특성 ④ Plat 특성

16. 소음성 난청에 영향을 미치는 요소의 설명으로 틀린 것은?

① 음압 수준 : 높을수록 유해하다.
② 소음의 특성 : 고주파음이 저주파음보다 유해하다.
③ 노출시간 : 간헐적 노출이 계속적 노출보다 덜 유해하다.
④ 개인의 감수성 : 소음에 노출된 사람이 똑같이 반응한다.

해설 개인의 감수성 : 소음은 주관적인 반응에 의해 결정되고, 노출된 사람이 각기 다르게 반응한다.

17. 0.1W의 음향출력을 발생하는 소형 사이렌의 음향파워레벨(PWL)은 몇 dB인가?

① 90   ② 100
③ 110 ④ 120

해설 식 $PWL = 10\log\dfrac{W}{W_o}$

- $W_o = 10^{-12}W$

$PWL = 10\log\dfrac{W}{W_o} = 10\log\dfrac{0.1}{10^{-12}} = 110\text{dB}$

18. 고소음으로 인한 소음성 난청 질환자를 예방하기 위한 작업환경관리방법 중 공학적 개선에 해당되지 않는 것은?

① 소음원의 밀폐
② 보호구의 지급
③ 소음원을 벽으로 격리
④ 작업장 흡음시설의 설치

해설 보호구의 지급은 관리적 개선에 해당한다.

19. 내부마찰로 적당한 저항력을 가지며, 설계 및 부착이 비교적 간결하고, 금속과도 견고하게 접착할 수 있는 방진재료는?

① 코르크   ② 펠트(Felt)
③ 방진고무   ④ 공기용수철

20. 해머 작업을 하는 작업장에서 발생되는 93dB(A)의 소음원이 3개 있다. 이 작업장의 전체 소음은 약 몇 dB(A)인가?

① 94.8 ② 96.8
③ 97.8 ④ 99.4

해설 $L_s = 10\log(10^{L_1/10} + 10^{L_2/10} + \cdots + 10^{L_n/10})$
$= 10\log(10^{93/10} \times 3) = 97.8\text{dB}$

정답 15. ① 16. ④ 17. ③ 18. ② 19. ③ 20. ③

21. 음(Sound)의 용어를 설명한 것으로 틀린 것은?

① 음선 – 음의 진행방향을 나타내는 선으로 파면에 수직한다.
② 파면 – 다수의 음원이 동시에 작용할 때 접촉하는 에너지가 동일한 점들을 연결한 선이다.
③ 음파 – 공기 등의 매질을 통하여 전파하는 소밀파이며, 순음의 경우 정현파적으로 변화한다.
④ 파동 – 음에너지의 전달은 매질의 운동에너지와 위치에너지의 교번작용으로 이루어진다.

해설 파면 – 파동이 진행할 때 특정 시간에 같은 변위를 가지는 점들을 연결한 선이다.(파동의 위상이 같은 점들을 연결한 면이다.)

22. 일반소음의 차음효과는 벽체의 단위표면적에 대하여 벽체의 무게를 2배로 할 때와 주파수가 2배로 될 때 차음은 몇 dB 증가하는가?

① 2dB　　② 6dB
③ 10dB　④ 15dB

해설 식 $TL = 20\log(m \cdot f) - 43 (dB)$

• 벽체무게 증가시 :
$TL_2 - TL_1 = [\{20\log(2m \cdot f) - 43\} - \{20\log(m \cdot f) - 43\}]$
∴ $TL_2 - TL_1 = 20\log\frac{(2 \times m \times f)}{(m \times f)} = 20\log 2 = 6.0205 dB$

• 주파수 증가시 :
$TL_2 - TL_1 = [\{20\log(m \cdot 2f) - 43\} - \{20\log(m \cdot f) - 43\}]$
∴ $TL_2 - TL_1 = 20\log\frac{(m \times 2 \times f)}{(m \times f)} = 20\log 2 = 6.0205 dB$

∴ 벽체무게 2배 증가 시나, 주파수 2배 증가 시 모두 6dB의 투과손실이 생긴다.

23. 70dB(A)의 소음을 발생하는 두 개의 기계가 동시에 소음을 발생시킨다면 얼마 정도가 되겠는가?

① 73dB(A)　　② 76dB(A)
③ 80dB(A)　　④ 140dB(A)

해설 $L_s = 10\log(10^{L_1/10} + 10^{L_2/10} + \cdots + 10^{L_n/10})$
$= 10\log(10^{70/10} \times 2) = 73.01 dB$

24. 레이노(Raynaud) 증후군의 발생 가능성이 가장 큰 작업은?

① 인쇄작업　　② 용접작업
③ 보일러 수리 및 가동　④ 공기 해머(Hammer)작업

25. 중심주파수가 8,000Hz인 경우, 하한주파수와 상한주파수로 가장 적절한 것은? (단, 1/1, 옥타브 밴드 기준이다.)

① 5,150Hz, 10,300Hz　② 5,220Hz, 10,500Hz
③ 5,420Hz, 11,000Hz　④ 5,650Hz, 11,300Hz

해설 식 $f_L = \frac{f_C}{\sqrt{2}} = \frac{8,000}{\sqrt{2}} = 5,656 Hz$

식 $f_U = \frac{f_C^2}{f_L} = \frac{(8,000)^2}{5,656} = 11,315 H_z$

26. 청력 손실치가 다음과 같을 때, 6분법에 의하여 판정하면 청력손실은 얼마인가?

> 500Hz에서 청력 손실치는 8,
> 1,000Hz에서 청력 손실치는 12,
> 2,000Hz에서 청력 손실치는 12,
> 4,000Hz에서 청력 손실치는 22이다.

① 12　　② 13
③ 14　　④ 15

해설 6분법 평균 청력손실
$= \frac{a + 2b + 2c + d}{6} = \frac{8 + (2 \times 12) + (2 \times 12) + 22}{6}$
$= 13 dB(A)$

정답　21. ②　22. ②　23. ①　24. ④　25. ④　26. ②

27. 가청주파수 최대 범위로 맞는 것은?

① 10~80,000Hz ② 20~2,000Hz
③ 20~20,000Hz ④ 100~8,000Hz

28. 진동이 발생되는 작업장에서 근로자에게 노출되는 양을 줄이기 위한 관리대책 중 적절하지 못한 항목은?

① 진동전파 경로를 차단한다.
② 완충물 등 방진재료를 사용한다.
③ 공진을 확대시켜 진동을 최소화한다.
④ 작업시간의 단축 및 교대제를 실시한다.

해설 공진을 축소시켜 진동을 최소화하여야 한다.

29. 소음의 생리적 영향으로 볼 수 없는 것은?

① 혈압 감소 ② 맥박수 증가
③ 위분비액 감소 ④ 집중력 감소

해설 혈압이 증가한다.

30. 다음 중 소음의 크기를 나타내는 데 사용되는 단위로서 음향출력, 음의 세기 및 음압 등의 양을 비교하는 무차원의 단위인 dB를 나타낸 것은? (단, I_0=기준음향의 세기, I=발생음의 세기를 나타낸다.)

① $dB = 10\log\dfrac{I}{I_0}$ ② $dB = 20\log\dfrac{I}{I_0}$

③ $dB = 10\log\dfrac{I_0}{I}$ ④ $dB = 20\log\dfrac{I_0}{I}$

31. 지상에서 음력이 10W인 소음원으로부터 10m 떨어진 곳의 음압수준은 약 얼마인가? (단, 음속은 344.4m/s, 공기의 밀도는 14.18kg/m³이다.)

① 96dB ② 99dB
③ 102dB ④ 105dB

해설 식 $SPL = PWL - 20\log r - 8$

- $PWL = 10\log\dfrac{W}{W_o} = 10\log\left(\dfrac{10}{10^{-12}}\right) = 130\text{dB}$

∴ $SPL = 130 - (20\log 10 - 8) = 102\text{dB}$

32. 가로 10m, 세로 7m, 높이 4m인 작업장의 흡음률이 (바닥은 0.1) 천장은 0.2, 벽은 0.15이다. 이 방의 평균 흡음률은 얼마인가?

① 0.10 ② 0.15
③ 0.20 ④ 0.25

해설 식 평균 흡음률 = $\dfrac{\sum \text{표면적} \times \text{흡음률}}{\sum \text{표면적}}$

$= \dfrac{(10\times 4)\times 0.15\times 2 + (7\times 4)\times 0.15\times 2 + (10\times 7)\times 0.1 + (10\times 7)\times 0.2}{(10\times 4\times 2) + (7\times 4\times 2) + (10\times 7) + (10\times 7)}$

$= 0.15$

33. 다음 중 소음성 난청에 관한 설명으로 틀린 것은?

① 소음성 난청의 초기 증상을 C-5 Dip 현상이라 한다.
② 소음성 난청은 대체로 노인성 난청과 연령별 청력 변화가 같다.
③ 소음성 난청은 대부분 양측성이며, 감각 신경성 난청에 속한다.
④ 소음성 난청은 주로 주파수 4,000Hz 영역에서 시작하여 전영역으로 파급된다.

해설 소음성 난청은 연령에 관계없이, 소음에 지속적으로 노출되는 사람에게 발생한다.

정답 27. ③ 28. ③ 29. ① 30. ① 31. ③ 32. ② 33. ②

34. 소음계(Sound Level Meter)로 소음 측정 시 A 및 C 특성으로 측정하였다. 만약 C특성으로 특정한 값이 A 특성으로 특정한 값보다 훨씬 크다면 소음의 주파수 영역은 어떻게 추정이 되겠는가?

① 저주파수가 주성분이다.
② 중주파수가 주성분이다.
③ 고주파수가 주성분이다.
④ 중 및 고주파수가 주성분이다.

해설
- C특성 〉 A특성 : 저주파
- C특성과 A특성 비슷 : 고주파

35. 다음 국소진동으로 인한 장해를 예방하기 위한 작업자에 대한 대책으로 가장 적절하지 않은 것은?

① 작업자는 공구의 손잡이를 세게 잡고 있어야 한다.
② 14℃ 이하의 옥외작업에서는 보온대책이 필요하다.
③ 가능한 공구를 기계적으로 지지(支持)해 주어야 한다.
④ 진동공구를 사용하는 작업은 1일 2시간을 초과하지 말아야 한다.

해설 작업자는 공구의 손잡이를 세게 잡지 않아야 한다.

36. 다음 중 진동에 대한 설명으로 틀린 것은?

① 전신진동에 노출 시 산소소비량과 폐환기량이 감소한다.
② 60~90Hz 정도에서는 안구의 공명현상으로 시력장해가 온다.
③ 수직과 수평진동이 동시에 가해지면 2배의 자각현상이 나타난다.
④ 전신진동의 경우 3Hz 이하에서는 급성적 증상으로 상복부의 통증과 팽만감 및 구토 등이 있을 수 있다.

해설 전신진동에 노출 시 산소소비량과 폐환기량이 증가한다.

정답 34. ① 35. ① 36. ①

04 CHAPTER 방사선

UNIT 01 전리방사선

1 전리방사선의 개요

1) **전리방사선(이온화방사선)** : 광자에너지의 강도가 12eV 이상이 되는 방사선

2) **특징**
   ① 짧은 파장을 가지고 있어 어떤 원자에서 전자를 떼내어 이온화시킬 수 있다.
   ② 비이온방사선(비전리방사선)에 비해 에너지가 크다.
   ③ 암, 생식독성 등의 영향을 준다.
   ④ 염색체, 세포, 조직에 영향을 미친다.
   ⑤ 전리방사선의 강도는 거리의 제곱에 반비례한다. (거리가 짧을수록 강도는 강해짐)

2 전리방사선의 종류

1) α선
   ① 선원은 원자핵이고, 원자핵에서 방출되는 입자로 2개의 양자, 2개의 중성자로 구성되어 있다.
   ② 투과력이 가장 낮고, 전리작용은 가장 강하다.
   ③ 외부조사로 인한 피해는 거의 없고, 대부분이 내부조사로 인해 피해가 있다.
   ④ 동위원소를 흡입, 섭취할 때 피해가 크다.

2) β선
   ① 선원은 원자핵이고, 형태는 고속의 전자(입자)이다.
   ② 원자핵에서 방출되며 음전하로 하전되어 있다.

③ α입자보다 투과력이 높고, 질량이 작다.
④ α입자보다 가볍고 속도가 10배 빠르다. 충돌할 때마다 튕겨져서 방향을 바꾼다.
⑤ 외부조사도 잠재적 위험이 되나 내부조사가 더 큰 건강상 위해를 일으킨다.
⑥ α입자보다 전리작용은 약하다. (조직의 파괴력은 α입자의 1/100)

3) γ선
① X선과 동일한 특성을 가지는 전자파 전리방사선으로 입자가 아니다.
② 원자핵 전환 또는 원자핵 붕괴에 따라 방출하는 자연발생적인 전자파이다.
③ 투과력이 커 인체를 통할 수 있다. (외부조사시 문제)
④ 전리작용은 약하다. (조직의 파괴력은 α입자의 1/10,000)

4) X선(X-ray)
① 전자를 가속화시키는 장치로부터 얻어지는 인공적인 전자파
② 에너지가 클수록 파장은 짧아진다. (파장과 에너지는 반비례관계)
③ γ선과 유사한 성질을 가진다. (투과력 강하고, 전리작용 약함)
④ 외부조사시 문제가 된다.

5) 중성자
① 간접전리방사선(물질을 직접 전리시키지 않음)
② 외부조사시 문제가 되며, 투과력이 가장 강하다.
③ 큰 질량을 가지나 하전되어 있지 않으며, 즉 전하를 띠지 않는 입자이다.

6) 양자
① 수소원자의 핵이다.
② 조직의 전리화를 잘 일으킨다.

> 💡 **전리방사선의 투과력 순서**
> 중성자 > X선, $γ$선 > $β$선 > $α$선
>
> 💡 **전리방사선의 전리작용 순서**
> $α$선 > $β$선 > 중성자, X선, $γ$선
>
> 💡 **입자 / 비입자 방사선의 구분**
> – 입자방사선 : $α$선, $β$선, 중성자
> – 비입자방사선 : X선, $γ$선

3 전리방사선의 물리적 특성

1) 파장으로서의 특성

① 빛의 속도로 이동한다.
② 직진한다.
③ 물질과 만나면 흡수 또는 산란된다.
④ 자장이나 전장에는 영향을 받지 않지만 간섭을 일으킨다.
⑤ 물질과 만나면 반사, 굴절, 확산될 수도 있다.
⑥ 여과의 형태로 극성화될 수 있다.

2) 단위

① QF(선질계수) : 동일한 방사능에 노출 시 인체에 미치는 손상정도
② 뢴트겐(R) : 노출선량의 단위로 2.58×10^{-4}쿨롬/kg
- 쿨롬(C) = 1A의 전류가 흐르는 단면적을 1초 동안 지나간 순 전하의 양
③ 래드(rad) : 흡수선량의 단위로 100erg/gram
- 1erg = 1dyne · cm
④ 퀴리(큐리, Ci) : 방사성 물질의 단위로 1초간 3.7×10^{10}개의 원자붕괴가 일어나는 방사성 물질의 양
- $1Ci = 3.7 \times 10^{10} bq$
⑤ 렘(rem) : 전리방사선의 흡수선량이 생체에 영향을 주는 정도를 표시하는 선당량의 단위로 1rem = 0.01SV이다.
⑥ Gy : 흡수선량의 단위로 1Gy = 100rad
⑦ Sv : 흡수선량이 생체에 영향을 주는 정도로 표시하는 선당량의 단위로 1Sv = 100rem

※ 조사선량 : 감마선이나 X선이 공기중에서 이동하면서 이들에 의하여 생성된 양이온 또는 전자에너지의 량
※ 흡수선량 : 방사선이 매질에 흡수된 에너지의 량
※ 유효선량 : 인체의 모든 조직과 장기의 등가선량에 조직가중치를 반영한 것
※ 등가선량 : 생체 조직 또는 장기의 평균 흡수선량에 방사선가중치를 곱한 것
→ 유효선량과 등가선량의 단위는 시버트(Sv)

4 전리방사선의 생물학적 작용

1) 전리방사선이 인체에 미치는 영향인자

① 전리작용
② 피폭선량
③ 조직의 감수성
④ 피폭방법
⑤ 투과력

2) 감수성이 큰 신체조직 특성

① 세포핵 분열이 계속적인 조직
② 증식과 재생기전이 큰 조직
③ 형태와 기능이 미완성된 조직
⇨ 유아나 어린이는 위의 특성을 지니고 있어 특히 위험하다.

3) 전리방사선에 대한 감수성 순서

> 골수, 흉선 및 림프조직, 눈의 수정체, 임파선 > 상피, 내피세포 > 근육세포 > 신경조직

4) 생체구성 성분의 손상이 일어나는 순서

> 분자수준에서의 손상 > 세포수준의 손상 > 조직, 기관의 손상 > 발암현상

5 관리대책

1) 외부폭로 방호

① **시간** : 노출시간을 단축한다.
② **거리** : 방사선과 거리를 멀리한다.
③ **차폐** : 원자번호가 크고 밀도가 큰 물질로 방어한다.

2) 내부폭로 방호

① 격리
② 희석
③ 차단

3) 노출최소화 원칙

① 작업의 최적화
② 작업의 정당성
③ 개개인의 노출량 한계

4) 측정

① **일반 측정** : Geiger-Muller, 섬광식
② **개인 피폭 측정** : Pocket dosimeter, film badge, 열발광식 선량계
③ **기준 초과 알림** : 경보장치

UNIT 02 비전리 방사선

1 비전리 방사선의 개요

1) **비전리 방사선(비이온화 방사선)** : 광자에너지의 강도가 12eV 이하가 되는 방사선

2) **특성**
   ① 전리보다 여기를 통하여 분자의 진동을 유발
   ② 에너지량은 주파수에 정비례, 파장에 반비례한다.
   ③ 대개 열에너지로 전환된다.
   ④ 전계는 비절연체에 의해 차단, 자계는 대부분의 물질을 통과

2 비전리 방사선의 종류

1) **자외선(UV)**
   ① 정의 : 파장 100~400nm의 방사선
   ② 분류
      ㉠ UV-A : 파장 320~400nm 범위로 태양광선에서 가장 많이 방출되며, 발진, 홍반, 백내장, 피부노화를 유발한다.
      ㉡ UV-B : 파장 280~315nm 범위로 도노선이라고도 불리며, 인체에 기능향상의 도움을 주어 건강선(생명선)으로도 불린다. 소독작용, 비타민 D 형성, 피부의 색소침착, 홍반, 피부암, 결막염을 유발한다.
      ㉢ UV-C : 파장 100~280nm 범위로 대부분이 성층권에 오존에 의해 흡수되어 지표까지 도달하지 못한다. 발진, 홍반, 변성작용, 단백질과 핵산분자파괴를 유발한다.
   ③ 특징
      ㉠ 254~280nm 자외선은 살균작용이 이루어진다.
      ㉡ 270~280nm 자외선은 안질환을 유발한다.(각막손상, 결막염)
      ㉢ 280~320nm 자외선은 피부암을 유발한다.
      ㉣ 지표로 도달하는 태양광선에 약 6%에 해당한다.
      ㉤ 자외선을 많이 받는 직업(특히, 아크용접 시)은 전광선 안염(전기성 안염)이 유발될 수 있다.

2) **가시광선**
   ① 정의 : 약 400nm~760nm의 방사선

② 특징
  ㉠ 조명부족, 조명과잉, 망막변성과 깊은 연관이 있다.
  ㉡ 신체반응은 주로 간접작용으로 나타난다.
  ㉢ 지표로 도달하는 태양광선에 약 34%에 해당한다.

3) 적외선(IR, 열선)
  ① 정의 : 파장 760~1,200,000nm의 방사선
  ② 분류
   ㉠ IR-C : 100,000~1,000,000nm(0.1~1mm) - 원적외선
   ㉡ IR-B : 1,400~10,000nm(1.4~10㎛) - 중적외선
   ㉢ IR-A : 700~1,400nm - 근적외선
  ③ 특징
   ㉠ 대부분 화학작용을 수반하지 않는다.
   ㉡ 쉽게 식별이 가능하다.
   ㉢ 적외선의 주파수는 물질의 고유 진동수와 비슷하여 물질에 부딪힐 때 전자기적 공진현상을 일으키며 에너지가 흡수되어 열작용을 일으킨다.
   ㉣ 지표로 도달하는 태양광선에 약 52%에 해당한다.
   ㉤ 안장애(백내장, 각막염, 홍채위축, 안검록염), 피부장애, 두부장애를 유발한다.

4) 마이크로파
  ① 정의 : 파장 1mm~1m, 주파수 30MHz~300GHz의 방사선
  ② 특징
   ㉠ 에너지량은 거리의 제곱에 반비례한다.
   ㉡ 인체에 흡수된 마이크로파는 기본적으로 열로 전환된다.
   ㉢ 마이크로파의 생물학적 작용은 출력, 피폭시간, 피폭된 조직에 따라 다르다.
   ㉣ 백내장을 유발한다.
   ㉤ 백혈구 수의 증가, 망상 적혈구 출현, 혈소판의 감소가 나타난다.

5) 레이저
  ① 정의 : 방사선 중 특정파장범위를 강력하게 증폭시켜 얻은 복사선
  ② 특징
   ㉠ 단색성, 지향성, 집속성, 고출력성의 특징이 있어 집광성과 방향조절이 용이하다.
   ㉡ 표적기관은 눈이다.
   ㉢ 각막염, 백내장, 망막염, 홍반, 수포형성, 색소침착 등을 유발한다.
   ㉣ 200~400nm 파장에서는 파장이 짧아질수록 눈에 대한 투과력이 감소한다.
   ㉤ 피부에 가역적 피해를 준다.

6) 극저주파 방사선
    ① **정의** : 주파수 1~3,000Hz의 방사선
    ② **특징**
        ㉠ 50~60Hz의 전력선과 관련된 교류와 관련되어 있다.
        ㉡ 두통, 불면증, 신경장애, 순환기장해를 유발한다.
        ㉢ 전기장은 차폐가 용이하나, 자기장은 차폐하기 어렵다.

3 관리대책

1) 자외선
    ① 폭로시간 감소
    ② 피부보호제
    ③ 차폐

2) 가시광선
    ① 작업장에서의 조도기준 준수
    ② 차광보호구 착용
    ③ 에너지원 밀폐
    ④ 차폐

3) 적외선
    ① 노출시간 제한
    ② 검출기 이용
    ③ 차광보호구
    ④ 차폐

4) 마이크로파
    ① 노출시간 제한
    ② 사전분석 및 측정
    ③ 개인보호구(울, 폴리에스터, 나일론)
    ④ 차폐

5) 레이저
    ① 밀폐
    ② 보호안경, 보호복
    ③ 근로자 교육

6) 극저주파 방사선
    ① 노출시간 제한
    ② 차폐(전기장에 유효, 자기장은 차폐가 어려움)
    ③ 측정

UNIT 03 조명

1 조명의 필요성

① 작업능률향상
② 눈 보호
③ 산업재해 예방

2 빛과 밝기의 단위

1) **루멘(lumen)** : 1촉광의 광원으로부터 한 단위입체각으로 나가는 광속의 단위

   ① 광속의 단위
   ② 1촉광 = $4\pi(12.57)$lumen

2) **럭스(lux)** : 1루멘의 빛이 $1m^2$의 평면상(구면상)에 수직으로 비칠 때의 밝기

   ① 조도의 단위
   ② 조도는 어떤 면에 들어오는 광속의 양에 비례하고 입사면의 단면적에 반비례
   ③ 조도는 입사면의 단면적에 대한 광속의 비를 의미한다.

3) **촉광(candle)** : 지름이 1인치인 촛불이 수평방향으로 비칠 때 빛의 광강도를 나타내는 단위

   밝기는 광원으로부터 거리의 제곱에 반비례한다.

4) **칸델라(candela, cd)** : 광원으로부터 나오는 빛의 세기

   ① 광도의 단위
   ② $101,325 N/m^2$ 압력하에서 백금의 응고점 온도에 있는 흑체의 $1m^2$인 평평한 표면 수직 방향의 광도를 1cd라 한다.

5) **풋 캔들(foot candle)** : 1루멘의 빛이 $1ft^2$의 평면상에 수직으로 비칠 때 그 평면의 빛 밝기

   ① 빛의 밝기
      ㉠ 광원으로부터 거리의 제곱에 반비례한다.
      ㉡ 광원의 촉광에 비례한다.
      ㉢ 조사평면과 광원에 대한 수직평면이 이루는 각에 반비례한다.
      ㉣ 색깔과 감각, 평면상의 반사율에 따라 밝기가 달라진다.
   ② 1ft cd = 10.8lux

6) 램버트 : 빛을 완전히 확산시키는 평면의 1ft²에서 1루멘의 빛을 발하거나 반사시킬 때의 밝기를 나타내는 단위

1lambert = 3.18candle/m²

> 💡 **헷갈리는 용어 정리**
> - 광도 : 광원으로부터 나오는 빛의 세기
> - 조도 : 어느 장소에 대한 밝기
> - 휘도 : 광원을 보았을 때의 눈부심
> - 광속 : 광원에서 나오는 빛의 양

3 채광 및 조명방법

1) 채광(자연조명)

① 유리창은 10~15% 조도가 감소한다.
② 많은 채광을 요할 때 남향을 선택한다.
③ 균일한 평등 조명을 요할 때 북향 또는 동북향을 선택한다.
④ 북쪽 광선은 일중 조도의 변동이 작고 균등하여 눈의 피로가 적게 발생할 수 있다.
⑤ 보통 조도는 창을 크게 하는 것보다 창의 높이를 증가시키는 것이 효과적이다.
⑥ 횡으로 긴 창보다 종으로 넓은 창이 채광에 유리하다.
⑦ 채광을 위한 창의 면적은 방바닥 면적의 15~20%가 이상적이다.
⑧ 개각은 4~5°, 입사각은 28° 이상이 좋다.
⑨ 개각이 클수록 또는 입사각이 클수록 실내는 밝다.
⑩ 개각 1° 감소를 입사각으로 보충하려면 2~5° 증가가 필요하다.

2) 조명(인공조명)

① 직접조명
  ㉠ 작업면의 빛 대부분이 광원 및 반사용 삿갓에서 직접 온다.
  ㉡ 기구의 구조에 따라 눈을 부시게 하거나 균일한 조도를 얻기 힘들다.
  ㉢ 반사각을 이용하여 광속의 90~100%가 아래로 향하게 하는 방식이다.
  ㉣ 일정량의 전력으로 조명 시 가장 밝은 조명을 얻을 수 있다.
  ㉤ 효율이 좋고, 천장면의 색조에 영향을 받지 않는다.
  ㉥ 설치비용이 저렴하다.
  ㉦ 균일한 조도를 얻기 힘들다.
  ㉧ 눈부심(현휘)과 강한 음영을 만든다.

② 간접조명
   ㉠ 광속의 90~100%를 위를 향해 발산하여 천장, 벽에서 확산시켜 균일한 조명도를 얻을 수 있는 방식이다.
   ㉡ 천장과 벽에 반사하여 작업면을 조명하는 방법이다.
   ㉢ 눈부심이 없고, 균일한 조도를 얻을 수 있다.
   ㉣ 그림자가 없다.
   ㉤ 효율이 낮고, 설치가 복잡하며, 실내의 입체감이 떨어진다.

③ 전반조명
   ㉠ 작업면에 균일한 조도 목적일 때 공장 등에서 사용한다.
   ㉡ 광원을 일정한 간격과 높이로 설치하여 균일한 조도를 얻기 위함이다.
   ㉢ 눈부심이 없고 부드러운 빛을 얻을 수 있다.

④ 국소조명
   ㉠ 작업면상의 필요한 장소만 높은 조도를 취하는 방식이다.
   ㉡ 밝고 어둠의 차이가 많아 눈부심을 일으켜 눈을 피로하게 한다.

3) 인공조명 시 고려사항
① 작업에 충분한 조도를 낼 것
② 조명도를 균등히 유지할 것
③ 폭발성 또는 발화성이 없을 것
④ 유해가스를 발생하지 않을 것
⑤ 경제적이며 취급이 용이할 것
⑥ 주광색에 가까운 광색으로 조도를 높여줄 것
⑦ 장시간 작업 시 가급적 간접조명이 되도록 설치할 것
⑧ 일반적인 작업 시 빛은 작업대 좌상방에서 비추게 할 것
⑨ 작은 물건의 식별과 같은 작업에는 음영이 생기지 않는 국소조명을 적용할 것
⑩ 광원 또는 전등의 휘도를 줄일 것
⑪ 눈이 부신 물체와 시선과의 각을 크게 할 것
⑫ 광원 주위를 밝게 하며, 조도비를 적정하게 할 것

4) 조도 증가 필요 조건(작업장 근로자 눈 보호 조건)
① 피사체의 반사율이 감소할 때
② 시력이 나쁘거나 눈에 결함이 있을 때
③ 계속적으로 눈을 뜨고 정밀작업을 할 때
④ 취급물체가 주위와의 색깔 대조가 뚜렷하지 않을 때

4 적정조명수준 [암기TIP] 초 치러 왔니?

1) **초정밀작업** : 750lux 이상
2) **정밀작업** : 300lux 이상
3) **보통작업** : 150lux 이상
4) **단순일반작업** : 75lux 이상

※ 조도조절시 전체조명과 국부조명을 병행하여 조절한다.
   (전체조명의 조도가 국부조명의 조도의 1/10~1/5 정도가 되게 한다.)

5 조명의 생물학적 작용

1) **조명부족**
   ① 근시
   ② 작업능률저하
   ③ 안정피로
   ④ 안구진탕증(갱 내부에서 잘 발생)
   ⑤ 전광성 안염

2) **조명과잉**
   ① 망막자극으로 인한 시력협칙
   ② 안정피로

6 조명의 측정방법 및 평가

1) **광전관 조도계**
   ① 시간의 지체없이 조도와 전류가 비례한다.
   ② 빛에 민감하여 피로현상을 나타내지 않는다.
   ③ 저조도까지 정밀하게 측정할 수 있다.
   ④ 대형이다.

2) **럭스계**

3) **맥버스 조도계**

기출문제로 다지기 — CHAPTER 04 방사선

01. 다음 설명 중 ( ) 안에 알맞은 내용은?

> 생체를 이온화시키는 최소에너지를 방사선을 구분하는 에너지 경계선으로 한다. 따라서, ( ) 이상의 광자 에너지를 가지는 경우를 이온화 방사선이라 부른다.

① 1eV　　② 12eV
③ 25eV　　④ 50eV

02. 1루멘(Lumen)의 빛이 1m²의 평면에 비칠 때의 밝기를 무엇이라 하는가?

① Lambert　　② 럭스(Lux)
③ 촉광(Candle)　　④ 풋 캔들(Foot Candle)

해설　① Lambert : 빛을 완전히 확산시키는 평면의 1ft²에서 1lumen의 빛을 발하거나 반사시킬 때의 밝기를 나타내는 단위
③ 촉광(Candle) : 지름이 1인치인 촛불이 수평 방향으로 비칠 때 빛의 광강도를 나타내는 단위
④ 풋 캔들(Foot Candle) : 1lumen의 빛이 1ft²의 평면상에 수직으로 비칠 때 그 평면의 빛 밝기

03. 방사선의 단위환산이 잘못된 것은?

① 1rad = 0.1Gy
② 1rem = 0.01Sv
③ 1Sv = 100rem
④ 1Bq = 2.7×10^{-11}Ci

해설　1rad = 0.01Gy

04. 갱내부 조명부족과 관련한 질환으로 맞는 것은?

① 백내장　　② 망막변성
③ 녹내장　　④ 안구진탕증

05. 피부의 색소침착 등 생물학적 작용이 활발하게 일어나서 Dorno선이라고 부르는 비전리방사선은?

① 적외선　　② 가시광선
③ 자외선　　④ 마이크로파

06. 비전리 방사선으로만 나열한 것은?

① α선, β선, 레이저, 자외선
② 적외선, 레이저, 마이크로파, α선
③ 마이크로파, 중성자, 레이저, 자외선
④ 자외선, 레이저, 마이크로파, 가시광선

해설　α선, β선, γ선, 중성자, X-ray – 전리방사선

07. 파장이 400~760nm이면 어떤 종류의 비전리방사선인가?

① 적외선　　② 라디오파
③ 마이크로파　　④ 가시광선

08. 전리방사선의 영향에 대한 감수성이 가장 큰 인체 내 기관은?

① 혈관　　② 뼈 및 근육조직
③ 신경조직　　④ 골수 및 임파구

정답　01. ②　02. ②　03. ①　04. ④　05. ③　06. ④　07. ④　08. ④

해설 [전리방사선에 대한 인체의 감수성 순서]
골수, 흉선 및 림프조직, 눈의 수정체, 임파선 > 상피, 내피세포 > 근육세포 > 신경조직

해설 광선의 파장길이, 주파수에 따라 증상과 장해출현부위가 달라진다.

09. 빛의 밝기 단위에 관한 설명 중 틀린 것은?

① 럭스(Lux) – 1ft²의 평면에 1루멘의 빛이 비칠 때의 밝기이다.
② 촉광(Candle) – 지름이 1인치되는 촛불이 수평방향으로 비칠 때가 1촉광이다.
③ 루멘(Lumen) – 1촉광의 광원으로부터 한 단위 입체각으로 나가는 광속의 단위이다.
④ 풋캔들(Foot Candle) – 1루멘의 빛이 1ft²의 평면상에 수직방향으로 비칠 때 그 평면의 빛의 양이다.

해설 럭스(Lux) – 1루멘(Lumen)의 빛이 1m²의 평면에 비칠 때의 밝기

12. 자외선으로부터 눈을 보호하기 위한 차광보호구를 선정하고자 하는데 차광도가 큰 것이 없어 두 개를 겹쳐서 사용하였다. 각각의 차광도가 6과 3이었다면 두 개를 겹쳐서 사용한 경의 차광도는 얼마인가?

① 6   ② 8
③ 9   ④ 18

해설 차광도 = (6+3)-1 = 8

10. 살균 작용을 하는 자외선의 파장범위는?

① 220~254nm   ② 254~280nm
③ 280~315nm   ④ 315~400nm

해설 파장 254~280nm 해당하는 자외선은 핵단백을 파괴하여 살균작용을 한다.

13. 사무실 책상면(1.4m²)의 수직으로 광원이 있으며 광도가 1000cd(모든 방향으로 일정하다)이다. 이 광원에 대한 책상에서의 조도(Intensity Of Illumination, Lux)는 약 얼마인가?

① 410   ② 444
③ 510   ④ 544

해설 식 조도 = $\frac{candle}{(면적)^2} = \frac{1,000}{1.4^2} = 510.20$ lux

11. 마이크로파의 생물학적 작용에 대한 설명 중 틀린 것은?

① 인체에 흡수된 마이크로파는 기본적으로 열로 전환된다.
② 마이크로파의 열작용에 가장 많은 영향을 받는 기관은 생식기와 눈이다.
③ 광선의 파장은 특정 조직의 광선 흡수 능력에 따라 장해 출현 부위가 달라진다.
④ 일반적으로 150MHz 이하인 마이크로파와 라디오파는 흡수되어도 감지되지 않는다.

14. 빛 또는 밝기와 관련된 단위가 아닌 것은?

① Cd   ② lm
③ Nit   ④ Wb

해설 Wb(weber)는 자기력선속의 MKSA 단위이다.

정답 09. ① 10. ② 11. ③ 12. ② 13. ③ 14. ④

15. 자외선에 관한 설명으로 틀린 것은?

① 비전리 방사선이다.
② 200nm 이하의 자외선은 망막까지 도달한다.
③ 생체반응으로는 적혈구, 백혈구에 영향을 미친다.
④ 280~315nm의 자외선을 도르노선(Dorno Ray)이라고 한다.

해설 200nm 이하의 자외선은 성층권의 오존에 의해 흡수되고, 270~280nm의 자외선은 망막까지 도달한다.

16. 전리방사선의 영향에 대하여 감수성이 가장 큰 인체 내의 기관은?

① 폐
② 혈관
③ 근육
④ 골수

해설 [전리방사선에 대한 감수성 순서]
골수, 흉선 및 림프조직, 눈의 수정체, 임파선 > 상피세포, 내피세포 > 근육세포 > 신경조직

17. 전리방사선이 인체에 미치는 영향에 관여하는 인자와 가장 거리가 먼 것은?

① 전리작용
② 회절과 산란
③ 피폭선량
④ 조직의 감수성

해설 전리방사선이 인체에 미치는 영향으로는 전리작용, 피폭선량, 조직의 감수성, 피폭방법, 투과력이 있다.

18. 전리방사선을 인체 투과력이 큰 것에서부터 작은 순서대로 나열한 것은?

① γ선 > β선 > α선
② β선 > γ선 > α선
③ β선 > α선 > γ선
④ α선 > β선 > γ선

19. 레이저(Lasers)에 관한 설명으로 틀린 것은?

① 레이저광에 가장 민감한 표적기관은 눈이다.
② 레이저광은 출력이 대단히 강력하고 극히 좁은 파장범위를 갖기 때문에 쉽게 산란하지 않는다.
③ 파장, 조사량 또는 시간 및 개인의 감수성에 따라 피부에 홍반, 수포형성, 색소침착 등이 생긴다.
④ 레이저광 중 에너지의 양을 지속적으로 축적하여 강력한 파동을 발생시키는 것을 지속파라고 한다.

해설 레이저광 중 에너지의 양을 지속적으로 축적하여 강력한 파동을 발생시키는 것을 맥동파라고 한다.

20. 빛과 밝기의 단위에 관한 내용으로 맞는 것은?

① Lumen : 1촉광의 광원으로부터 1m 거리에 1m^2 면적에 투사되는 빛의 양
② 촉광 : 지름이 10cm 되는 촛불이 수평방향으로 비칠 때의 빛의 광도
③ Lux : 1루멘의 빛이 1m^{2}의 구면상에 수직으로 비추어질 때의 그 평면의 빛 밝기
④ Foot-Candle : 1촉광의 빛이 1in^{2}의 평면상에 수평 방향으로 비칠 때의 그 평면의 빛의 밝기

해설 ③항만 올바르다.
오답해설
① Lumen : 1촉광의 광원으로부터 한 단위입체각으로 나가는 광속의 단위
② 촉광 : 지름이 1인치인 촛불이 수평 방향으로 비칠 때 빛의 광강도를 나타내는 단위
④ Foot-Candle : 1루멘의 빛이 1ft^{2}의 평면상에 수평 방향으로 비칠 때의 그 평면의 빛의 밝기

정답 15. ② 16. ④ 17. ② 18. ① 19. ④ 20. ③

21. 마이크로파의 생체작용과 가장 거리가 먼 것은?

① 체표면은 조기에 온감을 느낀다.
② 두통, 피로감, 기억력 감퇴 등을 나타낸다.
③ 500~1,000Hz의 마이크로파는 백내장을 일으킨다.
④ 중추신경에 대해서는 300~1200Hz의 주파수 범위에서 가장 민감하다.

해설 1,000~1,0000Hz의 마이크로파가 백내장을 일으킨다.

22. 일반적으로 인공조명 시 고려하여야 할 사항으로 가장 적절하지 않은 것은?

① 광색은 백색에 가깝게 한다.
② 가급적 간접 조명이 되도록 한다.
③ 조도는 작업상 충분히 유지시킨다.
④ 조명도는 균등히 유지할 수 있어야 한다.

해설 광색은 주광색에 가깝게 한다.

23. 빛에 관한 설명으로 틀린 것은?

① 광원으로부터 나오는 빛의 세기를 조도라 한다.
② 단위 평면적에서 발산 또는 광량을 휘도라 한다.
③ 루멘은 1촉광의 광원으로부터 단위입체각으로 나가는 광속의 단위이다.
④ 조도는 어떤 면에 들어오는 광속의 양에 비례하고, 입사면의 단면적에 반비례한다.

해설 광원으로부터 나오는 빛의 세기를 광도라고 한다.

24. 레이저광선에 가장 민감한 인체기관은?

① 눈   ② 소뇌
③ 갑상선   ④ 척수

25. 조명에 대한 설명으로 틀린 것은?

① 갱내부에서의 안구진탕증은 조명부족으로 발생할 수 있다.
② 망막 변성 등 기질적 안질환은 조명부족에 의한 영향이 큰 안질환이다.
③ 조명부족하에서 작은 대상물을 장시간 직시하면 근시를 유발할 수 있다.
④ 조명과잉은 망막을 자극해서 잔상을 동반한 시력장해 또는 시력협착을 일으킨다.

해설 망막 변성, 녹내장, 백내장 등 기질적 안질환은 조명부족과 관계가 없다.

26. 단위시간에 일어나는 방사선 붕괴율을 나타내며, 초당 3.7×10^{10}개의 원자붕괴가 일어나는 방사능 물질의 양으로 정의되는 것은?

① R   ② Ci
③ Gy   ④ Sv

27. X-선과 동일한 특성을 가지는 전자파 전리방사선으로 원자의 핵에서 발생되고 깊은 투과성 때문에 외부노출에 의한 문제점이 지적되고 있는 것은?

① 중성자   ② 알파(α)선
③ 베타(β)선   ④ 감마(γ)선

28. 다음 중 1루멘의 빛이 $1ft^2$의 평면상에 수직 방향으로 비칠 때 그 평면의 빛 밝기를 무엇이라 하는가?

① 1Lux   ② 1candela
③ 1촉광   ④ 1foot candle

29. 다음 중 자외선의 인체 내 작용에 대한 설명과 가장 거리가 먼 것은?

① 홍반은 250nm 이하에서 노출 시 가장 강한 영향을 준다.
② 자외선 노출에 의한 가장 심각한 만성영향은 피부암이다.
③ 280~320nm에서는 비타민 D의 생성이 활발해진다.
④ 254~280nm에서 강한 살균작용을 나타낸다.

해설 홍반은 300nm 부근에서 노출 시 가장 강한 영향을 준다.

30. 다음 중 피부 투과력이 가장 큰 것은?

① α선
② β선
③ X선
④ 레이저

해설 [인체 투과력 순서]
중성자 > X선, γ선 > β선 > α선

31. 전리방사선 방어의 궁극적 목적은 가능한 한 방사선에 불필요하게 노출되는 것을 최소화 하는데 있다. 국제방사선방호위원회(ICRP)가 노출을 최소화하기 위해 정한 원칙 3가지에 해당하지 않는 것은?

① 작업의 최적화
② 작업의 다양성
③ 작업의 정당성
④ 개개인의 노출량의 한계

32. 다음 중 Tesla(T)는 무엇을 나타내는 단위인가?

① 전계강도
② 자장강도
③ 전리밀도
④ 자속밀도

33. 다음 중 조명 시의 고려사항으로 광원으로부터의 직접적인 눈부심을 없애기 위한 방법으로 가장 적당하지 않는 것은?

① 광원 또는 전등의 휘도를 줄인다.
② 광원을 시선에서 멀리 위치시킨다.
③ 광원 주위를 어둡게 하여 광도비를 높인다.
④ 눈이 부신 물체와 시선의 각을 크게 한다.

해설 광원 주위를 밝게 하며, 조도비를 적절하게 하여야 한다.

34. 다음 중 자외선에 관한 설명으로 틀린 것은?

① 비전리 방사선이다.
② 태양광선, 고압수은증기등, 전기용접 등이 배출원이다.
③ 구름이나 눈에 반사되며 고층구름이 낀 맑은 날에 가장 많다.
④ 태양에너지의 52%를 차지하며 보통 700~1,400nm 파장을 말한다.

해설 태양에너지의 약 52%를 차지하는 것은 적외선이다. 자외선은 보통 100~400nm 파장을 말한다.

35. 다음 중 자외선 노출로 인해 발생하는 인체의 건강영향이 아닌 것은?

① 색소침착
② 광독성 장해
③ 피부 비후
④ 피부암 발생

해설 광이온작용을 가지고 있다.

정답 29. ① 30. ③ 31. ② 32. ④ 33. ③ 34. ④ 35. ②

36. 다음 중 단기간 동안 자외선(UV)에 초과노출될 경우 발생하는 질병은?

① Hypothermia ② Stoker's Problem
③ Welder's Flash ④ Pyrogenic Response

37. 다음 중 자연채광을 이용한 조명방법으로 가장 적절하지 않은 것은?

① 입사각은 25° 미만이 좋다.
② 실내 각 점의 개각은 4~5°가 좋다.
③ 창의 면적은 바닥면직의 15~20%가 이상적이다.
④ 창의 방향은 많은 채광을 요구할 경우 남향이 좋으며 조명의 평등을 요하는 작업실의 경우 북향이 좋다.

해설 입사각은 28° 이상이 좋다.

38. 다음 중 조명을 작업환경의 한 요인으로 볼 때 고려해야 할 중요한 사항과 가장 거리가 먼 것은?

① 빛의 색 ② 눈부심과 휘도
③ 조명 시간 ④ 조도와 조도의 분포

39. 물체가 작열(灼熱)되면 방출되므로 광물이나 금속의 용해작업, 로(Furnace) 작업 특히 제강, 용접, 야금공정, 초자제조공정, 레이저, 가열램프 등에서 발생되는 방사선은?

① X선 ② β선
③ 적외선 ④ 자외선

40. 작업장에서 통상 근로자의 눈을 보호하기 위하여 인공광선에 의해 충분한 조도를 확보하여야 한다. 다음의 조건 중 조도를 증가하지 않아도 되는 경우는?

① 피사체의 반사율이 증가할 때
② 시력이 나쁘거나 눈의 결함이 있을 때
③ 계속적으로 눈을 뜨고 정밀작업을 할 때
④ 취급물체가 주위와의 색깔에 대조가 뚜렷하지 않을 때

해설 피사체의 반사율이 감소할 때 조도를 증가하여야 한다.

41. 다음의 빛과 밝기의 단위를 설명한 것으로 옳은 것은?

> 1루멘의 빛이 1ft²의 평면상에 수직방향으로 비칠 때, 그 평면의 빛의 양, 즉 조도를 (A)이라 하고, 1m²의 평면에 1루멘의 빛이 비칠 때의 밝기를 1(B)라고 한다.

① A : 풋 캔들(Foot candle), B : 럭스(Lux)
② A : 럭스(Lux), B : 풋 캔들(Foot candle)
③ A : 캔들(candle), B : 럭스(Lux)
④ A : 럭스(Lux), B : 캔들(candle)

42. 전리방사선 중 α입자의 성질을 가장 잘 설명한 것은?

① 전리작용이 약하다.
② 투과력이 가장 강하다.
③ 전자핵에서 방출되며 양자 1개를 가진다.
④ 외부조사로 건강상의 위해가 오는 일은 드물다.

해설 ④항만 올바르다.
오답해설
① 전리작용이 강하다.
② 투과력이 가장 약하다.
③ 전자핵에서 방출되며 양자 2개와 중성자 2개를 가진다.

정답 36. ③ 37. ① 38. ③ 39. ③ 40. ① 41. ① 42. ④

43. 다음 중 유해광선과 거리와의 노출관계를 올바르게 표현한 것은?

① 노출량은 거리에 비례한다.
② 노출량은 거리에 반비례한다.
③ 노출량은 거리의 제곱에 비례한다.
④ 노출량은 거리의 제곱에 반비례한다.

44. 다음 중 눈에 백내장을 일으키는 마이크로파의 파장범위로 가장 적절한 것은?

① 1,000~10,000MHz
② 40,000~100,000MHz
③ 500~700MHz
④ 100~1,400MHz

45. 다음 중 전리방사선이 아닌 것은?

① γ선　　② 중성자
③ 레이저　　④ β선

46. 다음 중 광원으로부터의 밝기에 관한 설명으로 틀린 것은?

① 촉광에 반비례한다.
② 거리의 제곱에 반비례한다.
③ 조사평면과 수직평면이 이루는 각에 반비례한다.
④ 색깔의 감각과 평면상의 반사율에 따라 밝기가 달라진다.

해설 촉광에 비례한다.

47. 다음 중 피부에 강한 특이적 홍반작용과 색소침착, 피부암 발생 등의 장해를 모두 일으키는 것은?

① 가시광선　　② 적외선
③ 마이크로파　　④ 자외선

48. 다음 중 비전리방사선이며, 건강선이라고 불리는 광선의 파장으로 가장 알맞은 것은?

① 50~200nm　　② 280~320nm
③ 380~760nm　　④ 780~1,000nm

49. 레이저용 보안경을 착용하였을 때 4,000mW/cm²의 레이저가 0.4mW/cm²의 강도로 낮아진다면 이 보안경의 흡광도(Opitcal Density)는 얼마인가?

① 2　　② 3
③ 4　　④ 8

해설 식 $A = \log \dfrac{1}{t} = \log \dfrac{1}{1 \times 10^{-4}} = 4$

• $t = \dfrac{I_t}{I_o} = \dfrac{0.4}{4000} = 1 \times 10^{-4}$

50. 광학방사선에서 가용되는 측정량과 단위의 연결이 틀린 것은?

① 방사속 － W
② 광속 － lm(루멘)
③ 휘도 － cd/m²
④ 조도 － cd(칸델라)

해설 조도 － lux(럭스), 강도 － cd(칸델라)

정답　43. ④　44. ①　45. ③　46. ①　47. ④　48. ②　49. ③　50. ④

51. 다음 중 마이크로파에 관한 설명으로 틀린 것은?

① 주파수의 범위는 10~30,000MHz 정도이다.
② 혈액의 변화로는 백혈구의 감소, 혈소판의 증가 등이 나타난다.
③ 백내장을 일으킬 수 있으며 이것은 조직온도의 상승과 관계가 있다.
④ 중추신경에 대하여는 300~1,200MHz의 주파수 범위에서 가장 민감하다.

해설 혈액의 변화로는 백혈구의 증가, 혈소판의 감소, 망상 적혈구 출현 등이 나타난다.

52. 다음 중 전리방사선의 흡수선량이 생체에 영향을 주는 정도를 표시하는 선당량(생체실효선량)의 단위는?

① R
② Ci
③ Sv
④ Gy

53. 다음 중 조명 부족과 관련한 질환으로 옳은 것은?

① 백내장
② 망막변성
③ 녹내장
④ 안구진탕증

54. 전리방사선이 인체에 조사되면 [보기]와 같은 생체 구성성분의 손상을 일으키게 되는데, 그 손상이 일어나는 순서를 올바르게 나열한 것은?

> **보기**
> ㄱ. 발암현상
> ㄴ. 세포수준의 손상
> ㄷ. 조직 및 기관수준의 손상
> ㄹ. 분자수준에서의 손상

① ㄹ→ㄴ→ㄷ→ㄱ
② ㄹ→ㄷ→ㄴ→ㄱ
③ ㄴ→ㄹ→ㄷ→ㄱ
④ ㄴ→ㄷ→ㄹ→ㄱ

55. 다음 중 파장이 가장 긴 것은?

① 자외선
② 적외선
③ 가시광선
④ X선

56. 다음 중 비이온화 방사선의 파장별 건강영향으로 틀린 것은?

① UV-A : 315~400nm, 피부노화촉진
② IR-B : 780~1,400nm, 백내장, 각막화상
③ UV-B : 280~315nm, 발진, 피부암, 광결막염
④ 가시광선 : 400~780nm, 광화학적이거나 열에 의한 각막손상, 피부화상

해설 IR-B : 1,400~10,000nm, 홍반, 혈액량증가, 각막손상, 안구건조증

57. 다음 중 작업장 내 조명방법에 관한 설명으로 틀린 것은?

① 나트륨 등은 색을 식별하는 작업장에 가장 적합하다.
② 백열전구와 고압수은등을 적절히 혼합시켜 주광에 가까운 빛을 얻는다.
③ 천정, 마루, 기계, 벽 등의 반사율을 크게 하면 조도를 일정하게 얻을 수 있다.
④ 천장에 바둑판형 형광등의 배열은 음영을 약하게 할 수 있다.

해설 나트륨 등은 가로등, 차도의 조명으로 사용한다. 색의 식별에는 부적합하다.

정답 51. ② 52. ③ 53. ④ 54. ① 55. ② 56. ② 57. ①

58. 다음 중 방사선량 중 노출선량에 관한 설명으로 가장 알맞은 것은?

① 조직의 단위 질량당 노출되어 흡수된 에너지량이다.
② 방사선의 형태 및 에너지 수준에 따라 방사선 가중치를 부여한 선량이다.
③ 공기 1kg당 1쿨롱의 전하량을 갖는 이온을 생성하는 X선 또는 감마선량이다.
④ 인체 내 여러 조직으로의 영향을 합계하여 노출지수로 평가하기 위한 선량이다.

해설 ③항만 올바르다.

59. 빛의 단위 중 광도(Luminance)의 단위에 해당하지 않는 것은?

① $lumen/m^2$
② Lambert
③ nit
④ cd/m^2

해설 럭스($lumen/m^2$)는 조도에 해당한다.

60. 다음 중 적외선 노출에 대한 대책으로 적절하지 않은 것은?

① 차폐에 의해서 노출강도를 줄이기는 어렵다.
② 적외선으로부터 피해를 막기 위해서는 노출강도를 제한해야 한다.
③ 적외선으로부터 장해를 막기 위해서는 노출기간을 제한하여야 한다.
④ 장해는 주로 망막이기 때문에 적외선 발병률을 직접 보는 것을 피해야 한다.

해설 차폐에 의해서 노출강도를 줄일 수 있다.

61. 다음 중 전리방사선에 관한 설명으로 틀린 것은?

① β 입자는 핵에서 방출되면 양전하로 하전되어 있다.
② 중성자는 하전되어 있지 않으며 수소동위원소를 제외한 모든 원자핵에 존재한다.
③ X선에 에너지는 파장에 역비례하여 에너지가 클수록 파장은 짧아진다.
④ α입자는 핵에서 방출되는 입자로서 헬륨 원자의 핵과 같이 두 개의 양자와 두 개의 중성자로 구성되어 있다.

해설 β 입자는 핵에서 방출되면 음전하로 하전되어 있다.

62. 비전리 방사선의 종류 중 옥외작업을 하면서 콜타르의 유도체, 벤조피렌, 안트라센 화합물과 상호작용하여 피부암을 유발시키는 것으로 알려진 비전리 방사선은?

① γ선
② 자외선
③ 적외선
④ 마이크로파

63. 다음 중 조명과 채광에 관한 설명으로 틀린 것은?

① $1m^2$당 1lumen의 빛이 비칠 때의 밝기를 1lux라고 한다.
② 밝기에 대한 사람의 감각은 방사되는 광속과 파장에 의해 결정된다.
③ 1lumen은 단위 조도의 광원으로부터 입체각으로 나가는 광속의 단위이다.
④ 조명을 작업환경의 한 요인으로 볼 때 고려해야 할 중요한 사항은 조도와 조도의 분포, 눈부심과 휘도, 빛의 색이다.

해설 밝기에 대한 사람의 감각은 방사되는 광속의 양으로 결정된다. 밝기에 대한 사람의 감각을 조도라 한다.

정답 58. ③ 59. ① 60. ① 61. ① 62. ② 63. ②

64. 다음 중 빛과 밝기의 단위에 관한 설명으로 틀린 것은?

① 반사율은 조도에 대한 휘도의 비로 표시한다.
② 광원으로부터 나오는 빛의 양을 광속이라고 하며 단위는 루멘을 사용한다.
③ 광원으로부터 나오는 빛의 세기를 광도라고 하며 단위를 칸델라를 사용한다.
④ 입사면의 단면적에 대한 광도의 비를 조도라 하며 단위는 촉광을 사용한다.

해설 입사면의 단면적에 대한 광속의 비를 조도라 하며 단위는 럭스를 사용한다

65. 다음 중 마이크로파의 생체작용에 관한 설명으로 틀린 것은?

① 눈에 대한 작용 : 10~100MHz의 마이크로파는 백내장을 일으킨다.
② 혈액의 변화 : 백혈구 증가, 망상적혈구의 출현, 혈소 감소 등을 보인다.
③ 생식기능에 미치는 영향 : 생식기능상의 장애를 유발할 가능성이 기록되고 있다.
④ 열작용 : 일반적으로 150MHz 이하의 마이크로파는 신체에 흡수되어도 감지되지 않는다.

해설 눈에 대한 작용 : 1,000~10,000MHz의 마이크로파는 백내장을 일으킨다.

66. 유해광선 중 적외선의 생체작용으로 인하여 발생할 수 있는 장해와 거리가 먼 것은?

① 안장해 ② 피부장해
③ 조혈장해 ④ 두부장해

67. 다음 중 광원으로부터 밝기에 관한 설명으로 틀린 것은?

① 루멘은 1촉광의 광원으로부터 한 단위 입체각으로 나가는 광속의 단위이다.
② 밝기는 조사평면과 광원에 대한 수직평면이 이루는 각에 비례한다.
③ 밝기는 광원으로부터의 거리 제곱에 반비례한다.
④ 1촉광은 4π루멘으로 나타낼 수 있다.

해설 밝기는 조사평면과 광원에 대한 수직평면이 이루는 각에 반비례한다.

68. 다음 중 인공조명 시에 고려하여야 할 사항으로 옳은 것은?

① 폭발과 발화성이 없을 것
② 광색은 야광색에 가까울 것
③ 장시간 작업 시 광원은 직접조명으로 할 것
④ 일반적인 작업 시 우상방에서 비치도록 할 것

해설 ①항만 올바르다.
오답해설
② 광색은 주광색에 가까울 것
③ 장시간 작업 시 광원은 가급적 간접조명으로 할 것
④ 일반적인 작업 시 좌상방에서 비치도록 할 것

정답 64. ④ 65. ① 66. ③ 67. ② 68. ①

온라인 교육의 명품브랜드 www.edupd.com
에듀피디
EDUPD

알기 쉽게 풀어쓴 **산업위생관리(산업)기사** 3판

PART 5

제 5 과목
산업독성학
(기사)

01 입자상 물질

02 유해화학물질

03 중금속

04 인체구조 및 대사

01 CHAPTER 입자상 물질

※ 본 과목은 산업위생관리산업기사/기사 모두에 해당됩니다.

UNIT 01 종류, 발생, 성질

1 입자상 물질의 정의

물질의 파쇄, 선별 등 기계적 처리 혹은 연소, 합성, 분해 시에 발생하는 고체상 또는 액체상의 미립자를 말한다.

2 입자상 물질의 종류

1) 먼지
크기에 따라 분류되는 공기에 떠있는 액체, 고체상 물질(PM-10, PM-2.5, 비산먼지, 호흡성먼지, 흡입성먼지, 흉곽성먼지, 강하분진 등)

2) 미스트 : 공기 중에 떠있는 액체상 물질(오일미스트, 황산미스트)

3) 흄 : 금속이 승화되어 생긴 기체가 냉각·응축되어 형성된 미립자

① 특징
  ㉠ 크기가 $1\mu m$ 이하로 매우 작아 대부분 브라운운동을 한다.
  ㉡ 브라운운동에 의해 상호충돌·응집한다.
  ㉢ 입자의 크기가 균일성을 갖는다.

② 생성기전
  ㉠ 금속의 증기화
  ㉡ 증기물의 산화
  ㉢ 산화물의 응축

4) **섬유** : 길이가 5μm 이상이고 길이와 폭의 비가 3:1 이상인 물질

5) **안개** : 공기 중에 떠있는 액체상 물질(주로 수증기를 의미), 미스트와 가시거리 차이로 구분한다.
   가시거리 : 미스트(1km 이상) > 안개(1km 미만)

6) **스모그**
   smoke(연기)+fog(안개)의 합성어로 오염물질이 안개처럼 발생한 상태를 말한다. 액체와 고체의 혼합물질로 두 상이 함께 존재한다.

3 입자상 물질의 모양 및 크기

1) **광학직경** : 현미경으로 측정한 직경
   ① **마틴경** : 입자의 면적을 이등분하는 직경, 과소평가의 위험성
   ② **헤이후드경(등면적직경)** : 입자와 등면적을 가진 원의 직경(가장 정확)
   ③ **페레트경** : 입자의 가장자리를 수직으로 내려 이은 선을 직경으로 함, 과대평가의 위험성

2) **역학적 직경**
   ① **스토크스경** : 대상입자와 침강속도가 같고 밀도도 같은 구형입자의 직경
   ② **공기역학적경** : 대상입자와 침강속도가 같고 단위밀도를 갖는 구형입자의 직경
   ※ 단위밀도=$1g/cm^3$(물의 밀도)

3) **입자크기에 따른 폐침착**
   ① **흡입성 입자(IPM)** : 호흡기계 어느 부위에 침착하더라도 유해한 입자상 물질, 100μm
   ② **흉곽성 입자(TPM)** : 기관지계나 가스교환부위인 폐포 어느 곳에 침착하더라도 유해한 입자상 물질, 10μm
   ③ **호흡성 입자(RPM)** : 가스교환부위인 폐포에 침착하여 유해성을 줄 수 있는 입자상 물질, 4μm(평균 입경 4μm, 공기역학적 직경 10㎛ 이하)

4 여과이론

1) **관성충돌** : 입자가 관성력에 의하여 여과됨, 0.5μm 이상 입자제거
   ① 지름이 크고, 공기흐름이 빠를 때 잘 발생
   ② 불규칙한 호흡기계에서 잘 발생

2) **접촉차단(간섭)** : 입자가 공기의 흐름에 따라 이동하다가 여과지에 걸림, 0.1~1μm 입자제거 섬유입자의 주요 제거 기전

3) **확산** : 농도차, 브라운 운동에 의해서 이동하다가 여과지에 걸림, 0.5μm 이하 입자제거 이동속도가 느릴수록 제거기전 활발(침강속도 0.001cm/sec 이하)

4) **중력침강** : 중력에 의해 입자제거, 5μm 이상 입자제거
   ① 먼지의 운동속도가 낮은 미세먼지나 폐포에서 주로 작용하는 기전
   ② 중력침강은 입자 모양과는 관계가 없음

5) **정전기**

> 💡 **입경별 동시 작용 기전**
> - 0.1~0.5μm 입자 포집기전 : 확산 + 간섭
> - 0.5~1μm 입자 포집기전 : 간섭 + 충돌

UNIT 02 인체영향

1 인체 내 축적 및 제거

1) 인체 부위별 축적입자크기
① **폐포** : 1㎛ 이하 입자
② **기관지** : 1~5㎛ 입자
③ **코와 인후** : 5~30㎛ 입자

2 직업성 천식

1) 발생기전
① 항원공여세포의 천식유발물질 탐식
② 2형보조 T림프구의 IgE 혹은 IgG의 생성 및 분비를 위한 B림프구 활성화

③ 비만세포와 호염구에서 화학물질 분비
④ 기관지 점액 증가로 기관지염, 비염, 천식 유발
⑤ 특정 알레르기 항원 기억으로 인한 민감도 증가

2) 원인물질
① **금속** : 백금, 니켈, 크롬, 알루미늄
② **화학물** : TDI, MDI, 산화무수물, 송진연무, TMA
③ **약제** : 항생제, 소화제
④ **생물학적 물질** : 동물 분비물, 털, 목재분진, 밀가루, 라텍스, 진드기

3 진폐증

1) 정의
호흡기를 통하여 폐에 침입하는 분진이 폐 조직에 침착되어 병리적인 변화를 일으킨 상태를 말한다.
① 세포들 사이에 콜라겐 섬유가 증식하는 현상
② 폐포의 섬유화
③ 산소교환이 정상적으로 이루어지지 않는 현상

2) 진폐증의 종류
① 무기성 분진에 의한 진폐증

질환명	원인물질	특징
규폐증	실리카	합병증으로 폐결핵이 유발된다.
탄광부진폐증	석탄분진, 유리규산	기침과 숨가쁨, 20년 이상 석탄 또는 흑연을 흡입하는 것에서 기인, 괴상성섬유화, 국소성 폐기종
석면폐증	석면	초기에 천식발작 증상, 폐암으로 발전 가능성 농후, 악성중피종, 폐의 섬유화와 흉막의 비후화
용접자폐증	중금속 용접 흄, 결정형 규석, 산화철 분진	호흡곤란, 기침, 가슴통증
주석폐증	주석	호흡곤란, 기침
바륨폐증	바륨	호흡곤란, 기침
활석폐증	활석	호흡곤란, 기침
알루미늄폐증	알루미늄	호흡곤란, 기침

② 유기성 분진에 의한 진폐증

질환명	원인물질	특징
면폐증	면섬유	면으로 작업하는 사람에서 거의 전적으로 발생, 흉부의 쌕쌕거림과 긴장 초래
농부폐증	동물조직, 분비물, 사료, 미생물 혼합체	호열성 방선균의 과민증상
목재분진폐증	목분진	호흡곤란, 기침

③ 교원성 진폐증
  ㉠ 폐포조직의 비가역적 반응
  ㉡ 간질반응이 명백하고 정도가 심함
  ㉢ 석면폐증, 규폐증, 탄광부진폐증 [암기TIP] 석 면 규 탄!

④ 비교원성 진폐증
  ㉠ 폐 조직의 가역적 반응
  ㉡ 간질반응 경미, 망상섬유
  ㉢ 바륨폐증, 칼륨폐증, 주석폐증, 용접공폐증 [암기TIP] 바지락 칼국수 주세 용!

3) 특성에 따른 분진의 분류
  ① **진폐성** : 규산, 석면, 활석, 흑연
  ② **불활성** : 석탄, 시멘트, 탄화수소
  ③ **알레르기성** : 꽃가루, 털, 나뭇가루
  ④ **발암성** : 석면, 니켈카보닐, 니켈, 아연계 색소

4) 진폐증 발생 영향인자
  ① 노출기간
  ② 분진농도
  ③ 분진크기
  ④ 분진의 종류
  ⑤ 작업강도
  ⑥ 보호시설의 유무
  ⑦ 보호장비의 착용여부

4 석면에 의한 건강장해

1) 정의

규산과 산화마그네슘 등을 함유하며 백석면(크리소타일), 청석면(크로시돌라이트), 갈석면(아모사이트), 안토필라이트, 트레모라이트 또는 액티노라이트의 섬유상이라고 정의하고 있다.

2) 특성
① 절연성, 내열성, 내산성, 내알칼리성
② 화학적으로 안정
③ 농도를 개수로 측정(개/cc 또는 개/cm^3)
④ 잠복기 15~20년, 1급 발암물질

3) 석면의 독성크기
청석면(크로시돌라이트) > 갈석면(아모사이트) > 백석면(크리소타일)

4) 석면관련 질병
① 폐암
② 악성중피종
③ 석면폐증

5) 관리대책
① 습식작업 권장
② 격리
③ 작업실 음압유지
④ 국소배기장치 설치(밀폐가 어려운 경우)
⑤ 보호구 착용
⑥ 주기적인 농도 모니터링

5 인체 방어기전

1) 점액 섬모운동
① 가장 기초적인 방어기전이며, 점액 섬모운동에 의한 배출 시스템으로 폐포로 이동하는 과정에서 이물질을 제거하는 역할을 한다.
② 기관지에서의 방어기전을 의미한다.
③ 정화작용을 방해하는 물질 : 카드뮴, 니켈, 황화합물

2) 대식세포에 의한 작용
① 대식세포가 방출하는 효소에 의해 용해되어 제거된다.
② 폐포의 방어기전을 의미한다.
③ 대식세포에 의해 용해되지 않는 대표적 독성물질 : 유리규산, 석면 등

기출문제로 다지기 — CHAPTER 01 입자상 물질

01. 유기성 분진에 의한 진폐증에 해당하는 것은?

① 규폐증 ② 탄소폐증
③ 활석폐증 ④ 농부폐증

02. 직업성 천식을 유발하는 물질이 아닌 것은?

① 실리카
② 목분진
③ 무수트리멜리트산(TMA)
④ 톨루엔디이소시안산염(TDI)

해설 실리카는 진폐증(진폐증 중 규폐증)을 유발한다.

03. 공기역학적 직경(Aerodynamic Diameter)에 대한 설명과 가장 거리가 먼 것은?

① 역학적 특성, 즉 침강속도 또는 종단속도에 의해 측정되는 먼지 크기이다.
② 직경분립충돌기(Cascade Impactor)를 이용해 입자의 크기 및 형태 등을 분리한다.
③ 대상 입자와 같은 침강속도를 가지며 밀도가 1인 가상적인 구형의 직경으로 환산한 것이다.
④ 마틴 직경, 페렛 직경 및 등면적 직경(Projected Area Diameter)의 세 가지로 나누어진다.

해설 마틴 직경, 페렛 직경 및 등면적 직경(Projected Area Diameter)은 광학직경의 구분이다.

04. 유기성 분진에 의한 것으로 체내 반응보다는 직접적인 알레르기 반응을 일으키며 특히 호열성 방선균류의 과민증상이 많은 진폐증은?

① 농부폐증 ② 규폐증
③ 석면폐증 ④ 면폐증

05. 직업성 천식에 대한 설명으로 틀린 것은?

① 작업 환경 중 천식을 유발하는 대표물질로 톨루엔 디이소시안산염(TDI), 무수트리멜리트산(TMA)을 들 수 있다.
② 항원공여세포가 탐식되면 T림프구 중 I형살 T림프구(Type I Killer T Cell)가 특정 알레르기 항원을 인식한다.
③ 일단 질환에 이환하게 작업 환경에서 추후 소량의 동일한 유발물질에 노출되더라도 지속적으로 증상이 발현된다.
④ 직업성 천식은 근무시간에 증상이 점점 심해지고, 휴일 같은 비근무시간에 증상이 완화되거나 없어지는 특징이 있다.

해설 항원공여세포가 천식유발물질이 탐식하면, T림프구 중 II형 보조 T림프구(Type I Killer T Cell)가 특정 알레르기 항원을 인식하여 B림프구를 활성화시킨다.

06. 입자상 물질의 하나인 흄(Fume)의 발생기전 3단계에 해당하지 않는 것은?

① 산화 ② 응축
③ 입자화 ④ 증기화

정답 01. ④ 02. ① 03. ④ 04. ① 05. ② 06. ③

07. 흡입된 분진이 폐 조직에 축적되어 병적인 변화를 일으키는 질환을 총괄적으로 의미하는 용어는?

① 천식 ② 질식
③ 진폐증 ④ 중독증

08. ACGIH에 의한 입자상 물질의 분진의 이름과 호흡기계 부위별 누적빈도 50%에 해당하는 크기가 연결된 것으로 틀린 것은?

① 폐포성 분진 – 1μm
② 호흡성 분진 – 4μm
③ 흉곽성 분진 – 10μm
④ 흡입성 분진 – 100μm

해설 폐포성 분진이라는 구분은 존재하지 않는다. 호흡성 분진이 폐포에 침착되는 분진을 의미한다.

09. 규폐증(Silicosis)에 관한 설명으로 틀린 것은?

① 석영 분진에 직업적으로 노출될 때 발생하는 진폐증의 일종이다.
② 채석장 및 모래분사 작업장에 종사하는 작업자들이 잘 걸리는 폐질환이다.
③ 석면의 고농도분진을 단기적으로 흡입할 때 주로 발생되는 질병이다.
④ 역사적으로 보면 이집트의 미이라에서도 발견되는 오랜 질병이다.

해설 규폐증은 규산을 장기적(만성)으로 흡입할 때 주로 발생되는 질병이다. 석면을 장기적(만성)으로 흡입할 때 발생되는 질병으로는 석면폐증, 악성중피종 등이 있다.

10. 진폐증을 일으키는 물질이 아닌 것은?

① 철 ② 흑연
③ 베릴륨 ④ 셀레늄

해설 진폐증을 일으키는 물질에는 유기성 분진(면, 곡물, 목재 등)과 광물성 분진(철, 탄소, 규소, 흑연, 칼륨 등)이 있다.

11. 입자의 호흡기계 축적기전이 아닌 것은?

① 충돌 ② 변성
③ 차단 ④ 확산

해설 입자상 물질의 호흡기계 축적기전은 중력에 의한 침전, 관성력에 의한 충돌, 접촉차단, 정전기 그리고 확산이다.

12. 건강영향에 따른 분진의 분류와 유발물질의 종류로 잘못 짝지은 것은?

① 유기성 분진 – 목분진, 면, 밀가루
② 알레르기성 분진 – 크롬산, 망간, 황
③ 진폐성 분진 – 규산, 석면, 활석, 흑연
④ 발암성 분진 – 석면, 니켈카보닐, 아민계 색소

해설 알레르기성 분진 – 꽃가루, 털, 나뭇가루

13. 인체에 미치는 영향에 있어서 석면(Asbestos)은 유리규산(Free Silica)과 거의 비슷하지만 구별되는 특징이 있다. 석면에 의한 특징적 질병 혹은 증상은?

① 폐기종 ② 악성중피종
③ 호흡곤란 ④ 가슴의 통증

해설 악성중피종은 오직 석면에 의해서만 발병된다.

정답 07. ③ 08. ① 09. ③ 10. ④ 11. ② 12. ② 13. ②

14. 폐결핵을 합병증으로 하여 폐하엽 부위에 많이 생기는 증상으로 맞는 것은?

① 면폐증　　② 철폐증
③ 규폐증　　④ 석면폐증

15. 다음 중 주로 비강, 인후두, 기관 등 호흡기의 기도 부위에 축적됨으로써 호흡기계 독성을 유발하는 분진은?

① 호흡성 분진　　② 흡입성 분진
③ 흉곽성 분진　　④ 총부유 분진

해설 비강, 인후두, 기관, 호흡기, 기도 등 호흡기 전반에 축적되는 분진은 흡입성 분진으로 분류된다.

16. 다음 중 직업성 천식이 유발될 수 있는 근로자와 거리가 가장 먼 것은?

① 채석장에서 돌을 가공하는 근로자
② 목분진에 과도하게 노출되는 근로자
③ 빵집에서 밀가루에 노출되는 근로자
④ 폴리우레탄 페인트 생산에 TDI를 사용하는 근로자

해설 채석장에서 돌을 가공하는 근로자는 규산의 흡입으로 인한 규폐증이 유발된다.

17. 다음 중 무기성 분진에 의한 진폐증이 아닌 것은?

① 규폐증　　② 용접공폐증
③ 철폐증　　④ 면폐증

해설 면폐증은 유기성 분진이다.

18. 다음 중 기관지와 폐포 등 폐 내부의 공기통로와 가스 교환 부위에 침착되는 먼지로서 공기역학적 지름이 30μm 이하의 크기를 가지는 것은?

① 흉곽성 먼지　　② 호흡성 먼지
③ 흡입성 먼지　　④ 침착성 먼지

해설
㉠ 흡입성 입자(IPM) : 호흡기계 어느 부위에 침착하더라도 유해한 입자상 물질, 100μm
㉡ 흉곽성 입자(TPM) : 기관지계나 가스교환부위인 폐포 어느 곳에 침착하더라도 유해한 입자상 물질, 10μm
㉢ 호흡성 입자(RPM) : 가스교환부위인 폐포에 침착하여 유해성을 줄 수 있는 입자상 물질, 4μm

19. 다음 중 주성분으로 규산과 산화마그네슘 등을 함유하고 있으며 중피종, 폐암 등을 유발하는 물질은?

① 석면　　② 석탄
③ 흑연　　④ 운모

20. 다음 중 직업성 천식을 유발하는 원인 물질로만 나열된 것은?

① 알루미늄, 2-Bromopropane
② TDI(Toluene Diisocynate), Asbestors
③ 실리카, DBCP(1, 2-dibromo-3-chloropropane)
④ TDI(Toluene Diisocynate), TMA(Trimellitic Anhydribe)

21. 다음 중 채석장 및 모래 분사 작업장(Sandblasting) 작업자들이 석영을 과도하게 흡입하여 발생하는 질병은?

① 규폐증　　② 석면폐증
③ 탄폐증　　④ 면폐증

정답　14. ③　15. ②　16. ①　17. ④　18. ①　19. ①　20. ④　21. ①

22. 다음 중 직업성 폐암을 일으키는 물질과 가장 거리가 먼 것은?

① 니켈　　　　② 결정형 실리카
③ 석면　　　　④ β-나프틸아민

해설　β-나프틸아민은 췌장암을 유발한다.

23. 다음 중 직업성 천식의 발생 작업으로 볼 수 없는 것은?

① 석면을 취급하는 근로자
② 밀가루를 취급하는 근로자
③ 폴리비닐 필름으로 고기를 싸거나 포장하는 정육업자
④ 폴리우레탄 생산 공정에서 첨가제로 사용되는 TDI(Toluene Diisocyanate)를 취급하는 근로자

24. 다음 중 규폐증에 관한 설명으로 틀린 것은?

① 규폐증이란 석영 분진에 직업적으로 노출될 때 발생하는 진폐증의 일종이다.
② 역사적으로 보면 규폐증은 이집트의 미라에서도 발견되는 오랜 질병이다.
③ 채석장 및 모래분사 작업장에서 종사하는 작업자들이 잘 걸리는 폐질환이다.
④ 규폐증이란 석면의 고농도 분진을 단기적으로 흡입할 때 주로 발생되는 질병이다.

25. 다음 중 20년간 석면을 사용하여 브레이크 라이닝과 패드를 만들었던 근로자가 걸릴 수 있는 질병과 거리가 먼 것은?

① 폐암　　　　② 급성 골수성 백혈병
③ 석면폐증　　④ 악성중피종

정답　22. ④　23. ①　24. ④　25. ②

기출문제로 굳히기 — CHAPTER 01 입자상 물질

01. 직업성 천식의 발생기전과 관계가 없는 것은?

① Metallothionein ② 항원공여세포
③ IgG ④ Histamine

해설 metallothionein(혈장단백질)은 단백질 생성과 관련이 있다. 특히 카드뮴이 폭로시 간에서 metallothionein(혈장단백질)의 생합성이 촉진되어 독성을 감소시키는 역할을 하나 다량일 경우 합성이 되지 않아 중독작용을 일으킨다.

02. 다음 중 진폐증 발생에 관여하는 인자와 가장 거리가 먼 것은?

① 분진의 노출기간 ② 분진의 분자량
③ 분진의 농도 ④ 분진의 크기

03. 다음 중 중금속에 의한 폐기능의 손상에 관한 설명으로 틀린 것은?

① 철폐증(siderosis)은 철분진 흡입에 의한 암 발생(A_1)이며, 중피종과 관련이 없다.
② 화학적 폐렴은 베릴륨, 산화카드뮴 에어로졸 노출에 의하여 발생하며 발열, 기침, 폐기종이 동반된다.
③ 금속열은 금속이 용융점 이상으로 가열될 때 형성되는 산화금속을 흄 형태로 흡입할 경우 발생한다.
④ 6가 크롬은 폐암과 비강암 유발인자로 작용한다.

해설 철폐증은 철분진 흡입에 의해 발생되는 금속열의 한 형태이다.

04. 다음 중 석면작업의 주의사항으로 적절하지 않은 것은?

① 석면 등을 사용하는 작업은 가능한 한 습식으로 하도록 한다.
② 석면을 사용하는 작업장이나 공정 등은 격리시켜 근로자의 노출을 막는다.
③ 근로자가 상시 접근할 필요가 없는 석면취급설비는 밀폐실에 넣어 양압을 유지한다.
④ 공정상 밀폐가 곤란한 경우, 적절한 형식과 기능을 갖춘 국소배기장치를 설치한다.

해설 석면취급설비는 밀폐실에 넣어 음압을 유지한다.

05. 폐에 침착된 먼지의 정화과정에 대한 설명으로 틀린 것은?

① 어떤 먼지는 폐포벽을 통과하여 림프계나 다른 부위로 들어가기도 한다.
② 먼지는 세포가 방출하는 효소에 의해 용해되지 않으므로 점액층에 의한 방출 이외에는 체내에 축적된다.
③ 폐에 침착된 먼지는 식세포에 의하여 포위되어, 포위된 먼지의 일부는 미세 기관지로 운반되고 점액섬모운동에 의하여 정화된다.
④ 폐에서 먼지를 포위하는 식세포는 수명이 다한 후 사멸하고 다시 새로운 식세포가 먼지를 포위하는 과정이 계속적으로 일어난다.

해설 먼지는 대식세포가 방출하는 효소에 의해 용해되어 제거된다.

정답 01. ① 02. ② 03. ① 04. ③ 05. ②

CHAPTER 02 유해화학물질

본 과목은 산업위생관리기사에만 해당됩니다.

UNIT 01 종류, 발생, 성질

1 유해물질의 정의

1) 정의
인체에 흡입, 섭취 또는 피부를 통하여 흡수될 때 급성 또는 만성 장애를 일으킬 우려가 있는 물질을 총칭한 것이다.

2) 유해물질이 인체에 미치는 영향인자
① 유해물질의 농도(독성)
② 유해물질에 폭로되는 시간(폭로 빈도)
③ 개인의 감수성
④ 작업방법(작업강도, 기상조건)

3) 화학물질 노출기준 용어
① NEL(No effect level) : 실험동물에서 어떠한 영향도 나타나지 않은 수준을 의미한다. 즉 주로 동물실험에서 유효량으로 이용된다.
   • 유효량(ED) : 실험동물을 대상으로 투여 시 독성을 초래하지는 않지만 관찰 가능한 가역적인 반응이 나타나는 양
② NOEL(No Observerd Effect level) : 현재의 평가방법으로 독성 영향이 관찰되지 않은 수준을 말한다.
③ NOAEL(No Observerd Adverse Effect level) : 악영향도 관찰되지 않은 수준을 의미한다.

2 유해물질의 종류 및 발생원

1) 분류
① **급성독성 물질** : 단기간(2주 이내)에 독성이 발생하는 물질을 말한다.
② **아급성독성 물질** : 장기간(1~3개월)에 걸쳐서 독성이 발생하는 물질을 말한다.
③ **만성독성 물질** : 장기간(1년 이상)이 지난 후에 독성이 발생하는 물질을 말한다.

2) 자극제
피부와 점막에 작용하여 부식작용을 하거나 수포를 형성하는 물질을 말하며, 고농도가 눈에 들어가면 결막염과 각막염을 일으키고 호흡이 정지된다.

① **암모니아(NH_3)**
  ㉠ 특징
  - 알칼리성, 자극성, 수용성, 폭발성, 부식성
  - 피부와 점막, 눈에 악영향
  - 중등도 이하의 농도에서 두통, 흉통, 오심, 구토 등을 일으킴
  - 고농도의 가스 흡입 시 폐수종과 호흡정지초래
  ㉡ 발생원 [암기TIP] 비 냉 암모! : 비빔냉면 안 먹어!
  - 비료공업
  - 냉동공업

② **염화수소(HCl)**
  ㉠ 특징
  - 무색, 자극성, 수용성
  - 피부와 점막, 눈, 호흡기에 피해(폐수종, 폐렴)
  ㉡ 발생원
  - 염소화합물, 염화비닐 제조공업
  - 소다공업

③ **아황산가스(SO_2)**
  ㉠ 특징
  - 자극성, 수용성, 표백성
  - 호흡기에 주로 악영향, 폐수종 및 폐기종 유발
  - 만성중독으로는 치아산식증, 빈혈, 만성기관지폐렴, 간장장애
  ㉡ 발생원
  - 합성공업
  - 비료공업
  - 표백공업

④ 폼알데하이드(HCHO)
  ㉠ 특징
    • 자극성, 인화성, 폭발성, 수용성, 발암성
    • 만성 노출 시 감작성 현상 발생
  ㉡ 발생원
    • 합성수지공업
    • 단열재
    • 접착재

⑤ 아크로레인
  ㉠ 특징
    • 무색 또는 노란색의 액체
    • 눈에 강한 자극

⑥ 아세트알데히드
  ㉠ 특징
    • 자극성, 무색, 인화성, 폭발성
    • 피부, 점막에 자극 및 마취작용
    • 동물에 대한 발암성 확인(A_3)
  ㉡ 발생원
    • 유기합성공업

⑦ 크롬
  ㉠ 특징
    • 수용성, 발암성(6가크롬)
    • 폐, 간, 신장 부위에 암 유발

⑧ 산화에틸렌
  ㉠ 특징
    • 무색, 인화성
    • 급성중독으로는 눈, 상기도, 피부에 자극작용
    • 만성독성으로는 신경장애, 혈액이상, 생식 및 발육기능 장애, 발암성

⑨ 불소
  ㉠ 특징
    • 수용성, 자극성, 황갈색
    • 뼈에 가장 많이 축적되어 뼈를 연화시키고, 치아에는 반상치를 나타냄
  ㉡ 발생원
    • 도금공업, 유리공업, 알루미늄공업

⑩ 요오드
  ㉠ 특징
    • 암자색, 금속광택, 자극성
    • 안구통증, 비염, 인후염, 인두염, 폐수종

⑪ 염소
  ㉠ 특징
    • 자극성, 황록색, 수용성, 부식성
    • 기관지염, 치아산식증
  ㉡ 발생원
    • 살균공업, 표백공업, 산화제, 염소화합물 제조공업

⑫ 오존
  ㉠ 특징
    • 자극성, 비릿한 냄새, 무색, 액화시 청색, 수용성
    • 강력한 산화제
    • 두통, 호흡기 질환

⑬ 브롬
  ㉠ 특징
    • 자극성, 적갈색, 부식성
    • 피부, 점막에 자극과 부식작용
  ㉡ 발생원
    • 의약품 제조
    • 염료공업
    • 브롬화합물 제조공업
    • 살균제

⑭ 이산화질소(NO_2)
  ㉠ 특징
    • 난용성, 적갈색, 자극성
    • 눈, 점막, 호흡기 자극
    • 폐수종 유발

⑮ 포스겐($COCl_2$)
  ㉠ 특징
    • 무색 또는 담황록색, 자극성
    • 독성이 염소보다 약 10배 강함
    • 호흡기, 중추신경계의 악영향
    • 폐수종 유발(하기도에 영향)

⑯ 사염화탄소(CCl_4)
  ㉠ 특징
    - 특이한 냄새, 무색
    - 신장장애를 유발(감뇨, 혈뇨, 무뇨증)
    - 피부, 간장, 신장, 소화기, 신경계 장애
    - 고농도 폭로시 황달, 단백뇨, 혈뇨
    - 초기증상으로 지속적인 두통, 구역 및 구토, 간 부위의 압통
    - 인간에 대한 발암성이 의심되는 물질군(A_2)
  ㉡ 발생원
    - 소화제
    - 탈지세정제
    - 용제

> 💡 할로겐화탄화수소의 특징
> - 특징
>   - 중추신경계의 억제에 의한 마취작용
>   - 매우 안정적, 비인화성
>   - 일반적으로 할로겐화탄화수소의 독성 정도는 화합물의 분자량이 커질수록 증가
>   - 일반적으로 할로겐화탄화수소의 독성 정도는 할로겐 원소의 수가 커질수록 증가
> - 종류 : 할로겐족 원소와 탄소가 결합된 물질(사염화탄소, 염화비닐, 트리클로로에틸렌 등)

3) 질식제

① 단순 질식제
  ㉠ 정의 : 환경 공기 중에 다량 존재하여 정상적 호흡에 필요한 혈중 산소량을 낮추는 생리적으로 아무 작용도 하지 않는 불활성 가스를 말한다.
  ㉡ 종류 : 이산화탄소, 메탄가스, 질소가스, 수소가스, 에탄, 프로판, 에틸렌, 아세틸렌, 헬륨

② 화학적 질식제
  ㉠ 정의 : 직접적 작용에 의해 혈액 중의 혈색소와 결합하여 산소운반능력을 방해하여 질식시키는 물질
  ㉡ 종류
    A. 일산화탄소
      - 혈액 중 헤모글로빈과 결합력이 매우 높고, 결합시 카르복시헤모글로빈을 형성
      - 농도 0.1%가 되면 헤모글로빈 50%가 불활성됨
    B. 황화수소(H_2S)
      - 계란 썩은 냄새, 무색, 가연성, 폭발성
      - 경련, 구토, 현기증, 혼수, 두통, 위장장애 증상

C. 시안화수소(HCN)
- 무색, 자극성
- 코, 피부, 중추신경계 자극

D. 아닐린
- 특유의 냄새, 무색
- 메트헤모글로빈 형성, 중추신경계 장애
- 시력과 언어장애

4) 마취제

① **정의** : 단순 마취작용을 일으키는 물질로 전신중독을 일으키지는 않는다.

② **종류**

- ㉠ 지방족 알코올
- ㉡ 지방족 케톤류
- ㉢ 지방족 케톤체
- ㉣ 아세틸렌계 탄화수소
- ㉤ 올레핀계 탄화수소
- ㉥ 에틸에테르
- ㉦ 이소프로필에테르
- ㉧ 파라핀계 탄화수소
- ㉨ 에스테르류

5) 기타 물질

① **벤지딘**

㉠ 특징
- 급성중독으로 피부염, 급성방광염 유발
- 만성중독으로 방광, 요로계 종양 유발

㉡ 발생원
- 염료공업, 직물공업
- 제지공업, 화학공업
- 합성고무경화제

② **농약**

㉠ 특징
- 중추신경, 자율신경 자극
- 호흡곤란, 폐부종
- 유기인산제가 가장 독성이 강하다.
- 유기인제 살충제의 급성독성 원인으로는 아세틸콜린에스테라제의 활동 억제

③ TDI(Toluene Diisocyanate, 톨루엔 다이이소시아네이트)
　㉠ 특징
　　• 실명 위험, 호흡기 질환, 발암성, 알레르기 유발
　　• 수생태계 교란
　　• 증기 흡입시 천식의 원인이며, 직접적인 접촉시 사망에 이를 수 있음
　㉡ 발생원 : 우레탄 공업

3 유기용제

1) 개요

① 정의 : 다른 물질을 녹이는 용해능력을 가진 물질을 말한다.
② 분류
　㉠ 크게 치환되지 않은 탄화수소계 : 파라핀계, 올레핀계, 나프텐계, 방향족
　㉡ 작용기를 포함하는 탄화수소계 : 케톤, 알코올, 글리콜, 에테르, 에스테르, 염소계 탄화수소
③ 특징
　㉠ 중추신경계의 활성 억제
　　• 탄소사슬의 길이가 길수록 유기화학물질의 중추신경 억제효과는 증가
　　• 유기분자의 중추신경 억제특성은 할로겐화하면 크게 증가하고 알코올 작용기에 의하여 다소 증가

> 💡 **중추신경 활성억제의 크기 순서**
> 알칸 < 알켄 < 알코올 < 유기산 < 에스테르 < 에테르 < 할로겐화탄화수소
> [암기TIP] 억제하지 못한 알파카는 켄 코올라먹고 유기되어 사육사는 찾는데 에쓰고 에테우던 중 할로! 하고 나타난 알파카

　㉡ 생체막과 조직의 자극
　　• 알코올, 알데히드, 케톤류는 고농도에서 단백질을 침전 및 변성시킴
　　• 아민과 유기산은 부식성을 증가시킴

> 💡 **자극작용의 크기 순서**
> 알칸 < 알코올 < 알데히드 또는 케톤 < 유기산 < 아민
> [암기TIP] 알파카는 알코올먹고 암케랑 바람나서 또 유기되었다. 아우 미운 알파카!

　㉢ 지용성

2) 지방족 유기용제의 독성

① 포화지방족 유기용제
㉠ 알칸 또는 지방족으로 가장 독성이 약한 용제류이다. 자극의 정도 마취특성도 미미하다.
㉡ 유해성의 대부분은 인화 및 폭발의 위험이 있다.

② 불포화지방족 유기용제
㉠ 알켄으로 이중결합이 자극성과 중추신경 억제를 증가시키지만 실제로는 알칸과 큰 차이가 없다.
㉡ 고농도시 질식에 의해 인체에 주된 영향을 미친다.

③ 지방족 알코올
㉠ OH기를 가지고 있는 용제로 호흡기 및 피부흡수가 잘 일어난다.
㉡ 메탄올은 시각장해, 중추신경계 작용억제, 혼수상태를 유발한다.
㉢ 메탄올의 대사과정 : 메탄올 → 폼알데하이드 → 포름산 → 이산화탄소
㉣ 에틸렌글리콜 에테르류는 생식기능장해, 조혈기능장해를 유발한다.

3) 지환족 유기용제의 독성
① 마취제나 중추신경억제제의 작용
② 만성적인 독성은 거의 없음
③ 마취농도와 치사농도 사이의 안전한계가 매우 작음

4) 방향족 유기용제의 독성

① 벤젠
㉠ 전신의 미치는 독성이 큼
㉡ 급성노출의 경우 중추신경계의 큰 영향
㉢ 만성노출의 경우 재생불량성 빈혈, 백혈병을 유발한다.
㉣ 혈액조직에서 벤젠이 유발하는 특징적 변화(3단계)

1단계	• 가장 일반적인 독성으로 백혈구 수 감소로 인한 응고작용 결핍 및 혈액성분 감소로 인한 범혈구 감소증, 재생불량성 빈혈 유발 • 신속하고 적절하게 진단된다면 가역적일 수 있음
2단계	• 벤젠노출이 계속되면, 골수가 과다증식하여 백혈구의 생성을 자극 • 초기에도 임상학적인 진단이 가능
3단계	더욱 장시간 노출되면 성장부전증이 나타나며, 심한 경우 빈혈과 출혈도 나타남. 비록 만성적으로 노출되면 백혈병을 일으키는 것으로 알려져 있지만, 재생불량성 빈혈이 만성적인 건강문제일 경우가 많음

② 벤젠 치환화합물
㉠ 톨루엔
• 급성적인 영향이 큼
• 영구적인 혈액장애를 일으키지 않음
• 생물학적 노출지표는 뇨 중 마뇨산, 혈중 톨루엔

  ⓒ 크실렌(자일렌) : 급성적인 영향이 큼(구토, 현기증, 두통)
  ⓒ 나프탈렌
   • 두통, 혼동, 오심, 발한과다
   • 고농도 노출시 시신경염, 혈뇨증 유발

> 💡 **급성 전신중독 독성크기순서**
> 톨루엔 > 크실렌 > 벤젠 > 에틸벤젠

 ③ 다핵방향족 탄화수소(시토크롬 P-448)
  ⊙ 벤젠고리가 2개 이상
  ⓒ 지용성, 비극성, 발암성
  ⓒ 배설을 쉽게 하기 위하여 수용성으로 대사됨

5) 유기용제의 물질별 신체장애

① 조혈장애 : 벤젠
② 간장애 : 염화탄화수소, 염화비닐 `암기TIP` 간 염
③ 중추신경장애 : 톨루엔, 이황화탄소 `암기TIP` 톨스토이 러시아 문학의 중추
④ 시신경장애 : 메탄올
⑤ 다발성 신경장애 : 노말헥산 `암기TIP` 노 다 지
⑥ 생식기장애 : 에틸렌글리콜에테르 `암기TIP` 생식기 - 에기
⑦ 마취작용 : 알코올, 에테르류, 에스테르류, 케톤류, 크실렌

6) 유기용제 중독자의 응급처치

① 용제가 묻은 의복을 벗긴다.
② 의식장애가 있을 때에는 산소를 흡입시킨다.
③ 환기가 잘 되는 장소로 이동시킨다.
④ 유기용제가 있는 장소로부터 대피시킨다.

4 피부독성

1) 피부의 생리적 특성

① 표피
 ⊙ 대부분 각질세포로 구성
 ⓒ 멜라닌 세포 : 자외선 방어
 ⓒ 랑게르한스 세포 : 피부의 면역반응

② 진피
- ⊙ 콜라겐, 탄성섬유 등으로 구성되어 유연성이 있음
- ⓒ 조직액, 화학물질에 대한 확산을 방해
- ⓒ 맥관분포, 모낭, 피지샘, 땀샘 : 영양분과 산소 공급, 체온조절

2) 피부의 반응형태

① 자극성 접촉피부염
- ⊙ 작업장에서 발생빈도가 가장 높은 피부질환이다.
- ⓒ 과거의 노출경험이 없어도 반응이 나타난다.
- ⓒ 홍반과 부종을 동반

② 알레르기성 접촉피부염
- ⊙ 항원에 노출되고, 일정 시간이 지난 후에 다시 노출되었을 때 세포매개성 과민반응에 의하여 나타나는 부작용의 결과
- ⓒ 알레르기 반응이 나타나기 전까지 소요기간을 유도기라 한다.
- ⓒ 보호기구로의 제어가 힘들어 첩포시험을 통해 미리 예방하여야 한다.

3) 피부독성 반응의 예방대책

① 화학물질의 노출 감소
- ⊙ 밀폐, 격리
- ⓒ 보호크림
- ⓒ 개인보호구

② 근로자교육
- ⊙ MSDS 교육
- ⓒ MSDS 비치

③ 대체

> 💡 **더 알아보기**
>
> **피부독성의 표시** : '피부' 또는 'skin' : 피부접촉으로 인한 흡수로 유의한 인체 영향을 나타낼 수 있는 유해화학물질(단순히 피부자극성이 있거나 피부염, 피부감작을 유발한다고 주어지는 것은 아님)

5 생식독성

1) 생식독성물질
① 2-브로모프로판
② 망간
③ 납
④ 카드뮴
⑤ DDT
⑥ 염화비닐
⑦ 이황화탄소
⑧ PCE
⑨ X선

2) 생식독성과 특정 직업

주된 생식독성 영향	해당 직업
기형발생	운수업, 통신관련업, 식품제조업, 실험실 근무자, 인쇄업, 교사, 수술실 근무자, 간호사, 건설업
유산증가	치과기공사, 실험실 근무자, 세탁업, 축전지 생산과 재생, 펄프·제지 생산업, 플라스틱공장, 인쇄업
성욕감퇴	용접공, 납 사용 근로자, 농약생산업

UNIT 02 인체영향

1 인체 내 축적 및 제거

1) 유해물질의 인체침입 경로

① 호흡기
  ㉠ 유해물질이 폐까지 도달하는 데 가장 중요한 인자는 용해도(수용성 정도)이다.
  ㉡ 난용성일수록 폐포까지 도달하기 용이하다.
  ㉢ 공기 중 농도가 낮을 경우는 거의 폐의 위치까지 도달하지 않는다.
  ㉣ 난용성의 유해물질은 폐포까지 침투하여 폐수종을 유발한다.

② 피부
  ㉠ 접촉피부면적과 유해성은 비례한다.
  ㉡ 유해물질이 침투될 수 있는 피부면적은 약 $1.6m^2$이다.
  ㉢ 피부흡수량은 전 호흡량의 15% 정도이다.
  ㉣ 피부접촉시 감작을 유발하고, 통과하여 혈관으로 침입한다.
  ㉤ 수용성보다 지용성 물질의 흡수가 크다.

③ 소화기
  ㉠ 산화, 환원 분해과정을 거치면서 해독되기도 한다.
  ㉡ 위의 산도에 의하여 유해물질이 화학반응을 일으켜 다른 물질로 되기도 한다.
  ㉢ 입을 통해 인체로 들어온 금속이 소화관에서 흡수되는 작용
    • 단순확산 또는 촉진확산
    • 특이적 수송과정
    • 음세포 작용
  ㉣ 흡수율에 영향을 미치는 요인
    • 위액의 산도
    • 음식물의 소화기관 통과속도
    • 화합물의 물리적 구조와 화학적 성질

2) 효소

유해화학물질이 체내로 침투되어 해독되는 경우 해독반응에 가장 중요한 작용을 하는 것이 효소이다.

2 발암

1) 화학물질의 발암기전(다단계 이론) 암기TIP 개 촉 전 진
① 개시　② 촉진
③ 전환　④ 진행

2) 구분
① 국제암연구위원회(IARC)의 발암물질 구분
  ㉠ Group 1 : 인체 발암성 물질
    - 1A: 확실하게 발암물질이 과학적으로 규명된 인자
      (예 알코올, 벤젠, 벤지딘, 담배, 다이옥신, 석면, 카드뮴, 염화비닐)
    - 1B : 주로 실험동물에서의 증거에 의해 사람에서 발암성이 추정되는 물질
  ㉡ Group 2A : 인체 발암성 예측·추정 물질
    - 동물에게만 발암성 평가
    - 인체에 발암물질로서 증거는 불충분함
    - 발암가능성 농후
      (예 트리클로로에틸렌, 다이메틸설파이드, 자외선, 방부제 등)
  ㉢ Group 2B : 인체 발암성 가능 물질
    - 발암물질로서 증거는 부적절함
    - 인체 및 실험동물에 대한 근거 불충분
    - 발암가능성 존재
      (예 삼산화안티몬, 클로로포름, 고사리 등)
  ㉣ Group 3 : 인체 발암성 미분류물질
    - 인체 및 실험동물에 대한 근거 불충분
    - 발암물질로 분류되지 않음
      (예 아크릴 섬유, 카페인, 콜레스테롤 등)
  ㉤ Group 4 : 인체 비발암성 추정물질
    - 동물, 사람 공통적으로 발암성에 대한 근거가 없음
    - 발암물질일 가능성 없음
  ㉥ 수유독성
    - 흡수, 대사, 분포 및 배설에 대한 연구에서, 해당 물질이 잠재적으로 유독한 수준으로 모유에 존재할 가능성을 보임
    - 동물에 대한 1세대 또는 2세대 연구결과에서, 모유를 통해 전이되어 자손에게 유해영향을 주거나, 모유의 질에 유해영향을 준다는 명확한 증거가 있음
    - 수유기간 동안 아기에게 유해성을 유발한다는 사람에 대한 증거가 있음

② 미국산업위생전문가협의회(ACGIH)의 발암물질 구분
- A_1 : 인체 발암 확인 물질
- A_2 : 인체 발암성 의심물질
- A_3 : 동물 발암성 확인물질, 인체 발암성 모름
- A_4 : 인체 발암성 미분류물질
- A_5 : 인체 발암성 미의심물질

③ 미국 환경보호청(EPA)의 발암물질 구분

구분	발암성 분류기준
A	사람에 대한 발암물질
B	사람에 대한 발암성이 충분히 가능성이 있는 물질
B_1	제한적인 역학적 증거가 있음
B_2	사람에 대한 증거는 부족하지만 동물실험에서 충분한 증거 있음
C	사람에 대한 발암 가능성이 있는 물질 (동물 실험에서 제한적 또는 불명확한 증거가 있으나 사람에 대한 데이터가 불충분하거나 없는 물질)
D	사람에 대한 발암성 물질로 분류할 수 없는 물질 (사람 또는 동물에서 발암성 증거가 불충분하거나 없는 물질)
E	사람에 대한 비 발암성 물질 (서로 다른 종류의 동물에 대하여 적어도 두 가지의 충분한 동물실험 또는 충분한 역학적 증거 및 동물실험결과 발암성 증거가 없는 물질)

3 유해화학물질의 발암성 및 노출기준

1) 발암물질류

① 비소
  ㉠ 발암성 : 피부암, 방광암, 호흡기암
  ㉡ 노출기준 : $0.01mg/m^3$

② 석면
  ㉠ 발암성 : 악성중피종, 위암, 후두암, 폐암
  ㉡ 노출기준 : $0.1개/cm^3$

③ 벤젠
  ㉠ 발암성 : 백혈병, 림프종
  ㉡ 노출기준
   - 우리나라 : $3mg/m^3$
   - ACGIH : $1.6mg/m^3$

④ 벤지딘
  ㉠ 발암성 : 방광암
  ㉡ 노출기준 : 미설정

⑤ 베릴륨
  ㉠ 발암성 : 폐암
  ㉡ 노출기준 : 0.002mg/m^3

⑥ 1,3 부타디엔
  ㉠ 발암성 : 림프육종, 그물세포육종, 백혈병, 위암
  ㉡ 노출기준 : 4.4mg/m^3

⑦ 카드뮴
  ㉠ 발암성 : 폐암, 전립선암
  ㉡ 노출기준
    • 우리나라 : 0.03mg/m^3
    • ACGIH : 0.01mg/m^3(총분진), 0.002mg/m^3(호흡성 분진)

⑧ 6가 크롬
  ㉠ 발암성 : 폐암
  ㉡ 노출기준 : 0.5mg/m^3(금속크롬), 0.05mg/m^3(수용성 6가 크롬화합물)

⑨ 폼알데하이드
  ㉠ 발암성 : 다발성 골수종, 악성흑색종
  ㉡ 노출기준
    • 우리나라 : 0.5ppm
    • ACGIH : 0.3ppm

⑩ 니켈
  ㉠ 발암성 : 폐암, 비강암
  ㉡ 노출기준
    • 우리나라 : 0.5mg/m^3(불용성 무기화합물), 0.1mg/m^3(수용성 유기화합물)
    • ACGIH : 0.2mg/m^3(불용성 무기화합물), 0.1mg/m^3(가용성 화합물)

⑪ 염화비닐
  ㉠ 발암성 : 간암, 뇌암, 폐암, 림프종
  ㉡ 노출기준
    • 우리나라 : 미설정
    • ACGIH : 2.6mg/m^3

2) 그 외 물질

① 암모니아 노출기준 : 25ppm(TWA), 35ppm(STEL)

② 오존 노출기준 : 0.08ppm(TWA), 0.2ppm(STEL)

③ 일산화질소 노출기준 : 25ppm(TWA)

④ 이산화질소 노출기준 : 3ppm(TWA), 5ppm(STEL)

⑤ 염소 노출기준 : 0.5ppm(TWA), 1ppm(STEL)

⑥ 일산화탄소 노출기준 : 30ppm(TWA), 200ppm(STEL)

⑦ 이산화탄소 노출기준 : 5,000ppm(TWA), 30,000ppm(STEL)

⑧ 이황화탄소 노출기준 : 1ppm(TWA)

⑨ 톨루엔 노출기준 : 50ppm(TWA), 150ppm(STEL)

⑩ 페놀 노출기준 : 5ppm(TWA)

⑪ 기타 분진(산화규소 결정체 1% 이하) 노출기준 : 10mg/m^3(TWA)

⑫ 황화수소 노출기준 : 10ppm(TWA), 15ppm(STEL)

4 표적장기 독성

1) 신장

① 신장적혈구의 생성인자
② 항상성 유지
③ 혈압조절
④ 비타민 D의 대사작용

2) 간

① 기능
  ㉠ 대사작용
  ㉡ 요소의 생성
  ㉢ 담즙의 생성

② 표적장기 독성
  ㉠ 혈액의 흐름이 매우 풍성하여 혈액을 통해 독성작용 유발 가능성 높음
  ㉡ 문정맥을 통하여 소화기계로부터 혈액을 공급받아 독성물질의 1차 표적이 됨
  ㉢ 각종 대사효소가 집중적으로 분포되어 있고 이들 효소활동에 의해 다양한 대사물질이 만들어지므로 독성물질의 노출가능성이 매우 높음

3) 폐

가스상 물질이나 휘발성 물질 배출에 관여하는 기관

기출문제로 다지기 — CHAPTER 02 유해화학물질

01. 다핵방향족 화합물(PAH)에 대한 설명으로 틀린 것은?

① 톨루엔, 크실렌 등이 대표적이라 할 수 있다.
② PAH는 벤젠고리가 2개 이상 연결된 것이다.
③ PAH는 배설을 쉽게 하기 위하여 수용성으로 대사된다.
④ PAH의 대사에 관여하는 효소는 시토크롬 P-448로 대사되는 중간산물이 발암성을 나타낸다.

해설 다핵방향족 화합물(PAH)은 벤젠고리가 2개 이상 연결된 것이다. 톨루엔과 크실렌은 벤젠고리가 1개이다.

02. 이황화탄소(CS_2)에 중독될 가능성이 가장 높은 작업장은?

① 비료 제조 및 초자공 작업장
② 유리 제조 및 농약 제조 작업장
③ 타르, 도장 및 석유 정제 작업장
④ 인조견, 셀로판 및 사염화탄소 생산 작업장

03. 유해화학물질이 체내에서 해독되는데 중요한 작용을 하는 것은?

① 효소
② 임파구
③ 체표온도
④ 적혈구

04. 자극성 접촉피부염에 관한 설명으로 틀린 것은?

① 작업장에서 발생빈도가 가장 높은 피부질환이다.
② 증상은 다양하지만 홍반과 부종을 동반하는 것이 특징이다.
③ 원인물질은 크게 수분, 합성 화학물질, 생물성 화학물질로 구분할 수 있다.
④ 면역학적 반응에 따라 과거 노출경험이 있을 때 심하게 반응이 나타난다.

해설 면역학적 반응은 과거 노출경험과 관련이 없다.

05. 화학적 질식제(Chemical Asphyxiant)에 심하게 노출되었을 경우 사망에 이르게 되는 이유로 적절한 것은?

① 폐에서 산소를 제거하기 때문
② 심장의 기능을 저하시키기 때문
③ 폐속으로 들어가는 산소의 활용을 방해하기 때문
④ 신진대사 기능을 높여 가용한 산소가 부족해지기 때문

06. 메탄올의 특성을 나타내는 대사단계로 맞는 것은?

① 메탄올 → 에탄올 → 포름알데히드
② 메탄올 → 아세트알데히드 → 아세테이트 → 물
③ 메탄올 → 포름알데히드 → 포름산 → 이산화탄소
④ 메탄올 → 아세트알데히드 → 포름알데히드 → 이산화탄소

07. 유기용제의 중추신경계 활성억제의 순위를 바르게 나열한 것은?

① 에스테르 〈 알코올 〈 유기산 〈 알칸 〈 알켄
② 에스테르 〈 유기산 〈 알코올 〈 알켄 〈 알칸
③ 알칸 〈 알켄 〈 유기산 〈 알코올 〈 에스테르
④ 알칸 〈 알켄 〈 알코올 〈 유기산 〈 에스테르

해설 알칸 〈 알켄 〈 알코올 〈 유기산 〈 에스테르 〈 에테르 〈 할로겐

정답 01. ① 02. ④ 03. ① 04. ④ 05. ③ 06. ③ 07. ④

08. 유기용제의 화학적 성상에 따른 유기용제의 구분으로 볼 수 없는 것은?

① 신나류
② 글리콜류
③ 케톤류
④ 지방족 탄화수소

해설 화학적 성상에 따라 지방족 및 방향족 탄화수소, 할로겐화탄화수소, 알코올류, 에테르류, 글리콜류, 케톤류 등으로 분류된다.

09. 유해물질의 흡수에서 배설까지에 관한 설명으로 틀린 것은?

① 흡수된 유해물질은 원래의 형태든, 대사산물의 형태로든 배설되기 위하여 수용성으로 대사된다.
② 흡수된 유해화학물질은 다양한 비특이적 효소에 의하여 이루어지는 유해물질의 대사로 수용성이 증가되어 체외로 배출이 용이하게 된다.
③ 간은 화학물질을 대사시키고 콩팥과 함께 배설시키는 기능을 가지고 있는 것과 관련하여 다른 장기보다도 여러 유해물질의 농도가 낮다.
④ 유해물질은 조직에 분포되기 전에 먼저 몇 개의 막을 통과하여야 하며, 흡수속도는 유해물질의 물리화학적 성상과 막의 특성에 따라 결정된다.

해설 간은 화학물질을 대사시키고 콩팥과 함께 배설시키는 기능을 가지고 있는 것과 관련하여 다른 장기보다도 여러 유해물질의 농도가 높다.

10. 유해화학물질의 노출 경로에 관한 설명으로 틀린 것은?

① 위의 산도에 따라서 유해물질이 화학반응을 일으키기도 한다.
② 입으로 들어간 유해물질은 침이나 그 밖의 소화액에 의해 위장관에서 흡수된다.
③ 소화기계통으로 노출되는 경우가 호흡기로 노출되는 경우보다 흡수가 잘 이루어진다.
④ 소화기계통으로 침입하는 것은 위장관에서 산화, 환원, 분해과정을 거치면서 해독되기도 한다.

해설 소화기계통으로 노출되는 경우가 호흡기로 노출되는 경우보다 흡수가 더디다.

11. 유기용제에 대한 생물학적 지표로 이용되는 요중 대사산물을 알맞게 짝지은 것은?

① 톨루엔 – 페놀
② 크실렌 – 페놀
③ 노말헥산 – 만델린산
④ 에틸벤젠 – 만델린산

해설 ④항만 올바르다.
오답해설
① 톨루엔 – 마뇨산
② 크실렌 – 메틸마뇨산
③ 노말헥산 – 노말헥산

12. 화기 등에 접촉하면 유독성의 포스겐이 발생하여 폐수종을 일으킬 수 있는 유기용제는?

① 벤젠
② 크실렌
③ 노말헥산
④ 염화에틸렌

13. 무색의 휘발성 용액으로서 도금 사업장에서 금속표면의 탈지 미 세정용으로 사용되며, 간 및 신장 장해를 유발시키는 유기용제는?

① 톨루엔
② 노르말헥산
③ 트리클로로에틸렌
④ 클로로포름

정답 08. ① 09. ③ 10. ③ 11. ④ 12. ④ 13. ③

14. 화학물질에 의한 암발생 이론 중 다단계 이론에서 언급되는 단계와 거리가 먼 것은?

① 개시 단계 ② 진행 단계
③ 촉진 단계 ④ 병리 단계

해설 [화학물질에 의한 다단계 이론]
개시 - 촉진 - 전환 - 진행

15. 다음 중 "Cholinesterase" 효소를 억압하여 신경증상을 나타내는 것은?

① 중금속화합물 ② 유기용제
③ 파라쿼트 ④ 비소화합물

16. 다음 중 천연가스, 석유정제산업, 지하석탄광업 등을 통해서 노출되며, 중추신경의 억제와 후각의 마비 증상을 유발하고, 치료로는 100% O_2를 투여하는 등의 조치가 필요한 물질은?

① 암모니아 ② 포스겐
③ 오존 ④ 황화수소

17. 다음 중 단순 질식제에 해당하는 것은?

① 수소가스 ② 염소가스
③ 불소가스 ④ 암모니아가스

해설 [단순질식제]
- 이산화탄소
- 메탄가스
- 수소가스
- 질소가스
- 에테인, 프로페인
- 에틸렌, 아세틸렌
- 헬륨가스

18. 다음 중 유해화학물질의 노출기간에 따른 분류 가운데 만성 독성에 해당되는 기간으로 가장 적절한 것은? (단, 실험동물에 외인성물질을 투여하는 경우이다.)

① 1일 이상~14일 정도
② 30일 이상~60일 정도
③ 3개월 이상~1년 정도
④ 1년 이상~3년 정도

19. 다음 중 유해화학물질에 노출되었을 때 간장이 표적장기가 되는 주요 이유로 가장 거리가 먼 것은?

① 간장은 각종 대사효소가 집중적으로 분포되어 있고, 이들 효소활동에 의해 다양한 대사물질이 만들어지기 때문에 다른 기관에 비해 독성물질의 노출가능성이 매우 높다.
② 간장은 대정맥을 통하여 소화기계로부터 혈액을 공급받기 때문에 소화기관을 통하여 흡수된 독성물질의 2차 표적이 된다.
③ 간장은 정상적인 생활에서도 여러 가지 복잡한 생화학 반응 등 매우 복합적인 기능을 수행함에 따라 기능의 손상가능성이 매우 높다.
④ 혈액의 흐름이 매우 풍부하기 때문에 혈액을 통해서 쉽게 침투가 가능하다.

해설 간장은 문점막을 통하여 소화기계로부터 혈액을 공급받기 때문에 소화기관을 통하여 흡수된 독성물질의 1차 표적이 된다.

20. 다음 방향족 탄화수소 중 저농도에 장기간 노출되어 만성중독을 일으키는 경우 가장 위험한 것은?

① 벤젠 ② 크실렌
③ 톨루엔 ④ 에틸렌

정답 14. ④ 15. ② 16. ④ 17. ① 18. ③ 19. ② 20. ①

21. 생리적으로는 아무 작용도 하지 않으나 공기 중에 많이 존재하여 산소분압을 저하시켜 조직에 필요한 산소의 공급부족을 초래하는 질식제는?

① 단순 질식제
② 화학적 질식제
③ 물리적 질식제
④ 생물학적 질식제

22. 다음 중 이황화탄소(CS_2)에 관한 설명으로 틀린 것은?

① 감각 및 운동신경에 장해를 유발한다.
② 생물학적 노출지표는 소변 중의 삼염화에탄올 검사방법을 적용한다.
③ 휘발성이 강한 액체로서 인조견, 셀로판 및 사염화탄소의 생산과 수지와 고무제품의 용제에 이용된다.
④ 고혈압의 유병률과 콜레스테롤수치의 상승빈도가 증가되어 뇌, 심장 및 신장의 동맥경화성 질환을 초래한다.

해설 생물학적 노출지표는 소변 중의 TTCA 검사방법을 적용한다.

23. 다음 중 유기용제와 그 특이증상을 짝지은 것으로 틀린 것은?

① 벤젠 – 조혈장애
② 염화탄화수소 – 말초신경장애
③ 메틸부틸케톤 – 말초신경장애
④ 이황화탄소 – 중추신경 및 말초신경장애

해설 염화탄화수소 – 간장해

24. 다음 중 유기용제에 대한 설명으로 틀린 것은?

① 벤젠은 백혈병을 일으키는 원인물질이다.
② 벤젠은 만성장해로 조혈장해를 유발하지 않는다.
③ 벤젠은 주로 페놀로 대사되며 페놀은 벤젠의 생물학적 노출지표로 이용된다.
④ 방향족 탄화수소 중 저농도에 장기간 노출되어 만성 중독을 일으키는 경우에는 벤젠의 위험도가 크다.

해설 벤젠은 만성장해로 조혈장해를 유발한다. 대표적 질병은 백혈병, 재생불량성 빈혈이다.

25. 다음 중 유해물질의 분류에 있어 질식제로 분류되지 않는 것은?

① H_2
② N_2
③ H_2S
④ O_3

해설 오존(O_3)은 호흡기 자극제이다.

26. 다음 중 벤젠에 의한 혈액조직의 특징적인 단계별 변화를 설명한 것으로 틀린 것은?

① 1단계 : 백혈구 수의 감소로 인한 응고작용결핍이 나타난다.
② 1단계 : 혈액성분 감소로 인한 범혈구 감소증이 나타난다.
③ 2단계 : 벤젠의 노출이 계속되면 골수의 성장부전이 나타난다.
④ 3단계 : 더욱 장시간 노출되어 심한 경우 빈혈과 출혈이 나타나고 재생불량성 빈혈이 된다.

해설 2단계 : 벤젠의 노출이 계속되면 골수가 과다증식하여 백혈구의 생성을 자극한다.

정답 21. ① 22. ② 23. ② 24. ② 25. ④ 26. ③

27. 다음 중 메탄올에 관한 설명으로 틀린 것은?

① 메탄올은 호흡기 및 피부로 흡수된다.
② 메탄올은 공업용제로 사용되며, 신경독성물질이다.
③ 메탄올의 생물학적 노출지표는 소변 중 포름산이다.
④ 메탄올은 중간대사체에 의하여 시신경에 독성을 나타낸다.

해설 메탄올의 생물학적 노출지표는 소변 중 메탄올이다.

28. 다음의 유기용제 중 특히 증상이 "간 장해"인 것으로 가장 적절한 것은?

① 벤젠   ② 염화탄화수소
③ 노말헥산   ④ 에틸렌글리콜에테르

해설 염화탄화수소, 염화비닐 - 간 장해

29. 유해화학물질에 의한 간의 중요한 장해인 중심소엽성 괴사를 일으키는 물질 중 대표적인 것은?

① 수은   ② 사염화탄소
③ 이황화탄소   ④ 에딜렌글리콜

30. 미국정부산업위생전문가협의회(ACGIH)의 발암물질 구분으로 '동물 발암성 확인물질', '인체 발암성 모름'에 해당되는 Group은?

① A_2 ② A_3
③ A_4 ④ A_5

31. 다음 중 피부로부터 흡수되어 전신중독을 일으킬 수 있는 물질은?

① 질소   ② 포스겐
③ 메탄   ④ 사염화탄소

32. 유해물질의 생리적 작용에 의한 분류에서 질식제를 단순 질식제와 화학적 질식제로 구분할 때 다음 중 화학적 질식제에 해당하는 것은?

① 헬륨   ② 메탄
③ 수소   ④ 일산화탄소

해설 대표적 화학적 질식제 : 일산화탄소, 황화수소, 시안화수소, 아닐린

33. 다음 중 화학적 질식제에 대한 설명으로 옳은 것은?

① 뇌순환 혈관에 존재하면서 농도에 비례하여 중추신경작용을 억제한다.
② 공기 중에 다량 존재하여 산소분압을 저하시켜 조직세포에 필요한 산소를 공급하지 못하게 하여 산소부족현상을 발생시킨다.
③ 피부와 점막에 작용하여 부식작용을 하거나 수포를 형성하는 물질로, 고농도하에서 호흡이 정지되고 구강 내 치아산식증 등을 유발한다.
④ 혈액 중에서 혈색소와 결합한 후에 혈액의 산소운반능력을 방해하거나, 또는 조직세포에 있는 철 산화효소를 불활성화시켜 세포의 산소수용능력을 상실시킨다.

정답 27. ③ 28. ② 29. ② 30. ② 31. ④ 32. ④ 33. ④

34. 알레르기성 접촉피부염에 관한 설명으로 틀린 것은?

① 항원에 노출되고 일정 시간이 지난 후에 다시 노출되었을 때 세포매개성 과민반응에 의하여 나타나는 부작용의 결과이다.
② 알레르기성 반응은 극소량 노출에 의해서도 피부염이 발생할 수 있는 것이 특징이다.
③ 알레르기원에 노출되고 이 물질이 알레르기원으로 작용하기 위해서는 일정 기간이 소요되며 그 기간을 휴지기라 한다.
④ 알레르기 반응을 일으키는 관련 세포는 대식세포, 림프구, 랑거한스 세포로 구분된다.

해설 알레르기원에 노출되고 이 물질이 알레르기원으로 작용하기 위해서는 일정 기간이 소요되며 그 기간을 유도기라 한다.

35. 체내 흡수된 화학물질의 분포에 대한 설명으로 틀린 것은?

① 간장과 신장은 화학물질과 결합하는 능력이 매우 크고, 다른 기관에 비하여 월등히 많은 양의 독성물질을 농축할 수 있다.
② 유기성화학물질은 지용성이 높아 세포막을 쉽게 통과하지 못하기 때문에 지방조직에 독성물질이 잘 농축되지 않는다.
③ 불소와 납과 같은 독성물질은 뼈 조직에 침착되어 저장되며, 납의 경우 생체에 존재하는 양의 약 90%가 뼈조직에 있다.
④ 화학물질이 혈장단백질과 결합하면 모세혈관을 통과하지 못하고 유리상태의 화학물질만 모세혈관을 통하여 각 조직세포로 들어갈 수 있다.

해설 유기성화학물질은 지용성이 높아 세포막을 쉽게 통과하기 때문에 지방조직에 독성물질이 잘 농축된다.

36. 다음 중 유기용제별 중독의 특이증상이 올바르게 짝지어진 것은?

① 벤젠 – 간장해
② MBK – 조혈장해
③ 염화탄화수소 – 시신경장해
④ 에틸렌글리콜에테르 – 생식기능장해

해설 ④항만 올바르다.
오답해설
① 벤젠 – 조혈장해
② MBK(메틸부틸케톤) – 말초신경장애
③ 염화탄화수소 – 간장해

37. 다음 중 작업환경 내 발생하는 유기용제의 공통적인 비특이적 증상은?

① 중추신경계 활성억제
② 조혈기능 장애
③ 간 기능의 저하
④ 복통, 설사 및 시신경장애

38. 다음 중 생체 내에서 혈액과 화학작용을 일으켜서 질식을 일으키는 물질은?

① 수소   ② 헬륨
③ 질소   ④ 일산화탄소

39. 다음 중 가스상 물질의 호흡기계 축적을 결정하는 가장 중요한 인자는?

① 물질의 수용성 정도   ② 물질의 농도차
③ 물질의 입자분포   ④ 물질의 발생기전

40. 폐와 대장에서 주로 암을 발생시키고, 플라스틱 산업, 합성섬유제조, 합성고무 생산공정 등에서 노출되는 물질은?

① 아크릴로니트릴   ② 비소
③ 석면   ④ 벤젠

41. 다음 중 노말헥산이 체내 대사과정을 거쳐 소변으로 배출되는 물질은?

① Hippuric Acid
② 2,5-Hexanedione
③ Hydroquinone
④ 8-Hydroxy Quinone

42. 다음 중 중추신경에 대한 자극작용이 가장 큰 것은?

① 알칸   ② 아민
③ 알코올 ④ 알데히드

해설 [중추신경계 자극작용 순서]
알칸 < 알콜 < 알데히드 또는 케톤 < 유기산 < 아민류

43. 다음 중 ACGIH에서 발암성 구분이 "A₁"으로 정하고 있는 물질이 아닌 것은?

① 석면   ② 텅스텐
③ 우라늄 ④ 6가크롬화합물

해설 A₁으로 정하고 있는 인체발암확인 물질은 다음과 같다.
석면, 우라늄, 6가크롬, 아크릴로니트릴, 벤지딘, 염화비닐, 베타나프틸아민, 베릴륨

44. 다음 중 할로겐화 탄화수소에 관한 설명으로 틀린 것은?

① 대개 중추신경계의 억제에 의한 마취작용이 나타난다.
② 가연성과 폭발의 위험성이 높으므로 취급 시 주의하여야 한다.
③ 일반적으로 할로겐화 탄화수소의 독성의 정도는 화합물의 분자량이 커질수록 증가한다.
④ 일반적으로 할로겐화 탄화수소의 독성의 정도는 할로겐원소의 수가 커질수록 증가한다.

해설 할로겐화 탄화수소는 매우 안정적이며, 비인화성이다.

45. 다음 중 유해물질의 흡수에서 배설까지에 관한 설명으로 틀린 것은?

① 흡수된 유해물질은 원래의 형태든, 대사산물의 형태로든 배설되기 위하여 수용성으로 대사된다.
② 간은 화학물질을 대사시키고 콩팥과 함께 배설시키는 기능을 가지고 있는 것과 관련하여 다른 장기보다도 여러 유해물질의 농도가 낮다.
③ 유해물질은 조직에 분포되기 전에 먼저 몇 개의 막을 통과하여야 하며, 흡수속도는 유해물질의 물리·화학적 성상과 막의 특성에 따라 결정된다.
④ 흡수된 유해화학물질은 다양한 비특이적 효소에 의하여 이루어지는 유해물질의 대사로 수용성이 증가되어 체외로 배출이 용이하게 된다.

해설 간은 화학물질을 대사시키고 콩팥과 함께 배설시키는 기능을 가지고 있는 것과 관련하여 다른 장기보다도 여러 유해물질의 농도가 높다.

 40. ① 41. ② 42. ② 43. ② 44. ② 45. ②

46. 다음 중 이황화탄소(CS_2)에 관한 설명으로 틀린 것은?

① 감각 및 운동신경 모두에 침범한다.
② 심한 경우 불안, 분노, 자살성향 등을 보이기도 한다.
③ 인조견, 셀로판, 수지와 고무제품의 용제 등에 이용된다.
④ 방향족 탄화수소물 중에서 유일하게 조혈장애를 유발한다.

해설 방향족 탄화수소물 중에서 유일하게 조혈장애를 유발하는 것은 벤젠이다.

47. 다음 중 유기용제 중독자의 응급처치로 가장 적절하지 않은 것은?

① 용제가 묻은 의복을 벗긴다.
② 유기용제가 있는 장소로부터 대피시킨다.
③ 차가운 장소로 이동하여 정신을 긴장시킨다.
④ 의식 장애가 있을 때에는 산소를 흡입시킨다.

해설 차가운 장소는 피하고, 환기가 잘 되는 장소로 이동시킨다.

48. 고농도에서 노출 시 간장이나 신장장애를 유발하며, 초기증상으로 지속적인 두통, 구역 및 구토, 간부위의 압통 등의 증상을 일으키는 할로겐화 탄화수소는?

① 사염화탄소 ② 벤젠
③ 에틸아민   ④ 에틸알코올

49. 다음 중 유해물질이 인체로 침투하는 경로로써 가장 거리가 먼 것은?

① 호흡기계 ② 신경계
③ 소화기계 ④ 피부

50. 다음 중 코와 인후를 자극하며, 중등도 이하의 농도에서 두통, 흉통, 오심, 구토, 무후각증을 일으키는 유해물질은?

① 브롬   ② 포스겐
③ 불소   ④ 암모니아

51. 다음 중 페니실린을 비롯한 약품을 정제하기 위한 추출제 혹은 냉동제 및 합성수지에 이용되는 물질로 가장 적절한 것은?

① 클로로포름   ② 브롬화메틸
③ 벤젠   ④ 헥사클로로나프탈렌

52. 다음 중 발암성 및 생식독성물질로 알려진 Polychloinated Biphenyls(PCBs)가 과거에 가장 많이 사용되었던 업종은?

① 식품공업 ② 전기공업
③ 섬유공업 ④ 폐기물처리업

53. 다음 물질을 급성 전신중독 시 독성이 가장 강한 것부터 약한 순서대로 나열한 것은?

> 벤젠, 톨루엔, 크실렌

① 크실렌 > 톨루엔 > 벤젠
② 톨루엔 > 벤젠 > 크실렌
③ 톨루엔 > 크실렌 > 벤젠
④ 벤젠 > 톨루엔 > 크실렌

정답 46. ④ 47. ③ 48. ① 49. ② 50. ④ 51. ① 52. ② 53. ③

기출문제로 굳히기   CHAPTER 02 유해화학물질

01. 다음 중 핵산 하나를 탈락시키거나 첨가함으로써 돌연변이를 일으키는 물질은?

① 아세톤(acetone)
② 아닐린(aniline)
③ 아크리딘(acridine)
④ 아세토니트릴(acetonitrile)

02. 다음 중 생체 내에서 혈액과 화학작용을 일으켜서 질식을 일으키는 물질은?

① 수소
② 헬륨
③ 질소
④ 일산화탄소

03. 직업적으로 벤지딘(Benzidine)에 장기간 노출되었을 때 암이 발생될 수 있는 인체 부위로 가장 적절한 것은?

① 피부
② 뇌
③ 폐
④ 방광

04. 다음 중 달걀 썩는 것 같은 심한 부패성 냄새가 나는 물질로, 노출 시 중추신경의 억제와 후각의 마비 증상을 유발하며, 치료를 위하여 100% O_2를 투여하는 등의 조치가 필요한 물질은?

① 암모니아
② 포스겐
③ 오존
④ 황화수소

05. 할로겐화 탄화수소에 속하는 삼염화에틸렌(trichloroethylene)은 호흡기를 통하여 흡수된다. 삼염화에틸렌의 대사 산물은?

① 삼염화에탄올
② 메틸마뇨산
③ 사염화에틸렌
④ 페놀

06. 다음 중 직업성 피부질환에 관한 설명으로 틀린 것은?

① 가장 빈번한 직업성 피부질환은 접촉성 피부염이다.
② 알레르기성 접촉 피부염은 일반적인 보호 기구로도 개선 효과가 좋다.
③ 첩포시험은 알레르기성 접촉 피부염의 감작물질을 색출하는 임상시험이다.
④ 일부 화학물질과 식물은 광선에 의해서 활성화되어 피부반응을 보일 수 있다.

[해설] 알레르기성 접촉 피부염은 일반적인 보호 기구로도 개선되기 힘들어 첩포시험을 통한 사전예방이 필요하다.

07. 자동차 정비업체에서 우레탄 도료를 사용하는 도장작업 근로자에게서 직업성 천식이 발생되었을 때, 원인물질로 추측할 수 있는 것은?

① 시너(thinner)
② 벤젠(benzene)
③ 크실렌(Xylene)
④ TDI(Toluene diisocyanate)

[해설] TDI(Toluene diisocyanate)는 우레탄 산업에서 많이 사용되며 증기 흡입시 천식의 원인이 된다. 독성이 매우 강하여 직접접촉 시 사망에 이를 수 있다.

정답   01. ③   02. ④   03. ④   04. ④   05. ①   06. ②   07. ④

08. 다음 중 피부의 색소침착(pigmentation)이 가능한 표피층 내의 세포는?

① 기저세포 ② 멜라닌세포
③ 각질세포 ④ 피하지방세포

09. 다음 중 유해화학물질에 의한 간의 중요한 장해인 중심소엽성 괴사를 일으키는 물질로 옳은 것은?

① 수은 ② 사염화탄소
③ 이황화탄소 ④ 에틸렌글리콜

10. 할로겐화 탄화수소의 사염화탄소에 관한 설명으로 틀린 것은?

① 생식기에 대한 독성작용이 특히 심하다.
② 고농도에 노출되면 중추신경계 장애 외에 간장과 신장장애를 유발한다.
③ 신장장애 증상으로 감뇨, 혈뇨 등이 발생하며 완전 무뇨증이 되면 사망할 수도 있다.
④ 초기 증상으로는 지속적인 두통, 구역 또는 구토, 복부선통과 설사, 간압통 등이 나타난다.

해설 사염화탄소와 생식기 독성은 관련이 없다. 사염화탄소는 신장장애, 피부, 간장, 소화기, 신경계, 황달, 단백뇨, 혈뇨, 두통, 구토, 발암 등의 신체장해를 초래한다.

11. 유기용제에 의한 장해의 설명으로 틀린 것은?

① 유기용제의 중추신경계 작용으로 잘 알려진 것은 마취 작용이다.
② 사염화탄소는 간장과 신장을 침범하는 데 반하며 이황화탄소는 중추신경계통을 침해한다.
③ 벤젠은 노출초기에는 빈혈증을 나타내고 장기간 노출되면 혈소판 감소, 백혈구 감소를 초래한다.
④ 대부분의 유기용제는 유독성의 포스겐을 발생시켜 장기간 노출 시 폐수종을 일으킬 수 있다.

해설 포스겐을 발생시켜 폐수종을 일으킬 수 있는 물질은 염화에틸렌이다.

12. 메탄올에 관한 설명으로 틀린 것은?

① 특징적인 악성변화는 각 혈관육종이다.
② 자극성이 있고, 중추신경계를 억제한다.
③ 플라스틱, 필름제조와 휘발유첨가제 등에 이용된다.
④ 시각장해의 기전은 메탄올의 대사산물인 포름알데히드가 망막조직을 손상시키는 것이다.

해설 혈관육종을 일으키는 물질은 염화비닐이다.

정답 08. ② 09. ② 10. ① 11. ④ 12. ①

CHAPTER 03 중금속

본 과목은 산업위생관리기사에만 해당됩니다.

UNIT 01 종류, 발생, 성질

1 중금속의 종류

1) 납

① 개요
  ㉠ 기원전 370년 히포크라테스는 금속추출 작업자들에게서 심한 복부산통이 나타난 것을 기술하였는데, 이는 역사상 최초로 기록된 직업병이다.
  ㉡ 우리나라에서는 1970년 초 모 축전지 제조사업장에서 납중독을 보고한 기록이 있고, 매년 약 100명 정도의 납중독이 발생하는 것으로 알려져 있다.
  ㉢ 납중독은 그 영향이 서서히 점진적으로 나타나고 특별한 증상을 보이지 않기 때문에 'silent disease'라고도 한다.

② 구분
  ㉠ 무기납
    • 금속납과 납의 산화물 등이다.
    • 납의 염류 등이다.
  ㉡ 유기납
    • 4메틸납(TML)과 4에틸납(TEL)이며, 이들의 특성은 비슷하다.
    • 물에 잘 녹지 않고 유기용제, 지방, 지방질에는 잘 녹는다.
    • 유기납화합물은 약품과 킬레이트화합물에 반응하지 않는다.

2) 수은

① 개요
  ㉠ 가장 오래 사용해 왔던 중금속의 하나
  ㉡ 문송면군 사건의 주범
  ㉢ 수은은 금속 중 증기를 발생시켜 산업중독을 일으킨다.

② 구분
- ㉠ 무기수은 : 무기수은화합물, 무기수은이온 및 아말감 등의 총칭
- ㉡ 유기수은 : 아세트산, 페닐 수은, 메톡시 에틸 염화수은, 인산에틸수은, 염화페닐수은 등의 총칭

3) 카드뮴

① 개요
- ㉠ 이타이이타이병의 원인물질이다.
- ㉡ 생축적, 먹이사슬의 축적에 의한 카드뮴 폭로와 비타민 D의 결핍에 의한 것이다.

4) 크롬

① 개요
- ㉠ 3가 크롬은 매우 안정된 상태, 6가 크롬은 비용해성으로 산화제, 색소로서 산업장에서 널리 사용된다.
- ㉡ 3가 크롬에 비해 6가 크롬의 유해성이 훨씬 크다.
- ㉢ 3가 크롬은 피부흡수가 어려우나 6가 크롬은 쉽게 피부를 통과한다.

5) 베릴륨

① 개요
- ㉠ 가장 가벼운 금속
- ㉡ 저농도에서도 장애는 일반적으로 아주 크다.

6) 비소

① 개요
- ㉠ 은빛 광택을 내는 비금속으로서 가열하면 녹지 않고 승화된다.
- ㉡ 피부 특히 겨드랑이나 국부 등에 습진형 피부염이 생기며 피부암이 유발되는 물질이다.

7) 망간

① 개요
- ㉠ 철강제조 분야에서 직업성 폭로가 가장 많다.
- ㉡ 합금, 용접봉의 용도로 사용된다.
- ㉢ 계속적인 폭로로 전신의 근무력증, 수전증, 파킨슨씨 증후군이 나타나며 금속열을 유발한다.

8) 니켈

① 개요
- ㉠ 합금과 스테인리스강에 포함되어 있는 물질이다.
- ㉡ 스테인리스강 또는 합금 용접시 고농도의 노출우려

9) 철

① 개요

㉠ 강의 주성분

㉡ 산화철 흄은 코, 목, 폐에 자극을 일으킨다.

2 중금속의 발생원

1) 납

① 납제련소 및 납광산
② 납축전지 생산
③ 납 포함된 페인트 생산
④ 납 용접작업 및 절단작업
⑤ 인쇄소
⑥ 합금

2) 수은

① 형광등, 온도계, 체온계, 혈압계, 기압계
② 페인트, 농약, 살균제 제조
③ 수은전지
④ 아말감
⑤ 모자용 모피 및 벨트 제조
⑥ 뇌홍 제조

3) 카드뮴

① 납광물이나 아연제련 시 부산물
② 주로 전기도금, 알루미늄과의 합금에 이용
③ 축전기 전극
④ 도자기, 페인트의 안료
⑤ 니켈카드뮴 배터리 및 살균제

4) 크롬

① 전기도금 공장
② 가죽, 피혁제조
③ 염색, 안료제조
④ 방부제, 약품제조

5) 베릴륨
    ① 합금제조
    ② 원자로작업
    ③ 산소화학합성
    ④ 금속재생공정
    ⑤ 우주항공산업

6) 비소
    ① 벽지, 조화, 색소
    ② 살충제, 구충제, 목재 보존제
    ③ 베어링 제조
    ④ 착색제, 피혁 및 동물의 박제에 방부제로 사용

7) 망간
    ① 특수강철 생산
    ② 망간건전지
    ③ 전기용접봉 제조업, 도자기 제조업
    ④ 산화제(화학공업)
    ⑤ 유리착색 및 페인트의 안료
    ⑥ 망간광산

8) 니켈
    ① 도금, 합금, 제강공업
    ② 스테인리스강

3 중금속의 특성

1) 납
    ① 청색 또는 은회색
    ② 용해된 납은 500~600℃에서 흄을 발생하며 발생량은 온도상승에 비례하여 증가한다.
    ③ 물에 잘 녹지 않는다.
    ④ 체내 축적성이 있다.

2) 수은

① 상온에서 액체상태의 유일한 금속
② 유기수은은 무기수은에 비해 유독하고, 유기수은 중 알킬수은의 독성이 가장 강하다.
③ 체내 축적성이 있다.

3) 카드뮴

① 부드럽고 연성이 있는 금속
② 물에는 잘 녹지 않고 산에는 잘 녹으며, 가열 시 쉽게 증기화된다.
③ 산소와 결합 시 흄을 만들며, 흄이 많이 발생할 때에는 갈색의 연기처럼 보인다.
④ 체내 축적성이 있다.

4) 크롬

① 은백색의 금속
② 6가크롬은 발암성이 있다.
③ 6가에서 3가로의 환원이 세포질에서 일어나면 독성이 적으나 DNA의 근위부에서 일어나면 강한 변이원성을 나타낸다.
④ 인체 필수 금속으로 결핍시에는 인슐린의 저하로 인한 대사장애를 유발한다.

5) 베릴륨

① 주요 흡수경로는 호흡기이다.
② 임신 중 태아에게 영향
③ 1급 발암물질(폐암, 육아종 유발)

6) 비소

① 유사금속이다.
② 공기 중에서 400℃로 가열하면 녹지 않고 승화되어 삼산화비소가 생성된다.
③ 삼산화비소가 가장 독성이 강하다.

7) 망간

① 마모에 강하다.
② 8가지의 산화형태로 존재한다.
③ 인체 필수원소이다.

UNIT 02 인체 영향

1 인체 내 축적 및 제거

1) 납

① 흡수
- ㉠ 무기납 : 호흡기, 소화기를 통하여 체내에 흡수
- ㉡ 유기납 : 피부를 통하여 체내에 흡수
- ㉢ 작업장에서의 흡수는 주로 호흡기를 통하여 행하여지며, 일반적으로 입경이 5㎛ 이하의 호흡성 분진 및 흄만이 체내에 흡수된다.

② 축적
- ㉠ 납은 적혈구와 친화력이 강해 납의 95% 정도는 적혈구에 결합되어 있다.
- ㉡ 체내부담 : 인체 내에 남아 있는 총 납량을 의미하며 신체 장기 중 납의 90%는 뼈 조직에 축적된다.
- ㉢ 혈중 납은 최근에 노출된 납을 나타낼 뿐이다.

③ 배설
- ㉠ 호흡기를 통하여 흡수된 납 : 약 50%는 폐, 기도에 침착, 침착된 납의 입자는 기도 점액에 섞여서 섬모운동에 의하여 배출 후 나머지는 소화기로 들어간다.
- ㉡ 소화기를 통하여 흡수된 납 : 약 10%는 소장에서 흡수, 나머지는 대변으로 배설한다.
- ㉢ 혈액 중 유리된 납 : 뇨와 땀으로 배설된다.
- ㉣ 배설은 아주 느리게 진행하므로 체내축적이 쉽게 일어난다.

2) 수은

① 흡수
- ㉠ 금속수은 : 주로 증기가 기도를 통해서 흡수되고 일부는 피부로 흡수되며, 소화관으로는 2~7% 정도 소량 흡수된다.
- ㉡ 무기수은 : 무기수은염류는 호흡기나 경구적 어느 경로라도 흡수되며 주로 기도, 피부를 통해 흡수되지만 금속수은보다 흡수율은 낮다.
- ㉢ 유기수은 : 대표적 메틸수은, 에틸수은은 모든 경로로 흡수가 잘되고 특히 소화관으로부터 흡수는 100% 정도이다.

② 축적
- ㉠ 금속수은은 전리된 수소이온이 단백질을 침전시키고 -SH기(thiol기)와 결합하여 세포 내 효소반응을 억제함으로써 독성작용을 일으킨다.

ⓒ 신장 및 간에 고농도 축적 현상이 일반적이다.
ⓓ 메틸수은은 뇌에서 가장 강한 친화력을 가진 수은화합물이다.

③ 배설
   ㉠ 금속수은 : 대변보다 소변으로 배설이 잘 된다.
   ㉡ 유기수은
      • 대변으로 주로 배설되고 일부는 땀으로도 배설된다.
      • 알킬수은은 대부분 담즙을 통해 소화관으로 배설되지만 소화관에서 재흡수도 일어난다.
   ㉢ 무기수은 : 생물학적 반감기는 약 6주이다.

3) 카드뮴

① 흡수
   ㉠ 인체에 대한 노출경로는 주로 호흡기이며, 소화관에서는 별로 흡수되지 않는다.
   ㉡ 경구흡수율은 5~8%로 호흡기 흡수율보다 적으나 단백질이 적은 식사를 할 경우 흡수율이 증가한다.
   ㉢ 칼슘 결핍 시 장 내에서 칼슘 결합 단백질의 생성이 촉진되어 카드뮴의 흡수가 증가한다.
   ㉣ 체내에서 이동 및 분해하는 데에는 분자량 10,500 정도의 저분자단백질 metallothionein(혈장단백질)이 관여한다.
   ㉤ 카드뮴이 체내에 들어가면 간에서 metallothionein 생합성이 촉진되어 폭로된 중금속의 독성을 감소시키는 역할을 하나 다량의 카드뮴일 경우 합성이 되지 않아 중독작용을 일으킨다.

② 축적
   ㉠ 체내에 흡수된 카드뮴은 혈액을 거쳐 2/3는 간과 신장으로 이동한다.
   ㉡ 체내에 축적된 카드뮴의 50~75%는 간과 신장에 축적되고 일부는 장관벽에 축적된다.
   ㉢ 반감기는 약 수년에서 30년까지이다.
   ㉣ 흡수된 카드뮴은 혈장단백질과 결합하여 최종적으로 신장에 축적된다.
   ㉤ -SH기(thiol기)와 결합하여 세포 내 효소를 불활성화함으로써 독성작용을 일으킨다.

③ 배설
   ㉠ 체내로부터 카드뮴이 배설되는 것은 대단히 느리다.
   ㉡ 소변 속의 카드뮴 배설량은 카드뮴 흡수를 나타내는 지표가 된다.

4) 크롬

① **흡수** : 인체에 대한 노출경로는 주로 호흡기이며, 피부 및 소화기로도 흡수된다.
② **축적** : 6가 크롬은 생체막을 통해 세포 내에서 3가로 환원되어 간, 신장, 부갑상선, 폐, 골수에 축적된다.
③ **배설** : 대부분 소변을 통해 배설된다.

5) 베릴륨

① **흡수** : 인체에 대한 노출경로는 주로 호흡기이며, 피부 및 소화기로도 흡수된다.

② **축적** : 대부분 폐에 침적한다.

③ **배설** : 주로 소변이나 대변으로 배설한다.

6) 비소

① **흡수**
  ㉠ 호흡기로 흡수가 가장 현저하다.
  ㉡ 상처에 접촉됨으로 피부로 흡수될 수 있다.
  ㉢ 체내에서 -SH기(thiol기)를 갖는 효소작용을 저해시켜 독성을 유발한다.

② **축적**
  ㉠ 주로 뼈, 모발, 손톱 등에 축적되며 간장, 신장, 폐, 소화관벽, 비장 등에도 축적된다.
  ㉡ 골조직 및 피부는 비소의 주요한 축적장기이다.
  ㉢ 뼈에는 비산칼륨 형태로 축적된다.

③ **배설**
  ㉠ 주로 소변으로 배설된다.
  ㉡ 일부는 대변으로 배출되며 극히 일부는 모발, 피부를 통해서 배설된다.

7) 망간

① **흡수**
  호흡기로 흡수가 가장 현저하다. 소화기 및 피부를 통하여도 체내로 흡수된다.

② **축적**
  ㉠ 체내에 흡수된 망간은 혈액에서 신속하게 제거되어 10~30%는 간에 축적되며 뇌혈관막과 태반을 통과하기도 한다.
  ㉡ 폐, 비장에도 축적되며 손톱, 머리카락 등에서도 망간이 검출된다.

  ※ -SH기(thiol기) 결합 악영향물질 : 수은, 카드뮴, 비소

2 중금속에 의한 건강 장해

1) 납

① 위장계통의 장애
  ㉠ 복부팽만감, 급성복부 선통
  ㉡ 권태감, 불면증, 안면창백, 노이로제
  ㉢ 연선이 잇몸에 생김

② 신경, 근육 계통의 장애
  ㉠ 손처짐, 팔과 손의 마비
  ㉡ 근육통, 관절통
  ㉢ 신장근의 쇠약
  ㉣ 근육의 피로로 인한 납경련

③ 중추신경장애
  ㉠ 뇌중독 증상으로 나타남
  ㉡ 유기납에 폭로로 나타나는 경우가 많음
  ㉢ 두통, 안면창백, 기억상실, 정신착란, 혼수상태, 발작

④ 기타증상
  ㉠ 빈혈, 적혈구 내 프로토폴피린 증가(전해질 감소), 망상적혈구 증가, 친염기성 적혈구 증가
    → 적혈구 생존시간 감소
  ㉡ 혈청 내 철 증가
  ㉢ 혈색소량 저하
  ㉣ 소변에 코프로폴피린 검출
  ㉤ 소변에 δ-aminolevulinic acid(ALAD, 델타아미노레블린산) 검출
  ㉥ 이미증

2) 수은

① 구내염, 근육진전, 전신증상을 유발한다.
② 수족마비, 시신경장애, 정신장애, 보행장애 등의 장애가 나타난다.
③ 만성 노출 시 식욕부진, 신기능부전, 구내염을 발생시킨다.
④ 치은부에는 황화수은의 청회색 침전물이 침착된다.
⑤ 혀나 손가락의 근육이 떨린다.
⑥ 메틸수은은 미나마타병을 발생시킨다. 암기TIP 수 미 칩 : 수은 – 미나마타병

3) 카드뮴

① 간, 신장, 장관벽에 축적하여 효소의 기능유지에 필요한 -SH기와 반응하여 조직세포에 독성으로 작용한다.

② 호흡기를 통한 독성이 경구독성보다 약 8배 정도 강하다.
③ 산화카드뮴에 의한 장애가 가장 심하며 산화카드뮴, 에어로졸 노출에 의해 화학적 폐렴을 발생시킨다.
④ **신장기능 장애** : 저분자 단백뇨, 신석증, 신결석
⑤ **골격계장애** : 뼈의 통증, 골연화증 및 골수공증
⑥ **폐기능 장애** : 폐기종, 만성폐기능 장애
⑦ **자각증상** : 기침, 가래, 식욕부진, 위장장애, 체중 감소 등
⑧ 이따이이따이병

4) 크롬

① **신장장애** : 과뇨증, 혈뇨증, 무뇨증
② **위장장애** : 복통, 설사, 구토
③ **호흡기장애** : 급성폐렴, 크롬폐증
④ **점막장애** : 화농성 비염, 궤양, 비중격천공
⑤ **피부장애** : 피부암, 피부염
⑥ **발암** : 폐암, 비강암

5) 베릴륨

① **호흡기질환** : 인후염, 기관지염, 모세기관지염, 폐부종, 폐암
② **피부질환** : 피부염, 육아종
③ **기타** : 체중감소, 전신쇠약

6) 비소

① 빈혈, 용혈
② 구토, 설사, 근육경직, 안면 부종
③ 혈뇨 및 무뇨증
④ 급성피부염 및 상기도 점막에 염증, 심화되면 피부암을 유발한다.
⑤ 다발성 신경염, 간장장애, 지각마비
⑥ 폐암

7) 망간

① MMT에 의한 피부와 호흡기 노출로 인한 증상
② 이산화망간 흄에 급성노출되면 열, 오한, 호흡곤란 등의 증상을 특징으로 하는 금속열을 일으킨다.
③ 급성 고농도에 노출 시 조증의 정신병 양상을 나타낸다.
④ 중추신경계의 특정 부위를 손상 → 파킨슨 증후군 (양파 한망)
⑤ 신경염, 신장염

8) 니켈

① 폐부종, 폐렴

② 폐암, 비강암, 부비강암

③ 간 장애

9) 금속열

① **정의** : 금속이 용융점 이상으로 가열될 때 형성되는 고농도의 금속산화물을 흄 형태로 흡입함으로써 발생되는 일시적인 질병

② **원인물질** : 망간, 아연, 구리, 마그네슘, 니켈, 카드뮴, 안티몬

※ 주 원인물질 : 망간, 아연 [암기TIP] 망아지 때문에 열받는다.

③ **증상**

㉠ 체온상승, 목의 건조, 오한, 기침 → 감기와 비슷

㉡ 잠복기를 가짐(2~3일)

㉢ 1~2일 후에 자연적으로 증상 완화

㉣ 합병증을 유발하지 않음

3 중금속의 노출기준

1) 납

① **고용노동부 노출기준** : TWA 기준 0.05mg/m³

② **ACGIH** : TWA 기준 0.05mg/m³

③ **생물학적 노출기준(BEI)** : 혈중 납 30㎍/100mL

2) 수은

① **고용노동부 노출기준(TWA 기준)**

㉠ 알킬 및 무기수은 : 0.1mg/m³

㉡ 수은 : 0.05mg/m³

㉢ 알킬수은 : 0.001mg/m³

② **ACGIH(TWA 기준)**

㉠ 무기수은 : 0.025mg/m³

㉡ 아릴수은 : 0.1mg/m³

㉢ 알킬수은 : 0.01mg/m³

② 생물학적 노출기준(BEI)
- 무기수은 : 뇨 중 총 무기수은 $35\mu g/L$
- 뇨 중 총 무기수은 : $15\mu g/L$

3) 카드뮴

① 고용노동부 노출기준(TWA 기준) : $0.005\mathrm{mg/m^3}$

② ACGIH : $0.01\mathrm{mg/m^3}$
  ㉠ TWA 총 분진 : $0.01\mathrm{mg/m^3}$
  ㉡ 호흡성 카드뮴분진 : $0.002\mathrm{mg/m^3}$
  ㉢ 생물학적 노출기준(BEI)
    - 뇨 중 카드뮴이 $5\mu g/g$
    - 혈중 카드뮴이 $5\mu g/L$

4) 크롬

① 고용노동부 노출기준(TWA 기준)
  ㉠ 금속 크롬 : $0.2\mathrm{mg/m^3}$
  ㉡ 크롬광 : $0.05\mathrm{mg/m^3}$

② ACGIH(TWA 기준)
  ㉠ 금속 및 3가 크롬 : $0.2\mathrm{mg/m^3}$
  ㉡ 크롬광 : $0.05\mathrm{mg/m^3}$

③ 생물학적 노출기준(수용성 6가 크롬 기준)
  ㉠ 주말작업의 작업종료 시 뇨 중 총 크롬이 $25\mu g/L$
  ㉡ 주간작업 중 뇨 중 크롬 농도는 $10\mu g/L$

5) 베릴륨

① 고용노동부 노출기준(TWA 기준) : $0.002\mathrm{mg/m^3}$
② ACGIH
  - TWA : $0.002\mathrm{mg/m^3}$
  - STEL : $0.01\mathrm{mg/m^3}$

6) 비소

① 고용노동부 노출기준(TWA 기준) : $0.2\mathrm{mg/m^3}$
② ACGIH(TWA 기준) : $0.01\mathrm{mg/m^3}$
③ 생물학적 노출기준(BEI) : 무기비소 대사물 $35\mu g/L$

7) 망간

① 고용노동부 노출기준(TWA 기준)

　㉠ 망간분진 및 화합물 : 5mg/m^3

　㉡ 망간흄 : 1mg/m^3

② ACGIH(TWA 기준) : 무기망간화합물 0.2mg/m^3

4 중금속의 치료

1) 납

① 급성중독

　㉠ 섭취 시 즉시 3% 황산소다용액으로 위세척

　㉡ Ca-EDTA를 하루에 1~4g 정도 정맥 내 투여하여 치료

　㉢ Ca-EDTA는 무기성 납으로 인한 중독 시 원활한 체내 배출을 위해 사용하는 배설촉진제임(단, 배설촉진제는 신장이 나쁜 사람에게는 금지)

② 만성중독

　㉠ 배설촉진제 Ca-EDTA 및 페니실라민 투여

　㉡ 대중요법으로 진정제, 안정제, 비타민 B_1, B_2 사용

2) 수은

① 급성중독

　㉠ 우유와 계란의 흰자를 먹여 단백질과 해당 물질을 결합시켜 침전시킨다.

　㉡ 마늘계통의 식물을 섭취한다.

　㉢ 위세척을 한다. 다만, 세척액은 200~300mL를 넘지 않도록 한다.

　㉣ BAL 투여

② 만성중독

　㉠ 수은 취급을 즉시 중지시킨다.

　㉡ BAL 투여

　㉢ 1일 10L의 등장식염수를 공급(이뇨작용으로 촉진)한다.

　㉣ N-acetyl-D-penicillamine을 투여한다.

　㉤ 땀을 흘려 수은배설을 촉진한다.

　㉥ Ca-EDTA의 투여는 금기사항이다.

3) 카드뮴

① BAL 및 Ca-EDTA를 투여하면 신장에 대한 독성작용이 더욱 심해져 금한다.
② 안정을 취하고 대중요법을 이용, 동시에 산소흡입, 스테로이드를 투여한다.
③ 치아에 황색 색소침착 유발 시 클루쿠론산칼슘을 정맥주사한다.
④ 비타민 D를 피하 주사한다.(1주 간격 6회가 효과적)

4) 크롬

① 크롬 폭로 시 즉시 중단하여야 한다.
② BAL, Ca-EDTA 복용은 효과가 없다.
③ 사고로 섭취 시 응급조치로 환원제인 우유와 비타민 C를 섭취한다.
④ 피부궤양에는 5% 티오황산소다용액, 5~10% 구연산소다용액, 10% Ca-EDTA 연고를 사용한다.

5) 베릴륨

① 급성 베릴륨폐증인 경우 즉시 작업을 중단한다.
② 금속배출촉진제 chelating agent(킬레이트제)를 투여한다.

6) 비소

① 전체 수혈
② 작업 중단
③ 활성탄과 하제
④ BAL(dimercaprol) 확진 시 약제 투여
⑤ 쇼크 시 정맥수액제와 혈압상승제 투여

7) 망간

① chelating agent(킬레이트제) 사용
② 증상 진행 시 회복이 어려움

기출문제로 다지기 | CHAPTER 03 중금속

01. 인체에 침입한 납(Pb) 성분이 주로 축적되는 곳은?

① 간 ② 뼈
③ 신장 ④ 근육

02. 합금, 도금 및 전지 등의 제조에 사용되며, 알레르기 반응, 폐암 및 비강암을 유발할 수 있는 중금속은?

① 비소 ② 니켈
③ 베릴륨 ④ 안티몬

[해설] 니켈에 대한 설명이다. 비소는 피부암, 베릴륨은 폐암과 육아 종양, 안티몬은 폐암과 심장독을 유발한다.

03. 수은 중독에 관한 설명 중 틀린 것은?

① 주된 증상은 구내염, 근육진전, 정신증상이 있다.
② 급성중독인 경우의 치료는 10% EDTA를 투여한다.
③ 알킬수은화합물의 독성은 무기수은화합물의 독성보다 훨씬 강하다.
④ 전리된 수은이온이 단백질을 침전시키고 Thiol시(SH)를 가진 효소작용을 억제한다.

[해설] 수은 중독 시 우유나 계란흰자를 먹이고 BAL을 투여하여야 한다. Ca-EDTA의 투여는 금기사항이다.

04. 납은 적혈구 수명을 짧게 하고, 혈색소 합성에 장애를 발생시킨다. 납이 흡수됨으로 초래되는 결과로 틀린 것은?

① 요중 코프로폴피린 증가
② 혈청 및 요중 δ-ALA 증가
③ 적혈구내 프로토폴피린 증가
④ 혈중 β-마이크로글로빈 증가

05. 3가 및 6가 크롬의 인체 작용 및 독성에 관한 내용으로 틀린 것은?

① 산업장의 노출의 관점에서 보면 3가 크롬이 더 해롭다.
② 3가 크롬은 피부 흡수가 어려우나 6가 크롬은 쉽게 피부를 통과한다.
③ 세포막을 통과한 6가 크롬은 세포내에서 수 분 내지 수 시간 만에 발암성을 가진 3가지 형태로 환원된다.
④ 6가에서 3가로의 환원이 세포질에서 일어나면 독성이 적으나 DNA의 근위부에서 일어나면 강한 변이원성을 나타낸다.

[해설] 6가 크롬이 3가 크롬 보다 더 해롭다.

06. 중독 증상으로 파킨슨 증후군 소견이 나타날 수 있는 중금속은?

① 납 ② 비소
③ 망간 ④ 카드뮴

[해설] 양 파 한망(망간은 파킨슨증후군)

07. 납중독의 대표적인 증상 및 징후로 틀린 것은?

① 간장장해 ② 근육계통장해
③ 위장장해 ④ 중추신경장해

 정답 01. ② 02. ② 03. ② 04. ④ 05. ① 06. ③ 07. ①

08. 다음은 납이 발생되는 환경에서 납 노출을 평가하는 활동이다. 순서가 맞게 나열된 것은?

> ㉠ 납의 독성과 노출기준 등을 MSDS를 통해 찾아본다.
> ㉡ 납에 대한 노출을 측정하고 분석한다.
> ㉢ 납에 노출되는 것은 부적합하므로 시설개선을 해야 한다.
> ㉣ 납에 대한 노출 정도를 노출기준과 비교한다.
> ㉤ 납이 어떻게 발생되는지 예비 조사한다.

① ㉠ → ㉡ → ㉢ → ㉣ → ㉤
② ㉢ → ㉡ → ㉠ → ㉣ → ㉤
③ ㉤ → ㉠ → ㉡ → ㉣ → ㉢
④ ㉤ → ㉡ → ㉠ → ㉣ → ㉢

09. 다음 사례의 근로자에게서 의심되는 노출인자는?

> 41세 A씨는 1990년부터 1997년까지 기계공구제조업에서 산소용접작업을 하다가 두통, 관절통, 전신근육통, 가슴답답함, 이가 시리고 아픈 증상이 있어 건강검진을 받았다. 건강검진 결과 단백뇨와 혈뇨가 있어 신장질환 유소견자 진단을 받았다. 이 유해인자의 혈중, 소변 중 농도가 직업병 예방을 위한 생물학적 노출기준을 초과하였다.

① 납
② 망간
③ 수은
④ 카드뮴

10. 인간의 연금술, 의약품 등에 가장 오래 사용해 왔던 중금속 중의 하나로 17세기 유럽에서 신사용 중절모자를 제조하는데 사용하여 근육경련을 일으킨 물질은?

① 납
② 비소
③ 수은
④ 베릴륨

11. 크롬으로 인한 피부궤양 발생 시 치료에 사용하는 것과 가장 관계가 먼 것은?

① 10% BAL 용액
② Sodium Citrate 용액
③ Sodium Thiosulfate 용액
④ 10% CaNa2EDTA 연고

해설 크롬 중독시 BAL과 Ca-EDTA는 효과가 없다.

12. 금속의 독성에 관한 일반적인 특성을 설명한 것으로 틀린 것은?

① 금속의 대부분은 이온상태로 작용한다.
② 생리과정에 이온상태의 금속이 활용되는 정도는 용해도에 달려 있다.
③ 금속이온과 유기화합물 사이의 강한 결합력은 배설율에도 영향을 미치게 한다.
④ 용해성 금속염은 생체 내 여러 가지 물질과 작용하여 수용성 화합물로 전환된다.

해설 용해성 금속염은 생체 내 여러 가지 물질과 작용하여 지용성 화합물로 전환된다.

13. 납중독에 대한 치료방법의 일환으로 체내에 축적된 납을 배출하도록 하는데 사용되는 것은?

① DMPS
② 2-PAM
③ Atropin
④ Ca-EDTA

해설 납의 급성중독시 Ca-EDTA를 투여하고, 만성중독시 Ca-EDTA 및 페니실라민을 투여한다.

정답 08. ③ 09. ④ 10. ③ 11. ① 12. ④ 13. ④

14. 납중독에 대한 대표적임 임상증상으로 볼 수 없는 것은?

① 위장장해
② 안구장해
③ 중추신경장해
④ 신경 및 근육계통의 장해

15. 중금속에 중독되었을 경우에 치료제로 BAL이나 Ca-EDTA 등 금속배설 촉진제를 투여해서는 안되는 중금속은?

① 납   ② 비소
③ 망간   ④ 카드뮴

해설 카드뮴은 BAL이나 Ca-EDTA를 투여해서는 안 되고 대중요법이나 스테로이드를 투여하여야 한다.

16. 카드뮴 중독의 발생 가능성이 가장 큰 산업작업 또는 제품으로만 나열된 것은?

① 니켈, 알루미늄과의 합금, 살균제, 페인트
② 페인트 및 안료의 제조, 도자기 제조, 인쇄업
③ 금, 은의 정련, 청동 주석 등의 도금, 인견 제조
④ 가죽제조, 내화벽돌 제조, 시멘트제조업, 화학비료 공업

해설 ② 페인트 및 안료의 제조, 도자기 제조, 인쇄업 – 납
③ 금, 은의 정련, 청동 주석 등의 도금, 인견 제조 - 크롬(도금공업), 이황화탄소(인견 제조)
④ 가죽제조, 내화벽돌 제조, 시멘트제조업, 화학비료공업 – 크롬(가죽제조), 규산염(내화벽돌, 시멘트), 불소(화학비료)

17. 비중격천공을 유발시키는 물질은?

① 납(Pb)   ② 크롬(Cr)
③ 수은(Hg)   ④ 카드뮴(Cd)

18. 납에 관한 설명으로 틀린 것은?

① 폐암을 야기하는 발암물질로 확인되었다.
② 축전지제조업, 광명단제조업 근로자가 노출될 수 있다.
③ 최근의 납의 노출정도는 혈액 중 납 농도로 확인할 수 있다.
④ 납중독을 확인하는 데는 혈액 중 ZPP 농도를 이용할 수 있다.

해설 납은 폐암 유발물질이 아니다. 납은 혈중 프로토폴피린을 증가시키고, 그에 따른 조혈기능장애, 신장기능 및 생식기능장애, 정신장애 등의 증상을 유발한다. 폐암유발물질에는 크롬, 석면, 라돈 등이 있다.

19. 다음 내용과 가장 관계가 깊은 물질은?

> • 요중 코프로포르피린 증가
> • 요중 델타 아미노레블린산 증가
> • 혈중 프로토포르피린 증가

① 납   ② 비소
③ 수은   ④ 카드뮴

20. 중금속 노출에 의하여 나타나는 금속열은 흄형태의 금속을 흡입하여 발생되는데, 감기 증상과 매우 비슷하여 오한, 구토감, 기침, 전신위약감 등의 증상이 있으며, 월요일 출근 후에 심해져서 월요일열이라고도 한다. 다음 중 금속열을 일으키는 물질이 아닌 것은?

① 납
② 카드뮴
③ 산화아연
④ 안티몬

해설 금속열 유발물질 : 망간, 아연, 구리, 마그네슘, 니켈, 카드뮴, 안티몬

21. 다음 중 급성 중독자에게 활성탄과 하제를 투여하고 구토를 유발시키며, 확진되면 Dimercap-Rol로 치료를 시작하는 유해물질은?(단, 쇼크의 치료는 강력한 정맥 수액제와 혈압상승제를 사용한다.)

① 납(Pb)
② 크롬(Cr)
③ 비소(As)
④ 카드뮴(Cd)

22. 다음 중 작업장에서 일반적으로 금속에 대한 노출 경로를 설명한 것으로 틀린 것은?

① 대부분 피부를 통해서 흡수되는 것이 일반적이다.
② 호흡기를 통해서 입자상 물질 중의 금속이 흡수된다.
③ 작업장 내에서 휴식시간에 음료수, 음식 등에 오염된 채로 소화관을 통해서 흡수될 수 있다.
④ 4-에틸납은 피부로 흡수될 수 있다.

해설 대부분 호흡기를 통해서 흡수된다.

23. 다음 중 카드뮴에 관한 설명으로 틀린 것은?

① 카드뮴은 부드럽고 연성이 있는 금속으로 납광물이나 아연광물을 제련할 때 부산물로 얻어진다.
② 흡수된 카드뮴은 혈장단백질과 결합하여 최종적으로 신장에 축적된다.
③ 인체 내에서 철을 필요로 하는 효소와의 결합반응으로 독성을 나타낸다.
④ 카드뮴 흄이나 먼지에 급성 노출되면 호흡기가 손상되며 사망에 이르기도 한다.

해설 인체 내에서 효소의 기능유지에 필요한 -SH(Thiol)기와 반응하여 조직세포에 독성으로 작용한다.

24. 다음 중 납중독의 주요 증상에 포함되지 않는 것은?

① 혈중의 Methallothionein 증가
② 적혈구 내 Protoporphyrin 증가
③ 혈색소량 저하
④ 혈청내 철 증가

해설 혈중의 Methallothionein(메탈로티오네인)의 증가는 카드뮴 중독증상이다.

25. 다음 중 수은중독의 예방대책으로 가장 적합하지 않은 것은?

① 수은 주입과정을 밀폐공간 안에서 자동화한다.
② 작업장 내에서 음식물을 먹거나 흡연을 금지한다.
③ 작업장에 흘린 수은은 신체가 닿지 않는 방법으로 즉시 제거한다.
④ 수은 취급 근로자의 비점막 궤양 생성여부를 면밀히 관찰한다.

해설 ④항은 크롬중독의 예방대책에 해당한다.

정답 20. ① 21. ③ 22. ① 23. ③ 24. ① 25. ④

26. 다음 설명에 해당하는 중금속은?

- 뇌홍의 제조에 사용
- 소화관으로는 2~7% 정도의 소량으로 흡수
- 금속 형태는 뇌, 혈액, 심근에 많이 분포
- 만성 노출 시 식욕부진, 신기능부전, 구내염 발생

① 납(Pb) ② 수은(Hg)
③ 카드뮴(Cd) ④ 안티몬(Sb)

27. 다음 중 망간중독에 관한 설명으로 틀린 것은?

① 금속망간의 직업성 노출은 철강제조 분야에서 많다.
② 치료제로는 Ca-EDTA가 있으며 중독 시 신경이나 뇌세포 손상 회복에 효과가 크다.
③ 망간의 노출이 계속되면 파킨슨증후군과 거의 비슷하게 될 수 있다.
④ 이산화망간 흄에 급성 폭로되면 열, 오한, 호흡곤란 등의 증상을 특징으로 하는 금속열을 일으킨다.

해설 치료제로는 킬레이트제를 사용하고, 중독 시 치료 및 회복이 어렵다.

28. 금속열은 고농도의 금속산화물을 흡입함으로써 발병되는 질병이다. 다음 중 원인물질로 가장 대표적인 것은?

① 니켈 ② 크롬
③ 아연 ④ 비소

해설 망간과 아연은 대표적 발열물질이다.
암기TIP 이런 망 아 지! - 열받는다.

29. 다음 중 수은의 배설에 관한 설명으로 틀린 것은?

① 유기수은화합물은 땀으로 배설된다.
② 유기수은화합물은 대변으로 주로 배설된다.
③ 금속수은은 대변보다 소변으로 배설이 잘 된다.
④ 무기수은화합물의 생물학적 반감기는 2주 이내이다.

해설 무기수은화합물의 생물학적 반감기는 약 6주이다.

30. 급성중독으로 심한 신장장해로 과뇨증이 오며 더 진전되면 무뇨증을 일으켜 요독증으로 10일 안에 사망에 이르게 하는 물질은?

① 비소 ② 크롬
③ 벤젠 ④ 베릴륨

31. 다음 중 납중독이 발생할 수 있는 작업장과 가장 관계가 적은 것은?

① 납의 용해작업
② 고무제품 접착작업
③ 활자의 문선, 소판삭업
④ 축전지의 납 도포 작업

해설 고무제조 - 염소
고무제품 접착작업 - 폼알데하이드

32. 인쇄 및 도료 작업자에게 자주 발생하는 연 중독증상과 관계없는 것은?

① 적혈구의 증가
② 치은의 연선(Lead line)
③ 적혈구의 호염기성 반점
④ 소변 중의 Coproporphyrin

정답 26. ② 27. ② 28. ③ 29. ④ 30. ② 31. ② 32. ①

해설 미숙적혈구(망상적혈구, 친염기성 적혈구)가 증가하고, 삼투압이 증가하면서 적혈구가 위축되어 적혈구가 감소한다.

33. 다음 중 카드뮴의 인체 내 축적 기관으로만 나열된 것은?

① 뼈, 근육 ② 간, 신장
③ 혈액, 모발 ④ 뇌, 근육

34. 다음 중 중금속에 의한 폐기능의 손상에 관한 설명으로 틀린 것은?

① 철폐증(Siderosis)은 철분진 흡입에 의한 암발생(A_1)이며, 중피종과 관련이 없다.
② 화학적 폐렴은 베릴륨, 산화카드뮴 에어로졸 노출에 의하여 발생하며 발열, 기침, 폐기종이 동반된다.
③ 금속열은 금속이 용융점 이상으로 가열될 때 형성되는 산화금속을 흄 형태로 흡입할 때 발생한다.
④ 6가 크롬은 폐암과 비강암 유발인자로 작용한다.

해설 철폐증은 철분진 흡입에 의해 발생되는 금속열의 한 형태이다.

35. 사업장 유해물질 중 비소에 관한 설명으로 틀린 것은?

① 삼산화비소가 가장 문제가 된다.
② 호흡기 노출이 가장 문제가 된다.
③ 체내 -SH기를 파괴하여 독성을 나타낸다.
④ 용혈성 빈혈, 신장기능 저하, 흑피증(피부침착) 등을 유발한다.

해설 체내 -SH기를 파괴하여 독성을 나타내는 것은 카드뮴이다.

36. 다음 중 수은중독에 관한 설명으로 틀린 것은?

① 수은은 주로 골 조직과 신경에 많이 축적된다.
② 무기수은염류는 호흡기나 경구적 어느 경로라도 흡수된다.
③ 수은 중독의 특징적인 증상은 구내염, 근육진전 등이 있다.
④ 전리된 수은이온은 단백질을 침전시키고, Thiolrl(SH)를 가진 효소작용을 억제한다.

해설 수은은 주로 신장 및 간에 축적된다.

37. 다음 중 발암성이 있다고 밝혀진 중금속이 아닌 것은?

① 니켈 ② 비소
③ 망간 ④ 6가크롬

해설 망간은 발열증상 및 파킨슨증후군을 유발한다.

38. 다음 중 금속열에 관한 설명으로 알맞지 않은 것은?

① 금속열이 발생하는 작업장에서는 개인 보호용구를 착용해야 한다.
② 금속 흄에 노출된 후 일정시간의 잠복기를 지나 감기와 비슷한 증상이 나타난다.
③ 금속열은 하루 정도 지나면 증상은 회복되나 후유증으로 호흡기, 시신경 장애 등을 일으킨다.
④ 아연, 마그네슘 등 비교적 융점이 낮은 금속의 제련, 용해, 용접 시 발생하는 산화금속 흄을 흡입할 경우 생기는 발열성 질병을 말한다.

해설 금속열은 일시적인 질병이며, 합병증을 유발하지 않는다.

정답 33. ② 34. ① 35. ③ 36. ① 37. ③ 38. ③

39. 다음 중 칼슘대사에 장해를 주어 신결석을 동반하나 신증후군이 나타나고 다량의 칼슘 배설이 일어나 뼈의 통증, 골연화증 및 골수공증과 같은 골격계 장해를 유발하는 중금속은?

① 망간(Mn) ② 수은(Hg)
③ 비소(As) ④ 카드뮴(Cd)

40. 다음 중 크롬에 의한 급성중독의 특징과 가장 관계가 깊은 것은?

① 혈액장애 ② 신장장애
③ 피부습진 ④ 중추신경장애

해설 크롬과 사염화탄소는 주로 신장장애를 유발한다. (무뇨증 유발)

41. 다음 중 단백질을 침전시키며 Thiol(-SH)기를 가진 효소의 작용을 억제하여 독성을 나타내는 것은?

① 구리 ② 아연
③ 코발트 ④ 수은

42. 다음 중 금속열에 관한 설명으로 틀린 것은?

① 고농도의 금속산화물을 흡입함으로써 발병된다.
② 용접, 전기도금, 제련과정에서 발생하는 경우가 많다.
③ 폐렴이나 폐결핵의 원인이 되며 증상은 유행성 감기와 비슷하다.
④ 주로 아연과 마그네슘, 망간산화물의 증기가 원인이 되지만 다른 금속에 의하여 생기기도 한다.

해설 증상은 유행성감기와 비슷하나 합병증을 유발하지 않는다.

43. 다음 중 크롬에 관한 설명으로 틀린 것은?

① 6가 크롬은 발암성 물질이다.
② 주로 소변을 통하여 배설된다.
③ 형광등 제조, 치과용 아말감 산업이 원인이 된다.
④ 만성 크롬중독인 경우 특별한 치료방법이 없다.

해설 형광등 제조, 치과용 아말감 산업이 원인이 되는 것은 수은이다.

정답 39. ④ 40. ② 41. ④ 42. ③ 43. ③

기출문제로 굳히기 — CHAPTER 03 중금속

01. 다음 중 카드뮴의 중독, 치료 및 예방대책에 관한 설명으로 틀린 것은?

① 소변 속의 카드뮴 배설량은 카드뮴 흡수를 나타내는 지표가 된다.
② BAL 또는 Ca-EDTA 등을 투여하여 신장에 대한 독작용을 제거한다.
③ 칼슘대사에 장해를 주어 신결석을 동반한 증후군이 나타나고 다량의 칼슘배설이 일어난다.
④ 폐활량 감소, 잔기량 증가 및 호흡곤란의 폐증세가 나타나며, 이 증세는 노출기간과 노출농도에 의해 좌우된다.

해설 BAL 및 Ca-EDTA를 투여하면 신장에 대한 독성작용이 더욱 심해져 금한다.

02. 납중독을 확인하기 위한 시험방법과 가장 거리가 먼 것은?

① 혈액 중 납 농도 측정
② 헴(Heme)합성과 관련된 효소의 혈중농도 측정
③ 신경전달속도 측정
④ β-ALA 이동 측정

03. 납중독을 확인하는 시험이 아닌 것은?

① 혈중의 납 농도
② 소변 중 단백질
③ 말초신경의 신경전달 속도
④ ALA(Amino Levulinic Acid) 축적

04. 베릴륨 중독에 관한 설명으로 틀린 것은?

① 베릴륨의 만성중독은 Neighborhood cases라고도 불리운다.
② 예방을 위해 X선 촬영과 폐기능 검사가 포함된 정기 건강검진이 필요하다.
③ 염화물, 황화물, 불화물과 같은 용해성 베릴륨화합물은 급성중독을 일으킨다.
④ 치료는 BAL 등 금속배설 촉진제를 투여하며, 피부 병소에는 BAL 연고를 바른다.

해설 [베릴륨의 치료]
㉠ 급성 베릴륨폐증인 경우 즉시 작업을 중단한다.
㉡ 금속배출촉진제 chelating agent를 투여한다.

정답 01. ② 02. ④ 03. ② 04. ④

CHAPTER 04 인체구조 및 대사

본 과목은 산업위생관리기사에만 해당됩니다.

UNIT 01 인체구조

1 인체의 구성

1) 신체의 대분류
① **몸통부분** : 머리, 목, 몸통
② **팔다리 부분** : 팔(상지), 다리(하지)

2) 인체의 구성
① **골격** : 206개의 뼈로 구성되어, 연골로 골격을 지탱하며 보충한다.
② **장기** : 간장, 심장, 비장, 폐, 신장, 대장, 소장, 위, 담낭, 방광으로 구성되어 소화와 해독, 대사, 배설을 담당한다.
③ **혈관** : 동맥, 정맥, 모세혈관으로 구성된다.
④ **신경** : 중추신경계, 말초신경계, 자율신경계로 구성되어 감각을 수용하고 몸을 조절하는 역할을 한다.

2 근골격계 해부학적 구조

1) 골격의 기능
① 중요 기관 보호
② 몸을 지탱
③ 장기보호
④ 조혈작용(골수)
⑤ 인체활동 수행

2) 관절

① 뼈와 뼈를 연결하는 역할
② 부동성 관절은 섬유성 관절, 연골성 관절, 뼈결합 관절로 구분한다.
③ 가동성 관절은 절구관절, 타원관절, 안장관절, 경첩관절, 차축관절, 평면관절로 구분한다.

3) 골격근

① 근세포(근섬유)가 모여 형성된 것이 근육이다.
② 근육의 종류는 골격근, 평활근, 심근으로 구분한다.
③ 화학적 에너지를 기계적 에너지로 전환한다.
④ 인체의 골격근은 약 650개이다.
⑤ 건(tendon)은 근육과 뼈를 연결하는 섬유조직이다.

4) 신경계

① 중추신경계, 말초신경계, 자율신경계로 구분한다.
② 구조에 따른 분류는 단일극 신경원, 양극 신경원, 다수극 신경원으로 한다.
③ 기능에 따른 분류는 감각신경원, 운동신경원, 개재신경원으로 한다.

❸ 순환계 및 호흡계

1) 순환계의 개요

① 인체의 각 구조에 산소 및 영양소를 공급하며 대사작용 후 노폐물을 제거하는 기관을 말하며, 폐, 심장, 근육으로 구조를 이룬다.
② 신체방어에 필요한 혈액응고 효소 등을 손상받은 부위로 수송하는 역할을 한다.

2) 순환계의 구성

① 혈관계

  ㉠ 심장 : 2심방 2심실로 구성
  ㉡ 혈액 : 호흡가스 수송, 노폐물 수송, 항상성 유지, 생체보호 작용, 체액의 다량 손실 방지 기능
  ㉢ 동맥 : 심장에서 말초신경계로 이동하는 원심성 혈관
  ㉣ 정맥 : 말초신경계에서 심장으로 이동하는 구심성 혈관
  ㉤ 모세혈관 : 소동맥과 소정맥을 연결하는 아주 작은 혈관
  ㉥ 순환경로 : 체순환과 폐순환이 있다.

② 림프계

  ㉠ 림프관 : 모세혈관보다 크고 많은 구멍을 가짐, 조직액 내의 이물질 제거 역할을 한다.

ⓒ 흉관과 우림프관으로 구분
ⓒ 집합관은 림프가 역류하는 것을 막는 역할
② 림프절 : 체내에 들어온 감염성 미생물 및 이물질을 살균 또는 식균하는 역할
ⓜ 특수면역작용, 식균작용, 간질액의 혈류로의 재유입

3) 호흡계의 개요

① 상기도, 하기도, 폐조직으로 구분되며, 외부 공기 사이의 가스 교환을 담당하는 기관이다.
② 공기 중으로부터 산소를 취하여 이것을 혈액에 주고 혈액 중의 이산화탄소를 공기 중으로 보내는 역할을 한다.

4) 호흡계의 구성

① **코와 비강**
  ㉠ 흡입 공기를 일차적으로 정화시키는 기능
  ㉡ 표면적이 넓은 구조

② **인두**
  길이가 약 12cm 정도이며 근육과 점막으로 구성

③ **후두**
  ㉠ 길이가 약 4cm 정도이며, 폐에 흡입되는 공기의 통로 역할을 함
  ㉡ 연골을 중심으로 근층 및 상피세포로 구성

④ **기관, 기관지**
  ㉠ 길이가 약 10cm, 직경 2cm의 개방된 관
  ㉡ 표피세포는 결합조직, 평활근, 연골로 지지 받고 있으며, 호흡계에 깊숙이 들어 갈수록 평활근의 양은 증가하고 연골의 양은 감소함
  ㉢ 연골의 유무로 기관지와 세기관지로 구분함
  ㉣ 세기관지에 가까울수록 상부호흡기계에 있는 섬모세포는 줄어들고 클라라세포가 나타남
  ㉤ 클라라세포는 특이적인 분비단백질의 생산, 저장 및 분비능력이 있고, 시토크롬 P-450 같은 대사효소가 다량 분포하여 유해물질의 표적이 됨

⑤ **폐**
  ㉠ 폐의 내부에는 폐포가 있고 많은 모세혈관이 존재하여 산소와 이산화탄소의 가스교환이 이루어짐(즉, 폐속에 있는 산소는 혈액 속에 있는 이산화탄소와 교환되고 이산화탄소는 호기 시 몸으로부터 배출됨)
  ㉡ 폐는 약 2~3억 개의 폐포로 구성되고 총 70~100m^2의 표면적을 가져 가스교환이 용이함
  ㉢ 가스교환이 일어나는 얇은 막은 기저막과 내피로 이루어져 있음
  ㉣ 폐포 내에는 대식세포가 다량 존재하여 흡입 이물질을 용해, 식균하여 해독시키는 기능이 있으며 또한 대식세포는 폐의 방어기전으로 염증 및 면역기능에도 관여함
  ㉤ 폐는 가스교환 작용 이외에도 휘발성 물질의 배설에도 중요한 역할을 함

UNIT 02 유해물질 대사 및 축적

1 화학반응의 용량-반응

1) 독성의 정의 및 의미
① 독성은 유해화학물질이 일정한 농도로 체내의 특정부위에 체류할 때 악영향을 일으킬 수 있는 능력을 말한다.
② 사람에게 흡수되어 초래되는 바람직하지 않은 영향의 범위, 정도, 특성을 의미한다.

2) 유해성
① **정의** : 근로자가 유해인자에 노출됨으로써 손상을 유발할 수 있는 가능성을 말한다.
② **유해성 결정요소(독성과 노출량)**
　㉠ 유해물질 자체의 독성
　㉡ 유해물질 자체의 특성
　㉢ 유해물질 발생 형태
③ **유해성(위해도) 평가 시 고려요인**
　㉠ 시간적 빈도와 시간 : 간헐적 작업, 시간외 작업, 계절 및 기후조건 등
　㉡ 공간적 분포 : 유해인자 농도 및 강도, 생산공정 등
　㉢ 노출대상의 특성 : 민감도, 훈련기간, 개인적 특성 등
　㉣ 조직적 특성 : 회사조직정보, 보건제도, 관리 정책 등
　㉤ 유해인자가 가지고 있는 위해성
　㉥ 노출상태
　㉦ 다른 물질과 복합노출
④ **호흡기를 통한 흡수** : 유해성은 증기압이 중요한 요소이다. 유기용제의 경우 비점이 낮으면 휘발성이 강하여 빨리 증발하므로 유해성은 비점이 높은 유기용제보다 크다.
⑤ **위해성 평가의 단계** : 1단계는 예비평가, 2단계는 화학적 인자에 대한 노출측정이다.

3) 용량-반응 관계
① **정의** : 용량-반응의 용량은 노출량, 즉 투여용량을 의미하고 반응은 사망빈도를 의미하며 대수적 함수 관계를 나타낸다.
② **용량 – 반응 관계의 필요 가정사항**
　㉠ 반응은 화학물질의 투여에 의해 발생
　㉡ 반응은 투여량과 관련
　㉢ 반응을 정성적 또는 정량적으로 측정하는 방법 존재

③ 용량-반응 관계식

$$K = C \times T \text{ (Haber의 법칙)}$$

- C : 농도
- T : 시간

④ 일반적인 용량에 대한 치사비율 : S자형 곡선을 나타낸다.

⑤ 독성실험 관련 용어

   ⊙ LD50
- 유해물질의 경구투여용량에 따른 실험동물군의 50%가 일정기간 동안에 죽는 용량
- 통상 30일간 50%의 동물이 죽는 치사량을 말함

   ⊙ LC50 : 실험동물군을 상대로 독성물질을 호흡시켜 50%가 죽는 농도
   ⊙ ED50 : 약물을 투여한 동물의 50%가 일정한 반응을 일으키는 양을 의미
   ⊙ TD50 : 시험 유기체의 50%에서 심각한 독성반응을 나타내는 양, 즉 중독량을 의미
   ⊙ TL50
- 시험 유기체의 50%가 살아남는 독성물질의 양을 의미
- 생존율이 50%인 독성물질의 양으로 허용한계 의미에서 사용

⑥ 화학적 상호작용

   ⊙ 독립작용 : 두 물질을 동시에 투여할 때 각각의 독성으로 작용
   ⊙ 상가작용 : 두 물질을 동시에 투여할 때 각각의 독성의 합으로 작용 (예 2 + 3 → 5)
   ⊙ 가승작용 : 무독성물질이 독성물질과 동시에 작용하여 그 영향력이 커지는 경우 (예 0 + 3 → 5)
   ⊙ 상승작용 : 두 물질을 동시에 투여할 때 각각의 독성의 합보다 훨씬 큰 독성이 되는 작용 (예 2 + 3 → 10)
   ⊙ 길항작용(상쇄작용) : 두 물질을 동시에 투여할 때 서로 독성을 방해하여 독성물질로 인한 영향이 단독 물질일 때보다 작아지는 경우 (예 2 + 3 → 4)

2 생체막 투과

1) 유해화학물질의 생체막 투과

유해화학물질의 흡수, 분포, 대사, 배설작용이 행해지려면 유해화학물질이 생체막을 투과하여야 한다. 화학물질이 혈장단백질과 결합하면 모세혈관을 통과하지 못하고 유리상태의 화학물질만 모세혈관을 통과하여 각 조직세포로 들어갈 수 있다.

2) 투과에 미치는 영향인자

① 유해화학물질의 크기와 형태
② 유해화학물질의 용해성
③ 유해화학물질의 이온화의 정도
④ 유해화학물질의 지방용해성

3) 촉진확산(생체막 투과방법)

① 운반체의 확산성을 이용하여 생체막을 통과하는 방법으로, 운반체는 대부분 단백질로 되어 있다.
② 운반체의 수가 가장 많을 때 통과속도는 최대가 되지만 유사한 대상물질이 많이 존재하면 운반체의 결합에 경합하게 되어 투과속도가 선택적으로 억제된다.
③ 일반적으로 필수영양소가 이 방법에 의하지만, 필수영양소와 유사한 화학물질이 통과하여 독성이 나타나게 된다.

3 흡수경로

1) 호흡기를 통한 흡수
① 대부분이 호흡기를 통해 흡수
② **가장 활성적인 부위** : 폐 부위(모세기관지, 폐꽈리)
③ **가장 비활성적인 부위** : 기도
④ 비인두부위에서 흡수는 거의 일어나지 않고, 기관 및 기관지부위로 유입된다.

2) 소화기를 통한 흡수

3) 피부접촉에 의한 흡수

4 방어기전과 침착

1) 방어기전
① 폐의 대식세포들은 폐꽈리의 표면에 존재하지만 한 자리에 고정되어 있지 않으며 폐꽈리 벽의 일부도 아니다.
② 대식세포들은 미생물을 포식하고 죽이는 것처럼 미립자들을 포식할 수 있다. 몇 몇 불용성 물질들은 이러한 폐 대식세포들에 의해 포식되어 임파선을 통해 제거된다.

2) 침착 및 체내분산
① 제거되지 못한 물질들은 폐꽈리 내에 무기한으로 잔류하기도 한다.
② 지용성물질은 다양한 장기의 세포막을 통하거나 지방 속에 용해되어 체내에 분산될 수 있다.
③ 흡수되지 못한 이물질은 호흡기 내에서 심각한 독성반응들을 야기할 수 있다.

UNIT 03 생물학적 모니터링

1 정의와 목적

1) 정의
생물학적 모니터링은 내재용량을 생물학적 검체로 측정하는 것으로, 근로자의 유해물질에 대한 노출정도를 소변, 호기, 혈액 중에서 그 물질이나 대사산물을 측정함으로써 노출정도를 추정하는 방법을 말한다.

2) 목적
① 근로자 노출평가와 건강상의 영향평가 두 가지 목적으로 모두 사용될 수 있다.
② 생물학적 검체의 측정을 통해서 노출의 정도나 건강위험을 평가하는 것이다.
③ 최근의 노출량이나 과거로부터 축적된 노출량을 간접적으로 파악한다.
④ 유해물질에 노출된 근로자 개인에 대해 모든 인체침입경로, 근로시간에 따른 노출량 등 정보를 제공하는 데 있다.
⑤ 개인위생보호구의 효율성 평가 및 기술적 대책, 위생관리에 대한 평가에 이용한다.
⑥ 근로자 보호를 위한 모든 개선 대책을 적절히 평가한다.

2 검사 방법의 분류

1) 개인시료 측정
"작업위생측정 및 평가" 파트 참고

2) 생물학적 모니터링
근로자의 노출평가와 건강상의 영향평가 두 가지 목적으로 모두 사용할 수 있다.

3) 건강감시
① 유해물질에 노출된 근로자를 주기적으로 의학, 생리학적 검사를 실시하여 평가하는 방법을 사용한다.
② 생물학적 모니터링이 건강에 악영향을 미치는 노출상태를 알기 위한 방법이라면 건강감시는 근로자의 건강한 상태를 평가하고 건강상의 악영향에 대한 초기 증상을 각 근로자에 따라 규명하는 데 목적이 있다.

3 체내 노출량(내재용량)

1) 체내 노출량은 최근에 흡수된 화학물질의 양을 나타낸다.
2) 여러 신체 부분이나 몸 전체에 저장된 화학물질의 양

3) 화학물질의 건강상 영향을 나타내는 체내 주요 조직이나 부위의 작용과 결합한 화학물질의 양을 의미한다.

식 안전흡수량(SHD) : 인간에게 안전하다고 여겨지는 양

식 $SHD \times 체중 = C \times T \times V \times R$

- SHD(mg/kg) : 안전흡수량   • C : 유해물질 농도   • T : 노출시간   • V : 폐환기율(호흡률)   • R : 체내잔류율

4 노출과 영향에 대한 모니터링의 비교

1) 화학물질의 노출에 대한 대사산물(측정대상물질)과 시료채취시기

화학물질	대사산물(측정대상물질)	시료채취시기	암기법
납	혈액 중 납	중요치 않음	
	요 중 납		
카드뮴	요 중 카드뮴	중요치 않음	
	혈액 중 카드뮴		
일산화탄소	호기에서 일산화탄소	작업 종료 시	일산 칼국수
	혈액 중 carboxyhemoglobin		
벤젠	요 중 총 페놀	작업 종료 시	벤 페뮤스(S)
	요 중 t,t-뮤코닉산		
	요 중 S-페닐머캅토산		
에틸벤젠	요 중 만델린산	작업 종료 시	에스만세(만페)
스티렌	요 중 페닐글리옥실산		
아세톤	요 중 아세톤	작업 종료 시	
톨루엔	혈액 / 호기에서 톨루엔	작업 종료 시	톨 오(O)
	요 중 O-크레졸		
크실렌	요 중 메틸마뇨산	작업 종료 시	크레페 메우 마시따
페놀			
니트로벤젠	요 중 p-nitrophenol	작업 종료 시	
트리클로로에틸렌	요 중 트리클로초산(삼염화초산)	주말작업 종료 시	클로초산
테트라클로로에틸렌			
트리클로로에탄			
사염화에틸렌	요 중 트리클로초산(삼염화초산)	주말작업 종료 시	
	요 중 삼염화에탄올		
이황화탄소	요 중 TTCA		E.T
	요 중 이황화탄소		
노말헥산	요 중 2,5-hexanedione	작업 종료 시	노 25
(n-헥산)	요 중 n-헥산		
메탄올	요 중 메탄올		
	혈액 중 메탄올		
클로로벤젠	요 중 총 4-chlorocatechol	작업 종료 시	
	요 중 총 p-chlorophenol		

크롬(수용성 흄)	요 중 총 크롬	주말작업 종료 시 주간작업 중	
N,N-디메틸포름아미드	요 중 N-메틸포름아미드	작업 종료 시	
methyl n-butyl keton	요 중 2,5-hexanedione		

2) 화학물질의 영향에 대한 생물학적 모니터링 대상

① **납** : 적혈구에서 ZPP
② **카드뮴** : 요에서 저분자량 단백질
③ **일산화탄소** : 혈액에서 카르복시헤모글로빈
④ **니트로벤젠** : 혈액에서 메타헤모글로빈

> 💡 **생물학적 영향**
> - 기능적인 용량의 손상
> - 추가적인 스트레스에 보상하는 능력이 떨어짐

5 생물학적 노출지수(BEI)

1) 정의 및 개요

① 혈액, 소변, 호기, 모발 등 생체시료로부터 유해물질 그 자체 또는 유해물질의 대사산물 및 생화학적 변화를 반영하는 시표물질을 말하며 유해물질의 대사산물, 유해물질 자체 및 생화학적 변화 등을 총칭한다.
② 근로자의 전반적인 노출량을 평가하는 데 이에 대한 기준으로 BEI를 사용한다.
③ 작업장의 공기 중 허용농도에 의존하는 것 이외에 근로자의 노출상태를 측정하는 방법으로 근로자들의 조직과 체액 또는 호기를 검사해서 건강장애를 일으키는 일이 없이 노출될 수 있는 양이 BEI이다.

2) 주의점

① 생물학적 감시기준으로 사용되는 노출기준이며 산업위생 분야에서 전반적인 건강장애 위험을 평가하는 지침으로 이용된다.
② 노출에 대한 생물학적 모니터링 기준값이다.
③ BEI는 일주일에 5일, 1일 8시간 작업을 기준으로 특정 유해인자에 대하여 작업환경기준치에 해당하는 농도에 노출되었을 때의 생물학적 지표물질의 농도를 말한다.
④ BEI는 위험하거나 그렇지 않은 노출 사이에 명확한 구별을 해주는 것은 아니다.
⑤ BEI는 환경오염(대기, 수질, 식품오염)에 대한 비직업적 노출에 대한 안전수준을 결정하는 데 이용해서는 안된다.

3) 특성

① 생물학적 폭로지표는 작업의 강도, 기온과 습도, 개인의 생활태도에 따라 차이가 있을 수 있다.
② 혈액, 뇨, 모발, 손톱, 생체조직, 호기 또는 체액 중 유해물질의 양을 측정, 조사한다.
③ 산업위생 분야에서 현 환경이 잠재적으로 갖고 있는 건강장애 위험을 결정하는 데에 지침으로 이용된다.
④ 첫 번째 접촉하는 부위에 독성영향을 나타내는 물질이나 흡수가 잘 되지 않은 물질에 대한 노출평가에는 바람직하지 못하다. 즉 흡수가 잘 되고 전신적 영향을 나타내는 화학물질에 적용하는 것이 바람직하다.
⑤ 혈액에서 휘발성 물질의 생물학적 노출지수는 정맥 중의 농도를 말한다.
⑥ BEI는 유해물의 전반적인 폭로량을 추정할 수 있다.

4) 생물학적 결정인자 선택기준 시 고려사항

① 결정인자가 충분히 특이적이어야 한다.
② 적절한 민감도를 지니고 있어야 한다.
③ 검사에 대한 분석과 생물학적 변이가 적어야 한다.
④ 검사 시 근로자에게 불편을 주지 않아야 한다.
⑤ 생물학적 검사 중 건강위험을 평가하기 위한 유용성 측면을 고려한다.

6 생체 시료 채취 및 분석방법

1) **체액의 화학물질 또는 그 대사산물** : 호기, 혈액, 소변, 지방, 침, 모발에서의 화학물질 또는 그 대사산물
2) **건강상의 영향을 초래하지 않은 부위나 조직** : 내재용량을 정량하는 방법으로 실제 악영향을 초래하지 않은 부위에서 생물학적 영향을 평가하는 방법
3) **표적조직에 작용하는 활성 화학물질의 양** : 화학물질이 영향을 미치는 인체의 조직에서 화학물질의 양을 직접 정량하는 방법

7 생물학적 모니터링의 장단점과 고려사항

1) 생물학적 모니터링의 장단점

장점	단점
1. 공기 중의 농도를 측정하는 것보다 건강상의 위험을 보다 직접적으로 평가할 수 있다. 2. 모든 노출 경로(소화기, 호흡기, 피부 등)에 의한 종합적인 노출을 평가할 수 있다. 3. 개인시료보다 건강상의 악영향을 보다 직접적으로 평가할 수 있다. 4. 건강상의 위험에 대하여 보다 정확한 평가를 할 수 있다. 5. 인체 내 흡수된 내재용량이나 중요한 조직부위에 영향을 미치는 양을 모니터링할 수 있다.	1. 시료채취가 어렵다. 2. 유기시료의 특이성이 존재하고 복잡하다. 3. 각 근로자의 생물학적 차이가 나타날 수 있다. 4. 분석의 어려움 및 분석 시 오염에 노출될 수 있다. 5. 단지 생물학적 변수로만 추정을 하기 때문에 허용기준을 검증하거나 직업성 질환을 진단하는 수단으로 이용할 수 없다.

2) 생물학적 모니터링의 특성

① 작업자의 생물학적 시료에서 화학물질의 노출을 추정하는 것을 말한다.
② 자극성 물질은 생물학적 모니터링을 하기 어렵다.
③ 생체시료가 너무 복잡하고 쉽게 변질되기 때문에 시료의 분석과 취급이 작업환경측정보다 어렵다.
④ 건강상의 영향과 생물학적 변수와 상관성이 있는 물질이 많지 않아 작업환경측정에서 설정한 허용기준보다 훨씬 적은 기준을 가지고 있다.
⑤ 개인의 작업특성, 습관 등에 따른 노출의 차이도 평가할 수 있다.
⑥ 생물학적 시료는 그 구성이 복잡하고 특이성이 없는 경우가 많아 BEI와 건강상의 영향과 상관이 없는 경우가 많다.

3) 고려사항

① **시료채취시간**
  ㉠ 반감기에 따라서 채취시점이 고려되어야 한다.
  ㉡ 반감기가 긴 물질의 경우 노출 전에 기본적인 내재용량을 평가하는 것이 바람직하다.
  ㉢ 반감기가 짧은 물질일수록 시료채취 시기가 중요하다.
  ※ 반감기 : 물질의 50%가 분해되는데 걸리는 시간

② **분석적인 측면**
  ㉠ 생물학적 검체가 시료의 저장, 운송 과정에서 충분히 안정되어야 한다.
  ㉡ 생물학적 모니터링 전 여러 변수에 대한 예비실험이 필요하다.
  ㉢ 분석자는 검정되고 표준화된 분석방법을 이용하여 분석한다.

③ **도덕적인 측면**
  ㉠ 건강상의 위험이 전혀 없어야 한다.
  ㉡ 실시 전 근로자에게 미리 내용을 알려주고, 개개인의 결과는 비밀로 한다.

UNIT 04 직업역학

1 개요

① 역학이란 인간집단 내에 발생하는 모든 생리적 상태와 이상상태의 빈도와 분포를 기술하고 이들 빈도와 분포를 결정하는 요인들의 원인적 연관성 여부를 근거로 그 발생원인을 밝혀냄으로써 효율적인 예방법을 개발하는 학문이다.
② 직업역학은 유해환경에 노출 시 노출된 집단 내에서의 어떠한 질병의 빈도와 분포에 미치는 영향을 연구하는 역학의 한 분야이다.

2 직업역학 연구에서 원인과 결과의 연관성을 확정짓기 위한 충족조건(hill의 인과관계 판정기준)

① 연관성의 강도(관련성의 강도)
② 관련성의 일관성
③ 특이성(요인과 질병이 1:1로 특이적으로 발생)
④ 시간적 속발성(시간적 선후관계)
⑤ 양-반응 관계
⑥ 생물학적 타당성
⑦ 일치성, 일정성(기존 학설, 지식과의 일치)
⑧ 유사성(다른 인과관계와의 유사성)
⑨ 실험에 의한 증명

3 역학적 측정방법

1) 코호트 연구

① **정의** : 특정 요인에 노출된 집단과 그렇지 않은 집단을 추적 관찰하여 특정 요인과 질병과의 연관성을 밝히는 연구
② **전향적 코호트** : 코호트가 정의된 시점에서 노출에 대한 자료를 새로 수집
③ **후향적 코호트** : 이미 작성되어 있는 자료를 이용하는 경우

2) 환자군, 대조군의 정의

① **환자군** : 어떤 특정질환이나 문제를 가진 집단을 환자군이라 한다.
② **대조군** : 질환이나 문제를 일으키지 않은 집단을 대조군 또는 정상군이라 한다.

3) 인구집단의 선정

① 동적 인구집단
② 고정된 인구집단

4) 발생률

① **정의** : 특정 기간 위험에 노출된 인구 중 새로 발생한 사례수로 어떤 질병에 대한 위험성의 척도로 이용된다. (조사 시점 이전에 이미 직업병에 걸린 사람은 제외)
② 관련식

$$\text{발생률} = \frac{\text{일정 기간 위험에 노출된 인구 중 새로 발생한 환자수}}{\text{일정 기간 위험에 노출된 인구}} \times \text{단위인구}$$

5) 유병률

① 정의 : 어떤 특정 시점에서 연구집단 내에 존재한 사례의 비례적인 분율이다. 즉, 어느 시점에 해당 집단의 근로자 중에서 직업병이 있는 사람의 수적 비율로 위험성을 직접적으로 설명하기는 어렵다. (조사 시점 이전에 이미 직업병에 걸린 사람도 포함)

$$\text{식} \quad 유병률 = 이환된\ 환자의\ 수 / 인구의\ 크기$$

6) 위험도

① **상대위험도(상대위험비, 비교위험도)** : 비노출군에 비해 노출군에서 얼마나 질병에 걸릴 위험도가 큰 가를 나타낸다.

$$\text{식} \quad 상대위험도 = \frac{노출군에서\ 질병발생률}{비노출군에서\ 질병발생률}$$

- 상대위험도 = 1인 경우 노출과 질병 사이의 연관성 없음을 의미
- 상대위험도 > 1인 경우 위험의 증가를 의미
- 상대위험도 < 1인 경우 질병에 대한 방어효과가 있음을 의미

② **기여위험도(귀속위험도)** : 어떤 유해요인에 노출될 때 얼마만큼의 환자수가 증가되는지를 설명해주는 위험도이다.

$$\text{식} \quad 기여위험도 = 노출군에서의\ 질병발생률 - 비노출군에서의\ 질병발생률$$

$$\text{식} \quad 기여분율 = \frac{노출군에서의\ 질병발생률 - 비노출군에서의\ 질병발생률}{노출군에서의\ 질병발생률}$$

③ **교차비** : 특성을 지닌 사람들의 수와 특성을 지니지 않은 사람들의 수와의 비를 말한다.

$$\text{식} \quad 교차비 = \frac{환자군에서의\ 노출\ 대응비}{대조군에서의\ 노출\ 대응비}$$

- 교차비 = 1인 경우 요인과 질병 사이의 관계가 없음을 의미
- 교차비 > 1인 경우 요인에의 노출이 질병발생을 증가 의미
- 교차비 < 1인 경우 요인에의 노출이 질병발생을 방어 의미

7) 표준사망비(SMR)

어떠한 작업인원의 사망률을 일반집단의 사망률과 산업의학적으로 비교하는 비를 말한다.

$$\text{식} \quad SMR = \frac{작업장에서의\ 사망률}{일반인구의\ 사망률}$$

8) 노출인년
조사근로자를 1년 동안 관찰한 수치로 조사 대상자의 노출을 1년 기준으로 환산한 값이다.

4 역학연구의 설계와 종류

1) 기술역학
① **정의** : 있는 그대로 상황을 파악하여 기술하는 것이다.
② **활용** : 사실상황을 파악하여 이에 근거하여 새로운 가설을 유도하는 데 이용한다.

2) 분석역학
① **정의** : 분석역학은 질병발생과 관련 요인과의 원인성을 규명하고자 수행하는 기술이다.
② **분석역학 종류**
  ㉠ 단면연구
  ㉡ 환자-대조군 연구
  ㉢ 코호트 연구
  ㉣ 개입연구

5 신뢰도에 영향을 미치는 요인

1) 신뢰도
① 어떤 정해진 행동 또는 기능상의 예측 패턴이 실제 활동 시 어느 정도 최초설정(노출시간 등)한 것에 일치하는가, 어떤가 하는 정도의 수행확률을 말한다.
② 신뢰도는 측정결과가 얼마나 일정성을 유지하는지를 평가하는 반복성 또는 재현성을 의미하며 무작위 오류가 관계되는 정밀도와 같은 뜻이다.
③ 정확도는 실험결과의 정확성을 나타내며 절대오차나 상대오차로 나타낼 수 있다.

2) 계통적 오류, 무작위 오류
① **개요** : 역학연구 결과는 계통적 오류, 무작위 오류에 의해 영향을 받는다.
② **계통적 오류**
  ㉠ 편견으로부터 나타난다.
  ㉡ 표본수를 증가시키더라도 오류를 감소, 제거시킬 수 없다.
  ㉢ 연구를 반복하더라도 똑같은 결과의 오류를 가져오게 된다.
  ㉣ 종류
    • 측정자의 편견
    • 측정기기의 문제점
    • 정보의 오류

③ 무작위 오류
  ㉠ 측정방법의 부정확성 때문에 발생되는 오류
  ㉡ 결과의 정밀성을 떨어뜨린다.
  ㉢ 대책 표본수를 증가시킴으로써 무작위 변위를 감소시킬 수 있다.

3) 내적타당성

① **선택편견** : 유해인자에 대한 노출과 비노출된 그룹의 설정 시 잘못된 설정을 말한다.
② **정보편견** : 잘못된 정보에 의한 편견이다.
③ **혼란편견** : 원인과 결과 사이의 관계를 혼란시키는 변수로 인한 편견이다.
④ **관찰편견** : 동일하지 않은 방법이나 검증되지 않은 측정방법으로 자료를 수집하거나 해석할 때 나타나는 편견이다.

4) 외적타당성

어떤 특별한 조건에서 얻은 연구결과를 전체집단에 일반화시킬 때 고려되는 문제(통계적 대표성)이다.

5) 측정타당도

① **개요**
  ㉠ 역학연구의 측정정확도의 결과를 해석할 때 측정타당도는 매우 중요하다.
  ㉡ 측정 시에는 측정방법의 민감도, 특이도, 예측도가 관계된다.

② **민감도** : 노출을 측정 시 실제로 노출된 사람이 이 측정방법에 의하여 '노출된 것'으로 나타날 확률

$$\text{식}\ \ \text{민감도} = \frac{\text{실제값 양성자수}}{\text{실제값 총 양성자수}} = \frac{A}{A+C}$$

③ **특이도** : 노출을 측정 시 실제로 노출되지 않은 사람이 이 측정방법에 의하여 '노출되지 않은 것'으로 나타날 확률

$$\text{식}\ \ \text{특이도} = \frac{\text{실제값 음성자수}}{\text{실제값 총 음성자수}} = \frac{D}{B+D}$$

구분		실제값		합계
		양성	음성	
검사법	양성	A	B	A+B
	음성	C	D	C+D
합계		A+C	B+D	

④ **예측도** : 검사결과가 양성 및 음성으로 나올 경우 실제 환자수를 얼마나 반영할 것인지를 나타내는 확률을 의미한다.

기출문제로 다지기 — CHAPTER 04 인체구조 및 대사

01. 작업장의 유해물질을 공기 중 허용농도에 의존하는 것 이외에 근로자의 노출상태를 측정하는 방법으로, 근로자들의 조직과 체액 또는 호기를 검사해서 건강장애를 일으키는 일이 없이 노출될 수 있는 양을 규정한 것은?

① LD
② SHD
③ BEI
④ STEL

02. 생물학적 모니터링에 대한 설명으로 틀린 것은?

① 피부, 소화기계를 통한 유해인자의 종합적인 흡수 정도를 평가할 수 있다.
② 생물학적 시료를 분석하는 것은 작업 환경 측정보다 훨씬 복잡하고 취급이 어렵다.
③ 건강상의 영향과 생물학적 변수와 상관성이 높아 공기 중의 노출기준(TLV)보다 훨씬 많은 생물학적 노출지수(BEI)가 있다.
④ 근로자의 유해인자에 대한 노출 정도를 소변, 호기, 혈액 중에서 그 물질이나 대사산물을 측정함으로써 노출 정도를 추정하는 방법을 의미한다.

[해설] 건강상의 영향과 생물학적 변수와 상관성이 높은 물질이 적어 공기 중의 노출기준(TLV)보다 훨씬 적은 생물학적 노출지수(BEI)가 있다.

03. 독성물질 간의 상호작용을 잘못 표현한 것은? (단, 숫자는 독성값을 표현한 것이다.)

① 길항작용 : 3+3=0
② 상승작용 : 3+3=5
③ 상가작용 : 3+3=6
④ 가승작용 : 3+0=10

[해설] 상승작용은 독성물질의 독성의 크기가 물질별 독성의 크기를 합한 것 보다 더 커질 때를 의미한다.

04. Haber의 법칙을 가장 잘 설명한 공식은? (단, K는 유해지수, C는 농도, t는 시간이다.)

① $K = C \div t$
② $K = C \times t$
③ $K = t \div C$
④ $K = C^2 \times t$

05. 유해물질과 생물학적 노출지표 물질이 잘못 연결된 것은?

① 납 - 소변 중 납
② 페놀 - 소변 중 총 페놀
③ 크실렌 - 소변 중 메틸마뇨산
④ 일산화탄소 - 소변 중 Carboxyhemoglobin

[해설] 일산화탄소 - 혈액 중 Carboxyhemoglobin

06. 페노바비탈은 디란틴을 비활성화시키는 효소를 유도함으로써 급·만성의 독성이 감소될 수 있다. 이러한 상호작용을 무엇이라고 하는가?

① 상가작용
② 부가작용
③ 단독작용
④ 길항작용

07. 생물학적 모니터링(Biological Monitoring)에 관한 설명으로 틀린 것은?

① 근로자 채용 후 검사 시기를 조정하기 위하여 실시한다.
② 건강에 영향을 미치는 바람직하지 않은 노출상태를 파악하는 것이다.
③ 최근의 노출량이나 과거로부터 축적된 노출량을 간접적으로 파악한다.
④ 건강상의 위험은 생물학적 검체에서 물질별 결정인자를 생물학적 노출지수와 비교하여 평가된다.

정답 01. ③ 02. ③ 03. ② 04. ② 05. ④ 06. ④ 07. ①

해설 생물학적 모니터링은 작업으로 인한 노출을 알아보기 위해 작업자의 화학물질 노출을 생물학적 인자를 통하여 평가하는 것이다.

08. 표와 같은 크롬중독을 스크린하는 검사법을 개발하였다면 이 검사법의 특이도는 얼마인가?

구분		크롬중독진단		합계
		양성	음성	
검사법	양성	15	9	21
	음성	9	21	30
합계		21	30	54

① 68% ② 69%
③ 70% ④ 71%

해설 식 특이도(%)
$= \dfrac{\text{실제값 음성}}{\text{실제값 음성의 합}} = \dfrac{21}{9+21} \times 100(\%) = 70\%$

09. 동물실험에서 구해진 역치량을 사람에게 외삽하여 "사람에게 안전한 양"으로 추정한 것을 SHD(Safe Human Dose)라고 하는데 SHD계산에 활용되지 않는 항목은?

① 배설률   ② 노출시간
③ 호흡률   ④ 폐흡수비율

해설 SHD 계산에는 노출시간, 호흡률, 폐흡수비율, 유해물질농도가 포함된다.
식 $SHD = C \times T \times V \times R$

10. 동물을 대상으로 양을 투여했을 때 독성을 초래하지 않지만 대상의 50%가 관찰 가능한 가역적인 반응이 나타나는 작용량을 무엇이라 하는가?

① ED_{50} ② LC_{50}
③ LD_{50} ④ TD_{50}

해설 ② LC_{50} : 대상동물의 50%가 치사하는 농도
③ LD_{50} : 대상동물의 50%가 치사하는 용량
④ TD_{50} : 대상동물의 50%가 독성을 나타내는 용량

11. 산업위생관리에서 사용되는 용어의 설명으로 틀린 것은?

① STEL은 단시간노출기준을 의미한다.
② LEL은 생물학적 허용기준을 의미한다.
③ TLV는 유해물질의 허용농도를 의미한다.
④ TWA는 시간가중평균노출기준을 의미한다.

해설 LEL은 폭발 하한 농도를 의미한다.

12. Methyl N-Butyl Ketone에 노출된 근로자의 소변 중 배설량으로 생물학적 노출지표에 이용되는 물질은?

① Quinol   ② Phenol
③ 2, 5-Hexanedione   ④ 8-Hydroxy Quinone

13. 작업장 유해인자의 위해도 평가를 위해 고려하여야 할 요인과 거리가 먼 것은?

① 공산석 분포   ② 조직적 특성
③ 평가의 합리성   ④ 시간적 빈도와 기간

해설 [위해도 평가 시 고려요인]
- 시간적 빈도와 시간
- 공간적 분포
- 노출대상의 특성
- 조직적 특성
- 유해인자가 가지고 있는 위해성
- 노출상태
- 다른 물질과 복합노출

정답 08. ② 09. ② 10. ② 11. ② 12. ② 13. ②

14. 생물학적 모니터링을 위한 시료채취시간에 제한이 없는 것은?

① 소변 중 아세톤　② 소변 중 카드뮴
③ 소변 중 일산화탄소　④ 소변 중 총 크롬(6가)

해설 중금속류 분해속도가 느려 시료채취기간에 구애를 받지 않는다.

15. 납의 독성에 대한 인체실험 결과, 안전흡수량이 체중 kg 당 0.005mg이었다. 1일 8시간 작업시의 허용농도(mg/m³)는? (단, 근로자의 평균 체중은 70kg, 해당 작업시의 폐환기율은 시간당 1.25m³으로 가정한다.)

① 0.030　② 0.035
③ 0.040　④ 0.045

해설 식 $SHD = C \times T \times V \times R \rightarrow C = \dfrac{SHD}{T \times V \times R}$

$\therefore C = \dfrac{0.005(\text{mg/kg}) \times 70\text{kg}}{8\text{hr} \times 1.25(\text{m}^3/\text{hr}) \times 1.0} = 0.035 \text{mg/m}^3$

16. 공기 중 일산화탄소 농도가 10mg/m³인 작업장에서 1일 8시간 동안 작업하는 근로자가 흡입하는 일산화탄소의 양은 몇 mg인가? (단, 근로자의 시간당 평균 흡기량은 1,250L이다.)

① 10　② 50
③ 100　④ 500

해설 $X\text{mg} = \dfrac{10\text{mg}}{\text{m}^3} \times \dfrac{1{,}250\text{L}}{\text{hr}} \times 8\text{hr} \times \dfrac{1\text{m}^3}{10^3\text{L}} = 100\text{mg}$

17. 다음 중 전향적 코호트 역학연구와 후향적 코호트 역학연구의 가장 큰 차이점은?

① 질병 종류
② 유해인자 종류
③ 질병 발생률
④ 연구개시 시점과 기간

해설 • 전향적 코호트 : 코호트가 정의된 시점에서 노출에 대한 자료를 새로 수집
• 후향적 코호트 : 이미 작성되어 있는 자료를 이용하는 경우

18. 화학물질의 상호작용인 길항작용 중 배분적 길항작용에 대하여 가장 적절히 설명한 것은?

① 두 물질이 생체에서 서로 반대되는 생리적 기능을 갖는 관계로 동시에 투여한 경우 독성이 상쇄 또는 감소되는 경우
② 두 물질을 동시에 투과하였을 때 상호반응에 의하여 독성이 감소되는 경우
③ 독성 물질의 생체과정인 흡수, 분포, 생전환, 배설 등의 변화를 일으켜 독성이 낮아지는 경우
④ 두 물질이 생체 내에서 같은 수용체에 결합하는 관계로 동시 투여시 경쟁관계로 인하여 독성이 감소되는 경우

19. 다음 중 유해인자의 노출에 대한 생물학적 모니터링을 하는 방법과 가장 거리가 먼 것은?

① 유해인자의 공기 중 농도 측정
② 표적분자에 실제 활성인 화학물질에 대한 측정
③ 건강상 악영향을 초래하지 않는 내재용량의 측정
④ 근로자의 체액에서 화학물질이나 대사산물의 측정

해설 유해인자의 공기 중 농도 측정은 개인시료를 의미한다.

정답　14. ②　15. ②　16. ③　17. ④　18. ③　19. ①

20. 소변 중 화학물질 A의 농도는 28mg/mL, 단위시간(분)당 배설되는 소변의 부피는 1.5mL/min, 혈장 중 화학물질 A의 농도가 0.2mg/mL라면 단위시간(분)당 화학물질 A의 제거율(mL/min)은 얼마인가?

① 120　　② 180
③ 210　　④ 250

해설 $XmL/min = \dfrac{28mg/L}{0.2mg/L} \times 1.5mL/min$
$= 210mL/min$

21. 다음 중 독성물질의 생체내 변환에 관한 설명으로 틀린 것은?

① 생체 내 변환은 독성물질이나 약물의 제거에 대한 첫 번째 기전이며, 1상 반응과 2상 반응으로 구분된다.
② 1상 반응은 산화, 환원, 가수분해 등의 과정을 통해 이루어진다.
③ 2상 반응은 1상 반응이 불가능한 물질에 대한 추가적 축합반응이다.
④ 생체변환의 기전은 기존의 화합물보다 인체에서 제거하기 쉬운 대사물질로 변화시키는 것이다.

해설 2상 반응은 1상 반응을 거친 물질을 더욱 수용성으로 만드는 포합반응이다.
※ 포합반응 : 유해물질이 다른 물질과 결합하는 일. 해독 작용 중 하나

22. 다음 중 내재용량에 대한 개념으로 틀린 것은?

① 개인시료 채취량과 동일하다.
② 최근에 흡수된 화학물질의 양을 나타낸다.
③ 과거 수개월 동안 흡수된 화학물질의 양을 의미한다.
④ 체내 주요 조직이나 부위의 작용과 결합한 화학물질의 양을 의미한다.

해설 생물학적 모니터링 채취량과 동일하다.

23. 어떤 물질의 독성에 관한 인체실험 결과 안전 흡수량이 체중 kg당 0.1mg이었다. 체중이 50kg인 근로자가 1일 8시간 작업할 경우 이 물질의 체내 흡수를 안전 흡수량 이하로 유지하려면 공기 중 농도를 몇 mg/m³ 이하로 하여야 하는가? (단, 작업 시 폐환기율은 1.25ma/h, 체내 잔류율은 1.0으로 한다.)

① 0.5　　② 1.0
③ 1.5　　④ 2.0

정답 ①

해설 식 안전농도 $= \dfrac{안전흡수량(mg)}{폐환기량(m^3)}$

• 안전흡수량 $= \dfrac{0.1mg}{kg} \times 50kg \times 1 = 5mg$

• 폐환기량 $= \dfrac{1.25m^3}{hr} \times 8hr = 10m^3$

∴ 안전농도 $= \dfrac{5mg}{10m^3} = 0.5mg/m^3$

24. 다음 중 유해물질과 생물학적 노출지표의 연결이 잘못된 것은?

① 벤젠 – 소변 중 페놀
② 톨루엔 – 소변 중 마뇨산
③ 크실렌 – 소변 중 카테콜
④ 스티렌 – 소변 중 만델린산

해설 크실렌 – 소변 중 메틸마뇨산

정답 20. ③　21. ③　22. ①　23. ①　24. ③

25. 다음 중 사업장 역학연구의 신뢰도에 영향을 미치는 계통적 오류에 대한 설명으로 틀린 것은?

① 편견으로부터 나타난다.
② 표본수를 증가시킴으로써 오류를 제거할 수 있다.
③ 연구를 반복하더라도 똑같은 결과의 오류를 가져오게 된다.
④ 측정자의 편견, 측정기기의 문제성, 정보의 오류 등이 해당된다.

해설 표본 수를 증가시켜도 오류를 감소, 제거시킬 수 없다.

26. 생물학적 모니터링은 노출에 대한 것과 영향에 대한 것으로 구분한다. 다음 중 노출에 대한 생물학적 모니터링에 해당하는 것은?

① 일산화탄소 – 호기 중 일산화탄소
② 카드뮴 – 소변 중 저분자량 단백질
③ 납 – 적혈구 ZPP(Zinc Protoporphyrin)
④ 납 – FEP(Free Erythrocyte Protoporphyrin)

해설 ①항을 제외한 나머지 항들은 영향에 대한 생물학적 모니터링이다.

27. 다음 중 산업독성에서 LD_{50}의 정확한 의미는?

① 실험동물의 50%가 살아남을 확률이다.
② 실험동물의 50%가 죽게 되는 양이다.
③ 실험동물의 50%가 죽게 되는 농도이다.
④ 실험동물의 50%가 살아남을 비율이다.

28. 다음 중 생물학적 모니터링의 방법에서 생물학적 결정인자로 보기 어려운 것은?

① 체액의 화학물질 또는 그 대사산물
② 표적조직에 작용하는 활성 화학물질의 양
③ 건강상의 영향을 초래하지 않는 부위나 조직
④ 처음으로 접촉하는 부위에 직접 독성영향을 야기하는 물질

해설 처음으로 접촉하는 부위에 직접 독성영향을 야기하는 물질처럼 자극성 물질은 흡수가 적고 반감기가 매우 짧아 생물학적 모니터링이 어렵다. 이럴 경우 개인시료에 의한 측정이 더 효과적이다.

29. 다음 중 스티렌에 노출되었음을 알려주는 요 중 대사산물은?

① 페놀   ② 마뇨산
③ 만델린산   ④ 메틸마뇨산

해설 스티렌 – 뇨 중 만델린산, 요 중 페닐글리옥실산
암기TIP 에스만페 (에틸벤젠, 스티렌 : 만델린산, 페닐글리옥실산)

30. 다음 중 생물학적 모니터링에 관한 설명으로 적절하지 않은 것은?

① 생물학적 모니터링은 작업자의 생물학적 시료에서 화학물질의 노출 정도를 추정하는 것을 말한다.
② 근로자 노출 평가와 건강상의 영향평가 두 가지 목적으로 모두 사용될 수 있다.
③ 내재용량은 최근에 흡수된 화학물질의 양을 말한다.
④ 내재용량은 여러 신체 부분이나 몸 전체에서 저장된 화학물질의 양을 말하는 것은 아니다.

해설 내재용량은 최근에 흡수되어 몸에 축적(저장)된 화학물질의 양을 말한다.

정답 25. ② 26. ① 27. ② 28. ④ 29. ③ 30. ④

31. 다음 [보기]는 노출에 대한 생물학적 모니터링에 관한 설명이다. [보기] 중 틀린 것으로만 조합된 것은?

> **보기**
> ㉠ 생물학적 검체인 호기, 소변, 혈액 등에서 결정인자를 측정하여 노출정도를 추정하는 방법이다.
> ㉡ 결정인자는 공기 중에서 흡수된 화학 물질이나 그것의 대사산물 또는 화학물질에 의해 생긴 비가역적인 생화학적 변화이다.
> ㉢ 공기 중의 농도를 측정하는 것이 개인의 건강위험을 보다 직접적으로 평가할 수 있다.
> ㉣ 목적은 화학물질에 대한 현재나 과거의 노출이 안전한 것인지를 확인하는 것이다.
> ㉤ 공기 중 노출기준이 설정된 화학물질의 수 만큼 생물학적 노출기준(BEI)이 있다.

① ㉠, ㉡, ㉢ ② ㉠, ㉢, ㉣
③ ㉡, ㉢, ㉤ ④ ㉡, ㉣, ㉤

오답해설
㉡ 결정인자는 공기 중에서 흡수된 화학 물질이나 그것의 대사산물 또는 화학물질에 의해 생긴 가역적인 생화학적 변화이다.
㉢ 공기 중의 농도를 측정하는 것보다 개인의 건강위험을 보다 직접적으로 평가할 수 있다.
㉤ 공기 중 노출기준이 설정된 화학물질의 수 만큼 생물학적 노출기준(BEI)이 있지 않다. BEI가 마련되어 있는 화학물질의 수는 매우 적다.

32. 유기용제 중독을 스크린하는 다음 검사법의 민감도(Sensitivity)는 얼마인가?

구분		실제값(질병)		합계
		양성	음성	
검사법	양성	15	25	40
	음성	5	15	20
합계		20	40	60

① 25.0% ② 37.5%
③ 62.5% ④ 75.0%

해설 **식** 민감도(%)
$= \dfrac{\text{실제값 양성}}{\text{실제값 양성의 합}} = \dfrac{15}{15+5} \times 100(\%) = 75\%$

33. 다음 중 유해인자에 노출된 집단에서의 질병발생률과 노출되지 않은 집단에서 질병발생률과의 비를 무엇이라 하는가?

① 교차비 ② 상대위험도
③ 발병비 ④ 기여위험도

해설 **식** 상대위험도 $= \dfrac{\text{노출군 발생률}}{\text{비노출군 발생률}}$

34. 다음 중 생물학적 노출지수(BEI)에 관한 설명으로 틀린 것은?

① 혈액에서 휘발성 물질의 생물학적 노출지수는 동맥 중 농도를 말한다.
② 유해물질의 대사산물, 유해물질 자체 및 생화학적 변화 등을 총칭한다.
③ 배출이 빠르고 반감기가 5분 이내의 물질에 대해서는 시료채취시기가 대단히 중요하다.
④ 시료는 소변, 호기 및 혈액 등이 주로 이용된다.

해설 혈액에서 휘발성 물질의 생물학적 노출지수는 정맥 중 농도를 말한다.

정답 31. ③ 32. ④ 33. ② 34. ①

기출문제로 굳히기 — CHAPTER 04 인체구조 및 대사

01. 벤젠 노출근로자의 생물학적 모니터링을 위하여 소변 시료를 확보하였다. 다음 중 분석해야 하는 대사산물로 맞는 것은?

① 마뇨산(hippuric acid)
② t,t-뮤코닉산(t,t-Muconic acid)
③ 메틸마뇨산(Methylhippuric acid)
④ 트리클로로아세트산(trichloroacetic acid)

[해설] 벤젠의 대사산물 : 요 중 총 페놀, 요 중 t,t-뮤코닉산

02. 다음 중 인체 순환기계에 대한 설명으로 틀린 것은?

① 인체의 각 구성세포에 영양소를 공급하며, 노폐물 등을 운반한다.
② 혈관계의 동맥은 심장에서 말초혈관으로 이동하는 원심성 혈관이다.
③ 림프관은 체내에서 들어온 감염성 미생물 및 이물질을 살균 또는 식균하는 역할을 한다.
④ 신체방어에 필요한 혈액응고효소 등을 손상 받은 부위로 수송한다.

[해설] ③항은 림프절에 대한 설명이다.
- 림프절 : 체내에 들어온 감염성 미생물 및 이물질을 살균 또는 식균하는 역할
- 림프관 : 모세혈관보다 크고 많은 구멍을 가짐, 조직액 내의 이물질 제거 역할을 한다.

03. 다음 중 실험동물을 대상으로 투여 시 독성을 초래하지는 않지만 관찰 가능한 가역적인 반응이 나타나는 양을 의미하는 용어는?

① 유효량(ED)   ② 치사량(LD)
③ 독성량(TD)   ④ 서한량(PD)

04. 다음 중 생물학적 모니터링에서 사용되는 약어의 의미가 틀린 것은?

① B - background, 직업적으로 노출되지 않은 근로자의 검체에서 동일한 결정인자가 검출될 수 있다는 의미
② Sc - susceptibiliy(감수성), 화학물질의 영향으로 감수성이 커질 수도 있다는 의미
③ Nq - nonqualitative, 결정인자가 동 화학물질에 노출되었다는 지표일 뿐이고 측정치를 정량적으로 해석하는 것은 곤란하다는 의미
④ Ns - nonspecific(비특이적), 특정 화학물질 노출에서 뿐만 아니라 다른 화학물질에 의해서도 이 결정인자가 나타날 수 있다는 의미

[해설] Nq - nonqualitative, 결정인자가 동 화학물질에 노출되었다는 지표일 뿐이고 측정치를 정성적으로 해석하는 것은 곤란하다는 의미

05. 근로자의 화학물질에 대한 노출을 평가하는 방법으로 가장 거리가 먼 것은?

① 개인시료 측정
② 생물학적 모니터링
③ 유해성확인 및 독성평가
④ 건강감시(Medical Surveillance)

[해설] 유해성확인 및 독성평가는 노출이 고려되지 않은 평가로 물질자체의 유해성을 평가하는 항목이다.

정답 01. ② 02. ③ 03. ① 04. ③ 05. ③

6 PART

부록

과년도 기출문제

01 2018 산업기사 1회
02 2018 산업기사 2회
03 2018 산업기사 3회
04 2020 산업기사 1,2회 통합
05 2020 산업기사 3회
06 2019 기사 1회
07 2019 기사 2회
08 2019 기사 3회
09 2020 기사 1,2회 통합
10 2020 기사 3회
11 2021 기사 1회
12 2021 기사 2회
13 2022 기사 1회
14 2022 기사 2회

알기 쉽게 풀어쓴 **산업위생관리(산업)기사** 3판

알기 쉽게 풀어쓴 산업위생관리(산업)기사 3판

문 제 편

01 2018 산업기사 1회
02 2018 산업기사 2회
03 2018 산업기사 3회
04 2020 산업기사 1,2회 통합
05 2020 산업기사 3회
06 2019 기사 1회
07 2019 기사 2회
08 2019 기사 3회
09 2020 기사 1,2회 통합
10 2020 기사 3회
11 2021 기사 1회
12 2021 기사 2회
13 2022 기사 1회
14 2022 기사 2회

2018년 산업위생관리산업기사 기출문제 1회

01. 착암기 또는 해머(Hammer) 같은 공구를 장기간 사용한 근로자에게 가장 유발되기 쉬운 국소진동에 의한 신체 증상은?

① 피부암 ② 소화 장애
③ 불면증 ④ 레이노드씨 현상

02. 산업위생전문가의 윤리강령 중 전문가로서의 책임과 가장 거리가 먼 것은?

① 학문적으로 최고수준을 유지한다.
② 이해관계가 상반되는 상황에는 개입하지 않는다.
③ 위험요인과 예방조치에 관하여 근로자와 상담한다.
④ 과학적 방법을 적용하고 자료해석에서 객관성을 유지한다.

03. 산업위생의 정의에 포함되지 않는 산업위생 전문가의 활동은?

① 지역 주민의 건강의식에 대하여 설문지로 조사한다.
② 지하상가 등에서 공기 시료 등을 채취하여 유해인자를 조사한다.
③ 지역주민의 혈액을 직접채취하고 생체시료 중의 중금속을 분석한다.
④ 특정 사업장에서 발생한 직업병의 사회적인 영향에 대하여 조사한다.

04. 고온다습한 작업환경에서 격심한 육체적 노동을 하거나 옥외에서 태양의 복사열을 두부에 직접적으로 받는 경우 체온조절 기능의 이상으로 발생하는 증상은?

① 열경련(heat cramp)
② 열사병(heat stroke)
③ 열피비(heat exhaustion)
④ 열쇠약(heat prostration)

05. 상온에서 음속은 약 344m/s이다. 주파수가 2kHz인 음의 파장은 얼마인가?

① 0.172m ② 1.72m
③ 17.2m ④ 172m

06. 노출기준 선정의 근거자료로 가장 거리가 먼 것은?

① 동물실험 자료
② 인체실험 자료
③ 산업장 역학조사 자료
④ 화학적 성질의 안정성

07. 작업대사율(RMR)=7로 격심한 작업을 하는 근로자의 실동율(%)은? (단, 사이또와 오시마의 식을 이용한다.)

① 20 ② 30
③ 40 ④ 50

08. 작업 자세는 피로 또는 작업능률과 관계가 깊다. 가장 바람직하지 않은 자세는?

① 작업 중 가능한 움직임을 고정한다.
② 작업대와 의자의 높이는 개인에게 적합하도록 조절한다.
③ 작업물체와 눈과의 거리는 약 30 ~ 40cm 정도 유지한다.
④ 작업에 주로 사용하는 팔의 높이는 심장 높이로 유지한다.

09. 한랭 작업을 피해야 하는 대상자로 가장 거리가 먼 사람은?

① 심장질환자　　② 고혈압 환자
③ 위장장애자　　④ 내분비 장애자

10. 미국산업위생전문가협의회(ACGIH)의 발암물질 구분 중 발암성 확인물질을 표시한 것은?

① A_1　　② A_2
③ A_3　　④ A_4

11. 미국국립산업안전보건연구원(NIOSH)에서 정하고 있는 중량물 취급 작업기준이 아닌 것은?

① 감시기준(Action limit : AL)
② 허용기준(Threshold limit values : TLV)
③ 권고기준(Recommended weight limit : RWL)
④ 최대허용기준(Maximum permissible limit : MPL)

12. 근육운동에 필요한 에너지를 생성하는 방법에는 혐기성 대사와 호기성 대사가 있다. 혐기성 대사의 에너지원이 아닌 것은?

① 지방　　② 크레아틴인산
③ 글리코겐　　④ 아데노신삼인산(ATP)

13. 산업안전보건법상 신규화학물질의 유해성, 위험성 조사에서 제외되는 화학물질이 아닌 것은?

① 원소
② 방사성물질
③ 일반 소비자의 생활용이 아닌 인공적으로 합성된 화학물질
④ 고용노동부장관이 환경부장관과 협의하여 고시하는 화학물질 목록에 기록되어 있는 물질

14. 피로한 근육에서 측정된 근전도(EMG)의 특성만을 맞게 나열한 것은?

① 저주파(0 ~ 40Hz)에서 힘의 감소, 총전압의 감소
② 저주파(0 ~ 40Hz)에서 힘의 증가, 평균주파수의 감소
③ 고주파(40 ~ 200Hz)에서 힘의 감소, 총전압의 감소
④ 고주파(40 ~ 200Hz)에서 힘의 증가, 평균주파수의 감소

15. 산업심리학(industrial psychology)의 주된 접근방법은 무엇인가?

① 인지적 접근방법 및 행동학적 접근방법
② 인지적 접근방법 및 생물학적 접근방법
③ 행동적 접근방법 및 정신분석적 접근방법
④ 생물학적 접근방법 및 정신분석적 접근방법

16. 한국의 산업위생역사에 대한 역사의 연혁으로 틀린 것은?

① 산업보건연구원 개원 - 1992년
② 수은중독으로 문송면군의 사망 - 1988년
③ 한국산업위생학회 창립 - 1990년
④ 산업위생관련 자격제도 도입 - 1981년

17. 산업안전보건법령상 보관하여야 할 서류와 그 보존기간이 잘못 연결된 것은?

① 건강진단 결과를 증명하는 서류 : 5년간
② 보건관리 업무 수탁에 관한 서류 : 3년간
③ 작업환경측정 결과를 기록한 서류 : 3년간
④ 발암성 확인물질을 취급하는 근로자에 대한 건강진단 결과의 서류 : 30년간

18. 노출기준(TLV)의 적용에 관한 설명으로 적절하지 않은 것은?

① 대기오염 평가 및 관리에 적용할 수 없다.
② 반드시 산업위생 전문가에 의하여 적용되어야 한다.
③ 독성의 강도를 비교할 수 있는 지표로 사용된다.
④ 기존의 질병이나 육체적 조건을 판단하기 위한 척도로 사용될 수 없다.

19. 자동차 부품을 생산하는 A공장에서 250명의 근로자가 1년 동안 작업하는 가운데 21건의 재해가 발생하였다면, 이 공장의 도수율은 약 얼마인가? (단, 1년에 300일, 1일에 8시간 근무하였다)

① 35　　② 36
③ 42　　④ 43

20. NOISH에서 권장하는 중량물 취급 작업시 감시기준(AL)이 20kg일 때, 최대허용기준(MPL)은 몇 kg인가?

① 25　　② 30
③ 40　　④ 60

21. 입자상물질의 크기를 표시하는 방법 중 어떤 입자가 동일한 종단침강속도를 가지며 밀도가 $1g/cm^3$인 가상적인 구형 직경을 무엇이라고 하는가?

① 페렛직경　　② 마틴직경
③ 질량중위직경　　④ 공기역학적 직경

22. 태양이 내리쬐지 않는 옥외 작업장에서 자연습구온도가 24℃이고 흑구온도가 26℃일 때, 작업환경의 습구흑구온도지수는?

① 21.6℃　　② 22.6℃
③ 23.6℃　　④ 24.6℃

23. 다음 중 기체크로마토그래피에서 주입한 시료를 분리관을 거쳐 검출기까지 운반하는 가스에 대한 설명과 가장 거리가 먼 것은?

① 운반가스는 주로 질소, 헬륨이 사용된다.
② 운반가스는 활성이며, 순수하고 습기가 조금 있어야 한다.
③ 가스를 기기에 연결시킬 때 누출부위가 없어야 한다.
④ 운반가사의 순도는 99.99% 이상의 순도를 유지해야 한다.

24. 주물공장에서 근로자에게 노출되는 호흡성 먼지를 측정한 결과(mg/m^3)가 다음과 같았다면 기하평균농도(mg/m^3)는?

2.5, 2.1, 3.1, 5.2, 7.2

① 3.6　　② 3.8
③ 4.0　　④ 4.2

25. 다음 중 불꽃방식의 원자흡광 분석장치의 일반적인 특징과 가장 거리가 먼 것은?

① 시료량이 많이 소요되며 감도가 낮다.
② 가격이 흑연로장치에 비하여 저렴하다.
③ 분석시간이 흑연로장치에 비하여 길게 소요된다.
④ 고체시료의 경우 전처리에 의하여 매트릭스를 제거하여야 한다.

26. 원자흡광 분석장치에서 단색광이 미지 시료를 통과할 때, 최초광의 80%가 흡수되었다면 흡광도는 약 얼마인가?

① 0.7 ② 0.8
③ 0.9 ④ 1.0

27. 500ml 용량의 뷰렛을 이용한 비누거품미터의 거품 통과시간을 3번 측정한 결과, 각각 10.5초, 10초, 9.5초 일 때, 이 개인시료포집기의 포집유량은 약 몇 L/분인가? (단, 기타 조건은 고려하지 않는다.)

① 0.3 ② 3
③ 0.5 ④ 5

28. 탈착용매로 사용되는 이황화탄소에 관한 설명으로 틀린 것은?

① 이황화탄소는 유해성이 강하다.
② 기체크로마토그래피에서 피크가 크게 나와 분석에 영향을 준다.
③ 주로 활성탄관으로 비극성유기용제를 채취하였을 때 탈착용매로 사용한다.
④ 상온에서 휘발성이 강하여 장시간 보관하면 휘발로 인해 분석농도가 정확하지 않다.

29. 다음 중 극성이 가장 큰 물질은?

① 케톤류   ② 올레핀류
③ 에스테르류 ④ 알데하이드류

30. 다음 중 2차 표준기구와 가장 거리가 먼 것은?

① 폐활량계   ② 열선기류계
③ 오리피스 미터 ④ 습식테스트 미터

31. 다음 흡착제 중 가장 많이 사용하는 것은?

① 활성탄   ② 실리카겔
③ 알루미나 ④ 마그네시아

32. 다음 중 흡착제인 활성탄에 대한 설명과 가장 거리가 먼 것은?

① 비극성류 유기용제의 흡착에 효과적이다.
② 휘발성이 큰 저분자량의 탄화수소 화합물의 채취효율이 떨어진다.
③ 표면의 산화력이 작기 때문에 반응성이 큰 알데하이드의 포집에 효과적이다.
④ 케톤의 경우 활성탄 표면에서 물을 포함하는 반응에 의해 파괴되어 탈착률과 안정성에서 부적절하다.

33. 작업환경 중 A가 30ppm, B가 20ppm, C가 25ppm 존재할 때, 작업환경 공기의 복합노출지수는? (단 A, B, C의 TLV는 각각 50, 25, 50ppm이고, A, B, C는 상가작용을 일으킨다.)

① 1.3 ② 1.5
③ 1.7 ④ 1.9

34. 유량, 측정시간, 회수율 및 분석 등에 의한 오차가 각각 15, 3, 9, 5% 일 때, 누적오차는 약 몇 %인가?

① 18.4 ② 20.3
③ 21.5 ④ 23.5

35. 측정에서 사용되는 용어에 대한 설명이 틀린 것은? (단, 고용노동부의 고시를 기준으로 한다.)

① "검출한계"란 분석기기가 검출할 수 있는 가장 작은 양을 말한다.
② "정량한계"란 분석기기가 정성적으로 측정할 수 있는 가장 작은 양을 말한다.
③ "회수율"이란 여과지에 채취된 성분을 추출과정을 거쳐 분석시 실제 검출되는 비율을 말한다.
④ "탈착효율"이란 흡착제에 흡착된 성분을 추출과정을 거쳐 분석시 실제 검출되는 비율을 말한다.

36. 시료채취방법에서 지역시료(area sample) 포집의 장점과 거리가 먼 것은?

① 근로자 개인시료의 채취를 대신할 수 있다.
② 특정 공정의 농도분포 변화 및 환기장치의 효율성 변화 등을 알 수 있다.
③ 특정 공정의 계절별 농도변화 및 공정의 주기별 농도변화 등의 분석이 가능하다.
④ 측정결과를 통해서 근로자에게 노출되는 유해인자의 배경농도와 시간별 변화 등을 평가할 수 있다.

37. 100ppm을 %로 환산하면 몇 %인가?

① 1% ② 0.1%
③ 0.01% ④ 0.001%

38. 누적소음노출량 측정기를 사용하여 소음을 측정할 때, 우리나라 기준에 맞는 Criteria 및 Exchange Rate는? (단, 고용노동부 고시를 기준으로 한다.)

① Criteria : 80DB, Exchange Rate : 5dB
② Criteria : 80DB, Exchange Rate : 10dB
③ Criteria : 90DB, Exchange Rate : 5dB
④ Criteria : 90DB, Exchange Rate : 10dB

39. PVC 필터를 이용하여 먼지 포집시 필터무게는 채취 후 18.115mg이며 채취 전 무게는 14.316mg이었다. 이 때 공기채취량이 400L이라면, 포집된 먼지의 농도는 약 몇 mg/m^3인가? (단, 공시료의 무게 차이는 없었던 것으로 가정한다)

① 8.5 ② 9.5
③ 8000 ④ 9500

40. 소음 수준 측정 시 소음계의 청감보정회로는 어떻게 조정하여야 하는가? (단, 고용노동부 고시를 기준으로 한다.)

① A특성 ② C특성
③ S특성 ④ K특성

41. 저온에 의한 생리반응 중 이차적인 생리적 반응으로 옳지 않은 것은?

① 혈압이 일시적으로 상승한다.
② 피부혈관의 수축으로 순환기능이 감소된다.
③ 말초혈관의 수축으로 표면조직의 냉각이 온다.
④ 근육활동이 감소하여 식욕이 떨어진다.

42. 입자상 물질의 종류 중 연마, 분쇄, 절삭 등의 작업공정에서 고형물질이 파쇄되어 발생되는 미세한 고체입자를 무엇이라 하는가?

① 흄(Fume) ② 먼지(Dust)
③ 미스트(Mist) ④ 연기(Smoke)

43. 다음 중 방사선에 감수성이 가장 낮은 인체조직은?

① 골수 ② 근육
③ 생식선 ④ 림프세포

44. 작업공정에서 발생되는 소음의 음압수준이 90dB(A)이고 근로자는 귀덮개(NRR=27)를 착용하고 있다면, 근로자에게 실제 노출되는 음압수준은 약 몇 dB(A)인가? (단, OSHA를 기준으로 한다.)

① 95
② 90
③ 85
④ 80

45. 다음 중 깊은 물에서 올라오거나 감압실 내에서 감압을 하는 도중에 발생하는 기포형성으로 인해 건강상 문제를 유발하는 가스의 종류는?

① 질소
② 수소
③ 산소
④ 이산화탄소

46. 소음방지를 위한 흡음재료의 선택 및 사용상 주의 사항으로 틀린 것은?

① 막진동이나 판진동형의 것은 도장 여부에 따라 흡음률의 차이가 크다.
② 실의 모서리나 가장자리 부분에 흡음제를 부착시키면 흡음효과가 좋아진다.
③ 다공질 재료는 산란되기 쉬우므로 표면을 얇은 직물로 피복하는 것이 바람직하다.
④ 흡음재료를 벽면에 부착할 때 한곳에 집중하는 것보다 전체 내벽에 분산하여 부착하는 것이 흡음력을 증가시킨다.

47. 다음 중 실내 오염원인 라돈에 관한 설명과 가장 거리가 먼 것은?

① 라돈 가스는 호흡하기 쉬운 방사선 물질이다.
② 라돈은 폐암의 발생률을 높이고 있는 것으로 보고되었다.
③ 라돈 가스는 공기보다 9배 무거워 지표에 가깝게 존재한다.
④ 핵폐기물장 주변 또는 핵발전소 부근에서 주로 방출되고 있다.

48. 다음 중 인체가 느낄 수 있는 최저한계 기류의 속도는 약 몇 m/sec인가?

① 0.5
② 1
③ 5
④ 10

49. 방진마스크의 밀착성 시험 중 정량적인 방법에 관한 설명으로 옳은 것은?

① 간단하게 실험할 수 있다.
② 누설의 판정기준이 지극히 개인적이다.
③ 시험장치가 비교적 저가이며 측정조작이 쉽다.
④ 일반적으로 보호구의 안과 밖에서 농도의 차이나 압력의 차이로 밀착정도를 수적인 방법으로 나타낸다.

50. 다음 중 작업환경 개선대책 중 격리에 대한 설명과 가장 거리가 먼 것은?

① 작업자와 유해요인 사이에 물체에 의한 장벽을 이용한다.
② 작업자와 유해요인 사이에 명암에 의한 장벽을 이용한다.
③ 작업자와 유해요인 사이에 거리에 의한 장벽을 이용한다.
④ 작업자와 유해요인 사이에 시간에 의한 장벽을 이용한다.

51. 산소농도 단계별 증상 중 산소농도가 6~10%인 산소결핍 작업장에서의 증상으로 가장 적절한 것은?

① 순간적인 실신이나 혼수
② 계산착오, 두통, 메스꺼움
③ 귀울림, 맥박수 증가, 호흡수 증가
④ 의식 상실, 안면 창백, 전신 근육경련

52. 할당보호계수가 25인 반면형 호흡기보호구를 구리흄이 존재하는 작업장에서 사용한다면 최대사용농도는 몇 mg/m³인가? (단, 허용농도는 0.3mg/m³ 이다.)
① 3.5
② 5.5
③ 7.5
④ 9.5

53. 다음 전리방사선의 종류 중 투과력이 가장 강한 것은?
① X-선
② 중성자
③ 알파선
④ 감마선

54. 작업환경 중에서 발생되는 분진에 대한 방진대책을 수립하고자 한다. 다음 중 분진발생방지 대책으로 가장 적합한 방법은?
① 전체 환기
② 작업시간의 조정
③ 물 등에 의한 취급 물질의 습식화
④ 방진마스크나 송기마스크에 의한 흡입방지

55. 기계 A의 소음이 85dB(A), 기계 B의 소음이 84dB(A)일 때, 총 음압수준은 약 몇 dB(A)인가?
① 84.7
② 86.3
③ 87.5
④ 90.4

56. 작업환경개선 대책 중 대체의 방법으로 옳지 않은 것은?
① 분체의 원료는 입자가 큰 것으로 바꾼다.
② 야광시계의 자판에서 라듐을 인으로 대체한다.
③ 금속제품 도장용으로 유기용제를 수용성 도료로 전환한다.
④ 아조염료의 합성에서 원료로 디클로로벤지딘을 사용하던 것을 방부기능의 벤지딘으로 바꾼다.

57. 음원에서 10m 떨어진 곳에서 음압수준이 89dB(A)일 때, 음원에서 20m 떨어진 곳에서의 음압수준은 약 몇 dB(A)인가? (단, 점음원이고 장해물이 없는 자유공간에서 구면상으로 전파한다고 가정한다.)
① 77
② 80
③ 83
④ 86

58. 체내로 흡입하게 되면 부식성이 강하여 점막 등에 침착되어 궤양을 유발하고 장기적으로 취급하면 비중격 천공을 일으키는 물질은?
① 크롬
② 수은
③ 아세톤
④ 카드뮴

59. 비교원성 진폐증의 종류로 가장 알맞은 것은?
① 규폐증
② 주석폐증
③ 석면폐증
④ 탄광부 진폐증

60. 다음 중 고압환경에서 인체작용인 2차적인 가압현상에 관한 설명과 가장 거리가 먼 것은?
① 산소의 분압이 2기압을 넘으면 산소중독증세가 나타난다.
② 이산화탄소는 산소의 독성과 질소의 마취작용을 증가시킨다.
③ 질소의 분압이 2기압을 넘으면 근육경련, 정신혼란과 같은 현상이 발생한다.
④ 4기압 이상에서 공기 중의 질소가스는 마취작용을 나타내며 작업력의 저하, 기분의 변환, 다행증을 일으킨다.

61. 전자부품을 납땜하는 공정에 외부식 국소배기장치를 설치하려고 한다. 후드의 규격은 400mm × 400mm, 제어거리(X)를 20cm, 제어속도(V_C)를 1m/sec로 하고자 할 때의 소요풍량(m^3/min)보다 후드에 플랜지를 부착하여 공간에 설치하면 소요풍량(m^3/min)은 얼마나 감소하는가?

① 1.2 ② 2.2
③ 3.2 ④ 4.2

62. 전기집진기(ESP, electrostatic precipitator)의 장점이라고 볼 수 없는 것은?

① 좁은 공간에서도 설치가 가능하다.
② 보일러와 철강로 등에 설치할 수 있다.
③ 약 500℃ 전후 고온의 입자상 물질도 처리가 가능하다.
④ 넓은 범위의 입경과 분진의 농도에서 집진효율이 높다.

63. 블로우다운(Blow down) 효과와 관련이 있는 공기정화장치는?

① 전기집진장치 ② 원심력집진장치
③ 중력집진장치 ④ 관성력집진장치

64. 용융로 상부의 공기 용량은 200m^3/min, 온도는 400℃, 1기압이다. 이것을 21℃, 1기압의 상태로 환산하면 공기의 용량은 약 몇 m^3/min가 되겠는가?

① 82.6 ② 87.4
③ 93.4 ④ 116.6

65. 작업공정에서는 이상이 없다고 가정할 때, 보기의 후드를 효율이 가장 우수한 것부터 나쁜 순으로 나열한 것은? (단, 제어속도는 1m/sec, 제어거리는 0.5m, 개구면적은 2m^2으로 동일하다.)

> ㉠ 포위식 후드
> ㉡ 테이블에 고정된 플랜지가 붙은 외부식 후드
> ㉢ 자유공간에 설치된 외부식 후드
> ㉣ 자유공간에 설치된 플랜지가 붙은 외부식 후드

① ㉠ - ㉢ - ㉡ - ㉣
② ㉡ - ㉠ - ㉢ - ㉣
③ ㉠ - ㉡ - ㉣ - ㉢
④ ㉡ - ㉠ - ㉣ - ㉢

66. 국소배기장치의 기본 설계 시 가장 먼저 해야 하는 것은?

① 적정 제어풍속을 정한다.
② 후드의 형식을 선정한다.
③ 각각의 후드에 필요한 송풍량을 계산한다.
④ 배관계통을 검토하고 공기정화장치와 송풍기의 설치위치를 정한다.

67. 정압, 속도압, 전압에 관한 설명 중 틀린 것은?

① 정압이 대기압 보다 높으면 (+) 압력이다.
② 정압이 대기압 보다 낮으면 (-) 압력이다.
③ 정압과 속도압의 합을 총압 또는 전압이라고 한다.
④ 공기흐름이 기인하는 속도압은 항상 (-) 압력이다.

68. 사무실 직원이 모두 퇴근한 직후인 오후 6시에 측정한 공기 중 CO_2 농도는 1200ppm, 사무실이 빈 상태로 3시간이 경과한 오후 9시에 측정한 CO_2 농도는 400ppm이었다면, 이 사무실의 시간당 공기교환 횟수는? (단, 외부공기 중 CO_2 농도는 330ppm으로 가정한다.)

① 0.68　　② 0.84
③ 0.93　　④ 1.26

69. 국소배기장치의 압력손실이 증가되는 경우가 아닌 것은?

① 덕트를 길게 한다.
② 덕트의 직경을 줄인다.
③ 덕트를 급격하게 구부린다.
④ 곡관의 곡률반경을 크게 한다.

70. 에너지 절약의 일환으로 실내 공기를 재순환시켜 외부공기와 혼합하여 공급하는 경우가 많다. 재순환 공기 중 CO_2의 농도가 700ppm, 급기 중 CO_2의 농도가 600ppm 이었다면, 급기 중 외부공기의 함량은 몇 %인가? (단, 외부공기 중 CO_2의 농도는 300ppm이다.)

① 25%　　② 43%
③ 50%　　④ 86%

71. 전체환기 방식에 대한 설명 중 틀린 것은?

① 자연환기는 기계환기보다 보수가 용이하다.
② 효율적인 자연환기는 냉방비 절감효과가 있다.
③ 청정공기가 필요한 작업장은 실내압을 양압(+)으로 유지한다.
④ 오염이 높은 작업장은 실내압을 매우 높은 양압(+)으로 유지하여야 한다.

72. 제어속도의 범위를 선택할 때 고려되는 사항으로 가장 거리가 먼 것은?

① 근로자 수　　② 작업장 내 기류
③ 유해물질의 사용량　　④ 유해물질의 독성

73. 전자부품을 납땜하는 공정에 외부식 국소배기장치를 설치하고자 한다. 후드의 규격은 400mm × 400mm, 반송속도를 1200m/min으로 하고자 할 때 덕트 내에서 속도압은 약 몇 mmH_2O인가? (단, 덕트 내의 온도는 21℃이며, 이 때 가스의 밀도는 $1.2kg/m^3$이다.)

① 24.5　　② 26.6
③ 27.4　　④ 28.5

74. 송풍기 상사법칙과 관련이 없는 것은?

① 송풍량　　② 축동력
③ 회전수　　④ 덕트의 길이

75. 국소배기시스템에 설치된 충만실(plenum chamber)에 있어 가장 우선적으로 높여야 하는 효율의 종류는?

① 정압효율　　② 집진효율
③ 배기효율　　④ 정화효율

76. 그림과 같이 Q1과 Q2에서 유입된 기류가 합류관인 Q3로 흘러갈 때, Q3의 유량(m^3/min)은 약 얼마인가? (단, 합류와 확대에 의한 압력손실은 무시한다.)

구분	직경(mm)	유속(m/s)
Q1	200	10
Q2	150	14
Q3	350	–

① 33.7 ② 36.3
③ 38.5 ④ 40.2

77. 유입계수(C_e)가 0.6인 플랜지 부착 원형후드가 있다. 이 때 후드의 유입손실계수(F_h)는 얼마인가?

① 0.52 ② 0.98
③ 1.26 ④ 1.78

78. 국소배기장치의 설계 시 송풍기의 동력을 결정할 때 가장 필요한 정보는?

① 송풍기 동압과 가격
② 송풍기 동압과 효율
③ 송풍기 전압과 크기
④ 송풍기 전압과 필요송풍량

79. 건조 공기가 원형식 관내를 흐르고 있다. 속도압이 6mmH_2O이면 풍속은 얼마인가? (단, 건조공기의 비중량 1.2kgf/m^3이며, 표준상태이다.)

① 5m/sec ② 10m/sec
③ 15m/sec ④ 20m/sec

80. 사염화에틸렌 20,000ppm이 공기 중에 존재한다면 공기와 사염화에틸렌 혼합물의 유효비중(effective specific gravity)은 얼마인가? (단, 사염화에틸렌의 증기비중은 5.7이다.)

① 1.094 ② 1.823
③ 2.342 ④ 3.783

2018년 산업위생관리산업기사 기출문제 2회

01. 상시 근로자가 300명인 신발 제조업에서 산업안전보건법에 따라 선임하여야 하는 보건관리자에 관한 설명으로 맞는 것은?

① 선임하여야 하는 보건관리자의 수는 1명이다.
② 보건관련 전공자 2명을 보건관리자로 선임하여야 한다.
③ 보건관리자의 자격을 가진 2명의 보건관리자를 선임하여야 하며, 그 중 1명은 의사나 간호사이어야 한다.
④ 보건관리자의 자격을 가진 3명의 보건관리자를 선임하여야 하며, 그 중 1명은 의사나 간호사이어야 한다.

02. 산업피로의 예방과 회복 대책으로 틀린 것은?

① 작업환경을 정리 정돈 한다.
② 커피, 홍차 또는 엽차를 마신다.
③ 적절한 간격으로 휴식시간을 둔다.
④ 작업속도를 가능한 늦게 하여 정적작업이 되도록 한다.

03. 다음의 설명에서 ( )안에 들어갈 용어로 맞는 것은?

> ( )는 대류현장에 의해 발생하는 공기의 흐름을 뜻한다. 따뜻한 공기가 건물의 상층에서 새어나올 경우 실내공기는 하층에서 고층으로 이동하며 외부 공기는 건물 저층의 입구를 통해 안으로 들어오게 된다. 이 ( )이 공기의 흐름은 계단 같은 수직 공간, 엘리베이터의 통로, 기타 다른 구멍을 통해 층 사이에 오염물질을 이동시킬 수 있다.

① 연돌효과(stack effect)
② 균형효과(balance effect)
③ 호손효과(hawthorne effect)
④ 공기연령효과(air-age effect)

04. 직업성 질환을 인정할 때 고려해야 할 사항으로 틀린 것은?

① 업무상 재해라고 할 수 있는 사건의 유무
② 작업환경과 그 작업에 종사한 기간 또는 유해 작업의 정도
③ 같은 작업장에서 비슷한 증상을 나타내는 환자의 발생 유무
④ 의학상 특징적으로 나타나는 예상되는 임상검사 소견의 유무

05. 사업주는 사업장에 쓰이는 모든 대상 화학물질에 대한 물질안전보건자료를 취급 근로자가 쉽게 볼 수 있도록 비치 및 게시하여야 한다. 비치 및 게시를 하기 위한 장소로 잘못된 것은?

① 대상 화학물질 취급 작업 공정 내
② 사업장 내 근로자가 가장 보기 쉬운 장소
③ 안전사고 또는 직업병 발생우려가 있는 장소
④ 위급상황시 보건관리자가 바로 활용할 수 있는 문서보관실

06. 운반 작업을 하는 젊은 근로자의 약한 손(오른손잡이의 경우 왼 손)의 힘은 40kp이다. 이 근로자가 무게 10kg인 상자를 두손으로 들어 올릴 경우 적정 작업시간은 약 몇 분인가? (단, 공식은 671,120 × 작업강도−2.222를 적용한다.)

① 25분 ② 41분
③ 55분 ④ 122분

07. 다음 약어의 용어들은 무엇을 평가하는데 사용되는가?

> OWAS, RULA, REBA, SI

① 직무 스트레스 정도
② 근골격계 질환의 위험요인
③ 뇌심혈관계질환의 정량적 분석
④ 작업장 국소 및 전체환기효율 비교

08. 산업위생분야에 관련된 단체와 그 약자를 연결한 것으로 틀린 것은?

① 영국 산업위생학회 − BOHS
② 미국 산업위생학회 − ACGIH
③ 미국 직업안전위생관리국 − OSHA
④ 미국 국립산업안전보건연구원 − NIOSH

09. 인간공학에서 적용하는 정적치수(static dimensions)에 관한 설명으로 틀린 것은?

① 동적인 치수에 비하여 데이터가 적다.
② 일반적으로 표(table)의 형태로 제시된다.
③ 구조적 치수로 정적자세에서 움직이지 않는 피측정자를 인체 계측기로 측정한 것이다.
④ 골격 치수(팔꿈치와 손목 사이와 같은 관절 중심거리 등)와 외곽치수(머리둘레 등)로 구성된다.

10. 산업안전보건법의 '사무실 공기관리 지침'에서 오염물질로 관리기준이 설정되지 않은 것은?

① 총 부유세균
② CO(일산화탄소)
③ SO_2(이산화황)
④ CO_2(이산화탄소)

11. 산업안전보건법령상 보건관리자의 자격과 선임제도에 대한 설명으로 틀린 것은?

① 상시 근로자가 100인 이상 사업장은 보건관리자의 자격기준에 해당하는 자 중 1인 이상을 보건관리자로 선임하여야한다.
② 보건관리대행은 보건관리자의 직무인 보건관리를 전문으로 행하는 외부기관에 위탁하여 수행하는 제도로 1990년부터 법적 근거를 갖고 시행되고 있다.
③ 작업 환경 상에 유해요인이 상존하는 제조업은 근로자의 수가 2,000명을 초과하는 경우에 「의료법」에 따른 의사 또는 간호사인 보건관리자 1인을 포함하는 2인의 보건관리자를 선임하여야 한다.
④ 보건관리자의 자격기준은 의료법에 의한 의사 또는 간호사, 산업안전보건법에 의한 산업보건 지도사, 국가기술자격법에 의한 산업위생관리 산업기사 또는 환경관리산업기사(대기분야 한함) 등이다.

12. 미국 국립산업안전보건연구원에서는 중량물취급 작업에 대하여 감시기준(Actionlimit)과 최대허용기준(Maximum permissible limit)을 설정하여 권고하고 있다. 감시기준이 30kg일 때 최대허용기준은 얼마인가?

① 45kg ② 60kg
③ 75kg ④ 90kg

13. 인조견, 셀로판 등에 이용되고 실험실에서 추출용 등의 시약으로 쓰이고 장기간에 걸쳐 고농도로 폭로되면 기질적 뇌손상, 말초신경병, 신경행동학적 이상, 시각, 청각장해 등이 발생하는 유기용제는 어느 것인가?

① 벤젠
② 사염화탄소
③ 메타놀
④ 이황화탄소

14. 화학물질이 2종 이상 혼재하는 경우, 다음 공식에 의하여 계산된 티값이 1이 초과하지 아니하면 기준치를 초과하지 아니하는 것으로 인정할 때, 이 공식을 적용하기 위하여 각각의 물질 사이의 관계는 어떤 작용을 하여야 하는가? (단, C는 화학물질 각각의 측정치, T는 화학물질 각각의 노출기준을 의미한다.)

$$EI = \frac{C_1}{TLV_1} + \frac{C_2}{TLV_2} + \cdots + \frac{C_n}{TLV_n}$$

① 가승작용(potentiation)
② 상가작용(additive effect)
③ 상승작용(synergistic effect)
④ 길항작용(antagonistic effect)

15. 전신피로에 있어 생리학적 원인에 해당되지 않는 것은?

① 산소 공급부족
② 체내 젖산농도의 감소
③ 혈중 포도당 농도의 저하
④ 근육 내 글리코겐량의 감소

16. 호기적 산화를 도와서 근육의 열량공급을 원활하게 해주기 때문에 근육노동에 있어서 특히 주의해서 보충해 주어야 하는 것은?

① 비타민 A
② 비타민 C
③ 비타민 B_1
④ 비타민 D_4

17. 산업위생전문가가 지켜야 할 윤리강령 중 "기업주와 고객에 대한 책임"에 관한 내용에 해당하는 것은?

① 신뢰를 중요시하고, 결과와 권고사항을 정확히 보고한다.
② 산업위생전문가의 첫 번째 책임은 근로자의 건강을 보호하는 것임을 인식한다.
③ 건강에 유해한 요소들을 측정, 평가, 관리하는데 객관적인 태도를 유지한다.
④ 건강의 유해요인에 대한 정보와 필요한 예방대책에 대해 근로자들과 상담한다.

18. ILO와 WHO공동위원회의 산업보건에 대한 정의와 가장 관계가 적은 것은?

① 작업조건으로 인한 질병을 치료하는 학문과 기술
② 작업이 인간에게, 또 일하는 사람이 그 직무에 적합하도록 마련하는 것
③ 근로자를 생리적으로나 심리적으로 적합한 작업환경에 배치하여 일하도록 하는 것
④ 모든 직업에 종사하는 근로자들의 육체적, 정신적, 사회적 건강을 고도로 유지·증진시키는 것

19. 스트레스(STRESS)는 외부의 스트레스 요인(stressor)에 의해 신체에 항상성이 파괴되면서 나타나는 반응이다. 다음의 설명 중 ( )에 해당하는 용어로 맞는 것은?

> 인간은 스트레스 상태가 되면 부신피질에서 ( )이라는 호르몬이 과잉분비되어 뇌의 활동 등을 저해하게 된다.

① 코티졸(cortisol)
② 도파민(dopamine)
③ 옥시토신(oxytocin)
④ 아드레날린(adrenalin)

20. 작업에 소모된 열량이 4,500kcal, 안정 시 열량이 1,000kcal, 기초대사량이 1,500kcal일 때, 실동률은 약 얼마인가? (단, 사이또(薺藤)와 오지마(大島)의 경험식을 적용한다.)

① 70.0% ② 73.3%
③ 84.4% ④ 85.0%

21. 고체 포집법에 관한 설명으로 틀린 것은?

① 시료공기를 흡착력이 강한 고체의 작은 입자층을 통과시켜 포집하는 방법이다.
② 실리카겔은 산과 같은 극성물질의 포집에 사용되며 수분의 영향을 거의 받지 않으므로 널리 사용된다.
③ 시료의 채취는 사용하는 고체입자층의 포집효율을 고려하여 일정한 흡입유량으로 한다.
④ 포집된 유기물은 일반적으로 이황화탄소(CS_2)로 탈착하여 분석용 시료로 사용된다.

22. 일반적인 사람이 느끼는 최소 진동역치는 얼마인가?

① 55±5 dB ② 70±5 dB
③ 90±5 dB ④ 105±5 dB

23. 입자상 물질의 측정 방법 중 용접흄 측정에 관한 설명으로 옳은 것은? (단, 고용노동부 고시를 기준으로 한다.)

① 용접흄은 여과채취방법으로 하되 용접 보안면을 착용한 경우에는 보안면 반경 15cm 이하의 거리에서 채취한다.
② 용접흄은 여과채취방법으로 하되 용접 보안면을 착용한 경우에는 보안면 반경 30cm 이하의 거리에서 채취한다.
③ 용접흄은 여과채취방법으로 하되 용접 보안면을 착용한 경우에는 그 내부에서 채취한다.
④ 용접흄은 여과채취방법으로 하되 용접 보안면을 착용한 경우는 용접 보안면 외부의 호흡기 위치에서 채취한다.

24. 작업장 공기 중 사염화탄소(TLV=10ppm)가 5ppm, 1,2-디클로로에탄(TLV=50ppm)이 12ppm, 1,2-디브로메탄(TLV=20ppm)이 8ppm일 때 노출지수는? (단, 상가작용 기준)

① 1.04 ② 1.14
③ 1.24 ④ 1.34

25. 다음 중 중금속을 신속하고 정확하게 측정할 수 있는 측정기기는?

① 광학현미경 ② 원자흡광광도계
③ 가스크로마토그래피 ④ 비분산적외선 가스분석계

26. Perchloroethylene 40%(TLV:670mg/m³), Methylene chloride 40%(TLV:720mg/m³), Heptane 20%(TLV:1600mg/m³)의 중량비로 조성된 유기용매가 증발되어 작업장을 오염시키고 있다. 이들 혼합물의 허용농도는 약 몇 mg/m³인가?

① 910 ② 997
③ 876 ④ 780

27. 흡광광도법에서 단색광이 시료액을 통과하여 그 광의 50%가 흡수되었을 때 흡광도는?

① 0.6 ② 0.5
③ 0.4 ④ 0.3

28. 공기 중에 부유하고 있는 분진을 충돌 원리에 의해 입자크기별로 분리하여 측정할 수 있는 장비는?

① Cascade impactor
② personal distribution
③ low volume sampler
④ high volume sampler

29. 인쇄 또는 도장 작업에서 사용하는 페인트, 신나 또는 유성 도료 등에 의해 발생되는 유해인자 중 유기용제를 포집하는 방법은?

① 활성탄법
② 여과 포집법
③ 직독식 분진측정계법
④ 증류스 흡수액 임핀저법

30. 다음 중 측정기 또는 분석기기의 미비로 기인되는 것으로 실험자가 주의하면 제거 또는 보정이 가능한 오차는?

① 우발적 오차   ② 무작위 오차
③ 계통적 오차   ④ 시간적 오차

31. 음압이 100배 증가하면 음압 수준은 몇 dB 증가하는가?

① 10   ② 20
③ 30   ④ 40

32. 채취한 금속 분석에서 오차를 최소화하기 위해 여과지에 금속을 10μg 첨가하고 원자흡광광도계로 분석하였더니 9.5μg이 검출되었다. 실험에 보정하기 위한 회수율은 몇 %인가?

① 80   ② 85
③ 90   ④ 95

33. 온도 27℃인 때의 체적이 1m³인 기체를 온도 127℃까지 상승시켰을 때의 체적은?

① 1.13m³   ② 1.33m³
③ 1.47m³   ④ 1.73m³

34. 지역시료 채취방법과 비교한 개인시료 채취방법의 장점으로 옳은 것은?

① 오염물질의 방출원을 찾아내기 쉽다.
② 작업자에게 노출되는 정도를 알 수 있다.
③ 어떤 장소의 고정된 위치에서 시료를 채취하기 때문에 경제적이다.
④ 특정 공정의 계절별 농도변화, 농도분포의 변화, 공의 주기별 농도 변화를 알 수 있다.

35. 다음 중 실리카겔에 대한 친화력이 가장 큰 물질은?

① 파라핀계   ② 에스테르류
③ 알데하이드류   ④ 올레핀류

36. 다음 중 기류측정과 가장 거리가 먼 것은?

① 풍차풍속계   ② 열선풍속계
③ 카타온도계   ④ 아스만통풍건습계

37. 다음은 작업장 소음 측정시간 및 횟수 기준에 관한 내용이다. ( )안에 내용으로 옳은 것은? (단, 고용노동부 고시를 기준으로 한다.)

> 단위작업장소에서 소음수준은 규정된 측정위치 및 지점에서 1일 작업시간 동안 6시간 이상 연속측정하거나 작업시간을 1시간 간격으로 나누어 6회 이상 측정하여야 한다. 다만, 소음의 발생특성이 연속음으로서 측정치가 변동이 없다고 자격자 또는 지정측정기관이 판단하는 경우에는 1시간 동안을 등 간격으로 나누어 ( ) 측정할 수 있다.

① 2회 이상   ② 3회 이상
③ 4회 이상   ④ 5회 이상

38. 흡착제 중 다공성 중합체에 관한 설명으로 틀린 것은?

① 활성탄보다 비표면적이 작다.
② 특별한 물질에 대한 선택성이 좋다.
③ 활성탄보다 흡착용량이 크며 반응성도 높다.
④ Tenax GC 열안정성이 높아 열탈착에 의한 분석이 가능하다.

39. 2N-HCl 용액 100ML를 이용하여 0.5N 용액을 조제하려할 때 희석에 필요한 증류수의 양은?

① 100ML   ② 200ML
③ 300ML   ④ 400ML

40. 다음 중 1ppm과 같은 것은?

① 0.01%   ② 0.001%
③ 0.0001%   ④ 0.00001%

41. 작업장 소음에 대한 차음효과는 벽체의 단위 표면적에 대하여 벽체의 무게를 2배로 할 때 마다 몇 dB씩 증가하는가?

① 3   ② 6
③ 9   ④ 12

42. 분진작업장의 작업환경 관리대책 중 분진발생 방지나 분진비산 억제대책으로 가장 적절한 것은?

① 작업의 강도를 경감시켜 작업자의 호흡량을 감소
② 작업자가 착용하는 방진마스크를 송기마스크로 교체
③ 광석 분쇄·연마 작업 시 물을 분사하면서 하는 방법으로 변경
④ 분진발생공정과 타공정을 교대로 근무하게 하여 노출시간 감소

43. 진동방지대책 중 발생원에 관한 대책으로 가장 옳은 것은?

① 거리감쇠를 크게 한다.
② 수진측에 탄성지지를 한다.
③ 수진점 근방에 방진구를 판다.
④ 기초중량을 부가 및 경감한다.

44. 폐에 깊숙이 들어갈 수 있는 호흡성섬유라한다. 이 섬유의 길이와 길이 대 너비의 비로 가장 적절한 것은?

① 길이 1㎛ 이상, 길이 대 너비의 비 5:1
② 길이 3㎛ 이상, 길이 대 너비의 비 2:1
③ 길이 3㎛ 이상, 길이 대 너비의 비 5:1
④ 길이 5㎛ 이상, 길이 대 너비의 비 3:1

45. 다음 중 수은 작업장의 작업환경관리대책으로 가장 적합하지 못한 것은?

① 수은 주입과정을 자동화시킨다.
② 수거한 수은은 물과 함께 통에 보관한다.
③ 수은은 쉽게 증발하기 때문에 작업장의 온도를 80℃로 유지한다.
④ 독성이 적은 대체품을 연구한다.

46. 상온, 상압에서 액체 또는 고체 물질이 증기압에 따라 휘발 또는 승화하여 기체로 되는 것은?

① 흄   ② 증기
③ 가스   ④ 미스트

47. 다음 중 투과력이 가장 강한 것은?

① X-선   ② 중성자
③ 감마선   ④ 알파선

48. 근로자가 귀덮개(NRR=31)를 착용하고 있는 경우 미국 OSHA의 방법으로 계산한다면, 차음효과는 몇 dB인가?

① 5   ② 8
③ 10   ④ 12

49. 다음 중 채광에 관한 일반적인 설명으로 틀린 것은?

① 입사각은 28° 이하가 좋다.
② 실내각점의 개각은 4~5°가 좋다.
③ 창의 면적은 바닥면적의 15~20%가 이상적이다.
④ 균일한 조명을 요하는 작업실은 동북 또는 북창이 좋다.

50. 다음 작업환경관리의 관리 원칙 중 격리에 대한 내용과 가장 거리가 먼 것은?

① 도금조, 세척조, 분쇄기 등을 밀폐한다.
② 페인트분무를 담그거나 전기 흡착식방법으로 한다.
③ 소음이 발생하는 경우 방음과 흡음재를 보강한 상자로 밀폐한다.
④ 고압이나 고속회전이 필요한 기계인 경우 강력한 콘크리트 시설에 방호벽을 쌓고 원격조정한다.

51. 진동에 관한 설명으로 틀린 것은?

① 진동량은 변위, 속도, 가속도로 표현한다.
② 진동의 주파수는 그 주기현상을 가리키는 것으로 단위는 Hz이다.
③ 전신진동 노출 진동원은 주로 교통기관, 중장비차량, 큰 기계 등이다.
④ 전신진동인 경우에는 8~1500Hz, 국소진동의 경우에는 2~100Hz의 것이 주로 문제가 된다.

52. 자외선은 살균작용, 각막염, 피부암 및 비타민D 합성에 밀접한 관계가 있다. 이 자외선의 가장 대표적인 광선을 Dorno-Ray라 하는데 이광선의 파장으로 가장 적절한 것은?

① 280~315Å   ② 390~515Å
③ 2800~3150Å   ④ 3900~5700Å

53. 출력 0.1W의 점음원으로부터 100m 떨어진 곳의 SPL은? (단, SPL=PWL-20log r-11)

① 약 50dB   ② 약 60dB
③ 약 70dB   ④ 약 80dB

54. 유해작업환경 개선 대책 중 대체에 해당되는 내용으로 옳지 않은 것은?

① 보온재로 유리섬유 대신 석면 사용
② 소음이 많이 발생하는 리벳팅 작업 대신 너트와 볼트작업으로 전환
③ 성냥제조 시 황린 대신 적린 사용
④ 작은 날개로 고속 회전시키는 송풍기를 큰 날개로 저속 회전시킴

55. 고기압 환경에서 발생할 수 있는 장해에 영향을 주는 화학물질과 가장 거리가 먼 것은?

① 산소   ② 질소
③ 아르곤   ④ 이산화탄소

56. 감압환경에서 감압에 따른 질소기포 형성량에 영향을 주는 요인과 가장 거리가 먼 것은?

① 감압속도
② 폐내 가스팽창
③ 조직에 용해된 가스량
④ 혈류를 변화시키는 상태

57. 방진마스크의 종류가 아닌 것은?

① 특급 ② 0급
③ 1급 ④ 2급

58. 방진마스크의 구비조건으로 틀린 것은?

① 흡기저항이 높을 것
② 배기저항이 낮을 것
③ 여과재 포집효율이 높을 것
④ 착용 시 시야 확보가 용이할 것

59. 다음 중 전리방사선이 아닌 것은?

① 알파선 ② 베타선
③ 중성자 ④ UV-선

60. 다음 중 대상먼지와 같은 침강속도를 가지며 밀도가 1인 가상적인 구형 입자상물질의 직경은?

① 마틴직경 ② 등면적 직경
③ 공기역학적 직경 ④ 공기기하학적 직경

61. 직경이 3㎛이고, 비중이 6.6인 흄(FUME)의 침강속도는 약 몇 cm/s인가?

① 0.01 ② 0.12
③ 0.18 ④ 0.26

62. 21℃, 1기압에서 벤젠 1.5L가 증발할 때, 발생하는 증기의 용량은 약 몇 L인가? (단, 벤젠의 비중은 0.88, 벤젠의 분자량은 78)

① 305.1 ② 407.8
③ 457.7 ④ 542.2

63. 다음 설명 중 (   )안의 내용으로 올바르게 나열한 것은?

> 공기속도는 송풍기로 공기를 불 때 덕트 직경의 30배 거리에서 (㉠)로 감소하나 공기를 흡인할 때는 기류의 방향과 관계없이 덕트 직경과 같은 거리에서 (㉡)로 감소한다.

① ㉠ : 1/10, ㉡ : 1/10
② ㉠ : 1/10, ㉡ : 1/30
③ ㉠ : 1/30, ㉡ : 1/30
④ ㉠ : 1/30, ㉡ : 1/10

64. 작업환경 개선을 위한 전체환기 시설의 설치조건으로 적절하지 않는 것은?

① 유해물질 발생량이 많아야 한다.
② 유해물질 발생량이 비교적 균일해야 한다.
③ 독성이 낮은 유해물질을 사용하는 장소여야 한다.
④ 공기 중 유해물질의 농도가 허용농도 이하여야 한다.

65. 화재·폭발방지를 위한 전체환기량 계산에 관한 설명으로 틀린 것은?

① 화재·폭발 농도 하한치를 활용한다.
② 온도에 따른 보정계수는 120℃ 이상의 온도에서는 0.3을 적용한다.
③ 공정의 온도가 높으면 실제 필요환기량은 표준환기량에 대해서 절대온도에 따라 재계산 한다.
④ 안전계수가 4라는 의미는 화재·폭발이 일어날 수 있는 농도에 대해 25% 이하로 낮춘다는 의미이다.

66. 송풍기의 효율이 0.6이고, 송풍기의 유효전압이 60mmH₂O일 때, 30m³/min의 공기를 송풍하는데 필요한 동력(kW)은 약 얼마인가?

① 0.1　　② 0.3
③ 0.5　　④ 0.7

67. 국소배기장치가 효과적인 기능을 발휘하기 위해서는 후드를 통해 배출되는 것과 같은 양의 공기가 외부로부터 보충되어야 한다. 이것을 무엇이라 하는가?

① 테이크 오프(take off)
② 충만실(plenum chamber)
③ 메이크업 에어(make up air)
④ 인 앤 아웃 에어(in&out air)

68. 국소배기장치의 덕트를 설계하여 설치하고자한다. 덕트는 직경 200mm의 직관 및 곡관을 사용하도록 하였다. 이 때 마찰손실을 감소시키기 위하여 곡관부위의 새우 곡관등은 최소 몇 개 이상이 가장 적당한가?

① 2개　　② 3개
③ 4개　　④ 5개

69. 전기집진장치에 관한 설명으로 틀린 것은?

① 운전 및 유지비가 저렴하다.
② 넓은 범위의 입경과 분진농도에 집진효율이 높다.
③ 기체상의 오염물질을 포집하는데 매우 유리하다.
④ 초기 설치비가 많이 들고, 넓은 설치공간이 요구된다.

70. 반경비가 2.0인 90° 원형곡관의 속도압은 20mmH₂O이고, 압력손실계수가 0.27이다. 이 곡관의 곡관각을 65°로 변경하면, 압력손실은 얼마인가?

① 3.0mmH₂O　　② 3.9mmH₂O
③ 4.2mmH₂O　　④ 5.4mmH₂O

71. 국소환기 시설의 일반적인 배열순서로 가장 적합한 것은?

① 덕트-후드-송풍기-공기정화기
② 후드-송풍기-공기정화기-덕트
③ 덕트-송풍기-공기정화기-후드
④ 후드-덕트-공기정화기-송풍기

72. 가스, 증기, 흄 및 극히 가벼운 물질의 반송속도(m/s)로 가장 적합한 것은?

① 5~10　　② 15~10
③ 20~23　　④ 23 이상

73. 필요송풍량을 Q(m³/min), 후드의 단면적을 a(m²), 후드면과 대상물질 사이의 거리를 X(m) 그리고 제어속도를 V_c(m/s)라 했을 때, 관계식으로 맞는 것은? (단, 형식은 외부식이다.)

① $Q = \dfrac{60 \times V_c \times X}{a}$

② $Q = \dfrac{60 \times V_c \times a}{X}$

③ $Q = 60 \times X \times a \times V_c$

④ $Q = 60 \times V_c \times (10 \times 2 + a)$

74. 표준상태에서 동압(Pv)이 4mmH₂O라면, 관내유속은? (단, 공기의 밀도량 1.21kg/S·m³이다.)

① 5.1m/sec　　② 5.3m/sec
③ 5.5m/sec　　④ 8.0m/sec

75. 외부식 포집형 후드에 플랜지를 부착하면 부착하지 않은 것보다 약 몇 % 정도의 필요송풍량을 줄일 수 있는가?

① 10%　　② 25%
③ 50%　　④ 75%

76. 다음의 내용과 가장 관련 있는 것은?

> 입자상물질, 즉 분진, 미스트 또는 흄을 함유한 공기를 수평덕트에서 이송시킬 때 침강에 의해 덕트 하부에 퇴적되지 않게 하여야 하는 최소한의 유지조건

① 반송속도　　② 덕트 내 정압
③ 공기 팽창률　④ 오염물질 제거율

77. 송풍기에 관한 설명으로 맞는 것은?

① 프로펠러 송풍기는 구조가 가장 간단하지만, 많은 양의 공기를 이송시키기 위해서는 그 만큼의 많은 비용이 소요된다.
② 저농도 분진함유공기나 금속성이 많이 함유된 공기를 이송시키는데 많이 이용되는 송풍기는 방사 날개형 송풍기(평판형 송풍기)이다.
③ 동일 송풍량을 발생시키기 위한 전향 날개형 송풍기의 임펠러 회전속도는 상대적으로 낮기 때문에 소음문제가 거의 발생하지 않는다.
④ 후향 날개형 송풍기는 회전날개가 회전방향 반대편으로 경사지게 설계되어 있어 충분한 압력을 발생시킬 수 있고, 전향 날개형 송풍기에 비해 효율이 떨어진다.

78. 유입계수가 0.6인 플랜지 부착 원형후드가 있다. 덕트의 직경은 10cm이고, 필요환기량이 20m³/min라고 할 때, 후드정압(SPh)은 약 몇 mmH₂O인가?

① -448.2　　② -306.4
③ -236.4　　④ -110.2

79. 공기정화장치 입구 및 출구의 정압이 동시에 감소되는 경우의 원인으로 맞는 것은?

① 송풍기의 능력 저하
② 분지관과 후드 사이의 분진 퇴적
③ 주관과 분지관 사이의 분진 퇴적
④ 공기정화장치 앞쪽 주관의 분진 퇴적

80. 후드직경(F_3), 열원과 후드까지의 거리(H), 열원의 폭(E)간의 관계를 가장 적절히 나타낸 식은? (단, 레시바식 캐노피 후드 기준이다.)

① $F_3 = E + 0.3H$　② $F_3 = E + 0.5H$
③ $F_3 = E + 0.6H$　④ $F_3 = E + 0.8H$

2018년 산업위생관리산업기사 기출문제 3회

01. 직업병의 예방대책에 관한 설명으로 가장 거리가 먼 것은?

① 유해요인을 적절하게 관리하여야 한다.
② 유해요인에 노출되고 있는 모든 근로자를 보호하여야 한다.
③ 건강장해에 대한 보건교육을 해당 근로자에게만 실시한다.
④ 근로자들이 업무를 수행하는데 불편함이나 스트레스가 없도록 하여야 하며, 새로운 유해요인이 발생되지 않아야 한다.

02. 유해물질의 허용농도의 종류 중 근로자가 1일 작업시간 동안 잠시라도 노출되어서는 아니되는 기준을 나타내는 것은?

① PEL
② TLV-TWA
③ TLV-C
④ TLV-STEL

03. 미국산업위생학술원에서 채택한 산업위생전문가 윤리강령의 내용과 거리가 먼 것은?

① 기업체의 비밀은 누설하지 않는다.
② 사업주와 일반 대중의 건강 보호가 1차적 책임이다.
③ 위험요소와 예방조치에 관하여 근로자와 상담한다.
④ 전문적 판단이 타협에 의해서 좌우될 수 있으나 이해관계가 있는 상황에서는 개입하지 않는다.

04. 작업 자세는 에너지 소비량에 영향을 미친다. 바람직한 작업자세가 아닌 것은?

① 정적 작업을 피한다.
② 불안정한 자세를 피한다.
③ 작업물체와 몸과의 거리를 약 30cm 유지토록 한다.
④ 원활한 혈액의 순환을 위해 작업에 사용하는 신체부위를 심장높이보다 아래에 두도록 한다.

05. 야간교대 근무자의 건강관리 대책 상 필요한 조건 중 관계가 가장 작은 것은?

① 난방, 조명 등 환경조건을 갖출 것
② 작업량이 과중하지 않도록 할 것
③ 야근에 부적합한 자를 가려내는 검진을 할 것
④ 육체적으로나 정신적으로 생체의 부담도가 심하게 나타나는 순으로 저녁근무, 밤근무, 낮근무 순서로 할 것

06. 재해율을 산정할 때 근로자가 사망한 경우에는 근로손실 일수는 얼마로 하는가? (단, 국제노동기구의 기준에 따른다.)

① 3000일
② 4000일
③ 5500일
④ 7500일

07. Shimonson이 말하는 산업피로 현상이 아닌 것은?

① 활동지원의 소모
② 조절기능의 장애
③ 중간대사물질의 소모
④ 체내의 물리화학적 변화

08. 우리나라 산업위생의 역사에 있어서 1981년에 일어난 일과 가장 관계가 깊은 것은?

① ILO 가입
② 근로기준법 제정
③ 산업안전보건법 공포
④ 한국산업위생학회 창립

09. 피로한 근육에서 측정된 근전도(EMG)의 특징으로 맞는 것은?

① 저수파수(0~40Hz) 힘의 증가, 총전압의 감소
② 고주파수(40~200Hz) 힘의 감소, 총전압의 증가
③ 저수파수(0~40Hz) 힘의 감소, 평균주파수의 증가
④ 고주파수(40~200Hz) 힘의 증가, 평균주파수의 증가

10. 실내공기질관리법령상 다중이용시설에 적용되는 실내공기질 권고기준 대상 항목이 아닌 것은?

① 석면   ② 라돈
③ 이산화질소   ④ 총휘발성유기화합물

11. 태양광선이 없는 옥내 작업장의 WBGT(℃)를 나타내는 공식은 무엇인가? (단, NWB는 자연습구온도, DB는 건구온도, GT는 흑구온도이다.)

① WBGT=0.7NWB+0.3GT
② WBGT=0.7NWB+0.3DB
③ WBGT=0.7NWB+0.2GT+0.1DB
④ WBGT=0.7NWB+0.2DB+0.1GT

12. 산업위생에 대한 일반적인 사항의 설명 중 틀린 것은?

① 유독물질 발생으로 인한 중독증을 관리하는 것으로 제조업 근로자가 주 대상이다.
② 작업환경 요인과 스트레스에 대해 예측, 인식, 평가, 관리하는 과학과 기술이다.
③ 사업장의 노출정도에 따라 사업장에서 발생하는 유해인자에 대해 적절한 관리와 대책을 제시한다.
④ 산업위생전문가는 전문가로서의 책임, 근로자에 대한 책임, 기업주와 고객에 대한 책임, 일반 대중에 대한 책임 등의 윤리강령을 준수할 필요가 있다.

13. 작업환경측정 및 지정측정기관평가 등에 관한 고시에 있어 시료채취 근로자 수는 단위 작업 장소에서 최고 노출근로자 몇 명 이상에 대하여 동시에 측정하도록 되어 있는가?

① 2명   ② 3명
③ 5명   ④ 10명

14. 인체의 구조에서 앉을 때, 서 있을 때, 물체를 들어 올릴 때 및 뛸 때 발생하는 압력이 가장 많이 흡수되는 척추의 디스크는?

① L5/S1   ② L3/S2
③ L2/S1   ④ L1/S5

15. 인간공학적 방법에 의한 작업장 설계 시 정상작업영역의 범위로 가장 적절한 것은?

① 물건을 잡을 수 있는 최대 영역
② 팔과 다리를 뻗어 파악할 수 있는 영역
③ 상완과 전완을 곧게 뻗어서 파악할 수 있는 영역
④ 상완을 자연스럽게 수직으로 늘어뜨린 상태에서 전완을 뻗어 파악할 수 있는 영역

16. 산업안전보건법상 제조업에서 상시 근로자가 몇 명 이상인 경우 보건관리자를 선임하여야 하는가?

① 5명   ② 50명
③ 100명   ④ 300명

17. 산업안전보건법령상 최근 1년간 작업공정에서 공정설비의 변경, 작업방법의 변경, 설비의 이전, 사용 화학 물질의 변경 등으로 작업환경측정결과에 영향을 주는 변화가 없는 경우로 해당 유해인자에 대한 작업환경 측정을 1년에 1회 이상으로 할 수 있는 경우는?

① 작업장 또는 작업공정이 신규로 가동되는 경우
② 작업공정 내 소음의 작업환경측정 결과가 최근 2회 연속 90데시벨(dB) 미만인 경우
③ 작업환경측정 대상 유해인자에 해당하는 화학적 인자의 측정치가 노출기준을 초과하는 경우
④ 작업공정 내 소음 외의 다른 모든 인자의 작업환경 측정 결과가 최근 2회 연속 노출기준 미만인 경우

18. 국소피로와 관련한 작업강도와 적정 작업시간의 관계를 설명한 것 중 틀린 것은?

① 힘의 단위는 kp(kilo pound)로 표시한다.
② 적정 작업시간은 작업강도와 대수적으로 비례한다.
③ 1kp(kilo pound)는 2.2pounds의 중력에 해당한다.
④ 작업강도가 10% 미만인 경우 국소피로는 오지 않는다.

19. 근골격계 질환을 예방하기 위한 조치로 적절한 것은?

① 손잡이에 완충물질을 사용하지 않는다.
② 작업의 방법이나 위치를 변화시키지 않는다.
③ 임팩트 렌치나 천공 해머를 사용하지 않는다.
④ 가능한 파워 그립보단 핀치 그립을 사용할 수 있도록 설계한다.

20. 생리학적 적성검사 항목이 아닌 것은?

① 체력검사
② 지각동작검사
③ 감각지능검사
④ 심폐기능검사

21. 개인시료채취기를 사용할 때 적용되는 근로자의 호흡 위치로 옳은 것은? (단, 고용노동부 고시를 기준으로 한다.)

① 호흡기를 중심으로 직경 30cm인 반구
② 호흡기를 중심으로 반경 30cm인 반구
③ 호흡기를 중심으로 직경 45cm인 반구
④ 호흡기를 중심으로 반경 45cm인 반구

22. 작업환경측정결과의 평가에서 작업시간 전체를 1개의 시료로 측정할 경우의 노출결과 구분이 바르게 표기된 것은?

① 하한치(LCL)>1일 때 노출기준 미만
② 상한치(UCL)≤1일 때 노출기준 초과
③ 하한치(LCL)≤1, 상한치(UCL)<1일 때, 노출기준 초과 가능
④ 하한치(LCL)>1일 때 노출기준 초과

23. 수분에 대한 영향이 크지 않으므로 먼지의 중량 분석에 적절하고, 특히 유리규산을 채취하여 X선 회절법으로 분석하는데 적합한 여과지는?

① MCE막 여과지
② 유리섬유 여과지
③ PVC 여과지
④ 은막 여과지

24. 증기상인 A물질 100ppm은 약 몇 mg/m^3인가? (단, A물질의 분자량은 58이고, 25℃, 1기압을 기준으로 한다.)

① 237
② 287
③ 325
④ 349

25. 어느 작업장의 벤젠농도(ppm)를 5회 측정한 결과가 각각 30, 33, 29, 27, 31일 때, 벤젠의 기하평균농도는 약 몇 ppm인가?

① 29.9
② 30.5
③ 30.9
④ 31.1

26. 각각의 포집효율이 80%인 임핀저 2개를 직렬로 연결하여 시료를 채취하는 경우 최종 얻어지는 포집효율은?

① 90%
② 92%
③ 94%
④ 96%

27. 순간시료채취에서 가스나 증기상 물질을 직접 포집하는 방법이 아닌 것은?

① 주사기에 의한 포집
② 진공 플라스크에 의한 포집
③ 시료 채취 백에 의한 포집
④ 흡착제에 의한 포집

28. 다음 중 충격소음에 대한 설명으로 가장 적절한 것은?

① 최대음압수준이 120dB(A) 이상의 소음이 1초 이상의 간격으로 발생하는 소음을 말한다.
② 최대음압수준이 140dB(A) 이상의 소음이 1초 이상의 간격으로 발생하는 소음을 말한다.
③ 최대음압수준이 120dB(A) 이상의 소음이 5초 이상의 간격으로 발생하는 소음을 말한다.
④ 최대음압수준이 140dB(A) 이상의 소음이 5초 이상의 간격으로 발생하는 소음을 말한다.

29. 유량, 측정시간, 회수율, 분석에 의한 오차(%)가 각각 15, 3, 5, 9일 때, 누적오차는?

① 18.4%
② 19.4%
③ 20.4%
④ 21.4%

30. 혼합유기용제의 구성비(중량비)는 다음과 같을 때, 이 혼합물의 노출농도(TLV)는?

- 메틸클로로포름 30% (TLV: 1,900mg/m³)
- 헵탄 50% (TLV: 1,600mg/m³)
- 퍼클로로에틸렌 20% (TLV: 335mg/m³)

① 937mg/m³
② 1087mg/m³
③ 1137mg/m³
④ 12837mg/m³

31. 여과지의 공극보다 작은 입자가 여과지에 채취되는 기전은 여과이론으로 설명할 수 있다. 다음 중 펌프를 이용하여 공기를 흡인하여 채취할 때 크게 작용하는 기전이 아닌 것은?

① 간섭
② 중력침강
③ 관성충돌
④ 확산

32. A 물건을 제작하는 공정에서 100% TCE를 사용하고 있다. 작업자의 잘못으로 TCE가 휘발되었다면 공기중 TCE 포화농도는? (단, 0℃, 1기압에서 환기가 되지 않고, TCE의 증기압은 19mmHg이다.)

① 19,000ppm
② 22,000ppm
③ 25,000ppm
④ 28,000ppm

33. 정량한계에 관한 내용으로 옳은 것은? (단, 고용노동부 고시를 기준으로 한다.)

① 분석기기가 정량할 수 있는 가장 작은 오차를 말한다.
② 분석기기가 정량할 수 있는 가장 작은 양을 말한다.
③ 분석기기가 정량할 수 있는 가장 작은 정밀도를 말한다.
④ 분석기기가 정량할 수 있는 가장 작은 편차를 말한다.

34. 실리카겔관을 이용하여 포집한 물질을 분석할 때 보정해야 하는 실험은?

① 특이성 실험　② 산화율 실험
③ 탈착효율 실험　④ 물질의 농도범위 실험

35. 펌프를 사용하여 유속 1.7L/min으로 8시간 동안 공기를 포집하였을 때, 펌프에 포집된 공기의 양은 약 몇 m^3인가?

① 0.82　② 1.41
③ 1.70　④ 2.14

36. 작업환경측정 단위에 대한 설명으로 옳은 것은?

① 분진은 mL/m^3으로 표시한다.
② 석면의 표시단위는 ppm/m^3으로 표시한다.
③ 고열(복사열 포함)의 측정 단위는 습구·흑구온도지수(WBGT)를 구하여 섭씨온도(℃)로 표시한다.
④ 가스 및 증기의 노출기준 표시단위는 MPa/L로 표시한다.

37. 용광로가 있는 철강 주물공장의 옥내 습구흑구온도지수(WBGT)는? (단, 작업장 내 건구온도는 32℃이고, 자연습구온도는 30℃이며, 흑구온도는 34℃이다.)

① 30.5℃　② 31.2℃
③ 32.5℃　④ 33.4℃

38. 흡착제인 활성탄의 제한점에 관한 설명으로 옳지 않은 것은?

① 휘발성이 매우 큰 저분자량의 탄화수소 화합물의 채취효율이 떨어진다.
② 암모니아, 에틸렌, 염화수소와 같은 저비점 화합물에 효과가 적다.
③ 표면에 산화력이 없어 반응성이 작은 알데하이드 포집에 부적합하다.
④ 비교적 높은 습도는 활성탄의 흡착용량을 저하시킨다.

39. 직경이 5μm이고 비중이 1.2인 먼지입자의 침강속도는 약 몇 cm/sec인가?

① 0.01　② 0.03
③ 0.09　④ 0.3

40. 흡광도법에서 단색광이 시료액을 통과하여 그 광의 30%가 흡수되었을 때 흡광도는?

① 0.15　② 0.3
③ 0.45　④ 0.6

41. 소음과 관련된 내용으로 옳지 않은 것은?

① 음압 수준은 음압과 기준 음압의 비를 대수 값으로 변환하고 제곱하여 산출한다.
② 사람의 귀는 자극의 절대 물리량에 1차식으로 비례하여 반응한다.
③ 음강도는 단위시간당 단위 면적을 통과하는 음 에너지이다.
④ 음원에서 발생하는 에너지는 음력이다.

42. 적외선에 관한 설명으로 가장 거리가 먼 것은?

① 적외선은 대부분 화학작용을 수반하며 가시광선과 자외선 사이에 있다.
② 적외선에 강하게 노출되면 암검록염, 각막염, 홍채위축, 백내장 등을 일으킬 수 있다.
③ 일명 열선이라고도 하며 온도에 비례하여 적외선을 복사한다.
④ 적외선 중 가시광선과 가까운 쪽을 근적외선이라 한다.

43. 일반적으로 더운 환경에서 고된 육체적인 작업을 하면서 땀을 많이 흘릴 때 신체의 염분 손실을 충당하지 못하여 발생하는 고열 장해는?

① 열발진   ② 열사병
③ 열실신   ④ 열경련

44. 유해물질이 발생하는 공정에서 유해인자에 농도를 깨끗한 공기를 이용하여 그 유해물질을 관리하는 가장 적합한 작업환경관리 대책은?

① 밀폐   ② 격리
③ 환기   ④ 교육

45. 잠수부가 해저 30m에서 작업을 할 때 인체가 받는 절대압은?

① 3기압   ② 4기압
③ 5기압   ④ 6기압

46. 다음 중 납중독이 조혈 기능에 미치는 영향으로 옳은 것은?

① 혈색소량 증가
② 적혈구수 증가
③ 혈청 내 철 감소
④ 적혈구 내 프로토폴피린 증가

47. 입자(비중 5)이 직경 3μm인 먼지가 다른 방해기류가 없이 층류 이동을 할 경우 50cm 높이의 챔버 상부에서 하부까지 침강할 때 필요한 시간은 약 몇 분인가?

① 3.1   ② 6.2
③ 12.4   ④ 24.8

48. 밝기의 단위인 루멘(Lumen)에 대한 설명으로 가장 정확한 것은?

① 1Lux의 광원으로부터 단위 입사각으로 나가는 광도의 단위이다.
② 1Lux의 광원으로부터 단위 입사각으로 나가는 휘도의 단위이다.
③ 1촉광의 광원으로부터 단위 입사각으로 나가는 조도의 단위이다.
④ 1촉광의 광원으로부터 단위 입사각으로 나가는 광속의 단위이다.

49. 적용 화학물질이 정제 벤드나이드겔, 염화비닐수지이며 분진, 전해약품제조, 원료취급작업에서 주로 사용되는 보호크림으로 가장 적절한 것은?

① 피막형 크림   ② 차광 크림
③ 소수성 크림   ④ 친수성 크림

50. 음압이 $2N/m^2$일 때 음압수준은 몇 dB인가?

① 90   ② 95
③ 100   ④ 105

51. 다음 중 작업과 보호구를 가장 적절하게 연결한 것은?

① 전기용접-차광안경
② 노면토석굴착-방독마스크
③ 도금공장-내열복
④ tank내 분무도장-방진마스크

52. 보호장구의 재질별 효과적인 적용 물질로 옳은 것은?

① 면-비극성 용제
② Butyl 고무-비극성 용제
③ 천연고무(latex)-극성 용제
④ Vitron-극성 용제

53. 작업장에서 발생된 분진에 대한 작업환경관리 대책과 가장 거리가 먼 것은?

① 국소박이 장치의 설치
② 발생원의 밀폐
③ 방독마스크의 지급 및 착용
④ 전체환기

54. 일반적인 소음관리대책 중에서 소음원 대책에 해당하지 않는 것은?

① 차음, 흡음
② 보호구 착용
③ 소음원 밀폐와 격리
④ 공정의 변경

55. 고압환경에서 가압에 의해 발생하는 장해로 볼 수 없는 것은?

① 질소마취 작용
② 산소중독 현상
③ 질소기포 형성
④ 이산화탄소 중독

56. 다음 중 피부노화와 피부암에 영향을 주는 비전리 방사선은?

① UV-A
② UV-B
③ UV-D
④ UV-F

57. 다음 중 입자상 물질의 크기 표시에 있어서 입자의 면적을 이등분하는 직경으로 과소평가의 위험성이 있는 것은?

① Martin 직경
② Feret 직경
③ 공기역학적 직경
④ 등면적 직경

58. 다음 중 저온에 따른 일차적 생리적 영향은?

① 식욕변화
② 혈압변화
③ 말초냉각
④ 피부혈관 수축

59. 다음 중 소음성 난청에 대한 설명으로 옳지 않은 것은?

① 음압수준이 높을수록 유해하다.
② 저주파음이 고주파음보다 더욱 유해하다.
③ 간헐적 노출이 계속된 노출보다 덜 유해하다.
④ 심한 소음에 반복하여 노출되면 일시적 청력변화는 영구적 청력변화로 변한다.

60. 흄(fume)에 대한 설명으로 알맞은 내용은?

① 기체상태로 있던 무기물질이 승화하거나, 화학적 변화를 일으켜 형성된 고형의 미립자
② 금속을 용융하는 경우 발생되는 증기가 공기에 의해 산화되어 만들어진 미세한 금속산화물
③ 콜로이드보다 입자의 크기가 크고 단시간동안 공기 중에 부유할 수 있는 고체 입자
④ 액체물질이던 것이 미립자가 되어 공기 중에 분산된 입자

61. 다음 그림과 같이 국소배기장치에서 공기정화기가 막혔을 경우 정압의 절대값은 이전측정에 비해 어떻게 변하는가?

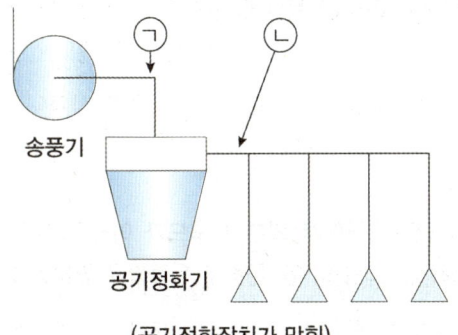

(공기정화장치가 막힘)

① ㉠:감소, ㉡:증가
② ㉠:증가, ㉡:증가
③ ㉠:감소, ㉡:감소
④ ㉠:거의정상, ㉡:증가

62. 직경이 10cm인 원형 후드가 있다. 관내를 흐르는 유량이 $0.1m^3/sec$라면 후드 입구에서 15cm 떨어진 후드 축선상에서의 제어속도는? (단, Dalla Valle의 경험식을 이용한다.)

① 0.25m/sec
② 0.29m/sec
③ 0.35m/sec
④ 0.43m/sec

63. 두 개의 덕트가 합류될 때 정압(SP)에 따른 개선사항이 잘못된 것은?

① 0.95≤(낮은 SP/높은 SP):차이를 무시
② 두 개의 덕트가 합류될 때 정압의 차이가 없는 것이 이상적
③ (낮은 SP/높은 SP)<0.8:정압이 높은 덕트의 직경을 다시 설계
④ 0.8≤(낮은 SP/높은 SP)<0.95:정압이 낮은 덕트의 유량을 조정

64. 자유공간에 떠 있는 직경 30cm인 원형개구 후드의 개구 면으로부터 30cm 떨어진 곳의 입자를 흡인하려고 한다. 제어풍속을 0.6m/s로 할 때 후드정압 SPh는 약 몇 mmH_2O인가? (단, 원형개구 후드의 유입손실계수 Fh는 0.93이다.)

① −14.0
② −12.0
③ −10.0
④ −8.0

65. 다음 설명에 해당하는 국소배기와 관련한 용어는?

> • 후드 근처에서 발생되는 오염물질을 주변의 방해기류를 극복하고 후드 쪽으로 흡인하기 위한 유체의 속도를 의미한다.
> • 후드 앞 오염원에서의 기류로 오염공기를 후드로 흡인하는 데 필요하며 방해 기류를 극복해야 한다.

① 면속도
② 제어속도
③ 플레넘속도
④ 슬롯속도

66. 27℃, 1기압에서의 2L의 산소 기체를 327℃, 2기압으로 변화시키면 그 부피는 몇 L가 되겠는가?

① 0.5
② 1.0
③ 2.0
④ 4.0

67. 국소배기시스템 설치 시 고려사항으로 가장 적절하지 않은 것은?

① 가급적 원형 덕트를 사용한다.
② 후드는 덕트보다 두꺼운 재질을 선택한다.
③ 곡관의 곡률반경은 최소 덕트 직경의 1.5배 이상으로 하며, 주로 2배를 사용한다.
④ 송풍기를 연결할 때에는 최소 덕트 직경의 2배 정도는 직선구간으로 하여야 한다.

68. 다음 그림과 같은 단면적이 작은 쪽이 ㉠, 큰 쪽이 ㉡인 사각형 덕트의 확대관에 대한 압력손실을 구하는 방법으로 가장 적절한 것은? (단, 경사각은 $\theta_1 > \theta_2$ 이다.)

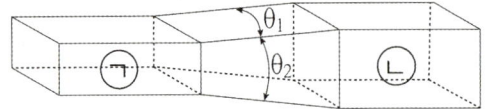

① θ_1의 각도를 경사각으로 한 단면적을 이용한다.
② θ_2의 각도를 경사각으로 한 단면적을 이용한다.
③ 두 각도의 평균값을 이용한 단면적을 이용한다.
④ 작은 쪽(㉠)과 큰 쪽(㉡)의 등가(상당) 직경을 이용한다.

69. 국소배기장치에 주로 사용하는 터보 송풍기에 관한 설명으로 틀린 것은?

① 송풍량이 증가해도 동력이 증가하지 않는다.
② 방사 날개형 송풍기나 전향 날개형 송풍기에 비해 효율이 좋다.
③ 직선 익근을 반경 방향으로 부착시킨 것으로 구조가 간단하고 보수가 용이하다.
④ 고농도 분진함유 공기를 이송시킬 경우, 회전날개 뒷면에 퇴적되어 효율이 떨어진다.

70. 사이클론의 집진 효율을 향상시키기 위해 Blow down 방법을 이용할 때, 사이클론의 더스트 박스 또는 멀티 사이클론의 호퍼부에서 처리배기량의 몇 %를 흡입하는 것이 가장 이상적인가?

① 1~3% ② 5~10%
③ 15~20% ④ 25~30%

71. 유해 작업장의 분진이 바닥이나 천정에 쌓여서 2차 발진된다. 이것을 방지하기 위한 공학적 대책으로 오염농도를 희석시키는데 이 때 사용되는 주요 대책방법으로 가장 적절한 것은?

① 개인보호구 착용 ② 칸막이 설치
③ 전체환기시설 가동 ④ 소음기 설치

72. 후드의 종류에서 외부식 후드가 아닌 것은?

① 루바형 후드 ② 그리드형 후드
③ 슬로트형 후드 ④ 드래프트 챔버형 후드

73. 전체 환기를 적용하기에 가장 적합하지 않은 곳은?

① 오염물질의 독성이 낮은 곳
② 오염물질의 발생원이 이동하는 곳
③ 오염물질 발생량이 많고 널리 퍼져 있는 곳
④ 작업공정상 국소배기장치의 설치가 불가능한 곳

74. 송풍기의 소요동력을 계산하는 데 필요한 인자로 볼 수 없는 것은?

① 송풍기의 효율 ② 풍량
③ 송풍기 날개 수 ④ 송풍기 전압

75. 피토튜브와 마노미터를 이용하여 측정된 덕트 내 동압이 20mmH$_2$O일 때, 공기의 속도는 약 몇 m/s인가? (단, 덕트 내의 공기는 21℃, 1기압으로 가정한다.)

① 14 ② 18
③ 22 ④ 24

76. 폭발방지를 위한 환기량은 해당 물질의 공기 중 농도를 어느 수준 이하로 감소시키는 것인가?

① 폭발농도 하한치 ② 노출기준 하한치
③ 노출기준 상한치 ④ 폭발농도 상한치

77. 분압이 1.5mmHg인 물질이 표준상태의 공기중에서 도달할 수 있는 최고 농도(%)는 약 얼마인가?

① 0.2%   ② 1.1%
③ 2.0%   ④ 11.0%

78. 실내공기의 풍속을 측정하는 데 사용하는 기구는?

① 카타온도계   ② 유량계
③ 복사온도계   ④ 회전계

79. 톨루엔은 0℃일 때, 증기압이 6.8mmHg이고, 25℃일 때는 증기압이 7.4mmHg이다. 기온이 0℃일 때와 25℃일 때의 포화농도 차이는 약 몇 ppm인가?

① 790   ② 810
③ 830   ④ 850

80. 국소환기 장치에서 플랜지(flange)가 벽, 바닥, 천장 등에 접하고 있는 경우 필요환기량은 약 몇 %가 절약되는가?

① 10   ② 25
③ 30   ④ 50

UNIT 04 2020년 산업위생관리산업기사 기출문제 1,2회

01. 정교한 작업을 위한 작업대 높이의 개선 방법으로 가장 적절한 것은?

① 팔꿈치 높이를 기준으로 한다.
② 팔꿈치 높이보다 5cm 정도 낮게 한다.
③ 팔꿈치 높이보다 10cm 정도 낮게 한다.
④ 팔꿈치 높이보다 5~10cm 정도 높게 한다.

02. 상시근로자가 100명인 A사업장의 지난 1년간 재해통계를 조사한 결과 도수율이 4이고, 강도율이 1이었다. 이 사업장의 지난해 재해발생건수는 총 몇 건이었는가? (단, 근로자는 1일 10시간씩 연간 250일을 근무하였다.)

① 1 ② 4
③ 10 ④ 250

03. 피로를 가장 적게 하고 생산량을 최고로 증대시킬 수 있는 경제적인 작업속도를 무엇이라고 하는가?

① 부상속도 ② 지적속도
③ 허용속도 ④ 발한속도

04. 산업안전보건법령상 역학조사의 대상으로 볼 수 없는 것은?

① 건강진단의 실시결과 근로자 또는 근로자의 가족이 역학조사를 요청하는 경우
② 근로복지공단이 고용노동부장관이 정하는 바에 따라 업무상 질병 여부의 결정을 위하여 역학조사를 요청하는 경우
③ 건강진단의 실시 결과만으로 직업성 질환에 걸렸는지를 판단하기 곤란한 근로자의 질병에 대하여 건강진단기관의 의사가 역학조사를 요청하는 경우
④ 직업성 질환에 걸렸는지 여부로 사회적 물의를 일으킨 질병에 대하여 작업장 내 유해요인과의 연관성 규명이 필요한 경우로 지방고용노동관서의 장이 요청하는 경우

05. 직업병이 발생된 원진레이온에서 원인이 되었던 물질은?

① 납 ② 수은
③ 이황화탄소 ④ 사염화탄소

06. 산업안전보건법령상 보건관리자의 업무에 해당하지 않는 것은?

① 사업장 순회점검, 지도 및 조치 건의
② 위험성평가에 관한 보좌 및 지도·조언
③ 물질안전보건자료의 게시 또는 비치에 관한 보좌 및 지도·조언
④ 산업안전보건관리비의 집행 감독 및 그 사용에 관한 수급인 간의 협의·조정

07. 누적외상성질환의 발생과 가장 관련이 적은 것은?

① 18℃ 이하에서 하역 작업
② 진동이 수반되는 곳에서의 조립 작업
③ 나무망치를 이용한 간헐성 분해 작업
④ 큰 변화가 없는 동일한 연속동작의 운반 작업

08. 만성중독 시 나타나는 특징으로 코점막의 염증, 비중격천공 등의 증상이 나타나는 대표적인 물질은?
① 납 ② 크롬
③ 망간 ④ 니켈

09. 직업병을 일으키는 물리적인 원인에 해당되지 않는 것은?
① 온도 ② 유해광선
③ 유기용제 ④ 이상기압

10. 산업안전보건법령에 의한 「화학물질 및 물리적 인자의 노출기준」에서 정한 노출기준 표시단위로 옳지 않은 것은?
① 증기 : ppm ② 고온 : WBGT(℃)
③ 분진 : mg/m^3 ④ 석면분진 : 개수/m^3

11. 다음 적성검사 중 심리학적 검사에 해당되지 않는 것은?
① 지능검사 ② 인성검사
③ 감각기능검사 ④ 지각동작검사

12. 피로 측정 및 판정에서 가장 중요하며 객관적인 자료에 해당하는 것은?
① 개인적 느낌 ② 생체기능의 변화
③ 작업능률 저하 ④ 작업자세의 변화

13. 작업자가 유해물질에 어느 정도 노출되었는지를 파악하는 지표로서 작업자의 생체시료에서 대사산물 등을 측정하여 유해물질의 노출량을 추정하는데 사용되는 것은?
① BEI ② TLV-TWA
③ TLV-S ④ Excursion limit

14. 산업안전보건법령에 의한 「화학물질의 분류·표시 및 물질안전보건자료에 관한 기준」에서 정하는 경고표지의 색상으로 옳은 것은?
① 경고표지 전체의 바탕은 흰색으로, 글씨와 테두리는 검정색으로 하여야 한다.
② 경고표지 전체의 바탕은 흰색으로, 글씨와 테두리는 붉은색으로 하여야 한다.
③ 경고표지 전체의 바탕은 노란색으로, 글씨와 테두리는 검정색으로 하여야 한다.
④ 경고표지 전체의 바탕은 노란색으로, 글씨와 테두리는 붉은색으로 하여야 한다.

15. 육체적 작업능력(PWC)이 16kcal/min인 근로자가 물체운반작업을 하고 있다. 작업대사량은 7kcal/min, 휴식 시의 대사량이 2kcal/min일 때 휴식 및 작업시간을 가장 적절히 배분한 것은? (단, Hertig의 식을 이용하며, 1일 8시간 작업기준이다.)
① 매시간 약 5분 휴식하고, 55분 작업한다.
② 매시간 약 10분 휴식하고, 50분 작업한다.
③ 매시간 약 15분 휴식하고, 45분 작업한다.
④ 매시간 약 20분 휴식하고, 40분 작업한다.

16. 미국의 ACGIH, AIHA, ABIH 등에서 채택한 산업위생에 종사하는 사람들이 반드시 지켜야 할 윤리강령 중 전문가로서의 책임에 해당하지 않는 것은?
① 전문 분야로서의 산업위생을 학문적으로 발전시킨다.
② 과학적 방법을 적용하고 자료해석에 객관성을 유지한다.
③ 근로자, 사회 및 전문분야의 이익을 위해 과학적 지식을 공개한다.
④ 위험요인의 측정, 평가 및 관리에 있어서 외부의 압력에 굴하지 않고 중립적 태도를 취한다.

17. NIOSH의 들기 작업 권장무게한계(RWL)에서 중량물 상수와 수평위치값의 기준으로 옳은 것은?

① 중량물상수: 18kg, 수평위치값: 20cm
② 중량물상수: 20kg, 수평위치값: 23cm
③ 중량물상수: 23kg, 수평위치값: 25cm
④ 중량물상수: 25kg, 수평위치값: 30cm

18. 산업위생의 기본적인 과제와 가장 거리가 먼 것은?

① 작업환경에 의한 신체적 영향과 최적 환경의 연구
② 작업능력의 신장과 저하에 따르는 정신적 조건의 연구
③ 작업능력의 신장과 저하에 따르는 작업조건의 연구
④ 신기술 개발에 따른 새로운 질병의 치료에 관한 연구

19. 작업에 소요된 열량이 400kcal/시간인 작업의 작업대사율(RMR)은 약 얼마인가? (단, 작업자의 기초대사량은 60kcal/시간이며, 안정 시 열량은 기초대사량의 1.2배이다.)

① 2.8   ② 3.4
③ 4.5   ④ 5.5

20. 혐기성 대사에서 혐기성 반응에 의해 에너지를 생산하지 않는 것은?

① 지방   ② 포도당
③ 크레아틴인산(CP)   ④ 아데노신삼인산(ATP)

21. 산에 쉽게 용해되므로 입자상 물질 중의 금속을 채취하여 원자흡광법으로 분석하는데 적당하며, 석면의 현미경 분석을 위한 시료채취에도 이용되는 여과지는?

① PVC막 여과지   ② 섬유상 여과지
③ PTFE막 여과지   ④ MCE막 여과지

22. 다음 중 검지관 측정법의 장·단점으로 틀린 것은?

① 숙련된 산업위생전문가가 아니더라도 어느 정도만 숙지하면 사용할 수 있다.
② 다른 방해물질의 영향을 받기 쉬워 오차가 크다.
③ 근로자에게 노출된 TWA를 측정하는데 유리하다.
④ 밀폐공간에서 산소부족 또는 폭발성 가스로 인한 안전이 문제가 될 때 유용하게 사용될 수 있다.

23. 포스겐($COCl_2$) 가스 농도가 120μg/m³이었을 때, ppm으로 환산하면 약 몇 ppm인가? (단, $COCl_2$의 분자량은 99이고, 25℃, 1기압을 기준으로 한다.)

① 0.03   ② 0.2
③ 2.6   ④ 29

24. 코크스 제조공정에서 발생되는 코크스오븐 배출물질을 채취하는 데 많이 이용되는 여과지는?

① PVC막 여과지   ② 은막 여과지
③ MCE막 여과지   ④ 유리섬유 여과지

25. 원자흡광분석기에서 빛이 어떤 시료 용액을 통과할 때 그 빛의 85%가 흡수될 경우의 흡광도는?

① 0.64   ② 0.76
③ 0.82   ④ 0.91

26. 고유량 공기 채취 펌프를 수동 무마찰 거품관으로 보정하였다. 비눗방울이 300cm³의 부피까지 통과하는 데 12.5초 걸렸다면 유량(L/min)은?

① 1.4   ② 2.4
③ 2.8   ④ 3.8

27. 사업장에서 70dB과 80dB의 소음이 발생되는 장비가 각각 설치되어 있을 때, 장비 2대가 동시에 가동할 때 발생되는 소음은 몇 dB인가?

① 75.0 ② 80.4
③ 82.4 ④ 86.6

28. 일정한 부피조건에서 가스의 압력과 온도가 비례한다는 것과 관계있는 것은?

① 게이-루삭의 법칙 ② 라울의 법칙
③ 보일의 법칙 ④ 하인리히의 법칙

29. 소음의 음압수준(LP)를 구하는 식은? (단, P: 음압, P_o: 기준 음압)

① $L_p = 10\log\left(\dfrac{P}{P_o}\right)$

② $L_p = 20\log P + \log P_o$

③ $L_p = \log\left(\dfrac{P}{P_o}\right) + 20$

④ $L_p = 20\log\left(\dfrac{P}{P_o}\right)$

30. 주물공장 내에서 비산되는 먼지를 측정하기 위해서 High volume air sampler을 사용하였을 때, 분당 3L로 60분간 포집한 결과 여과지의 무게가 2.46mg이면, 주물공장 내 먼지 농도는 약 몇 mg/m³인가? (단, 포집 전의 여과지의 무게는 1.66mg이다.)

① 2.44 ② 3.54
③ 4.44 ④ 5.54

31. 가스크로마토그래피-질량분석기(GC-MS)를 이용하여 물질분석을 할 때 사용하는 일반적인 이동상 가스는 무엇인가?

① 헬륨 ② 질소
③ 수소 ④ 아르곤

32. 다음 중 고분자화합물질의 분석에 적합하며 이동상으로 액체를 사용하는 분석기기는?

① GC ② XRD
③ ICP ④ HPLC

33. 가스상물질을 채취하는 흡착제로서 활성탄 대비 실리카겔이 갖는 장점이 아닌 것은?

① 극성물질을 채취한 경우 물, 메탄올 등 다양한 용매로 쉽게 탈착된다.
② 비교적 고온에서도 흡착이 가능하다.
③ 추출액이 화학분석이나 기기분석에 방해물질로 작용하는 경우가 많지 않다.
④ 활성탄으로 채취가 어려운 아닐린과 같은 아민류나 몇몇 무기물질의 채취도 가능하다.

34. 부탄올 흡수액을 이용하여 시료를 채취한 후 분석된 양이 75μg이며, 공시료에 분석된 평균양은 0.5μg, 공기채취량은 10L일 때, 부탄의 농도는 약 몇 mg/m³인가? (단, 탈착효율은 100%이다.)

① 7.45 ② 9.1
③ 11.4 ④ 14.8

35. 음력이 1.0W인 작은 점음원으로부터 500m 떨어진 곳의 음압레벨은 약 몇 dB(A)인가? (단, 기준음력은 10^{-12}W이다.)

① 50 ② 55
③ 60 ④ 65

36. 가스크로마토그래피(GC)에서 이황화탄소, 니트로메탄을 분석할 때 주로 사용하는 검출기는?

① 불꽃이온화검출기(FID)
② 열전도도검출기(TCD)
③ 전자포획검출기(ECD)
④ 불꽃광전자검출기(FPD)

37. 다음 중 1차 표준기구가 아닌 것은?

① 가스치환병 ② 건식가스 미터
③ 폐활량계 ④ 비누거품미터

38. 하루 8시간 작업하는 근로자가 200ppm 농도에서 1시간, 100ppm 농도에서 2시간, 50ppm에 3시간 동안 TCE에 노출되었을 때, 이 근로자의 8시간 동안 TWA 농도는?

① 약 35.8ppm ② 약 68.8ppm
③ 약 91.8ppm ④ 약 116.8ppm

39. 누적소음노출량 측정기로 소음을 측정하는 경우 소음계의 Exchange rate 설정 기준은? (단, 고용노동부 고시를 기준으로 한다.)

① 1dB ② 3dB
③ 5dB ④ 10dB

40. 공기 중 석면 농도를 허용기준과 비교할 때 가장 일반적으로 사용되는 석면 측정방법은?

① 광학 현미경법 ② 전자 현미경법
③ 위상차 현미경법 ④ 직독식 현미경법

41. 주물사업장에서 습구흑구온도를 측정한 결과 자연습구온도 40℃, 흑구온도 42℃, 건구온도 41℃로 확인되었다면 습구흑구온도지수는? (단, 옥외(태양광선이 내리쬐지 않는 장소)를 기준으로 한다.)

① 41.5℃ ② 40.6℃
③ 40.0℃ ④ 39.6℃

42. 비중격 천공의 원인물질로 알려진 중금속은?

① 카드뮴(Cd) ② 수은(Hg)
③ 크롬(Cr) ④ 니켈(Ni)

43. 염료, 합성고무 등의 원료로 사용되며 저농도로 장기간 폭로 시 혈액장애, 간장장애를 일으키고 재생불량성 빈혈, 백혈병까지 발병할 수 있는 물질은?

① 노르말핵산 ② 벤젠
③ 사염화탄소 ④ 알킬수은

44. 분진이 발생되는 사업장의 작업공정개선 대책으로 틀린 것은?

① 생산공정을 자동화 또는 무인화
② 비산 방지를 위하여 공정을 습식화
③ 작업장 바닥을 물세척이 가능하게 처리
④ 분진에 의한 폭발은 없으므로 근로자의 보건 분야 집중 관리

45. 공기 중 트리클로로에틸렌이 고농도로 존재하는 작업장에서 아크 용접을 실시하는 경우 트리클로로에틸렌은 어떠한 물질로 전환될 수 있는가?
   ① 사염화탄소   ② 벤젠
   ③ 이산화질소   ④ 포스겐

46. 인공조명을 선정 및 설치할 때, 고려사항으로 틀린 것은?
   ① 폭발과 발화성이 없을 것
   ② 균등한 조도를 유지할 것
   ③ 유해가스를 발생하지 않을 것
   ④ 광원은 우하방에 위치할 것

47. 전신진동의 주파수 범위로 가장 적절한 것은?
   ① 1~100Hz   ② 100~250Hz
   ③ 250~1000Hz   ④ 1000~4000Hz

48. 소음에 대한 차음을 위해 사용하는 귀덮개와 귀마개를 비교 설명한 내용으로 옳지 않은 것은?
   ① 귀덮개는 한가지의 크기로 여러 사람에게 적용 가능하다.
   ② 귀덮개는 고온다습한 작업장에서 착용하기 어렵다.
   ③ 귀덮개는 귀마개보다 작업자가 착용하고 있는지 여부를 체크하기 쉽다.
   ④ 귀덮개는 귀마개보다 개인차가 크다.

49. 공기 중 유해물질의 농도표시를 할 때 ppm 단위를 사용하지 않는 물질은? (단, 고용노동부 고시를 기준으로 한다.)
   ① 석면   ② 증기
   ③ 가스   ④ 분진

50. 밀폐공간에서 작업할 때의 관리대책으로 틀린 것은?
   ① 작업지휘자를 선임하여 작업을 지휘한다.
   ② 환기는 급기량보다 배기량이 많도록 조절한다.
   ③ 작업 전에 산소 농도가 18% 이상이 되는지 확인한다.
   ④ 작업 전에 폭발성 가스농도는 폭발하한농도의 10% 이하가 되는지 확인한다.

51. 고압환경의 영향 중 2차적인 가압현상과 가장 거리가 먼 것은?
   ① 질소 마취   ② 산소 중독
   ③ 폐 내 가스 팽창   ④ 이산화탄소 중독

52. 고압환경에서 나타나는 질소의 마취작용에 관한 설명으로 옳지 않은 것은?
   ① 공기 중 질소 가스는 4기압 이상에서 마취작용을 나타낸다.
   ② 작업력 저하, 기분의 변화 및 정도를 달리하는 다행증이 일어난다.
   ③ 질소의 물에 대한 용해도는 지방에 대한 용해도 보다 5배 정도 높다.
   ④ 고압환경의 화학적 장해이다.

53. 유해화학물질에 대한 발생원 대책으로 원재료의 대체 방법이 다음과 같을 때, 옳은 것만으로 짝지어진 것은?

   A : 아조 염료 합성 – 벤지딘을 디클로로벤지딘으로 교체
   B : 성냥 제조 – 백린(황린)을 적린으로 교체
   C : 샌드블라스팅 – 모래를 철구슬로 교체
   D : 야광시계의 자판 – 인을 라듐으로 교체

   ① A, B, C   ② A, C, D
   ③ B, C, D   ④ A, B, C, D

54. 방독 마스크 내 흡수제의 재질로 적당하지 않은 것은?

① fiber glass ② silica gel
③ activated carbon ④ soda lime

55. 방독 마스크의 정화통 능력이 사염화탄소 0.4%에 대해서 표준유효시간 100분인 경우, 사염화탄소의 농도가 0.15%인 환경에서 사용 가능한 시간은?

① 약 267분 ② 약 200분
③ 약 100분 ④ 약 67분

56. 가로 15m, 세로 25m, 높이 3m인 작업장에 음의 잔향 시간을 측정해보니 0.238초였을 때, 작업장의 총 흡음력을 30% 증가시키면 변경된 잔향시간은 약 몇 초인가?

① 0.217 ② 0.196
③ 0.183 ④ 0.157

57. 방독 마스크의 방독 물질별 정화통 외부 측면의 표시색 연결이 틀린 것은?

① 유기화합물용 정화통 – 갈색
② 암모니아용 정화통 – 녹색
③ 할로겐용 정화통 – 파란색
④ 아황산용 정화통 – 노란색

58. 전리방사선에 속하는 것은?

① 가시광선 ② X선
③ 적외선 ④ 라디오파

59. 차음평가수(NRR)가 27인 귀마개를 착용하고 있을 때, 차음 효과는 몇 dB인가? (단, 미국산업안전보건청(OSHA)를 기준으로 한다.)

① 5 ② 10
③ 20 ④ 27

60. 다음 작업 중 적외선에 가장 많이 노출될 수 있는 작업에 해당되는 것은?

① 보석 세공 작업 ② 초자 제조 작업
③ 수산 양식 작업 ④ X선 촬영 작업

61. 환기장치에서 관경이 350mm인 직관을 통하여 풍량 100m^3/min의 표준공기를 송풍할 때 관내 평균풍속은 약 몇 m/sec인가?

① 17 ② 32
③ 42 ④ 52

62. A사업장에서 적용중인 후드의 유입계수가 0.8이라면, 유입손실계수는 약 얼마인가?

① 0.56 ② 0.73
③ 0.83 ④ 0.93

63. 일반적으로 제어속도를 결정하는 인자와 가장 거리가 먼 것은?

① 작업장 내의 온도와 습도
② 후드에서 오염원까지의 거리
③ 오염물질의 종류 및 확산 상태
④ 후드의 모양과 작업장 내의 기류

64. 실내의 중량 절대습도가 80kg/kg, 외부의 중량 절대습도가 60kg/kg, 실내의 수증기가 시간당 3kg씩 발생할 때 수분 제거를 위하여 중량단위로 필요한 환기량(m^3/min)은 약 얼마인가? (단, 공기의 비중량은 1.2kgf/m^3으로 한다.)

① 0.21　　② 4.17
③ 7.52　　④ 12.50

65. 다음 중 송풍기의 정압효율이 가장 우수한 형식은?

① 평판형　　② 터보형
③ 축류형　　④ 다익형

66. 플랜지가 붙은 슬롯 후드가 있다. 제어거리가 30cm, 제어속도가 1m/s일 때, 필요송풍량(m^3/min)은 약 얼마인가? (단, 슬롯의 길이는 10cm이다.)

① 2.88　　② 4.68
③ 8.64　　④ 12.64

67. 전압, 정압, 속도압에 관한 설명으로 옳지 않은 것은?

① 속도압과 정압을 합한 값을 전압이라 한다.
② 속도압은 공기가 정지할 때 항상 발생한다.
③ 정압은 사방으로 동일하게 미치는 압력으로 공기를 압축 또는 팽창시키며, 공기흐름에 대한 저항을 나타내는 압력으로 이용된다.
④ 속도압이란 정지상태의 공기를 일정한 속도로 흐르도록 가속화시키는데 필요한 압력을 의미하며, 공기의 운동에너지에 비례한다.

68. 외부식 후드의 흡인기능의 불량 원인과 거리가 먼 것은?

① 송풍기의 용량이 부족한 경우
② 제어속도가 필요속도보다 큰 경우
③ 후드 입구에 심한 난기류가 형성된 경우
④ 송풍관과 덕트 연결부에 공기누설량이 큰 경우

69. 입자상 물질의 원심력을 집진장치에 주로 이용하는 공기정화장치는?

① 침강실　　② 벤츄리스크러버
③ 사이클론　　④ 백(bag) 필터

70. 전체환기시설의 설치 전제조건과 가장 거리가 먼 것은?

① 오염물질의 발생량이 적은 경우
② 오염물질의 독성이 비교적 낮은 경우
③ 오염물질이 시간에 따라 균일하게 발생하는 경우
④ 동일작업장소에 배출원이 한 곳에 집중되어 있는 경우

71. 1기압, 0℃에서 공기의 비중량이 1.293kgf/m^3일 경우, 동일 기압에서 23℃일 때, 공기의 비중량은 약 얼마인가?

① 0.950kgf/m^3　　② 1.015kgf/m^3
③ 1.193kgf/m^3　　④ 1.205kgf/m^3

72. 공기정화장치의 입구와 출구의 정압이 동시에 감소되었다면, 국소배기장치(설비)의 이상원인으로 가장 적합한 것은?

① 제진장치 내의 분진퇴적
② 분지관과 후드 사이의 분진퇴적
③ 분지관의 시험공과 후드 사이의 분진퇴적
④ 송풍기의 능력저하 또는 송풍기와 덕트의 연결부위 풀림

73. 송풍관 내에서 기류의 압력손실 원인과 관계가 가장 적은 것은?

① 기체의 속도 ② 송풍관의 형상
③ 분진의 크기 ④ 송풍관의 직경

74. 후드를 선정 및 설계할 때 고려해야 할 사항으로 옳지 않은 것은?

① 가급적이면 공정을 많이 포위한다.
② 가급적 후드를 배출 오염원에 가깝게 설치한다.
③ 후드 개구면에서 기류가 균일하게 분포되도록 설계한다.
④ 공정에서 발생, 배출되는 오염물질의 절대량은 최소발생량을 기준으로 한다.

75. push-pull형 환기장치에 관한 설명으로 옳지 않은 것은?

① 도금조, 자동차도장 공정에서 이용할 수 있다.
② 일반적인 국소배기장치 후드보다 동력비가 많이 든다.
③ 한 쪽에서는 공기를 불어 주고(push) 한쪽에서는 공기를 흡인(pull)하는 장치이다.
④ 공정상 포착거리가 길어서 단지 공기를 제어하는 일반적인 후드로는 효과가 낮을 때 이용하는 장치이다.

76. 자동차 공업사에서 톨루엔이 분당 8g 증발되고 있다. 톨루엔의 MW는 92이고, 노출기준은 50ppm이다. 톨루엔의 공기 중 농도를 노출기준 이하로 유지하고자 한다면 이를 위해서 공급해 주어야 할 전체환기량(m^3/min)은? (단, 혼합물을 위한 여유계수(K)는 5, 실내온도는 25℃ 기준)

① 120 ② 180
③ 210 ④ 240

77. 작업장의 크기가 12m×22m×45m인 곳에서의 톨루엔 농도가 400ppm이다. 이 작업장으로 600m^3/min의 공기가 유입되고 있다면 톨루엔 농도를 100ppm까지 낮추는데 필요한 환기 시간은 약 얼마인가? (단, 공기와 톨루엔은 완전혼합 된다고 가정한다.)

① 27.45분 ② 31.44분
③ 35.45분 ④ 39.44분

78. 직경이 2㎛, 비중이 6.6인 산화철 흄(fume)의 침강속도는 약 얼마인가?

① 0.08m/min ② 0.08cm/s
③ 0.8m/min   ④ 0.8cm/s

79. 국소배기설비 점검 시 반드시 갖추어야 할 필수 장비로 볼 수 없는 것은?

① 청음기   ② 연기발생기
③ 테스트 해머 ④ 절연저항계

80. 송풍기의 상사법칙에서 회전수(N)와 송풍량(Q), 소요동력(L), 정압(P)과의 관계를 올바르게 나타낸 것은?

① $\dfrac{Q_1}{Q_2} = \left(\dfrac{N_1}{N_2}\right)^2$ ② $\dfrac{Q_1}{Q_2} = \left(\dfrac{N_1}{N_2}\right)^3$

③ $\dfrac{P_1}{P_2} = \left(\dfrac{N_1}{N_2}\right)^2$ ④ $\dfrac{L_1}{L_2} = \left(\dfrac{Q_1}{Q_2}\right)^2$

2020년 산업위생관리산업기사 기출문제 3회

01. 산업위생활동 범위인 예측, 인식, 평가, 관리 중 인식(recognition)에 대한 설명으로 옳지 않은 것은?

① 상황이 존재(설치)하는 상태에서 유해인자에 대한 문제점을 찾아내는 것이다.
② 현장조사로 정량적인 유해인자의 양을 측정하는 것으로 시료의 채취와 분석이다.
③ 인식단계에서의 이러한 활동들은 사업장의 특성, 근로자의 작업특성, 유해인자의 특성에 근거한다.
④ 건강에 장해를 줄 수 있는 물리적, 화학적, 생물학적, 인간공학적 유해인자 목록을 작성하고, 작업내용을 검토하고, 설치된 각종 대책과 관련된 조치들을 조사하는 활동이다.

02. NIOSH의 중량물 취급기준을 적용할 수 있는 작업상황이 아닌 것은?

① 작업장 내의 온도가 적절해야 한다.
② 물체를 잡을 때 불편함이 없어야 한다.
③ 빠른 속도로 두 손으로 들어 올리는 작업이어야 한다.
④ 물체의 폭이 75cm 이하로서 두 손을 적당히 벌리고 작업할 수 있어야 한다.

03. 근골격계 질환을 예방하기 위한 작업환경개선의 방법으로 인체측정치를 이용한 작업환경의 설계가 이루어질 때, 다음 중 가장 먼저 고려되어야 할 사항은?

① 조절가능 여부
② 최대치의 적용 여부
③ 최소치의 적용 여부
④ 평균치의 적용 여부

04. 작업대사율(RMR)이 10인 작업을 하는 근로자의 계속 작업 한계시간은 약 몇 분인가?

① 0.5분
② 1.5분
③ 3.0분
④ 4.5분

05. 다음 피로의 종류 중 다음날까지 피로상태가 계속 유지되는 것은?

① 과로
② 전신피로
③ 피로
④ 국소피로

06. 접착제 등의 원료로 사용되며 피부나 호흡기에 자극을 주어 새집증후군의 주요한 원인으로 지목되고 있는 실내공기 중 오염물질은?

① 라돈
② 이산화질소
③ 오존
④ 포름알데히드

07. 근로자가 휴식 중일 때의 산소 소비량(oxygen uptake)이 약 0.25L/min일 경우 운동 중일 때의 산소소비량은 약 얼마까지 증가하는가? (단, 일반적인 성인 남성의 경우이며, 산소 공급이 충분하다고 가정한다.)

① 2.0L/min
② 5.0L/min
③ 9.5L/min
④ 15.0L/min

08. 산업안전보건법령상 건강진단기관이 건강진단을 실시하였을 때에는 그 결과를 고용노동부장관이 정하는 건강진단개인표에 기록하고, 건강진단을 실시한 날로부터 며칠 이내에 근로자에게 송부하여야 하는가?

① 15일 ② 30일
③ 45일 ④ 60일

09. 산업안전보건법령상 사무실 공기관리 지침 중 오염물질 관리기준이 설정되지 않은 것은?

① 이산화황 ② 총부유세균
③ 일산화탄소 ④ 이산화탄소

10. 일하는 데 가장 적합한 환경을 지적환경(optimum working environment)이라고 한다. 이러한 지적환경을 평가하는 방법과 거리가 먼 것은?

① 신체적(physical) 방법
② 생산적(productive) 방법
③ 생리적(physiological) 방법
④ 정신적(psychological) 방법

11. 미국산업위생학술원(AAIH)은 산업위생 전문가들이 지켜야 할 윤리 강령을 채택하고 있다. 윤리강령의 4개 분류에 속하지 않는 것은?

① 전문가로서의 책임
② 근로자에 대한 책임
③ 기업주와 고객에 대한 책임
④ 정부와 공직사회에 대한 책임

12. 다음 영양소와 그 영양소의 결핍으로 인한 주된 증상의 연결로 옳지 않은 것은?

① 비타민 A – 야맹증
② 비타민 B_1 – 구루병
③ 비타민 B_2 – 구강염, 구순염
④ 비타민 K – 혈액 응고작용 지연

13. 산업안전보건법령상 석면해체작업장의 석면농도측정 방법으로 옳지 않은 것은? (단, 작업장은 실내이며, 석면해체·제거 작업이 모두 완료되어 작업장의 밀폐시설 등이 정상적으로 가동되는 상태이다.)

① 밀폐막이 손상되지 않고 외부로부터 작업장이 차폐되어 있음을 확인해야 한다.
② 작업이 완료되면 작업장 바닥이 젖어 있거나 물이 고여 있지 않음을 확인해야 한다.
③ 작업장 내 침전된 분진이 비산(非散)될 경우 근로자에게 영향을 미치므로 비산이 되기 전 즉시 시료를 채취한다.
④ 시료채취 펌프를 이용하여 멤브레인 여과지(Mixed Cellulose Ester membrane filter)로 공기 중 입자상 물질을 여과 채취한다.

14. 재해율 통계방법 중 강도율을 나타낸 것은?

① $\dfrac{연간 총 재해자수}{연 평균 근로자수} \times 1,000$

② $\dfrac{연간 총 재해자수}{연 평균 근로자수} \times 10^6$

③ $\dfrac{연간 총 근로손실일수}{연간 총 근로자수} \times 1,000$

④ $\dfrac{연간 총 근로손실일수}{연간 총 근로자수} \times 1,000,000$

15. 작업강도와 관련된 내용으로 옳지 않은 것은?

① 실동률은 95−5 × RMR로 구할 수 있다.
② 일반적으로 열량 소비량을 기준으로 평가한다.
③ 작업대사율(RMR)은 작업대사량을 기초대사량으로 나눈 값이다.
④ 작업대사율(RMR)은 작업강도를 에너지소비량으로 나타낸 하나의 지표이지 작업강도를 정확하게 나타냈다고는 할 수 없다.

16. 한국의 산업위생역사 중 연도와 활동이 잘못 연결된 것은?

① 1958년 – 석탄공사 장성병원 중앙실험실 설치
② 1962년 – 가톨릭 산업의학 연구소 설립
③ 1989년 – 작업환경측정 정도관리제도 도입
④ 1990년 – 한국산업위생학회 창립

17. 규폐증은 공기 중 분진에 어느 물질이 함유되어 있을 때 주로 발생하는가?

① 석면 ② 목재
③ 크롬 ④ 유리규산

18. 근로자에 있어서 약한 손(오른손잡이의 경우 왼손)의 힘은 평균 40kp(kilopond)라고 한다. 이러한 근로자가 무게 10kg인 상자를 두 손으로 들어 올릴 경우의 작업강도(%MS)는?

① 12.5 ② 25
③ 40   ④ 80

19. 산업안전보건법령상 작업환경측정 시 측정의 기본 시료채취방법은?

① 개인 시료채취   ② 지역 시료채취
③ 직독식 시료채취 ④ 고체 흡착 시료채취

20. methyl chloroform(TLV=350ppm)을 1일 12시간 작업할 때 노출기준을 Brief & Scala 방법으로 보정하면 몇 ppm으로 하여야 하는가?

① 150 ② 175
③ 200 ④ 250

21. 소음계의 성능에 관한 설명으로 틀린 것은?

① 측정가능 주파수 범위는 31.5Hz~8kHz 이상이어야 한다.
② 지시계기의 눈금오차는 0.5dB 이내이어야 한다.
③ 측정가능 소음도 범위는 10~150dB 이상이어야 한다.
④ 자동차 소음측정에 사용되는 것의 측정가능 소음도 범위는 45~130dB 이상이어야 한다.

22. 직접포집방법에 사용되는 시료채취백의 특징과 거리가 먼 것은?

① 가볍고 가격이 저렴할 뿐 아니라 깨질 염려가 없다.
② 개인시료 포집도 가능하다.
③ 연속시료채취가 가능하다.
④ 시료채취 후 장시간 보관이 가능하다.

23. 근로자가 노출되는 소음의 주파수 특성을 파악하여 공학적인 소음관리대책을 세우고자 할 때 적용하는 소음계로 가장 적당한 것은?

① 보통소음계
② 적분형 소음계
③ 누적소음폭로량 측정계
④ 옥타브밴드분석 소음계

24. 다음 내용은 고용노동부 작업환경 측정 고시의 일부분이다. ㉠에 들어갈 내용은?

"개인시료채취"란 개인시료채취기를 이용하여 가스·증기·분진·흄(fume)·미스트(mist) 등을 근로자의 호흡위치(㉠)에서 채취하는 것을 말한다.

① 호흡기를 중심으로 반경 10cm인 반구
② 호흡기를 중심으로 반경 30cm인 반구
③ 호흡기를 중심으로 반경 50cm인 반구
④ 호흡기를 중심으로 반경 100cm인 반구

25. 시료 전처리인 회화(ashing)에 대한 설명 중 틀린 것은?

① 회화용액에 주로 사용되는 것은 염산과 질산이다.
② 회화 시 실험용기에 의한 영향은 거의 없으므로 일반 유리제품을 사용한다.
③ 분석하고자 하는 금속을 제외한 나머지의 기질과 산을 제거하는 과정을 회화라 한다.
④ 시료가 다상의 성분일 경우에는 여러 종류의 산을 혼합하여 사용한다.

26. 하루 중 80dB(A)의 소음이 발생되는 장소에서 1/3 근무하고 70dB(A)의 소음이 발생하는 장소에서 2/3 근무한다고 할 때, 이 근로자의 평균소음 피폭량 dB(A)은?

① 80　　② 78
③ 76　　④ 74

27. 아세톤, 부틸아세테이트, 메틸에틸케톤 1:2:1 혼합물의 허용농도(ppm)는? (단, 아세톤, 부틸아세테이트, 메틸에틸케톤의 TLV 값은 750, 200, 200ppm이다.)

① 약 225　　② 약 235
③ 약 245　　④ 약 255

28. 임핀저(impinger)를 이용하여 채취할 수 있는 물질이 아닌 것은?

① 각종 금속류의 먼지
② 이소시아네이트(isocyanates)류
③ 톨루엔 디아민(toluene diamine)
④ 활성탄관이나 실리카겔로 흡착이 되지 않는 증기, 가스와 산

29. 가스상 유해물질을 검지관 방식으로 측정하는 경우 측정 시간 간격과 측정 횟수로 옳은 것은? (단, 고용노동부 고시를 기준으로 한다.)

① 측정지점에서 1일 작업시간 동안 1시간 간격으로 3회 이상 측정하여야 한다.
② 측정지점에서 1일 작업시간 동안 1시간 간격으로 4회 이상 측정하여야 한다.
③ 측정지점에서 1일 작업시간 동안 1시간 간격으로 6회 이상 측정하여야 한다.
④ 측정지점에서 1일 작업시간 동안 1시간 간격으로 8회 이상 측정하여야 한다.

30. 20mL의 1% sodium bisulfite를 담은 임핀저를 이용하여 포름알데히드가 함유된 공기 $0.4m^3$을 채취하여 비색법으로 분석하였다. 검량선과 비교한 결과 시료용액 중 포름알데히드 농도는 40μg/mL이었다. 공기 중 포름알데히드 농도(ppm)는? (단, 25℃, 1기압 기준이며, 포름알데히드의 분자량은 30g/mol이다.)

① 0.8　　② 1.6
③ 3.2　　④ 6.4

31. 공기 중 입자상 물질의 여과에 의한 채취원리가 아닌 것은?

① 직접차단(Direct interception)
② 관성충돌(Inertial impaction)
③ 확산(Diffusion)
④ 흡착(Adsorption)

32. 유량, 측정시간, 회수율 및 분석 등에 의한 오차가 각각 15, 3, 9, 5%일 때, 누적오차(%)는?

① 18.4　　② 20.3
③ 21.5　　④ 23.5

33. 여과지의 종류 중 MCE membrane Filter에 관한 내용으로 틀린 것은?

① 셀룰로오스부터 PVC, PTFE까지 다양한 원료로 제조된다.
② 시료가 여과지의 표면 또는 표면 가까운 데에 침착되므로 석면, 유리섬유 등 현미경 분석을 위한 시료채취에 이용된다.
③ 입자상 물질에 대한 중량분석에 많이 사용된다.
④ 입자상 물질 중의 금속을 채취하여 원자흡광광도법으로 분석하는데 적정하다.

34. 활성탄에 흡착된 증기(유기용제-방향족탄화수소)를 탈착시키는데 일반적으로 사용되는 용매는?

① chloroform
② methyl chloroform
③ H_2O
④ CS_2

35. 검지관의 장점에 대한 설명으로 틀린 것은?

① 사용이 간편하다.
② 특이도가 높다.
③ 반응시간이 빠르다.
④ 산업보건전문가가 아니더라도 어느 정도 숙지하면 사용할 수 있다.

36. 다음 중 개인용 방사선 측정기로 의료용 진단에서 가장 널리 사용되고 있는 측정기는?

① X-선 필름
② Lux meter
③ 개인시료 포집장치
④ 상대농도 측정계

37. 가스크로마토그래피(GC) 분리관의 성능은 분해능과 효율로 표시할 수 있다. 분해능을 높이려는 조작으로 틀린 것은?

① 분리관의 길이를 길게 한다.
② 이론층 해당높이를 최대로 하는 속도로 운반가스의 유속을 결정한다.
③ 고체지지체의 입자 크기를 작게 한다.
④ 일반적으로 저온에서 좋은 분해능을 보이므로 온도를 낮춘다.

38. 검출한계(LOD)에 관한 내용으로 옳은 것은?

① 표준편차의 3배에 해당
② 표준편차의 5배에 해당
③ 표준편차의 10배에 해당
④ 표준편차의 20배에 해당

39. 분석기기마다 바탕선량(background)과 구별하여 분석될 수 있는 가장 적은 분석물질의 양을 무엇이라 하는가?

① 검출한계(Limit of detection: LOD)
② 정량한계(Limit of quantization: LOQ)
③ 특이성(Specificity)
④ 검량선(Calibration graph)

40. 미국산업위생전문가협의회(ACGIH)에서 정의한 흉곽성 입자상 물질의 평균 입경(μm)은?

① 3
② 4
③ 5
④ 10

41. 음압레벨이 80dB인 소음과 40dB인 소음과의 음압 차이는?

① 2배
② 20배
③ 40배
④ 100배

42. 자외선이 피부에 작용하는 설명으로 틀린 것은?

① 1000~2800Å의 자외선에 노출 시 홍반현상 및 즉시 색소침착 발생
② 2800~3200Å의 자외선에 노출 시 피부암 발생 가능
③ 자외선 조사량이 너무 많을 수록 모세혈관 벽의 투과성 증가
④ 자외선에 노출 시 표피의 두께 증가

43. 소음방지 대책으로 가장 효과적인 방법은?

① 소음원의 제거 및 억제
② 음향재료에 의한 흡음
③ 장해물에 의한 차음
④ 소음기 이용

44. 작업 중 잠시라도 초과되어서는 안 되는 농도를 나타낸 단위는?

① TLV   ② TLV-TWA
③ TLV-C   ④ TLV-STEL

45. 보호구 밖의 농도가 300ppm이고 보호구 안의 농도가 12ppm이었을 때 보호계수(Protection factor, PF)는?

① 200   ② 100
③ 50   ④ 25

46. 작업장의 조명관리에 관한 설명으로 옳지 않은 것은?

① 간접조명은 음영과 현휘로 인한 입체감과 조명효율이 높은 것이 장점이다.
② 반간접조명은 간접과 직접조명을 절충한 방법이다.
③ 직접조명은 작업면의 빛의 대부분이 광원 및 반사용 삿갓에서 직접 온다.
④ 직접조명은 기구의 구조에 따라 눈을 부시게 하거나 균일한 조도를 얻기 힘들다.

47. 정화능력이 사염화탄소의 농도 0.7%에서 50분인 방독마스크를 사염화탄소의 농도가 0.2%인 작업장에서 사용할 때 방독마스크의 사용 가능한 시간(분)은?

① 110   ② 125
③ 145   ④ 175

48. 음원에서 10m 떨어진 곳에서 음압수준이 89dB(A)일 때, 음원에서 20m 떨어진 곳에서의 음압수준(dB(A))은? (단, 점음원이고 장해물이 없는 자유공간에서 구면상으로 전파한다고 가정한다.)

① 77   ② 80
③ 83   ④ 86

49. 수은 작업장의 작업환경관리대책으로 가장 적합하지 않은 것은?

① 수은 주입과정을 자동화시킨다.
② 수거한 수은은 물과 함께 통에 보관한다.
③ 수은은 쉽게 증발하기 때문에 작업장의 온도를 80℃로 유지한다.
④ 독성이 적은 대체품을 연구한다.

50. 금속에 장기간 노출되었을 때 발생할 수 있는 건강장애가 틀리게 연결된 것은?

① 납 – 빈혈
② 크롬 – 운동장애
③ 망간 – 보행장애
④ 수은 – 뇌신경세포 손상

51. 태양복사광선의 파장범위에 따른 구분으로 옳은 것은?

① 300nm – 적외선   ② 600nm – 자외선
③ 700nm – 가시광선 ④ 900nm – Dorno선

52. 장기간 사용하지 않은 오래된 우물에 들어가서 작업하는 경우 작업자가 반드시 착용해야 할 개인보호구는?

① 입자용 방진마스크
② 유기가스용 방독마스크
③ 일산화탄소용 방독마스크
④ 송기형 호스마스크

53. 자연채광에 관한 설명으로 틀린 것은?

① 창의 방향은 많은 채광을 요구하는 경우는 남향이 좋다.
② 균일한 조명을 요하는 작업실은 북창이 좋다.
③ 창의 면적은 벽면적의 15~20%가 이상적이다.
④ 실내각점의 개각은 4~5°, 입사각은 28° 이상이 좋다.

54. 공기역학적 직경의 의미로 옳은 것은?

① 먼지의 면적을 2등분하는 선의 길이
② 먼지와 침강속도가 같고, 밀도가 1이며, 구형인 먼지의 직경
③ 먼지의 한쪽 끝 가장자리에서 다른 쪽 끝 가장자리까지의 거리
④ 먼지의 면적과 동일한 면적을 가지는 구형의 직경

55. 안전보건규칙상 적정공기의 물질별 농도범위로 틀린 것은?

① 산소 - 18% 이상, 23.5% 미만
② 탄산가스 - 2.0% 미만
③ 일산화탄소 - 30ppm 미만
④ 황화수소 - 10ppm 미만

56. 다음 중 작업에 기인하여 전신진동을 받을 수 있는 작업자로 가장 올바른 것은?

① 병타 작업자
② 착암 작업자
③ 해머 작업자
④ 교통기관 승무원

57. 유해화학물질이 체내로 침투되어 해독되는 경우 해독 반응에 가장 중요한 작용을 하는 것은?

① 적혈구
② 효소
③ 림프
④ 백혈구

58. 감압병 예방 및 치료에 관한 설명으로 옳지 않은 것은?

① 감압병의 증상이 발생하였을 경우 환자를 원래의 고압환경으로 복귀시킨다.
② 고압 환경에서 작업할 때에는 질소를 아르곤으로 대치한 공기를 호흡시키는 것이 좋다.
③ 잠수 및 감압방법에 익숙한 사람을 제외하고는 1분에 10m 정도씩 잠수하는 것이 좋다.
④ 감압이 끝날 무렵에 순수한 산소를 흡입시키면 예방적 효과와 감압시간을 단축시킬 수 있다.

59. 고압환경에서 발생할 수 있는 장해에 영향을 주는 화학물질과 가장 거리가 먼 것은?

① 산소
② 질소
③ 아르곤
④ 이산화탄소

60. 방진 마스크의 필터에 사용되는 재질과 가장 거리가 먼 것은?

① 활성탄
② 합성섬유
③ 면
④ 유리섬유

61. 일반적으로 외부식 후드에 플랜지를 부착하면 약 어느 정도 효율이 증가될 수 있는가? (단, 플랜지의 크기는 개구면적의 제곱근 이상으로 한다.)

① 15% ② 25%
③ 35% ④ 45%

62. 후드의 형식 분류 중 포위식 후드에 해당하는 것은?

① 슬롯형 ② 캐노피형
③ 건축부스형 ④ 그리드형

63. 덕트 제작 및 설치에 대한 고려사항으로 옳지 않은 것은?

① 가급적 원형 덕트를 설치한다.
② 덕트 연결부위는 가급적 용접하는 것을 피한다.
③ 직경이 다른 덕트를 연결할 때에는 경사 30° 이내의 테이퍼를 부착한다.
④ 수분이 응축될 경우 덕트 내로 들어가지 않도록 경사나 배수구를 마련한다.

64. 환기 시스템 자체 검사 시에 필요한 측정기로서 공기의 유속 측정과 관련이 없는 장비는?

① 피토관 ② 열선풍속계
③ 스모크 테스터 ④ 흑구건구온도계

65. 그림과 같이 작업대 위의 용접 흄을 제거하기 위해 작업면 위에 플랜지가 붙은 외부식 후드를 설치했다. 개구면에서 포착점까지의 거리는 0.3m, 제어속도는 0.5m/s, 후드개구의 면적이 0.6m²일 때 Della Valle 식을 이용한 필요 송풍량(m³/min)은 약 얼마인가? (단, 후드개구의 폭/높이는 0.2보다 크다.)

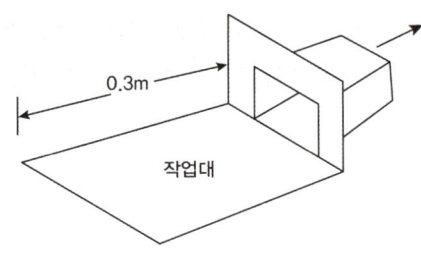

① 18 ② 23
③ 32 ④ 45

66. 0℃, 1기압에서 공기의 비중량은 1.293kgf/m³이다. 65℃의 공기가 송풍관 내를 15m/s의 유속으로 흐를 때, 속도압은 약 몇 mmH₂O인가?

① 20 ② 16
③ 12 ④ 18

67. 메틸에틸케톤이 5L/h로 발산되는 작업장에 대해 전체 환기를 시키고자 할 경우 필요 환기량(m³/min)은? (단, 메틸에틸케톤 분자량은 72.06, 비중은 0.805, 21℃, 1기압 기준, 안전계수는 2, TLV는 200ppm이다.)

① 224 ② 244
③ 264 ④ 284

68. 20℃, 1기압에서의 유체의 점성계수는 1.8×10^{-5}kg/sec·m이고, 공기밀도는 1.2kg/m³, 유속은 1.0m/sec이며, 덕트 직경이 0.5m일 경우의 레이놀즈 수는?

① 1.27×10^5 ② 1.79×10^5
③ 2.78×10^4 ④ 3.33×10^4

69. 다음 중 전체환기방식을 적용하기에 적절하지 못한 것은?

① 목재분진 ② 톨루엔 증기
③ 이산화탄소 ④ 아세톤 증기

70. 산업안전보건법령에서 규정한 관리대상 유해물질 관련 물질의 상태 및 국소배기장치 후드의 형식에 따른 제어풍속으로 옳지 않은 것은?

① 외부식 상방흡인형(가스상) : 1.0m/s
② 외부식 측방흡인형(가스상) : 0.5m/s
③ 외부식 상방흡인형(입자상) : 1.0m/s
④ 외부식 측방흡인형(입자상) : 1.0m/s

71. 송풍기 설계 시 주의사항으로 옳지 않은 것은?

① 송풍관의 중량을 송풍기에 가중시키지 않는다.
② 송풍기의 덕트 연결부위는 송풍기와 덕트가 같이 진동할 수 있도록 직접 연결한다.
③ 배기가스의 입자의 종류와 농도 등을 고려하여 송풍기의 형식과 내마모 구조를 고려한다.
④ 송풍량과 송풍압력을 만족시켜 예상되는 풍량의 변동 범위 내에서 과부하하지 않고 운전이 되도록 한다.

72. 흡인유량을 320m³/min에서 200m³/min으로 감소시킬 경우 소요 동력은 몇 % 감소하는가?

① 14.4 ② 18.4
③ 20.4 ④ 24.4

73. 압력에 관한 설명으로 옳지 않은 것은?

① 정압이 대기압보다 작은 경우도 있다.
② 정압과 속도압의 합은 전압이라고 한다.
③ 속도압은 공기흐름으로 인하여 (−)압력이 발생한다.
④ 정압은 속도압과 관계없이 독립적으로 발생한다.

74. 습한 날 분진, 철 분진, 주물사, 요업재료 등과 같이 일반적으로 무겁고 습한 분진의 반송속도(m/s)로 옳은 것은?

① 5~10 ② 15
③ 20 ④ 25 이상

75. 대기압이 760mmHg이고, 기온이 25℃에서 톨루엔의 증기압은 약 30mmHg이다. 이때 포화증기 농도는 약 몇 ppm인가?

① 10,000 ② 20,000
③ 30,000 ④ 40,000

76. 흡착법에서 사용하는 흡착제 중 일반적으로 사용되고 있으며, 비극성의 유기용제를 제거하는데 유용한 것은?

① 활성탄 ② 실리카겔
③ 활성알루미나 ④ 합성제올라이트

77. 국소배기장치의 배기덕트 내 공기에 의한 마찰손실과 관련이 없는 것은?

① 공기조성 ② 공기속도
③ 덕트직경 ④ 덕트길이

78. 국소배기 장치의 설계 시 후드의 성능을 유지하기 위한 방법이 아닌 것은?

① 제어속도를 유지한다.
② 주위의 방해기류를 제어한다.
③ 후드의 개구면적을 최소화한다.
④ 가급적 배출오염원과 멀리 설치한다.

79. 스크러버(scrubber)라고도 불리며 분진 및 가스함유 공기를 물과 접촉시킴으로써 오염물질을 제거하는 방법의 공기정화장치는?

① 세정 집진장치
② 전기 집진장치
③ 여포 집진장치
④ 원심력 집진장치

80. 환기시설을 효율적으로 운영하기 위해서는 공기공급 시스템이 필요한데 그 이유로 적절하지 않은 것은?

① 연료를 절약하기 위해서
② 작업장의 교차기류를 활용하기 위해서
③ 근로자에게 영향을 미치는 냉각기류를 제거하기 위해서
④ 실외공기가 정화되지 않은 채 건물 내로 유입되는 것을 막기 위해서

UNIT 06 2019년 산업위생관리기사 기출문제 1회

01. 신체적 결함과 이에 따른 부적합 작업을 짝지은 것으로 틀린 것은?

① 심계항진 – 정밀작업
② 간기능 장해 – 화학공업
③ 빈혈증 – 유기용제 취급작업
④ 당뇨증 – 외상받기 쉬운 작업

02. OSHA가 의미하는 기관의 명칭으로 맞는 것은?

① 세계보건기구 ② 영국보건안전부
③ 미국산업위생협회 ④ 미국산업안전보건청

03. 사고예방대책의 기본원리 5단계를 순서대로 나열한 것으로 맞는 것은?

① 사실의 발견 → 조직 → 분석 → 시정책(대책)의 선정 → 시정책(대책)의 적용
② 조직 → 분석 → 사실의 발견 → 시정책(대책)의 선정 → 시정책(대책)의 적용
③ 조직 → 사실의 발견 → 분석 → 시정책(대책)의 선정 → 시정책(대책)의 적용
④ 사실의 발견 → 분석 → 조직 → 시정책(대책)의 선정 → 시정책(대책)의 적용

04. 실내공기의 오염에 따른 건강상의 영향을 나타내는 용어가 아닌 것은?

① 새집증후군 ② 헌집증후군
③ 화학물질과민증 ④ 스티븐슨존슨증후군

05. 국가 및 기관별 허용기준에 대한 사용 명칭을 잘못 연결한 것은?

① 영국 HSE – OEL
② 미국 OSHA – PEL
③ 미국 ACGIH – TLV
④ 한국 – 화학물질 및 물리적 인자의 노출기준

06. 물체의 실제무게를 미국 NIOSH의 권고중량물한계기준(RWL)으로 나누어 준 값을 무엇이라 하는가?

① 중량상수(LC)
② 빈도승수(FM)
③ 비대칭승수(AM)
④ 중량물 취급지수(LI)

07. 1994년 ABIH에서 채택된 산업위생전문가의 윤리강령 내용으로 틀린 것은?

① 산업위생 활동을 통해 얻은 개인 및 기업의 정보는 누설하지 않는다.
② 과학적 방법의 적용과 자료의 해석에서 경험을 통한 전문가의 주관성을 유지한다.
③ 전문적 판단이 타협에 의하여 좌우될 수 있거나 이해관계가 있는 상황에는 개입하지 않는다.
④ 쾌적한 작업환경을 만들기 위해 산업위생이론을 적용하고 책임 있게 행동한다.

08. 현대작업영역(maximum working area)에 대한 설명으로 맞는 것은?

① 양팔을 곧게 폈을 때 도달할 수 있는 최대영역
② 팔을 위 방향으로만 움직이는 경우에 도달할 수 있는 작업영역
③ 팔을 아래 방향으로만 움직이는 경우에 도달할 수 있는 작업영역
④ 팔을 가볍게 몸체에 붙이고 팔꿈치를 구부린 상태에서 자유롭게 손이 닿는 영역

09. 산업안전보건법령상 석면에 대한 작업환경측정결과 측정치가 노출기준을 초과하는 경우 그 측정일로부터 몇 개월에 몇 회 이상의 작업환경측정을 하여야 하는가?

① 1개월에 1회 이상   ② 3개월에 1회 이상
③ 6개월에 1회 이상   ④ 12개월에 1회 이상

10. 미국산업위생학회(AIHA)에서 정한 산업위생의 정의로 옳은 것은?

① 작업장에서 인종, 정치적 이념, 종교적 갈등을 배제하고 작업자의 알권리를 최대한 확보해주는 사회과학적 기술이다.
② 작업자가 단순하게 허약하지 않거나 질병이 없는 상태가 아닌 육체적, 정신적 및 사회적인 안녕 상태를 유지하도록 관리하는 과학과 기술이다.
③ 근로자 및 일반대중에게 질병, 건강장애, 불쾌감을 일으킬 수 있는 작업 환경요인과 스트레스를 예측, 측정, 평가 및 관리하는 과학이며 기술이다.
④ 노동 생산성보다는 인권이 소중하다는 이념하에 노사간 갈등을 최소화하고 협력을 도모하여 최대한 쾌적한 작업환경을 유지 증진하는 사회과학이며 자연과학이다.

11. 직업성 질환의 범위에 대한 설명으로 틀린 것은?

① 합병증이 원발성 질환과 불가분의 관계를 가지는 경우를 포함한다.
② 직업상 업무에 기인하여 1차적으로 발생하는 원발성 질환은 제외한다.
③ 원발성 질환과 합병 작용하여 제2의 질환을 유발하는 경우를 포함한다.
④ 원발성 질환부위가 아닌 다른 부위에서도 동일한 원인에 의하여 제2의 질환을 일으키는 경우를 포함한다.

12. 산업피로에 대한 설명으로 틀린 것은?

① 산업피로는 원천적으로 일종의 질병이며 비가역적 생체변화이다.
② 산업피로는 건강장해에 대한 경고반응이라고 할 수 있다.
③ 육체적, 정신적 노동부하에 반응하는 생체의 태도이다.
④ 산업피로는 생산성의 저하뿐만 아니라 재해와 질병의 원인이 된다.

13. 산업안전보건법상 사무실 공기관리에 있어 오염물질에 대한 관리 기준이 잘못 연결된 것은?

① 오존 - 0.1ppm 이하
② 일산화탄소 - 10ppm 이하
③ 이산화탄소 - 1000ppm 이하
④ 포름알데히드(HCHO) - 0.1ppm 이하

14. 밀폐공간과 관련된 설명으로 틀린 것은?

① 산소결핍이란 공기 중의 산소농도가 16% 미만인 상태를 말한다.
② 산소결핍증이란 산소가 결핍된 공기를 들이마심으로써 생기는 증상을 말한다.

③ 유해가스란 탄산가스, 일산화탄소, 황화수소 등의 기체로서 인체에 유해한 영향을 미치는 물질을 말한다.
④ 적정공기란 산소농도의 범위가 18% 이상 23.5% 미만, 탄산가스의 농도가 1.5% 미만, 일산화탄소의 농도가 30ppm 미만, 황화수소의 농도가 10ppm 미만인 수준의 공기를 말한다.

15. 산업피로의 대책으로 적합하지 않은 것은?

① 불필요한 동작을 피하고 에너지 소모를 적게 한다.
② 작업과정에 따라 적절한 휴식시간을 가져야 한다.
③ 작업능력에는 개인별 차이가 있으므로 각 개인마다 작업량을 조정해야 한다.
④ 동적인 작업은 피로를 더하게 하므로 가능한 한 정적인 작업으로 전환한다.

16. 산업안전보건법에서 정하는 중대재해라고 볼 수 없는 것은?

① 사망자가 1명 이상 발생한 재해
② 부상자 또는 직업성질병자가 동시에 10명 이상 발생한 재해
③ 3개월 이상의 요양을 요하는 부상자가 동시에 2명 이상 발생한 재해
④ 재산피해액 5천만원 이상의 재해

17. 상시 근로자 수가 1000명인 사업장에 1년 동안 6건의 재해로 8명의 재해자가 발생하였고, 이로 인한 근로손실일수는 80일이었다. 근로자가 1일 8시간씩 매월 25일씩 근무하였다면, 이 사업장의 도수율은 얼마인가?

① 0.03
② 2.50
③ 4.00
④ 8.00

18. 근육운동의 에너지원 중에서 혐기성대사의 에너지원에 해당되는 것은?

① 지방
② 포도당
③ 글리코겐
④ 단백질

19. 산업안전보건법에서 산업재해를 예방하기 위하여 잠재적 위험성을 발견하고 그 개선대책을 수립할 목적으로 고용노동부장관이 지정하는 조사 평가를 무엇이라 하는가?

① 위험성평가
② 작업환경측정, 평가
③ 안전, 보건진단
④ 유해성, 위험성 조사

20. 육체적 작업능력(PWC)이 15kcal/min인 근로자가 1일 8시간 물체를 운반하고 있다. 이 때의 작업대사율이 6.5kcal/min이고, 휴식 시의 대사량이 1.5kcal/min일 때 매 시간당 적정 휴식시간은 약 얼마인가? (단, Hertig의 식을 적용한다.)

① 18분
② 25분
③ 30분
④ 42분

21. 유기용제 작업장에서 측정한 톨루엔 농도는 65, 150, 175, 63, 83, 112, 58, 49, 205, 178ppm일 때, 산술평균과 기하평균값은 약 몇 ppm인가?

① 산술평균 108.4, 기하평균 100.4
② 산술평균 108.4, 기하평균 117.6
③ 산술평균 113.8, 기하평균 100.4
④ 산술평균 113.8, 기하평균 117.6

22. 유사노출그룹에 대한 설명으로 틀린 것은?

① 유사노출그룹은 노출되는 유해인자의 농도와 특성이 유사하거나 동일한 근로자 그룹을 말한다.
② 역학조사를 수행할 때 사건이 발생된 근로자가 속한 유사노출그룹의 노출농도를 근거로 노출원인을 추정할 수 있다.
③ 유사노출그룹 설정을 위해 시료채취수가 과다해지는 경우가 있다.
④ 유사노출그룹은 모든 근로자의 노출 상태를 측정하는 효과를 가진다.

23. 입자의 가장자리를 이등분한 직경으로 과대평가될 가능성이 있는 직경은?

① 마틴 직경　　② 페렛 직경
③ 공기역학 직경　　④ 등면적 직경

24. 다음 중 1차 표준기구가 아닌 것은?

① 오리피스 미터　　② 폐활량계
③ 가스치환병　　④ 유리 피스톤 미터

25. 온도 표시에 대한 설명으로 틀린 것은? (단, 고용노동부고시를 기준으로 한다.)

① 절대온도는 K로 표시하고 절대온도 0K는 −273℃로 한다.
② 실온은 1~35℃, 미온은 30~40℃로 한다.
③ 온도의 표시는 셀시우스(Celcius)법에 따라 아라비아 숫자의 오른쪽에 ℃를 붙인다.
④ 냉수는 4℃ 이하, 온수는 60~70℃를 말한다.

26. 원통형 비누거품미터를 이용하여 공기시료채취기의 유량을 보정하고자 한다. 원통형 비누거품미터의 내경은 4cm이고 거품막이 30cm의 거리를 이동하는데 10초의 시간이 걸렸다면 이 공기시료채취기의 유량은 약 몇 cm^3/sec인가?

① 37.7　　② 16.5
③ 8.2　　④ 2.2

27. 출력이 0.4W의 작은 점음원에서 10m 떨어진 곳의 음압수준은 약 몇 dB인가? (단, 공기의 밀도는 $1.18kg/m^3$이고, 공기에서 음속은 344.4m/sec이다.)

① 80　　② 85
③ 90　　④ 95

28. 입자의 크기에 따라 여과기전 및 채취효율이 다르다. 입자크기가 0.1~0.5㎛일 때 주된 여과 기전은?

① 충돌과 간섭　　② 확산과 간섭
③ 차단과 간섭　　④ 침강과 간섭

29. 입경이 20㎛이고 입자비중이 1.5인 입자의 침강 속도는 약 몇 cm/sec인가?

① 1.8　　② 2.4
③ 12.7　　④ 36.2

30. 측정결과를 평가하기 위하여 "표준화 값"을 산정할 때 필요한 것은? (단, 고용노동부고시를 기준으로 한다.)

① 시간가중평균값(단시간 노출값)과 허용기준
② 평균농도와 표준편차
③ 측정농도과 시료채취분석오차
④ 시간가중평균값(단시간 노출값)과 평균농도

31. 다음은 가스상 물질을 측정 및 분석하는 방법에 대한 내용이다. ( ) 안에 알맞은 것은? (단, 고용노동부 고시를 기준으로 한다.)

> 가스상 물질을 검지관 방식으로 측정하는 경우에 1일 작업시간 동안 1시간 간격으로 (㉠)회 이상 측정하되 매 측정시간 마다 (㉡)회 이상 반복 측정하여 평균값을 산출하여야 한다.

① ㉠ : 6 ㉡ : 2　　② ㉠ : 6 ㉡ : 3
③ ㉠ : 8 ㉡ : 2　　④ ㉠ : 8 ㉡ : 3

32. 에틸렌글리콜이 20℃, 1기압에서 공기 중 증기압이 0.05mmHg라면, 20℃, 1기압에서 공기 중 포화농도는 약 몇 ppm인가?

① 55.4　　② 65.8
③ 73.2　　④ 82.1

33. 입자상 물질을 채취하기 위해 사용하는 막여과지에 관한 설명으로 틀린 것은?

① MCE 막여과지 : 산에 쉽게 용해되므로 입자상 물질 중의 금속을 채취하여 원자흡광광도법으로 분석하는데 적당하다.
② PVC 막여과지 : 유리규산을 채취하여 X-선 회절법으로 분석하는데 적절하다.
③ PTFE 막여과지 : 농약, 알칼리성 먼지, 콜타르피치 등을 채취하는데 사용한다.
④ 은막 여과지 : 금속은, 결합제, 섬유 등을 소결하여 만든 것으로 코크스오븐에 대한 저항이 약한 단점이 있다.

34. 유량, 측정시간, 회수율 및 분석에 의한 오차가 각각 18%, 3%, 9%, 5%일 때, 누적오차는 약 몇 %인가?

① 18　　② 21
③ 24　　④ 29

35. 옥외(태양광선이 내리쬐는 장소)에서 습구흑구온도지수(WBGT)의 산출식은?

① (0.7×자연습구온도)+(0.2×건구온도)+(0.1×흑구온도)
② (0.7×자연습구온도)+(0.2×흑구온도)+(0.1×건구온도)
③ (0.7×자연습구온도)+(0.3×흑구온도)
④ (0.7×자연습구온도)+(0.2×건구온도)

36. 다음 중 78℃와 동등한 온도는?

① 351K　　② 189°F
③ 26°F　　④ 195K

37. 이황화탄소(CS_2)가 배출되는 작업장에서 시료분석농도가 3시간에 3.5ppm, 2시간에 15.2ppm, 3시간에 5.8ppm일 때, 시간가중평균값은 약 몇 ppm인가?

① 3.7　　② 6.4
③ 7.3　　④ 8.9

38. 소음측정방법에 관한 내용으로 ( )에 알맞은 것은? (단, 고용노동부 고시 기준)

> 소음이 1초 이상의 간격을 유지하면서 최대음압수준이 120dB(A) 이상의 소음인 경우에는 소음수준에 따른 ( ) 동안의 발생횟수를 측정할 것

① 1분　　② 2분
③ 3분　　④ 5분

39. 측정에서 변이계수를 알맞게 나타낸 것은?

① 표준편차/산술평균　　② 기하평균/표준편차
③ 표준오차/표준편차　　④ 표준편차/표준오차

40. 다음 중 자외선에 관한 내용과 가장 거리가 먼 것은?

① 비전리 방사선이다.
② 인체와 관련된 Dorno선을 포함한다.
③ 100~1000nm 사이의 파장을 갖는 전자파를 총칭하는 것으로 열선이라고도 한다.
④ UV-B는 약 280~315nm의 파장의 자외선이다.

41. 후드의 유입계수가 0.7이고 속도압이 20mmH$_2$O일 때, 후드의 유입손실은 약 몇 mmH$_2$O인가?

① 10.5 ② 20.8
③ 32.5 ④ 40.8

42. 주물작업 시 발생되는 유해인자로 가장 거리가 먼 것은?

① 소음 발생 ② 금속흄 발생
③ 분진 발생 ④ 자외선 발생

43. 보호구의 보호정도와 한계를 나타내는데 필요한 보호계수(PF)를 산정하는 공식으로 옳은 것은? (단, 보호구 밖의 농도는 C_o이고, 보호구 안의 농도는 C_i이다.)

① PF = C_o / C_i
② PF = C_i / C_o
③ PF = (C_i / C_o) × 100
④ PF = (C_i / C_o) × 0.5

44. 국소배기시설의 일반적 배열순서로 가장 적절한 것은?

① 후드 → 덕트 → 송풍기 → 공기정화장치 → 배기구
② 후드 → 송풍기 → 공기정화장치 → 덕트 → 배기구
③ 후드 → 덕트 → 공기정화장치 → 송풍기 → 배기구
④ 후드 → 공기정화장치 → 덕트 → 송풍기 → 배기구

45. 작업장의 음압수준이 86dB(A)이고, 근로자는 귀덮개(차음평가지수=19)를 착용하고 있을 때 근로자에게 노출되는 음압수준은 약 몇 dB(A)인가?

① 74 ② 76
③ 78 ④ 80

46. 작업장에 설치된 후드가 100m^3/min으로 환기되도록 송풍기를 설치하였다. 사용함에 따라 정압이 절반으로 줄었을 때, 환기량의 변화로 옳은 것은? (단, 상사법칙을 적용한다.)

① 환기량이 33.3m^3/min으로 감소하였다.
② 환기량이 50m^3/min으로 감소하였다.
③ 환기량이 57.7m^3/min으로 감소하였다.
④ 환기량이 70.7m^3/min으로 감소하였다.

47. 회전수가 600rpm이고, 동력은 5kW인 송풍기의 회전수를 800rpm으로 상향조정하였을 때, 동력은 약 몇 kW인가?

① 6 ② 9
③ 12 ④ 15

48. 작업환경개선 대책 중 격리와 가장 거리가 먼 것은?

① 국소배기 장치의 설치
② 원격 조정 장치의 설치
③ 특수 저장 창고의 설치
④ 콘크리트 방호벽의 설치

49. 주물사, 고온가스를 취급하는 공정에 환기시설을 설치하고자 할 때, 다음 중 덕트의 재료로 가장 적절한 것은?

① 아연도금 강판 ② 중질 콘크리트
③ 스테인레스 강판 ④ 흑피 강판

50. 보호구의 재질과 적용 대상 화학물질에 대한 내용으로 잘못 짝지어진 것은?

① 천연고무 – 극성 용제
② Butyl 고무 – 비극성 용제
③ Nitrile 고무 – 비극성 용제
④ Neoprene 고무 – 비극성 용제

51. 다음 중 덕트 합류시 댐퍼를 이용한 균형유지법의 특징과 가장 거리가 먼 것은?

① 임의로 댐퍼 조정 시 평형 상태가 깨진다.
② 시설 설치 후 변경이 어렵다.
③ 설계계산이 상대적으로 간단하다.
④ 설치 후 부적당한 배기유량의 조절이 가능하다.

52. 작업장 내 열부하량이 5000kcal/h이며, 외기온도 20℃, 작업장 내 온도는 35℃이다. 이 때 전체 환기를 위한 필요 환기량은 약 몇 m³/min인가? (단, 정압비열은 0.3kcal/(m³·℃)이다.)

① 18.5　　② 37.1
③ 185　　④ 1111

53. 공기가 20℃의 송풍관 내에서 20m/sec의 유속으로 흐를 때, 공기의 속도압은 약 몇 mmH₂O인가? (단, 공기밀도는 1.2kg/m³)

① 15.5　　② 24.5
③ 33.5　　④ 40.2

54. 다음 중 전체 환기를 적용할 수 있는 상황과 가장 거리가 먼 것은?

① 유해물질의 독성이 높은 경우
② 작업장 특성상 국소배기장치의 설치가 불가능한 경우
③ 동일 사업장에 다수의 오염발생원이 분산되어 있는 경우
④ 오염발생원이 근로자가 작업하는 장소로부터 멀리 떨어져 있는 경우

55. 환기량을 Q(m³/hr), 작업장 내 체적을 V(m³)라고 할 때, 시간당 환기 횟수(회/hr)로 옳은 것은?

① 시간당 환기 횟수 = $Q \times V$
② 시간당 환기 횟수 = V / Q
③ 시간당 환기 횟수 = Q / V
④ 시간당 환기 횟수 = $Q \times \sqrt{V}$

56. 푸쉬풀 후드(push-pull hood)에 대한 설명으로 적합하지 않은 것은?

① 도금조와 같이 폭이 넓은 경우에 사용하면 포집효율을 증가시키면서 필요유량을 감소시킬 수 있다.
② 공정에서 작업물체를 처리조에 넣거나 꺼내는 중에 발생되는 공기막 파괴현상을 사전에 방지할 수 있다.
③ 개방조 한 변에서 압축공기를 이용하여 오염물질이 발생하는 표면에 공기를 불어 반대쪽에 오염물질이 노달하게 한나.
④ 제어속도는 푸쉬 제트기류에 의해 발생한다.

57. 덕트 직경이 30cm이고 공기유속이 10m/sec일 때, 레이놀드 수는 약 얼마인가? (단, 공기의 점성계수는 1.85×10⁻⁵kg/sec·m, 공기밀도는 1.2kg/m³이다.)

① 195000　　② 215000
③ 235000　　④ 255000

58. 다음 중 도금조와 사형주조에 사용되는 후드형식으로 가장 적절한 것은?

① 부스식　　② 포위식
③ 외부식　　④ 장갑부착상자식

59. 사이클론 집진장치의 블로우 다운에 대한 설명으로 옳은 것은?

① 유효 원심력을 감소시켜 선회기류의 흐트러짐을 방지한다.
② 관 내 분진부착으로 인한 장치의 폐쇄현상을 방지한다.
③ 부분적 난류 증가로 집진된 입자가 재비산 된다.
④ 처리배기량의 50% 정도가 재유입되는 현상이다.

60. 다음 중 개인보호구에서 귀덮개의 장점과 가장 거리가 먼 것은?

① 귀 안에 염증이 있어도 사용 가능하다.
② 동일한 크기의 귀 덮개를 대부분의 근로자가 사용할 수 있다.
③ 멀리서도 착용 유무를 확인할 수 있다.
④ 고온에서 사용해도 불편이 없다.

61. 진동증후군(HAVS)에 대한 스톡홀름 워크숍의 분류로서 틀린 것은?

① 진동증후군의 단계를 0부터 4까지 5단계로 구분하였다.
② 1단계는 가벼운 증상으로 하나 또는 그 이상의 손가락 끝부분이 하얗게 변하는 증상을 의미한다.
③ 3단계는 심각한 증상으로 하나 또는 그 이상의 손가락 가운뎃마디 부분까지 하얗게 변하는 증상이 나타나는 단계이다.
④ 4단계는 매우 심각한 증상으로 대부분의 손가락이 하얗게 변하는 증상과 함께 손끝에서 땀의 분비가 제대로 일어나지 않는 등의 변화가 나타나는 단계이다.

62. 다음 중 피부 투과력이 가장 큰 것은?

① X선
② α선
③ β선
④ 레이저

63. 다음의 빛과 밝기의 단위로 설명한 것으로 ㉠, ㉡에 해당하는 용어로 맞는 것은?

> 1루멘의 빛이 1ft²의 평면상에 수직방향으로 비칠 때, 그 평면의 빛의 양, 즉 조도를 (㉠)(이)라 하고, 1m²의 평면에 1루멘의 빛이 비칠 때의 밝기를 1(㉡)(이)라고 한다.

① ㉠ : 캔들(Candle), ㉡ : 럭스(Lux)
② ㉠ : 럭스(Lux), ㉡ : 캔들(Candle)
③ ㉠ : 럭스(Lux), ㉡ : 풋캔들(Footcandle)
④ ㉠ : 풋캔들(Footcandle), ㉡ : 럭스(Lux)

64. 저기압의 영향에 관한 설명으로 틀린 것은?

① 산소결핍을 보충하기 위하여 호흡수, 맥박수가 증가된다.
② 고도 18000ft(5468m) 이상이 되면 21% 이상의 산소가 필요하게 된다.
③ 고도 10000ft(3048m)까지는 시력, 협조운동의 가벼운 장해 및 피로를 유발한다.
④ 고도의 상승으로 기압이 저하되면 공기의 산소분압이 상승하여 폐포 내의 산소분압도 상승한다.

65. 온열지수(WBGT)를 측정하는데 있어 관련이 없는 것은?

① 기습
② 기류
③ 전도열
④ 복사열

66. 열사병(heat stroke)에 관한 설명으로 맞는 것은?

① 피부가 차갑고 습한 상태로 된다.
② 보온을 시키고, 더운 커피를 마시게 한다.
③ 지나친 발한에 의한 탈수와 염분소실이 원인이다.
④ 뇌 온도 상승으로 체온조절중추의 기능이 장해를 받게 된다.

67. 자연조명에 관한 설명으로 틀린 것은?

① 창의 면적은 바닥 면적의 15~20% 정도가 이상적이다.
② 개각은 4~5°가 좋으며, 개각이 작을수록 실내는 밝다.
③ 균일한 조명을 요하는 작업실은 동북 또는 북창이 좋다.
④ 입사각은 28° 이상이 좋으며, 입사각이 클수록 실내는 밝다.

68. 다음 중 저온에 의한 장해에 관한 내용으로 틀린 것은?

① 근육 긴장이 증가하고 떨림이 발생한다.
② 혈압은 변화되지 않고 일정하게 유지된다.
③ 피부 표면의 혈관들과 피하조직이 수축된다.
④ 부종, 저림, 가려움, 심한 통증 등이 생긴다.

69. 다음 중 적외선의 생체작용에 대한 설명으로 틀린 것은?

① 조직에 흡수된 적외선은 화학반응을 일으키는 것이 아니라 구성분자의 운동에너지를 증대시킨다.
② 만성노출에 따라 눈장해인 백내장을 일으킨다.
③ 700nm 이하의 적외선은 눈의 각막을 손상시킨다.
④ 적외선이 체외에서 조사되면 일부는 피부에서 반사되고 나머지만 흡수된다.

70. 다음의 설명에서 ( ) 안에 들어갈 알맞은 숫자는?

( )기압 이상에서 공기 중의 질소가스는 마취작용을 나타내서 작업력의 저하, 기분의 변환, 여러 정도의 다행증(多幸症)이 일어난다.

① 2 ② 4
③ 6 ④ 8

71. 방사선 용어 중 조직(또는 물질)의 단위질량당 흡수된 에너지를 나타낸 것은?

① 등가선량 ② 흡수선량
③ 유효선량 ④ 노출선량

72. 감압병의 예방 및 치료에 관한 설명으로 틀린 것은?

① 고압환경에서의 작업시간을 제한한다.
② 감압이 끝날 무렵에 순수한 산소를 흡입시키면 감압시간을 25% 가량 단축시킬 수 있다.
③ 특별히 잠수에 익숙한 사람을 제외하고는 10m/min 속도 정도로 잠수하는 것이 안전하다.
④ 헬륨은 질소보다 확산속도가 작고 체내에서 불안정적이므로 질소를 헬륨으로 대치한 공기로 호흡시킨다.

73. 사람이 느끼는 최소 진동역치로 맞는 것은?

① 35 ± 5dB ② 45 ± 5dB
③ 55 ± 5dB ④ 65 ± 5dB

74. 비전리 방사선이 아닌 것은?

① 감마선 ② 극저주파
③ 자외선 ④ 라디오파

75. 소음성 난청에 관한 설명으로 틀린 것은?

① 소음성 난청은 4000~6000Hz 정도에서 가장 많이 발생한다.
② 일시적 청력 변화 때의 각 주파수에 대한 청력 손실의 양상은 같은 소리에 의하여 생긴 영구적 청력 변화 때의 청력손실 양상과는 다르다.
③ 심한 소음에 노출되면 처음에는 일시적 청력 변화를 초래하는데, 이것은 소음 노출을 중단하면 다시 노출 전의 상태로 회복되는 변화이다.
④ 심한 소음에 반복하여 노출되면 일시적 청력 변화는 영구적 청력 변화로 변하며 코르티 기관에 손상이 온 것이므로 회복이 불가능하다.

76. 정상인이 들을 수 있는 가장 낮은 이론적 음압은 몇 dB인가?

① 0
② 5
③ 10
④ 20

77. 소음의 흡음 평가 시 적용되는 반향시간(Reverberation time)에 관한 설명으로 맞는 것은?

① 반향시간은 실내공간의 크기에 비례한다.
② 실내 흡음량을 증가시키면 반향시간도 증가한다.
③ 반향시간은 음압수준이 30dB 감소하는데 소요되는 시간이다.
④ 반향시간을 측정하려면 실내 배경소음이 90dB 이상 되어야 한다.

78. 사무실 실내환경의 이산화탄소 농도를 측정하였더니 750ppm이었다. 이산화탄소가 750ppm인 사무실 실내환경의 직접적 건강영향은?

① 두통
② 피로
③ 호흡곤란
④ 직접적 건강영향은 없다.

79. 각각 90dB, 90dB, 95dB, 100dB의 음압수준을 발생하는 소음원이 있다. 이 소음원들이 동시에 가동될 때 발생되는 음압수준은?

① 99dB
② 102dB
③ 105dB
④ 108dB

80. 일반적으로 소음계의 A특성치는 몇 phon의 등감곡선과 비슷하게 주파수에 따른 반응을 보정하여 측정한 음압수준을 말하는가?

① 40
② 70
③ 100
④ 140

81. 작업장 내 유해물질 노출에 따른 위험성을 결정하는 주요 인자로만 나열된 것은?

① 독성과 노출량
② 배출농도와 사용량
③ 노출기준과 노출량
④ 노출기준과 노출농도

82. 유해물질의 분류에 있어 질식제로 분류되지 않는 것은?

① H_2
② N_2
③ O_3
④ H_2S

83. 베릴륨 중독에 관한 설명으로 틀린 것은?

① 베릴륨의 만성중독은 Neighborhood cases라고도 불리운다.
② 예방을 위해 X선 촬영과 폐기능 검사가 포함된 정기 건강검진이 필요하다.
③ 염화물, 황화물, 불화물과 같은 용해성 베릴륨화합물은 급성중독을 일으킨다.
④ 치료는 BAL 등 금속배설 촉진제를 투여하며, 피부병소에는 BAL 연고를 바른다.

84. 다음 중 인체에 흡수된 대부분의 중금속을 배설, 제거하는 데 가장 중요한 역할을 담당하는 기관은 무엇인가?

① 대장
② 소장
③ 췌장
④ 신장

85. 납의 독성에 대한 인체실험 결과, 안전흡수량이 체중(kg)당 0.005mg/m³이었다. 1일 8시간 작업 시의 허용농도(mg/m³)는? (단, 근로자의 평균 체중은 70kg, 해당 작업시의 폐환기량(또는 호흡량)은 시간당 1.25m³으로 가정한다.)

① 0.030
② 0.035
③ 0.040
④ 0.045

86. 체내에 소량 흡수된 카드뮴은 체내에서 해독되는데 이들 반응에 중요한 작용을 하는 것은?

① 효소
② 임파구
③ 간과 신장
④ 백혈구

87. 이황화탄소를 취급하는 근로자를 대상으로 생물학적 모니터링을 하는데 이용될 수 있는 생체 내 대사산물은?

① 소변 중 마뇨산
② 소변 중 메탄올
③ 소변 중 메틸마뇨산
④ 소변 중 TTCA(2-thiothiazolidine-4-carboxylic acid)

88. 수은중독의 예방대책이 아닌 것은?

① 수은 주입과정을 밀폐공간 안에서 자동화 한다.
② 작업장 내에서 음식물 섭취와 흡연 등의 행동을 금지한다.
③ 수은취급 근로자의 비점막 궤양 생성여부를 면밀히 관찰한다.
④ 작업장에 흘린 수은은 신체가 닿지 않는 방법으로 즉시 제거한다.

89. 폐에 침착된 먼지의 정화과정에 대한 설명으로 틀린 것은?

① 어떤 먼지는 폐포벽을 통과하여 림프계나 다른 부위로 들어가기도 한다.
② 먼지는 세포가 방출하는 효소에 의해 융해되지 않으므로 점액층에 의한 방출 이외에는 체내에 축적된다.
③ 폐에 침착된 먼지는 식세포에 의하여 포위되어, 포위된 먼지의 일부는 미세 기관지로 운반되고 점액섬모운동에 의하여 정화된다.
④ 폐에서 먼지를 포위하는 식세포는 수명이 다한 후 사멸하고 다시 새로운 식세포가 먼지를 포위하는 과정이 계속적으로 일어난다.

90. 메탄올에 관한 설명으로 틀린 것은?

① 특징적인 악성변화는 각 혈관육종이다.
② 자극성이 있고, 중추신경계를 억제한다.
③ 플라스틱, 필름제조와 휘발유첨가제 등에 이용된다.
④ 시각장해의 기전은 메탄올의 대사산물인 포름알데히드가 망막조직을 손상시키는 것이다.

91. 납중독을 확인하는 시험이 아닌 것은?

① 혈중의 납농도
② 소변 중 단백질
③ 말초신경의 신경전달 속도
④ ALA(Amino Levulinic Acid) 축적

92. 유기용제의 종류에 따른 중추신경계 억제작용을 작은 것부터 큰 것으로 순서대로 나타낸 것은?

① 에스테르<유기산<알코올<알켄<알칸
② 에스테르<알칸<알켄<알코올<유기산
③ 알칸<알켄<알코올<유기산<에스테르
④ 알켄<알코올<에스테르<알칸<유기산

93. 메탄올의 시각장애 독성을 나타내는 대사단계의 순서로 맞는 것은?

① 메탄올 → 에탄올 → 포름산 → 포름알데히드
② 메탄올 → 아세트알데히드 → 아세테이트 → 물
③ 메탄올 → 아세트알데히드 → 포름알데히드 → 이산화탄소
④ 메탄올 → 포름알데히드 → 포름산 → 이산화탄소

94. 주로 비강, 인후두, 기관 등 호흡기의 기도 부위에 축적됨으로써 호흡기계 독성을 유발하는 분진은?

① 흡입성 분진　② 호흡성 분진
③ 흉곽성 분진　④ 총부유 분진

95. 유기용제에 의한 장해의 설명으로 틀린 것은?

① 유기용제의 중추신경계 작용으로 잘 알려진 것은 마취 작용이다.
② 사염화탄소는 간장과 신장을 침범하는 데 반하며 이황화탄소는 중추신경계통을 침해한다.
③ 벤젠은 노출초기에는 빈혈증을 나타내고 장기간 노출되면 혈소판 감소, 백혈구 감소를 초래한다.
④ 대부분의 유기용제는 유독성의 포스겐을 발생시켜 장기간 노출 시 폐수종을 일으킬 수 있다.

96. 할로겐화 탄화수소의 사염화탄소에 관한 설명으로 틀린 것은?

① 생식기에 대한 독성작용이 특히 심하다.
② 고농도에 노출되면 중추신경계 장애 외에 간장과 신장장애를 유발한다.
③ 신장장애 증상으로 감뇨, 혈뇨 등이 발생하며 완전 무뇨증이 되면 사망할 수도 있다.
④ 초기 증상으로는 지속적인 두통, 구역 또는 구토, 복부선통과 설사, 간압통 등이 나타난다.

97. 다음의 설명에서 ㉠∼㉢에 해당하는 내용이 맞는 것은?

> 단시간노출기준(STEL)이란 (㉠)분 간의 시간가중평균노출값으로서 노출농도가 시간가중평균노출기준(TWA)을 초과하고 단시간노출기준(STEL) 이하인 경우에는 1회 노출 지속시간이 (㉡)분 미만이어야 하고, 이러한 상태가 1일 (㉢)회 이하로 발생하여야 하며, 각 노출의 간격은 60분 이상이어야 한다.

① ㉠ : 15, ㉡ : 20, ㉢ : 2
② ㉠ : 15, ㉡ : 15, ㉢ : 4
③ ㉠ : 20, ㉡ : 15, ㉢ : 2
④ ㉠ : 20, ㉡ : 20, ㉢ : 4

98. 페니실린을 비롯한 약품을 정제하기 위한 추출제 혹은 냉동제 및 합성수지에 이용되는 물질로 가장 적절한 것은?

① 벤젠　② 클로로포름
③ 브롬화메틸　④ 핵사클로로나프탈렌

99. 채석장 및 모래 분사 작업장 작업자들이 석영을 과도하게 흡입하여 발생하는 질병은?

① 규폐증　② 탄폐증
③ 면폐증　④ 석면폐증

100. 근로자의 화학물질에 대한 노출을 평가하는 방법으로 가장 거리가 먼 것은?

① 개인시료 측정
② 생물학적 모니터링
③ 유해성확인 및 독성평가
④ 건강감시(Medical Surveillance)

UNIT 07 2019년 산업위생관리기사 기출문제 2회

01. 산업안전보건법상 최근 1년간 작업공정에서 공정 설비의 변경, 작업방법의 변경, 설비의 이전, 사용 화학물질의 변경 등으로 작업환경측정 결과에 영향을 주는 변화가 없는 경우 작업공정 내 소음 외의 다른 모든 인자의 작업환경측정 결과가 최근 2회 연속 노출기준 미만인 사업장은 몇 년에 1회 이상 측정할 수 있는가?

① 6월 ② 1년
③ 2년 ④ 3년

02. 해외 국가의 노출기준 연결이 틀린 것은?

① 영국 – WEL(Workplace Exposure Limit)
② 독일 – REL(Recommended Exposure Limit)
③ 스웨덴 – OEL(Occupational Exposure Limit)
④ 미국(ACGIH) – TLV(Threshold Limit Value)

03. L_5/S_1 디스크에 얼마 정도의 압력이 초과되면 대부분의 근로자에게 장해가 나타나는가?

① 3400N ② 4400N
③ 5400N ④ 6400N

04. Flex-Time 제도의 설명으로 맞는 것은?

① 하루 중 자기가 편한 시간을 정하여 자유롭게 출·퇴근 하는 제도
② 주휴 2일제로 주당 40시간 이상의 근무를 원칙으로 하는 제도
③ 연중 4주간 년차 휴가를 정하여 근로자가 원하는 시기에 휴가를 갖는 제도
④ 작업상 전 근로자가 일하는 중추시간(core time)을 제외하고 주당 40시간 내외의 근로조건하에서 자유롭게 출·퇴근 하는 제도

05. 하인리히의 사고연쇄반응 이론(도미노 이론)에서 사고가 발생하기 바로 직전의 단계에 해당하는 것은?

① 개인적 결함 ② 사회적 환경
③ 선진 기술의 미적용 ④ 불안전한 행동 및 상태

06. 화학물질의 국내 노출기준에 관한 설명으로 틀린 것은?

① 1일 8시간을 기준으로 한다.
② 직업병 진단 기준으로 사용할 수 없다.
③ 대기오염의 평가나 관리상 지표로 사용할 수 없다.
④ 직업성 질병의 이환에 대한 반증자료로 사용할 수 있다.

07. 사업장에서의 산업보건관리업무는 크게 3가지로 구분될 수 있다. 산업보건관리업무와 가장 관련이 적은 것은?

① 안전관리 ② 건강관리
③ 환경관리 ④ 작업관리

08. 최근 실내공기질에서 문제가 되고 있는 방사성 물질인 라돈에 관한 설명으로 옳지 않은 것은?

① 무색, 무취, 무미한 가스로 인간의 감각에 의해 감지할 수 없다.
② 인광석이나 산업폐기물을 포함하는 토양, 석재, 각종 콘크리트 등에서 발생할 수 있다.
③ 라돈의 감마(γ)-붕괴에 의하여 라돈의 딸핵종이 생성되며 이것이 기관지에 부착되어 감마선을 방출하여 폐암을 유발한다.
④ 우라늄 계열의 붕괴과정 일부에서 생성될 수 있다.

09. 어느 공장에서 경미한 사고가 3건이 발생하였다. 그렇다면 이 공장의 무상해 사고는 몇 건이 발생하는가? (단, 하인리히의 법칙을 활용한다.)

① 25   ② 31
③ 36   ④ 40

10. 인간공학에서 고려해야 할 인간의 특성과 가장 거리가 먼 것은?

① 감각과 지각   ② 운동과 근력
③ 감정과 생산능력   ④ 기술, 집단에 대한 적응능력

11. 산업위생 분야에 종사하는 사람들이 반드시 지켜야 할 윤리강령의 전문가로서의 책임에 대한 설명 중 틀린 것은?

① 기업체의 기밀은 누설하지 않는다.
② 과학적 방법의 적용과 자료의 해석에서 객관성을 유지한다.
③ 근로자, 사회 및 전문직종의 이익을 위해 과학적 지식을 공개하고 발표한다.
④ 전문적 판단이 타협에 의하여 좌우될 수 있거나 이해관계가 있는 상황에는 적극적으로 개입한다.

12. 직업성 질환의 범위에 해당되지 않는 것은?

① 합병증   ② 속발성 질환
③ 선천적 질환   ④ 원발성 질환

13. 단기간 휴식을 통해서는 회복될 수 없는 발병단계의 피로를 무엇이라 하는가?

① 곤비   ② 정신피로
③ 과로   ④ 전신피로

14. NIOSH의 권고중량한계(Recommended Weight Limit, RWL)에 사용되는 승수(multiplier)가 아닌 것은?

① 들기거리(Lift Multiplier)
② 이동거리(Distance Multiplier)
③ 수평거리(Horizontal Multiplier)
④ 비대칭각도(Asymmetry Multiplier)

15. 인간공학에서 최대작업영역(maximum area)에 대한 설명으로 가장 적절한 것은?

① 허리에 불편 없이 적절히 조작할 수 있는 영역
② 팔과 다리를 이용하여 최대한 도달할 수 있는 영역
③ 어깨에서부터 팔을 뻗어 도달할 수 있는 최대 영역
④ 상완을 자연스럽게 몸에 붙인 채로 전완을 움직일 때 도달하는 영역

16. 심리학적 적성검사와 가장 거리가 먼 것은?

① 감각기능검사   ② 지능검사
③ 지각동작검사   ④ 인성검사

17. 한 근로자가 트리클로로에틸렌(TLV 50ppm)이 담긴 탈지탱크에서 금속가공 제품의 표면에 존재하는 절삭유 등의 기름 성분을 제거하기 위해 탈지작업을 수행하였다. 또 이 과정을 마치고 포장단계에서 표면 세척을 위해 아세톤(TLV 500ppm)을 사용하였다. 이 근로자의 작업환경 측정 결과는 트리클로로에틸렌이 45ppm, 아세톤이 100ppm이었을 때, 노출 지수와 노출기준에 관한 설명으로 맞는 것은? (단, 두 물질은 상가작용을 한다.)

① 노출지수는 0.9이며, 노출기준 미만이다.
② 노출지수는 1.1이며, 노출기준을 초과하고 있다.
③ 노출지수는 6.1이며, 노출기준을 초과하고 있다.
④ 트리클로로에틸렌의 노출지수는 0.9, 아세톤의 노출지수는 0.2이며, 혼합물로써 노출기준 미만이다.

18. 산업안전법령상 사무실 공기관리의 관리대상 오염물질의 종류에 해당하지 않는 것은?

① 오존(O_3)
② 총부유세균
③ 호흡성분진(RPM)
④ 일산화탄소(CO)

19. 산업위생 역사에서 영국의 외과의사 Percivall Pott에 대한 내용 중 틀린 것은?

① 직업성 암을 최초로 보고하였다.
② 산업혁명 이전의 산업위생 역사이다.
③ 어린이 굴뚝 청소부에게 많이 발생하던 음낭암(scrotal cancer)의 원인물질을 검댕(soot)이라고 규명하였다.
④ Pott의 노력으로 1788년 영국에서는 도제 건강 및 도덕법(Health and Morals of Apprentices Act)이 통과되었다.

20. 젊은 근로자의 약한 쪽 손의 힘은 평균 50kp이고, 이 근로자가 무게 10kg인 상자를 두 손으로 들어 올릴 경우에 한 손의 작업강도(%MS)는 얼마인가? (단, 1kp는 질량 1kg을 중력의 크기로 당기는 힘을 말한다.)

① 5
② 10
③ 15
④ 20

21. 어느 작업장에 9시간 작업시간 동안 측정한 유해인자의 농도는 $0.045mg/m^3$일 때, 95%의 신뢰도를 가진 하한치는 얼마인가? (단, 유해인자의 노출기준은 $0.05mg/m^3$, 시료채취 분석오차는 0.132이다.)

① 0.768
② 0.929
③ 1.032
④ 1.258

22. 옥내 작업장에서 측정한 건구온도 73℃이고 자연습구온도 65℃, 흑구온도 81℃일 때, 습구흑구온도지수는?

① 64.4℃
② 67.4℃
③ 69.8℃
④ 71.0℃

23. 다음 중 수동식 채취기에 적용되는 이론으로 가장 적절한 것은?

① 침강원리, 분산원리
② 확산원리, 투과원리
③ 침투원리, 흡착원리
④ 충돌원리, 전달원리

24. 다음 중 흡착관인 실리카겔관에 사용되는 실리카겔에 관한 설명과 가장 거리가 먼 것은?

① 이황화탄소를 탈착용매로 사용하지 않는다.
② 극성 물질을 채취한 경우 물 또는 메탄올을 용매로 쉽게 탈착된다.
③ 추출용액이 화학분석이나 기기분석에 방해물질로 작용하는 경우가 많지 않다.
④ 파라핀류가 케톤류보다 극성이 강하기 때문에 실리카겔에 대한 친화력도 강하다.

25. 다음 중 PVC막 여과지에 관한 설명과 가장 거리가 먼 것은?

① 수분에 대한 영향이 크지 않다.
② 공해성 먼지, 총 먼지 등의 중량분석을 위한 측정에 이용된다.
③ 유리규산을 채취하여 X-선 회절법으로 분석하는데 적절하다.
④ 코크스 제조공정에서 발생되는 코크스 오븐 배출물질을 채취하는데 이용된다.

26. 입자상물질의 측정 및 분석방법으로 틀린 것은? (단, 고용노동부 고시를 기준으로 한다.)

① 석면의 농도는 여과채취방법에 의한 계수 방법으로 측정한다.
② 규산염은 분립장치 또는 입자의 크기를 파악할 수 있는 기기를 이용한 여과채취방법으로 측정한다.
③ 광물성 분진은 여과채취방법에 따라 석영, 크리스토바라이트, 트리디마이트를 분석할 수 있는 적합한 분석방법으로 측정한다.
④ 용접흄은 여과채취방법으로 하되 용접보안면을 착용한 경우에는 그 내부에서 채취하고 중량분석방법과 원자 흡광분광기 또는 유도결합플라즈마를 이용한 분석방법으로 측정한다.

27. 화학공장의 작업장 내에 먼지 농도를 측정하였더니 5, 6, 5, 6, 6, 6, 4, 8, 9, 8ppm일 때, 측정치의 기하평균은 약 몇 ppm인가?

① 5.13 ② 5.83
③ 6.13 ④ 6.83

28. 어느 작업환경에서 발생되는 소음원 1개의 음압수준이 92dB이라면, 이와 동일한 소음원이 8개일 때의 전체음압수준은?

① 101dB ② 103dB
③ 105dB ④ 107dB

29. 다음은 작업장 소음측정에 관한 고용노동부 고시 내용이다. ( ) 안에 내용으로 옳은 것은?

> 누적소음 노출량 측정기로 소음을 측정하는 경우에는 Criteria 90dB, Exchange Rate 5dB, Threshold ( ) dB로 기기를 설정한다.

① 50 ② 60
③ 70 ④ 80

30. 원자흡광광도계의 구성요소와 역할에 대한 설명 중 옳지 않은 것은?

① 광원은 속빈음극램프를 주로 사용한다.
② 광원은 분석 물질이 반사할 수 있는 표준 파장의 빛을 방출한다.
③ 단색화 장치는 특정 파장만 분리하여 검출기로 보내는 역할을 한다.
④ 원자화장치에서 원자화방법에는 불꽃방식, 흑연로방식, 증기화방식이 있다.

31. 고체 흡착제를 이용하여 시료채취를 할 때 영향을 주는 인자에 관한 설명으로 옳지 않은 것은?

① 온도 : 고온일수록 흡착 성질이 감소하며 파과가 일어나기 쉽다.
② 오염물질농도 : 공기 중 오염물질의 농도가 높을수록 파과공기량이 증가한다.
③ 흡착제의 크기 : 입자의 크기가 작을수록 채취효율이 증가하나 압력강하가 심하다.
④ 시료채취유량 : 시료채취유량이 높으면 파과가 일어나기 쉬우며 코팅된 흡착제일수록 그 경향이 강하다.

32. 다음 중 조선소에서 용접작업 시 발생 가능한 유해인자와 가장 거리가 먼 것은?
   ① 오존
   ② 자외선
   ③ 황산
   ④ 망간 흄

33. 상온에서 벤젠(C_6H_6)의 농도 20mg/m³는 부피단위 농도로 약 몇 ppm인가?
   ① 0.06
   ② 0.6
   ③ 6
   ④ 60

34. 다음 중 비누거품방법(Bubble Meter Method)을 이용해 유량을 보정할 때의 주의사항과 가장 거리가 먼 것은?
   ① 측정시간의 정확성은 ±5초 이내이어야 한다.
   ② 측정장비 및 유량보정계는 Tygon Tube로 연결한다.
   ③ 보정을 시작하기 전에 충분히 충전된 펌프를 5분간 작동한다.
   ④ 표준뷰렛 내부면을 세척제 용액으로 씻어서 비누거품이 쉽게 상승하도록 한다.

35. 시료공기를 흡수, 흡착 등의 과정을 거치지 않고 진공채취병 등의 채취용기에 물질을 채취하는 방법은?
   ① 직접채취방법
   ② 여과채취방법
   ③ 고체채취방법
   ④ 액체채취방법

36. 어느 작업장에서 A물질의 농도를 측정한 결과가 각각 23.9ppm, 21.6ppm, 22.4ppm, 24.1ppm, 22.7ppm, 25.4ppm을 얻었다. 측정 결과에서 중앙값(median)은 몇 ppm인가?
   ① 23.0
   ② 23.1
   ③ 23.3
   ④ 23.5

37. 소음의 측정방법으로 틀린 것은? (단, 고용노동부 고시를 기준으로 한다.)
   ① 소음계의 청감보정회로는 A특성으로 한다.
   ② 소음계 지시침의 동작은 느린(Slow) 상태로 한다.
   ③ 소음계의 지시치가 변동하지 않는 경우에는 해당 지시치를 그 측정점에서의 소음수준으로 한다.
   ④ 소음이 1초 이상의 간격을 유지하면서 최대음압수준이 120dB(A) 이상의 소음인 경우에는 소음수준에 따른 10분 동안의 발생횟수를 측정한다.

38. 온도 표시에 대한 내용으로 틀린 것은? (단, 고용노동부 고시를 기준으로 한다.)
   ① 미온은 20~30℃를 말한다.
   ② 온수(溫水)는 60~70℃를 말한다.
   ③ 냉수(冷水)는 15℃ 이하를 말한다.
   ④ 상온은 15~25℃, 실온은 1~35℃을 말한다.

39. 작업환경측정대상이 되는 작업장 또는 공정에서 정상적인 작업을 수행하는 동일노출집단의 근로자가 작업하는 장소는? (단, 고용노동부 고시를 기준으로 한다.)
   ① 동일작업장소
   ② 단위작업장소
   ③ 노출측정장소
   ④ 측정작업장소

40. 다음 중 작업환경측정치의 통계처리에 활용되는 변이계수에 관한 설명과 가장 거리가 먼 것은?
   ① 평균값의 크기가 0에 가까울수록 변이계수의 의의는 작아진다.
   ② 측정단위와 무관하게 독립적으로 산출되며 백분율로 나타낸다.
   ③ 단위가 서로 다른 집단이나 특성값의 상호 산포도를 비교하는데 이용될 수 있다.
   ④ 편차의 제곱 합들의 평균값으로 통계집단의 측정값들에 대한 균일성, 정밀성 정도를 표현한다.

41. 다음 중 오염물질을 후드로 유입하는데 필요한 기류의 속도인 제어속도에 영향을 주는 인자와 가장 거리가 먼 것은?

① 덕트의 재질
② 후드의 모양
③ 후드에서 오염원까지의 거리
④ 오염물질의 종류 및 확산상태

42. 다음 중 국소배기장치에 관한 주의사항과 가장 거리가 먼 것은?

① 유독물질의 경우에는 굴뚝에 흡인장치를 보강할 것
② 흡인되는 공기가 근로자의 호흡기를 거치지 않도록 할 것
③ 배기관은 유해물질이 발산하는 부위의 공기를 모두 흡입할 수 있는 성능을 갖출 것
④ 먼지를 제거할 때에는 공기속도를 조절하여 배기관 안에서 먼지가 일어나도록 할 것

43. 송풍기에 관한 설명으로 옳은 것은?

① 풍량은 송풍기의 회전수에 비례한다.
② 동력은 송풍기의 회전수의 제곱에 비례한다.
③ 풍력은 송풍기의 회전수의 세제곱에 비례한다.
④ 풍압은 송풍기의 회전수의 세제곱에 비례한다.

44. 정압이 3.5cmH₂O인 송풍기의 회전속도를 180rpm에서 360rpm으로 증가시켰다면, 송풍기의 정압은 약 몇 cmH₂O인가? (단, 기타 조건은 같다고 가정한다.)

① 16 ② 14
③ 12 ④ 10

45. 입자의 침강속도에 대한 설명으로 틀린 것은? (단, 스토크스 식을 기준으로 한다.)

① 입자직경의 제곱에 비례한다.
② 공기와 입자 사이의 밀도차에 반비례한다.
③ 중력가속도에 비례한다.
④ 공기의 점성계수에 반비례한다.

46. 환기시설 내 기류가 기본적인 유체역학적 원리에 따르기 위한 전제조건과 가장 거리가 먼 것은?

① 공기는 절대습도를 기준으로 한다.
② 환기시설 내외의 열교환은 무시한다.
③ 공기의 압축이나 팽창은 무시한다.
④ 공기 중에 포함된 유해물질의 무게와 용량을 무시한다.

47. 작업환경의 관리원칙인 대체 중 물질의 변경에 따른 개선 예와 가장 거리가 먼 것은?

① 성냥 제조 시 황린 대신 적린을 사용하였다.
② 세척작업에서 사염화탄소 대신 트리클로로에틸렌을 사용하였다.
③ 야광시계의 자판에서 인 대신 라듐을 사용하였다.
④ 보온 재료 사용에서 석면 대신 유리섬유를 사용하였다.

48. 다음 중 작업환경개선을 위해 전체 환기를 적용할 수 있는 상황과 가장 거리가 먼 것은?

① 오염발생원의 유해물질 발생량이 적은 경우
② 작업자가 근무하는 장소로부터 오염발생원이 멀리 떨어져 있는 경우
③ 소량의 오염물질이 일정속도로 작업장으로 배출되는 경우
④ 동일작업장에 오염발생원이 한군데로 집중되어 있는 경우

49. 20℃의 송풍관 내부에 480m/min으로 공기가 흐르고 있을 때, 속도압은 약 몇 mmH₂O인가? (단, 0℃ 공기 밀도는 1.296kg/m³로 가정한다.)

① 2.3　　② 3.9
③ 4.5　　④ 7.3

50. 체적이 1,000m³이고 유효환기량이 50m³/min인 작업장에 메틸클로로포름 증기가 발생하여 100ppm의 상태로 오염되었다. 이 상태에서 증기발생이 중지되었다면 25ppm까지 농도를 감소시키는데 걸리는 시간은?

① 약 17분　　② 약 28분
③ 약 32분　　④ 약 41분

51. 다음은 분진발생 작업환경에 대한 대책이다. 옳은 것을 모두 고른 것은?

> ㉠ 연마작업에서는 국소배기장치가 필요하다.
> ㉡ 암석 굴진작업, 분쇄작업에서는 연속적인 살수가 필요하다.
> ㉢ 샌드 블라스팅에 사용되는 모래를 철사나 금강사로 대치한다.

① ㉠, ㉡　　② ㉡, ㉢
③ ㉠, ㉢　　④ ㉠, ㉡, ㉢

52. 보호 장구의 재질과 대상 화학물질이 잘못 짝지어진 것은?

① 부틸고무 – 극성용제
② 면 – 고체상 물질
③ 천연고무(latex) – 수용성 용액
④ Vitron – 극성용제

53. 다음 그림이 나타내는 국소배기장치의 후드 형식은?

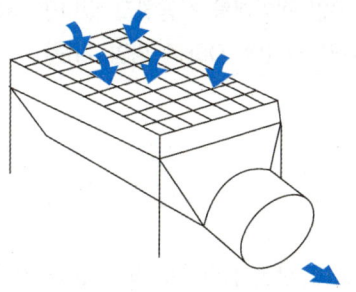

① 측방형　　② 포위형
③ 하방형　　④ 슬롯형

54. 후드로부터 0.25m 떨어진 곳에 있는 공정에서 발생되는 먼지를, 제어속도가 5m/s, 후드직경이 0.4m인 원형 후드를 이용하여 제거할 때, 필요 환기량은 약 몇 m³/min인가? (단, 프랜지 등 기타 조건은 고려하지 않음)

① 205　　② 215
③ 225　　④ 235

55. 슬로트 후드에서 슬로트의 역할은?

① 제어속도를 감소시킨다.
② 후드 제작에 필요한 재료를 절약한다.
③ 공기가 균일하게 흡입되도록 한다.
④ 제어속도를 증가시킨다.

56. 1기압에서 혼합기체가 질소(N₂) 50vol%, 산소(O₂) 20vol%, 탄산가스 30vol%로 구성되어 있을 때, 질소(N₂)의 분압은?

① 380mmHg　　② 228mmHg
③ 152mmHg　　④ 740mmHg

57. 어떤 작업장의 음압수준이 80dB(A)이고 근로자가 NRR이 19인 귀마개를 착용하고 있다면, 차음효과는 몇 dB(A)인가? (단, OSHA 방법 기준)

① 4
② 6
③ 60
④ 70

58. 방진마스크에 관한 설명으로 옳지 않은 것은?

① 일반적으로 활성탄 필터가 많이 사용된다.
② 종류에는 격리식, 직결식, 면체여과식이 있다.
③ 흡기저항 상승률은 낮은 것이 좋다.
④ 비휘발성 입자에 대한 보호가 가능하다.

59. 작업장에서 Methylene chloride(비중=1.336, 분자량=84.94, TLV=500ppm)를 500g/hr를 사용할 때, 필요한 환기량은 약 몇 m^3/min인가? (단, 안전계수는 7이고, 실내온도는 21℃이다.)

① 26.3
② 33.1
③ 42.0
④ 51.3

60. 흡인 풍량이 200m^3/min, 송풍기 유효전압이 150mmH$_2$O, 송풍기 효율이 80%인 송풍기의 소요 동력은?

① 3.5kW
② 4.8kW
③ 6.1kW
④ 9.8kW

61. 작업장에서 사용하는 트리클로로에틸렌을 독성이 강한 포스겐으로 전환시킬 수 있는 광화학 작용을 하는 유해 광선은?

① 적외선
② 자외선
③ 감마선
④ 마이크로파

62. 다음 중 투과력이 커서 노출 시 인체 내부에도 영향을 미칠 수 있는 방사선의 종류는?

① γ선
② α선
③ β선
④ 자외선

63. 산업안전보건법령상, 소음의 노출기준에 따르면 몇 dB(A)의 연속소음에 노출되어서는 안되는가? (단, 충격소음은 제외한다.)

① 85
② 90
③ 100
④ 115

64. 인공호흡용 혼합가스 중 헬륨 – 산소 혼합가스에 관한 설명으로 틀린 것은?

① 헬륨은 고압하에서 마취작용이 약하다.
② 헬륨은 분자량이 작아서 호흡저항이 적다.
③ 헬륨은 질소보다 확산속도가 작아 인체 흡수속도를 줄일 수 있다.
④ 헬륨은 체외로 배출되는 시간이 질소에 비하여 50% 정도 밖에 걸리지 않는다.

65. 개인의 평균 청력 손실을 평가하기 위하여 6분법을 적용하였을 때, 500Hz에서 6dB, 1000Hz에서 10dB, 2000Hz에서 10dB, 4000Hz에서 20dB이면 이때의 청력 손실은 얼마인가?

① 10dB
② 11dB
③ 12dB
④ 13dB

66. 옥타브밴드로 소음의 주파수를 분석하였다. 낮은 쪽의 주파수가 250Hz이고, 높은 쪽의 주파수가 2배인 경우 중심주파수는 약 몇 Hz인가?

① 250
② 300
③ 354
④ 375

67. 다음 중 체온의 상승에 따라 체온조절중추인 시상하부에서 혈액온도를 감지하거나 신경망을 통하여 정보를 받아 들여 체온 방산작용이 활발해지는 작용은?

① 정신적 조절작용(spiritual thermo regulation)
② 물리적 조절작용(physical thermo regulation)
③ 화학적 조절작용(chemical thermo regulation)
④ 생물학적 조절작용(biological thermo regulation)

68. 질소마취 증상과 가장 연관이 많은 작업은?

① 잠수작업　　② 용접작업
③ 냉동작업　　④ 금속제조작업

69. 사무실 책상면으로부터 수직으로 1.4m의 거리에 1000cd(모든 방향으로 일정하다.)의 광도를 가지는 광원이 있다. 이 광원에 대한 책상에서의 조도(intensity of illumination, Lux)는 약 얼마인가?

① 410　　② 444
③ 510　　④ 544

70. 이상기압과 건강장해에 대한 설명으로 맞는 것은?

① 고기압 조건은 주로 고공에서 비행업무에 종사하는 사람에게 나타나며 이를 다루는 학문은 항공의학 분야이다.
② 고기압 조건에서의 건강장해는 주로 기후의 변화로 인한 대기압의 변화 때문에 발생하며 휴식이 가장 좋은 대책이다.
③ 고압 조건에서 급격한 압력저하(감압)과정은 혈액과 조직에 녹아있던 질소가 기포를 형성하여 조직과 순환계에 손상을 일으킨다.
④ 고기압 조건에서 주요 건강장해 기전은 산소부족이므로 일차적인 응급치료는 고압산소실에서 치료하는 것이 바람직하다.

71. 다음 중 단기간 동안 자외선(UV)에 초과 노출될 경우 발생할 수 있는 질병은?

① Hypothermia　　② Welder's flash
③ Phossy jaw　　④ White fingers syndrome

72. 일반적으로 전신진동에 의한 생체반응에 관여하는 인자로 가장 거리가 먼 것은?

① 온도　　② 강도
③ 방향　　④ 진동수

73. 저기압 환경에서 발생하는 증상으로 옳은 것은?

① 이산화탄소에 의한 산소중독증상
② 폐 압박
③ 질소마취 증상
④ 우울감, 두통, 식욕상실

74. 다음 중 진동에 의한 장해를 최소화시키는 방법과 거리가 먼 것은?

① 진동의 발생원을 격리시킨다.
② 진동의 노출시간을 최소화시킨다.
③ 훈련을 통하여 신체의 적응력을 향상시킨다.
④ 진동을 최소화하기 위하여 공학적으로 설계 및 관리한다.

75. 전리방사선에 대한 감수성이 가장 큰 조직은?

① 간　　② 골수세포
③ 연골　　④ 신장

76. 고온환경에 노출된 인체의 생리적 기전과 가장 거리가 먼 것은?

① 수분부족 ② 피부혈관확장
③ 근육이완 ④ 갑상선자극호르몬 분비증가

77. 현재 총흡음량이 1000sabins인 작업장에 흡음을 보강하여 4000sabins을 더할 경우, 총 소음감소는 약 얼마인가? (단, 소수점 첫째자리에서 반올림)

① 5dB ② 6dB
③ 7dB ④ 8dB

78. 빛 또는 밝기와 관련된 단위가 아닌 것은?

① weber ② candela
③ lumen ④ footlambert

79. 다음 중 음의 세기레벨을 나타내는 dB의 계산식으로 옳은 것은? (단, I_0=기준음향의 세기, I=발생음의 세기)

① $dB = 10\log\dfrac{I}{I_0}$ ② $dB = 20\log\dfrac{I}{I_0}$
③ $dB = 10\log\dfrac{I_0}{I}$ ④ $dB = 20\log\dfrac{I_0}{I}$

80. 참호족에 관한 설명으로 맞는 것은?

① 직장온도가 35℃ 수준 이하로 저하되는 경우를 의미한다.
② 체온이 35~32.2℃에 이르면 신경학적 억제증상으로 운동실조, 자극에 대한 반응도 저하와 언어이상 등이 온다.
③ 27℃에서는 떨림이 멎고 혼수에 빠지게 되고, 25~23℃에 이르면 사망하게 된다.
④ 근로자의 발이 한랭에 장기간 노출됨과 동시에 지속적으로 습기나 물에 잠기게 되면 발생한다.

81. 다음 중 생물학적 모니터링에서 사용되는 약어의 의미가 틀린 것은?

① B − background, 직업적으로 노출되지 않은 근로자의 검체에서 동일한 결정인자가 검출될 수 있다는 의미
② Sc − susceptibiliy(감수성), 화학물질의 영향으로 감수성이 커질 수도 있다는 의미
③ Nq − nonqualitative, 결정인자가 동 화학물질에 노출되었다는 지표일 뿐이고 측정치를 정량적으로 해석하는 것은 곤란하다는 의미
④ Ns − nonspecific(비특이적), 특정 화학물질 노출에서 뿐만 아니라 다른 화학물질에 의해서도 이 결정인자가 나타날 수 있다는 의미

82. 다음 중 직업성 피부질환에 관한 설명으로 틀린 것은?

① 가장 빈번한 직업성 피부질환은 접촉성 피부염이다.
② 알레르기성 접촉 피부염은 일반적인 보호 기구로도 개선 효과가 좋다.
③ 첩포시험은 알레르기성 접촉 피부염의 감작물질을 색출하는 임상시험이다.
④ 일부 화학물질과 식물은 광선에 의해서 활성화되어 피부반응을 보일 수 있다.

83. 다음 중 노말헥산이 체내 대사과정을 거쳐 소변으로 배출되는 물질은?

① hippuric acid
② 2,5 − hexanedione
③ hydroquonone
④ 9 − hydroxyquinoline

84. 다음 중 석면작업의 주의사항으로 적절하지 않은 것은?

① 석면 등을 사용하는 작업은 가능한 한 습식으로 하도록 한다.
② 석면을 사용하는 작업장이나 공정 등은 격리시켜 근로자의 노출을 막는다.
③ 근로자가 상시 접근할 필요가 없는 석면취급설비는 밀폐실에 넣어 양압을 유지한다.
④ 공정상 밀폐가 곤란한 경우, 적절한 형식과 기능을 갖춘 국소배기장치를 설치한다.

85. 다음 중 카드뮴의 중독, 치료 및 예방대책에 관한 설명으로 틀린 것은?

① 소변 속의 카드뮴 배설량은 카드뮴 흡수를 나타내는 지표가 된다.
② BAL 또는 Ca-EDTA 등을 투여하여 신장에 대한 독작용을 제거한다.
③ 칼슘대사에 장해를 주어 신결석을 동반한 증후군이 나타나고 다량의 칼슘배설이 일어난다.
④ 폐활량 감소, 잔기량 증가 및 호흡곤란의 폐증세가 나타나며, 이 증세는 노출기간과 노출농도에 의해 좌우된다.

86. 산업독성학에서 LC_{50}의 설명으로 맞는 것은?

① 실험동물의 50%가 죽게 되는 양이다.
② 실험동물의 50%가 죽게 되는 농도이다.
③ 실험동물의 50%가 살아남을 비율이다.
④ 실험동물의 50%가 살아남을 확률이다.

87. 다음 중 크롬에 관한 설명으로 틀린 것은?

① 6가 크롬은 발암성물질이다.
② 주로 소변을 통하여 배설된다.
③ 형광등 제조, 치과용 아말감 산업이 원인이 된다.
④ 만성 크롬중독인 경우 특별한 치료방법이 없다.

88. 납중독을 확인하기 위한 시험방법과 가장 거리가 먼 것은?

① 혈액 중 납 농도 측정
② 헴(Heme)합성과 관련된 효소의 혈중농도 측정
③ 신경전달속도 측정
④ β-ALA 이동 측정

89. 동물실험에서 구해진 역치량을 사람에게 외삽하여 "사람에게 안전한 양"으로 추정한 것을 SHD(Safe Human Dose)라고 하는데 SHD 계산에 필요하지 않는 항목은?

① 배설률   ② 노출시간
③ 호흡률   ④ 폐흡수비율

90. 자동차 정비업체에서 우레탄 도료를 사용하는 도장작업 근로자에게서 직업성 천식이 발생되었을 때, 원인물질로 추측할 수 있는 것은?

① 시너(thinner)
② 벤젠(benzene)
③ 크실렌(Xylene)
④ TDI(Toluene diisocyanate)

91. 다음 중 유해물질의 독성 또는 건강영향을 결정하는 인자로 가장 거리가 먼 것은?

① 작업강도   ② 인체 내 침입경로
③ 노출농도   ④ 작업장 내 근로자수

92. 소변 중 화학물질 A의 농도는 28mg/mL, 단위시간(분)당 배설되는 소변의 부피는 1.5mL/min, 혈장 중 화학물질 A의 농도가 0.2mg/mL라면 단위시간(분)당 화학물질 A의 제거율(mL/min)은 얼마인가?

① 120   ② 180
③ 210   ④ 250

93. 다음 중 피부의 색소침착(pigmentation)이 가능한 표피층 내의 세포는?

① 기저세포　　② 멜라닌세포
③ 각질세포　　④ 피하지방세포

94. 다음 중 조혈장해를 일으키는 물질은?

① 납　　② 망간
③ 수은　　④ 우라늄

95. 다음 중 다핵방향족 탄화수소(PAHs)에 대한 설명으로 틀린 것은?

① 철강제조업의 석탄 건류공정에서 발생된다.
② PAHs의 대사에 관여하는 효소는 시토크롬 P-448이다.
③ PAHs의 배설을 쉽게 하기 위하여 수용성으로 대사된다.
④ 벤젠고리가 2개 이상인 것으로 톨루엔이나 크실렌 등이 있다.

96. 다음 중 납중독의 주요 증상에 포함되지 않는 것은?

① 혈중의 methallothionein 증가
② 적혈구내 protoporphyrin 증가
③ 혈색소량 저하
④ 혈청내 철 증가

97. 화학적 질식제(chemical asphyxiant)에 심하게 노출되었을 경우 사망에 이르게 되는 이유로 적절한 것은?

① 폐에서 산소를 제거하기 때문
② 심장의 기능을 저하시키기 때문
③ 폐속으로 들어가는 산소의 활용을 방해하기 때문
④ 신진대사 기능을 높여 가용한 산소가 부족해지기 때문

98. 다음 중 유해화학물질에 의한 간의 중요한 장해인 중심소엽성 괴사를 일으키는 물질로 옳은 것은?

① 수은　　② 사염화탄소
③ 이황화탄소　　④ 에틸렌글리콜

99. 다음 중 유해물질의 흡수에서 배설까지의 과정에 대한 설명으로 옳지 않은 것은?

① 흡수된 유해물질은 원래의 형태든, 대사산물의 형태로든 배설되기 위하여 수용성으로 대사된다.
② 흡수된 유해화학물질은 다양한 비특이적 효소에 의한 유해물질의 대사로 수용성이 증가되어 체외로의 배출이 용이하게 된다.
③ 간은 화학물질을 대사시키고 콩팥과 함께 배설시키는 기능을 담당하여, 다른 장기보다도 여러 유해물질의 농도가 낮다.
④ 유해물질은 조직에 분포되기 전에 먼저 몇 개의 막을 통과하여야 하며, 흡수속도는 유해물질의 물리화학적 성상과 막의 특성에 따라 결정된다.

100. 다음 중 중금속에 의한 폐기능의 손상에 관한 설명으로 틀린 것은?

① 철폐증(siderosis)은 철분진 흡입에 의한 암 발생(A_1)이며, 중피종과 관련이 없다.
② 화학적 폐렴은 베릴륨, 산화카드뮴 에어로졸 노출에 의하여 발생하며 발열, 기침, 폐기종이 동반된다.
③ 금속열은 금속이 용융점 이상으로 가열될 때 형성되는 산화금속을 흄 형태로 흡입할 경우 발생한다.
④ 6가 크롬은 폐암과 비강암 유발인자로 작용한다.

2019년 산업위생관리기사 기출문제 3회

01. 다음 중 재해예방의 4원칙에 관한 설명으로 옳지 않은 것은?

① 재해발생과 손실의 관계는 우연적이므로 사고의 예방이 가장 중요하다.
② 재해발생에는 반드시 원인이 있으며, 사고와 원인의 관계는 필연적이다.
③ 재해는 예방이 불가능하므로 지속적인 교육이 필요하다.
④ 재해예방을 위한 가능한 안전대책은 반드시 존재한다.

02. 다음 중 실내환경 공기를 오염시키는 요소로 볼 수 없는 것은?

① 라돈
② 포름알데히드
③ 연소가스
④ 체온

03. 300명의 근로자가 1주일에 40시간, 연간 50주를 근무하는 사업장에서 1년 동안 50건의 재해로 60명의 재해자가 발생하였다. 이 사업장의 도수율은 약 얼마인가? (단, 근로자들은 질병, 기타 사유로 인하여 총 근로시간의 5%를 결근하였다.)

① 93.33
② 87.72
③ 83.33
④ 77.72

04. 다음 근육운동에 동원되는 주요 에너지 생산방법 중 혐기성 대사에 사용되는 에너지원이 아닌 것은?

① 아데노신 삼인산
② 크레아틴 인산
③ 지방
④ 글리코겐

05. 다음 중 피로에 관한 설명으로 틀린 것은?

① 일반적인 피로감은 근육 내 글리코겐의 고갈, 혈중 글루코오스의 증가, 혈중 젖산의 감소와 일치하고 있다.
② 충분한 영양섭취와 휴식은 피로의 예방에 유효한 방법이다.
③ 피로의 주관적 측정방법으로는 CMI(Cornel Medical Index)를 이용한다.
④ 피로는 질병이 아니고 원래 가역적인 생체반응이며 건강장해에 대한 경고적 반응이다.

06. 다음 중 산업안전보건법령상 물질안전보건자료(MSDS)의 작성 원칙에 관한 설명으로 가장 거리가 먼 것은?

① MSDS의 작성단위는 「계량에 관한 법률」이 정하는 바에 의한다.
② MSDS는 한글로 작성하는 것을 원칙으로 하되 화학물질명, 외국기관명 등의 고유명사는 영어로 표기할 수 있다.
③ 각 작성항목은 빠짐없이 작성하여야 하며, 부득이 어느 항목에 대해 관련 정보를 얻을 수 없는 경우, 작성란은 공란으로 둔다.
④ 외국어로 되어 있는 MSDS를 번역하는 경우에는 자료의 신뢰성이 확보될 수 있도록 최초 작성기관명 및 시기를 함께 기재하여야 한다.

07. 산업안전보건법령상 사무실 공기관리에 대한 설명으로 옳지 않은 것은?

① 관리기준은 8시간 시간가중평균농도 기준이다.
② 이산화탄소와 일산화탄소는 비분산적외선검출기의 연속 측정에 의한 직독식 분석방법에 의한다.
③ 이산화탄소의 측정결과 평가는 각 지점에서 측정한 측정치 중 평균값을 기준으로 비교·평가한다.
④ 공기의 측정시료는 사무실 안에서 공기질이 가장 나쁠 것으로 예상되는 2곳 이상에서 채취하고, 측정은 사무실 바닥면으로부터 0.9~1.5m의 높이에서 한다.

08. 영국에서 최초로 직업성 암을 보고하여, 1788년에 굴뚝 청소부법이 통과되도록 노력한 사람은?

① Ramazzini ② Paracelsus
③ Percivall Pott ④ Robert Owen

09. 미국산업안전보건연구원(NIOSH)의 중량물 취급 작업기준 중, 들어 올리는 물체의 폭에 대한 기준은 얼마인가?

① 55cm 이하 ② 65cm 이하
③ 75cm 이하 ④ 85cm 이하

10. 다음 중 작업종류별 바람직한 작업시간과 휴식시간을 배분한 것으로 옳지 않은 것은?

① 사무작업 : 오전 4시간 중에 2회, 오후 1시에서 4시 사이에 1회, 평균 10~20분 휴식
② 정신집중작업 : 가장 효과적인 것은 60분 작업에 5분간 휴식
③ 신경운동성의 경속도 작업 : 40분간 작업과 20분간 휴식
④ 중근작업 : 1회 계속작업을 1시간 정도로 하고, 20~30분씩 오전에 3회, 오후에 2회 정도 휴식

11. "근로자 또는 일반대중에게 질병, 건강장해, 불편함, 심한 불쾌감 및 능률 저하 등을 초래하는 작업요인과 스트레스를 예측, 측정, 평가하고 관리하는 과학과 기술"이라고 산업위생을 정의하는 기관은?

① 미국산업위생학회(AIHA)
② 국제노동기구(ILO)
③ 세계보건기구(WHO)
④ 산업안전보건청(OSHA)

12. 다음 중 노동의 적응과 장애에 관련된 내용으로 적절하지 않은 것은?

① 인체는 환경에서 오는 여러 자극(stress)에 대하여 적응하려는 반응을 일으킨다.
② 인체에 적응이 일어나는 과정은 뇌하수체와 부신피질을 중심으로 한 특유의 반응이 일어나는데 이를 부적응증상군이라고 한다.
③ 직업에 따라 신체 형태와 기능에 국소적 변화가 일어나는데 이것을 직업성변이(occupational stignata)라고 한다.
④ 외부의 환경변화나 신체활동이 반복되면 조절기능이 원활해지며, 이에 숙련 습득된 상태를 순화라고 한다.

13. 산업안전보건법령에 따라 단위작업장소에서 동일 작업근로자가 13명을 대상으로 시료를 채취할 때의 최초 시료채취 근로자수는 몇 명인가?

① 1명 ② 2명
③ 3명 ④ 4명

14. 미국산업위생학술원(AAIH)이 채택한 윤리강령 중 산업위생전문가가 지켜야 할 책임과 거리가 먼 것은?

① 기업체의 기밀은 누설하지 않는다.
② 과학적 방법의 적용과 자료의 해석에서 객관성을 유지한다.
③ 근로자, 사회 및 전문 직종의 이익을 위해 과학적 지식을 공개하고 발표한다.
④ 전문적 판단이 타협에 의하여 좌우될 수 있는 상황에 개입하여 객관적 자료로 판단한다.

15. 다음 중 직업병 예방을 위하여 설비 개선 등의 조치로는 어려운 경우 가장 마지막으로 적용하는 방법은?

① 격리 및 밀폐
② 개인보호구의 지급
③ 환기시설 등의 설치
④ 공정 또는 물질의 변경, 대치

16. 다음 중 ACGIH에서 권고하는 TLV-TWA(시간 가중 평균치)에 대한 근로자 노출의 상한치와 노출가능시간의 연결로 옳은 것은?

① TLV-TWA의 3배 : 30분 이하
② TLV-TWA의 3배 : 60분 이하
③ TLV-TWA의 5배 : 5분 이하
④ TLV-TWA의 5배 : 15분 이하

17. 정상 작업영역에 대한 정의로 옳은 것은?

① 위팔은 몸통 옆에 자연스럽게 내린 자세에서 아래팔의 움직임에 의해 편안하게 도달 가능한 작업영역
② 어깨로부터 팔을 뻗어 도달 가능한 작업영역
③ 어깨로부터 팔을 머리 위로 뻗어 도달 가능한 작업영역
④ 위팔은 몸통 옆에 자연스럽게 내린 자세에서 손에 쥔 수공구의 끝부분이 도달 가능한 작업영역

18. 산업안전보건법령상의 "충격소음작업"은 몇 dB 이상의 소음이 1일 100회 이상 발생되는 작업을 말하는가?

① 110   ② 120
③ 130   ④ 140

19. 다음 중 전신피로에 관한 설명으로 틀린 것은?

① 작업에 의한 근육 내 글리코겐 농도의 변화는 작업자의 훈련유무에 따라 차이를 보인다.
② 작업강도가 증가하면 근육 내 글리코겐량이 비례적으로 증가되어 근육피로가 발생된다.
③ 작업강도가 높을수록 혈중 포도당 농도는 급속히 저하하며, 이에 따라 피로감이 빨리 온다.
④ 작업대사량의 증가에 따라 산소소비량도 비례하여 증가하나, 작업대사량이 일정한계를 넘으면 산소소비량은 증가하지 않는다.

20. 크롬에 노출되지 않은 집단의 질병발생율은 1.0 이었고, 노출된 집단의 질병발생율은 1.2였을 때, 다음 설명으로 옳지 않은 것은?

① 크롬의 노출에 대한 귀속위험도는 0.2 이다.
② 크롬의 노출에 대한 비교위험도는 1.2 이다.
③ 크롬에 노출된 집단의 위험도가 더 큰 것으로 나타났다.
④ 비교위험도는 크롬의 노출이 기여하는 절대적인 위험률의 정도를 의미한다.

21. 자연습구온도는 31℃, 흑구온도는 24℃, 건구온도는 34℃인 실내작업장에서 시간당 400칼로리가 소모된다면 계속작업을 실시하는 주조공장의 WBGT는 몇 ℃인가? (단, 고용노동부 고시를 기준으로 한다.)

① 28.9   ② 29.9
③ 30.9   ④ 31.9

22. 작업환경측정의 단위표시로 틀린 것은? (단, 고용노동부 고시를 기준으로 한다.)

① 미스트, 흄의 농도는 ppm, mg/m³로 표시한다.
② 소음수준의 측정단위는 dB(A)로 표시한다.
③ 석면의 농도표시는 섬유개수(개/cm³)로 표시한다.
④ 고열(복사열 포함)의 측정단위는 섭씨온도(℃)로 표시한다.

23. 공기시료채취 시 공기유량과 용량을 보정하는 표준기구 중 1차 표준기구는?

① 흑연 피스톤 미터　② 로타 미터
③ 습식테스트 미터　　④ 건식가스 미터

24. 고열 측정방법에 관한 내용이다. ( ) 안에 들어갈 내용으로 맞는 것은? (단, 고용노동부 고시를 기준으로 한다.)

측정기기를 설치한 후 일정시간 안정화시킨 후 측정을 실시하고, 고열작업에 대해 측정하고자 할 경우에는 1일 작업시간 중 최대로 높은 고열에 노출되고 있는 (㉠)시간을 (㉡)분 간격으로 연속하여 측정한다.

① ㉠ : 1, ㉡ : 5　　② ㉠ : 2, ㉡ : 5
③ ㉠ : 1, ㉡ : 10　　④ ㉠ : 2, ㉡ : 10

25. 흉곽성 입자상물질(TPM)의 평균입경(㎛)은? (단, ACGIH 기준)

① 1　　② 4
③ 10　　④ 50

26. 일반적으로 소음계는 A, B, C 세 가지 특성에서 측정할 수 있도록 보정되어 있다. 그 중 A특성치는 몇 phon의 등감곡선에 기준한 것인가?

① 20phon　　② 40phon
③ 70phon　　④ 100phon

27. 입자상 물질인 흄(fume)에 관한 설명으로 옳지 않은 것은?

① 용접공정에서 흄이 발생한다.
② 일반적으로 흄은 모양이 불규칙하다.
③ 흄의 입자크기는 먼지보다 매우 커 폐포에 쉽게 도달하지 않는다.
④ 흄은 상온에서 고체상태의 물질이 고온으로 액체화된 다음 증기화되고, 증기물의 응축 및 산화로 생기는 고체상의 미립자이다.

28. 다음의 유기용제 중 실리카겔에 대한 친화력이 가장 강한 것은?

① 알코올류　　② 케톤류
③ 올레핀류　　④ 에스테르류

29. 다음 중 0.2~0.5m/sec 이하의 실내기류를 측정하는데 사용할 수 있는 온도계는?

① 금속온도계　　② 건구온도계
③ 카타온도계　　④ 습구온도계

30. 누적소음노출량(D, %)을 적용하여 시간가중평균소음기준(TWA, dB(A))을 산출하는 식은? (단, 고용노동부 고시를 기준으로 한다.)

① $TWA = 61.16\log(\frac{D}{100}) + 70$
② $TWA = 16.61\log(\frac{D}{100}) + 70$
③ $TWA = 16.61\log(\frac{D}{100}) + 90$
④ $TWA = 61.16\log(\frac{D}{100}) + 90$

31. 다음 소음의 측정시간에 관련한 내용에서 ( ) 안에 들어갈 수치로 알맞은 것은? (단, 고용노동부 고시를 기준으로 한다.)

> 단위작업장소에서의 소음발생시간이 6시간 이내인 경우나 소음발생원에서의 발생시간이 간헐적인 경우에는 발생시간동안 연속 측정하거나 등간격으로 나누어 ( )회 이상 측정하여야 한다.

① 2 ② 4
③ 6 ④ 8

32. 작업환경공기 중 A물질(TLV 10ppm) 5ppm, B물질(TLV 100ppm)이 50ppm, C물질(TLV 100ppm)이 60ppm 있을 때, 혼합물의 허용농도는 약 몇 ppm인가? (단, 상가작용 기준)

① 78 ② 72
③ 68 ④ 64

33. 입자상물질을 채취하는데 이용되는 PVC 여과지에 대한 설명으로 틀린 것은?

① 유리규산을 채취하여 X-선 회절분석법에 적합하다.
② 수분에 대한 영향이 크지 않다.
③ 공해성 먼지, 총 먼지 등의 중량분석에 용이하다.
④ 산에 쉽게 용해되어 금속 채취에 적당하다.

34. 절삭작업을 하는 작업장의 오일미스트 농도 측정결과가 아래 표와 같다면 오일미스트의 TWA는 얼마인가?

측정시간	오일미스트농도(mg/m³)
09:00 − 10:00	0
10:00 − 11:00	1.0
11:00 − 12:00	1.5
13:00 − 14:00	1.5
14:00 − 15:00	2.0
15:00 − 17:00	4.0
17:00 − 18:00	5.0

① 3.24mg/m³ ② 2.38mg/m³
③ 2.16mg/m³ ④ 1.78mg/m³

35. 작업장에서 오염물질 농도를 측정했을 때 일산화탄소(CO)가 0.01%이었다면 이 때 일산화탄소 농도(mg/m³)는 약 얼마인가? (단, 25℃, 1기압 기준이다.)

① 95 ② 105
③ 115 ④ 125

36. 다음 중 석면을 포집하는데 적합한 여과지는?

① 은막 여과지 ② 섬유상 막여과지
③ PTEE 막여과지 ④ MCE 막여과지

37. 작업 환경 측정 결과 측정치가 다음과 같을 때, 평균편차는 얼마인가?

> 7, 5, 15, 20, 8

① 2.8 ② 5.2
③ 11 ④ 17

38. 초기 무게가 1.260g 인 깨끗한 PVC 여과지를 하이볼륨(High-volume) 시료 채취기에 장착하여 작업장에서 오전 9시부터 오후 5시까지 2.5L/분의 유량으로 시료 채취기를 작동시킨 후 여과지의 무게를 측정한 결과가 1.280g이었다면 채취한 입자상 물질의 작업장 내 평균농도(mg/m³)는?

① 7.8 ② 13.4
③ 16.7 ④ 19.2

39. 다음 중 표본에서 얻은 표준편차와 표본의 수만 가지고 얻을 수 있는 것은?

① 산술평균치 ② 분산
③ 변이계수 ④ 표준오차

40. 누적소음노출량 측정기로 소음을 측정하는 경우, 기기 설정으로 적절한 것은? (단, 고용노동부 고시를 기준으로 한다.)

① Criteria = 80dB, Exchange Rate = 5dB, Threshold = 90dB
② Criteria = 80dB, Exchange Rate = 10dB, Threshold = 90dB
③ Criteria = 90dB, Exchange Rate = 10dB, Threshold = 80dB
④ Criteria = 90dB, Exchange Rate = 5dB, Threshold = 80dB

41. 후드의 정압이 50mmH$_2$O이고 덕트 속도압이 20mmH$_2$O일 때, 후드의 압력손실계수는?

① 1.5 ② 2.0
③ 2.5 ④ 3.0

42. 내경 15mm인 관에 40m/min의 속도로 비압축성 유체가 흐르고 있다. 같은 조건에서 내경만 10mm로 변화하였다면, 유속은 약 몇 m/min인가? (단, 관 내 유체의 유량은 같다.)

① 90 ② 120
③ 160 ④ 210

43. 0℃, 1기압에서 A기체의 밀도가 1.415kg/m^{3}일 때, 100℃, 1기압에서 A기체의 밀도는 몇 kg/m^{3}인가?

① 0.903 ② 1.036
③ 1.085 ④ 1.411

44. 다음 중 덕트 내 공기의 압력을 측정할 때 사용하는 장비로 가장 적절한 것은?

① 피토관 ② 타코메타
③ 열선유속계 ④ 회전날개형 유속계

45. 다음 중 귀마개의 특징과 가장 거리가 먼 것은?

① 제대로 착용하는데 시간이 걸린다.
② 보안경 사용 시 차음효과가 감소한다.
③ 착용여부 파악이 곤란하다.
④ 귀마개 오염에 따른 감염 가능성이 있다.

46. 다음 중 국소배기장치에서 공기공급시스템이 필요한 이유와 가장 거리가 먼 것은?

① 에너지 절감
② 안전사고 예방
③ 작업장의 교차기류 촉진
④ 국소배기장치의 효율 유지

47. 오후 6시 20분에 측정한 사무실 내 이산화탄소의 농도는 1200ppm, 사무실이 빈 상태로 1시간이 경과한 오후 7시 20분에 측정한 이산화탄소의 농도는 400ppm이었다. 이 사무실의 시간당 공기교환 횟수는? (단, 외부공기 중의 이산화탄소의 농도는 330ppm이다.)

① 0.56 ② 1.22
③ 2.52 ④ 4.26

48. 안지름이 200mm인 관을 통하여 공기를 55m^3/min의 유량으로 송풍할 때, 관 내 평균유속은 약 몇 m/sec인가?

① 21.8 ② 24.5
③ 29.2 ④ 32.2

49. 슬롯 길이가 3m이고, 제어속도가 2m/sec인 슬롯 후드에서 오염원이 2m 떨어져 있을 경우 필요 환기량은 몇 m^3/min인가? (단, 공간에 설치하며 플랜지는 부착되어 있지 않다.)

① 1434 ② 2664
③ 3734 ④ 4864

50. 방진마스크에 대한 설명으로 옳은 것은?

① 흡기 저항 상승률이 높은 것이 좋다.
② 형태에 따라 전면형 마스크와 후면형 마스크가 있다.
③ 필터의 여과효율이 낮고 흡입저항이 클수록 좋다.
④ 비휘발성 입자에 대한 보호가 가능하고 가스 및 증기의 보호는 안 된다.

51. 한랭작업장에서 일하고 있는 근로자의 관리에 대한 내용으로 옳지 않은 것은?

① 가장 따뜻한 시간대에 작업을 실시한다.
② 노출된 피부나 전신의 온도가 떨어지지 않도록 온도를 높이고 기류의 속도는 낮추어야 한다.
③ 신발은 발을 압박하지 않고 습기가 있는 것을 신는다.
④ 외부 액체가 스며들지 않도록 방수 처리된 의복을 입는다.

52. 스토크스 식에 근거한 중력침강속도에 대한 설명으로 틀린 것은? (단, 공기 중의 입자를 고려한다.)

① 중력가속도에 비례한다.
② 입자직경의 제곱에 비례한다.
③ 공기의 점성계수에 반비례한다.
④ 입자와 공기의 밀도차에 반비례한다.

53. 다음 중 국소배기장치 설계의 순서로 가장 적절한 것은?

① 소요풍량 계산 → 후드형식 선정 → 제어속도 결정
② 제어속도 결정 → 소요풍량 계산 → 후드형식 선정
③ 후드형식 선정 → 제어속도 결정 → 소요풍량 계산
④ 후드형식 선정 → 소요풍량 계산 → 제어속도 결정

54. 다음 중 방독마스크의 카트리지의 수명에 영향을 미치는 요소와 가장 거리가 먼 것은?

① 흡착제의 질과 양 ② 상대습도
③ 온도   ④ 분진 입자의 크기

55. 원심력 송풍기인 방사 날개형 송풍기에 관한 설명으로 틀린 것은?

① 깃이 평판으로 되어 있다.
② 플레이트형 송풍기라고도 한다.
③ 깃의 구조가 분진을 자체 정화할 수 있도록 되어 있다.
④ 큰 압력손실에서 송풍량이 급격히 떨어지는 단점이 있다.

56. 작업환경개선을 위한 물질의 대체로 적절하지 않은 것은?

① 주물공정에서 실리카모래 대신 그린모래로 주형을 채우도록 한다.
② 보온재로 석면 대신 유리섬유나 암면 등을 사용한다.
③ 금속표면을 블라스팅할 때 사용재료를 철구슬 대신 모래를 사용한다.
④ 야광시계 자판의 라듐을 인으로 대체하여 사용한다.

57. 원심력 송풍기의 종류 중 전향 날개형 송풍기에 관한 설명으로 옳지 않은 것은?

① 다익형 송풍기라고도 한다.
② 큰 압력손실에도 송풍량의 변동이 적은 장점이 있다.
③ 송풍기의 임펠러가 다람쥐 쳇바퀴 모양이며, 송풍기 깃이 회전방향과 동일한 방향으로 설계되어 있다.
④ 동일 송풍량을 발생시키기 위한 임펠러 회전속도가 상대적으로 낮아 소음문제가 거의 발생하지 않는다.

58. 필요 환기량을 감소시키는 방법으로 옳지 않은 것은?

① 가급적이면 공정이 많이 포위되지 않도록 하여야 한다.
② 후드 개구면에서 기류가 균일하게 분포되도록 설계한다.
③ 공정에서 발생 또는 배출되는 오염물질의 절대량을 감소시킨다.
④ 포집형이나 레시버형 후드를 사용할 때는 가급적 후드를 배출 오염원에 가깝게 설치한다.

59. 국소배기시스템 설계에서 송풍기 전압이 136mmH₂O이고, 송풍량은 184m³/min일 때, 필요한 송풍기 소요 동력은 약 몇 kW인가? (단, 송풍기의 효율은 60%이다.)

① 2.7   ② 4.8
③ 6.8   ④ 8.7

60. 다음 중 작업환경관리의 목적과 가장 거리가 먼 것은?

① 산업재해 예방   ② 작업환경의 개선
③ 작업능률의 향상   ④ 직업병 치료

61. 흑구온도가 260K이고, 기온이 251K일 때 평균복사온도는? (단, 기류속도는 1m/s이다.)

① 227.8   ② 260.7
③ 287.2   ④ 300.6

62. 산업안전보건법령상 적정한 공기에 해당하는 것은? (단, 다른 성분의 조건은 적정한 것으로 가정한다.)

① 탄산가스가 1.0%인 공기
② 산소농도가 16%인 공기
③ 산소농도가 25%인 공기
④ 황화수소 농도가 25ppm인 공기

63. 높은(고)기압에 의한 건강영향에 대한 설명으로 틀린 것은?

① 청력의 저하, 귀의 압박감이 일어나며 심하면 고막 파열이 일어날 수 있다.
② 부비강 개구부 감염 혹은 기형으로 폐쇄된 경우 심한구토, 두통 등의 증상을 일으킨다.
③ 압력상승이 급속한 경우 폐 및 혈액으로 탄산가스의 일과성 배출이 일어나 호흡이 억제된다.
④ 3~4 기압의 산소 혹은 이에 상당하는 공기 중 산소분압에 의하여 중추신경계의 장해에 기인하는 운동장해를 나타내는 데 이것을 산소중독이라고 한다.

64. 적외선의 생물학적 영향에 관한 설명으로 틀린 것은?

① 근적외선은 급성 피부화상, 색소침착 등을 일으킨다.
② 적외선이 흡수되면 화학반응에 의하여 조직온도가 상승한다.
③ 조사 부위의 온도가 흐르면 홍반이 생기고, 혈관이 확장된다.
④ 장기간 조사 시 두통, 자극작용이 있으며, 강력한 적외선은 뇌막자극 증상을 유발할 수 있다.

65. 피부로 감지할 수 없는 불감기류의 최고 기류범위는 얼마인가?

① 약 0.5m/s 이하   ② 약 1.0m/s 이하
③ 약 1.3m/s 이하   ④ 약 1.5m/s 이하

66. 소음작업장에서 각 음원의 음압레벨이 A = 110dB, B = 80dB, C = 70dB이다. 음원이 동시에 가동될 때 음압레벨(SPL)은?

① 87dB ② 90dB
③ 95dB ④ 110dB

67. 한랭환경으로 인하여 발생되거나 악화되는 질병과 가장 거리가 먼 것은?

① 동상(Frist bote)
② 지단자람증(Acrocyanosis)
③ 케이슨병(Caisson disease)
④ 레이노드씨 병(Raynaud's disease)

68. 진동에 의한 생체영향과 가장 거리가 먼 것은?

① C_5 dip 현상 ② Raynaud 현상
③ 내분비계 장해 ④ 뼈 및 관절의 장해

69. 소음의 생리적 영향으로 볼 수 없는 것은?

① 혈압 감소 ② 맥박수 증가
③ 위분비액 감소 ④ 집중력 감소

70. 자유공간에 위치한 점음원의 음향파워레벨(PWL)이 110dB일 때, 이 점음원으로부터 100m 떨어진 곳의 음압레벨(SPL)은?

① 49dB ② 59dB
③ 69dB ④ 79dB

71. 방사선을 전리방사선과 비전리방사선으로 분류하는 인자가 아닌 것은?

① 파장 ② 주파수
③ 이온화하는 성질 ④ 투과력

72. 기류의 측정에 사용되는 기구가 아닌 것은?

① 흑구온도계 ② 열선풍속계
③ 카타온도계 ④ 풍차풍속계

73. 전리방사선의 단위에 관한 설명으로 틀린 것은?

① rad – 조사량과 관계없이 인체조직에 흡수된 양을 의미한다.
② rem – 1rad의 X선 혹은 감마선이 인체조직에 흡수된 양을 의미한다.
③ curoe – 1초 동안에 3.7×10^{10}개의 원자붕괴가 일어나는 방사능 물질의 양을 의미한다.
④ Roentgen(R) – 공기 중에 방사선에 의해 생성되는 이온의 양으로 주로 X선 및 감마선의 조사량을 표시할 때 쓰인다.

74. 국소진동에 노출된 경우에 인체에 장애를 발생시킬 수 있는 주파수 범위로 알맞은 것은?

① 10~150Hz ② 10~300Hz
③ 8~500Hz ④ 8~1500Hz

75. 소음 평가치의 단위로 가장 적절한 것은?

① Hz ② NRR
③ phon ④ NRN

76. 조명을 작업환경의 한 요인으로 볼 때, 고려해야 할 사항이 아닌 것은?

① 빛의 색 ② 조명 시간
③ 눈부심과 휘도 ④ 조도와 조도의 분포

77. 감압에 따른 기포형성량을 좌우하는 요인이 아닌 것은?

① 감압속도
② 체내 가스의 팽창 정도
③ 조직에 용해된 가스량
④ 혈류를 변화시키는 상태

78. 도르노선(Dorno-ray)에 대한 내용으로 맞는 것은?

① 가시광선의 일종이다.
② 280~315Å 파장의 자외선을 의미한다.
③ 소독작용, 비타민 D 형성 등 생물학적 작용이 강하다.
④ 절대온도 이상의 모든 물체는 온도에 비례하여 방출한다.

79. 일반적인 작업장의 인공조명 시 고려사항으로 적절하지 않은 것은?

① 조명도를 균등히 유지할 것
② 경제적이며 취급이 용이할 것
③ 가급적 직접조명이 되도록 설치할 것
④ 폭발성 또는 발화성이 없으며 유해가스를 발생하지 않을 것

80. 미국(EPA)의 차음평가수를 의미하는 것은?

① NRR
② TL
③ SNR
④ SLC80

81. 다음 중 카드뮴에 관한 설명으로 틀린 것은?

① 카드뮴은 부드럽고 연성이 있는 금속으로 납광물이나 아연광물을 제련할 때 부산물로 얻어진다.
② 흡수된 카드뮴은 혈장단백질과 결합하여 최종적으로 신장에 축적된다.
③ 인체 내에서 철을 필요로 하는 효소와의 결합반응으로 독성을 나타낸다.
④ 카드뮴 흄이나 먼지에 급성 노출되면 호흡기가 손상되며 사망에 이르기도 한다.

82. 다음 중 실험동물을 대상으로 투여 시 독성을 초래하지는 않지만 관찰 가능한 가역적인 반응이 나타나는 양을 의미하는 용어는?

① 유효량(ED)
② 치사량(LD)
③ 독성량(TD)
④ 서한량(PD)

83. 다음 중 진폐증 발생에 관여하는 인자와 가장 거리가 먼 것은?

① 분진의 노출기간
② 분진의 분자량
③ 분진의 농도
④ 분진의 크기

84. 유해화학물질의 노출기준으로 정하고 있는 기관과 노출기준 명칭의 연결이 옳은 것은?

① OSHA – REL
② ALHA – MAC
③ ACGIH – TLV
④ NIOSH – PEL

85. 다음 중 생물학적 모니터링에 관한 설명으로 적절하지 않은 것은?

① 생물학적 모니터링은 작업자의 생물학적 시료에서 화학물질의 노출 정도를 추정하는 것을 말한다.
② 근로자 노출 평가와 건강상의 영향 평가 두 가지 목적으로 모두 사용될 수 있다.
③ 내재용량은 최근에 흡수된 화학물질의 양을 말한다.
④ 내재용량은 여러 신체 부분이나 몸 전체에서 저장된 화학물질의 양을 말하는 것은 아니다.

86. 다음 중 생체 내에서 혈액과 화학작용을 일으켜서 질식을 일으키는 물질은?

① 수소
② 헬륨
③ 질소
④ 일산화탄소

87. 다음 중 핵산 하나를 탈락시키거나 첨가함으로써 돌연변이를 일으키는 물질은?

① 아세톤(acetone)
② 아닐린(aniline)
③ 아크리딘(acridine)
④ 아세토니트릴(acetonitrile)

88. 직업적으로 벤지딘(Benzidine)에 장기간 노출되었을 때 암이 발생될 수 있는 인체 부위로 가장 적절한 것은?

① 피부
② 뇌
③ 폐
④ 방광

89. 다음 표와 같은 크롬중독을 스크린하는 검사법을 개발하였다면 이 검사법의 특이도는 얼마인가?

구분		크롬중독진단		합계
		양성	음성	
검사법	양성	15	9	24
	음성	9	21	30
합계		24	30	54

① 68%
② 69%
③ 70%
④ 71%

90. 다음 중 수은중독에 관한 설명으로 틀린 것은?

① 수은은 주로 골 조직과 신경에 많이 축적된다.
② 무기수은염류는 호흡기나 경구적 어느 경로라도 흡수된다.
③ 수은중독의 특징적인 증상은 구내염, 근육진전 등이 있다.
④ 전리된 수은이온은 단백질을 침전시키고, thiol기(SH)를 가진 효소작용을 억제한다.

91. 다음 중 인체 순환기계에 대한 설명으로 틀린 것은?

① 인체의 각 구성세포에 영양소를 공급하며, 노폐물 등을 운반한다.
② 혈관계의 동맥은 심장에서 말초혈관으로 이동하는 원심성 혈관이다.
③ 림프관은 체내에서 들어온 감염성 미생물 및 이물질을 살균 또는 식균하는 역할을 한다.
④ 신체방어에 필요한 혈액응고효소 등을 손상 받은 부위로 수송한다.

92. 다음 중 달걀 썩는 것 같은 심한 부패성 냄새가 나는 물질로, 노출 시 중추신경의 억제와 후각의 마비 증상을 유발하며, 치료를 위하여 100% O_2를 투여하는 등의 조치가 필요한 물질은?

① 암모니아
② 포스겐
③ 오존
④ 황화수소

93. 다음 중 수은중독환자의 치료 방법으로 적합하지 않는 것은?

① Ca-EDTA 투여
② BAL(British Anti-Lewisite) 투여
③ N-acetyl-D-penicillamine 투여
④ 우유와 계란의 흰자를 먹인 후 위 세척

94. ACGIH에 의하여 구분된 입자상 물질의 명칭과 입경을 연결된 것으로 틀린 것은?

① 폐포성 입자상 물질 – 평균입경이 1μm
② 호흡성 입자상 물질 – 평균입경이 4μm
③ 흉곽성 입자상 물질 – 평균입경이 10μm
④ 흡입성 입자상 물질 – 평균입경이 0~100μm

95. 벤젠 노출근로자의 생물학적 모니터링을 위하여 소변 시료를 확보하였다. 다음 중 분석해야 하는 대사산물로 맞는 것은?

① 마뇨산(hippuric acid)
② t,t-뮤코닉산(t,t-Muconic acid)
③ 메틸마뇨산(Methylhippuric acid)
④ 트리클로로아세트산(trichloroacetic acid)

96. 다음 중 ACGIH의 발암물질 구분 중 인체 발암성 미분류 물질 구분으로 알맞은 것은?

① A_2
② A_3
③ A_4
④ A_5

97. 산업안전보건법령상 기타 분진의 산화규소결정체 함유율과 노출기준으로 맞는 것은?

① 함유율 : 0.1% 이상, 노출기준 : $5mg/m^3$
② 함유율 : 0.1% 이상, 노출기준 : $10mg/m^3$
③ 함유율 : 1% 이상, 노출기준 : $5mg/m^3$
④ 함유율 : 1% 이상, 노출기준 : $10mg/m^3$

98. 다음 중 혈색소와 친화도가 산소보다 강하여 COHb를 형성하여 조직에서 산소공급을 억제하며, 혈중 COHb의 농도가 높아지면 HbO_2의 해리작용을 방해하는 물질은?

① 일산화탄소
② 에탄올
③ 리도카인
④ 염소산염

99. 직업성 천식의 발생기전과 관계가 없는 것은?

① Metallothionein
② 항원공여세포
③ IgG
④ Histamine

100. 할로겐화 탄화수소에 속하는 삼염화에틸렌(trichloro-ethylene)은 호흡기를 통하여 흡수된다. 삼염화에틸렌의 대사 산물은?

① 삼염화에탄올
② 메틸마뇨산
③ 사염화에틸렌
④ 페놀

UNIT 09 2020년 산업위생관리기사 기출문제 1,2회

01. 직업성 질환 발생의 요인을 직접적인 원인과 간접적인 원인으로 구분할 때 직접적인 원인에 해당되지 않는 것은?

① 물리적 환경요인
② 화학적 환경요인
③ 작업강도와 작업시간적 요인
④ 부자연스런 자세와 단순 반복 작업 등의 작업요인

02. 산업안전보건법령상 시간당 200~350kcal의 열량이 소요되는 작업을 매시간 50% 작업, 50% 휴식시의 고온노출 기준(WBGT)은?

① 26.7℃   ② 28.0℃
③ 28.4℃   ④ 29.4℃

03. 산업안전보건법령상 사무실 오염물질에 대한 관리기준으로 옳지 않은 것은?

① 라돈 : $148Bq/m^3$ 이하
② 일산화탄소 : 10ppm 이하
③ 이산화질소 : 0.1ppm 이하
④ 포름알데히드 : $500\mu g/m^3$ 이하

04. 유해인자와 그로 인하여 발생되는 직업병이 올바르게 연결된 것은?

① 크롬 – 간암   ② 이상기압 – 침수족
③ 망간 – 비중격천공 ④ 석면 – 악성중피종

05. 근골격계 부담작업으로 인한 건강장해 예방을 위한 조치 항목으로 옳지 않은 것은?

① 근골격계 질환 예방관리 프로그램을 작성·시행할 경우에는 노사협의를 거쳐야 한다.
② 근골격계 질환 예방관리 프로그램에는 유해요인조사, 작업환경개선, 교육·훈련 및 평가 등이 포함되어 있다.
③ 사업주는 25kg 이상의 중량물을 들어 올리는 작업에 대하여 중량과 무게중심에 대하여 안내표시를 하여야 한다.
④ 근골격계 부담작업에 해당하는 새로운 작업·설비 등을 도입한 경우, 지체 없이 유해요인조사를 실시하여야 한다.

06. 연평균 근로자수가 5000명인 사업장에서 1년 동안에 125건의 재해로 인하여 250명의 사상자가 발생하였다면, 이 사업장의 연천인율은 얼마인가? (단, 이 사업장의 근로자 1인당 연간 근로시간은 2400시간이다.)

① 10   ② 25
③ 50   ④ 200

07. 영국의 외과의사 Pott에 의하여 발견된 직업성 암은?

① 비암   ② 폐암
③ 간암   ④ 음낭암

08. 산업피로(industrial fatigue)에 관한 설명으로 옳지 않은 것은?

① 산업피로의 유발원인으로는 작업부하, 작업환경조건, 생활조건 등이 있다.
② 작업과정 사이에 짧은 휴식보다 장시간의 휴식시간을 삽입하여 산업피로를 경감시킨다.
③ 산업피로의 검사방법은 한 가지 방법으로 판정하기는 어려우므로 여러 가지 검사를 종합하여 결정한다.
④ 산업피로란 일반적으로 작업현장에서 고단하다는 주관적인 느낌이 있으면서, 작업능률이 떨어지고, 생체기능의 변화를 가져오는 현상이라고 정의할 수 있다.

09. 산업안전보건법령상 사무실 공기의 시료채취 방법이 잘못 연결된 것은?

① 일산화탄소 - 전기화학검출기에 의한 채취
② 이산화질소 - 캐니스터(canister)를 이용한 채취
③ 이산화탄소 - 비분산적외선검출기에 의한 채취
④ 총부유세균 - 충돌법을 이용한 부유세균채취기로 채취

10. 재해예방의 4원칙에 대한 설명으로 옳지 않은 것은?

① 재해발생에는 반드시 그 원인이 있다.
② 재해가 발생하면 반드시 손실도 발생한다.
③ 재해는 원인 제거를 통하여 예방이 가능하다.
④ 재해예방을 위한 가능한 안전대책은 반드시 존재한다.

11. 작업환경측정기관이 작업환경측정을 한 경우 결과를 시료채취를 마친 날부터 며칠 이내에 관할 지방고용노동관서의 장에게 제출하여야 하는가? (단, 제출기간의 연장은 고려하지 않는다.)

① 30일 ② 60일
③ 90일 ④ 120일

12. 산업안전보건법령상 보건관리자의 업무가 아닌 것은? (단, 그 밖에 작업관리 및 작업환경관리에 관한 사항은 제외한다.)

① 물질안전보건자료의 게시 또는 비치에 관한 보좌 및 지도·조언
② 보건교육계획의 수립 및 보건교육 실시에 관한 보좌 및 지도·조언
③ 안전인증대상기계 등 보건과 관련된 보호구의 점검, 지도, 유지에 관한 보좌 및 지도·조언
④ 전체 환기장치 등에 관한 설비의 점검과 작업방법의 공학적 개선에 관한 보좌 및 지도·조언

13. 인간공학에서 고려해야 할 인간의 특성과 가장 거리가 먼 것은?

① 인간의 습성
② 신체의 크기와 작업환경
③ 기술, 집단에 대한 적응능력
④ 인간의 독립성 및 감정적 조화성

14. 산업안전보건법령상 유해위험방지계획서의 제출 대상이 되는 사업이 아닌 것은? (단, 전기 계약용량이 모두 300킬로와트 이상이다.)

① 항만운송사업 ② 반도체 제조업
③ 식료품 제조업 ④ 전자부품 제조업

15. 산업위생전문가의 윤리강령 중 "전문가로서의 책임"에 해당하지 않는 것은?

① 기업체의 기밀은 누설하지 않는다.
② 과학적 방법의 적용과 자료의 해석에서 객관성을 유지한다.
③ 근로자, 사회 및 전문 직종의 이익을 위해 과학적 지식은 공개하거나 발표하지 않는다.
④ 전문적 판단이 타협에 의하여 좌우될 수 있는 상황에는 개입하지 않는다.

16. 작업자세는 피로 또는 작업 능률과 밀접한 관계가 있는데, 바람직한 작업자세의 조건으로 보기 어려운 것은?

① 정적 작업을 도모한다.
② 작업에 주로 사용하는 팔은 심장높이에 두도록 한다.
③ 작업물체와 눈과의 거리는 명시거리로 30cm 정도를 유지토록 한다.
④ 근육을 지속적으로 수축시키기 때문에 불안정한 자세는 피하도록 한다.

17. 지능검사, 기능검사, 인성검사는 직업 적성검사 중 어느 검사항목에 해당되는가?

① 감각적 기능검사 ② 생리적 적성검사
③ 신체적 적성검사 ④ 심리적 적성검사

18. 산업위생 활동 중 유해인자의 양적, 질적인 정도가 근로자들의 건강에 어떤 영향을 미칠 것인지 판단하는 의사결정단계는?

① 인지 ② 예측
③ 측정 ④ 평가

19. 근로자에 있어서 약한 손(왼손잡이의 경우 오른손)의 힘은 평균 45kp라고 한다. 이 근로자가 무게 18kg인 박스를 두 손으로 들어 올리는 작업을 할 경우의 작업강도(%MS)는?

① 15% ② 20%
③ 25% ④ 30%

20. 물체 무게가 2kg, 권고중량한계가 4kg일 때 NIOSH의 중량물 취급지수(LI, Lifting Index)는?

① 0.5 ② 1
③ 2 ④ 4

21. 시료채취기를 근로자에게 착용시켜 가스·증기·미스트·흄 또는 분진 등을 호흡기 위치에서 채취하는 것을 무엇이라고 하는가?

① 지역시료채취 ② 개인시료채취
③ 작업시료채취 ④ 노출시료채취

22. 공장 내 지면에 설치된 한 기계로부터 10m 떨어진 지점의 소음이 70dB(A)일 때, 기계의 소음이 50dB(A)로 들리는 지점은 기계에서 몇 m 떨어진 곳인가? (단, 점음원을 기준으로 하고, 기타 조건은 고려하지 않는다.)

① 50 ② 100
③ 200 ④ 400

23. Low Volume Air Sampler로 작업장 내 시료를 측정한 결과 $2.55mg/m^3$이고, 상대농도계로 10분간 측정한 결과 155이고, dark count가 6일 때 질량농도의 변환계수는?

① 0.27 ② 0.36
③ 0.64 ④ 0.85

24. 소음작업장에서 두 기계 각각의 음압레벨이 90dB로 동일하게 나타났다면 두 기계가 모두 가동되는 이 작업장의 음압레벨(dB)은? (단, 기타 조건은 같다.)

① 93 ② 95
③ 97 ④ 99

25. 대푯값에 대한 설명 중 틀린 것은?

① 측정값 중 빈도가 가장 많은 수가 최빈값이다.
② 가중평균은 빈도를 가중치로 택하여 평균값을 계산한다.
③ 중앙값은 측정값을 모두 나열하였을 때 중앙에 위치하는 측정값이다.
④ 기하평균은 n개의 측정값이 있을 때 이들의 합을 개수로 나눈 값으로 산업위생분야에서 많이 사용한다.

26. 금속 도장 작업장의 공기 중에 혼합된 기체의 농도와 TLV가 다음 표와 같을 때, 이 작업장의 노출지수(EI)는 얼마인가? (단, 상가 작용 기준이며 농도 및 TLV의 단위는 ppm이다.)

기체명	기체의 농도	TLV
Toluene	55	100
MBK	25	50
Acetone	280	750
MEK	90	200

① 1.573　　② 1.673
③ 1.773　　④ 1.873

27. 허용농도(TLV) 적용상 주의할 사항으로 틀린 것은?
① 대기오염평가 및 관리에 적용될 수 없다.
② 기존의 질병이나 육체적 조건을 판단하기 위한 척도로 사용될 수 없다.
③ 사업장의 유해조건을 평가하고 개선하는 지침으로 사용될 수 없다.
④ 안전농도와 위험농도를 정확히 구분하는 경계선이 아니다.

28. 소음 측정을 위한 소음계(Sound level meter)는 주파수에 따른 사람의 느낌을 감안하여 세 가지 특성 즉 A, B 및 C 특성에서 음압을 측정할 수 있다. 다음 내용에서 A, B 및 C 특성에 대한 설명이 바르게 된 것은?
① A특성 보정치는 4,000Hz 수준에서 가장 크다.
② B특성 보정치와 C특성 보정치는 각각 70phon과 40phon의 등감곡선과 비슷하게 보정하여 측정한 값이다.
③ B특성 보정치(dB)는 2,000Hz에서 값이 0이다.
④ A특성 보정치(dB)는 1,000Hz에서 값이 0이다.

29. 작업환경측정 및 정도관리 등에 관한 고시상 원자흡광광도법(AAS)으로 분석할 수 있는 유해인자가 아닌 것은?
① 코발트　　② 구리
③ 산화철　　④ 카드뮴

30. 불꽃 방식 원자흡광광도계가 갖는 특징으로 틀린 것은?
① 분석시간이 흑연으로 장치에 비하여 적게 소요된다.
② 혈액이나 소변 등 생물학적 시료의 유해금속 분석에 주로 많이 사용된다.
③ 일반적으로 흑연로장치나 유도결합플라스마-원자발광분석기에 비하여 저렴하다.
④ 용질이 고농도로 용해되어 있는 경우 버너의 슬롯을 막을 수 있으며 점성이 큰 용액이 분무가 어려워 분무구멍을 막아버릴 수 있다.

31. 작업환경측정결과를 통계처리 시 고려해야 할 사항으로 적절하지 않은 것은?
① 대표성　　② 불변성
③ 통계적 평가　　④ 2차 정규분포 여부

32. 1N-HCl(f=1.000) 500mL를 만들기 위해 필요한 진한 염산의 부피(mL)는? (단, 진한 염산의 물성은 비중 1.18, 함량 35%이다.)
① 약 18　　② 약 36
③ 약 44　　④ 약 66

33. 고온의 노출기준에서 작업자가 경작업을 할 때, 휴식 없이 계속 작업할 수 있는 기준에 위배되는 온도는? (단, 고용노동부 고시를 기준으로 한다.)

① 습구흑구온도지수: 30℃
② 태양광이 내리쬐는 옥외장소
   자연습구온도: 28℃
   흑구온도: 32℃
   건구온도: 40℃
③ 태양광이 내리쬐는 옥외장소
   자연습구온도: 29℃
   흑구온도: 33℃
   건구온도: 33℃
④ 태양광이 내리쬐는 옥외 장소
   자연습구온도: 30℃
   흑구온도: 30℃
   건구온도: 30℃

34. 다음 중 고열 측정기기 및 측정방법 등에 관한 내용으로 틀린 것은?

① 고열은 습구흑구온도지수를 측정할 수 있는 기기 또는 이와 동등 이상의 성능을 가진 기기를 사용한다.
② 고열을 측정하는 경우 측정기 제조자가 지정한 방법과 시간을 준수하여 사용한다.
③ 고열작업에 대한 측정은 1일 작업시간 중 최대로 고열에 노출되고 있는 1시간을 30분 간격으로 연속하여 측정한다.
④ 측정기의 위치는 바닥 면으로부터 50cm 이상, 150cm 이하의 위치에서 측정한다.

35. 다음 중 활성탄에 흡착된 유기화합물을 탈착하는데 가장 많이 사용하는 용매는?

① 톨루엔 ② 이황화탄소
③ 클로로포름 ④ 메틸클로로포름

36. 입경이 50μm이고 비중이 1.32인 입자의 침강속도(cm/s)는 얼마인가?

① 8.6 ② 9.9
③ 11.9 ④ 13.6

37. 작업자가 유해물질에 노출된 정도를 표준화하기 위한 계산식으로 옳은 것은? (단, 고용노동부 고시를 기준으로 하며, C는 유해물질의 농도, T는 노출시간을 의미한다.)

① $\dfrac{\sum_{n=1}^{m}(C_n \times T_n)}{8}$ ② $\dfrac{8}{\sum_{n=1}^{m}(C_n \times T_n)}$

③ $\dfrac{\sum_{n=1}^{m}(C_n) \times T_n}{8}$ ④ $\dfrac{\sum_{n=1}^{m}(C_n) + T_n}{8}$

38. 원자흡광분광법의 기본 원리가 아닌 것은?

① 모든 원자들은 빛을 흡수한다.
② 빛을 흡수할 수 있는 곳에서 빛은 각 화학적 원소에 대한 특정파장을 갖는다.
③ 흡수되는 빛의 양은 시료에 함유되어 있는 원자의 농도에 비례한다.
④ 컬럼 안에서 시료들은 충진제와 친화력에 의해서 상호 작용하게 된다.

39. 다음 ( ) 안에 들어갈 수치는?

단시간노출기준(STEL) : ( )분간의 시간가중 평균 노출값

① 10 ② 15
③ 20 ④ 40

40. 흡수액 측정법에 주로 사용되는 주요 기구로 옳지 않은 것은?

① 테드라 백(Tedlar bag)
② 프리티드 버블러(Fritted bubbler)
③ 간이 가스 세척병(Simple gas washing bottle)
④ 유리구 충진분리관(Packed glass bead column)

41. 무거운 분진(납분진, 주물사, 금속가루분진)의 일반적인 반송속도로 적절한 것은?

① 5m/s
② 10m/s
③ 15m/s
④ 25m/s

42. 여과제진장치의 설명 중 옳은 것은?

> ㉠ 여과속도가 클수록 미세입자포집에 유리하다.
> ㉡ 연속식은 고농도 함진 배기가스처리에 적합하다.
> ㉢ 습식제진에 유리하다.
> ㉣ 조작 불량을 조기에 발견할 수 있다.

① ㉠, ㉢
② ㉡, ㉣
③ ㉡, ㉢
④ ㉠, ㉡

43. 호흡기 보호구의 밀착도 검사(fit test)에 대한 설명이 잘못된 것은?

① 정량적인 방법에는 냄새, 맛, 자극물질 등을 이용한다.
② 밀착도 검사란 얼굴피부 접촉면과 보호구 안면부가 적합하게 밀착되는지를 측정하는 것이다.
③ 밀착도 검사를 하는 것은 작업자가 작업장에 들어가기 전 누설정도를 최소화시키기 위함이다.
④ 어떤 형태의 마스크가 작업자에게 적합한지 마스크를 선택하는데 도움을 주어 작업자의 건강을 보호한다.

44. 어떤 공장에서 접착공정이 유기용제 중독의 원인이 되었다. 직업병 예방을 위한 작업환경관리 대책이 아닌 것은?

① 신선한 공기에 의한 희석 및 환기실시
② 공정의 밀폐 및 격리
③ 조업방법의 개선
④ 보건교육 미실시

45. 후드의 개구(opening) 내부로 작업환경의 오염공기를 흡인시키는데 필요한 압력차에 관한 설명 중 적합하지 않은 것은?

① 정지상태의 공기가속에 필요한 것 이상의 에너지이어야 한다.
② 개구에서 발생되는 난류손실을 보전할 수 있는 에너지이어야 한다.
③ 개구에서 발생되는 난류손실은 형태나 재질에 무관하게 일정하다.
④ 공기의 가속에 필요한 에너지는 공기의 이동에 필요한 속도압과 같다.

46. 90° 곡관의 반경비가 2.0일 때 압력손실계수는 0.27이다. 속도압이 14mmH₂O라면 곡관의 압력손실(mmH₂O)은?

① 7.6
② 5.5
③ 3.8
④ 2.7

47. 용기충진이나 콘베이어 적재와 같이 발생기류가 높고 유해물질이 활발하게 발생하는 작업조건의 제어속도로 가장 알맞은 것은? (단, ACGIH 권고 기준)

① 2.0m/s
② 3.0m/s
③ 4.0m/s
④ 5.0m/s

48. 귀덮개의 장점을 모두 짝지은 것으로 가장 옳은 것은?

> A. 귀마개보다 쉽게 착용 할 수 있다.
> B. 귀마개보다 일관성 있는 차음 효과를 얻을 수 있다.
> C. 크기를 여러 가지로 할 필요가 없다.
> D. 착용여부를 쉽게 확인할 수 있다.

① A, B, D ② A, B, C
③ A, C, D ④ A, B, C, D

49. 강제환기의 효과를 제고하기 위한 원칙으로 틀린 것은?

① 오염물질 배출구는 가능한 한 오염원으로부터 가까운 곳에 설치하여 점 환기 현상을 방지한다.
② 공기배출구와 근로자의 작업위치 사이에 오염원이 위치하여야 한다.
③ 공기가 배출되면서 오염장소를 통과하도록 공기배출구와 유입구의 위치를 선정한다.
④ 오염원 주위에 다른 작업 공정이 있으면 공기배출량을 공급량보다 약간 크게 하여 음압을 형성하여 주위 근로자에게 오염 물질이 확산되지 않도록 한다.

50. 후드 흡인기류의 불량상태를 점검할 때 필요하지 않은 측정기기는?

① 열선풍속계
② Threaded thermometer
③ 연기발생기
④ Pitot tube

51. 원심력 송풍기 중 다익형 송풍기에 관한 설명으로 가장 거리가 먼 것은?

① 송풍기의 임펠러가 다람쥐 쳇바퀴 모양으로 생겼다.
② 큰 압력손실에서 송풍량이 급격하게 떨어지는 단점이 있다.
③ 고강도가 요구되기 때문에 제작비용이 비싸다는 단점이 있다.
④ 다른 송풍기와 비교하여 동일 송풍량을 발생시키기 위한 임펠러 회전속도가 상대적으로 낮기 때문에 소음이 작다.

52. 덕트(duct)의 압력손실에 관한 설명으로 옳지 않은 것은?

① 직관에서의 마찰손실과 형태에 따른 압력손실로 구분할 수 있다.
② 압력손실은 유체의 속도압에 반비례한다.
③ 덕트 압력손실은 배관의 길이와 정비례한다.
④ 덕트 압력손실은 관직경과 반비례한다.

53. 송풍기 깃이 회전방향 반대편으로 경사지게 설계되어 충분한 압력을 발생시킬 수 있고, 원심력송풍기 중 효율이 가장 좋은 송풍기는?

① 후향날개형 송풍기
② 방사날개형 송풍기
③ 전향날개형 송풍기
④ 안내깃이 붙은 축류 송풍기

54. 전기집진장치의 장점으로 옳지 않은 것은?

① 가연성 입자의 처리에 효율적이다.
② 넓은 범위의 입경과 분진농도에 집진효율이 높다.
③ 압력손실이 낮으므로 송풍기의 가동비용이 저렴하다.
④ 고온 가스를 처리할 수 있어 보일러와 철강로 등에 설치할 수 있다.

55. 어떤 원형덕트에 유체가 흐르고 있다. 덕트의 직경을 1/2로 하면 직관부분의 압력손실은 몇 배로 되는가? (단, 달시의 방정식을 적용한다.)

① 4배　　　② 8배
③ 16배　　 ④ 32배

56. 눈 보호구에 관한 설명으로 틀린 것은? (단, KS 표준 기준)

① 눈을 보호하는 보호구는 유해광선 차광 보호구와 먼지나 이물을 막아주는 방진안경이 있다.
② 400A 이상의 아크 용접 시 차광도 번호 14의 차광도 보호안경을 사용하여야 한다.
③ 눈, 지붕 등으로부터 반사광을 받는 작업에서는 차광도 번호 1.2-3 정도의 차광도 보호안경을 사용하는 것이 알맞다.
④ 단순히 눈의 외상을 막는데 사용되는 보호안경은 열처리를 하거나 색깔을 넣은 렌즈를 사용할 필요가 없다.

57. 소음 작업장에 소음수준을 줄이기 위하여 흡음을 중심으로 하는 소음저감대책을 수립한 후, 그 효과를 측정하였다. 소음 감소효과가 있었다고 보기 어려운 경우는?

① 음의 잔향시간을 측정하였더니 잔향시간이 약간이지만 증가한 것으로 나타났다.
② 대책 후의 총 흡음량이 약간 증가하였다.
③ 소음원으로부터 거리가 멀어질수록 소음수준이 낮아지는 정도가 대책수립 전보다 커졌다.
④ 실내상수 R을 계산해보니 R값이 대책 수립 전보다 커졌다.

58. 국소환기시설에 필요한 공기송풍량을 계산하는 공식 중 점흡인에 해당하는 것은?

① $Q = 4\pi \times x^2 \times V_c$
② $Q = 2\pi \times L \times x \times V_c$
③ $Q = 60 \times 0.75 \times V_c (10x^2 + A)$
④ $Q = 60 \times 0.5 \times V_c (10x^2 + A)$

59. 확대각이 10°인 원형 확대관에서 입구직관의 정압은 -15mmH$_2$O, 속도압은 35mmH$_2$O이고, 확대된 출구 직관의 속도압은 25mmH$_2$O이다. 확대측의 정압(mmH$_2$O)은? (단, 확대각이 10°일 때 압력손실계수(ζ)는 0.28이다.)

① 7.8　　　② 15.6
③ -7.8　　 ④ -15.6

60. 목재분진을 측정하기 위한 시료채취장치로 가장 적합한 것은?

① 활성탄관(charcoal tube)
② 흡입성분진 시료채취기(IOM sampler)
③ 호흡성분진 시료채취기(aluminum cyclone)
④ 실리카겔관(silica gel tube)

61. 질식우려가 있는 지하 맨홀 작업에 앞서서 준비해야 할 장비나 보호구로 볼 수 없는 것은?

① 안전대　　　　② 방독 마스크
③ 송기 마스크　 ④ 산소농도 측정기

62. 진동 발생원에 대한 대책으로 가장 적극적인 방법은?

① 발생원의 격리　② 보호구 착용
③ 발생원의 제거　④ 발생원의 재배치

63. 전리방사선에 의한 장해에 해당하지 않는 것은?

① 참호족 ② 피부장해
③ 유전적 장해 ④ 조혈기능 장해

64. 고소음으로 인한 소음성 난청 질환자를 예방하기 위한 작업환경관리방법 중 공학적 개선에 해당되지 않는 것은?

① 소음원의 밀폐
② 보호구의 지급
③ 소음원의 벽으로 격리
④ 작업장 흡음시설의 설치

65. 비이온화 방사선의 파장별 건강에 미치는 영향으로 옳지 않은 것은?

① UV-A : 315~400nm - 피부노화촉진
② IR-B : 780~1400nm - 백내장, 각막화상
③ UV-B : 280~315nm - 발진, 피부암, 광결막염
④ 가시광선 : 400~700nm - 광화학적이거나 열에 의한 각막손상, 피부화상

66. WBGT에 대한 설명으로 옳지 않은 것은?

① 표시단위는 절대온도(K)이다.
② 기온, 기습, 기류 및 복사열을 고려하여 계산된다.
③ 태양광선이 있는 옥외 및 태양광선이 없는 옥내로 구분된다.
④ 고온에서의 작업휴식시간비를 결정하는 지표로 활용된다.

67. 작업자 A의 4시간 작업 중 소음노출량이 76%일 때, 측정시간에 있어서의 평균치는 약 몇 dB(A)인가?

① 88 ② 93
③ 98 ④ 103

68. 이온화 방사선과 비이온화 방사선을 구분하는 광자에너지는?

① 1eV ② 4eV
③ 12.4eV ④ 15.6eV

69. 이상기압에 의하여 발생하는 직업병에 영향을 미치는 유해인자가 아닌 것은?

① 산소(O_2) ② 이산화황(SO_2)
③ 질소(N_2) ④ 이산화탄소(CO_2)

70. 작업장의 자연채광 계획 수립에 관한 설명으로 옳지 않은 것은?

① 창의 면적은 방바닥 면적의 15~20%가 이상적이다.
② 조도의 평등을 요하는 작업실은 남향으로 하는 것이 좋다.
③ 실내 각점의 개각은 4~5°, 입사각은 28° 이상이 되어야 한다.
④ 유리창은 청결한 상태여도 10~15% 조도가 감소되는 점을 고려한다.

71. 빛에 관한 설명으로 옳지 않은 것은?

① 광원으로부터 나오는 빛의 세기를 조도라 한다.
② 단위 평면적에서 발산 또는 반사되는 광량을 휘도라 한다.
③ 루멘은 1촉광의 광원으로부터 단위 입체각으로 나가는 광속의 단위이다.
④ 조도는 어떤 면에 들어오는 광속의 양에 비례하고, 입사면의 단면적에 반비례한다.

72. 태양으로부터 방출되는 복사 에너지의 52% 정도를 차지하고 피부조직 온도를 상승시켜 충혈, 혈관확장, 각막손상, 두부장해를 일으키는 유해광선은?

① 자외선　　　② 적외선
③ 가시광선　　④ 마이크로파

73. 감압병의 예방 및 치료의 방법으로 옳지 않은 것은?

① 감압이 끝날 무렵에 순수한 산소를 흡입시키면 예방적 효과와 함께 감압시간을 단축시킬 수 있다.
② 잠수 및 감압방법은 특별히 잠수에 익숙한 사람을 제외하고는 1분에 10m 정도씩 잠수하는 것이 안전하다.
③ 고압환경에서 작업 시 질소를 헬륨으로 대치하면 성대에 손상을 입힐 수 있으므로 할로겐 가스로 대치한다.
④ 감압병의 증상을 보일 경우 환자를 인공적 고압실에 넣어 혈관 및 조직 속에 발생한 질소의 기포를 다시 용해시킨 후 천천히 감압한다.

74. 흑구온도는 32℃, 건구온도는 27℃, 자연습구온도는 30℃인 실내작업장의 습구·흑구온도지수는?

① 33.3℃　　　② 32.6℃
③ 31.3℃　　　④ 30.6℃

75. 저온환경에서 나타나는 일차적인 생리적 반응이 아닌 것은?

① 체표면적의 증가
② 피부혈관의 수축
③ 근육긴장의 증가와 떨림
④ 화학적 대사작용의 증가

76. 소음에 의하여 발생하는 노인성 난청의 청력손실에 대한 설명으로 옳은 것은?

① 고주파영역으로 갈수록 큰 청력손실이 예상된다.
② 2000Hz에서 가장 큰 청력장애가 예상된다.
③ 1000Hz 이하에서는 20~30dB의 청력손실이 예상된다.
④ 1000~8000Hz 영역에서는 0~20dB의 청력손실이 예상된다.

77. 고압환경에서 발생할 수 있는 생체증상으로 볼 수 없는 것은?

① 부종　　　② 압치통
③ 폐압박　　④ 폐수종

78. 음(sound)에 관한 설명으로 옳지 않은 것은?

① 음(음파)이란 대기압보다 높거나 낮은 압력의 파동이고, 매질을 타고 전달되는 진동에너지이다.
② 주파수란 1초 동안에 음파로 발생되는 고압력 부분과 저압력 부분을 포함한 압력 변화의 완전한 주기를 말한다.
③ 음의 단위는 물리적 단위를 쓰는 것이 아니라 감각 수준인 데시벨(dB)이라는 무차원의 비교단위를 사용한다.
④ 사람이 대기압에서 들을 수 있는 음압은 0.000002 N/m^{2}에서부터 20N/m^{2}까지 광범위한 영역이다.

79. 흡음재의 종류 중 다공질 재료에 해당되지 않는 것은?

① 암면　　　　② 펠트(felt)
③ 석고보드　　④ 발포 수지재료

80. 6N/m²의 음압은 약 몇 dB의 음압수준인가?

① 90
② 100
③ 110
④ 120

81. metallothionein에 대한 설명으로 옳지 않은 것은?

① 방향족 아미노산이 없다.
② 주로 간장과 신장에 많이 축적된다.
③ 카드뮴과 결합하면 독성이 강해진다.
④ 시스테인이 주성분인 아미노산으로 구성된다.

82. 직업병의 유병율이란 발생율에서 어떠한 인자를 제거한 것인가?

① 기간
② 집단수
③ 장소
④ 질병종류

83. 투명한 휘발성 액체로 페인트, 시너, 잉크 등의 용제로 사용되며 장기간 노출될 경우 말초신경장해가 초래되어 사지의 지각상실과 신근마비 등 다발성 신경장해를 일으키는 파라핀계 탄화수소의 대표적인 유해물질은?

① 벤젠
② 노말헥산
③ 톨루엔
④ 클로로포름

84. 급성 전신중독을 유발하는데 있어 그 독성이 가장 강한 방향족 탄화수소는?

① 벤젠(Benzene)
② 크실렌(Xylene)
③ 톨루엔(Toluene)
④ 에틸렌(Ethylene)

85. 사업장에서 노출되는 금속의 일반적인 독성기전이 아닌 것은?

① 효소억제
② 금속평형의 파괴
③ 중추신경계 활성억제
④ 필수금속 성분의 대체

86. 무기성 분진에 의한 진폐증에 해당하는 것은?

① 면폐증
② 농부폐증
③ 규폐증
④ 목재분진폐증

87. 생물학적 모니터링에 대한 설명으로 옳지 않은 것은?

① 화학물질의 종합적인 흡수 정도를 평가할 수 있다.
② 노출기준을 가진 화학물질의 수보다 BEI를 가지는 화학물질의 수가 더 많다.
③ 생물학적 시료를 분석하는 것은 작업환경 측정보다 훨씬 복잡하고 취급이 어렵다.
④ 근로자의 유해인자에 대한 노출 정도를 소변, 호기, 혈액 중에서 그 물질이나 대사산물을 측정함으로써 노출 정도를 추정하는 방법을 의미한다.

88. 니트로벤젠의 화학물질의 영향에 대한 생물학적 모니터링 대상으로 옳은 것은?

① 요에서의 마뇨산
② 적혈구에서의 ZPP
③ 요에서의 저분자량 단백질
④ 혈액에서의 메트헤모글로빈

89. 직업성 천식을 유발하는 대표적인 물질로 나열된 것은?

① 알루미늄, 2-Bromopropane
② TDI(Toluene Diisocyanate), Asbestos
③ 실리카, DBCP(1,2-dibromo-3-chloropropane)
④ TDI(Toluene Diisocyanate), TMA(Trimellitic Anhydride)

90. 생리적으로는 아무 작용도 하지 않으나 공기 중에 많이 존재하여 산소분압을 저하시켜 조직에 필요한 산소의 공급부족을 초래하는 질식제는?

① 단순 질식제
② 화학적 질식제
③ 물리적 질식제
④ 생물학적 질식제

91. 크롬화합물 중독에 대한 설명으로 옳지 않은 것은?

① 크롬중독은 뇨 중의 크롬양을 검사하여 진단한다.
② 크롬 만성중독의 특징은 코, 폐 및 위장에 병변을 일으킨다.
③ 중독치료는 배설촉진제인 Ca-EDTA를 투약하여야 한다.
④ 정상인보다 크롬취급자는 폐암으로 인한 사망률이 약 13~31배나 높다고 보고된 바 있다.

92. 기관지와 폐포 등 폐 내부의 공기통로와 가스교환 부위에 침착되는 먼지로서 공기역학적 지름이 30㎛ 이하의 크기를 가지는 것은?

① 흉곽성 먼지   ② 호흡성 먼지
③ 흡입성 먼지   ④ 침착성 먼지

93. 자극성 접촉피부염에 대한 설명으로 옳지 않은 것은?

① 홍반과 부종을 동반하는 것이 특징이다.
② 작업장에서 발생빈도가 가장 높은 피부질환이다.
③ 진정한 의미의 알레르기 반응이 수반되는 것은 포함시키지 않는다.
④ 항원에 노출되고 일정시간이 지난 후에 다시 노출되었을 때 세포매개성 과민반응에 의하여 나타나는 부작용의 결과이다.

94. 중금속이 인체에 미치는 영향을 연결한 것으로 옳지 않은 것은?

① 크롬 – 폐암
② 수은 – 파킨슨병
③ 납 – 소아의 IQ 저하
④ 카드뮴 – 호흡기의 손상

95. 작업환경에서 발생될 수 있는 망간에 관한 설명으로 옳지 않은 것은?

① 주로 철합금으로 사용되며, 화학공업에서는 건전지 제조업에 사용된다.
② 만성노출시 언어가 느려지고 무표정하게 되며, 파킨슨 증후군 등의 증상이 나타나기도 한다.
③ 망간은 호흡기, 소화기 및 피부를 통하여 흡수되며, 이 중에서 호흡기를 통한 경로가 가장 많고 위험하다.
④ 급성중독 시 신장장애를 일으켜 요독증(uremia)으로 8~10일 이내 사망하는 경우도 있다.

96. 유해물질을 생리적 작용에 의하여 분류한 자극제에 관한 설명으로 옳지 않은 것은?

① 상기도의 점막에 작용하는 자극제는 크롬산, 산화에틸렌 등이 해당된다.
② 상기도 점막과 호흡기관지에 작용하는 자극제는 불소, 요오드 등이 해당된다.
③ 호흡기관의 종말기관지와 폐포점막에 작용하는 자극제는 수용성이 높아 심각한 영향을 준다.
④ 피부와 점막에 작용하여 부식작용을 하거나 수포를 형성하는 물질을 자극제라고 하며 고농도로 눈에 들어가면 결막염과 각막염을 일으킨다.

97. 어떤 물질의 독성에 관한 인체실험 결과 안전흡수량이 체중 1kg 당 0.15mg이었다. 체중이 70kg인 근로자가 1일 8시간 작업할 경우, 이 물질의 체내 흡수를 안전흡수량 이하로 유지하려면, 공기 중 농도를 약 얼마 이하로 하여야 하는가? (단, 작업 시 폐환기율(또는 호흡률)은 1.3m³/h, 체내 잔류율은 1.0으로 한다.)

① $0.52mg/m^3$ ② $1.01mg/m^3$
③ $1.57mg/m^3$ ④ $2.02mg/m^3$

98. ACGIH에서 규정한 유해물질 허용기준에 관한 사항으로 옳지 않은 것은?

① TLV-C : 최고 노출기준
② TLV-STEL : 단기간 노출기준
③ TLV-TWA : 8시간 평균 노출기준
④ TLV-TLM : 시간가중 한계농도기준

99. 먼지가 호흡기계로 들어올 때 인체가 가지고 있는 방어기전으로 가장 적정하게 조합된 것은?

① 면역작용과 폐내의 대사 작용
② 폐포의 활발한 가스교환과 대사 작용
③ 점액 섬모운동과 가스교환에 의한 정화
④ 점액 섬모운동과 폐포의 대식세포의 작용

100. 공기 중 입자상 물질의 호흡기계 축적기전에 해당하지 않는 것은?

① 교환
② 충돌
③ 침전
④ 확산

2020년 산업위생관리기사 기출문제 3회

01. 주로 정적인 자세에서 인체의 특정부위를 지속적, 반복적으로 사용하거나 부적합한 자세로 장기간 작업할 때 나타나는 질환을 의미하는 것이 아닌 것은?

① 반복성긴장장애
② 누적외상성질환
③ 작업관련성 신경계질환
④ 작업관련성 근골격계질환

02. 육체적 작업 시 혐기성 대사에 의해 생성되는 에너지원에 해당하지 않는 것은?

① 산소(Oxygen)
② 포도당(Glucose)
③ 크레아틴 인산(CP)
④ 아데노신 삼인산(ATP)

03. 산업안전보건법상 발암성 정보물질의 표기법 중 '사람에게 충분한 발암성 증거가 있는 물질'에 대한 표기방법으로 옳은 것은?

① 1
② 1A
③ 2A
④ 2B

04. 산업안전보건법령상 작업환경측정에 대한 설명으로 옳지 않은 것은?

① 작업환경측정의 방법, 횟수 등의 필요사항은 사업주가 판단하여 정할 수 있다.
② 사업주는 작업환경의 측정 중 시료의 분석을 작업환경측정기관에 위탁할 수 있다.
③ 사업주는 작업환경측정 결과를 해당 작업장의 근로자에게 알려야 한다.
④ 사업주는 근로자대표가 요구할 경우 작업환경측정 시 근로자대표를 참석시켜야 한다.

05. 온도 25℃, 1기압 하에서 분당 100mL씩 60분 동안 채취한 공기 중에서 벤젠이 5mg 검출되었다면 검출된 벤젠은 약 몇 ppm인가? (단, 벤젠의 분자량은 78이다.)

① 15.7
② 26.1
③ 157
④ 261

06. 화학적 원인에 의한 직업성 질환으로 볼 수 없는 것은?

① 정맥류
② 수전증
③ 치아산식증
④ 시신경 장해

07. 다음 ( ) 안에 들어갈 알맞은 것은?

산업안전보건법령상 화학물질 및 물리적 인자의 노출기준에서 "시간가중평균노출기준(TWA)"이란 1일 (A)시간 작업을 기준으로 하여 유해인자의 측정치에 발생시간을 곱하여 (B)시간으로 나눈 값을 말한다.

① A : 6, B : 6
② A : 6, B : 8
③ A : 8, B : 6
④ A : 8, B : 8

08. 산업위생전문가의 윤리강령 중 "근로자에 대한 책임"에 해당하는 것은?

① 적절하고도 확실한 사실을 근거로 전문적인 견해를 발표한다.
② 기업주에 대하여는 실현 가능한 개선점으로 선별하여 보고한다.
③ 이해관계가 있는 상황에서는 고객의 입장에서 관련 자료를 제시한다.
④ 근로자의 건강보호가 산업위생전문가의 1차적인 책임이라는 것을 인식한다.

09. 주요 실내 오염물질의 발생원으로 보기 어려운 것은?

① 호흡
② 흡연
③ 자외선
④ 연소기기

10. 산업피로의 종류에 대한 설명으로 옳지 않은 것은?

① 근육의 일부 부위에만 발생하는 국소피로와 전신에 나타나는 전신피로가 있다.
② 신체피로는 육체적 노동에 의한 근육의 피로를 말하는 것으로 근육노동을 할 경우 주로 발생된다.
③ 피로는 그 정도에 따라 보통피로, 과로 및 곤비로 분류할 수 있으며 가장 경중의 피로단계는 곤비이다.
④ 정신피로는 중추신경계의 피로를 말하는 것으로 정밀작업 등과 같은 정신적 긴장을 요하는 작업 시에 발생된다.

11. 산업안전보건법령상 사업주가 사업을 할 때 근로자의 건강장해를 예방하기 위하여 필요한 보건상의 조치를 하여야 할 항목이 아닌 것은?

① 사업장에서 배출되는 기체·액체 또는 찌꺼기 등에 의한 건강장해
② 폭발성, 발화성 및 인화성 물질 등에 의한 위험 작업의 건강장해
③ 계측감시, 컴퓨터 단말기 조작, 정밀공작 등의 작업에 의한 건강장해
④ 단순반복작업 또는 인체에 과도한 부담을 주는 작업에 의한 건강장해

12. 육체적 작업능력(PWC)이 16kcal/min인 남성 근로자가 1일 8시간 동안 물체를 운반하는 작업을 하고 있다. 이 때 작업대사율은 10kcal/min이고, 휴식 시 대사율은 2kcal/min이다. 매 시간마다 적정한 휴식 시간은 약 몇 분인가? (단, Hertig의 공식을 적용하여 계산한다.)

① 15분
② 25분
③ 35분
④ 45분

13. Diethyl ketone(TLV=200ppm)을 사용하는 근로자의 작업시간이 9시간일 때 허용기준을 보정하였다. OSHA 보정법과 Brief and Scala 보정법을 적용하였을 경우 보정된 허용기준치간의 차이는 약 몇 ppm인가?

① 5.05
② 11.11
③ 22.22
④ 33.33

14. 산업위생의 역사에서 직업과 질병의 관계가 있음을 알렸고, 광산에서의 납중독을 보고한 인물은?

① Larigo
② Paracelsus
③ Percival Pott
④ Hippocrates

15. 피로의 예방대책으로 적절하지 않은 것은?

① 충분한 수면을 갖는다.
② 작업환경을 정리, 정돈한다.
③ 정적인 자세를 유지하는 작업을 동적인 작업으로 전환하도록 한다.
④ 작업과정 사이에 여러 번 나누어 휴식하는 것보다 장시간의 휴식을 취한다.

16. 직업성 변이(occupational stigmata)의 정의로 옳은 것은?

① 직업에 따라 체온량의 변화가 일어나는 것이다.
② 직업에 따라 체지방량의 변화가 일어나는 것이다.
③ 직업에 따라 신체 활동량의 변화가 일어나는 것이다.
④ 직업에 따라 신체 형태와 기능에 국소적 변화가 일어나는 것이다.

17. 생체와 환경과의 열교환 방정식을 올바르게 나타낸 것은? (단, ΔS : 생체 내 열용량의 변화, M : 대사에 의한 열 생산, E : 수분증발에 의한 열 방산, R : 복사에 의한 열 득실, C : 대류 및 전도에 의한 열 득실이다.)

① $\Delta S = M + E \pm R - C$
② $\Delta S = M - E \pm R \pm C$
③ $\Delta S = M + E + R + C$
④ $\Delta S = C - M - R - E$

18. 작업적성에 대한 생리적 적성검사 항목에 해당하는 것은?

① 체력 검사　　② 지능 검사
③ 인성 검사　　④ 지각동작 검사

19. 다음 (　) 안에 들어갈 알맞은 용어는?

> (　　)은/는 근로자나 일반대중에게 질병, 건강장해와 능률저하 등을 초래하는 작업환경 요인과 스트레스를 예측, 인식(측정), 평가, 관리하는 과학인 동시에 기술을 말한다.

① 유해인자　　② 산업위생
③ 위생인식　　④ 인간공학

20. 근로시간 1,000시간당 발생한 재해에 의하여 손실된 총 근로 손실일수로 재해자의 수나 발생빈도와 관계없이 재해의 내용(상해정도)을 측정하는 척도로 사용되는 것은?

① 건수율　　② 연천인율
③ 재해 강도율　　④ 재해 도수율

21. 분석용어에 대한 설명 중 틀린 것은?

① 이동상이란 시료를 이동시키는데 필요한 유동체로서 기체일 경우를 GC라고 한다.
② 크로마토그램이란 유해물질이 검출기에서 반응하여 띠 모양으로 나타난 것을 말한다.
③ 전처리는 분석물질 이외의 것들을 제거하거나 분석에 방해되지 않도록 하는 과정으로서 분석기기에 의한 정량을 포함한다.
④ AAS분석원리는 원자가 갖고 있는 고유한 흡수파장을 이용한 것이다.

22. 벤젠으로 오염된 작업장에서 무작위로 15개 지점의 벤젠의 농도를 측정하여 다음과 같은 결과를 얻었을 때, 이 작업장의 표준편차는?

> 8, 10, 15, 12, 9, 13, 16, 15, 11, 9, 12, 8, 13, 15, 14

① 4.7　　② 3.7
③ 2.7　　④ 0.7

23. 방사선이 물질과 상호작용한 결과 그 물질의 단위질량에 흡수된 에너지(gray: Gy)의 명칭은?

① 조사선량　　② 등가선량
③ 유효선량　　④ 흡수선량

24. 두 개의 버블러를 연속적으로 연결하여 시료를 채취할 때, 첫 번째 버블러의 채취효율이 75%이고, 두 번째 버블러의 채취효율이 90%이면 전체 채취효율(%)은?

① 91.5 ② 93.5
③ 95.5 ④ 97.5

25. 시료채취매체와 해당 매체로 포집할 수 있는 유해인자의 연결로 가장 거리가 먼 것은?

① 활성탄관 – 메탄올
② 유리섬유여과지 – 캡탄
③ PVC여과지 – 석탄분진
④ MCE막여과지 – 석면

26. 작업환경측정 및 정도관리 등에 관한 고시상 시료채취 근로자수에 대한 설명 중 옳은 것은?

① 단위작업장소에서 최고 노출근로자 2명 이상에 대하여 동시에 개인 시료채취 방법으로 측정하되, 단위작업장소에 근로자가 1명인 경우에는 그러하지 아니하며, 동일 작업근로자 수가 20명을 초과하는 경우에는 매 5명 당 1명 이상 추가하여 측정하여야 한다.
② 단위작업 장소에서 최고 노출근로자 2명 이상에 대하여 동시에 개인 시료채취 방법으로 측정하되, 동일 작업근로자수가 100명을 초과하는 경우에는 최대 시료채취 근로자수를 20명으로 조정할 수 있다.
③ 지역시료채취 방법으로 측정을 하는 경우 단위작업장소 내에서 3개 이상의 지점에 대하여 동시에 측정하여야 한다.
④ 지역 시료채취 방법으로 측정을 하는 경우 단위작업 장소의 넓이가 60평방미터 이상인 경우에는 매 30평방미터마다 1개 지점 이상을 추가로 측정하여야 한다.

27. 고성능 액체크로마토그래피(HPLC)에 관한 설명으로 틀린 것은?

① 주 분석대상 화학물질은 PCB 등의 유기화학물질이다.
② 장점으로 빠른 분석 속도, 해상도, 민감도를 들 수 있다.
③ 분석물질이 이동상에 녹아야 하는 제한점이 있다.
④ 이동상인 운반가스의 친화력에 따라 용리법, 치환법으로 구분된다.

28. 18℃, 770mmHg인 작업장에서 methylethyl ketone의 농도가 26ppm일 때 mg/m³ 단위로 환산된 농도는? (단, Methylethyl ketone의 분자량은 72g/mol이다.)

① 64.5 ② 79.5
③ 87.3 ④ 93.2

29. 작업장에 작동되는 기계 두 대의 소음레벨이 각각 98dB(A), 96dB(A)로 측정되었을 때, 두 대의 기계가 동시에 작동되었을 경우에 소음레벨(dB(A))은?

① 98   ② 100
③ 102 ④ 104

30. 어떤 작업장에 50% acetone, 30% Benzene, 20% xylene의 중량비로 조성된 용제가 증발하여 작업환경을 오염시키고 있을 때, 이 용제의 허용농도(TLV: mg/m³)는? (단, Actone, benzene, xylene의 TLV는 각각 1,600, 720, 670mg/m³이고, 용제의 각 성분은 상가작용을 하며, 성분 간 비휘발도 차이는 고려하지 않는다.)

① 873   ② 973
③ 1073 ④ 1173

31. 시간당 약 150kcal의 열량이 소모되는 작업조건에서 WBGT 측정치가 30.6℃일 때 고온의 노출기준에 따른 작업휴식조건으로 적절한 것은?

① 매시간 75% 작업, 25% 휴식
② 매시간 50% 작업, 50% 휴식
③ 매시간 25% 작업, 75% 휴식
④ 계속 작업

32. 검지관의 장·단점으로 틀린 것은?

① 측정대상물질의 동정이 미리 되어 있지 않아도 측정이 가능하다.
② 민감도가 낮으며 비교적 고농도에 적용이 가능하다.
③ 특이도가 낮다. 즉, 다른 방해물질의 영향을 받기 쉬워 오차가 크다.
④ 색이 시간에 따라 변화하므로 제조가가 정한 시간에 읽어야 한다.

33. MCE여과지를 사용하여 금속성분을 측정, 분석한다. 샘플링이 끝난 시료를 전처리하기 위해 회화용액(ashing acid)을 사용하는 데 다음 중 NIOSH에서 제시한 금속별 전처리 용액 중 적절하지 않은 것은?

① 납 : 질산
② 크롬 : 염산 + 인산
③ 카드뮴 : 질산, 염산
④ 다성분금속 : 질산 + 과염소산

34. kata 온도계로 불감기류를 측정하는 방법에 대한 설명으로 틀린 것은?

① kata 온도계의 구(球)부를 50~60℃의 온수에 넣어 구부의 알코올을 팽창시켜 관의 상부눈금까지 올라가게 한다.
② 온도계를 온수에서 꺼내어 구(球)부를 완전히 닦아 내고 스탠드에 고정한다.
③ 알코올의 눈금이 100℉에서 65℉까지 내려가는데 소요되는 시간을 초시계로 4~5회 측정하여 평균을 낸다.
④ 눈금 하강에 소요되는 시간으로 kata 상수를 나눈 값 H는 온도계의 구부 $1cm^2$에서 1초 동안에 방산되는 열량을 나타낸다.

35. 실리카겔 흡착에 대한 설명으로 틀린 것은?

① 실리카겔은 규산나트륨과 황산의 반응에서 유도된 무정형의 물질이다.
② 극성을 띠고 흡습성이 강하므로 습도가 높을수록 파과 용량이 증가한다.
③ 추출액이 화학분석이나 기기분석에 방해물질로 작용하는 경우가 많지 않다.
④ 활성탄으로 채취가 어려운 아닐린, 오르쏘-톨루이딘 등의 아민류나 몇몇 무기물질의 채취도 가능하다.

36. 작업장에서 어떤 유해물질의 농도를 무작위로 측정한 결과가 아래와 같을 때, 측정값에 대한 기하평균(GM)은?

〈단위 : ppm〉
5, 10, 28, 46, 90, 200

① 11.4　　② 32.4
③ 63.2　　④ 104.5

37. 접착공정에서 본드를 사용하는 작업장에서 톨루엔을 측정하고자 한다. 노출기준의 10%까지 측정하고자 할 때, 최소시료채취시간(min)은? (단, 작업장은 25℃, 1기압이며, 톨루엔의 분자량은 92.14, 기체크로마토그래피의 분석에서 톨루엔의 정량한계는 $0.5mg/m^3$, 노출기준은 100ppm, 채취유량은 0.15L/min이다.)

① 13.3　　② 39.6
③ 88.5　　④ 182.5

38. 셀룰로오스 에스테르 막여과지에 관한 설명으로 옳지 않은 것은?

① 산에 쉽게 용해된다.
② 중금속 시료채취에 유리하다.
③ 유해물질이 표면에 주로 침착된다.
④ 흡습성이 적어 중량분석에 적당하다.

39. 작업장 소음에 대한 1일 8시간 노출 시 허용기준 (dB(A))은? (단, 미국 OSHA의 연속소음에 대한 노출기준으로 한다.)

① 45
② 60
③ 75
④ 90

40. 코크스 제조공정에서 발생되는 코크스오븐 배출물질을 채취할 때, 다음 중 가장 적합한 여과지는?

① 은막 여과지
② PVC 여과지
③ 유리섬유 여과지
④ PTFE 여과지

41. 덕트에서 평균속도압이 $25mmH_2O$일 때, 반송속도(m/sec)는?

① 101.1
② 50.5
③ 20.2
④ 10.1

42. 덕트 합류 시 댐퍼를 이용한 균형유지 방법의 장점이 아닌 것은?

① 시설 설치 후 변경에 유연하게 대처 가능
② 설치 후 부적당한 배기유량 조절가능
③ 임의로 유량을 조절하기 어려움
④ 설계 계산이 상대적으로 간단함

43. 송풍기의 송풍량과 회전수의 관계에 대한 설명 중 옳은 것은?

① 송풍량과 회전수는 비례한다.
② 송풍량과 회전수는 제곱에 비례한다.
③ 송풍량과 회전수는 세제곱에 비례한다.
④ 송풍량과 회전수는 역비례한다.

44. 동일한 두께로 벽체를 만들었을 경우에 차음효과가 가장 크게 나타나는 재질은? (단, 2,000Hz 소음을 기준으로 하며, 공극률 등 기타 조건은 동일하다고 가정한다.)

① 납
② 석고
③ 알루미늄
④ 콘크리트

45. 다음 보기 중 공기공급시스템(보충용 공기의 공급 장치)이 필요한 이유가 모두 선택된 것은?

> a. 연료를 절약하기 위해서
> b. 작업장 내 안전사고를 예방하기 위해서
> c. 국소배기장치를 적절하게 가동시키기 위해서
> d. 작업장의 교차기류를 유지하기 위해서

① a, b
② a, b, c
③ b, c, d
④ a, b, c, d

46. 동력과 회전수의 관계로 옳은 것은?

① 동력은 송풍기 회전속도에 비례한다.
② 동력은 송풍기 회전속도의 제곱에 비례한다.
③ 동력은 송풍기 회전속도의 세제곱에 비례한다.
④ 동력은 송풍기 회전속도에 반비례한다.

47. 강제환기를 실시할 때 환기효과를 제고하기 위해 따르는 원칙으로 옳지 않은 것은?

① 배출공기를 보충하기 위하여 청정공기를 공급할 수 있다.
② 공기배출구와 근로자의 작업위치 사이에 오염원이 위치하여야 한다.
③ 오염물질 배출구는 가능한 한 오염원으로부터 가까운 곳에 설치하여 점환기 현상을 방지한다.
④ 오염원 주위에 다른 작업공정이 있으면 공기배출량을 공급량보다 약간 크게 하여 음압을 형성하여 주위 근로자에게 오염물질이 확산되지 않도록 한다.

48. 점음원과 1m 거리에서 소음을 측정한 결과 95dB로 측정되었다. 소음수준을 90dB로 하는 제한구역을 설정할 때, 제한구역의 반경(m)은?

① 3.16   ② 2.20
③ 1.78   ④ 1.39

49. 층류영역에서 직경이 2μm이며 비중이 3인 입자상 물질의 침강속도(cm/sec)는?

① 0.032   ② 0.036
③ 0.042   ④ 0.046

50. 입자상 물질을 처리하기 위한 공기정화장치로 가장 거리가 먼 것은?

① 사이클론   ② 중력집진장치
③ 여과집진장치   ④ 촉매산화에 의한 연소장치

51. 공기가 흡인되는 덕트관 또는 공기가 배출되는 덕트관에서 음압이 될 수 없는 압력의 종류는?

① 속도압(VP)   ② 정압(SP)
③ 확대압(EP)   ④ 전압(TP)

52. 다음의 보호장구의 재질 중 극성용제에 가장 효과적인 것은?

① Vitron   ② Nitrile 고무
③ Neoprene 고무   ④ Butyl 고무

53. 귀덮개 착용 시 일반적으로 요구되는 차음 효과는?

① 저음에서 15dB 이상, 고음에서 30dB 이상
② 저음에서 20dB 이상, 고음에서 45dB 이상
③ 저음에서 25dB 이상, 고음에서 50dB 이상
④ 저음에서 30dB 이상, 고음에서 55dB 이상

54. 움직이지 않는 공기 중으로 속도 없이 배출되는 작업조건(예시 : 탱크에서 증발)의 제어속도 범위(m/sec)는? (단, ACGIH 권고 기준)

① 0.1~0.3   ② 0.3~0.5
③ 0.5~1.0   ④ 1.0~1.5

55. 기류를 고려하지 않고 감각온도(effective temperature)의 근사치로 널리 사용되는 지수는?

① WBGT   ② Radiation
③ Evaporation   ④ Glove Temperature

56. 안전보건규칙상 국소배기장치의 덕트 설치 기준으로 틀린 것은?

① 가능하면 길이는 짧게 하고 굴곡부의 수는 적게 할 것
② 접속부의 안쪽은 돌출된 부분이 없도록 할 것
③ 덕트 내부에 오염물질이 쌓이지 않도록 이송속도를 유지할 것
④ 연결 부위 등은 내부 공기가 들어오지 않도록 할 것

57. Stokes 침강법칙에서 침강속도에 대한 설명으로 옳지 않은 것은? (단, 자유공간에서 구형의 분진 입자를 고려한다.)

① 기체와 분진입자의 밀도 차에 반비례한다.
② 중력 가속도에 비례한다.
③ 기체의 점도에 반비례한다.
④ 분진입자 직경의 제곱에 비례한다.

58. 호흡용 보호구 중 마스크의 올바른 사용법이 아닌 것은?

① 마스크를 착용할 때는 반드시 밀착성에 유의해야 한다.
② 공기정화식 가스마스크(방독마스크)는 방진마스크와는 달리 산소 결핍 작업장에서도 사용이 가능하다.
③ 정화통 혹은 흡수통(canister)은 한번 개봉하면 재사용을 피하는 것이 좋다.
④ 유해물질의 농도가 극히 높으면 자기공급식장치를 사용한다.

59. 21℃, 1기압의 어느 작업장에서 톨루엔과 이소프로필알코올을 각각 100g/hr씩 사용(증발)할 때, 필요 환기량(m^3/hr)은? (단, 두 물질은 상가작용을 하며, 톨루엔의 분자량은 92, TLV는 50ppm, 이소프로필알코올의 분자량은 60, TLV는 200ppm이고, 각 물질의 여유계수는 10으로 동일하다.)

① 약 6,250   ② 약 7,250
③ 약 8,650   ④ 약 9,150

60. 닥트에서 속도압 및 정압을 측정할 수 있는 표준기기는?

① 피토관   ② 풍차풍속계
③ 열선풍속계   ④ 임핀저관

61. 지적환경(optimum working environment)을 평가하는 방법이 아닌 것은?

① 생산적(productive) 방법
② 생리적(physiological) 방법
③ 정신적(psychological) 방법
④ 생물역학적(biomechanical) 방법

62. 감압환경의 설명 및 인체에 미치는 영향으로 옳은 것은?

① 인체와 환경사이의 기압차이 때문에 부종, 출혈, 동통 등을 동반한다.
② 화학적 장해로 작업력의 저하, 기분의 변환, 여러 종류의 다행증이 일어난다.
③ 대기가스의 독성 때문으로 시력장애, 정신혼란, 간질 모양의 경련을 나타낸다.
④ 용해질소의 기포형성 때문으로 동통성 관절장애, 호흡곤란, 무균성 골괴사 등을 일으킨다.

63. 진동의 강도를 표현하는 방법으로 옳지 않은 것은?

① 속도(velocity)
② 투과(transmission)
③ 변위(displacement)
④ 가속도(acceleration)

64. 전리방사선의 흡수선량이 생체에 영향을 주는 정도를 표시하는 선당량(생체시료선량)의 단위는?

① R   ② Ci
③ Sv   ④ Gy

65. 실효음압이 $2 \times 10^{-3} N/m^2$인 음의 음압수준은 몇 dB인가?

① 40   ② 50
③ 60   ④ 70

66. 고압 작업환경만으로 나열된 것은?

① 고소작업, 등반작업
② 용접작업, 고소작업
③ 탈지작업, 샌드블라스트(sand blast)작업
④ 잠함(caisson)작업, 광산의 수직갱내 작업

67. 다음 ( ) 안에 들어갈 내용으로 옳은 것은?

> 일반적으로 ( )의 마이크로파는 신체를 완전히 투과하며 흡수되어도 감지되지 않는다.

① 150MHz 이하   ② 300MHz 이하
③ 500MHz 이하   ④ 1,000MHz 이하

68. 저온에 의한 1차적인 생리적 영향에 해당하는 것은?

① 말초혈관의 수축
② 혈압의 일시적 상승
③ 근육긴장의 증가와 전율
④ 조직대사의 증진과 식욕항진

69. 실내 작업장에서 실내 온도 조건이 다음과 같을 때 WBGT(℃)는?

> • 흑구온도 32℃
> • 건구온도 27℃
> • 자연습구온도 30℃

① 30.1   ② 30.6
③ 30.8   ④ 31.6

70. 다음 중 살균력이 가장 센 파장영역은?

① 1,800~2,100Å   ② 2,800~3,100Å
③ 3,800~4,100Å   ④ 4,800~5,100Å

71. 고압환경의 인체작용에 있어 2차적 가압현상에 해당하지 않는 것은?

① 산소 중독   ② 질소 마취
③ 공기 전색   ④ 이산화탄소 중독

72. 다음 중 차음평가지수를 나타내는 것은?

① sone   ② NRN
③ NRR   ④ phon

73. 소음성 난청에 대한 내용으로 옳지 않은 것은?

① 내이의 세포 변성이 원인이다.
② 음이 강해짐에 따라 정상인에 비해 음이 급격하게 크게 들린다.
③ 청력손실은 초기에 4,000Hz 부근에서 영향이 현저하다.
④ 소음 노출과 관계없이 연령이 증가함에 따라 발생하는 청력장애를 말한다.

74. 소음계(sound level meter)로 소음측정 시 A 및 C특성으로 측정하였다. 만약 C특성으로 측정한 값이 A특성으로 측정한 값보다 훨씬 크다면 소음의 주파수영역은 어떻게 추정이 되겠는가?

① 저주파수가 주성분이다.
② 중주파수가 주성분이다.
③ 고주파수가 주성분이다.
④ 중 및 고주파수가 주성분이다.

75. 전리방사선 방어의 궁극적 목적은 가능한 한 방사선에 불필요하게 노출되는 것을 최소화 하는 데 있다. 국제방사선방호위원회(ICRP)가 노출을 최소화하기 위해 정한 원칙 3가지에 해당하지 않는 것은?

① 작업의 최적화
② 작업의 다양성
③ 작업의 정당성
④ 개개인의 노출량의 한계

76. 현재 총 흡음량이 1,200sabins인 작업장의 천장에 흡음물질을 첨가하여 2,800sabins을 더할 경우 예측되는 소음감소량(dB)은 약 얼마인가?

① 3.5　② 4.2
③ 4.8　④ 5.2

77. 레이노 현상(Raynaud's phenomenon)과 관련이 없는 것은?

① 방사선　② 국소진동
③ 혈액순환장애　④ 저온환경

78. 작업장 내 조명방법에 관한 내용으로 옳지 않은 것은?

① 형광등은 백색에 가까운 빛을 얻을 수 있다.
② 나트륨등은 색을 식별하는 작업장에 가장 적합하다.
③ 수은등은 형광물질의 종류에 따라 임의의 광색을 얻을 수 있다.
④ 시계공장 등 작은 물건을 식별하는 작업을 하는 곳은 국소조명이 적합하다.

79. 럭스(lux)의 정의로 옳은 것은?

① $1m^2$의 평면에 1루멘의 빛이 비칠 때의 밝기를 의미한다.
② 1촉광의 광원으로부터 한 단위 입체각으로 나가는 빛의 밝기 단위이다.
③ 지름이 1인치되는 촛불이 수평방향으로 비칠 때의 빛의 광도를 나타내는 단위이다.
④ 1루멘의 빛이 $1ft^2$의 평면상에 수직방향으로 비칠 때 그 평면의 빛의 양을 의미한다.

80. 유해한 환경의 산소결핍 장소에 출입 시 착용하여야 할 보호구와 가장 거리가 먼 것은?

① 방독마스크　② 송기마스크
③ 공기호흡기　④ 에어라인마스크

81. 유해물질의 생리적 작용에 의한 분류에서 질식제를 단순 질식제와 화학적 질식제로 구분할 때 화학적 질식제에 해당하는 것은?

① 수소(H_2)　② 메탄(CH_4)
③ 헬륨(He)　④ 일산화탄소(CO)

82. 화학물질 및 물리적 인자의 노출기준에서 근로자가 1일 작업시간동안 잠시라도 노출되어서는 아니 되는 기준을 나타내는 것은?

① TLV-C
② TLV-skin
③ TLV-TWA
④ TLV-STEL

83. 생물학적 모니터링을 위한 시료가 아닌 것은?

① 공기 중 유해인자
② 요 중의 유해인자나 대사산물
③ 혈액 중의 유해인자나 대사산물
④ 호기(exhaled air) 중의 유해인자나 대사산물

84. 흡인분진의 종류에 의한 진폐증의 분류 중 무기성 분진에 의한 진폐증이 아닌 것은?

① 규폐증 ② 면폐증
③ 철폐증 ④ 용접공폐증

85. 3가 및 6가 크롬의 인체 작용 및 독성에 관한 내용으로 옳지 않은 것은?

① 산업장의 노출의 관점에서 보면 3가 크롬이 6가 크롬보다 더 해롭다.
② 3가 크롬은 피부 흡수가 어려우나 6가 크롬은 쉽게 피부를 통과한다.
③ 세포막을 통과한 6가 크롬은 세포내에서 수 분 내지 수 시간 만에 발암성을 가진 3가 형태로 환원된다.
④ 6가에서 3가로의 환원이 세포질에서 일어나면 독성이 적으나 DNA의 근위부에서 일어나면 강한 변이원성을 나타낸다.

86. 다음 중 만성중독 시 코, 폐 및 위장의 점막에 병변을 일으키며, 장기간 흡입하는 경우 원발성 기관지암과 폐암이 발생하는 것으로 알려진 대표적인 중금속은?

① 납(Pb) ② 수은(Hg)
③ 크롬(Cr) ④ 베릴륨(Be)

87. 독성물질의 생체 내 변환에 관한 설명으로 옳지 않은 것은?

① 1상 반응은 산화, 환원, 가수분해 등의 과정을 통해 이루어진다.
② 2상 반응은 1상 반응이 불가능한 물질에 대한 추가적 축합반응이다.
③ 생체변환의 기전은 기존의 화합물보다 인체에서 제거하기 쉬운 대사물질로 변화시키는 것이다.
④ 생체 내 변환은 독성물질이나 약물의 제거에 대한 첫 번째 기전이며, 1상 반응과 2상 반응으로 구분된다.

88. 다음 중금속 취급에 의한 대표적인 직업성 질환을 연결한 것으로 서로 관련이 가장 적은 것은?

① 니켈 중독 - 백혈병, 재생불량성 빈혈
② 납 중독 - 골수침입, 빈혈, 소화기장해
③ 수은 중독 - 구내염, 수전증, 정신장해
④ 망간 중독 - 신경염, 신장염, 중추신경장해

89. 다음 중 가스상 물질의 호흡기계 축적을 결정하는 가장 중요한 인자는?

① 물질의 농도차 ② 물질의 입자분포
③ 물질의 발생기전 ④ 물질의 수용성 정도

90. 중금속에 중독되었을 경우에 치료제로 BAL이나 Ca-EDTA 등 금속배설 촉진제를 투여해서는 안되는 중금속은?

① 납 ② 비소
③ 망간 ④ 카드뮴

91. 산업안전보건법령상 석면 및 내화성 세라믹 섬유의 노출기준 표시단위로 옳은 것은?

① % ② ppm
③ 개/cm^3 ④ mg/m^3

92. 피부독성 반응의 설명으로 옳지 않은 것은?

① 가장 빈번한 피부반응은 접촉성 피부염이다.
② 알레르기성 접촉피부염은 면역반응과 관계가 없다.
③ 광독성 반응은 홍반·부종·착색을 동반하기도 한다.
④ 담마진 반응은 접촉 후 보통 30~60분 후에 발생한다.

93. 산업안전보건법령상 사람에게 충분한 발암성 증거가 있는 물질(1A)에 포함되어 있지 않은 것은?

① 벤지딘(Benzidine)
② 베릴륨(Beryllium)
③ 에틸벤젠(Ethyl benzene)
④ 염화 비닐(Vinyl chloride)

94. 단백질을 침전시키며 thiol(-SH)기를 가진 효소의 작용을 억제하여 독성을 나타내는 것은?

① 수은   ② 구리
③ 아연   ④ 코발트

95. 동물을 대상으로 약물을 투여했을 때 독성을 초래하지는 않지만 대상의 50%가 관찰 가능한 가역적인 반응이 나타나는 작용량을 무엇이라 하는가?

① LC_{50} ② ED_{50}
③ LD_{50} ④ TD_{50}

96. 이황화탄소(CS_2)에 중독될 가능성이 가장 높은 작업장은?

① 비료 제조 및 초자공 작업장
② 유리 제조 및 농약 제조 작업장
③ 타르, 도장 및 석유 정제 작업장
④ 인조견, 셀로판 및 사염화탄소 생산 작업장

97. 다음 사례의 근로자에게서 의심되는 노출인자는?

41세 A씨는 1990년부터 1997년까지 기계공구제조업에서 산소용접작업을 하다가 두통, 관절통, 전신근육통, 가슴 답답함, 이가 시리고 아픈 증상이 있어 건강검진을 받았다. 건강검진 결과 단백뇨와 혈뇨가 있어 신장질환 유소견자 진단을 받았다. 이 유해인자의 혈중, 소변 중 농도가 직업병 예방을 위한 생물학적 노출기준을 초과하였다.

① 납   ② 망간
③ 수은   ④ 카드뮴

98. 유기용제의 중추신경 활성억제의 순위를 큰 것에서부터 작은 순으로 나타낸 것 중 옳은 것은?

① 알켄 > 알칸 > 알코올
② 에테르 > 알코올 > 에스테르
③ 할로겐화합물 > 에스테르 > 알켄
④ 할로겐화합물 > 유기산 > 에테르

99. 다음 입자상 물질의 종류 중 액체나 고체의 2가지 상태로 존재할 수 있는 것은?

① 흄(fume)   ② 증기(vapor)
③ 미스트(mist)   ④ 스모크(smoke)

100. 벤젠을 취급하는 근로자를 대상으로 벤젠에 대한 노출량을 추정하기 위해 호흡기 주변에서 벤젠 농도를 측정함과 동시에 생물학적 모니터링을 실시하였다. 벤젠 노출로 인한 대사산물의 결정인자(determinant)로 옳은 것은?

① 호기 중의 벤젠
② 소변 중의 마뇨산
③ 소변 중의 총 페놀
④ 혈액 중의 만델린산

2021년 산업위생관리기사 기출문제 1회

01. 산업재해의 원인을 직접원인(1차원인)과 간접원인(2차원인)으로 구분할 때 직접원인에 대한 설명으로 옳지 않은 것은?

① 불완전한 상태와 불안전한 행위로 나눌 수 있다.
② 근로자의 신체적 원인(두통, 현기증, 만취상태 등)이 있다.
③ 근로자의 방심, 태만, 무모한 행위에서 비롯되는 인적 원인이 있다.
④ 작업장소의 결함, 보호장구의 결함 등의 물적 원인이 있다.

02. 작업장에서 누적된 스트레스를 개인차원에서 관리하는 방법에 대한 설명으로 옳지 않은 것은?

① 신체검사를 통하여 스트레스성 질환을 평가한다.
② 자신의 한계와 문제의 징후를 인식하여 해결방안을 도출한다.
③ 규칙적인 운동을 삼가하고 흡연, 음주 등을 통해 스트레스를 관리한다.
④ 명상, 요가 등의 긴장 이완훈련을 통하여 생리적 휴식상태를 점검한다.

03. 어느 사업장에서 톨루엔($C_6H_5CH_3$)의 농도가 0℃일 때 100ppm이었다. 기압의 변화 없이 기온이 25℃로 올라갈 때 농도는 약 몇 mg/m³인가?

① 325mg/m³ ② 346mg/m³
③ 365mg/m³ ④ 376mg/m³

04. 인체의 항상성(homeostasis) 유지기전의 특성에 해당하지 않는 것은?

① 확산성(diffusion)
② 보상성(compensatory)
③ 자가조절성(self-regulatory)
④ 되먹이기전(feedback mechanism)

05. 산업안전보건법령상 밀폐공간작업으로 인한 건강장해의 예방에 있어 다음 각 용어의 정의로 옳지 않은 것은?

① "밀폐공간"이란 산소결핍, 유해가스로 인한 화재, 폭발 등의 위험이 있는 장소이다.
② "산소결핍"이란 공기 중의 산소농도가 16% 미만인 상태를 말한다.
③ "적정한 공기"란 산소농도의 범위가 18% 이상 23.5% 미만, 탄산가스 농도가 1.5% 미만, 황화수소의 농도가 10ppm 미만인 수준의 공기를 말한다.
④ "유해가스"란 탄산가스·일산화탄소·황화수소 등의 기체로서 인체에 유해한 영향을 미치는 물질을 말한다.

06. AIHA(American Industrial Hygiene Association)에서 정의하고 있는 산업위생의 범위에 해당하지 않는 것은?

① 근로자의 작업 스트레스를 예측하여 관리하는 기술
② 작업장 내 기계의 품질 향상을 위해 관리하는 기술
③ 근로자에게 비능률을 초래하는 작업환경요인을 예측하는 기술
④ 지역사회 주민들에게 건강장애를 초래하는 작업환경요인을 평가하는 기술

07. 하인리히의 사고예방대책의 기본원리 5단계를 순서대로 나타낸 것은?

① 조직 → 사실의 발견 → 분석·평가 → 시정책의 선정 → 시정책의 적용
② 조직 → 분석·평가 → 사실의 발견 → 시정책의 선정 → 시정책의 적용
③ 사실의 발견 → 조직 → 분석·평가 → 시정책의 선정 → 시정책의 적용
④ 사실의 발견 → 조직 → 시정책의 선정 → 시정책의 적용 → 분석·평가

08. 혈액을 이용한 생물학적 모니터링의 단점으로 옳지 않은 것은?

① 보관, 처치에 주의를 요한다.
② 시료채취 시 오염되는 경우가 많다.
③ 시료채취 시 근로자가 부담을 가질 수 있다.
④ 약물동력학적 변이 요인들의 영향을 받는다.

09. 산업안전보건법령상 위험성평가를 실시하여야 하는 사업장의 사업주가 위험성평가의 결과와 조치사항을 기록할 때 포함되어야 하는 사항으로 볼 수 없는 것은?

① 위험성 결정의 내용
② 위험성평가 대상의 유해·위험요인
③ 위험성 평가에 소요된 기간, 예산
④ 위험성 결정에 따른 조치의 내용

10. 단순반복동작 작업으로 손, 손가락 또는 손목의 부적절한 작업방법과 자세 등으로 주로 손목 부위에 주로 발생하는 근골격계 질환은?

① 테니스엘보 ② 회전근개손상
③ 수근관증후군 ④ 흉곽출구증후군

11. 작업자의 최대 작업역(maximum area)이란?

① 어깨에서부터 팔을 뻗쳐 도달하는 최대 영역
② 위팔과 아래팔을 상, 하로 이동할 때 닿는 최대 범위
③ 상체를 좌, 우로 이동하여 최대한 닿을 수 있는 범위
④ 위팔을 상체에 붙인 채 아래팔과 손으로 조작할 수 있는 범위

12. 미국산업위생학술원(AAIH)에서 정한 산업위생전문가들이 지켜야 할 윤리강령 중 전문가로서의 책임에 해당되지 않는 것은?

① 기업체의 기밀을 누설하지 않는다.
② 전문 분야로서의 산업위생 발전에 기여한다.
③ 근로자, 사회 및 전문분야의 이익을 위해 과학적 지식을 공개하고 발표한다.
④ 위험요인의 측정, 평가 및 관리에 있어서 외부의 압력에 굴하지 않고 중립적 태도를 취한다.

13. 턱뼈의 괴사를 유발하여 영국에서 사용 금지된 최초의 물질은?

① 벤지딘(benzidine)
② 청석면(crocidolite)
③ 적린(red phosphorus)
④ 황린(yellow phosphorus)

14. 산업안전보건법령상 강렬한 소음작업에 대한 정의로 옳지 않은 것은?

① 90데시벨 이상의 소음이 1일 8시간 이상 발생하는 작업
② 105데시벨 이상의 소음이 1일 1시간 이상 발생하는 작업
③ 110데시벨 이상의 소음이 1일 30분 이상 발생하는 작업
④ 115데시벨 이상의 소음이 1일 10분 이상 발생하는 작업

15. 38세 된 남성근로자의 육체적 작업능력(PWC)은 15kcal/min이다. 이 근로자가 1일 8시간 동안 물체를 운반하고 있으며 이때의 작업대사량이 7kcal/min이고, 휴식 시 대사량이 1.2kcal/min일 경우 이 사람이 쉬지 않고 계속하여 일을 할 수 있는 최대 허용시간(Tend)은? (단, logTend = 3.720−0.1949E이다.)

① 7분　　② 98분
③ 227분　④ 3063분

16. 다음 중 직업병의 발생 원인으로 볼 수 없는 것은?

① 국소 난방　　② 과도한 작업량
③ 유해물질의 취급　④ 불규칙한 작업시간

17. 온도 25℃, 1기압 하에서 분당 100mL씩 60분 동안 채취한 공기 중에서 벤젠이 3mg 검출되었다면 이 때 검출된 벤젠은 약 몇 ppm인가? (단, 벤젠의 분자량은 78이다.)

① 11　　② 15.7
③ 111　④ 157

18. 교대 근무제의 효과적인 운영방법으로 옳지 않은 것은?

① 업무효율을 위해 연속근무를 실시한다.
② 근무 교대시간은 근로자의 수면을 방해하지 않도록 정해야 한다.
③ 근무시간은 8시간을 주기로 교대하며 야간 근무 시 충분한 휴식을 보장해주어야 한다.
④ 교대작업은 피로회복을 위해 역교대 근무 방식보다 전진근무 방식(주간근무 → 저녁근무 → 야간근무 → 주간근무)으로 하는 것이 좋다.

19. 다음 물질에 관한 생물학적 노출지수를 측정하려 할 때 시료의 채취시기가 다른 하나는?

① 크실렌　　② 이황화탄소
③ 일산화탄소　④ 트리클로로에틸렌

20. 심한 작업이나 운동 시 호흡조절에 영향을 주는 요인과 거리가 먼 것은?

① 산소　　② 수소이온
③ 혈중 포도당　④ 이산화탄소

21. 어느 작업장에서 소음의 음압수준(dB)을 측정한 결과가 85, 87, 84, 86, 89, 81, 82, 84, 83, 88일 때, 측정 결과의 중앙값(dB)은?

① 83.5　　② 84.0
③ 84.5　　④ 84.9

22. 직경 25mm 여과지(유효면적 385mm^2)를 사용하여 백석면을 채취하여 분석한 결과 단위 시야 당 시료는 3.15개, 공시료는 0.05개였을 때 석면의 농도(개/cc)는? (단, 측정시간은 100분, 펌프유량은 2.0L/min, 단위 시야의 면적은 0.00785mm^{2}이다.)

① 0.74　　② 0.76
③ 0.78　　④ 0.80

23. 측정기구와 측정하고자하는 물리적 인자의 연결이 틀린 것은?

① 피토관 − 정압
② 흑구온도 − 복사온도
③ 아스만통풍건습계 − 기류
④ 가이거뮬러카운터 − 방사능

24. 양자역학을 응용하여 아주 짧은 파장의 전자기파를 증폭 또는 발진하여 발생시키며, 단일파장이고 위상이 고르며 간섭현상이 일어나기 쉬운 특성이 있는 비전리 방사선은?

① X-ray ② Microwave
③ Laser ④ gamma-ray

25. 태양광선이 내리쬐지 않는 옥외 장소의 습구흑구온도지수(WBGT)를 산출하는 식은?

① WBGT = 0.7 × 자연습구온도 + 0.3 × 흑구온도
② WBGT = 0.3 × 자연습구온도 + 0.7 × 흑구온도
③ WBGT = 0.3 × 자연습구온도 + 0.7 × 건구온도
④ WBGT = 0.7 × 자연습구온도 + 0.3 × 건구온도

26. 일정한 온도조건에서 가스의 부피와 압력이 반비례하는 것과 가장 관계가 있는 법칙은?

① 보일의 법칙 ② 샤를의 법칙
③ 라울의 법칙 ④ 게이-루삭의 법칙

27. 소음의 단위 중 음원에서 발생하는 에너지를 의미하는 음력(sound power)의 단위는?

① dB ② Phon
③ W   ④ Hz

28. 산업안전보건법령상 유해인자와 단위의 연결이 틀린 것은?

① 소음 – dB
② 흄 – mg/m³
③ 석면 – 개/cm³
④ 고열 – 습구·흑구온도지수, ℃

29. 작업장의 기본적인 특성을 파악하는 예비조사의 목적으로 가장 적절한 것은?

① 유사노출그룹 설정
② 노출기준 초과여부 판정
③ 작업장과 공정의 특성파악
④ 발생되는 유해인자 특성조사

30. 유기용제 취급 사업장의 메탄올 농도 측정 결과가 100, 89, 94, 99, 120ppm일 때, 이 사업장의 메탄올 농도 기하평균(ppm)은?

① 99.4   ② 99.9
③ 100.4 ④ 102.3

31. 소음의 변동이 심하지 않은 작업장에서 1시간 간격으로 8회 측정한 산술평균의 소음수준이 93.5dB(A)이었을 때, 작업시간이 8시간인 근로자의 하루 소음노출량(Noise dose; %)은? (단, 기준소음노출시간과 수준 및 exchange rate은 OHSA 기준을 준용한다.)

① 104 ② 135
③ 162 ④ 234

32. 흡착제를 이용하여 시료채취를 할 때 영향을 주는 인자에 관한 설명으로 틀린 것은?

① 흡착제의 크기: 입자의 크기가 작을수록 표면적이 증가하여 채취효율이 증가하나 압력강하가 심하다.
② 흡착관의 크기: 흡착관의 크기가 커지면 전체 흡착제의 표면적이 증가하여 채취용량이 증가하므로 파과가 쉽게 발생되지 않는다.
③ 습도: 극성 흡착제를 사용할 때 수증기가 흡착되기 때문에 파과가 일어나기 쉽다.
④ 온도: 온도가 높을수록 기공활동이 활발하여 흡착능이 증가하나 흡착제의 변형이 일어날 수 있다.

33. 0.04M HCl이 2% 해리되어 있는 수용액의 pH는?

① 3.1
② 3.3
③ 3.5
④ 3.7

34. 포집효율이 90%와 50%의 임핀저(impinger)를 직렬로 연결하여 작업장 내 가스를 포집할 경우 전체 포집효율(%)은?

① 93
② 95
③ 97
④ 99

35. 먼지를 크기별 분포로 측정한 결과를 가지고 기하표준편차(GSD)를 계산하고자 할 때 필요한 자료가 아닌 것은?

① 15.9%의 분포를 가진 값
② 18.1%의 분포를 가진 값
③ 50.0%의 분포를 가진 값
④ 84.1%의 분포를 가진 값

36. 복사기, 전기기구, 플라즈마 이온방식의 공기청정기 등에서 공통적으로 발생할 수 있는 유해물질로 가장 적절한 것은?

① 오존
② 이산화질소
③ 일산화탄소
④ 포름알데히드

37. 벤젠이 배출되는 작업장에서 채취한 시료의 벤젠농도 분석 결과가 3시간 동안 4.5ppm, 2시간 동안 12.8ppm, 1시간 동안 6.8ppm일 때, 이 작업장의 벤젠 TWA(ppm)는?

① 4.5
② 5.7
③ 7.4
④ 9.8

38. 산업안전보건법령상 고열 측정 시간과 간격으로 옳은 것은?

① 작업시간 중 노출되는 고열의 평균온도에 해당하는 1시간, 10분 간격
② 작업시간 중 노출되는 고열의 평균온도에 해당하는 1시간, 5분 간격
③ 작업시간 중 가장 높은 고열에 노출되는 1시간, 5분 간격
④ 작업시간 중 가장 높은 고열에 노출되는 1시간, 10분 간격

39. 입자상 물질의 여과원리와 가장 거리가 먼 것은?

① 차단
② 확산
③ 흡착
④ 관성충돌

40. 산화마그네슘, 망간, 구리 등의 금속 분진을 분석하기 위한 장비로 가장 적절한 것은?

① 자외선/가시광선 분광광도계
② 가스크로마토그래피
③ 핵자기공명분광계
④ 원자흡광광도계

41. 유해물질의 증기 발생률에 영향을 미치는 요소로 가장 거리가 먼 것은?

① 물질의 비중
② 물질의 사용량
③ 물질의 증기압
④ 물질의 노출기준

42. 회전차 외경이 600mm인 원심 송풍기의 풍량은 200m³/min이다. 회전차 외경이 1,000mm인 동류(상사구조)의 송풍기가 동일한 회전수로 운전된다면 이 송풍기의 풍량(m³/min)은? (단, 두 경우 모두 표준공기를 취급한다.)

① 333　　② 556
③ 926　　④ 2572

43. 후드의 유입계수가 0.82, 속도압이 50mmH₂O일 때 후드의 유입손실(mmH₂O)은?

① 22.4　　② 24.4
③ 26.4　　④ 28.4

44. 길이, 폭, 높이가 각각 25m, 10m, 3m인 실내에 시간당 18회의 환기를 하고자 한다. 직경 50cm의 개구부를 통하여 공기를 공급하고자 하면 개구부를 통과하는 공기의 유속(m/s)은?

① 137　　② 153
③ 172　　④ 191

45. 입자상 물질 집진기의 집진원리를 설명한 것이다. 아래의 설명에 해당하는 집진원리는?

> 분진의 입경이 클 때, 분진은 가스흐름의 궤도에서 벗어나게 된다. 즉 입자의 크기에 따라 비교적 큰 분진은 가스통과 경로를 따라 발산하지 못하고, 작은 분진은 가스와 같이 발산한다.

① 직접차단　　② 관성충돌
③ 원심력　　　④ 확산

46. 철재 연마공정에서 생기는 철가루의 비산을 방지하기 위해 가로 50cm, 높이 20cm인 직사각형 후드에 플랜지를 부착하여 바닥면에 설치하고자 할 때, 필요환기량(m³/min)은? (단, 제어풍속은 ACGIH 권고치 기준의 하한으로 설정하며, 제어풍속이 미치는 최대거리는 개구면으로부터 30cm라 가정한다.)

① 112　　② 119
③ 253　　④ 238

47. 다음 중 위생보호구에 대한 설명과 가장 거리가 먼 것은?

① 사용자는 손질방법 및 착용방법을 숙지해야 한다.
② 근로자 스스로 폭로대책으로 사용할 수 있다.
③ 규격에 적합한 것을 사용해야 한다.
④ 보호구 착용으로 유해물질로부터의 모든 신체적 장해를 막을 수 있다.

48. 곡관에서 곡률반경비(R/D)가 1.0일 때 압력손실계수 값이 가장 작은 곡관의 종류는?

① 2조각 관　　② 3조각 관
③ 4조각 관　　④ 5조각 관

49. 작업 중 발생하는 먼지에 대한 설명으로 옳지 않은 것은?

① 일반적으로 특별한 유해성이 없는 먼지는 불활성 먼지 또는 공해성 먼지라고 하며, 이러한 먼지에 노출된 경우 일반적으로 폐용량에 이상이 나타나지 않으며, 먼지에 노출될 경우 일반적으로 폐용량에 이상이 나타나지 않으며, 먼지에 대한 폐의 조직반응은 가역적이다.
② 결정형 유리규산(free silica)은 규산의 종류에 따라 Cristobalite, Quartz, Tridymite, Tripoli가 있다.
③ 용융규산(fused silica)은 비결정형 규산으로 노출기준은 총먼지로 10mg/m³이다.
④ 일반적으로 호흡성 먼지란 종말 모세기관지나 폐포 영역의 가스교환이 이루어지는 영역까지 도달하는 미세먼지를 말한다.

50. 고열 배출원이 아닌 탱크 위에 한 변이 2m인 정방형 모양의 캐노피형 후드를 3측면이 개방되도록 설치하고자 한다. 제어속도가 0.25m/s, 개구면과 배출원 사이의 높이가 1.0m일 때 필요 송풍량(m^3/min)은?

① 2.44　　② 146.46
③ 249.15　　④ 435.81

51. 그림과 같은 형태로 설치하는 후드는?

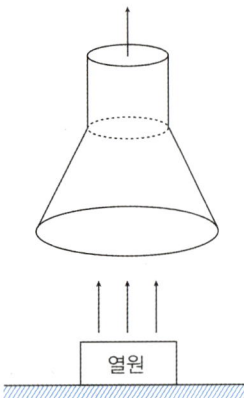

① 레시바식 캐노피형(Receiving Canopy Hoods)
② 포위식 커버형(Enclosures cover Hoods)
③ 부스식 드래프트 챔버형(Boooth Draft Chamber Hoods)
④ 외부식 그리드형(Exterior Capturing Grid Hoods)

52. 산업안전보건법령상 안전인증 방독마스크에 안전인증 표시 외에 추가로 표시되어야 할 항목이 아닌 것은?

① 포집효율　　② 파과곡선도
③ 사용시간 기록카드　　④ 사용상의 주의사항

53. 에틸벤젠의 농도가 400ppm인 1,000m^3 체적의 작업장의 환기를 위해 90m^3/min 속도로 외부 공기를 유입한다고 할 때, 이 작업장의 에틸벤젠 농도가 노출기준(TLV) 이하로 감소되기 위한 최소소요시간(min)은? (단, 에틸벤젠의 TLV는 100ppm이고 외부유입공기 중 에틸벤젠의 농도는 0ppm이다.)

① 11.8　　② 15.4
③ 19.2　　④ 23.6

54. 덕트에서 공기 흐름의 평균속도압이 25mmH_2O였다면 덕트에서의 공기의 반송속도(m/s)는? (단, 공기밀도는 1.21kg/m^3로 동일하다.)

① 10　　② 15
③ 20　　④ 25

55. 강제환기를 실시할 때 환기효과를 제고시킬 수 있는 방법이 아닌 것은?

① 공기배출구와 근로자의 작업위치 사이에 오염원이 위치하지 않도록 하여야 한다.
② 배출구가 창문이나 문 근처에 위치하지 않도록 한다.
③ 오염물질 배출구는 가능한 한 오염원으로부터 가까운 곳에 설치하여 점환기 효과를 얻는다.
④ 공기가 배출되면서 오염장소를 통과하도록 공기배출구와 유입구의 위치를 선정한다.

56. 전기집진장치의 장·단점으로 틀린 것은?

① 운전 및 유지비가 많이 든다.
② 고온가스처리가 가능하다.
③ 설치 공간이 많이 든다.
④ 압력손실이 낮다.

57. 산업위생관리를 작업환경관리, 작업관리, 건강관리로 나눠서 구분할 때, 다음 중 작업환경관리와 가장 거리가 먼 것은?

① 유해 공정의 격리
② 유해 설비의 밀폐화
③ 전체환기에 의한 오염물질의 희석 배출
④ 보호구 사용에 의한 유해물질의 인체 침입방지

58. 국소환기시스템의 슬롯(slot) 후드에 설치된 충만실(plenum chamber)에 관한 설명 중 옳지 않은 것은?

① 후드가 크게 되면 충만실의 공기속도 손실도 고려해야 한다.
② 제어속도는 슬롯속도와는 관계가 없어 슬롯속도가 높다고 흡인력을 증가시키지는 않는다.
③ 슬롯에서의 병목현상으로 인하여 유체의 에너지가 손실된다.
④ 충만실의 목적은 슬롯의 공기유속을 결과적으로 일정하게 상승시키는 것이다.

59. 귀마개에 관한 설명으로 가장 거리가 먼 것은?

① 휴대가 편하다.
② 고온작업장에서도 불편 없이 사용할 수 있다.
③ 근로자들이 착용하였는지 쉽게 확인할 수 있다.
④ 제대로 착용하는데 시간이 걸리고 요령을 습득해야 한다.

60. 덕트 설치 시 고려해야 할 사항으로 가장 거리가 먼 것은?

① 직경이 다른 덕트를 연결할 때는 경사 30° 이내의 테이퍼를 부착한다.
② 곡관의 곡률반경은 최대 덕트 직경의 3.0 이상으로 하며 주로 4.0을 사용한다.
③ 송풍기를 연결할 때에는 최소 덕트 직경의 6배 정도는 직선구간으로 한다.
④ 가급적 원형덕트를 사용하여 부득이 사각형 덕트를 사용할 경우는 가능한 한 정방형을 사용한다.

61. 귀마개의 차음평가수(NRR)가 27일 경우 이 귀마개의 차음 효과는 얼마인가? (단, OSHA의 계산방법을 따른다.)

① 6dB   ② 8dB
③ 10dB ④ 12dB

62. 소음성 난청에 영향을 미치는 요소의 설명으로 옳지 않은 것은?

① 음압 수준 : 높을수록 유해하다.
② 소음의 특성 : 저주파음이 고주파음보다 유해하다.
③ 노출시간 : 간헐적 노출이 계속적 노출보다 덜 유해하다.
④ 개인의 감수성 : 소음에 노출된 사람이 똑같이 반응하지는 않으며, 감수성이 매우 높은 사람이 극소수 존재한다.

63. 진동 작업장의 환경관리 대책이나 근로자의 건강보호를 위한 조치로 옳지 않은 것은?

① 발진원과 작업자의 거리를 가능한 멀리한다.
② 작업자의 체온을 낮게 유지시키는 것이 바람직하다.
③ 절연패드의 재질로는 코르크, 펠트(felt), 유리섬유 등을 사용한다.
④ 진동공구의 무게는 10kg을 넘지 않게 하며 방진장갑 사용을 권장한다.

64. 한랭환경에 의한 건강장해에 대한 설명으로 옳지 않은 것은?

① 레이노씨 병과 같은 혈관 이상이 있을 경우에는 증상이 악화된다.
② 제2도 동상은 수포와 함께 광범위한 삼출성 염증이 일어나는 경우를 의미한다.
③ 참호족은 지속적인 국소의 영양결핍 때문이며, 한랭에 의한 신경조직의 손상이 발생한다.
④ 전신 저체온의 첫 증상은 억제하기 어려운 떨림과 냉(冷)감각이 생기고 심박동이 불규칙하고 느려지며, 맥박은 약해지고 혈압이 낮아진다.

65. 다음 중 피부에 강한 특이적 홍반작용과 색소침착, 피부암 발생 등의 장해를 모두 일으키는 것은?

① 가시광선　　② 적외선
③ 마이크로파　④ 자외선

66. 인체에 미치는 영향이 가장 큰 전신진동의 주파수 범위는?

① 2~100Hz　　② 140~250Hz
③ 275~500HZ　④ 4000Hz 이상

67. 음력이 1.2W인 소음원으로부터 35m 되는 자유공간 지점에서의 음압수준(dB)은 약 얼마인가?

① 62　② 74
③ 79　④ 121

68. 극저주파 방사선(extremely low frequency fields)에 대한 설명으로 옳지 않은 것은?

① 강한 전기장의 발생원은 고전류장비와 같은 높은 전류와 관련이 있으며 강한 자기장의 발생원은 고전압장비와 같은 높은 전하와 관련이 있다.
② 작업장에서 발전, 송전, 전기 사용에 의해 발생되며 이들 경로에 있는 발전기에서 전력선, 전기설비, 기계, 기구 등도 잠재적인 노출원이다.
③ 주파수가 1~3000Hz에 해당되는 것으로 정의되며, 이 범위 중 50~60Hz의 전력선과 관련한 주파수의 범위가 건강과 밀접한 연관이 있다.
④ 교류전기는 1초에 60번씩 극성이 바뀌는 60Hz의 저주파를 나타내므로 이에 대한 노출평가, 생물학적 및 인체영향 연구가 많이 이루어져 왔다.

69. 다음 중 전리방사선의 영향에 대하여 감수성이 가장 큰 인체 내의 기관은?

① 폐　　② 혈관
③ 근육　④ 골수

70. 1루멘의 빛이 $1ft^2$의 평면상에 수직방향으로 비칠 때 그 평면의 빛 밝기를 나타내는 것은?

① 1lux　　② 1candela
③ 1촉광　④ 1foot candle

71. 인체와 환경 간의 열교환에 관여하는 온열조건 인자로 볼 수 없는 것은?

① 대류　② 증발
③ 복사　④ 기압

72. 감압병의 증상에 대한 설명으로 옳지 않은 것은?

① 관절, 심부 근육 및 뼈에 동통이 일어나는 것을 bends라 한다.
② 흉통 및 호흡곤란은 흔하지 않은 특수형 질식이다.
③ 산소의 기포가 뼈의 소동맥을 막아서 후유증으로 무균성 골괴사를 일으킨다.
④ 마비는 감압증에서 보는 중증 합병증이며 하지의 강직성 마비가 나타나는데 이는 척수나 그 혈관에 기포가 형성되어 일어난다.

73. 작업환경 조건을 측정하는 기기 중 기류를 측정하는 것이 아닌 것은?

① Kata 온도계
② 풍차풍속계
③ 열선풍속계
④ Assmann 통풍건습계

74. 음의 세기(I)와 음압(P) 사이의 관계로 옳은 것은?

① 음의 세기는 음압에 정비례
② 음의 세기는 음압에 반비례
③ 음의 세기는 음압의 제곱에 비례
④ 음의 세기는 음압의 세제곱에 비례

75. 고압환경의 인체작용에 있어 2차적인 가압현상에 대한 내용이 아닌 것은?

① 흉곽이 잔기량보다 적은 용량까지 압축되면 폐압박 현상이 나타난다.
② 4기압 이상에서 공기 중의 질소가스는 마취작용을 나타낸다.
③ 산소의 분압이 2기압을 넘으면 산소중독증세가 나타난다.
④ 이산화탄소는 산소의 독성과 질소의 마취작용을 증강시킨다.

76. 작업장에 흔히 발생하는 일반 소음의 차음효과 (transmission loss)를 위해서 장벽을 설치한다. 이 때 장벽의 단위 표면적당 무게를 2배씩 증가함에 따라 차음효과는 약 얼마씩 증가하는가?

① 2dB
② 6dB
③ 10dB
④ 16dB

77. 산업안전보건법령상 상시 작업을 실시하는 장소에 대한 작업면의 조도 기준으로 옳은 것은?

① 초정밀 작업 : 1000럭스 이상
② 정밀 작업 : 500럭스 이상
③ 보통 작업 : 150럭스 이상
④ 그 밖의 작업 : 50럭스 이상

78. 인간 생체에서 이온화시키는데 필요한 최소에너지를 기준으로 전리방사선과 비전리방사선을 구분한다. 전리방사선과 비전리방사선을 구분하는 에너지의 강도는 약 얼마인가?

① 7eV
② 12eV
③ 17eV
④ 22eV

79. 산업안전보건법령상 근로자가 밀폐공간에서 작업을 하는 경우, 사업주가 조치해야 할 사항으로 옳지 않은 것은?

① 사업주는 밀폐공간 작업 프로그램을 수립하여 시행하여야 한다.
② 사업주는 사업장 특성상 환기가 곤란한 경우 방독마스크를 지급하여 착용하도록 하고 환기를 하지 않을 수 있다.
③ 사업주는 근로자가 밀폐공간에서 작업을 하는 경우에 그 장소에 근로자를 입장시킬 때와 퇴장시킬 때마다 인원을 점검하여야 한다.
④ 사업주는 밀폐공간에는 관계 근로자가 아닌 사람의 출입을 금지하고, 출입금지 표지를 밀폐공간 근처의 보기 쉬운 장소에 게시하여야 한다.

80. 고온환경에서 심한 육체노동을 할 때 잘 발생하며, 그 기전은 지나친 발한에 의한 탈수와 염분소실로 나타나는 건강장해는?

① 열경련(heat cramps)
② 열피로(heat fatigue)
③ 열실신(heat syncope)
④ 열발진(heat rashes)

81. 호흡기에 대한 자극작용은 유해물질의 용해도에 따라 구분되는데 다음 중 상기도 점막 자극제에 해당하지 않는 것은?

① 염화수소　　② 아황산가스
③ 암모니아　　④ 이산화질소

82. 납중독에 대한 치료방법의 일환으로 체내에 축적된 납을 배출하도록 하는데 사용되는 것은?

① CaEDTA　　② DMPS
③ 2-PAM　　④ Atropin

83. 다음에서 설명하고 있는 유해물질 관리기준은?

> 이것은 유해물질에 폭로된 생체시료 중의 유해물질 또는 그 대사물질 등에 대한 생물학적 감시(monitoring)를 실시하여 생체 내에 침입한 유해물질의 총량 또는 유해물질에 의하여 일어난 생체변화의 강도를 지수로서 표현한 것이다.

① TLV(threshold limit value)
② BEI(biological exposure indices)
③ THP(total health promotion plan)
④ STEL(short term exposure limit)

84. 수치로 나타낸 독성의 크기가 각각 2와 3인 두 물질이 화학적 상호작용에 의해 상대적 독성이 9로 상승하였다면 이러한 상호작용을 무엇이라 하는가?

① 상가작용　　② 가승작용
③ 상승작용　　④ 길항작용

85. 화학물질 및 물리적 인자의 노출기준 상 산화규소 종류와 노출기준이 올바르게 연결된 것은? (단, 노출기준은 TWA 기준이다.)

① 결정체 석영 － $0.1mg/m^3$
② 결정체 트리폴리 － $0.1mg/m^3$
③ 비결정체 규소 － $0.01mg/m^3$
④ 결정체 트리디마이트 － $0.01mg/m^3$

86. 노출에 대한 생물학적 모니터링의 단점이 아닌 것은?

① 시료채취의 어려움
② 근로자의 생물학적 차이
③ 유기시료의 특이성과 복잡성
④ 호흡기를 통한 노출만을 고려

87. 인체 내 주요 장기 중 화학물질 대사능력이 가장 높은 기관은?

① 폐　　② 간장
③ 소화기관　　④ 신장

88. 중추신경계에 억제 작용이 가장 큰 것은?

① 알칸족　　② 알켄족
③ 알코올족　　④ 할로겐족

89. 망간중독에 대한 설명으로 옳지 않은 것은?

① 금속망간의 직업성 노출은 철강제조 분야에서 많다.
② 망간의 만성중독을 일으키는 것은 2가의 망간화합물이다.
③ 치료제는 CaEDTA가 있으며 중독 시 신경이나 뇌세포 손상 회복에 효과가 크다.
④ 이산화망간 흄에 급성 폭로되면 열, 오한, 호흡곤란 등의 증상을 특징으로 하는 금속열을 일으킨다.

90. 다음 단순 에스테르 중 독성이 가장 높은 것은?

① 초산염　　② 개미산염
③ 부틸산염　④ 프로피온산염

91. 작업장에서 생물학적 모니터링의 결정인자를 선택하는 기준으로 옳지 않은 것은?

① 검체의 채취나 검사과정에서 대상자에게 불편을 주지 않아야 한다.
② 적절한 민감도(sensitivity)를 가진 결정인자이어야 한다.
③ 검사에 대한 분석적인 변이나 생물학적 변이가 타당해야 한다.
④ 결정인자는 노출된 화학물질로 인해 나타나는 결과가 특이하지 않고 평범해야 한다.

92. 카드뮴의 만성중독 증상으로 볼 수 없는 것은?

① 폐기능 장해　　② 골격계의 장해
③ 신장기능 장해　④ 시각기능 장해

93. 인체에 흡수된 납(Pb) 성분이 주로 축적되는 곳은?

① 간　　② 뼈
③ 신장　④ 근육

94. 작업자의 소변에서 마뇨산이 검출되었다. 이 작업자는 어떤 물질을 취급하였다고 볼 수 있는가?

① 톨루엔　　　② 에탄올
③ 클로로벤젠　④ 트리클로로에틸렌

95. 중금속의 노출 및 독성기전에 대한 설명으로 옳지 않은 것은?

① 작업환경 중 작업자가 흡입하는 금속형태는 흄과 먼지 형태이다.
② 대부분의 금속이 배설되는 가장 중요한 경로는 신장이다.
③ 크롬은 6가크롬보다 3가크롬이 체내흡수가 많이 된다.
④ 납에 노출될 수 있는 업종은 축전지 제조, 합금업체, 전자산업 등이다.

96. 약품 정제를 하기 위한 추출제 등에 이용되는 물질로 간장, 신장의 암발생에 주로 영향을 미치는 것은?

① 크롬　　　② 벤젠
③ 유리규산　④ 클로로포름

97. 다음 중 악성 중피종(mesothelioma)을 유발시키는 대표적인 인자는?

① 석면　② 주석
③ 아연　④ 크롬

98. 유리규산(석영) 분진에 의한 규폐성 결절과 폐포벽 파괴 등 망상 내피계 반응은 분진입자의 크기가 얼마일 때 자주 일어나는가?

① 0.1~0.5㎛　② 2~8㎛
③ 10~15㎛　　④ 15~20㎛

99. 입자상 물질의 호흡기계 침착기전 중 길이가 긴 입자가 호흡기계로 들어오면 그 입자의 가장자리가 기도의 표면을 스치게 됨으로써 침착하는 현상은?

① 충돌　② 침전
③ 차단　④ 확산

100. 다음에서 설명하는 물질은?

> 이것은 소방제나 세척액 등으로 사용되었으나 현재는 강한 독성 때문에 이용되지 않으며 고농도의 이 물질에 노출되면 중추신경계 장애 외에 간장과 신장 장애를 유발한다. 대표적인 초기증상으로는 두통, 구토, 설사 등이 있으며 그 후에 알부민뇨, 혈뇨 및 혈중 urea 수치의 상승 등의 증상이 있다.

① 납　　　　　　② 수은
③ 황화수은　　　 ④ 사염화탄소

UNIT 12 2021년 산업위생관리기사 기출문제 2회

01. 다음 중 최초로 기록된 직업병은?

① 규폐증 ② 폐질환
③ 음낭암 ④ 납중독

02. 근골격계질환에 관한 설명으로 옳지 않은 것은?

① 점액낭염(bursitis)은 관절 사이의 윤활액을 싸고 있는 윤활낭에 염증이 생기는 질병이다.
② 건초염(tendosynovitis)은 건막에 염증이 생긴 질환이며, 건염(tendonitis)은 건의 염증으로, 건염과 건초염을 정확히 구분하기 어렵다.
③ 수근관 증후군(carpal tunnel syndrome)은 반복적이고, 지속적인 손목의 압박, 무리한 힘 등으로 인해 수근관 내부에 정중신경이 손상되어 발생한다.
④ 요추 염좌(lumbar sprain)는 근육이 잘못된 자세, 외부의 충격, 과도한 스트레스 등으로 수축되어 굳어지면 근섬유의 일부가 띠처럼 단단하게 변하여 근육의 특정 부위에 압통, 방사통, 목부위 운동제한, 두통 등의 증상이 나타난다.

03. 근로자가 노동환경에 노출될 때 유해인자에 대한 해치(Hatch)의 양-반응관계곡선의 기관장해 3단계에 해당하지 않는 것은?

① 보상단계
② 고장단계
③ 회복단계
④ 항상성 유지단계

04. 산업피로의 용어에 관한 설명으로 옳지 않은 것은?

① 곤비란 단시간의 휴식으로 회복될 수 있는 피로를 말한다.
② 다음 날까지도 피로상태가 계속되는 것을 과로라 한다.
③ 보통 피로는 하룻밤 잠을 자고 나면 다음날 회복되는 정도이다.
④ 정신피로는 중추신경계의 피로를 말하는 것으로 정밀작업 등과 같은 정신적 긴장을 요하는 작업시에 발생된다.

05. 산업안전보건법령에서 정하고 있는 제조 등이 금지되는 유해물질에 해당되지 않는 것은?

① 석면(Asbestos)
② 크롬산 아연(Zinc chromates)
③ 황린 성냥(Yellow phosphorus match)
④ β-나프틸아민과 그 염(β-Naphthylamine and its salts)

06. 사무실 공기관리 지침에 관한 내용으로 옳지 않은 것은? (단, 고용노동부 고시를 기준으로 한다.)

① 오염물질인 미세먼지(PM10)의 관리기준은 $100\mu g/m^3$이다.
② 사무실 공기의 관리기준은 8시간 시간가중평균농도를 기준으로 한다.
③ 총부유세균의 시료채취방법은 충돌법을 이용한 부유세균채취기(bioair sampler)로 채취한다.
④ 사무실 공기질의 모든 항목에 대한 측정결과는 측정치 전체에 대한 평균값을 이용하여 평가한다.

07. 산업안전보건법령상 물질안전보건자료 대상물질을 제조·수입하려는 자가 물질안전보건자료에 기재해야하는 사항에 해당되지 않는 것은? (단, 그 밖에 고용노동부장관이 정하는 사항은 제외한다.)

① 응급조치 요령
② 물리·화학적 특성
③ 안전관리자의 직무범위
④ 폭발·화재 시의 대처방법

08. 산업안전보건법령상 근로자에 대해 실시하는 특수건강진단 대상 유해인자에 해당되지 않는 것은?

① 에탄올(Ethanol)
② 가솔린(Gasoline)
③ 니트로벤젠(Nitrobenzene)
④ 디에틸 에테르(Diethyl ether)

09. 산업피로에 대한 대책으로 옳은 것은?

① 커피, 홍차, 엽차 및 비타민 B_1은 피로 회복에 도움이 되므로 공급한다.
② 신체 리듬의 적응을 위하여 야간 근무는 연속으로 7일 이상 실시하도록 한다.
③ 움직이는 작업은 피로를 가중시키므로 될수록 정적인 작업으로 전환하도록 한다.
④ 피로한 후 장시간 휴식하는 것이 휴식시간을 여러 번으로 나누는 것보다 효과적이다.

10. 직업성 질환 중 직업상의 업무에 의하여 1차적으로 발생하는 질환은?

① 합병증
② 일반 질환
③ 원발성 질환
④ 속발성 질환

11. 재해예방의 4원칙에 해당되지 않는 것은?

① 손실 우연의 원칙
② 예방 가능의 원칙
③ 대책 선정의 원칙
④ 원인 조사의 원칙

12. 토양이나 암석 등에 존재하는 우라늄의 자연적 붕괴로 생성되어 건물의 균열을 통해 실내공기로 유입되는 발암성 오염물질은?

① 라돈
② 석면
③ 알레르겐
④ 포름알데히드

13. NIOSH에서 제시한 권장무게한계가 6kg이고, 근로자가 실제 작업하는 중량물의 무게가 12kg일 경우 중량물 취급지수(LI)는?

① 0.5
② 1.0
③ 2.0
④ 6.0

14. 미국산업위생학술원(American Academy of Industrial Hygiene)에서 산업위생 분야에 종사하는 사람들이 반드시 지켜야 할 윤리강령 중 전문가로서의 책임부분에 해당하지 않는 것은?

① 기업체의 기밀은 누설하지 않는다.
② 근로자의 건강보호 책임을 최우선으로 한다.
③ 전문 분야로서의 산업위생을 학문적으로 발전시킨다.
④ 과학적 방법의 적용과 자료의 해석에서 객관성을 유지한다.

15. 근육운동을 하는 동안 혐기성 대사에 동원되는 에너지원과 가장 거리가 먼 것은?

① 글리코겐
② 아세트알데히드
③ 크레아틴인산(CP)
④ 아데노신삼인산(ATP)

16. 산업안전보건법령상 중대재해에 해당되지 않는 것은?

① 사망자가 2명이 발생한 재해
② 상해는 없으나 재산피해 정도가 심각한 재해
③ 4개월의 요양이 필요한 부상자가 동시에 2명이 발생한 재해
④ 부상자 또는 직업성 질병자가 동시에 12명이 발생한 재해

17. 마이스터(D.Meister)가 정의한 내용으로 시스템으로부터 요구된 작업결과(Performance)와의 차이(Deviation)가 의미하는 것은?

① 인간실수 ② 무의식 행동
③ 주변적 동작 ④ 지름길 반응

18. 작업대사율이 3인 강한 작업을 하는 근로자의 실동률(%)은?

① 50 ② 60
③ 70 ④ 80

20. 톨루엔(TLV=50ppm)을 사용하는 작업장의 작업시간이 10시간일 때 허용기준을 보정하여야 한다. OSHA 보정법과 Brief and Scala 보정법을 적용하였을 경우 보정된 허용기준치 간의 차이는?

① 1ppm ② 2.5ppm
③ 5ppm ④ 10ppm

21. 가스상 물질의 분석 및 평가를 위한 열탈착에 관한 설명으로 틀린 것은?

① 이황화탄소를 활용한 용매 탈착은 독성 및 인화성이 크고 작업이 번잡하여 열탈착이 보다 간편한 방법이다.
② 활성탄관을 이용하여 시료를 채취한 경우, 열탈착에 300℃ 이상의 온도가 필요하므로 사용이 제한된다.
③ 열탈착은 용매탈착에 비하여 흡착제에 채취된 일부 분석물질만 기기로 주입되어 감도가 떨어진다.
④ 열탈착은 대개 자동으로 수행되며 탈착된 분석물질이 가스크로마토그래피로 직접 주입되도록 되어 있다.

22. 정량한계에 관한 설명으로 옳은 것은?

① 표준편차의 3배 또는 검출한계의 5배(또는 5.5배)로 정의
② 표준편차의 3배 또는 검출한계의 10배(또는 10.3배)로 정의
③ 표준편차의 5배 또는 검출한계의 3배(또는 3.3배)로 정의
④ 표준편차의 10배 또는 검출한계의 3배(또는 3.3배)로 정의

23. 고온의 노출기준을 구분하는 작업강도 중 중등작업에 해당하는 열량(kcal/h)은? (단, 고용노동부 고시를 기준으로 한다.)

① 130 ② 221
③ 365 ④ 445

24. 고열(Heat stress) 환경의 온열 측정과 관련된 내용으로 틀린 것은?

① 흑구온도와 기온과의 차를 실효복사온도라 한다.
② 실제 환경의 복사온도를 평가할 때는 평균복사온도를 이용한다.
③ 고열로 인한 환경적인 요인은 기온, 기류, 습도 및 복사열이다.
④ 습구흑구온도지수(WBGT) 계산 시에는 반드시 기류를 고려하여야 한다.

25. 입경범위가 0.1~0.5μm인 입자상 물질이 여과지에 포집될 경우에 관여하는 주된 메커니즘은?

① 충돌과 간섭
② 확산과 간섭
③ 확산과 충돌
④ 충돌

26. 노출기준이 1ppm인 acrylonitrile을 0.2L/min 유속으로 3.5L 채취 시 분석범위(working range)는 0.7~46ppm이다. 이 물질의 분석 시 정량한계(mg)는? (단, acrylonitrile의 분자량은 53.06g/mol이다.)

① 2.45
② 4.91
③ 5.25
④ 10.50

27. 1% Sodium bisulfite의 흡수액 20mL를 취한 유리제품의 미드젯임핀저를 고속시료포집 펌프에 연결하여 공기시료 0.480m³를 포집하였다. 가시광선흡광광도계를 사용하여 시료를 실험실에서 분석한 값이 표준검량선의 외삽법에 의하여 50μg/mL가 지시되었다. 표준상태에서 시료포집기간동안의 공기 중 포름알데히드 증기의 농도(ppm)는? (단, 포름알데히드 분자량은 30g/mol이다.)

① 1.7
② 2.5
③ 3.4
④ 4.8

28. 고체흡착관의 뒷층에서 분석된 양이 앞층의 25%였다. 이에 대한 분석자의 결정으로 바람직하지 않은 것은?

① 파과가 일어났다고 판단하였다.
② 파과실험의 중요성을 인식하였다.
③ 시료채취과정에서 오차가 발생되었다고 판단하였다.
④ 분석된 앞층과 뒷층을 합하여 분석결과로 이용하였다.

29. 옥내의 습구흑구온도지수(WBGT)를 계산하는 식으로 옳은 것은?

① WBGT = 0.1×자연습구온도+0.9×흑구온도
② WBGT = 0.9×자연습구온도+0.1×흑구온도
③ WBGT = 0.3×자연습구온도+0.7×흑구온도
④ WBGT = 0.7×자연습구온도+0.3×흑구온도

30. 활성탄관에 대한 설명으로 틀린 것은?

① 흡착관은 길이 7cm, 외경 6mm인 것을 주로 사용한다.
② 흡입구 방향으로 가장 앞쪽에는 유리섬유가 장착되어 있다.
③ 활성탄 입자는 크기가 20~40mesh인 것을 선별하여 사용한다.
④ 앞층과 뒷층을 우레탄 폼으로 구분하며 뒷층이 100mg으로 앞층보다 2배 정도 많다.

31. 처음 측정한 측정치는 유량, 측정시간, 회수율, 분석에 의한 오차가 각각 15%, 3%, 10%, 7%이였으나 유량에 의한 오차가 개선되어 10%로 감소되었다면 개선 전 측정치의 누적오차와 개선 후 측정치의 누적오차의 차이(%)는?

① 6.5
② 5.5
③ 4.5
④ 3.5

32. 산업위생통계에서 적용하는 변이계수에 대한 설명으로 틀린 것은?

① 표준오차에 대한 평균값의 크기를 나타낸 수치이다.
② 통계집단의 측정값들에 대한 균일성, 정밀성 정도를 표현하는 것이다.
③ 단위가 서로 다른 집단이나 특성값의 상호 산포도를 비교하는데 이용될 수 있다.
④ 평균값의 크기가 0에 가까울수록 변이계수의 의의가 작아지는 단점이 있다.

33. 누적소음노출량 측정기로 소음을 측정할 때의 기기 설정값으로 옳은 것은? (단, 고용노동부 고시를 기준으로 한다.)

① Threshold = 80dB, Criteria = 90dB, Exchange Rate = 5dB
② Threshold = 80dB, Criteria = 90dB, Exchange Rate = 10dB
③ Threshold = 90dB, Criteria = 80dB, Exchange Rate = 10dB
④ Threshold = 90dB, Criteria = 80dB, Exchange Rate = 5dB

34. 석면농도를 측정하는 방법에 대한 설명 중 ( ) 안에 들어갈 적절한 기체는? (단, NIOSH 방법 기준)

> 공기 중 석면농도를 측정하는 방법으로 충전식 휴대용펌프를 이용하여 여과지를 통하여 공기를 통과시켜 시료를 채취한 다음, 이 여과지에 (A) 증기를 씌우고 (B) 시약을 가한 후 위상차현미경으로 400~450배의 배율에서 섬유수를 계수한다.

① 솔벤트, 메틸에틸케톤
② 아황산가스, 클로로포름
③ 아세톤, 트리아세틴
④ 트리클로로에탄, 트리클로로에틸렌

35. 방사성 물질의 단위에 대한 설명이 잘못된 것은?

① 방사능의 SI 단위는 Becquerel(Bq)이다.
② 1Bq는 3.7×10^{10} dps이다.
③ 물질에 조사되는 선량은 röntgen(R)으로 표시한다.
④ 방사선의 흡수선량은 Gray(Gy)로 표시한다.

36. 세 개의 소음원의 소음수준을 한 지점에서 각각 측정해보니 첫 번째 소음원만 가동될 때 88dB, 두 번째 소음원만 가동될 때 86dB, 세 번째 소음원만이 가동될 때 91dB이었다. 세 개의 소음원이 동시에 가동될 때 측정 지점에서의 음압수준(dB)은?

① 91.6
② 93.6
③ 95.4
④ 100.2

37. 채취시료 10mL를 채취하여 분석한 결과 납(Pb)의 양이 8.5μg이고 Blank 시료도 동일한 방법으로 분석한 결과 납의 양이 0.7μg이다. 총 흡인 유량이 60L일 때 작업환경 중 납의 농도(mg/m³)는? (단, 탈착효율은 0.95이다.)

① 0.14
② 0.21
③ 0.65
④ 0.70

38. 작업환경 내 105dB(A)의 소음이 30분, 110dB(A) 소음이 15분, 115dB(A) 5분 발생하였을 때, 작업환경의 소음 정도는? (단, 105, 110, 115dB(A)의 1일 노출허용 시간은 각각 1시간, 30분, 15분이고, 소음은 단속음이다.)

① 허용기준 초과
② 허용기준과 일치
③ 허용기준 미만
④ 평가할 수 없음(조건부족)

39. 금속가공유를 사용하는 절단작업 시 주로 발생할 수 있는 공기 중 부유물질의 형태로 가장 적합한 것은?

① 미스트(mist)
② 먼지(dust)
③ 가스(gas)
④ 흄(fume)

40. 두 집단의 어떤 유해물질의 측정값이 아래 도표와 같을 때 두 집단의 표준편차의 크기 비교에 대한 설명 중 옳은 것은?

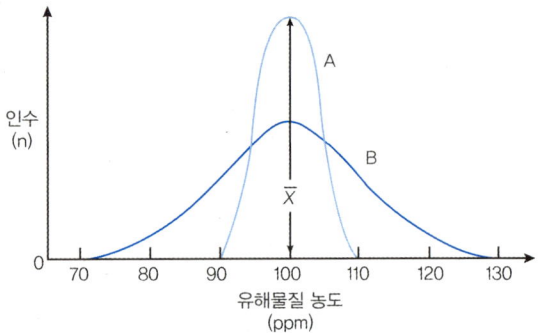

① A집단과 B집단은 서로 같다.
② A집단의 경우가 B집단의 경우보다 크다.
③ A집단의 경우가 B집단의 경우보다 작다.
④ 주어진 도표만으로 판단하기 어렵다.

41. 다음 중 특급 분리식 방진마스크의 여과재 분진 등의 포집효율은? (단, 고용노동부 고시를 기준으로 한다.)

① 80% 이상   ② 94% 이상
③ 99.0% 이상   ④ 99.95% 이상

42. 방진마스크에 대한 설명으로 가장 거리가 먼 것은?

① 방진마스크의 필터에는 활성탄과 실리카겔이 주로 사용된다.
② 방진마스크는 인체에 유해한 분진, 연무, 흄, 미스트, 스프레이 입자가 작업자가 흡입하지 않도록 하는 보호구이다.
③ 방진마스크의 종류에는 격리식과 직결식, 면체여과식이 있다.
④ 비휘발성 입자에 대한 보호만 가능하며, 가스 및 증기로부터의 보호는 안 된다.

43. 지름이 100cm인 원형 후드 입구로부터 200cm 떨어진 지점에 오염물질이 있다. 제어풍속이 3m/s일 때, 후드의 필요 환기량(m^3/s)은? (단, 자유공간에 위치하며 플랜지는 없다.)

① 143   ② 122
③ 103   ④ 83

44. 보호구의 재질과 적용 물질에 대한 내용으로 틀린 것은?

① 면: 고체상 물질에 효과적이다.
② 부틸(Butyl) 고무: 극성 용제에 효과적이다.
③ 니트릴(Nitrile) 고무: 비극성 용제에 효과적이다.
④ 천연 고무(latex): 비극성 용제에 효과적이다.

45. 국소환기장치 설계에서 제어속도에 대한 설명으로 옳은 것은?

① 작업장 내의 평균유속을 말한다.
② 발산되는 유해물질을 후드로 흡인하는데 필요한 기류속도이다.
③ 덕트 내의 기류속도를 말한다.
④ 일명 반송속도라고도 한다.

46. 흡인 풍량이 200m^3/min, 송풍기 유효전압이 150mmH$_2$O, 송풍기 효율이 80%인 송풍기의 소요 동력(kW)은?

① 4.1   ② 5.1
③ 6.1   ④ 7.1

47. 덕트 내 공기흐름에서의 레이놀즈수(Reynolds Number)를 계산하기 위해 알아야 하는 모든 요소는?

① 공기속도, 공기점성계수, 공기밀도, 덕트의 직경
② 공기속도, 공기밀도, 중력가속도
③ 공기속도, 공기온도, 덕트의 길이
④ 공기속도, 공기점성계수, 덕트의 길이

48. 작업환경관리 대책 중 물질의 대체에 해당되지 않는 것은?

① 성냥을 만들 때 백린을 적린으로 교체한다.
② 보온 재료인 유리섬유를 석면으로 교체한다.
③ 야광시계의 자판에 라듐 대신 인을 사용한다.
④ 분체 입자를 큰 입자로 대체한다.

49. 7m×14m×3m의 체적을 가진 방에 톨루엔이 저장되어 있고 공기를 공급하기 전에 측정한 농도가 300ppm이었다. 이 방으로 10m³/min의 환기량을 공급한 후 노출기준인 100ppm으로 도달하는데 걸리는 시간(min)은?

① 12
② 16
③ 24
④ 32

50. 후드의 선택에서 필요 환기량을 최소화하기 위한 방법이 아닌 것은?

① 측면 조절판 또는 커텐 등으로 가능한 공정을 둘러쌀 것
② 후드를 오염원에 가능한 가깝게 설치할 것
③ 후드 개구부로 유입되는 기류속도 분포가 균일하게 되도록 할 것
④ 공정 중 발생되는 오염물질의 비산속도를 크게 할 것

51. 송풍기의 회전수 변화에 따른 풍량, 풍압 및 동력에 대한 설명으로 옳은 것은?

① 풍량은 송풍기의 회전수에 비례한다.
② 풍압은 송풍기의 회전수에 반비례한다.
③ 동력은 송풍기의 회전수에 비례한다.
④ 동력은 송풍기 회전수의 제곱에 비례한다.

52. 1기압에서 혼합기체의 부피비가 질소 71%, 산소 14%, 탄산가스 15%로 구성되어 있을 때, 질소의 분압(mmHg)은?

① 433.2
② 539.6
③ 646.0
④ 653.6

53. 공기정화장치의 한 종류인 원심력집진기에서 절단입경의 의미로 옳은 것은?

① 100% 분리 포집되는 입자의 최소 크기
② 100% 처리효율로 제거되는 입자크기
③ 90% 이상 처리효율로 제거되는 입자크기
④ 50% 처리효율로 제거되는 입자크기

54. 작업환경개선에서 공학적인 대책과 가장 거리가 먼 것은?

① 교육
② 환기
③ 대체
④ 격리

55. 유입계수가 0.82인 원형 후드가 있다. 원형 덕트의 면적이 0.0314m²이고 필요 환기량이 30m³/min이라고 할 때, 후드의 정압(mmH$_2$O)은? (단, 공기밀도는 1.2kg/m³이다.)

① 16
② 23
③ 32
④ 37

56. 방사형 송풍기에 관한 설명과 가장 거리가 먼 것은?

① 고농도 분진함유 공기나 부식성이 강한 공기를 이송시키는데 많이 이용된다.
② 깃이 평판으로 되어 있다.
③ 가격이 저렴하고 효율이 높다.
④ 깃의 구조가 분진을 자체 정화할 수 있도록 되어 있다.

57. 플랜지 없는 외부식 사각형 후드가 설치되어 있다. 성능을 높이기 위해 플랜지 있는 외부식 사각형 후드로 작업대에 부착했을 때, 필요환기량의 변화로 옳은 것은? (단, 포촉거리, 개구면적, 제어속도는 같다.)

① 기존 대비 10%로 줄어든다.
② 기존 대비 25%로 줄어든다.
③ 기존 대비 50%로 줄어든다.
④ 기존 대비 75%로 줄어든다.

58. 50℃의 송풍관에 15m/s의 유속으로 흐르는 기체의 속도압(mmH_2O)은? (단, 기체의 밀도는 $1.293kg/m^3$ 이다.)

① 32.4 ② 22.6
③ 14.8 ④ 7.2

59. 온도 50℃인 기체가 관을 통하여 $20m^3/min$으로 흐르고 있을 때, 같은 조건의 0℃에서 유량(m^3/min)은? (단, 관내압력 및 기타 조건은 일정하다.)

① 14.7 ② 16.9
③ 20.0 ④ 23.7

60. 원심력 송풍기 중 다익형 송풍기에 관한 설명과 가장 거리가 먼 것은?

① 큰 압력손실에서도 송풍량이 안정적이다.
② 송풍기의 임펠러가 다람쥐 쳇바퀴 모양으로 생겼다.
③ 강도가 크게 요구되지 않기 때문에 적은 비용으로 제작가능하다.
④ 다른 송풍기와 비교하여 동일 송풍량을 발생시키기 위한 임펠러 회전속도가 상대적으로 낮기 때문에 소음이 작다.

61. 진동증후군(HAVS)에 대한 스톡홀름 워크숍의 분류로서 옳지 않은 것은?

① 진동증후군의 단계를 0부터 4까지 5단계로 구분하였다.
② 1단계는 가벼운 증상으로 1개 또는 그 이상의 손가락 끝부분이 하얗게 변하는 증상을 의미한다.
③ 3단계는 심각한 증상으로 1개 또는 그 이상의 손가락 가운뎃마디 부분까지 하얗게 변하는 증상이 나타나는 단계이다.
④ 4단계는 매우 심각한 증상을 대부분의 손가락이 하얗게 변하는 증상과 함께 손끝에서 땀의 분비가 제대로 일어나지 않는 등의 변화가 나타나는 단계이다.

62. 인체와 작업환경과의 사이에 열교환의 영향을 미치는 것으로 가장 거리가 먼 것은?

① 대류(convection)
② 열복사(radiation)
③ 증발(evaporation)
④ 열순응(acclimatization to heat)

63. 비전리방사선의 종류 중 옥외작업을 하면서 콜타르의 유도체, 벤조피렌, 안트라센 화합물과 상호작용하여 피부암을 유발시키는 것으로 알려진 비전리방사선은?

① γ선 ② 자외선
③ 적외선 ④ 마이크로파

64. 소독작용, 비타민 D 형성, 피부색소 침착 등 생물학적 작용이 강한 특성을 가진 자외선(Dorno 선)의 파장 범위는 약 얼마인가?

① 1000Å~2800Å ② 2800Å~3150Å
③ 3150Å~4000Å ④ 4000Å~4700Å

65. 전리방사선 중 전자기방사선에 속하는 것은?

① α선 ② β선
③ γ선 ④ 중성자

66. 다음 중 이상기압의 인체작용으로 2차적인 가압현상과 가장 거리가 먼 것은? (단, 화학적 장해를 말한다.)

① 질소 마취
② 산소 중독
③ 이산화탄소의 중독
④ 일산화탄소의 작용

67. 출력이 10Watt의 작은 점음원으로부터 자유공간의 10m 떨어져 있는 곳의 음압레벨(Sound Pressure Level)은 몇 dB 정도인가?

① 89 ② 99
③ 161 ④ 229

68. 1 sone이란 몇 Hz에서, 몇 dB의 음압레벨을 갖는 소음의 크기를 말하는가?

① 1000Hz, 40dB ② 1200Hz, 45dB
③ 1500Hz, 45dB ④ 2000Hz, 48dB

69. 자연조명에 관한 설명으로 옳지 않은 것은?

① 창의 면적은 바닥 면적의 15~20% 정도가 이상적이다.
② 개각은 4~5°가 좋으며, 개각이 작을수록 실내는 밝다.
③ 균일한 조명을 요구하는 작업실은 동북 또는 북향이 좋다.
④ 입사각은 28° 이상이 좋으며, 입사각이 클수록 실내는 밝다.

70. 전신진동 노출에 따른 인체의 영향에 대한 설명으로 옳지 않은 것은?

① 평형감각에 영향을 미친다.
② 산소 소비량과 폐환기량이 증가한다.
③ 작업수행 능력과 집중력이 저하된다.
④ 저속노출 시 레이노드 증후군(Raynaud's phenomenon)을 유발한다.

71. 소음에 의한 인체의 장해 정도(소음성 난청)에 영향을 미치는 요인이 아닌 것은?

① 소음의 크기 ② 개인의 감수성
③ 소음 발생 장소 ④ 소음의 주파수 구성

72. 다음 중 전리방사선에 대한 감수성의 크기를 올바른 순서대로 나열한 것은?

┌─────────────────────────────┐
│ ㉠ 상피세포
│ ㉡ 골수, 흉선 및 림프조직(조혈기관)
│ ㉢ 근육세포
│ ㉣ 신경조직
└─────────────────────────────┘

① ㉠ > ㉡ > ㉢ > ㉣
② ㉠ > ㉣ > ㉡ > ㉢
③ ㉡ > ㉠ > ㉢ > ㉣
④ ㉡ > ㉢ > ㉣ > ㉠

73. 한랭 환경에서 인체의 일차적 생리적 반응으로 볼 수 없는 것은?

① 피부혈관의 팽창
② 체표면적의 감소
③ 화학적 대사작용의 증가
④ 근육긴장의 증가와 떨림

74. 10시간 동안 측정한 누적 소음노출량이 300%일 때 측정시간 평균 소음 수준은 약 얼마인가?

① 94.2dB(A) ② 96.3dB(A)
③ 97.4dB(A) ④ 98.6dB(A)

75. 감압에 따른 인체의 기포 형성량을 좌우하는 요인과 가장 거리가 먼 것은?

① 감압속도
② 산소공급량
③ 조직에 용해된 가스량
④ 혈류를 변화시키는 상태

76. 다음에서 설명하는 고열장해는?

> 이것은 작업환경에서 가장 흔히 발생하는 피부장해로서 땀띠(prickly heat)라고도 말하며, 땀에 젖은 피부 각질층이 떨어져 땀구멍을 막아 한선 내에 땀의 압력으로 염증성 반응을 일으켜 붉은 구진(papules) 형태로 나타난다.

① 열사병(heat stroke)
② 열 허탈(heat collapse)
③ 열 경련(heat cramps)
④ 열 발진(heat rashes)

77. 소음의 흡음 평가 시 적용되는 반향시간(reverberation time)에 관한 설명으로 옳은 것은?

① 반향시간은 실내공간의 크기에 비례한다.
② 실내 흡음량을 증가시키면 반향시간도 증가한다.
③ 반향시간은 음압수준이 30dB 감소하는데 소요되는 시간이다.
④ 반향시간을 측정하려면 실내 배경소음이 90dB 이상 되어야 한다.

78. 1촉광의 광원으로부터 한 단위 입체각으로 나가는 광속의 단위를 무엇이라 하는가?

① 럭스(Lux) ② 램버트(Lambert)
③ 캔들(Candle) ④ 루멘(Lumen)

79. 밀폐공간에서 산소결핍의 원인을 소모(consumption), 치환(displacement), 흡수(absorption)로 구분할 때 소모에 해당하지 않는 것은?

① 용접, 절단, 불 등에 의한 연소
② 금속의 산화, 녹 등의 화학반응
③ 제한된 공간 내에서 사람의 호흡
④ 질소, 아르곤, 헬륨 등의 불활성 가스 사용

80. 산업안전보건법령상 이상기압에 의한 건강장해의 예방에 있어 사용되는 용어의 정의로 옳지 않은 것은?

① 압력이란 절대압과 게이지압의 합을 말한다.
② 고압작업이란 고기압에서 잠함공법이나 그 외의 압기공법으로 하는 작업을 말한다.
③ 기압조절실이란 고압작업을 하는 근로자 또는 잠수작업을 하는 근로자가 가압 또는 감압을 받는 장소를 말한다.
④ 표면공급식 잠수작업이란 수면 위의 공기압축기 또는 호흡용 기체통에서 압축된 호흡용 기체를 공급받으면서 하는 작업을 말한다.

81. 건강영향에 따른 분진의 분류와 유발물질의 종류를 잘못 짝지은 것은?

① 유기성 분진 – 목분진, 면, 밀가루
② 알레르기성 분진 – 크롬산, 망간, 황
③ 진폐성 분진 – 규산, 석면, 활석, 흑연
④ 발암성 분진 – 석면, 니켈카보닐, 아민계 색소

82. 다음 중 칼슘대사에 장해를 주어 신결석을 동반한 신증후군이 나타나고 다량의 칼슘배설이 일어나 뼈의 통증, 골연화증 및 골수공증과 같은 골격계 장해를 유발하는 중금속은?

   ① 망간 ② 수은
   ③ 비소 ④ 카드뮴

83. 폐에 침착된 먼지의 정화과정에 대한 설명으로 옳지 않은 것은?

   ① 어떤 먼지는 폐포벽을 통과하여 림프계나 다른 부위로 들어가기도 한다.
   ② 먼지는 세포가 방출하는 효소에 의해 용해되지 않으므로 점액층에 의한 방출 이외에는 체내에 축적된다.
   ③ 폐에 침착된 먼지는 식세포에 의하여 포위되어, 포위된 먼지의 일부는 미세 기관지로 운반되고 점액 섬모운동에 의하여 정화된다.
   ④ 폐에서 먼지를 포위하는 식세포는 수명이 다한 후 사멸하고 다시 새로운 식세포가 먼지를 포위하는 과정이 계속적으로 일어난다.

84. 카드뮴이 체내에 흡수되었을 경우 주로 축적되는 곳은?

   ① 뼈, 근육 ② 뇌, 근육
   ③ 간, 신장 ④ 혈액, 모발

85. 생물학적 모니터링(biological monitoring)에 관한 설명으로 옳지 않은 것은?

   ① 주목적은 근로자 채용 시기를 조정하기 위하여 실시한다.
   ② 건강에 영향을 미치는 바람직하지 않은 노출상태를 파악하는 것이다.
   ③ 최근의 노출량이나 과거로부터 축적된 노출량을 파악한다.
   ④ 건강상의 위험은 생물학적 검체에서 물질별 결정인자를 생물학적 노출지수와 비교하여 평가된다.

86. 흡입분진의 종류에 따른 진폐증의 분류 중 유기성 분진에 의한 진폐증에 해당하는 것은?

   ① 규폐증 ② 활석폐증
   ③ 연초폐증 ④ 석면폐증

87. 다음 중 중추신경의 자극작용이 가장 강한 유기용제는?

   ① 아민 ② 알코올
   ③ 알칸 ④ 알데히드

88. 화학물질의 상호작용인 길항작용 중 독성물질의 생체과정인 흡수, 대사 등에 변화를 일으켜 독성이 감소되는 것을 무엇이라 하는가?

   ① 화학적 길항작용 ② 배분적 길항작용
   ③ 수용체 길항작용 ④ 기능적 길항작용

89. 직업성 천식에 관한 설명으로 옳지 않은 것은?

   ① 작업 환경 중 천식을 유발하는 대표물질로 톨루엔 디이소시안산염(TDI), 무수 트리멜리트산(TMA)이 있다.
   ② 일단 질환에 이환하게 되면 작업 환경에서 추후 소량의 동일한 유발물질에 노출되더라도 지속적으로 증상이 발현된다.
   ③ 항원공여세포가 탐식되면 T림프구 중 I형 T림프구(type I killer T cell)가 특정 알레르기 항원을 인식한다.
   ④ 직업성 천식은 근무시간에 증상이 점점 심해지고, 휴일 같은 비근무시간에 증상이 완화되거나 없어지는 특징이 있다.

90. 다음 중 납중독에서 나타날 수 있는 증상을 모두 나열한 것은?

```
㉠ 빈혈
㉡ 신장장해
㉢ 중추 및 말초신경장해
㉣ 소화기 장해
```

① ㉠, ㉢
② ㉡, ㉣
③ ㉠, ㉡, ㉢
④ ㉠, ㉡, ㉢, ㉣

91. 이황화탄소를 취급하는 근로자를 대상으로 생물학적 모니터링을 하는데 이용될 수 있는 생체 내 대사산물은?

① 소변 중 마뇨산
② 소변 중 메탄올
③ 소변 중 메틸마뇨산
④ 소변 중 TTCA
　(2-thiothiazolidine-4-carboxylic acid)

92. 산업안전보건법령상 다음의 설명에서 ㉠~㉢에 해당하는 내용으로 옳은 것은?

```
단시간노출기준(STEL)이란 (  ㉠  )분간의 시간가중평균
노출값으로서 노출농도가 시간가중평균노출기준(TWA)
을 초과하고 단시간노출기준(STEL) 이하인 경우에는 1
회 노출 지속시간이 (  ㉡  )분 미만이어야 하고, 이러한
상태가 1일 (  ㉢  )회 이하로 발생하여야 하며, 각 노출
의 간격은 60분 이상이어야 한다.
```

① ㉠ : 15, ㉡ : 20, ㉢ : 2
② ㉠ : 20, ㉡ : 15, ㉢ : 2
③ ㉠ : 15, ㉡ : 15, ㉢ : 4
④ ㉠ : 20, ㉡ : 20, ㉢ : 4

93. 사염화탄소에 관한 설명으로 옳지 않은 것은?

① 생식기에 대한 독성작용이 특히 심하다.
② 고농도에 노출되면 중추신경계 장애 외에 간장과 신장장애를 유발한다.
③ 신장장애 증상으로 감뇨, 혈뇨 등이 발생하며, 완전 무뇨증이 되면 사망할 수도 있다.
④ 초기 증상으로는 지속적인 두통, 구역 또는 구토, 복부선통과 설사, 간압통 등이 나타난다.

94. 단순 질식제에 해당되는 물질은?

① 아닐린
② 황화수소
③ 이산화탄소
④ 니트로벤젠

95. 상기도 점막 자극제로 볼 수 없는 것은?

① 포스겐
② 크롬산
③ 암모니아
④ 염화수소

96. 적혈구의 산소운반 단백질을 무엇이라 하는가?

① 백혈구
② 단구
③ 혈소판
④ 헤모글로빈

97. 할로겐화탄화수소에 관한 설명으로 옳지 않은 것은?

① 대개 중추신경계의 억제에 의한 마취작용이 나타난다.
② 가연성과 폭발의 위험성이 높으므로 취급시 주의하여야 한다.
③ 일반적으로 할로겐화탄화수소의 독성 정도는 화합물의 분자량이 커질수록 증가한다.
④ 일반적으로 할로겐화탄화수소의 독성 정도는 할로겐원소의 수가 커질수록 증가한다.

98. 다음 표는 A작업장의 백혈병과 벤젠에 대한 코호트 연구를 수행한 결과이다. 이 때 벤젠의 백혈병에 대한 상대위험비는 약 얼마인가?

구분	백혈병 발생	백혈병 비발생	합계(명)
벤젠 노출군	5	14	19
벤젠 비노출군	2	25	27
합계	7	39	46

① 3.29 ② 3.55
③ 4.64 ④ 4.82

99. 다음 중 중절모자를 만드는 사람들에게 처음으로 발견되어 hatter's shake라고 하며 근육경련을 유발하는 중금속은?

① 카드뮴 ② 수은
③ 망간 ④ 납

100. 유기용제별 중독의 대표적인 증상으로 올바르게 연결된 것은?

① 벤젠 – 간장해
② 크실렌 – 조혈장해
③ 염화탄화수소 – 시신경장해
④ 에틸렌글리콜에테르 – 생식기능장해

2022년 산업위생관리기사 기출문제 1회

01. 중량물 취급으로 인한 요통발생에 관여하는 요인으로 볼 수 없는 것은?

① 근로자의 육체적 조건
② 작업빈도와 대상의 무게
③ 습관성 약물의 사용 유무
④ 작업습관과 개인적인 생활태도

02. 산업위생의 기본적인 과제에 해당하지 않는 것은?

① 작업환경이 미치는 건강장애에 관한 연구
② 작업능률 저하에 따른 작업조건에 관한 연구
③ 작업환경의 유해물질이 대기오염에 미치는 영향에 관한 연구
④ 작업환경에 의한 신체적 영향과 최적환경의 연구

03. 작업시작 및 종료 시 호흡의 산소소비량에 대한 설명으로 옳지 않은 것은?

① 산소소비량은 작업부하가 계속 증가하면 일정한 비율로 계속 증가한다.
② 작업이 끝난 후에도 맥박과 호흡수가 작업개시 수준으로 즉시 돌아오지 않고 서서히 감소한다.
③ 작업부하 수준이 최대 산소소비량 수준보다 높아지게 되면, 젖산의 제거 속도가 생성 속도에 못 미치게 된다.
④ 작업이 끝난 후에 남아 있는 젖산을 제거하기 위해서는 산소가 더 필요하며, 이 때 동원되는 산소소비량을 산소부채(oxygen debt)라 한다.

04. 38세 된 남성근로자의 육체적 작업능력(PWC)은 15kcal/min이다. 이 근로자가 1일 8시간 동안 물체를 운반하고 있으며 이때의 작업 대사량은 7kcal/min이고, 휴식 시 대사량은 1.2kcal/min이다. 이 사람의 적정 휴식시간과 작업시간의 배분(매시간별)은 어떻게 하는 것이 이상적인가?

① 12분 휴식 48분 작업
② 17분 휴식 43분 작업
③ 21분 휴식 39분 작업
④ 27분 휴식 33분 작업

05. 산업위생의 역사에 있어 주요 인물과 업적의 연결이 올바른 것은?

① Percivall Pott – 구리광산의 산 증기 위험성 보고
② Hippocrates – 역사상 최초의 직업병(납중독) 보고
③ G. Agricola – 검댕에 의한 직업성 암의 최초 보고
④ Bernardino Ramazzini – 금속 중독과 수은의 위험성 규명

06. 산업안전보건법령상 자격을 갖춘 보건관리자가 해당 사업장의 근로자를 보호하기 위한 조치에 해당하는 의료행위를 모두 고른 것은? (단, 보건관리자는 의료법에 따른 의사로 한정한다.)

> 가. 자주 발생하는 가벼운 부상에 대한 치료
> 나. 응급처치가 필요한 사람에 대한 처치
> 다. 부상·질병의 악화를 방지하기 위한 처치
> 라. 건강진단 결과 발견된 질병자의 요양지도 및 관리

① 가, 나
② 가, 다
③ 가, 다, 라
④ 가, 나, 다, 라

07. 온도 25℃, 1기압 하에서 분당 100mL 씩 60분 동안 채취한 공기 중에서 벤젠이 5mg 검출되었다면 검출된 벤젠은 약 몇 ppm인가? (단, 벤젠의 분자량은 78이다.)

① 15.7 ② 26.1
③ 157   ④ 261

08. 산업위생전문가들이 지켜야 할 윤리강령에 있어 전문가로서의 책임에 해당하는 것은?

① 일반 대중에 관한 사항은 정직하게 발표한다.
② 위험요소와 예방조치에 관하여 근로자와 상담한다.
③ 과학적 방법의 적용과 자료의 해석에서 객관성을 유지한다.
④ 위험요인의 측정, 평가 및 관리에 있어서 외부의 압력에 굴하지 않고 중립적 태도를 취한다.

09. 어떤 플라스틱 제조 공장에 200명의 근로자가 근무하고 있다. 1년에 40건의 재해가 발생하였다면 이 공장의 도수율은? (단, 1일 8시간, 연간 290일 근무기준이다.)

① 200   ② 86.2
③ 17.3 ④ 4.4

10. 산업스트레스에 대한 반응을 심리적 결과와 행동적 결과로 구분할 때 행동적 결과로 볼 수 없는 것은?

① 수면 방해   ② 약물 남용
③ 식욕 부진   ④ 돌발 행동

11. 산업안전보건법령상 충격소음의 강도가 130dB(A)일 때 1일 노출회수 기준으로 옳은 것은?

① 50   ② 100
③ 500   ④ 1,000

12. 다음 중 일반적인 실내공기질 오염과 가장 관련이 적은 질환은?

① 규폐증(silicosis)
② 가습기 열(humidifier fever)
③ 레지오넬라병(legionnaires disease)
④ 과민성 폐렴(hypersensitivity pneumonitis)

13. 물체의 실제무게를 미국 NIOSH의 권고 중량물한계기준(RWL : recommended weight limit)으로 나누어 준 값을 무엇이라 하는가?

① 중량상수(LC)
② 빈도승수(FM)
③ 비대칭승수(AM)
④ 중량물 취급지수(LI)

14. 산업안전보건법령상 사업주가 위험성평가의 결과와 조치사항을 기록·보존할 때 포함되어야 할 사항이 아닌 것은? (단, 그 밖에 위험성평가의 실시내용을 확인하기 위하여 필요한 사항은 제외한다.)

① 위험성 결정의 내용
② 유해위험방지계획서 수립 유무
③ 위험성 결정에 따른 조치의 내용
④ 위험성평가 대상의 유해·위험요인

15. 다음 중 규폐증을 일으키는 주요 물질은?

① 면분진   ② 석탄 분진
③ 유리규산 ④ 납흄

16. 화학물질 및 물리적 인자의 노출기준 고시상 다음 ( )에 들어갈 유해물질들 간의 상호작용은?

> (노출기준 사용상의 유의사항) 각 유해인자의 노출기준은 해당 유해인자가 단독으로 존재하는 경우의 노출기준을 말하며, 2종 또는 그 이상의 유해인자가 혼재하는 경우에는 각 유해인자의 ( )으로 유해성이 증가할 수 있으므로 법에 따라 산출하는 노출기준을 사용하여야 한다.

① 상승작용　② 강화작용
③ 상가작용　④ 길항작용

17. A사업장에서 중대재해인 사망사고가 1년간 4건 발생하였다면 이 사업장의 1년간 4일 미만의 치료를 요하는 경미한 사고건수는 몇 건이 발생하는지 예측되는가? (단, Heinrich의 이론에 근거하여 추정한다.)

① 116　② 120
③ 1,160　④ 1,200

18. 교대작업이 생기게 된 배경으로 옳지 않은 것은?

① 사회 환경의 변화로 국민생활과 이용자들의 편의를 위한 공공사업의 증가
② 의학의 발달로 인한 생체주기 등의 건강상 문제 감소 및 의료기관의 증가
③ 석유화학 및 제철업 등과 같이 공정상 조업중단이 불가능한 산업의 증가
④ 생산설비의 완전가동을 통해 시설투자비용을 조속히 회수하려는 기업의 증가

19. 작업장에 존재하는 유해인자와 직업성 질환의 연결이 옳지 않은 것은?

① 망간 – 신경염
② 무기 분진 – 진폐증
③ 6가크롬 – 비중격천공
④ 이상기압 – 레이노씨 병

20. 심한 노동 후의 피로 현상으로 단기간의 휴식에 의해 회복될 수 없는 병적상태를 무엇이라 하는가?

① 곤비　② 과로
③ 전신피로　④ 국소피로

21. 고체 흡착제를 이용하여 시료채취를 할 때 영향을 주는 인자에 관한 설명으로 틀린 것은?

① 오염물질 농도 : 공기 중 오염물질의 농도가 높을수록 파과 용량은 증가한다.
② 습도 : 습도가 높으면 극성 흡착제를 사용할 때 파과 공기량이 적어진다.
③ 온도 : 일반적으로 흡착은 발열 반응이므로 열역학적으로 온도가 낮을수록 흡착에 좋은 조건이다.
④ 시료 채취유량 : 시료 채취유량이 높으면 쉽게 파과가 일어나나 코팅된 흡착제인 경우는 그 경향이 약하다.

22. 불꽃방식의 원자흡광광도계의 특징으로 옳지 않은 것은?

① 조작이 쉽고 간편하다.
② 분석시간이 흑연로장치에 비하여 적게 소요된다.
③ 주입 시료액의 대부분이 불꽃부분으로 보내지므로 감도가 높다.
④ 고체 시료의 경우 전처리에 의하여 매트릭스를 제거해야 한다.

23. 산업안전보건법령상 소음의 측정시간에 관한 내용 중 A에 들어갈 숫자는?

> 단위작업 장소에서 소음수준은 규정된 측정위치 및 지점에서 1일 작업시간 동안 A시간 이상 연속측정하거나 작업시간을 1시간 간격으로 나누어 A회 이상 측정하여야 한다. 다만, ……(후략)

① 2　② 4
③ 6　④ 8

24. 산업안전보건법령상 다음과 같이 정의되는 용어는?

> 작업환경측정·분석 결과에 대한 정확성과 정밀도를 확보하기 위하여 작업환경측정기관의 측정·분석능력을 확인하고, 그 결과에 따라 지도·교육 등 측정·분석능력 향상을 위하여 행하는 모든 관리적 수단

① 정밀관리　　　② 정확관리
③ 적정관리　　　④ 정도관리

25. 한 근로자가 하루 동안 TCE에 노출되는 것을 측정한 결과가 아래와 같을 때, 8시간 시간가중 평균치(TWA; ppm)는?

측정시간	노출농도(ppm)
1시간	10.0
2시간	15.0
4시간	17.5
1시간	0.0

① 15.7　　　② 14.2
③ 13.8　　　④ 10.6

26. 피토관(Pitot tube)에 대한 설명 중 옳은 것은? (단, 측정 기체는 공기이다.)

① Pitot tube의 정확성에는 한계가 있어 정밀한 측정에서는 경사마노미터를 사용한다.
② Pitot tube를 이용하여 곧바로 기류를 측정할 수 있다.
③ Pitot tube를 이용하여 총압과 속도압을 구하여 정압을 계산한다.
④ 속도압이 25mmH₂O일 때 기류속도는 28.58m/s 이다.

27. 산업안전보건법령상 작업환경측정 대상이 되는 작업장 또는 공정에서 정상적인 작업을 수행하는 동일 노출집단의 근로자가 작업을 하는 장소를 지칭하는 용어는?

① 동일작업 장소　　　② 단위작업 장소
③ 노출측정 장소　　　④ 측정작업 장소

28. 근로자가 일정시간 동안 일정 농도의 유해물질에 노출될 때 체내에 흡수되는 유해물질의 양은 아래의 식을 적용하여 구한다. 각 인자에 대한 설명이 틀린 것은?

$$체내\ 흡수량(mg) = C \times T \times R \times V$$

① C : 공기 중 유해물질 농도
② T : 노출시간
③ R : 체내 잔류율
④ V : 작업공간 공기의 부피

29. 고열(Heat stress)의 작업환경 평가와 관련된 내용으로 틀린 것은?

① 가장 일반적인 방법은 습구흑구온도(WBGT)를 측정하는 방법이다.
② 자연습구온도는 대기온도를 측정하긴 하지만 습도와 공기의 움직임에 영향을 받는다.
③ 흑구온도는 복사열에 의해 발생하는 온도이다.
④ 습도가 높고 대기 흐름이 적을 때 낮은 습구온도가 발생한다.

30. 같은 작업 장소에서 동시에 5개의 공기시료를 동일한 채취조건하에서 채취하여 벤젠에 대해 다음의 도표와 같은 분석결과를 얻었다. 이 때 벤젠농도 측정의 변이계수(CV%)는?

공기시료번호	벤젠농도(ppm)
1	5.0
2	4.5
3	4.0
4	4.6
5	4.4

① 8%   ② 14%
③ 56% ④ 96%

31. 작업장 내 다습한 공기에 포함된 비극성 유기증기를 채취하기 위해 이용할 수 있는 흡착제의 종류로 가장 적절한 것은?

① 활성탄(Activated charcoal)
② 실리카겔(Silica Gel)
③ 분자체(Molecular sieve)
④ 알루미나(Alumina)

32. 산업안전보건법령상 가스상 물질의 측정에 관한 내용 중 일부이다. ( )에 들어갈 내용으로 옳은 것은?

> 검지관방식을 측정하는 경우에는 1일 작업시간 동안 1시간 간격으로 ( )회 이상 측정하되 측정시간마다 2회 이상 반복 측정하여 평균값을 산출하여야 한다. 다만, … 후략

① 2   ② 4
③ 6   ④ 8

33. 벤젠과 톨루엔이 혼합된 시료를 길이 30cm, 내경 3mm인 충진관이 장치된 기체크로마토그래피로 분석한 결과가 아래와 같을 때, 혼합 시료의 분리효율을 99.7%로 증가시키는 데 필요한 충진관의 길이(cm)는? (단, N, H, L, W, R_s, t_R은 각각 이론단수, 높이(HETP), 길이, 봉우리 너비, 분리계수, 머무름 시간을 의미하며, 문자 위 "−"(bar)는 평균값을, 하첨자 A와 B는 각각의 물질을 의미하며, 분리효율이 99.7%가 되기 위한 R_s는 1.50이다.)

[크로마토그램 결과]

분석물질	머무름 시간 (Retention time)	봉우리 너비 (Peak width)
벤젠	16.4분	1.15분
톨루엔	17.6분	1.25분

[크로마토그램 관계식]

$$N = 16 \times \left(\frac{t_R}{W}\right)^2, \quad H = \frac{L}{N}$$

$$R_s = \frac{2(t_{RA} - t_{RB})}{W_A + W_B}, \quad \frac{\overline{N_1}}{\overline{N_2}} = \frac{(R_{s1})^2}{(R_{s2})^2}$$

① 60   ② 62.5
③ 67.5   ④ 72.5

34. 단위작업 장소에서 소음의 강도가 불규칙적으로 변동하는 소음을 누적소음 노출량 측정기로 측정하였다. 누적소음 노출량이 300%인 경우, 시간가중평균 소음수준(dB(A))은?

① 92   ② 98
③ 103   ④ 106

35. 공장에서 A용제 30%(노출기준 1,200mg/m³), B용제 30%(노출기준 1,400mg/m³) 및 C용제 40%(노출기준 1,600mg/m³)의 중량비로 조성된 액체용제가 증발되어 작업 환경을 오염시킬 때, 이 혼합물의 노출기준(mg/m³)은? (단, 혼합물의 성분은 상가 작용을 한다.)

① 1,400   ② 1,450
③ 1,500   ④ 1,550

36. WBGT 측정기의 구성요소로 적절하지 않은 것은?

① 습구온도계 ② 건구온도계
③ 카타온도계 ④ 흑구온도계

37. 유량, 측정시간, 회수율 및 분석에 의한 오차가 각각 18%, 3%, 9%, 5%일 때, 누적 오차(%)는?

① 18 ② 21
③ 24 ④ 29

38. 흡광광도법에 관한 설명으로 틀린 것은?

① 광원에서 나오는 빛을 단색화 장치를 통해 넓은 파장 범위의 단색 빛으로 변화시킨다.
② 선택된 파장의 빛을 시료액 층으로 통과시킨 후 흡광도를 측정하여 농도를 구한다.
③ 분석의 기초가 되는 법칙은 램버어트-비어의 법칙이다.
④ 표준액에 대한 흡광도와 농도의 관계를 구한 후, 시료의 흡광도를 측정하여 농도를 구한다.

39. 작업환경 중 분진의 측정 농도가 대수정규분포를 할 때, 측정 자료의 대표치에 해당되는 용어는?

① 기하평균치 ② 산술평균치
③ 최빈치 ④ 중앙치

40. 진동을 측정하기 위한 기기는?

① 충격측정기(Impulse meter)
② 레이저판독판(Laser readout)
③ 가속측정기(Accelerometer)
④ 소음측정기(Sound level meter)

41. 국소배기 시설에서 장치 배치 순서로 가장 적절한 것은?

① 송풍기 → 공기정화기 → 후드 → 덕트 → 배출구
② 공기정화기 → 후드 → 송풍기 → 덕트 → 배출구
③ 후드 → 덕트 → 공기정화기 → 송풍기 → 배출구
④ 후드 → 송풍기 → 공기정화기 → 덕트 → 배출구

42. 금속을 가공하는 음압수준이 98dB(A)인 공정에서 NRR이 17인 귀마개를 착용했을 때의 차음효과(dB(A))는? (단, OSHA의 차음효과 예측방법을 적용한다.)

① 2 ② 3
③ 5 ④ 7

43. 다음 중 중성자의 차폐(shielding) 효과가 가장 적은 물질은?

① 물 ② 파라핀
③ 납 ④ 흑연

44. 테이블에 붙여서 설치한 사각형 후드의 필요환기량 $Q(m^3/min)$을 구하는 식으로 적절한 것은? (단, 플랜지는 부착되지 않았고, $A(m^2)$는 개구면적, $X(m)$는 개구부와 오염원 사이의 거리, $V(m/s)$는 제어 속도를 의미한다.)

① $Q = V \times (5X^2 + A)$
② $Q = V \times (7X^2 + A)$
③ $Q = 60 \times V \times (5X^2 + A)$
④ $Q = 60 \times V \times (7X^2 + A)$

45. 원심력집진장치에 관한 설명 중 옳지 않은 것은?

① 비교적 적은 비용으로 집진이 가능하다.
② 분진의 농도가 낮을수록 집진효율이 증가한다.
③ 함진가스에 선회류를 일으키는 원심력을 이용한다.
④ 입자의 크기가 크고 모양이 구체에 가까울수록 집진효율이 증가한다.

46. 직경이 38cm, 유효높이 2.5m의 원통형 백필터를 사용하여 60m³/min의 함진 가스를 처리할 때 여과속도(cm/s)는?

① 25 ② 32
③ 50 ④ 64

47. 표준상태(STP; 0℃, 1기압)에서 공기의 밀도가 1.293kg/m³일 때, 40℃, 1기압에서 공기의 밀도(kg/m³)는?

① 1.040 ② 1.128
③ 1.185 ④ 1.312

48. 국소배기장치로 외부식 측방형 후드를 설치할 때, 제어 풍속을 고려하여야 할 위치는?

① 후드의 개구면
② 작업자의 호흡 위치
③ 발산되는 오염 공기 중의 중심위치
④ 후드의 개구면으로부터 가장 먼 작업 위치

49. 작업장에서 작업공구와 재료 등에 적용할 수 있는 진동대책과 가장 거리가 먼 것은?

① 진동공구의 무게는 10kg 이상 초과하지 않도록 만들어야 한다.
② 강철로 코일용수철을 만들면 설계를 자유스럽게 할 수 있으나 oil damper 등의 저항요소가 필요할 수 있다.
③ 방진고무를 사용하면 공진 시 진폭이 지나치게 커지지 않지만 내구성, 내약품성이 문제가 될 수 있다.
④ 코르크는 정확하게 설계할 수 있고 고유진동수가 20Hz 이상이므로 진동방지에 유용하게 사용할 수 있다.

50. 여과 집진 장치의 여과지에 대한 설명으로 틀린 것은?

① 0.1㎛ 이하의 입자는 주로 확산에 의해 채취된다.
② 압력강하가 적으면 여과지의 효율이 크다.
③ 여과지의 특성을 나타내는 항목으로 기공의 크기, 여과지의 두께 등이 있다.
④ 혼합섬유 여과지로 가장 많이 사용되는 것은 microsorban 여과지이다.

51. 일반적인 후드 설치의 유의사항으로 가장 거리가 먼 것은?

① 오염원 전체를 포위시킬 것
② 후드는 오염원에 가까이 설치할 것
③ 오염 공기의 성질, 발생상태, 발생원인을 파악할 것
④ 후드의 흡인 방향과 오염 가스의 이동방향은 반대로 할 것

52. 앞으로 구부리고 수행하는 작업공정에서 올바른 작업자세라고 볼 수 없는 것은?

① 작업점의 높이는 팔꿈치보다 낮게 한다.
② 바닥의 얼룩을 닦을 때에는 허리를 구부리지 말고 다리를 구부려서 작업한다.
③ 상체를 구부리고 작업을 하다가 일어설 때는 무릎을 굴절시켰다가 다리 힘으로 일어난다.
④ 신체의 중심이 물체의 중심보다 뒤쪽에 있도록 한다.

53. 호흡기 보호구의 사용 시 주의사항과 가장 거리가 먼 것은?

① 보호구의 능력을 과대평가하지 말아야 한다.
② 보호구 내 유해물질 농도는 허용기준 이하로 유지해야 한다.
③ 보호구를 사용할 수 있는 최대 사용가능농도는 노출기준에 할당보호계수를 곱한 값이다.
④ 유해물질의 농도가 즉시 생명에 위태로울 정도인 경우는 공기 정화식 보호구를 착용해야 한다.

54. 흡인구와 분사구의 등속선에서 노즐의 분사구 개구면 유속을 100%라고 할 때 유속이 10% 수준이 되는 지점은 분사구 내경(d)의 몇 배 거리인가?

① 5d ② 10d
③ 30d ④ 40d

55. 방진마스크의 성능 기준 및 사용 장소에 대한 설명 중 옳지 않은 것은?

① 방진마스크 등급 중 2급은 포집효율이 분리식과 안면부 여과식 모두 90% 이상이어야 한다.
② 방진마스크 등급 중 특급의 포집효율은 분리식의 경우 99.95% 이상, 안면부 여과식의 경우 99.0% 이상이어야 한다.
③ 베릴륨 등과 같이 독성이 강한 물질들을 함유한 분진이 발생하는 장소에서는 특급 방진마스크를 착용하여야 한다.
④ 금속흄 등과 같이 열적으로 생기는 분진이 발생하는 장소에서는 1급 방진마스크를 착용하여야 한다.

56. 레시버식 캐노피형 후드 설치에 있어 열원 주위 상부의 퍼짐각도는? (단, 실내에는 다소의 난기류가 존재한다.)

① 20° ② 40°
③ 60° ④ 90°

57. 국소배기 시설의 투자비용과 운전비를 작게 하기 위한 조건으로 옳은 것은?

① 제어속도 증가
② 필요송풍량 감소
③ 후드개구면적 증가
④ 발생원과의 원거리 유지

58. 정상류가 흐르고 있는 유체 유동에 관한 연속 방정식을 설명하는데 적용된 법칙은?

① 관성의 법칙 ② 운동량의 법칙
③ 질량보존의 법칙 ④ 점성의 법칙

59. 공기 중의 포화증기압이 1.52mmHg인 유기용제가 공기 중에 도달할 수 있는 포화농도(ppm)는?

① 2,000 ② 4,000
③ 6,000 ④ 8,000

60. 표준공기(21℃)에서 동압이 5mmHg일 때 유속(m/s)은?

① 9 ② 15
③ 33 ④ 45

61. 일반적으로 전신진동에 의한 생체반응에 관여하는 인자와 가장 거리가 먼 것은?

① 온도 ② 진동 강도
③ 진동 방향 ④ 진동수

62. 반향시간(reverberation time)에 관한 설명으로 옳은 것은?

① 반향시간과 작업장의 공간부피만 알면 흡음량을 추정할 수 있다.
② 소음원에서 소음발생이 중지한 후 소음의 감소는 시간의 제곱에 반비례하여 감소한다.
③ 반향시간은 소음이 닿는 면적을 계산하기 어려운 실외에서의 흡음량을 추정하기 위하여 주로 사용한다.
④ 소음원에서 발생하는 소음과 배경소음간의 차이가 40dB인 경우에는 60dB 만큼 소음이 감소하지 않기 때문에 반향시간을 측정할 수 없다.

63. 산업안전보건법령상 이상기압과 관련된 용어의 정의가 옳지 않은 것은?

① 압력이란 게이지 압력을 말한다.
② 표면공급식 잠수작업은 호흡용 기체통을 휴대하고 하는 작업을 말한다.
③ 고압작업이란 고기압에서 잠함공법이나 그 외의 압기 공법으로 하는 작업을 말한다.
④ 기압조절실이란 고압작업을 하는 근로자가 가압 또는 감압을 받는 장소를 말한다.

64. 빛과 밝기의 단위에 관한 설명으로 옳지 않은 것은?

① 반사율은 조도에 대한 휘도의 비로 표시한다.
② 광원으로부터 나오는 빛의 양을 광속이라고 하며 단위는 루멘을 사용한다.
③ 입사면의 단면적에 대한 광도의 비를 조도라 하며 단위는 촉광을 사용한다.
④ 광원으로부터 나오는 빛의 세기를 광도라고 하며 단위는 칸델라를 사용한다.

65. 전리방사선의 종류에 해당하지 않는 것은?

① γ선   ② 중성자
③ 레이저   ④ β선

66. 다음 중 방사선에 감수성이 가장 큰 인체조직은?

① 눈의 수정체   ② 뼈 및 근육조직
③ 신경조직   ④ 결합조직과 지방조직

67. 산소결핍이 진행되면서 생체에 나타나는 영향을 순서대로 나열한 것은?

| ㉠ 가벼운 어지러움 | ㉡ 사망 |
| ㉢ 대뇌피질의 기능 저하 | ㉣ 중추성 기능장애 |

① ㉠ → ㉢ → ㉣ → ㉡
② ㉠ → ㉣ → ㉢ → ㉡
③ ㉢ → ㉠ → ㉣ → ㉡
④ ㉢ → ㉣ → ㉠ → ㉡

68. 자외선으로부터 눈을 보호하기 위한 차광보호구를 선정하고자 하는데 차광도가 큰 것이 없어 두 개를 겹쳐서 사용하였다. 각각의 보호구의 차광도가 6과 3이었다면 두 개를 겹쳐서 사용한 경우의 차광도는?

① 6   ② 8
③ 9   ④ 18

69. 체온의 상승에 따라 체온조절중추인 시상하부에서 혈액온도를 감지하거나 신경망을 통하여 정보를 받아 들여 체온방산작용이 활발해지는 작용은?

① 정신적 조절작용(spiritual thermoregulation)
② 화학적 조절작용(chemical themoregulation)
③ 생물학적 조절작용(biological thermoregulation)
④ 물리적 조절작용(physical thermoregulation)

70. 다음 중 진동에 의한 장해를 최소화시키는 방법과 거리가 먼 것은?

① 진동의 발생원을 격리시킨다.
② 진동의 노출시간을 최소화시킨다.
③ 훈련을 통하여 신체의 적응력을 향상시킨다.
④ 진동을 최소화하기 위하여 공학적으로 설계 및 관리한다.

71. 저온 환경에 의한 장해의 내용으로 옳지 않은 것은?

① 근육 긴장이 증가하고 떨림이 발생한다.
② 혈압은 변화되지 않고 일정하게 유지된다.
③ 피부 표면의 혈관들과 피하조직이 수축된다.
④ 부종, 저림, 가려움, 심한 통증 등이 생긴다.

72. 작업장의 조도를 균등하게 하기 위하여 국소조명과 전체조명이 병용될 때, 일반적으로 전체 조명의 조도는 국부조명의 어느 정도가 적당한가?

① $\frac{1}{20} \sim \frac{1}{10}$ ② $\frac{1}{10} \sim \frac{1}{5}$
③ $\frac{1}{5} \sim \frac{1}{3}$ ④ $\frac{1}{3} \sim \frac{1}{2}$

73. 다음 중 소음에 의한 청력장해가 가장 잘 일어나는 주파수 대역은?

① 1000Hz ② 2000Hz
③ 4000Hz ④ 8000Hz

74. 다음 중 감압과정에서 감압속도가 너무 빨라서 나타나는 종격기종, 기흉의 원인이 되는 것은?

① 질소 ② 이산화탄소
③ 산소 ④ 일산화탄소

75. 음향출력이 1000W인 음원이 반자유공간(반구면파)에 있을 때 20m 떨어진 지점에서의 음의 세기는 약 얼마인가?

① 0.2W/m² ② 0.4W/m²
③ 2.0W/m² ④ 4.0W/m²

76. 다음에서 설명하는 고열 건강장해는?

> 고온 환경에서 강한 육체적 노동을 할 때 잘 발생하며, 지나친 발한에 의한 탈수와 염분소실이 발생하며 수의근의 유통성 경련증상이 나타나는 것이 특징이다.

① 열성 발진(heat rashes)
② 열사병(heat stroke)
③ 열 피로(heat fatigue)
④ 열 경련(heat cramps)

77. 마이크로파와 라디오파에 관한 설명으로 옳지 않은 것은?

① 마이크로파의 주파수 대역은 100~3000MHz 정도이며, 국가(지역)에 따라 범위의 규정이 각각 다르다.
② 라디오파의 파장은 1MHz와 자외선 사이의 범위를 말한다.
③ 마이크로파와 라디오파의 생체작용 중 대표적인 것은 온감을 느끼는 열작용이다.
④ 마이크로파의 생물학적 작용은 파장 뿐만 아니라 출력, 노출시간, 노출된 조직에 따라 다르다.

78. 18℃ 공기 중에서 800Hz인 음의 파장은 약 몇 m인가?

① 0.35 ② 0.43
③ 3.5 ④ 4.3

79. 음압이 2배로 증가하면 음압레벨(sound pressure level)은 몇 dB 증가하는가?

① 2 ② 3
③ 6 ④ 12

80. 고압환경의 영향 중 2차적인 가압 현상(화학적 장해)에 관한 설명으로 옳지 않은 것은?

① 4기압 이상에서 공기 중의 질소 가스는 마취 작용을 나타낸다.
② 이산화탄소의 증가는 산소의 독성과 질소의 마취작용을 촉진시킨다.
③ 산소의 분압이 2기압을 넘으면 산소 중독증세가 나타난다.
④ 산소중독은 고압산소에 대한 노출이 중지되어도 근육경련, 환청 등 후유증이 장기간 계속된다.

81. 산업안전보건법령상 사람에게 충분한 발암성 증거가 있는 유해물질에 해당하지 않는 것은?

① 석면(모든 형태)
② 크롬광 가공(크롬산)
③ 알루미늄(용접 흄)
④ 황화니켈(흄 및 분진)

82. 다음 설명에 해당하는 중금속은?

- 뇌홍의 제조에 사용
- 소화관으로는 2~7% 정도의 소량흡수
- 금속 형태는 뇌, 혈액, 심근에 많이 분포
- 만성노출시 식욕부진, 신기능부전, 구내염 발생

① 납(Pb) ② 수은(Hg)
③ 카드뮴(Cd) ④ 안티몬(Sb)

83. 골수장애로 재생불량성 빈혈을 일으키는 물질이 아닌 것은?

① 벤젠(benzene)
② 2-브로모프로판(2-bromopropane)
③ TNT(trinitrotoluene)
④ 2,4-TDI(Toluene-2,4-diisocyanate)

84. 호흡성 먼지(Respirable particulate mass)에 대한 미국 ACGIH의 정의로 옳은 것은?

① 크기가 10~100μm로 코와 인후두를 통하여 기관지나 폐에 침착한다.
② 폐포에 도달하는 먼지로 입경이 7.1μm 미만인 먼지를 말한다.
③ 평균 입경이 4μm이고, 공기역학적 직경이 10μm 미만인 먼지를 말한다.
④ 평균 입경이 10μm인 먼지로 흉곽성(thoracic) 먼지라고도 한다.

85. 무기성 분진에 의한 진폐증이 아닌 것은?

① 규폐증(silicosis)
② 연초폐증(tabacosis)
③ 흑연폐증(graphite lung)
④ 용접공폐증(welder's lung)

86. 다음 [보기]는 노출에 대한 생물학적 모니터링에 관한 설명이다. [보기] 중 틀린 것으로만 조합된 것은?

[보기]
㉠ 생물학적 검체인 호기, 소변, 혈액 등에서 결정인자를 측정하여 노출정도를 추정하는 방법이다.
㉡ 결정인자는 공기 중에서 흡수된 화학 물질이나 그것의 대사산물 또는 화학물질에 의해 생긴 비가역적인 생화학적 변화이다.
㉢ 공기 중의 농도를 측정하는 것이 개인의 건강위험을 보다 직접적으로 평가할 수 있다.
㉣ 목적은 화학물질에 대한 현재나 과거의 노출이 안전한 것인지를 확인하는 것이다.
㉤ 공기 중 노출기준이 설정된 화학물질의 수 만큼 생물학적 노출기준(BEI)이 있다.

① ㉠, ㉡, ㉢ ② ㉠, ㉢, ㉣
③ ㉡, ㉢, ㉤ ④ ㉡, ㉣, ㉤

87. 체내에 노출되면 metallothionein이라는 단백질을 합성하여 노출된 중금속의 독성을 감소시키는 경우가 있는데 이에 해당되는 중금속은?

① 납 ② 니켈
③ 비소 ④ 카드뮴

88. 산업안전보건법령상 다음 유해물질 중 노출기준(ppm)이 가장 낮은 것은? (단, 노출기준은 TWA 기준이다.)

① 오존(O_3) ② 암모니아(NH_3)
③ 염소(Cl_2) ④ 일산화탄소(CO)

89. 유해인자에 노출된 집단에서의 질병 발생률과 노출되지 않은 집단에서 질병 발생률과의 비를 무엇이라 하는가?

① 교차비
② 발병비
③ 기여위험도
④ 상대위험도

90. 수은중독의 예방대책이 아닌 것은?

① 수은 주입과정을 밀폐공간 안에서 자동화한다.
② 작업장 내에서 음식물 섭취와 흡연 등의 행동을 금지한다.
③ 수은취급 근로자의 비점막 궤양 생성여부를 면밀히 관찰한다.
④ 작업장에 흘린 수은은 신체가 닿지 않는 방법으로 즉시 제거한다.

91. 일산화탄소 중독과 관련이 없는 것은?

① 고압산소실
② 카나리아새
③ 식염의 다량투여
④ 카르복시헤모글로빈(carboxyhemoglobin)

92. 유해물질이 인체에 미치는 영향을 결정하는 인자와 가장 거리가 먼 것은?

① 개인의 감수성
② 유해물질의 독립성
③ 유해물질의 농도
④ 유해물질의 노출시간

93. 벤젠의 생물학적 지표가 되는 대사물질은?

① Phenol
② Coproporphyrin
③ Hydroquinone
④ 1,2,4 - Trihydroxybenzene

94. 유기용제의 흡수 및 대사에 관한 설명으로 옳지 않은 것은?

① 유기용제가 인체로 들어오는 경로는 호흡기를 통한 경우가 가장 많다.
② 대부분의 유기용제는 물에 용해되어 지용성 대사산물로 전환되어 체외로 배설된다.
③ 유기용제는 휘발성이 강하기 때문에 호흡기를 통하여 들어간 경우에 다시 호흡기로 상당량이 배출된다.
④ 체내로 들어온 유기용제는 산화, 환원, 가수분해로 이루어지는 생전환과 포합체를 형성하는 포합반응인 두 단계의 대사과정을 거친다.

95. 다핵방향족 탄화수소(PAHs)에 대한 설명으로 옳지 않은 것은?

① 벤젠고리가 2개 이상이다.
② 대사가 활발한 다핵 고리화합물로 되어 있으며 수용성이다.
③ 시토크롬(cytochrome) P-450의 준개체단에 의하여 대사된다.
④ 철강 제조업에서 석탄을 건류할 때나 아스팔트를 콜타르 피치로 포장할 때 발생된다.

96. 증상으로는 무력증, 식욕감퇴, 보행장해 등의 증상을 나타내며, 계속적인 노출시에는 파킨슨씨 증상을 초래하는 유해물질은?

① 망간
② 카드뮴
③ 산화칼륨
④ 산화마그네슘

97. 다음 중 중추신경 활성억제 작용이 가장 큰 것은?

① 알칸
② 알코올
③ 유기산
④ 에테르

98. 산업안전보건법령상 기타 분진의 산화규소 결정체 함유율과 노출기준으로 옳은 것은?

① 함유율: 0.1% 이상, 노출기준: 5mg/m³
② 함유율: 0.1% 이하, 노출기준: 10mg/m³
③ 함유율: 1% 이상, 노출기준: 5mg/m³
④ 함유율: 1% 이하, 노출기준: 10mg/m³

99. 단순 질식제로 볼 수 없는 것은?

① 오존 ② 메탄
③ 질소 ④ 헬륨

100. 금속의 일반적인 독성작용 기전으로 옳지 않은 것은?

① 효소의 억제
② 금속평형의 파괴
③ DNA 염기의 대체
④ 필수 금속성분의 대체

2022년 산업위생관리기사 기출문제 2회

01. 현재 총 흡음량이 1200 sabins인 작업장의 천장에 흡음 물질을 첨가하여 2400 sabins를 추가할 경우 예측되는 소음감음량은(NR)은 약 몇 dB인가?

① 2.6
② 3.5
③ 4.8
④ 5.2

02. 젊은 근로자에 있어서 약한 쪽 손의 힘은 평균 45kp 라고 한다. 이러한 근로자가 무게 8kg인 상자를 양손으로 들어 올릴 경우 작업강도(%MS)는 약 얼마인가?

① 17.8%
② 8.9%
③ 4.4%
④ 2.3%

03. 누적외상성 질환(CTDs) 또는 근골격계질환(MSDs)에 속하는 것으로 보기 어려운 것은?

① 건초염(Tendosynoitis)
② 스티븐스존슨증후군(Stevens Johnson syndrome)
③ 손목뼈터널증후군(Carpal tunnel syndrome)
④ 기용터널증후군(Guyon tunnel syndrome)

04. 심리학적 적성검사에 해당하는 것은?

① 지각동작검사
② 감각기능검사
③ 심폐기능검사
④ 체력검사

05. 산업위생의 4가지 주요 활동에 해당하지 않는 것은?

① 예측
② 평가
③ 관리
④ 제거

06. 사고예방대책의 기본원리 5단계를 순서대로 나열한 것으로 옳은 것은?

① 사실의 발견 → 조직 → 분석 → 시정책(대책)의 선정 → 시정책(대책)의 적용
② 조직 → 분석 → 사실의 발견 → 시정책(대책)의 선정 → 시정책(대책)의 적용
③ 조직 → 사실의 발견 → 분석 → 시정책(대책)의 선정 → 시정책(대책)의 적용
④ 사실의 발견 → 분석 → 조직 → 시정책(대책)의 선정 → 시정책(대책)의 적용

07. 산업안전보건법령상 보건관리자의 자격 기준에 해당하지 않는 사람은?

① 「의료법」에 따른 의사
② 「의료법」에 따른 간호사
③ 「국가기술자격법」에 따른 환경기능사
④ 「산업안전보건법」에 따른 산업보건지도사

08. 근육운동의 에너지원 중 혐기성대사의 에너지원에 해당되는 것은?

① 지방
② 포도당
③ 단백질
④ 글리코겐

09. 산업재해의 기본원인을 4M(Management, Machine, Media, Man)이라고 할 때 다음 중 Man(사람)에 해당되는 것은?

① 안전교육과 훈련의 부족
② 인간관계 · 의사소통의 불량
③ 부하에 대한 지도 · 감독부족
④ 작업자세 · 작업동작의 결함

10. 직업성 질환의 범위에 해당되지 않는 것은?

① 합병증   ② 속발성 질환
③ 선천적 질환   ④ 원발성 질환

11. 18세기에 Percivall Pott가 어린이 굴뚝청소부에게서 발견한 직업성 질환은?

① 백혈병   ② 골육종
③ 진폐증   ④ 음낭암

12. 산업피로의 대책으로 적합하지 않은 것은?

① 불필요한 동작을 피하고 에너지 소모를 적게 한다.
② 작업과정에 따라 적절한 휴식시간을 가져야 한다.
③ 작업능력에는 개인별 차이가 있으므로 각 개인마다 작업량을 조정해야 한다.
④ 동적인 작업은 피로를 더하게 하므로 가능한 한 정적인 작업으로 전환한다.

13. 미국산업위생학술원(AAIH)에서 채택한 산업위생분야에 종사하는 사람들이 지켜야 할 윤리강령에 포함되지 않는 것은?

① 국가에 대한 책임
② 전문가로서의 책임
③ 일반 대중에 대한 책임
④ 기업주와 고객에 대한 책임

14. 사무실 공기관리 지침상 근로자가 건강장해를 호소하는 경우 사무실 공기관리 상태를 평가하기 위해 사업주가 실시해야 하는 조사 항목으로 옳지 않은 것은?

① 사무실 조명의 조도 조사
② 외부의 오염물질 유입경로 조사
③ 공기정화시설 환기량의 적정여부 조사
④ 근로자가 호소하는 증상(호흡기, 눈, 피부 자극 등)에 대한 조사

15. ACGIH에서 제정한 TLVs(Threshold Limit Values)의 설정근거가 아닌 것은?

① 동물실험자료   ② 인체실험자료
③ 사업장 역학조사   ④ 선진국 허용기준

16. 다음 중 점멸 – 융합 테스트(Flicker test)의 용도로 가장 적합한 것은?

① 진동 측정   ② 소음 측정
③ 피로도 측정   ④ 열중증 판정

17. 산업안전보건법령상 물질안전보건자료 작성 시 포함되어야 할 항목이 아닌 것은? (단, 그 밖의 참고사항은 제외한다.)

① 유해성 · 위험성   ② 안정성 및 반응성
③ 사용빈도 및 타당성   ④ 노출방지 및 개인보호구

18. 직업병의 원인이 되는 유해요인, 대상 직종과 직업병 종류의 연결이 잘못된 것은?

① 면분진 – 방직공 – 면폐증
② 이상기압 – 항공기조종 – 잠함병
③ 크롬 – 도금 – 피부점막 궤양, 폐암
④ 납 – 축전지제조 – 빈혈, 소화기장애

19. 산업안전보건법령상 특수건강진단 대상자에 해당하지 않는 것은?

① 고온환경 하에서 작업하는 근로자
② 소음환경 하에서 작업하는 근로자
③ 자외선 및 적외선을 취급하는 근로자
④ 저기압 하에서 작업하는 근로자

20. 방직공장의 면분진 발생 공정에서 측정한 공기 중 면분진 농도가 2시간은 2.5mg/m³, 3시간은 1.8mg/m³, 3시간은 2.6mg/m³일 때, 해당 공정의 시간가중평균 노출기준 환산값은 약 얼마인가?

① 0.86mg/m³
② 2.28mg/m³
③ 2.35mg/m³
④ 2.60mg/m³

21. 작업환경측정치의 통계처리에 활용되는 변이계수에 관한 설명과 가장 거리가 먼 것은?

① 평균값의 크기가 0에 가까울수록 변이계수의 의의는 작아진다.
② 측정단위와 무관하게 독립적으로 산출되며 백분율로 나타낸다.
③ 단위가 서로 다른 집단이나 특성값의 상호산포도를 비교하는데 이용될 수 있다.
④ 편차의 제곱 합들의 평균값으로 통계집단의 측정값들에 대한 균일성, 정밀도 정도를 표현한다.

22. 산업안전보건법령상 1회라도 초과노출되어서는 안되는 충격소음의 음압수준(dB(A)) 기준은?

① 120
② 130
③ 140
④ 150

23. 예비조사 시 유해인자 특성파악에 해당되지 않는 것은?

① 공정보고서 작성
② 유해인자의 목록 작성
③ 월별 유해물질 사용량 조사
④ 물질별 유해성 자료 조사

24. 분석에서 언급되는 용어에 대한 설명으로 옳은 것은?

① LOD는 LOQ의 10배로 정의하기도 한다.
② LOQ는 분석결과가 신뢰성을 가질 수 있는 양이다.
③ 회수율(%)은 첨가량/분석량×100으로 정의된다.
④ LOQ란 검출한계를 말한다.

25. 작업환경 내 유해물질 노출로 인한 위험성(위해도)의 결정 요인은?

① 반응성과 사용량
② 위해성과 노출요인
③ 노출기준과 노출량
④ 반응성과 노출기준

26. AIHA에서 정한 유사노출군(SEG)별로 노출농도 범위, 분포 등을 평가하며 역학조사에 가장 유용하게 활용되는 측정방법은?

① 진단모니터링
② 기초모니터링
③ 순응도(허용기준 초과여부)모니터링
④ 공정안전조사

27. 알고 있는 공기 중 농도를 만드는 방법인 Dynamic Method에 관한 내용으로 틀린 것은?

① 만들기가 복잡하고 가격이 고가이다.
② 온습도 조절이 가능하다.
③ 소량의 누출이나 벽면에 의한 손실은 무시할 수 있다.
④ 대개 운반용으로 제작하기가 용이하다.

28. 기체크로마토그래피 검출기 중 PCBs나 할로겐 원소가 포함된 유기계 농약성분을 분석할 때 가장 적당한 것은?

① NPD(질소 인 검출기)
② ECD(전자포획 검출기)
③ FID(불꽃 이온화 검출기)
④ TCD(열선도 검출기)

29. 호흡성 먼지(RPM)의 입경(㎛) 범위는? (단, 미국 ACGIH 정의 기준)

① 0 ~ 10
② 0 ~ 20
③ 0 ~ 25
④ 10 ~ 100

30. 원자흡광광도계의 표준시약으로서 적당한 것은?

① 순도가 1급 이상인 것
② 풍화에 의한 농도변화가 있는 것
③ 조해에 의한 농도변화가 있는 것
④ 화학변화 등에 의한 농도변화가 있는 것

31. 공기 중 acetone 500ppm, sec-butyl acetate 100ppm 및 methyl ethyl ketone 150ppm이 혼합물로서 존재할 때 복합노출지수(ppm)는? (단, acetone, sec-butyl acetate 및 methyl ethyl ketone의 TLV는 각각 750, 200, 200ppm이다.)

① 1.25
② 1.56
③ 1.74
④ 1.92

32. 화학공장의 작업장 내에 Toluene 농도를 측정하였더니 5, 6, 5, 6, 6, 6, 4, 8, 9, 20ppm일 때, 측정치의 기하표준편차(GSD)는?

① 1.6
② 3.2
③ 4.8
④ 6.4

33. 고열장해와 가장 거리가 먼 것은?

① 열사병
② 열경련
③ 열호족
④ 열탈진

34. 산업안전보건법령상 누적소음노출량 측정기로 소음을 측정하는 경우의 기기설정값은?

- Criteria (Ⓐ)dB
- Exchange Rate (Ⓑ)dB
- Threshold (Ⓒ)dB

① Ⓐ : 80, Ⓑ : 10, Ⓒ : 90
② Ⓐ : 90, Ⓑ : 10, Ⓒ : 80
③ Ⓐ : 80, Ⓑ : 4, Ⓒ : 90
④ Ⓐ : 90, Ⓑ : 5, Ⓒ : 80

35. 직경분립충돌기에 관한 설명으로 틀린 것은?

① 흡입성, 흉곽성, 호흡성 입자의 크기별 분포와 농도를 계산할 수 있다.
② 호흡기의 부분별로 침착된 입자 크기를 추정할 수 있다.
③ 입자의 질량크기분포를 얻을 수 있다.
④ 되튐 또는 과부하로 인한 시료 손실이 비교적 정확한 측정이 가능하다.

36. 옥외(태양광선이 내리쬐지 않는 장소)의 온열조건이 아래와 같을 때, WBGT(℃)는?

〈조건〉
- 건구온도 : 30℃
- 흑구온도 : 40℃
- 자연습구온도 : 25℃

① 26.5
② 29.5
③ 33
④ 55.5

37. 여과지에 관한 설명으로 옳지 않은 것은?

① 막 여과지에서 유해물질은 여과지 표면이나 그 근처에서 채취된다.
② 막 여과지는 섬유상 여과지에 비해 공기저항이 심하다.
③ 막 여과지는 여과지 표면에 채취된 입자의 이탈이 없다.
④ 섬유상 여과지는 여과지 표면뿐 아니라 단면 깊게 입자상 물질이 들어가므로 더 많은 입자상 물질을 채취할 수 있다.

38. 어느 작업장에서 A물질의 농도를 측정한 결과가 아래와 같을 때, 측정 결과의 중앙값(median; ppm)은?

〈단위 : ppm〉

23.9, 21.6, 22.4, 24.1, 22.7, 25.4

① 22.7 ② 23.0
③ 23.3 ④ 23.9

39. 복사선(Radiation)에 관한 설명 중 틀린 것은?

① 복사선은 전리작용의 유무에 따라 전리복사선과 비전리복사선으로 구분한다.
② 비전리복사선에는 자외선, 가시광선, 적외선 등이 있고, 전리복사선에는 X선, γ선 등이 있다.
③ 비전리복사선은 에너지 수준이 낮아 분자구조나 생물학적 세포조직에 영향을 미치지 않는다.
④ 전리복사선이 인체에 영향을 미치는 정도에 복사선의 형태, 조사량, 신체조직, 연령 등에 따라 다르다.

40. 산업안전보건법령에서 사용하는 용어의 정의로 틀린 것은?

① 신뢰도란 분석치가 참값에 얼마나 접근하였는가 하는 수치상의 표현을 말한다.
② 가스상 물질이란 화학적인자가 공기중으로 가스·증기의 형태로 발생되는 물질을 말한다.
③ 정도관리란 작업환경측정·분석 결과에 대한 정확성과 정밀도를 확보하기 위하여 작업환경측정기관의 측정·분석능력을 확인하고, 그 결과에 따라 지도·교육 등 측정·분석능력 향상을 위하여 행하는 모든 관리적 수단을 말한다.
④ 정밀도란 일정한 물질에 대해 반복측정·분석을 했을 때 나타나는 자료 분석치의 변동크기가 얼마나 작은가 하는 수치상의 표현을 말한다.

41. 후드 제어속도에 대한 내용 중 틀린 것은?

① 제어속도는 오염물질의 증발속도와 후드 주위의 난기류 속도를 합한 것과 같아야 한다.
② 포위식 후드의 제어속도를 결정하는 지점은 후드의 개구면이 된다.
③ 외부식 후드의 제어속도를 결정하는 지점은 유해물질이 흡인되는 범위 안에서 후드의 개구 면으로부터 가장 멀리 떨어진 지점이 된다.
④ 오염물질의 발생상황에 따라서 제어속도는 달라진다.

42. 전기 집진장치에 대한 설명 중 틀린 것은?

① 초기 설치비가 많이 든다.
② 운전 및 유지비가 비싸다.
③ 가연성 입자의 처리가 곤란하다.
④ 고온가스를 처리할 수 있어 보일러와 철강로 등에 설치할 수 있다.

43. 후드의 유입계수 0.86, 속도압 25mmH₂O일 때 후드의 압력손실(mmH₂O)은?

① 8.8 ② 12.2
③ 15.4 ④ 17.2

44. 국소배기시스템 설계과정에서 두 덕트가 한 합류점에서 만났다. 정압(절대치)이 낮은 쪽 대 정압이 높은 쪽의 정압비가 1 : 1.1로 나타났을 때, 적절한 설계는?

① 정압이 낮은 쪽의 유량을 증가시킨다.
② 정압이 낮은 쪽의 덕트직경을 줄여 압력손실을 증가시킨다.
③ 정압이 높은 쪽의 덕트직경을 늘려 압력손실을 감소시킨다.
④ 정압의 차이를 무시하고 높은 정압을 지배정압으로 계속 계산해 나간다.

45. 어떤 사업장의 산화 규소 분진을 측정하기 위한 방법과 결과가 아래와 같을 때, 다음 설명 중 옳은 것은? (단, 산화규소(결정체 석영)의 호흡성 분진 노출기준은 0.045mg/m³이다.)

시료 채취 방법 및 결과		
사용장치	시료채취시간 (min)	무게측정결과 (μg)
10mm 나일론 사이클론(1.7Lpm)	480	38

① 8시간 시간가중평가노출기준을 초과한다.
② 공기채취유량을 알 수가 없어 농도계산이 불가능하므로 위의 자료로는 측정결과를 알 수가 없다.
③ 산화규소(결정체 석영)는 진폐증을 일으키는 분진이므로 흡입성 먼지를 측정하는 것이 바람직하므로 먼지시료를 채취하는 방법이 잘못됐다.
④ 38μg은 0.038mg이므로 단시간 노출 기준을 초과하지 않는다.

46. 마스크 본체 자체가 필터 역할을 하는 방진마스크의 종류는?

① 격리식 방진마스크
② 직결식 방진마스크
③ 안면부 여과식 마스크
④ 전동식 마스크

47. 샌드 블라스트(sand blast) 그라인더 분진 등 보통 산업분진을 닥트로 운반할 때의 최소설계속도(m/s)로 가장 적절한 것은?

① 10 ② 15
③ 20 ④ 25

48. 입자의 침강속도에 대한 설명으로 틀린 것은? (단, 스토크스 식을 기준으로 한다.)

① 입자직경의 제곱에 비례한다.
② 공기와 입자 사이의 밀도차에 반비례한다.
③ 중력가속도에 비례한다.
④ 공기의 점성계수에 반비례한다.

49. 어떤 공장에서 1시간에 0.2L의 벤젠이 증발되어 공기를 오염시키고 있다. 전체환기를 위해 필요한 환기량(m³/s)은? (단, 벤젠의 안전계수, 밀도 및 노출기준은 각각 6, 0.879g/mL, 0.5ppm이며, 환기량은 21℃, 1기압을 기준으로 한다.)

① 82 ② 91
③ 146 ④ 181

50. 환기시스템에서 포착속도(capture velocity)에 대한 설명 중 틀린 것은?

① 먼지나 가스의 성상, 확산조건, 발생원 주변 기류 등에 따라서 크게 달라질 수 있다.
② 제어풍속이라고도 하며 후드 앞 오염원에서의 기류로서 오염공기를 후드로 흡인하는데 필요하며, 방해기류를 극복해야 한다.
③ 유해물질의 발생기류가 높고 유해물질이 활발하게 발생할 때는 대략 15 ~ 20m/s이다.
④ 유해물질이 낮은 기류로 발생하는 도금 또는 용접 작업공정에서는 대략 0.5 ~ 1.0m/s이다.

51. 국소배기시설에서 필요 환기량을 감소시키기 위한 방법으로 틀린 것은?

① 후드 개구면에서 기류가 균일하게 분포되도록 설계한다.
② 공정에서 발생 또는 배출되는 오염물질의 절대량을 감소시킨다.
③ 포집형이나 레시버형 후드를 사용할 때에는 가급적 후드를 배출 오염원에 가깝게 설치한다.
④ 공정 내 측면부착 차폐막이나 커튼 사용을 줄여 오염물질의 희석을 유도한다.

52. 다음 중 도금조와 사형주조에 사용되는 후드형식으로 가장 적절한 것은?

① 부스식   ② 포위식
③ 외부식   ④ 장갑부착상자식

53. 차음보호구인 귀마개(Ear Plug)에 대한 설명으로 가장 거리가 먼 것은?

① 차음효과는 일반적으로 귀덮개보다 우수하다.
② 외청도에 이상이 없는 경우에 사용이 가능하다.
③ 더러운 손으로 만짐으로써 외청도를 오염시킬 수 있다.
④ 귀덮개와 비교하면 제대로 착용하는데 시간은 걸리나 부피가 작아서 휴대하기가 편리하다.

54. 760mmH$_2$O를 mmHg로 환산한 것으로 옳은 것은?

① 5.6   ② 56
③ 560   ④ 760

55. 정압이 −1.6cmH$_2$O이고, 전압이 −0.7cmH$_2$O로 측정되었을 때, 속도압(VP ; cmH$_2$O)과 유속 (u:m/s)은?

① VP: 0.9, u: 3.8   ② VP: 0.9, u: 12
③ VP: 2.3, u: 3.8   ④ VP: 2.3, u: 12

56. 사이클론 설계 시 블로우다운 시스템에 적용되는 처리량으로 가장 적절한 것은?

① 처리 배기량의 1 ~ 2%
② 처리 배기량의 5 ~ 10%
③ 처리 배기량의 40 ~ 50%
④ 처리 배기량의 80 ~ 90%

57. 레시버식 캐노피형 후드의 유량비법에 의한 필요 송풍량(Q)을 구하는 식에서 "A"는? (단, q는 오염원에서 발생하는 오염기류의 양을 의미한다.)

$$Q = q \times (1 + A)$$

① 열상승 기류량   ② 누입한계 유량비
③ 설계 유량비   ④ 유도 기류량

58. 방진마스크에 대한 설명 중 틀린 것은?

① 공기중에 부유하는 미세 입자 물질을 흡입함으로써 인체에 장해의 우려가 있는 경우에 사용한다.
② 방진마스크의 종류에는 격리식과 직결식이 있고, 그 성능에 따라 특급, 1급 및 2급으로 나누어 진다.
③ 장시간 사용 시 분진의 포집효율이 증가하고 압력 강하는 감소한다.
④ 베릴륨, 석면 등에 대해서는 특급을 사용하여야 한다.

59. 오염물질의 농도가 200ppm까지 도달하였다가 오염물질 발생이 중지되었을 때, 공기 중 농도가 200ppm에서 19ppm으로 감소하는 데 걸리는 시간(min)은? (단, 환기를 통한 오염물질의 농도는 시간에 대한 지수함수(1차 반응)으로 근사된다고 가정하고 환기가 필요한 공간의 부피는 3,000m³, 환기 속도는 1.17m³/s이다.)

① 89 ② 101
③ 109 ④ 115

60. 길이가 2.4m, 폭이 0.4m인 플랜지 부착 슬롯형 후드가 바닥에 설치되어 있다. 포촉점까지의 거리가 0.5m, 제어속도가 0.4m/s일 때 필요 송풍량(m³/min)은? (단, 1/4 원주형 슬롯형 후드이다.)

① 20.2 ② 46.1
③ 80.6 ④ 161.3

61. 전기성 안염(전광선 안염)과 가장 관련이 깊은 비전리 방사선은?

① 자외선 ② 적외선
③ 가시광선 ④ 마이크로파

62. 방사선의 투과력이 큰 것에서부터 작은 순으로 올바르게 나열한 것은?

① X > β > γ
② X > β > α
③ α > X > γ
④ γ > α > β

63. 소음에 의한 인체의 장해(소음성난청)에 영향을 미치는 요인이 아닌 것은?

① 소음의 크기
② 개인의 감수성
③ 소음 발생 장소
④ 소음의 주파수 구성

64. 일반적으로 눈을 부시게 하지 않고 조도가 균일하여 눈의 피로를 줄이는데 가장 효과적인 조명 방법은?

① 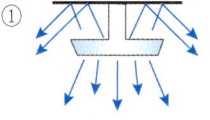 ②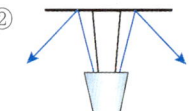
③ 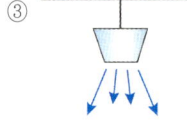 ④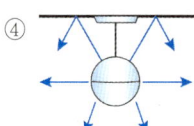

65. 도르노선(Dorno-ray)에 대한 내용으로 옳은 것은?

① 가시광선의 일종이다.
② 280 ~ 315Å 파장의 자외선을 의미한다.
③ 소독작용, 비타민 D 형성 등 생물학적 작용이 강하다.
④ 절대온도 이상의 모든 물체는 온도에 비례하여 방출한다.

66. 산업안전보건법령상 충격소음의 노출기준과 관련된 내용으로 옳은 것은?

① 충격소음의 강도가 120dB(A)일 경우 1일 최대 노출 회수는 1000회이다.
② 충격소음의 강도가 130dB(A)일 경우 1일 최대 노출 회수는 100회이다.
③ 최대 음압수준이 135dB(A)를 초과하는 충격소음에 노출되어서는 안 된다.
④ 충격소음이란 최대 음압수준에 120dB(A) 이상인 소음이 1초 이상의 간격으로 발생하는 것을 말한다.

67. 감압에 따른 인체의 기포 형성량을 좌우하는 요인과 가장 거리가 먼 것은?

① 감압속도
② 산소공급량
③ 조직에 용해된 가스량
④ 혈류를 변화시키는 상태

68. 작업환경측정 및 정도관리 등에 관한 고시상 고열 측정방법으로 옳지 않은 것은?

① 예비조사가 목적인 경우 검지관방식으로 측정할 수 있다.
② 측정은 단위작업 장소에서 측정대상이 되는 근로자의 주 작업 위치에서 측정한다.
③ 측정기의 위치는 바닥면으로부터 50cm 이상 150cm 이하의 위치에서 측정한다.
④ 측정기를 설치한 후 충분히 안정화시킨 상태에서 1일 작업시간 중 가장 높은 고열에 노출되는 1시간을 10분 간격으로 연속하여 측정한다.

69. 지적환경(optimum working environment)을 평가하는 방법이 아닌 것은?

① 생산적(productive) 방법
② 생리적(physiological) 방법
③ 정신적(psychological) 방법
④ 생물역학적(biomechanical) 방법

70. 한랭작업과 관련된 설명으로 옳지 않은 것은?

① 저체온증은 몸의 심부온도가 35℃ 이하로 내려간 것을 말한다.
② 손가락의 온도가 내려가면 손동작의 정밀도가 떨어지고 시간이 많이 걸려 작업능률이 저하된다.
③ 동상은 혹심한 한냉에 노출됨으로써 피부 및 피하조직 자체가 동결하여 조직이 손상되는 것을 말한다.
④ 근로자의 발이 한랭에 장기간 노출되고 동시에 지속적으로 습기나 물에 잠기게 되면 '선단자람증'의 원인이 된다.

71. 다음 방사선 중 입자방사선으로만 나열된 것은?

① α선, β선, γ선
② α선, β선, X선
③ α선, β선, 중성자
④ α선, β선, γ선, X선

72. 다음 계측기기 중 기류 측정기가 아닌 것은?

① 흑구온도계
② 카타온도계
③ 풍차풍속계
④ 열선풍속계

73. 다음은 빛과 밝기의 단위를 설명한 것으로 ㉠, ㉡에 해당하는 용어로 옳은 것은?

> 1루멘의 빛이 1ft²의 평면상에 수직방향으로 비칠 때, 그 평면의 빛의 양, 즉 조도를 (㉠)(이)라 하고, 1m²의 평면에 1루멘의 빛이 비칠 때의 밝기를 1(㉡)(이)라고 한다.

① ㉠ : 캔들(Candle), ㉡ : 럭스(Lux)
② ㉠ : 럭스(Lux), ㉡ : 캔들(Candle)
③ ㉠ : 럭스(Lux), ㉡ : 푸트캔들(Footcandle)
④ ㉠ : 푸트캔들(Footcandle), ㉡ : 럭스(Lux)

74. 고압환경에서의 2차적 가압현상(화학적 장해)에 의한 생체 영향과 거리가 먼 것은?

① 질소 마취
② 산소 중독
③ 질소기포 형성
④ 이산화탄소 중독

75. 다음 중 공장내부에 기계 및 설비가 복잡하게 설치되어 있는 경우에 작업장 기계에 의한 흡음이 고려되지 않아 실제흡음보다 과소평가되기 쉬운 흡음 측정방법은?

① Sabin method
② Reverberation time method
③ Sound power method
④ Loss due to distance method

76. 작업자 A의 4시간 작업 중 소음노출량이 76%일 때, 측정시간에 있어서 평균치는 약 몇 dB(A)인가?

① 88
② 93
③ 98
④ 103

77. 진동이 인체에 미치는 영향에 관한 설명으로 옳지 않은 것은?

① 맥박수가 증가한다.
② 1 ~ 3Hz에서 호흡이 힘들고 산소소비가 증가한다.
③ 13Hz에서 허리, 가슴 및 등 쪽에 감각적으로 가장 심한 통증을 느낀다.
④ 신체의 공진현상은 앉아 있을 때가 서 있을 때보다 심하게 나타난다.

78. 공장 내 각기 다른 3대의 기계에서 각각 90dB(A), 95dB(A), 88dB(A)의 소음이 발생된다면 동시에 기계를 가동시켰을 때의 합산 소음(dB(A))은 약 얼마인가?

① 96
② 97
③ 98
④ 99

79. 사람이 느끼는 최소 진동역치로 옳은 것은?

① 35 ± 5dB
② 45 ± 5dB
③ 55 ± 5dB
④ 65 ± 5dB

80. 산업안전보건법령상 적정공기의 범위에 해당하는 것은?

① 산소농도 18% 미만
② 일산화탄소 농도 50ppm 미만
③ 탄산가스 농도 10% 미만
④ 황화수소 농도 10ppm 미만

81. 규폐증(silicosis)에 관한 설명으로 옳지 않은 것은?

① 직업적으로 석영 분진에 노출될 때 발생하는 진폐증의 일종이다.
② 석면의 고농도분진을 단기적으로 흡입할 때 주로 발생되는 질병이다.
③ 채석장 및 모래분사 작업장에 종사하는 작업자들이 잘 걸리는 폐질환이다.
④ 역사적으로 보면 이집트의 미이라에서도 발견되는 오래된 질병이다.

82. 입자상 물질의 하나인 흄(fume)의 발생기전 3단계에 해당하지 않는 것은?

① 산화
② 입자화
③ 응축
④ 증기화

83. 다음 중 20년간 석면을 사용하여 자동차 브레이크 라이닝과 패드를 만들었던 근로자가 걸릴 수 있는 대표적인 질병과 거리가 가장 먼 것은?

① 폐암
② 석면폐증
③ 악성중피종
④ 급성골수성백혈병

84. 유해물질의 생체 내 배설과 관련된 설명으로 옳지 않은 것은?

① 유해물질은 대부분 위(胃)에서 대사된다.
② 흡수된 유해물질은 수용성으로 대사된다.
③ 유해물질의 분포량은 혈중농도에 대한 투여량으로 산출된다.
④ 유해물질의 혈장농도가 50%로 감소하는데 소요되는 시간을 반감기라고 한다.

85. 다음 중 조혈장기에 장해를 입히는 정도가 가장 낮은 것은?

① 망간 ② 벤젠
③ 납 ④ TNT

86. 화학물질을 투여한 실험동물의 50%가 관찰 가능한 가역적인 반응을 나타내는 양을 의미하는 것은?

① ED50 ② LC50
③ LE50 ④ TE50

87. 금속의 독성에 관한 일반적인 특성을 설명한 것으로 옳지 않은 것은?

① 금속의 대부분은 이온상태로 작용된다.
② 생리과정에 이온상태의 금속이 활용되는 정도는 용해도에 달려있다.
③ 금속이온과 유기화합물 사이의 강한 결합력은 배설율에도 영향을 미치게 한다.
④ 용해성 금속염은 생체 내 여러 가지 물질과 작용하여 수용성 화합물로 전환된다.

88. 작업자가 납 흄에 장기간 노출되어 혈액 중 납의 농도가 높아졌을 때 일어나는 혈액 내 현상이 아닌 것은?

① K^+와 수분이 손실된다.
② 삼투압에 의하여 적혈구가 위축된다.
③ 적혈구 생존시간이 감소한다.
④ 적혈구내 전해질이 급격히 증가한다.

89. 화학물질의 생리적 작용에 의한 분류에서 종말기관지 및 폐포점막 자극제에 해당되는 유해가스는?

① 불화수소 ② 이산화질소
③ 염화수소 ④ 아황산가스

90. 단시간노출기준(STEL)은 근로자가 1회 몇 분 동안 유해인자에 노출되는 경우의 기준을 말하는가?

① 5분 ② 10분
③ 15분 ④ 30분

91. 폴리비닐 중합체를 생산하는 데 많이 쓰이며, 간장해와 발암작용이 있다고 알려진 물질은?

① 납 ② PCB
③ 염화비닐 ④ 포름알데히드

92. 알레르기성 접촉 피부염에 관한 설명으로 옳지 않은 것은?

① 알레르기성 반응은 극소량 노출에 의해서도 피부염이 발생할 수 있는 것이 특징이다.
② 알레르기 반응을 일으키는 관련세포는 대식세포, 림프구, 랑거한스 세포로 구분된다.
③ 항원에 노출되고 일정시간이 지난 후에 다시 노출되었을 때 세포매개성 과민반응에 의하여 나타나는 부작용의 결과이다.
④ 알레르기원에 노출되고 이 물질이 알레르기원으로 작용하기 위해서는 일정기간이 소요되며 그 기간을 휴지기라 한다.

93. 망간중독에 관한 설명으로 옳지 않은 것은?

① 호흡기 노출이 주경로이다.
② 언어장애, 균형감각상실 등의 증세를 보인다.
③ 전기용접봉 제조업, 도자기 제조업에서 빈번하게 발생된다.
④ 만성중독은 3가 이상의 망간화합물에 의해서 주로 발생한다.

94. 남성 근로자의 생식독성 유발요인이 아닌 것은?

① 풍진   ② 흡연
③ 망간   ④ 카드뮴

95. 연(납)의 인체 내 침입경로 중 피부를 통하여 침입하는 것은?

① 일산화연   ② 4메틸연
③ 아질산연   ④ 금속연

96. 산업역학에서 상대위험도의 값이 1인 경우가 의미하는 것은?

① 노출되면 위험하다.
② 노출되어서는 절대 안된다.
③ 노출과 질병발생 사이에는 연관이 없다.
④ 노출되면 질병에 대하여 방어효과가 있다.

97. 유해물질과 생물학적 노출지표와의 연결이 잘못된 것은?

① 벤젠 - 소변 중 페놀
② 크실렌 - 소변 중 카테콜
③ 스티렌 - 소변 중 만델린산
④ 퍼클로로에틸렌 - 소변 중 삼연화초산

98. 다음 설명에 해당하는 중금속의 종류는?

> 이 중금속 중독의 특징적인 증상은 구내염, 정신증상, 근육진전이다. 급성중독 시 우유나 계란의 흰자를 먹이며, 만성 중독 시 취급을 즉시 중지하고 BAL을 투여한다.

① 납   ② 크롬
③ 수은   ④ 카드뮴

99. 납에 노출된 근로자가 납중독이 되었는지를 확인하기 위하여 소변을 시료로 채취하였을 경우 측정할 수 있는 항목이 아닌 것은?

① 델타-ALA   ② 납 정량
③ coproporphyrin   ④ protoporphyrin

100. 다음 중 중추신경 억제작용이 가장 큰 것은?

① 알칸   ② 에테르
③ 알코올   ④ 에스테르

알기 쉽게 풀어쓴 산업위생관리(산업)기사 3판

정답 및 해설

01 2018 산업기사 1회
02 2018 산업기사 2회
03 2018 산업기사 3회
04 2020 산업기사 1,2회 통합
05 2020 산업기사 3회
06 2019 기사 1회
07 2019 기사 2회
08 2019 기사 3회
09 2020 기사 1,2회 통합
10 2020 기사 3회
11 2021 기사 1회
12 2021 기사 2회
13 2022 기사 1회
14 2022 기사 2회

UNIT 01 2018년 산업위생관리산업기사 1회

01	④	02	③	03	③	04	②	05	①
06	④	07	④	08	①	09	④	10	①
11	②	12	①	13	③	14	②	15	①
16	④	17	③	18	③	19	①	20	④
21	④	22	④	23	②	24	①	25	③
26	①	27	②	28	②	29	④	30	①
31	①	32	③	33	④	34	①	35	②
36	①	37	③	38	③	39	②	40	①
41	④	42	②	43	②	44	④	45	①
46	①	47	④	48	①	49	④	50	②
51	④	52	③	53	②	54	③	55	③
56	④	57	③	58	①	59	③	60	①
61	④	62	①	63	②	64	③	65	③
66	②	67	④	68	②	69	④	70	①
71	④	72	①	73	①	74	④	75	③
76	①	77	④	78	④	79	②	80	①

01. 정답 ④

02. 정답 ③
해설 위험요소와 예방조치에 관하여 근로자와 상담한다. – 근로자에 대한 책임

03. 정답 ③
해설 신체의 검사 및 치료는 의료계 종사자의 역할이다. 산업위생전문가는 근로자의 작업환경을 건강하고 쾌적하게 관리하는 것이다.

04. 정답 ②

05. 정답 ①
해설 식 $\lambda = \dfrac{c}{f} = \dfrac{344 m/\sec}{2000 Hz} = 0.172 m$

06. 정답 ④

07. 정답 ④
해설 식 실동률 $= 85 - (5 \times 작업 대사율)$
$= 85 - (5 \times 7) = 50\%$

08. 정답 ①
해설 작업 중에 움직임의 고정은 피로를 가중시킨다. 정적인 작업자세는 동적인 자세로 변경하는 것이 바람직하다.

09. 정답 ④

10. 정답 ①
해설 미국산업위생전문가협의회(ACGIH)의 발암물질 구분
- A_1 : 인체 발암 확인 물질
- A_2 : 인체 발암성 의심물질
- A_3 : 동물발암성 확인물질, 인체발암성 모름
- A_4 : 인체 발암성 미분류물질
- A_5 : 인체 발암성 미의심물질

11. 정답 ②

12. 정답 ①
해설 지방, 단백질, 탄수화물은 호기성 대사시 사용되는 에너지원이다. 혐기성 대사에 사용되는 에너지원은 포도당 및 글루코겐, 크레아틴 인산, 아데노신 삼인산(ATP)이 있다.

13. 정답 ③

14. 정답 ②
해설 ②항만 올바르다.
〈피로한 근육에서의 특징〉
- 고주파(40 ~ 200Hz)에서 힘의 감소
- 총전압의 증가
- 저주파(0 ~ 40Hz)에서 힘의 증가
- 평균주파수의 감소

15. 정답 ①

16. 정답 ④
해설 1981년 : 산업안전보건법 공포, 노동청에서 고용노동부로 승격

17. 정답 ③
해설 작업환경측정 결과를 기록한 서류 : 5년간

18. 정답 ③
해설 "노출기준"이란 근로자가 유해인자에 노출되는 경우 노출기준 이하 수준에서는 거의 모든 근로자에게 건강상 나쁜 영향을 미치지 아니하는 기준을 말하며, 개인의 감수성에 따라 증상이 달라 질 수 있으므로 독성의 강도를 비교할 수 있는 지표가 아니다.

19. 정답 ①
해설 식 도수율(FR) = $\frac{재해발생건수}{연근로시간수} \times 10^6$

도수율(FR) = $\frac{21}{250인 \times \frac{300일}{1인} \times \frac{8hr}{1일}} \times 10^6 = 35$

20. 정답 ④
해설 MPL = 3AL
∴ MPL = $3 \times 20 = 60 kg$

21. 정답 ④

22. 정답 ④
해설 식 WBGT(℃) = 0.7 × 자연습구온도 + 0.3 × 흑구온도
∴ WBGT(℃) = 0.7 × 24 + 0.3 × 26 = 24.6℃

23. 정답 ②
해설 운반기체(가스)는 불활성, 순수, 건조해야 한다.

24. 정답 ①
해설 식 $GM = \sqrt[n]{a_1 \times a_2 \times \cdots \times a_n}$
∴ $GM = \sqrt[5]{2.5 \times 2.1 \times 3.1 \times 5.2 \times 7.2} = 3.61$

25. 정답 ③
해설 분석시간이 흑연로장치에 비하여 적게 소요된다.

26. 정답 ①
해설 식 $A = \log\left(\frac{1}{t}\right) = \log\left(\frac{1}{1-0.8}\right) = 0.7$

27. 정답 ②
해설 측정값의 평균치로 유량을 산출한다.
식 $m(평균) = \frac{a_1 + a_2 + \cdots + a_n}{n}$
∴ $m = \left(\frac{\frac{500mL}{10.5sec} + \frac{500mL}{10sec} + \frac{500mL}{9.5sec}}{3}\right) \times \frac{60sec}{1min} \times \frac{1L}{10^3 mL}$
= $3.01 L/min$

28. 정답 ②
해설 기체크로마토그래피에서 피크가 적게 나와 분석 시 유리하다.

29. 정답 ④
해설 극성순서(친화력순서): 물 > 알코올 > 알데하이드 > 케톤 > 에스테르 > 방향족탄화수소 > 올레핀 > 파라핀

30. 정답 ①
해설
- 1차 표준기구 : 비누거품미터(대표), 피스톤미터, 피토튜브, 폐활량계(스피로미터), 가스치환병, 유리피스톤미터
- 2차 표준기구 : 로터미터(대표), 습식테스트미터, 건식가스미터, 헤드미터, 벤투리미터, 오리피스미터, 열선기류계

31. 정답 ①

32. 정답 ③
해설 활성탄은 알데하이드의 포집이 어렵다.

33. 정답 ④
해설 식 $EI = \frac{C_1}{TLV_1} + \frac{C_2}{TLV_2} + \cdots + \frac{C_n}{TLV_n}$
∴ $EI = \frac{30}{50} + \frac{20}{25} + \frac{25}{50} = 1.9$

34. 정답 ①
해설 식 $E_c = \sqrt{E_1^2 + E_2^2 + E_3^2 + \cdots + E_n^2}$
∴ $E_c = \sqrt{E_1^2 + E_2^2 + E_3^2 + \cdots + E_n^2}$
$= \sqrt{15^2 + 3^2 + 9^2 + 5^2} = 18.44$

35. 정답 ②
해설 "정량한계"란 분석기기가 어떤 성분의 정량분석이 가능한 최소한의 농도

36. 정답 ①
해설 개인시료채취와 지역시료채취는 그 사용목적이 달라 대신할 수 없다.

37. 정답 ③
해설 10,000ppm = 1%

38. 정답 ③

39. 정답 ②

해설 식 $Xmg/m^3 = \dfrac{(18.115-14.316)mg}{400L} \times \dfrac{10^3 L}{1m^3}$

$= 9.5 mg/m^3$

40. 정답 ①

41. 정답 ④

해설 근육긴장 증가 및 떨림, 식욕 항진(식욕 증가)

42. 정답 ②

43. 정답 ②

해설 [방사선에 대한 감수성 순서]
골수, 흉선 및 림프조직, 눈의 수정체, 임파선 > 상피, 내피세포 > 근육세포 > 신경조직

44. 정답 ④

해설 식 노출음압수준 = 발생소음 - 차음효과
- 차음효과= $(NRR-7) \times 0.5 = (27-7) \times 0.5 = 10dB$

∴ 노출음압수준= $90-10 = 80dB(A)$

45. 정답 ①

46. 정답 ①

해설 막진동이나 판진동형은 도장 여부와 흡음률에 관계없다. 판이나 막의 두께가 얇을수록 흡음효과가 크다.

47. 정답 ④

해설 라돈은 토양에 존재하며, 벽 틈새, 지하주차장에서 노출되는 오염원이다.

48. 정답 ①

49. 정답 ④

해설 ④항만 올바르다.

오답해설
① 실험이 복잡하다.
② 누설의 판정기준이 객관적이다.
③ 시험장치가 비교적 고가이며 측정조작이 어렵다.

50. 정답 ②

51. 정답 ④

해설

산소 농도(%)	산소분압 (mmHg)	동맥혈의 산소 포화도(%)	증상
12~16	90~120	85~89	호흡 및 맥박수 증가, 정신집중 곤란, 두통, 이명
9~14	60~105	74~87	불완전한 정신상태, 기억상실, 전신탈력, 호흡장해, 청색증, 체온 상승, 판단력 저하
6~10	45~70	33~74	의식상실, 중추신경계장해, 안면창백, 전신근육경련
4~6 이하	45 이하	33 이하	수십초 내에 혼수상태, 호흡정지, 사망

52. 정답 ③

해설 식 MUC(최대사용농도) = 노출기준×APF

∴ MUC(최대사용농도) = $0.3 \times 25 = 7.5 mg/m^3$

53. 정답 ②

해설 [전리방사선의 투과력 순서]
중성자 > X선, γ선 > β선 > α선

[전리방사선의 전리작용 순서]
α선 > β선 > 중성자, X선, γ선

54. 정답 ③

해설 ③항만 발생자체를 방지하는 방법이다.
① 전체 환기 : 환기를 통한 분진 발생 후 농도저감
② 작업시간의 조정 : 분진으로 인한 피해로부터 작업자격리 또는 발생량 저감
④ 방진마스크나 송기마스크에 의한 흡입방지 : 분진 발생 후 분진으로 인한 작업자의 피해 저감

55. 정답 ③

해설 식 $L_s = 10\log(10^{L_1/10} + 10^{L_2/10} + \cdots + 10^{L_n/10})$

∴ $L_s = 10\log(10^{85/10} + 10^{84/10}) = 87.54 dB$

56. 정답 ④

해설 아조염료의 합성에서 벤지딘 대신 디클로로벤지딘을 사용하여야 한다.

57. 정답 ③

해설 식 거리감쇠에 따른 음압수준 = 현재 음압수준 − 거리감쇠 음압

- $L_l = 20\log\left(\dfrac{r_2}{r_1}\right) = 20\log\left(\dfrac{20}{10}\right) = 6.0205 dB$

∴ 거리감쇠에 따른 음압수준 = 89 − 6.0205 = 82.98dB

58. 정답 ①

59. 정답 ②

해설
- 교원성 진폐증 : 폐포조직의 비가역적 반응.
  암기TIP 석면 규 탄!
- 비교원성 진폐증 : 폐포조직의 가역적 반응.
  암기TIP 바지락 칼국수 주세 용!

60. 정답 ③

61. 정답 ④

해설 식 감소된 소요풍량 = $Q_1 - Q_2$

- $Q_1 = (10X^2 + A) \times V_c$
  $= (10 \times (0.2m)^2 + (0.4m \times 0.4m)) \times 1m/\sec \times \dfrac{60\sec}{1\min}$
  $= 16.8 m^3/\min$
- $Q_2 = 0.75 \times (10X^2 + A) \times V_c = 0.75 \times 8.4 = 12.6 m^3/\min$

∴ 감소된 소요풍량 = 16.8 − 12.6 = 4.2 $m^3/\min$

62. 정답 ①

해설 전기집진기는 설치면적이 많이 소요된다.

63. 정답 ②

64. 정답 ②

해설 식 $Q = \dfrac{200 m^3}{\min} \times \dfrac{273 + 21}{273 + 400} = 87.37 m^3/\min$

65. 정답 ③

66. 정답 ②

67. 정답 ④

해설 공기흐름이 기인하는 속도압은 항상 (+) 압력이다.

68. 정답 ②

해설 $ACH = \dfrac{\ln(C_0 - C_{out}) - \ln(C_i - C_{out})}{t}$
$= \dfrac{\ln(1{,}200 - 330) - \ln(400 - 330)}{3} = 0.84$회

69. 정답 ④

해설 곡관의 곡률반경이 작을수록 압력손실이 증가한다.

70. 정답 ①

해설 식 $X(\%) = \dfrac{배기}{전체공기} = \dfrac{전체공기 - 흡기}{전체공기}$
$= \left[1 - \left(\dfrac{600 - 300}{700 - 300}\right)\right] \times 100 = 25\%$

71. 정답 ④

해설 오염이 높은 작업장은 실내압을 음압(−)으로 유지하여 누출 및 확산을 방지하여야 한다.

72. 정답 ①

해설 제어속도 설정시 고려사항으로는 유해물질의 종류 및 독성 그리고 사용량과 방출조건, 작업장 내 기류, 후드의 종류 등이 있다.

73. 정답 ①

해설 Pv식에서 단위는 mmH₂O(kg/m³)로 산출되므로, 모든 인자를 MKS(m, kg, sec)로 환산하여 대입하여야 한다.

식 $P_v = \dfrac{\gamma V^2}{2g} = \dfrac{1.2 \times (1200/60)^2}{2 \times 9.8} = 24.49 mmH_2O$

74. 정답 ④

해설 송풍기 상사법칙과 관련있는 인자 : 유량, 압력, 동력, 회전수, 밀도

75. 정답 ③

76. 정답 ①

해설 식 $Q_3 = Q_1 + Q_2$

- $Q_1 = A \times V = \dfrac{\pi \times (0.2m)^2}{4} \times 10m/\sec = 0.3141 m^3/\sec$
- $Q_2 = A \times V = \dfrac{\pi \times (0.15m)^2}{4} \times 14m/\sec = 0.2474 m^3/\sec$

∴ $Q_3 = \dfrac{(0.3141 + 0.2474)m^3}{\sec} \times \dfrac{60\sec}{1\min} = 33.69 m^3/\min$

77. 정답 ④

해설 식 $F_h = \dfrac{1-C_e^{\,2}}{C_e^{\,2}} = \dfrac{1-0.6^2}{0.6^2} = 1.78$

78. 정답 ④

해설 식 $P = \dfrac{\Delta P \times Q}{102 \times \eta} \times \alpha$

79. 정답 ②

해설 식 $V = \sqrt{\dfrac{2gP_v}{\gamma}} = \sqrt{\dfrac{2 \times 9.8 \times 6}{1.2}} = 9.9\,m/\sec$

80. 정답 ①

해설 식 $S = \dfrac{C_1 \times S_1 + C_2 \times S_2}{C_1 + C_2}$

$= \dfrac{20,000 \times 5.7 + (10^6 - 20,000) \times 1}{10^6} = 1.094$

UNIT 02 2018년 산업위생관리산업기사 2회

01 ①	02 ④	03 ①	04 ①	05 ④
06 ②	07 ②	08 ②	09 ①	10 ③
11 ①	12 ④	13 ④	14 ②	15 ②
16 ③	17 ①	18 ①	19 ①	20 ②
21 ②	22 ①	23 ③	24 ②	25 ②
26 ④	27 ④	28 ①	29 ①	30 ③
31 ④	32 ④	33 ④	34 ②	35 ③
36 ④	37 ②	38 ③	39 ③	40 ③
41 ②	42 ③	43 ④	44 ④	45 ③
46 ②	47 ②	48 ④	49 ①	50 ②
51 ④	52 ③	53 ②	54 ①	55 ③
56 ③	57 ②	58 ①	59 ④	60 ②
61 ③	62 ②	63 ①	64 ①	65 ②
66 ③	67 ③	68 ④	69 ③	70 ②
71 ④	72 ①	73 ④	74 ④	75 ②
76 ①	77 ③	78 ②	79 ①	80 ④

01. 정답 ①

해설 ①항만 올바르다.

광업, 섬유제품, 모피제품, 의복액세서리, 가죽제조업, 신발 제조업, 코크스, 연탄 및 석유정제품 제조업, 화학물질 제조업, 의료용 물질 및 의약품 제조업, 고무 및 플라스틱 제조업, 비금속 광물제품 제조업, 1차 금속 제조업, 금속가공제품 제조업, 기계 및 장비 제조업, 전자기기 제조업, 전기장비 제조업, 자동차 및 트레일러 제조업, 운송장비 제조업, 가구 제조업, 해체·선별·원료 재생업, 자동차 수리업의 경우
- 상시 근로자 2,000명 이상 : 보건관리자 2명 이상
- 상시 근로자 500명 이상 2,000명 미만 : 보건관리자 2명 이상
- 상시 근로자 50명 이상 500명 미만 : 보건관리자 1명 이상
※ 보건관리자는 별표 6(보건관리자의 자격)에 각호에 해당하는 사람을 선임하고, 2,000명 이상인 경우 의사나 간호사가 꼭 선임되어야 한다.

02. 정답 ④

해설 작업속도를 가능한 늦게 하고, 동적작업이 되도록 하여야 한다.

03. 정답 ①

04. 정답 ①

해설 업무상 재해라고 할 수 있는 사건의 유무보다는 업무에 종사한 기간, 정도, 작업방법, 임상검사 소견, 같은 작업장에서 비슷한 증상을 나타내는 환자의 발생 유무 등을 종합적으로 판단한다.

05. 정답 ④

해설 비치 및 게시는 보건관리자 뿐아니라 모든 근로자가 보기 쉬운 장소로 선택하여야 한다.

06. 정답 ②

해설 식 적정 작업시간(sec) $= 671,120 \times \%MS^{-2.222}$

식 작업강도$(\%MS) = \dfrac{\text{작업 시 요구되는 힘}}{\text{근로자가 가지고 있는 최대 힘}} \times 100$

$= \dfrac{10kg}{40kp(kg) \times 2} \times 100 = 12.5\%$

∴ 적정 작업시간(sec)
$= 671,120 \times 12.5^{-2.222} = 2451.69 \sec = 40.86 \min$

07. 정답 ②

해설 근골격계 질환의 위험요인 평가방법 : OWAS, RULA, JSI, REBA, NLE, WSA-B, PATH

08. 정답 ②

해설
- 미국 산업위생학회(AIHA)
- 미국정부산업위생전문가협의회(ACGIH)

09. 정답 ①

해설 동적인 치수에 비하여 데이터가 많다. (암기TIP) 정 많아, 돈(동) 적어)

10. 정답 ③

해설 사무실 오염물질 관리기준 항목 : 미세먼지, 일산화탄소, 이산화탄소, 폼알데하이드, VOC, 총부유세균, 이산화질소, 오존, 석면

11. 정답 ①

해설 상시 근로자가 50인 이상 사업장은 보건관리자의 자격기준에 해당하는 자 중 1인 이상을 보건관리자로 선임하여야 한다.

12. 정답 ④

해설 식 MPL(최대허용기준) = 3AL = 3 × 30kg = 90kg

13. 정답 ④

14. 정답 ②

15. 정답 ②
해설 피로 시 체내 젖산농도가 증가한다.

16. 정답 ③

17. 정답 ①
해설 ② 산업위생전문가의 첫 번째 책임은 근로자의 건강을 보호하는 것임을 인식한다. – 근로자에 대한 책임
③ 건강에 유해한 요소들을 측정, 평가, 관리하는데 객관적인 태도를 유지한다. – 전문가로서의 책임
④ 건강의 유해요인에 대한 정보와 필요한 예방대책에 대해 근로자들과 상담한다. – 근로자에 대한 책임

18. 정답 ①
해설 질병을 치료하는 학문은 의학이다. 산업보건은 작업환경을 쾌적하고 건강하게 관리하여 근로환경을 개선하는 학문이다.

19. 정답 ①

20. 정답 ②
해설 실동률(%) = 85 − (5 × RMR)
- $RMR = \dfrac{\text{작업 대사량}}{\text{기초대사량}}$
  $= \dfrac{\text{작업에 소비된 대사량} - \text{안정 시 소비 대사량}}{\text{기초대사량}}$
  $= \dfrac{4,500 - 1,000}{1,500} = 2.3333$
∴ 실동률(%) $= 85 - (5 \times 2.3333) = 73.33\%$

21. 정답 ②
해설 실리카겔은 산과 같은 극성물질의 포집에 사용되며 수분의 영향을 많이 받는다.

22. 정답 ①

23. 정답 ③

24. 정답 ②
해설 식 $EI = \dfrac{C_1}{TLV_1} + \dfrac{C_2}{TLV_2} + \cdots + \dfrac{C_n}{TLV_n}$
∴ $EI = \dfrac{5}{10} + \dfrac{12}{50} + \dfrac{8}{20} = 1.14$

25. 정답 ②

26. 정답 ④
해설 식 $TLV_m = \dfrac{1}{\dfrac{f_1}{TLV_1} + \dfrac{f_2}{TLV_2} + \cdots + \dfrac{f_n}{TLV_n}}$
∴ $TLV_m = \dfrac{1}{\dfrac{0.4}{670} + \dfrac{0.4}{720} + \dfrac{0.2}{1600}} = 782.74 mg/m^3$

27. 정답 ④
해설 식 $A = \log\dfrac{1}{t} = \log\dfrac{1}{(1-0.5)} = 0.3$

28. 정답 ①

29. 정답 ①

30. 정답 ③

31. 정답 ④
해설 식 $SPL = 20\log\dfrac{P}{P_o}$
(P : 현재음압, P_o : 기준음압($2 \times 10^{-5} N/m^2$))
∴ $\dfrac{SPL_2}{SPL_1} = \dfrac{20\log\dfrac{100P}{P_o}}{20\log\dfrac{P}{P_o}} = 20\log\left(\dfrac{100P}{P_o} - \dfrac{P}{P_o}\right) = 39.91 dB$

32. 정답 ④
해설 식 회수율(%) $= \dfrac{\text{검출량}}{\text{주입량}} \times 100 = \dfrac{9.5}{10} \times 100 = 95\%$

33. 정답 ②
해설 식 $X m^3 = 1 m^3 \times \dfrac{273 + 127}{273 + 27} = 1.33 m^3$

34. 정답 ②
해설 ②항만 올바르다. 나머지 항목은 지역시료 채취에 대한 설명이다.

35. 정답 ③
해설 [실리카겔의 친화력 순서]
물 > 알콜 > 알데하이드 > 케톤 > 에스테르 > 방향족 탄화수소 > 올레핀 탄화수소 > 파라핀 탄화수소

36. 정답 ④
해설
- 온도 측정 : 아스만통풍건습계
- 기류 측정 : 카타온도계, 열선풍속계, 가열온도풍속계, 풍차풍속계

37. 정답 ②

38. 정답 ③
해설 활성탄보다 흡착용량이 작고 반응성도 낮다.

39. 정답 ③
해설 식 $NV = N'V'$
$2N \times 100mL = 0.5N \times V'$, $V' = 400mL$
∴ 희석에 필요한 증류수 양 = 400 − 100mL = 300mL

40. 정답 ③
해설 1% = 10,000ppm

41. 정답 ②
해설 식 $TL = 20\log(m \cdot f) - 43(dB)$
- 벽체무게 증가시 : $TL_2 - TL_1$
  $= [\{20\log(2m \cdot f) - 43\} - \{20\log(m \cdot f) - 43\}]$
∴ $TL_2 - TL_1 = 20\log\dfrac{(2 \times m \times f)}{(m \times f)} = 20\log 2 = 6.0205 dB$

42. 정답 ③

43. 정답 ④
해설 ④항만 발생원대책에 해당한다.
① 거리감쇠를 크게 한다. – 전파경로대책
② 수진측에 탄성지지를 한다. – 수진점 대책
③ 수진점 근방에 방진구를 판다. – 수진점 대책

44. 정답 ④

45. 정답 ③
해설 수은은 쉽게 증발하기 때문에 작업장의 온도를 낮게 유지하여야 하며, 국소배기를 통한 작업장내로의 확산을 억제하여야 한다.

46. 정답 ②

47. 정답 ②
해설 [인체 투과력 순서]
중성자 > X선, γ선 > β선 > α선

48. 정답 ④
해설 식 차음효과 = $(NRR - 7) \times 0.5 = (31 - 7) \times 0.5 = 12 dB$

49. 정답 ①
해설 입사각은 28° 이상이 좋다.

50. 정답 ②
해설 ②항은 대체에 해당한다.

51. 정답 ④

52. 정답 ③

53. 정답 ②
해설 식 $SPL = PWL - 20\log r - 11$
∴ $SPL = 10\log\left(\dfrac{0.1W}{10^{-12}W}\right) - 20\log 100 - 11 = 59 dB$

54. 정답 ①
해설 보온재로 석면 대신 유리섬유를 사용하여야 한다.

55. 정답 ③

56. 정답 ②
해설 질소기포 형성은 고압한경에서 조직 또는 혈액에 용해되었던 질소가 감압 시 팽창하며 기포를 형성시키는 반응이다. 폐 내 가스팽창과는 관련이 없다.

57. 정답 ②

58. 정답 ①
해설 흡기저항이 낮을 것

59. 정답 ④
해설 전리방사선 : 중성자, X선, γ선, β선, α선, 양자
비전리방사선 : 자외선, 가시광선, 적외선, 마이크로파, 레이저, 극저주파 방사선

60. 정답 ③

61. 정답 ③
해설 식 $V_s = 0.003 \times S \times d_p^2$
∴ $V_s = 0.003 \times 6.6 \times 3^2 = 0.1782 cm/\sec$

62. 정답 ②

해설 식 $XL = 1.5L \times \dfrac{0.88kg}{1L} \times \dfrac{24.1m^3}{78kg} \times \dfrac{10^3 L}{1m^3}$
$= 407.85L$

63. 정답 ①

64. 정답 ①

65. 정답 ②

해설 온도에 따른 보정계수는 120℃ 이상의 온도에서는 0.7을 적용한다.

66. 정답 ③

해설 식 $P = \dfrac{\Delta P \times Q}{102 \times \eta} \times \alpha = \dfrac{60 \times (30/60)}{102 \times 0.6} = 0.49 kW$

67. 정답 ③

68. 정답 ④

해설
- 직경 15cm 이하 새우등 곡관 : 새우등 3개 이상
- 직경 15cm 이상 새우등 곡관 : 새우등 5개 이상

69. 정답 ③

해설 전기집진장치는 고체 또는 액체상의 오염물질을 포집하는데 매우 유리한 장치이다.

70. 정답 ②

해설 식 $\Delta P = F \times \dfrac{\theta}{90} \times P_v = 0.27 \times \dfrac{65}{90} \times 20$
$= 3.9 mmH_2O$

71. 정답 ④

72. 정답 ①

해설 [먼지종류별 반송속도]
- 극히 가벼운 먼지 : 10m/sec
- 가벼운 건조먼지 : 15m/sec
- 일반공업먼지 : 20m/sec
- 무거운 먼지 : 25m/sec
- 무겁고 비교적 큰 젖은 먼지 : 25m/sec 이상

73. 정답 ④

74. 정답 ④

해설 식 $V = \sqrt{\dfrac{2gP_v}{\gamma}} = \sqrt{\dfrac{2 \times 9.8 \times 4}{1.21}} = 8.05 m/\sec$

75. 정답 ②

해설 일반 외부식 후드에 플랜지 부착시 25%의 송풍량 저감효과가 있고, 슬로트형 후드에 플랜지 부착시 30%의 송풍량 저감효과가 있다.

76. 정답 ①

77. 정답 ③

해설 ③항만 올바르다.

오답해설
① 프로펠러 송풍기는 구조가 가장 간단하지만, 많은 양의 공기를 이송하는데 유리한 전체환기용 송풍기이다.
② 고농도 분진함유공기나 금속성이 많이 함유된 공기를 이송시키는데 많이 이용되는 송풍기는 방사 날개형 송풍기(평판형 송풍기)이다.
④ 후향 날개형 송풍기는 회전날개가 회전방향 반대편으로 경사지게 설계되어 있어 충분한 압력을 발생시킬 수 있고, 전향 날개형 송풍기에 비해 효율이 높다.

78. 정답 ②

해설 식 $P_s = P_v(1 + F_i) = \dfrac{\gamma V^2}{2g} \times (1 + F_i)$

- $F_i = \dfrac{1 - C_e^2}{C_e^2} = \dfrac{1 - 0.6^2}{0.6^2} = 1.7777$

- $V = \dfrac{Q}{A} = \dfrac{20m^2}{\min} \times \dfrac{4}{(0.1m)^2 \times \pi} \times \dfrac{1\min}{60\sec}$
$= 42.4413 m/\sec$

∴ $P_s = \dfrac{1.2 \times 42.4413^2}{2 \times 9.8} \times (1 + 1.7777)$
$= 306.33 mmH_2O$
(정압은 실내압력에 따라 + 또는 -로 표시됨)

79. 정답 ①

해설 송풍기의 능력 저하시 모든 정압이 감소된다. 나머지 항은 입구 정압이 감소되는 원인이다.

80. 정답 ④

UNIT 03 2018년 산업위생관리산업기사 3회

01 ③	02 ③	03 ②	04 ④	05 ④
06 ④	07 ③	08 ③	09 ②	10 ①
11 ①	12 ①	13 ①	14 ①	15 ④
16 ②	17 ④	18 ②	19 ③	20 ②
21 ②	22 ④	23 ③	24 ①	25 ①
26 ④	27 ④	28 ①	29 ①	30 ①
31 ②	32 ③	33 ②	34 ③	35 ①
36 ③	37 ②	38 ③	39 ③	40 ①
41 ②	42 ①	43 ④	44 ③	45 ②
46 ④	47 ②	48 ④	49 ①	50 ③
51 ①	52 ③	53 ②	54 ②	55 ③
56 ②	57 ③	58 ④	59 ②	60 ③
61 ②	62 ④	63 ③	64 ④	65 ②
66 ③	67 ④	68 ④	69 ③	70 ②
71 ③	72 ④	73 ③	74 ③	75 ②
76 ①	77 ②	78 ①	79 ①	80 ④

01. 정답 ③
해설 건강장해에 대한 보건교육을 모든 근로자에게 실시하여야 한다.

02. 정답 ③

03. 정답 ②
해설 근로자의 건강보호가 산업위생 전문가의 1차적인 책임이라는 것을 인식한다.

04. 정답 ④
해설 원활한 혈액의 순환을 위해 작업에 사용하는 신체부위를 심장높이에 두도록 한다.

05. 정답 ④
해설 교대 방식은 낮근무, 저녁근무, 밤근무 순으로 한다.

06. 정답 ④
해설 사망 및 영구 전노동불능 : 7,500일

07. 정답 ③
해설 피로 시 중간대사물질이 축적된다.

08. 정답 ③
해설 ① ILO(국제노동기구) 가입 : 1991년
② 근로기준법 제정 : 1953년
④ 한국산업위생학회 창립 : 1990년

09. 정답 ②
해설 [피로한 근육에서 측정된 근전도의 특징]
- 저주파수 힘의 증가
- 총전압의 증가
- 고주파수 힘의 감소
- 평균주파수의 감소

10. 정답 ①
해설
- 실내공기질 권고기준 대상 항목 : 이산화질소, 라돈, 총휘발성유기화합물, 곰팡이
- 실내공기질 유지기준 : 미세먼지, 이산화탄소, 폼알데하이드, 총부유세균, 일산화탄소

11. 정답 ①
해설
- 태양광선이 있는 옥외 작업장 :
  WBGT = 0.7NWB + 0.2GT + 0.1DB
- 태양광선이 없는 옥내 작업장 : WBGT = 0.7NWB + 0.3GT

12. 정답 ①
해설 모든 작업환경에 대한 근로자의 건강이 유지 및 증진과 쾌적한 작업환경을 형성하는 것이 주요 목표이다.

13. 정답 ①
해설 작업환경을 측정할 때에는 단위작업장소에서 최고노출근로자가 2인 이상에 대하여 동시에 측정하되, 단위작업장소에 근로자가 1인인 경우에는 그러하지 아니하며 동일작업 근로자 수가 10인을 초과하는 경우에는 매 5인당 1인(1개 지점) 이상을 추가하여 측정한다.

14. 정답 ①

15. 정답 ④

16. 정답 ②

17. 정답 ④
해설 시행규칙 제93조의4(작업환경측정 횟수) ② 제1항에도 불구하고 사업주는 최근 1년간 작업공정에서 공정 설비의 변경,

작업방법의 변경, 설비의 이전, 사용 화학물질의 변경 등으로 작업환경측정 결과에 영향을 주는 변화가 없는 경우로서 다음 각 호의 어느 하나에 해당하는 경우에는 해당 유해인자에 대한 작업환경측정을 1년에 1회 이상 할 수 있다. 다만, 고용노동부장관이 정하여 고시하는 물질을 취급하는 작업공정은 그러하지 아니하다.
1. 작업공정 내 소음의 작업환경측정 결과가 최근 2회 연속 85데시벨(dB) 미만인 경우
2. 작업공정 내 소음 외의 다른 모든 인자의 작업환경측정 결과가 최근 2회 연속 노출기준 미만인 경우

18. 정답 ②
해설 적정 작업시간은 작업강도와 대수적으로 반비례한다.

19. 정답 ③
해설 ③항만 올바르다.
오답해설
① 손잡이에 완충물질을 사용한다.
② 작업의 방법이나 위치를 신체부하가 적은 쪽으로 변화시킨다.
④ 가능한 편치 그립보단 파워 그립을 사용할 수 있도록 설계한다.
※ 파워그립 : 모든 손가락을 사용해 대상물을 감싸 쥐는 방법

20. 정답 ②
해설 [생리적 적성검사]
- 감각기능검사 : 시력, 색각, 청력 등을 검사한다.
- 심폐기능검사 : 호흡량, 맥박, 혈압 등을 검사한다.
- 체력검사 : 악력, 배근력 등을 측정한다.

[심리학적 적성검사]
- 지능검사 : 언어, 기능, 추리, 귀납 등에 대한 검사
- 지각동작검사 : 수족협조, 운동속도, 형태지각 등에 대한 검사
- 인성검사 : 성격, 태도, 정신상태에 대한 검사
- 기능검사 : 직무에 관련된 기본 지식과 숙련도, 사고력 등 직무평가에 관한 항목을 가지고 추리검사

21. 정답 ②

22. 정답 ④

23. 정답 ③

24. 정답 ①
해설 식 $Xmg/m^3 = \dfrac{100mL}{m^3} \times \dfrac{58mg}{24.45mL}$
$= 237.22 mg/m^3$

25. 정답 ①
해설 식 $GM = \sqrt[n]{a_1 \times a_2 \times \cdots \times a_n}$
∴ $GM = \sqrt[5]{30 \times 33 \times 29 \times 27 \times 31} = 29.93 ppm$

26. 정답 ④
해설 식 $\eta_t = 1 - [(1-\eta_1)(1-\eta_2)\cdots(1-\eta_n)]$
∴ $\eta_t = 1 - [(1-0.8)(1-0.8)] = 0.96 ≒ 96\%$

27. 정답 ④
해설 흡착제에 의한 포집은 연속시료채취에 해당한다.

28. 정답 ①

29. 정답 ①
해설 식 누적오차(%) $= \sqrt{E_1^2 + E_2^2 + \cdots + E_n^2}$
∴ 누적오차(%) $= \sqrt{15^2 + 3^2 + 5^2 + 9^2} = 18.44\%$

30. 정답 ①
해설 식 $TLV_m = \dfrac{1}{\dfrac{f_1}{TLV_1} + \dfrac{f_2}{TLV_1} + \cdots + \dfrac{f_n}{TLV_1}}$
∴ $TLV_m = \dfrac{1}{\dfrac{0.3}{1,900} + \dfrac{0.5}{1,600} + \dfrac{0.2}{335}} = 936.85 mg/m^3$

31. 정답 ②
해설 여과 시 주요 작용하는 기전은 간섭(접촉차단), 관성충돌, 확산이다.

32. 정답 ③
해설 식 $C(ppm) = \dfrac{P_i}{P_t} \times 10^6 (ppm)$
- P_i : 부분압력
- P_t : 전체압력

$Xppm = \dfrac{P_i}{P_t} \times 10^6 (ppm) = \dfrac{19}{760} \times 10^6 = 25,000 ppm$

33. 정답 ②

34. 정답 ③

35. 정답 ①

해설 식 $Xm^3 = \dfrac{1.7L}{\min} \times 8hr \times \dfrac{60\min}{1hr} \times \dfrac{1m^3}{10^3 L} = 0.82m^3$

36. 정답 ③

해설 ③항만 올바르다.
오답해설
① 분진은 mg/m³으로 표시한다.
② 석면의 표시단위는 개/mL(cc)으로 표시한다.
④ 가스 및 증기의 노출기준 표시단위는 ppm(mL/m³)로 표시한다.

37. 정답 ②

해설 식 $WBGT = 0.7$습구온도 $+ 0.3$흑구온도
∴ $WBGT = 0.7 \times 30 + 0.3 \times 34 = 31.2℃$

38. 정답 ③

39. 정답 ③

해설 식 $V_s = 0.003 \times S \times d_p^2$
∴ $V_s = 0.003 \times 1.2 \times 5^2 = 0.09 cm/\sec$

40. 정답 ①

해설 식 $A = \log \dfrac{1}{t} = \log \dfrac{1}{(1-0.3)} = 0.15$

41. 정답 ②

해설 사람의 귀는 자극의 절대 물리량에 대수적으로 비례하여 반응한다.

42. 정답 ①

해설 적외선은 화학작용이 거의 없으며, 가시광선보다 더 긴 파장이다.

43. 정답 ④

44. 정답 ③

45. 정답 ②

46. 정답 ④

해설 식 절대압 = 측정압 + 1기압
$= 30m \times \dfrac{1atm}{10m} + 1atm = 4atm$

46. 정답 ④

해설 납중독 증상(혈관계열) : 빈혈, 적혈구 내 프로토폴피린 증가, 망상적혈구 증가, 친염기성 적혈구 증가, 혈청 내 철 증가, 혈색소량 저하

47. 정답 ②

해설 식 $t = \dfrac{L}{V} = \dfrac{H}{V_s}$

• $V_s = 0.003 \times S \times d_p^2 = 0.003 \times 5 \times 3^2 = 0.135 cm/\sec$

∴ $t = \dfrac{50cm}{0.135cm/\sec} = 370.37\sec = 6.17\min$

48. 정답 ④

49. 정답 ①

50. 정답 ③

해설 식 $SPL = 20\log\left(\dfrac{P}{P_o}\right) = 20\log\left(\dfrac{2}{2 \times 10^{-5}}\right) = 100dB$

51. 정답 ①

해설 ①항만 올바르다.
오답해설
② 노면토석굴착-방진마스크
③ 도금공장-위생복
④ tank내 분무도장-방독마스크

52. 정답 ③

해설 ③항만 올바르다.
오답해설
① 면-고체상 물질(용제에는 사용 못함)
② Butyl 고무-극성 용제
④ Vitron-비극성 용제

53. 정답 ③

54. 정답 ②

해설 보호구의 착용은 수진점(수음측)대책에 해당한다.

55. 정답 ③
　해설 질소기포는 급격한 감압시 형성될 수 있다.

56. 정답 ②

57. 정답 ①

58. 정답 ④
　해설 식욕변화, 혈압변화(혈압 일시적 상승), 말초혈관 수축으로 인한 표면조직 냉각은 2차적 생리적 반응이다.

59. 정답 ②
　해설 고주파음이 저주파음보다 더욱 유해하다.

60. 정답 ②

61. 정답 ②
　해설 덕트나 공기정화기가 막혔을 경우 정압의 절대값은 증가하고, 송풍기의 출력저하시 정압의 절대값은 감소한다.

62. 정답 ④
　해설 식 $Q_c = (10X^2 + A) \times V_c$
$$0.1 = (10 \times 0.15^2 + \frac{\pi \times 0.1^2}{4}) \times V_c$$
$$\therefore V_c = 0.43 m/\sec$$

63. 정답 ③
　해설 (낮은 SP/높은 SP) < 0.8 : 정압이 낮은 덕트의 직경을 다시 설계

64. 정답 ④
　해설 식 $P_s = P_v(1+F_i) = \frac{\gamma V^2}{2g} \times (1+F_i)$
- $F_i = 0.93$
- $Q_c = (10X^2 + A) \times V_c = (10 \times 0.3^2 + \frac{\pi \times 0.3^2}{4}) \times 0.6$
  $= 0.5824 m^3/\sec$
- $V = \frac{Q}{A} = \frac{0.5824}{(\pi \times 0.3^2)/4} = 8.2392 m/\sec$

$$\therefore P_s = \frac{1.2 \times 8.2392^2}{2 \times 9.8} \times (1+0.93) = 8.02 mmH_2O$$
(정압은 실내압력에 따라 + 또는 -로 표시됨)

65. 정답 ②

66. 정답 ③
　해설 식 $Xm^3 = 2L \times \frac{273+327}{273+27} \times \frac{1}{2} = 2m^3$

67. 정답 ④
　해설 송풍기를 연결할 때에는 최소 덕트 직경의 6배 정도는 직선구간으로 하여야 한다.

68. 정답 ④

69. 정답 ③
　해설 터보형(후향날개형)은 날개가 구부러져 분진퇴적이 쉬우므로 유지보수가 어렵다.

70. 정답 ②

71. 정답 ③

72. 정답 ④
　해설 드래프트 챔버형, 부스형, 커버형 후드는 포위식 후드에 해당한다.

73. 정답 ③
　해설 오염물질 발생량이 많고 널리 퍼져 있는 곳

74. 정답 ③
　해설 식 $P = \frac{\Delta P \times Q}{102 \times \eta} \times \alpha$

75. 정답 ②
　해설 식 $V = \sqrt{\frac{2gP_v}{\gamma}} = \sqrt{\frac{2 \times 9.8 \times 20}{1.2}} = 18.07 m/\sec$

76. 정답 ①

77. 정답 ①
　해설 식 $C = \frac{P_i}{P_t} \times 100 = \frac{1.5}{760} \times 100 = 0.2\%$

78. 정답 ①

79. 정답 ①

해설 식 $C = \dfrac{P_i}{P_t} \times 10^6 (ppm)$

∴ $C_1 - C_2 = \left(\dfrac{6.8}{760} \times 10^6\right) - \left(\dfrac{7.4}{760} \times 10^6\right) = -789.47 ppm$

80. 정답 ④

해설 식 $Q_c = (10X^2 + A) \times V_c$ – 자유공간에서의 후드의 흡인풍량

식 $Q_c = 0.5(10X^2 + A) \times V_c$ – 작업면 위에 위치한 플랜지 붙은 후드의 흡인풍량

UNIT 04 2020년 산업위생관리산업기사 1, 2회

01 ④	02 ①	03 ②	04 ①	05 ③
06 ④	07 ③	08 ②	09 ③	10 ④
11 ③	12 ②	13 ①	14 ①	15 ④
16 ④	17 ③	18 ④	19 ④	20 ①
21 ④	22 ②	23 ②	24 ②	25 ③
26 ①	27 ②	28 ①	29 ④	30 ③
31 ①	32 ④	33 ②	34 ①	35 ②
36 ④	37 ②	38 ②	39 ③	40 ③
41 ②	42 ②	43 ②	44 ④	45 ④
46 ④	47 ①	48 ④	49 ①	50 ②
51 ③	52 ②	53 ①	54 ②	55 ①
56 ③	57 ③	58 ②	59 ②	60 ②
61 ①	62 ①	63 ②	64 ①	65 ②
66 ②	67 ②	68 ②	69 ③	70 ④
71 ③	72 ④	73 ③	74 ④	75 ②
76 ③	77 ①	78 ②	79 ③	80 ③

01. 정답 ④

02. 정답 ①

해설 식 도수율 = $\dfrac{\text{연간재해발생건수}}{\text{연간근로시간수}} \times 10^6$

$4 = \dfrac{\text{연간재해발생건수}}{\dfrac{10\text{시간}}{1\text{일}\cdot\text{인}} \times 250\text{일} \times 100\text{인}} \times 10^6$

∴ 연간 재해발생건수 = 1

03. 정답 ②

04. 정답 ①

해설 제222조(역학조사의 대상 및 절차 등) ① 공단은 다음 각 호의 어느 하나에 해당하는 경우에는 역학조사를 할 수 있다.
1. 작업환경측정 또는 건강진단의 실시 결과만으로 직업성 질환에 걸렸는지를 판단하기 곤란한 근로자의 질병에 대하여 사업주·근로자대표·보건관리자(보건관리전문기관을 포함한다) 또는 건강진단기관의 의사가 역학조사를 요청하는 경우
2. 근로복지공단이 고용노동부장관이 정하는 바에 따라 업무상 질병 여부의 결정을 위하여 역학조사를 요청하는 경우
3. 공단이 직업성 질환의 예방을 위하여 필요하다고 판단하여 역학조사평가위원회의 심의를 거친 경우
4. 그 밖에 직업성 질환에 걸렸는지 여부로 사회적 물의를 일으킨 질병에 대하여 작업장 내 유해요인과의 연관성 규명이 필요한 경우 등으로서 지방고용노동관서의 장이 요청하는 경우

05. 정답 ③

06. 정답 ④

해설 보건관리자는 작업환경에서 초래될 수 있는 질병을 방지하고 작업환경을 쾌적하고 안전하게 관리하는 업무를 담당한다.

07. 정답 ③

해설 강도높고 반복적이며 연속적인 작업 시 누적외상성질환의 발생 우려가 높아진다.

08. 정답 ②

09. 정답 ③

해설 유기용제는 화학적인 원인으로 직업병을 유발한다.

10. 정답 ④

해설 석면분진 : 개수/cc(cm³)

11. 정답 ③

해설 감각기능검사는 생리학적 검사에 해당한다.
[생리학적 적성검사]
• 감각기능검사 : 시력, 색각, 청력 등을 검사한다.
• 심폐기능검사 : 호흡량, 맥박, 혈압 등을 검사한다.
• 체력검사 : 악력, 배근력 등을 측정한다.
[심리학적 적성검사]
• 지능검사 : 언어, 기능, 추리, 귀납 등에 대한 검사
• 지각동작검사 : 수족협조, 운동속도, 형태지각 등에 대한 검사
• 인성검사 : 성격, 태도, 정신상태에 대한 검사
• 기능검사 : 직무에 관련된 기본 지식과 숙련도, 사고력 등 직무평가에 관한 항목을 가지고 추리검사

12. 정답 ②

13. 정답 ①

14. 정답 ①

15. 정답 ④

해설 식 휴식시간(%)
$$= \left[\frac{PWC \times \frac{1}{3} - 작업대사량}{휴식대사량 - 작업대사량}\right] \times 100$$
(휴식시간 : 60분 기준)
$$= \left[\frac{16 \times \frac{1}{3} - 7}{2 - 7}\right] \times 100 = 33.33\%$$
∴ 휴식시간(min) = 60 × 0.3333 = 20min
∴ 작업시간(min) = 40min

16. 정답 ④

해설 ④항은 근로자에 대한 책임에 해당한다.

17. 정답 ③

18. 정답 ④

해설 산업위생의 과제는 작업환경을 관리하여 쾌적하고 안전한 환경을 근로자에게 제공하는 것이다. 질병의 치료는 의학분야의 과제이다.

19. 정답 ④

해설 식 작업대사율(RMR)
$$= \frac{작업대사량}{기초대사량} = \frac{작업에 소요된 열량 - 안정 시 소요된 열량}{기초대사량}$$
∴ 작업대사율(RMR) = $\frac{400 - 60 \times 1.2}{60} = 5.5$

20. 정답 ①

해설 혐기성 대사에 동원되는 에너지원은 ATP, CP, 글리코겐, 글루코오스이다.

21. 정답 ④

해설 MCE막 여과지는 금속채취, 석면의 채취에 주로 이용된다.
① PVC막 여과지 : 흡습성이 적으며 먼지, 흄, 6가크롬, 규산의 채취에 주로 사용된다.
② 섬유상 여과지 : 물리적인 강도가 높으며 열에 강하고 대체로 가격이 비싸다.
③ PTFE막 여과지 : 열, 화학물질, 압력 등에 강한 특징이 있어 석탄건류나 증류 등의 고열공정에서 발생하는 다핵방향족(다환방향족) 탄화수소를 채취하는데 이용된다.

22. 정답 ③

해설 근로자에게 노출된 TWA를 측정하려면 시간에 따른 평가가 가능한 지역시료채취 또는 개인시료채취, 생물학적 모니터링의 방법을 적용해야 한다.

23. 정답 ①

해설 식 $Xppm(mL/m^3)$
$$= \frac{120\mu g}{m^3} \times \frac{1mg}{10^3 \mu g} \times \frac{24.45mL}{99mg}$$
$$= 0.030ppm$$

24. 정답 ②

25. 정답 ③

해설 식 $A = \log\frac{1}{t} = \log\frac{1}{(1-0.85)} = 0.82$

26. 정답 ①

해설 식 $Q = \frac{\forall(부피)}{t(시간)} = \frac{300cm^3}{12.5sec} \times \frac{1mL}{1cm^3} \times \frac{1L}{10^3 mL}$
$$\times \frac{60sec}{1min}$$
$$= 1.44L/min$$

27. 정답 ②

해설 식 $L_s = 10\log(10^{L_1/10} + 10^{L_2/10} + \cdots + 10^{L_n/10})$
∴ $L_s = 10\log(10^{70/10} + 10^{80/10}) = 80.41dB$

28. 정답 ①

29. 정답 ④

30. 정답 ③

해설 식 $Xmg/m^3 = \frac{포집 후 여과지 무게 - 포집 전 여과지 무게}{채취공기량}$
$$= \frac{(2.46 - 1.66)mg}{\frac{3L}{min} \times 60min \times \frac{1m^3}{10^3 L}} = 4.44mg/m^3$$

31. 정답 ①

32. 정답 ④

해설 ① GC : 가스크로마토그래피(이동상으로 기체 사용)
② XRD : X선 회절분석기로 X선 회절을 이용하여 시료 내의 원자배열 등을 연구하기 위한 장비이다.

③ ICP : 유도결합플라즈마발광분석기, 플라즈마를 이용하여 원소를 분석
④ HPLC : 고성능 액체크로마토그래피(이동상으로 액체 사용)

33. 정답 ②

해설 비교적 고온에서도 흡착이 어렵다.

34. 정답 ①

해설 식 부탄농도$(mg/m^3) = \dfrac{\text{시료분석량} - \text{공시료분석량}}{\text{공기채취량}}$

$= \dfrac{(75-0.5)\mu g \times \dfrac{1mg}{10^3 \mu g}}{10L \times \dfrac{1m^3}{10^3 L}} = 7.45 mg/m^3$

35. 정답 ②

해설 식 $SPL = PWL - 20\log r - 11$

∴ $SPL = 10\log\left(\dfrac{1W}{10^{-12}W}\right) - 20\log(500) - 11 = 55dB$

36. 정답 ④

37. 정답 ②

해설
• 1차 표준기구 : 비누거품미터(대표), 피스톤미터, 피토튜브, 폐활량계(스피로미터), 가스치환병, 유리피스톤미터
• 2차 표준기구 : 로터미터(대표), 습식테스트미터, 건식가스미터, 헤드미터, 벤투리미터, 오리피스미터, 열선기류계

38. 정답 ②

해설 식 $TWA = \dfrac{C_1 T_1 + C_2 T_2 + \cdots + C_n T_n}{8}$

$= \dfrac{200 \times 1 + 100 \times 2 + 50 \times 3}{8} = 68.75 ppm$

39. 정답 ③

해설 [소음계의 설정기준]
• Criteria 90dB
• Exchange Rate 5dB
• Threshold 80dB

40. 정답 ③

41. 정답 ②

해설 식 $WBGT = 0.7$습구온도 $+ 0.3$흑구온도
(태양광선이 내리쬐지 않는 장소, 실내 기준)
∴ $WBGT = 0.7 \times 40 + 0.3 \times 42 = 40.6℃$

42. 정답 ③

43. 정답 ②

44. 정답 ④

해설 분진 중 특히 미세분진은 폭발 및 화재의 우려가 있다.

45. 정답 ④

46. 정답 ④

해설 광원은 좌상방에 위치하여야 한다.

47. 정답 ①

해설 전신진동의 주파수 범위는 1~100Hz이며 주파수에 따라 영향을 미치는 신체부위가 달라진다.

48. 정답 ④

해설 귀덮개는 귀마개보다 개인차가 작다.

49. 정답 ①

해설 석면 : 개수/cc

50. 정답 ②

해설 환기는 배기량보다 급기량(흡기량)이 많도록 조절한다.

51. 정답 ③

해설 폐 내 가스팽창은 1차적인 가압현상에 해당한다.

52. 정답 ③

해설 질소의 지방에 대한 용해도는 물에 대한 용해도 보다 5배 정도 높다.

53. 정답 ①

오답해설 D : 야광시계의 자판 – 라듐을 인으로 교체

54. 정답 ①

해설 fiber glass는 여과기능이 있는 방진 마스크의 재질로 사용가능하다.

55. 정답 ①

해설 식 정화통 사용시간
$= T_s \times \dfrac{C_s}{C} = 100\min \times \dfrac{0.4}{0.15} = 266.67\min$

56. 정답 ③

해설 식 $T = \dfrac{0.161\,\forall}{A} = \dfrac{0.161\,\forall}{S_t\,\overline{\alpha}}$

- $T_1 = 0.238\,\text{sec} = \dfrac{0.161 \times (15m \times 25m \times 3m)}{A}$

$\therefore T_2 = \dfrac{0.161 \times (15m \times 25m \times 3m)}{A \times 1.3}$

$= 0.238\,\text{sec} \times \dfrac{1}{1.3} = 0.183\,\text{sec}$

57. 정답 ③

해설 할로겐용 정화통 – 회색 및 흑색
[정화통의 종류]
- 흑색 : 유기가스용
- 회색 및 흑색 : 할로겐 가스용
- 적색 : 일산화탄소용
- 녹색 : 암모니아용
- 황적색(노란색) : 아황산가스용
- 백색 및 황적색 : 아황산 황용
- 갈색 : 유기화합물용

58. 정답 ②

해설
- 전리방사선 : 중성자, X선, γ선, β선, α선, 양자
- 비전리방사선 : 자외선, 가시광선, 적외선, 마이크로파, 레이저, 극저주파 방사선

59. 정답 ②

해설 식 차음효과 $= (NRR - 7) \times 0.5$
$= (27 - 7) \times 0.5 = 10\,dB$

60. 정답 ②

해설 유리제조 및 가공업에서 적외선은 많이 노출된다. (유리기구(초자) 제조 작업, 판유리 공업, 유리식기 공업 등)

61. 정답 ①

해설 식 $V = \dfrac{Q}{A} = \dfrac{100m^3}{\min} \times \dfrac{4}{\pi \times (0.35m)^2} \times \dfrac{1\min}{60\sec}$
$= 17.32\,m/\sec$

62. 정답 ①

해설 식 $F_i = \dfrac{1 - Ce^2}{Ce^2} = \dfrac{1 - 0.8^2}{0.8^2} = 0.56$

63. 정답 ①

해설 온도와 습도는 제어속도의 설정과 관계없다.

64. 정답 ①

해설 식 $Q = \dfrac{G}{C - C_{out}} \times 100$

$= \dfrac{3kg/hr}{(80-60)kg/kg} \times \dfrac{1m^3}{1.2kg} \times \dfrac{1hr}{60\min} \times 100$

$= 0.21\,m^3/\min$

65. 정답 ②

해설 [송풍기 효율 크기 순서]
비행기 날개형(익형) > 터보형(후향 날개형) > 방사 날개형(레디얼형, 평판형) > 전향 날개형(다익형)

66. 정답 ②

해설 플랜지 부착 시 슬로트후드의 형상계수(C)는 2.60이다.
[슬로트 후드의 흡인유량]
- 기본식 : $Q_c = C \times L \times V_c \times X$
  – C : 형상계수
- 자유공간(전체원주) : 5.0(ACGIH 3.7)
- 3/4원주 : 4.1
- 1/2원주, 플랜지부착 : 2.6(ACGIH 2.8)
- 1/4원주 : 1.6

식 $Q = C \times L \times X \times V_c = 2.6 \times 0.1 \times 0.3 \times 1 \times 60$
$= 4.68\,m^3/\min$

67. 정답 ②

해설 속도압은 공기가 이동할 때 항상 발생한다.

68. 정답 ②

해설 제어속도가 필요속도보다 작은 경우 불량의 원인이 된다.

69. 정답 ③

70. 정답 ④

해설 동일작업장소에 배출원이 한 곳에 집중되어 있는 경우에는 국소환기가 적합하다. 전체환기시설의 전제조건으로는 배출원이 전역에 분포되어 있거나 이동하는 경우 적합하다.

71. 정답 ③

해설 식 공기의 비중량(kg/m3)
$= \dfrac{1.293kg}{m^3} \times \dfrac{273}{273 + 23} \times \dfrac{1atm}{1atm} = 1.1925\,kg/m^3$

72. 정답 ④

해설 입구와 출구의 정압이 동시에 감소된 원인은 송풍능력의 저하와 관련이 있다.

73. 정답 ③

74. 정답 ④

해설 공정에서 발생, 배출되는 오염물질의 절대량은 최대발생량을 기준으로 한다.

75. 정답 ②

해설 같은 제어속도 대비 송풍량을 줄일 수 있어 일반적인 국소배기장치 후드보다 동력비가 적게 든다.

76. 정답 ③

해설 식 $Q = \dfrac{G}{TLV} \times K$

- $G = \dfrac{8g}{\min} \times \dfrac{24.45L}{92g} \times \dfrac{10^3 mL}{1L} = 2{,}126.09\, mL/m^3$
- $TLV = 50\, mL/m^3$

$\therefore Q = \dfrac{2{,}126.09}{50} \times 5 = 212.61\, m^3/\min$

77. 정답 ①

해설 식 $\ln\left(\dfrac{C_t}{C_0}\right) = -k \times t$

- $k = \dfrac{Q}{\forall} = \dfrac{600\, m^3}{\min} \times \dfrac{1}{(12m \times 22m \times 45m)}$
  $= 0.0505/\min$

$\ln\left(\dfrac{100}{400}\right) = -0.0505 \times t,\quad \therefore t = 27.45\min$

78. 정답 ②

해설 침강속도 간소식에서는 직경은 ㎛ 단위로 대입하고 침강속도는 cm/sec로 산출된다.

식 $V_s = 0.003 \times \rho \times d_p^{\,2}$

$V_s = 0.003 \times 6.6 \times 2^2 = 0.08\, cm/\sec$

79. 정답 ③

해설 [국소배기설비 점검 시 반드시 갖추어야 할 필수 장비]
청음기, 연기발생기(발연관), 절연저항계, 줄자, 표면온도계 및 초자온도계

80. 정답 ③

해설 회전수에 대하여 송풍량은 1승에 비례, 정압은 2승에 비례, 동력은 3승에 비례한다.

암기TIP 요압동 123승

UNIT 05 2020년 산업위생관리산업기사 3회

01 ②	02 ③	03 ①	04 ③	05 ①
06 ④	07 ②	08 ②	09 ①	10 ①
11 ④	12 ②	13 ③	14 ③	15 ①
16 ③	17 ④	18 ①	19 ①	20 ②
21 ③	22 ④	23 ④	24 ②	25 ①
26 ③	27 ③	28 ①	29 ③	30 ②
31 ④	32 ①	33 ③	34 ④	35 ②
36 ①	37 ②	38 ①	39 ①	40 ④
41 ④	42 ①	43 ①	44 ③	45 ④
46 ①	47 ④	48 ①	49 ③	50 ①
51 ③	52 ④	53 ③	54 ②	55 ②
56 ④	57 ②	58 ②	59 ③	60 ①
61 ②	62 ③	63 ②	64 ④	65 ①
66 ③	67 ①	68 ④	69 ①	70 ③
71 ②	72 ④	73 ③	74 ④	75 ④
76 ①	77 ①	78 ④	79 ①	80 ②

01. 정답 ②
해설 현장조사로 정량적인 유해인자의 양을 측정하는 것으로 시료의 채취와 분석은 측정 및 평가에 대한 설명이다.

02. 정답 ③
해설 보통 속도로 두 손으로 들어올리는 작업을 기준으로 한다.

03. 정답 ①
해설 근골격계 질환을 예방하기 위한 작업환경 개선의 방법은 인체측정치를 이용한 작업환경의 설계가 이루어질 때 가장 먼저 고려해야 하는 사항은 '조절가능 여부'이다.

04. 정답 ③
해설 식 log(계속 작업 한계시간) = 3.724−3.25log(R)
log(계속 작업 한계시간) = 3.724−3.25log(10)
∴ 계속작업한계시간 = $10^{0.474}$ = 2.98min

05. 정답 ①
해설 • 보통피로 : 하룻밤을 잘 자고 나면 완전히 회복될 정도의 상태
• 과로 : 다음날까지도 피로상태가 계속되는 상태, 단기간 휴식으로 회복가능
• 곤비 : 과로 상태가 축적되어 단시간에 회복될 수 없는 상태

06. 정답 ④
해설 접착제의 원료이며 자극성 물질이고 새집증후군물질은 포름알데히드(폼알데하이드)이다. 새집증후군의 원인물질로는 VOC와 폼알데하이드가 있다.

07. 정답 ②
해설 [산소소비량]
㉠ 휴식 중 소비량 : 0.25L/min
㉡ 운동 중 소비량 : 5L/min
㉢ 산소소비량 : 5kcal/L 암기TIP 산 소 오

08. 정답 ②

09. 정답 ①
해설 제2조(오염물질 관리기준)
사업주는 쾌적한 사무실 공기를 유지하기 위해 사무실 오염물질을 다음 기준에 따라 관리한다.

오염물질	관리기준
미세먼지(PM10)	100μg/m³
초미세먼지(PM2.5)	50μg/m³
이산화탄소(CO_2)	1,000ppm
일산화탄소(CO)	10ppm
이산화질소(NO_2)	0.1ppm
포름알데히드(HCHO)	100μg/m³
총휘발성유기화합물(TVOC)	500μg/m³
라돈(radon)	148Bq/m³
총부유세균	800CFU/m³
곰팡이	500CFU/m³

10. 정답 ①

11. 정답 ④
해설 [산업위생 전문가들이 지켜야 할 윤리 강령]
• 일반 대중에 대한 책임
• 전문가로서의 책임
• 근로자에 대한 책임
• 기업주와 고객에 대한 책임

12. 정답 ②
해설 • 비타민 B_1 : 각기병, 신경염
• 비타민 D : 구루병

13. 정답 ③
해설 작업장 내에 침전된 분진을 비산시킨 후 측정할 것

14. 정답 ③

15. 정답 ①
해설 식 실동률(%) = 85−(5×RMR)

16. 정답 ③
해설 1992년 : 작업환경측정 정도관리제도 도입

17. 정답 ④
해설 규폐증은 규소에 노출되는 유리공업, 모래를 이용한 세공업, 석탄을 다루는 주물 공장, 슬레이트 공업, 광산업에서 많이 나타나는 직업병이다.

18. 정답 ①
해설 식 작업강도 = $\dfrac{\text{작업무게(한 손 기준)}}{\text{약한 손의 힘}} \times 100$

∴ $\dfrac{10/2}{40} = 12.5\%$

19. 정답 ①

20. 정답 ②
해설 식 보정된 노출기준 = TLV×보정계수
- 보정계수 = $\dfrac{8}{H} \times \dfrac{24-H}{16} = \dfrac{8}{12} \times \dfrac{24-12}{16} = 0.5$

∴ 보정된 노출기준 = TLV×보정계수
  $= 350 \times 0.5 = 175\,ppm$

21. 정답 ③
해설 측정가능 소음도 범위는 35~130dB 이상이어야 한다.

22. 정답 ④
해설 시료채취 후 보관시간이 짧다.

23. 정답 ④

24. 정답 ②

25. 정답 ②
해설 회화 시 실험용기가 파손될 우려가 있으므로 회화용 도가니를 사용한다.

26. 정답 ③
해설
식 $L_m = 10\log\left(\dfrac{1}{n} \times \left(10^{L_1/10} + 10^{L_2/10} + \cdots + 10^{L_n/10}\right)\right)$

∴ $L_m = 10\log\left(\dfrac{1}{3} \times \left(10^{80/10} + 10^{70/10} + 10^{70/10}\right)\right)$
$= 76.02\,dB$

27. 정답 ③
해설 식 $TLV_m = \dfrac{1}{\dfrac{f_1}{TLV_1} + \dfrac{f_2}{TLV_2} + \dfrac{f_n}{TLV_n}}$

$= \dfrac{1}{\dfrac{1/(1+2+1)}{750} + \dfrac{2/(1+2+1)}{200} + \dfrac{1/(1+2+1)}{200}}$
$= 244.90\,ppm$

28. 정답 ①
해설 임핀저는 가스상물질 채취장비이다.

29. 정답 ③

30. 정답 ②
해설 식 $C(ppm) = \dfrac{\text{포름알데히드 채취량}}{\text{흡인공기량}}$

- 포름알데히드 채취량
$= \dfrac{40\,\mu g}{mL} \times 20\,mL \times \dfrac{24.45\,mL}{30\,mg} \times \dfrac{1\,mg}{10^3\,\mu g} = 0.652\,mL$

(시료 1mL당 포름알데히드 농도는 40μg이고 흡수액 20mL로 분석하였음으로 20mL에 들어있는 포름알데히드 μg을 분자량을 이용하여 부피단위로 환산)

- 흡인공기량 = $0.4\,m^3$

∴ $C(ppm) = \dfrac{0.652\,mL}{0.4\,m^3} = 1.63\,ppm\,(mL/m^3)$

31. 정답 ④
해설 흡착처리는 가스상 물질의 처리시에 사용되는 제거원리이다.
[여과 채취원리(여과 메커니즘)]
- 중력
- 직접차단(접촉차단)
- 관성충돌
- 확산
- 체거름
- 정전기

32. 정답 ①

해설 식 누적오차(%) = $\sqrt{E_1^2 + E_2^2 + E_3^2 + \cdots E_n^2}$
= $\sqrt{15^2 + 3^2 + 9^2 + 5^2} = 18.44\%$

33. 정답 ③

해설 MCE 막여과지 : 흡습성이 높아 중량분석시 오차를 유발할 우려가 있음

34. 정답 ④

35. 정답 ②

해설 특이도가 낮다.

※ 특이도 : 오염물질이 존재하지 않는 사업장에서 측정결과가 불검출로 나타날 확률(= 질병이 없는 환자 중 검사결과가 음성으로 나타날 확률)

36. 정답 ①

37. 정답 ②

해설 이론층 해당높이를 최소로 하는 속도로 운반가스의 유속을 결정한다.

38. 정답 ①

39. 정답 ①

해설 [용어구분]
- 검출한계 : 분석될 수 있는 가장 적은 분석물질의 양
- 정량한계 : 실험 가능한 최소물질 양

40. 정답 ④

해설
- 호흡성 입자 : 4μm
- 흉곽성 입자 : 10μm
- 흡입성 입자 : 100μm

41. 정답 ④

해설 식 $SPL_2 - SPL_1 = 20\log\left(\dfrac{P_2}{P_1}\right)$

$80 - 40 = 20\log\left(\dfrac{P_2}{P_1}\right)$, ∴ $\dfrac{P_2}{P_1} = 100$

42. 정답 ①

해설 1000~2800Å의 자외선은 대부분 오존에 흡수되어 지표까지 도달하지 못하며 도달한 파장은 홍반, 발진을 일으킬 수 있다. 노출 시 홍반현상 및 즉시 색소침착을 발생시키는 파장은 2800~3150Å(UV-B)이다.

43. 정답 ①

해설 효율적인 소음방지 대책의 순서는 소음원 대책 - 전파경로 대책 - 수음측 대책 순서이다.

44. 정답 ③

45. 정답 ④

해설 식 $PF = \dfrac{C_o}{C_i} = \dfrac{300}{12} = 25$

46. 정답 ①

해설 직접조명은 음영과 현휘로 인한 입체감과 조명효율이 높은 것이 장점이다. 간접조명은 음영이 가장 적으며 부드러운 느낌을 주나 조명효율이 가장 낮다.

47. 정답 ④

해설 식 정화통 사용시간 = $T_s \times \dfrac{C_s}{C}$

= $50\min \times \dfrac{0.7}{0.2} = 175\min$

48. 정답 ③

해설 식 $SPL_1 - SPL_2 = 20\log\left(\dfrac{r_2}{r_1}\right)$

(거리감쇠에 따른 음압의 감소)
- SPL_1 : 거리감쇠 전 음압수준
- SPL_2 : 거리감쇠 후 음압수준
- r_1 : 거리감쇠 전 음원과의 거리
- r_2 : 거리감쇠 후 음원과의 거리

$89 - SPL_2 = 20\log\left(\dfrac{20}{10}\right)$

∴ $SPL_2 = 82.98 dB$

49. 정답 ③

해설 수은은 쉽게 증발하기 때문에 작업장의 온도를 낮게 유지한다.

50. 정답 ②

해설 크롬 – 비중격천공, 폐암

51. 정답 ③

해설 ③항만 올바르다.

오답해설
① 780nm~10^6nm – 적외선
② 370nm 이하 – 자외선
④ 280~310nm – Dorno선

52. 정답 ④

해설 산소가 부족한 작업공간에서는 송기형 호스마스크를 착용하여야 한다.

53. 정답 ③

해설 창의 면적은 일반적으로 바닥 면적의 15~20%가 이상적이다.

54. 정답 ②

55. 정답 ②

해설 탄산가스 – 1.5% 미만

56. 정답 ④

해설 ①, ②, ③항은 국소진동을 받을 수 있는 작업자이다.

57. 정답 ②

58. 정답 ②

해설 고압 환경에서 작업할 때에는 질소를 헬륨으로 대치한 공기를 호흡시키는 것이 좋다.

59. 정답 ③

60. 정답 ①

해설 활성탄은 방독 마스크의 정화통에 사용되는 재질이다.

61. 정답 ②

해설 일반 후드의 플랜지 부착 시 효율은 25% 증가(흡인공기량 25% 감소), 슬로트 후드의 플랜지 부착 시 효율은 30% 증가(흡인공기량 30% 감소)한다.

62. 정답 ③

해설
• 포위식(포위형) 후드 : 커버형, 장갑상자부착형, 부스형
• 외부식(외부형) 후드 : 루버형, 슬로트형, 그리드형
• 수형(리시버형) 후드 : 캐노피형, 그라인더커버형

63. 정답 ②

해설 덕트 연결부위는 용접하여 외부공기가 침입하지 못하게 하여야 한다.

64. 정답 ④

해설 흑구건구온도계는 온도측정장비이다.

65. 정답 ②

해설 식 $Q_c = 0.5(10X^2 + A) \times V_c$ ← 플랜지 부착, 작업대 위 후드설치
• $X = 0.3m$
• $A = 0.6m^2$
• $V_c = 0.5m/\sec$
∴ $Q_c = 0.5 \times (10 \times 0.3^2 + 0.6) \times 0.5$
  $= 0.375 m^3/\sec$
  $= 22.5 m^3/\min$

66. 정답 ③

해설 식 $P_v = \dfrac{\gamma V^2}{2g}$

• $\gamma = \dfrac{1.293kg}{Sm^3} \times \dfrac{273}{273+65} = 1.0443 kg/m^3$

∴ $P_v = \dfrac{1.0443 \times 15^2}{2 \times 9.8} = 11.99 m/\sec$

67. 정답 ①

해설 식 $Q = \dfrac{G}{TLV} \times K$

• $G = \dfrac{5L}{hr} \times \dfrac{0.805kg}{1L} \times \dfrac{24.1m^3}{72.06kg} \times \dfrac{10^6 mL}{1m^3} \times \dfrac{1hr}{60\min}$
  $= 22,435.59 mL/\min$

∴ $Q = \dfrac{22,435.59}{200} \times 2 = 224.36 ppm$

68. 정답 ④

해설 식
$$N_{Re} = \frac{D \cdot V \cdot \rho}{\mu}$$
$$= \frac{0.5m \times 1m/s \times 1.2kg/m^3}{1.8 \times 10^{-5} kg/m \cdot \sec}$$
$$= 33,333.3333$$

69. 정답 ①

해설 작업장에 국소적으로 존재하는 오염물질은 국소환기를 채택하는 것이 적합하다.

70. 정답 ③

해설 외부식 상방흡인형(입자상) : 1.2m/s

71. 정답 ②

해설 송풍기의 덕트 연결부위는 송풍기의 진동이 전달되지 않도록 연결한다.

72. 정답 ④

해설 식
$$Q_2 = Q_1 \times \left(\frac{N_2}{N_1}\right)^1$$
$$200 = 320 \times \left(\frac{N_2}{N_1}\right)^1, \quad \left(\frac{N_2}{N_1}\right) = 0.625$$

식
$$P_2 = P_1 \times \left(\frac{N_2}{N_1}\right)^3$$
$$\therefore \frac{P_2}{P_1} = (0.625)^3 = 0.2441 = 24.41\%$$

73. 정답 ③

해설 속도압은 공기흐름으로 인하여 (+)압력이 발생한다.

74. 정답 ④

해설 [먼지종류별 반송속도]
- 극히 가벼운 먼지 : 10m/sec
- 가벼운 건조먼지 : 15m/sec
- 일반공업먼지 : 20m/sec
- 무거운 먼지 : 25m/sec
- 무겁고 비교적 큰 젖은 먼지 : 25m/sec 이상

75. 정답 ④

해설 식
$$C = \frac{P_i}{P_t} \times 10^6 (ppm) = \frac{30}{760} \times 10^6$$
$$= 39,473.68 ppm$$

76. 정답 ①

77. 정답 ①

해설 식 덕트의 압력손실 $= f \times \dfrac{L}{D} \times \dfrac{\gamma V^2}{2g}$
- L : 덕트 길이
- D : 덕트 직경
- γ : 공기밀도
- f : 마찰손실계수
- V : 유속

78. 정답 ④

해설 가급적 배출오염원과 가까이 설치한다.

79. 정답 ①

80. 정답 ②

해설 작업장의 교차기류를 방지하기 위해서 공기공급 시스템이 필요하다.

2019년 산업위생관리기사 1회

01	①	02	④	03	③	04	④	05	①
06	④	07	②	08	①	09	②	10	③
11	②	12	①	13	①	14	①	15	④
16	④	17	②	18	①,③	19	③	20	①
21	③	22	③	23	②	24	①	25	④
26	①	27	②	28	②	29	③	30	①
31	①	32	②	33	④	34	②	35	②
36	①	37	③	38	①	39	①	40	③
41	②	42	④	43	①	44	②	45	④
46	④	47	③	48	①	49	④	50	②
51	②	52	①	53	②	54	①	55	②
56	②	57	③	58	②	59	③	60	④
61	③	62	①	63	④	64	④	65	③
66	④	67	②	68	②	69	③	70	②
71	②	72	④	73	③	74	①	75	②
76	①	77	①	78	④	79	②	80	①
81	①	82	③	83	③	84	④	85	②
86	③	87	④	88	③	89	②	90	①
91	②	92	②	93	④	94	③	95	④
96	①	97	②	98	②	99	①	100	③

01. 정답 ①
해설 심계항진 : 격심작업, 고소작업

02. 정답 ④

03. 정답 ③

04. 정답 ④
해설 스티븐스존슨 증후군은 약물에 의해 발생하는 급성 피부 질환이다.

05. 정답 ①
해설 영국 – WEL

06. 정답 ④

07. 정답 ②
해설 과학적 방법의 적용과 자료의 해석에서 객관성을 유지한다.

08. 정답 ①

09. 정답 ②

10. 정답 ③

11. 정답 ②
해설 직업상 업무에 기인하여 1차적으로 발생하는 원발성 질환을 포함한다.

12. 정답 ①
해설 산업피로는 가역적인 생체변화를 가져온다.

13. 정답 ①
해설 오존 – 0.06ppm 이하

14. 정답 ①
해설 "산소결핍"이란 공기 중의 산소농도가 18% 미만인 상태를 말한다.

15. 정답 ④
해설 정적인 작업은 피로를 더하게 하므로 가능한 한 동적인 작업으로 전환한다.

16. 정답 ④

17. 정답 ②
해설 도수율 $= \dfrac{\text{연간 재해발생건수}}{\text{연간 총 근로시간}} \times 10^6$
$= \dfrac{6/1000}{\dfrac{25일}{월} \times \dfrac{12월}{1년} \times \dfrac{8hr}{1일}} \times 10^6 = 2.5$

18. 정답 ①, ③(복수 정답)
해설 2020년 이후 개정되어 오존도 삭제되었기에 해당하지 않는 항목은 오존, 호흡성분진 두 항목이다.

19. 정답 ③

20. 정답 ①
해설 휴식시간(%) $= \left[\dfrac{PWC \times \dfrac{1}{3} - \text{작업대사량}}{\text{휴식대사량} - \text{작업대사량}} \right] \times 100$

(휴식시간 : 60분 기준)

$$= \left[\frac{15 \times \frac{1}{3} - 6.5}{1.5 - 6.5}\right] \times 100 = 30\%$$

휴식시간(min) $= 60 \times 0.3 = 18\min$

21. 정답 ③

해설 식 산술평균 $= \dfrac{a_1 + a_2 + \cdots + a_n}{n}$

∴ 산술평균
$= \dfrac{65+150+175+63+83+112+58+49+205+178}{10}$
$= 113.8$

식 기하평균 $= \sqrt[n]{a_1 \times a_2 \times \cdots \times a_n}$

∴ 기하평균
$= \sqrt[10]{65 \times 150 \times 175 \times 63 \times 83 \times 112 \times 58 \times 49 \times 205 \times 178}$
$= 100.36ppm$

22. 정답 ③

해설 유사노출그룹 설정으로 시료채취수가 줄어든다.

23. 정답 ②

24. 정답 ①

25. 정답 ④

해설 냉수는 15℃ 이하를 말한다.

26. 정답 ①

해설 식 $Q(cm^3/\sec) = A \times V$

∴ $Q(cm^3/\sec) = \dfrac{\pi \times (4cm)^2}{4} \times \dfrac{30cm}{10\sec}$
$= 37.70 cm^3/\sec$

27. 정답 ②

해설 식 $SPL = PWL - 20\log r - 11$ (자유공간, 점음원 기준)

• $PWL = 10\log\left(\dfrac{0.4W}{10^{-12}W}\right) = 116.02dB$

∴ $SPL = 116.02 - 20\log 10 - 11 = 85.02 dB$

28. 정답 ②

29. 정답 ③

해설 식 $V_s = 0.003 \times d_p^2 \times \rho_p$

∴ $V_s(cm/\sec) = 0.003 \times (20\mu m)^2 \times 1.5 g/cm^3$
$= 1.8 cm/\sec$

30. 정답 ①

31. 정답 ①

32. 정답 ②

해설 식 $C(ppm) = \dfrac{P_i}{P_t} \times 10^6 = \dfrac{0.05 mmHg}{760 mmHg} \times 10^6$
$= 65.79 ppm$

33. 정답 ④

해설 은막 여과지는 코크스 제조공정에서 발생되는 코크스 오븐 배출물질 채취에 주로 사용된다.

34. 정답 ②

해설 식 누적오차(%) $= \sqrt{E_1^2 + E_2^2 + E_3^2 + \cdots E_n^2}$
$= \sqrt{18^2 + 3^2 + 9^2 + 5^2} = 20.95\%$

35. 정답 ②

36. 정답 ①

해설 식 0℃ = 273K
78℃ = 273+78K = 351K

식 °F $= \dfrac{9}{5}(℃) + 32$

°F $= \dfrac{9}{5} \times 78 + 32 = 172.4$°F

37. 정답 ③

해설 TWA(시간가중평균노출기준)은 8시간 기준으로 노출값을 환산한 후 모두 더하여 산출한다.

식 $TWA = \dfrac{3}{8} \times 3.5 + \dfrac{2}{8} \times 15.2 + \dfrac{3}{8} \times 5.8 = 7.29 ppm$

38. 정답 ①

39. 정답 ①

40. 정답 ③

해설 370~760nm 사이의 파장을 갖는 전자파는 가시광선이다. 자외선은 370nm 이하의 파장을 말한다. 열선은 적외선을 의미한다.

41. 정답 ②

해설 식 $\Delta P_h = F_i \times P_v$

- $F_i = \dfrac{1-C_e^2}{C_e^2} = \dfrac{1-0.7^2}{0.7^2} = 1.04$

∴ $\Delta P_h = 1.04 \times 20 = 20.8 \, mmH_2O$

42. 정답 ④

해설 주물작업 시 발생되는 유해인자는 적외선이다.

43. 정답 ①

해설 식 $PF = C_o / C_i$

44. 정답 ③

45. 정답 ④

해설 식 노출음압수준 = 음압수준 − 차음효과

- 차음효과
 $= (NRR - 7) \times 0.5 = (19-7) \times 0.5 = 6dB$

∴ 노출음압수준 $= 86 - 6 = 80 dB(A)$

46. 정답 ④

해설 식 $P_{s2} = P_{s1} \times \left(\dfrac{N_2}{N_1}\right)^2$

$0.5 P_{s1} = P_{s1} \times \left(\dfrac{N_2}{N_1}\right)^2$, $\left(\dfrac{N_2}{N_1}\right) = 0.7071$

식 $Q_2 = Q_1 \times \left(\dfrac{N_2}{N_1}\right)$

∴ $Q_2 = 100 \times (0.7071) = 70.71 \, m^3/min$

47. 정답 ③

해설 식 $P_2 = P_1 \times \left(\dfrac{N_2}{N_1}\right)^3 = 5 \times \left(\dfrac{800}{600}\right)^3 = 11.85 kW$

48. 정답 ①

해설 국소배기 장치의 설치는 대책 중 환기에 해당한다.

49. 정답 ④

50. 정답 ②

해설 Butyl 고무는 극성용제의 보호에 효과적이다.

51. 정답 ②

해설 시설 설치 후 변경이 용이하다. 변경이 어려운 것은 정압조절 평형법이다.

52. 정답 ①

해설 식 $Q = \dfrac{Hl}{0.3 \times \Delta t}$

∴ $Q = \dfrac{5,000}{0.3 \times (35-20)} = 1111.11 \, m^3/\sec ≒ 18.52 \, m^3/min$

53. 정답 ②

해설 식 $P_v = \dfrac{\gamma V^2}{2g} = \dfrac{1.2 \times 20^2}{2 \times 9.8} = 24.49 \, mmH_2O$

54. 정답 ①

해설 유해물질의 독성이 높은 경우에는 국소 환기(배기)를 적용하여야 한다.

55. 정답 ③

56. 정답 ②

해설 푸쉬풀후드는 공정에서 작업물체를 처리조에 넣거나 꺼내는 중에 공기막이 파괴되어 오염물질이 발생한다.

57. 정답 ①

해설 식 $N_{Re} = \dfrac{D \times V \times \rho}{\mu} = \dfrac{0.3 \times 10 \times 1.2}{1.85 \times 10^{-5}}$
$= 194594.59$

58. 정답 ③

59. 정답 ②

해설 ②항만 올바르다.

오답해설
① 유효 원심력을 증가시켜 선회기류의 흐트러짐을 방지한다.
③ 부분적 난류 감소로 집진된 입자의 재비산현상을 억제한다.
④ 처리배기량의 5~10% 정도를 추출하여 재유입하는 운전방법이다.

60. 정답 ④
해설 고온에서 사용시 불편하다.

61. 정답 ③
해설 3단계는 심각한 증상으로 대부분 손가락의 모든 마디의 창백함이 주 4회 이상으로 빈번히 발생한다.

62. 정답 ①
해설 [인체 투과력 순서]
중성자 > X선, γ선 > β선 > α선

63. 정답 ④

64. 정답 ④
해설 고도의 상승으로 기압이 저하되면 공기의 산소분압이 하강하여 폐포 내의 산소분압도 하강한다.

65. 정답 ③

66. 정답 ④

67. 정답 ②
해설 개각은 4~5°가 좋으며, 개각이 클수록 실내는 밝다.

68. 정답 ②
해설 혈압은 상승한다.

69. 정답 ③
해설 700nm 이상부터 적외선으로 분류된다. 적외선은 눈의 각막을 손상시킨다.

70. 정답 ②

71. 정답 ②

72. 정답 ④
해설 헬륨은 질소보다 확산속도가 크고 체내에서 안정적이므로 질소를 헬륨으로 대치한 공기를 호흡시킨다.

73. 정답 ③

74. 정답 ①

75. 정답 ②
해설 일시적 청력 변화 때의 각 주파수에 대한 청력 손실의 양상은 같은 소리에 의하여 생긴 영구적 청력 변화 때의 청력손실 양상과 같으며, 일시적 청력손실이 지속되면 영구적 청력손실로 진행될 수 있다.

76. 정답 ①

77. 정답 ①
해설 ①항만 올바르다.
오답해설
② 실내 흡음량을 증가시키면 반향시간은 감소한다.
③ 반향시간은 음압수준이 60dB 감소하는데 소요되는 시간이다.
④ 반향시간을 측정하려면 실내 배경소음이 60dB 이상 되어야 한다.

78. 정답 ④
해설 이산화탄소 농도는 민감도에 따라 5~10% 이상부터 현기증, 무기력증 등을 유발하여 인체에 유해하다. 750ppm = 0.075%

79. 정답 ②
해설 $L_s = 10\log(10^{L_1/10} + 10^{L_2/10} + \cdots + 10^{L_n/10})$
$\therefore L_s = 10\log(10^{90/10} + 10^{90/10} + 10^{95/10} + 10^{100/10})$
$= 101.81 dB$

80. 정답 ①

81. 정답 ①
해설 위해성(위험성)은 노출×유해성(독성)으로 산출된다.

82. 정답 ③

83. 정답 ④
해설 [베릴륨의 치료]
㉠ 급성 베릴륨폐증인 경우 즉시 작업을 중단한다.
㉡ 금속배출촉진제 chelating agent를 투여한다.

84. 정답 ④

85. 정답 ②

해설 식 안전농도 = $\dfrac{\text{안전흡수량}(mg)}{\text{폐환기량}(m^3)}$

- 안전흡수량 = $\dfrac{0.005mg}{kg} \times 70kg \times 1 = 0.35mg$
- 폐환기량 = $\dfrac{1.25m^3}{hr} \times 8hr = 10m^3$

∴ 안전농도 = $\dfrac{0.35mg}{10m^3} = 0.035mg/m^3$

86. 정답 ③

87. 정답 ④

해설 이황화탄소의 대사산물 : 요 중 이황화탄소, 요 중 TTCA

암기TIP 이 T

88. 정답 ③

해설 ③항은 크롬중독의 예방대책에 해당한다.

89. 정답 ②

해설 먼지는 대식세포가 방출하는 효소에 의해 용해되어 제거된다.

90. 정답 ①

해설 혈관육종을 일으키는 물질은 염화비닐이다.

91. 정답 ②

92. 정답 ③

해설 [중추신경 활성억제의 크기 순서]
알칸 < 알켄 < 알코올 < 유기산 < 에스테르 < 에테르 < 할로겐화탄화수소

암기TIP 억제하지 못한 알파카는 켄 코올라먹고 유기되어 사육사는 찾는데 에쓰고 에테우던 중 할로! 하고 나타난 알파카

93. 정답 ④

94. 정답 ①

95. 정답 ④

해설 포스겐을 발생시켜 폐수종을 일으킬 수 있는 물질은 염화에틸렌이다.

96. 정답 ①

해설 사염화탄소와 생식기 독성은 관련이 없다. 사염화탄소는 신장장애, 피부, 간장, 소화기, 신경계, 황달, 단백뇨, 혈뇨, 두통, 구토, 발암 등의 신체장해를 초래한다.

97. 정답 ②

98. 정답 ②

99. 정답 ①

100. 정답 ③

해설 유해성확인 및 독성평가는 노출이 고려되지 않은 평가로 물질자체의 유해성을 평가하는 항목이다.

UNIT 07 2019년 산업위생관리기사 2회

01 ②	02 ②	03 ④	04 ④	05 ④
06 ④	07 ①	08 ③	09 ②	10 ③
11 ④	12 ③	13 ①	14 ①	15 ③
16 ①	17 ②	18 ③	19 ①	20 ②
21 ①	22 ③	23 ②	24 ④	25 ④
26 ②	27 ③	28 ①	29 ④	30 ②
31 ②	32 ③	33 ③	34 ①	35 ①
36 ③	37 ④	38 ①	39 ②	40 ④
41 ①	42 ④	43 ①	44 ③	45 ②
46 ①	47 ③	48 ④	49 ②	50 ②
51 ④	52 ④	53 ②	54 ①	55 ④
56 ①	57 ②	58 ①	59 ②	60 ①
61 ②	62 ①	63 ④	64 ①	65 ①
66 ③	67 ②	68 ①	69 ③	70 ③
71 ②	72 ①	73 ④	74 ③	75 ②
76 ④	77 ③	78 ①	79 ①	80 ④
81 ④	82 ②	83 ①	84 ②	85 ②
86 ②	87 ②	88 ④	89 ①	90 ④
91 ④	92 ③	93 ②	94 ①	95 ④
96 ①	97 ③	98 ②	99 ③	100 ①

01. 정답 ②

02. 정답 ②
해설
- 독일 – MAK
- 미국 NIOSH – REL

03. 정답 ④

04. 정답 ④

05. 정답 ④

06. 정답 ④

07. 정답 ①

08. 정답 ③
해설 라돈의 알파(α)-붕괴에 의하여 라돈의 딸핵종이 생성되며 이것이 기관지에 부착되어 알파선을 방출하여 폐암을 유발한다.

09. 정답 ②
해설 [하인리히의 법칙]
1(재해) : 29(경미한사고) : 300(무상해사고)
29 : 300 = 3 : X
29X = 900, ∴ X = 31.03

10. 정답 ③

11. 정답 ④
해설 전문적 판단이 타협에 의하여 좌우될 수 있거나 이해관계가 있는 상황에는 개입하지 않는다.

12. 정답 ③

13. 정답 ①

14. 정답 ①
해설 식 $RWL(kg) = 23 \times HM \times VM \times DM \times AM \times FM \times CM$
- HM : 수평계수
- VM : 수직계수
- DM : 거리계수
- AM : 비대칭계수
- FM : 빈도계수
- CM : 커플링계수

15. 정답 ③

16. 정답 ①
해설
- 생리적 적성검사 : 감각기능검사, 심폐기능검사, 체력검사
- 심리학적 적성검사 : 지능검사, 지각동작검사, 인성검사, 기능검사

17. 정답 ②
해설 식 혼합물질의 노출지수
$$= \frac{C_1}{TLV_1} + \frac{C_2}{TLV_2} + \cdots + \frac{C_n}{TLV_n}$$
$$= \frac{45}{50} + \frac{100}{500} = 1.1$$
∴ 노출지수가 1을 초과하므로 노출기준을 초과한다.

18. 정답 ③

19. 정답 ④
해설 영국에서 "도제 건강 및 도덕법(Health and Morals or Apprentices Act)"이 통과되는데 기여한 사람은 Robert Peel이다.

20. 정답 ②
해설
식 작업강도(%MS) = $\dfrac{\text{작업 시 요구되는 힘}}{\text{근로자가 가지고 있는 최대 힘}} \times 100$

∴ 작업강도(%MS) = $\dfrac{10/2}{50} \times 100 = 10\%$

21. 정답 ①
해설 식 하한치 = Y(표준화값) − 시료채취분석오차
· $Y = \dfrac{\text{측정농도}}{\text{허용기준}} = \dfrac{0.045}{0.05} = 0.9$

∴ 하한치 = 0.9 − 0.132 = 0.768

22. 정답 ③
해설 실내 WBGT = (0.7×습구온도) + (0.3×흑구온도)
∴ 실내 WBGT = (0.7×65) + (0.3×81) = 69.8℃

23. 정답 ②

24. 정답 ④
해설 케톤류가 파라핀류 보다 극성이 강하기 때문에 실리카겔에 대한 친화력도 강하다.

25. 정답 ④
해설 코크스 제조공정에서 발생되는 코크스 오븐 배출물질을 채취하는데 이용되는 여과지는 은막여과지이다.

26. 정답 ②
해설 규산염은 중량분석으로 측정한다.

27. 정답 ③
해설 식 $\sqrt[n]{X_1 \times X_2 \times \cdots \times X_n}$
= $\sqrt[10]{5\times6\times5\times6\times6\times6\times4\times8\times9\times8}$ = 6.13ppm

28. 정답 ①
해설 식 $L_s = 10\log(10^{L_1/10} + 10^{L_2/10} + \cdots + 10^{L_n/10})$
∴ $L_s = 10\log(8 \times 10^{92/10}) = 101.03 dB$

29. 정답 ④

30. 정답 ②
해설 광원은 분석 물질이 흡수할 수 있는 표준 파장의 빛을 방출한다.

31. 정답 ②
해설 오염물질농도 : 공기 중 오염물질의 농도가 높을수록 파과공기량이 감소한다.

32. 정답 ③
해설 용접작업 시 발생되는 유해인자 : 용접 흄(망간, 니켈, 납, 크롬, 철, 구리 등), 오존, 자외선, 적외선, 가시광선, 소음, 일산화탄소, 오존, 질소산화물 포스겐, 불화수소 포스핀 등

33. 정답 ③
해설 식 $X ppm = \dfrac{20mg}{m^3} \times \dfrac{24.04mL}{78mg}$
= $6.16 ppm (mL/m^3)$

34. 정답 ①
해설 측정시간의 정확도는 ±1% 이내이며 측정한계 범위는 0.1sec까지 측정한다.

35. 정답 ①

36. 정답 ③
해설 중앙값은 순서로 배열 시 중앙에 위치하는 결과치의 값으로 짝수일 경우 중앙에 오는 두 결과값의 산출평균으로 산출한다.
순서별 값 : 21.6, 22.4, 22.7, 23.9, 24.1, 25.4
식 중앙값 = $\dfrac{22.7 + 23.9}{2} = 23.3 ppm$

37. 정답 ④
해설 소음이 1초 이상의 간격을 유지하면서 최대음압수준이 120dB(A) 이상의 소음인 경우에는 소음수준에 따른 1분 동안의 발생횟수를 측정하여야 한다.

38. 정답 ①
해설 미온 : 30~40℃

39. 정답 ②

40. 정답 ④
해설 표준편차를 산술평균으로 나눈 값이다.
식 변이계수 = 표준편차/산술평균

41. 정답 ①
해설 제어속도는 후드와 관련이 있다.

42. 정답 ④
해설 먼지를 제거할 때에는 공기속도를 조절하여 배기관 안에서 먼지가 일어나는 것을 억제하여야 한다.

43. 정답 ①

44. 정답 ③
해설 식 $P_{s2} = P_{s1} \times \left(\dfrac{N_2}{N_1}\right)^2 = 3.5 cmH_2O \times \left(\dfrac{360}{180}\right)^2 = 14 cmH_2O$

45. 정답 ②
해설 공기와 입자의 밀도차에 비례한다.

46. 정답 ①
해설 공기는 상대습도를 기준으로 한다.

47. 정답 ③
해설 야광시계의 자판에서 라듐 대신 인을 사용하여야 한다.

48. 정답 ④
해설 동일작업장에 오염발생원이 한 군데로 집중되어 있는 경우에는 국소배기를 적용하여야 한다.

49. 정답 ②
해설 식 속도압 $= \dfrac{\gamma V^2}{2g} = \dfrac{1.2 \times (480/60)^2}{2 \times 9.8} = 3.92 mmH_2O$

50. 정답 ②
해설 식 $\ln\left(\dfrac{C_t}{C_0}\right) = -k \times t$

· $k = \dfrac{Q}{\forall} = \dfrac{50 m^3/min}{1000 m^3} = 0.05/min$

$\ln\left(\dfrac{25}{100}\right) = -0.05 \times t$, ∴ $t = 27.73 min$

51. 정답 ④

52. 정답 ④
해설 Vitron은 구조적으로 강하며 비극성용제에 효과적으로 사용할 수 있다.

53. 정답 ③

54. 정답 ③
해설 식 $Q_c = (10X^2 + A) \times V_c$

· $A = \dfrac{\pi D^2}{4} = \dfrac{\pi \times 0.4^2}{4} = 0.1256 m^2$

∴ $Q_c = (10 \times 0.25^2 + 0.1256) \times 5 \times 60 = 225.18 m^3/min$

55. 정답 ③

56. 정답 ①
해설 식 $P_i = \dfrac{V_i}{V_t} \times P_t$

· V_i(부분 부피) $= 50\%$
· V_t(전체 부피) $= 100\%$
· P_t(전체 압력) $= 1 atm = 760 mmHg$

∴ $P_i = \dfrac{50}{100} \times 760 = 380 mmHg$

57. 정답 ②
해설 식 차음효과 $= (NRR - 7) \times 0.5 = (19 - 7) \times 0.5 = 6 dB$

58. 정답 ①
해설 ①항은 방독마스크에 대한 설명이다.

59. 정답 ②
해설 식 $Q = \dfrac{S}{TLV} \times K$

· S(발생량) $= \dfrac{500 g}{hr} \times \dfrac{24.1 L}{84.94 g} \times \dfrac{10^3 mL}{1 L} = 141,864.8458 mL/hr$

- $TLV = 500\text{ppm}$

$$\therefore Q = \frac{141,864.8458 mL/hr}{500 mL/m^3} \times 7 \times \frac{1hr}{60\min}$$
$$= 33.10 m^3/\min$$

60. 정답 ③

해설 식 $P = \dfrac{\Delta P \times Q}{102 \times \eta} = \dfrac{150 \times (200/60)}{102 \times 0.8} = 6.13 kW$

61. 정답 ②

62. 정답 ①

63. 정답 ④

해설 115dB을 초과하는 소음에는 노출되어서는 안된다.

64. 정답 ③

해설 헬륨은 질소보다 확산속도가 커서 인체 배출속도를 줄일 수 있다.

65. 정답 ②

해설 식 6분법 평균 청력손실 $= \dfrac{a+2b+2c+d}{6}$

∴ 6분법 평균 청력손실
$= \dfrac{6+(2\times 10)+(2\times 10)+20}{6} = 11\text{dB(A)}$

66. 정답 ③

해설 식 $f_C = \sqrt{2} f_L = \sqrt{2} \times 250 = 353.55 Hz$

67. 정답 ②

68. 정답 ①

69. 정답 ③

해설 식 조도 $= \dfrac{candle}{(거리)^2} = \dfrac{1,000}{1.4^2} = 510.20 \text{lux}$

70. 정답 ③

71. 정답 ②

해설 Welder's flash : 용접광노출

① Hypothermia : 저체온증
③ Phossy jaw : 인 중독성 괴저(燐中毒性壞疽)
④ White fingers syndrome : 진동장해(=레이노드씨 병)

72. 정답 ①

73. 정답 ④

74. 정답 ③

75. 정답 ②

76. 정답 ④

77. 정답 ③

해설 식 소음감음량(NR)
$$10\log\frac{(기존흡음 + 추가흡음)}{기존흡음}$$
$$= 10\log\frac{(1,000+4,000)}{1,000} = 7dB$$

78. 정답 ①

79. 정답 ①

80. 정답 ④

81. 정답 ③

해설 Nq – nonqualitative, 결정인자가 동 화학물질에 노출되었다는 지표일 뿐이고 측정치를 정성적으로 해석하는 것은 곤란하다는 의미

82. 정답 ②

해설 알레르기성 접촉 피부염은 일반적인 보호 기구로도 개선되기 힘들어 첩포시험을 통한 사전예방이 필요하다.

83. 정답 ②

84. 정답 ③

해설 근로자가 상시 접근할 필요가 없는 석면취급설비는 밀폐실에 넣어 음압을 유지한다.

85. 정답 ②
해설 BAL 및 Ca-EDTA를 투여하면 신장에 대한 독성작용이 더욱 심해져 금한다.

86. 정답 ②

87. 정답 ③
해설 ③항은 수은에 대한 설명이다.

88. 정답 ④

89. 정답 ①
해설 식 $SHD \times 체중 = C \times T \times V \times R$
- SHD(mg/kg) : 안전흡수량
- C : 유해물질 농도
- T : 노출시간
- V : 폐환기율(호흡률)
- R : 체내잔류율

90. 정답 ④

91. 정답 ④

92. 정답 ③
해설 $X mL/\min = \dfrac{28 mg/L}{0.2 mg/L} \times 1.5 mL/\min$
$= 210 mL/\min$

93. 정답 ②

94. 정답 ①

95. 정답 ④
해설 톨루엔이나 크실렌은 벤젠고리가 1개이다. PAHs에는 벤조피렌, 다이옥신, 퓨란 등이 있다.

96. 정답 ①
해설 혈중의 Methallothionein(메탈로티오네인)의 증가는 카드뮴 중독증상이다.

97. 정답 ③

98. 정답 ②

99. 정답 ③
해설 간은 화학물질을 대사시키고 콩팥과 함께 배설시키는 기능을 가지고 있는 것과 관련하여 다른 장기보다도 여러 유해물질의 농도가 높다.

100. 정답 ①
해설 철폐증은 철분진 흡입에 의해 발생되는 금속열의 한 형태이다.

UNIT 08 2019년 산업위생관리기사 3회

01 ③	02 ④	03 ②	04 ③	05 ①
06 ③	07 ③	08 ③	09 ③	10 ②
11 ①	12 ②	13 ③	14 ④	15 ②
16 ①	17 ①	18 ④	19 ④	20 ④
21 ①	22 ①	23 ①	24 ③	25 ③
26 ②	27 ③	28 ①	29 ③	30 ③
31 ②	32 ②	33 ④	34 ①	35 ③
36 ④	37 ②	38 ③	39 ④	40 ④
41 ①	42 ①	43 ②	44 ①	45 ②
46 ③	47 ③	48 ③	49 ②	50 ④
51 ①	52 ④	53 ②	54 ④	55 ④
56 ①	57 ②	58 ①	59 ③	60 ④
61 ③	62 ①	63 ③	64 ②	65 ①
66 ④	67 ③	68 ①	69 ①	70 ②
71 ④	72 ①	73 ②	74 ④	75 ④
76 ②	77 ②	78 ③	79 ③	80 ①
81 ③	82 ①	83 ②	84 ③	85 ④
86 ④	87 ③	88 ④	89 ③	90 ①
91 ③	92 ②	93 ①	94 ③	95 ②
96 ③	97 ④	98 ①	99 ①	100 ①

01. 정답 ③
해설 재해는 예방이 가능하다.

02. 정답 ④

03. 정답 ②
해설 식 도수율(FR) = $\dfrac{\text{재해발생건수}}{\text{연근로시간수}} \times 10^6$

∴ 도수율(FR) = $\dfrac{50/300}{\dfrac{40hr}{\text{주}} \times 50\text{주} \times (1-0.05)} \times 10^6 = 87.72$

04. 정답 ③

05. 정답 ①
해설 일반적인 피로감은 근육 내 글리코겐의 고갈, 혈중 글루코오스의 감소, 혈중 젖산의 증가와 일치하고 있다.

06. 정답 ③
해설 각 작성항목은 빠짐없이 작성하여야 한다. 다만, 부득이 어느 항목에 대해 관련 정보를 얻을 수 없는 경우에는 작성란에 "자료 없음"이라고 기재하고, 적용이 불가능하거나 대상이 되지 않는 경우에는 작성란에 "해당 없음"이라고 기재한다.

07. 정답 ③
해설 이산화탄소의 측정결과 평가는 각 지점에서 측정한 측정치 중 최고값을 기준으로 비교·평가한다.

08. 정답 ③

09. 정답 ③

10. 정답 ②
해설 ②항은 근골격계질환과 관련이 없는 작업으로 별도의 작업시간과 휴식시간으로 관리하지 않는다.

11. 정답 ①

12. 정답 ②
해설 뇌하수체와 부신피질을 중심으로 한 특유의 반응이 일어나는데 이를 부신피로 증후군이라고 한다. 부신피로 증후군은 직무의 부적응에 영향을 준다.

13. 정답 ③
해설 단위작업장소에서 동일작업근로자수는 10인 초과 시부터 5인당 1명이다.

14. 정답 ④
해설 전문적 판단이 타협에 의하여 좌우될 수 있는 상황에 개입하지 않는다.

15. 정답 ②
해설 보호구는 가장 마지막에 적용되는 방법이다.

16. 정답 ①

17. 정답 ①

18. 정답 ④

19. 정답 ④

해설 작업강도가 증가하면 근육 내 글리코겐량이 비례적으로 감소되어 근육피로가 발생된다.

20. 정답 ④

해설 비교위험도(상대위험도)는 크롬의 노출이 기여하는 상대적인 위험률의 정도를 의미한다.

식 상대위험도 = $\dfrac{\text{노출군에서 질병발생률}}{\text{비노출군에서 질병발생률}} = \dfrac{1.2}{1} = 1.2$

식 기여위험도 = 노출군에서의 질병발생률 − 비노출군에서의 질병발생률 = 1.2 − 1.0 = 0.2

21. 정답 ①

해설 실내 WBGT = (0.7×습구온도) + (0.3×흑구온도)
WBGT = (0.7×31) + (0.3×24) = 28.9℃

22. 정답 ①

해설 미스트, 흄의 농도는 mg/m^3로 표시한다.

23. 정답 ①

24. 정답 ③

25. 정답 ③

26. 정답 ②

27. 정답 ③

해설 흄의 입자크기는 먼지보다 매우 작아 폐포에 쉽게 도달한다.

28. 정답 ①

29. 정답 ③

30. 정답 ③

31. 정답 ②

32. 정답 ②

해설 식 혼합물 허용농도 = $\dfrac{\sum C}{EI}$

• 혼합물질의 노출지수(EI)
$= \dfrac{C_1}{TLV_1} + \dfrac{C_2}{TLV_2} + \cdots + \dfrac{C_n}{TLV_n}$
$= \dfrac{5}{10} + \dfrac{50}{100} + \dfrac{60}{100} = 1.6$

∴ 혼합물 허용농도 = $\dfrac{(5+50+60)}{1.6} = 71.88 \, ppm$

33. 정답 ④

해설 ④항은 MCE 막여과지에 대한 설명이다.

34. 정답 ①

해설 식 $TWA = \dfrac{\sum (C \times T)}{8}$

• C : 농도(ppm), T : 시간(hr)

∴ $TWA = \dfrac{(0\times1)+(1\times1)+(1.5\times1)+(1.5\times1)+(2\times1)+(4\times2)+(5\times1)}{8}$
$= 2.38 \, mg/m^3$

35. 정답 ③

해설 식 $X mg/m^3 = 0.01\% \times \dfrac{10^4 ppm(mL/m^3)}{1\%} \times \dfrac{28mg}{24.45mL}$
$= 114.52 \, mg/m^3$

36. 정답 ④

37. 정답 ②

해설 평균편차 = $\dfrac{\sum |a_i - m|}{n}$

• m(산술평균) = $\dfrac{7+5+15+20+8}{5} = 11$

∴ 평균편차 = $\dfrac{|7-11|+|5-11|+|15-11|+|20-11|+|8-11|}{5}$
$= 5.2$

38. 정답 ③

해설 식 먼지농도(mg/m^3) = $\dfrac{\text{채취먼지량}}{\text{채취유량}}$

$= \dfrac{(1.28-1.26)g \times \dfrac{10^3 mg}{1g}}{\dfrac{2.5L}{min} \times 8hr \times \dfrac{60min}{1hr} \times \dfrac{1m^3}{10^3 L}} = 16.67 \, mg/m^3$

39. 정답 ④

40. 정답 ④

41. 정답 ①

해설 식 $P_s = P_v(1+F_i)$
$50 = 20 \times (1+F_i), \quad \therefore F_i = 1.5$

42. 정답 ①

해설 식 $A_1V_1 = A_2V_2$
$\dfrac{\pi \times 15^2}{4} \times 40 = \dfrac{\pi \times 10^2}{4} \times V_2$
$\therefore V_2 = 90 m/\min$

43. 정답 ②

해설 식 $\gamma = \dfrac{1.415 kg}{Sm^3} \times \dfrac{273}{273+100} = 1.0356 kg/m^3$

44. 정답 ①

45. 정답 ②

해설 귀덮개에 대한 설명이다.

46. 정답 ③

해설 작업장의 교차기류를 방지하기 위해 공기공급시스템이 필요하다.

47. 정답 ③

해설 식 $ACH = \dfrac{\ln(C_o - C_{out}) - \ln(C_t - C_{out})}{t}$
$= \dfrac{\ln(1,200 - 330) - \ln(400 - 330)}{1} = 2.52$회

48. 정답 ③

해설 식 $V = \dfrac{Q}{A} = \dfrac{55 m^3/\min}{\dfrac{\pi \times (0.2m)^2}{4}} \times \dfrac{1\min}{60\sec}$
$= 29.18 m/\sec$

49. 정답 ②

해설 식 $Q_c = C \times L \times V_c \times X$
- C(형상계수) : 5(ACGIH 3.7)
- 자유공간(전체원주) : 5.0(ACGIH 3.7)
- L : 2m

$\therefore Q_c = 3.7 \times 3 \times 2 \times 2 \times 60 = 2664 m^3/\min$

50. 정답 ④

해설 ④항만 올바르다.

오답해설
① 흡기 저항 상승률이 낮은 것이 좋다.
② 형태에 따라 전면형 마스크와 반면형 마스크가 있다.
③ 필터의 여과효율이 높고 흡입저항이 작을수록 좋다.

51. 정답 ③

해설 약간의 여유가 있는 신발을 착용하고 습기를 제거한다.

52. 정답 ④

해설 입자와 공기의 밀도차에 비례한다.

53. 정답 ③

54. 정답 ④

해설 방독마스크는 유해가스제거를 목적으로 한다.

55. 정답 ④

해설 큰 압력손실에서 송풍량이 잘 떨어지지 않는다.

56. 정답 ③

해설 금속표면을 블라스팅할 때 사용재료를 모래 대신 철구슬을 사용하면 비산먼지를 억제할 수 있다.

57. 정답 ②

해설 압력손실에 따른 송풍량의 변동이 크다. 큰 압력손실에도 송풍량의 변동이 적은 송풍기는 방사 날개형이다.

58. 정답 ①

해설 가급적이면 공정이 많이 포위되게 하여야 한다.

59. 정답 ③

해설 식 $P = \dfrac{\Delta P \times Q}{102 \times \eta} = \dfrac{136 \times (184/60)}{102 \times 0.6} = 6.81 kW$

60. 정답 ④

61. 정답 ③

해설 식 $MRT = t_s + 0.237\sqrt{V}(t_s - t_r)$
- t_s : 260K
- t_g : 251K
- $V(cm/\sec) = 1 m/\sec = 100 cm/\sec$

$\therefore MRT = 260 + 0.237 \times \sqrt{100} \times (260 - 251) = 281.33 K$

62. 정답 ①
해설 적정한 공기의 조성 조건 : 산소농도가 18% 이상 23.5% 미만, 탄산가스의 농도가 1.5% 미만, 황화수소 농도가 10ppm 미만 수준의 공기

63. 정답 ③
해설 압력상승이 급속한 경우 폐 및 혈액으로 탄산가스의 일과성 흡수가 일어나 산소의 독성과 질소의 마취작용을 증가시킨다.

64. 정답 ②
해설 대부분 화학작용을 수반하지 않으며, 적외선의 주파수가 물질에 부딪힐 때 전자기적 공진현상을 일으키며 에너지가 흡수되어 열작용을 일으킨다.

65. 정답 ①

66. 정답 ④
해설 식 $L_s = 10\log(10^{L_1/10} + 10^{L_2/10} + \cdots + 10^{L_n/10})$
∴ $L_s = 10\log(10^{110/10} + 10^{80/10} + 10^{70/10}) = 110 dB$

67. 정답 ③
해설 케이슨병(잠함병)은 고압환경관련 질병이다.

68. 정답 ①
해설 C_5 dip 현상은 소음성난청 관련 생체영향이다.

69. 정답 ①
해설 혈압 증가

70. 정답 ②
해설 식 $SPL = PWL - 20\log r - 11$
∴ $SPL = 110 - 20\log(100) - 11 = 59 dB$

71. 정답 ④

72. 정답 ①

73. 정답 ②
해설 렘(rem)은 방사선의 종류와 관계없다.
- 렘(rem) : 전리방사선의 흡수선량이 생체에 영향을 주는 정도를 표시하는 선당량의 단위로 1rem = 0.01SV = rad×RBE 이다. (RBE는 생물학적 효과비율)

74. 정답 ④

75. 정답 ④

76. 정답 ②

77. 정답 ②

78. 정답 ③

79. 정답 ③
해설 가급적 간접조명이 되도록 설치할 것

80. 정답 ①

81. 정답 ③
해설 인체 내에서 효소의 기능유지에 필요한 –SH(Thiol)기와 반응하여 조직세포에 독성으로 작용한다.

82. 정답 ①

83. 정답 ②

84. 정답 ③

85. 정답 ④
해설 내재용량은 최근에 흡수되어 몸에 축적(저장)된 화학물질의 양을 말한다.

86. 정답 ④

87. 정답 ③

88. 정답 ④

89. 정답 ③
해설 특이도(%) = [실제 비노출(유병)자 중 음성판정자/실제 비노출(유병)자] × 100 = (21/30) × 100 = 70%

90. 정답 ①
해설 수은은 주로 신장 및 간에 축적된다.

91. 정답 ③

해설 ③항은 림프절에 대한 설명이다.
- **림프절** : 체내에 들어온 감염성 미생물 및 이물질을 살균 또는 식균하는 역할
- **림프관** : 모세혈관보다 크고 많은 구멍을 가짐, 조직액 내의 이물질 제거 역할을 한다.

92. 정답 ④

93. 정답 ①

해설 수은 중독시 BAL을 투여하여야 한다. Ca-EDTA의 투여는 금기사항이다.

94. 정답 ①

95. 정답 ②

해설 벤젠의 대사산물 : 요 중 총 페놀, 요 중 t,t-뮤코닉산

96. 정답 ③

해설 미국산업위생전문가협의회(ACGIH)의 발암물질 구분
- A_1 : 인체 발암 확인 물질
- A_2 : 인체 발암성 의심물질
- A_3 : 동물발암성 확인물질, 인체발암성 모름
- A_4 : 인체 발암성 미분류물질
- A_5 : 인체 발암성 미의심물질

97. 정답 ④

98. 정답 ①

99. 정답 ①

해설 metallothionein(혈장단백질)은 단백질 생성과 관련이 있다. 특히 카드뮴이 폭로시 간에서 metallothionein(혈장단백질)의 생합성이 촉진되어 독성을 감소시키는 역할을 하나 다량일 경우 합성이 되지 않아 중독작용을 일으킨다.

100. 정답 ①

UNIT 09 2020년 산업위생관리기사 1,2회

01 ③	02 ④	03 ④	04 ④	05 ③
06 ③	07 ④	08 ②	09 ②	10 ②
11 ①	12 ③	13 ④	14 ①	15 ③
16 ①	17 ④	18 ④	19 ②	20 ①
21 ②	22 ④	23 ①	24 ①	25 ④
26 ④	27 ③	28 ④	29 ①	30 ③
31 ④	32 ③	33 ③	34 ③	35 ④
36 ②	37 ①	38 ④	39 ②	40 ①
41 ④	42 ②	43 ①	44 ④	45 ③
46 ③	47 ①	48 ④	49 ①	50 ②
51 ③	52 ②	53 ①	54 ①	55 ④
56 ①	57 ③	58 ①	59 ③	60 ①
61 ②	62 ②	63 ①	64 ②	65 ②
66 ①	67 ②	68 ④	69 ②	70 ①
71 ①	72 ②	73 ③	74 ④	75 ①
76 ①	77 ④	78 ④	79 ③	80 ③
81 ③	82 ①	83 ②	84 ③	85 ③
86 ③	87 ②	88 ④	89 ④	90 ①
91 ④	92 ③	93 ④	94 ③	95 ③
96 ③	97 ②	98 ④	99 ④	100 ①

01. 정답 ③

해설 작업강도와 작업시간적 요인은 간접적 원인에 해당한다.
- 직접적 원인
  - 환경요인 : 진동, 대기조건, 방사선, 화학물질
  - 작업요인 : 격렬한 근육운동, 고속도 작업, 부자연스러운 자세, 단순반복작업 등
  - 개체요인 : 물리적, 화학적, 생물학적, 인간공학적 요인
- 간접적 원인
  - 환경요인 : 고온환경, 한랭환경 등 작업환경의 불량
  - 작업요인 : 작업강도, 작업시간

02. 정답 ④

해설 [작업강도에 따른 습구흡구온도지수]

작업과 휴식시간비	작업강도 경작업	중등작업	중작업
계속작업	30.0	26.7	25.0
매 시간 75% 작업, 25% 휴식	30.6	28.0	25.9
매 시간 50% 작업, 50% 휴식	31.4	29.4	27.9
매 시간 25% 작업, 75% 휴식	32.2	31.1	30.0

- 경작업 : 시간당 200kcal 열량 소요 작업
- 중등작업 : 시간당 200~350kcal 열량 소요 작업
- 중작업 : 시간당 350~500kcal 열량 소요 작업

03. 정답 ④

해설 포름알데히드(HCHO) : 120μg/m³(또는 0.1ppm) 이하

04. 정답 ④

해설 ④항만 올바르다.

오답해설
① 크롬 – 폐암, 비중격천공
② 이상기압 – 잠수병(고압), 고산병(높은 고도에서 발생하는 저압환경)
③ 망간 – 발열

05. 정답 ③

해설 하루에 10회 이상 25kg 이상의 물체를 드는 작업, 25회 이상 10kg 이상의 물체를 무릎 아래에서 들거나, 어깨 위에서 들거나, 팔을 뻗은 상태에서 드는 작업은 근골격계 부담작업에 해당한다.

06. 정답 ③

해설

식 연천인율 $= \dfrac{\text{연간 재해자수}}{\text{연평균 근로자수}} \times 10^3 = \dfrac{250}{5,000} \times 10^3 = 50$

07. 정답 ④

08. 정답 ②

해설 산업피로의 경감을 위해서는 장시간의 휴식시간보다 짧은 여러 번의 휴식이 더 효과적이다.

09. 정답 ②

해설 이산화질소 – 고체흡착관에 의한 시료채취, 분광광도계로 분석

10. 정답 ②

해설 재해가 발생하면 손실은 우연적으로 발생한다.

11. 정답 ①

12. 정답 ③

해설 안전인증대상 기계·기구 등과 자율안전확인대상 기계·기구 등 중 보건과 관련된 보호구(保護具) 구입 시 적격품 선정에 관한 보좌 및 조언·지도는 보건관리자의 업무에 해당한다.

13. 정답 ④

해설 [인간공학에서 고려해야 할 인간의 특성]
ⓐ 감각과 지각
ⓑ 운동력과 근력
ⓒ 기술, 집단에 대한 적응 능력
ⓓ 신체의 크기와 작업환경
ⓔ 민족
ⓕ 인간의 습성

14. 정답 ①

해설 산업안전보건법 시행령 제33조의2(유해·위험방지계획서 제출 대상 사업장) "대통령령으로 정하는 업종 및 규모에 해당하는 사업"이란 다음 각 호의 어느 하나에 해당하는 사업으로서 전기 계약용량이 300킬로와트 이상인 사업을 말한다.
㉠ 금속가공제품(기계 및 가구는 제외한다) 제조업
㉡ 비금속 광물제품 제조업
㉢ 기타 기계 및 장비 제조업
㉣ 자동차 및 트레일러 제조업
㉤ 식료품 제조업
㉥ 고무제품 및 플라스틱제품 제조업
㉦ 목재 및 나무제품 제조업
㉧ 기타 제품 제조업
㉨ 1차 금속 제조업
㉩ 가구 제조업
㉪ 화학물질 및 화학제품 제조업
㉫ 반도체 제조업
㉬ 전자부품 제조업

15. 정답 ③

해설 근로자, 사회 및 전문 직종의 이익을 위해 과학적 지식을 공개하고 발표한다.

16. 정답 ①

해설 정적 작업보다 동적 작업을 도모하여야 한다.

17. 정답 ④

18. 정답 ④

19. 정답 ②

해설 식 $작업강도 = \dfrac{작업시\ 요구되는\ 힘}{2 \times 약한손의\ 힘} \times 100(\%)$

$= \dfrac{18}{2 \times 45} \times 100(\%) = 20\%$

20. 정답 ①

해설 식 $LI = \dfrac{물체무게}{RWL} = \dfrac{2}{4} = 0.5$

21. 정답 ②

해설
- "개인시료채취"란 개인시료채취기를 이용하여 가스·증기·분진·흄(fume)·미스트(mist) 등을 근로자의 호흡위치(호흡기를 중심으로 반경 30㎝인 반구)에서 채취하는 것을 말한다.
- "지역시료채취"란 시료채취기를 이용하여 가스·증기·분진·흄(fume)·미스트(mist) 등을 근로자의 작업행동 범위에서 호흡기 높이에 고정하여 채취하는 것을 말한다.

22. 정답 ②

해설 식 $L_1 = 20\log\left(\dfrac{r_2}{r_1}\right)$

$20 = 20\log\left(\dfrac{r_2}{10}\right), \quad \therefore\ r_2 = 100m$

별해 식 $SPL = PWL - 20\log r - 11$ (점음원, 자유공간 기준)

$70 = PWL - 20\log 10 - 11, \quad PWL = 101dB$

$50 = 101 - 20\log r_2 - 11, \quad \therefore\ r_2 = 100m$

23. 정답 ①

해설 식 $질량농도\ 변환계수(K) = \dfrac{오염물질농도}{상대농도계(\min^{-1}) - DC}$

$\therefore\ 질량농도\ 변환계수(K) = \dfrac{2.55}{(155/10) - 6} = 0.27$

24. 정답 ①

해설 식 $L_s = 10\log(10^{L_1/10} + 10^{L_2/10} + \cdots + 10^{L_n/10})$

$\therefore\ L_s = 10\log(10^{90/10} + 10^{90/10}) = 93.01dB$

25. 정답 ④

해설 ④항은 산술평균에 대한 설명이다. 기하평균은 n개의 측정값을 모두 곱한 후 그 값을 n제곱근하여 산출한 값이다.
식 $GM = \sqrt[n]{a_1 \times a_2 \times \cdots \times a_n}$

26. 정답 ④

해설 식 $EI = \dfrac{C_1}{TLV_1} + \dfrac{C_2}{TLV_2} + \cdots + \dfrac{C_n}{TLV_n}$

$\therefore\ EI = \dfrac{55}{100} + \dfrac{25}{50} + \dfrac{280}{750} + \dfrac{90}{200} = 1.873$

27. 정답 ③
해설 사업장의 유해조건을 평가하고 개선하는 지침(기준)으로 사용할 수 있다. 단, 노출기준 이하의 작업환경에서도 직업성 질병에 이환되는 경우가 있으므로 노출기준은 직업병진단이나 직업성질병의 이환을 부정하는 근거로 사용하여서는 아니 된다.

28. 정답 ④
해설 ④항만 올바르다.
오답해설
① A특성 보정치는 주파수가 클수록 커진다.
② B특성 보정치와 C특성 보정치는 각각 70phon과 100phon의 등감곡선과 비슷하게 보정하여 측정한 값이다.
③ B특성 보정치(dB)는 1,000Hz에서 값이 0이다.

29. 정답 ①
해설 원자흡광광도법(AAS)은 주로 중금속(납, 구리, 카드뮴, 수은, 철, 크롬, 비소, 니켈)분석에 사용된다.

30. 정답 ②
해설 작업장 공기 중 유해금속 분석에 주로 많이 사용된다. 중금속 노출 시 생물학적 시료는 주로 첩포시험으로 분석한다.

31. 정답 ④
해설 통계처리 시 고려해야 할 사항 : 대표성, 불변성, 통계적 평가

32. 정답 ③
해설 [식] $NV = N'V'$
- N(약산의 노르말 농도) $= 1N$
- V(약산의 부피) $= 500mL$
- N'(강산의 노르말 농도)
$= \dfrac{1.18g}{mL} \times \dfrac{1eq}{36.5g} \times \dfrac{35}{100} \times \dfrac{10^3 mL}{1L} = 11.3150 eq/L(N)$
$1N \times 500mL = 11.3150N \times V'$
$\therefore V' = 44.19mL$

33. 정답 ③
해설 ③항만 WBGT가 30℃를 초과한다.
- 경작업의 계속작업 시 기준 습구흑구온도지수 = 30.0℃
② 실외 WBGT
$= 0.7$습구온도 $+ 0.2$흑구온도 $+ 0.1$건구온도
$= 0.7 \times 28 + 0.2 \times 32 + 0.1 \times 40 = 30$℃
③ 실외 WBGT
$= 0.7$습구온도 $+ 0.2$흑구온도 $+ 0.1$건구온도
$= 0.7 \times 29 + 0.2 \times 33 + 0.1 \times 33 = 30.2$℃
④ 실외 WBGT
$= 0.7$습구온도 $+ 0.2$흑구온도 $+ 0.1$건구온도
$= 0.7 \times 30 + 0.2 \times 30 + 0.1 \times 30 = 30$℃

[작업강도에 따른 습구흑구온도지수]

작업과 휴식시간비 \ 작업강도	경작업	중등작업	중작업
계속작업	30.0	26.7	25.0
매 시간 75% 작업, 25% 휴식	30.6	28.0	25.9
매 시간 50% 작업, 50% 휴식	31.4	29.4	27.9
매 시간 25% 작업, 75% 휴식	32.2	31.1	30.0

34. 정답 ③
해설 고열작업에 대한 측정은 측정기기를 설치 후 자연습구온도계는 5분 이상, 아스만통풍건습계는 25분 이상 측정한다. 연속작업인 경우 60분 평균 습구흑구온도지수를 5분 간격으로 연속하여 측정한다.

35. 정답 ②

36. 정답 ②
해설 [식] $V_s = 0.003 \times SG \times d_p^2 = 0.003 \times 1.32 \times 50^2$
$= 9.9 cm/\sec$

37. 정답 ①
해설 [식] $TWA = \dfrac{C_1 T_1 + C_2 T_2 + \cdots + C_n T_n}{8}$

38. 정답 ④
해설 ④항은 가스크로마토그래피에 대한 설명이다.

39. 정답 ②

40. 정답 ①
해설 테드라 백(Tedlar bag)은 오염가스를 가스상태 그대로 포집하는 방법이다.

41. 정답 ④

해설 [먼지종류별 반송속도]

오염물	예	반송속도 (m/sec)
가스, 증기, 흄 및 극히 가벼운 먼지	각종 가스, 증기, 산화아연, 산화알루미늄의 흄, 목분 및 솜	10
가벼운 건조먼지	원사, 삼베부스러기, 곡분, 베이클라이트(합성수지)분	15
일반공업먼지	털, 나무부스러기, 샌드블라스트발생먼지, 그라인더 작업발생먼지	20
무거운 먼지	납분, 주조탈사먼지, 선반작업발생먼지	25
무겁고 비교적 큰 젖은 먼지	젖은 납분, 젖은 주조작업발생먼지	25 이상

42. 정답 ②

해설 ②항만 올바르다.

오답해설
㉠ 여과속도가 작을수록 확산에 의한 포집이 극대화되므로 미세입자포집에 유리하다.
㉢ 습한 분진은 여과포의 눈을 막을 수 있어 습식제진에 불리하다.

43. 정답 ①

해설 [밀착도 검사의 정성검사와 정량검사]
- 정성적 방법 : 냄새, 맛, 자극물질 이용
- 정량적 방법 : 위험하지 않은 에어로졸, 주변 에어로졸, 일시적으로 공기를 차단해 진공상태를 만드는 방법

44. 정답 ④

해설 작업환경 개선의 공학적 대책은 대치와 격리, 환기이다.
① 신선한 공기에 의한 희석 및 환기실시(환기대책)
② 공정의 밀폐 및 격리(격리대책)
③ 조업방법의 개선(대치대책)

45. 정답 ③

해설 개구에서 발생되는 난류손실은 형태나 재질에 따라 다르게 발생한다.

46. 정답 ③

해설 식 $\Delta P = f \times \dfrac{\theta}{90} \times P_v = 0.27 \times \dfrac{90}{90} \times 14 = 3.78 mmH_2O$

47. 정답 ①

해설 [오염물질 방출조건에 따른 후드의 제어속도]

오염물질의 방출조건	관련공정	제어속도 (포착속도)
오염원 : 실질적으로 비산 속도가 없이 발생 주 변 : 고요한 공기중으로 방출	개방조로부터의 증발 액면에서 발생하는 가스, 증기, 흄	0.25~0.5m/sec
오염원 : 약한 방출속도를 가지는 경우 주 변 : 약간의 공기움직임이 있는 상태에서 방출	분무도장, 저속 컨베이어 이송 용접, 도금 공정	0.5~1m/sec
오염원 : 비교적 빠른 방출속도를 가지는 경우 주 변 : 빠른 기류속으로 방출	컨베이어 적재 분쇄기, 분무 도장	1~2.5m/sec
오염원 : 급속한 방출속도를 가지는 경우 주 변 : 고속의 기류영역으로 방출	그라인딩 석재 연마, 회전연마	2.5~10m/sec

48. 정답 ④

49. 정답 ①

해설 오염물질 배출구는 가능한 한 오염원으로부터 가까운 곳에 설치하여 점 환기 현상을 촉진시켜야 한다.

50. 정답 ②

해설 Threaded thermometer(나사산 써모미터)는 기류를 측정하는 장비가 아닌 기온을 측정하는 장비이다.

51. 정답 ③

해설 제작비용이 저렴하다.

52. 정답 ②

해설 압력손실은 유체의 속도압에 비례한다.

53. 정답 ①

54. 정답 ①

해설 가연성 입자(VOC 등)의 처리에 부적합하다.

55. 정답 ④

해설 식 $\Delta P = 4f \times \dfrac{L}{D} \times \dfrac{\gamma V^2}{2g}$

직경을 제외한 나머지 조건은 일정하므로, 직경을 제외한 나머지 인자들을 K로 정리하면,

$$\Delta P = K \times \frac{1}{D} \times \left(\frac{Q}{A}\right)^2 = K \times \frac{1}{D} \times \left(\frac{4}{\pi \times D^2}\right)^2 = K \times \frac{1}{D^5}$$

$$\therefore \frac{\Delta P_1}{\Delta P_1} = \frac{K \times \frac{1}{(0.5D)^5}}{K \times \frac{1}{D^5}} = 32$$

56. 정답 ④

해설 보호안경은 열처리를 하거나 색깔을 넣은 렌즈를 사용해야 한다.

57. 정답 ①

해설 잔향시간이 증가하면 흡음이 되지 않은 것이다.

58. 정답 ①

해설 식 흡인유량 = $A_c \times V_c$
점흡인 = $(4\pi X^2 - A) \times V_c$ (흡인범위에 비해 후드의 면적(A)이 작을 경우 후드의 면적(A)를 생략가능)
선흡인 = $(2\pi XL) \times V_c$

59. 정답 ③

해설 식 확대측 정압(P_{s2}) = $P_{s1} + R(P_{v1} - P_{v2})$
• $R = 1 - F = 1 - 0.28 = 0.72$
확대측 정압(P_{s2}) = $-15 + 0.72 \times (35 - 25) = -7.8 mmH_2O$

60. 정답 ②

61. 정답 ②

62. 정답 ③

63. 정답 ①

해설 참호족은 습하고 한랭한 환경과 관련이 있다.

64. 정답 ②

해설 공학적 개선 대책 : 대치, 격리, 환기

65. 정답 ②

해설 적외선(IR)의 장애현상 : 백내장, 각막화상, 각막염, 피부장해
• IR-A(근적외선) : 700~1,400nm
• IR-B(중적외선) : 1,400~10,000nm(1.4~10μm)

66. 정답 ①

해설 표시단위는 섭씨온도(℃)이다.

67. 정답 ②

해설 식 $TWA = 16.61\log\left(\frac{D}{100}\right) + 90 = 16.61\log\left(\frac{D}{100 \times \frac{T}{8}}\right) + 90$

$\therefore TWA = 16.61\log\left(\frac{76}{100 \times \frac{4}{8}}\right) + 90 = 93 dB$

68. 정답 ③

69. 정답 ②

70. 정답 ②

해설 균일한 평등 조명을 요할 때 북향 또는 동북향을 선택한다.

71. 정답 ①

해설 광도 : 광원으로부터 나오는 빛의 세기
조도 : 어느 장소에 대한 밝기
휘도 : 광원을 보았을 때의 눈부심

72. 정답 ②

73. 정답 ③

해설 고압환경에서 작업 시 질소를 헬륨으로 대치하는 것은 좋은 방법이다.

74. 정답 ④

해설 실내 WBGT = 0.7 습구+0.3 흑구 = 0.7×30 + 0.3×32
= 30.6℃

75. 정답 ①

해설 저온환경에서는 체표면적과 피하조직의 감소가 나타난다.

76. 정답 ①

해설 ①항만 올바르다.
오답해설
② 6000Hz에서 가장 큰 청력장애가 예상된다.
③ 1000Hz 이하에서는 30dB 이상의 청력손실이 예상된다.
④ 1000~8000Hz 영역에서는 30dB 이상의 청력손실이 예상된다.

77. 정답 ④

78. 정답 ④
해설 가청음역은 0.00002N/m² ~ 20N/m²이다.

79. 정답 ③

80. 정답 ③
해설 식 $SPL = 20\log\left(\dfrac{P}{P_o}\right)$

$\therefore SPL = 20\log\left(\dfrac{6}{2\times 10^{-5}}\right) = 109.5 dB$

81. 정답 ③
해설 카드뮴이 체내에 들어가면 간에서 metallothionein 생합성이 촉진되어 폭로된 중금속의 독성을 감소시키는 역할을 하나 다량의 카드뮴일 경우 합성이 되지 않아 중독작용을 일으킨다.

82. 정답 ①
해설 유병률이란 어떤 특정 시점에서 연구집단 내에 존재한 사례의 비례적인 분율이다.
식 유병률 = 이환된 환자의 수/인구의 크기

83. 정답 ②

84. 정답 ③
해설 [급성 전신중독 독성크기순서]
톨루엔 > 크실렌(자일렌) > 벤젠 > 에틸벤젠

85. 정답 ③

86. 정답 ③

87. 정답 ②
해설 노출기준을 가진 화학물질의 수보다 BEI를 가지는 화학물질의 수가 더 적다.

88. 정답 ④

89. 정답 ④

90. 정답 ①

91. 정답 ③
해설 크롬중독 시 BAL, Ca-EDTA 복용은 효과가 없다.

92. 정답 ①
해설 ㉠ 흡입성 입자(IPM) : 호흡기계 어느 부위에 침착하더라도 유해한 입자상 물질, $100\mu m$
㉡ 흉곽성 입자(TPM) : 기관지계나 가스교환부위인 폐포 어느 곳에 침착하더라도 유해한 입자상 물질, $10\mu m$
㉢ 호흡성 입자(RPM) : 가스교환부위인 폐포에 침착하여 유해성을 줄 수 있는 입자상 물질, $4\mu m$

93. 정답 ④
해설 ④항은 알레르기성 접촉피부염에 대한 설명이다.

94. 정답 ②
해설 • 수은 – 미나마타병
• 망간 – 파킨슨병, 발열

95. 정답 ④
해설 ④항은 크롬에 대한 설명이다.

96. 정답 ③
해설 호흡기관의 종말기관지와 폐포점막(하기도)에 작용하는 자극제는 수용성이 낮아 심각한 영향을 준다. 상기도(코, 입, 점막 등 기도 위쪽 호흡기관)에 피해를 입히는 자극제는 수용성이 높다.

97. 정답 ②
해설 식 안전농도 = $\dfrac{\text{안전흡수량}(mg)}{\text{폐환기량}(m^3)}$

• 안전흡수량
= 안전흡수량(mg/kg) × 체중(kg) × 체내 잔류율
= $\dfrac{0.15mg}{kg} \times 70kg \times 1 = 10.5mg$

• 폐환기량 = $\dfrac{1.3m^3}{hr} \times 8hr = 10.4m^3$

$\therefore$ 안전농도 = $\dfrac{10.5mg}{10.4m^3} = 1.01 mg/m^3$

98. 정답 ④
해설 ④항의 기준은 없다.

99. 정답 ④

100. 정답 ①
해설 입자상 물질의 호흡기계 축적기전 : 충돌(관성충돌), 차단(접촉차단), 침전, 확산, 정전기

UNIT 10 2020년 산업위생관리기사 3회

01 ③	02 ①	03 ②	04 ①	05 ④
06 ①	07 ④	08 ④	09 ③	10 ③
11 ②	12 ③	13 ②	14 ④	15 ④
16 ④	17 ②	18 ①	19 ②	20 ③
21 ④	22 ③	23 ④	24 ②	25 ①
26 ②	27 ④	28 ②	29 ②	30 ②
31 ①	32 ①	33 ②	34 ③	35 ②
36 ②	37 ③	38 ④	39 ④	40 ①
41 ③	42 ③	43 ①	44 ①	45 ②
46 ③	47 ③	48 ③	49 ②	50 ④
51 ①	52 ④	53 ②	54 ②	55 ①
56 ④	57 ③	58 ②	59 ②	60 ①
61 ④	62 ④	63 ②	64 ②	65 ①
66 ④	67 ①	68 ③	69 ②	70 ②
71 ③	72 ③	73 ④	74 ①	75 ②
76 ④	77 ①	78 ②	79 ①	80 ①
81 ④	82 ①	83 ①	84 ②	85 ①
86 ③	87 ②	88 ①	89 ④	90 ④
91 ③	92 ③	93 ③	94 ①	95 ②
96 ④	97 ④	98 ③	99 ④	100 ③

01. 정답 ③

해설 신경계 질환은 인간공학적인 문제로도 나타나나 주로 유해인자에 대한 노출로 나타나는 질환이다.

02. 정답 ①

해설 혐기성 대사는 산소를 이용하지 않고 물질을 분해하여 에너지를 생산하는 과정이다.

03. 정답 ②

해설
- Group 1 : 인체 발암성 물질
  1A : 확실하게 발암물질이 과학적으로 규명된 인자
  1B : 주로 실험동물에서의 증거에 의해 사람에서 발암성이 추정되는 물질
- Group 2A : 인체 발암성 예측·추정 물질
  동물에게만 발암성 평가
  인체에 발암물질로서 증거는 불충분함
  발암가능성 농후
- Group 2B : 인체 발암성 가능 물질
  발암물질로서 증거는 부적절함
  인체 및 실험동물에 대한 근거 불충분
  발암가능성 존재
- Group 3 : 인체 발암성 미분류물질
  인체 및 실험동물에 대한 근거 불충분
  발암물질로 분류되지 않음
- Group 4 : 인체 비발암성 추정물질
  동물, 사람 공통적으로 발암성에 대한 근거가 없음
  발암물질일 가능성 없음

04. 정답 ①

해설 작업환경측정의 방법, 횟수 등의 필요사항은 고용노동부령으로 정한다.

05. 정답 ④

해설 식 벤젠 농도$(ppm, mL/m^3) = \dfrac{\text{벤젠}(mL)}{\text{채취유량}(m^3)}$

$$\therefore X mL/m^3 = \dfrac{5mg \times \dfrac{24.45mL}{78mg}}{\dfrac{100mL}{min} \times 60min \times \dfrac{1m^3}{10^6 mL}}$$

$$= 261.22 mL/m^3 (ppm)$$

06. 정답 ①

해설 정맥류는 물리적 원인에 의한 직업성 질환이다. 화학적 원인에 의한 직업성 질환은 다음과 같다.
㉠ 수전증
㉡ 치아산식증
㉢ 시신경장해
㉣ 중독증
㉤ 진폐증
㉥ 피부질환

07. 정답 ④

08. 정답 ④

해설 ① 적절하고도 확실한 사실을 근거로 전문적인 견해를 발표한다. – 일반 대중에 대한 책임
② 기업주에 대하여는 실현 가능한 개선점을 선별하여 보고한다. – 기업주와 고객에 대한 책임
③ 이해관계가 있는 상황에서는 고객의 입장에서 관련 자료를 제시한다. – 기업주와 고객에 대한 책임

09. 정답 ③

해설 자외선은 실외(야외)에서 햇빛에 의해 노출되는 오염원이다.

10. 정답 ③

해설 피로는 그 정도에 따라 보통피로, 과로 및 곤비로 분류할 수 있으며 가장 낮은 단계의 피로단계는 보통피로이다.

11. 정답 ②

해설 [사업주의 근로자 건강장해 예방 보건상의 조치]
㉠ 원재료·가스·증기·분진·흄(fume)·미스트(mist)·산소결핍·병원체 등에 의한 건강장애
㉡ 방사선·유해광선·고온·저온·초음파·소음·진동·이상기압 등에 의한 건강장애
㉢ 사업장에서 배출되는 기체·액체 또는 찌꺼기 등에 의한 건강장애
㉣ 계측감시·컴퓨터 단말기 조작·정밀공작 등의 작업에 의한 건강장애
㉤ 단순반복작업 또는 인체에 과도한 부담을 주는 작업에 의한 건강장애
㉥ 환기·채광·조명·보온·방습·청결 등의 적정기준을 유지하지 아니하여 발생하는 건강장애

12. 정답 ③

해설 식 휴식시간(%) $= \left[\dfrac{PWC \times \dfrac{1}{3} - 작업대사량}{휴식대사량 - 작업대사량}\right] \times 100$

(휴식시간 : 60분 기준)

$= \left[\dfrac{16 \times \dfrac{1}{3} - 10}{2 - 10}\right] \times 100 = 58.33\%$

∴ 휴식시간(min) $= 60 \times 0.5833 = 35\,min$

13. 정답 ②

해설 OSHA 보정법과 Brief and Scala 보정법은 다음과 같이 계산된다.

(1) OSHA 보정식(급성중독물질)

식 보정된 허용농도 = 8시간 허용농도 × [8시간/(노출시간/일)]
   = 200 × (8/9) = 177.78ppm

(2) Brief와 Scala의 보정방법

식 보정된 노출기준 = TLV × 보정계수

- 보정계수 $= \dfrac{8}{H} \times \dfrac{24-H}{16} = \dfrac{8}{9} \times \dfrac{24-9}{16} = 0.8333$

보정된 노출기준 = TLV × 보정계수
   = 200 × 0.8333 = 166.66ppm

∴ 차이 = 177.78 − 166.66 = 11.12ppm

14. 정답 ④

15. 정답 ④

해설 장시간의 휴식을 취하는 것보다 작업과정 사이에 여러 번 나누어 휴식하는 것이 좋다.

16. 정답 ④

17. 정답 ②

해설
- M : 대사에 의한 열 생산은 항상 +의 값으로 생산된다.
- E : 수분증발에 의한 열 방산은 항상 −의 값이다.
- R : 복사에 의한 열 득실은 작업장에서 배출되는 복사열로 생체에서 +가 될 수도 작업장보다 상대적으로 생체에서 배출된 복사열이 많아 −가 될 수도 있다.
- C : 대류 및 전도에 의한 열 득실은 작업장에서 배출되는 대류 및 전도로 생체에서 +가 될 수도 작업장보다 상대적으로 생체에서 배출된 대류 및 전도가 많아 −가 될 수도 있다.

18. 정답 ①

해설 [생리적 적성검사]
- 감각기능검사 : 시력, 색각, 청력 등을 검사한다.
- 심폐기능검사 : 호흡량, 맥박, 혈압 등을 검사한다.
- 체력검사 : 악력, 배근력 등을 측정한다.

[심리학적 적성검사]
- 지능검사 : 언어, 기능, 추리, 귀납 등에 대한 검사
- 지각동작검사 : 수족협조, 운동속도, 형태지각 등에 대한 검사
- 인성검사 : 성격, 태도, 정신상태에 대한 검사
- 기능검사 : 직무에 관련된 기본 지식과 숙련도, 사고력 등 직무평가에 관한 항목을 가지고 추리검사

19. 정답 ②

20. 정답 ③

21. 정답 ③

해설 전처리는 분석물질 이외의 것들을 제거하거나 분석에 방해되지 않도록 하는 과정으로서 분석기기에 의한 정량은 제외한다.

22. 정답 ③

해설 식 $SD = \sqrt{\dfrac{(a_1-m)^2 + (a_2-m)^2 + \cdots + (a_n-m)^2}{n-1}}$

(분석개수가 적을 때는 n−1을 분모로 한다.)

- $m(평균) = \dfrac{8+10+15+12+9+13+16+15+11+9+12+8+13+15+14}{15}$

$= 12$

$$\therefore SD = $$

$$\sqrt{\frac{(8-12)^2+(10-12)^2+(15-12)^2+(12-12)^2+(9-12)^2+(13-12)^2}{15-1}}$$

$$\sqrt{\frac{(16-12)^2+(15-12)^2+(11-12)^2+(9-12)^2+(12-12)^2+}{15-1}}$$

$$\sqrt{\frac{(8-12)^2+(13-12)^2+(15-12)^2+(14-12)^2}{15-1}} = 2.73$$

23. 정답 ④

24. 정답 ④

해설 식 $\eta_t = 1 - [(1-\eta_1)(1-\eta_2)\cdots(1-\eta_n)]$
$\eta_t = 1 - [(1-0.75)(1-0.9)] = 0.975$
$\therefore \eta_t = 97.5\%$

25. 정답 ①

해설 활성탄관은 비극성물질을 포집하는데 사용된다. 메탄올은 극성용제이므로 실리카겔관으로 포집된다.

26. 정답 ②

해설 ②항만 올바르다.

오답해설
① 단위작업장소에서 최고 노출근로자 2명 이상에 대하여 동시에 개인 시료채취 방법으로 측정하되, 단위작업장소에 근로자가 1명인 경우에는 그러하지 아니하며, 동일 작업근로자 수가 10명을 초과하는 경우에는 매 5명 당 1명 이상 추가하여 측정하여야 한다.
③ 지역시료채취 방법으로 측정을 하는 경우 단위작업장소 내에서 2개 이상의 지점에 대하여 동시에 측정하여야 한다.
④ 지역 시료채취 방법으로 측정을 하는 경우 단위작업 장소의 넓이가 50제곱미터(평방미터) 이상인 경우에는 매 30제곱미터(평방미터)마다 1개 지점 이상을 추가로 측정하여야 한다.

27. 정답 ④

해설 이동상인 액체의 친화력에 따라 용리법, 치환법으로 구분된다. 운반가스를 이용하는 것은 기체크로마토그래피(GC)이다.

28. 정답 ②

해설 식 $Xmg/m^3 = \frac{26mL}{m^3} \times \frac{273}{273+18} \times \frac{770}{760} \times \frac{72mg}{22.4mL}$
$= 79.43mg/m^3$

29. 정답 ②

해설 식 $L_s = 10\log(10^{L_1/10} + 10^{L_2/10} + \cdots + 10^{L_n/10})$
$\therefore L_s = 10\log(10^{98/10} + 10^{96/10}) = 100.12dB$

30. 정답 ②

해설 식 $TLV_m = \dfrac{1}{\dfrac{f_1}{TLV_1} + \dfrac{f_2}{TLV_2} + \cdots + \dfrac{f_n}{TLV_n}}$

$= \dfrac{1}{\dfrac{0.5}{1,600} + \dfrac{0.3}{720} + \dfrac{0.2}{670}} = 973.07 mg/m^3$

31. 정답 ①

해설 [작업강도에 따른 습구흑구온도지수(WBGT)]

작업강도 작업과 휴식시간비	경작업	중등작업	중작업
계속작업	30.0	26.7	25.0
매 시간 75% 작업, 25% 휴식	30.6	28.0	25.9
매 시간 50% 작업, 50% 휴식	31.4	29.4	27.9
매 시간 25% 작업, 75% 휴식	32.2	31.1	30.0

• 경작업 : 시간당 200kcal 열량 소요 작업
• 중등작업 : 시간당 200~350kcal 열량 소요 작업
• 중작업 : 시간당 350~500kcal 열량 소요 작업

32. 정답 ①

해설 측정대상물질의 동정이 미리 되어 있어야 측정이 가능하다.

33. 정답 ②

해설 크롬 : 염산 + 질산

34. 정답 ③

해설 알코올의 눈금이 100℉에서 95℉까지 내려가는데 소요되는 시간을 초시계로 4~5회 측정하여 평균을 낸다.

35. 정답 ②

해설 극성을 띠고 흡습성이 강하므로 습도가 높을수록 파과 용량이 감소한다.
• 파과 용량 : 제거(흡착)된 오염물질량

36. 정답 ②

해설
식 $GM = \sqrt[n]{a_1 \times a_2 \times \cdots \times a_n} = \sqrt[6]{5 \times 10 \times 28 \times 46 \times 90 \times 200}$
$= 32.41ppm$

37. 정답 ③

해설 식 최소시료채취시간(min) = $\dfrac{최소채취량}{채취유량}$

- 최소채취량 = $\dfrac{LOQ}{TLV} = \dfrac{0.5mg}{\dfrac{100mL}{m^3} \times \dfrac{92.14mg}{24.45mL} \times 0.1}$

$= 0.013267 m^3 = 13.267L$

∴ 최소시료채취시간(min) = $\dfrac{13.267L}{0.15L/\min} = 88.45\min$

38. 정답 ④

해설 흡습성이 있어 중량분석에 부적합하다.

39. 정답 ④

40. 정답 ①

41. 정답 ③

해설 식 $V = \sqrt{\dfrac{2gP_v}{\gamma}} = \sqrt{\dfrac{2 \times 9.8 \times 25}{1.2}} = 20.21 m/\sec$

42. 정답 ③

해설 임의로 유량을 조절하기가 용이하다. 유량조절이 어려운 형태는 정압조절평형법이다.

43. 정답 ①

해설 [송풍기 상사법칙]
- 유량(풍량)은 회전수에 비례한다.
- 압력(정압)은 회전수의 제곱에 비례한다.
- 동력(마력)은 회전수의 세제곱에 비례한다.

44. 정답 ①

45. 정답 ②

해설 작업장의 교차기류를 방지하기 위해서 공기공급시스템이 필요하다.

46. 정답 ③

해설 [송풍기 상사법칙]
- 유량(풍량)은 회전수에 비례한다.
- 압력(정압)은 회전수의 제곱에 비례한다.
- 동력(마력)은 회전수의 세제곱에 비례한다.

47. 정답 ③

해설 오염물질 배출구는 가능한 한 오염원으로부터 가까운 곳에 설치하여 점환기 현상을 촉진하여야 한다.

48. 정답 ③

해설 식 $SPL = PWL - 20\log r - 11$

$95 = PWL - 20\log(1) - 11$, $PWL = 106 dB$

$90 = 106 - 20\log(r) - 11$

$-5 = -20\log(r)$

$\dfrac{-5}{-20} = \log(r)$

$0.25 = \log(r)$

$10^{0.25} = r$, ∴ $r = 1.78 m$

49. 정답 ②

해설 식 $V_s(cm/\sec) = 0.003 \times S \times d_p(\mu m)^2$

∴ $V_s = 0.003 \times 3 \times 2^2 = 0.036 cm/\sec$

50. 정답 ④

해설 촉매산화에 의한 연소장치는 유해가스처리 장치이다.

51. 정답 ①

해설 속도압(동압)은 항상 +압(양압)으로만 존재한다.

52. 정답 ④

53. 정답 ②

해설 귀덮개는 저음에서 20dB 이상, 고음에서 45dB 이상의 차음효과가 있다. 반면 귀마개는 약 30dB 정도의 차음효과가 있다.

54. 정답 ②

해설 [오염물질 방출조건에 따른 후드의 제어속도]

오염물질의 방출조건	관련공정	제어속도 (포착속도)
오염원 : 실질적으로 비산 속도 없이 발생 주변 : 고요한 공기중으로 방출	개방조로부터의 증발 액면에서 발생하는 가스, 증기, 흄	0.25~ 0.5m/sec
오염원 : 약한 방출속도를 가지는 경우 주변 : 약간의 공기움직임이 있는 상태에서 방출	분무도장, 저속 컨베이어 이송 용접, 도금 공정	0.5~ 1m/sec
오염원 : 비교적 빠른 방출속도를 가지는 경우 주변 : 빠른 기류속으로 방출	컨베이어 적재 분쇄기, 분무 도장	1~ 2.5m/sec
오염원 : 급속한 방출속도를 가지는 경우 주변 : 고속의 기류영역으로 방출	그라인딩 석재 연마, 회전연마	2.5~ 10m/sec

55. 정답 ①

56. 정답 ④
해설 연결 부위 등은 외부 공기가 들어오지 않도록 할 것

57. 정답 ①
해설 기체와 분진입자의 밀도 차에 비례한다.
식 $V_s = \dfrac{d_p^2(\rho_p - \rho)g}{18\mu}$

58. 정답 ②
해설 공기정화식 가스마스크(방독마스크)와 방진마스크는 산소 결핍 작업장에서 사용할 수 없다.

59. 정답 ②
해설 식 필요 환기량 = Q_1(톨루엔) + Q_2(이소프로필알콜)
식 $Q = \dfrac{G(\text{오염물질발생량})}{TLV} \times K(\text{여유계수})$

- $Q_1 = \dfrac{\dfrac{100g}{hr} \times \dfrac{24.1L}{92g} \times \dfrac{10^3 mL}{1L}}{50 mL/m^3} \times 10 = 5239.1304 \, m^3/hr$

- $Q_2 = \dfrac{\dfrac{100g}{hr} \times \dfrac{24.1L}{60g} \times \dfrac{10^3 mL}{1L}}{200 mL/m^3} \times 10 = 2008.3333 \, m^3/hr$

∴ 필요 환기량 = $5,239.1304 + 2,008.3333 = 7,247.46 \, m^3/hr$

참고 상가작용이 아닌 독립작용 기준시에는 두 환기량 중 큰 쪽으로 전체 필요환기량을 설정하여 큰 값인 $5,239.13 \, m^3/hr$을 필요환기량으로 한다.

60. 정답 ①

61. 정답 ④
해설 지적환경의 평가방법 : 생리적 방법, 정신적 방법, 생산적 방법

62. 정답 ④
해설 ④항만 올바르다.
① 인체와 환경사이의 기압차이 때문에 부종, 출혈, 동통 등을 동반한다. - 고압환경
② 화학적 장해로 작업력의 저하, 기분의 변화, 여러 종류의 다행증이 일어난다. - 고압환경(질소가스의 마취작용)
③ 대기가스의 독성 때문으로 시력장애, 정신혼란, 간질 모양의 경련을 나타낸다. - 고압환경(산소 중독)

63. 정답 ②
해설 투과는 빛의 강도 정도를 나타낼 때 주로 사용된다.

64. 정답 ③

65. 정답 ①
해설 식 $SPL = 20\log\left(\dfrac{P}{P_o}\right) = 20\log\left(\dfrac{2 \times 10^{-3}}{2 \times 10^{-5}}\right) = 40 dB$

66. 정답 ④
해설 · 고소작업, 등반작업 : 저압환경
· 용접작업 : 유해광선 및 유해가스
· 탈지작업 : 유해가스
· 샌드블라스트(sand blast)작업 : 분진 및 소음작업

67. 정답 ①

68. 정답 ③
해설 [한랭의 생체 영향]
① 1차적 생리적 반응
· 피부혈관 및 말초혈관 수축으로 인한 피하조직감소와 체표면적 감소
 - 피부혈관 수축 및 혈장량 감소로 체내 열을 보호 피부와 피하조직 온도저하로 인한 감염에 대한 저항력 저하로 회복과정에 장애가 온다.
· 근육긴장 증가 및 떨림
· 갑상선 자극으로 인한 화학적 대사(호르몬 분비)증가
② 2차적 생리적 반응
· 표면조직의 냉각
 - 말초혈관 수축으로 표면조직이 냉각
· 혈압 일시적 상승(혈류량 증가)
 - 표면조직의 냉각으로 순환능력이 감소되어 혈압은 일시적으로 상승
· 식욕 항진(식욕 증가)

69. 정답 ②
해설 식 실내 WBGT = 0.7 습구 + 0.3 흑구 = $0.7 \times 30 + 0.3 \times 32$
= 30.6℃

70. 정답 ②
해설 지표면으로 들어오는 태양광선 중 살균작용과 소독작용, 비타민 D를 형성하는 광선은 UV-B(2,800~3,100Å, 도노선)이다.

71. 정답 ③

해설 [고압환경의 2차적 가압현상]
- 질소가스의 마취작용
- 산소중독
- 이산화탄소의 작용

72. 정답 ③

73. 정답 ④

해설 ④항은 노인성 난청에 대한 설명이다.

74. 정답 ①

해설
- dB(A) ≪ dB(C) : 저주파성분이 많다.
- dB(A) ≈ dB(C) : 고주파성분이 많다.

75. 정답 ②

76. 정답 ④

해설 식 $NR = 10\log\left(\dfrac{A_2}{A_1}\right) = 10\log\left(\dfrac{1,200+2,800}{1,200}\right) = 5.23\,dB$

77. 정답 ①

78. 정답 ②

해설 나트륨등은 가로등, 차도의 조명으로 사용한다. 색의 식별에는 부적합하다.

79. 정답 ①

해설
② 1촉광의 광원으로부터 한 단위 입체각으로 나가는 빛의 밝기 단위이다. – 루멘(lumen)
③ 지름이 1인치되는 촛불이 수평방향으로 비칠 때의 빛의 광도를 나타내는 단위이다. – 촉광(candle)
④ 1루멘의 빛이 1ft^{2}의 평면상에 수직방향으로 비칠 때 그 평면의 빛의 양을 의미한다. – 풋 캔들(foot candle)

80. 정답 ①

81. 정답 ④

해설 대표적 화학적 질식제 : 일산화탄소, 황화수소, 시안화수소, 아닐린

82. 정답 ①

83. 정답 ①

84. 정답 ②

해설 면폐증은 유기성 분진에 의한 진폐증이다.

85. 정답 ①

해설 산업장의 노출의 관점에서 보면 6가 크롬이 3가 크롬보다 더 해롭다.

86. 정답 ③

87. 정답 ②

해설 2상 반응은 1상 반응을 거친 물질을 더욱 수용성으로 만드는 포합반응이다.
※ 포합반응 : 유해물질이 다른 물질과 결합하는 일, 해독 작용 중 하나

88. 정답 ①

해설
- 벤젠 중독 – 백혈병, 재생불량성 빈혈
- 니켈 중독 – 폐렴, 폐암, 비강암, 간 장애

89. 정답 ④

90. 정답 ④

해설
- EDTA 투여가능 중금속 : 납
- BAL 투여가능 중금속 : 수은, 비소
- 킬레이트제 투여가능 중금속 : 베릴륨, 망간

91. 정답 ③

92. 정답 ②

해설 알레르기성 접촉피부염은 면역반응과 관계있다.

93. 정답 ③

해설 1A 물질(확실한 발암물질) : 알코올, 벤젠, 벤지딘, 담배, 다이옥신, 석면, 카드뮴, 염화비닐

94. 정답 ①

95. 정답 ②

해설 [독성실험 관련 용어]
- LD$_{50}$: 유해물질의 경구투여용량에 따른 실험동물군의 50%가 일정기간 동안에 죽는 용량, 통상 30일간 50%의 동물이 죽는 치사량을 말함

- LC_{50} : 실험동물군을 상대로 독성물질을 호흡시켜 50%가 죽는 농도
- ED_{50} : 약물을 투여한 동물의 50%가 일정한 반응을 일으키는 양을 의미
- TD_{50} : 시험 유기체의 50%에서 심각한 독성반응을 나타내는 양, 즉 중독량을 의미
- TL_{50} : 시험 유기체의 50%가 살아남는 독성물질의 양을 의미, 생존율이 50%인 독성물질의 양으로 허용한계 의미에서 사용

96. 정답 ④

97. 정답 ④

98. 정답 ③

해설 [중추신경 활성억제의 크기 순서]
알칸 < 알켄 < 알코올 < 유기산 < 에스테르 < 에테르 < 할로겐화탄화수소

암기TIP 억제하지 못한 알파카는 켄 코올라먹고 유기되어 사육사는 찾는데 에쓰고 에테우던 중 할로! 하고 나타난 알파카

99. 정답 ④

100. 정답 ③

UNIT 11 2021년 산업위생관리기사 1회

01 ②	02 ③	03 ④	04 ①	05 ②
06 ②	07 ①	08 ②	09 ③	10 ③
11 ①	12 ④	13 ④	14 ④	15 ③
16 ①	17 ④	18 ①	19 ④	20 ③
21 ③	22 ②	23 ③	24 ③	25 ①
26 ①	27 ③	28 ①	29 ③	30 ②
31 ③	32 ④	33 ①	34 ②	35 ②
36 ①	37 ②	38 ④	39 ③	40 ④
41 ④	42 ③	43 ②	44 ③	45 ②
46 답오류	47 ④	48 ④	49 ③	50 ②
51 ①	52 ①	53 ②	54 ①	55 ①
56 ①	57 ④	58 ④	59 ③	60 ①
61 ③	62 ②	63 ②	64 ③	65 ④
66 ①	67 ③	68 ①	69 ④	70 ④
71 ④	72 ③	73 ④	74 ②	75 ①
76 ②	77 ③	78 ②	79 ②	80 ①
81 ④	82 ①	83 ②	84 ③	85 ②
86 ④	87 ②	88 ④	89 ④	90 ③
91 ④	92 ④	93 ②	94 ①	95 ③
96 ④	97 ①	98 ②	99 ③	100 ④

01. 정답 ②

해설 근로자의 신체적 원인(두통, 현기증, 만취상태 등)은 간접원인(2차 원인)에 해당한다.

02. 정답 ③

해설 규칙적인 운동하고 흡연, 음주 등을 삼가, 전반적인 건강을 관리함으로 스트레스를 관리한다.

03. 정답 ④

해설 식 $Xmg/m^3 = \dfrac{100mL}{m^3} \times \dfrac{92mg}{24.45mL} = 376.28mg/m^3$

04. 정답 ①

해설 [항상성 유지기전]
- 보상성 : 정상에서 벗어난 상태를 보상함으로써 교정하여 다시 정상상태로 회복시키는 역할, 혈액 내의 pH와 당, 전해질수치, 체온 유지
- 자기조절성 : 정상에서 이탈한 것을 교정하기 위해 자동적으로 작용
- 되먹이기전

(1) 음성되먹이기전 : 어떤 상태가 높아지거나 낮아지면 원상태로 되돌려지는 것
(2) 양성되먹이기전 : 정상에서 벗어난 변화를 가속화시키는 것

05. 정답 ②

해설 "산소결핍"이란 공기 중의 산소농도가 18% 미만인 상태를 말한다.

06. 정답 ②

해설 산업위생은 과학적 지식을 토대로 작업환경을 쾌적하고 안전하게 관리하는 학문이다. 기계의 품질향상과 관련이 없다.

07. 정답 ①

08. 정답 ②

해설 시료채취 시 오염될 가능성이 적다.

09. 정답 ③

해설 제37조(위험성평가 실시내용 및 결과의 기록·보존) ① 사업주가 법 제36조제3항에 따라 위험성평가의 결과와 조치사항을 기록·보존할 때에는 다음 각 호의 사항이 포함되어야 한다.
1. 위험성평가 대상의 유해·위험요인
2. 위험성 결정의 내용
3. 위험성 결정에 따른 조치의 내용
4. 그 밖에 위험성평가의 실시내용을 확인하기 위하여 필요한 사항으로서 고용노동부장관이 정하여 고시하는 사항

10. 정답 ③

11. 정답 ①

해설
- 최대 작업영역 : 어깨에서부터 팔을 뻗쳐 도달하는 최대 영역
- 정상 작업영역 : 위 팔을 상체에 붙인 채 아래 팔과 손으로 조작할 수 있는 범위

12. 정답 ④

해설 위험요인의 측정, 평가 및 관리에 있어서 외부의 압력에 굴하지 않고 중립적 태도를 취한다. → 근로자에 대한 책임

13. 정답 ④

14. 정답 ④

해설 "강렬한 소음작업"이란 다음 각목의 어느 하나에 해당하는

작업을 말한다.
가. 90데시벨 이상의 소음이 1일 8시간 이상 발생하는 작업
나. 95데시벨 이상의 소음이 1일 4시간 이상 발생하는 작업
다. 100데시벨 이상의 소음이 1일 2시간 이상 발생하는 작업
라. 105데시벨 이상의 소음이 1일 1시간 이상 발생하는 작업
마. 110데시벨 이상의 소음이 1일 30분 이상 발생하는 작업
바. 115데시벨 이상의 소음이 1일 15분 이상 발생하는 작업

15. 정답 ③

해설 식 $\log T_{end} = 3.720 - 0.1949 E$
- E(작업 대사량) = $7 kcal/\min$
  $\log T_{end} = 3.720 - 0.1949 \times 7 = 2.3557$
∴ T_{end}(최대 허용시간) = $10^{2.3557} = 226.83 \min$

16. 정답 ①

해설 직업병의 발생 원인은 원인이 질병의 발생에 직접적인 기여도가 있어야 한다.

17. 정답 ④

해설 식 벤젠농도$(mL/m^3) = \dfrac{\text{벤젠 검출량}}{\text{채취 공기량}}$

$= \dfrac{3mg \times \dfrac{24.45mL}{78mg}}{\dfrac{100mL}{\min} \times 60\min \times \dfrac{1m^3}{10^6 mL}} = 156.73 mL/m^3$

18. 정답 ①

해설 연속근무는 금지된다.

19. 정답 ④

해설 [시료의 채취시기]
① 크실렌 : 작업 종료 시
② 이황화탄소 : 작업 종료 시
③ 일산화탄소 : 작업 종료 시
④ 트리클로로에틸렌 : 주말작업 종료 시

20. 정답 ③

해설 심한 작업이나 운동 시 혈중 포도당 농도는 저하하지만, 호흡 조절과 혈중 포도당은 관계가 없다.

21. 정답 ③

해설 중앙값은 데이터의 중앙에 위치하는 값이다. 데이터가 짝수일 경우 중앙에 위치하는 두 값의 산술평균으로 값을 구한다.

[데이터]
81 82 83 84 84 85 86 87 88 89

∴ 중앙값 = $\dfrac{84+85}{2} = 84.5$

22. 정답 ②

해설 식 X개/cc = $\dfrac{\text{채취 석면 개수}}{\text{채취 유량}}$

$= \dfrac{\dfrac{(3.15-0.05)\text{개}}{0.00785 mm^2} \times 385 mm^2}{\dfrac{2L}{\min} \times 100\min \times \dfrac{10^3 cc}{1L}} = 0.76\text{개}/cc$

23. 정답 ③

해설 아스만통풍건습계 – 온도 및 습도

24. 정답 ③

25. 정답 ①

해설 (1) 태양광선이 내리쬐지 않는 옥외 장소, 또는 실내의 습구흑구온도지수(WBGT)

식 WBGT = 0.7 × 자연습구온도 + 0.3 × 흑구온도

(2) 태양광선이 내리쬐는 옥외 장소의 습구흑구온도지수(WBGT)

식 WBGT = 0.7 × 자연습구온도 + 0.2 × 흑구온도 + 0.1 × 건구온도

26. 정답 ①

해설 ② 샤를의 법칙 : 일정한 압력조건에서 가스의 부피와 온도가 비례
③ 라울의 법칙 : 비휘발성 용질을 포함하는 용액의 증기압은, 순용매의 증기압과 용액 속 용매의 몰분율의 곱과 같아진다는 법칙
④ 게이-루삭의 법칙 : 일정한 부피조건에서 압력과 온도는 비례

27. 정답 ③

28. 정답 ①

해설 소음 – dB(A)

29. 정답 ①

30. 정답 ②

해설 식 기하평균 $(GM) = \sqrt[n]{a_1 \times a_2 \times a_3 \times \cdots \times a_n}$

∴ 기하평균 $(GM) = \sqrt[5]{100 \times 89 \times 94 \times 99 \times 120}$

$= 99.88 ppm$

31. 정답 ③

해설 식 $TWA = 16.61 \log\left(\dfrac{D}{100}\right) + 90$

$93.5 = 16.61 \log\left(\dfrac{D}{100}\right) + 90$, ∴ $D = 162.45\%$

※ 위 식에서 100은 12.5×일일 작업시간(일반적으로 8시간 적용)으로 산출된다. 문제에서 일일 작업시간을 8시간이 아닌 다른 시간으로 주어질 경우 주어진 시간을 12.5에 곱하여 식에 대입하여야 한다.

32. 정답 ④

해설 온도 : 온도가 낮을수록 흡착량은 증가한다.

33. 정답 ①

해설 식 $pH = \log\dfrac{1}{[H^+]}$

반응식 $HCl \rightleftarrows H^+ + Cl^-$

0.04M : 0.04M×0.02

∴ $pH = \log\dfrac{1}{[0.04 \times 0.02]} = 3.1$

34. 정답 ②

해설 식 $\eta_t = 1 - [(1-\eta_1)(1-\eta_2)]$

$\eta_t = 1 - [(1-0.9)(1-0.5)] = 0.95 ≒ 95\%$

35. 정답 ②

해설 [기하표준편차(변이)]

식 $GSD = \dfrac{50\%\text{에 해당하는 값}}{15.9\%\text{에 해당하는 값}} = \dfrac{84.13\%\text{에 해당하는 값}}{50\%\text{에 해당하는 값}}$

(양(+)의 분포)

식 $GSD = \dfrac{50\%\text{에 해당하는 값}}{15.9\%\text{에 해당하는 값}} = \dfrac{84.13\%\text{에 해당하는 값}}{50\%\text{에 해당하는 값}}$

(음(-)의 분포)

36. 정답 ①

해설 오존은 강한 복사파장으로 산소가 분해되면서 생성된 O(라디칼)이 산소와 결합하여 발생된다.

37. 정답 ②

해설 식 $TWA = \dfrac{C_1 T_1 + C_2 T_2 + \cdots + C_n T_n}{8}$

∴ $TWA = \dfrac{4.5 \times 3 + 12.8 \times 2 + 6.8 \times 1}{8} = 5.74 ppm$

38. 정답 ④

39. 정답 ③

해설 [여과집진 메커니즘(제거원리)]
- 접촉차단(직접차단)
- 확산
- 중력
- 관성충돌
- 체거름
- 정전기

40. 정답 ④

해설 중금속의 측정은 주로 원자흡광광도계(원자흡수분광광도계)로 측정한다.

41. 정답 ④

42. 정답 ③

해설 식 $Q_2 = Q_1 \times \left(\dfrac{D_2}{D_1}\right)^3$

∴ $Q_2 = 200 \times \left(\dfrac{1,000}{600}\right)^3 = 925.93 m^3/min$

43. 정답 ②

해설 식 $\Delta P_h = \dfrac{1 - C_e^2}{C_e^2} \times P_v$

∴ $\Delta P_h = \dfrac{1 - 0.82^2}{0.82^2} \times 50 = 24.36 mmH_2O$

44. 정답 ④

해설 식 $V = \dfrac{Q}{A}$

- $Q = \dfrac{\text{부피}}{\text{시간}} = \dfrac{(25m \times 10m \times 3m)}{1\text{회}} \times \dfrac{18\text{회}}{1hr} = 135,000 m^3/hr$

- $A = \dfrac{\pi D^2}{4} = \dfrac{\pi \times (0.5m)^2}{4} = 0.1963 m^2$

∴ $V = \dfrac{135,000 m^3/hr}{0.1963 m^2} \times \dfrac{1hr}{3600 sec} = 191.03 m/sec$

45. 정답 ②

46. 정답 정답오류로 판단

해설 식 $Q_c = 0.5(10X^2 + A) \times V_c$
- $A = 50cm \times 20cm = 0.5m \times 0.2m = 0.1m^2$
- $X = 30cm = 0.3m$
- $V_c = 2.5m/\sec$(연마 공정의 제어속도 2.5~10m/sec, 하한치로 적용)

∴ $Q_c = 0.5 \times (10 \times (0.3m)^2 + 0.1m^2) \times 2.5m/\sec$
$= 1.25m^3/\sec ≒ 75m^3/\min$

47. 정답 ④

해설 보호구 착용은 유해물질로부터의 부분적인 방호 또는 노출의 저감만이 가능하다. 따라서 보호구 착용 이전에 유해물질 배출을 줄이거나 노출을 줄일 수 있는 방안을 강구하여야 한다.

48. 정답 ④

해설 곡관의 압력손실계수의 크기는 2조각 관(90°관) > 3조각 관 > 4조각 관 > 5조각 관 > 유선형 관 순이다.

49. 정답 ③

해설 용융규산(fused silica)은 비결정형 규산으로 노출기준은 총먼지로 0.1mg/m³이다.

50. 정답 ②

해설 3측면 개방 외부식 천개형 후드이고, H/L = 1/2 = 0.50이므로 아래 식을 적용하여 송풍량을 산출한다.

식 $Q = 8.5 \times H^{1.8} \times W^{0.2} \times V_c$ ← 0.3 < H/L ≤ 0.75인 경우
(3측면 개방 외부식 천개형 후드)
- H : 배출원에서 후드 개구면까지의 높이 = $1m$
- V : 제어속도 = $0.25m/\sec$
- W : 캐노피 폭 = $2m$

∴ $Q = 8.5 \times (1m)^{1.8} \times (2m)^{0.2} \times 0.25m/s \times \frac{60\sec}{1\min}$
$= 146.46m^3/\min$

※ 장방형의 캐노피형 후드의 경우 필요송풍량(4측면 개방 외부식 천개형 후드)
① H/L ≤ 0.3인 경우
  식 $Q = 1.4 \times P \times H \times V$
  - P : $2(L+W)$ → 캐노피 둘레길이
  - H : 배출원에서 후드 개구면까지의 높이
  - V : 제어속도

② 0.3 < H/L ≤ 0.75인 경우
  식 $Q = 14.5 \times H^{1.8} \times W^{0.2} \times V_c$
  - H : 배출원에서 후드 개구면까지의 높이
  - V : 제어속도
  - W : 캐노피 폭

51. 정답 ①

52. 정답 ①

해설 안전인증 방독마스크에는 규칙 제58조의8(안전인증의 표시)에 따른 표시 외에 다음 각 목의 내용을 추가로 표시해야 한다.
가. 파과곡선도
나. 사용시간 기록카드
다. 정화통의 외부측면의 표시 색(표 5에 따름)
라. 사용상의 주의사항

53. 정답 ②

해설 식 $\ln\left(\frac{C_t}{C_0}\right) = -k \times t$
- $k = \frac{Q}{\forall} = \frac{90m^3}{\min} \times \frac{1}{1,000m^3} = 0.09/\min$

$\ln\left(\frac{100}{400}\right) = -0.09 \times t$, ∴ $t = 15.4\min$

54. 정답 ③

해설 식 $V = \sqrt{\frac{2gP_v}{\gamma}}$

$V = \sqrt{\frac{2 \times 9.8 \times 25}{1.21}} = 20.12m/\sec$

55. 정답 ①

해설 공기배출구와 근로자의 작업위치 사이에 오염원이 위치하도록 하여야 한다.

56. 정답 ①

해설 설치비 및 설치면적에 비해 유지관리비가 적게 든다.

57. 정답 ④

해설 작업환경관리는 대치(대체), 격리, 환기, 교육으로 이루어진다.

58. 정답 ④
해설 충만실의 목적은 슬롯의 공기유속을 결과적으로 일정하게 하강시키는 것이다.

59. 정답 ③
해설 근로자들이 착용하였는지 쉽게 확인이 어렵다.

60. 정답 ②
해설 곡관의 곡률반경은 최소 덕트 직경의 1.5 이상으로 하며 주로 2.0을 사용한다.

61. 정답 ③
해설 식 차음효과 $= (NRR-7) \times 0.5$
$= (27-7) \times 0.5 = 10dB$

62. 정답 ②
해설 소음의 특성 : 고주파음이 저주파음보다 유해하다.

63. 정답 ②
해설 진동 작업장에서 작업자의 체온이 낮을 경우 진동으로 인한 건강장해가 더 심화되므로 작업자의 체온을 적정한 범위에서 높게 유지시키는 것이 바람직하다.

64. 정답 ③
해설 참호족은 혈액 공급 부족으로 발생한다. 피부조직 및 모세혈관이 손상된다.

65. 정답 ④

66. 정답 ①
해설 대개 30Hz에서 문제가 되고, 60~90Hz에서는 시력장애가 일어난다.

67. 정답 ③
해설 식 $SPL = PWL - 20\log r - 11$
• $PWL = 10\log\left(\dfrac{W}{W_o}\right) = 10\log\left(\dfrac{1.2}{10^{-12}}\right) = 120.79dB$
∴ $SPL = 120.79 - 20\log(35) - 11 = 78.91dB$

68. 정답 ①
해설 강한 자기장의 발생원은 고전류장비와 같은 높은 전류와 관련이 있으며 강한 전기장의 발생원은 고전압장비와 같은 높은 전하와 관련이 있다.

69. 정답 ④
해설 [전리방사선에 대한 인체의 감수성 순서]
골수, 흉선 및 림프조직, 눈의 수정체, 임파선 > 상피, 내피세포 > 근육세포 > 신경조직

70. 정답 ④

71. 정답 ④
해설 인체와 환경과의 열교환은 아래 방정식으로 나타낼 수 있다.
식 $\Delta S = M - E \pm R \pm C$
• M : 대사에 의한 열생산
• E : 수분증발에 의한 열 방산
• R : 복사에 의한 열 득실
• C : 대류 및 전도에 의한 열 득실

72. 정답 ③
해설 질소의 기포가 뼈의 소동맥을 막아서 후유증으로 무균성 골괴사를 일으킨다.

73. 정답 ④
해설 Assmann(아스만) 통풍건습계는 온도와 습도를 측정하는 장비이다.

74. 정답 ③

75. 정답 ①
해설 폐압박 현상은 1차적인 가압현상에 해당한다.
※ 1차적인 가압현상에 의한 건강장해 : 부종, 출혈, 동통, 치통, 부비강통, 고막파열, 폐압박
※ 2차적인 가압현상에 의한 건강장해 : 가스로 인한 장해현상(마취, 다행증, 근육경련, 관절장해 등)

76. 정답 ②
해설 식 단일벽 투과손실(TL) $= 20\log(m \times f) - 43$
• m : 벽체의 면밀도(장벽의 단위 표면적당 무게)
∴ 단일벽 투과손실(TL) $= 20\log(2 \times m \times f) - 43$
$= [6 + 20\log(m \times f)] - 43$
∴ 6dB씩 증가한다.

77. 정답 ③
해설 • 초정밀작업 : 750lux 이상 • 정밀작업 : 300lux 이상
• 보통작업 : 150lux 이상 • 단순일반작업 : 75lux 이상

78. 정답 ②

79. 정답 ②
해설 사업주는 사업장 특성상 환기가 곤란한 경우 공기호흡기 또는 송기마스크를 지급하여 착용하도록 하고 환기를 하지 않을 수 있다.

80. 정답 ①

81. 정답 ④
해설 이산화질소는 하기도에 장해를 유발한다.

82. 정답 ①
해설 Ca-EDTA를 치료제로 사용할 수 있는 중금속은 납이다.

83. 정답 ②

84. 정답 ③
해설 [화학적 상호작용]
- 상가작용 : 독성물질 영향력의 합으로 나타나는 경우 (예 2 + 3 → 5)
- 가승작용 : 무독성물질이 독성물질과 동시에 작용하여 그 영향력이 커지는 경우 (예 0 + 3 → 5)
- 상승작용 : 독성물질 영향력의 합보다 크게 나타나는 경우 (예 2 + 3 → 10)
- 길항작용(상쇄작용) : 독성물질로 인한 영향이 단독 물질일 때보다 작아지는 경우 (예 2 + 3 → 4)

85. 정답 ②
해설 ②항만 올바르다.
오답해설
① 결정체 석영 – 0.05mg/m³
③ 비결정체 규소 – 0.1mg/m³
④ 결정체 트리디마이트 – 0.05mg/m³

86. 정답 ④
해설 ④항은 지역시료채취 및 개인시료채취의 단점이다. 생물학적 모니터링은 호기, 소변, 혈액에 대한 노출을 평가한다.

87. 정답 ②

88. 정답 ④

해설 [중추신경 활성억제의 크기 순서]
알칸 < 알켄 < 알코올 < 유기산 < 에스테르 < 에테르 < 할로겐화탄화수소
암기TIP 억제하지 못한 알파카는 켄 코올라먹고 유기되어 사육사는 찾는데 에쓰고 에테우던 중 할로! 하고 나타난 알파카

89. 정답 ③
해설 치료제는 킬레이트제가 있으며 중독 시 신경이나 뇌세포 손상 회복이 어렵다.

90. 정답 ③

91. 정답 ④
해설 결정인자는 노출된 화학물질로 인해 나타나는 결과가 특이해야 한다.

92. 정답 ④
해설 카드뮴의 만성중독 시 신장기능 장해, 골격계장해, 폐기능 장해, 이따이이따이병을 유발한다.

93. 정답 ②

94. 정답 ①

95. 정답 ③
해설 크롬은 3가크롬보다 6가크롬이 체내흡수가 많이 된다.

96. 정답 ④

97. 정답 ①
해설 석면은 악성중피종, 석면폐증 등 호흡기 질환을 유발한다.

98. 정답 ②
해설 폐포에 가장 영향을 주는 입자의 크기는 4㎛ 내외이다.

99. 정답 ③

100. 정답 ④

UNIT 12 2021년 산업위생관리기사 2회

01 ④	02 ④	03 ③	04 ①	05 ②
06 ④	07 ③	08 ①	09 ①	10 ③
11 ④	12 ①	13 ③	14 ②	15 ②
16 ②	17 ①	18 ①	19 ④	20 ①
21 ③	22 ④	23 ②	24 ④	25 ②
26 ①	27 ①	28 ④	29 ④	30 ④
31 ④	32 ①	33 ①	34 ③	35 ②
36 ②	37 ①	38 ①	39 ①	40 ③
41 ④	42 ①	43 ②	44 ④	45 ②
46 ③	47 ①	48 ②	49 ④	50 ④
51 ①	52 ②	53 ④	54 ①	55 ②
56 ④	57 ③	58 ③	59 ④	60 ①
61 ③	62 ④	63 ①	64 ②	65 ①
66 ④	67 ②	68 ①	69 ②	70 ④
71 ③	72 ③	73 ①	74 ②	75 ②
76 ④	77 ①	78 ④	79 ④	80 ①
81 ②	82 ④	83 ②	84 ③	85 ①
86 ③	87 ①	88 ②	89 ③	90 ④
91 ②	92 ③	93 ①	94 ③	95 ①
96 ④	97 ②	98 ②	99 ③	100 ④

01. 정답 ④

해설 최초로 기록된 직업병은 납중독이며, 이를 보고한 사람은 히포크라테스(Hippocrates)이다.

02. 정답 ④

해설 요추 염좌는 잘못된 자세, 무거운 물건을 들 때 요추(허리뼈) 부위의 뼈와 뼈를 이어주는 섬유조직인 인대가 손상되어 통증이 생기는 상태로 허리통증, 근경력의 증상이 나타난다.

03. 정답 ③

해설 [해치의 양-반응관계에서 기관장애의 진전 3단계]
- 항상성 유지단계 : 유해인자 노출에 대하여 적응할 수 있는 단계로 정상상태를 유지할 수 있는 단계
- 보상단계 : 방어기전을 동원하여 기능장애를 방어할 수 있는 단계 (허용농도 설정 단계)
- 고장단계 : 보상이 불가능하여 기관이 파괴되는 단계

04. 정답 ①

해설 곤비란 단시간의 휴식으로 회복될 수 없는 피로를 말한다.

05. 정답 ②

해설 제29조(제조 등이 금지되는 유해물질) 제조·수입·양도·제공 또는 사용이 금지되는 유해물질은 다음 각 호와 같다.
① 황린(黃燐) 성냥
② 백연을 함유한 페인트(함유된 용량의 비율이 2퍼센트 이하인 것은 제외한다)
③ 폴리클로리네이티드터페닐(PCT)
④ 4-니트로디페닐과 그 염
⑤ 악티노라이트석면, 안소필라이트석면 및 트레모라이트석면
⑥ 베타-나프틸아민과 그 염
⑦ 백석면, 청석면 및 갈석면
⑧ 벤젠을 함유하는 고무풀(함유된 용량의 비율이 5퍼센트 이하인 것은 제외한다)
⑨ ①부터 ⑦까지의 어느 하나에 해당하는 물질을 함유한 제제(함유된 중량의 비율이 1퍼센트 이하인 것은 제외한다)
⑩ 「화학물질관리법」 제2조제5호에 따른 금지물질
⑪ 그 밖에 보건상 해로운 물질로서 산업재해보상보험 및 예방심의위원회의 심의를 거쳐 고용노동부장관이 정하는 유해물질

06. 정답 ④

해설 사무실 공기질의 측정결과는 측정치 전체에 대한 평균값을 오염물질별 관리기준과 비교하여 평가한다. 다만, 이산화탄소는 각 지점에서 측정한 측정치 중 최고값을 기준으로 비교·평가한다.

07. 정답 ③

해설 제10조(작성항목) 물질안전보건자료 작성 시 포함되어야 할 항목 및 그 순서는 다음 각 호에 따른다.
1. 화학제품과 회사에 관한 정보
2. 유해성·위험성
3. 구성성분의 명칭 및 함유량
4. 응급조치요령
5. 폭발·화재시 대처방법
6. 누출사고시 대처방법
7. 취급 및 저장방법
8. 노출방지 및 개인보호구
9. 물리화학적 특성
10. 안정성 및 반응성
11. 독성에 관한 정보
12. 환경에 미치는 영향
13. 폐기 시 주의사항
14. 운송에 필요한 정보
15. 법적규제 현황
16. 그 밖의 참고사항

08. 정답 ①

해설 해당되는 항목이 너무 많은 관계로 문제로 학습을 권장!

09. 정답 ①

해설 ①항만 올바르다.

오답해설
② 야근은 최대 3일 이상 연속으로 하지 않는다.
③ 정적인 작업은 피로를 가중시키므로 될수록 동적인 작업으로 전환하도록 한다.
④ 피로한 후 장시간 휴식하는 것보다 휴식시간을 여러 번으로 나누는 것이 더 효과적이다.

10. 정답 ③

11. 정답 ④

해설 [재해예방의 4원칙]
㉠ 예방가능의 원칙 : 재해는 원칙적으로 모두 방지가 가능하다.
㉡ 손실우연의 원칙 : 재해 발생과 손실 발생은 우연적이므로 사고 발생 자체의 방지가 이루어져야 한다.
㉢ 원인계기의 원칙 : 재해 발생에는 반드시 원인이 있으며, 사고와 원인의 관계는 필연적이다.
㉣ 대책선정의 원칙 : 재해 예방을 위한 가능한 안전대책은 반드시 존재한다.

12. 정답 ①

13. 정답 ③

해설 식 $LI = \dfrac{물체\ 무게(kg)}{RWL(kg)} = \dfrac{12kg}{6kg} = 2$

14. 정답 ②

해설 근로자의 건강보호가 산업위생 전문가의 1차적인 책임이라는 것을 인식한다. - 근로자에 대한 책임
궁극적 책임은 기업주와 고객보다 근로자의 건강보호에 있다. - 기업주와 고객에 대한 책임

15. 정답 ②

16. 정답 ②

해설 "중대재해(고용노동부령으로 정하는 재해)"란 다음 각 호의 어느 하나에 해당하는 재해를 말한다.
• 사망자가 1명 이상 발생한 재해
• 3개월 이상의 요양이 필요한 부상자가 동시에 2명 이상 발생한 재해
• 부상자 또는 직업성질병자가 동시에 10명 이상 발생한 재해

17. 정답 ①

18. 정답 ③

해설 식 실동률 = 85−(5×작업대사율) = 85−(5×3) = 70%

19. 정답 ④

해설 ④항은 관리의 과정에 해당한다.

20. 정답 ③

해설 OSHA 보정법과 Brief and Scala 보정법은 다음과 같이 계산된다.
(1) OSHA 보정식(급성중독물질)
  식 보정된 허용농도 = 8시간 허용농도×[8시간/(노출시간/일)] = 50×(8/10) = 40ppm
(2) Brief와 Scala의 보정방법
  • 보정계수 $= \dfrac{8}{H} \times \dfrac{24-H}{16} = \dfrac{8}{10} \times \dfrac{24-10}{16} = 0.7$
  식 보정된 노출기준 = TLV×보정계수 = 50×0.7 = 35ppm
  ∴ 차이 = 40−35 = 5ppm

21. 정답 ③

해설 열탈착은 한 번에 모든 시료가 주입된다.

22. 정답 ④

23. 정답 ②

해설 • 경작업 : 시간당 200kcal 이하 열량 소요 작업
• 중등작업 : 시간당 200~350kcal 열량 소요 작업
• 중작업 : 시간당 350~500kcal 열량 소요 작업

24. 정답 ④

해설 습구흑구온도지수(WBGT) 계산 시에는 습구온도, 흑구온도, 건구온도를 고려하여 산출한다.

25. 정답 ②

해설 • 관성충돌 : 0.5㎛ 이상
• 접촉차단(간섭) : 0.1~1㎛
• 확산 : 0.5㎛ 이하

26. 정답 ①

해설 해당문제는 오류로 판단된다. 정량한계를 ppm이 아닌 mg으로 묻고 있으므로 농도단위를 환산해주어야 한다. 답으로 제시된 ①항은 정량한계의 단위를 ppm으로 계산 시 산출되는 값이다.

식 정량한계(LOQ) = 오염물질량(L)×오염물질농도(C)
- 오염물질량(L)= $3.5L$
- 오염물질농도(C)= $0.7ppm$ (정량한계이므로 최소값으로 적용)

∴ 정량한계(LOQ)
$= 3.5L \times \dfrac{0.7mL}{m^3} \times \dfrac{53.06mg}{22.4mL} \times \dfrac{1m^3}{10^3L} = 5.8 \times 10^{-3} mg$

27. 정답 ①

해설 식 포름알데히드(ppm) = $\dfrac{검출량}{채취량}$

$= \dfrac{\dfrac{50\mu g}{mL} \times 20mL \times \dfrac{1mg}{10^3 \mu g} \times \dfrac{22.4mL}{30mg}}{0.480m^3} = 1.56ppm$

28. 정답 ④

해설 뒷층의 양을 앞층의 양으로 나누어 분석결과로 이용하였다.
$25\% = \dfrac{뒷층 검출양}{앞층 검출양} \times 100$

29. 정답 ④

30. 정답 ④

해설 앞층이 100mg, 뒷층이 50mg으로 앞층이 뒷층보다 2배 정도 많다.

31. 정답 ④

해설 식 개선 전후 차이 = 개선 전 오차 − 개선 후 오차
- 누적오차(개선 전)
$= \sqrt{15^2 + 3^2 + 10^2 + 7^2} = 19.57\%$
- 누적오차(개선 후)
$= \sqrt{10^2 + 3^2 + 10^2 + 7^2} = 16.06\%$

∴ 개선 전후 차이 $= 19.57 - 16.06 = 3.51\%$

32. 정답 ①

해설 변이계수는 평균값에 대한 표준편차의 크기를 나타낸 수치이다.

33. 정답 ①

34. 정답 ③

35. 정답 ②

해설 • 1Bq = 1DPS
• 1Bq = $2.7 \times 10^{-11} Ci$

36. 정답 ②

해설 식 $L_s = 10\log(10^{L_1/10} + 10^{L_2/10} + \cdots + 10^{L_n/10})$

∴ $L_s = 10\log(10^{88/10} + 10^{86/10} + 10^{91/10}) = 93.59 dB$

37. 정답 ①

해설 식 납의 농도(mg/m³) = $\dfrac{납\ 검출량}{채취유량}$

$= \dfrac{(8.5-0.7)\mu g \times \dfrac{1mg}{10^3 \mu g} \times \dfrac{1}{0.95}}{60L \times \dfrac{1m^3}{10^3 L}} = 0.14 mg/m^3$

38. 정답 ①

해설 식 $EI = \dfrac{C_1}{T_1} + \dfrac{C_2}{T_2} + \cdots + \dfrac{C_n}{T_n}$

∴ $EI = \dfrac{30}{60} + \dfrac{15}{30} + \dfrac{5}{15} = 1.33$

∴ 노출지수(EI)가 1 이상이므로 허용기준 초과로 판단

39. 정답 ①

40. 정답 ③

해설 표준편차는 자료분석치가 얼마나 평균 가까이에 분포하고 있는지의 여부를 나타낸다.

41. 정답 ④

42. 정답 ①

해설 방진마스크의 필터에는 섬유여과지가 사용된다. 활성탄과 실리카겔을 흡수제로 사용하는 것은 방독마스크이다.

43. 정답 ②

해설 식 $Q_c = (10X^2 + A) \times V_c$
- $A = \dfrac{\pi D^2}{4} = \dfrac{\pi \times (1m)^2}{4} = 0.7853 m^2$
- $V_c = 3 m/sec$

∴ $Q_c = (10 \times (2)^2 + 0.7853) \times 3 = 122.36 m^3/sec$

44. 정답 ④

해설 천연 고무 : 극성용제 및 수용성 용액에 효과적이다.

45. 정답 ②

46. 정답 ③

해설 식 소요동력(kW) $= \dfrac{\Delta P \cdot Q}{102 \cdot \eta}$

$= \dfrac{150 \times (200/60)}{102 \times 0.8} = 6.13 kW$

47. 정답 ①

해설 식 $N_{Re} = \dfrac{D \cdot V \cdot \rho}{\mu}$

48. 정답 ②

해설 보온 재료인 석면 대신 유리섬유나 암면을 사용한다.

49. 정답 ④

해설 식 $\ln \dfrac{C_t}{C_o} = -K \times t$

• $K = \dfrac{Q}{\forall} = \dfrac{10 m^3/min}{(7 \times 14 \times 3) m^3} = 0.034/min$

$\ln\left(\dfrac{100}{300}\right) = -0.034 \times t, \therefore t = 32.31 min$

50. 정답 ④

해설 공정 중 발생되는 오염물질의 비산속도를 작게 하여야 한다.

51. 정답 ①

해설 • 풍량(유량)은 송풍기의 회전수에 비례한다.
• 풍압(압력)은 송풍기의 회전수의 제곱에 비례한다.
• 동력은 송풍기의 회전수의 제곱에 비례한다.

52. 정답 ②

해설 식 $P_i(부분압) = \dfrac{C_i(부분농도)}{C_t(전체농도)} \times P_t(전체압력)$

$\therefore P_i(부분압) = \dfrac{71}{71+14+15} \times 1 atm \times \dfrac{760 mmH_2O}{1 atm}$

$= 539.6 mmH_2O$

53. 정답 ④

54. 정답 ①

55. 정답 ②

해설 식 $P_s = (1+F_i)P_v$

• $P_v = \dfrac{\gamma V^2}{2g} = \dfrac{1.2 \times 15.9235^2}{2 \times 9.8} = 15.5239 mmH_2O$

• $V = \dfrac{Q}{A} = \dfrac{30 m^3}{min} \times \dfrac{1}{0.0314 m^2} \times \dfrac{1 min}{60 sec} = 15.9235 m/sec$

• $F_i = \dfrac{1-C_i^2}{C_i^2} = \dfrac{1-0.82^2}{0.82^2} = 0.4872$

$\therefore P_s = (1+0.4872) \times 15.5239 = 23.09 mmH_2O$

56. 정답 ③

해설 가격이 비싸고 효율이 낮은 편이다.
[원심력 송풍기 효율 순서]
비행기 날개형 > 터보형(후향 날개형) > 방사형(평판형, 레디얼형) > 전향 날개형(다익형)

57. 정답 ③

해설 1) 기존 후드 환기량 $= (10X^2 + A) \times V_c$
2) 작업대 위 플랜지 부착 후드 환기량
$= 0.5(10X^2 + A) \times V_c$

58. 정답 ③

해설 식 $P_v = \dfrac{\gamma V^2}{2g} = \dfrac{1.293 \times 15^2}{2 \times 9.8} = 14.84 mmH_2O$

59. 정답 ②

해설 식 온압보정 후 유량
$= \dfrac{20 m^3}{min} \times \dfrac{273+0(보정 후 온도)}{273+50(보정 전 온도)}$
$= 16.90 m^3/min$

60. 정답 ①

해설 적은 압력손실에서 사용 시 송풍량이 안정적이다.

61. 정답 ③

해설 3단계 : 대부분 손가락의 모든 마디의 창백함이 주 4회 이상으로 빈번한 발생

62. 정답 ④

해설 열교환 방정식은 아래와 같다.
식 $\Delta S = M - E \pm R \pm C$
- ΔS : 생체 내 열용량의 변화
- M : 대사에 의한 열 생산
- E : 수분증발에 의한 열 방산
- R : 복사에 의한 열 득실
- C : 대류 및 전도에 의한 열 득실

63. 정답 ②

64. 정답 ②

65. 정답 ③

66. 정답 ④

67. 정답 ②

해설 식 $SPL = PWL - 20\log(r) - 11$
- $PWL = 10\log\left(\dfrac{W}{W_o}\right) = 10\log\left(\dfrac{10}{10^{-12}}\right) = 130 dB$

∴ $SPL = 130 - 20\log(10) - 11 = 99 dB$

68. 정답 ①

69. 정답 ②

해설 개각은 4~5°가 좋으며, 개각이 클수록 실내는 밝다.

70. 정답 ④

해설 레이노드 증후군(Raynaud's phenomenon)을 유발하는 것은 전신진동이 아닌 국소진동이다.

71. 정답 ③

해설 소음성난청에 영향을 미치는 요인 : 음압 수준(소음의 크기), 소음의 특성, 노출시간, 개인의 감수성, 소음의 주파수 구성

72. 정답 ③

73. 정답 ①

해설 피부혈관의 수축으로 체내열을 보호한다.

74. 정답 ②

해설 식 $TWA = 16.61\log\left(\dfrac{D}{100}\right) + 90$

$= 16.61\log\left(\dfrac{300}{100 \times \dfrac{10}{8}}\right) + 90 = 96.31 dB$

75. 정답 ②

76. 정답 ④

77. 정답 ①

해설 ①항만 올바르다.

오답해설
② 실내 흡음량을 증가시키면 반향시간은 감소한다.
③ 반향시간은 음압수준이 60dB 감소하는데 소요되는 시간이다.
④ 반향시간을 측정하려면 소음과 실내 배경소음의 차이가 60dB 이상되어야 한다.

78. 정답 ④

79. 정답 ④

해설 질소, 아르곤, 헬륨 등의 불활성 가스 사용은 치환에 해당한다.

80. 정답 ①

해설 압력이란 게이지압을 말한다.

81. 정답 ②

해설 알레르기성 분진 – 꽃가루, 털, 나뭇가루

82. 정답 ④

83. 정답 ②

해설 먼지는 대식세포가 방출하는 효소에 의해 용해되어 제거된다.

84. 정답 ③

85. 정답 ①

해설 [생물학적 모니터링의 목적]
① 근로자 노출평가와 건강상의 영향평가 두 가지 목적으로 모두 사용될 수 있다.
② 생물학적 검체의 측정을 통해서 노출의 정도나 건강위험을 평가하는 것이다.

③ 최근의 노출량이나 과거로부터 축적된 노출량을 간접적으로 파악한다.
④ 유해물질에 노출된 근로자 개인에 대해 모든 인체침입경로, 근로시간에 따른 노출량 등 정보를 제공하는 데 있다.
⑤ 개인위생보호구의 효율성 평가 및 기술적 대책, 위생관리에 대한 평가에 이용한다.
⑥ 근로자 보호를 위한 모든 개선 대책을 적절히 평가한다.

86. 정답 ③

87. 정답 ①

88. 정답 ②

89. 정답 ③
해설 항원공여세포가 탐식되면 T림프구 중 Ⅱ(2)형 T림프구(type I killer T cell)가 특정 알레르기 항원을 인식한다.

90. 정답 ④

91. 정답 ④

92. 정답 ③

93. 정답 ①
해설 사염화탄소는 생식기 독성작용과 관련이 없다.

94. 정답 ③
해설 ③항을 제외한 나머지 물질들은 화학적 질식제에 해당한다.

95. 정답 ①
해설 포스겐은 폐수종을 유발하는 물질로 하기도에 영향을 준다.

96. 정답 ④

97. 정답 ②
해설 할로겐화 탄화수소는 매우 안정적이며, 비인화성이다.

98. 정답 ②
해설 식 상대위험도 = $\dfrac{\text{노출군에서 질병발생률}}{\text{비노출군에서 질병발생률}}$
∴ 상대위험도 = $\dfrac{5/19}{2/27}$ = 3.55

99. 정답 ②

100. 정답 ④
해설 ④항만 올바르다.
오답해설
① 벤젠 – 재생불량성 빈혈, 백혈병
② 크실렌 – 급성적인 영향(구토, 현기증, 두통, 마취), 만성적인 영향(신장장애, 빈혈, 골수장애)
③ 염화탄화수소 – 간장해

UNIT 13 2022년 산업위생관리기사 1회

01 ③	02 ③	03 ①	04 ③	05 ②
06 ④	07 ④	08 ③	09 ②	10 ①
11 ④	12 ①	13 ④	14 ②	15 ③
16 ③	17 ①	18 ②	19 ④	20 ①
21 ④	22 ③	23 ③	24 ③	25 ③
26 ①	27 ②	28 ①	29 ③	30 ①
31 ①	32 ③	33 ③	34 ③	35 ①
36 ③	37 ②	38 ①	39 ①	40 ③
41 ③	42 ③	43 ③	44 ③	45 ②
46 ②	47 ②	48 ④	49 ④	50 ④
51 ④	52 ④	53 ④	54 ④	55 ①
56 ②	57 ②	58 ③	59 ①	60 ①
61 ①	62 ②	63 ②	64 ③	65 ①
66 ①	67 ①	68 ②	69 ①	70 ①
71 ②	72 ③	73 ②	74 ①	75 ②
76 ④	77 ②	78 ②	79 ③	80 ④
81 ③	82 ②	83 ④	84 ③	85 ②
86 ③	87 ④	88 ①	89 ④	90 ③
91 ③	92 ②	93 ③	94 ②	95 ②
96 ①	97 ④	98 ①	99 ①	100 ③

01. 정답 ③

해설 [요통 발생에 관여하는 주된 요인]
- 올바르지 못한 작업방법 및 자세
- 근로자의 육체적 조건
- 작업습관과 개인적인 생활태도
- 작업빈도, 물체의 위치와 무게 및 크기 등과 같은 물리적 환경요인
- 요통 및 기타 장애의 경력

02. 정답 ③

해설 산업위생은 작업장 내 환경 및 보건관리로 한정한다.

03. 정답 ①

해설 산소소비량은 작업부하가 계속 증가해도 일정단계에서 더 이상 증가하지 않으며 부족산소분은 산소부채가 되어 작업이 끝난 후에 일정시간동안 거친호흡을 지속하며 산소를 공급하여 축적된 젖산을 산화처리한다.

04. 정답 ③

해설 식 휴식시간(%)

$$= \left[\frac{PWC \times \frac{1}{3} - 작업대사량}{휴식대사량 - 작업대사량} \right] \times 100,$$

(휴식시간 : 60분 기준)

$$= \left[\frac{15 \times \frac{1}{3} - 7}{1.2 - 7} \right] \times 100 = 34.48\%$$

∴ 휴식시간(min) = 60×0.3448 = 20.69 ≒ 21min
∴ 작업시간(min) = 39min

05. 정답 ②

해설 ②항만 올바르다.
오답해설
① Percivall Pott – 검댕에 의한 직업성 암의 최초 보고
③ G. Agricola – 먼지에 의한 규폐증을 기록하고, 광산에서의 환기와 마스크 착용을 권장했으며, 저서로는 "광물에 대하여"를 저술
④ Bernardino Ramazzini – 직업병의 원인을 작업장사용 유해물질과 근로자의 불완전한 작업이나 과격한 동작으로 구분

06. 정답 ④

07. 정답 ④

해설 식 $C(ppm) = \dfrac{대상물질(mL)}{전체공기 또는 가스(m^3)}$

- 벤젠 $= 5mg \times \dfrac{24.45mL}{78mg} = 1.57mL$

(25℃, 1기압기준 1mol = 24.45L)

- 공기 $= \dfrac{100mL}{min} \times 60min \times \dfrac{1m^3}{10^6 mL} = 6 \times 10^{-3} m^3$

(25℃, 1기압에서 채취했으므로 따로 온압보정 필요없음)

∴ $C(ppm) = \dfrac{1.57mL}{6 \times 10^{-3} m^3} = 261.67 mL/m^3 (ppm)$

08. 정답 ③

해설 ③항만 올바르다.
오답해설
① 일반 대중에 관한 사항은 정직하게 발표한다. – 일반 대중에 대한 책임
② 위험요소와 예방조치에 관하여 근로자와 상담한다. – 근로자에 대한 책임
④ 위험요인의 측정, 평가 및 관리에 있어서 외부의 압력에 굴하지 않고 중립적 태도를 취한다. – 근로자에 대한 책임

09. 정답 ②

해설 식 도수율(FR) = $\dfrac{\text{재해발생건수}}{\text{연근로시간수}} \times 10^6$

도수율(FR) = $\dfrac{40건/year}{\dfrac{8hr}{1day \cdot 1인} \times \dfrac{290day}{1year} \times 200인} \times 10^6$

= 86.2

10. 정답 ①

해설 수면 방해(불면증)은 심리적 결과에 해당한다.

11. 정답 ④

해설 "충격소음작업"이란 소음이 1초 이상의 간격으로 발생하는 작업으로서 다음 각 목의 어느 하나에 해당하는 작업을 말한다.
가. 120데시벨을 초과하는 소음이 1일 1만회 이상 발생하는 작업
나. 130데시벨을 초과하는 소음이 1일 1천회 이상 발생하는 작업
다. 140데시벨을 초과하는 소음이 1일 1백회 이상 발생하는 작업

12. 정답 ①

해설 규폐증은 규산 또는 규산이 들어있는 먼지가 폐에 쌓여 생기는 질환으로, 규산을 취급하는 산업현장에서 생기는 질환이다. (예 채광업, 채석업, 요법, 연마업 등)

13. 정답 ④

14. 정답 ②

해설 제37조(위험성평가 실시내용 및 결과의 기록·보존) 사업주가 위험성평가의 결과와 조치사항을 기록·보존할 때에는 다음 각 호의 사항이 포함되어야 한다.
1. 위험성평가 대상의 유해·위험요인
2. 위험성 결정의 내용
3. 위험성 결정에 따른 조치의 내용
4. 그 밖에 위험성평가의 실시내용을 확인하기 위하여 필요한 사항으로서 고용노동부장관이 정하여 고시하는 사항

15. 정답 ③

해설 규폐증을 일으키는 물질은 규산이다.

16. 정답 ③

17. 정답 ①

해설 [하인리히의 사고분석]
1 : 29 : 300의 법칙 : 경미사고가 있으나 무상해로 끝나는 것이 300건 있으면, 상해가 있는 경미사고가 29건이 있고, 1건의 휴업부상자(사망 또는 중대사고)가 있다는 이론
1 : 29 = 4 : X, ∴ X = 116

18. 정답 ②

19. 정답 ④

해설
• 이상기압 – 감압병, 잠함병
• 국소진동 – 레이노씨 병

20. 정답 ①

21. 정답 ④

해설 시료 채취유량 : 시료 채취유량이 높으면 쉽게 파과가 일어나며 코팅된 흡착제인 경우는 그 경향이 강하다.

22. 정답 ③

해설 주입시료액의 대부분을 불꽃부분으로 보내는 전분무버너는 감도가 낮고, 시료용액을 일단 분무실내에 불어넣고 미세한 입자만을 불꽃 중에 보내는 예혼합버너는 감도가 높다.

23. 정답 ③

24. 정답 ④

25. 정답 ③

해설 식 $TWA = \dfrac{C_1 T_1 + C_2 T_2 + \cdots + C_n T_n}{8}$

∴ $TWA = \dfrac{10 \times 1 + 15 \times 2 + 17.5 \times 4 + 0 \times 1}{8}$

= 13.75ppm

26. 정답 ①

해설 ①항만 올바르다.

오답해설
② Pitot tube를 이용하여 동압을 측정한 후에 유속과 유량을 측정할 수 있다.
③ Pitot tube를 이용하여 전압과 정압을 구하여 동압을 계산한다.
④ 속도압이 25mmH₂O일 때 기류속도는 20.12m/s이다.

식 $V = \sqrt{\dfrac{2g P_v}{\gamma}} = \sqrt{\dfrac{2 \times 9.8 \times 25}{1.21}} = 20.12 m/\sec$

27. 정답 ②

28. 정답 ④

해설 V : 폐환기율

29. 정답 ④

해설 습도가 높고 대기 흐름이 적을 때 높은 습구온도가 발생한다.

30. 정답 ①

해설 식 변이계수(CV%)= $\dfrac{SD}{평균치} \times 100$

- $SD = \sqrt{\dfrac{(5-4.5)^2 + (4.5-4.5)^2 + (4.0-4.5)^2 + (4.6-4.5)^2 + (4.4-4.5)^2}{5-1}}$
  $= 0.36$
- $m = \dfrac{5+4.5+4.0+4.6+4.4}{5} = 4.5$

∴ 변이계수(CV%)= $\dfrac{0.36}{4.5} \times 100 = 8\%$

31. 정답 ①

32. 정답 ③

33. 정답 ③

해설 식 $H = \dfrac{L}{N} \rightarrow L = H \times N$

식 $\dfrac{\overline{N_1}}{\overline{N_2}} = \dfrac{(R_{s1})^2}{(R_{s2})^2}$

- L_1(효율증가 전 충진관 길이)= $H \times N = 30 cm$
- $R_{s1} = \dfrac{2 \times (17.6 - 16.4)}{1.25 + 1.15} = 1$
- $R_{s2} = 1.5$(99.7% 효율 기준)

$\dfrac{\overline{N_1}}{\overline{N_2}} = \dfrac{(1)^2}{(1.5)^2}$

$\dfrac{\overline{N_2}}{\overline{N_1}} = 2.25$

∴ L_2(효율 증가 후 충진관 길이)
$= H \times N \times 2.25 = 30 \times 2.25 = 67.5 cm$

34. 정답 ②

해설 식 $TWA = 16.61 \log\left(\dfrac{D}{100}\right) + 90$

∴ $TWA = 16.61 \times \log\left(\dfrac{300}{100}\right) + 90 = 97.92 dB$

35. 정답 ①

해설 식 $TLV_m = \dfrac{1}{\dfrac{f_1}{TLV_1} + \dfrac{f_2}{TLV_1} + \cdots + \dfrac{f_n}{TLV_1}}$

∴ $TLV_m = \dfrac{1}{\dfrac{0.3}{1,200} + \dfrac{0.3}{1,400} + \dfrac{0.4}{1,600}}$

$= 1,400 mg/m^3$

36. 정답 ③

해설 WBGT는 습구, 흑구, 건구온도 세가지를 측정하여 산출한다.

37. 정답 ②

해설 식 누적오차(%) = $\sqrt{E_1^2 + E_2^2 + E_3^2 + \cdots E_n^2}$
$= \sqrt{18^2 + 3^2 + 9^2 + 5^2} = 20.95\%$

38. 정답 ①

해설 광원으로 나오는 빛을 단색화장치(monochrometer) 또는 필터(filter)에 의하여 좁은 파장범위의 빛만을 선택하여 액층을 통과시킨다.

39. 정답 ①

40. 정답 ③

해설 진동측정장치 : 변환기(가속측정기)

41. 정답 ③

42. 정답 ③

해설 식 차음효과 = $(NRR - 7) \times 0.5$
$= (17 - 7) \times 0.5 = 5 dB$

※ 만일 문제에서 귀마개 착용시의 노출되는 음압수준 또는 소음을 물었다면,

∴ 음압수준 = 98 - 5 = 93 dB

43. 정답 ③

해설 중성자 차폐물질 : 물, 파라핀, 붕소함유 물질, 콘크리트, 흑연 등

44. 정답 ③

45. 정답 ②

해설 분진의 농도가 높을수록 집진효율이 증가한다.

46. 정답 ②

해설 식 여과속도 = $\dfrac{유량}{여과면적}$

- 여과면적 = $\pi DL = \pi \times 0.38m \times 2.5m = 2.9845m^2$

∴ 여과속도
$= \dfrac{60m^3}{min} \times \dfrac{1}{2.9845m^2} \times \dfrac{1min}{60sec}$
$= 0.3350 m/sec = 33.5 cm/sec$

47. 정답 ②

해설 식 공기밀도 = $\rho_{air} \times \dfrac{273+t_1}{273+t_2} \times \dfrac{P_2}{P_1}$

∴ 공기밀도
$= 1.293 kg/m^3 \times \dfrac{273+0}{273+40} \times \dfrac{1}{1} = 1.128 kg/m^3$

48. 정답 ④

49. 정답 ④

해설 코르크는 고유진동수가 10Hz 전후밖에 되지 않아 진동방지라기보다는 강체 간 고체음의 전파방지에 유익한 방진재료이다.

50. 정답 ④

해설 혼합섬유 여과지로 가장 많이 사용되는 것은 glass microfiber 여과지이다.

51. 정답 ④

해설 후드의 흡인 방향과 오염 가스의 이동방향을 같은 방향으로 할 것

52. 정답 ④

해설 신체의 중심이 물체의 중심보다 앞쪽에 있도록 한다.

53. 정답 ④

해설 전동식 공기정화형 호흡보호구는 생명과 건강에 즉각적으로 위험을 줄 수 있는 고농도의 작업장에서 사용할 수 없으며, 유해물질의 종류에 맞는 정화물질을 잘 선택하여 사용해야 한다.

54. 정답 ③

55. 정답 ①

해설 방진마스크 등급 중 2급은 포집효율이 분리식과 안면부 여과식 모두 85% 이상이어야 한다.
- 특급 : 99.5% 이상
- 1급 : 95% 이상
- 2급 : 85% 이상

56. 정답 ②

57. 정답 ②

해설 ②항만 올바르다.

오답해설
① 제어속도 감소(제어속도를 감소시키면서도 유해인자를 최대로 제어할 수 있는 속도로 설정)
③ 후드개구면적 감소
④ 발생원과의 거리를 최대한 가깝게 유지

58. 정답 ③

59. 정답 ①

해설 식 $C(ppm) = \dfrac{P_i}{P_t} \times 10^6$
$= \dfrac{1.52}{760} \times 10^6 = 2,000 ppm$

60. 정답 ③

해설 식 $V = \sqrt{\dfrac{2gP_v}{\gamma}} = \sqrt{\dfrac{2 \times 9.8 \times \left(5 \times \dfrac{10332}{760}\right)}{1.20}}$
$= 33.32 m/sec$

61. 정답 ①

해설 [전신진동 영향인자]
- 진동의 강도
- 진동수
- 진동의 방향
- 진동 폭로시간(노출시간)

62. 정답 ①

해설 ①항만 올바르다.

오답해설
② 소음원에서 소음발생이 중지한 후 소음의 감소는 시간의 제곱에 비례하여 감소한다.
③ 반향시간은 소음이 닿는 면적을 계산하기 용이한 실내에서의 흡음량을 추정하기 위하여 주로 사용한다.
④ 소음원에서 발생하는 소음과 배경소음 간의 차이가 40dB 이하인 경우에는 60dB 만큼 소음이 감소하지 않기 때문에 잔향 시간이 길어지고, 정확한 측정이 어려워지나 측정은 가능하다.

63. 정답 ②

해설 "잠수작업"이란 물속에서 하는 다음 각 목의 작업을 말한다.
• 표면공급식 잠수작업: 수면 위의 공기압축기 또는 호흡용 기체통에서 압축된 호흡용 기체를 공급받으면서 하는 작업
• 스쿠버 잠수작업: 호흡용 기체통을 휴대하고 하는 작업

64. 정답 ③

해설 입사면의 단면적에 대한 광속의 비를 조도라 하며 단위는 럭스(lux)를 사용한다.

65. 정답 ③

해설 비전리방사선 : 자외선, 가시광선, 적외선, 마이크로파, 레이저, 극저주파 방사선

66. 정답 ①

해설 [전리방사선에 대한 감수성 순서]

> 골수, 흉선 및 림프조직, 눈의 수정체, 임파선 > 상피, 내피세포 > 근육세포 > 신경조직

67. 정답 ①

68. 정답 ②

해설 식 차광도 = (a+b)−1 = (6+3)−1 = 8

69. 정답 ④

70. 정답 ③

71. 정답 ②

해설 표면조직의 냉각으로 순환능력이 감소되어 혈압은 일시적으로 상승한다.

72. 정답 ②

73. 정답 ③

74. 정답 ①

75. 정답 ②

해설 식 $SIL(=SPL) = 10\log\left(\dfrac{I}{I_o}\right)$

식 $SPL = PWL - 20\log(r) - 8$

• $PWL = 10\log\dfrac{W}{W_o} = 10\log\left(\dfrac{1,000}{10^{-12}}\right) = 150dB$

$SPL = 150 - 20\log(20) - 8 = 115.98dB$

$115.98 = 10\log\left(\dfrac{I}{10^{-12}}\right), \quad \therefore I = 0.40\,W/m^2$

76. 정답 ④

77. 정답 ②

해설 라디오파의 파장은 1MHz와 적외선 사이의 범위를 말한다.

78. 정답 ②

해설 식 파장 = $\dfrac{속도}{주파수} = \dfrac{340m/\sec}{800/\sec} = 0.43m$

79. 정답 ③

해설 식 $SPL = 20\log\left(\dfrac{P_2}{P_1}\right)$
$= 20\log(2) = 6.02dB$

80. 정답 ④

해설 산소중독은 고압산소에 대한 노출이 중지되면 즉시 멈춘다.

81. 정답 ③

해설 알루미늄(용접 흄)은 직업성 천식, 호흡곤란, 알츠하이머 증상을 유발한다.

82. 정답 ②

83. 정답 ④

해설 TDI는 실명 위험, 호흡기 질환(호흡곤란, 직업성 천식), 발암성, 알레르기를 유발한다.

84. 정답 ③

85. 정답 ②
해설 연초폐증은 유기성 분진에 의한 진폐증이다.

86. 정답 ③
오답해설
ⓒ 결정인자는 공기 중에서 흡수된 화학 물질이나 그것의 대사산물 또는 화학물질에 의해 생긴 가역적인 생화학적 변화이다.
ⓔ 공기 중의 농도를 측정하는 것보다 개인의 건강위험을 보다 직접적으로 평가할 수 있다.
ⓜ 공기 중 노출기준이 설정된 화학물질의 수 만큼 생물학적 노출기준(BEI)이 있지 않다. BEI가 마련되어 있는 화학물질의 수는 매우 적다.

87. 정답 ④

88. 정답 ①
해설 ① 오존(O_3) : 0.08ppm
② 암모니아(NH_3) : 25ppm
③ 염소(Cl_2) : 0.5ppm
④ 일산화탄소(CO) : 30ppm

89. 정답 ④

90. 정답 ③
해설 ③항은 수은중독의 관리대책 또는 사후대책에 해당한다.

91. 정답 ③

92. 정답 ②
해설 [유해물질이 인체에 미치는 영향인자]
㉠ 유해물질의 농도(독성)
㉡ 유해물질에 폭로되는 시간(폭로 빈도)
㉢ 개인의 감수성
㉣ 작업방법(작업강도, 기상조건)

93. 정답 ①

94. 정답 ②
해설 대부분의 유기용제는 지용성으로 물에 잘 용해되지 않는다.

95. 정답 ②
해설 PAHs는 지용성이다.

96. 정답 ①

97. 정답 ④
해설 [중추신경 활성억제의 크기 순서]
알칸 < 알켄 < 알코올 < 유기산 < 에스테르 < 에테르 < 할로겐화탄화수소

암기TIP 억제하지 못한 알파카는 켄 코올라먹고 유기되어 사육사는 찾는데 에쓰고 에테우던 중 할로! 하고 나타난 알파카

98. 정답 ④

99. 정답 ①
해설 오존은 화학적 질식제에 해당한다.
• 단순 질식제 : 생리적으로는 아무 작용도 하지 않으나 공기 중에 많이 존재하여 산소분압을 저하시켜 조직에 필요한 산소의 공급부족을 초래하는 질식제
• 화학적 질식제 : 생리적으로 작용한다.
(일산화탄소, 황화수소, 시안화수소, 아닐린, 오존)

100. 정답 ③
해설 DNA 염기의 대체는 바이러스의 독성작용 기전이다.

UNIT 14 2022년 산업위생관리기사 2회

01 ③	02 ②	03 ②	04 ①	05 ④
06 ③	07 ③	08 ④	09 ②	10 ③
11 ④	12 ④	13 ①	14 ①	15 ④
16 ③	17 ③	18 ②	19 ①	20 ②
21 ④	22 ③	23 ①	24 ②	25 ②
26 ②	27 ④	28 ②	29 ①	30 ①
31 ④	32 ①	33 ③	34 ④	35 ④
36 ②	37 ③	38 ③	39 ③	40 ①
41 ①	42 ②	43 ①	44 ①	45 ①
46 ③	47 ③	48 ②	49 ④	50 ③
51 ④	52 ③	53 ①	54 ②	55 ②
56 ②	57 ③	58 ③	59 ②	60 ②
61 ①	62 ②	63 ③	64 ②	65 ③
66 ④	67 ②	68 ①	69 ④	70 ④
71 ③	72 ①	73 ④	74 ③	75 ①
76 ②	77 ③	78 ②	79 ③	80 ④
81 ②	82 ②	83 ④	84 ①	85 ①
86 ①	87 ④	88 ④	89 ②	90 ③
91 ③	92 ③	93 ④	94 ①	95 ②
96 ③	97 ②	98 ③	99 ④	100 ②

01. 정답 ③

해설 식 소음감음량(NR) = $10\log\frac{(1,200+2,400)}{1,200}$ = 4.77dB

02. 정답 ②

해설 작업강도 = $\frac{\text{한 손의 힘}}{\text{약한쪽 손의 힘}} \times 100 = \frac{(8/2)}{45} \times 100 = 8.89\%$

03. 정답 ②

해설 스티븐스존슨 증후군은 약물에 의해 발생하는 급성 피부 질환이다.

04. 정답 ①

해설 [심리학적 적성검사]
- 지능검사 : 언어, 기능, 추리, 귀납 등에 대한 검사
- 지각동작검사 : 수족협조, 운동속도, 형태지각 등에 대한 검사
- 인성검사 : 성격, 태도, 정신상태에 대한 검사
- 기능검사 : 직무에 관련된 기본 지식과 숙련도, 사고력 등 직무평가에 관한 항목을 가지고 추리검사

05. 정답 ④

해설 산업위생의 활동은 예측, 인지, 측정, 평가, 관리가 있다.
(암기TIP) 예 인 측 평 관)
※ 기본 4요소라고 할 때는 "인지"가 생략된다. (예측, 측정, 평가, 관리)

06. 정답 ③

07. 정답 ③

해설 [보건관리자의 자격]
보건관리자는 다음 각 호의 어느 하나에 해당하는 사람으로 한다.
㉠ 의사
㉡ 간호사
㉢ 산업보건지도사
㉣ 산업위생관리산업기사 또는 대기환경산업기사 이상의 자격을 취득한 사람
㉤ 인간공학기사 이상의 자격을 취득한 사람
㉥ 전문대학 이상의 학교에서 산업보건 또는 산업위생 분야의 학과를 졸업한 사람(법령에 따라 이와 같은 수준 이상의 학력이 있다고 인정되는 사람을 포함한다)

08. 정답 ④

해설 혐기성 대사에 동원되는 에너지원은 ATP, CP, 글리코겐, 글루코오스이다.
※ 지방, 단백질, 탄수화물은 호기성 대사시 사용되는 에너지원이다.

09. 정답 ②

해설 ②항은 사람(Man)의 심리적 원인에 해당한다.
[사람(Man)]
- 심리적 원인
- 생리적 원인
- 직장적 원인

오답해설
① 안전교육과 훈련의 부족 – 관리(Management)
③ 부하에 대한 지도·감독부족 – 관리(Management)
④ 작업자세·작업동작의 결함 – 작업(Media)

10. 정답 ③

해설 [직업성 질환의 범위]
㉠ 원발성 질환, ㉡ 속발성 질환, ㉢ 합병증

11. 정답 ④

12. 정답 ④
해설 정적인 작업은 피로를 더하게 하므로 가능한 한 동적인 작업으로 전환한다.

13. 정답 ①
해설 [산업위생 윤리강령]
㉠ 전문가로서의 책임
㉡ 근로자에 대한 책임
㉢ 기업주와 고객에 대한 책임
㉣ 일반 대중에 대한 책임

14. 정답 ①
해설 사무실 공기관리 지침 제4조(사무실 공기관리 상태평가)
• 근로자가 호소하는 증상(호흡기, 눈·피부 자극 등) 조사
• 공기정화설비의 환기량이 적정한지 여부조사
• 외부의 오염물질 유입경로 조사
• 사무실내 오염원 조사 등

15. 정답 ④
해설 [TLV 설정근거]
㉠ 화학물질 구조의 유사성   ㉡ 동물실험자료
㉢ 인체실험자료   ㉣ 사업장 역학조사

16. 정답 ③

17. 정답 ③
해설 [물질안전보건자료 작성 시 포함되어야 할 항목]
㉠ 화학제품과 회사에 관한 정보
㉡ 유해성, 위험성
㉢ 구성성분의 명칭 및 함유량
㉣ 응급조치요령
㉤ 폭발, 화재 시 대처방법
㉥ 누출사고 시 대처방법
㉦ 취급 및 저장방법
㉧ 노출방지 및 개인보호구
㉨ 물리화학적 특성
㉩ 안정성 및 반응성
㉪ 독성에 관한 정보
㉫ 환경에 미치는 영향
㉬ 폐기 시 주의사항
㉭ 운송에 필요한 정보
㉮ 법적 규제 현황

18. 정답 ②
해설 이상기압 - 항공기조종 - 고산병(기압 감소)
※ 이상기압 - 잠수작업 - 잠함병(기압 증가 및 급격한 감소)

19. 정답 ①
해설 [특수건강진단을 실시하여야 하는 경우]
• 소음진동 작업
• 분진작업
• 납작업
• 방사선 작용
• 이상기압 작용(저기압, 고기압)
• 특정 화학물질 취급작업
• 유기용제 작업
• 석면 및 미네랄 오일미스트 작업
• 오존 및 포스겐 작업
• 유해광선(자외선, 적외선, 마이크로파, 라디오파) 작업

20. 정답 ②
해설 식 $TWA = \dfrac{C_1T_1 + C_2T_2 + \cdots + C_nT_n}{8}$

$= \dfrac{2.5 \times 2 + 1.8 \times 3 + 2.6 \times 3}{8}$

$= 2.28 mg/m^3$

21. 정답 ④
해설 평균값에 대한 표준편차의 크기를 나타낸 수치로 통계집단의 측정값들에 대한 균일성, 정밀도 정도를 표현한다.
※ 표준편차 : 편차의 제곱 합들의 평균값
식 SD(표준편차)
$= \sqrt{\dfrac{(a_1 - m)^2 + (a_2 - m)^2 + \cdots + (a_n - m)^2}{n}}$
식 CV(변이계수) $= \dfrac{SD}{평균치} \times 100$

22. 정답 ③
해설 우리나라 충격소음 노출기준 (암기TIP) 23,400(2만 3천 4백))

소음수준(dB)	1일 작업시간 중 허용횟수
120	10,000
130	1,000
140	100

※ 1회라도 초과노출되어서는 안되는 충격소음의 음압기준 : 140dB

23. 정답 ①

해설 [예비조사 시 유해인자 특성 파악시의 조사내용]
- 물질별 유해성 자료조사
- 유해인자의 목록 작성
- 유해물질 사용량 조사
- 유해물질 사용 시기 조사

24. 정답 ②

해설 ②항만 올바르다.

오답해설
① LOD(검출한계)는 표준편차의 3배로 정의하기도 한다. (참고 LOQ는 표준편차의 10배)
③ 회수율(%)은 분석량/첨가량×100으로 정의된다.
④ LOQ란 정량한계를 말한다.

25. 정답 ②

26. 정답 ②

27. 정답 ④

해설 대개 실험용으로 제작된다.

※ dynamic method : 공기가 계속 흘러가고 있는 튜브에 오염물질에 연속적으로 흘려주어 일정한 농도를 유지하는 방법
㉠ 가스, 입자상 물질의 측정이 가능하다.
㉡ 온도 및 습도 조절이 가능하다.
㉢ 비용이 비싸다.
㉣ 다양한 농도범위에서 제조 가능하다.
㉤ 일정한 농도를 유지하기 어렵다.
㉥ 지속적인 모니터링이 필요하다.

28. 정답 ②

29. 정답 ①

해설 호흡성 먼지(RPM) : 평균 입경이 $4\mu m$ 이고, 공기역학적 직경이 $10\mu m$ 미만인 먼지를 말한다.

30. 정답 ①

31. 정답 ④

해설 식 $EI = \dfrac{C_1}{TLV_1} + \dfrac{C_2}{TLV_2} + \cdots + \dfrac{C_n}{TLV_n}$

$\therefore EI = \dfrac{500}{750} + \dfrac{100}{200} + \dfrac{150}{200} = 1.92$

※ sec-butyl acetate : 초산 제2부틸(아세트산 제2부틸)

32. 정답 ①

해설 식 $GSD = 10^{\left[\dfrac{\sum(\log X - \log GM)^2}{N-1}\right]^{1/2}}$

- GM : 기하평균치
$= \sqrt[10]{5 \times 6 \times 5 \times 6 \times 6 \times 6 \times 4 \times 8 \times 9 \times 20}$
$= 6.7157 ppm$

$\therefore GSD = 699$ page 하단 풀이식 참조

33. 정답 ③

해설 [고열장해의 종류]
㉠ 열사병   ㉡ 열탈진(열피로)
㉢ 열경련   ㉣ 열실신
㉤ 열쇠약

34. 정답 ④

35. 정답 ④

해설 되튐 또는 과부하로 인한 시료 손실로 인한 오차발생의 우려가 있다.

36. 정답 ②

해설 식 $WBGT$(태양광선없음) $= 0.7$습구온도$\times 0.3$흑구온도
$= 0.7 \times 25 + 0.3 \times 40 = 29.5$℃

※ $WBGT$(태양광선있음)
$= 0.7$습구온도$+ 0.2$흑구온도$+ 0.1$건구온도

37. 정답 ③

해설 막 여과지는 여과지 표면에 채취된 입자들이 이탈되는 경향이 있다.

38. 정답 ③

해설 중앙값의 데이터를 순차적으로 나열했을 때 중앙에 위치하는 값을 말한다. (데이터가 짝수인 경우 중앙 두 데이터의 산술평균으로 한다.)

21.6   22.4   22.7   23.9   24.1   25.4

식 중앙값 $= \dfrac{22.7 + 23.9}{2} = 23.3$

39. 정답 ③

해설 비전리복사선은 전리복사선보다는 에너지 수준이 낮으나 분자구조나 생물학적 세포조직에 영향을 미친다.

[비전리복사선(비전리방사선)의 종류와 인체영향]
- 레이저 : 각막염, 백내장, 색소침착
- 마이크로파 : 백혈구 수의 증가, 백내장, 혈소판의 감소
- 극저주파 방사선 : 두통, 순환기장애, 불면증
- 자외선 : 색소침착, 피부암, 결막염, 백내장
- 가시광선 : 망막변성(주로 간접작용으로 발현)
- 적외선 : 안장애, 피부장애, 두부장애

40. 정답 ①

해설 신뢰도란 어떤 데이터가 동일한 측정대상을 측정할 때 일관성 있는 측정결과를 산출하는 정도를 말한다.
※ 정확도 : 분석치가 참값에 얼마나 접근하였는가 하는 수치상의 표현을 말한다.

41. 정답 ①

해설 제어속도는 후드 반대쪽으로 날아가는 오염물질까지 흡인할 수 있는 속도이어야 한다.

42. 정답 ②

해설 설치면적대비 운전 및 유지비가 적다.

43. 정답 ①

해설 식 $\Delta P = \dfrac{1-C_e^2}{C_e^2} \times P_v = \dfrac{1-0.80^2}{0.86^2} \times 25 = 8.80 mmH_2O$

44. 정답 ①

해설 두 정압의 비(1.1/1)가 1.1이므로 정압이 낮은 쪽의 유량을 증가시켜야 한다.
- $\dfrac{P_s(high)}{P_s(low)} > 1.2$: 정압이 낮은 쪽을 재설계한다.
- $\dfrac{P_s(high)}{P_s(low)} \leq 1.2$: 정압이 낮은 쪽의 유량을 증가시킨다.

45. 정답 ①

해설 기준치를 초과하므로 ①항만 올바르다.

식 $C(mg/m^3) = \dfrac{S(총질량)}{Q(채취유량)}$

$= 38\mu g \times \dfrac{\min}{1.7L} \times \dfrac{1mg}{10^3 \mu g} \times \dfrac{1}{480\min} \times \dfrac{10^3 L}{1m^3}$

$= 0.047 mg/m^3$

② 공기채취유량 : 1.7L/min × 480min = 816L
③ 올바른 채취방법이 사용되었다.
④ 농도는 0.047mg/m³으로 노출기준(0.045mg/m³)을 초과하였다.

46. 정답 ③

해설 안면부 여과식 마스크는 마스크 본체 자체가 필터 역할을 담당한다.

47. 정답 ③

해설 [먼지종류별 반송속도]

오염물	예	반송속도 (m/sec)
가스, 증기, 흄 및 극히 가벼운 먼지	각종 가스, 증기, 산화아연, 산화알루미늄의 흄, 목분 및 솜	10
가벼운 건조먼지	원사, 삼베부스러기, 곡분, 베이클라이트(합성수지)분	15
일반공업먼지	털, 나무부스러기, 샌드블라스트발생먼지, 그라인더 작업발생먼지	20
무거운 먼지	납분, 주조탈사먼지, 선반작업 발생먼지	25
무겁고 비교적 큰 젖은 먼지	젖은 납분, 젖은 주조작업발생먼지	25 이상

48. 정답 ②

해설 공기와 입자 사이의 밀도차에 비례한다.

식 $V_s = \dfrac{d_p^2(\rho_p - \rho)g}{18\mu}$

49. 정답 ④

해설 식 $Q = \dfrac{G}{TLV} \times K$

- $G = \dfrac{0.2L}{hr} \times \dfrac{10^3 mL}{1L} \times \dfrac{0.879g}{1mL} \times \dfrac{24.1L}{78g} \times \dfrac{10^3 mL}{1L}$
  $= 54,317.6923 mL/hr$
- $TLV = 0.5 ppm = 0.5 mL/m^3$

$\therefore Q = \dfrac{54,317.6923 mL}{hr} \times \dfrac{1m^3}{0.5mL} \times 6 \times \dfrac{1hr}{3600\sec}$

$= 181.06 m^3/\sec$

50. 정답 ③

해설 유해물질의 발생기류가 높고 유해물질이 활발하게 발생할 때는 대략 2.5 ~ 10m/s이다.

[오염물질 방출조건에 따른 후드의 제어속도]

오염물질의 방출조건	관련공정	제어속도 (포착속도)
오염원 : 실질적으로 비산 속도 없이 발생 주 변 : 고요한 공기중으로 방출	개방조로부터의 증발 액면에서 발생하는 가스, 증기, 흄	0.25~0.5m/sec
오염원 : 약한 방출속도를 가지는 경우 주 변 : 약간의 공기움직임이 있는 상태에서 방출	분무도장, 저속 컨베이어 이송 용접, 도금 공정	0.5~1m/sec
오염원 : 비교적 빠른 방출속도를 가지는 경우 주 변 : 빠른 기류속으로 방출	컨베이어 적재 분쇄기, 분무 도장	1~2.5m/sec
오염원 : 급속한 방출속도를 가지는 경우 주 변 : 고속의 기류영역으로 방출	그라인딩 석재 연마, 회전연마	2.5~10m/sec

51. 정답 ④

해설 공정 내 측면부착 차폐막이나 커튼을 사용하여 오염물질의 희석을 억제하여 필요 환기량을 줄일 수 있다.

52. 정답 ③

해설 도금조와 사형주조와 같이 작업이 활발하게 진행되는 형태에서는 외부식 후드를 사용하여야 한다.

53. 정답 ①

해설 귀마개의 차음효과는 일반적으로 귀덮개보다 작다.
[차음보호구별 차음효과]
귀마개 : 약 30dB
귀덮개 : 저음영역에서 20dB 이상, 고음영역에서 45dB 이상
※ 외청도 = 외이도

54. 정답 ②

해설 식 $XmmHg = 760mmH_2O \times \dfrac{760mmHg}{10332mmH_2O}$
$= 55.90mmHg$

55. 정답 ②

해설 식 $VP(P_v) = TP(전압) - SP(정압)$
$= -0.7 - (-1.6) = 0.9 cmH_2O$

식 $V(u) = \sqrt{\dfrac{2gP_v}{\gamma}} = \sqrt{\dfrac{2 \times 9.8 \times 9}{1.21}}$
$= 12.07 m/sec$

• $P_v = 0.9 cmH_2O = 9 mmH_2O(kg/m^2)$

56. 정답 ②

57. 정답 ②

58. 정답 ③

해설 장시간 사용 시 분진의 포집효율이 감소하고 압력강하는 증가한다.

59. 정답 ②

해설 식 $\ln\left(\dfrac{C_t}{C_0}\right) = -k \cdot t$

• $k = \dfrac{Q}{\forall} = \dfrac{1.17m^3}{\sec} \times \dfrac{1}{3,000m^3} = 3.9 \times 10^{-4}/\sec$

$\ln\left(\dfrac{19}{200}\right) = -(3.9 \times 10^{-4}) \times t$

∴ $t = 6,035.5856 \sec \times \dfrac{1\min}{60\sec} = 100.59\min$

60. 정답 ②

해설 [슬로트 후드의 흡인유량]
• 기본식 : $Q_c = C \times L \times V_c \times X$
 − C : 형상계수
• 자유공간(전체원주) : 5.0(ACGIH 3.7)
• 3/4원주 : 4.1
• 1/2원주, 플랜지부착 : 2.6(ACGIH 2.8)
• 1/4원주 : 1.6

식 $Q = C \times L \times X \times V_c$
$= 1.6 \times 2.4 \times 0.5 \times 0.4 \times 60 = 46.08 m^3/\min$

61. 정답 ①

62. 정답 ②

해설 [전리방사선의 투과력 순서]
중성자 > X선, γ선 > β선 > α선
[전리방사선의 전리작용 순서]
α선 > β선 > 중성자, X선, γ선

63. 정답 ③

해설 [소음성 난청에 영향을 미치는 요소]
• 음압 수준 : 높을수록 유해하다.
• 소음의 특성 : 고주파음이 저주파음보다 유해하다.
• 노출시간 : 간헐적 노출이 계속적 노출보다 덜 유해하다.

• 개인의 감수성 : 같은 소음에 노출되더라도 사람마다 반응은 달라진다.

64. 정답 ②
해설 일반적으로 눈을 부시게 하지 않고 조도가 균일하여 눈의 피로를 줄이는데 가장 효과적인 조명 방법은 간접조명이다. 간접조명은 벽이나 천장에 빛을 조사하여 반사된 빛을 말한다.

65. 정답 ③
해설 ③항만 올바르다.
오답해설
① 자외선의 일종이다.
② 2,800 ~ 3,150Å (= 280 ~ 315nm) 파장의 자외선을 의미한다.
④ 절대온도 10,000K 이상의 모든 물체는 온도에 비례하여 방출한다.
참고 100K 이하 : 전파
100 ~ 1000K : 적외선
1,000 ~ 10,000K : 가시광선
10,000 ~ 100,000K : 자외선
100,000 ~ 100,000,000K : X선
100,000,000K 이상 : 감마선
→ 태양광선을 반사하는 지구는 적외선을 방출한다. (지구의 평균표면 온도 15℃ = (273 + 15)K)

66. 정답 ④
해설 ④항만 올바르다.
우리나라 충격소음 노출기준 (암기TIP) 23,400(2만 3천 4백))

소음수준(dB)	1일 작업시간 중 허용횟수
120	10,000
130	1,000
140	100

※ 1회라도 초과노출되어서는 안되는 충격소음의 음압기준 : 140dB

67. 정답 ②
해설 감압에 따른 기포형성은 용해된 질소가스에 의해 발생한다.

68. 정답 ①
해설 [작업환경측정 및 정도관리 등에 관한 고시 - 고열]
1) 제30조(측정기기 등) 고열은 습구흑구온도지수(WBGT)를 측정할 수 있는 기기 또는 이와 동등 이상의 성능을 가진 기기를 사용한다.
2) 제31조(측정방법 등) 고열 측정은 다음 각호의 방법에 따른다.

1. 측정은 단위작업 장소에서 측정대상이 되는 근로자의 주 작업 위치에서 측정한다.
2. 측정기의 위치는 바닥 면으로부터 50센티미터 이상, 150센티미터 이하의 위치에서 측정한다.
3. 측정기를 설치한 후 충분히 안정화 시킨 상태에서 1일 작업시간 중 가장 높은 고열에 노출되는 1시간을 10분 간격으로 연속하여 측정한다.

69. 정답 ④
해설 지적환경의 평가방법 : 생리적 방법, 정신적 방법, 생산적 방법

70. 정답 ④
해설 근로자의 발이 한랭에 장기간 노출되고 동시에 지속적으로 습기나 물에 잠기게 되면 '침수족'의 원인이 된다.
※ 선단자람증(지단자람증) : 손가락이 차고 파래지는 증상

71. 정답 ③
해설 • 입자방사선 : α선, β선, 중성자
• 비입자방사선 : X선, γ선

72. 정답 ①
해설 흑구온도계는 온도 측정기기이다.

73. 정답 ④

74. 정답 ③
해설 질소기포 형성은 기계적 장애(물리적 장애)로 1차적 가압현상에 해당한다.
※ 고압환경에서의 2차적 가압현상 : 질소 마취, 산소 중독, 이산화탄소 중독(작용)

75. 정답 ①

76. 정답 ②
해설 식 $TWA = 16.61 \log\left(\dfrac{D}{100}\right) + 90$
$= 16.61 \log\left(\dfrac{76}{100 \times \dfrac{4}{8}}\right) + 90 = 93.02 dB$

77. 정답 ③

해설 [공명 진동수]
- 두부와 견부는 20~30Hz 진동에 공명하며, 안구는 60~90Hz 진동에 공명
- 3Hz 이하 : motion sickness, 호흡이 힘들고 산소소비가 증가한다.
- 6Hz : 가슴, 등에 심한 통증
- 13Hz : 머리, 안면, 볼, 눈꺼풀 진동
- 4~14Hz : 복통, 압박감 및 동통감
- 20~30Hz : 시력 및 청력장애

78. 정답 ②

해설 식 $L_s = 10\log(10^{L_1/10} + 10^{L_1/10} + \cdots + 10^{L_n/10})$
$= 10\log(10^{90/10} + 10^{95/10} + 10^{88/10})$
$= 96.81 ≒ 97dB$

79. 정답 ③

80. 정답 ④

해설 [적정한 공기 상태]
- 산소 : 18% 이상 23.5% 미만
- 탄산가스 : 1.5% 미만
- 일산화탄소 : 30ppm 미만
- 황화수소 : 10ppm 미만

81. 정답 ②

해설 석면의 고농도분진을 단기적으로 흡입할 때 주로 발생되는 질병은 석면폐증이다.

82. 정답 ②

해설 [흄의 생성기전(발생기전) 3단계]
- 1단계 : 금속의 증기화
- 2단계 : 증기물의 산화
- 3단계 : 산화물의 응축

83. 정답 ④

해설 백혈병과 관련이 있는 물질은 벤젠이다.

84. 정답 ①

해설 유해물질은 대부분 간에서 대사된다.

85. 정답 ①

해설 망간은 신경염과 발열, 파킨슨병을 일으키는 물질이다.

86. 정답 ①

해설 [독성실험 관련 용어]
- LD_{50}
유해물질의 경구투여용량에 따른 실험동물군의 50%가 일정기간 동안에 죽는 용량
통상 30일간 50%의 동물이 죽는 치사량을 말함
- LC_{50}
실험동물군을 상대로 독성물질을 호흡시켜 50%가 죽는 농도
- ED_{50}
약물을 투여한 동물의 50%가 일정한 반응을 일으키는 양을 의미
- TD_{50}
시험 유기체의 50%에서 심각한 독성반응을 나타내는 양, 즉 중독량을 의미
- TL_{50}
시험 유기체의 50%가 살아남는 독성물질의 양을 의미
생존율이 50%인 독성물질의 양으로 허용한계 의미에서 사용

87. 정답 ④

해설 용해성 금속염은 생체 내 여러 가지 물질과 작용하여 지용성 화합물로 전환된다.

88. 정답 ④

해설 적혈구내 전해질이 감소하고 프로토폴피린이 증가한다.

89. 정답 ②

90. 정답 ③

91. 정답 ③

92. 정답 ④

해설 알레르기원에 노출되고 이 물질이 알레르기원으로 작용하기 위해서는 일정 기간이 소요되며 그 기간을 유도기라 한다.

93. 정답 ④

해설 만성중독은 2가 이상의 망간화합물에 의해서 주로 발생한다.
※ 망간 = 망가니즈

94. 정답 ①

95. 정답 ②
해설 4메틸납(TML, 4메틸연)과 4에틸납(TEL, 4에틸연)은 유기납으로 지용성이며 피부를 통하여 침입할 수 있다.

96. 정답 ③
해설
식 상대위험도 = $\dfrac{\text{노출군에서 질병발생률}}{\text{비노출군에서 질병발생률}}$
- 상대위험도=1인 경우 노출과 질병 사이의 연관성 없음 의미
- 상대위험도>1인 경우 위험의 증가를 의미
- 상대위험도<1인 경우 질병에 대한 방어효과가 있음을 의미

97. 정답 ②
해설 크실렌 – 소변 중 메틸마뇨산

98. 정답 ③

99. 정답 ④
해설 protoporphyrin(프로토폴피린)은 채혈하여 판단한다.

100. 정답 ②
해설 [중추신경 활성억제의 크기 순서]
알칸 < 알켄 < 알코올 < 유기산 < 에스테르 < 에테르 < 할로겐화탄화수소

암기TIP 억제하지 못한 알파카는 켄 코올라먹고 유기되어 사육사는 찾는데 에쓰고 에테우던 중 할로! 하고 나타난 알파카

※ 32번 해설 풀이식

$GSD = 10^{\left[\dfrac{(\log5 - \log6.72)^2 + (\log6 - \log6.72)^2 + (\log5 - \log6.72)^2 + (\log6 - \log6.72)^2 + (\log6 - \log6.72)^2 + (\log6 - \log6.72)^2 + (\log4 - \log6.72)^2 + (\log8 - \log6.72)^2 + (\log9 - \log6.72)^2 + (\log20 - \log6.72)^2}{10 - 1}\right]^{1/2}} = 1.56$

알기 쉽게 풀어쓴 산업위생관리(산업)기사 3판

별책부록

01
산업위생 공식정리

01 산업위생 공식정리

1 산업위생학 개론

(1) 인간공학

① 권장무게한계(AL = RWL)

$$AL(kg) = 40\left(\frac{15}{H}\right)(1-0.004|V-75|)\left(0.7+\frac{7.5}{D}\right)\left(1-\frac{F}{F_{max}}\right)$$

- H : 대상물체의 수평거리, 물체를 움직이기 전 물체의 위치
- V : 대상물체의 수직거리, 물체를 움직이기 전 물체의 위치
- D : 대상물체의 이동거리, 수직 및 수평의 이동을 모두 포함
- F : 중량물 취급작업의 빈도

$$RWL(kg) = 23 \times HM \times VM \times DM \times AM \times FM \times CM$$

- HM : 수평계수
- VM : 수직계수
- DM : 거리계수
- AM : 비대칭계수
- FM : 빈도계수
- CM : 커플링계수

② 최대허용기준(MPL)

$$MPL = 3AL$$

③ 들기지수(LI)
- 실제 작업물의 무게/권장한계무게(RWL)
- 특정 작업에서의 스트레스의 정도를 나타냄

$$LI = \frac{물체\ 무게(kg)}{RWL(kg)}$$

(2) 산업피로

① 작업강도

$$작업강도(\%MS) = \frac{작업\ 시\ 요구되는\ 힘}{근로자가\ 가지고\ 있는\ 최대\ 힘} \times 100$$

$$적정\ 작업시간(sec) = 671,120 \times \%MS^{-2.222}$$

② 작업대사율(RMR) : 산소의 소모량으로 에너지의 소모량을 결정

$$\text{식} \quad RMR = \frac{\text{작업대사량}}{\text{기초대사량}}$$

- 작업대사량 = 작업 시 소비에너지 − 안정 시 소비에너지

③ 실동률(%) = 85 − (5×RMR) ← 사이토, 오시마의 경험식

④ 피로예방 허용작업시간

$$\text{식} \quad \log T_{end} = 3.720 - (0.1949 \times \text{작업대사량})$$
$$\log T_{end} = 3.724 - (3.25\log(RMR)) \quad ← 사이토, 오시마 식$$

- T_{end} : 허용작업시간

⑤ 피로예방 휴식시간(Hertig식)

$$\text{식} \quad \text{휴식시간}(\%) = \left[\frac{PWC \times \frac{1}{3} - \text{작업대사량}}{\text{휴식대사량} - \text{작업대사량}}\right] \times 100, \text{ (휴식시간 : 60분 기준)}$$

- PWC : 육체적 작업능력(kcal/min)

(3) 산업위생 관련 고시에 관한 사항(고용노동부 고시)

① 시간가중평균노출기준(TWA)

$$\text{식} \quad TWA = \frac{C_1 T_1 + C_2 T_2 + \cdots + C_n T_n}{8}$$

- C : 유해인자의 측정치(단위 : ppm, mg/m³ 또는 개/cm³)
- T : 유해인자의 발생시간(단위 : 시간)

② 노출지수(EI)

$$\text{식} \quad EI = \frac{C_1}{T_1} + \frac{C_2}{T_2} + \cdots + \frac{C_n}{T_n}$$

③ 습구흑구온도지수(WBGT)

- 태양광선이 내리쬐는 옥외 장소 : WBGT(℃) = 0.7 × 자연습구온도 + 0.2 × 흑구온도 + 0.1 × 건구온도
- 태양광선이 내리쬐지 않는 옥내 또는 옥외 장소 : WBGT(℃) = 0.7 × 자연습구온도 + 0.3 × 흑구온도

(4) 산업재해

① 재해율

㉠ 연천인율 : 재적 근로자 1,000명당 발생하는 재해자수

$$\text{식} \quad \text{연천인율} = \frac{\text{연간재해자수}}{\text{평균근로자수}} \times 10^3$$

㉡ 건수율 또는 발생율(incidence rate) : 1,000명의 근로자 중에서 재해건수

$$\text{식} \quad \text{건수율(발생율)} = \frac{\text{재해건수}}{\text{평균근로자수}} \times 10^3$$

© 도수율 : 1,000,000시간 중 발생한 재해건수를 의미한다.

$$\text{도수율(FR)} = \frac{\text{재해발생건수}}{\text{연근로시간수}} \times 10^6$$

② 강도율 : 근로시간 1,000시간 중 재해로 인해 잃어버린 손실일수를 나타낸다.

$$\text{강도율(SR)} = \frac{\text{근로손실일수}}{\text{연근로시간수}} \times 1,000$$

- 근로손실일수
  - 사망 및 영구 전노동불능 : 7,500일
  - 영구일부 노동불능은 다음 표와 같다.

신체장애등급	4	5	6	7	8	9	10	11	12	13	14
손실일수	5,500	4,000	3,000	2,200	1,500	1,000	600	400	200	100	50

  - 일시 전노동불능은 역일에 의한 휴업일수에 300/365을 곱한다.
  - 사망 및 영구 전노동불능과 영구일부 노동불능으로 휴업한 일수는 상기의 손실일수에 가산되지 않는다.

⑩ 환산도수율 : 100,000시간당 재해건수

$$\text{환산도수율(F)} = \text{도수율(FR)} \times \frac{100,000}{1,000,000} = \frac{FR}{10}$$

⑭ 환산강도율 : 100,000시간당 강도율

$$\text{환산강도율(S)} = \text{강도율}(SR) \times \frac{100,000}{1,000} = SR \times 100$$

❷ 작업위생측정 및 평가

(1) 공학기초

① 유량, 면적, 속도의 관계

$$\text{유량(Q)} = A(\text{면적}) \times V(\text{속도})$$

$$A = \frac{Q}{V}$$

$$V = \frac{Q}{A}$$

② 비중과 농도

㉠ 비중(S) = $\dfrac{\text{대상물질의 밀도}}{\text{표준물질의 밀도}}$

㉡ 밀도(ρ) = $\dfrac{\text{질량}}{\text{단위부피}}$

※ 공기의 밀도 = $29g/22.4SL = 1.29g/SL = 1.29kg/Sm^3$

㉢ 동점성계수 = $\dfrac{\text{점도}}{\text{밀도}}$

㉣ %, ppm, ppb의 관계
- 1% = 10^4 ppm
- 1ppm = 10^3 ppb

ⓜ 몰농도(M)

[식] $M = \dfrac{mol}{L}$

[식] mol(몰) = 분자량(g) = $22.4L$(표준상태기준) = 6.02×10^{23}개

ⓑ 노르말농도(N)

[식] $N = \dfrac{eq}{L}$

[식] $eq = \dfrac{분자량}{가수}$

③ pH, pOH 계산

[식] $pH = \log\dfrac{1}{[H^+]}$, $[H^+] = 10^{-pH}$

[식] $pOH = \log\dfrac{1}{[OH^-]}$, $[OH^-] = 10^{-pOH}$

[식] $NV = N'V'$ (중화적정식)

(2) 시료분석 기술

① 피토관 유속공식

[식] $P_v = \dfrac{\gamma V^2}{2g}$, $V = \sqrt{\dfrac{2gP_v}{\gamma}}$

② 누적오차

[식] $E_c = \sqrt{E_1^2 + E_2^2 + E_3^2 + \cdots + E_n^2}$

③ 흡광도와 투과도

[식] $I_t = I_o \times 10^{-\epsilon CL}$ (※ ϵCL : 흡광도(A))

$\dfrac{I_t}{I_o} = 10^{-\epsilon CL} = 10^{-A}$ (※ $t = \dfrac{I_t}{I_o}$: 투과도)

$A(흡광도) = \log\dfrac{1}{t}$

- I_t : 투사광의 강도
- I_o : 입사광의 강도

(3) 유해 인자 측정

① 소음계산

㉠ 합성소음과 평균소음

- 합성소음(dB)

[식] $L_s(dB) = 10\log(10^{L_1/10} + 10^{L_2/10} + \cdots 10^{L_n/10})$

- 평균소음(dB)

$$L_m(dB) = 10\log\left[\frac{1}{n}(10^{L_1/10} + 10^{L_2/10} + \cdots 10^{L_n/10})\right]$$

- L_1 : 소음원(1)의 음압레벨
- L_2 : 소음원(2)의 음압레벨
- L_n : 소음원(n)의 음압레벨

ⓒ 파장 = 속도/주파수

ⓒ 시간가중평균 소음수준 : 소음의 강도가 불규칙적으로 변동하는 소음 등을 측정 시 시간가중평균 소음수준으로 누적소음측정기를 환산한다.

$$TWA = 16.61\log\left(\frac{D}{100}\right) + 90 = 16.61\log\left(\frac{D}{100 \times \frac{T}{8}}\right) + 90$$

- T : 작업시간(별도 시간이 주어지지 않는 경우 8시간으로 가정)

④ 소음 노출지수 : 노출지수가 1 이상이면 초과, 노출지수가 1 미만이면 정상이다.

$$EI = \frac{C_1}{T_1} + \frac{C_2}{T_2} + \cdots + \frac{C_n}{T_n}$$

- 90dB 노출허용시간 8hr(T_1)
- 95dB 노출허용시간 4hr(T_2)
- 100dB 노출허용시간 2hr(T_3)
- 105dB 노출허용시간 1hr(T_4)
- 110dB 노출허용시간 0.5hr(T_5)
- 115dB 노출허용시간 0.25hr(T_6)

⑤ 침강속도

ⓐ stoke's 법칙에 따른 침강속도식

$$V_s = \frac{d_p^2(\rho_p - \rho_g)g}{18\mu}$$

- ρ_p : 입자 밀도
- ρ_g : 가스(공기) 밀도
- μ : 가스(공기) 점도
- d_p : 입자 직경

ⓑ 간편식

$$V_s = 0.003S \times d_p^2$$

- d_p : 입자 직경
- S : 입자 밀도

(4) 평가 및 통계

① 평균

ⓐ 산술평균(M) : 자료분석치의 합을 총 개수로 나누어 평균을 산출한 값

$$M = \frac{a_1 + a_2 + \cdots + a_n}{n}$$

ⓑ 가중평균($\overline{X}$) : 자료분석치의 각각의 자료크기를 고려하여 평균을 산출한 값

$$\overline{X} = \frac{a_1 n_1 + a_2 n_2 + \cdots + a_n n_n}{n_1 + n_2 + \cdots + n_n}$$

© 기하평균(GM) : 모든 자료분석치를 곱한 것을 총 개수 제곱근하여 평균을 산출한 값

$$GM = \sqrt[n]{a_1 \times a_2 \times \cdots \times a_n}$$

② 조화평균(HM) : 모든 자료분석치의 역수들을 산술평균한 것의 역수로 평균을 산출한 값

$$HM = \cfrac{1}{\cfrac{\left(\cfrac{1}{a_1} + \cfrac{1}{a_2} + \cdots + \cfrac{1}{a_n}\right)}{n}}$$

⑩ 중앙값(median) : 자료를 크기대로 위치했을 때 중앙에 위치하는 값

② 표준편차(SD) : 자료분석치가 얼마나 평균 가까이에 분포하고 있는지의 여부를 나타낸다.

$$SD = \sqrt{\frac{(a_1-m)^2 + (a_2-m)^2 + \cdots + (a_n-m)^2}{n}}$$

$$SD = \sqrt{\frac{(a_1-m)^2 + (a_2-m)^2 + \cdots + (a_n-m)^2}{n-1}}$$

(분석개수가 적을 때는 n-1을 분모로 한다.)

③ 표준오차(SE) : 자료분석치들의 평균이 표준평균과 얼마나 차이를 보이는지의 여부를 나타낸다.

$$SE = \frac{SD}{\sqrt{N}}$$

④ 변이계수(CV) : 측정방법의 정밀도를 평가하는 계수

$$CV = \frac{SD}{평균치} \times 100$$

⑤ 기하정규분포
  ㉠ 기하평균 : 누적분포에서 50%에 해당하는 값
  ㉡ 기하표준편차(변이)

$$GSD = \frac{50\%에 해당하는 값}{15.9\%에 해당하는 값} = \frac{84.13\%에 해당하는 값}{50\%에 해당하는 값} \text{ (양(+)의 분포)}$$

$$GSD = \frac{50\%에 해당하는 값}{15.9\%에 해당하는 값} = \frac{84.13\%에 해당하는 값}{50\%에 해당하는 값} \text{ (음(-)의 분포)}$$

⑥ 노출기준의 보정
  ㉠ 급성/만성중독
    • 급성중독

$$보정노출기준 = 8시간 노출기준 \times \frac{8hr/일}{t}$$

    • 만성중독

$$보정노출기준 = 8시간 노출기준 \times \frac{44hr/주}{t}$$

ⓒ 보정된 노출기준농도(상가작용 고려)
- 혼합물질의 노출지수(EI)

$$\text{식}\ EI = \frac{C_1}{TLV_1} + \frac{C_2}{TLV_2} + \cdots + \frac{C_n}{TLV_n}$$

- 보정된 노출기준 농도

$$\text{식}\ 보정노출기준 = \frac{C_1 + C_2 + \cdots + C_n}{EI}$$

ⓒ 증발기체의 허용농도(상가작용 고려)

$$\text{식}\ TLV_m = \frac{1}{\dfrac{f_1}{TLV_1} + \dfrac{f_2}{TLV_2} + \cdots + \dfrac{f_n}{TLV_n}}$$

- f : 물질의 분율
- TLV : 허용농도

ⓓ 비정상 작업시간에 대한 보정된 노출기준농도
- 보정계수(RF)

$$\text{식}\ RF = \frac{8}{h}\ (\text{미국산업안전보건청, OSHA})$$

$$\text{식}\ RF = \frac{8}{H} \times \frac{24 - H}{16}\ (\text{Brief and Scala})$$

- 보정된 노출기준농도

$$\text{식}\ 보정된\ 노출기준 = 노출기준 \times 보정계수(RF)$$

❸ 작업환경관리대책

(1) 유체역학

① 레이놀드 수

$$\text{식}\ N_{Re} = \frac{관성력}{점성력} = \frac{DV\rho}{\mu}$$

- D : 관 직경
- V : 유속
- ρ : 유체의 밀도
- μ : 유체의 점도

- 2100 > N_{Re} : 층류, 4000 < N_{Re} : 난류(폐쇄된 상태)
- 1 > N_{Re} : 층류, 1000 < N_{Re} : 난류(자유대기)

[입자레이놀드 수]

$$\text{식}\ N_{Re} = \frac{관성력}{점성력} = \frac{D_p V\rho}{\mu}$$

- D_p : 입자 직경

② 연속방정식

$$\text{식}\ A_1 V_1 = A_2 V_2$$

(2) 압력손실

① 후드의 압력손실

$$\text{식}\ \Delta P_h = F_i \times P_v$$

- F_i : 유입손실계수 $= \dfrac{1-C_e^{\,2}}{C_e^{\,2}}$
- C_e : 유입계수

② 후드정압

$$\text{식}\ P_s = P_v + \Delta P_h = P_v + (F_i \times P_v) \Rightarrow P_s = P_v(1+F_i)$$

③ 닥트의 압력손실

$$\text{식}\ 장방형(\Delta P) = f \times \dfrac{L}{D_o} \times \dfrac{\gamma V^2}{2g}$$

$$\text{식}\ 원형(\Delta P) = 4f \times \dfrac{L}{D} \times \dfrac{\gamma V^2}{2g} = \lambda \times \dfrac{L}{D} \times \dfrac{\gamma V^2}{2g}$$

※ $4f = \lambda$

※ $D_o = \dfrac{2ab}{a+b}$ (환산직경), 장방형관에서 직경에 상당하는 직경

- f : 관 마찰계수
- D : 직경
- L : 길이
- γ : 공기밀도

④ 곡관 압력손실

$$\text{식}\ 곡관의\ 압력손실(\Delta P) = \left(F \times \dfrac{\theta}{90}\right) \times P_v$$

- F : 압력손실계수

⑤ 합류관 압력손실

$$\text{식}\ 합류관\ 압력손실 = \Delta P_1 + \Delta P_2$$

⑥ 확대관 압력손실

$$\text{식}\ 확대관\ 압력손실 = F \times (P_{v1} - P_{v2})$$

$$\text{식}\ 정압회복량(P_{s2} - P_{s1}) = (P_{v1} - P_{v2}) - \Delta P$$

$$\text{식}\ 확대측\ 정압(P_{s2}) = P_{s1} + R(P_{v1} - P_{v2})$$

- $R = 1 - F$

⑦ 축소관 압력손실

$$\text{식}\ \Delta P = F \times (P_{v2} - P_{v1})$$

$$\text{식}\ 정압감소량(P_{s2} - P_{s1}) = -(P_{v2} - P_{v1}) - \Delta P = -(1+F)(P_{v2} - P_{v1})$$

- P_{v2} : 축소 후의 속도압
- P_{v1} : 축소 전의 속도압
- P_{s2} : 축소 후의 정압
- P_{s1} : 축소 전의 정압

(3) 전체 환기

① 유효환기량

$$\boxed{식}\ Q' = \frac{G}{C}$$

- G : 유해물질 발생률(L/hr)
- C : 유해물질 농도

② 실제환기량

$$\boxed{식}\ Q = Q' \times K$$

- Q' : 유효환기량(m³/min)
- K : 안전계수

※ 안전계수(K)
- $K=1$: 전체환기가 제대로 이루어진 경우
- $K=2$: 작업장 내의 혼합이 보통인 경우
- $K=3$: 작업장 내의 혼합이 불완전한 경우
- $K=10$: 사각지대가 생겨서 환기가 제대로 이루어지지 않기 때문에 실제환기량을 유효환기량의 10배만큼 늘려야 함

③ 필요환기량

$$\boxed{식}\ Q = \frac{G}{TLV} \times K$$

④ 전체환기량

$$\boxed{식}\ \ln\left(\frac{C_t}{C_o}\right) = -k \cdot t$$

$$\boxed{식}\ ACH = \frac{필요환기량}{용적},\ \ ACH = \frac{\ln(C_o - C_{out}) - \ln(C_t - C_{out})}{t}$$

⑤ 화재 및 폭발방지를 위한 전체 환기

$$\boxed{식}\ Q = \frac{G \times K}{LEL \times B}$$

- G : 인화물질 사용량(m³/min)
- K(C) : 안전계수
  LEL의 25%일 때 → $K=4$
  공기의 재순환이 없거나 환기가 잘 되지 않는 곳은 K값을 10보다 크게 적용한다.
- LEL : 폭발 하한 농도
  일반적으로 환기가 계속적으로 가동되고 있는 곳에서는 LEL의 1/4를 유지하는 것이 안전하다.
- B : 온도에 따른 보정상수
  120℃까지 $B=1.0$,   120℃ 이상 $B=0.7$

⑥ 혼합물질 발생 시의 전체 환기

㉠ 상가작용 : 각 유해물질당 환기량을 모두 합하여 필요환기량으로 산출한다.

$$\boxed{식}\ Q = Q_1 + Q_2 + \cdots + Q_n$$

㉡ 독립작용 : 각 유해물질당 환기량을 계산하고, 그 중 가장 큰 값을 필요환기량으로 한다.

⑦ 열평형 방정식 : 생체와 작업환경 사이의 열교환 관계를 나타내는 식이다.

$$\Delta S = M \pm C \pm R - E \text{ (중요★★★)}$$

- ΔS : 생체열용량의 변화(인체의 열축적 또는 열손실)
- M : 작업대사량(체내열생산량)
- C : 대류에 의한 열교환
- R : 복사에 의한 열교환
- E : 증발에 의한 열손실

⑧ 발열 시 필요환기량(방열 목적의 필요환기량)

$$Q = \frac{H_s}{0.3 \times \Delta t}$$

- H_s : 작업장 내 열부하량
- Δt : 급배기의 온도차

⑨ 수증기 발생 시 필요환기량

$$Q = \frac{W}{1.2 \times \Delta G}$$

- W : 수증기 부하량
- ΔG : 급배기 절대습도 차이

(4) 국소 배기

① 후드의 흡인유량

- 기본식(자유공간) : $Q_c = (10X^2 + A) \times V_c$
- 테이블(바닥) 위에 설치되어 있을 때 : $Q_c = 0.5(10X^2 + 2A) \times V_c$
- 플랜지를 부착한 경우 : $Q_c = 0.75(10X^2 + A) \times V_c$
- 테이블(바닥) 위에서 플랜지 부착하여 설치된 경우 : $Q_c = 0.5(10X^2 + A) \times V_c$

- X(제어거리) : 후드의 개구면에서 후드의 흡인력이 미치는 발생원까지의 거리
- A : 흡인면적
- V_c : 제어속도

※ 플랜지 : 후드의 흡인구테두리에 설치되어 후드 뒤 쪽의 공기흡입을 배제하여 흡인공기량을 약 25% 감축시키는 설비입니다.(슬로트형의 경우 30% 감소)

② 슬로트 후드의 흡인유량

$$Q_c = C \times L \times V_c \times X$$

- C : 형상계수 – 자유공간(전체원주) : 5.0(ACGIH 3.7)
  – 3/4원주 : 4.1
  – 1/2원주, 플랜지부착 : 2.6(ACGIH 2.8)
  – 1/4원주 : 1.6
- L : 슬로트 개구면의 길이(m)

③ 닥트 직경 계산

$$A = \frac{Q}{V}, \quad A = \frac{\pi D^2}{4}$$

④ 정압조절평형법(유속조절평형법, 정압균형유지법)

$$Q_2 = Q_1 \times \sqrt{\frac{P_{s2}}{P_{s1}}}$$

- Q_2 : 조절 후 유량
- Q_1 : 조절 전 유량
- P_{s2} : 압력손실이 큰 관의 정압
- P_{s1} : 압력손실이 작은 관의 정압

⑤ 통과율 및 집진효율 계산 등

㉠ 집진효율(η)

$$\eta = \frac{S_c}{S_i} = \frac{S_i - S_o}{S_i} = \frac{C_i - C_o}{C_i} = \left(1 - \frac{C_o}{C_i}\right)$$

㉡ 통과율(P)

$$P = \frac{S_o}{S_i} = 1 - \eta$$

㉢ 부분집진율(η_f)

$$\eta_f = \left(1 - \frac{C_o \times f_o}{C_i \times f_i}\right)$$

㉣ 총집진율(η_T)

$$\eta_T = 1 - [(1-\eta_1)(1-\eta_2) \cdots (1-\eta_n)]$$

- S_c : 포집분진량
- S_i : 유입분진량
- S_o : 유출분진량
- C_i : 유입분진농도
- C_o : 유출분진농도
- f_o : 유출분진분율
- f_i : 유입분진분율

⑥ 송풍기 관련 공식

㉠ 송풍기 소요동력

$$P(kW) = \frac{\Delta P \times Q}{102 \times \eta} \times \alpha \quad \text{(MKS 단위)}$$

- ΔP : 압력손실(mmH₂O)
- Q : 유량(m³/sec)
- η : 효율
- α : 여유율

㉡ 송풍기 압력
  • 송풍기 유효전압

$$P_{tf} = P_{to} - P_{ti} = (P_{so} + P_{vo}) - (P_{si} + P_{vi})$$

- P_{tf} : 유효전압
- P_{to} : 출구전압
- P_{so} : 출구정압
- P_{si} : 입구정압
- P_{vo} : 출구동압
- P_{vi} : 입구동압

  • 송풍기 유효정압

$$\begin{aligned} P_{sf} &= P_{tf} - P_{vo} \\ &= (P_{so} - P_{si}) + (P_{vo} - P_{vi}) - P_{vo} \\ &= (P_{so} - P_{si}) - P_{vi} \\ &= P_{so} - P_{ti} \end{aligned}$$

ⓒ 송풍기 상사법칙
- 송풍기 크기가 같고, 공기의 비중이 일정할 때
  - 유량은 회전수에 비례한다.

  $$\boxed{식}\ Q_2 = Q_1 \times \left(\frac{N_2}{N_1}\right)$$

  - 풍압은 회전수에 제곱에 비례한다.

  $$\boxed{식}\ P_{s2} = P_{s1} \times \left(\frac{N_2}{N_1}\right)^2$$

  - 동력은 회전수에 세제곱에 비례한다.

  $$\boxed{식}\ P_2 = P_1 \times \left(\frac{N_2}{N_1}\right)^3$$

- 송풍기 회전수, 공기의 비중이 일정할 때
  - 유량은 송풍기의 직경에 세제곱에 비례한다.

  $$\boxed{식}\ Q_2 = Q_1 \times \left(\frac{D_2}{D_1}\right)^3$$

  - 풍압은 송풍기의 직경에 제곱에 비례한다.

  $$\boxed{식}\ P_{s2} = P_{s1} \times \left(\frac{D_2}{D_1}\right)^2$$

  - 동력은 송풍기의 직경에 오제곱에 비례한다.

  $$\boxed{식}\ P_2 = P_1 \times \left(\frac{D_2}{D_1}\right)^5$$

- 송풍기 회전수와 송풍기 직경이 일정할 때
  - 유량은 공기의 비중의 변화에 무관하다.

  $$\boxed{식}\ Q_2 = Q_1$$

  - 풍압은 공기의 비중에 비례한다.

  $$\boxed{식}\ P_{s2} = P_{s1} \times \left(\frac{\rho_2}{\rho_1}\right)$$

  - 동력은 공기의 비중에 비례한다.

  $$\boxed{식}\ P_2 = P_1 \times \left(\frac{\rho_2}{\rho_1}\right)$$

⑦ 배기구의 압력손실
  ㉠ 압력손실
  $$\Delta P = F \times P_v$$

  ㉡ 정압
  $$P_s = (F-1) \times P_v$$

(5) 보호구

1) 호흡용 보호구
  ① 보호계수(PF)
  $$PF = \frac{C_o}{C_i}$$
  - C_o : 보호구 밖의 농도
  - C_i : 보호구 안의 농도

  ② 할당보호계수(APF)
  $$APF \geq HR$$
  - HR : 위해비

  ③ 최대사용농도(MUC)
  $$MUC = 노출기준 \times APF$$

  ④ 위해비(HR)
  $$HR = \frac{C}{PEL}$$
  - PEL : 노출기준
  - C : 기대되는 공기 중 농도

2) 귀마개
  ① 차음효과(OSHA)
  $$차음효과 = (NRR - 7) \times 0.5$$

④ 물리적 유해 인자 관리

(1) 이상기압
  ① 수심에 따른 압력 (10m당 1기압씩 증가)
  $$절대압 = 1atm + \left(\frac{1atm}{10m} \times Xm\right)$$ → 절대압은 측정압에서 1기압을 더해서 산출된다.

(2) 소음진동

① 손(sone) : 소음의 감각량을 나타내는 단위로서, 순음 1,000Hz의 40phon을 1sone으로 나타낸다.

$$S = 2^{\frac{(L_L - 40)}{10}}$$

- L_L : 음의 크기 레벨(phon)

② 음압레벨(SPL)

$$SPL = 20\log \frac{P}{P_o} \; (P : 현재음압, \; P_o : 기준음압(2 \times 10^{-5} N/m^2))$$

- $SPL = PWL - 10\log(4\pi r^2)$ (PWL: 음향파워레벨, 자유공간 기준)
- $SPL = PWL - 20\log r - 11$ (점음원, 자유공간 기준)
- $SPL = PWL - 10\log r - 8$ (선음원, 자유공간 기준)
- $SPL = PWL - 10\log(2\pi r^2)$ (PWL: 음향파워레벨, 반자유공간 기준)
- $SPL = PWL - 20\log r - 8$ (점음원, 반자유공간 기준)
- $SPL = PWL - 10\log r - 5$ (선음원, 반자유공간 기준)

③ 음향파워(W)

$$W = I \times S \; (I : 음의 \; 세기, \; S : 표면적)$$

④ 파워레벨(PWL)

$$PWL = 10 \times \log\left(\frac{W}{W_o}\right) \; (W : 음향파워, \; W_o : 기준 \; 음향파워 = 10^{-12} W)$$

⑤ 음의 세기레벨(SIL)

$$SIL = 10\log\left(\frac{I}{I_o}\right) \; (I : 음의세기(W/m^2), \; I_o : 최소가청음 \; 세기(10^{-12} W/m^2))$$

⑥ 음의 거리감쇠

$$L_l = 20\log\left(\frac{r_2}{r_1}\right) \; (r : 음원과의 \; 거리, \; 점음원)$$

↳ 점음원에서 거리 2배 증가시 6dB 감소

$$L_l = 10\log\left(\frac{r_2}{r_1}\right) \; (r : 음원과의 \; 거리, \; 선음원)$$

↳ 선음원에서 거리 2배 증가시 3dB 감소

⑦ 파장

$$\lambda = \frac{c}{f}$$

- λ : 음의 파장
- c : 음속
- f : 주파수

암기TIP 속주!

⑧ 주기

$$T = \frac{1}{f} \text{ (주파수와 역수관계)}$$

⑨ 평균청력손실 평가 [암기TIP] a 2b c ~ 4분법, a 2b 2c d 6분법~

$$\text{평균청력손실} = \frac{a+2b+c}{4} \text{ (4분법)}$$

$$\text{평균청력손실} = \frac{a+2b+2c+d}{6} \text{ (6분법)}$$

- a : 옥타브밴드 중심주파수 500Hz에서의 청력손실(dB)
- b : 옥타브밴드 중심주파수 1,000Hz에서의 청력손실(dB)
- c : 옥타브밴드 중심주파수 2,000Hz에서의 청력손실(dB)
- d : 옥타브밴드 중심주파수 4,000Hz에서의 청력손실(dB)

⑩ 등가소음레벨

$$\text{등가소음도(Leq)} = 16.61 \log \frac{n_1 \times 10^{\frac{L_{A1}}{16.61}} + \cdots + n_n \times 10^{\frac{L_{An}}{16.61}}}{\text{각 소음레벨 측정치의 발생시간 합}}$$

- L_A : 각 소음레벨의 측정치(dB)
- n : 각 소음레벨 측정치의 발생시간(min)

⑪ 옥타브밴드
  ㉠ 1/1 옥타브밴드 분석기
    - 중심주파수 $(f_c) = \sqrt{2}\, f_L$
    - 밴드폭 $= 0.707 f_c$
  ㉡ 1/3 옥타브밴드 분석기
    - 중심주파수 $(f_c) = \sqrt{1.26}\, f_L$
    - 밴드폭 $= 0.232 f_c$

⑪ 실내 평균흡음률 계산
  ㉠ 평균흡음률 $(\overline{\alpha})$

$$\overline{\alpha} = \frac{\sum S_i \alpha_i}{\sum S_i} = \frac{\text{바닥} \times \text{흡음률} + \text{벽} \times \text{흡음률} + \text{천장} \times \text{흡음률}}{\text{바닥} + \text{벽} + \text{천장}}$$

  - S : 면적
  - α : 흡음률

  ㉡ 흡음력 (A)

$$A = S_t \overline{\alpha}$$

  - S_t : 실내 내부 전 표면적

  ㉢ 실정수 (R)

$$R = \frac{S_t \overline{\alpha}}{1 - \overline{\alpha}}$$

⑫ 실내소음의 저감량
ㄱ. 흡음대책에 따른 실내소음 저감량

$$\boxed{식}\ NR = SPL_1 - SPL_2 = 10\log\left(\frac{R_2}{R_1}\right) = 10\log\left(\frac{A_2}{A_1}\right)$$

- R_1 : 실내면에 대한 흡음대책 전의 실정수(m², sabin)
- A_1 : 실내면에 대한 흡음대책 전의 흡음력(m², sabin)
- R_2 : 실내면에 대한 흡음대책 후의 실정수(m², sabin)
- A_2 : 실내면에 대한 흡음대책 후의 흡음력(m², sabin)

⑬ 잔향시간(반향시간)

$$\boxed{식}\ T = \frac{0.161\,\forall}{A} = \frac{0.161\,\forall}{S_t\,\overline{\alpha}}$$

⑭ 투과손실

$$\boxed{식}\ 단일벽\ 투과손실(TL) = 20\log(m \times f) - 43$$

- m : 벽체의 면밀도

⑮ 진동레벨

$$\boxed{식}\ VAL = 20\log\left(\frac{a}{a_o}\right),\ (a: 진동가속도\ 실효치,\ a_o: 기준가속도 = 10^{-5}\,m/s^2)$$

- $a = \dfrac{a_s}{\sqrt{2}}$ (a_s : 진동가속도 진폭)

5 산업독성학

① 안전흡수량

$$\boxed{식}\ SHD \times 체중 = C \times T \times V \times R$$

- SHD(mg/kg) : 안전흡수량
- C : 유해물질 농도
- T : 노출시간
- V : 폐환기율(호흡률)
- R : 체내잔류율

② 위험도
ㄱ. 상대위험도(상대위험비)

$$\boxed{식}\ 상대위험도 = \frac{노출군에서\ 질병발생률}{비노출군에서\ 질병발생률}$$

- 상대위험도 = 1인 경우 노출과 질병 사이의 연관성 없음을 의미
- 상대위험도 > 1인 경우 위험의 증가를 의미
- 상대위험도 < 1인 경우 질병에 대한 방어효과가 있음을 의미

ㄴ. 기여위험도(귀속위험도)

$$\boxed{식}\ 기여위험도 = 노출군에서의\ 질병발생률 - 비노출군에서의\ 질병발생률$$

$$\boxed{식}\ 기여분율 = \frac{노출군에서의\ 질병발생률 - 비노출군에서의\ 질병발생률}{노출군에서의\ 질병발생률}$$

ⓒ 교차비

$$\text{교차비} = \frac{\text{환자군에서의 노출 대응비}}{\text{대조군에서의 노출 대응비}}$$

- 교차비=1인 경우 요인과 질병 사이의 관계가 없음을 의미
- 교차비>1인 경우 요인에의 노출이 질병발생을 증가 의미
- 교차비<1인 경우 요인에의 노출이 질병발생을 방어 의미

③ 표준사망비(SMR)

$$\text{SMR} = \frac{\text{작업장에서의 사망률}}{\text{일반인구의 사망률}}$$

④ 측정타당도

㉠ 민감도 : 노출을 측정 시 실제로 노출된 사람이 이 측정방법에 의하여 '노출된 것'으로 나타날 확률

$$\text{민감도} = \frac{\text{실제값 양성자수}}{\text{실제값 총 양성자수}} = \frac{A}{A+C}$$

㉡ 특이도 : 노출을 측정 시 실제로 노출되지 않은 사람이 이 측정방법에 의하여 '노출되지 않은 것'으로 나타날 확률

$$\text{특이도} = \frac{\text{실제값 음성자수}}{\text{실제값 총 음성자수}} = \frac{D}{B+D}$$

참고문헌

환경위생학, 김주영 외 3인, 고문사
최신산업위생관리, 한돈희 외 1인, 신광문화사
작업환경측정, 박동욱 외 2인, 한국방송통신대학교 출판문화원
한국산업안전보건공단
대기오염방지시설 설계실무편람(1999)
(최신) 산업위생관리, 한돈희 외 1인, 신광문화사
산업위생학개론, 백남원, 신광출판사
알기쉬운 건축환경, 김유숙, 기문당
산업독성학, 박동욱 외 2인, 한국방송통신대학교 출판문화원
산업안전보건법, 법제처
실내공기질 관리법, 법제처

"
꿈은

날짜와 함께 적으면 목표가 되고,
목표를 잘게 나누면 계획이 되며,
계획을 실행에 옮기면 꿈은 실현된다.
"

- 그레그 -